U0380076

"十三五"国家重点出版物出版规划项目

世界名校名家基础教育系列

Textbooks of Base Disciplines from World's Top Universities and Experts

马祖尔物理学

实践篇（上）

[美] 埃里克·马祖尔（Eric Mazur） 达瑞·佩迪哥（Daryl Pedigo） 著

厉位阳 张 睿 武荷岚 潘正权 译

机 械 工 业 出 版 社

《马祖尔物理学》分为《原理篇》和《实践篇》两部分：《原理篇》讲授物理知识；《实践篇》主要涉及对知识的应用与解题方法的介绍。本书是《实践篇》的上册。

本书主要特点：强调守恒原理；更早强化系统的概念；推迟引入矢量的概念；适时引入物理概念；整合近代物理；采取模块化的组织形式。

图书在版编目（CIP）数据

马祖尔物理学. 实践篇. 上/(美) 埃里克·马祖尔（Eric Mazur），(美) 达瑞·佩迪哥（Daryl Pedigo）著；厉位阳等译. —北京：机械工业出版社，2019.10（2022.1 重印）

（世界名校名家基础教育系列）

书名原文：Principles & Practice of Physics：Practice

“十三五”国家重点出版物出版规划项目

ISBN 978-7-111-62282-6

Ⅰ.①马… Ⅱ.①埃… ②达… ③厉… Ⅲ.①物理学 Ⅳ.①O4

中国版本图书馆 CIP 数据核字（2019）第 049949 号

机械工业出版社（北京市百万庄大街 22 号　邮政编码 100037）

策划编辑：张金奎　责任编辑：张金奎　陈崇昱　任正一

责任校对：王明欣　责任印制：单爱军

北京虎彩文化传播有限公司印刷

2022 年 1 月第 1 版第 2 次印刷

184mm×260mm · 31.25 印张 · 2 插页 · 911 千字

标准书号：ISBN 978-7-111-62282-6

定价：168.00 元

电话服务	网络服务
客服电话：010-88361066	机　工　官　网：www.cmpbook.com
010-88379833	机　工　官　博：weibo.com/cmp1952
010-68326294	金　书　网：www.golden-book.com
封底无防伪标均为盗版	机工教育服务网：www.cmpedu.com

作者简介

埃里克·马祖尔是哈佛大学物理与应用物理学“巴尔坎斯基”讲席教授，应用物理方向的负责人。他是光学和教育学领域的著名科学家，著作颇丰，现任美国光学学会主席。

在荷兰莱顿大学获得博士学位后，马祖尔教授赴哈佛大学工作。2012年，他被巴黎综合理工大学和蒙特利尔大学授予荣誉博士学位。他是荷兰皇家科学院院士，还是中国科学院半导体研究所、北京工业大学激光工程研究院和北京师范大学的荣誉教授。

马祖尔教授曾在卡内基梅隆大学、俄亥俄州立大学、宾夕法尼亚州立大学、普林斯顿大学、范德比尔特大学、香港大学、比利时鲁汶大学和台湾大学等多所高校担任客座教授或杰出讲师职务。

除了光学之外，马祖尔教授还对教育、科技政策、科技应用以及公共科学教育等领域甚感兴趣。1990年，他提出了同伴教学法，将交互式教学运用于大班教学中。后来，这种教学方法在美国国内和国际上广为传播，其他许多学科也将这一方法应用于教学实践之中。

马祖尔教授的著述包括250余篇论文和专著以及20余项专利。他在教育学方面的著作 *Peer Instruction: A User's Manual*[⊖]（Pearson，1997）介绍了在大班实现交互式教学的方法。2006年，在他的帮助下，获奖DVD《交互教学》（*Interactive Teaching*）录制完成。此外，他还是教学平台“Learning Catalytics”的创始人之一，这个教学平台能在课堂教学中通过交互式教学提高学生的解题能力。

⊖ 中文版《同伴教学法：大学物理教学指南》已由机械工业出版社出版。

Preface to Chinese translation of P& P

It is with great pleasure that I write this preface for my audience in China. Since my first visit in 1988, I have been a frequent visitor of China and I've had the opportunity of interacting with faculty and students from a large number of Chinese universities. Over those thirty years, I have seen enormous change in the country. There is no question that it is a stimulating period in China and I am excited to see my book published in Chinese.

I began writing this book when I realized that the traditional approach to teaching was not very effective. Most instructors simply present the contents of books in their classes and at best books are used to support this transfer of information. However, learning physics is more than just memorizing information and so it became clear to me that as an instructor I should spend my time in class not presenting the content of a textbook, but engaging the students in thinking about physics. I developed an interactive approach to teaching called "Peer Instruction" which has been adopted all around the world, including China. That shift in focus in the classroom – from transferring information to helping students assimilate the information – made it necessary for me to find another way to transfer the information. This book is the result of that shift: I wrote it so as to transfer the basic information to you as best as I could (certainly better than I could if I was just lecturing) . And because each chapter is separated into a conceptual and a quantitative part, I have tried to always focus on the understanding rather than just the manipulation of equations.

As I began writing this book, I also realized that our approach to teaching physics is very outdated. All books focus mechanics the way it has been taught more or less since the days of Isaac Newton over 300 years ago. As we understand it now, the heart of physics are not the laws of mechanics, but conservation and symmetry principles. These principles therefore lie at the center of this book, presenting a much more unified and coherent view of modern physics.

The English version of the book has been extremely well received. Hardly a week goes by without me receiving an email from a student somewhere in the world, who thanks me for writing this book – from South Africa, to the US, Europe and India. I look forward to hearing from you!

I would like to thank the people who made it possible to publish my book in China. They are Professor Ping Zhang from Beijing Normal University, Professors He-Lan Wu and Rui Zhang from Tongji University, Professors Wei-Yang Li and Zheng-Quan Pan from Zhejiang University, Professor Yuan Wang from Peking University Press, Senior editors Jin-Kui Zhang and Chong-Yu Chen from China Machine Press, and many others. Without the hard work of all of these people, you wouldn't be reading these lines now.

My congratulations to all on the publication of the Chinese translation of *Principles & Practice of Physics*. Most importantly, I want to wish you best of luck in your study of physics and hope you will enjoy a fresh new perspective on physics.

Eric Mazur
Cambridge, MA, April 2018 Eric Mazur

译者的话

2009—2010年期间，我在哈佛大学Mazur教授的研究小组研究高等物理教育，之后一直与Mazur教授在教学方法改革领域保持合作。2009年前，我一直使用传统的教学方法讲授大学物理课程，期间使用过许多版本的大学物理教材，也参与过一些教材的更新与编写。总之，在传统教学中，知识传递的路径是由教师先将教材中的内容进行精细加工，然后在课堂上讲授给学生。从哈佛大学回国后，我开始使用Mazur教授创立的同伴教学法（Peer Instruction）讲授大学物理课程。同伴教学法要求学生课前自学，课上基于概念测试题进行小组讨论。相比于传统教学方法，该方法在促进学生概念理解，提高其学习兴趣，培养他们的合作能力、交流能力、批判性思维、推理能力和创新能力方面都取得了成功。在教学改革的过程中，我们发现，传统教材适合教师教学却不适合学生自学，因为学生在阅读教材时很难像教师那样对其中的文本信息进行自我加工，并推断文本信息字面内容中暗含的意义，填补文本信息中缺失和遗漏的信息。

2015年，Mazur教授送给我一套他刚刚出版的*Principles & Practice of Physics*，即本书英文原版，我惊喜地发现这是一部非常适合学生自学的教材，可以有效地支持教学方法改革。全书以守恒律为基本框架，从实验和生活中的例子出发，使用真实数据，强调物理建模，细化推理过程，渗透近代物理知识。该书关注学生已有的概念图示和学习物理的认知路线，在教学中使用有效的支架帮助学生深度理解，并学会迁移。书中的每个章节都明确分成两部分：基本概念和定量计算。先用语言文字、实验观察、示意图和图表等多种定性描述的形式引入新的物理概念和规律，建立物理图像，帮助理解概念和规律的本质，然后才使用公式进行推导和计算。书中的每一个例题都使用了与科学家实际工作流程相似的问题解决框架，包括四个重要环节：1. 分析问题（Getting started）2. 设计方案（devise plan）3. 实施推导（execute plan）4. 评价结果（evaluate result），将科学研究方法细化和外显，目的是借助问题教会学生科学的思维方法，培养其创新能力。该书系Mazur教授在开发并使用同伴教学法后，历经20余年的教学磨砺，精心打造而成。他认为“学习不是机械地记忆，而是通过思考和反思体会到发现的乐趣，掌握必要的科学思维方法以便将来更好地工作。”

Mazur教授是哈佛大学著名的物理学家，美国光学学会主席，同时他又是著名的教育家，曾在2014年获得首届全球高等教育Minerva奖。他编写的这部《马祖尔物理学》不仅具有前沿科学家的专业视角，又具有教学教法的适用性，是一部“仰望天空，脚踏实地”的教材，弥补了我国一般大学物理教材的不足，可以有效地支持教学改革和创新，适合大学生自学和大、中学教师教学参考。

《马祖尔物理学：实践篇》翻译分工如下：浙江大学厉位阳（1-10章），浙江大学潘正权（11章），同济大学武荷岚（12，13，15-17章），同济大学张睿（14，18-21章），北京师范大学张萍（22-34章）。上册由张睿副教授统稿、校改，下册由张萍教授统稿、校改。欢迎读者就译文不妥之处提出宝贵意见和建议。

北京师范大学
张萍

前　　言

从洗衣时的静电到智能手机定位，物理知识能帮你理解各种生活中的现象。这些现象的物理机理，有的显而易见，有的却并不明显。学习物理不仅需要理解基本概念，还需要将概念运用于新的场景。这样的过程需要深度思维的技能：判断有关知识能否用于特定条件以及如何规划方案解决问题。在《马祖尔物理学：实践篇》（以下简称《实践篇》）中，我们将运用在《马祖尔物理学：原理篇》（以下简称《原理篇》）中所学的知识解决问题，在这里你将学会如何通过定量假设来分析和解决问题。在学习了《原理篇》后，学习《实践篇》中的对应章节将有助于进一步掌握相关内容。

《实践篇》各章的基本结构如下：

首先是**章节总结**，这一部分总结了本章主要物理量之间的联系，可用于作业前的复习或课前预习。

接下来的**复习题**环节用于测试你对知识要点的掌握情况。在每一章的结尾处，你可以找到复习题答案。如果不能很好地解答复习题，可能需要回顾《原理篇》中的相关内容。

如果你无法确定答案的数量级，那么就无法确定答案是否合理。在**估算题**部分，通过估算训练，你可以了解各章所学的物理量的数量级以及它们的变化范围。

各章的**例题**为如何分析、解决和评价问题提供了详细的范例。每个例题后都配有对应的**引导性问题**，你可以借助它解决问题。引导性问题的答案也附在每章的结尾。

最后的**习题**部分可用于作业或考前复习。习题的难度各有不同，有的侧重概念理解，有的侧重计算。

总而言之，《原理篇》和《实践篇》一起，作为以学生为中心的学习工具，通过营造准确而可靠的物理场景，将提高你解决问题的能力，令你获益终身。

埃里克·马祖尔　　哈佛大学
达瑞·佩迪哥　　华盛顿大学

目　　录

第1章 绪 论

《马祖尔物理学》的结构

《马祖尔物理学》分成两部分。《原理篇》主要是引导你获得对物理原理的扎实理解。《实践篇》（你正在阅读的这一部分）提供了各种问题让你应用与强化自己对物理学的理解。

针对《原理篇》中所讨论的物理学内容，《实践篇》的相应章节都包含了详细的提示和练习。这些类别的排序使先前的材料支持后面的材料。

1. 章节总结 正如其名称所表达的一样，它是对相应的《原理篇》章节中关键内容的简要记录。

2. 复习题 用于检测你对基本内容的理解情况的一系列简单的问题。当你阅读了对应的《原理篇》章节以后，你解答这些问题应毫无困难。

3. 估算题 使用《原理篇》对应章节中给出的方法，这些关于估计的问题是专门用来锻炼你对周围世界的线索的把握能力。

4. 例题与引导性问题 这个部分给出一系列成对的例题：一道例题以及一道相似的引导性问题，但这里只提供少量提示。如果你理解了例题中的方法，那么你就能够应用这些方法（也许要增添一点变化）来解决引导性问题。在此部分的一开始，你会找到与《原理篇》中一模一样的步骤框。

5. 习题 当你进行到这一步时，应该可以自己独立解决问题了。这些问题既是概念性的，同时也是需要定量研究的，它们根据章节来编排，并用小圆点来粗略标出“难度等级”。一个圆点的问题（●）几乎是直来直去，往往只涉及一个主要概念。两个圆点的问题（●●）通常是需要把两个或者更多章节内容结合到一起，甚至把当前章节的内容与其他章节的内容结合起来。三个圆点的问题（●●●）更富有挑战性，或许还有一些陷阱。其中有一些被认定为“CR”（情境问题），将在《实践篇》的这一部分稍后列出。情景问题与其他常规问题一起出现在这一部分最后的附加问题中。

6. 答案和解答 在每章的最后部分中给出所有复习题和引导性问题的答案。

章节总结

科学方法（1.1 节）

基本概念 **科学方法**是从观测到假设再到实验验证理论的往复过程。如果由假设得出的预期经实验反复验证后证明是准确的，那么假设就可以称为**理论**或者**定律**，但它应永远处在实验的检验之下。

定量研究

观测 → 推断出 → 假设 → 演绎 → 预期 → 检验 → 观测

对称性（1.2 节）

基本概念 如果对一个物体进行某些操作后其外观不改变，这个物体就具有**对称性**。平移对称性（从一个位置到另一个位置的运动），旋转对称性（关于一个固定轴旋转），以及镜面对称性（镜中反射），这些都是重要的例子。对称性的概念对物体和物理定律都适用。

一些基本物理量及其单位（1.3 节，1.4 节，1.6 节）

基本概念 **长度**是空间中的一段距离或范围。国际单位制中长度的基本单位是**米**（m）。

时间使我们可以确定相关事件发生的顺序。国际单位制中时间的基本单位是**秒**（s）。**因果原理**认为，无论何时，只要事件A导致了事件B，所有观测者都是看到事件A先于事件B发生。

密度用来衡量在某个给定体积中有多少物质。

定量研究 如果在体积 V 中有 N 个物体，那么这些物体的数量密度 n 为

$$n \equiv \frac{N}{V} \tag{1.3}$$

如果一个质量为 m 的物体占据的体积为 V，那么这个物体的质量密度 ρ 为

$$\rho \equiv \frac{m}{V} \tag{1.4}$$

若将一个单位换算为另一个相当的单位，将你想要改变单位的这个量乘以一个或多个恰当的转换因数。每个换算因子都必须等于1，且对换算因子的任何合并都必须消去原先单位，并将其替换为希望得到的单位。例如，将2.0h转换成秒（s），我们采用

$$2.0\cancel{h}\times\frac{60\cancel{min}}{1\cancel{h}}\times\frac{60s}{1\cancel{min}}=7.2\times10^{3}s$$

表征（1.5 节）

基本概念 物理学家通过各种类型的表征来建立模型和解决问题。在这一过程中，粗略的草图和详细的图表通常都很有用，且通常十分关键。图表能够直观化地表示物理量之间的关系。数学表达式可以简练地表示模型和问题，并使数学方法的使用成为可能。

定量研究 当你建立一个模型时，从一个简单的可视化表示开始（例如：表示一头身上有斑点的奶牛），并根据需要添加细节来表示其他重要的特征。

有效数字（1.7节）

基本概念　**有效数字**是在一个数中可以确实可知的数字。

定量研究　如果一个数字不含零，那么所有的数字都是有效数字：345有3位有效数字；6783有4位有效数字。

对于含零的数字：

- 在非零数字之间的零是有效数字：4.03有3位有效数字。
- 小数点右边末尾的数字是有效的：4.9000有5位有效数字。
- 第一个非零数字前面的起始零不是有效的：0.000175有3位有效数字。
- 在本书中，不带小数点的数字中的末尾零是有效的：8500有4位有效数字。

在乘或除运算结果中有效数字的个数，跟参与运算的数字中具有最少有效数字位数的那个数字保持一致：$0.10\times3.215=0.32$。

在加或者减运算结果中小数位数，跟参与运算的数字中具有最少小数位数的那个数保持一致：$3.1+0.32=3.4$。

解决问题并估算（1.8节，1.9节）

基本概念　解决问题的方法：

1. **分析问题**。分析并组织信息，确定问题要求你做的是什么。一张草图或者一个表格经常会有用。决定要应用哪些物理概念。

2. **设计方案**。确定为解决这个问题所需的物理关系和等式。然后列出你认为可以获得解答的步骤。

3. **实施推导**。执行计算，然后用以下要点检查你的结论：

矢量（**V**ectors）或标量使用正确吗？

每个（**E**very）表述的问题都给出解答了吗？

答案中没有（**N**o）未知量了吗？

单位（**U**nits）正确吗？

有效数字（**S**ignificant）修正了吗？

4. **评价结果**。确定结果是否合理。

为了培养你对计算值大小的感觉，需要进行**数量级估计**，也就是将计算值表示为最接近的10的幂。

定量研究　确定数量级。

例1：

4200是4.200×10^{3}。

将系数4.2舍入为10（因为它比3大），因此4.200×10^{3}变为$10\times10^{3}=10^{4}$。数量级是10^{4}。

例2：

0.027是2.7×10^{-2}。

将系数2.7舍入为1（因为它比3小），于是2.7×10^{-2}变为1×10^{-2}。数量级是10^{-2}。

数量级估算的方法：

- 简化问题。
- 分解为更易于估计的更小部分。
- 从已知的量或者易于获得的量来进行估计。

复习题

复习题的答案见本章最后。

1.1 科学方法

1. 物理的普遍定义是什么？即物理是研究什么的？

2. 简要描述什么是科学方法以及它包含了什么。

3. 说出一些在科学研究中有用的技巧。

4. 描述科学研究中涉及的两种推理之间的不同。

1.2 对称性

5. 物理学中对称性的含义是什么？

6. 在可再现的实验结果中，显示出来的两种对称性是什么？

1.3 物质和宇宙

7. 在物理学中，宇宙的定义是什么？

8. 用数量级表示数的意义是什么？为什么我们要这样表达数值？

9. 你需要将数字 2900 和 3100 舍入为怎样的数量级？解释为什么对于这两个数字，你的答案会不同。

10. 物理学家研究什么大小尺度范围内的现象？其研究的时间尺度范围又是什么？

1.4 时间和变化

11. 短语“时间之箭”是什么意思？

12. 是什么原理将相关事件根据时间的方向关联在一起？陈述该原理，并简要解释其含义。

1.5 表征

13. 在解决物理问题时，对情景做出简化的视觉表征有何好处？

14. 在《原理篇》中设置基本概念部分和定量研究部分的目的分别是什么？

1.6 物理量和单位

15. 表达任何物理量时哪两部分信息是必不可少的？

16. 国际单位制中的 7 个基本物理单位分别是什么，它们分别表示的是什么？

17. 密度表示的是什么？

18. 将一个给定单位的量转化成另一个单位表示时，最简单的方法是什么？

1.7 有效数字

19. 解释一个数值的位数、小数位数和有效数字位数之间的区别。用数字 0.03720 来说明。

20. 首位零和末位零之间有何区别？哪一个是有效数字？

21. 在表达乘或者除的结果时，多少位有效数字是正确的？

22. 在表达加或者减的结果时，多少位有效数字是正确的？

1.8 解题

23. 概括解决问题的四步法。

24. 在检查计算结果时，需要遵从哪些要点？

1.9 估算

25. 进行数量级估计的好处有哪些？

估算题

从数量级上估算下列物理量，括号中的字母对应于可能用到的提示。根据需要使用它们来指导你的思考。

（通过将这些量用科学计数法表示，如果系数小于等于3将其舍入为1，如果系数大于3将其舍入为10。然后将答案以不带系数的10的幂的形式写出。同时记得将你的答案带上SI单位。）

1. 你的食指的宽度（C，H）
2. 商务飞机的长度（E，A）
3. 总额为1000000美元的一元美钞堆叠起来的高度（G，M）
4. 你卧室房间的面积（J，X）
5. 装满1gal的罐子需要用多少颗软心糖豆（F，L）
6. 一户普通家庭房屋中空气的质量（J，D，N）
7. 填满一辆中型小车的乘客厢需要的水量（P，I）
8. 一座山的质量（K，V，S，P）
9. 一个城市游泳池中水的质量（T，P）
10. 全美国每年消耗多少杯咖啡（R，W）
11. 当你正在阅读这个问题的这一刻，全球有多少人正在吃东西（Q，Z）
12. 加利福尼亚州的机动车数量（B，U，O，Y）

提示

A. 教室里排与排之间的距离是多少？
B. 加利福尼亚州有多少人口？
C. 一根手指宽多少英寸？
D. 一个普通家庭房屋中有多少间卧室大小的房间？
E. 一架飞机中有多少排座位？
F. 软心糖豆的尺寸是什么样的？
G. 一令纸有多厚？
H. 1m是多少英寸？
I. 一辆车的乘客厢的长、宽、高分别是多少米？
J. 你的卧室的长、宽、高分别是多少英尺？
K. 什么样的尺寸和形状可以模拟一座山？
L. 1gal用SI单位来表示是多少？
M. 一令纸有多少张？
N. 空气的质量密度是多少？
O. 一辆车每年需要多少小时来维护？
P. 水的质量密度是多少？
Q. 世界人口有多少？
R. 全美国的成人人口有多少？
S. 石块的质量密度和水的质量密度相比如何？
T. 一个城市的游泳池的尺寸是什么样的？
U. 加利福尼亚州有多少辆汽车？
V. 从你的模型可以得出怎样的体积结论？
W. 普通的美国人平均每天喝多少杯咖啡？
X. $1m^2$是多少平方英尺？
Y. 每辆机动车每年工作多少小时？
Z. 你每天吃东西的时间占比是多少？

答案（所有值均为近似值）

A. 1m；B. 4×10^7人；C. 0.5in；D. 8间；E. 4×10^1排；F. $(1\times10^{-2}m)\times(1\times10^{-2}m)\times(2\times10^{-2}m)$；
G. $5\times10^{-2}m$；H. $4\times10^1 in/m$；I. $2m\times2m\times1m$；
J. $(1\times10^1 ft)\times(2\times10^1 ft)\times(1\times10^1 ft)$；K. 一个高度为1mile、底面半径为1mile的圆锥体；L. $1gal=4quart\approx4L=4\times10^{-3}m^3$；
M. 5×10^2张；N. $1kg/m^3$；O. 6h；
P. $1\times10^3 kg/m^3$；
Q. 7×10^9人；R. 2×10^8人；S. 5倍还大；
T. $(7m)\times(2\times10^1 m)\times(2m)$；U. 3×10^7辆；
V. $4\times10^9 m^3$；
W. 1杯；X. $1\times10^1 ft^2/m^2$；Y. $2\times10^3 h$；
Z. 0.1

实践篇

例题与引导性问题

步骤：解决问题

尽管解决问题没有固定的方法，但是无论解决什么问题，将其分解为一些步骤总是有帮助的。在本书中，我们用下面总结的四步解决方法。每个步骤更详细的解释，见《原理篇》的1.8节。

1. 分析问题。开始时要仔细分析已知信息，并用自己的语言确定出你需要做的是什么。绘制情景草图或表格形式的数据来组织信息。确定需要用哪些物理概念，并注意你所做出的任何假设。

2. 设计方案。确定为解决这个问题你所必须做的事。首先，确定哪些物理关系或等式是你需要的，然后确定使用它们的顺序。确保你有足够的等式来解出所有未知量。

3. 实施推导。执行你的方案，再依据以下5个要点来检查你的工作：

矢量或标量使用正确吗？

每个表述的问题都给出解答了吗？

没有未知量在答案中了吗？

单位正确吗？

有效数字修正了吗？

作为对你自己的提醒，在你的每个解答旁边都放一个检查标志以表示自己检查了这5个要点。

4. 评价结果。有很多方法可以用来检查你的解答是否合理。一种方法是，确定你的答案与草图和已知信息中给出的预期吻合。如果你的答案是代数表达式，检查表达式的变化趋势是正确的，一些特殊情况下（极限）的答案与你已知的吻合。有时候可能还会有别的方法来解决这个问题；如果有，用那个方法看看你能否得到相同的答案。如果任何这些检验得到的都是超过预期的结论，那就应该回头检查你的数学公式或者你所做出的任何一个假设。如果这些检验中没有一个可以采用，就检查代数运算的符号和数量级。

下列例题涉及本章内容，但又不仅仅局限于本章中的某一节。

其中一部分以例题的形式给出，另一部分则以引导性问题的形式给出。

例1.1　太阳中的氢

太阳的质量是1.99×10^{30}kg，其半径是6.96×10^{8}m，其质量组成中有71.0%是氢（H）。一个氢原子的质量是1.67×10^{-27}kg。计算太阳中的氢原子的：（a）平均质量密度，（b）平均数量密度。

❶ **分析问题**　为了计算数量密度和质量密度，我们需要确定太阳的体积。假设太阳是理想的球体，从而得到计算其体积的公式。已知太阳的质量及其氢含量，因此我们可以确定太阳中氢的质量以及提供该质量的氢原子个数。

❷ **设计方案**　质量密度是单位体积的质量，即$\rho=m/V$，数量密度是单位体积的数量，即$n=N/V$。太阳（假设为球体）的体积是$V=\frac{4}{3}\pi R^3$。太阳的半径已知，因此，我们需要求出氢原子的数量或者太阳中氢原子的质量。氢原子的质量是太阳质量的71.0%，从而我们首先使用这个值来计算质量密度。而氢原子的数目N是所有氢原子的质量和除以每个氢原子的质量。我们使用这个数量来计算数量密度n，或者我们可以简单地得出，n等于氢原子的质量密度除以单个氢原子的质量。

❸ **实施推导**　（a）对于氢的质量密度，我们有

$$\rho_{\mathrm{H}}=\frac{m_{\mathrm{H}}}{\frac{4}{3}\pi R_{\mathrm{Sun}}^{3}}=\frac{0.710m_{\mathrm{Sun}}}{\frac{4}{3}\pi R_{\mathrm{Sun}}^{3}}=\frac{(0.710)(1.99\times10^{30}\mathrm{kg})}{\frac{4}{3}\pi(6.96\times10^{8}\mathrm{m})^{3}}$$
$$=1.00\times10^{3}\mathrm{kg/m^{3}}$$

（b）氢原子的数量密度为

$$n_{\mathrm{H}}=\frac{\rho_{\mathrm{H}}}{m_{\mathrm{Hatom}}}=\frac{1.00\times10^{3}\mathrm{kg/m^{3}}}{1.67\times10^{-27}\mathrm{kg}}$$
$$=5.99\times10^{29}\text{ 个原子}/\mathrm{m^{3}}$$

实践篇

使用5个要点来检验，我们有

矢量或标量使用正确吗？所有量都是标量✔

每个表述的问题都给出解答了吗？质量密度✔，数量密度✔

没有未知量在答案中了吗？没有✔

单位正确吗？质量密度的单位是 kg/m^3 ✔，数量密度的单位是原子/m^3 ✔

有效数字修正了吗？每个答案都是3位，因为所有已知量都是3位有效数字✔

❹ 评价结果　我们计算出了氢的质量密度是等于水的质量密度的。由于氢气是气体，你可能会认为这个质量密度不合理地偏高，正确的答案应该像《原理篇》中练习1.6中的氦（He）的值一样，大约0.2 kg/m^3。然而，因为太阳中的气体是高度压缩的，质量密度大了几个数量级并不是不合理的。但是这个值是水的质量密度！这有任何道理吗？好的，水蒸气与水相比，显然具有更小的质量和更小的质量密度。如果太阳中的氢原子像液态水中那样紧密的压缩，我们可以预测它们的质量密度应该是在同一个数量级的。我们也可能会将我们的答案与题目中给出的太阳的质量密度做比较。假设是一个球形的太阳，我们就有

$$\rho_{Sun}=\frac{m_{Sun}}{\frac{4}{3}\pi R_{Sun}^3}=1.4\times10^3\,kg/m^3$$

我们得到的氢原子的质量密度跟平均质量密度的数量级相同，所以这看起来似乎就合理了。

我们得到的数量密度结果比《原理篇》的练习1.6中的氦的数量密度大了几个数量级，鉴于像太阳这样的高度紧密的物体，这个结果也是可预期的。

注意：当我们在处理完全脱离日常生活的计算问题时，可能需要从参考书或者一些网上资源中进行快速检查，以排除一些疑问。这样做，我们就获得了与上述计算一致的太阳的平均质量密度。

引导性问题 1.2　太阳中的氧

氧原子占太阳质量的0.970%，每个氧原子的质量为 2.66×10^{-26}kg。计算太阳中氧的平均质量密度和氧原子的平均数量密度。可以使用例1.1中给出的信息。

❶ 分析问题

1. 例1.1中的方案有多少可以在这里继续采用？

❷ 设计方案

2. 质量密度的定义是什么？数量密度呢？

3. 你有充足的信息来计算这些值吗？

❸ 实施推导

4. 太阳中氧的质量是多少？

5. 怎样把氧的数量密度与其质量密度和氧原子的质量联系在一起？

❹ 评价结果

6. 你的答案跟例1.1中的答案能一致吗？

例 1.3　棒的体积

一个圆柱形棒长为2.58m，直径为3.24in。计算其体积，单位为 m^3。

❶ 分析问题　我们知道圆柱体的体积等于长度乘以底面积。已知长度，并可以用给出的直径来计算底面积。因为直径是以英寸（in）为单位给出的，因此，我们要将其换算成等量的SI单位。

❷ 设计方案　首先，把英寸通过换算因子25.4mm = 1in［式（1.5）］以及1m = 1000mm换算为米。然后，使用国际单位制的长度（l）和底面积（A）来得到体积 $V=Al=\pi R^2 l$。

❸ 实施推导　以米为单位，半径（3.24in）/2可以换算为

$$1.62\,in\times\frac{25.4\,mm}{1\,in}\times\frac{1\,m}{1000\,mm}=4.115\times10^{-2}\,m$$

注意：我们在此使用了有效数字。因为给定的所有值都是3位有效数字，所以最终结果也应该是3位有效数字。然而，在中间步骤中，我们可以多保留一位数来避免计算时累

积的误差。

因此，棒的体积为

$$V=\pi R^2 l=\pi(4.115\times10^{-2}\text{m})^2(2.58\text{m})$$
$$=1.37\times10^{-2}\text{m}^3$$

使用5个要点来检验，我们有

矢量或标量使用正确吗？所有量都是标量✔

每个表述的问题都给出解答了吗？体积✔

没有未知量在答案中了吗？没有✔

单位正确吗？立方米✔

有效数字修正了吗？每个答案都是3位，因为所有已知量都是3位有效数字✔

❹ **评价结果** 尽管棒大约有2.5m长，它的半径却只有1.62in，也就是大约40mm或者0.040m。我们可以通过把棒看作一个底面边长为8cm，长度为3m的矩形块来进行数量级的估计。结果是$(8\times10^{-2}\text{m})(8\times10^{-2}\text{m})(3\text{m})\approx10^{-2}\text{m}^3$，因此，体积大约在$10^{-2}\text{m}^3$这个数量级是合理的。

引导性问题 1.4 盒子的体积

一个盒子的测量数据：1420mm、2.75ft、87.8cm。试用立方米（m^3）来表达它的体积。

❶ **分析问题**

1. 例1.4中的方案有多少可以在这里继续采用？

❷ **设计方案**

2. 已知尺寸和盒子的体积之间有什么关系？

3. 在给出的量中有哪些需要你换算为SI单位？

4. 在已知量中，哪个SI单位给出的值可以直接用？

❸ **实施推导**

5. 你要用的换算因子是什么？

❹ **评价结果**

例 1.5 有效数字计算

将以下结果用正确的有效数字及数量级进行表示：

(a) $(42.003)(1.3\times10^4)(0.007000)$

(b) $(42.003)(13{,}000)(0.007000)$

(c) $\dfrac{170.08\pi}{32.6}$

(d) $113.7540-0.08$

❶ **分析问题** 四个问题中，有两个是乘法，一个是除法，以及一个是减法运算，它们涉及不同有效数字位数的数值。每个答案中的有效数字位数都取决于已知数值的有效数字位数。

❷ **设计方案** 为了将每个答案用正确的有效数字位数表示，我们采用《原理篇》中给出的规则。乘法或除法运算结果中的有效数字位数，跟输入量中的最少有效数字位数保持一致。加法或者减法运算结果中的小数位数，跟输入量中具有最少小数位数的那个数保持一致。

为了将我们的答案用其数量级表示出来，我们将每个答案都用科学计数法写出，把系数降为1（系数≤3）或者升到10（系数>3），然后将答案用不带系数的10的幂的形式写出。

❸ **实施推导** (a) 在$(42.003)(1.3\times10^4)(0.007000)$中，第一个因数有5位有效数字，第二个因数有2位有效数字，第三个因数有4位有效数字。因此，乘积只能具有2位有效数字：3.8×10^3。系数3.8大于3，于是我们把系数变为10，使得数量级为$10\times10^3=10^4$。

(b) 这个乘法里的前两个因数有5位有效数字，第三个因数有4位有效数字，于是我们将计算结果调整为4位有效数字：3.822×10^3。当然，结果的数量级没变。

(c) 在$170.08\pi/32.6$的分母中有3位有效数字，分子中的第一个因数有5位有效数字，而$\pi(=3.14159)$具有的有效数字跟我们的计算器显示的一样。因此，答案只含有3位有效数字：16.4。为了把这个值用数量级表示，我们必须将其写成科学计数法的形式，即1.64×10^1。因为1.64比3要小，我们将其舍入为1，使得数量级为 $1\times10^1=10^1$。

(d) 具有最高位小数点的数是0.08，意味着差也应当保留两位小数位，即113.67。要将其用数量级写出，我们写作 1.1367×10^2 并将1.1367舍入为1，使得数量级为 $1\times10^2=10^2$。

用5个要点进行检查，我们有

矢量或标量使用正确吗？所有量都是标量✔

每个表述的问题都给出解答了吗？所有结果都用正确的有效数字和数量级的形式表示出来了✔

没有未知量在答案中了吗？没有✔

单位正确吗？没有给出单位✔

有效数字修正了吗？所有有效数字都正确✔

❹ 评价结果　我们可以检查每个答案是否具有正确的数量级。

(a) $(42.003)(1.3\times10^4)(0.007000)$ 大致是 $40\times13000\times0.01=5200$，其数量级是 $5.2\times10^3\approx10\times10^3=10^4$ 与我们的答案一致。

(b) 同上。

(c) $(200\pi)/30=600/30=20=2.0\times10^1\approx1\times10^1=10^1$。

(d) $100-0=100=10^2$。

引导性问题1.6　自行完成计算

将以下结果用正确的有效数字及其数量级进行表示：

(a) $(205)(0.0041)(489.623)$

(b) $\dfrac{(190.8)(0.407500)}{\pi}$

(c) $6980.035+0.2$

❶ 分析问题

1. 例1.5中的方法有帮助吗？够用吗？

❷ 设计方案

2. 对于(a)和(b)，每个数值分别具有多少位有效数字？

3. 对于(c)，哪一个数值限制了答案中的小数位数？

❸ 实施推导

4. 你怎样将每个答案转换为数量级？

❹ 评价结果

例1.7　海洋

对海洋所占地球总质量的百分比进行数量级估计。

❶ 分析问题　地球大约有70%的表面都被海洋覆盖，但是决定地球质量的是它的体积。为了获得这个百分比，我们需要知道地球的质量以及海洋的质量。地球的质量，我们可以通过查阅或者回忆得到，但是海洋的质量需要我们通过质量密度和体积来进行计算。对此我们需要设计一个求得海洋体积的简单模型，该模型或许也可以应用于地球。

❷ 设计方案　一个70%的表面都被一层薄薄的水覆盖的球形的地球似乎是合理的最初尝试。海洋的体积则为球体表面积的70%乘以海洋的深度。于是求海洋的质量就会涉及海水的质量密度，地球半径的平方值，以及海洋的平均深度。我们需要估计以上每一个值，然后将海洋的质量除以地球的质量从而获得要求的百分比。这表示我们同时也必须估计地球的质量，而这同时也跟地球的半径有关。如果我们能够将两者的质量用质量密度表示出来，那么一些因数也许能够被消去。

❸ 实施推导　地球的质量（包含海洋）是 $m_E=\rho_E V_E=\rho_E\left(\frac{4}{3}\pi R_E^3\right)$。海洋的表面积是 $0.70A_E$，假设海洋的平均深度是 d，我们大致估计海洋的体积为其表面积 A_o 乘以深度 d：$V_o=A_o d=0.70A_E d$。因此，海洋的质量是 $m_o=\rho_o V_o=\rho_o(0.70A_E d)=\rho_o(0.70)(4\pi R_E^2)d$。地球质量中海洋所占的比例 f 为

$$f=\frac{m_o}{m_E}=\frac{\rho_o(0.70)(4\pi R_E^2)d}{\rho_E\left(\frac{4}{3}\pi R_E^3\right)}=2.1\frac{d\,\rho_o}{R_E\rho_E}$$

现在仍有4个量需要估计，但是至少所有的平方项和立方项都已经被消去了！海洋的平均深度 d 大约是1mile，或1.6km。地球的半径大约是4000mile，或6400km。海水的质量密度大约与淡水的质量密度相同。地球的陆地表面物质（比如岩石）的质量密度一定是比水大很多倍的，因为石头掉到水中立

即就下沉了。地球的内部物质一定具有相对更高的质量密度，因为接近地心的物质被地心引力压缩了。于是我们估计地球的平均质量密度大约是水的 5 倍，因此比例 ρ_o/ρ_E 大约是 1/5，这使得比例 f 为

$$f=(2.1)\left(\frac{1.6\text{km}}{6400\text{km}}\right)\frac{1}{5}=1.1\times10^{-4}\approx10^{-4}$$

因此，海洋质量大约占据地球质量的 1/100 的 1%，即万分之一。

对 5 个要点进行检查

矢量或标量使用正确吗？所有量都是标量✔

每个表述的问题都给出解答了吗？百分比计算出来了✔

没有答案在未知量中了吗？所有量都是已知或者估计的✔

单位正确吗？答案是百分比，没有单位✔

有效数字修正了吗？数量级的估计✔

❹ 评价结果 海洋的深度比地球的半径小得多，而海水比陆地物质的质量密度相对要小，因此我们应该可以预计海洋占地球质量的很少一部分。如果你查阅确切的值，你会发现我们的估计值大约是 2 倍左右。

引导性问题 1.8 屋顶面积

为了减少化石燃料的使用，一个建议是在美国所有建筑物的屋顶都铺设太阳能收集器。对太阳能收集器的总面积进行一个数量级估计，单位是 km^2。

❶ 分析问题

1. 你可以用什么样的简单图形来近似处理美国的面积？

2. 假设建筑物几乎都在城市里是否合理？

❷ 设计方案

3. 美国的近似面积为多少？

4. 该面积中有百分之多少是城市？

❸ 实施推导

❹ 评价结果

习题 通过《掌握物理》® 可以查看教师布置的作业 MP

解决情境问题

标记了 CR 的问题是情境（context-rich）问题——与日常世界更相近的问题。这些问题通常由简短的叙述给出，并且不会清楚地告诉你，想要回答该问题，你都需要计算哪些变量。因此，跟提问“……的质量是多少？”（告诉了你需要计算某个物体的质量）不同，情境问题可能会问你“你接受这次打赌吗？”（将需要计算的量留给你自己决定）。问题中通常都包含了没有关联的信息，而你可能会需要通过估计或查阅来补充一些缺少的信息。

像所有问题一样，情境问题也应当运用本章步骤框中的四步解决法。由于包含背景问题的陈述总是无法被划分为小块，因此，一开始的两步（“分析问题”和“设计方案”）就变得尤为重要。

当你需要朝着一个目标前进但解决问题的路线并不清晰时，情境问题将会强化你解决日常问题的技能。你可以获知的信息可能有一些简略或者矛盾，所以可能会有不止一种途径来解决一个问题，而某些途径可能会比其他的途径更有成效，但是在起初它不会那么明显。因此，可以将情境问题视为一个拓展你解决问题能力的良机。

圆点表示习题的难易程度：●=简单，●●=中等，●●●=困难；CR=情景问题。

1.1 科学方法

1. 在一次关于是什么使飞机停留在空中的讨论中，一个同学提出了他的假设：“飞机是因一种不可探测的磁场所产生的力而留在空中的。”这个陈述中的哪一个词最可能使得这个陈述不满足科学假设的条件？●

2. 一种食品的广告声称，每一份该产品比其竞争对手的产品的脂肪含量要低 50%。

如果你认为这个广告是有效的，那么你正在做出什么假设？

3. 你要去预测一串整数序列的下一项，该序列为1，2，3。如果你的预测是4，那么你做出了什么假设？

4.《原理篇》中的自测点1.1表述，两枚硬币一共是30美分，而它们中的一枚不是5美分。如果自测点没有说“两个硬币都不是5美分，”那么什么样的隐藏假设会妨碍你得到结论？

5. 在一个4×4的数独问题中，填充有一个2×2的小方形，如图P1.5所示，要完成这个数独有多少种方法？（在数独里，数字1，2，3，4必须在4×4的方形中的每一行和每一列中都出现一次，且在每个小方形中仅能出现一次）

图 P1.5

4	3		
1	2		

1.2 对称性

6. 图P1.6中有多少个镜像对称的对称轴？对称轴仅限于三角形所在的平面。

P1.6

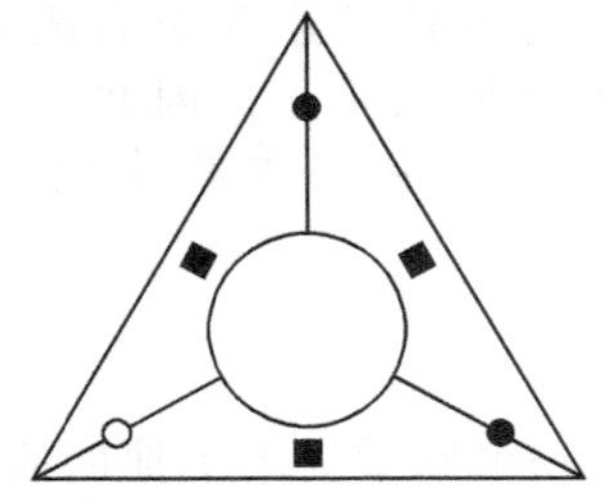

7. 一个圆锥体有多少个旋转对称轴？

8. 三枚一模一样的硬币放置在如图P1.8中的网格上。要构成一个既有镜面对称性又有90°旋转对称性的形式，你应该在哪个位置上放下第四枚硬币呢？

图 P1.8

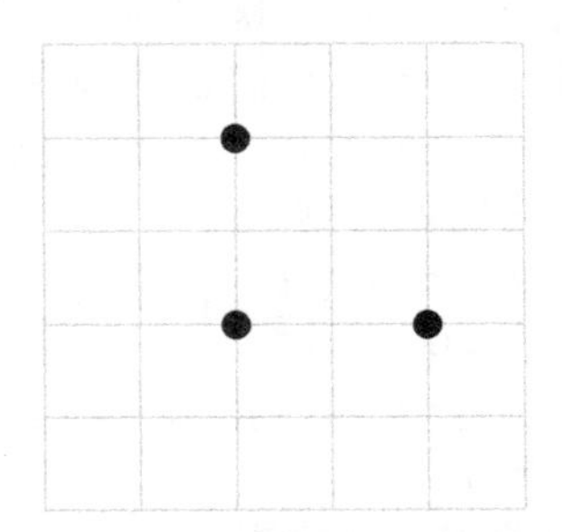

9. 说出以下单词中每个字母的镜面对称性：

T A B L E S

10. 球体具有《原理篇》中提到的哪些几何对称性？

11. 一个立方体有多少条镜面对称轴？有多少条旋转对称轴？

12. 假设你有一张正方形的纸，纸面上有一条沿着正中的垂直线和一条沿着正中的水平线，将正方形的纸分成四个小正方形。左上方的正方形是空白的。左下方和右上方的正方形是蓝色的。在右下方正方形的中心有个红点。这张方形纸有多少条镜面对称轴？对称轴仅限定在纸张平面的范围内。

13. 一个立方体被放置在桌子上，绿色的一面朝上。你知道朝下的那一面也是绿色的，但是在这个绿色表面的中间有个红色的点。从你坐着的地方，你可以看见两个相邻的垂直侧面，一面是红色的，另一面是蓝色的。那么该立方体可能具有的镜面对称轴的最大数量是多少？

1.3 物质和宇宙

14. 光以299792458m/s的速度传播，光在78年的时间内可以传播多远？

15. 太阳距离地球约有9300万mile。(a) 这个距离是多少毫米？(b) 这个距离可以放下多少个首尾相连的地球？（关于地球的半径，参见例1.7）

16.《原理篇》中的图1.9告诉我们，人体包含了10^{29}个原子，而一头蓝鲸包含了10^{32}个原子。用这些值来确定蓝鲸的长度与人类身高的比值。

17. 腹毛动物是一种小型水生微生物，

其寿命大约是3天，而大型海龟的平均寿命是100年。对此进行数量级估计：与一只海龟寿命相当的腹毛动物的生命倍数。在你的计算中，对一年中所包含的天数使用其数量级值。●●

18. 你估计出一滴水的直径大约是3mm。进行数量级估计：你的身体里大约有多少滴这样大的水滴。●●

19. 如果可以把你的物理书堆叠起来直到它们抵达月球，那么你所需要的书本数的数量级是多少？●●

20. 一个长15m、宽8.5m、深1.5m的游泳池中含有多少个水分子？●●

21. 立方体1的边长为l_1，体积为V_1，立方体2的边长$l_2=2l_1$。（a）当进行数量级估计时，立方体2的体积比立方体1大多少数量级？（b）答案取决于l_1的数值吗？●●

22. 地球需要大约365天的时间来通过绕着太阳的轨道旋转一周，该轨道的半径大约是1.50×10^8km。进行数量级估计：如果是光沿着这个轨道传播则需要多长时间走一圈？●●

23. 当你在欣赏一棵树的时候，你会注意到叶子形成了一个近乎连续的球壳形树冠，而树冠内部的叶子数量相对较少。你估计树冠的直径大约是30m。每片叶子大约5in长、3in宽。试对这棵树上的叶子的数量进行估计。●●●

1.4 时间和改变

24. 人类的一代约为30年，宇宙的年龄大约是10^{17}s。自宇宙开始诞生起，大约经过了人类的多少代？（忽略人类在宇宙的大部分时间中并不存在的现实）●

25. 你听到一声雷鸣并走到窗户边。之后你看到一道闪电划过。据此假设是雷声引起了闪电，这是合理的吗？●

26. 1s被定义为铯原子辐射周期的9.19×10^9倍。那么这种原子的辐射周期是多少秒？●

27. 观察铁路交叉口，你会注意到交叉口的障碍在列车到达前30s将被放下。你注意了很长一段时间，每当列车经过时都会放下障碍。直到有一次没有放下，但一辆列车还是驶来了！讨论行驶的列车与放下障碍之间的通常关系。那次单独的不寻常事件对你的答案会有什么影响吗？●●

28. 假设在问题26中提到的铯原子的辐射线以光速传播，那么在问题26中计算得出的周期时间内，辐射线能够传播多远？●●

1.5 表征

29. 将下面的陈述翻译为数学表达式，可以使用任何你需要的符号，但是每个符号的意义要包含说明：某一个物体的能量等于该物体质量乘以光速的二次方。●

30. 一个平面图形由四条直线段围成，其中两条的长度为l，而另外两条的长度为$2l$。不允许没有被连接的末端存在，但是允许交叉，且图中每个点只允许与两条线段相连。相同长度的两条线段末端不能相连。这个形状可能是什么样的？●●

31. 一个平面图形由四条长度同为l且不交叉的直线段构成。线段1的一个末端跟线段2的一个末端相连，它们构成一个30°的角。线段2的另一个末端跟线段3的一个末端相连，它们也构成一个30°的角。最后，线段3的另一个末端跟线段4的一个末端相连，构成另一个30°的角。线段1和4未连接的末端之间的距离是多少？●●

32. 你正在组织家庭成员拍合照，想要让他们按照身高依次增加的顺序站位。你的叔叔比你的婶婶矮0.5ft，但他比你的表兄高。你的祖母比你的祖父矮2in。你的哥哥比你的婶婶高1in，比你的表兄高3in。你的祖父比你的婶婶高1cm。将你的亲戚按身高依次增加的顺序排列出名单。●●

33. 木星和太阳之间的距离为77.8×10^7km，而地球和太阳之间的距离是15×10^7km。假设一条从木星到太阳的连线与地球到太阳的连线组成一个直角，光从太阳到达木星与地球连线中间位置的太空飞船需要传播多久？●●

34. 在一次物理学实验中，当小车沿着斜面向下滑动的时候，你和你的搭档跟踪小车的位置。实验说明要求你准备：（a）本次实验的图片表示，（b）每隔2s记录小车位置的表格，（c）用横、纵坐标来显示小车位

置的坐标图。你绘制了如图 P1.34 所示的草图。你的表格和坐标图应该如何表示？●●

图 P1.34

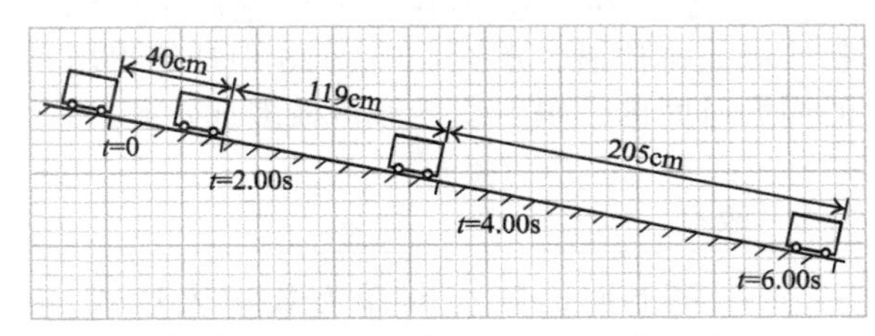

35. 坐标图 P1.35 中显示了两个物理量的关系：位置 x，单位是 m；时间 t，单位是 s。(a) 用文字表达它们之间的关系，(b) 用数学公式表达它们之间的关系。●●●

图 P1.35

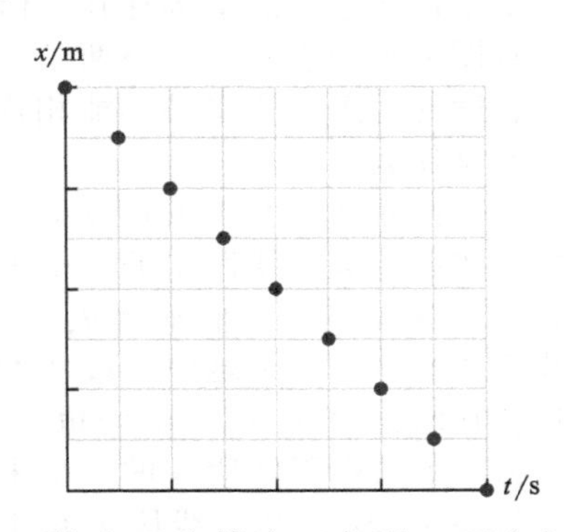

36. 你有四个等边三角形，两个红色的，两个蓝色的。你想要排列它们，这样每个蓝色三角形就能够跟另一个蓝色三角形邻边，并与两个红色的三角形邻边，同时每个红色三角形与另一个红色三角形邻边，并与两个蓝色三角形邻边。这该如何实现？●●●

1.6 物理量和单位

37. 目前的跳远世界纪录为 8.95m。用英寸表示是多少？●

38. 飞机航行海拔高度为 35000ft。这个高度用英里表示是多少？用米呢？●

39. 一块质量密度均匀的金属块被切割成两片。分两种情况：(a) 如果每片金属块体积为最初的金属块体积一半；(b) 如果其中一块体积为原先金属块体积的三分之一。则这两片金属块的密度跟原先金属块的密度相比怎样？●

40. 光速是 2.9979×10^8 m/s。把这个速率分别用英里每秒（mile/s），英寸每纳秒（in/ns），千米每小时（km/h）来表示。

41. 假设你测出了两块硬石块的质量和体积。石块 1 的质量为 2.90×10^{-2}kg，体积为 10.0 cm^3。石块 2 的质量为 2.50×10^{-2}kg，体积为 7.50cm^3。这两块石头有可能是同一种材料吗？●●

42. 肯塔基赛马场的长度为 1.000mile 又 440yd。用英尺来表示这个距离。●●

43. 你在做一个计算，需要把两个物理量 A 和 B 加在一起。A 的表达式是 $A = \frac{1}{2}at^2$，其中 a 的单位是 m/s^2，t 的单位是 s。无论 B 的表达式是什么，B 一定具有什么单位？●●

44. 质量和体积都可以被用来描述一个物体的数量。那么是什么物理量将这两个概念联系在一起的？●●

45. 地球的平均半径是 6371km，假定地球上各物质的质量密度：(a) 空气 ≈ 1.2 kg/m^3，(b) 其他 5515kg/m^3，(c) 一个原子核 ≈ 10^{18}kg/m^3。给出地球质量的数量级估计。●●

46. 假定 $x = a^3y^2$，其中 $a = 7.81\mu\text{g/Tm}$。当 $x = 61.7\ (\text{Eg} \cdot \text{fm}^2)/(\text{ms}^3)$ 时，确定 y 的值。用科学记数法和简化的单位来表达。(提示：参考《原理篇》中的表 1.3，并注意到国际单位制前的词头从未被用于单位的乘方运算，例如，词头 cm^2 代表的意思是 $(10^{-2}\text{m})^2$，并不是 10^{-2}m^2，而 ns^{-1} 是 1/ns 或者 10^{-9}s^{-1}。同时注意到 m 既可以表示“米”，也可以表示词头“毫”，而这完全取决于上下文。）●●●

1.7 有效数字

47. (a) 真空中光传播的速度保留三位有效数字是多少？(b) 真空中光传播的速度的二次方保留三位有效数字是多少？(c) 请问 (b) 问中的数值是 (a) 问中数值的二次方吗？为什么？●

48. 根据 42 题中答案所需的有效数位，表述肯塔基赛马场的距离。●

49. 你有 245.6g 糖，并且希望将其平均分给 6 个人。如果你计算出每个人可以得到多少糖，那么你的答案需要保留多少位有效

数字？●

50. 你正在记录你的汽车每英里的汽油消耗量。你的里程表按 0.1mile 记录行驶里程。加油站油泵的油表的精度为 0.001gl。已知这些条件，当你行驶了 40.0mile 或者 400.0mile 时，你的计算有什么区别？●●

51. 你的里程表上显示 35987.1km。对于正确的有效数字位，当你行驶了 47.00m 之后，里程表上的读数应该是多少？●●

52. 某种牌子的软饮料每 355mL（一份）中就会含有 34mg 咖啡因。如果 1mol 的咖啡因的质量是 194.19g，而你平均每天喝两份这种饮料，那么你每年大约要喝下多少个咖啡因分子？●●

53. 你在一家医院工作，正为一个病人准备生理盐水。溶液中的浓度必须为每升溶液含有 0.15mol 的 NaCl（摩尔质量为 58.44g）。你有很多容积测量设备，但是唯一的质量测量工具是一个天平，其最小精度是 0.1g。你能配制的最小溶液量为多少？●●

54. 你找到了一个盛放未知透明液体的容器。你很好奇该液体的成分，但是却没有任何现成的化学分析设备在手边。你有的是一个性能良好的电子天平，所以你测量出该液体的质量为 25.403g，然后将液体倒入一个刻度量筒里，水平线如图 P1.54 所示。这种液体的质量密度是多少？●●

图 P1.54

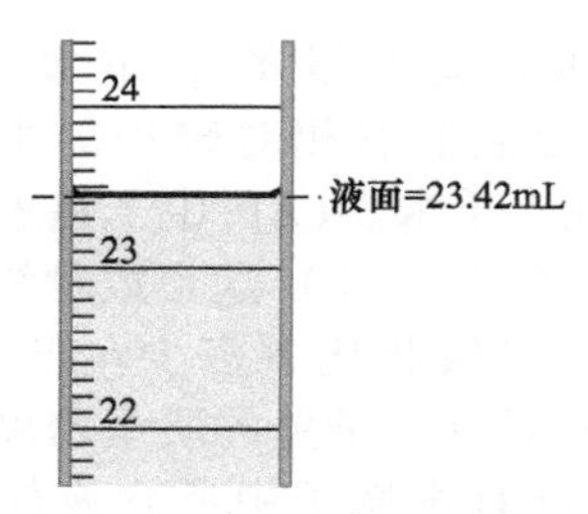

55. 假设在一次实验过程中，你向一个 145.67g 的瓷碗中添加了 0.335g 液体。当你加热液体 25.01s 之后，你测量这个瓷碗和液体的总质量是 145.82g。问这种液体平均每秒蒸发的质量是多少？●●●

1.8 解决问题

56. 一个测试题给出了海水的质量密度并问 1.0×10^3 kg 的海水可以占据多大的体积。有一个人回答说 0.9843m。在不知道海水质量密度的情况下，解释为什么这个答案是错误的。●

57. 你测量一个手表的时针和分针的长度分别是 8.0mm 和 11.3mm。在一天之中，分针针尖走过的距离比时针针尖走过的距离多多少？●●

58. 一个奥运会跑道包含两条直道（每条长 84.39m）以及两条半圆的弯道，每个圆弧从内侧弯道（1 道）测量的半径是 36.80m。共有 8 条弯道，每条弯道宽 1.22m。如果跑步运动员开始时是没有错开的（错开可以使得每个运动员跑的距离相同），那么在每一圈中，8 道的运动员要比 1 道的运动员多跑多少距离？●●

59. 你有外表看起来一模一样的 3 枚硬币。有一枚是假币，其质量与其他两枚真币不同。你同时还有一个等量天平（一种比较两个物体质量是否相同的设备，如果相等则平衡）。说说如何只通过两次测量就可以判断出假币以及它比真币轻还是重的。●●

60. 某种米饭的平均谷粒长度和直径分别为 6mm 和 2mm。一杯这样的大米，在烹饪之后，约含有 785cal（1cal = 4.1868J）的热量。(a) 一杯大米里有多少谷粒？(b) 一粒谷粒有多少热量？(c) 需要多少杯未经烹饪的大米才能满足四个成人的需要，其中每个成人都需要 2000cal 的热量。●●●

1.9 估算

61. 在可观测到的宇宙世界里，物质的摩尔数的数量级是多少？●

62. 你在要烘烤的面包上添加了大约 10^2 颗葡萄干。当充分烘焙好之后，面包是半球形的，半径约为 8in。相邻的葡萄干之间的平均距离的数量级大约是多少？●

63. 将一棵被砍倒的大树用于制作木材，其长度为 32m，直径为 0.80m。用这棵树大约可以制成多少块 6ft 长、2in×2in 的木材？●

64. 估计汉字“的”[⊖]在这本书中出现次数的数量级。●●

65. 估计一个拥有满头及肩长发的人，

⊖ 原书此处为字母“d”，考虑中文习惯，此处改为“的”。——编辑注

将其每根头发连接起来的总长度。●●

66. 有一个在讨论课堂上被大量提到过的传奇故事，说一个学生只靠从人们的垃圾堆里回收盐汽水罐，就支付了其在美国私立大学四年的学费。估计这可能吗？●●

67. 从20世纪50年代计算机硬盘诞生以来，硬盘在容量方面取得了巨大的发展。第一个商业用的硬盘通过50个圆形磁盘大约仅能存储3.8MB，每个磁盘的直径为610mm。而在现今，硬盘的存储只需通过5个圆形磁盘便可达到1.0TB，而每个磁盘的直径大约只有90mm。21世纪的硬盘其每个单元的存储能力超过最初硬盘多少数量级？●●

附加题

68. 用m/s来表示速度1.08243×10^{19} nm/y。●

69. 200页的活页纸其厚度为2.75in。一张纸的厚度是多少毫米？●

70. 一个容积为50×10^3L的水池被填满。(a) 这个水池的容积用立方毫米来表示是多少？(b) 这些水的质量用毫克表示是多少？(c) 如果你每天喝8杯平均大小杯子的水，水池里的水可以喝多久？●●

71. 假设你在一个科学博物馆的原子展览中工作。在这个展览中有一个原子的模型，你希望这个原子模型的原子核大到足够让游览者们看得见，大约500mm的直径。这个模型需要被放在一个边长约为25m的立方形房间内。如果你真的想将原子核做成这个尺寸，那么该原子模型能够放进去吗？●●

72. 最近关于万有引力常量、地球的质量与平均半径，以及重力加速度的实验值分别为

$$G=6.6738\times10^{-11}\ \mathrm{m^3\cdot kg^{-1}\cdot s^{-2}}$$
$$M_E=5.9736\times10^{24}\ \mathrm{kg}$$
$$R_E=6.378140\times10^{6}\ \mathrm{m}$$
$$g=9.80665\ \mathrm{m\cdot s^{-2}}$$

假设地球是一个球体，这些物理量通过表达式$gR_E^2=GM_E$被联系起来。(a) 用最新的这些数据，关系式中需要用到几位有效数字？(b) 你能够在计算乘积之前将这些数据舍入到相同的有效数字，并满足最后有效数字的要求吗？如果可以，这个有效数字位数应该是多少？●●

73. 假设你正在负责一个公园的安全工作。一个轮胎秋千通过长为5m的绳子挂在一棵树枝上，轮胎的底部距离地面垂直距离为1m。这片地坡度为12°，前方是一个水池。根据经验，你知道即便是最精力充沛的使用者也不太可能让秋千超过垂直线30°。而你明白父母们肯定想要对这个轮胎秋千的安全性放心。●●● CR

74. 当你在航天局工作的时候，你得到一个任务，需要确保在长时间的外太空航行中人类的氧气需求得到满足。你的上司给了你一份数据表格，并建议你考虑一个人在一年内可能需要的氧气总量，同时也要考虑在室温和大气压环境下的储存需求。●●● CR

一次呼吸的气体体积	4.5L
空气中氧气含量占比	20.95%
每次呼吸吸收的氧气量	25%
平均呼吸速率	15次/min
在室温和大气压环境下空气的质量密度	1.0kg/m³

75. 中子星质量的数量级可以达到10^{30}kg，但是它们有相对较小的半径，数量级大约是几十千米。(a) 中子星的质量密度数量级约为多少？(b) 这个数量级与地球的质量密度数量级相比大多少？跟水相比呢？(c) 如果水具有中子星的质量密度，那么一个满的2L苏打水瓶子中所含液体的质量的数量级将是多少？●●●

复习题答案

1. 物理是研究宇宙中物质与运动的科学。可以用它来理解自然界中所有现象背后所蕴含的统一模式。

2. 科学方法是一个形成有效理论来解释自然观察的往复过程。它涉及观察现象，从现象形成假设，基于假设做出预测，并通过组织实验检测来证明预测的全过程。

3. 一些有用的技巧，如解释观测结果，认知方式，建立和识别假设，逻辑推理，建立模型并利用模型来进行预测等。

4. 归纳推理是从具体到一般；演绎推理是从一般到特殊。

5. 对称性的意思是一个物体、过程或者定律通过某种运作之后并不改变其外在表现，如旋转和反射。

6. 空间中的传统对称性是指，在不同位置的不同观测者对于指定的测量行为得到的值是一样的，而时间中的传统对称性是指，在不同时刻同一个观测者对于指定的测量行为得到的值是一样的。这是两种对称性形式。

7. 宇宙是物质与能量再加上所有事件发生的空间与时间的总和。

8. 数量级是一个数值舍入到离它最接近的 10 的幂。使用数量级可以让你获得对数量的直观感受，它是任何定量领域内的关键技巧。

9. 2900 的数量级是 10^3，3100 的数量级是 10^4。这是因为第一位数字 3 作为舍入还是舍去的分界线。在对数范围内，以 10 为底 3 的对数 $\lg 3=0.48$，正好处于 $\lg 1=0$ 和 $\lg 10=1$ 的中间。

10. 大小尺度的范围从亚原子层面（10^{-16}m 或者更小）到宇宙层面（10^{26} 或者更大）。时间尺度的范围从阿秒（attosecond）的百分之一（10^{-20}s）或者更短到宇宙的年龄（10^{17}s）。

11. 时间以单一、不可逆转的方向流动，从过去到现在，再到未来。

12. 因果关系原理阐释，如果事件 A 引发了事件 B，所有的观测者看到的都是 A 在 B 之前发生。这就意味着如果事件 A 在事件 B 发生之后才被观测到，那么 A 就不可能导致 B。

13. 建立简化的视觉性的表征，例如草图、坐标或者表格，能够帮助你在脑海中对情景建立一个清晰的图像，并将其联系到过去的经验，从而理解其意义和结果，关注到必不可少的特征，还能组织比你头脑中能够记得住更多的相关信息。

14. 基本概念部分建立了在这个章节中所覆盖主题的概念框架。定量研究部分则建立了关于这些主题的数学框架。

15. 测量的数值和合适的单位都是必不可少的。

16. 在 SI 基础单位中，长度的单位是 m，时间的单位是 s，质量的单位是 kg，电流的单位是 A，温度的单位是 K，物质量的单位是 mol，光强的单位是 cd。

17. 密度是关于在一个给定体积中所含有的某种物质多少的概念。

18. 将这个物理量乘以一个换算因子，这个因子的分子是一个数和目标单位，分母是用给定单位表示的相同值。

19. 位数是表示一个所写数值的所有数字的个数。小数位数是到小数点右边的数字个数。有效数字位数是能可靠知道的位数。0.03720 为 6 位数，最后的 4 位是有效数字，一共有 5 个小数位。

20. 首位零是在第一个非零位之前的那个数。末位零是在最后一个非零数之后的那个数。首位零都不是有效的，小数点左边的末位零可能是有效的，也可能是非有效。

21. 结果数据中有效数字位数，应该与输入中具有最少有效数字位数的那一个数据一致。

22. 结果数据中小数位数，应该与输入中具有最少小数位数的那一个数据一致。

23. 分析问题：辨析问题，视觉化情景，组织相关信息，使目标清晰。

设计方案：通过建立策略，以及辨别你所能使用的物理关系和公式，弄清楚需要做什么。

实施推导：逐步实施方案，进行代数演算，然后取得目标所需的必要计算操作；检验计算结果。

评价结果：考虑这个答案是不是合理的，说得通的，在有局限性的事例中是否能够得出已知结果，或者是否可以通过另一种可选方法来得到验证。

24. 矢量或标量使用正确吗？每个表述的问题都给出解答了吗？没有未知量在答案中了？单位正确吗？有效数字修正了吗？

25. 它们使得你能够形成对一个问题的感觉，而不用引入太多细节。它们帮助你发掘出物理量之间的关系，考虑可替代的方法，从而简化假设，并评估不同方法获得的答案。

引导性问题答案

引导性问题 1.2

$$\rho_O=\frac{0.0097m_{\text{Sun}}}{\frac{4}{3}\pi R_{\text{Sun}}^3}=13.7\text{kg/m}^3$$

$$n_O=\frac{\rho_O}{m_{O\ \text{atom}}}=5.14\times10^{26}\ \text{个原子/m}^3$$

引导性问题 1.4 $V=Whl=1.05\text{m}^3$

引导性问题 1.6 （a）4.1×10^2，10^3；（b）24.75，10^1；（c）6980.2，10^4

引导性问题 1.8 大约 10^5km^2，假设建筑物覆盖了 1%~2% 的土地，而美国领土则可以近似为一个尺寸为 1000 mile×3000 mile（1600 km×4800 km）的长方形。

第 2 章　一 维 运 动

章节总结

平均速率和平均速度（2.2节~2.4节，2.6节，2.7节）

基本概念 **经过的路程**是一个物体沿着其运动路径所经过的所有距离之和，与方向无关。

一个物体**位移**的 x 分量是其 x 坐标的改变量。

一个物体的**平均速率**等于其经过的路程除以这段路程所用的时间间隔。

一个物体的**平均速度**的 x 分量等于其位移的 x 分量除以发生这段位移所用的时间间隔。平均速度的大小不一定等于平均速率的大小。

定量研究 在两个点 x_1 和 x_2 之间的距离 d 等于

$$d=|x_1-x_2| \tag{2.5}$$

一个物体从点 x_i 运动到点 x_f，其位移 Δx 的 x 分量等于

$$\Delta x=x_f-x_i \tag{2.4}$$

这个物体的平均速度的 x 分量等于

$$v_{x,av}=\frac{\Delta x}{\Delta t}=\frac{x_f-x_i}{t_f-t_i} \tag{2.14}$$

标量和矢量（2.5节，2.6节）

基本概念 **标量**是由数值和测量单位确定的物理量，**矢量**是由数值、测量单位和方向确定的物理量。数值和测量单位一并称为矢量的**模**。

单位矢量的模为1，没有单位。

要把两个矢量**相加**，将第二个矢量的尾部与第一个矢量的头部重合；由第一个矢量的尾部指向第二个矢量的头部的矢量表示矢量相加。要把两个矢量**相减**，将要被减去的那个矢量的方向反转过来，并用这个反转后的矢量与另一个矢量相加。

定量研究 单位矢量 $\hat{i}$ 的模为1，沿 x 轴指向 x 增加的方向。

一个指向 x 轴正方向，其 x 分量为 b_x 的矢量 $\vec{b}$ 可以用**单位矢量表示**为

$$\vec{b}=b_x\hat{i} \tag{2.2}$$

位置矢量、位移和速度（2.6节，2.7节）

基本概念 一个点的**位置矢量**或称**位置**，是从坐标系的原点出发指向该点的矢量。

一个物体的**位移矢量**等于其位置矢量的改变量。该矢量从初始位置矢量的头部指向最终位置矢量的头部。

定量研究 x 轴上坐标为 x 的点的位置 $\vec{r}$ 等于

$$\vec{r}=x\hat{i} \tag{2.9}$$

沿着 x 轴运动的物体的位移矢量 $\Delta\vec{r}$ 为

$$\Delta\vec{r}=\vec{r}_f-\vec{r}_i=(x_f-x_i)\hat{i}$$

(2.7,2.8,2.10)

沿着 x 轴运动的物体的平均速度等于

$$\vec{v}_{av}=\frac{\Delta\vec{r}}{\Delta t}=\frac{x_f-x_i}{t_f-t_i}\hat{i} \quad (2.14,2.15)$$

实践篇

速度的其他性质（2.8 节，2.9 节）

当一个物体的速度恒定，其**位置-时间图像**是一条斜率不为零的直线，其**速度-时间图像**是一条水平线。

一个物体的**瞬时速度**是其在某个特定时刻的速度。

一个物体的 $x(t)$ 曲线上某个特定时刻处的斜率，在数值上等于这个物体在该时刻速度的 x 分量。在一段时间间隔中这个物体的 $v_x(t)$ 曲线下方的面积等于这个物体在这段时间内的位移。

一个物体的瞬时速度的 x 分量等于这个物体的 x 坐标关于时间 t 的导数：

$$v_x = \frac{\mathrm{d}x}{\mathrm{d}t} \tag{2.22}$$

复习题

复习题的答案见本章最后。

2.1　从现实到模型

1. 一位朋友对一个运动物体的影像构造了一幅关于位置随帧变化的关系图。然后她要求你也构造一幅同她一样的曲线图。她告诉你，她以毫米为单位来测量距离，那么另外还有哪两条信息是她必须交代给你的？

2. 你该如何确定一个物体是运动的还是静止的？

2.2　位置和位移

3. 假设你有一个显示几个物体运动的小视频。如果你想要标定图中的距离，那么你至少需要知道其中一个物体的什么信息？

4. 解释你在复习题 3 中提到的信息是如何用来计算定标图的距离的。

5. 用 x 分量来表述一些物理量的目的是什么？

6. 在绘图或图解中，你要如何表示位移？

2.3　描述运动

7. 关于数据点绘图的插值法的含义是什么？

8. 描述如何确定在某个特定时刻一个物体位置的 x 分量，已知：(a) 位置 x 作为时间 t 的函数的坐标图，(b) 关于 $x(t)$ 的表达式。

2.4　平均速率和平均速度

9. 在 $x(t)$ 曲线中，平缓的斜率与陡峭的斜率的含义各是什么？当沿着时间轴从左往右移动时，向下倾斜和向上倾斜的含义各是什么？

10. 如果一个物体在某一段时间内的平均速度的 x 分量是负的，那么这在物理上表明了什么？

2.5　标量和矢量

11. 标量定义的特点有哪些？矢量呢？

12. 矢量的模和矢量的 x 分量之间的关系是什么？

13. 引入单位矢量 $\hat{i}$ 的目的是什么？

2.6　位置矢量和位移矢量

14. 希腊字母 Δ 的数学意义是什么？

15. 位移是矢量还是标量？距离是矢量还是标量？

16. 距离可以为负吗？经过的路程可以是负数吗？

17. 在何种情况下，位移的 x 分量会是负的？

18. 当运动出现在以下三个阶段时，经过的路程应该如何计算：首先，沿着 x 轴以同一个方向运动，然后沿着反方向运动，最后又沿着原先的方向运动。

19. 描述两个矢量相加以及一个矢量减去另一个矢量的图形方法。

20. 如果你将一个矢量 $\vec{A}$ 乘以一个标量 c，所得结果是标量还是矢量？如果结果是一个标量，其大小等于多少？如果结果是一个矢量，其大小和方向怎样？如果标量 $c=0$ 呢？

2.7　速度矢量

21. 平均速率是标量还是矢量？平均速度是标量还是矢量？

22. 速度因为具有了什么特性才使其被称为矢量？

23. 在一段时间内，一个物体的平均速度是如何与其位移相联系的？

2.8　匀速运动

24. 一个匀速运动物体的 $x(t)$ 曲线的形状是怎样的？这个物体的 $v_x(t)$ 曲线的形状又是怎样的？

25. 在 $t=0$ 到 $t=8\mathrm{s}$ 的时间段内，一个物

体以 10m/s 的速度匀速向北运动。要确定这个物体在 $t=5\text{s}$ 时的位置，你还需要知道另外的什么信息？

26. 在速度-时间图像上，对于任意的时间间隔 $t_f - t_i$ 所对应的曲线下方的面积的意义是什么？

2.9 瞬时速度

27. 一个运动物体的 $x(t)$ 曲线给出了这个物体在某个给定时刻的速度的 x 分量的什么特征？

28. 在何种情况下，一段时间内的平均速度等于这段时间内的每一个时刻的瞬时速度？

29. 已知物体位置的 x 分量是时间的函数，试问什么样的数学关系可以让你计算出这个物体在某个时刻的速度的 x 分量？

估算题

从数量级上估算下列物理量，括号中的字母对应于可能用到的提示。根据需要使用它们来指导你的思考。

1. 一个 20 层公寓楼的高度（D）
2. 在人一生的时间里，光传播的距离（B，N）
3. 一粒难以消化的爆米花在你的身体里所经过的位移，以及它所经过的路程（F，O）
4. 在职业棒球比赛中，击球手在“快速球”触到本垒之前的反应时间（C，H）
5. 从旧金山沿着直线路径，一路不停车开到纽约所需要的时间（G，K）
6. 当你在高速公路上驾驶时，打盹 2s 所经过的路程（K）
7. 从旧金山飞往纽约的航班的平均速率（G，Q）
8. 全美国一年里普通汽车的平均速度（不是只考虑行驶的时候）（E）
9. 从法国的巴黎到新西兰的奥克兰，绕半个地球无经停地航行所需的时间。（J 和第 7 个问题）
10. 一年内一辆普通汽车的轮胎的转动次数。（L，E）
11. 当你在行走时，你右脚的最大速率（A，M，P）
12. 一辆普通汽车的轮胎在一次滚动中所磨损的橡胶厚度（I，R，L，S）

提示

A. 你的平均行走速率是多少？

B. 光速是多少？

C. 一位职业投手投出的“快速球”的速率是多少？

D. 公寓楼的每层楼有多高？

E. 一辆普通的汽车在一年里经过的路程大约有多远？

F. 当你笔直地坐着，座位离你的嘴有多远？

G. 旧金山与纽约之间的距离有多远？

H. 投球区距离本垒有多远？

I. 在汽车轮胎的寿命中，会磨损多少厚度的橡胶？

J. 地球的周长是多少？

K. 一般高速公路的限速是多少？

L. 汽车轮胎的周长有多少？

M. 如果你行走 2min，你的右脚处于静止的时间有多长？

N. 一个普通人的寿命有多长？

O. 一个成年人的消化道有多长？

P. 如果你沿着一条直线行走 10m，你右脚的位移有多少？

Q. 从旧金山到纽约的航班需要航行的时间是多少？

R. 一个汽车轮胎能够跑多长的距离？

S. 一辆汽车的轮胎行驶 1m 会转多少圈？

答案（所有值均为近似值）

A. 2m/s；B. 3×10^8m/s；C. 4×10^1m/s；D. 4m；
E. 2×10^7m；F. 1m；G. 5×10^6m；H. 2×10^1m；
I. 1×10^{-2}m；J. 4×10^7m；K. 3×10^1m/s；
L. 2m；M. 1min；
N. 2×10^9s；O. 7m；P. 1×10^1m；Q. 2×10^4s；R. 8×10^7m；
S. 0.5 圈

实践篇

例题与引导性问题

下列例题涉及本章内容，但又不仅仅局限于本章中的某一节。
其中一部分以例题的形式给出，另一部分则以引导性问题的形式给出。

例 2.1　购物搜索

一个疯狂的购物者沿着超市的通道用下面的顺序来寻找一件特别的物品：

(1) 他朝着东边以 3.0m/s 的恒定速率前进了 10s。

(2) 停下来 5.0s。

(3) 沿着同样的方向，又以 0.50m/s 的恒定速率缓慢地行走了 20s。

(4) 然后他立刻转身，并朝着西边以 4.0m/s 的恒定速率走了 9.0s。

问：(a) 将这 44s 内购物者的位置作为时间的函数画出图像。(b) 他从 $t=0$ 到 $t=35\text{s}$ 的平均速度的 x 分量是多少？从 $t=0$ 到 $t=44\text{s}$ 呢？(c) 在这 44s 内他走过了多长的距离？ (d) 这段时间内他的平均速率是多少？

❶ **分析问题**　我们知道，起初，购物者沿着直线朝一个方向行走，然后停下来片刻，再沿着同样的方向行走，不过这次行走缓慢，之后他转换了方向。要形象地表示这个运动过程，可以做出草图来代表这四段过程中的速度（见图 WG2.1）。

图 WG2.1

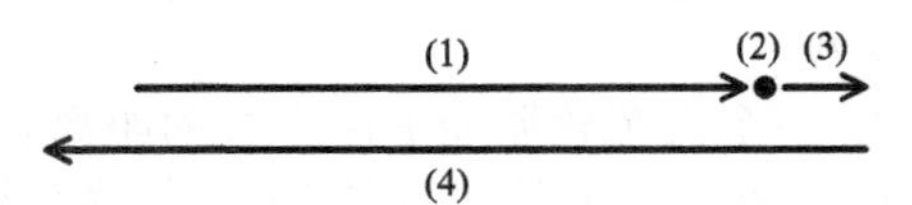

我们知道，购物者的速率和行进方向影响着购物者在任一时刻的位置。由于运动都是沿着 x 轴的，所以我们的首要任务是，基于购物者在起点时刻的速率和运动方向，由起点画出 $x(t)$ 曲线。另外，我们还需要确定他在两段时间间隔中的平均速度，在 44s 时间内走过的路程，以及这 44s 时间内他的平均速率。

我们总结已知量中的给定信息，用明确的符号来表示不同阶段的物理量。我们应该采用阶段数作为下标来标记每一段的最终时刻和最终位置；例如，t_3 是第三阶段的末时刻，在这一时刻，购物者的位置是 x_3。选取 x 轴的正方向为向东，我们可以根据问题的表述列出以下信息：

在时间段 $t_0=0$ 到 $t_1=10\text{s}$ 内，$v_{x,1}=+3.0\text{m/s}$；

在时间段 $t_1=10\text{s}$ 到 $t_2=15\text{s}$ 内，$v_{x,2}=0$；

在时间段 $t_2=15\text{s}$ 到 $t_3=35\text{s}$ 内，$v_{x,3}=+0.50\text{m/s}$；

在时间段 $t_3=35\text{s}$ 到 $t_4=44\text{s}$ 内，$v_{x,4}=-4.0\text{m/s}$。

尽管我们很想把初始时刻标记为 t_i 而不是 t_1，但我们发现这个运动中有多个阶段，而每个阶段运动的初始时刻又都是前一个阶段运动的最终时刻。因此，在不同段的运动中，我们的运动学方程中的 t_i 具有不同的值，且不是永远等于 0。因此，为了避免混淆，我们不用 t_i 来代表初始时刻；我们选择了 t_0。类似地，我们选择了 t_4 而不是 t_f 来作为第四段的最终时刻，以此来避免与其他几个阶段中的最终时刻的 t_f 相混淆。

因为一个任务是要从起点开始的，所以我们画出位置关于时间函数的图像，并选择起点坐标为 $x_0=0$。

❷ **设计方案**　要画出 (a) 问的位置-时间图像，我们需要确定购物者在各个阶段中的末位置。每个连续阶段的初始位置等于前一阶段的末位置。我们可以把每一个阶段内的起点和终点用一条直线（恒定斜率）相连，这是因为速度在每一段内都是恒定的。对于匀速运动来说，我们可以用《原理篇》中介绍的式 (2.19)[⊖]来计算任何时间间隔的末位置 x_f：

$$x_\text{f}=x_\text{i}+v_x(t_\text{f}-t_\text{i}) \tag{1}$$

对于 (b) 问，我们可以用两个时刻之间的位移除以对应的时间间隔，来获得平均速度的 x 分量 [式 (2.14)]：

⊖ 这里引用的是《原理篇》中的公式，以下不再一一指出。——译者注

实践篇

$$v_{x,\mathrm{av}}=\frac{x_f-x_i}{t_f-t_i} \quad (2)$$

对于（c）问，我们通过把四阶段内的各个路程相加，得到在 44s 内经过的总路程，注意到路程是一个标量。对于（d）问，平均速率是在 44s 内经过的路程除以时间间隔。在这四个任务中，唯一“困难”的部分就是从位置-时间图像中得出各时间段内的位移。

❸ 实施推导　（a）要画出位置-时间图，我们需要计算运动中各阶段的末位置。我们注意到在第一阶段内，初始位置是 $x_i=x_0$，x 方向的速度是 $v_x=v_{x,1}=+3.0\mathrm{m/s}$，初始时刻是 $t_i=t_0=0$，末时刻是 $t_f=t_1=10\mathrm{s}$。将这些值代入式（1），我们计算得出购物者在 10s 之后的末位置 $x_f=x_1$ 为

$$\begin{aligned}x_1&=x_0+v_{x,1}(t_1-t_0)\\&=0+(+3.0\mathrm{m/s})(10\mathrm{s}-0)=+30\mathrm{m}\end{aligned}$$

我们对其他三个阶段也重复以上计算，用上一阶段的末位置作为当前段的初始位置：

$x_2=x_1+v_{x,2}(t_2-t_1)=+30\mathrm{m}+(0)(15\mathrm{s}-10\mathrm{s})=+30\mathrm{m}$

$x_3=+30\mathrm{m}+(+0.50\mathrm{m/s})(35\mathrm{s}-15\mathrm{s})=+40\mathrm{m}$

$x_4=+40\mathrm{m}+(-4.0\mathrm{m/s})(44\mathrm{s}-35\mathrm{s})=+4.0\mathrm{m}$

现在我们在图 WG2.2 中画出这些位置，并用直线将它们连接。✔

图 WG2.2

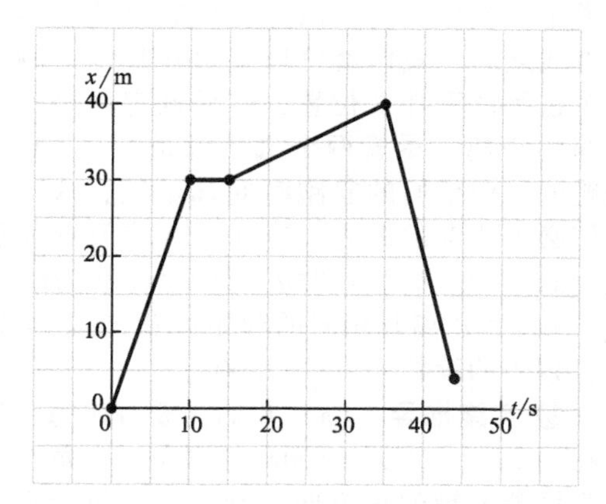

（b）由式（2），从一开始到第三阶段的末尾，购物者在这 35s 内，平均速度的 x 分量等于总的位移除以这段时间间隔：

$$v_{x,03}=\frac{x_3-x_0}{t_3-t_0}=\frac{+40\mathrm{m}-0}{35\mathrm{s}-0}=+1.1\mathrm{m/s}\ ✔$$

这个结果是正值，因为总的运动是朝东的。购物者在整个过程（从开始到第四阶段的末尾）的平均速度的 x 分量为

$$v_{x,04}=\frac{x_4-x_0}{t_4-t_0}=\frac{+4.0\mathrm{m}-0}{44\mathrm{s}-0}=+0.091\mathrm{m/s}\ ✔ \quad (3)$$

（c）购物者在这 44s 内经过的总路程等于四个阶段内的路程总和。在本题中，由于每个阶段的运动都是单一的方向，于是经过的路程就等于移动的距离。我们可以用符号 d 以及合适的下标来表示这几个阶段内经过的距离：

$$\begin{aligned}d_{04}&=d_{01}+d_{12}+d_{23}+d_{34}\\&=|x_1-x_0|+|x_2-x_1|+|x_3-x_2|+|x_4-x_3|\\&=|+30\mathrm{m}-0|+|+30\mathrm{m}-(+30\mathrm{m})|+\\&\quad|+40\mathrm{m}-(+30\mathrm{m})|+|+4.0\mathrm{m}-(+40\mathrm{m})|\\&=30\mathrm{m}+0+10\mathrm{m}+36\mathrm{m}=76\mathrm{m}\ ✔\end{aligned}$$

（d）购物者在这 44s 内的平均速率等于 44s 内经过的路程除以这段时间：

$$\begin{aligned}v_{\mathrm{av}}&=v_{04}=\frac{d_{04}}{\Delta t_{04}}=\frac{d_{04}}{t_4-t_0}=\frac{76\mathrm{m}}{44\mathrm{s}}\\&=1.7\mathrm{m/s}\ (\text{在 } t_0 \text{ 和 } t_4 \text{ 之间})\ ✔\end{aligned} \quad (4)$$

请记住，在我们的计算中检验标志（✔）所代表的那 5 个要点都已得到检验。

❹ 评价结果　对于一个疯狂的购物者来说，在 44s 内移动 76m 并不是不合理的事。这个距离比足球场的长度稍微短了一些，时间也比 1min 少了一些，对于一个时间紧迫的人来说，这个结果在比较合理的范围内。

我们得出的位置值的符号与我们画出的图 WG2.1 中的图像吻合：所有的 x 值都位于 x 轴的正半轴上（由于购物者总是待在原点以东）。注意到平均速率 1.7m/s［式（4）］，同平均速度的大小 0.091m/s［式（3）］有很大不同。这是可以预期到的，因为平均速率是基于经过的路程，而平均速度则是基于位移，由于购物者在移动的过程中出现了折返，所以位移的大小要比所经过的路程小。

引导性问题 2.2　市区驾驶

你需要驾车到一家跟你在同一条街道上，距离有 1.0mile 的杂货店。在你家和杂货店之间的路上有 5 个红绿灯，在你的行驶中，你到达红绿灯时，红绿灯正好变红。当你在行驶时，你的平均速率是 2mile/h，但是你得在每个红灯前等候 1min。问：(a) 你到达那家杂货店需要多久？(b) 你的这次路途的平均速度是多少？(c) 你的平均速率是多少？

❶ **分析问题**

1. 画出一个图解来帮助你直观地了解所有的行驶和停止阶段，以及你在每一阶段的速率。交通灯的位置对这个问题有影响吗？

2. 当你起步、停车或加减速时，这里的平均速率意味着什么？它跟你在每一阶段内的位移有什么关系？

❷ **设计方案**

3. 你行驶的总时间有多长？你在交通灯前停止的时间有多长？

4. 这段路途中你的总位移是多少？

5. 你该如何应用自己在问题 3 和问题 4 中的答案来获得平均速度？

6. 经过的路程是多少，它跟你的平均速率有什么关系？

7. 这里的平均速率和平均速度有什么关系？

❸ **实施推导**

❹ **评价结果**

8. 你的答案看起来是否可信？你的结果是否在预期的范围之内？

例 2.3　领先

两个运动员从同一起跑线开始 100m 赛跑。选手 A 在听到枪响之后就立即开跑，恒定速率 8.00m/s。选手 B 起跑慢了 2.00s，起跑后的恒定速率为 9.30m/s。

问：(a) 谁将会赢得比赛？(b) 当有人触碰到终点线时，胜利者领先另一个选手多远？(在你的计算中，将跑道的长度 100m 视为精确值。)

❶ **分析问题**　尽管选手 A 领先了 2.00s，选手 B 却比选手 A 跑得更快。我们想要知道谁会先触碰到位于 $x_f=+100\text{m}$ 的终点线，首先，我们画出两个选手的位置-时间图像。由于两个选手都是做匀速运动，所以它们的 $x(t)$ 曲线都是直线，且都是从同一个位置 $(x_i=0)$ 处起跑，但起跑的时刻不同，分别是 $t_{A,i}$ 和 $t_{B,i}$ (见图 WG2.3)。注意到跑得更快的选手的位置-时间曲线具有更陡的斜率。

图 WG2.3

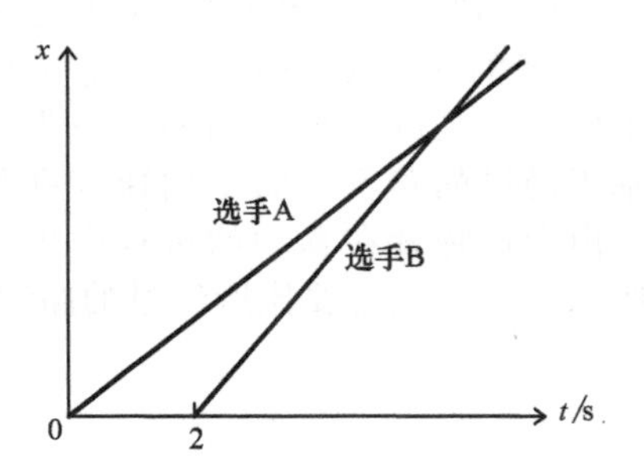

我们从图 WG2.3 中看到，在某个时刻这两条曲线相交，意味着这两个选手在那个时刻位于同一个位置，但是我们不知道这个时刻是在跑得慢的选手 A 穿过了 100m 终点线之前还是之后。

❷ **设计方案**　由于我们想要知道是谁先穿过的终点线，所以可以利用式 (2.18)：$x_f-x_i=v_x(t_f-t_i)$，从而确定每个选手到达位置 $x_f=+100\text{m}$ 时的时刻。

谁的 t_f 值更小，谁就赢得比赛。当我们知道了谁赢得比赛，以及在何时该选手达到终点线之后，我们就可以知道在那个时刻另一个选手位于什么位置，然后确定两个选手之间的距离。尽管两个选手都是在 $x_i=0$ 处起跑的，但他们的起跑时间却不同，这一点我们必须要考虑进去。当选手 A 离开起始位置 $(x_{A,i}=0)$ 时，计时者的秒表读数为 $t_{A,i}=0$。当选手 B 离开相同的起始位置 $(x_{B,i}=0)$ 时，秒表的读数为 $t_{B,i}=2.00\text{s}$。

❸ **实施推导**　(a) 我们需要解出每个选手在达到终点线 $x_f=100\text{m}$ 的时刻 t_f。每个选手都沿着 x 轴的正方向运动，于是每个选手的速度的 x 分量都是正的：$v_x=+v$，其中 v 是相应选手的速率。利用 $\Delta t=t_f-t_i$，我们将式 (2.18) 的形式改写，用其他物理量来表示我们想要的物理量 t_f：

$$x_f - x_i = v_x \Delta t = (+v)(t_f - t_i)$$

$$t_f = t_i + \frac{x_f - x_i}{v}$$

当选手 A 穿过终点线时，计时者秒表的读数为

$$t_{A,f} = t_{A,i} + \frac{x_{A,f} - x_{A,i}}{v_{Ax}} = 0 + \frac{(+100\text{m}) - 0}{+8.00\text{m/s}} = 12.5\text{s}$$

当选手 B 穿过终点线时，秒表的读数为

$$t_{B,f} = t_{B,i} + \frac{x_{B,f} - x_{B,i}}{v_{Bx}} = 2.00\text{s} + \frac{(+100\text{m}) - 0}{+9.30\text{m/s}} = 12.8\text{s}$$

选手 A 将赢得比赛，因为选手 A 先穿过终点线。✔

(b) 要确定当选手 A 穿过终点线、秒表读数为 $t_{A,f} = 12.5\text{s}$ 时，两个选手之间的距离，我们得计算 $x_{B,f}$，也就是选手 B 在该时刻的位置。由式 (2.19)，我们有

$$\begin{aligned} x_{B,f} &= x_{B,i} + v_{Bx}(t_{A,f} - t_{B,i}) \\ &= 0 + (+9.30\text{m/s})(12.5\text{s} - 2.00\text{s}) = +97.6\text{m} \end{aligned}$$

当选手 A 穿过终点线时，两个选手之间相隔的距离为

$$d = |x_{B,f} - x_{A,f}| = |+97.6\text{m} - (+100\text{m})| = 2.4\text{m}$$ ✔

❹ 评价结果　符合常识，我们得到的 $t_{A,f}$ 和 $t_{B,f}$ 的值都是正值。倘若这两个值是负值，就表示这两个时刻是在比赛开始的时刻之前。跑过 100m 的距离用时大约 12s 也是合理的。

我们也可以用稍微不同的方法来解决 (b) 问。选手 B 追赶选手 A 的速率是 1.30m/s。选手 A 比选手 B 领先 2.00s，于是选手 A 比选手 B 领先了 (8.00m/s)(2.00s) = 16.0m。选手 A 用 12.5s 的时间赢得了比赛；而与此同时选手 B 已经跑了 12.5s − 2.0s = 10.5s 的时间，追赶上的距离为 (1.30m/s)(10.5s) = 13.6m；这使得选手 B 落后选手 A 的距离变成 16.0m − 13.6m = 2.4m。这个结果跟我们在上面得到的结果一样。

引导性问题 2.4　复赛

如果例 2.3 中的两个选手在复赛中再次相遇，选手 A 仍然在发令枪刚响之时就起跑，选手 B 要想恰好在终点线追上选手 A，则他应当在发令枪响起后延迟多少秒起跑？

❶ **分析问题**

1. 做出这个新场景的草图，这一次两个选手在相同的时刻 t_f 到达 100m 的终点线。

❷ **设计方案**

2. 这场比赛中出现的是何种形式的运动？你可以用什么公式来描述这种运动？

3. 你必须确定什么物理量？用什么符号表示这个量？

❸ **实施推导**

❹ **评价结果**

4. 在解出了选手 B 的起跑时间后，你该如何把这个结果运用到例 2.3 中去检验你的答案？

例 2.5　飞机的速度

一架飞机沿着直线航行，从一个机场到另一个机场。飞机以 600km/h 的恒定速率飞过半程，之后为了能够及时按照时刻表到达目的地，飞机以 800km/h 的恒定速率飞过余下行程。问：整个飞行过程中飞机的平均速度是多少？

❶ **分析问题**　要画出这个场景，我们画出运动图解。我们不知道两个飞机场之间的距离，于是我们只能用变量 d 来表示这个距离，如图 WG2.4 所示。

图 WG2.4

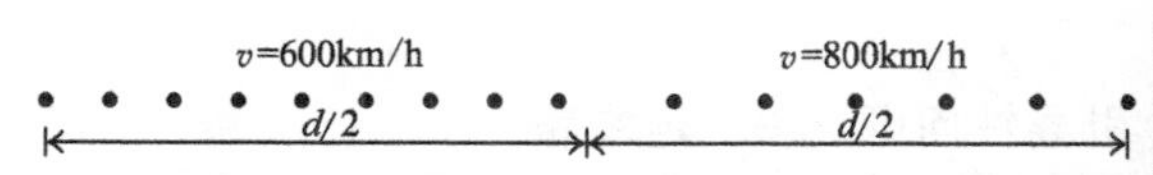

要获得平均速度，我们必须将位移除以发生这段位移所需要的时间间隔，但是这些量我们目前都不知道！于是我们得找到将这两个未知量与平均速度联系起来的方法。整个飞行过程中每一段里经过的路程是相同的，但是速度较慢的那一段需要花费更多一

些的时间。根据这一点，我们可以画出显示这架飞机两段路程的位置-时间图像（见图 WG2.5），在此我们选择 x 轴的正方向为飞机飞行方向。我们加入一条虚线，用来表示另一架与我们研究的飞机在第一个机场同时起飞，在第二个机场同时到达的飞机，这架飞机以我们研究的飞机的平均速度完成整个航程。这条虚线所表示的平均速度就是我们要求的平均速度。

图 WG2.5

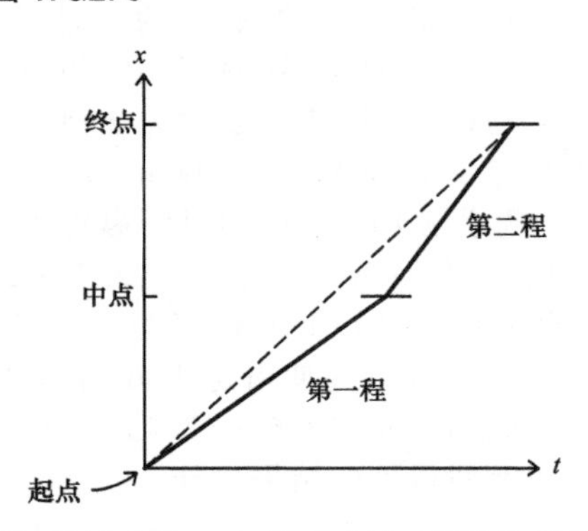

❷ **设计方案** 如果我们知道了位移的 x 分量，就能够从式（2.14）获得平均速度的 x 分量：

$$v_{x,\mathrm{av}} \equiv \frac{\Delta x}{\Delta t} = \frac{x_\mathrm{f}-x_\mathrm{i}}{t_\mathrm{f}-t_\mathrm{i}}$$

位移的 x 分量等于飞机在两段行程内的两个位移的 x 分量之和。我们可以用符号 x_m 来表示中点位置的 x 坐标，则有

$$\Delta x = x_\mathrm{f}-x_\mathrm{i} = (x_\mathrm{f}-x_\mathrm{m})+(x_\mathrm{m}-x_\mathrm{i}) = \Delta x_2+\Delta x_1 = \Delta x_1+\Delta x_2$$

另外，我们知道 $\Delta x_1 = \Delta x_2 = \pm\frac{1}{2}d$。总的时间间隔等于两段路程的时间之和：$\Delta t = \Delta t_1 + \Delta t_2$。每一段行程的速度的 x 分量都等于位置的改变量除以该段的时间间隔。清楚这一点，我们就能用相等的距离（虽然未知）来表示出时间间隔。

❸ **实施推导** 对于整个行程，有

$$v_{x,\mathrm{av}} = \frac{\Delta x}{\Delta t} = \frac{\Delta x_1+\Delta x_2}{\Delta t_1+\Delta t_2}$$

尽管时间间隔是未知的，我可以用两个相同位移的 x 分量来表示它们：

$$\Delta t_1 = \frac{\Delta x_1}{v_{x,1}}, \Delta t_2 = \frac{\Delta x_2}{v_{x,2}}$$

将 Δt 的这些表达式代入前面的式子中，得到

$$v_{x,\mathrm{av}} = \frac{\Delta x_1+\Delta x_2}{\left(\frac{\Delta x_1}{v_{x,1}}\right)+\left(\frac{\Delta x_2}{v_{x,2}}\right)} = -\frac{\left(+\frac{1}{2}d\right)+\left(+\frac{1}{2}d\right)}{\left(\frac{+\frac{1}{2}d}{v_{x,1}}\right)+\left(\frac{+\frac{1}{2}d}{v_{x,2}}\right)}$$

$$= \frac{1}{\left(\frac{\frac{1}{2}}{v_{x,1}}\right)+\left(\frac{\frac{1}{2}}{v_{x,2}}\right)} = \frac{2}{\left(\frac{1}{v_{x,1}}\right)+\left(\frac{1}{v_{x,2}}\right)}$$

两段行程中的速度的 x 分量都是正的——等于各自的速率：$v_{x,1} = +v_1$ 和 $v_{x,2} = +v_2$。将具体数值代入上式，我们得到

$$x_{x,\mathrm{av}} = \frac{2}{\left(\frac{1}{+600\mathrm{km/h}}\right)+\left(\frac{1}{+800\mathrm{km/h}}\right)} = +686\mathrm{km/h}$$

由于问题要求的是平均速度（是一个矢量），所以我们将速度的 x 分量乘以单位矢量就得到想要的结果：

$$\vec{v}_\mathrm{av} = v_{x,\mathrm{av}}\,\hat{\imath} = (+686\mathrm{km/h})\hat{\imath}$$ ✓

❹ **评价结果** 我们预测速度的 x 分量是正的，因为两段行程的速度都沿着 x 轴的正方向。这个答案的值看起来是合理的，因为它处于飞机实际飞行的两个速度值之间。

利用这两个恒定速度的值 600km/h 和 800km/h，意味着我们忽略了起飞加速和着陆减速的短暂时间。这两段时间比飞行的时间短得多，于是我们的简化是合理的。

引导性问题 2.6 走错路

一架停留在机场的直升机的飞行员接到指示，要求他以速率 v 朝东沿直线飞行距离 d 去营救一个被困的徒步者。然而，当他到达指定地点的时候并没有找到徒步者，于是向指挥塔发送信息核实，其实徒步者是在飞机场以西距离为 d 的位置。飞行员按原路返回，朝着徒步者的方向沿直线飞行，飞行速率比之前在错误路线上的速率快了 50%。（a）直升机从起飞到接到徒步者这一过程的平均速度的 x 分量是多少？假设 x 轴指向东边，而原点是机场。（b）在整个过程中，直升机的平均速度是多少？

❶ **分析问题**

1. 画出表示整个运动过程的图解，并表示出机场的位置、折返方向的点，以及接到徒步者的点位置。

2. 用符号标记出朝东和朝西的路程段，从而你可以用它们来建立恰当的方程。然后表示你选定的符号如何跟已知的 d 和 v 相联系。

3. 将标记过的矢量箭头添加到你的图解上，从而显示出每段的速度。

4. $x(t)$ 图像会对这个问题有帮助吗？

❷ **设计方案**

5. 这个问题与例 2.5 有何不同？它们又有何相似之处？

6. 由于这个问题中没有给出任何数值，你认为在你的答案中，哪些物理量需要用代数符号来替代？

7. 注意整个过程中每一段中的位移和速度的 x 分量的符号。朝东的那一段路途的 Δx 是正的还是负的？该段中的 v_x 是正的还是负的？朝西的那一段中的 Δx 和 v_x 是正的还是负的？这些量能够用 v 和 d 来表示吗？

8. 朝东飞行的那一段需要多长时间？朝西飞行的那一段又需要多长时间？如果你得出的这两个时间间隔的值不是正的，检查你的 Δx 和 v_x 的符号。

9. 你将如何结合这些信息来确定平均速度的 x 分量以及矢量形式的平均速度？

❸ **实施推导**

❹ **评价结果**

10. 基于直升机的位移情况，你预测 $v_{x,\text{av}}$ 的符号应该是怎样的？

例 2.7 小球上坡

一个在平缓的果岭[⊖]上滚动的高尔夫球的位置关于时间 t 的函数为 $x(t)=p+qt+rt^2$，方向朝着果岭的上坡方向，函数中的 $p=+2.0\text{m}$，$q=+8.0\text{m/s}$，而 $r=-3.0\text{m/s}^2$。

(a) 计算高尔夫球在时刻 $t=1.0\text{s}$ 和 $t=2.0\text{s}$ 的速度的 x 分量和速率。

(b) 高尔夫球在 1.0s 到 2.0s 之间的平均速度等于多少？

❶ **分析问题** 我们需要计算出速度，这是一个矢量。式 (2.25) 中所定义的速度是位置关于时间的导数：$\vec{v}=\mathrm{d}\vec{r}/\mathrm{d}t$。先用矢量的分量来计算，然后在最终的结果中用矢量来表示，这是最简单的计算方法。在本题中，我们可以用 x 和 v_x 的分量来构造矢量 $\vec{x}=x\,\hat{\imath}$ 和 $\vec{v}=v\,\hat{\imath}$。根据式 (2.22)，速度的 x 分量等于高尔夫球的位置坐标关于时间的导数：

$$v_x(t)=\frac{\mathrm{d}x}{\mathrm{d}t} \tag{1}$$

题目的条件中给出了 x 坐标关于时间的函数，于是我们拥有了需要的信息。

❷ **设计方案** 对于 (a) 问，我们需要利用已有的数学知识，通过高尔夫球的位置函数 $x(t)$ 来获得 v_x。然后我们可以计算出在指定的时刻的 v_x 的数值。对于 (b) 问，平均速度的 x 分量可以用式 (2.14) 来确定：

$$v_{x,\text{av}}=\frac{\Delta x}{\Delta t}=\frac{x_\text{f}-x_\text{i}}{t_\text{f}-t_\text{i}} ✔ \tag{2}$$

在式 (2) 中，我们需要计算的就只有 Δx，因为我们已知时间间隔 Δt 等于 1.0s。

❸ **实施推导** (a) 要将速度的 x 分量表示为时间的函数，我们用式 (1)：

$$v_x(t)=\frac{\mathrm{d}}{\mathrm{d}t}[p+qt+rt^2]=q+2rt$$
$$=+8.0\text{m/s}+2(-3.0\text{m/s}^2)t$$
$$=+8.0\text{m/s}-(6.0\text{m/s}^2)t ✔$$

计算给定时刻的速度的 x 分量，得出

$$v_x(1.0\text{s})=+8.0\text{m/s}-(6.0\text{m/s}^2)(1.0\text{s})$$
$$=+2.0\text{m/s} ✔$$
$$v_x(2.0\text{s})=+8.0\text{m/s}-(6.0\text{m/s}^2)(2.0\text{s})$$
$$=-4.0\text{m/s} ✔$$

要求的速率分别等于这两个速度分量的大小，即 2.0m/s 和 4.0m/s。✔

(b) 对于平均速度，我们需要知道式 (2) 中要用到的时间间隔所对应的初始位置和最终位置的 x 坐标：

$$x_\text{i}=x(1.0\text{s})$$
$$=2.0\text{m}+(8.0\text{m/s})(1.0\text{s})-(3.0\text{m/s}^2)(1.0\text{s})^2$$
$$=+7.0\text{m}$$

⊖ 果岭是高尔夫球运动中的一个术语，是指球洞所在的草坪，果岭的草短、平滑，有助于推球。果岭二字即为英文 green 音译而来。——译者注

实践篇

$$x_f = x(2.0\text{s})$$
$$= 2.0\text{m} + (8.0\text{m/s})(2.0\text{s}) - (3.0\text{m/s}^2)(2.0\text{s})^2$$
$$= +6.0\text{m}$$

因而平均速度为

$$\vec{v}_{av} = v_{x,av}\hat{\imath} = \left(\frac{x_f - x_i}{t_f - t_i}\right)\hat{\imath} = \frac{(+6.0\text{m}) - (+7.0\text{m})}{(2.0\text{s}) - (1.0\text{s})}\hat{\imath}$$
$$= (-1.0\text{m/s})\hat{\imath} \quad (\text{在 } 1.0\text{s 和 } 2.0\text{s 之间}) ✔$$

❹ **评价结果** 在2.0s时刻的速度的x分量和平均速度的x分量的负号，意味着初始速度为正值的高尔夫球在运动过程中由于果岭缓坡的缘故而改变了原有的运动方向。与在1.0s的位置相比在2.0s时刻的x的位置，是一个更小的正值，这个事实能够与上面的结论吻合。我们计算出来的在1.0s和2.0s之间的平均速度的x分量在我们计算出来的1.0s和2.0s的瞬时速度的两个值之间，这一点也同样让我们对计算出来的平均速度感到可靠。

引导性问题 2.8 该你了

6个小孩——姑且称为A、B、C、D、E和F——沿着一条街道来回跑动玩着抓人游戏。他们的位置随时间的函数如图WG2.6所示。街道是东西走向的，x轴的正方向为东。利用图WG2.6来回答以下问题：(a) 每个小孩移动的方向是怎样的？(b) 哪些小孩是匀速跑的？在这些小孩中，他们速度的x分量是正的还是负的？(c) 哪些小孩不是匀速在跑？他们是在减速还是加速？(d) 哪个小孩的平均速率最高？哪个小孩的平均速率最低？(e) 图WG2.6中是否显示出有某个小孩在另一个小孩的身边经过？

图 WG2.6

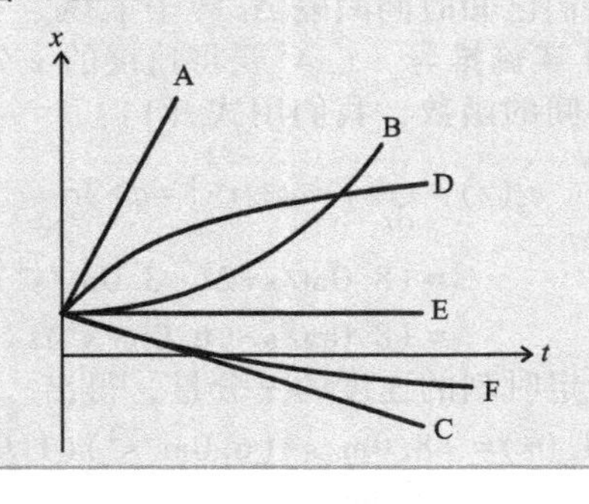

❶ **分析问题**

1. 用图WG2.6中的曲线来描述每个小孩的运动。

❷ **设计方案**

2. 你该如何从一条$x(t)$曲线来确定一个小孩在任意时刻的运动方向，这个信息是如何跟速度和速率相联系的？

3. 匀速运动的位置-时间图像是什么样的？变速运动的情况在图像上又是什么样的？

4. 你能够分辨出哪个小孩具有最高的速率和最低的速率吗？

5. 图像中的什么特征能够显示出，一个小孩经过另一个小孩的身边？换句话说，当一个小孩经过另一个小孩的那一刻，他们的位置有什么关系？

❸ **实施推导**

❹ **评价结果**

实践篇

习题 通过《掌握物理》®可以查看教师布置的作业

圆点表示习题的难易程度：● = 简单，●● = 中等，●●● = 困难；CR = 情景问题。

2.1 从现实到模型

1. 从一个运动物体的短影片中至少应当提取出什么样的信息，才能够量化这个物体的运动？●

2. 图 P2.2 中的序列表示了一个球朝墙滚动，并从墙弹回的过程。球的直径是 10mm。画出从球的前边缘到墙角处的距离随着帧的变化而变化的坐标图（以墙角作为原点）。●●

图 P2.2

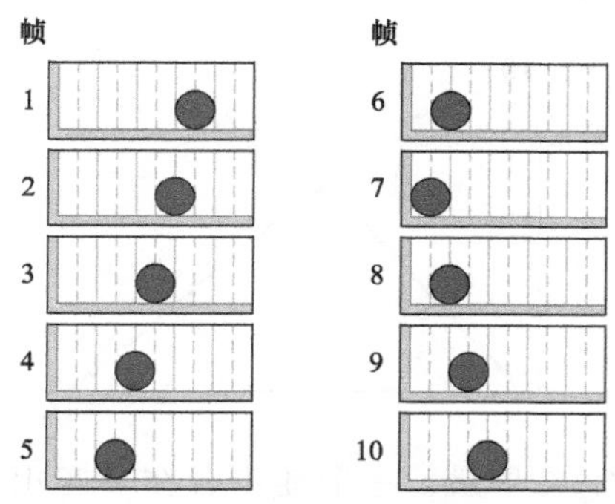

3. 图 P2.3 中的序列显示了初始时刻在地面上方的一个球，在第一帧里这个球被释放，在之后的几帧里球下落，碰到地面，然后弹起，之后又再次下落碰到地面弹起。这个球的直径是 10mm。画出一个草图来表示球与地面的相对位置。●●

图 P2.3

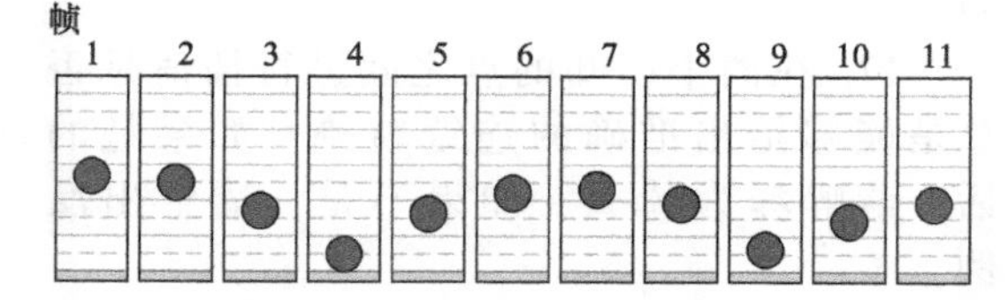

4. 图 P2.4 是从一个运动物体的短视频中提取出来的位置与帧数的关系图。描述这个运动从起点到终点的过程，并说明你所做的任何假设。●●

5. 你的同学观察到了不同的运动物体沿着不同的线路运动。图 P2.5 显示了另一些同学关于这件事画出的坐标图。他们把横坐标标记为“时间”，纵轴标记为“位置”，但是他们并没有在轴上做出标记，也没有明确定义坐标轴。下面的坐标图中哪些可能是在描述同一个运动？●●

图 P2.4

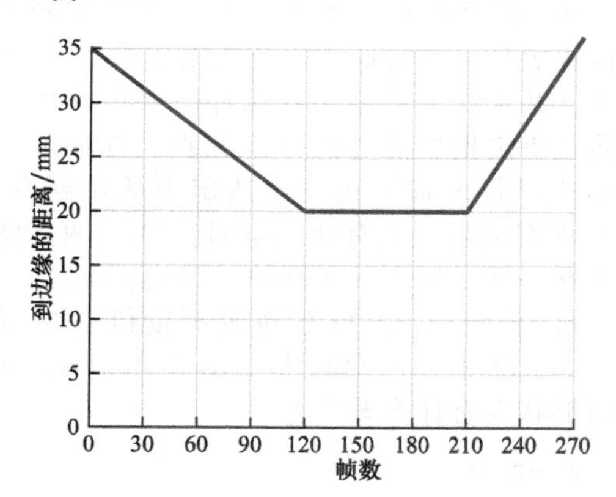

图 P2.5

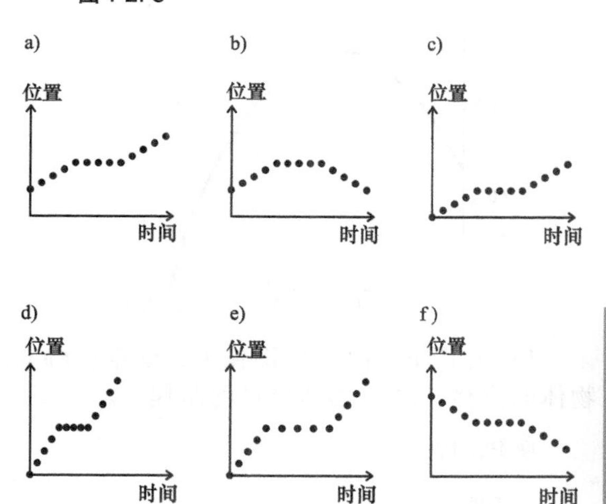

2.2 位置和位移

6. 如果一个物体的初始位置是 $x_i = +6.5\text{m}$，其末位置是 $x_f = +0.23\text{m}$，那么它的位移是多少？●

7. 你步行 3.2km 到达超市，然后返回了家。你经过的路程是多少？你的位移又是多少？●

8. 在一个 400m 的椭圆形跑道上正在举行一场 2000m 赛跑。从开始到结束，冠军的位移是多少？●

9. 你正在播放一只狗在墙壁前奔跑的视频短片。用秒标记横坐标用米标记纵坐标，并通过观察来绘制图像。在以下情况下，这个运动关于时间可以有多少种不同的图像：(a) 假如没有更多的信息？(b) 给出了原点？(c) 狗的长度和原点都给出？(d) 原点、狗的长度和视频帧的时间间隔都给出？ ●●

10. 假设你有一个关于某人从左走到右的视频短片。你对这个运动画出了位置-时间图像，并选择帧的左边作为原点。而你的一个朋友决定把帧的右边作为原点。你们两个人都选择将 x 轴的正方向选定为从左到右。(a) 你们的图像会有什么不同？(b) 两张图都能够一样好地表示实际的运动吗？ ●●

11. 假设图 P2.11 的纵轴刻度值是 in 而不是 m，横坐标的刻度是 min 而不是 s。曲线的形状会有什么改变？ ●●

图 P2.11

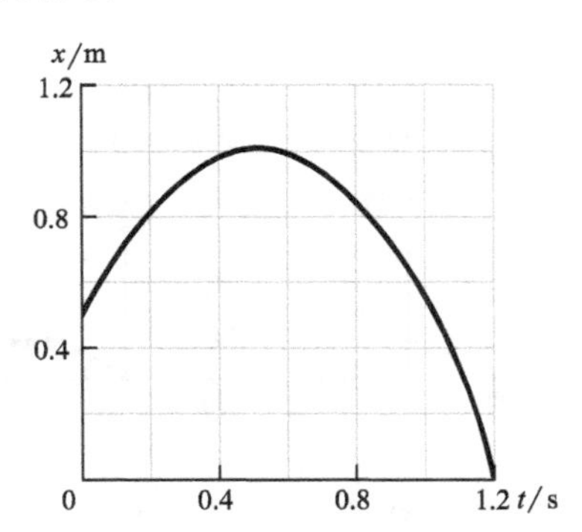

12. 在图 P2.12 中的图像上，确定：(a) 物体的位移，(b) 物体经过的路程。 ●●

图 P2.12

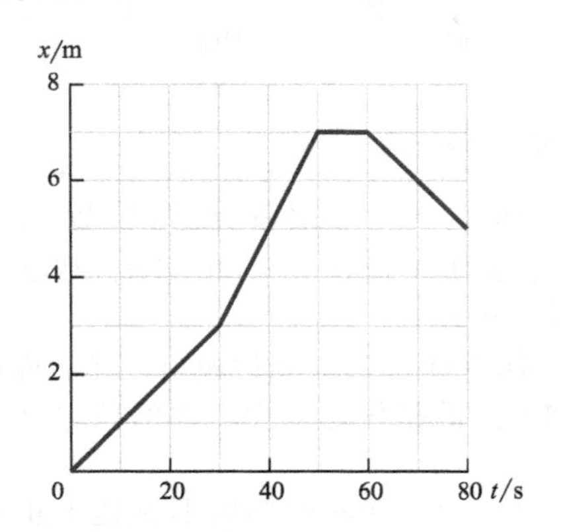

13. 你沿着第 12 个街区朝东走了 4 个街区，然后朝西走了两个街区，之后又朝东走了 1 个街区，接着还是朝东走了 5 个街区，最后朝西走了 7 个街区。设 x 轴指向东方，原点位于你的起始位置。如果所有街区的大小都一样，那么你的位移的 x 分量是多少个街区？ ●●

14. 在一张桌子的近景侧视图里，桌脚与地面相接触的位置距离照片的底边 12mm，而桌面的位置距离照片顶部 65mm。桌面左边缘距照片的左边 14mm，而另一边缘距照片的左边 99mm。估计一下桌面的实际长度。 ●●●

2.3 描述运动

15. 图 P2.15 显示的是，在一场比赛中一个游泳运动员的位置关于时间的函数，试描述这个运动。 ●

图 P2.15

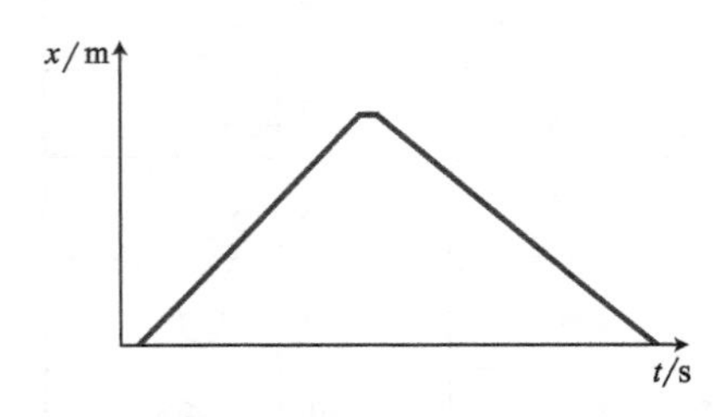

16. 在早晨，一个徒步者在一座山的山脚，沿着小径朝山顶进发。在同一时刻，另一个徒步者从山顶沿着同一条小径朝山脚出发。这两个徒步者都在当天结束时到达了各自的目的地。请解释，为什么无论在路途中徒步者遇到了什么（午餐休息、中途返回去寻找遗落的刀具包或是改变行进的速度），她们都总会是在当天的某个时候在小径上相遇。 ●

17. 在两个已知的点之间进行插值是否总是能够给出准确的连续轨迹？如果是的话，请解释为什么。如果不是，请给出反例。 ●

18. 图 P2.18 显示了一个物体运动的时间函数。这个物体从 $x=2.0\text{m}$ 到 $x=3.0\text{m}$ 需要花多长时间？只有一个正确答案吗？ ●●

19. 一个球体在柔软表面上从左滚动到右，图 P2.19 是关于这个球体的一组相同时间间隔的连拍照片。绘制一个坐标图将球的位置表示为时间的函数。 ●●

图 P2.18

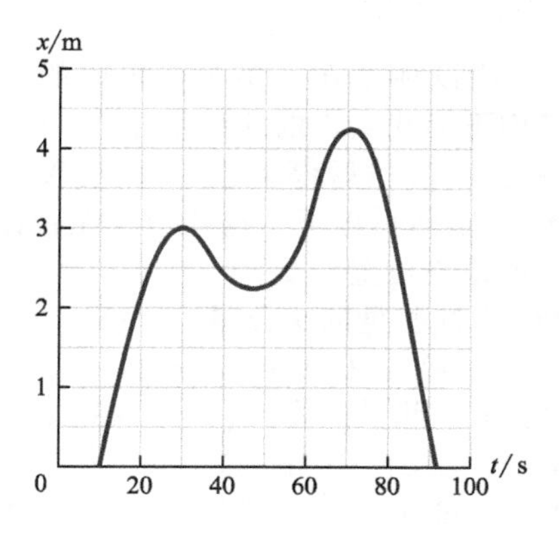

图 P2.19

20. 一个物体的位置函数为 $x(t)=p+qt+rt^2$，其中 $p=+0.20\text{m}$，$q=-2.0\text{m/s}$，而 $r=+2.0\text{m/s}^2$。(a) 画出这个物体从 $t=0$ 运动到 $t=1.2\text{s}$ 的坐标图。(b) 这个物体从 $t=0$ 到 $t=0.50\text{s}$ 这段时间内的位移是多少？(c) 在 (a) 问中，这个物体与原点的最大距离是多少？●●

21. 当一枚火箭在 $t=0$ 时刻发射升空后，它的位置由函数 $x(t)=qt^3$ 给出，其中 q 是正的常数。(a) 画出火箭的位置-时间坐标图。(b) 从 $t=T$ 到 $t=3T$ 这段时间内火箭的位移为多少？●●

22. 一个运动物体的位置函数为 $x(t)=p+qt+rt^2$，其中 $p=+3.0\text{m}$，$q=+2.0\text{m/s}$，$r=-5.0\text{m/s}^2$。(a) 当 $t=0$ 时，$x(t)$ 的值是多少？(b) 当 t 为何值时，$x(t)$ 具有最大值？(c) 在这个时刻，$x(t)$ 的值是多少？(d) 画出位置-时间坐标图。(e) 描述由这个函数表示的物体运动。(f) 求这个物体在下列时间段经过的路程：从 $t=0$ 到 $t=0.50\text{s}$，从 $t=0$ 到 $t=1.0\text{s}$，从 $t=0.50\text{s}$ 到 $t=1.0\text{s}$。●●

23. 某个物体的运动可以由方程 $x(t)=at-b\sin(ct)$ 描述，其中 $a=1.0\text{m/s}$，$b=2.0\text{m}$，而 $c=4\pi\text{s}^{-1}$。有 4 个学生在观察这个运动，对这个运动物体位置的记录起始于 $t=0$。学生 A、B、C 和 D 各自每隔 1.0s、0.5s、0.25s 和 0.1s 测量一次。画出这 4 个学生测量出来的结果。每张图中应该至少包括 10 个数据点。这 4 个学生能够对该运动的类型达成一致吗？●●●

2.4 平均速率和平均速度

24. 在美国的中西部，有时会看到高速公路的路肩上画着显眼的标志。交警在飞速巡逻时是如何利用这些标志来检查车速的？●

25. 计算下列比赛中选手的平均速率：(a) 9.84s 跑完 100m；(b) 19.32s 跑完 200m；(c) 43.29s 跑完 400m；(d) 3min, 27.37s 跑完 1500m；(e) 26min, 38.08s 跑完 10km；(f) 马拉松比赛 (26mile, 385yd)，耗时 2h, 6min, 50s。●

26. (a) 两辆汽车能够以相同速率朝相反的方向在高速路上行驶吗？(b) 它们的速度能够相同吗？●

27. 图 P2.27 所示为一个球在光滑表面上从左滚动到右的一组频闪照片序列，它们是在相等时间间隔拍摄的。(a) 证明：球在整个运动过程中至少有两个不同速率。(b) 在运动中的哪一个阶段球具有最大的速率？●

图 P2.27

28. 一个物体朝着一个方向运动的平均速率会比这个物体的最大速率还要大吗？●●

29. 图 P2.29 所示为两辆汽车沿着同一条高速公路行驶时的位置-时间图像。(a) 在哪些时刻，两辆汽车紧靠另一辆？(b) 在哪些时刻，它们以同样的速率行驶？●●

图 P2.29

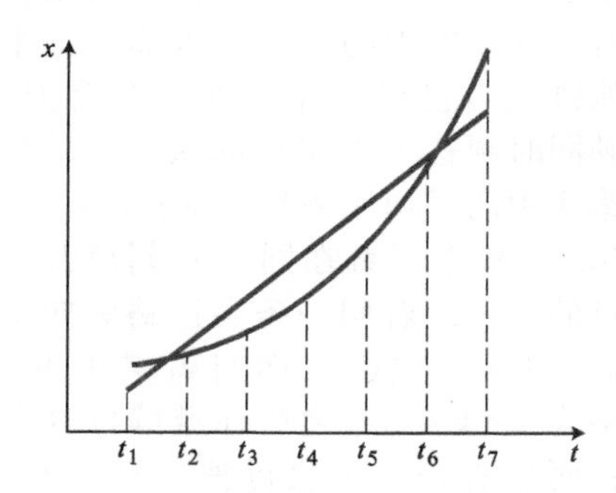

30. 图 P2.30 所示为一个冰球在冰面上滑行的两组频闪照片。a 组是每秒钟 30 次闪光拍摄的，b 组是每秒钟 20 次闪光拍摄的。比较这两组照片中冰球的速率。●●

图 P2.30

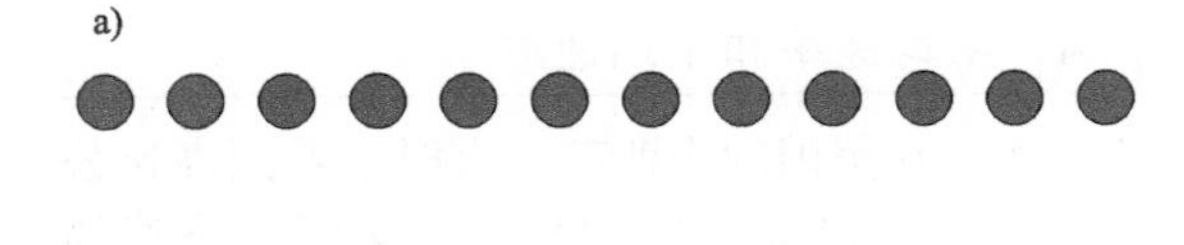

31. 一个自行车手用10min从A地骑车到了B地，然后又花了10min继续从B地到了C地，全程都是沿着一条直线。如果你知道从A地到B地骑车的平均速率比从B地到C地骑车的平均速率要大，那么你能够从这些信息中推断出B地在A地和C地之间的相对位置吗？●●

32. 在一次公路拉力赛中，你接到指令，让你在前半程以25m/s的速率行驶，在后半程以35m/s的速率行驶。但是你并不完全清楚，半程是指时间的半程还是路程的半程。哪一种方式能够使行驶完全程所用的时间更短？●●

33. 一个自行车手从起点出发以10m/s的速率骑向转向点。然后她沿着同一条赛道从转向点以16m/s的速率回到起点。(a) 整个路程中，她的平均速率是多少？(b) 你的一个朋友得出的答案是13m/s。他之所以会出错，最可能的原因是什么？●●

34. 你用20min的时间从家出发走到一个餐厅，在那里停留了1h，然后又花了20min走回了家。(a) 这趟路途中你的平均速率是多少？(b) 你的平均速度是多少？●●

35. 你将要去拜访你的祖父母，他们住在500km以外。当你在高速路上驾车时，你的速率是恒定的100km/h。在你离家半个小时之后，你在家中的哥哥发现你忘记带钱包了。他跳入自己的车中，驾车在后面追你。你们俩同时到达了祖父母的家。你的哥哥在这个路途中的平均速率是多少？●●

36. 你和你哥哥在同一时刻离开家，驾驶各自的车子沿着同一条高速路驶向附近的一个湖。10min之后，你们离家3.0km，行驶速率为100km/h。之后你继续以这个速率行驶；而你哥哥将更快行驶。又过了20min之后，你哥哥到达了那个湖，而你还差5.0km。(a) 你家到那个湖有多远？(b) 你哥哥在这次路途中的平均速率是多少？(c) 你哥哥比你先到目的地多长时间？●●●

实践篇

2.5　标量和矢量

37. 假设你站在一条东西走向的人行道上。考虑下面我给你的这些指令：(1) 沿着人行道走15步然后停下；(2) 沿着人行道朝西走15步然后停下。这些指令能否让你明确自己的最终位置？●

38. 求这些量的x分量：(a) $(+3\mathrm{m})\hat{\imath}$，(b) $(+3\mathrm{m/s})\hat{\imath}$，(c) $(-3\mathrm{m/s})\hat{\imath}$。●

39. 求这些量的模：(a) $(+3\mathrm{m})\hat{\imath}$，(b) $(+3\mathrm{m/s})\hat{\imath}$，(c) $(-3\mathrm{m/s})\hat{\imath}$。●

40. 矢量$\vec{A}$和$\vec{B}$的模均为5m，且均指向左。矢量$\vec{A}$从原点出发，而矢量$\vec{B}$从x轴上距离原点往右8m的点出发。(a) 如果x轴的正方向是向右的，那么每个矢量的x分量是多少？(b) 如果x轴的正方向是向左的，那么每个矢量的x分量又是多少？●●

41. 矢量$\vec{A}$指向右边，与x轴的正方向一致。(a) 用单位矢量来表示这个矢量。(b) 现在将$\vec{A}$翻转为相反的方向，用单位矢量来表示这个矢量。(c) 按照这个矢量的新方向，翻转x轴的方向，使正方向指向左边。再用单位矢量来表示这个矢量。●●

2.6　位置矢量和位移矢量

42. 考虑两个沿着x轴的矢量，一个矢量的x分量为$A_x=+3\mathrm{m}$，另一个为$B_x=-5\mathrm{m}$。求 (a) $\vec{A}+\vec{B}$，(b) $\vec{A}-\vec{B}$。●

43. 你在爬一根10m长的杆的时候中途停下来休息。以你的头作为坐标原点，头朝上的方向为x轴正方向，如图P2.43所示。求：(a) 这根杆的顶端的x坐标，(b) 顶端的位置矢量？●

图 P2.43

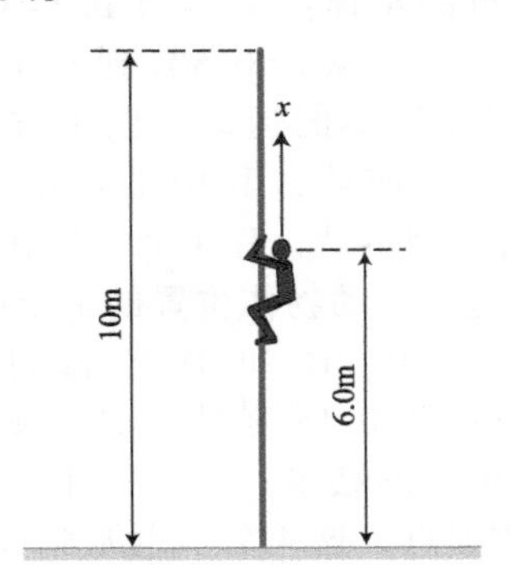

44. 物体由地面竖直朝上运动的轨迹由方程 $x(t)=pt-qt^2$ 给出，其中 $p=42\text{m/s}$，$q=4.9\text{m/s}^2$。(a) 在哪个时刻，这个轨迹的高度为 20m？(b) 由 (a) 问中求得的两个解的含义是什么？(c) 画出这条轨迹中的速度关于时间的函数图像。●●

45. 图 P2.45 显示了一个运动物体的 x 坐标关于时间的函数。求这个物体在下列时刻的 x 坐标：(a) $t=0$，(b) $t=0.20\text{s}$，(c) $t=1.2\text{s}$。求这个物体在下列时段中的位移：(d) 在 $t=0$ 和 $t=0.20\text{s}$ 之间，(e) 在 $t=0.20\text{s}$ 和 $t=1.2\text{s}$ 之间，(f) 在 $t=0$ 和 $t=1.2\text{s}$ 之间。求这个物体在下列时段中经过的路程：(g) 在 $t=0$ 和 $t=0.80\text{s}$ 之间，(h) 在 $t=0.80\text{s}$ 和 $t=1.2\text{s}$ 之间，(i) 在 $t=0$ 和 $t=1.2\text{s}$ 之间。●●

图 P2.45

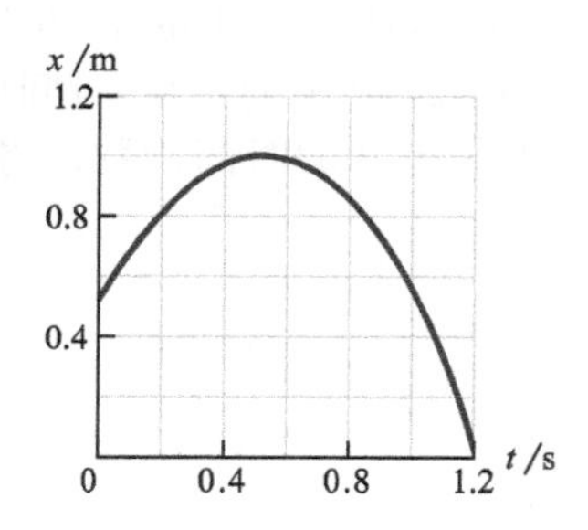

46. 合理安排三个矢量，其模分别是 2m、5m 和 7m，使得它们的和分别是：(a) $(+10\text{m})\hat{\imath}$，(b) $(-4\text{m})\hat{\imath}$，(c) 0。●●

47. 矢量 $\vec{A}$ 的方向与单位矢量$\hat{\imath}$的方向相反。矢量 $\vec{B}$ 的模是 $\vec{A}$ 的一半，而 $\vec{A}-\vec{B}$ 的模是$\frac{3}{2}A$。用矢量 $\vec{A}$ 来表示 $\vec{B}$。●●

48. 你需要将一些质量为 5.0kg 的包裹从你家运送到两个地点。你朝着正东方以 25mile/h 的速率行驶了 2.0h（第一段），然后转向，朝着正西方以 20mile/h 的速率行驶了 30min（第二段）。坐标系 x 轴的正方向朝着东方，选择你的家作为坐标原点。(a) 当你在到达了第一段终点的时候，求你的位置的矢量。(b) 当你在到达了第二段终点的时候，求你的位置的矢量。(c) 计算你在第二段中的位移。(d) 计算你在整个路途的位移。(e) 经过的路程等于多少？(f) 按比例绘出你在 (a) 问和 (b) 问中得出的位移矢量。(g) 用矢量的加法来求出在 (c) 和 (d) 问中要求的位移矢量。你在 (g) 问中得到的答案跟你在 (c) 和 (d) 问中计算得出的答案一致吗？●●

49. (a) 在图 P2.49 中，要得出 $\vec{C}$，你得让 $\vec{A}$ 加上一个怎样的矢量？(b) 要得出 $\vec{C}$，你得让 $\vec{A}$ 减去个怎样的矢量？在这张图的副本上画出你的答案，并验证你的结果。●●

图 P2.49

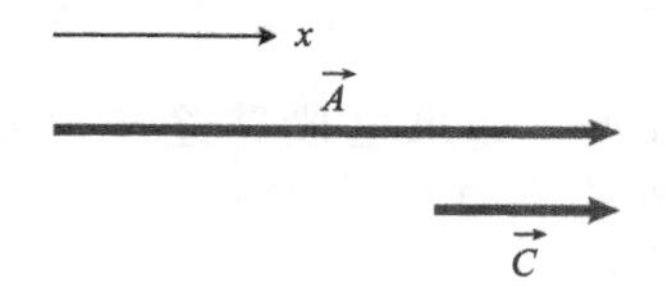

2.7 速度矢量

50. 你驾车朝着正东方向以 40km/h 的速率行驶了 2h，然后停了下来。(a) 你在整个过程中的速率是多少？(b) 速率是一个标量还是一个矢量？(c) 你走了多远的路程？路程是矢量还是标量？(d) 在你停下后写出你所在位置的矢量表示（按“在 Q 方向，N 个单位距离”的形式）。(e) 写出你在这次路途中速度的矢量表达式，假设东方是 x 轴的正方向。●

51. 对于图 P2.45 中所表示的运动，计算：(a) 物体在 $t=0$ 到 $t=1.2\text{s}$ 之间的平均速度，(b) 在同一时间段内该物体的平均速率，(c) 你在 (a) 问中得到的答案跟 (b) 问中得到的答案为什么会不同？●●

52. 图 P2.52 所示为一个运动物体的位置-时间图像。求这个物体在以下时间段内的平均速度：(a) 在 $t=0$ 到 $t=1.0\text{s}$ 之间，(b) 在 $t=0$ 到 $t=4.0\text{s}$ 之间，(c) 在 $t=3.0\text{s}$ 到 $t=6.0\text{s}$ 之间。求这个物体在以下时间段内的平均速率：(d) 在 $t=3.0\text{s}$ 到 $t=6.0\text{s}$ 之间；(e) 按比例画出在下列时间段内的速度矢量：从 $t=3.0\text{s}$ 到 $t=3.5\text{s}$，从 $t=3.5\text{s}$ 到 $t=4.0\text{s}$，从 $t=4.0\text{s}$ 到 $t=5.0\text{s}$，以及从 $t=5.0\text{s}$ 到 $t=6.0\text{s}$。(f) 你在 (e) 问中画出的所有矢量的和是多少？●●

53. 通常你都是以 100km/h 的速率行驶一段 12h 的路途。但今天你为了赶时间。在这段路程的前三分之二的路程中，你以 108km/h

图 P2.52

的速率行驶。如果这段路途仍然需要花费12h，那么你在这段路程的后三分之一路程中的平均速率为多少？●●

2.8 匀速运动

54. 一辆推车从 $x=-2.073\text{m}$ 的位置出发，沿着 x 轴匀速运动，其速度的 x 分量为 -4.02m/s。这辆推车在 0.103s 后的位置在何处？●

55. 一只虫子在窗沿边上从左往右以 10mm/s 的速率爬了 120mm，然后减速到 6.0mm/s，继续朝右又走了 3.0s，停了 4.0s，然后又以 8.0mm/s 的速率爬回到起始位置。画出：(a) 这只虫子位移的 x 坐标的时间函数图，(b) 这个虫子速度的 x 分量的时间函数图。●

56. 你跟你的朋友各自在两栋写字楼里上班，这两栋楼相隔 4 个相同长度的街区，而你打算跟他碰面吃午饭。你的朋友悠闲地以 1.2m/s 的速率踱步而来，而你则是以更轻快的步伐，以 1.6m/s 的速率行走。鉴于此，你在两栋楼之间挑了一个餐厅，使得你跟你的朋友在同一时刻离开各自写字楼出发，两个人可以同时到达餐厅。以街区为单位，这家餐厅距离你的写字楼有多远？●●

57. 图 P2.57 显示的是物体 A 和 B 沿着 x 轴运动的速度-时间图像。在图像显示的时间段内，哪个物体具有更大的位移？●●

58. 图 P2.58 显示了物体 A 和 B 的速度的 x 分量的时间函数图像。在图像显示的时间段内，哪个物体具有更大的位移？●●

实践篇

图 P2.57

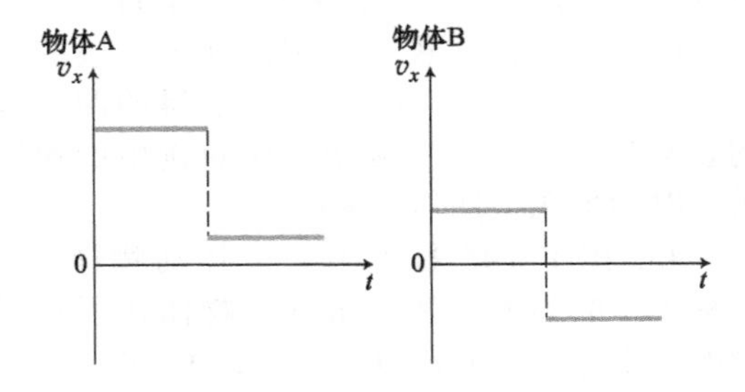

图 P2.58

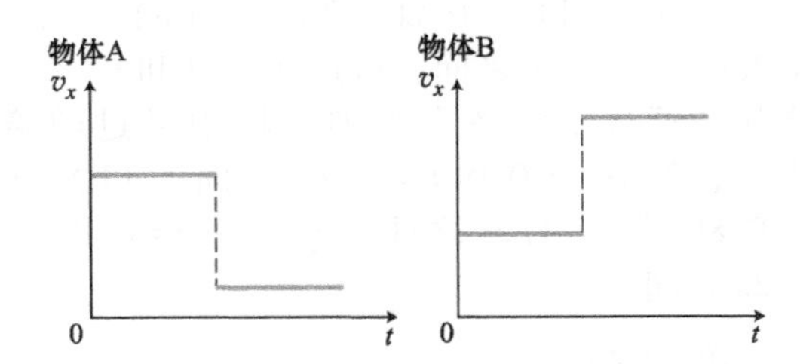

59. 一个物体从 $x=-10\text{m}$ 出发沿着 x 轴运动。利用图 P2.59 中的速度-时间图像，画出这个物体的 x 坐标的时间函数图像。●●

图 P2.59

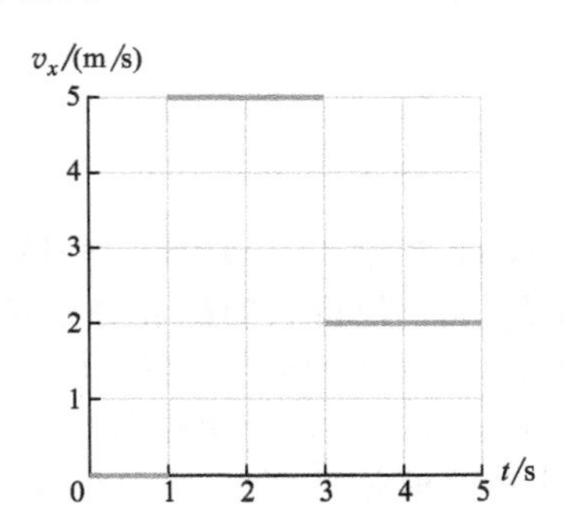

60. 你和一个朋友骑着自行车去学校。你们俩都在同一时刻从你家出发，你以 10m/s 的速率骑行，你朋友以 15m/s 的速率骑行。在这段路途中，你朋友的轮胎爆了，花了 12min 去修理。然后他继续以 15m/s 的速率前进。如果到学校的路程是 15km，那么你们俩谁先到学校？●●

61. 你准备跟一个朋友出去骑行。你比她早 3min 从她家的车棚出发，并以 5.0m/s 的速率骑行了 10min，然后停了下来，跟一位邻居聊了 5.0min。当你正聊天的时候，你的朋友骑了过去，她并没有注意到你。而你却注意到了她忘了带你们本来要一起吃的午餐盒子，于是你立即以 10m/s 的速率返回她的家去取。在返程的半路上，你的朋友碰到了你，因为她也想起了自己忘了带餐盒。(a) 从她出发开始到这个时刻，她的平均速度的模为多少？(b) 在她从你和你邻居旁边经过的时刻，到她再次遇上你的那个时刻，这段时间内她的平均速度的模为多少？●●●

62. 你和你的室友正在赶往 320mile 之外的城市。你的室友以 60mile/h 的速率驾驶着一辆租赁的货车，而你则以 70mile/h 的速率驾驶着自己的汽车。你们两个人在同一时刻出发，在出发 1h 之后，你们打算在一个休息站稍作休息。如果你打算比你的室友提前 0.5h 到达目的地，那么你应该在休息站停留多久，然后继续赶路？●●●

63. 你以平均速率 2.0m/s 朝着东面慢跑。当离家 2.0km 时，你掉头回来，并开始朝西慢跑，回到你的家。在你返程的某个地点，你朝北看了看，并看见一位朋友。你朝着北面以更快的速率 3.0m/s 去找你的朋友。在你朝着你朋友跑了一段时间之后（以速率 3.0m/s），你掉头回来（朝南方），并以 3.0m/s 的速率返回你原先的道路，然后继续以 2.0m/s 的速率朝西慢跑。如果你在离开家后 40min 返回了家中，那么当你朝着北方跑向你的朋友时，朝北跑了多远？●●●

2.9 瞬时速度

64. 下面的哪些量取决于坐标系中原点的选择：位置、位移、速率、平均速度、瞬时速度。●

65. 一辆高速赛车的位置的时间函数为 $x(t)=bt^{3/2}$，其中 $b=30.2\text{m/s}^{3/2}$。分别计算它在 1.0s 和 4.0s 时刻速度的 x 分量。●

66. 一只老鼠顺着你家墙壁的踢脚线跑过。这只老鼠的位置的时间函数由 $x(t)=pt^2+qt$ 给出，其中 $p=0.40\text{m/s}^2$，$q=-1.20\text{m/s}$。确定这只老鼠的平均速度和平均速率：(a) 在 $t=0$ 和 $t=1.0\text{s}$ 之间，(b) 在 $t=1.0\text{s}$ 和 $t=4.0\text{s}$ 之间。●●

67. 下午 2:00 有人在 Westerville 的东面目击汽车 A 经过汽车 B。同样的这两辆车在下午 3:00 又被一同发现在 Eesterville 的西面。如果汽车 B 在整个路程中都以 30m/s 的速度向东匀速行进，证明：汽车 A 在这一个小时内的某个时刻，至少得以 30m/s 的速度向东行驶。●●

68. 电子的运动由方程 $x(t)=pt^3+qt^2+r$ 给出，其中 $p=-2.0\text{m/s}^3$，$q=+1.0\text{m/s}^2$，$r=+9.0\text{m}$。确定其在以下时刻的速度：(a) $t=0$ 时，(b) $t=1.0\text{s}$ 时，(c) $t=2.0\text{s}$ 时，(d) $t=3.0\text{s}$ 时。●●

69. 在图 P2.69 中，汽车以恒定速度经过了一盏明亮的街灯，并在大街的另一边投下了一道影子。为了简化，假设这辆车和街灯的高度相同。(a) 汽车的平均速率和影子的前边缘的速率哪一个更大？(b) 有没有哪个时刻，汽车的速率和影子的前边缘的速率相同？如果有的话，汽车在该时刻相对于街灯的位置是怎样的？如果没有那样的时刻，请解释这是为什么？●●

图 P2.69

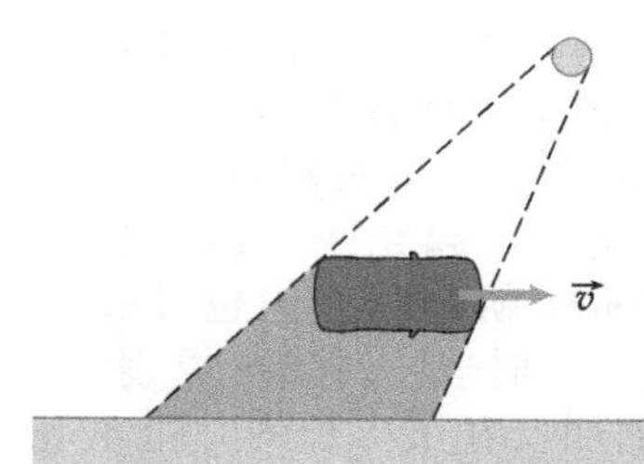

70. 一个质量为 6.0kg 的购物推车沿着斜坡下滑，其位置由 $x(t)=p+qt^2$ 给出，其中 $p=+1.50\text{m}$，$q=+2.00\text{m/s}^2$。这个推车在以下时间段内的平均速度的 x 分量是多少：(a) 在 $t=2.00\text{s}$ 和 $t=3.00\text{s}$ 之间，(b) 在 $t=2.00\text{s}$ 和 $t=2.10\text{s}$ 之间，(c) 在 $t=2.00\text{s}$ 和 $t=2.01\text{s}$ 之间。(d) 计算在 $t_i=2.00\text{s}$ 和 $t_f=2.00\text{s}+\Delta t$ 之间，当 Δt 趋于零时平均速度的极限。(e) 证明你所得到的结果与位置对时间求导的结果一致。●●●

附加题

71. 你在下午 2：38 离开了得克萨斯州的沃斯堡，在下午 3：23 到达了达拉斯，经过的总路程为 58km。以下条件下你的平均速率是多少：(a) 单位是 m/s，(b) 单位为 mile/h。●

72. 在两个选手之间进行的竞速赛中，第二个过线的选手是否有可能在刚刚过线时具有比冠军更大的速率？●

73. 你希望用图 P2.43 中给出的坐标系来标记出杆的底部位置。(a) 杆的底部位置的坐标是多少？(b) 杆的底部的位置矢量是怎样的？(c) 其位置矢量的模是多少？●

74. 选手 P、Q 和 R 分别用 15min、20min 和 25min 完成了 5km 的赛跑，每个人都是匀速跑的。当选手 Q 经过 1km 时，选手 P 和 R 之间的距离是多少米？假设时间和距离都至少有 4 位有效数字。●●

75. 选手 A、B 和 C 进行 100m 赛跑，每个人都是匀速跑的。选手 A 拿到了第一名，此时他领先选手 B 10m。选手 B 拿到了第二名，此时他领先选手 C 10m。选手 A 胜出选手 C 的时间间隔是多少？●●

76. 在 $t=0$ 时，汽车 A 以恒定速率 v_A 经过了一座里程碑。又经过了一段时间 Δt 之后，汽车 B 以恒定速率 $v_B(>v_A)$ 经过了同一座里程碑。(a) 根据 v_A、v_B 和 Δt，在哪个时刻汽车 B 追上了汽车 A？(b) 汽车 B 追上汽车 A 的时候，距离里程碑有多远？●●

77. 你和你的朋友在一条长跑道上跑着。你以匀速 4.0m/s 经过了起跑线。15s 之后，你的朋友以匀速 6m/s 朝着同方向也经过了起跑线，而在这一时刻，你将提速到 5.0m/s。(a) 你的朋友花了多长的时间才追上了你？(b) 当你的朋友追上你的时候，你们两个距离起跑线有多远？●●

78. 你在一条直而水平的高速路上驾驶着一辆旧的汽车，以 45mile/h 的速率行驶了 10mile，然后汽车抛锚。你离开了汽车，继续沿着原来方向行走了 2.0mile，行走了 40min 后到达了你朋友的家。你在整个路程中的平均速率为多少？●●

79. 一辆正在运动的汽车的位置由 $x(t)=c\sqrt{t}$ 给出。从 $t=10$s 到 $t=20$s 的时间段内，请问：(a) 平均速率比 $t=15$s 时刻的瞬时速率大、相等、还是小？(b) 平均速率比 $t=20$s 时刻的瞬时速率大、相等、还是小？●●

80. 下列等式给出了四个物体的位置的 x 分量关于时间的函数。

物体 1：$x(t)=a$，其中 $a=5$m。

物体 2：$x(t)=bt+c$，其中 $b=+4$m/s，$c=-1$m。

物体 3：$x(t)=et^2+ft$，其中 $e=+5\text{m/s}^2$，$f=-9$m/s。

物体 4：$x(t)=gt^2+h$，其中 $g=-3\text{m/s}^2$，$h=+12$m。

(a) 哪些物体的速度随着时间的变化而变化？(b) 哪个物体最早到达原点，这个时刻是多少？(c) 过你在 (b) 问中计算出的时刻 1s 后，该物体的速度是多少？●●

81. 一个家具搬运工正在用图 P2.81 中所示的滑轮系统，利用一根绳子拉动一个小保险柜。(a) 被搬运工拉动的保险柜垂直上升距离与绳子被拉动后所移动的距离之比为多少？(b) 保险柜被拉动的速率与绳子被拉动的速率之比为多少？●●

图 P2.81

82. 两台相隔 100m 的蒸汽压路机相向而行，每一台的速率都是 1.00m/s。在同一时刻，一只苍蝇从南边的那台压路机出发，以恒定速率 2.20m/s 朝着北面的压路机飞去，在碰到了北面的压路机后，又折返飞回原来南边的压路机，然后就这样重复下去，直到它在两台压路机相碰之时撞在压路机之间。这只苍蝇飞了多远的距离？●●

83. 一个 2.0kg 的物体沿着 x 轴以表达式 $x(t)=ct^3$ 运动，其中 $c=+0.120\text{m/s}^3$。(a) 确定这个物体在时刻 $t_i=0.500$s 与 $t_f=1.50$s 之间的平均速度的 x 分量，(b) 在时刻 $t_i=0.950$s 与 $t_f=1.05$s 之间的平均速度的 x 分量，(c) 如果你继续以 10 的比率减少时间间隔，证明你的结果跟 $t=1.00$s 时速度的 x 分量接近。在每一步计算中都要使用题目中所给出的有效数字。●●

84. 悠悠球位置的时间函数由 $x(t)=A\cos(pt+q)$ 给出，其中 $A=0.60$m，$p=\frac{1}{2}\pi\text{s}^{-1}$，而 $q=\frac{1}{2}\pi$。(a) 在 $t=0$ 与 $t=8.0$s 之间画出 17 个等时间间隔的点。(b) 在哪个时刻，速度等于零？(c) 在 $t=0$ 与 $t=8$s 这段时间内画出

速度的 x 分量的时间函数图像。●●●

85. 芝诺（Zeno），一位古希腊哲学家和数学家，因悖论而闻名于世。其中的一个悖论是这样的：一个选手要跑长度为 d 的比赛，起跑经过时间 Δt 之后，他距离终点线的距离为$\frac{1}{2}d$；再经过了一段时间$\frac{1}{2}\Delta t$ 之后（经过时间 $\Delta t+\frac{1}{2}\Delta t$），他经过了距离$\frac{3}{4}d$，那时他距离终点线$\frac{1}{4}d$；经过了时间 $\Delta t+\frac{1}{2}\Delta t+\frac{1}{4}\Delta t$，那时他距离终点线$\frac{1}{8}d$，以此类推。这个运动可以被描述为越来越小位移的无限序列。这个悖论就是，这样下去这个选手永远都不会到达终点线，但我们知道他一定会到终点的。(a) 这个选手的速率为多少？(b) 这段路程需要多长时间？(c) 如何解释这个悖论。●●●

86. 四个交通灯在一条路上各相隔 300m。每个相邻的交通灯的绿灯有 10s 的滞后时间：第二个交通灯在第一个交通灯变绿之后的 10s 变绿了，第三个交通灯在第二个交通灯变绿之后的 10s 也变绿了（也就是第一个交通灯变绿之后的 20s 变绿了），以此类推。每个交通灯的绿灯都保持 15s。看了这序列灯一段时间后，你知道会有一个最好的速率可以让你驾车通过时遇到 4 个绿灯。你不想被耽搁，但也想谨慎驾驶，要尽可能慢但还是可以一次性通过所有的交通灯。●●●CR

87.《伊索寓言》龟兔赛跑中的乌龟和兔子又要重新展开了一场比赛，一场距离为 1mile 的比赛。兔子这次准备得更加仔细。比赛 5min 后，兔子发现自己可以打盹 40min，仍然能够轻易地获胜，因为要跑 1mile 只花费它 10min 的时间，且它认为乌龟的最快爬速是 1.0mile/h。然而，乌龟也很努力，当乌龟经过睡梦中的兔子时，它突然提速到 5/3mile/h。当兔子醒来时，看见乌龟已经在它的前方，于是它便以全速奔跑想要追上乌龟，但还是输掉了比赛。●●●CR

88. 两个选手在跑 100m 比赛。选手 A 用 12.0s 的时间跑完这个距离，而选手 B 在最好的情况下也需要用 13.5s 的时间。为了让这个赛跑更有趣，选手 A 在起跑线之后起跑。如果选手 A 想要最后的比赛结果成为平局，那他应该在起跑线之后多远的地方起跑？●●●

89. 假设你在 Dither 行星上，这颗行星上的居民经常改变他们对 x 参考坐标的选取。在时刻 $t=0$ 时，你站在原点的左边 2.0m 处，参考系的正方向指向左边，这时候你释放一辆玩具小车，使它朝着右边加速前进。汽车的 x 坐标（位置的 x 分量）由 $x(t)=p+qt+rt^2$ 给出，其中 $p=+2.0\text{m}$，$q=-3.0\text{m/s}$，$r=-4.0\text{m/s}^2$。(a) 如果坐标轴的方向翻转，即正方向指向右边，那么汽车的 x 坐标的表达式将会是怎样的？(b) 如果坐标轴的方向保持不变，而原点移动到你所站的位置，那么汽车的 x 坐标的表达式又将会是怎样的？(c) 对上述这三种坐标轴方向和原点的组合，画出每一种的位置-时间图像。(d) 对于上述这三种坐标轴方向和原点的组合，在 $t=4.0\text{s}$ 时刻，汽车位移的 x 分量分别等于多少？(e) 在每一种组合中，该时刻的汽车速度的 x 分量等于多少？(f) 解释一下，为什么尽管在 (d) 和 (e) 问中你得到的数学表达式看起来不同，但得出的结果在物理上却并没有什么不同？●●●

90. 你 12 岁时梦想的工作就是坐在美国国家航空航天局太空航行地面指挥中心的计算机旁，引导远在 2.0×10^8km 的火星表面上火星漫游车的运动。掌控漫游车运动方向的通信信号以光速在地球与火星之间传输，漫游车的最高速率是 2.0m/min。在你的梦想中，你的工作是根据从飞船传递过来的电视图像来确保漫游车不会从火星表面的悬崖上跌落下去。值班主管建议，你的首要任务是要注意漫游车视野范围内多远的障碍物，才能避免发生事故。●●●CR

91. 假设你是 Ace 矿业公司（Ace Mining Company）的一名驾驶员。老板要求在每个小时整点时，让一辆满载的货车以 90.0km/h 的速率离开矿场，并将矿石运送到 630km 之外的工厂。她还要求在每个小时里的半点时刻，让一辆空的货车返回到矿场。有一天在你去工厂的路上，开始计数每个小时里你遇到的空货车数目。第二天你觉得满载的货车更加重要，于是在你返回矿场的路上又开始计数满载的货车数目。请问你得到的结果各是什么？●●●CR

复习题答案

1. 如果你们的图像要相同，那么她就必须得告诉你，她的参考坐标轴和原点是如何选取的。

2. 如果一个物体的位置随着时间而改变，那么这个物体就在运动。如果位置随着时间保持在同一地方，那么它就是静止的。

3. 你需要知道这个物体的实际大小。

4. 利用这个物体一个维度的实际大小，来确定视频中的 1mm 所对应实际世界中的长度。例如，一辆长度为 3m 的小车，在视频帧中的长度为 2mm，这意味着视频中物体移动 1mm 相对应的实际距离为 1.5m。因此，可以用换算因子（1.5m/1mm）将视频中每个物体的移动距离转化为实际的移动距离，从而在图中标出距离（或推导出的数量）。

5. 这样是为了提示你，这些物理量都是矢量，需要根据某个特定的 x 轴才能被测量出来。

6. 位移是一个矢量，因此它可以由一个从起始位置指向最终位置的箭头表示。

7. 插值法的意思是指，在一张图上穿过一系列数据点画出一条光滑的曲线。任意两个相邻点之间的曲线区域说明，它表示的是这两个画出的点之间无限多个数据点的数值。

8. (a) 在时间轴上找到那个时刻，并在那个值处画出一条垂线，使其与曲线相交。然后画出穿过那个交点的一条水平线，并延伸到位置轴。(b) 求解表达式得出 x 值，将特定的时刻值代入到该表达式中 t 出现的地方，计算出 x 的数值。

9. 陡的斜率与缓的斜率相比，显示出更高的速率。一个向下的斜率表示速度沿着 x 轴负方向；一个向上的斜率表示速度沿着 x 轴正方向。

10. 物体在这段时间内沿着 x 轴负方向运动。

11. 标量是一个数学量，完全由一个数值和一个测量单位确定。矢量是一个必须由方向、一个数值和一个测量单位确定的量。

12. 矢量的模是一个数值与一个测量单位，它等于这个矢量的 x 分量的绝对值。

13. 引入单位矢量 $\hat{\imath}$ 的目的是用来确定 x 轴的正方向。

14. 符号 Δ 表示出现在符号 Δ 之后的变量的“改变量”。它是这个变量的最终值与初始值之间的差值。

15. 位移是矢量；距离是标量。

16. 距离永远不会是负值，因为它被定义为两个位置之间的绝对值。经过的路程也永远不会是负值，因为它是整个路途中相邻位置之间的距离（都是正值）的总和。

17. 当位移与 x 轴的正方向相反时，位移的 x 分量是负值。

18. 经过的路程由三段距离相加得出（由定义可知，都是正值）。

19. 将一个矢量的尾部重叠在另一个矢量的尖端，便得两个矢量的相加结果。相加的和从第一个矢量的尾部出发，到第二个矢量的尖端。将一个矢量减去另一个矢量，让这个矢量方向翻转，然后将翻转后的矢量加到另一个矢量上。

20. 结果是大小为 $|c\vec{A}| = |c| \cdot |\vec{A}| = |c| A$ 的一个矢量。若 c 的值是正的，那么这个矢量的方向就与 $\vec{A}$ 相同。如果 c 等于零，结果就是零矢量，没有方向。

21. 平均速率是标量；平均速度是矢量。

22. 速度有大小（物体运动的速率）以及方向（物体运动的方向）。

23. 在某段时间间隔内的平均速度等于这段位移除以这段时间间隔。

24. $x(t)$ 曲线是一条斜率恒定且不为零的直线，而 $v_x(t)$ 曲线是一条水平线。

25. 你需要知道它在这段时间间隔内的某些时刻的位置，通常是起始位置。

26. 曲线下方的面积等于这段时间间隔内的位移的 x 分量。

27. 在给定时刻的速度的 x 分量等于 $x(t)$ 曲线在该时刻的斜率。

28. 当速度是恒定的时，它们相等。

29. 位置关于时间的导数为 $v_x = dx/dt$。

引导性问题答案

引导性问题 2.2 (a) 8min；(b) 7.5mile/h，方向朝西；(c) 7.5mile/h

引导性问题 2.4 1.8s

引导性问题 2.6 (a) $-0.43v$；(b) $-0.43v\hat{\imath}$，其中 $\hat{\imath}$ 指向西方

引导性问题 2.8 (a) A、B、D 朝东，C、F 朝西，E 静止；(b) A、C、E，其中 A 的速度的 x 分量是正的，C 的是负的，E 的等于零；(c) B 加速，D、F 减速；(d) A 具有最高的平均速率，E 具有最低的平均速率；(e) 是的，B 超过了 D。

zain
FINAL
Dec. 4th 2009
Castrol
BISON
zain
Zain
071
038
037
001
FMSCT
001

第3章 加 速 度

章节总结

加速运动（3.1节，3.4节，3.5节，3.8节）

基本概念　如果一个物体的速度在改变，那么这个物体就在**加速**。一个物体**平均加速度**的 x 分量等于其速度的 x 分量的变化除以这段速度变化所发生的时间间隔。

物体**瞬时加速度**的 x 分量等于它在任意时刻加速度的 x 分量。

运动简图显示了一个运动物体在相等时间间隔内的位置，在本章后面的步骤框中给出了描述。

定量研究　**平均加速度**的 x 分量等于

$$a_{x,\mathrm{av}} \equiv \frac{\Delta v_x}{\Delta t} = \frac{v_{x,\mathrm{f}} - v_{x,\mathrm{i}}}{t_\mathrm{f} - t_\mathrm{i}} \tag{3.1}$$

瞬时加速度的 x 分量等于

$$a_x = \frac{\mathrm{d}v_x}{\mathrm{d}t} = \frac{\mathrm{d}^2 x}{\mathrm{d}t^2} \tag{3.23}$$

在一段时间间隔内速度变化量的 x 分量由下式给出

$$\Delta v_x = \int_{t_\mathrm{i}}^{t_\mathrm{f}} a_x(t)\,\mathrm{d}t \tag{3.27}$$

在一段时间间隔内位移的 x 分量由下式给出

$$\Delta x = \int_{t_\mathrm{i}}^{t_\mathrm{f}} v_x(t)\,\mathrm{d}t \tag{3.28}$$

匀加速运动（3.5节）

基本概念　如果一个物体具有恒定的加速度，那么它的 $v_x(t)$ 曲线就是一条直线，且其斜率不为零，而 $a_x(t)$ 曲线是一条水平线。

定量研究　如果一个具有恒定加速度的物体从 $t=0$ 时刻开始，沿着 x 轴方向运动，其在初始位置 x_i 的初始速度为 $v_{x,\mathrm{i}}$，那么它在任意时刻 t 的 x 坐标可由下式给出

$$x(t) = x_\mathrm{i} + v_{x,\mathrm{i}} t + \frac{1}{2} a_x t^2 \tag{3.11}$$

其瞬时速度的 x 分量由下式给出

$$v_x(t) = v_{x,\mathrm{i}} + a_x t \tag{3.12}$$

而其末速度的 x 分量则由下式给出

$$v_{x,\mathrm{f}}^2 = v_{x,\mathrm{i}}^2 + 2a_x \Delta x \tag{3.13}$$

自由落体和抛体运动（3.2节，3.3节，3.6节）

基本概念　只受重力影响的物体处于**自由落体**状态。在地球表面附近，所有处于自由落体状态的物体都具有相同的、竖直向下的加速度。我们将这个加速度称为**重力加速度**，并将其用字母 g 表示。

一个没有自驱动的物体被发射后处于**抛体运动**状态。一旦被发射，它就自由下落，它的运动路径被称为**轨迹**。

定量研究　竖直向下的重力加速度的大小为

$$g = |\vec{a}_{\text{free fall}}| = 9.8\,\mathrm{m/s^2}\quad（地表附近） \tag{3.14}$$

实践篇

斜面上的运动（3.7节）

基本概念 一个沿着摩擦可忽略的斜面做向上或向下运动的物体，具有平行于斜面的恒定加速度，并指向沿着斜面朝下的方向。

定量研究 当摩擦力可以忽略时，沿着倾斜角为 θ 的斜面运动的物体的加速度 a_x 的 x 分量等于

$$a_x=+g\sin\theta \tag{3.20}$$

其中，x 轴的方向沿着斜面向下。

复习题

复习题的答案见本章最后。

3.1 速度的改变

1. 速度和加速度之间的区别是什么？

2. 物体的加速度不为零是否意味着它在加速？

3. 运动物体的加速度是否总是指向这个物体正在运动的方向？如果是，解释为什么。如果不是，叙述一种加速度方向和运动方向不同的运动场景。

4. $x(t)$ 曲线的弯曲方向与加速度 x 分量的符号有什么关联？

3.2 重力加速度

5. 一个哈密瓜和一个李子从橱柜的同一高度落下。哪一个先落到地面？

6. 一个从桥上落入水中的石子下落得越来越快的原因是因为，越接近地面它的重力加速度就越大，这种说法对吗？

3.3 抛体运动

7. 你将一个石子竖直向上抛起来。比较石子刚刚离开你手时的加速度和它刚刚落回到你手中时的加速度，而你的手保持在释放石子时的同一个位置。

8. 你竖直向上扔出一个球。这个球在其轨迹最顶端的加速度为多少？

3.4 运动简图

9. 列出画运动简图时所需要的所有信息。

10. 画运动简图的目的是什么？

3.5 匀加速运动

11. 如果 $v(t)$ 曲线是：(a) 一条与 t 轴不平行的直线，(b) 与 t 轴平行的水平直线，你能得出关于加速度的什么信息？

12. 对于一个正在做匀加速运动的物体，其位置关于时间的函数表达式是 $x(t)=x_i+v_{x,i}t+\frac{1}{2}a_xt^2$。利用 $v(t)$ 曲线下方的面积来解释，为什么在这个表达式中，加速度的这一项里含有系数1/2。

13. 对于匀加速运动来说，当时间变量通过代数方法消去之后，请描述位移、起始速度、末速度和加速度之间的关系。

3.6 自由落体方程

14. 你竖直向上抛出一个球，然后在释放球的位置又接住了球。试比较球从释放位置到最高点之间的时间间隔与从最高点回到释放点之间的时间间隔。

15. (a) 一个物体从静止被释放，描述这个物体下落距离与时间之间的关系，(b) 描述这个物体速率与时间之间的关系。

3.7 斜面

16. 对于一个从斜面上滚下的球，这个球经过的距离和这个球经过这段距离所需的时间之间有什么关系？

17. 在哪种情况下，一个球从斜面上滚下的运动会跟自由落体运动相似？

18. 一个球体从斜面滚下的加速度跟下面哪个因素有关：斜面的倾角，球的速率，运动的方向。

3.8 瞬时加速度

19. 对于哪种运动来说，区分瞬时加速度和平均加速度非常重要？

20. 下列各项分别代表着什么：(a) 曲线 $x(t)$ 在曲线上给定点的斜率，(b) 曲线 $x(t)$ 在曲线上给定点的曲率，(c) 曲线 $v(t)$ 在曲线上给定点的斜率，(d) $a(t)$ 曲线下方的面积，(e) $v(t)$ 曲线下方的面积。

估算题

从数量级上估算下列物理量，括号中的字母对应于可能用到的提示。根据需要使用它们来指导你的思考。

1. 冰雹从飞机的巡航高度下落到地面所需的时间。(H，F，O，E，G)

2. 一个球从 100 层楼高的地方落下，在即将落到地面时的速率。(H，F，R，O，V)

3. 冰雹从飞机的巡航高度下落到地面时的速率。(H，F，R，O，G)

4. 一辆运动跑车从静止加速到高速路巡航速率的平均加速度大小。(D，P，O，C)

5. 一辆在高速公路上行驶的客车，在紧急制动时客车的平均加速度大小。(D，A，P，K)

6. 一辆在城市道路中以常速行驶的小汽车撞上一辆熄火的自卸货车时，小汽车的平均加速度的大小。(R，M，K，S)

7. 当你在做全力冲刺时平均加速度的大小。(D，O，Q，T)

8. 当你在骑自行车全力加速时平均加速度的大小（D，I，O，U）

9. 当你从墙上跳下，经过 1s 下落后脚刚触地时，你的加速度的大小。(R，N，J)

10. 一架飞机在起飞前加速时平均加速度的大小。(D，L，B)

提示

A. 一辆汽车从巡航速率到停下需要多少秒？

B. 一架飞机从静止到起飞需要多少秒？

C. 达到高速公路的巡航速率需要的最短时间是多少秒？

D. 哪一个表达式涉及了速度的变化量、平均加速度以及速度变化发生的时间间隔？

E. 经过的路程、加速度和时间间隔如何与运动的类型相联系？

F. 这是哪类运动？

G. 一架飞机的巡航高度是多少？

H. 关于空气阻力你需要做出什么假设？

I. 你骑自行车时的最大速率是多少？

J. 在你脚即将触地时的速率是多少？

K. 末速率的大小？

L. 一架飞机的起飞速率是多少？

M. 一辆汽车在不拥挤的城市街道上行驶的典型速率是多少？

N. 当你的脚触地时，你身体的中心在你停下来之前所经过的最大竖直位移是多少？

O. 初始速率的大小？

P. 汽车在高速公路上的巡航速率的大小？

Q. 你的冲刺速率是多少？

R. 这种运动的初始速率、最终速率、加速度和位移之间有什么关系？

S. 当汽车因碰撞减速时，汽车经过的距离有多远？

T. 你达到冲刺速率需要多少秒时间？

U. 骑自行车时获得最高速率你需要花多少时间？

V. 100 层的摩天大楼有多高？

答案（所有值均为近似值）

A. 4s；B. 3×10^1s；C. 4s；D. 式（3.1）；$a_{x,\text{av}}=\dfrac{\Delta v_x}{\Delta t}$；E. 对于一个从静止开始运动的物体，(经过的路程)=｜位移｜=｜$a_x(\Delta t)^2/2$｜；F. 自由落体运动；G. 1×10^4m；H. 假设忽略空气阻力并不影响计算结果；I. 7m/s；J. 1×10^1m/s；K. 0；L. 6×10^1m/s；M. 1×10^1m/s；N. 1m；O. 假设 $v_\text{i}=0$；P. 3×10^1m/s；Q. 5m/s；R. 式（3.13）：$v_{x,\text{f}}^2=v_{x,\text{i}}^2+2a_x\Delta x$；S. 1m；T. 2s；U. 5s；V. 4×10^2m

例题与引导性问题

步骤：用运动简图分析运动

当你在解决运动问题时，从一张能够概括所有与运动有关的信息的图表开始，是很有必要的。

1. 使用点来表征在等时间间隔上运动的物体。如果一个物体以匀速移动，点都是平均分布的；如果物体的速度加快了，点之间的空间就增加；如果物体的速度减慢了，点之间的空间就减少。

2. 选择一个方便求解的 x（位置）轴。大多数情况下这轴应当是：(a) 让物体的初始位置或者最终位置在坐标原点；(b) 轴的方向与运动或加速方向一致。

3. 在所有相关的时刻确定位置和速度。特别地，确定*初始状态*——重要时段开始时的速度和位置——以及*最终状态*——在这段时间结束时的速度和位置。同样地，确定速度方向反向或加速度改变的位置，并用问号标记未知参数。

4. 在步骤 3 中的所有时刻之间标记物体的加速度。

5. 考虑不止一个物体的运动，并排画出各自的图解，一张图描述一个物体，均采用同一个 x 轴。

6. 如果物体反向，将图解分为两个部分，每个部分描述一个方向的运动。

下列例题涉及本章内容，但又不仅仅局限于本章中的某一节。
其中一部分以例题的形式给出，另一部分则以引导性问题的形式给出。

例 3.1 加速

一位女士驾车从限速 25mile/h 的区域进入限速 45mile/h 的区域。她恒定加速，并在 6.00s 内达到了新的速率。这辆汽车在加速期间经过了多远的距离？

❶ **分析问题** 这是一个恒加速的问题。以汽车的运动方向作为 x 轴的正方向。我们画出了运动简图（见图 WG3.1），并在其上显示出了初始速度 v_i 和末速度 v_f，时间间隔 $\Delta t=t_f-t_i$，设在这段时间间隔里汽车经过的未知距离为 d。

图 WG3.1

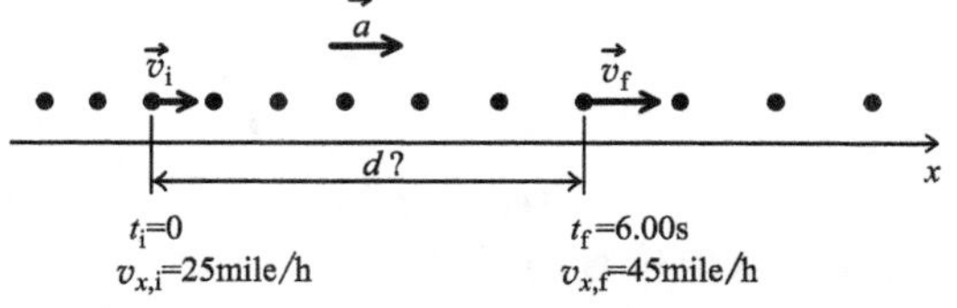

❷ **设计方案** 由于汽车只朝着同一个方向运动，因此其经过的距离 d 等于其位移的绝对值：$d=|\Delta x|$。因而我们需要确定 Δx。知道了位移等于匀加速运动的 $v(t)$ 曲线下方的面积，我们画出了与《原理篇》中图 3.17b 匹配的图 WG3.2：

在此，阴影面积 Δx 代表了汽车在时间间隔 Δt 中，速度由 $v_{x,i}$ 到 $v_{x,f}$ 的变化量。

图 WG3.2

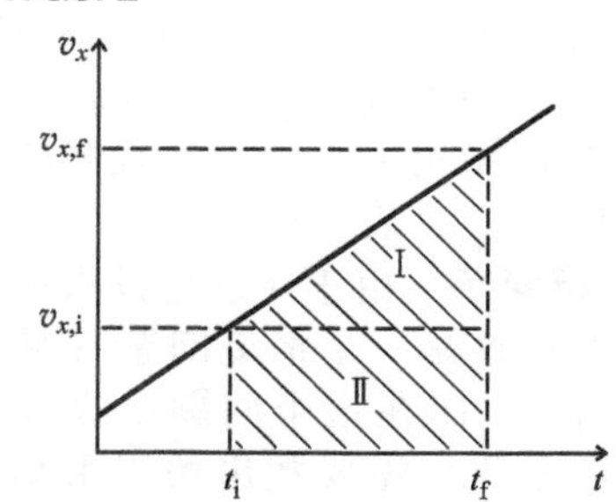

❸ **实施推导** 阴影面积就等于三角形面积（Ⅰ）加上长方形面积（Ⅱ）。这个面积分别等于

$$\text{Ⅰ}=\frac{1}{2}(v_{x,f}-v_{x,i})(t_f-t_i),\ \text{Ⅱ}=v_{x,i}(t_f-t_i)$$

将面积Ⅰ和Ⅱ相加，我们得到汽车的位移：

$$\Delta x=\frac{1}{2}(v_{x,i}+v_{x,f})\Delta t$$

转换好单位后，我们就能通过这个表达式计算出

$$d=|\Delta x|$$

保留三位有效数字：

$$\frac{25.0\text{mile}}{\text{h}}\times\frac{1609\text{m}}{1\text{mile}}\times\frac{1\text{h}}{3600\text{s}}=11.2\text{m/s}$$

$$\frac{45.0\text{mile}}{\text{h}}\times\frac{1609\text{m}}{1\text{mile}}\times\frac{1\text{h}}{3600\text{s}}=20.1\text{m/s}$$

$$d=|\Delta x|=\frac{1}{2}(11.2\text{m/s}+20.1\text{m/s})(6.00\text{s})=93.9\text{m}✔$$

❹ **评价结果** 在不到 94m（比 300ft 多一些）的距离内就将汽车从 25mile/h 加速到 45mile/h，基于你的驾驶经验来说，这是符合预期的。

引导性问题 3.2 减速

你以 45mile/h 的速率行驶在限速 30mile/h 的区域。这时你看到前方有位警察，于是便制动并均匀减速到 27mile/h，这段过程你经过了 275ft。达到末速度你需要的时间间隔是多少？

❶ **分析问题**

1. 你知道了哪些量？哪些量你必须得算出来？

2. 画出运动简图。它包含了哪种运动？

❷ **设计方案**

3. 这个问题和例 3.1 有什么相似之处？又有什么不同之处？

4. 用 SI 单位表达的话，已知量的数值是多少？

❸ **实施推导**

❹ **评价结果**

例 3.3 平均和瞬时

你喜爱抛体运动，你几乎每天都在抛出棒球、石子和其他小物体。你发现，对于匀加速运动，在平均速度和瞬时速度之间可能存在着某种特殊关系。你站在一个平台上，你的肩膀离地高度为 h_{launch}，然后你竖直向上以初速率 v_i 抛出一个球，并观测到球上升到离地高度 $h_{\max}$ 之后落回地面。

❶ **分析问题** 由于在这里没有明确的问题给出，所以这是一个情境问题（见《实践篇》第 1 章）。而在这个问题中也没有明确的数值！于是我们需要找出关于平均速度和瞬时速度的尽可能多的信息，并希望能够从中发现它们之间的关系。我们首先画出运动简图，然后写出运动方程。

图 WG3.3 是球体的运动简图。为了图解的清晰性，我们将这个运动分解为向上和向下两个过程；然而，这样的分解在数学运算上是没有必要的，因为加速度在整个运动过程中是保持不变的。

图 WG3.3

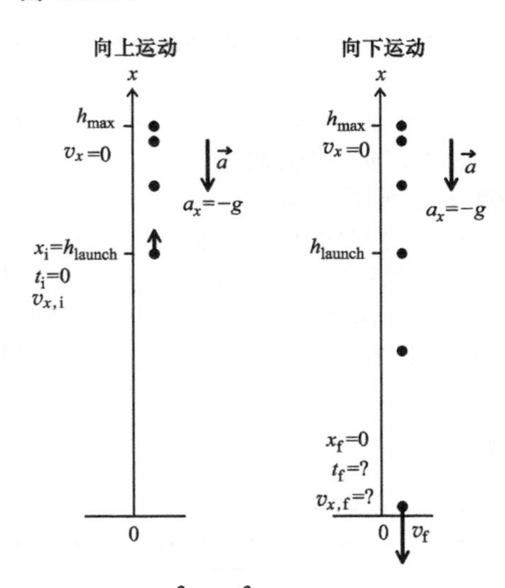

❷ **设计方案** 可以将式（3.12）中的 a_x 用 $-g$ 来代替，从而得出除 $v_{x,i}$ 之外的瞬时速度值：

$$v_x(t)=v_{x,i}-gt \quad (1)$$

然而，我们也可以用式（3.13），但是其中涉及瞬时速度和位移，而不涉及时间间隔，同样也是用 $-g$ 来代替 a_x：

$$v_{x,f}^2=v_{x,i}^2-2g\Delta x \quad (2)$$

用于求取位置的式（3.11）为

$$x(t)=x_i+v_{x,i}t+\frac{1}{2}a_xt^2$$

但是这个表达式里不包含除了初速度之外的任何关于速度的信息。我们在此暂时不考虑它。

将 t_i 设为 0，并在 t_f 时刻落下，运动发生的这段时间间隔等于

$$\Delta t=t_f-t_i=t \quad (3)$$

这里的 t 可以从式（1）中获得。

我们的目的是得出瞬时速度 v 和平均速度 v_{av} 之间的关系。平均速度的定义为位移 Δx 除以发生位移的那一段时间间隔 Δt（见第 2 章），我们可以将上面给出的这三个公式与球的始末位置信息结合起来，进而获得平均速度关于瞬时速度的表达式。

❸ **实施推导** 位移等于球的始末位置之差，这两者都是未知的。我们选择水平地面作为原点，竖直向上作为 x 轴的正方向，则有 $x_i=h_{launch}$，$x_f=0$，得：

$$\Delta x=x_f-x_i=0-h_{launch}=-h_{launch}$$

我们利用式（2）来求得球即将碰撞到地面时的末速率：

$$v_{x,f}^2=v_{x,i}^2-2g\Delta x=v_{x,i}^2+2gh_{launch}$$

$$|v_{x,f}|=\sqrt{v_{x,i}^2+2gh_{launch}} \quad (4)$$

目前我们还不知道式（4）中所需要的初速率的大小，但是它一定跟球的最高点 h_{max} 有关系，因为更快地抛出球能够让球离地面更高。让我们再次利用式（2）来获得这个关系，在初始高度 h_{launch} 和最高点 h_{max} 之间进行计算（因为球在 h_{max} 处的速率等于 0）：

$$0=v_{x,i}^2-2g(h_{max}-h_{launch})$$

于是

$$|v_{x,i}|=v_i=\sqrt{2g(h_{max}-h_{launch})}$$

将 $v_{x,i}$ 的表达式代入式（4），获得球在即将碰撞到地面时的末速率：

$$\begin{aligned}|v_{x,f}|&=\sqrt{v_{x,i}^2+2gh_{launch}}\\&=\sqrt{2g(h_{max}-h_{launch})+2gh_{launch}}\\&=\sqrt{2gh_{max}-2gh_{launch}+2gh_{launch}}\\&=\sqrt{2gh_{max}}\end{aligned}$$

注意到这是速率，也就是说我们应该开根号取正值。但是我们知道，从我们将 x 轴的正方向取为向上之后，末速度的方向朝下，因此为负值。

我们通过联立式（1）和式（3），获得了时间间隔 Δt。

$$\Delta t=t=\frac{v_{x,f}-v_{x,i}}{-g}$$

平均速度关于 Δx 和 Δt 的表达式可以写为

$$v_{av}=\frac{\Delta x}{\Delta t}=\frac{-h_{launch}}{\left(\dfrac{v_{x,f}-v_{x,i}}{-g}\right)}=\frac{gh_{launch}}{v_{x,f}-v_{x,i}} \quad (5)$$

这样的结果固然好，但是有没有办法将右边彻底地写成只与瞬时速度有关的形式呢？是的，这是可以做到的。如果我们将 $-h_{launch}$ 替换为式（2）中的 Δx，然后整理，就可以得到

$$gh_{launch}=\frac{1}{2}(v_{x,f}^2-v_{x,i}^2)$$

将等号右边的项代入式（5）中，得到

$$v_{x,av}=\frac{\frac{1}{2}(v_{x,f}^2-v_{x,i}^2)}{(v_{x,f}-v_{x,i})}=\frac{1}{2}(v_{x,f}+v_{x,i}) \quad (6)$$

这个表达式告诉我们，在一段给定时间内的平均速度在数值上等于这段时间内的初速度和末速度的平均值。在这个例子中，我们由式（4）可知，由于 $v_{x,f}$ 是负的，而且数值上比 v_i 大，于是平均速度是负值。

平均速度和瞬时速度之间的关系看起来具有一般性，因为它并没有包含这个问题中的距离信息。当然，由于式（1）和式（2）只适用于匀加速运动，因此，这个关系也只适用于匀加速运动的情况。

❹ **评价结果** 这里没有数据需要检查，所以我们用另一种方式来解决这个问题。也许我们可以通过图形直观地表示这个结果。我们应该画哪种图像呢？出于多种原因，瞬时速度关于时间的图像会是一个好选择。首先，我们的答案涉及瞬时速度。其次，从这样的图像里我们可以获得位移（曲线下方的面积），并可以由此来确定平均速度。最后，因为在匀加速运动的问题中，速度是时间的线性函数［式（3.12）］，所以这个图像相比位置-时间图像来说将会更容易画出［式（3.11）］。（加速度-时间图像会更加容易画出，因为它就是一条平行于时间轴的直线，但是它所能提供的信息太少了。）

图 WG3.4 显示了球的速度-时间图像。由于在运动简图中，我们选择向上为 x 轴的正方向，所以 $v(t)$ 曲线将是斜率为 $-g$ 的一条直线。曲线沿着时间轴一直延伸到球撞击地面。

在图 WG3.4 中考虑 $v(t)$ 曲线和 t 轴之间的区域。如果我问，什么样的平均（恒定）速度在同样的时间内，能够产生出与这个变速问题里相等的位移？正如我们在第 2 章中所了解的，做匀速运动时，$v(t)$ 曲线是

一条平行于 t 轴的直线。为了在相同的时间间隔内获得同样的位移，匀速运动的曲线在 t_i 和 t_f 之间的面积就应该等于实际的 $v(t)$ 曲线在同样两个时刻之间的面积。

图 WG3.4

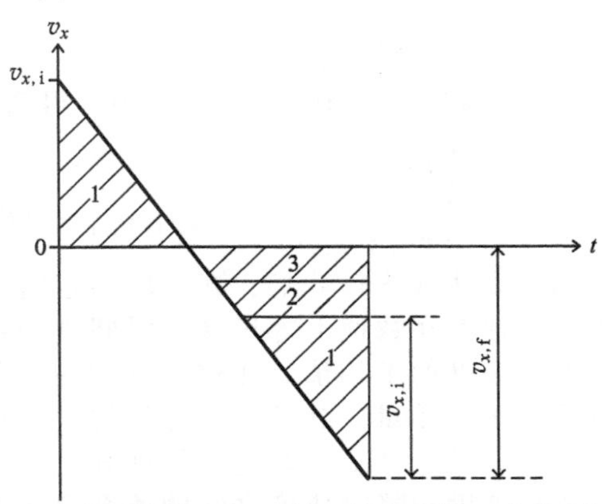

注意到标记为 1 的两个面积，它们的大小相等而符号相反。这表示它们相加时可以互相抵消，于是在曲线下方的面积就等于面积 2 加上面积 3。这两个面积在我们的这个例题中都是负的，加起来也得到了负的面积，这与我们对一个平均速度为负的物体所做出的预期是一致的。

假设我们如上面那样选择面积 2 和面积 3 之间的划分方式，这样一来这两个面积都具有相同的高度。通过将面积 2 与面积 3 相加，得出高度 $-(|v_{x,f}|-|v_{x,i}|)$。注意到 $|v_{x,i}|=+v_{x,i}$，而 $|v_{x,f}|=-v_{x,f}$，于是我们可以把高度写为 $-(-v_{x,f}-v_{x,i})=(v_{x,f}+v_{x,i})$。注意到这是一个负的高度，正如我们的预期。将面积 2 和面积 3 之间的高度等量分开，得出高度 $\frac{1}{2}(v_{x,f}+v_{x,i})$。现在设想把面积 2 移动到如图 WG3.5 所示的位置。结果得到高度为 $\frac{1}{2}(v_{x,f}+v_{x,i})$，长度为 Δt 的，由面积 2 与面积 3 合成的长方形：

$$\Delta x=\frac{1}{2}(v_{x,f}+v_{x,i})\Delta t$$

这意味着

$$v_{x,av}=\frac{\Delta x}{\Delta t}=\frac{1}{2}(v_{x,f}+v_{x,i}) \quad (6)$$

这跟式 (6) 中的结果相同。只要曲线的斜率是常数（恒定加速度），这种几何作图方法对于不论是正还是负的初始速度和末速度都适用（试试看！）。

由于我们的图形法和代数方法获得了同样的结果，因此我们就更确信答案了。

图 WG3.5

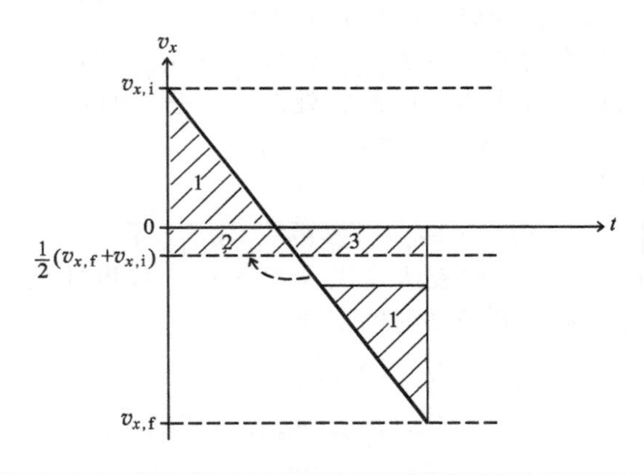

引导性问题 3.4 双重抛射

你从例 3.3 中的高度 h_{launch} 处竖直向上抛出一个小球，这个小球在落地之前，达到高度 $h_{max}=2h_{launch}$。就在你抛出小球的那一刻，你的一个朋友也在高度为 h_{max} 的平台上同时抛出一个相同的小球，但他抛出的速度是你的一半。试确定：(a) 哪个球先落到地面，(b) 每个球的末速率，(c) 第一个球和第二个球落地的时间间隔。

❶ 分析问题

1. 画出每个小球的运动简图和速度-时间图像。

2. 你可以采用例 3.3 中用过的哪些方法？

❷ 设计方案

3. 当你的小球到达了最高点的时候，你朋友的小球到了哪里？

❸ 实施推导

4. 用已知信息来表示你的答案。

❹ 评价结果

实践篇

例 3.5 斜面轨道

你的物理学助教准备了一个实验练习，在这个实验中，你将会用现代的伽利略斜面来确定重力加速度。在实验中，电子计时器将会记录一个静止的小推车沿着与水平面夹角为 θ 的低摩擦斜面轨道下滑 1.2m 所需要的时间。

(a) 为了给这个实验做准备，你首先需要知道用哪一个公式才可以通过测量到的数据计算出 g。这个公式是什么？

(b) 为了能够快速地检测学生们的测量值，助教将班级分为 5 个组，并给每个组分配了一个 θ 值。如果没有出什么错误，得出这 5 个倾斜角的值的时间间隔将会是 0.700s、0.800s、0.900s、1.00s 和 1.20s。那么这 5 个 θ 值分别是多少？

❶ **分析问题** 推车做匀加速运动，初始状态静止，从斜面下滑。我们知道如何分析这类问题，也知道在任意给定倾斜角 θ 的情况下加速度与重力加速度 g 有关。我们画出运动简图（见图 WG3.6）来表示一个推车沿着斜面下滑，并选择 x 轴的正方向沿着轨道向下的方向。

图 WG3.6

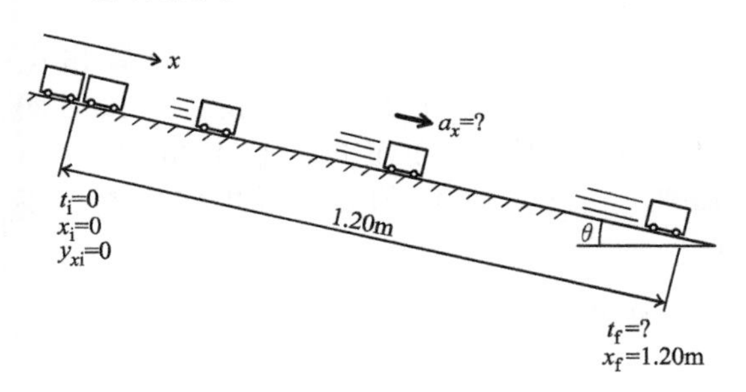

❷ **设计方案** (a) 问中要求的公式应该与式 (3.20)，即 $a_x=+g\sin\theta$ 有关，但是你在实验中可能不会直接测量到 a_x 的值。你要测的有位移 Δx 和时间间隔 Δt，这就意味着我们需要一个表达式来利用这两个值获得加速度。自然就想到了式 (3.11)，这样一来我们就可以用 Δx 和 Δt 来表示 a_x。在 (b) 问中，我们可以用这个结论来获得 5 个 θ 的值。

❸ **实施推导** (a) 由式 (3.11) 得出 $a_x=2(x_f-x_i)/t^2=2\Delta x/t^2$。由于在式 (3.11) 的变形中，$t_i$ 取的是 0，于是 t^2 实际上就是 $(\Delta t)^2$，于是我们有

$$a_x=\frac{2\Delta x}{(\Delta t)^2}$$

将上式代入式 (3.20) 中的 a_x，得

$$\frac{2\Delta x}{(\Delta t)^2}=g\sin\theta$$

从中我们获得实验中可以采用的 g 的表达式：

$$g=\frac{2\Delta x}{(\Delta t)^2\sin\theta} \tag{1}$$

(b) 对式 (1) 进行一些整理，我们得出

$$\sin\theta=\frac{2\Delta x}{g(\Delta t)^2}$$

$$\theta=\arcsin\left(\frac{2\Delta x}{g(\Delta t)^2}\right) \tag{2}$$

在计算这个表达式 5 次之前，助教首先计算了常量 $2\Delta x/g=0.2449$，并将其存储在她的计算器中。再在式 (2) 中代入 $\Delta t=$ 0.700s、0.800s、0.900s、1.00s 和 1.20s，得出她要计算的 5 个组的斜面倾角 θ：30.0°、22.5°、17.6°、14.2°和 9.79°。✔

❹ **评价结果** 这些倾斜角的数值合乎情理：更大的倾斜角度就获得更短的时间间隔。而即使是最短的时间间隔，也比从 1.2m 处自由落体所需要的时间要更长，与实际相符。

实践篇

引导性问题 3.6 另一个斜面轨道

在另一所大学，一个同例 3.5 类似的实验练习中，学生们测量低摩擦轨道的倾斜角 θ，小车下滑的初末位置之间的距离，以及和初末位置相对应的非零初速度和末速度。对于倾斜角为 10.0° 的斜面，在距离为 0.608m 的时候，一个小组获得的速度值为 $v_i=0.820\text{m/s}$ 和 $v_f=1.65\text{m/s}$。基于这些数据，这些学生会得到怎样的 g 值？

❶ **分析问题**

1. 画出运动简图。我们现在正在处理的是哪种运动？

2. 选择合适的 x 轴方向和原点。

❷ **设计方案**

3. 这个问题与例3.5有何相似？又有何不同？

❸ **实施推导**

❹ **评价结果**

4. 考虑一下，测量数据的大小差别会不会影响我们得出 9.80m/s^2 这个结果？

习题　通过《掌握物理》®可以查看教师布置的作业

圆点表示习题的难易程度：● = 简单，●● = 中等，●●● = 困难；CR = 情景问题。

3.1　速度的改变

1. 图P3.1是一个在轨道上从左往右运动的物体的一组频闪照片。在连续的两张照片之间的时间间隔相等。在运动的哪个部分：(a) 物体加速，(b) 物体减速？解释你的理由。(c) 如果物体是从右往左运动的，你的答案会有改变吗？●

图 P3.1

●● ●　●　　●　　●　●●

2. 一辆汽车正在向北行驶。如果它在：(a) 加速，(b) 减速，则这两种情况下，其加速度的方向和速度的方向是怎样的？●

3. 图P3.3是埃德沃德·麦布里奇（Eadweard Muybridge，1830—1904）拍摄于1877年的一组赛马照片。麦布里奇使用了多台等间距放置的照相机，按照相等的时间间隔，依序按下快门。这匹马在加速吗？你是如何知道的？●

图 P3.3

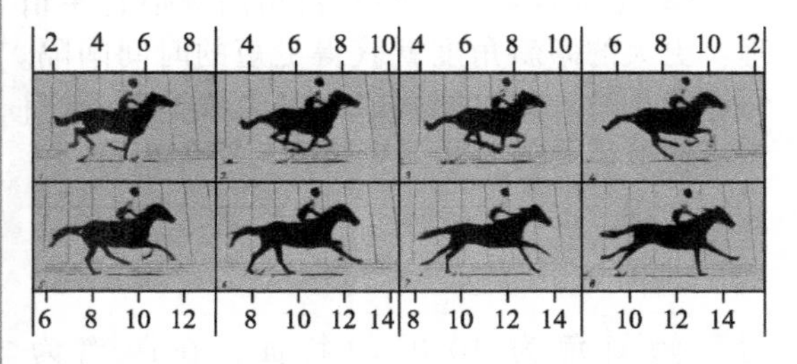

4. 图P3.4显示了一个物体沿着水平面做运动时位置关于时间的函数图像。在哪个标记点，这个物体正在加速？●

图 P3.4

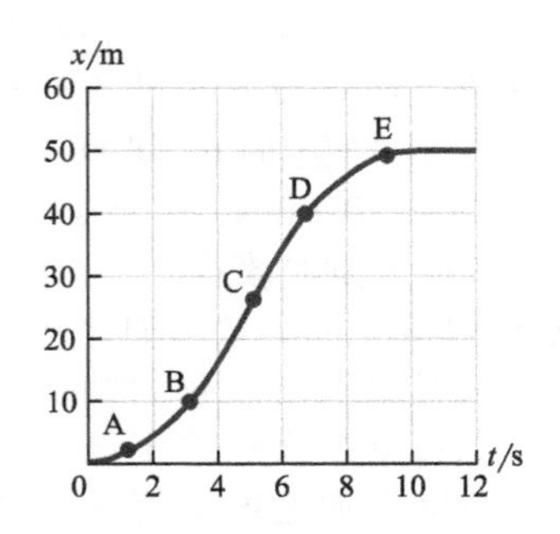

5. 当你在高速公路上行驶时，你的朋友在另一辆车里超过了你。你希望通过恒定加速能够赶上他。当你赶上他的时候，你们车的行驶速度大小相同吗？用一张图来支持你的结论。●●

6. 一个人在大厅里步行的位置由图P3.6中的 $x(t)$ 曲线给出。在哪一段时间里，加速度是：(a) 正的，(b) 负的。(c) 加速度在已知的4s的时间段内曾经等于零吗？●●

图 P3.6

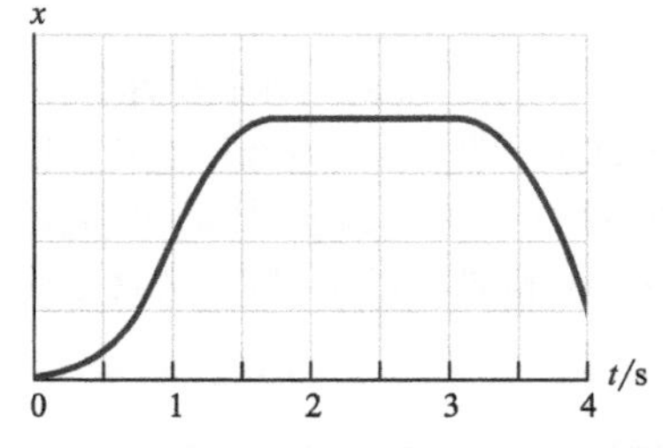

7. 你在一楼进入电梯，然后乘电梯到了19楼。试描述在不同楼层时你的加速度。●●

8. 图P3.8显示了两辆小推车A和B的位置曲线，这两辆小推车沿着水平面的两条

实践篇

平行轨道进行运动。两辆小推车同时到达相同的位置，用点 P 表示。哪一辆小车在那个时刻具有更大的加速度？●●

图 P3.8

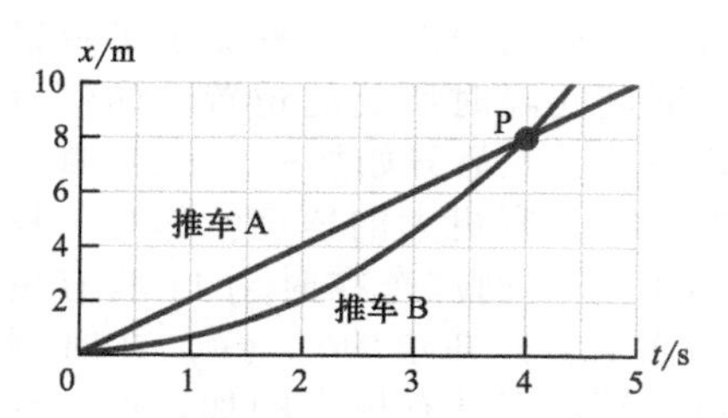

9. 两辆汽车在高速公路上以不同的速率朝南行驶。从快车超过慢车开始算，其中快车朝北加速了 5.0s，慢车朝南加速了 5.0s。在 5.0s 末，两辆车具有相同的速率。现在哪一辆车领先？●●●

3.2 重力加速度

10. 一颗从桥上由静止下落的鹅卵石真的能够在它下落的第一个 1.0s 内经过 9.8m 吗？●

11. (a) 一颗从桥上由静止下落的鹅卵石在它下落的第一个 1.0s 内的平均速率是多少？(b) 这颗鹅卵石在其运动的第二个 1.0s 内的平均速率是多少？(c) 鹅卵石前 2.0s 内运动的平均速率是多少？●

12. 你向在你上方 10m 的窗户中探出身子的朋友抛出一个三明治（包装好的），且用力刚好可使之到达她那里。在同一时刻，她朝你丢了一美元硬币。这枚硬币和这个三明治会在你上方 5m，大于 5m，还是小于 5m 的位置交错经过？●

13. 假设地球表面的重力加速度只有原先的一半了（大约是 5m/s^2）。而实验的其他条件都保持不变，这会对《原理篇》中的图 3.6 造成什么影响？画出新的草图。●●

3.3 抛体运动

14. 一位摄影师给你看了一组关于一个小球垂直运动的频闪照片（见图 P3.14）。(a) 如果球向下运动，那么这幅图的正确方向应该是怎样的？(b) 如果球向上运动，那么这幅图的正确方向应该是怎样的？(c) 根据图中给出的信息，在 (a) 问和 (b) 问中球的加速度方向是怎样的？●

图 P3.14

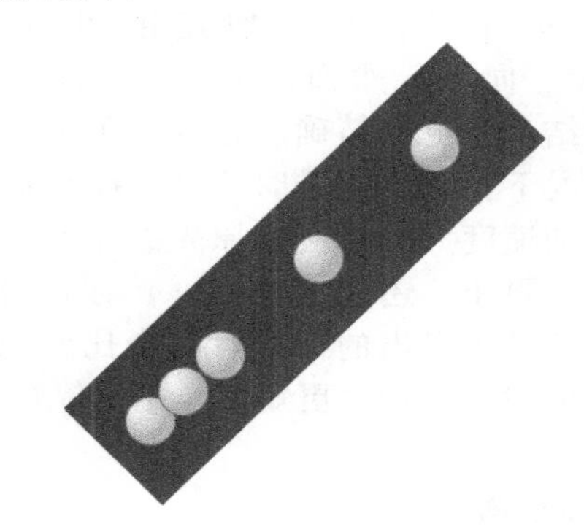

15. 一颗加农炮弹以 98m/s 的初速率竖直向上发射。经过以下时间后它的速度和速率分别是多少？(a) 5.0s，(b) 10.0s，(c) 15.0s，(d) 20.0s。

16. 一枚硬币在 1.8s 时间内从手肘高度向上在空中翻转后落地。这枚硬币在它开始向上运动的 0.9s，或更早，还是更晚，到达了它的最高点？●

17. 一个物体是否能够满足：(a) 初始速度为零且加速度不为零，(b) 速度不为零且加速度为零？如果你在两个问题中都回答了是，请举例子来验证你的答案。●●

18. 如果同样的实验移到月球表面上进行，而月球表面的重力加速度是地球上的六分之一，《原理篇》中的图 3.8c、d 会有什么不同？●●

19. 你从建筑物的房顶朝人行道扔下雪球。下面哪一种方法能够让雪球获得更大的落地速度：是将雪球用力地竖直朝地面直接扔下，还是同样用力地将雪球竖直抛到空中？(忽略空气阻力) ●●

20. 你站在窗户前，看见一个球从下面被抛出，并快速地经过窗户朝上运动。在这个过程中，能够看见球的时间间隔为 Δt_{up}。在球回程的途中，这个球又再次经过了窗户，能够看到球的时间间隔为 Δt_{down}。在忽略空气阻力的情况下，是 $\Delta t_{\text{up}} > \Delta t_{\text{dowm}}$，$\Delta t_{\text{up}} = \Delta t_{\text{dowm}}$，$\Delta t_{\text{up}} < \Delta t_{\text{dowm}}$，还是信息不足以得出结论？用图表简要说明你的理由。●●

21. 对于自由落体运动而言，其速度关于时间的函数是一条直线。如果不忽略空气

实践篇

阻力，这条线会有什么不同？●●●

22. 在忽略空气阻力的情况下，要计算一个乒乓球从上抛到下落途中被接住的运动时间是简单的，因为加速度可以视为 $9.8m/s^2$，向下。然而，考虑空气阻力后，得出的结果会更加精确。在空气阻力不被忽略的情况下：(a) 上升时，(b) 下降时，这个球的加速度大小将会比原先忽略空气阻力时更大，更小，还是相等？(c) 你认为采用更精确的计算得出的运动时间会比原先的简化得出的时间更长，更短，还是相等？●●●

3.4　运动简图

23. 一辆汽车从静止出发并在 10s 内以 $4.0m/s^2$ 的加速度运动，画出它的运动简图。●

24. 一辆汽车从静止开始做匀加速运动，并在 5.0s 内达到速率 30km/h。画出这辆汽车的运动简图。●

25. 一辆沿着水平方向运动的推车由图 P3.25a 所示的运动简图所描述。每隔 0.5s 就测量推车的位置一次。你的三个同学被要求画出该运动的速度-时间图像的大致情况，如图 P3.25b～d 所示，其中哪一张图是正确的？●

图 P3.25

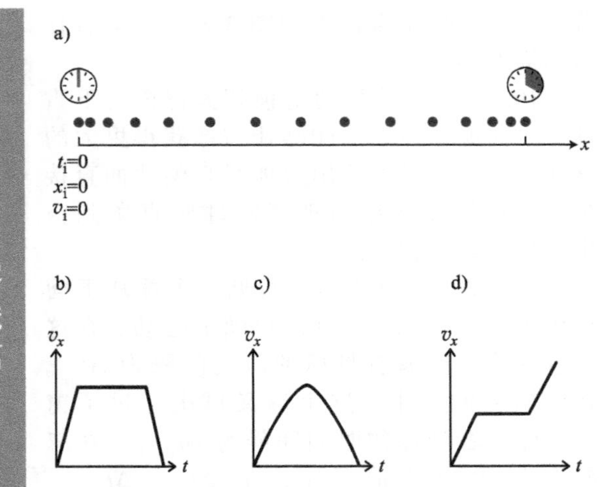

26. 一辆小车由静止出发，在 6.0s 内以 $5.0m/s^2$ 的加速度加速，然后以恒定速率运动 10s，再以恒定加速度在 4.0s 内减速到停止，画出这辆小车的运动简图。●●

27. 你朝上扔出一个球，球离开手时的速率为 30m/s。画出这个球再次达到 30m/s 速率时的运动简图。标记出这个球到达它最高位置时的时刻。●●

28. 图 P3.28 显示了两辆汽车 A 和 B 进行比赛时的运动简图。图解显示了每辆汽车在相等时间间隔时所处的位置。两辆汽车行驶到起跑线，然后开始加速。(a) 哪一辆汽车在时刻 6 具有更大的速度？你是怎样知道的？(b) 哪一辆汽车在时刻 11 具有更大的速度？你是怎样知道的？ (c) 在时刻 6 之后，哪一辆汽车具有更大的加速度？你是怎样知道的？●●●

图 P3.28

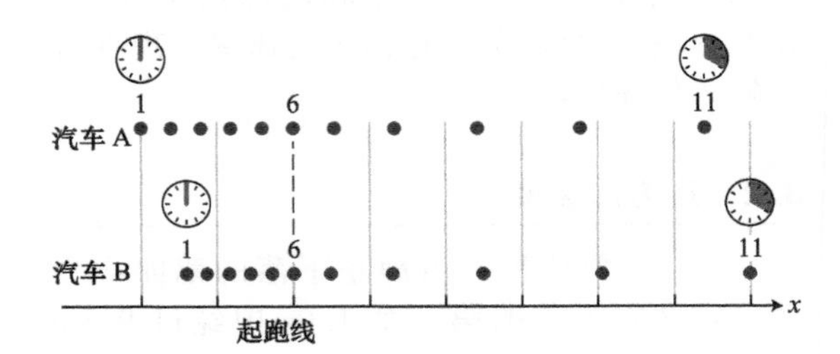

3.5　匀加速运动

29. 你从静止起动你的汽车，并以恒定加速度沿着一条直线加速。在 1.0min 之后你的速率是 20m/s。(a) 你的加速度是多少？(b) 你在 1.0min 内经过了多长距离？●

30. 你和你弟弟正在地板上来回推动玩具汽车。你弟弟坐在 $x=0$ 处，你坐在 $x=4.0m$ 处。你把一辆玩具车朝他那边推了过去，给玩具车初速率 2.5m/s。玩具车在 3.0s 后碰到他时恰好停了下来。(a) 玩具车的加速度朝着哪个方向？(b) 玩具车的平均加速度是多少？●

31. 一个电子在 5.0×10^{-8}s 内由静止加速到 3.0×10^{6}m/s。(a) 在这段时间内，这个电子经过了多长距离？(b) 电子的平均加速度是多少？●

32. 图 P3.32 显示了一个推车沿着水平面运动时速度作为时间的函数图像。在描述这个图像的运动时，一位学生说，“这辆推车首先向前匀速运动，2.0s 后达到最远距离，然后返回，并在4s 时回到了起点位置。”

你对这段描述怎么看？●

图 P3.32

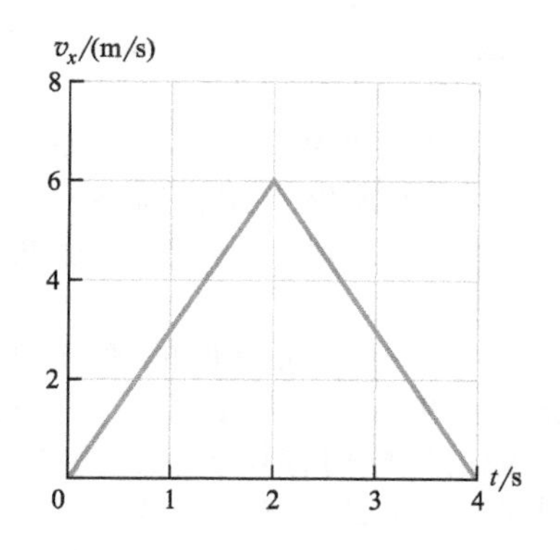

33. (a) 你该如何从速度-时间图像中确定一个物体的位移？(b) 一辆汽车以恒定加速度运动，使得速率在10s内从0增大到20m/s，这辆汽车经过的距离是多少？(c) 一个粒子以恒定加速度沿着x轴运动，其平均速度的x分量是$v_{x,\mathrm{av}}=\frac{1}{2}(v_{x,\mathrm{i}}+v_{x,\mathrm{f}})$（见本章的例3.3）。当加速度不是恒定时，平均速度的x分量是否还是这个表达式？用速度-时间图像来支持你的答案。●●

34. 在高速公路入口坡道，你驾驶着1200kg的汽车在500m的距离内由5m/s加速到20m/s。在开放车道上，你继续以相同（恒定）加速度再行驶500m。你的末速率是等于35m/s，小于35m/s，还是大于35m/s？●●

35. 在一次物理实验导论课上，一个学生掉落了一个小钢球，其半径是15mm，一台设备记录了它的位置与时间的关系。设备上的时钟经过设置，$t=0$时刻是钢球下落的时刻。这个球的位移在：(a) 0.15s到0.25s之间是多少？(b) 0.175s到0.275s之间是多少？●●

36. 哪一辆汽车的加速度值更大些：一辆在50m距离内由0增大到10m/s，另一辆在50m距离内由20m/s增大到50m/s？●●

37. 一台旧式电视机显像管中的一个电子，以恒定加速率被加速，在12mm长的"电子枪"中从2.0×10^5m/s加速到1.0×10^7m/s。(a) 这个电子的加速度是多少？(b) 这个电子需要多长的时间才能经过整个电子枪的长度？●●

38. 在一辆做匀加速运动的汽车中，在速度表分别显示40km/h与60km/h的这两个时刻之间，你已经行驶了250m。(a) 行驶250m需要多少秒？(b) 加速度是多少？●●

39. 根据图P3.39中的$v(t)$曲线，解释下列每个陈述对于给出的时间段是否一定正确：(a) 加速度是恒定的。(b) 物体穿过了$x=0$的位置坐标。(c) 在某一时刻物体的速度等于0。(d) 物体总是沿着相同的方向运动。●●

图 P3.39

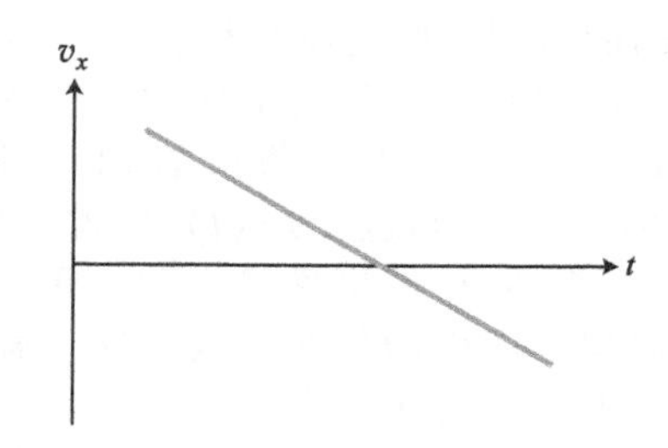

40. 在1997年10月，安迪·格林（Andy Green）驾驶一辆喷气动力汽车以763mile/h的时速经过了1.9mile的跑道，在陆地上打破了音障。当汽车到达测量的起点时，格林的汽车已经在5.0mile的路线上从静止加速到763mile/h。(a) 格林在5.0mile内的平均加速度是多少？(b) 格林要达到他的最高速度需要多长时间？●●

41. 你骑上自行车，在20s内以0.60m/s^{2}的恒定加速度骑行，然后又以恒定速度骑行200m。之后你以恒定加速度在10m内减速到停止。(a) 你骑了多长距离？(b) 计算你的行程所需要的时间。(c) 你的平均速度是多少？●●

42. 在交通高峰期，你前方的汽车突然制动。0.5s后你的汽车也马上制动。两辆汽车的加速度是相同的。两辆汽车之间的距离是不变，减少，还是增加？●●●

43. 两辆汽车以97km/h的时速在一条乡间的道路上一前一后行驶。一只小鹿跳到前方汽车的前面，汽车里的驾驶员猛地制动并停下来。如果后方的汽车要在撞到前方汽车之前就能停下来，前方汽车的尾部和后方汽车前端之间需要间隔的最小距离是多少？假设两辆汽车在制动时的加速度相同，且后方

汽车的驾驶员在前方汽车制动后的 0.5s 开始制动。●●●

44. 当一位物理教员匆忙赶往公交车站时，一辆公交车从她身边经过，并在她前方停了下来，然后乘客们开始上车。她想要以 6.0m/s 的速率奔跑赶上公交车，但是她在距离车门 8.0m 时，车门关闭了，公交车以恒定加速度 $2.0m/s^2$ 离开了车站。虽然错过了公交车，但是作为一种锻炼，她继续以 6.0m/s 的速率跑步，直到追上公交车的车门。(a) 计算从公交车离开车站开始到教员追上车门这两个时刻的时间间隔。(b) 在她追上车门的时刻，她的速率是多少？(c) 在她追上车门的时刻，公交车移动的速率是多少？(d) 画出公交车和教员的 $v(t)$ 图像。(e) 画出公交车和教员的 $x(t)$ 图像。●●●

45. 问题 44 中的事件发生后一天，那位教员又遇到了同样的情况。这一次，她的锻炼难度加大了。她在追上车门后，继续以恒定速度 6.0m/s 跑步，并领先了公交车一会儿，但是加速的公交车之后就超过了她。她超过公交车车门的最大距离是多少？●●●

3.6 自由落体方程

46. (a) 一块鹅卵石从桥上由静止下落 9.8m 需要多少秒？(b) 当鹅卵石下落了 9.8m 时它的速度是多少？●

47. 用 $g=9.8m/s^2$ 来计算，在地面上方任意位置的点 A 处，由静止释放的物体到达地面所需要的时间是 Δt。如果 $g=4.9m/s^2$，那么 Δt 会跟用 $g=9.8m/s^2$ 所计算出来的结果存在怎样的倍数关系？●

48. 一个追击式烟花弹以 35m/s 的速率向上发射。画出运动简图来显示在 $t=0$、1s、2s、3s 和 4s 时烟花弹的位置及其速度矢量，并画出 $x(t)$ 图像。●

49. 一个球在 $t=0$ 时刻被向上抛出，它在 $t=3.0s$ 到 $t=4.0s$ 之间经过的距离和 $t=2.0s$ 到 $t=3.0s$ 之间经过的距离相等，这可能吗？●●

50. 你将一个小球竖直抛起，它距离抛出点的最大高度是 h。如果你想要小球在抛出点以上的空中的运动时间变成原来的两倍，那么你需要将小球抛出的最大高度应该是多少？●●

51. (a) 要达到抛出点以上 25m 的高度，小球被竖直抛出的最小速度应该是多少？(b) 这个小球要达到这个高度需要多少秒？●●

52. 一位滑雪者从山脊上冲到下方 3.6m 处的雪堆里，在她停下来之前深入了雪堆 0.80m。在雪堆中她的平均加速度是多少？●●

53. 你在一栋正在建设的建筑物二楼，放置 63mm×89mm×170mm 的砖块。根据你的要求，你的搭档向你抛砖块，当砖块到达距离抛出点 5.0m 的高度时，你接住了砖块。他持续地抛出砖块，如果你没有接到，那么它们就会上升到距离抛出点 6.0m 处的最大高度。(a) 过了一会儿，你们俩都对这个过程很熟悉了，你准确地知道在你喊出“1，2，3，扔!”之后应该过多少秒伸出手，接住在空中的砖块。如果你的搭档在听到你的命令后没有任何延迟就扔出砖块，你应该过多少秒伸出手？(b) 如果你没接住空中上升的砖块，在剩下的多长时间里你可以伸出手在砖块下降的途中再接住它？●

54. 一个火箭在地面点燃，竖直向上运动，其加速度大小是 $4g$。一级火箭壳在火箭加速 5.0s 之后与有效载荷分离。一级火箭壳撞击到地面时的速率是多少？●●

55. 证明发射后下落的火箭在连续若干个 1s 内经过的距离之比为 1 : 3 : 5 : 7 : ……●●

56. 一个热气球从地面以大小为 $g/4$ 的加速度竖直上升。经过时间间隔 Δt 后，一位乘客在热气球上释放了一个附在热气球底部的压舱沙袋。这个沙袋要经过多长时间才能掉落到地面？●●●

57. 楼顶上落下的一颗石子经历从楼顶到地面的最后 50%距离花了 0.5s 时间。这个建筑物有多高？●●●

58. 一个直径为 10m 的热气球以恒定速率 12m/s 垂直上升。当热气球上升到离地 18m 的高率时，一位热气球上的乘客不小心从气球护栏的边上掉落了他的相机。如果热气球继续以相同的速率上升，那么当相机落到地面的时候，护栏距地面有多高？●●●

59. 在一幢建筑物旁边，由地面竖直向

上抛出一个小球，小球在被抛出后的 1.8s 时经过了窗户的底部，过了 0.20s 之后又经过了窗户的顶部。已知窗户的顶部到底部有 2.0m 高。

(a) 这个球的初速度是多少？(b) 窗户底部距离抛出点有多高？(c) 这个球能上升到抛出点以上多高？●●●

3.7 斜面

60. 一个体重 65kg 的滑雪者沿着与水平面夹角为 45°的小山滑下，滑雪者的加速度大小是多少？忽略摩擦力。●

61. 一个小推车由静止出发，用了 1.25s 的时间从一条长度为 1.80m 的低摩擦倾斜轨道滑下。这个斜面轨道与水平面的夹角是多少？●

62. 假设在伽利略（Galileo）的实验中，他所采用的沿着斜面滚下的小球被给定了初速率。对于距离与时间二次方的比值，他会得出不同的结论吗？●

63. 一位工人在坡道的顶部释放盒子。盒子滑到坡道的底部后继续在地面滑过 10m，并最终到达阻挡墙。如果坡道的坡度是 20°，要使盒子在离开坡道后 2.0s 内到达墙，则坡道需要多长？忽略阻力。●●

64. 一个人在某个冬日正准备出门上班。结了冰的私家车道从上端到邮箱竟然有 8.0m 长，且与水平面的倾斜角是 20°。他在打开车库的时候把公文包放在了结冰车道的上端，公文包沿着冰面滑下车道。忽略阻力。(a) 加速度是多少？(b) 公文包下滑到与邮箱距离为 4m 时需要多少秒？(c) 公文包到达邮箱需要多少秒？(d) 公文包到达邮箱时它的速率是多少？●●

65. 你和你的朋友在一次乡村展览会上登上了一个标为“世界上最长的滑梯”的滑梯。你下滑了 100m 长，用时 10s。你的朋友选择了一个更高的、长度为 150m 的滑梯，而且这个滑梯的材质与你之前玩的滑梯一样，且它们的倾斜角度也相同。(a) 你滑下滑梯的加速度大小是多少？(b) 你的朋友滑下滑梯的加速度大小是多少？(c) 你的朋友滑到滑梯的底部用时多长？(d) 你碰到底部时的速率是多少？(e) 你的朋友碰到底部时的速率是多少？●●

66. 游乐场里有两个小孩分别从相同高度但倾斜角度不同的滑梯上滑下（见图 P3.66）。忽略阻力，滑经距离地面 h 高度处时，哪一个小孩具有：(a) 更大的加速度？(b) 更快的速率？●●

图 P3.66

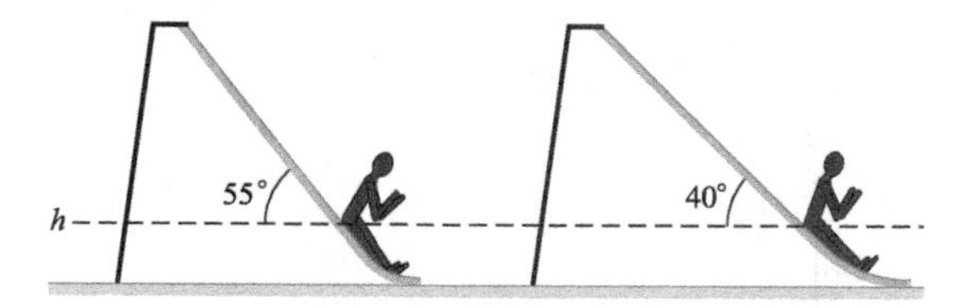

67. 你正在和你的朋友玩空气曲棍球。一个冰球静止在你朋友的球门里，这时他突然将他那边的桌沿抬起了 0.50m。冰球顺着倾斜的桌面滑到 2.4m 以外的你的球门中。忽略阻力。(a) 冰球达到你的球门花了多长时间？(b) 冰球进入你的球门时的速率是多少？●●

68. 一个初速率为 6.0m/s 的物体沿着与水平面夹角为 37°的斜面向上运动。忽略阻力，在物体经过 2.0m 时，物体的速率是多少？●●

69. 一个盒子在一条长度为 l，与水平面夹角是非零 θ 角的光滑斜坡的较低端。一个工人想要快速推盒子一把，使它到达斜坡顶端：(a) 这个盒子在推动后需要有多快，才能到达目的地？（忽略在推动盒子所的时候盒子所经过的距离）(b) 在上升到斜坡长度一半的时候，盒子的速率是多少？●●

70. 一位滑雪者站在一条由两条不同倾斜角的坡道组成的坡道顶端（见图 P3.70）。滑雪者以零初速开始下滑。忽略摩擦力，(a) 他在低倾斜角的坡道末端的速率是多少？(b) 整个路程中他的平均加速度是多少？●●

图 P3.70

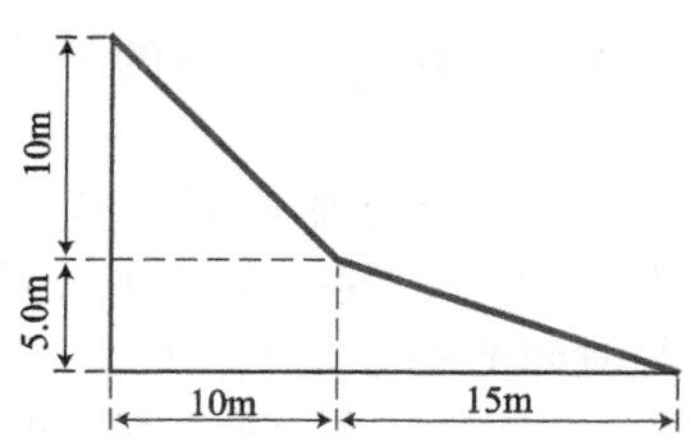

71. 一个球在距离地面高度5.0m的初始位置被向上竖直抛出（见图P3.71）。在同一时刻，一个立方体从表面被冰面覆盖的斜面顶端由静止释放，斜面高度不一定等于5.0m。两个物体同时到达地面，且二者的末速率都是15m/s。斜面的倾斜角是多少？●●●

图 P3.71

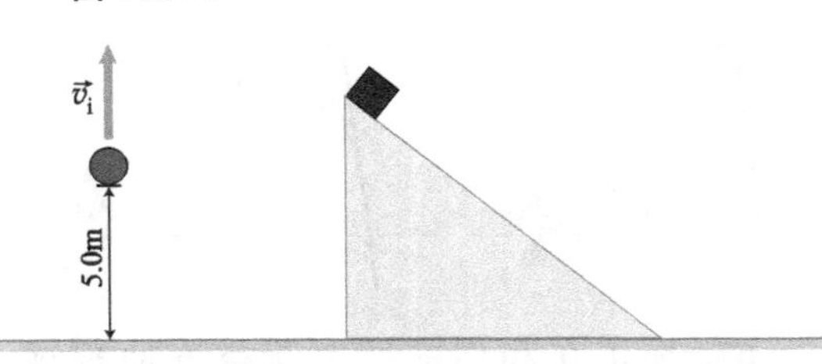

72. 你站在一个与垂直方向的夹角为60°的由冰面覆盖的斜面顶端，手握一个冰球。你的朋友站在旁边与你相同高度h的水平面上，手握一个球，与冰球相同高度。如果冰球和球在同一时刻被释放，那么球落到地面所需时间和冰球达到斜面底端所需时间之比是多少？●●●

73. 一个女孩乘雪橇沿结冰斜面滑下，初速率是2.5m/s。斜面与水平线的夹角是15°。沿着斜面下滑10m后，进入了粗糙的平地，在平地中相对她的运动方向，小孩以恒定加速度-1.5m/s^2滑行。之后她又滑上了另一个结冰斜面，该斜面与水平面的夹角为20°。她将会在第二个结冰斜面上滑行多远？●●●

3.8 瞬时加速度

74. 你以10m/s的初速率竖直向上抛出一个球。(a) 球在t_1时刻（即刚刚离开你的手的时刻）的瞬时加速度是多少？球在t_2时刻（即其轨迹的最高点）的瞬时加速度是多少？球在t_3时刻（即球在撞到地面之前）的瞬时加速度是多少？(b) 球在向上运动的过程（t_1到t_2）中的平均加速度是多少？球在整个运动过程（t_1到t_3）中球的平均加速度是多少？●

75. 一个粒子经过加速后，其位置与时间的关系为$\vec{x}=bt^3\hat{i}$，其中$b=1.0\text{m/s}^3$。粒子的加速度与时间的关系是怎样的？●

76. 图P3.76显示了两个不同的推车沿着水平桌面滚动时加速度的x分量与时间的函数。在所示时间段内，哪一个推车速度的x分量的改变量更大？●

图 P3.76

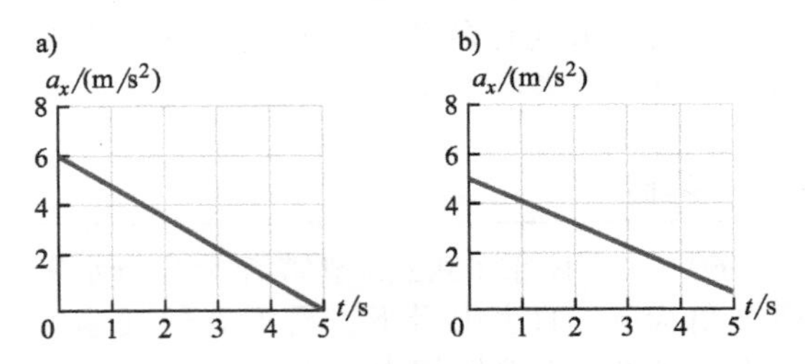

77. 在一条低摩擦轨道上运动的推车的位置可以由方程$x(t)=b+ct+et^2$给出，其中$b=4.00\text{m}$，$c=6.00\text{m/s}$，$e=0.200\text{m/s}^2$。(a) 推车正在加速吗？如果是，加速度是恒定的吗？(b) 在$t_i=0.200s$和$t_f=0.400\text{s}$之间的平均速度是多少？(c) 在$t_i=0.200\text{s}$和$t_f=0.400\text{s}$两个时刻的速度分别是多少？(d) 在$t_i=0.200\text{s}$和$t_f=0.400\text{s}$之间的平均加速度是多少？(e) 在$t_i=0.200\text{s}$和$t_f=0.400\text{s}$两个时刻的加速度分别是多少？●●

78. 一个粒子按照方程$x(t)=bt^3+ct^2+d$朝着x轴方向运动，其中$b=4.0\text{m/s}^3$，$c=-10\text{m/s}^2$，$d=20\text{m}$。(a) 在$t=2.0\text{s}$时瞬时速度和瞬时加速度各是多少？(b) 在$t=2.0\text{s}$到$t=5.0\text{s}$这段时间间隔内其平均速度和平均加速度各等于多少？●

79. 一个火箭的加速度的x分量由$a_x=bt$给出，其中$b=1.00\text{m/s}^3$。火箭在$t=0$时刻由静止开始加速。(a) 在$t=10.0\text{s}$时火箭的加速度的x分量等于多少？(b) 在$t=10.0\text{s}$时火箭的速度的x分量等于多少？(c) 在这10.0s的时间间隔内平均加速度的x分量等于多少？(d) 在这10.0s内火箭经过了多远的距离？●●

80. 一辆特别的汽车在制动时的加速度大小是bt，其中t是汽车开始制动后的时间，单位是s；$b=2.0\text{m/s}^3$。如果这辆汽车的初速率是50m/s，那么在停下来之前它已经行驶了多远？●●

81. 一辆汽车距离一条长8.0m、高6.0m的斜坡12m远（见图P3.81）。汽车由静止朝着斜坡运动，加速度恒定为2.5m/s^2。

在汽车发动后的某个时刻，一个板条箱在斜坡上的某个位置由静止释放。汽车和板条箱在同一时刻，以同样的速率到达斜坡底端。(a) 板条箱释放的距离 d 应该为多少？(b) 汽车起动后多少秒，板条箱被释放？●●●

图 P3.81

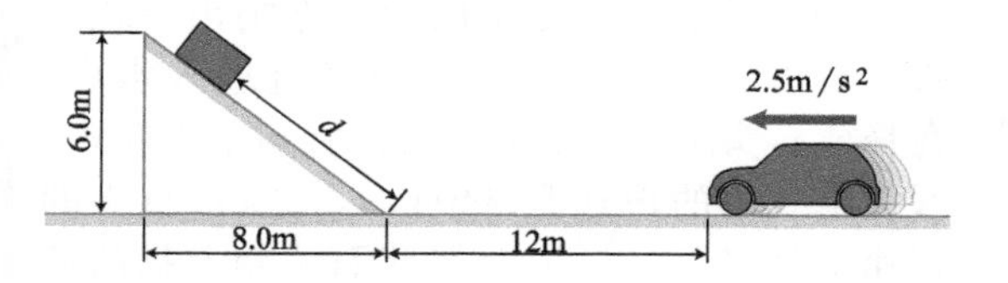

82. 一次实验中，一个直径为 8.0mm 的球体，在 $t=0$ 时刻该球体从一个装有蜂蜜的罐子蜂蜜表面由静止被释放，球体在蜂蜜里下沉的速率 v 满足 $v=v_{max}(1-e^{-t/\tau})$，其中 $v_{max}=0.040\text{m/s}$，$\tau=0.50\text{s}$。(a) 求 $a(t)$ 的表达式。(b) 画出在 0 到 2.0s 这段时间内的 $v(t)$ 图像和 $a(t)$ 图像。(c) 求 $x(t)$ 的表达式，取 x 轴方向竖直向下，并画出函数图像。(d) 如果蜂蜜表面距离罐子底部有 0.10m，用你的 $x(t)$ 图像来确定球体到达容器底部所需要的时间。●●●

83. 一个物体上下运动的录像显示，物体的速度为 $v_x(t)=v_{max}\cos(\omega t)$，其中 $v_{max}=1.20\text{m/s}$，$\omega=0.15\text{s}^{-1}$，x 轴正方向朝上。(a) 推导出物体的加速度与时间的函数 $a(t)$ 的表达式。(b) 如果物体在 $t=0$ 时刻的位置是 $x(0)=0$，试推导出物体的位置关于时间的函数 $x(t)$。●●●

附加题

84. 一个粒子在 x 轴的运动可以由方程 $x(t)=bt^2+ct+d$ 给出，其中 $b=0.35\text{m/s}^2$，$c=6.0\text{m/s}$，$d=30\text{m}$。(a) 这个粒子在 $t=10\text{s}$ 时的加速度等于多少？(b) 在该时刻它的速度等于多少？●

85. 汽车由 9.0m/s 的速率进行紧急制动需要经过 7.0m 的距离。用相同的加速度，如果你要从 27m/s 的速率进行紧急制动，需要多长的距离？●

86. 一个站在建筑物平台上的人，在距离地面 45m 高度处的竖直方向上抛出一个小球。如果小球用了 2.0s 落到地面，(a) 这个小球被抛出的初始速率是多少？(b) 小球被抛出的方向是怎样的？●●

87. 一颗发射的子弹穿过了 0.10m 厚的板，射入板时的速率是 480m/s，射出板时的速率是 320m/s。(a) 子弹在板子里的平均加速度的 x 分量是多少？(b) 从子弹撞击到板的正面到离开板的背面之间的时间间隔是多少？(c) 采用你在 (a) 问中计算出的平均加速度，如果板要让子弹停下来，需要有多厚？●●

88. 在断电时，你被困在一栋高楼里。你想要用你的手机呼叫救援人员，但是你不记得自己在哪一层楼了。你撬开电梯门轴，把你的钥匙扔了下去，然后听见钥匙在 3.27s 后碰到地面。(a) 地面楼层记为 1 楼，做出简单的计算，判断你在哪一层楼。(b) 然而，在你打电话之前，你忽然意识到你忽略了钥匙在底部的撞击声以 340m/s 传上来，于是你又重新计算。此时你告诉救援人员的楼层号应该是多少？●●

89. 一辆摩托车由静止开始，以恒定加速度沿着 0.22km 长的斜坡向高速公路入口行驶。摩托车在 14.0s 之后以 31m/s 的速率进入主路。(a) 摩托车沿着斜坡的加速度是多少？(b) 在摩托车加速 9.5s 之后的速率有多快？(c) 在摩托车开始加速 9.5s 之后，它在斜坡上运动了多远？●●

90. 捏住一张美钞上端的短边，并使美钞的短边与地面平行，让你的一个朋友用同一只手的拇指和食指靠近美钞下端的短边，且拇指和食指之间相隔 20mm。与你的朋友做个交易：如果在你松手以后，他能够捏住这张美钞，那么他就将获得这张美钞。事实上，大多数人都抓不住。利用这些信息（以及你测量出美钞的长边长度），计算人的最短反应时间。●●

91. 一个迫击式烟花弹必须在 100m 的高度被引爆。(a) 如果这个烟花弹在轨迹的最高点被引爆，那么它的发射速率需要为多少？(b) 如果在发射的时刻就点燃火药引线，那么需确保火药引线在多少秒之后烧完以引爆烟花弹？●●

92. 一个石子从楼的顶端落下，在碰到

地面的最后一秒内经过了 30m。这栋楼有多高？●●

93. 一个球从地面竖直向上发射，初速率为 24.5m/s，然后 5.0s 后落回地面。(a) 分别求这个球在发射后 1.0s、2.0s、3.0s 和 4.0s 时的位置；(b) 球在发射后，1.0s、2.0s、3.0s 和 4.0s 的平均速度；(c) 球在空中时的平均速度；(d) 球在整个过程中的平均速率。●●

94. 在登陆火星后，你从着陆舱的舱门扔出一个标识物，并观察到标识物用了 2.1s 的时间落到火星表面。而当你在地球上从着陆舱的舱门扔出一个标识物时，它只用 1.3s 的时间就落到地面。火星表面的重力加速度的大小是多少？●●

95. 一个弹性橡胶球从 2.1m 的高处落下，并反弹回其原先高度的 88%。如果这个球与地面的接触时间为 0.013s，球在这段时间段内的平均加速度是多少？●●

96. 你站在一座桥上手握着一颗石子，离水面 15.0m 高。(a) 你将石子释放，多少秒后你会听到石子溅起的水花声？取声速为 340m/s。(b) 石子在落入水面时的速率是多少？(c) 在该时刻的速度是多少？●●

97. 一个电梯的缆绳断了，在电梯进行紧急制动之前，电梯轿厢下落了四层楼（由静止开始）。如果轿厢在制动后又多下落了一层楼才停下来，问制动的平均加速度是多少？●●

98. 一辆以速度 $\vec{v}_i$ 行驶的汽车，以恒定加速度减速，并停了下来。(a) 画出汽车速度的 x 分量 $v_x(x)$ 关于位置的函数的图像。(b) 如果这辆汽车在制动的过程中经过了距离 l，在经过了多少距离后，汽车具有其一半的初速率？●●

99. 一位理论家预测，某种形式的物质存在重力排斥现象。在一个由该种物质形成的星球上，"反重力加速度"方向竖直朝上，远离星球表面，任何在该星球表面附近释放的物体都不会做自由落体运动，而是做"自由上升运动"。假设在该星球上，一个抛射体从一处悬崖以初速率 20m/s 朝下抛射出来，观察到 10s 后这个物体以 40m/s 的速率朝上运动。(a) 该星球上的自由上升加速度是多少？(b) 在抛射后多少秒，抛射体的速率为 0？●●

100. 一艘太空飞船以恒定加速度竖直上升飞行，并在 1.0min 内达到 300km/h 的速率。这艘飞船的 (a) 平均加速度是多少？(b) 在 $t=30$s 的速度是多少？(c) 在 $t=60$s 时的海拔高度是多少？●●

101. 你在湖面之上的山崖上扔出一块石头，石头以 15.0m/s 的速率竖直进入水中。在释放石头之后的 2.68s 后你听到了水花声。假设空气中的声速是 340m/s：(a) 石头的初速率是多少？(b) 你是将石头朝上扔的还是朝下扔的？(c) 你是在距离湖面多高的地方释放的石头？●●

102. 你们州的《驾驶员手册》上说，"当你前方的车辆经过某个点，例如一块标牌时，默数'一千零一，一千零二，一千零三'。这大约要花 3 秒钟时间。如果你在经过该点时，还没有数完，那么你就跟得太紧了。"你驾驶着小汽车，在高速公路上跟随着一辆货车。你们都以 100km/h 的速度行驶着。你的保险杠与货车的后端保持着 3s 的间隙。突然一个大箱子出现在货车车尾下方的路面上。显然，货车的底盘高度足以让这个大箱子在车底经过，但是你的车不行！你用了 0.75s 的反应时间来进行制动。(a) 如果你撞不到箱子，最小的恒定加速度应是多少？(b) 如果你的汽车与货车之间保持着 2.0s 的间隙，那么在相对安全且路况较好的条件下，对于一位警惕性高、经验丰富、反应良好的驾驶员来说，上一问的答案会是什么？比较你在 (a) 问和 (b) 问中的答案。●●

103. 一块落石以 16m/s 的速率砸到地面上。石头在落下最后 12m 的距离所需要的时间是多长？●●

104. 你想要确定一棵树在被砍伐之后，是否能被装进 75m 长的伐木拖车中。你在距地面 2.0m 的地方，用足够大的力气竖直扔出一块石头，使其达到了树的顶端。你观察到从你抛出石子到石子落地的这段时间为 5.0s。●●●CR

105. 你的表哥总是夸耀自己的模型火箭飞得有多高，于是你也去买火箭。遗憾的是，所有的品牌都没有具体写出火箭所能到达的高度，但是在你的价格范围内有三种模型火箭具有可比较的技术信息。“擦云鸟”（Cloud-scraper）号有3.3s的燃料燃烧时间以及2.9g的竖直加速度，“平流层（Stratosphere）”号有3.0s的燃烧时间和3.2g的加速度，而“宇航员号（Astronaut）”有2.7s的燃烧时间和3.6g的加速度。●●●CR

106. 你和你的表姐正在她的高速公路巡逻车中享受咖啡休息时间，这时一辆跑车以135km/h超速。你的表姐在起动巡逻车的时候让你拿着她的咖啡，并想和你打一个赌，如果她能在州界线之前抓到超速者，你就给她10美元。你知道沿着高速公路到州界线还有2.0km，而警察巡逻车的最高速度是，由静止起动15s后可以达到210km/h。当巡逻车开始移动后，你意识到已经过去了5.0s，而你需要快速做出决定。●●●CR

107. 在汽车竞速赛里，三个物理系的学生注意到在某种类型的比赛中，冠军赛车在其最后1/4mile具有速度215mile/h。赛车从静止开始，在计时开始时起动，用了6.30s。这些学生使用这些数据和《原理篇》第3章作为他们的参考，计算出了高速赛车的加速度大小。尽管他们的物理教员检验后认为他们没有数值上的错误，但是这些学生对于这个加速度得到的却是三个不同的值。(a) 这些值是多少？(b) 其中一个学生注意到了他们得出的这三个值之间的有趣联系，这个联系是什么？(c) 你对于 (a) 问中的差异有没有合理的解释呢？●●●

108. 你在一个遥远的行星上旅行，该行星上自由下落的加速度大小是地球上的65%。有些兴奋的你，从距离该星球表面500m高的悬崖上跳了下去。在自由下落5.0s之后，你点燃了背后的喷气飞行器，在剩下的下落过程中你又获得了新的、恒定的加速度值。在你点燃喷气飞行器后的26.0s你到达了地面。你落到地面的速度是多少？●●●

109. 一位同学在你的语音信箱里留言，打赌说你不能将一块石头扔到一个20m高的楼房的屋顶上。正当你盯着窗户沉思要不要接受这个挑战的时候，院子里的井忽然启发了你。你朝井里扔了一块石头，在4.0s后听到了水花声。你用另外一块石头做了同样的实验，但是这次你尽可能快地将石头扔下去，在3.0s后你听到了水花声。你进行了快速计算，然后拨通了朋友的电话。●●●CR

复习题答案

1. 速度衡量的是单位时间内的位移（位置的变化）；而加速度衡量的是单位时间内速度的改变量。

2. 不是。*加速*表示变速运动。这包含着加速运动，也同样包含着其他非恒定速度的运动，例如减速。

3. 不是。一个沿着直线减速的物体，具有的加速度矢量方向与运动方向相反。

4. 如果弯曲方向朝上，表示加速度的 x 分量是正的；如果弯曲方向朝下，表示加速度的 x 分量是负的；没有弯曲，表示没有加速度。

5. 它们同时落地。如果我们忽略空气阻力，那么所有的自由落体运动的物体都具有同样的恒定加速度。

6. 不对。当石子在空气中下落的时候，它的加速度是恒定的 9.8m/s^2，方向竖直向下。它的速度（在这个例子中，也就是其速率）由于这个恒定的加速度而增加。（空气阻力在石子下落过程中可以忽略不计，但一旦进入水中，由于水的阻力比空气的阻力大很多，所以说石子具有不同的加速度。）

7. 由于空气阻力在石子上抛到空中时可以忽略不计，于是在这两个时刻的加速度都是 9.8m/s^2，竖直向下。地表的重力加速度是恒定的，在石子的整个运动过程中，石子都具有该加速度。

8. 在顶端的加速度是 9.8m/s^2，方向向下，且与余下的飞行过程的加速度相同。在轨迹的顶端，$v=0$ 并不代表 $a=0$。球在到达顶端的时刻之前向上，在该时刻之后向下。这样的速度方向的改变意味着，在轨迹顶端小球一定具有加速度，而在此过程中唯一能够起到作用的就是重力加速度。

9. 运动简图需要用点来表示运动物体在相同间隔的时间段的位置。点之间的距离是很关键的：小的距离意味着低的速率，大的距离意味着高的速率。图解应当包括已知量的数值标记（包含单位），也应当包含运动的方向（用箭头表示）。图解还应该包括一条规定正方向的坐标轴，对于匀加速运动来说，箭头表示了加速度的方向。

10. 运动简图概括了运动的已知信息。它提供了视觉的表征，帮助我们进行动力学数值求解。图解将你已知的信息组织起来，帮助你把问题分解为各个部分。

11. (a) 加速度是恒定的。(b) 加速度等于0。

12. 系数1/2被包含在内，因为三角形的面积是底乘以高的一半，对于线性的函数 $v(t)$，其曲线每一段下方所围得的面积都包含着一个三角形和一个矩形（在大多数情况下）。这些面积可以合并为梯形，但是这样做会忽视一点，即三角形部分表示了 $v(t)$ 曲线的斜率（而由这个斜率可以得出物体的加速度）。

13. 对于匀加速运动，末速度的 x 分量的平方与初速度的 x 分量的平方的差等于位移和加速度的乘积的两倍［式 (3.13)］。

14. 二者的时间间隔相等。表示轨迹的 $x(t)$ 曲线关于球所能达到的最高点对称。

15. (a) 二次方［式 (3.11)］；(b) 线性［式 (3.12)］。

16. 对于一个由静止释放，沿着斜面下滑的球而言，经过的距离与经过的时间的二次方之比是恒定的。

17. 在两种情况下，加速度都是恒定的，沿着直线运动。运动简图也是相似的，尽管加速度的值不同。

18. 加速度的大小仅取决于斜面的倾斜角［式 (3.20)］。

19. 非匀加速运动。

20. (a) 在 t 时刻的速度；(b) 位置的二次导数，即加速度；(c) 在 t 时刻的加速度。(d) a 关于 t 的积分，也就是在该段时间内的速度的变化［式 (3.27)］；(e) v 关于 t 的积分，也就是在该段时间内的位移［式 (3.28)］。

引导性问题答案

引导性问题 3.2 5.2s

引导性问题 3.4 (a) 朋友的球先碰到地面；(b) 你的：$|v_f| = \sqrt{4gh_{\text{launch}}}$，

朋友的：$|v_f| = \sqrt{4.5gh_{\text{launch}}}$；

(c) $\Delta t = (2-\sqrt{2})\sqrt{\dfrac{h_{\text{launch}}}{g}}$

引导性问题 3.6 9.71m/s^2

实践篇

第4章 动 量

章节总结

惯性（4.1节~4.3节，4.5节）

基本概念 摩擦力是一个表面在另一个表面上运动时所受到的阻力。如果不存在摩擦力时，物体将沿着水平轨道保持运动的状态，且不会减速。

惯性是衡量物体阻碍速度变化的趋势。惯性完全由物体制成的材料以及材料的多少决定。由于惯性与质量有关，因此我们用符号 m 来表示，并称其为惯性质量。惯性质量的 SI 单位是千克（kg）。

定量研究 如果一个未知惯性质量 m_u 的物体与一个惯性质量标准 m_s 的物体相碰撞，其速度的改变量的比率等于

$$\frac{m_u}{m_s} \equiv -\frac{\Delta v_{sx}}{\Delta v_{ux}} \quad (4.1)$$

系统和动量（4.4节，4.6节，4.7节，4.8节）

基本概念 在我们的头脑中，可以从周围环境中分离出来的任何物体或一组物体，称为一个**系统**。**环境**是系统以外的所有事物。你可以任意选择你的系统，但是一旦你把某个物体包括在你的系统内，该物体就得始终在你分析的系统内。

一个没有同外部发生相互作用的系统称为**孤立系统**。

广延量的值与系统的大小或“程度”成比例。**强度量**的值与系统的大小无关。

系统图解显示一个系统的初始状态和最终状态。

定量研究 动量 $\vec{p}$ 是物体的惯性质量与速度的乘积：

$$\vec{p} \equiv m\vec{v} \quad (4.6)$$

系统的动量是其组成物体的动量和：

$$\vec{p} \equiv \vec{p}_1 + \vec{p}_2 + \cdots \quad (4.11, 4.23)$$

动量守恒（4.4节，4.8节）

基本概念 任何无法被创造或破坏的广延量被称为**守恒量**，在孤立系统中，任何守恒量的总量都是不变的。动量是守恒量，因此孤立系统的动量也是不变的。一个系统中的动量可以从一个物体转移到另一个物体，但是系统的动量不变。

定量研究 一个孤立系统的动量是守恒的：

$$\Delta\vec{p} = \vec{0} \quad (4.17)$$

另一种说法是，对于一个孤立系统，初动量等于末动量：

$$\vec{p}_i = \vec{p}_f \quad (4.22)$$

系统获得的**冲量** $\vec{J}$ 等于系统动量的改变量：

$$\vec{J} = \Delta\vec{p} \quad (4.18)$$

对于一个孤立系统，$\vec{J} = \vec{0}$。

实践篇

复习题

复习题的答案见本章最后。

4.1 摩擦力

1. 说出几种可以减小一个表面与在这个表面上运动物体之间摩擦力的方法。一个表面能够完全没有摩擦力吗?

4.2 惯性

2. 两个标准推车在一个水平的低摩擦轨道上相碰。其中一个推车的速度的变化量与另一个推车的变化量相比起来是怎样的?

3. 推车 A 和推车 B 在一水平的低摩擦轨道上相碰。推车 A 的惯性是推车 B 的两倍,而推车 B 在初始状态时是静止的。推车 A 的速度的变化量与推车 B 的变化量相比起来是怎样的?

4.3 决定惯性的要素

4. 一个铁方块和一个铁球都由相同体积的材料制成。它们的惯性相比如何?

5. 两个物体的体积和形状都相同,但分别由铁和木这两种不同的材料制成。它们的惯性相同吗?

4.4 系统

6. 什么是系统?

7. 广延量和强度量之间的关键区别是什么?

8. 哪四个过程可以改变系统中广延量的值?

9. 如果一个广延量是守恒量,这意味着什么?

4.5 惯性质量标准

10. 用一对标准推车和一个棒球,你要如何才能确定这个棒球的惯性质量?

11. 物体的惯性质量可能是负的吗?

12. 哪个物体的惯性质量更大:1kg 的羽毛还是 1kg 的铅?

4.6 动量

13. 哪个物体的动量更大:一只飞行的大黄蜂和一辆静止的火车,其中哪个的惯性质量更大?

14. 一颗 3g 的子弹可以像 140g 的棒球那样轻易地把围栏上的木片击落。这是为什么?

15. 物体的动量可能是负值吗?

4.7 孤立系统

16. 物理学中的术语相互作用是什么意思?

17. 对于一个已知系统,外部作用和内部作用的区别是什么?为何这个区别如此重要?

18. 什么是一个孤立系统,孤立系统有什么用处?

4.8 动量守恒定律

19. 以下两个叙述等价吗?(a) 一个孤立系统的动量在时间上是不变的。(b) 动量是守恒的。

20. 假设 1kg 的国际惯性质量标准的圆柱丢失或被损坏了。这会影响动量的守恒吗?

21. 什么是冲量,它是怎样影响到动量的?

22. 比较和对比动量守恒定律和动量定理。

估算题

从数量级上估算下列物理量，括号中的字母对应于可能用到的提示。根据需要使用它们来指导你的思考。

1. 求一个装满了物理课本的公文包的惯性质量（H,L,Q）
2. 求一个物体与一个保龄球的惯性质量之比，该物体最初静止在保龄球球道上，在被保龄球碰撞后没有明显移动。(C,M,B)
3. 一个网球越过球网时的动量大小（F,R）
4. 求朝着球瓶滚动的保龄球的动量大小（A,M）
5. 一流投手投掷出的棒球的动量大小（I，S）
6. 求一名普通马拉松运动员的动量大小（D，O，V）
7. 求使得问题5中与棒球速度反向的球棒动量改变量的大小（G，N）
8. 假设问题3中的网球击中了一个静止的保龄球，求这个保龄球动量改变量的大小（B，G，N）
9. 一辆驶离高速公路到路边加油的汽车，求其动量改变量的大小（E，J，T）
10. 假设一辆汽车撞到了一头静止的鹿，求这辆汽车速度改变量的大小（E，P，K，U，N）

提示

A. 保龄球的惯性质量是多少？
B. 一个惯性质量较小的物体在与一个惯性质量较大的物体发生碰撞之后会怎样？
C. 在几秒钟的观察时间内出现的难以察觉到的最大非零速率是多少？
D. 马拉松运动员的惯性质量是多少？
E. 一辆普通汽车的惯性质量是多少？
F. 一个网球的惯性质量是多少？
G. 惯性质量较小的物体的动量改变量的大小是多少？
H. 一本物理课本的惯性质量是多少？
I. 一个棒球的惯性质量是多少？
J. 汽车在高速公路上的速率是多少？
K. 一头普通鹿的惯性质量是多少？
L. 一个普通的公文包体积是多少？
M. 一个滚向球瓶的普通保龄球的速率是多少？
N. 关于包含两个物体的系统的动量，你知道些什么？
O. 跑马拉松需要多长时间？
P. 当一头鹿穿行时，马路上汽车的速率可能是多少？
Q. 一本物理课本的体积是多少？
R. 网球发球的速率是多少？
S. 投出的棒球速率是多少？
T. 汽车在加油时的速率是多少？
U. 鹿被弹开的速率会是多少？（与问题8进行类比，先考虑一头运动的鹿撞开一辆静止的汽车）
V. 马拉松的路程是多少？

答案（所有值均为近似值）

A. 7kg；B. 反弹回去，近似与原来的速度反向；C. 1×10^{-3}m/s；D. 6×10^{1}kg；E. 2×10^{3}kg；F. 6×10^{-2}kg；G. 由于运动反向，所以是物体初动量大小的两倍且反向；H. 3kg；I. 0.2kg；J. 3×10^{1}m/s；K. 5×10^{1}kg；L. 0.1m^3；M. 7m/s；N. 动量大致是守恒的；O. 3h或更长；R. 5×10^{1}m/s；S. 4×10^{1}m/s；T. 0；U. 比汽车初速率的两倍要小的某个速率；V. 4×10^{1}km

例题与引导性问题

步骤：选取一个孤立系统

当你在分析一个问题中的动量变化时，选取一个没有动量输入或输出的系统（孤立系统）是很简便的。要获得一个孤立系统，应遵循以下步骤：

1. 将问题中给出的所有物体彼此区分开来。

2. 找出这些物体之间以及这些物体与它们的环境（如空气、地面等）之间存在的所有可能的相互作用。

3. 单独考虑每种相互作用，并确定它是否会引起相互作用物体的加速。忽略那些在我们感兴趣的时间段内，对物体加速度没有影响（或只有很微小的影响）的相互作用。

4. 选取与研究问题相关的物体作为系统（例如，你对一个小推车的动量感兴趣），这样一来其余的相互作用都没有穿越系统的边界。在你选出的系统的周围画出虚线作为系统的边界。其余的所有相互作用都不应该穿越这条边界。

5. 画出系统图解，来表示系统及其环境的初始状态和最终状态。

下列例题涉及本章内容，但又不仅仅局限于本章中的某一节。

其中一部分以例题的形式给出，另一部分则以引导性问题的形式给出。

例 4.1 跳船

在平静的湖面上即将展开一场艇上球类游戏，一位运动员站在一条皮艇的前端，面朝着岸边。一个在岸边的队员朝他扔出一个球，重 1.8kg 的球到达小艇时的球速是 2.5m/s。游戏的规则要求运动员接住这个球并立即跳入水中，于是他将身体水平地伸出小艇前端。他的惯性质量是 60kg，小艇的惯性质量是 80kg。在岸边的朋友们得出他从小艇上跳下时的速率是 1.2m/s。当他跳离后小艇时的速率是多少？

❶ **分析问题** 由于已知小艇的惯性质量，一旦我们知道了其动量，就知道了其速率（$v=p/m$）。关键在于，动量的交换存在于运动员和球以及运动员和小艇之间。然而，水和小艇之间的一些相互作用也是有可能存在的。由于我们的分析发生在一个很短的时间段内，而我们也知道水面是"很光滑的"，所以我们选择忽略水面的阻力对小艇运动产生的影响。有了这一简化，这个只包括球、小艇和运动员的系统就是孤立的系统。

我们画出包括相关速度信息的系统图解（见图 WG4.1），并利用下标来标记我们的目标：b 代表球，a 代表运动员，c 代表小艇。我们也用下标 i 来表示初始量，用 f 来表示最终量，以此来表示时序。

图 WG4.1

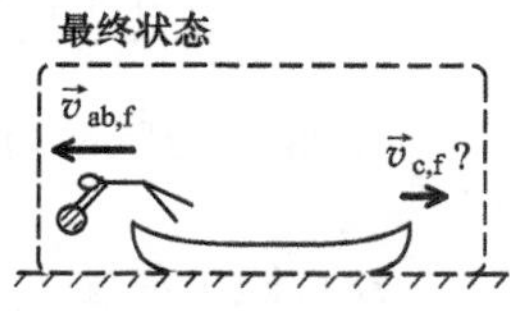

❷ **设计方案** 由于动量是守恒量，且系统是孤立系统，所以系统的初始动量一定等于系统的最终动量。我们注意到运动员在抓到球之前系统的动量并不为零，这是因为球在运动。我们也注意到，在跳水之后，运动员和球可以被作为一个对象来处理，这是因为两者具有相同的速度。我们用下标 ab 来表示这个合成的对象。我们需要计算初始状态时（在跳水之前）和最终状态时（在跳水之后）系统动量的所有贡献，并让两者相等。要标记系统中的所有物体，最好画出初始状态和最终状态的动量表示，为了表示方向，我们选择 x 轴的正方向（见图 WG4.2）。我们将小艇的动量画得比运动员和球在一起的动量要更长些，这是因为系统初始状态和最终状态图解中的动量的方向必须是一致的。由于这一点，我们选择 x 轴的正方向为球扔过来的方向。

图 WG4.2

初始状态　　　　最终状态

$\vec{p}_{b,i}$　$\vec{p}_{a,i}=\vec{0}$　$\vec{p}_{c,i}=\vec{0}$　　$\vec{p}_{ab,f}$　$\vec{p}_{c,f}$　x

按照这张图中的方向，我们写出使初始动量和最终动量相等的等式：

$$\vec{p}_{a,i}+\vec{p}_{b,i}+\vec{p}_{c,i}=\vec{p}_{ab,f}+\vec{p}_{c,f}$$

$$\vec{0}+m_b\vec{v}_{b,i}+\vec{0}=(m_a+m_b)\vec{v}_{ab,f}+m_c\vec{v}_{c,f}$$

由于我们知道所有的惯性质量、三个初始速度，以及运动员和球在一起的末速度，所以我们已经具备了求解小艇末速率的所有量。

❸ **实施推导**　我们知道矢量部分是带符号的量，且符号的正负取决于 x 轴正方向的选取，在这里 x 轴的正方向是球扔过来的方向，于是我们把等式写成分量的形式：

$$m_b v_{bx,i}=(m_a+m_b)v_{ab,x,f}+m_c v_{cx,f}$$

以速率表示，变成

$$m_b v_{b,i}=(m_a+m_b)(-v_{ab,f})+m_c v_{c,f}$$

我们把未知量 $v_{c,f}$ 分离，然后代入其他已知值求解，得到

$$m_c v_{c,f}=m_b v_{b,i}-(m_a+m_b)(-v_{ab,f})$$

$$v_{c,f}=\frac{m_b v_{b,i}+(m_a+m_b)v_{ab,f}}{m_c}\qquad(1)$$

$$v_{c,f}=\frac{(1.8\text{kg})(2.5\text{m/s})+(60\text{kg}+1.8\text{kg})(1.2\text{m/s})}{80\text{kg}}$$

$$=\frac{78.7\text{kg}\cdot\text{m/s}}{80\text{kg}}=0.983\text{m/s}$$

取两位有效数字，小艇的末速率是

$$v_{c,f}=0.98\text{m/s}✔$$

❹ **评价结果**　我们得出的结果的数值并不反常；也就是说，这符合我们对于人力船的速度大小的预期。如果水的阻力明显存在，则将会减少小艇的速率，但是你可以从推开一条船的经验中明白，这种减少效果需要花比人跳船时间长得多的时间才会明显。出于这个因素，在我们所研究的兴趣时间段内，水的阻力可以被忽略。

我们也可以检查我们的代数符号是否与预期的一致。式（1）写出了小艇的末速率，这是一个正项之和。如果式（1）允许负的 $v_{c,f}$ 的出现，我们可能就得重新考虑对速度分量的符号选取了。小艇的末动量的 x 分量 $p_{cx,f}$ 必须是正的，这是因为：由于系统的初动量是正的，所以末动量也必须是正的（但是运动员和球的组合体的动量是负的）。这与我们的直觉一致，在图 WG4.1 中，运动员向左跳水后，小艇应该会往右边移动。

另外，式（1）也暗示着，如果球具有更大的惯性质量，被扔过来时就会具有更大的速率，或者运动员具有更大的惯性质量，他跳水时就会具有更大的速率，那么小艇的末速率也会增加。上述任意一项的增加，都会使系统的初动量增加（正的）或者使运动员和球的组合体的末动量增加（负的），这也与我们的定性思维相符合。

引导性问题 4.2　脸上的馅饼

在一次狂欢节上，一张 1.0kg 重的超大尺寸的馅饼以 5.0m/s 的速率被扔到一个穿轮滑鞋静止的小丑脸上。馅饼打在小丑的脸上并粘在那里，这个小丑向后滑动的速率有多快？

❶ **分析问题**

1. 选取一个孤立系统，并为馅饼和小丑相撞画出系统图解。

2. 在相撞前有哪些物体在运动？碰撞后呢？

❷ **设计方案**

3. 对于系统的动量，你知道些什么信息？

4. 定量地表达问题3的解答，并列出未知量。

❸ **实施推导**

❹ **评价结果**

5. 你的答案是不是异乎寻常地大或小？

例 4.3　碎裂的自行车打气筒

你以恒速 4.0m/s 骑着自行车，这时为了避开前方的一个坑洼，你突然转向。你的自行车打气筒从它的支架上掉落，撞到了路边的一块石头上，并碎裂成三块。你看见打

气筒筒身朝你前方飞去，并在碎裂 0.5s 后撞到地面停住。打气筒碎裂的时候是水平的，它的长边与路面平行。沿着你的路径，你测量出打气筒筒身与石头之间的距离是 3.2m。在石头旁边是打气筒的把手。这两部分都比较容易找到，但是第三部分——一个细小的金属弹簧就很难找到了。如果打气筒筒身的惯性质量是 0.40kg，把手的惯性质量是 0.25kg，弹簧的惯性质量是 0.20kg，那么你应该在哪里寻找弹簧？

❶ **分析问题** 首先，画出场景的草图（见图 WG4.3）。我们已经获知三个碎片中的两个，但是由这样的信息并不能获得第三块的位置。我们还知道每个部件的惯性质量，而且知道打气筒在碎裂前的速度与自行车的速度是一样的。

图 WG4.3

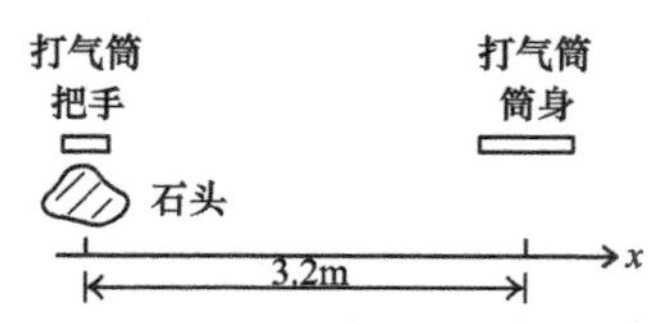

❷ **设计方案** 我们将打气筒分裂成的这三个部件作为我们的系统。从打气筒撞到石头上之后到碎裂的部件落到地面之前，在这段时间内，系统都是孤立系统，于是由这三个部件构成的系统的动量没有改变。根据已知信息，我们能做的最好假设就是在碎裂发生后，所有的三个部件都在 0.5s 后落到地面。这就使得我们可以利用式（4.19）：

$$\vec{p}_f = \vec{p}_i（孤立系统）$$

在初始状态时，三个部件一起运动（打气筒），但是在末状态时分离运动（筒身，把手和弹簧）。在我们所研究的时间段内，合理地假设所有的部件运动都是与地面平行的，于是我们选取原先的运动方向作为 x 轴的方向，也就是图 WG4.3 中从石头到筒身的方向。我们选取 x 轴的原点位于石头处。作为结果得到等式：

$$p_{px,i} = p_{bx,f} + p_{hx,f} + p_{sx,f}$$

$$(m_b + m_h + m_s) v_{px,i} = m_b v_{bx,f} + m_h v_{hx,f} + m_s v_{sx,f} \quad (1)$$

其中，下标 b 表示筒身，下标 h 表示把手，下标 s 表示弹簧。

我们知道初速度的 x 分量，但是却并不知道末速度的 x 分量，于是我们需要更多的信息。由于打气筒的把手停留在石头的旁边，我们可以知道打气筒把手在碎裂之后的速度为零。打气筒筒身在石头前面 3.2m 处，而我们知道它到达那么远的位置用了 0.50s 的时间。根据这些信息，我们就可以得出打气筒的筒身在碎裂之后的速度。这样一来就只剩下未知的弹簧的末速度的 x 分量了，而我们却可以利用动量等式来求出它。有了这些信息我们就能够计算出在 0.50s 内弹簧运动了多远，也就知道在哪里寻找它了。

❸ **实施推导** 打气筒筒身在碎裂后的速度的 x 分量为

$$v_{bx,f} = \frac{+3.2\text{m}}{0.50\text{s}} = +6.4\text{m/s}$$

接下来我们通过代入已知量求解式（1）来获得 $v_{sx,f}$：

$$(m_b + m_h + m_s) v_{px,i} = m_b v_{bx,f} + m_h v_{hx,f} + m_s v_{sx,f}$$

$$\begin{aligned} v_{sx,f} &= \frac{(m_b + m_h + m_s) v_{px,i} - m_b v_{bx,f} - m_h v_{hx,f}}{m_s} \\ &= \frac{(0.40\text{kg} + 0.25\text{kg} + 0.20\text{kg})(+4.0\text{m/s})}{0.20\text{kg}} \\ &\quad - \frac{(0.40\text{kg})(+6.4\text{m/s}) + (0.25\text{kg})(0)}{0.20\text{kg}} \\ &= +4.2\text{m/s} \end{aligned}$$

弹簧以 4.2m/s 的速度运动了 0.50s，于是我们应该在以下位置寻找弹簧：

$$x_{s,f} = 0 + (+4.2\text{m/s})(0.50\text{s}) = +2.1\text{m}$$

即从石头开始沿着原来运动方向的 2.1m 处。✔

❹ **评价结果** 打气筒在碎裂之前是沿着 x 轴的正方向运动的，所以打气筒碎裂之后的碎片的动量也至少应该使得碎片中的某一些沿着原来的方向落地。弹簧的落地位置在筒身和把手之间，这是合理的。答案的数值也合乎情理。

引导性问题 4.4　太空行动

"企业号"星舰[⊖]的指挥官在他的星舰轨道上搁浅了，不得不停留在距离他的星舰靠泊口几公里远的地方。幸运的是，他有两个货舱可以利用引爆装置被喷射出去（朝远离靠泊口的方向），而他希望借助这样的太空行动让自己的星舰返回靠泊口。货舱 1 的惯性质量是 m_1，而货舱 2 的惯性质量是 $m_2<m_1$，并且两个货舱喷射出去的速度都是 v。下面的方法哪一种会让他更快地回到星舰的靠泊口：(a) 首先喷射出货舱 1，然后喷射货舱 2，(b) 首先喷射货舱 2 然后喷射货舱 1，或者 (c) 在同一个时刻喷射出货舱 1 和 2？

❶ 分析问题

1. 为 (a) 方法选取一个孤立系统，并画出显示出系统初末状态的系统图解，在你解读问题的每一句话时，在图解上做出注解。对于每种方法，你是否都需要一个独立的图解呢？

2. 找出你之后所需要的未知量。在确定这些量的时候，要用到什么物理定律？

❷ 设计方案

3. 你预测一下喷射货舱的顺序会造成不同吗？

4. 在 (a)、(b)、(c) 这三种方法中，分别有多少运动的物体？

5. 在每个系统图解中，添加引爆之前和引爆之后的动量矢量表示。

6. 对每个选项写出合适的表达式，并计算出未知量。

❸ 实施推导

❹ 评价结果

7. 以速度递增的顺序排列你的三个答案，并确定这样的结果是否符合你对动量概念的理解。

例 4.5　法庭物理学

你在执法机构工作的朋友声称，在某些情况下，物体被枪炮击中后的碎片可能会朝着射击者飞去，而不是远离射击者。你决定用来复枪射击甜瓜以检验这种情况是否会出现。假设在你的一次测试中，一颗 8.0g 的子弹以 400m/s 的速率射向一个距离数米远的 1.20kg 重的甜瓜，并把甜瓜打成不等大的两块。子弹嵌入了较小的那一块内，并使其以 9.2m/s 的速率向前（即沿着子弹原先飞行的方向）。如果子弹和甜瓜的组合体的惯性质量是 0.45kg，试确定大的那一块甜瓜的最终速度。

❶ 分析问题　通常，我们首先会找出孤立系统。由子弹和甜瓜构成的系统将如何呢？在地面或者支撑甜瓜的表面可能会存在着一些相互作用，但是如果我们选择的时间间隔是从子弹刚刚打到甜瓜开始，到小的甜瓜分离瞬间为止，我们就可以忽略这个相互作用。在这段非常短的时间间隔里，我们可以认为这是一个孤立系统。

接下来我们画出系统图解，显示出系统的初末状态（见图 WG4.4）。我选取小的那一块甜瓜的运动方向（在图中是朝右的）作为 x 轴的正方向。我们不知道大的那一块甜瓜会朝哪个方向运动，于是我们也把它画成朝前运动。我们的计算将会让我们知道这个猜想是正确的还是错误的。由于系统是孤立的，所以系统的动量在碰撞过程中保持不变。

图 WG4.4

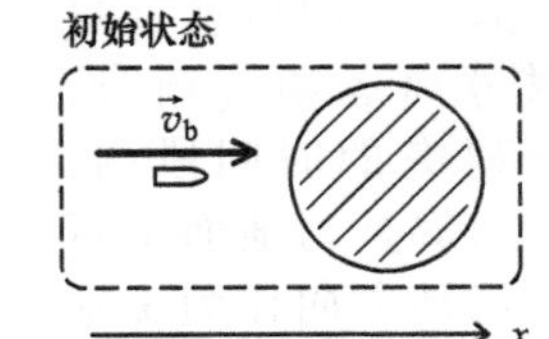

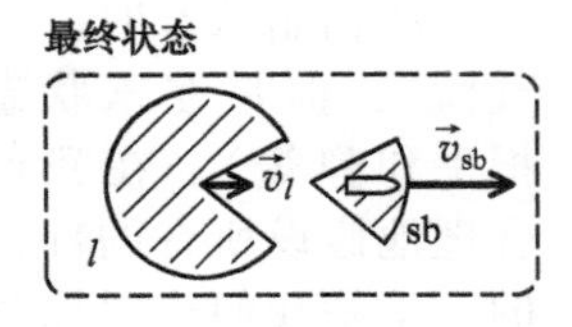

❷ 设计方案　我们可以把已知信息写到等式中，该等式表明这个系统的动量没有改变。在最终的状态中，系统中有两个物体，但是它们和初始状态不同。我们把子弹的惯性标记为 m_b，其速度的 x 分量标记为 v_{bx}，同时我们也知道一整个的甜瓜的初始速度是 $v_{m,i}=0$，而惯性质量等于 m_m。于是我们有

⊖ 星舰（starship）一词源于著名影视系列《星际迷航》，目前来说还只是出现在科幻作品中，现实中人类的技术水平尚不足以制造出真正可以进行恒星际航行的飞行器。——译者注

实践篇

$$\Delta\vec{p}=0\Rightarrow\vec{p}_{\mathrm{i}}=\vec{p}_{\mathrm{f}}$$

$$m_{\mathrm{b}}v_{\mathrm{b}x,\mathrm{i}}+m_{\mathrm{m}}v_{\mathrm{m}x,\mathrm{i}}=(m_{\mathrm{s}}+m_{\mathrm{b}})v_{\mathrm{sb}x,\mathrm{f}}+m_{\ell}v_{\ell x,\mathrm{f}}$$

其中，下标 s 表示小的那一块，下标 i 表示大的那一块，而下标 sb 表示子弹和小的那一块组成的整体。我们要求的是 $v_{\ell x,\mathrm{f}}$，鉴于其他变量都是已知量，所以设计阶段就到此结束。

❸ **实施推导** 我们把要求的量分离开来，并代入数值。我们在图解里的所有速度分量都是正方向。

$$m_{\ell}v_{\ell x,\mathrm{f}}=m_{\mathrm{b}}v_{\mathrm{b}x,\mathrm{i}}+m_{\mathrm{m}}v_{\mathrm{m}x,\mathrm{i}}-(m_{\mathrm{s}}+m_{\mathrm{b}})v_{\mathrm{sb}x,\mathrm{f}}$$

$$v_{\ell x,\mathrm{f}}=\frac{m_{\mathrm{b}}(+|\vec{v}_{\mathrm{b,i}}|)-(m_{\mathrm{s}}+m_{\mathrm{b}})(+|\vec{v}_{\mathrm{sb,f}}|)}{m_{\ell}}$$

$$=\frac{(0.0080\mathrm{kg})(400\mathrm{m/s})-(0.45\mathrm{kg})(9.2\mathrm{m/s})}{1.20\mathrm{kg}-(0.45\mathrm{kg}-0.0080\mathrm{kg})}$$

$$=-1.240\mathrm{m/s}=-1.2\mathrm{m/s}$$ ✔

❹ **评价结果** 这个负号表示大的那一块朝着 x 轴的负方向运动，也就是说我们一开始关于运动方向的猜想是错误的。请注意，这个代数符号极好地证明了我们的假设不正确，而且它并没有给我们带来多少痛苦的后果或者困惑。大的那一块甜瓜确实是向后朝着来复枪飞去。正如我们预期的，这个速度的大小着实很小，但是这已经算是很明显的了。

引导性问题 4.6 子弹冲击

一把来复枪连续朝着一个位于冰面上可以自由滑动的目标射击两次，且两枚子弹都嵌入了目标内部。根据有关物体的惯性质量以及来复枪的射击出枪速度，计算目标在第一次受到子弹冲击后和第二次受到子弹冲击后的速度。

❶ **分析问题**

1. 你应该选择整个过程作为一个系统，还是对每一次冲击选择各自的系统？
2. 画出所需要的系统图解。
3. 目标的运动符合什么物理原理？

❷ **设计方案**

4. 在决定如何利用标记“初始”和“最终”的时候，仔细地思考事件的时间顺序。
5. 记得算入嵌入的子弹的惯性质量。
6. 你能写出哪些表达式来描述在运动的每一个阶段中的物理情景。

❸ **实施推导**

7. 你得分别解决每个表达式，还是可以将它们合并成一个表达式，再求得最终的速度？

❹ **评价结果**

8. 你的答案的符号和大小符合你的预期吗？

例 4.7 向装载车倾倒谷物使其减速

你在装载谷物的新工作中遇到了一个问题，那就是当一连串彼此相连的、空的谷物装载车依次经过谷物倾倒口时，由于谷物被倒入装载车列中，而使得装载列车减速。这样的结果就是，在尾部的装载车会承载更多的谷物（因为它们在经过倾倒口的时候运动得更慢些），而头部的装载车承载的谷物则要少一些（因为它们经过倾倒口的时候运动得更快些）。你的老板不想通过增加车头的开支来让装载列车恒速行进。她想知道最后的装载车会比第一个装载车多承载多少谷物，而什么变量会影响在不同装载车里的谷物的量。她交给你一张表格，上面有普通装载列车前进时的速率，谷物的装载速率，空装载车的惯性质量，装载车的数量，等等。你首先假设空的装载车都是相同的，并且它们做的都是水平的直线运动（沿着装载列车的轨道）。

❶ **分析问题** 我们像往常一样先画出草图（见图 WG4.5）。注意到草图中画的是列车中部的装载车正在装载时的情景，而不是列车的第一节装载车或是最后一节装载车。选择这个瞬时时刻是因为它与我们对整个装载过程的分析有关。

图 WG4.5

谷物倾倒口

运动

接下来的过程是：谷物被倒入装载车中，增加了它们的惯性质量；运动被减缓，使得更多的谷物落入每一个向前运行的装载车中，而装载车中额外的谷物对列车运动的改变会随时间而变得更加明显。由于没有数值作为线索，所以我们只能推导出一些表达式。每辆车中的谷物数量同经过倾倒口时装载车的速率有着一定的关系，所以我们得出的关系式必须与速度或者速率有关。我们还需要知道一辆给定的装载车用来装载的时间和第一辆装载车开始装载后经过的时间之间的关系。问题表述中隐含着谷物释放速率是不变的，而这也与尾部的装载车装载到更多的谷物这一事实相符，所以我们假设装载的速率恒定。最后的任务就是获得每辆装载车在倾倒口下方停留的时间的表达式。有了这个表达式以及恒定的装载速率，我们就可以确定每辆装载车中的谷物的量，并据此比较第一辆装载车和最后一辆装载车。

❷ 设计方案 如果倾倒口和轨道对装载车和谷物没有产生水平方向上的冲量，那么装载车和谷物就可以被视为一个孤立系统。因此，我们在此假设谷物是垂直地下落到每辆装载车中的，且轨道和装载车轮子之间的摩擦力可以忽略。在这些条件下，系统的动量守恒，也就是说速度的减少与装载列车惯性质量的增加相平衡。我们先分析在 $t=0$ 时刻第 N 个空的装载车（总的惯性质量为 m_i），以速度 $\vec{v}_i$ 行进。

式（4.19）是一个好的切入点：

$$\vec{p}_i=\vec{p}_f$$

$$m_i\vec{v}_i=m_f\vec{v}_f$$

我们想获得在整个装载过程中都有效的通用关系，于是我们用任意时刻 t 来表示最终时刻：

$$m_i\vec{v}_i=m(t)\vec{v}(t) \qquad (1)$$

其中，$m(t)$ 和 $\vec{v}(t)$ 都是未知量，也就是说，我们需要另一个表达式，而且其中还得包含惯性质量或者速度。

谷物以等量的微小增量被倒入装载车，于是系统的动量（惯性质量、速度）会随着时间而连续地改变。或许我们可以把装载的过程分成非常短的时间段，然后分析每一个时间段内惯性质量的改变，并在整个时间上求积分来获得惯性质量与时间的函数。将我们获得的表达式代入式（1），我们就可以解出 $v(t)$。然后，我们需要得到出每辆装载车在倾倒口下所花费的装载时间。这也就是在问，一辆装载车要花多长的时间经过其长度 l? 这表示我们可以让 $v(t)$ 关于时间进行积分，从而求得位移。我们接下来定义 x 轴为沿着轨道方向，并把 t 根据 $\Delta x=l$，$2l$，…，Nl 的情况求出。有了这些装载时间间隔，我们就可以求出每一辆装载车的运载谷物量，也就知道了是什么变量在影响装载过程。

❸ 实施推导 我们用 $dm/dt=\lambda$（单位：kg/s）来表示恒定的装载速率。由于我们知道列出的初始惯性质量为 m_i，因此，就可以通过积分来获得其在任意时刻 t 的惯性质量：

$$\int_{m_i}^{m(t)}dm=\int_0^t\lambda dt \Rightarrow m(t)-m_i=\lambda t$$

$$m(t)=m_i+\lambda t$$

利用式（1）求得 $\vec{v}(t)$，然后代入 $m_i+\lambda t$ 中求得 $m(t)$，我们获得 $\vec{v}(t)$ 的表达式：

$$\vec{v}(t)=\frac{m_i\vec{v}_i}{m_i+\lambda t}$$

定义 x 轴为沿着轨道的初始前进方向，于是我们可以把这个表达式写为下面所示的分量形式：

$$v_x(t)=\frac{m_iv_{x,i}}{m_i+\lambda t}$$

剩下的工作就是要从这个表达式中提取出每辆装载车在倾倒口下面花费的时间间隔了。每辆装载车的长度都是 l，所以我们需要得到位移的表达式，然后使其与装载车长度的积分式相等。而位移正是速度关于时间的积分，于是我们有

$$\Delta x=\int v_x(t)dt=m_iv_{x,i}\int\frac{dt}{(m_i+\lambda t)}$$

我们可以查找积分表，也可以通过做变

量替换 $u=(m_i+\lambda t)$，$du=\lambda dt$ 来进行计算。结果是一个自然对数：

$$\Delta x=\frac{m_i v_{x,i}}{\lambda}\ln(m_i+\lambda t)+C$$

要消除积分中的常数项，我们选择一个积分限。我们从 $t=0$ 开始积分，也就是第一辆装载车刚刚达到装载区域的时候，然后在每一辆汽车刚好离开装载区域的时候结束。这就意味着我们需要不同的上限，每个上限对应一辆装载车。

从现在开始我们用 t 来表示任意时刻：

$$\Delta x=\frac{m_i v_{x,i}}{\lambda}\ln(m_i+\lambda t)\Big|_0^t=\frac{m_i v_{x,i}}{\lambda}\ln\left(\frac{m_i+\lambda t}{m_i}\right)$$

我们可以通过分离变量法（分离出对数，并在等号两边取指数的方式）来提取出时间变量：

$$\frac{\lambda\Delta x}{m_i v_{x,i}}=\ln\left(\frac{m_i+\lambda t}{m_i}\right)$$

$$e^{\lambda\Delta x/(m_i v_{x,i})}=\left(\frac{m_i+\lambda t}{m_i}\right)=1+\frac{\lambda t}{m_i}$$

$$\Delta t=t-0=t=\frac{m_i}{\lambda}\left[e^{\lambda\Delta x/(m_i,v_{x,i})}-1\right] \tag{2}$$

现在我们只要向 Δx 中代入恰当的长度（l，$2l$，…，Nl），就可以获得要装满一辆装载车，两辆装载车，以及所有装载车所需要的时间间隔 Δt。假设装载列车中的每一辆空的装载车的惯性质量都是 m_{car}，则有 $Nm_{car}=m_i$。第一辆装载车在倾倒口下方的时间是 Δt_1，这时的 $\Delta x=l$：

$$\Delta t_1=\frac{Nm_{car}}{\lambda}\left[e^{\lambda l/(Nm_{car}v_{x,i})}-1\right]$$

在时间段 Δt 内装载的谷物的量等于

$$\Delta m=\int dm=\int_0^t\lambda dt=\lambda\Delta t$$

装入第一辆装载车中的量也就是

$$\Delta m_1=Nm_{car}\left[e^{\lambda l/(Nm_{car}v_{x,i})}-1\right]$$

对于后面的每一辆装载车，我们得到从 $t=0$ 到该车离开装载区域的时间间隔，然后减去用来装载之前的车辆的时间间隔。因而第二辆装载车在倾倒口下方的时间间隔等于 $\Delta t_2-\Delta t_1$，其中，Δt_2 是列车经过 $\Delta x=2l$ 的距离所需要的时间间隔：

$$\Delta t_2=\frac{Nm_{car}}{\lambda}\left[e^{\lambda 2l/(Nm_{car}v_{x,i})}-1\right]$$

$$\Delta t_2-\Delta t_1=\frac{Nm_{car}}{\lambda}\left[e^{\lambda 2l/(Nm_{car}v_{x,i})}-e^{\lambda l/(Nm_{car}v_{x,i})}\right]$$

因此装载到第二辆装载车上的谷物量等于

$$\Delta m_2=\lambda(\Delta t_2-\Delta t_1)=$$
$$Nm_{car}\left[e^{\lambda 2l/(Nm_{car}v_{x,i})}-e^{\lambda l/(Nm_{car}v_{x,i})}\right]$$

对于第 N 辆装载车，我们有

$$\Delta t_N-\Delta t_{N-1}=\frac{Nm_{car}}{\lambda}\left[e^{\lambda Nl/(Nm_{car}v_{x,i})}-e^{\lambda(N-1)l/(Nm_{car}v_{x,i})}\right]$$

$$\Delta m_N=\lambda(\Delta t_N-\Delta t_{N-1})$$
$$=Nm_{car}\left[e^{\lambda Nl/(Nm_{car}v_{x,i})}-e^{\lambda(N-1)l/(Nm_{car}v_{x,i})}\right]$$

最后一辆装载车中的谷物量与第一辆装载车中的谷物量之比等于

$$\frac{\Delta m_N}{\Delta m_1}=\frac{e^{\lambda Nl/(Nm_{car}v_{x,i})}-e^{\lambda(N-1)l/(Nm_{car}v_{x,i})}}{e^{\lambda l/(Nm_{car}v_{x,i})}-1}$$
$$=e^{\lambda(N-1)l/(Nm_{car}v_{x,i})}\ ✔ \tag{3}$$

这个表达式回答了你老板的两个问题。它给出了最后一辆装载车和第一辆装载车中谷物的比值，表明了影响每辆车中装载谷物量的变量是列车中装载车的数量 N，每辆装载车的长度 l，装载速率 λ，空的装载车的惯性质量 m_{car}，以及列车速度的 x 分量 $v_{x,i}$。✔

❹ 评价结果 我们假设轨道是直的、水平的，装载车都完全一样且是空的，以及摩擦力的影响很小。在题目描述的问题里，这些假设都并非不合理。我们假设谷物是垂直落下的，以及谷物落下的速率是恒定的。假设倾倒口是固定大小和形状的，至少在几分钟（比多辆装载车经过倾倒口的时间还要长）的时间内，恒定装载速率的假设也不是不合理的。这样的假设是合理的，但并非强制的。如果装载速率是可控的变量，并且可以根据列车的行进速率来调整装载速率，那么你的老板也就不会有这个困扰了。

我们从式（2）中可以看到，随着 Δx 的增加，装载的时间间隔从装载车 1 开始，到后面装载车的装载时间会越来越长，正如预测一样。同时也注意到，在式（2）中当 Δx 趋近于 0 的时候，Δt 也趋近于 0（因为不移动距离也就不需要时间）。

式（3）中的比值随着列车的装载车数

目 N 的增加而增加。这是符合预期的，因为最终列车减速到缓行。让我们看一些数据。假设 $N=4$ 辆，$l=15\text{m}$，$m_{\text{car}}=2.7\times10^4\text{kg}$，$v_{x,\text{i}}=1.0\text{m/s}$，$\lambda=1.5\times10^3\text{kg/s}$。把这些数据代入式（3）中，我们得到比率为1.9；也就是说，最后一辆装载车大约具有第一辆车的两倍的谷物量！哪怕只有3辆装载车，第三辆也会比第一辆多装载50%的谷物。似乎公司应当控制装载的速率来匹配列车的速度。当你提出这个想法，并提供用于调整装载速率的时间-距离关系的时候，你可能就会获得晋升了。

引导性问题 4.8 火箭速度

设想有一个火箭，火箭加上燃料后惯性质量等于 m_i，火箭由静止出发，然后以速率 $\text{d}m/\text{d}t$ 喷射燃料。燃料在任意时刻 t 离开火箭的速率是该时刻火箭向前的速率减去恒定的喷射燃料的喷口速率 v_{fuel}（v_{fuel} 是火箭在静止状态下燃料喷射的速度）。用动量守恒定律来证明：一旦有足够多的燃料被喷射出去，使得火箭加上燃料的惯性质量变成 m_f，那么火箭的速度的改变量 $\Delta v_{\text{rocket}}=v_{\text{rocket,f}}-v_{\text{rocket,i}}$ 就会等于

$$v_{\text{rocket,f}}-v_{\text{rocket,i}}=v_{\text{fuel}}\ln\frac{m_\text{i}}{m_\text{f}}$$

忽略重力的影响。［这个经典的火箭学公式是由俄国工程师齐奥尔科夫斯基（K. Tasiolkovskii）于1897年首次得出的。］

❶ 分析问题

1. 正如例4.7中一样，这是一个系统中一部分的惯性质量和速度随着时间变化而变化的过程。要怎样修改例4.7中的方法才能使其适用于这些情景？考虑分析微小的时间间隔 $\text{d}t$ 并进行积分。

2. 画出任意时刻 t 的一幅草图，显示以速度 v_{rocket} 运动的火箭。火箭的惯性质量是 $m+\text{d}m$，其中 $\text{d}m$ 表示仍然还在火箭上的一点点燃料，但是它们也即将被喷射出去。这就是初始时刻。然后画出第二幅草图，显示这一点点的燃料和火箭在很短的时间后的 $t+\text{d}t$ 时刻作为两个分离的物体。

3. 在第二幅草图中，火箭以更快一点的速度（$v_{\text{rocket}}+\text{d}v_{\text{rocket}}$）运动。在第二幅草图中的燃料微元的速度是多少？

❷ 设计方案

4. 注意到由于没有数据，所以除了 v_{rocket}（以及 $\text{d}v_{\text{rocket}}$）之外的其他变量都要作为已知量。

5. 写出表达式，比较 t 时刻和 $t+\text{d}t$ 时刻的动量。

6. 对每种情况检查你的表达式——运载着惯性质量为 $\text{d}m$ 的燃料，以及燃料被喷射出去的情况。是否有一些项可以被消去？

7. 将所有的 v 项放到表达式的左边，并把所有的 m 项放到右边来分离变量，然后进行积分。当你积分时，$\text{d}m$ 的符号是什么？

❸ 实施推导

❹ 评价结果

8. 你获得的表达式和预期的一样吗？比方说，速度是不是会随着时间而增大？

9. 确保你做出的任何假设都合理。有没有什么关于燃料喷射机制或燃料类型的假设需要做出？

习题 通过《掌握物理》®可以查看教师布置的作业

圆点表示习题的难易程度：● = 简单，●● = 中等，●●● = 困难；CR = 情景问题。

4.1 摩擦力

1. 两个一模一样的冰球在粗糙程度相同的表面上滑过。冰球 2 停下来所花的时间是冰球 1 停下来所花的时间的两倍。对此如何解释？●

2. 图 P4.2 显示了一个木块的速度关于时间的函数图像。木块正在一个水平表面上滑动。请描述这张图所对应的物理过程。●

图 P4.2

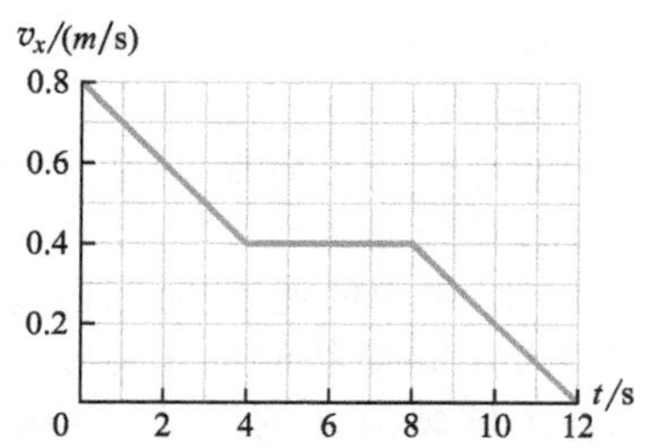

3. 图 P4.3 中的速度-时间图像显示了两个不同物体在水平表面上的滑动。在这两个运动里，速度的 x 分量随着时间的变化是否都是由摩擦力引起的？●●

图 P4.3

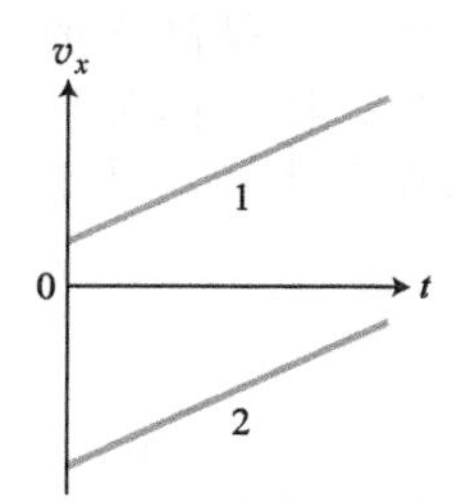

4. 考虑图 P4.4 中所显示的两幅速度-时间图像。这些曲线所表示的运动是相似的还是不同的？摩擦力的影响是否在某一种情况下更加明显？●●

图 P4.4

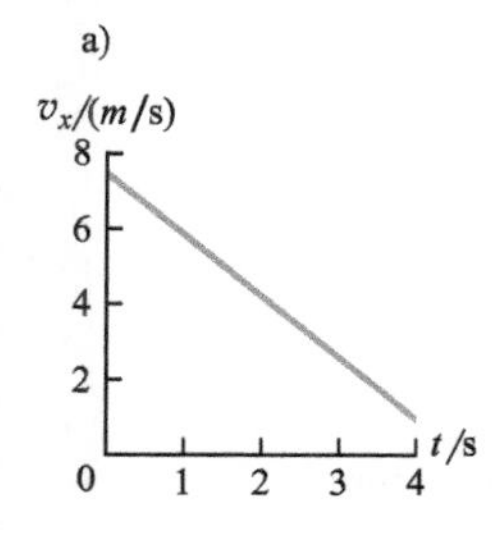

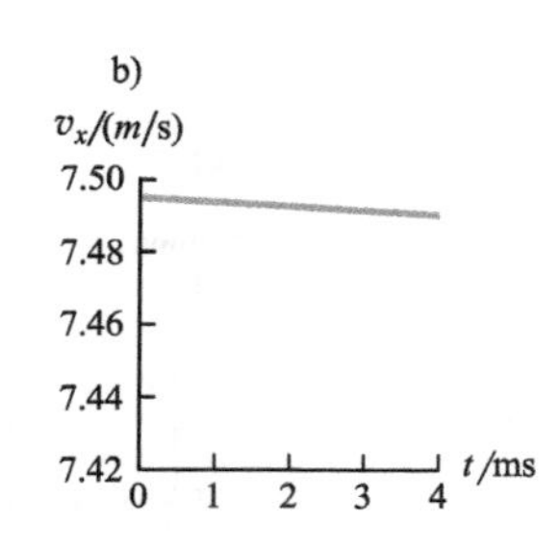

4.2 惯性

5. 两个物体在一个低摩擦轨道上相碰。物体 1 的速度改变量的大小是 $|\Delta\vec{v}_1| = 3\text{m/s}$，而物体 2 的速度改变量的大小是 $|\Delta\vec{v}_2| = 1\text{m/s}$。这两个物体的惯性质量相比如何？●

6. 在一个碰撞实验中，两个推车的惯性质量相等，它们的速度变化量的比值等于 1。按下面的条件重复实验，这个比值会变成多少？(a) 每个推车的惯性质量都变成原先的两倍，保持原先的初速度不变。(b) 保持原先的惯性质量不变，而推车的初速度变成原先的两倍。●

7. 两个相同惯性质量的推车相向运动。图 P4.7 表示了它们在碰撞之前的位置。画出在碰撞之后推车的位置草图。●

图 P4.7

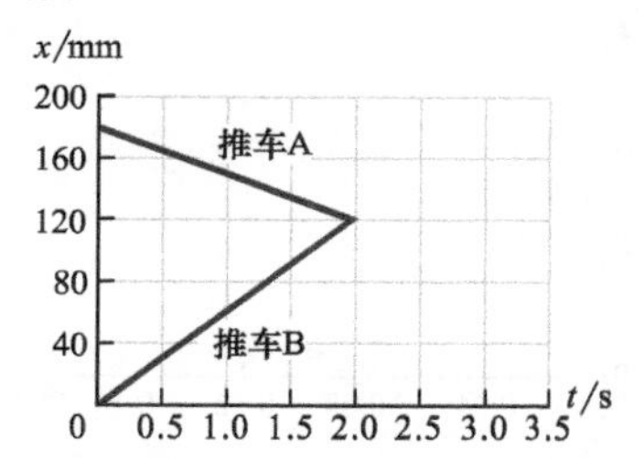

8. 处于静止状态的推车 1 被推车 2 撞到，推车 2 的惯性质量是推车 1 的两倍。图 P4.8 显示了推车 2 的速度关于时间的函数图像。完成这张图，将推车 1 在同样时间段内的速度图像添加上去。●●

图 P4.8

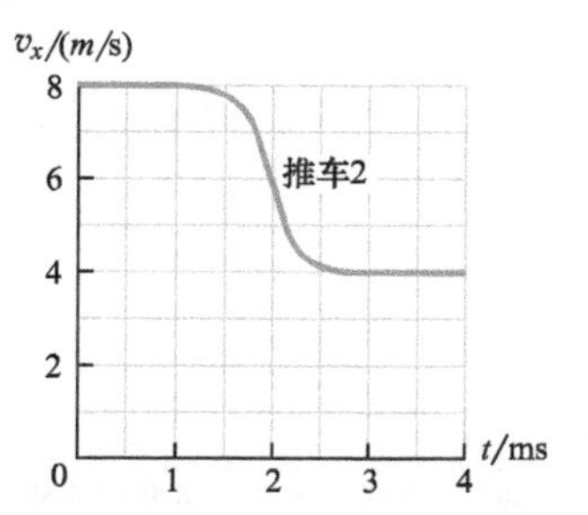

9. 图 P4.9 是游乐园中两辆完全相同的碰碰车 A 和 B 沿着一条直线相碰的位置-时间图像。乘客的惯性质量不同。(a) 在两条表示碰撞之后的实线中，哪一条是碰碰车 A

（点线）的延长线？哪一条是碰碰车 B（虚线）的延长线？（b）哪辆碰碰车上的乘客的惯性质量更大？●●

图 P4.9

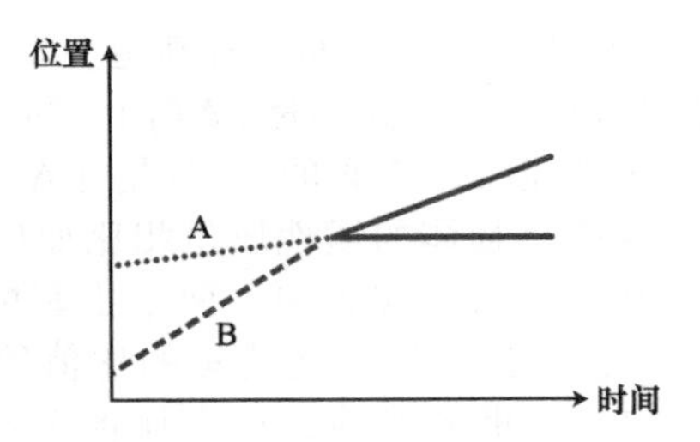

10. 图 P4.10 显示了两辆推车 A 和 B 在低摩擦轨道上相碰的 $v_x(t)$ 曲线。它们的惯性质量之比为多少？●●

图 P4.10

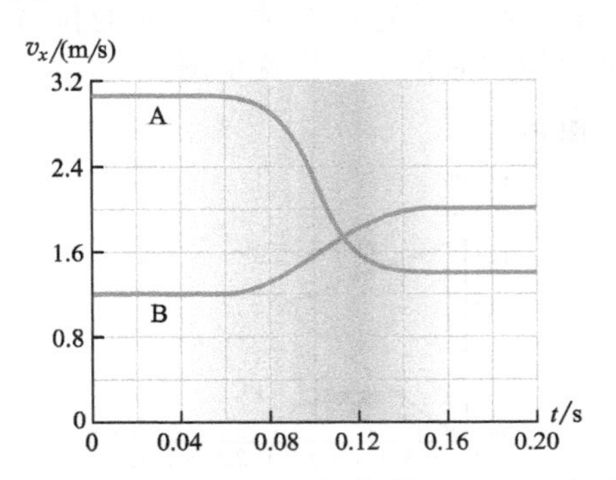

11. 图 P4.11 是两个物体 A 和 B 在它们碰撞前和碰撞后的速度-时间图像。物体 B 初始时静止。物体 A 和 B 的惯性质量之间存在着什么关系？●●

图 P4.11

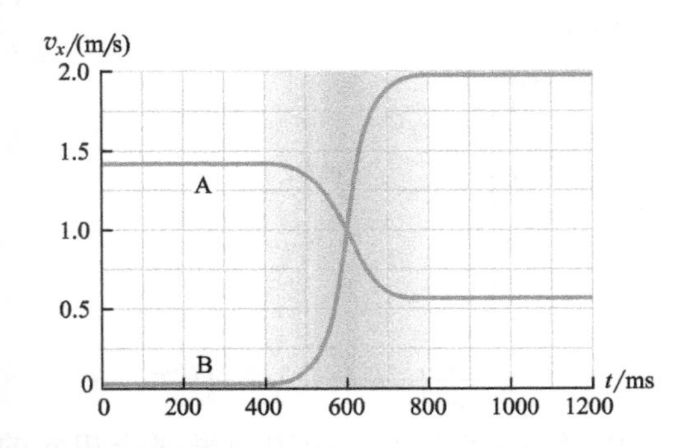

4.3 决定惯性的要素

12. 下列物体哪一个具有更大的惯性：装满 1quart 羽毛的牛奶盒，还是装满 1quart 铅弹的同样的牛奶盒？●

13. 一个珠宝匠人将一块金锭敲打成一片薄片。金子的惯性质量发生了什么改变？●

14. 下列五个物体由不同材料制成，体积都为 V，放在不同表面上，将它们的惯性质量按升序排列：放在冰面上的铅立方体，放在冰面上的塑料立方体，放在冰面上的铅球，放在混凝土地面上的塑料角锥体，以及放在混凝土地面上的铅角锥体。●

15. 下列物体哪一个具有更大的惯性质量：是一个装满水的瓶子，还是同样的瓶子而里面的水被喝掉了？瓶子的体积并没有变化，为什么会这样？●●

16. 当你向自行车轮胎里打气后，自行车轮胎的惯性质量是否改变了？●●

17. 图 P4.17 中的速度-时间图像都描述了具有相同大小和形状的推车运动。不同的图像显示在不同轨道上的运动：光滑的冰面轨道，落满灰尘未抛光的轨道，以及一个粗糙受损的轨道。在其中一个情景中用了木制小推车，另一个情景中用了塑料小推车，还有一个情景中用了不同材料制成的两种小推车。推车一开始可能是相向而行，或者同向而行，或者其中一个是静止的。对每一张图标出轨道的类型，推车的类型，以及起始运动状态。如果你无法确定某个类型，解释为什么。●●

图 P4.17

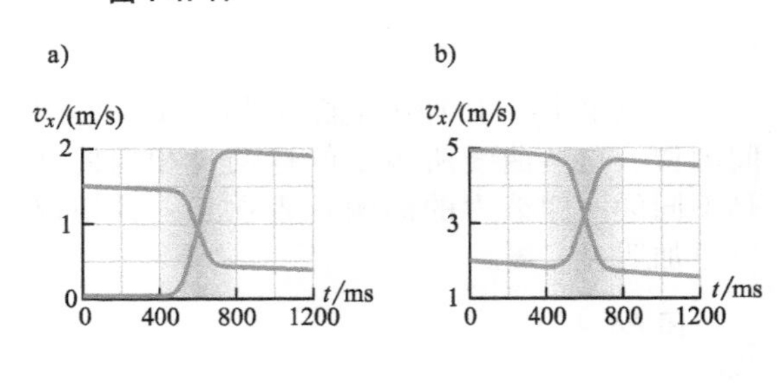

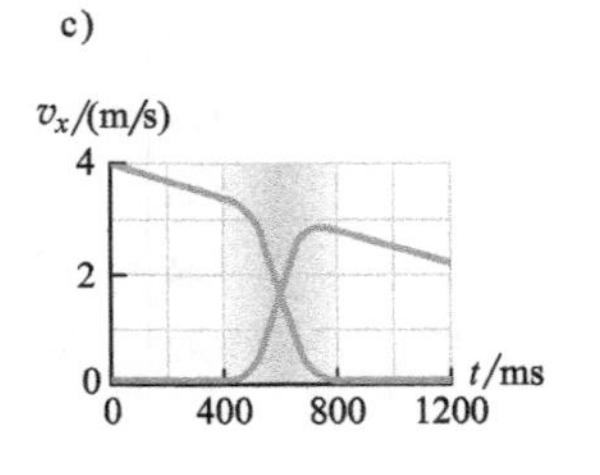

实践篇

4.4 系统

18. 一个饼干包装袋的标签上注明了饼干的数量，每一块饼干的成分，以及每一块饼干中包含的热量。这些量是广延量还是强度量？●

19. 你乘坐公交车，并思考着公交车上的乘客数量。(a) 乘客的数量是广延量还是强度量？(b) 画出系统图解来帮助你计算乘客的数量。系统的边界在哪里？(c) 乘客的数量是不变的吗？(d) 如果公交车的车门一直保持关闭，并沿着原定的路线行驶，乘客的数量是不变的吗？●

20. 夸脱（quart）是体积的单位。(a) 如果你的一个容器里有1quart的水，另一个容器里也有1quart的水，你把它们倒入另一个较大的容器中，你现在有多少体积的水？(b) 如果你有一个1quart的容器里装了大理石子，还有一个大桶里装着1quart的水，现在你把大理石子倒入大桶中，最后的体积会与(a)问中的一样吗？为什么？(c) 比较两个例子中混合之前和混合之后的体积。●●

21. 图P4.21显示了一个在货车上的人朝他的朋友扔出一个球。你可以用多少种划分方法，将其划分成系统和环境？●●

图 P4.21

4.5 惯性质量标准

22. 如果两辆推车在一个低摩擦轨道上相撞，那么这两辆推车都有可能减速。然而式(4.1)：$\left(\frac{m_u}{m_s}\right) = -\frac{\Delta v_{sx}}{\Delta v_{ux}}$似乎表明，由于惯性质量总是正的，如果其中一个速度增加，那么另一个就一定要减小。请解释这一明显的矛盾。●

23. 推车A的惯性质量是1.0kg，静止在低摩擦轨道上；推车B，惯性质量未知，在你设定的坐标系中以+3.0m/s的初速度运动。在两辆推车相碰之后，末速度分别为$v_A=+2.0$m/s以及$v_B=-3.0$m/s。推车B的惯性质量是多少？●

24. 一辆2.0kg的推车在低摩擦轨道上与一个1.0kg的静止推车相碰。碰撞后，1.0kg的推车以0.40m/s的速度向右移动，而2.0kg的推车则以0.30m/s的速度向右移动。2.0kg的推车的初速度是多少？●●

25. 在低摩擦轨道上，一个1kg的标准推车与一个5.0kg的静止推车相碰。在碰撞后，标准推车静止，而5.0kg的推车的速度为0.20m/s，向左。标准推车的初速度是多少？●●

26. 图P4.26是低摩擦轨道上的两辆推车相碰的位置-时间图像。推车1的惯性质量是1.0kg，推车2的惯性质量是4.0kg。(a) 每辆推车的初速度和末速度是多少？(b) 每辆推车的速度改变量是多少？(c) 你在(b)问中计算出来的值满足式(4.1)吗？(d) 画出这个碰撞的速度-时间图像。(e) 推车1是否具有非零的加速度？如果有，什么时候具有加速度？加速度的符号是什么？(f) 推车2是否具有非零的加速度？如果有，什么时候具有加速度？加速度的符号是什么？●●

图 P4.26

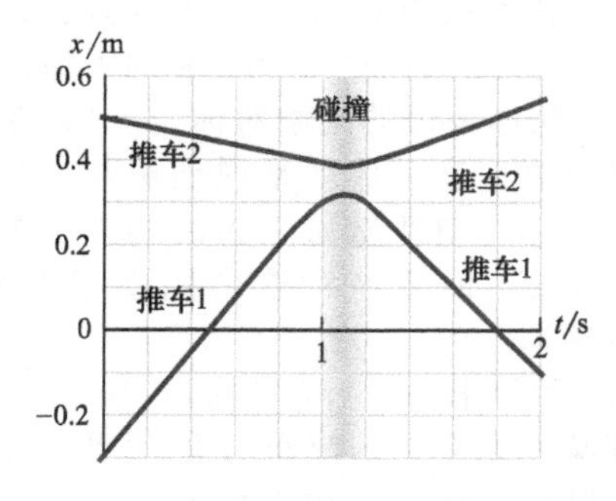

27. 你所在的主题公园中碰碰船的惯性质量是90kg。在船1中有一位未知惯性质量的男士，一位45kg的女士，还有一条3.0kg的狗。在船2中有一位80kg的父亲，一位50kg的母亲和一个30kg的儿子。船1以1.5m/s速度与船2相碰，碰前船2是静止的，碰后的两秒钟内船2和船1朝着相反的方向分别移动了2.3m和0.26m。(a) 把船1的初始运动方向定为正方向，每条船在碰撞后的速度是多少？(b) 每条船的速度改变量是多少？(c) 那位男士的惯性质量是多少？(d) 如果碰撞需要持续 0.50s，在整个碰撞过程中每条船的平均加速度是多少？●●●

28. 一个 1.0kg 的标准推车和一个未知惯性质量的推车 A 相碰。两辆推车滚动时似乎都受到轮子比较大的摩擦力，因为在图 P4.28 中看到它们的速度都随着时间而变化。(a) 推车在 $t=0$，$t=5.0\text{s}$，$t=6.0\text{s}$ 和 $t=10.0\text{s}$ 时的速度分别是多少？(b) 在还没有相碰时，两辆推车是在加速还是减速？(c) 在碰撞前后，每辆推车的加速度还会保持一样吗？(d) 推车 A 的惯性质量是多少？●●●

图 P4.28

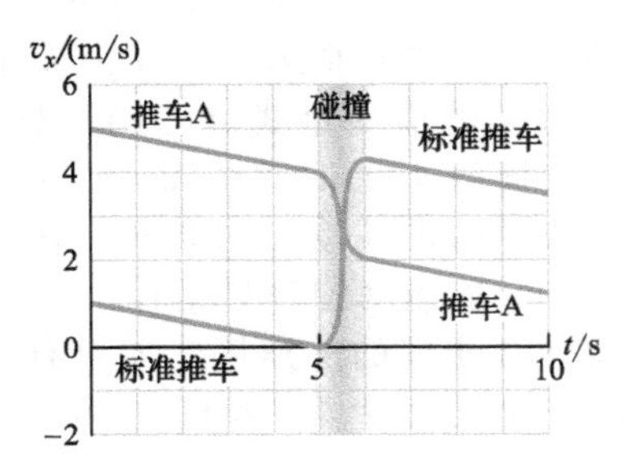

4.6　动量

29. 哪一个物体具有更大的动量：是以 45m/s 的速度投出的 0.14kg 的棒球，还是以 480m/s 的速度射出的 0.012kg 的子弹？●

30. 在你旁边的同学对你说，"动量是惯性质量乘以速度。那就是说动量与惯性质量成正比，那么惯性质量越大的物体它的动量也就越大。"你应该对这个同学说些什么，来讲清楚这个问题？●

31. 两辆相同的汽车均以 20m/s 行驶，然后都减速到停止。汽车 A 的驾驶员用力地踩制动踏板，使汽车在 3.0s 内停下来，而汽车 B 的驾驶员慢慢地踩制动踏板，使汽车在 7.0s 内停下来。哪一辆车具有更大的动量变化？●

32. 一个自行车骑手在以速率 v 沿着马路骑行的时候，与一只以同样的速率相向而飞的蚱蜢相撞了。蚱蜢留在了自行车骑手的头盔上。画出草图来显示：(a) 碰撞前的两个速度矢量和两个动量矢量，(b) 碰撞之后的速度矢量和动量矢量，(c) 自行车骑手和蚱蜢的速度改变量和动量改变量。●●

33. 一个系统由两个在低摩擦轨道上的推车构成，在两辆推车都在运动的情况下，系统的动量是否可能为零？●●

34. 一个 1.0kg 的标准推车 A 和一个 0.10kg 的推车 B 相碰了。推车 A 的速度的 x 分量在碰撞前是 +0.60m/s，在碰撞后是 +0.50m/s。推车 B 初始时以 0.40m/s 的速度朝推车 A 运动，在碰撞后，其速度的 x 分量为+0.60m/s。求：(a) 推车 A 的动量改变量的 x 分量，(b) 推车 B 的动量改变量的 x 分量，(c) 这两个动量改变量的 x 分量的和。●●

35. 你在厨房的地板上滚动固体橡胶球。球 1 的密度是 $1.00\times10^3\text{kg/m}^3$，半径是 25.0mm。球 2 的密度未知，半径是 40.0mm，且初始时静止。你以初速率 3.00m/s 滚动球 1，然后两个球相碰。球 1 反转了方向并以速率 2.00m/s 朝你的方向滚去，碰撞后球 2 的速率是 1.00m/s。将 x 轴的正方向定为球 1 的初始运动方向，求：(a) 球 1 的初动量和末动量的大小，(b) 球 2 的初动量和末动量的大小，(c) 球 2 的密度。●●

36. 大约 2gal 的水（约 7.3kg）从距离浴缸 2.0m 的高度处倾倒下去，并最终静止，水的动量改变量的大小是多少？●●

37. 一辆汽车要从多高的地方落下，才能使其动量的大小等于其在高速公路上以 30m/s 的速度行驶时的动量大小？●●

38. (a) 对一个惯性质量为常数 m 的物体，写出关于平均加速度、Δp 和 Δt 的表达式。(b) 利用你在 (a) 问中得到的结果，对于一个由静止下落到柔软的床上和坚硬的地板上的物体，关于其加速度的大小，你知道些什么？(c) 讨论安全气囊的基本原理。●●●

39. 你从 2.0m 的高度释放一个 0.15kg 的小球到地面，然后它反弹到 1.6m 的高度处。反弹带来的动量改变量的大小是多少？●●●

4.7　孤立系统

40. 当用来复枪射击时，会产生反冲力，枪托将向后冲击射击者的肩膀，这是为什么？●

41. 一把 4.0kg 的来复枪以 800m/s 的速率射出一发 10g 的子弹。来复枪反冲的速率是多少（向后冲击射击者的肩膀）？●

42. 由你寝室内所有空气分子构成的系统，它的动量大小是多少？●●

43. 一辆汽车与一个电话亭相撞。(a) 这个汽车能够构成一个孤立系统吗？(b) 汽车和电话亭呢？(c) 汽车、电话亭和地面呢？●●

44. 由静止站立开始行走。你的身体能够被考虑为一个孤立系统吗？●●

45. 在双人滑比赛中，一个75kg的男性滑冰者以4.0m/s的速率与50kg静止的女性搭档（轻轻地）相碰，并把她托举到空中。在完成托举动作的那个时刻，他们都没有做出水平方向上的推动。这对滑冰者在相碰后的速率是多少？（提示：女性搭档在垂直方向上的运动对这个问题没有影响）

46. 一个女孩穿着溜冰鞋站在溜冰场的冰面上，然后她朝着冰面外的长椅抛出她的双肩背包。(a) 如果她的溜冰鞋与她抛背包的方向平行，那么她将会发生什么？(b) 当背包掉落到长椅上时，背包停止运动。在这个时刻女孩停止运动了吗？如果没有，溜冰女孩的背包的动量到哪里去了？●●

47. 一个推车在低摩擦轨道上朝右运动，其动量是6kg·m/s。在轨道的末端是一面墙。(a) 由推车和墙构成的系统的动量是多少？(b) 当推车与墙相碰后，推车的动量是6kg·m/s，向左。墙在受到撞击后的动量是多少？(c) 在 (a) 问中定义的系统是孤立系统吗？为什么墙不会移动？●●

4.8 动量守恒定律

48. 对于一个在低摩擦轨道上单独运动而不与任何物体相碰的小推车，动量守恒是怎么认为的？●

49. 下表中所列的三个推车同时相碰。由三个推车构成的系统动量：(a) 在碰撞前是多少？(b) 在碰撞后是多少？(c) 从这些数据来看，由三个推车构成的系统在碰撞过程中是否是孤立系统？●

推车	动量 p_x/(kg·m/s)	
	碰撞前	碰撞后
1	+6.0	−4.0
2	−2.0	+2.0
3	−3.0	+3.0

50. 两个推车在低摩擦轨道上相碰。推车1具有的初动量是+10kg·m/s$\hat{i}$，末动量是−2.0kg·m/s$\hat{i}$。如果推车2的末动量是−6.0kg·m/s$\hat{i}$，那么它的初动量是多少？●

51. 两个推车A和B在低摩擦轨道上相碰。测量显示，它们的初动量和末动量分别是$\vec{p}_{A,i}=+10\text{kg}\cdot\text{m/s}\hat{i}$，$\vec{p}_{A,f}=+2.0\text{kg}\cdot\text{m/s}\hat{i}$，$\vec{p}_{B,i}=-4.0\text{kg}\cdot\text{m/s}\hat{i}$，$\vec{p}_{B,f}=+4.0\text{kg}\cdot\text{m/s}\hat{i}$。(a) 在碰撞过程中每个推车的动量改变量是多少？(b) 这些动量改变量的和等于多少？(c) 这次碰撞符合动量守恒吗？为什么？●●

52. 两个推车A和B在低摩擦轨道上相碰。测量显示它们的初动量和末动量分别为$\vec{p}_{A,i}=+3.0\text{kg}\cdot\text{m/s}\hat{i}$，$\vec{p}_{A,f}=+1.0\text{kg}\cdot\text{m/s}\hat{i}$，$\vec{p}_{B,i}=+2.0\text{kg}\cdot\text{m/s}\hat{i}$，$\vec{p}_{B,f}=-6.0\text{kg}\cdot\text{m/s}\hat{i}$。(a) 每个推车在碰撞过程中的动量改变量是多少？(b) 这些动量改变量的和是多少？(c) 这次碰撞符合动量守恒吗？为什么？●●

53. 一个运动的物体与一个静止的物体相碰。(a) 两个物体在相碰后有可能都处于静止吗？(b) 在碰撞后有可能只有一个物体处于静止吗？如果可能，是哪一个物体呢？忽略阻力的影响。●●

54. 估算你用锤子敲打一个钉子时，施加给钉子（以及钉子嵌入的物体）的冲量。●●

55. 一辆1200kg的机动车以15m/s的车速与另一辆1600kg的以10m/s的车速行驶的机动车相向而撞。(a) 要预测两辆机动车在碰撞之后的速度是否可能？(b) 要预测在碰撞后瞬间的任意相关物理量的值，是否可能？●●

56. 一个2.0kg的推车和一个3.0kg的推车处于一条低摩擦轨道上。3.0kg的推车以1.0m/s的初始速度向右运动，但是在碰撞后以5.0m/s的速度向右运动。在碰撞后，2.0kg的推车以3.0m/s的速度向右运动。(a) 2.0kg的推车的初始速度是多少？(b) 其他量都不变，如果3.0kg推车的初速度变为向左1.0m/s，你的答案会变成什么？●●

57. 你穿了很多件衣服，非常暖和，站在结冰的池塘中央。冰面的摩擦力不足以让你能够走出结冰的池塘。你要如何救出自己？（不要在意你是怎么来到池塘中央的）●●

58. 两只雄性驼鹿以相同的速率朝着对

方冲过去，它们在一处冰冻的苔原上相遇。当它们相撞时，它们的鹿角互相交织在一起，它们以原先三分之一的速度一起滑动。它们的惯性质量之比是多少？●●

59. 一个 80kg 的物理学家和朋友在滑冰。物理学家分了神，结果以 7.0m/s 的速率从后面撞上了前方以 5.0m/s 的速率朝同一方向滑冰的朋友。碰撞后，物理学家沿着原先的方向以 4.0m/s 的速率继续滑行，但是朋友的滑行速率（仍沿着原来方向）变成了 8.0m/s。朋友的惯性质量是多少？●●

60. 你以 $(20\text{m/s})\hat{\imath}$的速度驾驶着 1000kg 的汽车，这时候一只 9.0g 的虫子撞死在了你的风窗玻璃上。在碰撞前，虫子以 $(-2.0\text{m/s})\hat{\imath}$的速度运动。在碰撞前，(a) 你的汽车的动量是多少？(b) 虫子的动量是多少？(c) 汽车由于撞到了这只虫子，其速度的变化量是多少？●●

61. 你乘着雪橇从一座山坡上滑下，到达底端的时候你的滑速是 10m/s。然后你（惯性质量是 70kg）滑过了水平的雪地朝着一块 200kg 的大石头冲去，但是在雪橇即将撞到石头的时候你跳离了雪橇（惯性质量 5.0kg）。大石头位于非常光滑的冰面上，当雪橇撞到它的时候，它开始自由地运动。雪橇以 6.0m/s 的速率反弹回来。(a) 当雪橇撞到石头之后，石头的运动速率是多少？(b) 如果你继续留在雪橇上，在你即将要撞到大石头的时候，你的动量是多少？(c) 假设你和雪橇一起撞到了大石头，并在碰撞后继续以 2.0m/s 向前滑行。大石头在碰撞后的速率会比你在 (a) 问中计算出来的结果高还是低？●●

62. 一条消防水管朝着一栋着火的大楼喷水。喷射水柱的横截面面积为 A，密度为 ρ，并以速率 v 朝着大楼喷射。假设喷向大楼的水没有被反射回来。在时间 Δt 内传递给大楼的水流冲量的大小是多少？●●

63. 打台球时，你将母球直线开出（也就是沿着两个球之间的直线运动），撞向静止的 8 号球，而碰撞后母球静止。(a) 描述在碰撞前后两颗球的动量。(b) 证明你在 (a) 问中的答案与式 (4.18)：$\Delta\vec{p}=\vec{J}$ 是一致的。（注意：所有球的惯性质量都是一样的。）●●

64. 在低摩擦轨道上，三个相同的推车由于在其两端有油灰，当它们碰撞时彼此会粘在一起。在图 P4.64a 中，两个已经粘在一起的推车以速率 v 运动，即将撞到第三个静止的推车。在图 P4.64b 中，一个推车以相同的速率 v 撞向两个已经粘在一起且处于静止状态的推车。那么哪个情景中的三个推车粘在一起后的末速率更大一些？●●

图 P4.64

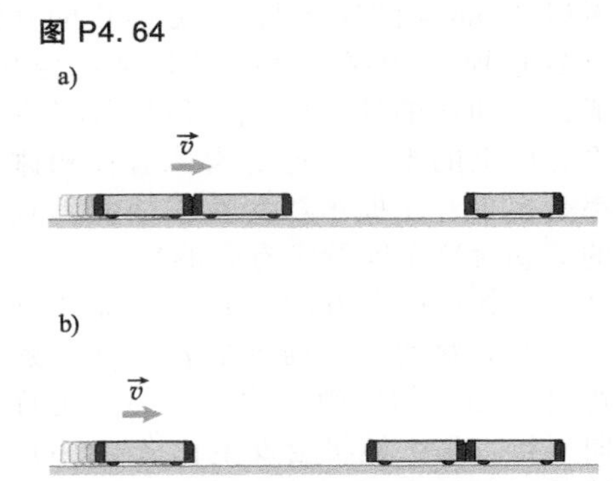

65. 将一堆煤炭从燃料库倒入铁路漏斗车中，漏斗车的惯性质量是 3.0×10^4kg，并且以 0.50m/s 的速率在水平轨道上运动。漏斗车在煤炭落入后速率变为 0.30m/s。这堆煤炭的惯性质量是多少？●●

66. 在低摩擦轨道上，三个相同的推车由于在两端有油灰，当它们碰撞时彼此会粘在一起。在图 P4.66a 中，两个已经粘在一起的推车以速率 v 运动，即将撞到第三个静止的推车。在图 P4.66b 中，存在着两次碰撞：首先是中间的以速率 v 运动的推车与在右边的推车相碰（并粘在一起）。然后是左边的推车，以速率 v 运动，与粘在一起的两个推车相碰。那么哪个情景中的三个推车粘在一起后的末速率更大一些？●●

图 P4.66

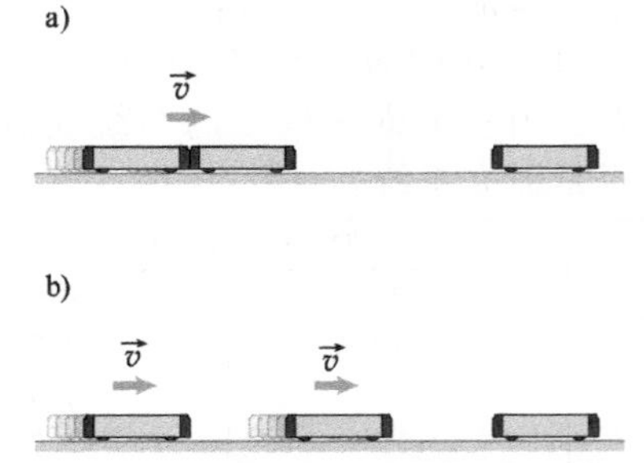

67. 图 P4.67 是两个推车之间碰撞的动

量-时间图像。推车 1 和推车 2 的惯性质量分别是 1.0kg 和 3.0kg。（a）推车 1 的初速度和末速度的 x 分量分别是多少？（b）推车 2 的初速度和末速度的 x 分量分别是多少？（c）动量的改变量 $\Delta\vec{p}_1$ 和 $\Delta\vec{p}_2$ 分别是多少？（d）你在（c）问中计算得出的结果满足式（4.18）：$\Delta\vec{p}=\vec{J}$ 吗？（e）画出这次碰撞的速度-时间图像。（提示：你可以通过对图 P4.67 做一些修改而得到。）●●●

图 P4.67

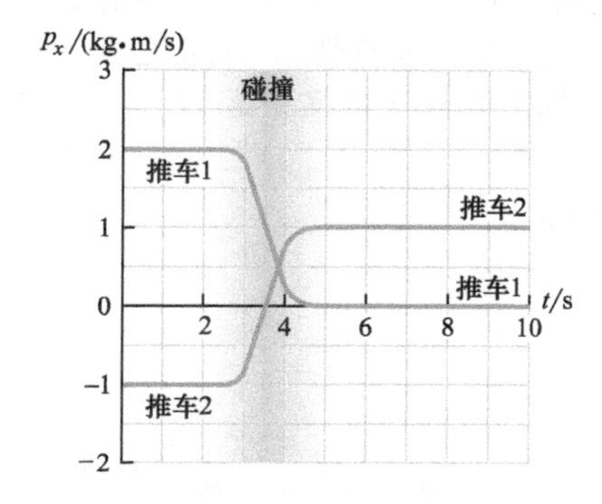

68. 推车 A 和推车 B 在低摩擦轨道上相碰，其中推车 B 的惯性质量是推车 A 的两倍。根据推车 B 的动量改变量，按从大到小的顺序，把下列四个碰撞进行排列：（a）A 初始时以 1.0m/s 的速度向右运动，B 静止；相碰后粘在了一起。（b）A 初始时静止，B 以 1.0m/s 的速度向左运动；相碰后粘在了一起。（c）初始时 A 以 1.0m/s 的速度向右运动；在碰撞后，A 以 0.33m/s 的速度向左运动，B 以 0.67m/s 的速度向右运动。（d）A 初始时以 1.0m/s 的速度向右运动，B 以 1.0m/s 的速度向左运动；相碰后粘在了一起。●●●

69. 一个红色推车和一个绿色推车，都在低摩擦轨道上以速率 v 运动着，它们相向运动并逐渐接近。红色推车向右运动；绿色推车的惯性质量是红色推车的 3 倍，向左运动。一个左端有弹簧，右端有油灰的黑色推车在两个推车之间的轨道上静止。运动的两个推车都在同一时刻撞到了黑色推车，在碰撞后，红色的推车以速率 v 向左运动，而绿色推车和黑色的推车一同以速率 $v/5$ 运动。用红色推车的惯性质量的倍数来表示的话，黑色推车的惯性质量是多少？●●●

70. 一个 1.0kg 的标准推车在低摩擦轨道上与推车 A 相碰。标准推车速度的 x 分量是+0.40m/s，推车 A 初始时处于静止状态。在碰撞后，标准推车速度的 x 分量是+0.20m/s，而推车 A 的速度的 x 分量是+0.60m/s。在碰撞后，推车 A 继续向轨道的末端运动，然后速率不变地反弹了回来。在两个推车再次相碰之前，你将一块油灰掉落并粘在了在推车 A 的上面。在第二次碰撞后，标准推车速度的 x 分量是−0.20m/s，而推车 A 速度的 x 分量是+0.40m/s。油灰的惯性质量是多少？●●●

71. 一个 400kg 的船载加农炮以 60m/s 的速率发射出一枚 20kg 的炮弹。加农炮对于甲板的后座反冲很大，不能忽视。加农炮上需要加多少惯性质量（以沙袋的形式），才能让反冲速率降低到 2.0m/s？●●●

72. 你将一个网球送球机直立起来，并在出球口张开了一张保鲜膜，再在出球口上方的保鲜膜上放置了一个 10g 的弹球。当一个 58g 的网球从机器中发射出来时，它将出球口的弹球送入空中。弹球飞到距离出球口 200m 的高空，而网球上升到 54m。忽略保鲜膜，网球的发射速率是多少？●●●

附加题

73. 高尔夫球的惯性质量是棒球的十分之一，速率是棒球的五倍。它们的动量的大小之比是多少？●

74. 一辆 30000kg 的拖车以 2.2m/s 的车速朝着一座单车道的桥行驶；另一辆 2400kg 的小型面包车从另一个方向以 30m/s 的车速朝着桥行驶。哪一辆车的动量值更大？●

75. 你和你的朋友在打保龄球。她以 10m/s 的速率扔出 4.5kg 的保龄球；而你以 8.0m/s 的速率扔出保龄球。如果两个保龄球的动量是一样的，那么你的保龄球的惯性质量是多少？●

76. 两个相同的推车在低摩擦轨道上进行了三次碰撞实验。在每次试验中，推车 A 的初速度都是 $\vec{v}$，而推车 B 都是静止。画出下列情形下每个推车的速度-时间图像：（a）如果推车碰撞后粘在一起，（b）如果推车 A 碰撞后静止，（c）如果推车 A 碰撞后具有的

速度为$-\vec{v}/10$。●●

77. 当一个快速移动的高尔夫球撞到下列物体时，画出运动图解来显示初末速度的矢量，以及初末动量的矢量：(a) 一个静止的高尔夫球，(b) 一个静止的篮球。在每个情景中，假设高尔夫球沿着连接两个球的球心的轨迹运动。●●

78. 某架正要起飞的飞机，其位置由 $x=\frac{1}{2}bt^2$ 给出，其中 $b=2.0\text{m/s}^2$。$t=0$ 的时刻对应着飞机的制动装置在 $x=0$ 处释放的瞬间。飞机装满燃料但不做其他装载时的惯性质量是35000kg，搭乘的150名乘客的平均惯性质量是65kg。飞机在释放制动装置15s后的动量大小是多少？●●

79. 一个惯性质量为 m_{bullet} 的子弹以速率 v_{bullet} 水平射出，并射进一个惯性质量为 m_{block}，放置于低摩擦表平面上的木块中。子弹穿过了木块，穿过后的速率是 $v_{\text{bullet,f}}$。根据这些已知量，确定木块的末速率。●●

80. 子弹速率的测量可以通过朝着一个原本静止的木制小推车发射子弹，然后测量嵌入子弹的小推车的运动速率。图P4.80显示了一枚12g的子弹射向一个4.0kg的小推车。在碰撞后，推车运动的速率是1.8m/s。子弹在射入推车之前的速率是多少？●●

图 P4.80

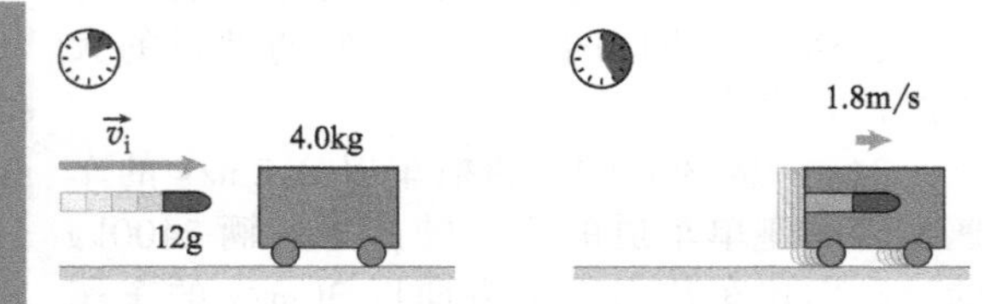

81. 第二次世界大战时期的火箭弹发射器称为“巴祖卡”火箭筒，它的本质就是一个两端都开口的管道。从动量的角度来考虑，“巴祖卡”火箭筒与管道只有一边开口的加农炮相比，在发射上有什么不同？●●

82. 在一次足球比赛中，一个95kg的足球运动员可以在5.5s内带球急速跑过50m。两个对方球员有机会能够对他迎面铲球。一个球员的惯性质量是110kg，可以在6.6s内跑50m；另一个球员的惯性质量是90kg，可以在5.1s内跑50m。哪一个球员具有更大的可能性能够拦截这个95kg的球员，为什么？●●

83. 在火箭学诞生之前，一些人认为火箭发动机在太空中没法运作，因为太空中没有大气让火箭的喷气产生反推。即使是今天，也有一些人认为，火箭需要借助发射台的喷气反推才可以起飞。用基于动量的论据来反驳这样的观点。●●

84. 在某些碰撞中，一些碰撞物的速度变化很小，而另一些则变化很大，如图P4.84所示。(a) 在碰撞前这些物体分别朝着哪个方向运动（正的还是负的）？(b) 在碰撞后呢？(c) 惯性质量较大的物体与惯性质量较小的物体的惯性质量之比是多少？(d) 摩擦力在这次碰撞中起到了不可忽视的作用吗？●●

图 P4.84

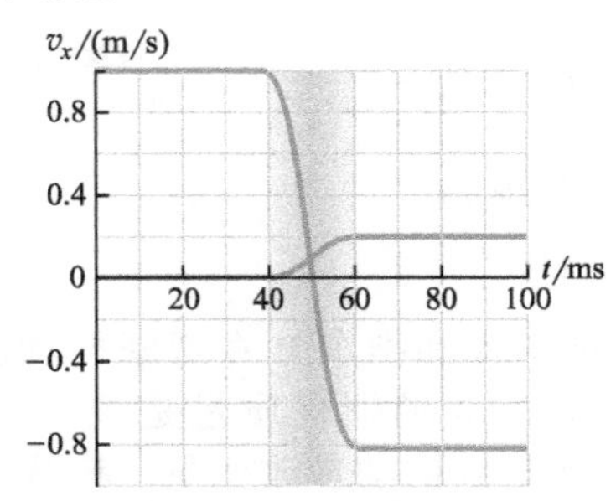

85. 在两个不同惯性质量的汽车所发生的正面碰撞中，在你只考虑动量的情况下，你可能更愿意当惯性质量较大的汽车的驾驶员，为什么？●●

86. 一个单级火箭在外太空中以 $v_{\text{rocket,i}}=2.0\times10^3\text{m/s}$ 的速率飞行。它起动了自身的发动机点火并喷射燃料，其喷射速度为 $v_{\text{exhaust}}=1.0\times10^3\text{m/s}$。当火箭通过喷射燃料使自身的惯性质量减少了原来的三分之一的时候，它此时的速率 $v_{\text{rocket,f}}$ 等于多少？假设燃料是一次性喷射出去的。●●

87. 你在搬家的过程中，向二楼窗户下方4.0m处的朋友扔东西。你正准备扔出一个6.0kg的立体声扬声器的时候，你忽然开始担心，接住一个动量大于50kg·m/s的物体会对人造成伤害。●●CR

88. 你在佛罗里达州的太空航行地面指挥中心，监视一个正在前往火星的探测器。最新的报告显示，探测器不久就将快速点燃火箭助推器使速率增大到5.2m/s。你知道喷射出的燃料速率是 $v_{\text{fuel}}=800\text{m/s}-v_i$，其中 v_i

是探测器在助推器点火之前的初速率，火箭惯性质量的10%是现有燃料。你主要担心的是探测器是否还有足够的剩余燃料来完成着陆工作。●●●CR

89. 你刚刚点燃热气球，然后上升到离地面30.0m的空中。正当你检查设备时，燃烧器不工作了。你知道如果你不做任何事，那么你的热气球将会以恒定加速度1.50m/s^{2}下落，而热气球的挂篮也会由于撞击地面时具有2850kg·m/s或者更大的动量而受到严重的损坏。热气球、挂篮和所有设备的总惯性质量是195kg，你的惯性质量是85.0kg，另外，还有作为压舱物的10个5.00kg的沙袋。你做出了一些快速计算，并采取行动转危为安。●●●CR

90. 一个惯性质量为m的气体分子被封闭在一个盒子中，并以恒定速度v在相距为l的两个相对的盒壁A和B之间往复运动。在与每一面盒壁的碰撞过程中，气体分子速率不变但是方向改变。写出下列表达式：(a)当气体分子撞到盒壁B后的动量改变量的大小；(b)与盒壁B相碰的时间间隔；(c)气体分子每秒钟内与盒壁B相碰的次数；(d)作为这一系列碰撞的结果，每秒钟内，盒壁B所承受的动量的改变量。●●●

91. 考虑一个由两个发动机组成的两级火箭，每个空发动机的惯性质量都是m，有效载荷惯性质量为m。火箭的第一级和第二级都包含着惯性质量为m的燃料，于是火箭在没有消耗任何燃料时的惯性质量是$5m$。每一级中燃料的喷射速率都为$v_{\text{fuel}}=v_{\text{ex}}-v_{\text{i}}$，其中$v_{\text{i}}$是燃料开始消耗时火箭的速率。火箭一开始在外太空处于静止状态。第一级点燃，立刻喷射完所有的燃料，然后与火箭的其余部分分离开来。第二级也重复了同样的过程。(a)有效载荷的末速率是多少？(提示：由于第一级从火箭上分离了，所以应该重新定义系统，使其只包含第二级火箭和有效载荷，并确定火箭在第二级点燃后的速率。)(b)现在考虑另一个惯性质量为$5m$但是只有一个发动机的火箭，发动机的惯性质量为$2m$，它所携带的燃料的惯性质量为$2m$。这时候的有效载荷的末速率是多少？(c)哪一个设计会产生更高的有效载荷速率：两级的还是一级的？为什么？●●●

复习题答案

1. 至今还没有人发明出完全没有摩擦的表面，但是有很多种方法可以减小摩擦：抛光接触面或使其更加平整；采用光滑的物质，例如润滑剂或油；将物体放在滚筒上，或者加装具有很好承轴的轮子；用空气垫将物体浮起来，正如低摩擦轨道。

2. 速度的改变量的大小相等，但是符号相反。

3. A 的速度的改变量的大小是 B 的一半，因为速度的改变量的比值与惯性质量的比值成倒数。这两个速度的改变量处于不同的方向。

4. 惯性相同，因为物体的形状对于物体的惯性没有影响。物体的惯性完全由制成物体的材料类型和材料用量决定。

5. 惯性与材料有关，于是它们不相等。实践表明铁制的物体具有更大的惯性。

6. 在我们的头脑中，可以从周围环境中分离出来的任何物体或一组物体，称为一个系统。

7. 广延量取决于你所选取的系统的范围（大小）；强度量则不是。

8. 输入、输出、创造和破坏可以改变这个值。

9. 这意味着广延量不能被创造或破坏。因此只能通过两种方式来改变系统的广延量的值，也就是输入和输出。

10. 把棒球系在一个标准推车上，并安排这个推车和另一个标准推车相碰。测量每个物体的速度的改变量；然后利用你所知道的，这两个物体的速度的改变量的比值是惯性质量比值的倒数。从系着棒球的推车的惯性质量中减去 1kg，从而得到棒球的惯性质量。

11. 不可以。惯性质量永远都是正的。如果一个碰撞中的物体具有了负的惯性质量，那么两个物体的速度都会增大。这样的碰撞从未被人们发现过。

12. 它们的惯性质量相等。

13. 大黄蜂具有更大的动量。火车的速度是 0，因此其动量也是 0。火车的惯性质量却比大黄蜂大。

14. 尽管棒球的惯性质量比子弹的惯性质量大，但是如果子弹的速率相应地比棒球的速率大，那么它们的动量（以及碰撞的结果）也可以说是相当的。

15. 不可能。只有标量才可以是负的，而动量是一个矢量。然而，如果动量的方向指向 x 轴的负方向，那么动量的 x 分量也可以是负的。

16. 就本章而言，相互作用就是两个物体对彼此施加作用，并使得至少其中一个物体被加速。

17. 内部相互作用存在于系统内的两个物体之间，而外部相互作用存在于系统中的一个物体和系统外的一个物体之间。这个区别很重要，因为外部相互作用可以改变系统的动量，而内部相互作用却不会。

18. 孤立系统就是不存在外部相互作用的系统。由于孤立系统的动量不会随着时间而改变，所以我们可以用某个时刻的动量信息来确定之后任何时刻的动量。

19. 叙述不等价，但是（a）取决于（b）。叙述（b）的意思是，动量不能被创造或破坏。叙述（a）只对孤立系统成立，（a）之所以成立的原因是（b）是真命题。由定义可知，不存在穿过孤立系统边界的动量传递，于是可能改变系统动量的四种机制——输入、输出、创造、破坏——也就没有哪一种是在此可以实现的。

20. 动量守恒一点也不会受到影响。1kg 标准只是一个协定而已。

21. *动量守恒定律*是动量不会被创造或被破坏这一事实的一种书面表达。而*动量定理*则是由式（4.18）给出的一个数学表述：$\Delta\vec{p}=\vec{J}$，它表示动量的任何改变都是由动量的传递引起的。由于式中没有任何动量的创造项或破坏项，因此动量定理也体现了动量守恒定律。

22. 冲量 $\vec{J}$ 表示系统和环境之间的动量传递。它和动量具有相同的单位，kg·m/s，按照 4.4 节的命名法，它表示了系统的“输入”和“输出”。式（4.18）将冲量和系统动量的改变量联系在了一起：$\vec{J}=\Delta\vec{p}$。

引导性问题答案

引导性问题 4.2　8.2×10^{-2} m/s

引导性问题 4.4　方法（c）同时喷射出两个货舱来获得最大的速度：

$$v_f=\frac{(m_1+m_2)}{m_{\text{shuttle}}}v$$

引导性问题 4.6　在第一次冲击后：

$$v_{\text{target}}=\frac{m_{\text{bullet}}}{(m_{\text{target}}+m_{\text{bullet}})}v_{\text{muzzle}}$$

在第二次冲击后：

$$v_{\text{target}}=\frac{2m_{\text{bullet}}}{(m_{\text{target}}+m_{\text{bullet}})}v_{\text{muzzle}}$$

第5章　能　　量

章节总结

动能（5.2节，5.5节）

基本概念 一个物体的**动能**是指与该物体运动状态有关的能量。动能是一个正的标量并且与物体的运动方向无关。

定量研究 一个运动速率为 v 且惯性质量为 m 的物体，其动能 K 为

$$K=\frac{1}{2}mv^2 \qquad (5.12)$$

动能的国际单位（SI 单位制）为**焦耳**(J)：

$$1\text{J}=1\text{kg}\cdot\text{m}^2/\text{s}^2$$

相对速度、物理状态及内能（5.1节，5.3节，5.5节）

基本概念 在两个物体的相互碰撞中，一个物体的速度相对于另一个物体的速度叫作**相对速度**$\vec{v}_{12}$，相对速度的大小叫作**相对速率**v_{12}。

一个物体的**物理状态**是指由一些物理参量所限定的条件。与物体的物理状态有关但与物体的运动状态无关的能量叫作该物体的**内能**。

在碰撞过程中我们可以把相互碰撞的两个物体所构成的系统看作是孤立系统，因此在我们所学的所有碰撞过程中系统的动量都保持不变。

定量研究 物体2相对于物体1的**相对速度**$\vec{v}_{12}$为

$$\vec{v}_{12}\equiv\vec{v}_2-\vec{v}_1 \qquad (5.1)$$

物体2相对于物体1的**相对速率**$\vec{v}_{12}$为相对速度$\vec{v}_{12}$的大小：

$$\vec{v}_{12}=|\vec{v}_2-\vec{v}_1|$$

由于动量是守恒量，因此在碰撞过程中系统的动量保持不变：

$$p_{x,\text{i}}=p_{x,\text{f}}$$

碰撞的类型（5.5节，5.6节，5.8节）

基本概念 碰撞的**恢复系数** e 是一个无量纲的正数，它表示初始相对速率的恢复程度。

对于**弹性碰撞**，碰撞前后的相对速率是相同的，因此恢复系数等于1。该碰撞是**可逆的**，因此由相互碰撞物体构成的系统，其动能为常数。

对于**非弹性碰撞**，碰撞后的相对速率会小于碰撞前的相对速率，因此恢复系数的取值在0至1之间，并且该碰撞是**不可逆的**。碰撞过程中物体的动能会改变，但是系统的能量不会改变。如果碰撞后物体粘在一起运动，则末态相对速率为0；此时该碰撞为**完全非弹性碰撞**，并且恢复系数为0。

对于**爆破分离**，碰撞过程中动能增加了，并且恢复系数大于1。

定量研究 **恢复系数** e 等于

$$e=\frac{v_{12\text{f}}}{v_{12\text{i}}}=-\frac{v_{2x,\text{f}}-v_{1x,\text{f}}}{v_{2x,\text{i}}-v_{1x,\text{i}}} \qquad (5.18,\ 5.19)$$

对于**弹性碰撞**：

$$v_{12\text{i}}=v_{12\text{f}} \qquad (5.3)$$

$$K_\text{i}=K_\text{f} \qquad (5.14)$$

$$e=1$$

对于**非弹性碰撞**：

$$v_{12\text{f}}<v_{12\text{i}}$$

$$K_\text{f}<K_\text{i}$$

$$0<e<1$$

对于**完全非弹性碰撞**：

$$v_{12\text{f}}=0 \qquad (5.16)$$

$$e=0$$

对于**爆破分离**：

$$v_{12\text{f}}>v_{12\text{i}}$$

$$K_\text{f}>K_\text{i}$$

$$e>1$$

能量守恒（5.3节，5.4节，5.7节）

基本概念 任何系统的能量都是构成该系统的所有物体的动能和内能总和。

能量守恒定律表明，能量可以从一个物体转移至另一个物体，或者从一种形式转化为另一种形式，但是能量不能凭空消失也不能凭空产生。

封闭系统是指一个能量既不能转入也不能转出的系统，这样一个系统的能量恒为常数。

定量研究 一个系统的能量等于

$$E = K = E_{int} \quad (5.21)$$

能量守恒定律要求一个封闭系统的能量恒为常数：

$$E_i = E_f \quad (5.22)$$

复习题

复习题的答案见本章最后。

5.1 碰撞的分类

1. 相对速度的定义是什么，它与相对速率有什么不同？

2. 请解释一下相对速度的符号 $\vec{v}_{12}$ 及其下标的顺序与含义。

3. (a) 弹性碰撞、(b) 非弹性碰撞和 (c) 完全非弹性碰撞的主要本质特征是什么？

5.2 动能

4. 动能的定义是什么？

5. 沿 x 轴负方向运动的一个物体其动能的符号是什么？

6. 一个物体的动能可不可能是负的或者为0？

5.3 内能

7. 一个物体的物理状态是指什么？

8. 可逆过程与不可逆过程之间的区别是什么？

9. 在非弹性碰撞中，系统的动能与内能之间有什么联系？

10. 在非弹性碰撞中，你该如何计算内能的改变量？

5.4 封闭系统

11. 封闭系统是一个怎样的系统？它与孤立系统相同吗？

12. 什么是能量转化？它与能量转移有什么不同？

5.5 弹性碰撞

13. 弹性碰撞中动能保持不变的结论［式 (5.4)~式 (5.13)］是如何依赖于碰撞的弹性属性的？

14. 请解释一下在弹性碰撞中两个物体相对速度的符号为什么会改变？

5.6 非弹性碰撞

15. 恢复系数的定义是什么？

16. 弹性碰撞和完全非弹性碰撞的恢复系数分别取什么值？

17. 请解释一下为什么在式 (5.19) 分式的前面会有一个负号？

18. 当两个物体的惯性质量及初始速度都已知时，在这两个物体之间发生弹性碰撞的过程中，你可以利用系统的动量与动能不变的事实来确定碰撞后这两个物体的运动状态——两个方程，两个未知量。然而在非弹性碰撞过程中，动能会改变。那么在这种情况下，当两个物体的惯性质量与初始速度都已知时，你还能预测出这两个物体的末速度吗？

5.7 能量守恒

19. 你在掷出一个棒球时创造能量了吗？

20. 如果一个系统的动能没有改变，则该系统的物理状态可能会改变吗？

21. 在不知道如何直接计算内能的情况下，我们如何才能确定出一个封闭系统内能的改变量？

5.8 爆破分离

22. 爆破分离过程中增加的动能来自哪里？

23. 爆破分离有可能是弹性碰撞吗？

估算题

从数量级上估算下列物理量，括号中的字母对应于可能用到的提示。根据需要使用它们来指导你的思考。

1. 一架向东飞行的客机相对于一列向西行驶的火车的相对速度（K，R）
2. 在轨道上运行的月球相对于地球的相对速率（E，W）
3. 发球后网球越过网时的动能（P，I）
4. 沿高速公路行驶的一辆小汽车的动能（G，L）
5. 以巡航速率飞行的一架客机的动能（S，K）
6. 在发球前网球拍中心的速率（P，H，C，X）
7. 从球座上被击打后远飞的高尔夫球其动能的改变量（A，F，O，T）
8. 在专业烟花弹的爆破分离过程中所释放的化学能（N，D，Z）
9. 当调度机车与一辆初始静止的有轨车相结合时动能转化为内能（V，J，Y）
10. 一辆在高速公路上行驶的小汽车可以从1gal 汽油中获得的有效能量（B，G，M，U，Q）

提示

A. 高尔夫球在空中运动了多远？
B. 当小汽车在高速公路上行驶时，如果把小汽车的档位挂成空档则小汽车在5s内减少的速率有多少？
C. 在网球与网球拍的碰撞过程中恢复系数有多大？
D. 最大的爆炸半径有多大？
E. 月球绕轨道运动一周需要多长的时间？
F. 高尔夫球在空中运动了多长的时间？
G. 一辆普通的小型汽车其惯性质量有多大？
H. 考虑网球的惯性质量与手臂及网球拍的惯性质量之比，则在碰撞过程中网球拍的速率改变了多少？
I. 网球的惯性质量有多大？
J. 一辆有轨车的惯性质量有多大？
K. 客机的巡航速率有多大？
L. 小汽车在高速公路上行驶的速率有多大？
M. 一辆滑行的小汽车在5s内减少的动能有多少？
N. 烟花弹有效负载的惯性质量有多大？
O. 离开球座的高尔夫球其速率有多大？
P. 发球后的网球其速率有多大？
Q. 一辆在高速公路上行驶的普通小汽车其耗油量有多大？
R. 一列运动的火车其速率有多大？
S. 一架客机的惯性质量有多大？
T. 一个高尔夫球的惯性质量有多大？
U. 一辆以高速公路的时速行驶的小汽车在5s内行驶了多少公里？
V. 该调度机车的惯性质量有多大？
W. 月球的轨道半径有多大？
X. 怎样比较碰撞前后网球相对于网球拍的速度？
Y. 结合前调度机车的速度有多大？
Z. 爆炸半径扩大时需要多长的时间？

答案（所有值均为近似值）

A. 1×10^2m；B. 4m/s；C. $e\approx1$；D. 3×10^1m；E. 1个月或者 3×10^1 天；F. 3s；G. 1×10^3kg；H. 速率的改变量很小，因为惯性质量之间的比值很大；I. 6×10^{-2}kg；J. 2×10^4kg；K. 2×10^2m/s；L. 3×10^1m/s；M. 1×10^5J；N. 2kg；O. 4×10^1m/s；P. 4×10^1m/s；Q. 0.1L/km；R. 在美国是 3×10^1m/s；在其他一些国家则比该速率大；S. 1×10^5kg；T. 5×10^{-2}kg；U. 0.2km；V. 8×10^4kg；W. 4×10^8m；X. 相对速率大致保持不变，但是相对速度的方向相反；Y. 0.4m/s；Z. 1s

实践篇

例题与引导性问题

步骤：确定封闭系统

在分析能量变化时，需要找到没有和外界发生能量交换的系统（封闭系数），具体步骤如下：

1. 画出对应物体初态与末态的简图。

2. 确定在有关时间段所有物体的运动和状态的变化情况。

3. 将所有运动或状态发生变化的物体包括到一个系统中来，并用虚线表示系统与外界之间的边界。在边界处标出“封闭”二字以表示系统和外界之间没有能量交换。

4. 验证外界环境中的物体没有发生与系统内部物体有关的运动或状态的变化。一旦确定封闭系统，该系统的总能量始终保持不变。

下列例题涉及本章内容，但又不仅仅局限于本章中的某一节。

其中一部分以例题的形式给出，另一部分则以引导性问题的形式给出。

例 5.1 高射的箭

你以 40m/s 的速率竖直向上射出一支 0.12kg 的箭，请计算以下时刻这支箭的动能：（a）箭刚飞出时，即箭刚离开弓时；（b）箭到达它最大高度的一半处时。（c）当箭的速率为其初始速率的一半时请用能量参数估算箭所处的位置。

❶ **分析问题** 这是一道涉及能量转化的动力学问题。我们可以利用在第 3 章中所学的动力学知识先为（a）问和（b）问计算出箭在任意位置处的速度（并由此得到速率），然后再为（c）问计算出箭以任意速率运动时所处的位置。此外由于我们现在知道速率与动能之间的关系，因此我们可以把位置和动能联系起来。由于引力相互作用，运动的箭并不是一个封闭系统，但是箭和地球所构成的系统却是一个封闭系统。系统示意图将包含地球和箭，但是提供不了很多的附加信息。在给出动力学解答方法之前，我们先画一个运动状态示意图（见图 WG5.1）。

图 WG5.1

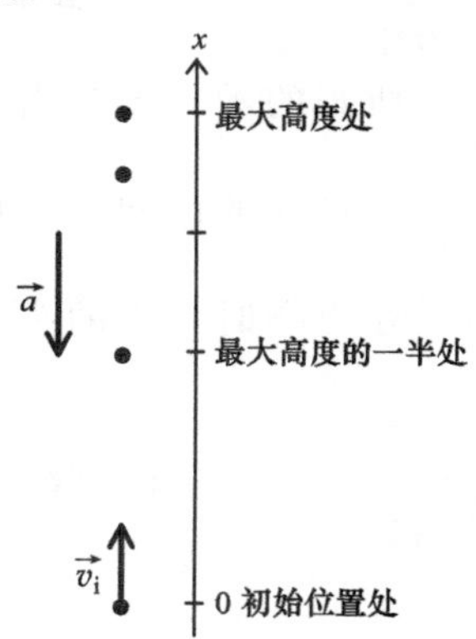

❷ **设计方案** 由于惯性质量和初始速度都是已知的，因此利用动能的定义来解答（a）问就足够了，但是（b）问和（c）问将会涉及更多的内容。在自由落体运动中，加速度是方向向下且恒定的。根据我们在图 WG5.1 中所选定的方向向上为 x 轴的正方向，我们有 $a_x=-g$。在没有明确包含时间的情况下，速度的 x 分量与位置之间的关系式为式（3.13）：

$$v_{x,f}^2=v_{x,i}^2+2a_x(x_f-x_i)$$

该公式在运动中的任意两点之间都适用，因此我们可以利用它来确定箭以某一给定速率运动时所在的高度或者箭在某一给定高度处的速率。这个公式和动能的定义都可以用来解答（b）问和（c）问。

❸ **实施推导**

$$\text{(a)}\ K_{\text{start}}=\frac{1}{2}mv_{\text{start}}^2=\frac{1}{2}(0.12\text{kg})\ (40\text{m/s})^2=96\text{J}$$

（b）在我们可以确定箭到达最大高度的一半处时的 K 值前，我们必须求出箭到达最高处时所运动的距离。由于我们已知初始位置（0）和初始速度的 x 分量（+40m/s），以及末速度（0；为什么?）和加速度（-9.8m/s^2；为什么是负的?），因此我们可以得到

$$v_{x,\text{top}}^2=v_{x,\text{start}}^2+2a_x(x_{\text{top}}-x_{\text{start}})$$

$$x_{\text{top}}=x_{\text{start}}+\frac{v_{x,\text{top}}^2-v_{x,\text{start}}^2}{2a_x}=0+\frac{(0)^2-(40\text{m/s})^2}{2(-9.8\text{m/s}^2)}=82\text{m}$$

现在我们可以得到箭在最大高度的一半处，即 $x_{half}=x_{top}/2$ 时速度的二次方：

$$v_{x,half}^2=v_{x,start}^2+2a_x(x_{half}-x_{start})=(+40m/s)^2+2(-9.8m/s^2)(41m-0)=796m^2/s^2$$

因此箭在最大高度的一半处时的速率为

$$v_{half}=\left|\sqrt{v_{x,half}^2}\right|=\left|\sqrt{796m^2/s^2}\right|=28m/s$$

（注意该速率并不是初始速率的一半。）因此该位置处的动能为

$$K_{half}=\frac{1}{2}mv_{half}^2=\frac{1}{2}(0.12kg)(796m^2/s^2)=48J$$

它是初始动能的一半。箭到达最大高度的一半处时，已经有一半的动能转化为箭和地球所构成的系统的内能。

（c）从（b）问我们知道，在最大高度的一半处时箭的速率为 28m/s，这意味着速率为初始速率的一半，即 20m/s 时所在的位置肯定在运动路径中点的上方。让我们来做一个猜想，由于 $K=\frac{1}{2}mv^2$ 中的速率是取平方值，因此当速率 v 减小至初始速率的一半时，动能 K 则会减小至初始动能的四分之一。我们知道在运动路径的最高处 $v=0$（见 3.3 节），根据（b）问我们又知道，当箭在最大高度的一半处时，已经有一半的动能转化为内能了。也许当箭在最大高度的四分之三处时，已经有四分之三的动能转化为内能了，如图 WG5.2 中的能量条形图所示。因此，我们估算箭以初始速率的一半，即以+20m/s 的速度运动时，它所在的高度大约在初始位置上方的

$$(0.75)(82m)=61m ✓$$

图 WG5.2

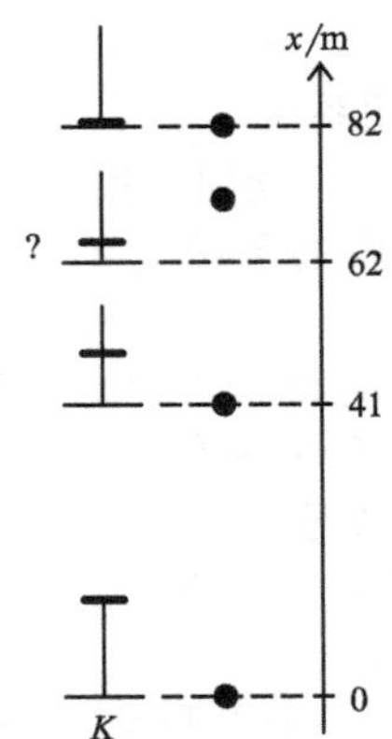

❹ **评价结果**　比较（a）问和（b）问所得到的答案，我们知道当箭上升时它的速率会减小，而这也正如我们所预期的那样。82m 的最大距离对于一支箭来说是一个合理的高度，同时它也与 40m/s 的初始速率一致。我们假定箭是做自由落体运动的，这样我们便可以使用自由落体运动的加速度，而且这对于一支向上运动的箭来说是一个合理的假设。剩下的解答过程则是根据动力学和动能的定义。

在（c）问中，我们已知可用能量参数来确定箭所处的位置。如果没有被限定必须使用这种方法，则我们还可以使用动力学方程来得到箭以+20m/s 的速度运动时所处的位置，因此，现在让我们用这种方法来做一个检验：

$$v_{x(c)}^2=v_{x,star}^2+2a(x_{(c)}-x_{start})$$

$$x_{(c)}=x_{start}+\frac{v_{x,(c)}^2-v_{x,start}^2}{2a}=0+\frac{(20m/s)^2-(40m/s)^2}{2(-9.8m/s^2)}=61m$$

该结果与我们用能量参数所得到的答案很好地保持一致。

引导性问题 5.2　出拳

一名拳击手猛击了他对手的下巴，他的手（加上手套）和前臂的惯性质量为 3.0kg，而对手头部的惯性质量为 6.5kg。你在神经科学课上学到大约有 10J 的额外内能将传递给对手活动的关节，因此你猜想大约有转化能量的一半将被传递到对手的头部。假定恢复系数 $e=0.20$，为了打出这一拳，拳击手的拳头应以多大的速率与对手的头部接触？

❶ **分析问题**

1. 拳击手的手、手套和前臂构成了一个封闭系统吗？如果包含对手的头则结果又将会怎样？

2. 哪种类型的示意图也许会很有用？

❷ **设计方案**

3. 根据你所画的示意图写出相关的方程（方程组）。

4. 确认你有足够的已知条件用于求解所求问题的答案。

5. 拳击手在出拳时对手的头部仍然保持静止吗？

❸ **实施推导**

6. 你应该对已转化的能量取什么值？

❹ **评价结果**

实践篇

例 5.3 糟糕的停车

一辆小汽车以 3.0m/s 的车速驶进一个空的停车位，此时一辆比小汽车的惯性质量大 50%的货车也正好想利用这个空的停车位抄近路穿过停车场。这两辆机动车都是靠惯性滑行的（也就是说它们的加速度都为零），在它们将要迎面发生碰撞时，货车正以 4.0m/s 的车速运动。（a）如果碰撞过程中由小汽车和货车构成的系统其初始动能的 75%都转化为了内能，则这两辆机动车的末速度分别有多大？（b）碰撞的恢复系数有多大？

❶ **分析问题** 第一步我们先画出系统的示意图，然后在图中添加与初始速度有关的已知条件（见图 WG5.3）。在碰撞所持续的极短时间内，小汽车和货车构成了一个孤立系统。由于我们已知某一给定百分比的动能被转化了，因此我们也可以假定由小汽车和货车构成的系统是封闭的。由于小汽车和货车的惯性质量未知，而仅已知货车的惯性质量比小汽车的惯性质量大 50%，因此我们希望不要用到惯性质量的实际取值，但是为了有助于清晰地分析该情形，我们把现有的已知条件都放入示意图中。

图 WG5.3

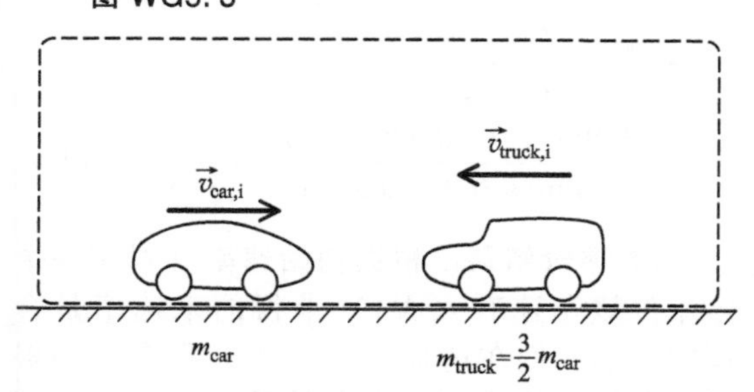

题目要求的是两辆车的“末速度”，我们假定这两个“末速度”是指“碰撞刚结束时的末速度”，以便我们忽略环境中的任何相互作用，该已知条件包含在这两辆机动车的动量中。由于动能耗散了，因此我们知道该碰撞是非弹性的。

❷ **设计方案** 两辆机动车构成的系统在碰撞前后的动量是相同的，因此需要画出一个表示初始动量和末态动量的示意图来帮助我们整理设计方案（见图 WG5.4）。为了求得末态运动的方向，我们必须解决动量相对于某一坐标轴的符号。让我们选择 x 轴的正方向指向左边，并在我们的示意图中画出该 x 轴的正方向，由于货车具有更大的初始动量，因此我们画出了两个都沿 x 轴正方向的末态动量。

图 WG5.4

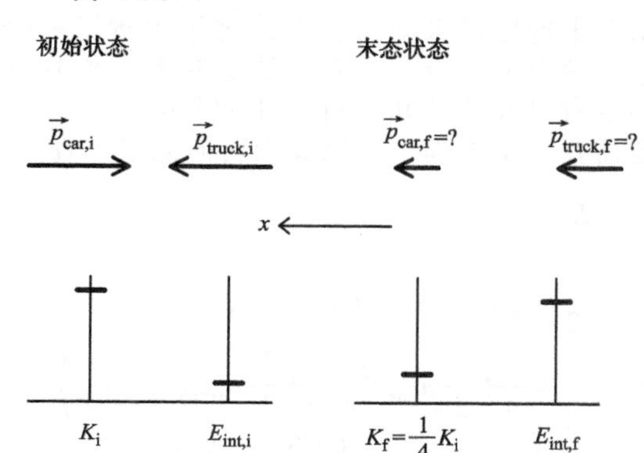

沿所选的 x 轴，我们有 $v_{carx,i}=-v_{car,i}$ 和 $v_{truckx,i}=+v_{truck,i}$，其中 $v_{car,i}=3.0\text{m/s}$，$v_{truck,i}=4.0\text{m/s}$，根据该已知条件，我们知道初始动量的 x 分量分别为 $p_{car\,x,i}=m_{car}v_{carx,i}$ 和 $p_{truck\,x,i}=m_{truck}v_{truckx,i}$。我们还知道在将要碰撞至碰撞刚好结束的时间段内，系统的动量是不变的。根据该已知条件，我们可以得到

$$p_{car\,x,f}+p_{truck\,x,f}=p_{car\,x,i}+p_{truck\,x,i}$$

然而，我们目前只知道方程右边的两个物理量，因此我们需要更多的已知条件。在我们的假定下系统的能量是不变的，但是由于动能会转化为内能，因此实际上末态动能是会减小的。我们在系统示意图上用能量条形图来表示该能量的变化，同时也可以用方程的形式把该已知条件写成：

$$\Delta E=0,\ 但是\ K_f=\frac{1}{4}K_i$$

利用该动能方程可以求得末速度，我们可以根据以下表达式来计算恢复系数

$$e=-\frac{v_{car\,x,f}-v_{truck\,x,f}}{v_{car\,x,i}-v_{truck\,x,i}}$$

❸ **实施推导** （a）由动量守恒定律我们有

$$m_{car}v_{car\,x,f}+m_{truck}v_{truck\,x,f}$$
$$=m_{car}v_{car\,x,i}+m_{truck}v_{truck\,x,i}$$

用小汽车的惯性质量表示货车的惯性质量使

我们可以消除因子 m_{truck}，然后通过整除方程两边的公因子 m_{car} 使方程进一步简化：

$$m_{\text{car}}v_{\text{car }x,\text{f}}+\frac{3}{2}m_{\text{car}}v_{\text{truck }x,\text{f}}$$

$$=m_{\text{car}}v_{\text{car }x,\text{i}}+\frac{3}{2}m_{\text{car}}v_{\text{truck }x,\text{i}}$$

$$v_{\text{car }x,\text{f}}+\frac{3}{2}v_{\text{truck }x,\text{f}}=v_{\text{car}x,\text{i}}+\frac{3}{2}v_{\text{truck }x,\text{i}} \quad (1)$$

由于末速度是未知量，因此这里出现了一个包含两个未知量的方程，这意味着我们现在还没有足够的已知条件来求解该问题，至少还需要一个方程，所以我们转向能量方程：

$$K_{\text{f}}=\frac{1}{4}K_{\text{i}}$$

$$\frac{1}{2}m_{\text{car}}v^2_{\text{car }x,\text{f}}+\frac{1}{2}m_{\text{truck}}v^2_{\text{truck }x,\text{f}}$$

$$=\frac{1}{4}\left(\frac{1}{2}m_{\text{car}}v^2_{\text{car }x,\text{i}}+\frac{1}{2}m_{\text{truck}}v^2_{\text{truck }x,\text{i}}\right)$$

$$\frac{1}{2}m_{\text{car}}v^2_{\text{car }x,\text{f}}+\frac{1}{2}\left(\frac{3}{2}m_{\text{car}}\right)v^2_{\text{truck }x,\text{f}}$$

$$=\frac{1}{4}\left[\frac{1}{2}m_{\text{car}}v^2_{\text{car}x,\text{i}}+\frac{1}{2}\left(\frac{3}{2}m_{\text{car}}\right)v^2_{\text{truck }x,\text{i}}\right]$$

上式两边都乘以 4，然后消去 m_{car}，我们得到

$$2v^2_{\text{car }x,\text{f}}+3v^2_{\text{truck }x,\text{f}}=\frac{1}{2}v^2_{\text{car }x,\text{i}}+\frac{3}{4}v^2_{\text{truck }x,\text{i}} \quad (2)$$

该结果连同式（1）给我们提供了两个包含未知量的方程，为了求解这两个方程，我们用 $v_{\text{truck }x,\text{f}}$ 来表示式（1）中的 $v_{\text{car }x,\text{f}}$：

$$v_{\text{car }x,\text{f}}=v_{\text{car},x,\text{i}}+\frac{3}{2}v_{\text{truck }x,\text{i}}-\frac{3}{2}v_{\text{truck }x,\text{f}}$$

$$=(-v_{\text{car},\text{i}})+\frac{3}{2}(+v_{\text{truck},\text{i}})-\frac{3}{2}v_{\text{truck }x,\text{f}}$$

$$=(-3.0\text{ m/s})+\frac{3}{2}(+4.0\text{m/s})-\frac{3}{2}v_{\text{truck }x,\text{f}}$$

$$=+3.0\text{m/s}-\frac{3}{2}v_{\text{truck }x,\text{f}} \quad (3)$$

现在我们把这个结果代入式（2）中并求出 $v_{\text{truck }x,\text{f}}$：

$$2v^2_{\text{car }x,\text{f}}+3v^2_{\text{truck }x,\text{f}}=\frac{1}{2}v^2_{\text{car }x,\text{i}}+\frac{3}{4}v^2_{\text{truck }x,\text{i}}$$

$$2\left(+3.0\text{m/s}-\frac{3}{2}v_{\text{truck }x,\text{f}}\right)^2+3v^2_{\text{truck }x,\text{f}}=$$

$$\frac{1}{2}(-3.0\text{m/s})^2+\frac{3}{4}(+4.0\text{m/s})^2$$

$$(18\text{m}^2/\text{s}^2)-(18\text{m/s})v_{\text{truck }x,\text{f}}+\frac{18}{4}v^2_{\text{truck }x,\text{f}}+$$

$$3v^2_{\text{truck }x,\text{f}}=\frac{9.0\text{m}^2/\text{s}^2}{2}+(12\text{m}^2/\text{s}^2)$$

$$(18\text{m}^2/\text{s}^2)-(18\text{m/s})v_{\text{truck }x,\text{f}}+\frac{30}{4}v^2_{\text{truck }x,\text{f}}$$

$$=\frac{33\text{m}^2/\text{s}^2}{2}$$

$$5.0v^2_{\text{truck }x,\text{f}}-(12\text{m/s})v_{\text{truck }x,\text{f}}+(1.0\text{m}^2/\text{s}^2)=0$$

求解该一元二次方程可得

$$v_{\text{truck }x,\text{f}}=+2.3\text{m/s}\text{ 或}+0.086\text{m/s}$$

把 $v_{\text{truck }x,\text{f}}$ 的取值代入式（3）并求出 $v_{\text{car }x,\text{f}}$，可得

$$v_{\text{truck }x,\text{f}}=+2.3\text{m/s},\ v_{\text{car }x,\text{f}}=-0.45\text{m/s}$$

或 $v_{\text{truck }x,\text{f}}=+0.086\text{m/s}$，$v_{\text{car }x,\text{f}}=+2.9\text{m/s}$

我们必须选择符合物理情景的结果。第一个结果表明，货车继续沿 x 轴的正方向运动，而小汽车则继续沿 x 轴的负方向运动，这意味着它们互相穿过彼此，这是一个物理上不可能存在的结果。第二个答案表明，货车继续沿 x 轴的正方向运动，但是小汽车改变了运动方向，这是合理的。因此，当我们指定向左为 x 轴的正方向时，物理上可行的末速度分别为

$v_{\text{truck }x,\text{f}}=+0.086\text{m/s}$（0.086m/s，方向向左）

$v_{\text{car }x,\text{f}}=+2.9\text{m/s}$（2.9m/s，方向向左）

（b）恢复系数为

$$e=-\frac{v_{\text{car }x,\text{f}}-v_{\text{truck }x,\text{f}}}{v_{\text{car }x,\text{f}}-v_{\text{truck }x,\text{i}}}$$

$$=-\frac{+2.9\text{m/s}-(+0.086\text{m/s})}{-3.0\text{m/s}-(+4.0\text{m/s})}=+\frac{2.8}{7.0}=0.40$$

❹ **评价结果** 根据初始速率（对于一个停车位该车速有点大！）求得的末速率是合理的。当我们在选择一元二次方程合理的根时，我们确信速度的方向是符合实际的。正如我们所预期的那样，系统的动能实际上是会减小的，因为碰撞后货车减速了。由于这两辆机动车的动量改变量大小相等但是它们的惯性质量却不相等，因此货车速度的改变量应该更小。货车速度的改变量为 $(+0.086\text{m/s})-(+4.0\text{m/s})=-3.9\text{m/s}$，而小汽车速度的改变量则为 $(+2.9\text{m/s})-(-3.0\text{m/s})=5.9\text{m/s}$，正如我们所预期的那样。对于该非弹性碰撞，碰撞的恢复系数肯定小于 1。

实践篇

引导性问题 5.4 射穿的子弹

一把手枪发射子弹的枪口速度为600m/s，现在用这把枪来将一枚12.0g的子弹水平射入一块初始静止且惯性质量为4.00kg的木块，子弹完全穿透木块，其中子弹和木块惯性质量的变化可忽略不计。碰撞后，木块以1.20m/s的速度沿子弹的运动方向滑行，则由子弹和木块所构成的系统其内能的改变量有多大？忽略因木块与其滑行所在表面之间的摩擦作用而产生的任何影响。

❶ **分析问题**

1. 你所选的系统应该包含哪些物体？画出由这些物体构成的系统示意图。

2. 此处可以应用哪个守恒定律：动量守恒定律、能量守恒定律还是同时用到这两个守恒定律？你应该怎样用图像来表示这些物理量所发生的变化？

❷ **设计方案**

3. 写出与初始值和末态值有关的方程组。一个方程是不是只有一个未知量（因此能不能直接求出该未知量）？

4. 内能的改变量与动能的改变量之间有什么联系？

❸ **实施推导**

❹ **评估结果**

例 5.5 澎湃的心跳

你决定构造一个*心冲击描记器*（ballistocardiograph），这个装置按照以下原理工作：病人平躺在一块平板上，该平板浮在一块空气垫上以便它可以沿水平方向自由地移动。当心脏水平地沿某一方向供血时，平板和病人则会朝相反的方向运动。对于一名静止的病人，心脏优先向大脑供血。供血所产生的反冲速度可以被测量到，并且该反冲速度可能与你所寻求的医学信息有关，该医学信息即为心脏的供血能力。你预计病人体重最多为1.0×10^2kg，已知一颗健康的心脏每次供血时会有2.0mJ的化学能转化为动能并且输送大约50g的血液。同时你也可以买一个灵敏度为1.0×10^{-5}m/s的速度传感器，该速度传感器用于探测平板的速率，你想要使待测的速率比该速度传感器的灵敏度大——比如说大10倍，如果有一名病人平躺在上面的平板上，其最大速率为1.0×10^{-4}m/s，那么该平板的惯性质量最多可取多大的实际值？假定平板在空气垫上滑动时所产生的任何摩擦都可忽略不计，并且把平板和病人当作一个整体运动。

❶ **分析问题** 心脏把内能转化为血液朝某一方向运动的动能和平板及病人朝相反方向运动的动能。这属于爆破分离问题，同时也暗示我们应该可以在分析中使用动量守恒，这意味着我们第一步应该先选择一个孤立系统并画出该系统的示意图（见图WG5.5a）。当病人、平板和少量即将要输送的血液可看作是静止的时，“初始状态”的示意图是指心跳之间的某一瞬间，因此系统的初始动量为零。我们近似地认为所有的血液都被输送至病人的大脑了，在添加了未知的末速度后，图WG5.5b显示了我们将要用到的符号。由于我们认为还需要一个坐标系，因此任意地选择x轴的正方向指向左边。“末态状态”的示意图显示了输送至大脑的少量血液和被反冲的病人及平板。我们猜想被转化为动能的内能将会提供与速度有关的信息。

图 WG5.5

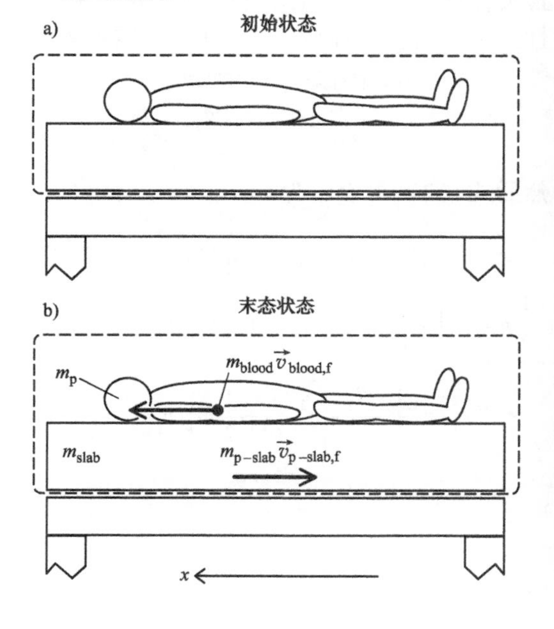

❷ **设计方案**　对于由血液、病人和平板所构成的孤立系统，能量守恒定律使我们得到

$$\vec{p}_{\mathrm{f}}=\vec{p}_{\mathrm{i}}$$

$$m_{\mathrm{blood}}\vec{v}_{\mathrm{blood,f}}+(m_{\mathrm{patient}}+m_{\mathrm{slab}})\vec{v}_{\mathrm{patient+slab,f}}=0 \quad (1)$$

我们想要知道 m_{slab} 的取值，因为 m_{slab} 的取值将根据 $|\vec{v}_{\mathrm{patient+slab,f}}|=1.0\times10^{-4}\mathrm{m/s}$ 求得最小的可探测量。由于有两个未知量 m_{slab} 和 $\vec{v}_{\mathrm{blood,f}}$，因此我们还需要另外一个方程。在已知内能的改变量为 $\Delta E_{\mathrm{int}}=-2.0\mathrm{mJ}=-2.0\times10^{-3}\mathrm{J}$ 的条件下，我们应该可以利用该封闭系统所满足的能量守恒定律得到另一个方程：

$$\Delta K+\Delta E_{\mathrm{int}}=0$$

$$K_{\mathrm{f}}-K_{\mathrm{i}}=-\Delta E_{\mathrm{int}}$$

$$\left[\frac{1}{2}m_{\mathrm{blood}}v_{\mathrm{blood}\ x,\mathrm{f}}^{2}+\frac{1}{2}(m_{\mathrm{patient}}+m_{\mathrm{slab}})v_{\mathrm{patient+slab}\ x,\mathrm{f}}^{2}\right]-0=-\Delta E_{\mathrm{int}} \quad (2)$$

式（1）和式（2）除了两个量 m_{slab} 和 $\vec{v}_{\mathrm{blood,f}}$ 未知外，其他物理量都是已知的，我们首先应该利用式（1）以使 $\vec{v}_{\mathrm{blood,f}}$ 用 m_{slab} 的形式表示，然后再将它代入式（2）。

❸ **实施推导**　注意病人和平板是作为一个整体一起运动的，因此用下标 ps 来替换冗长的下标 patient+slab（病人+平板）是很方便的。这就要求我们先求出病人和平板的惯性质量之和，然后再从中减去已知的病人的最大惯性质量，从而求出所要求的平板的惯性质量。简化下标后，式（1）可表示为

$$m_{\mathrm{blood}}v_{\mathrm{blood}\ x,\mathrm{f}}=-m_{\mathrm{ps}}v_{\mathrm{ps}\ x,\mathrm{f}}$$

$$v_{\mathrm{blood}\ x,\mathrm{f}}=-\frac{m_{\mathrm{ps}}}{m_{\mathrm{blood}}}v_{\mathrm{ps}\ x,\mathrm{f}}$$

然后式（2）可表示为

$$\frac{1}{2}m_{\mathrm{blood}}v_{\mathrm{blood}\ x,\mathrm{f}}^{2}+\frac{1}{2}m_{\mathrm{ps}}v_{\mathrm{ps}\ x,\mathrm{f}}^{2}=-\Delta E_{\mathrm{int}}$$

$$\frac{1}{2}m_{\mathrm{blood}}\left(-\frac{m_{\mathrm{ps}}}{m_{\mathrm{blood}}}v_{\mathrm{ps}\ x,\mathrm{f}}\right)^{2}+\frac{1}{2}m_{\mathrm{ps}}v_{\mathrm{ps}\ x,\mathrm{f}}^{2}=-\Delta E_{\mathrm{int}}$$

$$\frac{1}{2}\frac{m_{\mathrm{ps}}^{2}}{m_{\mathrm{blood}}}v_{\mathrm{ps}\ x,\mathrm{f}}^{2}+\frac{1}{2}m_{\mathrm{ps}}v_{\mathrm{ps}\ x,\mathrm{f}}^{2}=-\Delta E_{\mathrm{int}}$$

$$\left(\frac{1}{2}\frac{v_{\mathrm{ps}\ x,\mathrm{f}}^{2}}{m_{\mathrm{blood}}}\right)m_{\mathrm{ps}}^{2}+\left(\frac{1}{2}v_{\mathrm{ps},x,\mathrm{f}}^{2}\right)m_{\mathrm{ps}}+\Delta E_{\mathrm{int}}=0 \quad (3)$$

由于式（3）中的前两项包含大小相同的物理量，因此我们用式（3）整除该物理量：

$$\frac{1}{m_{\mathrm{blood}}}m_{\mathrm{ps}}^{2}+m_{\mathrm{ps}}+\frac{2\Delta E_{\mathrm{int}}}{v_{\mathrm{ps}\ x,\mathrm{f}}^{2}}=0$$

利用一元二次公式求解该一元二次方程求得：

$$m_{\mathrm{ps}}=\frac{-1\pm\sqrt{(1)^{2}-4\left(\frac{1}{m_{\mathrm{blood}}}\right)\left(\frac{2\Delta E_{\mathrm{int}}}{v_{\mathrm{ps}\ x,\mathrm{f}}^{2}}\right)}}{2\left(\frac{1}{m_{\mathrm{blood}}}\right)}$$

代入已知物理量可得

$$m_{\mathrm{ps}}=\frac{-1\pm\sqrt{1-4\left(\frac{1}{5.0\times10^{-2}\mathrm{kg}}\right)\frac{2(-2.0\times10^{-3}\mathrm{J})}{(1.0\times10^{-4}\mathrm{m/s})^{2}}}}{2\left(\frac{1}{5.0\times10^{-2}\mathrm{kg}}\right)}$$

将其简化为

$$m_{\mathrm{ps}}=\frac{-1\pm\sqrt{1+3.2\times10^{7}}}{4.0\times10^{1}\mathrm{kg}^{-1}}$$

上式的正数根为 $m_{\mathrm{ps}}=1.4\times10^{2}\mathrm{kg}$。现在我们可以得到平板惯性质量的最大设计值：

$$m_{\mathrm{slab}}=m_{\mathrm{ps}}-m_{\mathrm{patient}}=140\mathrm{kg}-100\mathrm{kg}=40\mathrm{kg}$$

❹ **评价结果**　这不是一个很小的惯性质量，因此该结果表明这样的一个装置也许实际上是可行的。数值计算证实了该结果是平板的最大惯性质量，因为一个惯性质量更大的平板将要求病人的惯性质量更小或者 v_{ps} 的取值更小。鉴于空气垫的设计，孤立系统的假定并非不合理。而所有 50g 的血液都被输送至大脑的这一假定却过度简化了，但是它仍然与问题的描述一致，并且在不知道更精确的血流量信息时我们也没有更好的选择。

（附加任务：你应该使自己确信，当心脏跳动时平板应该是来回运动的而不是朝一个方向运动得越来越远。）

引导性问题 5.6 有用的近似值

在例 5.5 中，我们不得不求解一个一元二次方程［式（3)]。当你想快速计算时求解这样一个方程也许很令人烦恼，在爆破分离问题中，如果一个物体的惯性质量比其他物体的惯性质量大很多，则可以避免例 5.5 中所使用的解题步骤。考虑把一个初始静止的物体分成两块碎片的爆破分离过程，其中一块碎片的惯性质量比另一块碎片的惯性质量大很多：$m_1 \ll m_2$。在该爆破分离中，系统的一部分内能转化为两块碎片的动能。请证明对于两块碎片之间的能量分配，以下是很好的近似值：

$$\frac{1}{2}m_2 v_2^2 \approx \frac{m_1}{m_2}\Delta K \tag{A}$$

$$\frac{1}{2}m_1 v_1^2 \approx \Delta K \tag{B}$$

其中，v_1 是惯性质量为 m_1 的碎片的速率；v_2 是惯性质量为 m_2 的碎片的速率。式（B）告诉我们几乎所有的内能都转化为惯性质量更小的碎片的动能了，而仅有一小部分 m_1/m_2 的内能转化为惯性质量更大的碎片的动能。

❶ **分析问题**

1. 本题与例 5.5 的解题方法有关吗？
2. 画出初始状态和末态状态的系统示意图。在处理动量时使用速度而不是速率是很有必要的。

❷ **设计方案**

3. 可不可能按照例 5.5 中的解题过程，使用更简单的符号 m_1、v_1 和 m_2、v_2？
4. 在你的新解题方法中，例 5.5 中的式（3）分离了惯性质量更大的碎片的动能为 $\frac{1}{2}m_2 v_2^2$。
5. 哪个是正确的：$m_1/m_2 >> 1$ 还是 $m_1/m_2 \ll 1$？

❸ **实施推导**

6. 记得取近似，特别是当你把一个很小的量与一个很大的量相加或者从一个很大的量中减去一个很小的量时。
7. 现在你应该可以进行给出式（A）的这一步了。
8. 为了得到式（B），重复例 5.5 中的推导过程，但是这里是用惯性质量更小的物体 m_1 的速度 v_1。

❹ **评价结果**

9. 为了估算平板实际可行的最大惯性质量，在式（A）中使用例 5.5 中所给定的数值，你计算得到的结果与例 5.5 中所得到的数值结果一致吗？

例 5.7 保龄球设计师

一个重 7.5kg 的保龄球以 5.0m/s 的速率从球道滚向一个 1.5kg 的球瓶。保龄球馆的老板想知道球瓶能以多快的速率被撞飞，以便可以适当地加固球道的末端。你不是很确定碰撞的恢复系数、球瓶的惯性质量及最大速率，但是保龄球馆的老板离开时提到她明天就想知道这些信息。球道上的地板与保龄球之间的摩擦可忽略不计。

❶ **分析问题** 我们必须处理什么物理量？当然在碰撞所发生的极短时间内，保龄球和球瓶构成了一个孤立系统，其中该孤立系统的动量必须恒定不变。该系统可以是封闭的也可以是非封闭的，但是转移至由保龄球与球瓶构成的系统之外的能量越少，球瓶获得最大速度的可能性也就越大，这一推断看上去是可能的。这里没有明显的源能量转移至系统内，因此孤立系统的假定是一个很好的近似。这里也没有明显的爆破分离机制，因此恢复系数肯定在 0 至 1 之间。我们应该先简单地用未知的 e 来计算末速度，然后再尝试恢复系数的不同取值以便得到满足最大速度的 e 值。

我们画了一个系统示意图（见图 WG5.6），跟往常一样，初始状态示意图和末态状态示意图能帮助我们将运动过程阐述清楚，同时也使我们可以给出每个变量所对应的标记并设立 x 轴的正方向。

图 WG5.6

初始状态

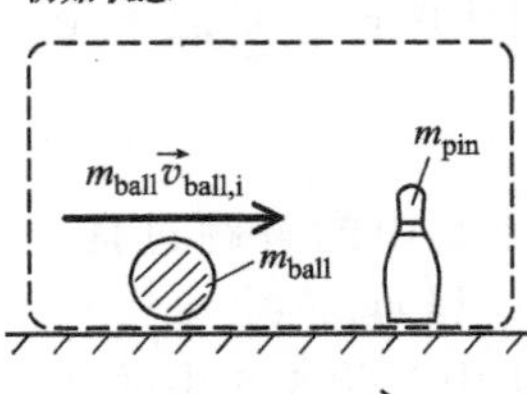

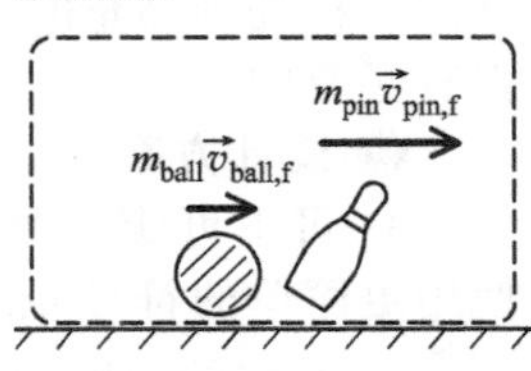

❷ **设计方案**　由动量守恒可知

$$\vec{p}_{\mathrm{f}}=\vec{p}_{\mathrm{i}}$$

$$m_{\mathrm{ball}}v_{\mathrm{ball}\,x,\mathrm{f}}+m_{\mathrm{pin}}v_{\mathrm{pin}\,x,\mathrm{f}}=m_{\mathrm{ball}}v_{\mathrm{ball}\,x,\mathrm{i}}+m_{\mathrm{pin}}v_{\mathrm{pin}\,x,\mathrm{i}} \quad (1)$$

这里我们假定保龄球沿 x 轴的正方向运动，我们已经知道保龄球和球瓶的惯性质量以及它们的初始速度，把 $v_{\mathrm{pin}\,x,\mathrm{i}}$ 看作 0。因此我们有两个未知量 $v_{\mathrm{ball}\,x,\mathrm{f}}$ 和 $v_{\mathrm{pin}\,x,\mathrm{f}}$，但是我们还可以使用第二个方程：

$$e=\frac{v_{\mathrm{rel,f}}}{v_{\mathrm{rel,i}}}=-\frac{v_{\mathrm{ball}\,x,\mathrm{f}}-v_{\mathrm{pin}\,x,\mathrm{f}}}{v_{\mathrm{ball}\,x,\mathrm{i}}-v_{\mathrm{pin}\,x,\mathrm{i}}}=\text{试探值} \quad (2)$$

因此为 e 假定一个已知的试探值，我们就有两个方程和两个未知量，这两个未知量即为末速度的 x 分量。

❸ **实施推导**　求解步骤就是将式（2）处理成式（1）那样（所有末态取值都放在方程的左边，而所有初态取值则都放在方程的右边），然后再找方法消去一个未知量：

$$m_{\mathrm{ball}}v_{\mathrm{ball}\,x,\mathrm{f}}+m_{\mathrm{pin}}v_{\mathrm{pin}\,x,\mathrm{f}}=m_{\mathrm{ball}}v_{\mathrm{ball}\,x,\mathrm{i}}+m_{\mathrm{pin}}v_{\mathrm{pin}\,x,\mathrm{i}} \quad (1)$$

$$v_{\mathrm{ball}\,x,\mathrm{f}}-v_{\mathrm{pin}\,x,\mathrm{f}}=-e(v_{\mathrm{ball}\,x,\mathrm{i}}-v_{\mathrm{pin}\,x,\mathrm{i}}) \quad (2)$$

注意在上述两个方程中球瓶末速度的 x 分量有两个不同的符号，而保龄球末速度的 x 分量则有两个相同的符号，我们打算用式（1）减去式（2）以消去 $v_{\mathrm{ball}\,x,\mathrm{f}}$。为此，我们用式（2）乘以 m_{ball}：

$$m_{\mathrm{ball}}v_{\mathrm{ball}\,x,\mathrm{f}}-m_{\mathrm{ball}}v_{\mathrm{pin}\,x,\mathrm{f}}=-em_{\mathrm{ball}}(v_{\mathrm{ball}\,x,\mathrm{i}}-v_{\mathrm{pin}\,x,\mathrm{i}})$$

然后用式（1）减去上述式：

$$0+(m_{\mathrm{ball}}+m_{\mathrm{pin}})v_{\mathrm{pin}\,x,\mathrm{f}}=m_{\mathrm{ball}}(1+e)v_{\mathrm{ball}\,x,\mathrm{i}}+(m_{\mathrm{pin}}-em_{\mathrm{ball}})v_{\mathrm{pin}\,x,\mathrm{i}}$$

$$v_{\mathrm{pin}\,x,\mathrm{f}}=\frac{m_{\mathrm{ball}}(1+e)v_{\mathrm{ball}\,x,\mathrm{i}}+(m_{\mathrm{pin}}-em_{\mathrm{ball}})v_{\mathrm{pin}\,x,\mathrm{i}}}{(m_{\mathrm{ball}}+m_{\mathrm{pin}})}$$

注意球瓶初速度的 x 分量为零，因此我们可以得到

$$v_{\mathrm{pin}\,x,\mathrm{f}}=\frac{m_{\mathrm{ball}}(1+e)v_{\mathrm{ball}\,x,\mathrm{i}}+0}{(m_{\mathrm{ball}}+m_{\mathrm{pin}})}=\frac{m_{\mathrm{ball}}v_{\mathrm{ball}\,x,\mathrm{i}}}{(m_{\mathrm{ball}}+m_{\mathrm{pin}})}(1+e)=\frac{7.5\mathrm{kg}(5.0\mathrm{m/s})}{(7.5\mathrm{kg}+1.5\mathrm{kg})}(1+e)$$

我们所求的速率即为该速度 x 分量的大小。

现在我们很清楚地知道 e 的取值越大，球瓶的末速率就越大。由于 e 最大的合理取值为 1，因此我们计算所得的最大速率为

$$v_{\mathrm{pin,f}}=|v_{\mathrm{pin}\,x,\mathrm{f}}|=|(4.17\mathrm{m/s})(1+1)|=8.34\mathrm{m/s}=8.3\mathrm{m/s}$$

保龄球馆的老板应该以该速率为依据来设计球道的末端。

❹ **评价结果**　我们所得到的球瓶速率几乎比掷出保龄球时的速率大 70%，但是由于保龄球的惯性质量更大且碰撞后继续沿相同的方向滚动，因此所得结果是合理的，所以我们希望球瓶反冲得比掷出保龄球时要快。由于保龄球和球瓶所构成的系统是封闭的，因此我们也可以用能量守恒定律来检验所得的结果。对于弹性碰撞，动能是不变的，因此

$$\frac{1}{2}m_{\mathrm{ball}}v_{\mathrm{ball,f}}^2+\frac{1}{2}m_{\mathrm{pin}}v_{\mathrm{pin,f}}^2=\frac{1}{2}m_{\mathrm{ball}}v_{\mathrm{ball,i}}^2+\frac{1}{2}m_{\mathrm{pin}}v_{\mathrm{pin,i}}^2$$

$$\frac{1}{2}m_{\mathrm{pin}}v_{\mathrm{pin,f}}^2=\frac{1}{2}m_{\mathrm{ball}}v_{\mathrm{ball,i}}^2-\frac{1}{2}m_{\mathrm{ball}}v_{\mathrm{ball,f}}^2+\frac{1}{2}m_{\mathrm{pin}}v_{\mathrm{pin,i}}^2$$

这里仍然有两个未知的末速度，因此我们用式（2）来计算其中的一个未知量。

$$v_{\mathrm{ball}\,x,\mathrm{f}}=v_{\mathrm{pin}\,x,\mathrm{f}}-e(v_{\mathrm{ball}\,x,\mathrm{i}}-v_{\mathrm{pin}\,x,\mathrm{i}})$$

$$v_{\mathrm{ball}\,x,\mathrm{f}}=+8.34\mathrm{m/s}-1(+5.0\mathrm{m/s}-0)$$

$$v_{\mathrm{ball}\,x,\mathrm{f}}=+3.34\mathrm{m/s},\ v_{\mathrm{ball,f}}=3.3\mathrm{m/s}$$

对于 $e=1$ 的情况，利用以上计算所得的数值，我们有

$$\frac{1}{2}(1.5\mathrm{kg})v_{\mathrm{pin,f}}^2=\frac{1}{2}(7.5\mathrm{kg})(5.0\mathrm{m/s})^2-\frac{1}{2}(7.5\mathrm{kg})(3.34\mathrm{m/s})^2+0$$

$$v_{\mathrm{pin,f}}^2=69.2\mathrm{m^2/s^2}$$

$$v_{\mathrm{pin,f}}=8.3\mathrm{m/s}$$

这就是我们计算所得的结果。

引导性问题 5.8 快速发球

乒乓球冠军能以 20m/s 的速率挥动球拍，则球在被发出后能以多快的速率运动？

❶ **分析问题**

1. 选择一个系统并画出该系统的示意图。

2. 你的系统是孤立的还是封闭的？哪个守恒定律适合用来描述该系统？

3. 画出发球前和发球后的示意图，用记号标记好所有已知量和未知量。起初看上去你好像没有足够的已知条件，但是不管怎样请继续向前。

❷ **设计方案**

4. 乒乓球的初始速度有多大？

5. 基于你所期望的乒乓球属性，该碰撞可能是以下哪类碰撞：弹性碰撞、非弹性碰撞，还是完全非弹性碰撞？

6. 没有给定任何惯性质量的取值。假定手和前臂是球拍的一部分，该如何比较乒乓球的惯性质量和球拍的惯性质量？又该如何比较碰撞后球拍的末速度和碰撞前球拍的初速度？

7. 写出相对速度的方程，你还需要另外一个方程吗？

❸ **实施推导**

❹ **评价结果**

8. 如何比较乒乓球的末速率和球拍的初速率？

9. 你假定了哪种碰撞类型？该假定是合理的吗（或者说至少不是不合理的）？如果你对恢复系数进行了一点修改，那么你的结果将会如何改变？

习题 通过《掌握物理》®可以查看教师布置的作业 MP

圆点表示习题的难易程度：● = 简单，●● = 中等，●●● = 困难；CR = 情景问题。

5.1 碰撞的分类

1. (a) 一辆货车以 22m/s 的车速行驶，你驾驶一辆小汽车沿相同的方向以 25m/s 的车速经过货车。如果你指定两辆机动车运动的方向为坐标系 x 轴的正方向，则该货车相对于你的速度是多少？(b) 现在一辆摩托车以 29m/s 的速度经过你，则该摩托车相对于你的速度是多少？●

2. 假定你有一个孤立系统，在该孤立系统中两个即将发生碰撞的物体具有大小相等、方向相反的动量。如果该碰撞是完全非弹性碰撞，则碰撞后两个物体的运动状态会怎样？●

3. 图 P5.3 显示了在一对物体发生碰撞的两种情形下的速度-时间图像。对于每一种情形，请判断该碰撞是弹性碰撞、非弹性碰撞还是完全非弹性碰撞。●●

4. 当你朝墙面以某一初始速率扔一个网球时，网球可能以更大的速率反弹回来吗？●●

图 P5.3

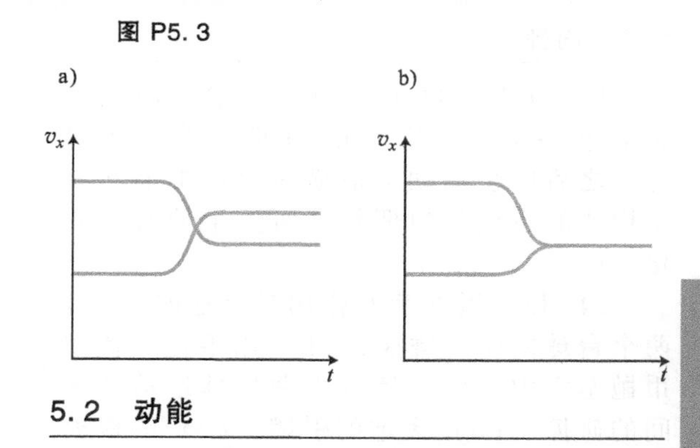

5.2 动能

5. 如果一个物体的速度增大了一倍，那么它的动量和动能将分别增大多少倍？●

6. 小车 1 和小车 2 发生弹性碰撞后，小车 1 的动能增加了一倍。则小车 2 的动能改变了吗？如果改变了，则改变了多少？●

7. 用在食品化学中的常用能量单位是食物卡路里（1Cal = 1000cal = 4186J）。当一个人以 1.0m/s 的速度步行且他的动能与一个果酱甜甜圈所提供的食物能量[⊖]（300Cal）相等时，该人的惯性质量必须有多大？●

⊖ 这里有个效率的问题，面包圈生成的能量只有极少部分转化成了人的动能。——译者注

实践篇

8. (a) 写出一个用物体的动量 p 和惯性质量 m 来表示的该物体动能的表达式。(b) 如果动能可以写成动量的形式，则在非弹性碰撞中，当动量守恒定律要求系统的动量保持不变时，系统的动能将如何改变？●●

9. 如果两个物体 A 和 B 具有相同的动量，但是物体 A 的动能是物体 B 动能的 4 倍，则它们的惯性质量之比为多少？●●

10. 如果两个物体 A 和 B 具有相同的动能，但是物体 A 的动量是物体 B 动量的 4 倍，则它们的惯性质量之比为多少？●●

11. 物体 X 的惯性质量很大，而物体 Y 的惯性质量则比物体 X 的惯性质量小很多。如果这两个物体具有相同的动量，则哪个物体的动能更大？如果它们具有相同的动能，则哪个物体的动量更大？●●

12. 一个砖块从一栋很高的建筑物顶部竖直下落，请画出这个砖块的动能相对于下落距离的图像。●●

5.3 内能

13. 你看到桌子上的一本书后便推了这本书一下，这本书随即便沿着桌面滑行，之后停止运动。请描述由这本书和桌子构成的系统其物理状态所发生的所有变化。●

14. 以下哪些相互作用是可逆的：(a) 两个台球之间的碰撞，(b) 用手把一枚硬币抛至空中，(c) 冰面上曲棍球运动员之间的碰撞，(d) 大炮的引燃，(e) 一根火柴的点燃。●

15. 当载有负荷的大炮被引燃时，哪些物理变量改变了？●

16. 一颗小子弹射向一大木块，子弹射入木块后，木块连同子弹一起作为一个整体朝子弹的运动方向沿一条低摩擦轨道运动。(a) 子弹嵌入该块木块中后，木块 (不包含子弹) 的动量是大于、等于还是小于子弹的初始动量？请明确说明任何假定。(b) 子弹嵌入在木块中后，子弹和木块的总动能是大于、等于还是小于子弹的初始动能？●●

17. 一个物块以速率 v 沿一个低摩擦的水平面滑行，随后该物体与一个相同的静止物块发生碰撞并粘在一起运动。然后，这两个粘在一起的物块又同一固定在墙面上的弹簧发生碰撞，并被弹簧弹性地弹开。(a) 选择一个系统并讨论该系统是不是孤立的。(b) 画出初始状态下的能量条形图、第一次碰撞后的能量条形图、与弹簧发生碰撞过程中的能量条形图以及最后一次碰撞后的能量条形图。(c) 请讨论在这一系列的运动过程中都涉及了哪些类型的内能。(d) 请确定这两个粘在一起的物块的末速率。●●

5.4 封闭系统

18. 在一个孤立系统中系统的物理状态可能会发生改变吗？在一个封闭系统中呢？●

19. 当你骑自行车或者开小汽车沿一个陡峭的山坡滑下时，你将频繁地制动，请用能量的观点来解释一下当你的制动闸片过热时发生了什么？●

20. 想象制作两个弹簧器件，其中每个弹簧器件都是由十二个左右的金属块构成，已知这些金属块被弹簧宽松地连接在一起，然后让这两个弹簧器件发生正碰。你认为该碰撞是弹性碰撞、非弹性碰撞还是完全非弹性碰撞？如果该碰撞不是弹性碰撞，则动能到哪里去了？●●

21. 两辆小汽车由相同的初始速率至静止，其中一辆小汽车通过轻踩制动踏板来使运动停止，而另一辆小汽车则通过猛踩制动踏板来使运动停止。则哪一辆小汽车转化为内能的动能更多（比如制动闸片中的热能）？●●

22. 以前为了碰撞中的安全汽车外壳常被制造得相当坚固，然而现在汽车设计师们特意设计了“碰撞缓冲区”（碰撞过程中用于被撞弯或者变形的区域）。那么这样的区域为什么会使碰撞中的汽车更加安全？●●

5.5 弹性碰撞

23. 一个小球从地板上被弹性弹回，当它刚好要与地板碰撞时其速度的 x 分量

为$+v$。则在碰撞中小球动量改变量的大小有多大？小球动能的改变量有多大？你得到的这两个答案是否相互矛盾？●

24. 一辆1200kg的小汽车初始时是静止的，它在8.8s内以恒定加速度加速至10m/s。之后它与一辆静止的小汽车发生碰撞，而这辆静止的小汽车装有一个完全弹性的弹簧减震器。则由这两辆小汽车构成的系统其末态动能有多大？●

25. 弹性碰撞发生在一辆运动速率为10×10^2m/h且惯性质量为0.080kg的玩具车与一辆运动速率为20×10^9mm/年且惯性质量为0.016kg的玩具车之间，则由这两辆玩具车构成的系统其动能有多少焦耳？●

26. 为了给一名三年级的小学生举一个常见的例子来阐明1J是多少能量，你从口袋中掉出一串惯性质量为0.1kg的钥匙，而这串钥匙在与地面发生碰撞前恰好具有1J的动能。你还能想出另外一个例子来吗？●●

27. 惯性质量为52kg的你穿着溜冰鞋正静止地站在一块已结冰的冰面上，突然你60kg的哥哥以-5.0m/s的速度的x分量从右边滑来并与你发生弹性碰撞。(a) 碰撞后你哥哥的相对速率有多大？(b) 如果你哥哥末速度的x分量为-0.36m/s，则你的末速度有多大？(c) 你在(b)问中得到的答案与你在(a)问中得到的答案一致吗？(d) 由你和你哥哥构成的系统其动能改变了多少？●●

28. 两辆惯性质量分别为m_1和m_2的小推车在一条低摩擦轨道上迎面发生碰撞，且碰撞是弹性的，初始时推车1以10m/s的速率向右运动，而推车2则处于静止状态。碰撞后推车1以5m/s的速率向左运动，则碰撞后推车2的速度大小与运动方向如何？如果$m_2=6$kg，则m_1应取什么值？●●

29. 证明：在两个惯性质量分别为m_1和m_2的物体之间所发生的弹性碰撞中，当这两个物体初始速度的x分量分别为$v_{1i}>0$和$v_{2i}=0$时，它们末速度的x分量应分别为

$$v_{1x,\mathrm{f}}=\left(\frac{m_1-m_2}{m_1+m_2}\right)v_{1x,\mathrm{i}}$$

$$v_{2x,\mathrm{f}}=\left(\frac{2m_1}{m_1+m_2}\right)v_{1x,\mathrm{i}}$$

请再分别讨论$m_1\ll m_2$、$m_1=m_2$和$m_1\gg m_2$的情况。利用日常的物体，分别给出这三种情况下每种情况所对应的一个例子。●●

30. 考虑两个除了颜色不同其他方面都相同的冰球，其中一个冰球是黑色的，而另一个冰球是白色的。黑色的冰球开始时静止在冰面上，一名冰球运动员以$\vec{v}_{\text{white}}$的速度直接朝黑色冰球的方向击打白色冰球，随后白色冰球正好与黑色冰球发生弹性正碰，则碰撞后每个冰球速度的大小与运动方向如何？●●

31. 图P5.31所示的装置叫作牛顿摆，图P5.31装置中的小球之间的任何碰撞都是弹性的。(a) 如图所示提起装置一端的一个小球并随即释放该小球，则如果另一端的两个小球以第一个小球速度的一半被弹起，那么这违背动量守恒吗？(b) 你在(a)问中得到的答案违背能量守恒吗？(c) 证明：在不违背动量守恒定律和能量守恒定律的情况下，唯一能得到的答案是提起n个小球随即释放这些小球，之后在装置另一端的n个小球会被弹起。●●

图 P5.31

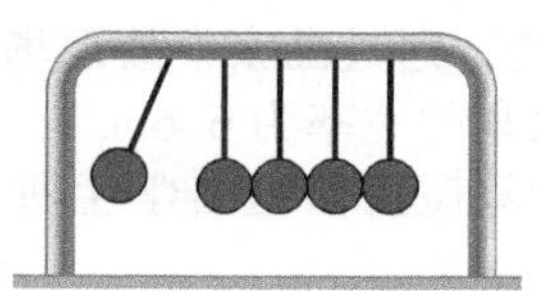

32. 图P5.32显示了牛顿摆中的小球将要碰撞时的一幅图像，图中的箭头表示小球的运动方向。所有的小球都具有相同的尺寸和惯性质量，并且它们之间的碰撞都是弹性的，假定所有的碰撞都同时发生，请画出小球碰撞刚好结束时的图像。●●

33. 一辆惯性质量为m_1且速度为$\vec{v}_{1i}$的小推车与另一辆惯性质量为m_2且初始运动速度为$-0.5\,\vec{v}_{1i}$的小推车发生弹性碰撞，则碰撞后每辆小推车的速度分别有多大？●●●

图 P5.32

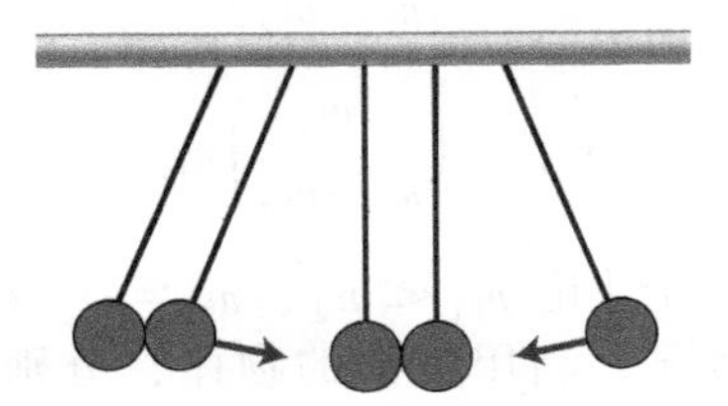

34. 两辆小推车开始时在一条低摩擦轨道上朝右运动，其中小推车 1 在小推车 2 的后面。由于小推车 1 的速率是小推车 2 速率的两倍，因此小推车 1 在继续向前运动的过程中会与小推车 2 发生碰撞，已知小推车 2 的惯性质量是小推车 1 惯性质量的两倍。如果该碰撞是弹性的，则碰撞结束时每辆小推车的速率分别是多少？●●●

5.6 非弹性碰撞

35. 一辆惯性质量为 0.400kg 的小推车 A 在一条低摩擦轨道上以 2.2m/s 的速率运动，它与一辆初始静止的小推车 B 发生碰撞，碰撞后，小推车 A 继续朝原来的方向以 1.0m/s 的速率运动，而小推车 B 也朝着与小推车 A 相同的方向以 3.0m/s 的速率运动。则该碰撞是弹性的、非弹性的还是完全非弹性的？小推车 B 的惯性质量有多大？●

36. 一名物理系的学生驾驶着一辆 1200kg 的小汽车从后面与一辆停在红灯处且惯性质量为 2000kg 的小汽车发生了碰撞，事故现场表明两辆连在一起的小汽车向前滑行了 4.0m，警方通过勘察事故现场计算出碰撞后两辆小汽车的速率为 6.6m/s，基于该已知条件，请计算碰撞前这名学生所驾驶的小汽车的速度。●

37. 一个篮球水平地被扔向一扇可以自由移动的重门，对于以下两种情况：(a) 篮球是充满了气的和 (b) 篮球是瘪的，请画出篮球和门所构成的系统的示意图，其中示意图需显示出碰撞前后的动量矢量和能量条形图。根据以上描述画出你的示意图。●

38. 一个惯性质量为 2kg 的物体以 4m/s 的速度运动且与一个初始静止的惯性质量为 6kg 的物体发生碰撞，已知碰撞的恢复系数为 0.25，请画出碰撞过程中的速度-时间的图像。●●

39. 考虑四辆相同的小汽车。其中两辆小汽车以 34m/s 的速率迎面发生碰撞，而另外两辆小汽车以 25m/s 的速率也迎面发生碰撞。在这两次碰撞中，转化为内能的动能占初始动能的比率有多大？●●

40. 考虑一个常见的情况，即一个惯性质量为 m_1 的物体与另一个初始静止且惯性质量为 m_2 的物体发生完全非弹性碰撞。证明：碰撞中发生转化的动能所占的比率为 $m_2/(m_1+m_2)$，分别讨论在 $m_2 \gg m_1$ 和 $m_2 \ll m_1$ 的情况下发生转化的能量。●●

41. 证明：当一个运动的物体与另一个初始静止且与其完全相同的物体发生碰撞时，末动能和初始动能的比值与恢复系数 e 的关系为

$$\frac{K_f}{K_i}=\frac{1}{2}(1+e^2)$$ ●●

42. 一辆 2000kg 的货车静止地停放在路边，突然被一辆以 25m/s 的速率运动且惯性质量为 1000kg 的小汽车追尾，碰撞后这两辆机动车粘在了一起。(a) 小汽车和货车构成的组合体其末速率有多大？(b) 碰撞前由这两辆机动车构成的系统其动能有多大？(c) 碰撞后系统的动能有多大？(d) 基于 (b) 问和 (c) 问所得的结果，关于该碰撞的类型你能推断出什么？(e) 计算该碰撞的恢复系数。这个结果是你所期望的 e 的取值吗？●●

43. 在由一辆小汽车和一辆大货车发生的迎面碰撞中，哪种情况下由碰撞造成的动能转化量更大：是它们初始动量大小相等的碰撞，还是它们初始动能相等的碰撞？假定在这两种情况下由这两辆机动车构成的系统具有相同的动能。●●

44. 你将一枚 0.0050kg 的子弹射入一块 2.0kg 的木制物块中，该物块静止在一个水平面上（见图 P5.44）。子弹击中了一个木芯的中心，木芯和子弹一起水平穿过了该物块。子弹穿过该物块花了 1.0ms，当子弹穿过物块时，它受到一个 x 分量为 -4.9×10^5 m/s^2 的加速度的作用。子弹和木芯一起离开木块后，有一个 x 分量为 +10m/s 的共同速度，其中木芯的惯性质量占物块初始惯性质量的 10%。(a) 子弹的初始速度有多大？(b) 利用动量守恒计算碰撞后物块的末速

实践篇

度。(c) 计算由物块、木芯和子弹所构成的系统的初始动能和末动能，在碰撞过程中系统的动能会改变吗？(d) 你能计算该碰撞的恢复系数吗？该碰撞是哪种类型的碰撞？●●●

图 P5.44

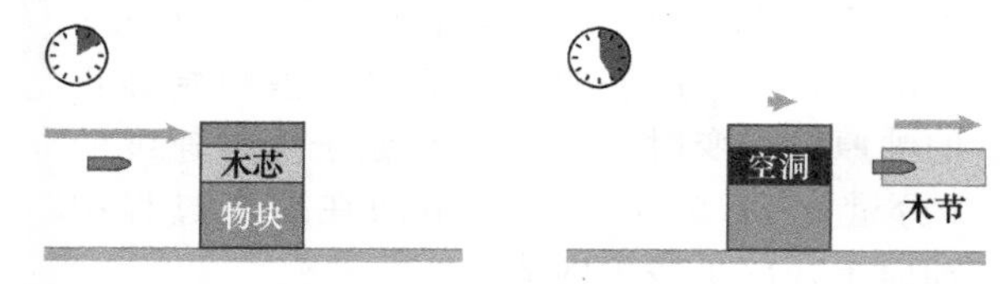

5.7 能量守恒

45. 一名有经验的酒吧招待知道把一杯啤酒送到沿吧台坐着的任何一位顾客面前时刚好停下来所需的初始速率。假定以任何方式使一杯啤酒沿着吧台运动至吧台末端所需的初始速率为 v_{end}，请用 v_{end} 来回答，如果要想使一杯啤酒在一名坐在吧台总长四分之三处的顾客面前停下来，则这杯啤酒应该以多大的初始速率被释放？（由于摩擦，动能转化为热能与玻璃杯滑行的距离成正比。）●

46. 一辆小汽车制动后以恒定的加速度减速至停止运动，在该制动距离的中点处，小汽车减少了多少动能？●

47. 你把一个 0.250kg 的木质槌球滚向一个初始静止且惯性质量为 0.050kg 的高尔夫球。(a) 如果木质槌球在与高尔夫球碰撞前是以 5.0m/s 的速率运动，碰撞后以 4.0m/s 的速率运动，则碰撞后高尔夫球的速率有多大？(b) 碰撞是弹性的吗？(c) 由这两个球所构成的系统其内能改变了多少？●●

48. 一辆 1200kg 的小汽车以 5.0m/s 的速率从停车位中倒出，此时开着一辆 1800kg 敞篷小型载货车的粗心驾驶员正以 3.0m/s 的速率滑行穿过该停车场，并且刚好撞上了该小汽车的后保险杠。(a) 如果碰撞后该敞篷小型载货车以 1.5m/s 的速度向后运动，则由这两辆机动车所构成的系统其内能改变了多少？(b) 该碰撞的恢复系数有多大？●●

49. 当你所驾驶的小汽车与一辆静止的小汽车发生追尾时，仅根据碰撞后滑行痕迹的长度，警方在事故现场如何能判断你有没有超速行驶。警方所估算的你在将要发生碰撞时的速度是大于、等于还是小于你实际的行驶速度？●●

50. 一辆四轮马车正以 5.00m/s 的车速在一水平人行道上行驶，马车的车轮配备了非常好的轴承，与此同时你正站在一面矮墙上，当马车经过时你垂直掉入马车中。已知马车的惯性质量为 100kg，而你的惯性质量为 50kg。(a) 请利用动量守恒来确定你掉进马车后马车的速率。(b) 请利用能量守恒来确定 (a) 问中的速度。(c) 比较 (a) 问和 (b) 问所得的答案后，请解释一下哪种解题方法是正确的。●●

51. 根据某一理论，恐龙的灭绝是因为地球和一个直径大约为 10km 的小行星之间发生的一次碰撞。假定小行星的密度大约与地球的密度相同，请以一百万吨 TNT 当量所释放的能量为单位估算这样一次碰撞所释放的能量，此处一百万吨 TNT 当量所释放的能量 $=4.2\times10^{15}$J。●●

5.8 爆破分离

52. 你能根据恢复系数来判断一次碰撞是使系统的动能增加了、减少了还是保持不变吗？●

53. 如果倒放一个记录爆破分离的视频，该爆破分离看上去像一个完全非弹性碰撞，碰撞中两块或者更多块相互分离的碎片都粘在了一起。爆破分离的恢复系数和完全非弹性碰撞的恢复系数是如何相互联系在一起的？●

54. 一个烟花弹在它竖直上升的最高处爆炸分离成两块碎片，其中碎片 1 的速率是碎片 2 的三倍，请问这两块碎片的惯性质量的比值有多大？它们动能的比值又有多大？●●

55. 一名 52kg 的滑冰运动员（该惯性质量包括她自身、她所穿的衣服以及她正拿着的几个 1.0kg 的雪球）正静止在冰面上，她以 10m/s 的速率向右扔出一个雪球。(a) 扔出雪球后她的速率有多大？她的速度是向左还是向右？(b) 请计算该过程的恢复系数。接下来她以 20m/s 的速率向左扔出第二个雪球。(c) 扔出第二个雪球后她的速率有多大？她的速度是向左还是向右？（d）请计算该过程的恢复系数。（e）请计算扔出第二个雪球时动能的改变量。这些增加的动能来自哪里？（f）如果一单位的食物卡路里等于4184J，则在她扔出第二个雪球时需要燃烧多少个单位的食物卡路里？●●

56. 一个神秘的大木箱出现在你的工作场所，即烟火公司，现在你被告知需测出它的惯性质量。这个大木箱太重了以至于你无法将其抬起，但是它可以在脚轮上平稳地滑动。获得灵感后，你先轻轻地把一个0.60kg的铁块绑在大木箱的一侧，然后再把一个鞭炮放入大木箱和铁块之间，最后点燃鞭炮的引线。鞭炮爆炸时，铁块朝一个方向运动，大木箱则朝另一个方向滑动。通过计算大木箱经过地砖所花的时间你测得大木箱运动的速率为0.055m/s，通过查阅鞭炮的说明书你知道鞭炮爆炸时会释放9.0J的能量。通过以上所有的已知信息，你很快地计算出该大木箱的惯性质量。请问该大木箱的惯性质量有多大？●●

57. 一个两级火箭在各级分离前正以4000m/s的速率运动，3000kg的第一级火箭在燃料的推力作用下与第二级火箭发生分离，之后第一级火箭继续沿相同的方向以2500m/s的速率运动。（a）分离后1500kg的第二级火箭将沿什么方向以多大的速率运动？（b）这两级火箭的爆破分离释放了多少能量？●●

58. 一个系统由一辆4.0kg的小推车和一辆1.0kg的小推车构成，这两辆小推车通过一段被压缩的弹簧连接在一起。起初该系统静止在一条低摩擦轨道上，当弹簧被释放时，由于被压缩弹簧的内能发生了转化而造成爆破分离。如果爆破分离过程中弹簧内能的改变量为1.0kJ，则爆破分离刚结束时每辆小推车的速率分别有多大？●●

59. 一架惯性质量为m的航天飞机与一个助推器连接在一起，该助推器的惯性质量是航天飞机惯性质量的9倍。正如附近空间站的观察人员所看到的那样，该系统正以800m/s的速率在外太空飞行。然后爆炸螺栓被引爆了，使得航天飞机与助推器发生了分离，并且推动着航天飞机以相对助推器100m/s的速率向前运动。则爆破分离刚结束时助推器和航天飞机的速度分别是多少？●●

60. 一个铀-238原子可以裂变成一个钍-234原子和一个α粒子：α-4，其中数字表示各个原子和α粒子在原子质量单位（$1\text{u}=1.66\times10^{-27}\text{kg}$）下的惯性质量。当初始静止的铀原子裂变时，观察到钍原子反冲速度的x分量为$-2.5\times10^5\text{m/s}$。请问在裂变过程中铀原子释放了多少内能？●●

61. 一把惯性质量为5.0kg的枪朝位于1.0km远的固定靶发射一枚10g的子弹，子弹离开枪后，速度逐渐减小（加速度的x分量$a=-1.0\text{m/s}^2$是恒定的）以至于最终以299m/s的速率射中靶子。如果子弹朝x轴的正向运动，则枪的反冲速度有多大？●●

62. 一个组装的系统是由惯性质量为m_A的小推车A、惯性质量为m_B的小推车B和一段惯性质量可忽略不计的弹簧构成，它们被夹钳夹在一起，以便使完全被压缩的弹簧沿直线排列在小推车B的前端与小推车A的末端之间。储存在被压缩弹簧中的系统内能为E_{spring}，将该系统放置在一条低摩擦轨道上后轻轻地推它一下以便它向右以v_i的速率运动，其中小推车A在前面。一旦系统开始运动，夹钳便被释放了（通过远程控制，以便系统的运动状态总体上不会受到影响）。弹簧伸长后，两辆小推车便分开运动。请问两辆小推车的末速率分别有多大？●●●

63. 假定由弹簧、小推车A和小推车B构成的初始系统与习题62中的初始系统相同，设定系统以共同的速率v_i运动后，夹钳被释放。请问当弹簧在仅被部分被压缩且只储存了系统初始内能E_{spring}四分之一的情况下，小推车A的速率有多大？●●●

64. 一个喷水式玩具火箭由一个细长的塑料罐构成，其中该塑料罐的一端有一个喷嘴（见图P5.64），手动泵用来把压缩的空气压入塑料罐中。如果塑料罐中只有空气，则该玩具火箭是没有多大用处的。然而如果在泵入空气前先在塑料罐中放一些水，则玩具火箭的发射效果会显著变好。这是为什么？●●●

实践篇

图 P5.64

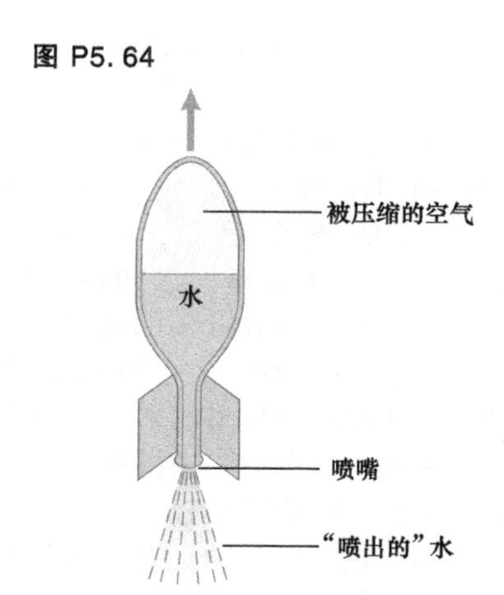

65. 一个虚构的亚原子粒子（即太阳子），初始时是静止的。然后它爆炸分解成三个粒子：两个轻子（lighton）和一个重子（heavyon），其中重子的惯性质量是轻子惯性质量的两倍。在爆破分离过程中，这三个粒子可以沿一条直线上的任意一个方向弹开，但是太阳子的内能总是全部都转化这三个粒子的动能。(a) 在重子具有最大可能速率的情况下请画出这三个粒子的运动路径。(b) 在任意一个轻子具有最大可能速率的情况下，请画出这三个粒子的运动路径。●●●

附加题

66. 以下哪个物体具有更大的动能：一个运动速率为45m/s且惯性质量为0.14kg的棒球，还是一枚运动速率为480m/s且惯性质量为0.012kg的子弹？●

67. 相比于击球手击打扔在空中的棒球，为什么击球手击打投手掷出的快球更容易击出全垒打？●

68. 你和一个朋友正用一个健身球玩传球游戏，你准备给朋友开个玩笑，因此你想在下一次传球时将你的朋友击倒。为了达到这个目的，你应该建议你的朋友用手抓住该健身球还是用他的拳头将该健身球弹性地弹回给你？●●

69. 你的叔叔在铁路货运场工作，他叫你看好该货运场的耦合铰链，它可以把20000kg的箱车耦合在一起。你叔叔在离开去取三明治时告诉你，"不管你做什么，都不要让这些箱车很重地撞在一起，在每次碰撞中耦合铰链仅能承受10000J的能量。"你问撞在一起太重是有多重，但是你的叔叔已经离开听不见了。在耦合铰链没有断开的情况下，一辆运动的箱车能以多大的速率与另一辆静止的箱车发生碰撞？●●●CR

70. 两个悬挂在细线上的实心球初始时相互接触，其中细线又被固定在水平支座上（见图 P5.70）。已知实心球1的惯性质量为$m_1 = 0.050\text{kg}$，而实心球2的惯性质量为$m_2 = 0.10\text{kg}$。当实心球1被拉向左边并随即被释放时，它与实心球2发生弹性碰撞。碰撞将要发生时，实心球1的动能为$K_1 = 0.098\text{J}$。(a) 将要碰撞时实心球1的速度有多大？(b) 碰撞前系统的动能有多大？(c) 碰撞后每个实心球的速度分别有多大？(d) 根据(c) 问中所得的答案计算出碰撞后的动能。你得到的答案与(b) 问中所得的答案相同吗？(e) 计算出该碰撞的恢复系数。它是你预期的结果吗？●●

图 P5.70

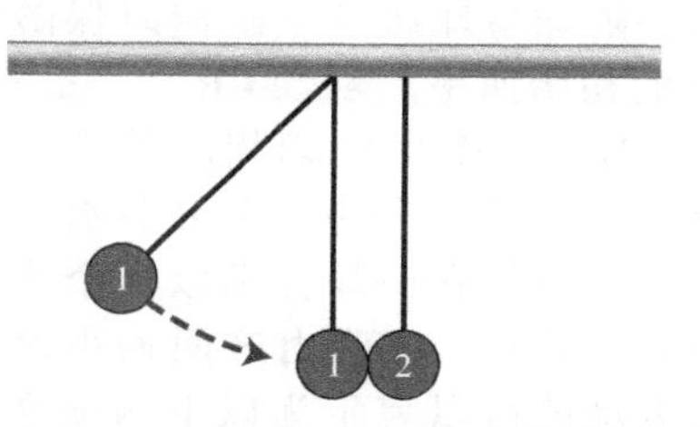

71. 对于两个由黏土做成的球体重做习题70。所有的数据都保持不变，但是在本题中这两个球体碰撞后就粘在一起了。●●

72. 在习题64的喷水式玩具火箭中，压缩的空气可以储存内能。假定你有一个喷水速率为15.0m/s的玩具火箭，已知在该玩具火箭中水流过的开口半径为10.0mm。(a) 请以图 P5.72 为模板，画出以下三个时刻的能量条形图：该玩具火箭完全被压缩但还没有被发射时、发射后有一半的水被喷出时，以及所有的水都被喷出后。(b) 在飞行的第一秒内喷出的水的惯性质量大约有多少？(c) 该玩具火箭是以恒定的速率加速吗？●●

73. 假定一个冰球在篮球场的地板上滑行，该冰球的动能会由于摩擦作用而减小。其中损失的能量与冰球滑行的距离成正比，请画出此滑行过程中的动能-时间图像，并通过计算加以验证。●●●

图 P5.72

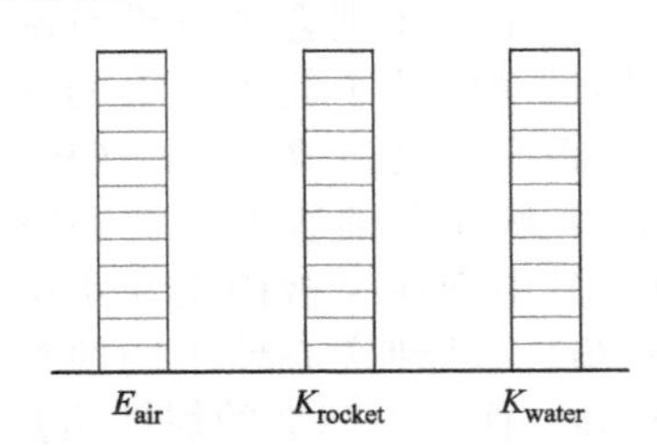

74. 你在打保龄球时，想知道保龄球瓶的惯性质量。你知道保龄球和球瓶通常会发生弹性碰撞，即使 6.5kg 的保龄球已经撞倒好几个球瓶，碰撞后的保龄球还会继续向前运动。当这种情况发生时，你刚好成功地撞倒了 10 个球瓶中的 9 个，仅剩下球道末端正中央处的一个球瓶还没有被撞倒。你叫你的朋友用录像机记录好你下一次的投球过程，以便可以观察你投出的保龄球的初速度和末速度，果然，之后你投出的保龄球与剩下的球瓶发生正碰，对视频进行了一点分析后你判断出保龄球与球瓶发生碰撞时保龄球损失了 40%的初始速率。●●●CR

75. 对于一个由两辆相同的小汽车构成的系统，小汽车 A 和小汽车 B 具有相同的惯性质量 m，但是它们却分别以两个不同的速度 v_A 和 v_B 运动，证明由这两辆小汽车构成的系统其动能可以表示为以下两项之和：这两辆小汽车以它们各自速度之和的一半运动时的动能，加上这两辆小汽车以它们各自速度之差的一半运动时的动能

$$K_{sum}=\frac{1}{2}(2m)\left(\frac{v_A+v_B}{2}\right)^2$$

$$K_{dif}=\frac{1}{2}(2m)\left(\frac{v_A-v_B}{2}\right)^2$$

请解释这两项中每个物理量的含义。●●●

76. 一辆 1000kg 的小汽车正沿着 x 轴的方向以 +20m/s 的速度运动，它与一辆 1500kg 的轻型货车发生正碰，已知该轻型货车正沿着 x 轴的方向以 -10m/s 的速度运动。(a) 如果碰撞过程中有 10%的系统动能转化为内能，则小汽车和轻型货车的末速度分别有多大？(b) 如果该小汽车与一辆相同的轻型货车发生追尾，其中那辆相同的轻型货车正沿 x 轴的方向以+10m/s 的速度运动，则你所得到的 (a) 问中的答案将会如何改变？●●●

77. 你的弟弟正在外面用花园水管中的水流喷射一个篮球，当篮球滚过花园时，为了确定每秒钟有多少水流的动量转移给篮球，你开始想知道需要哪些量。你不难测得水管的半径 r 和以立方米每秒为单位从水管中流出的水流量 Q，水的密度也肯定是已知的，但是你还是不能确定该碰撞是弹性碰撞还是非弹性碰撞。●●●CR

78. 两名拥抱在一起的冰球运动员相互将彼此推开，由静止开始后退。已知珍·克劳德的惯性质量比皮埃尔的惯性质量大 50%，他们相互将彼此推开并沿相反的方向在冰面上运动后，将以相同的速率消耗动能直至各自停止运动。(a) 谁运动的距离更远？(b) 远了多少？●●●

复习题答案

1. 相对速度是参考物的速度与被研究物体的速度之差，我们可以自由选择被研究的物体和参考物，但是我们必须区分清楚哪个是参考物和哪个是被研究物体，因为相对速度是一个矢量。而相对速率是相对速度的大小，因此相对速率是相同的，而不需要考虑哪个物体是参考物和哪个物体是被研究物体。

2. 最后一个下标表示我们的研究对象，而第一个下标则表示对应的参照物。

3. (a) 相对速率没有改变。(b) 相对速率改变了。(c) 最终的相对速率为零（两个物体粘在一起了）。

4. 一个物体的动能是指与该物体运动状态有关的能量，它可以用物体的惯性质量与该物体速率的二次方之积的一半加以计算。

5. 一个运动的物体其动能总是正的，而不用考虑该物体的运动方向。

6. 动能不可能是负的，如果一个物体是静止的则它的动能为零。

7. 一个物体的*物理状态*是指它所处的物理环境，该物理环境是由描述该物体的物理变量构成的完全集给定的，比如说物体的形状和温度。

8. 在可逆过程中，物体的物理状态不会发生永久的改变；而在不可逆过程中，物体的物理状态会发生永久的改变。

9. 内能的增加量等于动能的减少量，因此，系统的能量不会发生改变。

10. 此时我们不能直接计算出内能的改变量，但是当系统边界处的能量转移情况未知时，我们知道碰撞过程中内能的改变量会等于动能改变量的负值。因此，确定出动能的改变量并取它的负值是确定内能改变量的一种方法。

11. 封闭系统是指一个能量没有在系统边界处发生转移的系统，它与孤立系统（一个动量没有在系统边界处发生转移的系统）不同。

12. 能量转化是指能量从一种形式转化为另一种形式，比如化学能转化为热能；但是它不一定要涉及一个以上的物体。能量转移是指能量从一个物体转移至另一个物体；但是它不一定要涉及从一种形式转化为另一种形式的能量。

13. 碰撞前后相对速率是相同的，虽然式（5.4）已证实了这个结论，但是该结论只在弹性碰撞下成立。

14. 假定你是碰撞中的一个物体，碰撞前你与另一个物体之间的距离逐渐减小，但是碰撞后你与该物体之间的距离逐渐增大，因此你与该物体之间的相对速度改变了符号。

15. 恢复系数是碰撞后两个物体的相对速率与碰撞前两个物体相对速率的比值。

16. 弹性碰撞：$e=1$；完全非弹性碰撞：$e=0$。

17. 负号被用来使 e 变为正值。由于碰撞后相对速度改变了符号，则分式 $v_{12x,f}/v_{12x,i}$ 总是负的，因此分式前面的负号是为了使 e 总为正值。

18. 不能。我们预测不了末速度，除非给出了附加的条件——比如，恢复系数的值或者内能的改变量。

19. 没有。你仅仅是把你肌肉中的一部分内能转化为棒球和手的动能了。

20. 可能。内能可以从系统中的一个物体转移至另一个物体或者从一种形式转化为另一种形式（比如说从化学能转化为热能），这就意味着物理状态的改变。

21. 能量守恒［式（5.23）］表明一个封闭系统的能量总是保持不变的。因此，如果我们可以计算系统的 ΔK，那么 ΔE_{int} 就必须等于 ΔK 的负值，正如式（5.24）所述。

22. 发生爆炸的物体其一部分内能被转化为动能。

23. 不可能。因为物体的相对速率增大了（从分离前的 0 增大至分离后的非零值），$e=1$ 永远不成立。另一种方法就是你可以给出爆破分离中系统的动能发生改变的理由。由于弹性碰撞中系统的动能不会改变，因此爆破分离不可能是弹性碰撞。

引导性问题答案

引导性问题 5.2 5.0m/s

引导性问题 5.4 1.92×10^{3}J

引导性问题 5.8 40m/s

第 6 章　相对性原理

章节总结

惯性参考系（6.1 节~6.4 节，6.6 节）

基本概念 **参考系**是由确定空间方向的坐标轴和确定所测量运动起点的参考点所组成的。**地球参考系**是与地球相对静止的参考系。

惯性参考系是指能使**惯性定律**成立的参考系。孤立的物体在惯性参考系中保持静止或匀速直线运动状态。

相对性原理描述的是在所有惯性参考系中物理定律都是一样的。

零动量参考系是指由多个物体组成的系统动量为零的参考系。参考系的速度等价于系统质心的速度。

定量研究 由位置 $\vec{r}_1$，$\vec{r}_2$…上的惯性质量为 m_1，m_2，…的物体所组成的系统的**质心**的位置为

$$\vec{r}_{cm} \equiv \frac{m_1\vec{r}_1+m_2\vec{r}_2+\cdots}{m_1+m_2+\cdots} \tag{6.24}$$

系统**质心的速度**为

$$\vec{v}_{cm} \equiv \frac{d\vec{r}_{cm}}{dt}=\frac{m_1\vec{v}_1+m_2\vec{v}_2+\cdots}{m_1+m_2+\cdots} \tag{6.26}$$

它也是这个系统的零动量参考系的速度。

相对运动（6.5 节）

基本概念 对于相对速度为恒定值的两个参考系，**伽利略变换公式**可以将在一个参考系中所测得的量转换到另一个参考系中。变换公式告诉我们时间间隔、长度、加速度在任何以恒定相对速度运动的两个惯性参考系中都是一样的。

定量研究 **伽利略变换公式**是将在惯性参考系 A 中所测量的一个事件（用下标 e 表示）的时刻 t 和位置 $\vec{r}_e$ 转换成在任意一个惯性参考系 B 中与此事件相对应的量。如果两个参考系的相对速度 $\vec{v}_{AB}$ 恒定，且在 $t=0$ 时刻重合，则转换公式为

$$t_B=t_A=t \tag{6.4}$$

和

$$\vec{r}_{Be}=\vec{r}_{Ae}-\vec{v}_{AB}t_e \tag{6.5}$$

由这些公式可知，在惯性参考系 A 中物体（用下标 o 表示）的速度 $\vec{v}_{Ao}$ 与惯性参考系 B 中物体（用下标 o 表示）的速度之间的关系是

$$\vec{v}_{Ao}=\vec{v}_{AB}+\vec{v}_{Bo} \tag{6.14}$$

转换公式也给出了任意两个惯性参考系 A 和 B 的加速度之间的关系：

$$\vec{a}_{Ao}\equiv\vec{a}_{Bo} \tag{6.11}$$

可转化动能（6.7 节）

基本概念 系统的**平动动能**是与其质心运动相联系的动能。对于一个孤立系统，这种动能是**不可转化**的，因为它无法被转化成内能（如果可以转化的话，系统的动量就不守恒了）。

孤立系统的**可转化动能**是系统动能的一部分，这部分动能可以转化成内能。这类能量在所有惯性参考系中都是一样的。

系统**动能**可以分成可转化部分 K_{conv} 和不可转化部分。不可转化部分就是系统的平动动能 K_{cm}。

定量研究 系统的**平动动能**（不可转化）K_{cm} 是

$$K_{cm}\equiv\frac{1}{2}mv_{cm}^2 \tag{6.32}$$

其中，m 是系统的惯性质量；v_{cm} 是质心的速率。

由两个质点所组成的系统的**可转化动能**为

$$K_{conv}=\frac{1}{2}\mu v_{12}^2 \tag{6.40}$$

其中，μ 是系统的**折合惯性质量**（或者折合质量），它由下式给出

$$\mu \equiv \frac{m_1 m_2}{m_1 + m_2} \quad (6.39)$$

系统的动能是

$$K = K_{cm} + K_{conv} \quad (6.35)$$

守恒定律和相对性（6.8节）

基本概念　在任意两个惯性参考系中，系统动量和能量的改变都是一样的。

定量研究　如果任意两个参考系A和B保持相对速度运动，那么任何系统的动量和能量的改变为

$$\Delta \vec{p}_{A\ sys} = \Delta \vec{p}_{B\ sys} \quad (6.47)$$

$$\Delta K_B + \Delta E_{B\ int} = \Delta K_A + \Delta E_{A\ int} \quad (6.56)$$

复习题

复习题的答案见本章最后。

6.1　运动的相对性

1. 一辆货车在高速路上匀速行驶。描述以下观察者所看到的货车的运动：(a) 坐在一辆和货车以相同速度行驶的汽车里的观察者，(b) 坐在一辆匀速行驶的汽车里的观察者，但是这辆汽车的速度与货车的速度并不相同。

2. 在有风的一天，你逆风骑自行车可以感觉到像是处在暴风里。同样的风，若顺着风的方向骑自行车，你有时候感觉就像是没有风一样。

6.2　惯性参考系

3. 在给定的时间间隔里，观察者在惯性参考系1中测得物体动量的改变是 $\Delta \vec{p} = 0$。惯性参考系2相对于惯性参考系1正在以10m/s的速率向东运动，那么在相同的时间间隔里，观察者在参考系2中所测得的物体动量的改变量 $\Delta \vec{p}$ 是多少？

4. 什么是惯性定律？惯性定律有何用处？

5. 观察者看到一个孤立的物体发生了动量的改变。这个观察者处于惯性参考系中吗？

6. (a) 在一个惯性参考系中，如果一个物体的加速度是零，那么在任一个惯性参考系中，其加速度也是零吗？(b) 如果一个物体在一个惯性参考系中处于静止，那么在任一个惯性参考系中也都处于静止吗？

6.3　相对性原理

7. 叙述并解释相对性原理。

8. 能否在你所处的参考系中做一些实验来判断你所处的参考系是不是做在匀速运动？如果可以的话，能否得出参考系运动的速度？

9. 如果在一个惯性参考系中，一个物体向前运动，那么我们总能找到其他的惯性参考系，使得此物体是向后运动的。如果这个物体在第一个参考系中是加速向前运动的，那么它在第二个惯性参考系中是如何加速运动的？

10. 有人对你说，“动量不是一个守恒量！换到一个不同的惯性参考系中，我看到系统动量不同于我在第一个参考系中所得到的值。”你该如何回答？

11. 两个观察者从不同的惯性参考系中都目击到了同一弹性碰撞。关于动能他们之间能够达成一致的是什么？不能达成一致的是什么？关于动量又会如何呢？

6.4　零动量参考系

12. 对于一个系统来说，什么是零动量参考系？如果你只知道在其他惯性参考系中测得的系统的速度，你该如何利用零动量参考系来解决问题？

13. (a) 在零动量参考系中，比较发生弹性碰撞的质点的初始动量和最终动量的大小。(b) 质点动量的方向会发生什么变化？

6.5　伽利略相对性

14. 伽利略变换公式［式(6.4)和式(6.5)］有什么用处？

15. 假设观察者C和D从不同的惯性参考系中测量同一列火车（用下标t表示）的速度。C测得的是 $\vec{v}_{Ct}$，D测得的是 $\vec{v}_{Dt}$。C需要哪些信息来判断D测量的值是否准确？

6.6　质心

16. 在两个不同的惯性参考系中，物体

的质量有什么不同？

17. 用不同的参考点通过测量得到的系统的质心位置有什么不同？

18. 在含有运动部分的孤立系统中，系统的质心是怎样运动的？

19. 如果一个人随着系统的质心运动，那么这个人所测得的系统的动量是多少？

6.7 可转化动能

20. 在所有的惯性参考系中，由多个物体所组成的系统的可转化动能都是一样的吗？

21. 当观察者从一个惯性参考系切换到另一个惯性参考系时，系统动能的哪一部分发生了变化：是可转化部分还是不可转化部分？

22. 两个碰撞物体最初的动能可以全部转化成内能吗？

23. (a) 在碰撞中，可以转化成内能的动能的最大值是多少？(b) 这种最大的可转化动能在哪一类型的碰撞中会出现？

6.8 守恒定律和相对性

24. (a) 如果在一个惯性参考系中系统动量的改变量为 0，那在其他所有的惯性参考系中也都为 0 吗？(b) 如果在一个惯性参考系中系统动量的改变量有特定的大小和方向，那么它在其他的惯性参考系中是否也具有同样的大小和方向？

25. (a) 如果在一个惯性参考系中系统能量的改变量为 0，那么在所有的惯性参考系中都是 0 吗？(b) 如果在一个惯性参考系中系统能量的改变量有特定的大小，那么在其他的惯性参考系中是否也具有同样的大小？

估算题

从数量级上估算下列物理量，括号中的字母对应于可能用到的提示。根据需要使用它们来指导你的思考。

1. 一只虫子和一辆在高速路上行驶的 18 轮大货车发生正碰，零动量参考系相对地球参考系的速度（Z，X，R）

2. 一辆停着的装满家具的送货车与一辆在街道上行驶的汽车相撞，零动量参考系相对于地球参考系的速度（Z，M，C）

3. 一只飞翔的大鸟被后面的子弹射中，零动量参考系相对于地球参考系的速度（E，I，V，P）

4. 地球-月球系统的折合质量（AA，J，Y）

5. 一列火车有 5 节车厢和一个火车头，这列车的质心位置（BB，G，L）

6. 当你站着时，你身体的质心位置（S，K，T，W）

7. 第一次开球后，由 16 个台球（包括母球）组成的系统的质心速度（A，F，O，U）

8. 一只虫子和一辆正在高速路上行驶的 18 轮大货车发生正碰，这期间转化为内能的动能大小。（Z，X，D，R）

9. 一辆停着的装满家具的送货车与正在街道上行驶的汽车相撞，可转化动能的最大值（Z，M，AA，N，C）

10. 一位高中摔跤手猛然撞到了垫子上，可转化动能的最大值（B，H，Q）

提示

A. 在开球的过程中，由台球组成的系统是孤立系统吗？

B. 摔跤垫子的质量大概是多少？

C. 行驶在街道上的汽车的速率一般是多少？

D. 虫子的惯性质量是多少？

E. 大鸟的惯性质量是多少？

F. 在母球接近其他 15 个球时，母球的速率是多少？

G. 车厢与火车头的惯性质量之比是多少？

H. 摔跤手撞上垫子时的速率是多少？

I. 子弹的惯性质量是多少？

J. 地球的惯性质量是多少？

K. 你身体各处的密度大概是一样的吗？

L. 火车头和车厢的长度之比是多少？

M. 两辆汽车的惯性质量之比是多少？

N. 汽车-货车系统的折合质量是多少？

O. 在碰撞期间，台球的质心速度怎样改变？

P. 子弹的飞行速率是多少？

Q. 系统的折合质量是多少？

R. 这种18轮大货车在高速公路上行驶时速率的是多少？

S. 你有多高？

T. 当你站着时，你的大概体型是怎样的？

U. 在碰撞之前，台球的质心速率是多少？

V. 飞翔中的大鸟的速率是多少？

W. 一个均匀的圆柱体的质心是在哪里？

X. 相对于18轮大货车的惯性质量，虫子的惯性质量是多少？

Y. 月球的惯性质量是多少？

Z. 零动量参考系的速度与每一个物体的惯性质量和速度的关系是怎样的？

AA. 折合质量与每一个物体的惯性质量之间的关系是怎样的？

BB. 质心位置与每一个物体的惯性质量之间的关系是怎样的？

答案（所有值均为近似值）

A. 是的，母球也包含在该系统中；B. 垫子是由地面提供的支持力。所以其近似惯性质量是巨大的；C. 1×10^1m/s；D. 虫子：5×10^{-4}kg；E. 2kg；F. 1×10^1m/s；G. 1：10；H. 4m/s；I. 2×10^{-2}kg；J. 6×10^{24}kg；K. 是的；L. 它们大概是一样的；M. 货车的惯性质量大约是汽车的5倍；N. 汽车惯性质量的5/6，也就是1×10^3kg；O. 没有改变；P. 4×10^2m/s；Q. 大约和摔跤手的质量是一样的，也就是8×10^1kg；R. 3×10^1m/s；S. 2m；T. 圆柱体；U. 由式（6.26）得，(10m/s)/16 = 0.6m/s；V. 6m/s；W. 长度的一半处；X. 相对于18轮大货车的惯性质量，虫子的惯性质量可近似为0；Y. 7×10^{22}kg；Z. 惯性质量与速度的乘积之和除以总惯性质量，见式（6.26）；AA. 乘积除以总和，见式（6.39）；BB. 惯性质量与位置的乘积之和除以总惯性质量，见式（6.24）。

例题与引导性问题

步骤：伽利略相对性的应用

面对不止一个参考系时，不仅需要关注物体，还需要关注参考系。因此，每一个量都有两个下标。第一个下标表示观察者；第二个表示所讨论的物体。例如，如果在火车上有一个观察者，在地面某处有一辆汽车，且可以在火车上看到该汽车，那么$\vec{a}_{\mathrm{Tc}}$就是汽车相对于火车上观察者的加速度。一旦明白了这样的符号和几个简单的运算，相对量的计算就很简单并且水到渠成了。

汽车相对于观察者 A 的速度：

$$\vec{v}_{\mathrm{Ac}}$$

观察者……讨论的物体

1. 首先，用双下标的方法列出问题中的已知量。

2. 用相同的符号写出需要计算的量。

3. 用“下标消去法”［式（6.13）］为每个需要计算的量写一个等式，要记得保证等式两边的首字母和最后字母相同。例如，在某题目中，你需要计算$\vec{v}_{\mathrm{Tc}}$，其中观察者 B 是运动的，记作

$$\vec{v}_{\mathrm{Tc}}=\vec{v}_{\mathrm{TB}}+\vec{v}_{\mathrm{Bc}}$$

4. 如果需要，使用“下标反转法”［式（6.15）］来消除未知量。

5. 可以将以上步骤和下标运算运用到三个基本运动量中（位置、速度和加速度）。

下列例题涉及本章内容，但又不仅仅局限于本章中的某一节。

其中一部分以例题的形式给出，另一部分则以引导性问题的形式给出。

例 6.1 前进中的列车

现有一列载有大学生团队去参加田径运动会的火车，其中一节车厢中的一名短跑运动员正在下蹲练习起跑。在火车参考系中，运动员从静止开始，跑到车厢的尾部。2.0s 后，他加速到 10m/s。如果相对于地面参考系，火车以 30m/s 匀速行驶，那么站在火车轨道旁的观察者所测得的运动员初始速度、末速度和加速度分别是多少？

❶ **分析问题** 我们必须将在火车参考系 T 中的信息转换成地面参考系 E，也就是要对速度和加速度运用伽利略变换。一般来说，首先，要画出示意图，注意各个矢量的方向（见图 WG6.1）。

火车并没有加速，故 T 和 E 都是惯性参考系。题目中已经有足够多的信息可以让我们计算出在火车参考系中处于静止的观察者所测得的运动员（用下标 s 表示）的初始速度$\vec{v}_{\mathrm{Ts,i}}$、末速度$\vec{v}_{\mathrm{Ts,f}}$和加速度$\vec{a}_{\mathrm{Ts}}$，我们所需要求的是轨道旁观察者计算的相应量，因为他是在地面参考系中，所以用$\vec{v}_{\mathrm{Es,i}}$、$\vec{v}_{\mathrm{Es,f}}$和$\vec{a}_{\mathrm{Es}}$来表示相应量。

图 WG6.1

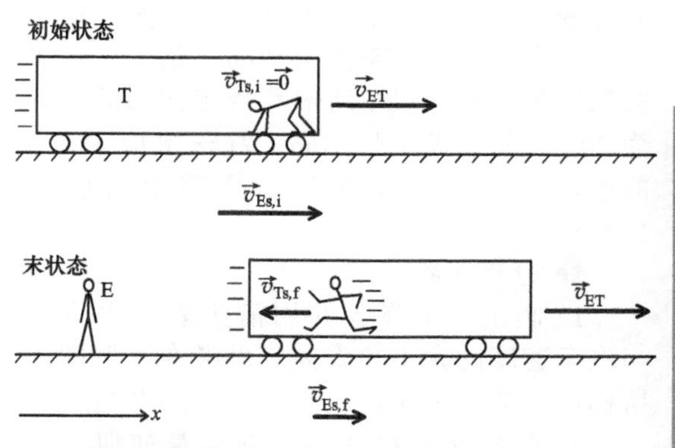

❷ **设计方案** 如图 WG6.1 所示，定义火车运动的方向为 x 轴的正方向。因此，地面参考系上的观察者得出火车在 x 轴方向运动的速度的 x 分量为 $v_{\mathrm{TE}x}=+30\mathrm{m/s}$。（对于在火车上的乘客来说，轨道旁的观察者沿 x 轴方向运动的速度的 x 分量为 $v_{\mathrm{TE}x}=-30\mathrm{m/s}$。）

用合适的下标表示出式（6.14），并运用式（6.14）将 T 参考系中的各个量变换到 E 参考系中

$$\vec{v}_{\text{Es}}=\vec{v}_{\text{ET}}+\vec{v}_{\text{Ts}} \qquad (1)$$

由式（6.11）可知，两个惯性参考系的加速度是一样的：

$$\vec{a}_{\text{Es}}=\vec{a}_{\text{Ts}}$$

运用式（1）可以算出轨道旁观察者测得的运动员的初始速度和末速度。因为题目中只给出了运动员在两个时刻的速度，所以我们不能运用速度对时间求导的方法来计算观察者测得的加速度。因此，计算运动员的平均加速度或者假设加速度是常量，在任何一种情况下，均可得出地面参考系的观察者所测得的加速度：

$$\vec{a}_{\text{Es}}=\frac{\Delta\vec{v}_{\text{Es}}}{\Delta t}$$

❸ 实施推导　首先，以 x 分量的形式写出式（1）：

$$v_{\text{Es}x}=v_{\text{ET}x}+v_{\text{Ts}x}$$

对于初速度的 x 分量，有

$$v_{\text{Es}x,\text{i}}=(+30\text{m/s})+(0)=+30\text{m/s} ✓$$

对于末速度的 x 分量，有

$$v_{\text{Es}x,\text{f}}=(+30\text{m/s})+(-10\text{m/s})=+20\text{m/s} ✓$$

因此，加速度的 x 分量为

$$a_{\text{Es},x}=\frac{\Delta v_{\text{Es},x}}{\Delta t}=\frac{(+20\text{m/s})-(+30\text{m/s})}{2.0\text{s}}=-5.0\text{m/s}^2 ✓$$

❹ 评价结果　速度的 x 分量为正表示在地面参考系中的观察者看到短跑运动员是沿着 x 轴正方向运动的，虽然运动员实际上是跑向车厢尾部的。我们可以这样想，运动员和车厢尾部的墙壁都是沿着 x 轴正方向运动的，但是墙壁在这个方向上运动的速率大于运动员运动的速率。在此坐标系中，负的加速度表示加速度方向指向车厢的尾部。

为了保证一致性，现在我们在火车参考系中计算加速度的 x 分量：

$$a_{\text{Ts}x}=\frac{\Delta v_{\text{Ts}x}}{\Delta t}=\frac{(-10\text{m/s})-(0)}{2.0\text{s}}=-5.0\text{m/s}^2$$

这个值与在地面参考系中的值一样。基于题目中的数据有限，加速度是恒定的这个假设是合理的。不论运动员是否保持恒定加速度，我们得到的都是他在 2.0s 内的平均加速度。

引导性问题 6.2　安全通道

当汽车在高速公路上以 35m/s 的速率行驶时，发现前面有一辆以 25m/s 的速率同方向行驶的货车。汽车进入到超车道时，货车后部与汽车前部的距离为 20m，超车后汽车回到原车道时，汽车后部与货车前部的距离为 20m。如果货车长 10m，汽车保持 35m/s 的速率，那么汽车在超车道需要行驶多少秒？

❶ 分析问题

1. 画出示意图，并用箭头表示出货车与汽车速度的大小和方向。思考在示意图中所标出的速度是在什么参考系中测得的。

2. 超车者相对货车驾驶员是如何运动的？解决这个问题哪种办法更简单：是以货车为参考系还是以地面为参考系？

3. 利用你在问题 2 中的答案，在合适的参考系中再次画出示意图。

4. 应该如何假设汽车的长度？

❷ 设计方案

5. 在匀速运动中，时间间隔与位移的关系是怎样的？在你所选择的参考系中，哪辆车发生了位移？

6. 根据示意图，写出代数方程，求出时间间隔。

❸ 实施推导

❹ 评价结果

7. 所得答案的大小合理吗？考虑大多数驾驶员在实际操作中并没有留出那么多空间。

8. 汽车的长度会造成影响吗？

实践篇

例 6.3　堆硬币

你有 10 堆硬币如图 WG6.2 所示排列——第一堆只有一个硬币，第二堆有两个，第三堆有三个，以此类推。顺着这排硬币，由所有硬币组成的系统的质心在哪里？

图 WG6.2

❶ **分析问题** 我们猜想系统质心位置是在中间某一堆硬币处，而且也知道由质量和位置来计算质心位置的公式［式（6.24）］。题目中并没有涉及任何质量和尺寸，但我们可以假设所有的硬币都是完全一样的。现在用相应的符号表示出每一个硬币的惯性质量和直径，并写出答案。

❷ **设计方案** 每一个硬币的惯性质量为 m、直径为 d。（用变量来表示未知量比用一个数字来表示要方便，因为用变量来表示是更普遍的方法，而且在得出最终答案的过程中，数字会混淆问题。）选取最左边硬币的中心为坐标系原点，在图 WG6.2 中用黑点标出。没有具体的数值意味着最终答案将用 m 和 d 来表示（除非这些值在代数式中被约掉）。我们从左到右来标记每一堆：$n=1$ 是最左边，$n=2$ 是左边第二堆，依此类推。任意一堆硬币的质量可用 m_n 表示，那么质心位置是

$$x_{\mathrm{cm}}=\frac{\sum m_n x_n}{\sum m_n}$$

我们必须要确定每一堆硬币的惯性质量 m_n 和它们各自与原点的距离 x_n，其中选向右为 x 轴正方向。从左到右，每一堆硬币的数量都依次增加一个，距离也依次增加 d。我们需要用合适的表达式来表示 m_n 和 x_n 与 m、d、n 的关系。

❸ **实施推导** 我们注意到每一堆硬币的数量等于堆数 n，故 $m_n=nm$。由此可以发现 $n=1$（有一个硬币）这堆位于 $x_1=0$ 处，所以其他每一堆硬币的质心与原点的距离为 $x_n=(n-1)d$。共有 10 堆，式（6.24）变成

$$x_{\mathrm{cm}}=\frac{\sum m_n x_n}{\sum m_n}=\frac{\sum_{n=1}^{10}(nm)[(n-1)d]}{\sum_{n=1}^{10}nm}$$

$$=\frac{md\sum_{n=1}^{10}n(n-1)}{m\sum_{n=1}^{10}n}$$

$$=d\,\frac{\frac{1}{3}(10-1)(10)(10+1)}{\frac{1}{2}(10)(10+1)}$$

$$=\frac{2}{3}(10-1)d=6d \checkmark$$

结果表示系统质心的位置是在从左到右、第七堆硬币的中心。如果你觉得第七堆是在 $x=6d$ 处并不明显，那就在图 WG6.2 中用手指从第一堆开始数，每一堆增加 d，一直到第七堆。可以看出系统质心的位置与硬币的惯性质量 m 无关。

❹ **评价结果** 正如我们所猜想的，质心是在距离中间分布较近的位置。我们可以发现在第七堆右边有 $10+9+8=27$ 个硬币，但左边只有 $1+2+3+4+5+6=21$ 个硬币。但是第七堆右边的硬币更接近于计算得出的质心位置，所以结果是合理的。

引导性问题 6.4 为车轮做平衡

你为汽车装上了一对新轮胎，现在机修工要为车轮做平衡。对于其中一个车轮，装上轮胎后车轮的质心偏离轮轴中心 1.0mm。机修工为了矫正它，在距离轮轴 200mm 处的轮辋上压接了一个小的铅块。由于增加了这个铅块，使车轮质心又重新回到了轮轴中心处。如果装上轮胎后车轮的质量为 10kg，那么铅块的惯性质量是多少？

❶ **分析问题**

1. 画出示意图，其中要包括题目中给出的信息，并加上 x 轴以便标明位置。坐标系的原点位于哪里比较合适？

❷ **设计方案**

2. 平衡的目的是要再次使质心的位置位于轮轴处，所以 $x_{\mathrm{cm}}=x_{\mathrm{axle}}$。根据你所选取的原点，轮轴在 x 轴方向的值是多少？

3. 用示意图中的标记，写出关于车轮平衡后其质心位置的方程，并确保你已经具备解决这个问题所需要的各个量。

❸ **实施推导**

❹ **评价结果**

4. 所得到的铅块的惯性质量应该是正数还是负数？

5. 计算得到的惯性质量值合理吗？

例 6.5　Fore[⊖]！

质量为 0.100kg 的高尔夫球杆以 45m/s 的速率击打到静止的 0.050kg 的高尔夫球。(a) 在地面参考系中，由这两个物体组成的系统的动能是多少？(b) 在零动量参考系中，碰撞前球杆与球的速度分别是多少？(c) 在零动量参考系中，两个物体的相对速度是多少？(d) 系统的动能有多少可以转化成内能？(e) 在零动量参考系和地面参考系中，系统的平动动能分别是多少？

❶ **分析问题**　首先，分别在两个参考系中画出示意图，在图中用字母表示各个变量并定义 x 轴（见图 WG6.3）。我们用 E 表示地面参考系，Z 表示零动量参考系，c 表示与球杆有关的变量，b 表示与高尔夫球有关的变量。注意图 WG6.3 表示的是初始时刻；因为题目中并没有要求分析碰撞后的未知量，所以没有必要再画出碰撞后的情境图。

图 WG6.3

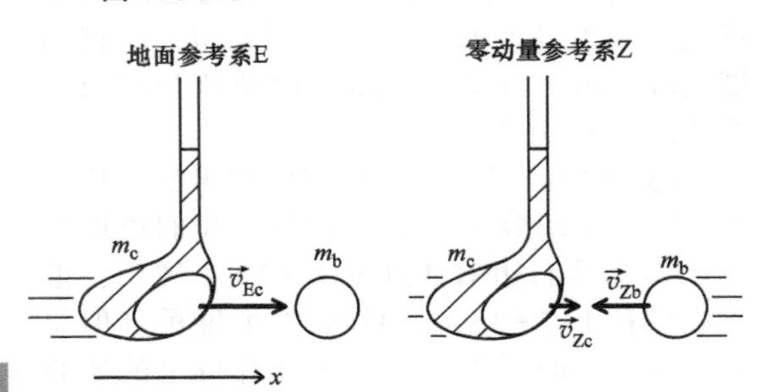

在画零动量参考系时，应当注意相对速度的值在这两个参考系中都是一样的。在零动量参考系中，球杆和球的动量之和为零，又因为球杆的惯性质量大于球的惯性质量，所以球杆的速度箭头要比球的速度箭头短。

❷ **设计方案**　(a) 系统的动能就是各个物体动能之和。

(b) 在地面参考系中，观察者所测得的零动量参考系的速度的 x 分量 v_{EZx} 等于系统质心速度的 x 分量 v_{Ecmx}，根据式（6.26）可得

$$v_{Ecmx}=\frac{m_C v_{Ecx}+m_b v_{Ebx}}{m_c+m_b}$$

根据等式右边的已知量，可以计算得出 v_{Ecmx}。接下来，在式（6.14）中用地面参考系中的质心速度计算零动量参考系中球杆和球的速度的 x 分量，其中用到了 $v_{ZEx}=-v_{EZx}=-v_{Ecmx}$：

$$v_{Zbx}=v_{ZEx}+v_{Ebx}=-v_{Ecmx}+v_{Ebx}$$

$$v_{Zcx}=v_{ZEx}+v_{Ecx}=-v_{Ecmx}+v_{Ecx}$$

(c) 相对速度在两个参考系中都是一样的，所以可以任选一个参考系进行计算。

(d) 根据这个结果，我们已经可以计算出球杆和球在零动量参考系中的动能，也就是可转化动能。

(e) 我们需要用下式在两个参考系中计算出系统的平动动能 K_{cm}：

$$K_{cm}=\frac{1}{2}(m_c+m_b)(v_{cm})^2$$

❸ **实施推导**　(a) 在地面参考系中，系统的动能是：

$$\begin{aligned}K_E&=\frac{1}{2}m_c v_{Ecx}^2+\frac{1}{2}m_b v_{Ebx}^2\\&=\frac{1}{2}(0.100\text{kg})(45\text{m/s})^2\\&\quad+\frac{1}{2}(0.050\text{kg})(0\text{m/s})^2\\&=1.0\times10^2\text{J}\checkmark\end{aligned}$$

(b) 在地面参考系中，零动量参考系中速度的 x 分量与系统质心的速度的 x 分量是一样的：

$$\begin{aligned}v_{Ecmx}&=\frac{m_c v_{Ecx}+m_b v_{Ebx}}{m_c+m_b}=\frac{(0.100\text{kg})(+45\text{m/s})}{0.100\text{kg}+0.050\text{kg}}\\&=+30\text{m/s}\end{aligned}$$

因此在零动量参考系中，球和球杆的速度的 x 分量分别是

$$v_{Zbx}=-v_{Ecmx}+v_{Ebx}=-30\text{m/s}+0\text{m/s}=-30\text{m/s}\checkmark$$

$$v_{Zcx}=-v_{Ecmx}+v_{Ecx}=-30\text{m/s}+45\text{m/s}=+15\text{m/s}\checkmark$$

(c) 根据 (b) 问中的转换公式，可以得到零动量参考系中相对速度的 x 分量：

$$\begin{aligned}v_{Zbcx}&=v_{Zcx}-v_{Zbx}=(+15\text{m/s})-(-30\text{m/s})\\&=+45\text{m/s}\checkmark\end{aligned}$$

(d) 可转化动能就是在零动量参考系中系统的动能：

$$K_{conv}=K_Z=\frac{1}{2}m_c(v_{Zcx})^2+\frac{1}{2}m_b(v_{Zbx})^2$$

⊖ “Fore”是一个高尔夫球术语，用于球手在用球杆打球时提醒前方的人注意。——编辑注

实践篇

$$=\frac{1}{2}(0.100\text{kg})(+15\text{m/s})^2+\frac{1}{2}(0.050\text{kg})(-30\text{m/s})^2=34\text{J}✓$$

(e) 零动量参考系中系统的平动动能是很容易计算的，因为在这个参考系中系统的质心是静止的：

$$K_{\text{Zcm}}=\frac{1}{2}(m_c+m_b)(v_{\text{Zcm}x})^2=\frac{1}{2}(0.150\text{kg})(0)^2=0\text{J}✓$$

因为系统的质心在零动量参考系中并没有发生平动运动，所以系统的平动动能为0！在地面参考系中，平动动能是

$$K_{\text{Ecm}}=\frac{1}{2}(m_c+m_b)(v_{\text{Ecm}x})^2=\frac{1}{2}(0.150\text{kg})(30\text{m/s})^2=68\text{J}✓$$

❹ **评价结果** 我们在零动量参考系下计算出的物体在 x 轴方向上的速度的大小和方向与图 WG6.3 中所画的一致。在所有的参考系中相对速度都应该是一样的。在零动量参考系下计算出的 $v_{\text{Zbc}x}=45\text{m/s}$，与地面参考系中的相对速度一致：

$$v_{\text{Ebc}x}=v_{\text{Ec}x}-v_{\text{Eb}x}=+45\text{m/s}-0\text{m/s}=+45\text{m/s}$$

为了验证可转化动能，现在可以用地面参考系中的值来计算可转化动能：

$$K_{\text{conv}}=K_{\text{E}}-K_{\text{Ecm}}=101.3\text{J}-67.5\text{J}=34\text{J}$$

这个能量就是可以转化成内能的那部分能量，它在两个参考系中应该（而且必须）都是一样的。但是，这并不意味着全部能量都可以被转化。通过高尔夫球的设计和构造，我们期望其碰撞接近于弹性碰撞，也就是说更少的系统动能被转化为内能。

引导性问题 6.6 嘎吱！

一辆运动的汽车与相同惯性质量的处于静止的汽车之间发生完全非弹性碰撞，一辆运动的汽车与桥墩发生完全非弹性碰撞，比较这两种碰撞中系统动能的损失。

❶ **分析问题**

1. 即便你认为并没有必要这样做，但画出两种碰撞的示意图也是一次很好的练习。图中应该包括哪些标量或者矢量？一般来说最好包括方程中的所有变量。（在这个过程中，你可以随时在示意图中加上你需要的标记。）

2. 有多少动能是可以被转化？（比如，形变的汽车和产生的噪声）？

❷ **设计方案**

3. 两种碰撞都是完全非弹性碰撞，其中有多少可转化能量可以转化为内能？

4. 写出可转化动能的方程［式（6.40）］。其中哪些量需要确定？

5. 这个方程中的哪些量在这两种碰撞中是不同的？分别是多少？

6. 假设在两种碰撞中，运动的汽车的惯性质量都是 m_{moving}，它撞上的物体质量为 m_{rest}。写出折合质量的一般表达式。

❸ **实施推导**

7. 是不是有太多的未知量？或许在计算可转化能量的比率时，一些变量可以被消去。

❹ **评价结果**

8. 基于以上结果，与哪个物体相撞结局会稍微好些：停着的汽车还是混凝土墙？以上结果与常识相符吗？

9. 需要做假设吗？如果需要，确认它们是合理的。

例 6.7 热反应堆

在核裂变反应堆中心，快速运动的中子通过与石墨中的碳原子核碰撞来减速。碳原子核的质量与中子质量之比是 12∶1。如果中子以 $2.0\times10^7\text{m/s}$ 的速率与静止的碳原子核发生正碰，此碰撞为弹性碰撞，那么碰撞后两质点的速度分别是多少？

❶ **分析问题** 题目中的信息已经在图 WG6.4 中画出。因为，我们可能需要速度或

实践篇

者动量方程，所以图中用矢量箭头表示出了中子的初始速度以及两个质点的质量。

图 WG6.4

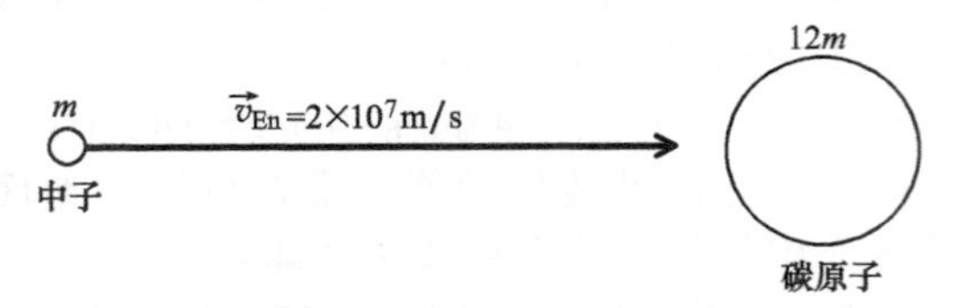

我们可以像在第5章中所做的那样，用动量和动能守恒来解决这个问题，但代数计算有些吓人。因为在地球参考系E中，碳原子核是处于静止的，所以在零动量参考系Z中分析问题会简单些。

❷ **设计方案**　首先，用伽利略变换公式转换到零动量参考系中。用式（6.26）可以得出在地球参考系中所测得的零动量参考系的速度：

$$\vec{v}_{EZ}=\vec{v}_{cm}=\frac{m_n\vec{v}_n+m_c\vec{v}_c}{m_n+m_c}$$

因为在零动量参考系中动量和为0，所以碰撞如图WG6.5所示，图中画出了x轴和矢量方向。因为这是零动量参考系，所以x轴正方向的动量一定要抵消x轴负方向的动量。因为质量的巨大差异，为了使得$|m_n\vec{v}_n|=|m_c\vec{v}_c|$，所以碳原子核的速率一定会比中子的速率小很多。

图 WG6.5

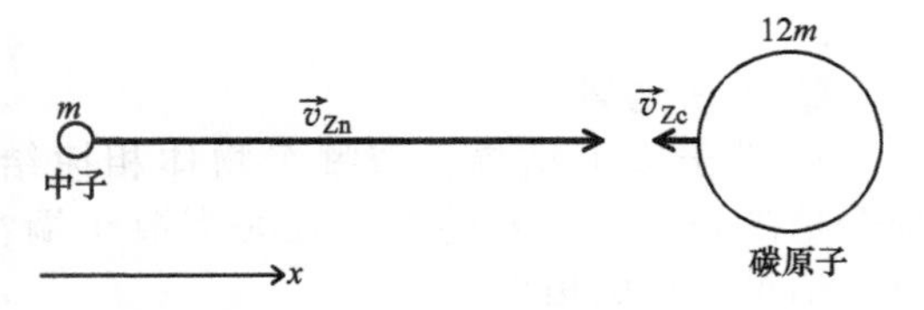

在式（6.14）中利用合适的下标可以计算零动量参考系中每一个质点的初速度：

$$\vec{v}_{Zn}=\vec{v}_{ZE}+\vec{v}_{En}=-\vec{v}_{EZ}+\vec{v}_{En}=-\vec{v}_{cm}+\vec{v}_{En}$$

$$\vec{v}_{Zc}=\vec{v}_{ZE}+\vec{v}_{Ec}=-\vec{v}_{EZ}+\vec{v}_{Ec}=-\vec{v}_{cm}+\vec{v}_{Ec}$$

因为是弹性碰撞，所以在x轴方向上，最终相对速度与初始相对速度是相反的。这表示在零动量参考系中，每一个质点动量的方向改变180°。我们应该有足够的信息来得到碰撞后每一个质点的末速度。之后利用式（6.14）再做一次变换来得到地球参考系中所测得的末速度。

❸ **实施推导**　首先，我们将地球参考系中计算出的质心速度的x分量变换到零动量参考系：

$$v_{cmx}=\frac{m(+v_n)+12m(0)}{m+12m}=+\frac{1}{13}v_n$$

在零动量参考系中，两质点的初速度的x分量分别为

$$v_{Znx,i}=-v_{cmx}+v_{Enx,i}=-\frac{1}{13}v_n+v_n=+\frac{12}{13}v_n$$

$$v_{Zcx,i}=-v_{cmx}+v_{Ecx,i}=-\frac{1}{13}v_n+0=-\frac{1}{13}v_n$$

其中，$v_{Zcx,i}$前的负号表示碳原子核是沿着x轴负方向运动的。在零动量参考系中，两质点初始动量的大小相同方向相反，而碰撞之后也是如此，因此，碰撞后质点动量方向都会改变180°（见图WG6.6）。

图 WG6.6

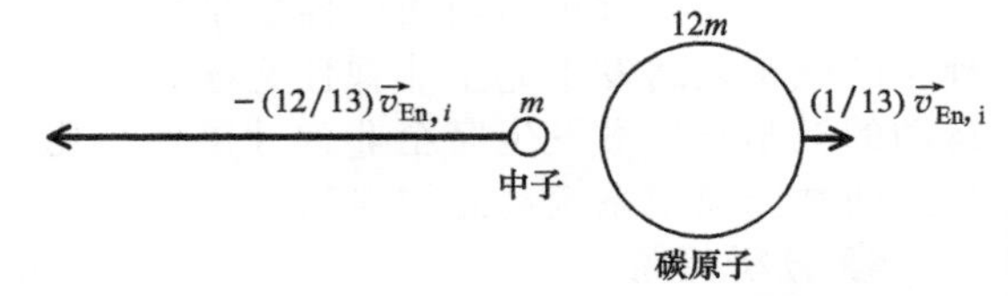

为了回答问题，我们必须再次利用式（6.14）变换到地球参考系：

$$v_{Enx,f}=v_{EZx}+v_{Znx,f}=+\frac{1}{13}v_n+\left(-\frac{12}{13}v_n\right)=-\frac{11}{13}v_n$$

$$v_{Ecx,f}=v_{EZx}+v_{Zcx,f}=+\frac{1}{13}v_n+\left(+\frac{1}{13}v_n\right)=+\frac{2}{13}v_n$$

中子远离碳原子核反向运动，其速度为

$$-\frac{11}{13}(2.0\times10^7\,\mathrm{m/s})=-1.7\times10^7\,\mathrm{m/s}✔$$

并且碳原子核沿着x轴正方向运动，速度为

$$+\frac{2}{13}(2.0\times10^7\,\mathrm{m/s})=+3.1\times10^6\,\mathrm{m/s}✔$$

❹ **评价结果**　中子失去了其15%的初速度，而且碰撞后碳原子核的速率远远小于中子速率。这也正是我们所猜想的，比如质量相差十倍或者更多的高尔夫球和篮球之间的碰撞。

引导性问题 6.8 中子减速

在核反应堆中，一些铀原子核会自发地分裂成较轻元素的原子核和几个中子。这些中子被减速剂减速，使它们更有可能被其他铀原子核所吸收。这样会引起分裂和增加核反应的速率。正如例 6.7 所说明的那样，这通常通过发生在中子和原子核之间的弹性碰撞来实现。用于减缓中子的减速剂是由一些小原子（比如氢和碳）而非大原子（比如铁和铅）组成的。这是为什么？

❶ **分析问题**

1. 题目中的碰撞与例 6.7 中的碰撞类似，但最重要的问题是：区别在哪里？

2. 我们期望在减速剂里中子与原子核之间碰撞的结果是什么？哪些物理量与这些结果相关联？

❷ **设计方案**

3. 要如何修改例 6.7 中的分析，才可以使其适用于靶核的质量 m_T？

4. 你还需要哪些附加信息来分析问题？

5. 用 m_n 和 m_T 求出碰撞后中子的速度。

❸ **实施推导**

6. m_T/m_n 的最小值可能是什么？（提示：一个氢原子靶核通常只有一个质子。）当比值是最小值时，反冲中子的速度会怎样？

7. m_T 合理的最大值可能是多少？当 m_T 取最大值时，反冲中子的速度会怎样？

❹ **评估结果**

8. 将结果与你预期的日常生活中的两物体之间的碰撞相比较，其中两物体的质量之比与中子和靶核的质量之比相同。

习题 通过《掌握物理》® 可以查看教师布置的作业 MP

圆点表示习题的难易程度：● = 简单，●● = 中等，●●● = 困难；CR = 情景问题。

6.1 运动的相对性

1. 自动人行步道在大型机场中是很常见的，但在上下自动人行步道时一定要注意。当你踩在上面时，要怎样做才容易保持平衡？当你下去时呢？●

2. 一只飞虫撞到了正在骑自行车的人的头盔上。（你认为这是哪一类碰撞？）在以下条件中画出碰撞前和碰撞后虫子和骑车者的动量矢量：(a) 虫子在初始时刻处于静止的参考系中，(b) 骑车者在初始时刻处于静止的参考系中。●

3. 以下表格记录的是赛车 A 和 B 在直道上的数据。求出在赛车 A 中的观察者所测量到的赛车 B 的平均速度。●●

时间/s	赛车 A 的位置/m	赛车 B 的位置/m
1	40	20
2	65	50
3	90	80
4	115	110
5	140	140
6	165	170
7	190	200
8	215	230
9	240	260
10	265	290

4. 地面参考系中的人看到箱子 A 和箱子 B 以相同的速率接近对方，直到两个箱子发生碰撞变为静止。随着箱子 A 一起运动的观察者 A 是如何看待这个事件的？假设观察者 A 与箱子 A 的初始速度是一样的，但并不与箱子 B 碰撞（也就是说，观察者 A 继续以原来箱子 A 的初始速度运动）。在地面参考系的人与观察者 A 在以下问题中得到的值是否一致？(a) 箱子 A 的初始速度，(b) 碰撞后箱子 B 的末速度，(c) 碰撞后，两个箱子的相对速度？●●

5. 你面朝后坐在一辆皮卡[㊀] 的尾部，当皮卡运动时你从它的后箱盖上跳了下来。当你落地后，从以下观察者的观点来看，你是向着皮卡运动还是远离皮卡运动：(a) 站在路边的人，(b) 和你一样坐在皮卡后箱盖上的人。●●

6. 两个惯性质量相等的物体 A 和 B 以相对速度 $\vec{v}_{AB}$ 向着对方运动，直到两物体发生弹性碰撞。在以下参考系中，画出每一个物体从碰撞前几秒到碰撞后几秒的速度-时间图

㊀ “pickup”的音译，其规范叫法是轻便客货两用车，它是一种采用普通乘用车车头和驾驶室，同时带有敞开式货车车厢的汽车。——译者

像：(a) A在初始时刻处于静止的参考系，(b) B在初始时刻处于静止的参考系，(c) 在零动量参考系中。●●

6.2　惯性参考系

7. 站在路边的人看到一辆汽车从静止开始加速到30m/s。描述一下以30m/s的恒定速率与汽车同方向行驶的货车中的驾驶员所看到这辆汽车的运动。如果货车是沿反方向行驶呢？汽车加速度的方向是否会受到相对于地面做匀速运动的货车驾驶员的影响？●

8. 在一辆很长的公交汽车里，你从座位上运动到车后面的卫生间。如果车以100km/h的时速运动，你从座位上到卫生间走路的速率是2.0m/s，那么你相对于地面的移动速率是多少？●

9. 皮卡的车厢里随意地放着几个空的易拉罐。当皮卡减速时，为什么易拉罐会向前滚动？●

10. 你将钥匙掉在了正在匀速上升的高速升降机里。相比较以下情况，哪种情况下钥匙会更快地向升降机的底面加速运动：(a) 如果升降机并没有运动？(b) 如果升降机加速向下运动？●●

11. 质量 $m_A = 150000$kg 的火车A以60km/h的速率向西运动。质量 $m_B = 100000$kg 的火车B则在火车A的后面沿着相同的轨道以88km/h的速率向西运动，越来越逼近火车A。火车B的驾驶员减速失败，所以火车B撞上了火车A的后面。碰撞后两列火车接在一起作为整体运动。下列观察者所测得的碰撞前和碰撞后每一列火车的动量分别是多少？(a) 站在轨道旁的观察者，(b) 与轨道平行并以100km/h的速率向西行驶的汽车。●●

12. 质量为1000kg的汽车以50km/h的速率向东行驶，越过山顶后与停在车道中间的3000kg货车相撞。碰撞使得货车以15km/h的速率向东运动。(a) 碰撞的恢复系数是多少？在以下情况下，有多少动能被转化成内能：(b) 在地球参考系中，(c) 在沿着车道以5km/h向东运动的参考系中。●●

13. 你骑着一匹450kg的马以14.4km/h的速率在荒凉的路上向东运动。你的质量为60.0kg。一位警员（你认识的人而且他也知道你和马的质量）开车经过时，测量了你相对于警车的速率并计算得出你的动能是16.32kJ。那么当警员在测量你的速率时，警车的速率是多少？●●●

6.3　相对性原理

14. 两辆汽车在拥挤的街道上发生正碰。站在路边的人目击了整个过程，并计算出两辆车最初的动能中有 E_{def} 的动能消耗为汽车的形变。当两辆车发生碰撞时，一辆警车在其中一辆汽车旁边以相同的速率行驶。如果警员在自己所在的参考系中，利用他所得到的两车速度来计算 E_{def}，那么这位警员得到的值比路人得到的值更大、更小，还是一样？●

15. 在机场，两位商人都以1.5m/s的速率从大门走向主航站，一个人走在自动人行步道上，另一个人走在旁边的地板上。走在自动人行步道上的商人在60s内走到了主航站，而走在地板上的商人则在90s内走到了主航站。在地面参考系中，自动人行步道的速率是多少？●

16. 时钟A和B位于不同的惯性参考系中，并且A和B的时间并不同步（换句话说，如果 $t_A = t_B + \Delta\tau$，其中 $\Delta\tau$ 是一个不变的时间间隔），那么物理定律会改变吗？●●

17. 你将0.10kg的测速仪放在了一个0.50kg的推车前方的无摩擦轨道上，通过这种方式来测量它在地球参考系中的速度，测得的速度为 $+(1.0\text{m/s})\hat{\imath}$。由于你的注意力不集中，推车撞到了测速仪，碰撞为完全非弹性碰撞，之后两个物体作为整体向前运动。你的一个朋友却和她的测速仪一起以 $-(3.0\text{m/s})\hat{\imath}$ 的速度跑向推车。(a) 在你朋友的参考系中，同测速仪粘在一起的推车的动量是多少？(b) 碰撞之后她的测速仪所测量的推车的速度是多少？●●

18. 在溜冰场，两个体重均为20kg的女孩都向着对方加速，直到在地面参考系中她们以2.0m/s运动。之后她们发生正面碰撞，互相抓住对方摔倒在地板上。在以下条件下，计算每一个女孩在碰撞前和碰撞后的动量。(a) 在地球参考系中，(b) 在其中一个女孩母亲的参考系中，这位母亲与她的女儿同时开始滑行，在碰撞后仍不改变速率继续滑冰。(c) 父亲们觉得这次碰撞看起来很有意思，并决定亲自试一下。从能量的角度解释，为什么他们不喜欢像他们的女儿那样去做。●●

19. 相同的推车 A 和 B 在轨道上相向而行。推车 A 的速率是 v，推车 B 的速率是 $2v$。在地球参考系，两推车组成的系统的动能是 K。是否存在其他的参考系使得系统在这个参考系中有同样的动能 K？如果存在，请描述这个参考系。如果不存在，请解释原因。●●●

6.4 零动量参考系

20. 两个完全相同的小车以相等的速率相向而行。对于一位在地面参考系中的观察者来说，由两个小车组成系统的零动量参考系的速率是多少？如果同样两个小车沿着同一方向行驶，还是对于那位地面参考系中的观察者来说，由两个小车组成系统的零动量参考系的速率是多少？●

21. 在系统的零动量参考系中，系统的动能是 0 吗？●

22. 两个完全相同的质点 A 和 B 发生弹性碰撞。在零动量参考系中，关于初速率和末速率的比值，即 $v_{A,f}/v_{A,i}$ 和 $v_{B,f}/v_{B,i}$，你可以做出些解释吗？●

23. 图 P6.23 显示三个完全一样的推车用弹簧连接放在三条轨道上（这样它们就可以轻松地向左或向右滑行）。在零动量参考系中，系统有两种简单且对称的振动方法。其中一种如图所示就是彻底的 X 模式。请画出另一种方式。●●

图 P6.23

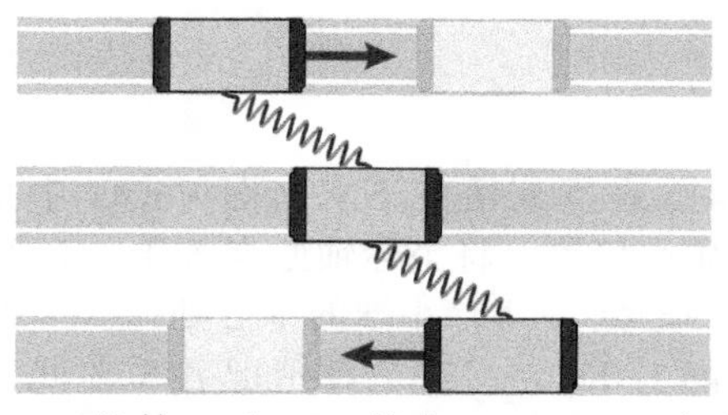

24. 物体 A 和 B，其中 $m_B \gg m_A$。如果两个物体匀速运动，且 $\vec{v}_A \neq \vec{v}_B$，那么零动量参考系的速度是更接近于 $\vec{v}_A$ 还是 $\vec{v}_B$？●●

25. 一辆 4000kg 的倾卸货车停在山坡上。突然驻车制动器坏了，货车从山坡上滑下。之后货车以 36km/h 的速率在平地上滑行直到撞上一辆 1000kg 静止的汽车。汽车通过架子与货车相连，两辆车继续向前运动。（a）碰撞后的瞬间整体的速度是多少？（b）一位慢跑者正以 2.0m/s 的速率接近碰撞，并且他的运动方向与两辆车组成的系统的运动方向相反。在慢跑者看来，系统的动量是多少？（c）慢跑者要以怎样的速率以及方向运动才能够在他看来两车的系统动量为 0？●●

26. 物体 A 的惯性质量是 B 的 10 倍，两物体相向而行，相对速度为 $\vec{v}_{AB}$，最终发生弹性碰撞。在以下条件下，画出每一个物体从碰撞前几秒钟到碰撞后几秒钟的速度-时间图像：（a）从在初始时刻 A 处于静止的参考系，（b）从 B 在初始时刻处于静止的参考系，（c）从零动量参考系。●●●

27. 在一个轻物体与重物体之间所发生的弹性碰撞中，哪一个带走更多的动能？答案与初速率有关吗？（提示：在零动量参考系中会更清晰）。●●●

6.5 伽利略相对性

28. 两个相同的物体以相同的速率相向运动并发生正碰，在地面参考系中可以看到两个物体都改变了方向。那么在任何一个相对于地面参考系运动的惯性参考系中是否都能看到两个物体均改变了方向？●

29. 你将小球投到空中并记录小球从离开你的手到达到最高点的时间间隔。当你做这些的时候，一个建筑工人在液压升降工作台上匀速上升，并且也记下了小球到达最高点的时间间隔。建筑工人记录的时间间隔比你所记录的时间间隔长，还是短，还是一样？●●

30. 一名学生在低摩擦的轨道上用两个推车做实验。在地球参考系中，当推车 1（$m=0.36$kg）以 1.0m/s 的速度从左到右运动时，在其旁边的学生也以同样的速度走路。（a）如果在学生的参考系中，两车碰撞后，推车 2 立即处于静止；推车 1 运动方向相反，以 0.33m/s 的速度从右向左运动。那么在地球参考系中，在碰撞前推车 2（$m=0.12$kg）的速度 $\vec{v}_{E2,i}$ 应该是多少？（b）学生所测得的两个推车所组成的系统的动量是多少？（c）在地面参考系上静止的人所测得的两个小车在碰撞前的动量分别是多少？●●

31. 注意在《原理篇》图 6.12 中，不论在哪一个参考系中，相互作用的时间都是相同的。那么在所有的参考系中这都是正确的

吗？请说明原因。●●

32. 三辆车发生了碰撞，汽车A碰到了汽车B的后面，之后汽车B向前运动碰到了汽车C的后面。在所有的惯性参考系中，汽车B在两次碰撞中运动的距离都相同吗？●●

33. 乘坐上行的自动扶梯时，你如果站着不动，全程需要30s。如果从停驶的自动扶梯走完全程则只需要20s。那么你从上行的扶梯中走下来需要多长时间？●●

34. 女生所在的火车以4.0m/s的速率离开站台，这时一位朋友在她所在的车厢旁奔跑，挥手告别。(a) 如果这位朋友以6.0m/s速率跑步，跑步方向与火车方向相同，那么女生要朝着哪个方向走多快才能够与朋友一致？(b) 当火车速度已达到10m/s时，女生要朝着哪个方向走多快才能够与朋友一致？●●

35. 飞行员都知道假如有风，往返飞行的时间就会增加。为了证明这一点，假设飞机以速率v相对大气运动。(a) 对于单程距离是d的航线，写出在无风时往返飞行所需要的时间Δt_{calm}表达式。忽略在地面上所花费的时间，并假设飞机在整个航程中的飞行速率相同。(b) 假设风速是w，不管风的方式如何，总之风的影响是一次顺风一次逆风。在这样的风速下，写出往返飞行所需要的时间Δt_{wind}的表达式。然后证明在$w \ll v$时，表达式可以归纳为

$$\Delta t_{\text{wind}} \approx \Delta t_{\text{calm}}\left[1+\left(\frac{w}{v}\right)^2\right]$$

(对于最后一步，可能会用到，当$z \ll 1$时，$(1\pm z)^b \approx 1\pm bz$。) ●●●

6.6 质心

36. 在地球参考系中，当物体静止时，测得其惯性质量为m。根据伽利略相对性，以恒定速度$\vec{v}$沿x轴负方向运动的观察者在经过此物体时，测得的此物体的惯性质量是多少？动量是多少？●

37. 地球-月球系统的质心距地球的中心有多远？●

38. (a) 求出如图P6.38所示的系统的质心位置。三个圆盘都是用同样的金属薄片制成，直径分别是1.0m、2.0m、3.0m。(b) 用与(a)问中相同的金属制成三个实心球，球的直径与(a)问中的也相同，再次计算系统质心的位置。●●

图 P6.38

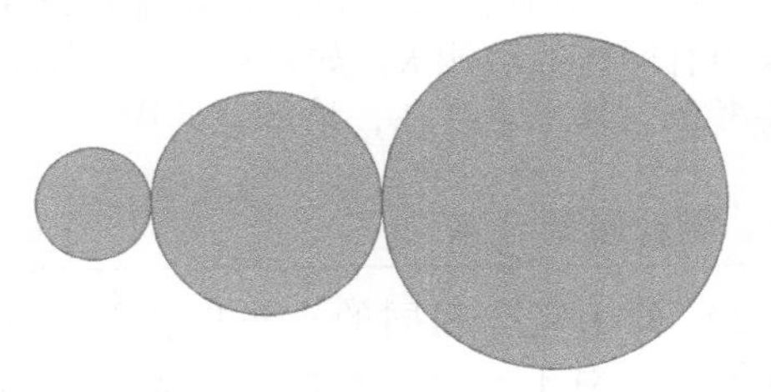

39. 男孩和女孩分别在两个相距10m远的竹筏上休息，水面是平静的，这时女孩注意到在两个竹筏中间漂浮着一个沙滩玩具。女孩和竹筏的惯性质量是男孩和其竹筏惯性质量的两倍。由于竹筏是用12m长的绳子相连的，所以她决定通过拉绳子使两个竹筏靠拢直到她能够拿到玩具。哪一个竹筏最先到达玩具处？当第一个竹筏到达玩具处时，两个竹筏相距多远？●●

40. 如图P6.40所示，图中两个惯性质量不同的立方块由弹簧相连，并且用锤子通过(a)、(b)两种方式来击打它们。假设相同的冲量通过锤子被转移，那么碰撞后质心的运动与哪一个立方块先被击打有关呢？●●

图 P6.40

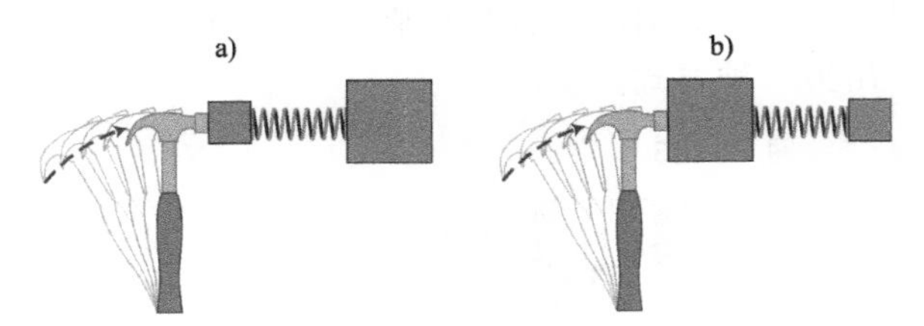

41. 在下列情况下求出图P6.41中指挥棒的质心位置，将坐标轴原点置于：(a) 大球的中心处，(b) 小球的中心处，(c) 距大球左侧1.0m处。这三种情况各需要几次计算来解决？●●

图 P6.41

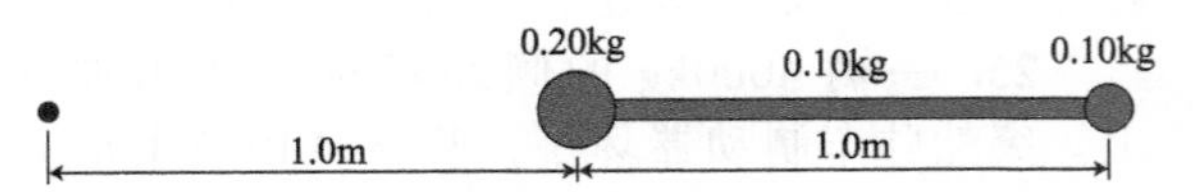

42. 图P6.42中的空立方体盒子没有顶面；也就是说，这个盒子是由五个正方形面组成的。如果五个面的质量都是一样的，那么质心在距离底面多高的位置处？●●

实践篇

图 P6.42

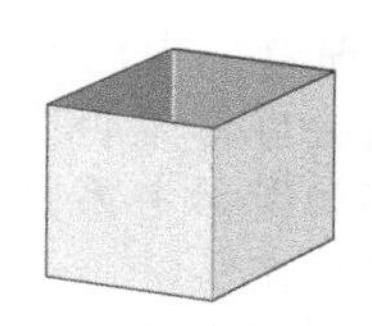

43. 从某参考系中测得一个孤立系统质心的运动情况，你能否确定这个参考系是惯性系？ ●●

44. 求出台球杆的质心位置，其中台球杆的直径从 40mm 均匀地减少到 10mm，杆长为 1.40m（见图 P6.44）。假设台球杆是由实心木制成，里面没有隐藏重物。（提示：参考《原理篇》附录 D 中延伸物体质心的计算。你将会发现对一个完全的锥体积分是较简单的。台球杆是被切去顶端的圆锥体——也就是说，去掉了锥尖的圆锥。切掉一块就像是加上一个负的惯性质量。） ●●●

图 P6.44

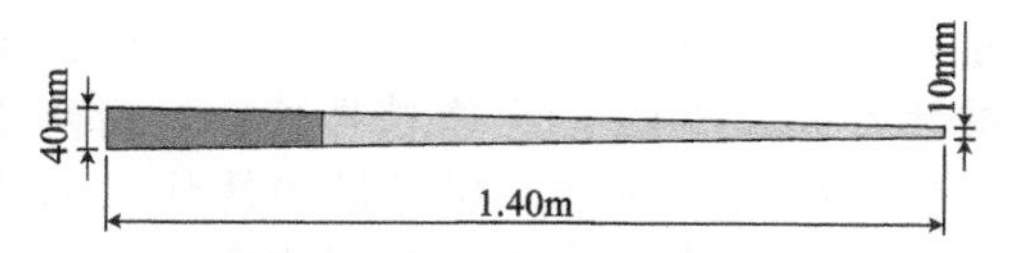

6.7 可转化动能

45. 惯性质量为 m_1 的物体与静止的惯性质量为 m_2 的物体发生完全非弹性碰撞。从 $m_2/m_1=0$ 到 $m_2/m_1=4$ 画出损失的动能部分与 m_2/m_1 的关系，并讨论 m_2/m_1 接近无穷大时，会发生什么？ ●

46. 一个 3.0g 的质点以 3.0m/s 的速率朝着静止的 7.0kg 的质点运动。有百分之多少的初动能可转化为内能？ ●

47. 思考由两个惯性质量不同的物体（$m_1 \ll m_2$）组成的系统。折合惯性质量 μ 比 m_1 大多少？比 m_2 小多少？ ●

48. (a) 是否存在一个参考系使得系统的动能是最小值？如果存在，这个参考系是怎样的参考系？(b) 是否存在一个参考系使得系统的动能是最大值？如果存在，这个参考系是怎样的参考系？ ●●

49. 你用球棒击打已投掷出来的棒球。在哪一个参考系中平动（不可转化）动能更大：在碰撞前球棒处于静止的参考系，还是在碰撞前棒球处于静止的参考系？ ●

50. 当两辆汽车最初均以 88km/h 的速率运动并发生正碰撞时，K_1 是转化为内能的动能；当一辆汽车最初以 88km/h 的速率运动，与另一辆静止的车发生碰撞时，K_2 是转化为内能的动能。K_1/K_2 的比值是多少？假定两辆车的惯性质量相同，碰撞均为完全非弹性碰撞。（提示：在每一种情况下，需要花费多少能量才能使质心运动。） ●●

51. 在地球坐标系中，一个最初处于静止状态的 0.075kg 圆盘可以平行于单杠自由地运动，这个单杠通过一个孔穿过圆盘中心。如图 P6.51 所示，圆盘被以 11m/s 的速度运动的彩弹球迎面击中。(a) 圆盘和彩弹球最初的相对速度是多少？(b) 折合惯性质量（折合质量）是多少？(c) 如果彩弹球所有的颜料留在圆盘上，那么初始动能的百分之多少被转化为内能？(d) 在碰撞发生前，以彩弹球相同的速度骑行的骑车者所看到的动能的变化是多少？(e) 在骑车者的参考系中计算最初和最终的动能来验证你在 (d) 问中所得到的答案。 ●●

图 P6.51

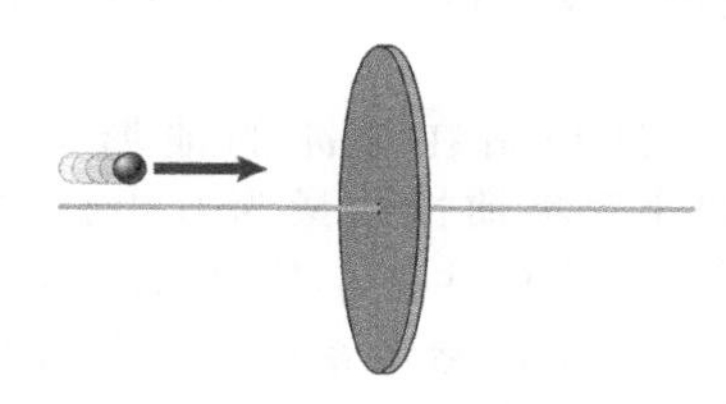

52. 举一个常见的例子：一个质量为 m_{moving} 的运动物体与一个质量为 m_{rest} 的静止物体发生碰撞。(a) 证明：在碰撞中不可转化的动能占动能的比例是 $m_{\text{moving}}/(m_{\text{moving}}+m_{\text{rest}})$。并解释 $m_{\text{rest}} \gg m_{\text{moving}}$ 和 $m_{\text{rest}} \ll m_{\text{moving}}$ 的情况。(b) 上述比例值依赖于碰撞是否为弹性的吗？(c) 为什么这部分能量不可转化？ ●●

53. 小球 1 以 10m/s 向你运动。为了使小球 1 反向，你决定向小球 1 扔出小球 2。两个小球发生正面碰撞，碰撞的恢复系数是 0.90。(a) 如果小球 1 的惯性质量是 0.500kg，小球 2 的惯性质量是 0.600kg。那么小球 2 要运动多快才能使小球 1 反向？(b) 初始时刻两球的相对速度是多少？(c) 折合惯性质量（折合质量）是多少？(d) 可转化动能占初始动能的百分比是多少？(e) 碰撞后瞬间，

两球的最后速度是多少？ ●●

54. 习题 53 中的小球以 5.0m/s 的速率远离你，而且为了使小球 1 运动得更快，你打算向其扔出小球 2。两球再一次发生正面碰撞，碰撞的恢复系数是 0.90。(a) 用习题 53 中所给出的惯性质量，小球 2 要运动多快才能使小球 1 的速度加倍？(b) 两球在初始时刻的相对速度是多少？(c) 折合惯性质量（折合质量）是多少？(d) 可转化动能占初始动能的百分比是多少？(e) 碰撞后瞬间，两球的最后速度是多少？ ●●

55. 如果两个例子中的相对速度是一样的，一个是发生在两个惯性质量均为 m 的物体间的碰撞，另一个是惯性质量分别为 m_1、m_2 的两个物体之间的碰撞，其中 $m_2<m_1$，$m_1+m_2=2m$，哪一个的可转化动能更多？ ●●

56. 从斜坡下来后，60kg 的滑雪运动员在水平面上以 15m/s 的恒定速率向北滑行。她的惯性质量为 5.0kg 的猫以 3.8m/s 的速率向南跑向她，并跳进她的怀里，运动员抱住猫。(a) 在地面参考系中，计算出有多少的动能转化为内能？(b) 在地面参考系中看，小猫动能没有发生改变的惯性参考系的速度是多少？ ●●

57. 一只狗站在结冰的池塘上，你以 9.0m/s 的速率将惯性质量为 0.40kg 的小球扔给小狗。小狗抓住了小球并开始在冰面上滑行。(a) 在地面参考系中，抓住球后的瞬间小狗的速度是多少？(b) 对于地面参考系，小球的动能没有发生改变的惯性参考系的速度是多少？(c) 在地面参考系中，系统最初的动能有多少是可以转化的？(d) 在问题 (b) 所描述的参考系中，系统最初的动能有多少是可以转化的？ ●●

58. 除了定义一个惯性质量（折合质量）μ 来表征系统的可转化动能，我们还可以用如下方式定义一个折合速度 v_{red}：对于一个包含两个质点的系统，其中一个质点的惯性质量是 m_1、速度是 v_1，另一个质点的惯性质量是 m_2、速度是 v_2，系统的动能是

$$K=K_{cm}+K_{conv}=\frac{1}{2}(m_1+m_2)v_{cm}^2+\frac{1}{2}(m_1+m_2)v_{red}^2$$

用给定的各个量推导出折合速度的表达式。（正如质心速度是各个速度的加权平均数，折合速度是各个速度的加权差分。） ●●●

实践篇

6.8　守恒定律和相对性

59. 在《原理篇》中已经学习过零动量参考系。你可能会好奇是否有零能量参考系的存在。那么零动能参考系是一直存在、从不存在还是有时存在？ ●

60. 在发生完全非弹性碰撞后，假如由两个物体所组成的孤立系统的动能是 0。那么在同样的参考系中，碰撞前系统的动量是多少？ ●

61. 一只企鹅妈妈带着它的小企鹅位于结冰的平面上。企鹅妈妈躺在距离水的边缘 0.50m 处休息。惯性质量是企鹅妈妈 1/4 的小企鹅在冰面上滑行，它与企鹅妈妈发生非弹性碰撞并以初始速率的 1/8 反弹回去。企鹅妈妈在 0.40s 后被溅起的水花惊醒。(a) 当小企鹅撞到企鹅妈妈时，小企鹅的速率是多少？(b) 对一只正以 1.0m/s 的速率游向它们的企鹅来说，用 m_{mother} 表示出碰撞前和碰撞后企鹅妈妈的动量。 ●●

62. 质量为 50kg 的女溜冰选手正以 2.0m/s 的恒定速率在冰面上运动。突然，她被惯性质量为 70kg 的男搭档搂住，之后两个人一起在冰面上滑动。当男搭档搂住女溜冰选手时，他正处于静止，即刻两个人一起滑行。(a) 在刚搂住后，他们的速度是多少？(b) 另一个溜冰选手以 1.0m/s 的恒定速率跟在这个女溜冰选手的后面。那么在这个溜冰选手看来，女溜冰选手的动量改变了多少？ ●●

63. 在惯性参考系 F 中，惯性质量为 m_{orange}、速度为 $\vec{v}_{orange}$ 的橙子与最初处于静止的、惯性质量为 m_{apple} 的苹果发生完全非弹性碰撞。(a) 在另一个惯性参考系 G 中观察这次碰撞，碰撞前后橙子的动能不变。那么在惯性参考系 F 中所测得的惯性参考系 G 的速度是多少？(b) 如果 $m_{orange}=m_{apple}$，在两个参考系中分别画出碰撞前后两个物体的速度矢量。 ●●

64. 一颗重 50kg 的流星以 1000m/s 的速率撞击地球。假设速度是沿着地球质心和流星质心的连线方向。(a) 计算在地球参考系中有多少动能被转化为内能？(b) 地球的动能增加了多少？(c) 为什么被流星撞击过的地面周围会变得很热？ ●●

65. 重 0.20kg 的垒球相对地面以 20m/s 的速度向东运动。它与以 20m/s 的速度向西

运动的重 0.40kg 的橡皮球发生正面碰撞。(a) 在地球参考系中，如果系统因为碰撞其动能减少了 20%，那么两个球最终的速度是多少？(b) 内能发生了什么改变？(c) 相对于地球参考系以 15m/s 的速度向东运动的参考系中的一位观察者目睹了这次碰撞。在这位观察者看来，动能和内能改变了多少？(d) 相对于地球参考系以 20m/s 的速度向东运动的参考系中的观察者所测量的动能和内能改变了多少？●●

66. 推导出一个表达式来证明在零动量参考系中观察两个物体间的弹性碰撞，每一个物体的动量方向是相反的，每一个物体动量改变的大小是各个物体初始动量的两倍。●●●

附加题

67. 正当一辆车经过学校的交通协管员时，一个坐在后座的小孩将玩具扔给坐在前座的姐姐。被扔的玩具相对汽车的速率是 2.0m/s，汽车相对地面的速率是 10m/s。在以下参考系中画出玩具、汽车、交通协管员的速度矢量：(a) 汽车，(b) 协管员，(c) 玩具。●

68. 一个 20kg 的小孩以 3.0m/s 的速率在冰面正向着她妈妈滑行。而体重为 68kg 的妈妈则以 2.0m/s 的速率滑向她，打算抓住她。初始动能的多少百分比是可以转化的？●

69. 一位 80kg 的男士以 2.0m/s 的速率走路。一只 10kg 的狗以 5 倍于这位男士的速率沿着相同方向跑。你要相对于男士沿着怎样的方向以什么速率慢跑，才能够使你在你的坐标系中与男士和小狗具有同样的动量？●

70. 一个乘客位于正在向下减速的电梯里。另一个乘客位于从静止开始加速向上的电梯里。他们都闭上眼睛，两位乘客能够分辨出他们位于这两个电梯中的哪一个吗？●●

71. 假设你处于一个非惯性参考系中观察两个惯性质量分别为 m_1 和 m_2 的孤立物体。对于以下问题，你该如何解答？(a) 每一个物体的加速度，(b) 每个物体动量的改变量。●●

72. 在两者的相对速率为 v_{BT} 的瞬间，一只惯性质量为 m_B 的虫子撞上了惯性质量为 $m_T \gg m_B$ 的 Mack 货车（Mack truck）的风窗玻璃上。(a) 在货车的参考系中表示出系统的动量，之后将表达式转换到虫子的参考系中，这样会删去表达式中的 $m_B v_{BT}$。（注意，在虫子的参考系中，虫子最初是处于静止的，货车是运动的。）(b) 在虫子的参考系中表示出系统的动量，之后将表达式转换到货车的参考系中，这样会删去表达式中的 $m_T v_{BT}$。(c) 有什么地方错了吗？我们该如何通过一个很小的量 $m_B v_{BT}$ 或者一个比较大的量 $m_T v_{BT}$ 这两种转换方式来改变动量？●●

73. 一个 0.045kg 的高尔夫球以 50m/s（在地球参考系中）的速率与在窗台上重 1.8kg 的塑料花盆发生了非弹性碰撞。碰撞的恢复系数是 0.50。计算出球和花盆最终的速度。要解决这个问题要首先转换到零动量参考系中，这样碰撞的计算会简单些，之后再转换到地球参考系中。（假设所有的动作都发生在一维中，而且花盆与窗台之间的摩擦可忽略不计。）●●

74. 惯性质量为 $m_{A1} = 3.60 \times 10^6$kg 的行星 A1 与惯性质量为 $m_{A2} = 1.20 \times 10^6$kg 的行星 A2 在空间中发生对心碰撞。可近似认为是弹性碰撞。分别位于两个空间站的观察者看到了这次碰撞。在空间站 Q 中的观察者测得 A1 的速率是 528m/s，A2 的速率是 315m/s，而且观察到 A2 是直接向着 A1 运动。第二个空间站 Z 位于两个行星的零动量参考系中且处于静止。(a) 在空间站 Q 中观察，两个行星的总动量是多少？(b) 空间站 Z 相对于空间站 Q 的速度是多少？ (c) 用类似于图 P6.74 中的图画出在空间站 Z 中所观察到的各行星的速度、动量和动能。假设碰撞在 $t = 40$s 时开始发生，并且持续 20s。(d) 在 (c) 问所画出的动量图像中加入系统的动量的曲线。(e) 当动能曲线发生弯曲时，动能发生了什么变化？(f) 在 (c) 问所画出的动能曲线中表示出在空间站 Z 中的观察者所得到的各行星的可转化动能和不可转化动能。(g) 在空间站 Q 中重新完成 (c)~(f) 问。●●

75. 假设在习题 74 中两个行星间的碰撞是完全非弹性碰撞。则在这种情况下回答习题 74 中同样的问题。●●

76. 质量为 1500kg 的厢式货车以 15m/s 的速率向交通信号灯滑行。跟在厢式货车后面的 1000kg 的汽车也以 25m/s 的速率滑行，

图 P6.74

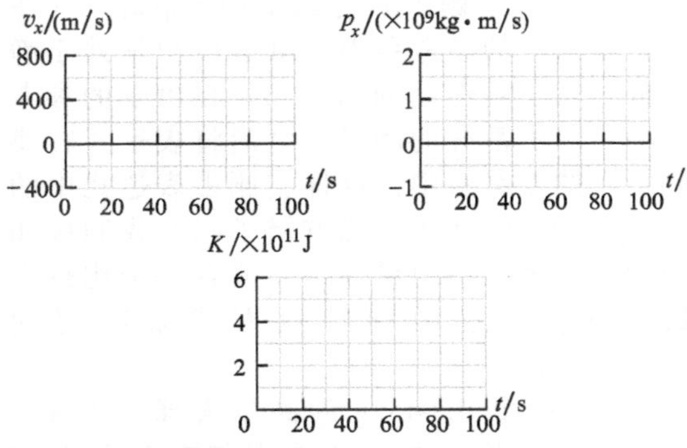

与厢式货车的尾部发生了碰撞。保险杠间碰撞的恢复系数是 0.70。(a) 碰后两辆车的末速度分别是多少？(b) 在这次碰撞中，有多少的动能被转化为内能？(c) 如果是保险杠连接在一起的完全非弹性碰撞，有多少的能量会被转化？●●

77. 在低摩擦的轨道上，0.30kg 的推车以相对于地面 2.0m/s 的速率运动，与同方向以 1.0m/s 的速率运动的 0.50kg 的推车发生碰撞。如果在地面参考系中测量，碰撞后系统的动能增加了 30%，那么在这个参考系中推车的末速度分别是多少？●●

78. 在惯性参考系 I 和匀加速运动（非惯性）的参考系 N 之间，位移和时间测量的转换关系是

$$t_{\mathrm{N}}=t_{\mathrm{I}}=t$$

$$\vec{r}_{\mathrm{N}}=\vec{r}_{\mathrm{I}}-\vec{v}_{\mathrm{IN}}t-\frac{1}{2}\vec{a}_{\mathrm{IN}}t^{2}$$

其中，$\vec{v}_{\mathrm{IN}}$ 是在惯性参考系中测得的 $t=0$ 时非惯性参考系的速度；$\vec{a}_{\mathrm{IN}}$ 是在惯性参考系中测得的非惯性参考系的加速度。通过转换定律的微分形式，用 v_{I} 和 a_{I} 推导出 v_{N} 和 a_{N}。●●●

79. 如图 P6.79 所示的奖章是将一个大圆盘中切掉一个小圆形。原来圆盘的直径是圆孔直径的两倍，圆盘的厚度也是均匀的。你开始思考这样一个物体的质心的位置，但似乎不可能计算出来。之后你设想将两个圆

图 P6.79

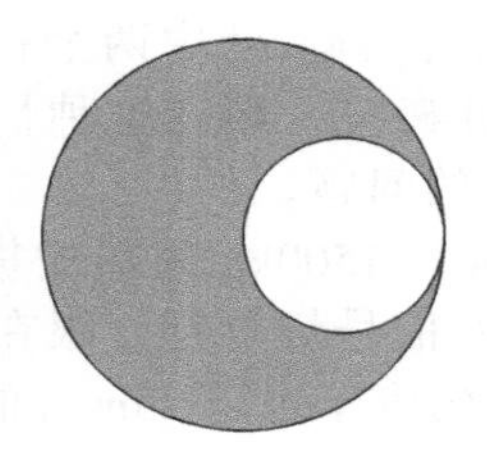

形叠加到一起。●●●CR

80. 作为一个狂热的自行车骑行爱好者，你已经开始意识到你最快的速率是相对空气速率，而不是相对地面速率，因为当你骑得很快时，空气阻力不容忽视。你喜欢每天以最快的速率骑行整整一个小时，而且也知道在没有风的天气情况下，在你沿原路返回前，你可以骑行 20km。但今天，你在行程的第一阶段却遇到了 20km/h 的逆风（当然回去的时候是顺风）。你必须在一个小时内赶到家，所以你查看地图。●●●CR

81. 一辆 2000kg 漏斗车以 2.0m/s 的速率在轨道上滑行。当它经过粮食槽时，槽就会打开（见图 P6.81），粮食以 4000kg/s 的速率下落，5.0s 之后槽就会关闭。(a) 在槽关闭之后，漏斗车的速率是多少？(b) 在漏斗车中的粮食不断增加的这 5.0s 中，漏斗车运动了多远？（这个距离也是漏斗车中粮食占据的长度。）(c) 在 5.0s 的最后，粮食-漏斗车系统的质心的位置？(d) 在 5.0s 的最后，粮食的质心在哪里？(e) 为什么粮食的质心与粮食路径两端的中点并不重合？●●●

图 P6.81

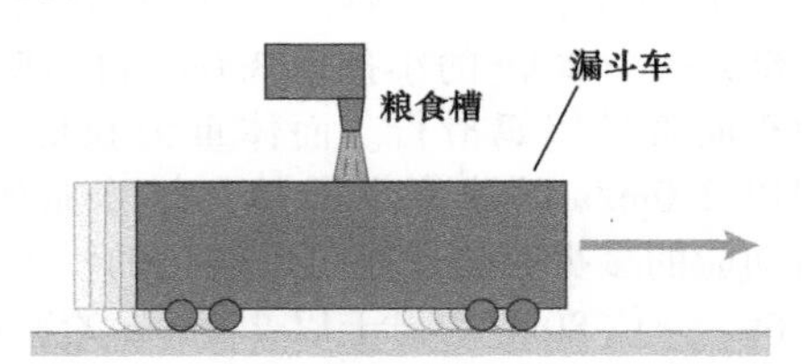

82. 一个以 5.0m/s 的速率滑行的滑板运动员决定靠近与其同方向上以 4.0m/s 的速率滑行的轮滑者。可惜，轮滑者在碰撞前刚好停了下来，而且速度太快以至于滑板者无法做出反应。轮滑者停下来后立即转身，并且伸出胳膊来避免这次碰撞。轮滑者和他的鞋子共重 70kg，滑板者和他的鞋子共重 79kg。(a) 如果最终滑板运动员以 2.0m/s 的速率反向运动，那这次碰撞的恢复系数是多少？(b) 在旁边站着的观察者所测得的动能和内能的变化分别是多少？(c) 在滑板运动员和轮滑者所组成的零动量参考系中，观察者测得的动能和内能的变化分别是多少？(d) 如果轮滑者并没有转身也没有停下来，那样的话滑板运动员就能够抓住他并继续滑行，那么在这种碰撞中将会失去多少的动能？●●●

实践篇

复习题答案

1.（a）坐在和货车以相同速度行驶的汽车里的观察者看到货车并没有运动。（b）坐在和货车速度不同，但匀速行驶的汽车里的观察者看到货车在匀速行驶，但和观察者本身的速度并不一样。

2. 以风为参考系，空气是静止的。当你在逆风骑行时，在此参考系中所测得的你的速度是大于你在以地球为参考系中所测得的速度的。在以风为参考物的参考系中，所测得你骑车的速率越大，你越感觉到像是骑在暴风里。当你顺风骑行时，如果你的速率和风的速率一样，那就会感觉空气是静止的，也就是说，你感觉不到风的存在。

3. 观察者在惯性参考系 2 中测得 $\Delta\vec{p}=0$，因为在任何惯性参考系中 $\Delta\vec{p}$ 都为 0。

4. 惯性定律：在惯性参考系中，处于静止或匀速运动的孤立物体仍然处于静止或匀速运动。这个定律可以用来判断一个参考系是不是惯性参考系：你看到很多孤立物体，如果这其中有物体违背了这个定律，那你所选的参考系就是非惯性参考系。如果没有物体违背这个定律，那你所选的参考系就是惯性参考系。

5. 观察者处于非惯性参考系中，因为在此参考系下并不遵守惯性定律。

6.（a）是的。在所有惯性参考系中加速度都是一样的。（b）不是。处于其他惯性参考系中的观察者可以测得物体有一个非零的速度。关于所测得的非零速度唯一可以明确的就是它是恒定的。

7. 相对性原理：在所有惯性参考系中的物理定律都是一样的。这就意味着并不需要创造不同的定律来解释相对于彼此以匀速运动的观察者所得到的结果。物理定律在惯性系中是普遍适用的。

8. 不能。因为一个惯性参考系与其他惯性参考系之间在物理上是没有差别的。你可以确定你所处的参考系是不是惯性参考系，但你只能够测得你的参考系相对于其他惯性参考系的速度。

9. 因为第二个参考系是惯性参考系，所以物体的加速度与在第一个参考系中的加速度是一样的。

10. 动量守恒并不意味着系统的动量在所有的惯性参考系中都要有相同的数值。它表示的是动量既不能被创造也不能被消灭，所以系统动量的任何改变都与冲量有关（动量输入或输出）。因为在所有惯性参考系中系统动量的改变是一样的，所以动量守恒适用于所有惯性参考系。

11. 对于动能，他们不能达成一致的是每个物体的动能和系统的动能；能达成一致的是他们都认为碰撞前后系统的动能并没有改变。对于动量，他们不能达成一致的是每个物体的动量和系统的动量；能达成一致的是他们都认为系统动量并没有发生改变。

12. 零动量参考系是在此参考系中系统动量为 0 的惯性参考系。可以通过计算在一些惯性参考系中系统的动量来判断。如果在你所选的参考系中系统动量为零，那么对于这个系统而言，这就是零动量参考系。如果你计算得出的动量并不为零，用你所选的参考系中计算得出的系统的动量除以系统的质量即可得到零动量参考系的速度。对每个物体都减去这个速度即可得到每个物体在零动量参考系中的速度。

13.（a）大小不变。（b）方向相反。

14. 它给我们提供了一种将不同惯性参考系中的所测量的物理量联系起来的方法。

15. C 必须知道在 C 的参考系中测得的 D 的速度 $\vec{v}_{CD}$。如果 D 的测量是正确的，那么这三个量之间的关系可用式（6.14）为 $\vec{v}_{Ct}=\vec{v}_{CD}+\vec{v}_{Dt}$。

16. 在所有惯性参考系中质量都是一样的。因为质量是由式（4.2）：$m_o=-(\Delta v_{sx}/\Delta v_{ox})m_s$ 所决定的，而且在不同的惯性参考系中速度的改变量是相同的。

17. 没有不同之处。在 x 轴方向上所得到的位置的数值可能会因为特殊参考点（原点）的选取而有所改变，但系统质心的真正位置是由系统的特性所决定的，并不依赖于参考点的选取。

18. 因为系统是孤立的，所以系统的动量是守恒的。质心随着系统的动量运动，也就是说它以恒定的动量运动。（换种说法，在系统的零动量参考系中，质心是静止的。）如果系统的质量没有改变，那么质心就以恒定的速度运动。

19. 动量为零。因为在零动量参考系中质心速度是零。［比较《原理篇》中的式（6.23）和式（6.26）］。

20. 一样。这是我们在《原理篇》对特定的碰撞而建立的，但是逻辑上仍需要确定热能以及形变势能的多少不依赖于观测者所选择的惯性系。

21. 不可转化的动能改变了，这部分动能是与质心的运动联系在一起的。

22. 一般来说并不能。系统质心的平动动能是不可转化动能，所以这部分不能转化成内能。如果你刚好用的是零动量参考系，这时平动动能是 0，所以在这种情况下系统所有的动能都是可转化的，它们都可以被转化成内能。

23.（a）最大值就是所有的可转化动能：$\frac{1}{2}\mu v_{\text{rel,i}}^2$。（b）最大的可转化动能会出现在完全非弹性碰撞中，因为 $e=0$。

24. (a) 是的。因为“动量的改变量为 0”，就意味着系统是孤立的，在一个惯性参考系中如果系统是孤立的，那么在所有的惯性参考系中其都是孤立的。(b) 是的。系统动量的改变量在所有的惯性参考系中都是一样的，虽然系统中各个物体的动量大小和方向并不一定相同，而且系统动量的大小和方向在不同的参考系中可能会不同。

25. (a) 是的。因为 $\Delta E=0$ 意味着系统是封闭的，在一个惯性参考系中系统是封闭系统，那么在所有的惯性参考系中都是封闭系统。(b) 是的。虽然系统中各个物体的能量变化并不一定相同，而且系统的能量在不同的参考系中也可能不同，但是系统能量的改变量在所有的惯性参考系中却都是一样的。

引导性问题答案

引导性问题 6.2　5.0s + 汽车长度每米增加 0.1s

引导性问题 6.4　5×10^{-2}kg

引导性问题 6.6　撞到桥墩上的 K_{conv} 大约是撞到停着的汽车的 K_{conv} 的两倍

引导性问题 6.8　小原子核可以成为最好的靶核。因为随着靶核质量的减少，中子的反冲速度也会变小。

第 7 章　相互作用

章节总结

相互作用的基础（7.1节，7.5节，7.6节，7.7节）

基本概念 **相互作用**是产生物理量变化或运动状态变化的一个事件。*排斥相互作用*导致相互作用的物体以互相远离对方的方式加速，而*吸引相互作用*则致使相互作用的物体以互相靠近对方的方式加速。

相互作用的范围是可感知相互作用的距离，长程相互作用的范围是无穷大的；短程相互作用的范围则是有限的。

场是使物体之间相互作用可视化的一种模型，根据该模型，每个参与相互作用的物体都会在它的周围产生一个场，这些场传递了物体之间的相互作用。

基本相互作用是不能依据其他相互作用得到解释的相互作用。四种已知的基本相互作用分别为**引力相互作用**（具有质量的物体之间的长程吸引相互作用），**电磁相互作用**（带电物体之间的长程相互作用；该相互作用既可以是吸引的也可以是排斥的），**弱相互作用**（亚原子粒子之间的短程排斥相互作用），**强相互作用**（夸克之间的短程相互作用，夸克是质子、中子和某些其他亚原子粒子的组成成分；该相互作用既可以是吸引的也可以是排斥的）。

定量研究 如果惯性质量为 m_1 和 m_2 的两个物体发生相互作用，则它们加速度的 x 分量的比率为

$$\frac{a_{1x}}{a_{2x}}=-\frac{m_2}{m_1} \tag{7.6}$$

势能（7.2节，7.8节，7.9节）

基本概念 **势能**是与一个物体或者一个系统的可逆位形变化有关的连贯形式能量。势能可以全部转化为动能。

引力势能是由物体引力相互作用引起的与物体的相对位置有关的势能。

弹性势能是与物体的可逆形变有关的势能。

势能的改变与路径无关，这意味着当物体从位置 x_1 运动到任何其他的位置 x_2 时，物体势能的改变量只与 x_1 和 x_2 有关。

定量研究 两个相互作用物体构成的系统的势能 U 总是可以写成如下形式

$$U=U(x) \tag{7.12}$$

其中，$U(x)$ 是位置变量 x 的唯一函数，而位置变量 x 确定了系统的结构。

在地面附近，如果惯性质量为 m 的物体在竖直方向上的位置坐标改变了 Δx，则由地球和物体构成的系统的引力势能 U^G 改变了

$$\Delta U^G=mg\Delta x \tag{7.19}$$

相互作用期间的能量耗散（7.3 节，7.4 节，7.8 节，7.10 节）

基本概念 所有的能量都可以分成两大基本类型：与运动（动能）有关的能量和与相互作用的物体的位形（势能）有关的能量。每一类能量又可成两种形式：**连贯的**和**非连贯的**。如果系统包含有序的运动和有序的位形则能量是连贯的；如果系统包含随机的运动和随机的位形则能量是非连贯的。例如，对于一个运动的物体，其动能是连贯的，因为它所有的原子都以相同的方式运动，然而一个物体的热能则是非连贯的，因为构成物体的原子是随机运动的。

系统的**机械能** $\boldsymbol{E}_{\mathbf{mech}}$ 是系统的连贯能之和（动能 K 和势能 U）。

系统的**热能** $\boldsymbol{E}_{\mathbf{th}}$ 是与原子的随机运动有关的非连贯内能，其中随机运动的原子构成了系统中的物体。热能无法全部被转化为连贯能。

源能量 $\boldsymbol{E}_{\mathbf{s}}$ 是用来产生其他能量形式的非连贯能（例如化学能、核能、太阳能、储存的太阳能）。

耗散相互作用是包含热能改变的不可逆相互作用。

无耗散相互作用是将动能转化为势能和将势能转化为动能的可逆相互作用。

定量研究

$$E_{\mathrm{mech}}=K+U \tag{7.9}$$

在耗散相互作用期间，在封闭系统中所有形式的能量改变量之和为 0：

$$\Delta K+\Delta U+\Delta E_{\mathrm{s}}+\Delta E_{\mathrm{th}}=0 \tag{7.28}$$

在无耗散相互作用期间，封闭系统的机械能没有改变：

$$\Delta E_{\mathrm{mech}}=\Delta K+\Delta U=0 \tag{7.8}$$

复习题

复习题的答案见本章最后。

7.1 相互作用的效果

1. 一个台球与另一个静止的台球发生正面的弹性碰撞，则在碰撞期间由这两个台球组成的系统的下列性质是否改变了：

(a) 动量，(b) 动能，(c) 系统中任何形式的能量之和。(假定台球桌与台球之间的碰撞忽略不计)

2. 在两个物体之间发生的弹性碰撞中，碰撞期间这两个物体之间的相对速率是否保持不变？

3. 考虑一个由相互碰撞的两个物体构成的系统，描述当碰撞是：(a) 完全非弹性碰撞，(b) 非弹性碰撞，(c) 弹性碰撞时，系统动能所发生的变化之间的不同。

4. 总结相互作用的特点。

7.2 势能

5. 描述动能和势能之间的不同。

7.3 能量耗散

6. 举一个将动能转化为热能的相互作用的例子。

7. 为什么运动能量与结构能量不同？为什么连贯能与非连贯能不同？

7.4 源能量

8. 我们使用的所有能量其最终的来源是什么？

9. 是什么把耗散相互作用与无耗散相互作用区分开来了？

10. 考虑我们日常生活中发生的一些相互作用，描述在相互作用中哪类能量发生了转化且转化成了哪类能量。

7.5 相互作用范围

11. 描述两种物理学家用于表示不需要直接接触的物体之间相互作用的模型。

7.6 基本相互作用

12. 在四种基本相互作用中，我们在日常生活中通常能观察到哪些相互作用？为什么这四种基本相互作用不能都被观察到？

13. 在以下过程中，哪种基本相互作用占主导地位：(a) 在化学过程中，(b) 在生物学过程中。

14. 相比于电磁相互作用的强度，引力相互作用的强度是很小的。然而，在必须包含引力相互作用时，我们仍然可以在不用考虑电磁相互作用的情况下来研究大多数普通物体之间的相互作用。请给出该情况成立的原因。

7.7 相互作用和加速度

15. 当两个物体发生：(a) 弹性碰撞，(b) 非弹性碰撞时，物体1的惯性质量及加速度和物体2的惯性质量及加速度之间的联系是怎样的？

16. 列出任何用于得到两个相互作用物体的加速度之比与惯性质量之比关系的假定条件。

7.8 无耗散相互作用

17. 解释当无耗散相互作用发生在封闭系统中时，为什么机械能仍为常数。

18. 解释我们怎么知道在所有相互作用都是无耗散的孤立系统中，势能只是位置的函数。

19. 一个只受到无耗散相互作用的物体从A点移动到B点，然后又返回A点。如何比较该物体的初动能和末动能？

7.9 地面附近的势能

20. 在式(7.19)中，Δx 是水平方向上的位移还是竖直方向上的位移？这重要吗？

21. 对于一个放置在相对地面给定位置上的物体，该物体重力势能的取值一定总是正值或者总是负值吗？

7.10 耗散相互作用

22. 一辆小车与一辆停着的小车发生完全非弹性碰撞，在由这两辆小车构成的（孤立）系统中，碰撞期间所有的初始动能是不是都耗散了？

23. 在两个物体之间发生的碰撞中，碰撞期间有多少可交换的动能被转化为热能，又有多少可交换的动能被临时储存为势能：(a) 当 $e=1$ 时，(b) 当 $e=0$ 时。

估算题

从数量级上估算下列物理量，括号中的字母对应于可能用到的提示。根据需要使用它们来指导你的思考。

1. 你拍一次手时所耗散的能量（S，K，A）

2. 你把一个网球扔向墙壁时所耗散的能量（E，X，D）

3. 在壁炉中燃烧三根原木时所释放的热能（I，P，AA）

4. 当你从椅子上跳下时你所造成的地球向上的加速度（G，L，U）

5. 当子弹从步枪中射出时步枪的加速度（T，Z，Q）

6. 当你登上飞机舷梯时你的肌肉所提供的能量（H，C，Y，L）

7. 当 30 个人乘电动扶梯上升一层时电动扶梯所提供的能量（L，Y，C，F）

8. 当两个质子发生正面碰撞时所储存的最大势能，碰撞前这两个质子都以 3×10^7m/s 的速率运动（J，W）

9. 当你玩蹦极跳时所储存的最大弹性势能（L，R，O，Y，W）

10. 建造 30 层的建筑物所储存的引力势能（M，V，N，B，Y）

提示

A. 当你拍手时碰撞的恢复系数是多少？

B. 一栋 30 层的建筑物的惯性质量是多少？

C. 在向上的过程中速率改变了吗？

D. 恢复系数是多少？

E. 网球的惯性质量是多少？

F. 建筑物楼层之间的高度是多少？

G. 地球的惯性质量是多少？

H. 飞机舷梯的竖直高度是多少？

I. 破坏一个化学键所释放的能量是多少？

J. 质子的惯性质量是多少？

K. 一只手和前臂的惯性质量总共是多少？

L. 一个普通人的惯性质量是多少？

M. 一栋 30 层的建筑物的高度是多少？

N. 一栋 30 层的建筑物有多少比例是由建筑混凝土和钢筋构成的？

O. 一次蹦极跳的从顶部到底部最大高度差是多少？

P. 一个原子的大小是多少？

Q. 沿着步枪枪管子弹加速的长度是多少？

R. 在这种情况下蹦极绳的惯性质量是否可以忽略不计？

S. 在两只手将要相互接触时每只手的速率是多少？

T. $m_{\text{rifle}}/m_{\text{bullet}}$ 的比值是多少？

U. 在自由下落过程中你的加速度是多少？

V. 该建筑物质心的竖直位置在哪里？

W. 在零动量的参考系中最小的动能是多大？

X. 在球与墙壁碰撞之前球的速率是多少？

Y. 系统的引力势能是怎样变化的？

Z. 子弹离开步枪时的速率是多少？

AA. 在壁炉中的原木有多少个原子？

答案（所有值均为近似值）

A. 0；B. 1×10^7kg；C. 通常没有改变；D. 0.7；E. 0.1kg；F. 6m；G. 6×10^{24}kg；H. 3m；I. 1×10^{-19}J；J. 2×10^{-27}kg；K. 2kg；L. 7×10^1kg；M. 1×10^2m；N. 1/8；O. 1×10^2m；P. 1×10^{-10}m；Q. 1m；R. 是的；S. 1m/s；T. 4×10^2 或者 400 : 1；U. 1×10^1m/s^2；V. 向上不到一半——如在地面上方 4×10^1m 处；W. 0，因为在该参考系中肯定至少有一个 $v_{\text{rel}}=0$ 的时刻存在；X. 2×10^1m/s；Y. 随物体的上升而增加，随物体的下降而减小；Z. 4×10^2m/s；AA. 1×10^{27} 个原子。

例题与引导性问题

下列例题涉及本章内容，但又不仅仅局限于本章中的某一节。

其中一部分以例题的形式给出，另一部分则以引导性问题的形式给出。

例 7.1 注意下方

一个站在离地高 h 的墙顶部的学生竖直向下扔一个小球，当小球离开她的手时，小球获得了一个速率 v_i。利用能量方法确定小球碰到地面时的速率 v_f。用 v_i 和 h 给出你的答案。

❶ **分析问题** 我们以小球和地球作为系统，以便使引力相互作用可以用势能表示。初始的系统示意图则显示了已给定的信息，最终的系统示意图则显示了所求的物理量，即末速率 v_f（见图 WG7.1）。

图 WG7.1

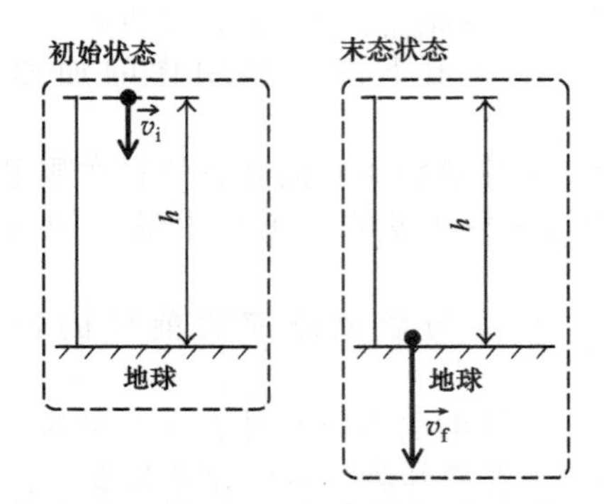

当小球下落时地球动能的改变量可忽略不计。我们知道由引力产生的加速度会使小球加速运动，因此，必须使用能量方法来确定速率增加了多少。如果假定小球的惯性质量为 m，我们知道小球开始时的初始动能为 $\frac{1}{2}mv_i^2$。当小球向下运动时，系统的引力势能会减小，因为该能量通过引力相互作用被转化为动能了。忽略任何耗散相互作用（如空气阻力），我们可以假定系统的机械能（动能和势能之和）是不变的。

❷ **设计方案** 由于我们已经假定系统的机械能恒为常数，所以可以使系统的末态机械能等于系统的初始机械能：

$$K_f+U_f=K_i+U_i \tag{1}$$

我们应该将系统中每个物体的动能都包含进来，但是由于前面已经假定了地球的动能不会改变，所以地球的初始动能和末态动能将被简单地抵消且不需要明确地包含进来。

任何引力势能项都取决于高度，但是它既不取决于初始高度也不取决于末态高度，如果我们归集各项，会知道它只取决于高度差。我们也知道小球的初始动能项，则剩下唯一不知道的项就是小球的末态动能。由于动能公式为 $\frac{1}{2}mv^2$，如果知道末态动能那么我们就可以确定末态速率。小球的惯性质量 m 未知，因此，必须确保我们的答案中没有包含这一未知量。

❸ **实施推导** 利用地面附近引力势能的表达式，$U^G=mgx$，我们把式（1）写成如下形式

$$\frac{1}{2}mv_f^2+mgx_f=\frac{1}{2}mv_i^2+mgx_i$$

分离末态动能，我们得到

$$\frac{1}{2}mv_f^2=\frac{1}{2}mv_i^2+mg(x_i-x_f) \tag{2}$$

初始位置与末态位置之间的高度差应该为 h，为了确保不犯错，我们把 x_i 和 x_f 的具体值添加到我们的示意图中（见图 WG7.2）。x 轴的方向应该朝上，因为那是我们为得到 $U^G=mgx$ 而做的一个假定。由于零势能点可以任意设定，因此我们选择小球释放的位置为零势能点。根据这个设定，$x_f=-h$，这是因为小球的末态位置在 x 轴负方向距离 $x=0$ 的 h

图 WG7.2

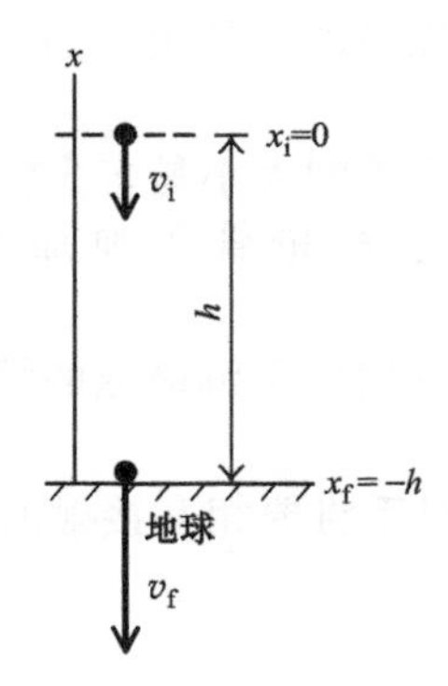

处。现在我们可以解式（2）得到 v_f：

$$\frac{1}{2}mv_f^2=\frac{1}{2}mv_i^2+mg[0-(-h)]$$

$$mv_f^2=mv_i^2+2mgh$$

$$v_f=\sqrt{v_i^2+2gh}$$ ✔

❹ **评价结果** 由于距离 h 是一个量（正如 g 一样）且 v_i^2 总是正的，因此平方根下的量的符号也是正的。这是可靠的，因为末态速率肯定是个实数而不能是虚数。如果 v_i 或者 h 增加，则我们期望 v_f 也增加，而我们的表达式也恰恰预言了这种行为。由于空气阻力的存在，我们猜测小球的实际末态速率是要比该值小的，但是，如果该小球更像棒球而不像乒乓球，并且墙壁不是太高，那么我们的结果就应该相当地精确。

引导性问题 7.2 安全玩耍

一个软橡皮球放置在离地板上方的 h 处，然后释放。该软橡皮球与地板碰撞的恢复系数为 0.25。则第一次反弹时该软橡皮球上升的高度为多少（用 h 的分数来表示结果）？

❶ **分析问题**

1. 通过选择系统和画出系统示意图开始，其中系统示意图应包含已知的信息和你所求的物理量（用问号标记）。

❷ **设计方案**

2. 第一次反弹时，软橡皮球到达最高点时的速率是多少？

3. 下落期间、软橡皮球与地板碰撞期间和反弹过程中分别发生了什么样的能量转换？

❸ **实施推导**

4. 软橡皮球撞击地板时的速率是多少？

5. 软橡皮球从地板上反弹时的速率是多少？

6. 在软橡皮球与地板碰撞期间有多少动能耗散了？

7. 当软橡皮球离开地板时系统的机械能是多少？软橡皮球在离地板最高处的机械能是多少？

❹ **评价结果**

例 7.3 运动中爆炸

两辆连接在一起、质量均为 1.0kg 的小车在低摩擦的水平轨道上以 2.0m/s 的初速向右运动。连接处有一个爆炸物，被远程点燃，同时释放了 18J 能量。所释放的一半能量都耗散为非连贯能了，比如噪声、热能和对小车的损坏。(a) 爆炸使小车刚刚分离时各小车的速度为多少？(b) 画出条形图显示爆破分离前和分离后系统能量的分配情况，该系统由两辆小车和爆炸连接处构成。

❶ **分析问题** 已知小车是连接在一起且以 2.0m/s 的初始速度向右运动。已知爆炸物所释放的一半能量都耗散了，我们可以得出结论即另一半的能量使系统的动能增加了。假定左边的小车（小车 2），被该碰撞推向了左边（使其减速），而前面的小车（小车 1）被推向了右边（使其加速）。图 WG7.3 基于这些假定显示了该运动的爆破分离的系统示意图，选择 x 轴的正方向向右。（尽管我们期望 $\vec{v}_{2f}$ 的方向沿 x 轴的负方向，但是我们并不能确切地知道。以下解答过程将会告诉我们，我们的假定是否是正确的。）

图 WG7.3

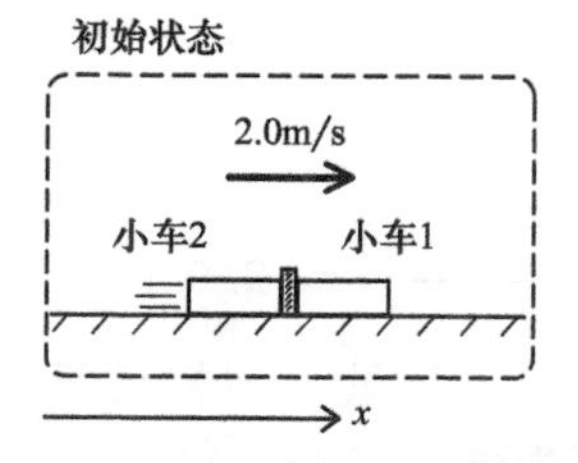

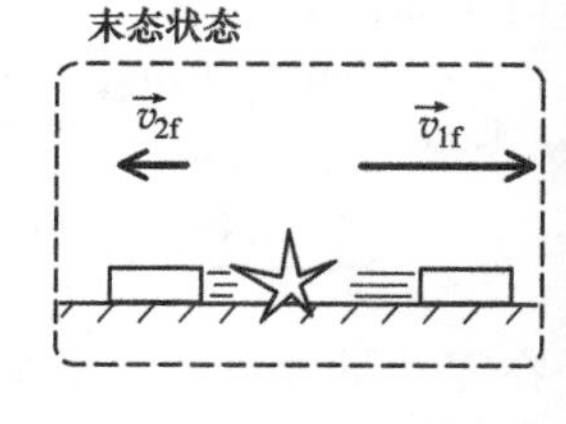

由于这是一个爆破分离过程，所以我们希望使用动量守恒定律。已知条件也给定了能量信息，我们必须把这些能量信息用于我们的分析中。

❷ **设计方案** 在零动量参考系中我们经常能更容易地分析碰撞过程，然而题目中给定的信息是以地球为参考系的，所以我们需要使用伽利略变换。在零动量参考系 Z 中，系统的动量总是为零的，因此我们知道在爆

实践篇

破分离前和爆破分离后系统的动量都为零：

$$m_1 v_{Z1x,i}+m_2 v_{Z2x,i}=(m_1+m_2)v_{Zx,i}=0 \quad (1)$$

$$m_1 v_{Z1x,f}+m_2 v_{Z2x,f}=0 \quad (2)$$

其中，$v_{Zx,i}$ 表示在零动量参考系中系统初始速度的 x 分量。由于小车的惯性质量不为零，则我们可以从式（1）得出如下结论

$$v_{Z1x,i}=v_{Z2x,i}=v_{Zx,i}=0$$

由于我们有两个未知量，即 $v_{Z1x,f}$ 和 $v_{Z2x,f}$，因此我们还需要另外一个独立的方程，所以我们转向能量信息。爆炸所释放的能量开始是储存在爆炸物的化学键中，这意味着它是一种源能量。已知该源能量所释放的能量值以及其耗散为非连贯能的能量值（在任何参考系中该能量值都是相同的）。为简单起见，我们把所有释放的非连贯能（噪声、形变等）组合起来然后把它们标记为热能。由于在该爆破分离中系统所有形式的能量之和为常数，则Z参考系中的能量学方程可表述为

$$\Delta K_Z+\Delta E_{Zs}+\Delta E_{Zth}=0 \quad (3)$$

式（1）~式（3）给了我们在零动量参考系中计算末态速度所需要的所有信息，然后我们通过运用一次伽利略变换就可以得到地球参考系中的速度。

❸ **实施推导**

（a）在地球参考系中，系统质心初速度的 x 分量由式（6.26）给定：

$$v_{cmx}=\frac{m_1 v_{1x,i}+m_2 v_{2x,i}}{m_1+m_2}$$

由于 $m_1=m_2=m$，该表达式可简化为

$$v_{cmx}=\frac{mv_{1x,i}+mv_{2x,i}}{m+m}=\frac{v_{1x,i}+v_{2x,i}}{2}$$

$$=\frac{(+2.0\text{m/s})+(+2.0\text{m/s})}{2}=+2.0\text{m/s}$$

在零动量参考系中系统的末动量（与初动量类似）必须为零，因此根据式（2）我们有

$$m_1 v_{Z1x,f}+m_2 v_{Z2x,f}=mv_{Z1x,f}+mv_{Z2x,f}=0$$

$$v_{Z1x,f}=-v_{Z2x,f} \quad (4)$$

让我们用 E 来表示源能量所释放的能量值，$E=18\text{J}$。由于源能量随爆炸物中化学键的破坏而减少，因此式（3）中的源能量项变为 $\Delta E_{Zs}=-E$。由于爆炸所释放的一半能量被耗散为热能了，所以式（3）中的热能项为 $\Delta E_{Zth}=+\frac{1}{2}E$。则式（3）变成

$$\Delta K_Z+\Delta E_{Zs}+\Delta E_{Zth}=0$$

$$\left[\left(\frac{1}{2}m_1 v_{Z1x,f}^2+\frac{1}{2}m_2 v_{Z2x,f}^2\right)-\left(\frac{1}{2}m_1 v_{Z1x,i}^2+\frac{1}{2}m_2 v_{Z2x,i}^2\right)\right]$$

$$+(-E)+\left(\frac{1}{2}E\right)=0$$

$$\left(\frac{1}{2}mv_{Z1x,f}^2+\frac{1}{2}mv_{Z2x,f}^2\right)-\left[\frac{1}{2}m(0)^2+\frac{1}{2}m(0)^2\right]$$

$$=+\frac{1}{2}E$$

接下来我们将式（4）代入到上式中，得到

$$\frac{1}{2}m(-v_{Z2x,f})^2+\frac{1}{2}mv_{Z2x,f}^2=\frac{1}{2}E$$

$$v_{Z2x,f}=+\sqrt{\frac{E}{2m}}\text{或}-\sqrt{\frac{E}{2m}}$$

正根意味着在零动量参考系中小车2会经过小车1而不是被小车1推开，由于物理上不可能出现这种情况，因此我们必须舍弃该根。利用负根，我们有

$$v_{Z2x,f}=-\sqrt{\frac{E}{2m}}$$

$$v_{Z1x,f}=-v_{Z2x,f}=-\left(-\sqrt{\frac{E}{2m}}\right)=+\sqrt{\frac{E}{2m}}$$

利用与前面介绍过的《实践篇》中的例6.5类似的步骤，转换为地球参考系的伽利略变换为

$$v_{E1x,f}=v_{Z1x,f}+v_{cmx}=+\sqrt{\frac{E}{2m}}+v_{cmx}$$

$$=+\sqrt{\frac{18\text{J}}{(2)(1.0\text{kg})}}+2.0\text{m/s}$$

$$=+3.0\text{m/s}+2.0\text{m/s}$$

$$=+5.0\text{m/s}$$ ✓

且

$$v_{E2x,f}=v_{Z2x,f}+v_{cmx}=-\sqrt{\frac{E}{2m}}+v_{cmx}$$

$$=-3.0\text{m/s}+2.0\text{m/s}$$

$$=-1.0\text{m/s}$$ ✓

由于在我们的坐标系中 x 轴的正方向向右，所以爆破分离后小车1向右运动，小车2向左运动，正如我们开始着手解答该问题时所假定的一样。

（b）能量示意图应该包括每类能量的条形图：动能、势能、源能量和热能（见图WG7.4）。我们知道 $E_{s,i}=E=18\text{J}$，$E_{s,f}=0$，

$E_{th,i}=0$，$E_{th,f}=\frac{1}{2}E=9.0\text{J}$。我们使两个势能 U 的条形图都为空，因为在该系统中没有相互作用会使能量临时储存为势能，则系统的初动能和末动能分别为

$$K_i=\frac{1}{2}m_1(v_{1i})^2+\frac{1}{2}m_2(v_{2i})^2$$
$$=\frac{1}{2}(1.0\text{kg})(2.0\text{m/s})^2+$$
$$\frac{1}{2}(1.0\text{kg})(2.0\text{m/s})^2=4.0\text{J}$$

$$K_f=\frac{1}{2}m_1(v_{1f})^2+\frac{1}{2}m_2(v_{2f})^2$$
$$=\frac{1}{2}(1.0\text{kg})(5.0\text{m/s})^2+$$
$$\frac{1}{2}(1.0\text{kg})(1.0\text{m/s})^2=13\text{J}$$

这些结果符合图 WG7.4 中所示的条形图。

图 WG7.4

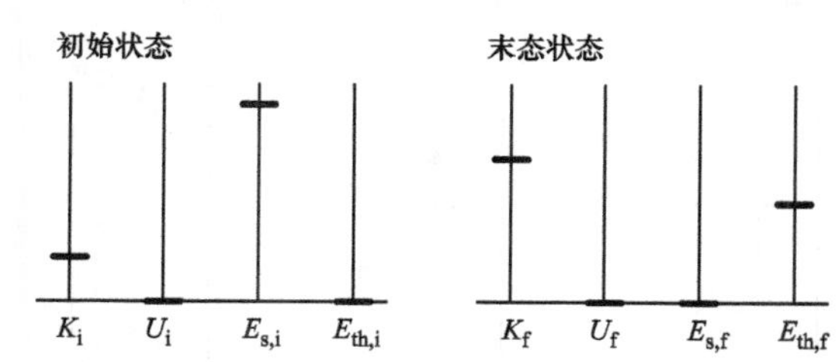

❹ **评价结果** 我们可以用几种方法检验我们的结果。我们所得到的质心速度 $v_{cmx}=+2.0\text{m/s}$ 是可靠的，因为这两辆小车开始是连接在一起的且以该速度运动。

尽管通常情况下你可能无法穷尽验证，我们还是可以使用其他几种方法检验。在零动量参考系中使用动量守恒定律，并运用上面计算所得到的数值，我们可以验证该定律在地球参考系中也成立：

$$p_{x,i}=m_1v_{1x,i}+m_2v_{2x,i}$$
$$=(1.0\text{kg})(+2.0\text{m/s})+(1.0\text{kg})(+2.0\text{m/s})$$
$$=+4.0\text{kg}\cdot\text{m/s}$$
$$p_{x,f}=m_1v_{1x,f}+m_2v_{2x,f}$$
$$=(1.0\text{kg})(+5.0\text{m/s})+(1.0\text{kg})(-1.0\text{m/s})$$
$$=+4.0\text{kg}\cdot\text{m/s}$$

我们可以通过计算地球参考系中系统能量的改变量来验证系统的能量恒为常数：

$$\Delta K+\Delta E_s+\Delta E_{th}=(13\text{J}-4.0\text{J})+(0-18\text{J})+(9.0\text{J}-0)$$
$$=0$$

我们也可以检验动能的一致性：

$$K=\frac{1}{2}(m_1+m_2)(v_{cmx})^2+K_{conv}$$
$$=\frac{1}{2}(m_1+m_2)(v_{cmx})^2+\frac{1}{2}\left(\frac{m_1m_2}{m_1+m_2}\right)(v_{2x}-v_{1x})^2$$

其中，我们用式（6.38）中的表达式替代了 K_{conv}，由于这两辆小车的惯性质量相等，所以我们可以简化

$$K_f=\frac{1}{2}(m+m)(v_{cmx})^2+\frac{1}{2}\frac{m^2}{m+m}(v_{2x,f}-v_{1x,f})^2$$
$$=m(v_{cm})^2+\frac{1}{4}m(v_{2x,f}-v_{1x,f})^2$$
$$=(1.0\text{kg})(2.0\text{m/s})^2+\frac{1}{4}(1.0\text{kg})$$
$$[(-1.0\text{m/s})-(+5.0\text{m/s})]^2$$
$$=4.0\text{J}+9.0\text{J}=13\text{J}$$

而这与我们对（b）问的条形图进行计算得到的结果一致。

引导性问题 7.4 不对等的比赛

在低摩擦轨道上，两辆连接在一起的小车以 2.0m/s 的速度向右运动，后面小车的惯性质量为 2.0kg，前面小车的惯性质量是后面小车的 1/3。一个位于连接处的爆炸物被远程点燃，释放出 27J 的能量。其中 1/3 的能量耗散为非连贯能，比如噪声、热能和对小车的损坏。利用地球参考系完成以下任务：（a）确定爆炸使两辆小车刚刚分离时小车的速度，（b）画出爆破分离前和爆破分离后表示能量分配情况的条形图。

❶ **分析问题**

1. 该问题与前面的例 7.3 有何相似之处？又有何不同？

2. 对于该系统一个好的选择是什么？

3. 画出一个显示所有相关信息的系统示意图。

4. 在爆破分离期间系统的哪些量恒为常数？

❷ **设计方案**

5. 写出用于描述上面分析问题4中物理量守恒的方程组，正如你在地球参考系中所观察到的那样。

6. 你有多少个未知量？你有足够的方程去解出这些未知量吗？

❸ **实施推导**

❹ **评价结果**

7. 至少用两种方法检验数值答案的一致性。

例 7.5 火箭发射

火箭由惯性质量为 m_{payload} 的无动力有效载荷和有动力的助推器组成，该助推器通过一引爆装置与有效载荷连接。火箭被点燃后会沿直线向上运动，在它使用完所有的燃料后到达运动轨迹的最高点，该最高点在地面上方的 h_1 处。随后在运动轨迹的最高处引爆装置处被引爆。爆炸所释放的能量 $E>0$，该能量的1/4耗散为非连贯能。爆炸使得助推器和有效载荷分离，有效载荷沿原来的运动轨迹继续竖直向上运动。助推器和有效载荷刚刚分离时，助推器的惯性质量是有效载荷的5倍。问爆炸后有效载荷所能到达的最大高度 h_2 为多少？假定所有的非连贯能都以热能的形式存在，用 h_1、E 和 m_{payload} 表示你的结果。

❶ **分析问题** 该问题包含了运动的三个阶段，这三个阶段最好分开分析。首先，第一阶段是从地面运动到 h_1，该阶段不需要分析，因为 h_1 是已知条件。剩下的两个阶段分别是爆破分离过程和爆破分离后助推器及有效载荷在地球引力场的作用下的运动状态。

首先，我们选择一个孤立系统并画出该系统的示意图。一个好的选择是该系统由助推器、引爆装置、有效载荷和地球构成。在示意图（见图 WG7.5）中，我们给出了火箭的初始位置（地面）、分离前 h_1 处的火箭、刚分离时 h_1 处的助推器（下标 b 表示）和有效载荷（下标 p 表示），以及在最高处 h_2 的有效载荷（下标 p 表示）。由于考虑了引力势能，所以我们选择竖直向上为 x 轴的正方向，且以地面为原点。

当爆破分离发生时，火箭在运动轨迹的最高处，这意味着在分离的瞬间火箭的速度为零。因此我们已经有了在 h_1 处关于系统中的物体动量和能量的完整信息，且火箭从地面到 h_1 处的初始运动过程是不需要分析的！由于分离后有效载荷继续沿直线向上运动，所以由动量守恒定律可知助推器由于爆炸肯定会向下运动。当有效载荷向上运动时，由于它的动能转化为引力势能，所以它与地球引力场的相互作用会使它减速直至在我们所求的最终的最大高度处速度变为零。运动的最后部分从 h_1 到 h_2 有效载荷做简单的抛物运动，我们可以用第3章中的方法或者能量方法对它进行分析，这正如我们所希望的那样。

图 WG7.5

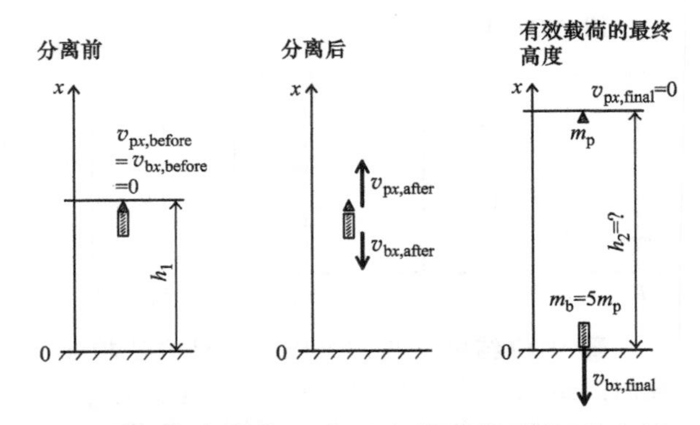

❷ **设计方案** 由于有效载荷所能到达的高度 h_2 由刚分离时有效载荷的速度决定，所以我们先研究该爆炸。在爆炸过程中，储存在引爆装置中的源能量 E 被转化为其他形式的能量（$\Delta E_s=-E$），其中1/4的能量耗散为热能（$\Delta E_{th}=+E/4$）。由于在爆炸过程中助推器和有效载荷不可能移动太多，所以在将要发生爆炸和刚结束爆炸时它们基本上都在相同的位置上。因此，我们可以认为在爆炸的过程中引力势能没有改变，即 $\Delta U^G=0$。所以在爆炸过程中由火箭和地球构成的系统的能量改变量的表达式可以写成

$$\Delta K_{\text{rocket-Earth}}+\Delta E_s+\Delta E_{th}=0 \tag{1}$$

由于爆炸前火箭的速度为零，则相应的动能也为零，我们有

$$\Delta K_{\text{rocket-Earth}}=K_{\text{after}}-K_{\text{before}}=K_{\text{after}}-0$$

因此，式（1）给了我们一个爆破分离后动能的表达式：

$$K_{after}+\Delta E_s+\Delta E_{th}=0$$
$$K_{after}=-\Delta E_s-\Delta E_{th}$$

然后我们必须确定这些动能有多少是与有效载荷有关的，因为

$$\Delta K_{rocket\text{-}Earth}=K_{after}=K_{payload,after}+K_{booster,after} \tag{2}$$

为了确定有多少动能与有效载荷有关，我们单独考虑助推器和有效载荷的爆破分离。在爆炸期间我们考虑由有效载荷和助推器构成的系统是孤立的，因此该系统的动量为常数或者 $\Delta\vec{p}_{payload}+\Delta\vec{p}_{booster}=0$。然后，我们可以利用这个关系式去计算刚刚爆破分离时有效载荷和助推器各自速度之间的关系。根据刚分离时有效载荷的速度，我们可以确定有效载荷的动能。分离后，由有效载荷和地球构成的系统的机械能应该为常数，因为此时不存在任何源能量耗散为非连贯形式的能量。因此，对于由有效载荷和地球构成的系统的机械能，我们可以得到

$$\Delta K_{payload\text{-}Earth}+\Delta U^G_{payload\text{-}Earth}=0 \tag{3}$$

最后，我们知道地球的惯性质量比任何火箭的惯性质量都要大很多，这意味着只有小得令人难以察觉的一部分引力势能用于改变地球的动能（见估算题 4），这隐含着

$$\Delta K_{payload\text{-}Earth}=\Delta K_{payload}+\Delta K_{Earth}=\Delta K_{payload}+0$$

正因如此，我们只需要考虑有效载荷的动能。根据上式我们可以确定引力势能的改变量和有效载荷的最终高度 h_2。

❷ **设计方案** 我们先来确定刚分离时助推器和有效载荷的动能之和，从式（1）着手可知：

$$\Delta K_{rocket\text{-}Earth}+\Delta E_s+\Delta E_{th}=0$$
$$\Delta K_{rocket\text{-}Earth}+(-E)+(+E/4)=0$$
$$\Delta K_{rocket\text{-}Earth}=\frac{3}{4}E$$

代入式（2）得到

$$\Delta K_{rocket\text{-}Earth}=K_{payload,after}+K_{booster,after}=\frac{3}{4}E$$
$$\frac{1}{2}m_{payload}v^2_{payload,after}+\frac{1}{2}m_{booster}v^2_{booster,after}=\frac{3}{4}E \tag{4}$$

为确定该动能在有效载荷和助推器之间的分配情况，我们利用爆炸期间由助推器和有效载荷构成的系统的动量为常数这一事实来确定刚刚爆破分离时助推器和有效载荷速度之间的关系：

$$p_{payload x,after}+p_{booster x,after}=p_{payload x,before}+p_{booster x,before}$$
$$m_{payload}(+v_{payload,after})+m_{booster}(-v_{booster,after})=0+0$$
$$v_{booster,after}=\frac{m_{payload}}{m_{booster}}v_{payload,after}$$

其中，我们使用了如图 WG7.5 所示的速度方向。把该结果代入式（4）并使用分离后 $m_{booster}=5m_{payload}$ 这一已知条件，我们得到

$$\frac{1}{2}m_{payload}v^2_{payload,after}+\frac{1}{2}m_{booster}\left(\frac{m_{payload}}{m_{booster}}v_{payload,after}\right)^2=\frac{3}{4}E$$
$$\left(\frac{1}{2}m_{payload}v^2_{payload,after}\right)\left(1+\frac{m_{payload}}{m_{booster}}\right)=\frac{3}{4}E$$
$$\left(\frac{1}{2}m_{payload}v^2_{payload,after}\right)\left(1+\frac{m_{payload}}{5m_{payload}}\right)=\frac{3}{4}E$$
$$\left(\frac{1}{2}m_{payload}v^2_{payload,after}\right)\left(\frac{6}{5}\right)=\frac{3}{4}E$$
$$\frac{1}{2}m_{payload}v^2_{payload,after}=\frac{15}{24}E=\frac{5}{8}E$$

现在我们准备确定待求的物理量——h_2，分离之后有效载荷所能到达的最大高度。我们使用式（3）（由有效载荷和地球构成的系统的机械能仍为常数），注意下标 final 表示有效载荷在最大高度 h_2 处的取值，同时下标 after 表示刚分离时的取值（注意根据我们对 x 轴原点的选择，x_{final} 和 x_{after} 分别等于 h_2 和 h_1）：

$$\Delta K_{payload}+\Delta U^G_{payload\text{-}Earth}=0$$
$$\left(\frac{1}{2}m_{payload}v^2_{payload,final}-\frac{1}{2}m_{payload}v^2_{payload,after}\right)+(m_{payload}gx_{final}-m_{payload}gx_{after})=0$$
$$\left[\frac{1}{2}m_{payload}(0)^2-\frac{5}{8}E\right]+[m_{payload}g(+h_2)-m_{payload}g(+h_1)]=0$$
$$m_{payload}gh_2=m_{payload}gh_1+\frac{5}{8}E$$
$$h_2=h_1+\frac{5}{8}\frac{E}{m_{payload}g} \checkmark$$

❸ **评价结果** 如果 E 增大，我们预期有

实践篇

效载荷将能到达更高的高度，这是我们计算结果所预言的。如果 $m_{payload}$ 增大，则我们预期会得到相反的结果，而这也与我们的结果保持一致。而且计算结果表明，爆破分离所释放的能量 E 大约是使有效载荷上升一段高度 h_2-h_1 所需能量的两倍，所以计算结果的数量级是正确的。假设 $m_{rocket} \ll m_{Earth}$ 也是合理的。

需要注意的是，我们使用了只在地面附近才成立的引力势能表达式；因此，我们的计算结果只适用于低空火箭，我们将在第13章对这种情况进行修正。

引导性问题 7.6　助推器的碰撞

玩具火箭包含一个惯性质量为1.0kg的无动力有效载荷和一个助推器，该有效载荷和助推器由一引爆装置连接在一起。火箭被点燃后沿直线向上运动，在地面上方的100m处火箭的燃料被耗尽，此时火箭的速率为90m/s。同时，引爆装置上的炸药被引爆，爆炸使有效载荷和助推器彼此分离。爆炸所释放的能量为3000J，其中有1000J的能量被转化为非连贯能。刚刚爆破分离时，助推器的惯性质量为2.0kg。使用能量和动量方法计算助推器到达地面时的速率。

❶ **分析问题**

1. 该问题与例7.5有何相似之处？在已知条件和具体任务方面又是如何不同的？

2. 选择你的系统（或者系统组），画出一个与图WG7.5类似的示意图，图中应包含该问题提供的所有信息，用一个问号去标记你需要计算的物理量。

❷ **设计方案**

3. 写出刚分离时由有效载荷和助推器构成的系统的动能表达式。

4. 刚分离时你可以用哪个定律去建立 $\vec{v}_{payload}$ 和 $\vec{v}_{booster}$ 之间的关系？

5. 刚分离时助推器在 x 轴上的坐标是多少，助推器与地面碰撞时它在 x 轴上的坐标又是多少？

6. 助推器势能的改变量为多少？势能的改变量与动能的改变量之间是怎样联系的？

❸ **实施推导**

❹ **评价结果**

例 7.7　与弹性势能相关

当一个惯性质量为4.0kg的物块沿 x 轴运动时，该物块与一个固定物体只发生一次相互作用，使得由物块和物体构成的系统储存了势能。在 $t=0$ 时，该物块在 $x_0=+2.0\text{m}$ 处且沿着 x 轴的负方向以2.0m/s的速度运动。储存的势能与物块在 x 轴上的位置有关，且由 $U(x)=ax^2+bx+c$ 给定，其中，$a=+1.0\text{J/m}^2$，$b=-2.0\text{J/m}$，$c=-1.0\text{J}$。（a）画出该势能与 x 的函数图像，并在你的图像中标出物块的机械能。（b）物块从 x_0 处运动了3m后的速率是多少？（c）物块的速度为零时 x 的取值为多少？（d）描述一下当物块经过（c）问中所求的 x 处后它的运动情况。

实践篇

❶ **分析问题**　物块和固定的物体形成了一个孤立的无耗散系统，因为该系统中的相互作用只与势能有关。我们可以得到物块在某一位置处的势能和动能，并由此确定物块在该位置处的机械能。已知在运动过程中系统的机械能为常数，这使得我们可以画出（a）问的图像。然后，我们只需要确定物块在任何其他位置处的势能便可以得到它的动能，并由此求出它在该位置处的速率。上述分析对（b）问和（c）问也适用，并且也有可能对（d）问的分析提供了思路。

❷ **设计方案**　已知在 $x_0=+2.0\text{m}$ 处物块的速率为 $v_0=2.0\text{m/s}$，根据该已知条件我们可以计算出动能 $K_0=K(x_0)=\frac{1}{2}mv_0^2$ 和势能 $U_0=U(x_0)$。由于在运动过程中系统不包含源能量同时也没有能量耗散，所以系统的机械能为常数。因此，我们知道对于任何位置 x，有

$$E_{mech}=K(x_0)+U(x_0)=K(x)+U(x)$$

只要知道任意 x 处的 $K(x)$ 与 $U(x)$ 中的一

个，我们就可以计算出另一个：

$$K(x)=E_{\text{mech}}-U(x)$$
$$U(x)=E_{\text{mech}}-K(x)$$

物块从 $x_0=+2.0\text{m}$ 处沿 x 轴的负方向运动了 3m 后，它的位置在 $x_b=-1.0\text{m}$ 处，这里使用下标 b 来提醒我们该值是（b）问需要求解的。现在我们可以很容易地计算出该位置处物块的动能。

当该物块在 x_c（用下标 c 是因为该位置是 c 问需要求解的）处的速度为零时，它的动能为零：$K(x_c)=0$。然后，我们可以根据 $U(x_c)=E_{\text{mech}}-K(x_c)=E_{\text{mech}}-0$ 得到势能，并且计算出 x_c 的取值，该取值给定了物块的势能。

此后对于（d）问，物块的运动状态可以用类似的步骤确定。

❸ 实施推导

（a）我们可以将 x 的值代入 $U(x)$ 的表达式中来画出图像。然而为了帮助我们思考（回顾处理更复杂问题的一些方法），通过确定 U 关于 x 的一阶导数为零时 x 的取值来找出势能曲线中是否存在极值（极大值或极小值）也是很有效的：

$$\frac{\text{d}}{\text{d}x}U(x)=\frac{\text{d}}{\text{d}x}(ax^2+bx+c)=2ax+b$$

$$\frac{\text{d}U}{\text{d}x}=0=2ax+b=2(+1.0\text{J/m}^2)x+(-2.0\text{J/m})$$

该方程只有一个解，即 $x=+1.0\text{m}$，且在该 x 处的势能为

$$\begin{aligned}U(+1.0\text{m})&=(1.0\text{J/m}^2)(+1.0\text{m})^2-\\&\quad(2.0\text{J/m})(+1.0\text{m})-1.0\text{J}\\&=-2.0\text{J}\end{aligned}$$

由于势能关于 x 的二阶导数在任意 x 处都是正的（$+2.0\text{J/m}^2$），所以势能曲线是上凹的，因此唯一的极值是极小值。为了进一步确定曲线的形状，我们计算在某些 x 处势能 U 的取值：$U(-2.0\text{m})=+7.0\text{J}$，$U(-1.0\text{m})=+2.0\text{J}$，$U(0)=-1.0\text{J}$。根据对称性，我们可以得到极小值另一侧的曲线形状，最终我们得到的图像如图 WG7.6 所示。

该图像显示当物块沿 x 轴的负方向运动时 U 减小。由于 $E_{\text{mech}}=U+K$ 为常数，则 U 的减小意味着 K 的增大，K 的增大意味着 v 的增大；换句话说，当物块从 $x=+2.0\text{m}$ 处运动到 $x=+1.0\text{m}$ 处时，它的速率增大了。

图 WG7.6

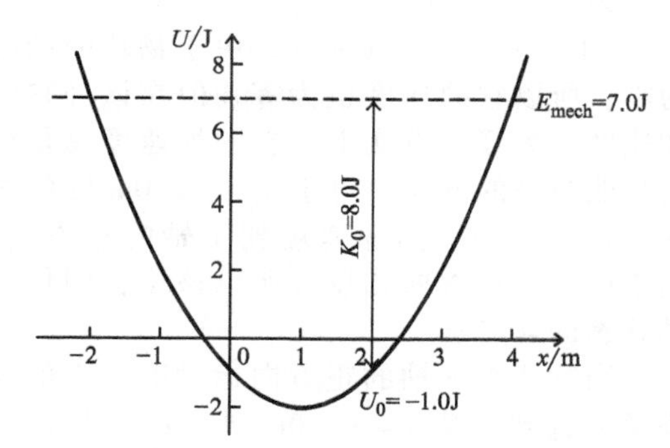

在 $x=+1.0\text{m}$ 处，U 有极小值，因此 K 肯定有最大值。当物块从 $x=+1.0\text{m}$ 继续向左运动时，由于 U 增大了因此 K 和 v 肯定也减小了，所以物块变慢了。

在 $x_0=+2.0\text{m}$ 处物块的动能为

$$K_0=\frac{1}{2}mv_0^2=\frac{1}{2}(4.0\text{kg})(2.0\text{m/s})^2=8.0\text{J}$$

则物块在 $x_0=+2.0\text{m}$ 处时机械能为

$$E_{\text{mech}}=\frac{1}{2}mv_0^2+U_0=(8.0\text{J})+(-1.0\text{J})=7.0\text{J}$$

由于系统的机械能为常数，所以这也是 E_{mech} 在任意其他 x 处的取值。我们在图 WG7.6 中用一条水平虚线来表示该 E_{mech} 的常数值。✔

（b）物块从 x_0 处沿 x 轴的负方向运动了 3m 后，它的位置为 $x_b=-1.0\text{m}$。一旦得到了它的动能就可以确定它的速率：

$$K_b=K(x_b)=E_{\text{mech}}-U(x_b)=7.0\text{J}-(+2.0\text{J})=+5.0\text{J}$$

$$\frac{1}{2}mv_b^2=K_b$$

$$v_b=\sqrt{\frac{2K_b}{m}}=\sqrt{\frac{2(5.0\text{J})}{4.0\text{kg}}}=1.6\text{m/s}$$ ✔

（c）我们通过利用在 x_c 处物块的动能也为零这一已知条件来确定速度为零的位置 x_c：

$$K_c+U_c=E_{\text{mech}}$$
$$0+(ax^2+bx+c)=E_{\text{mech}}$$
$$(1.0\text{J/m}^2)x_c^2+(-2.0\text{J/m})x_c+(-1.0\text{J})=7.0\text{J}$$
$$x_c^2-(2.0\text{m})x_c-(8.0\text{m}^2)=0$$

对该表达式因式分解可以得到

$$[x_c+(2.0\text{m})][x_c-(4.0\text{m})]=0$$

该方程的解为 $x_c=-2.0\text{m}$ 和 $x_c=+4.0\text{m}$，这符合我们从图 WG7.6 得到的值（这两个 x 的取值是曲线与虚线 E_{mech} 的交点）。由于物

块沿 x 轴的负方向运动，因此这里我们想要的解为 $x_c=-2.0\text{m}$。✔

(d) 在 $x_c=-2.0\text{m}$ 处，由于物块的动能为零，所以它的速度也为零。但在该处它的加速度不为零；事实上，它的加速度总是朝着势能减小的方向。对于 $x_c=-2.0\text{m}$ 处的物块，这意味着它的加速度朝 x 轴的正方向。由于此时运动方向相反，所以该位置叫作运动状态的转折点。

当物块沿 x 轴的正方向运动时，它的速率增大直到到达 $x=+1.0\text{m}$ 处，因为势能沿着图 WG7.6 中的曲线减小。在它经过势能最小处之后，因为动能转化为势能，所以它的速率开始减小。最终在另一位置 $x_c=+4\text{m}$ 处，即我们在 (c) 问中得到的 x 的取值处，它的速度又为零了，其中 $x_c=+4\text{m}$ 是运动状态的第二个转折点。然后物块又沿着势能减小的方向运动，即现在向左运动。✔

❹ **评价结果** 我们可以检验计算结果是否与图像保持一致。在图像中的 $x_b=-1.0\text{m}$ 处动能 K_b（该能量与该处的势能之和在虚线 E_{mech} 上）为 5.0J，这是我们在 (b) 问中计算得到的。根据虚线 E_{mech} 与势能曲线的交点可知，左边的转折点为 $x=-2.0\text{m}$，正如我们计算所得到的结果。

引导性问题 7.8 翻越山头

当一个粒子沿 x 轴运动时，该粒子与一个固定的物体只发生一次相互作用，使得势能储存在由粒子和物体构成的系统中。该粒子在 $x_0=-3.0\text{m}$ 处静止释放，所储存的势能（单位：J）由 $U(x)=ax+bx^2+cx^3$ 给定，其中，$a=+12\text{J/m}$，$b=+3.0\text{J/m}^2$，$c=-2.0\text{J/m}^3$。(a) 画出势能图像，该图像同时也应表示出粒子的机械能。(b) 粒子开始朝哪个方向运动？(c) 描述粒子离开 x_0 后的运动状态。(d) 根据你在 (a) 问中所画的曲线，在哪些位置粒子是加速的，在哪些位置粒子是减速的？(e) 粒子在 $x=-1.0\text{m}$、$x=+1.0\text{m}$ 和 $x=+3.0\text{m}$ 处的动能分别是多少？

❶ **分析问题**

1. 该问题与例 7.7 的哪些部分是相关的？

2. 你应该如何使用微积分来确定势能函数的极值？

3. 当 x 沿 x 轴的正方向变大时储存的势能将会发生什么变化，同时当 x 沿 x 轴的负方向变大时储存的势能又将会发生什么变化？

❷ **设计方案**

4. 对 x 取一些值，计算在这些 x 处的势能。[提示：哪些值对 (e) 问是有用的?] 在极值处势能是多少？

5. 在粒子释放的瞬间它的动能是多少？你该如何利用该信息去确定系统的（常数）机械能？

6. 一旦粒子被释放，是什么决定了它将朝哪个方向运动？

❸ **实施推导**

7. 势能在哪些位置会增加，同时势能在哪些位置又会减小？

❹ **评价结果**

习题　通过《掌握物理》®可以查看教师布置的作业

圆点表示习题的难易程度：●=简单，●●=中等，●●●=困难；CR=情景问题。

7.1 相互作用的效果

1. 一片意大利香肠被夹在两片面包之间，在意大利香肠和面包之间存在一个相互作用还是多于一个相互作用？●

2. 请解释即使你上蹿下跳也不能使地球加速很多的原因。●

3. 当（a）$m_B=m_A$，（b）$m_B=2m_A$ 和（c）$m_B=m_A/2$ 时，小车 A 以初速率 v 与静止的小车 B 发生弹性碰撞，在相同比例尺下，画出在小车 A 与小车 B 的动能-时间图像。●●

4. 两个惯性质量分别为 m_1 和 m_2 的物体由静止开始运动，然后彼此发生相互作用（假定它们中的任何一个都不与其他物体发生相互作用）。（a）在任意时刻，它们速度的 x 分量之比为多少？（b）在任意时刻，它们的动能之比为多少？●●

5. 两辆玩具车（$m_1=0.200$kg 且 $m_2=0.250$kg）被它们之间的压缩弹簧背对背地放置在一起。当它们被释放时，这两辆玩具车沿着远离弹簧的方向自由地运动。如果你测得惯性质量为 0.200kg 的玩具车的加速度大小为 2.25m/s^2、方向向右，则另一辆玩具车的加速度如何？●●

7.2 势能

6. 为了在游泳池中溅起一片水花，你通过梯子爬上了高台跳水板，做了一个大的弹跳后入水，产生了一片巨大的水花。描述一下在该运动过程中所包含的动能和势能的改变量，其中该运动过程从你爬梯子开始到你溅起水花时结束。●

7. 你竖直向上扔一个石头，然后在石头下落的过程中接住它。画出由石头和地球构成的系统在以下时刻的能量条形图：（a）石头刚离开你的手时，（b）在石头运动轨迹的最高处，（c）石头刚要回落到你手中时。●

8. 一个拉环系在一张蹦床下方的中心处。一位少年正悄悄地在蹦床下爬行，并利用这个拉环缓慢地向下拉该蹦床，此时他 75kg 重的母亲正睡在蹦床上面。当他释放蹦床后，他的母亲被向上弹起。当母亲经过儿子拉蹦床前所在的位置时她的速率为 3.0m/s。请问当儿子把蹦床拉下来时他施加了多少弹性势能给蹦床？假定相互作用是无耗散的。●●

9. 一个电梯可以直接在一辆绞车的作用下上升和下降，如图 P7.9a 所示，或者该作用机制也可以包含一个平衡物，当电梯向下运动时该平衡物向上运动，如图 P7.9b 所示。在哪种情况下由地球、电梯和绞车构成的系统的引力势能的改变量会更小？●●

图 P7.9

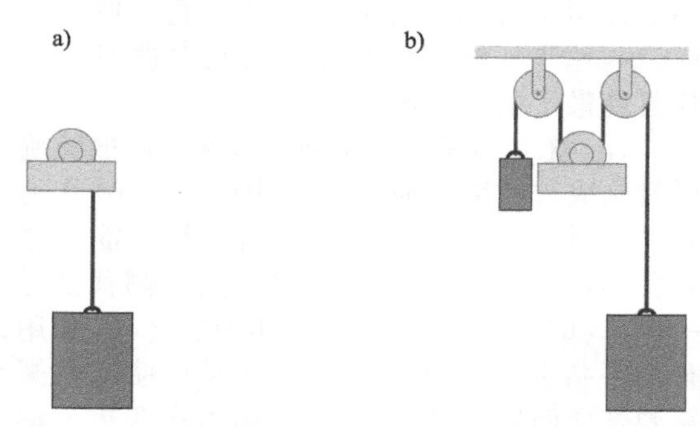

10.《原理篇》中的图 7.7 和图 7.25 表明，无耗散相互作用中的势能先增加然后又减小。这种情况总是成立吗？●●

11. 两个物块在光滑的桌面上通过它们之间压缩的弹簧连接在一起，其中一个物块的惯性质量是另一个的三倍。当这两个物块被同时释放时，它们朝着彼此远离的方向推开。则释放后它们的动能之比为多少？●●●

7.3 能量耗散

12. 一蹦床弹簧允许你在上面弹跳，如果你弹跳的时间足够长，则弹簧将变热。使用《原理篇》中的图 7.10 作为指导，分别对（a）弹跳过程和（b）加热过程中弹簧的能量进行分类。（c）这些能量来自哪里？●

13. 你竖直向上扔一个棒球，由于空气阻力的存在，在整个运动过程中棒球的一部分能量被转化为热能。则哪个运动过程所花费的时间更长：是向上的运动过程还是向下的运动过程？●

14. 一支箭射入了静止平放在水平桌面上的空心管中并从空心管的另一端射出。当该箭在空心管中运动时，它的羽毛与空心管壁相互摩擦。(a) 箭与空心管的相互作用是哪种类型的碰撞：弹性碰撞、非弹性碰撞或者完全非弹性碰撞？(b) 是否存在这样一个时刻，在该时刻箭相对空心管的速度为零？(c) 描述一下由空心管和箭构成的系统的能量转换。●●

15. (a) 当你拉伸一个软弹簧至适当的长度然后释放时，它将恢复到其初始的状态，拉伸产生的所有势能都被转化为另一种形式的能量。然而如果你过度地拉伸了弹簧，那么你会使弹簧发生永久形变，在这种情况下储存的势能都去哪里了？(b) 如果你用老虎钳小心地将弯曲的弹簧拉直，使它看起来与原来一样，那么在你将它弯曲时还能恢复耗散了的能量吗？●●

16. 床垫经常由一系列连接在一起的螺旋弹簧构成。利用《原理篇》中的图 7.10 作为指导，对以下各种情况施加给床垫的能量进行分类：(a) 你把床垫从房间的一侧移到另一侧。(b) 你在床垫上跳跃几次。(c) 你用你的手指在螺旋弹簧的顶端拨动，使这些螺旋弹簧向四周晃动。(d) 你用力在床垫上跳跃，把螺旋弹簧之间的一些连接弄断了。●●

17. 分别画出以下情况下动能、势能和非连贯能相对时间的图像：(a) 一个运动的台球与一个静止的台球发生碰撞，(b) 一块运动的面团球与另一块相同且静止的面团球发生碰撞并粘在一起。●●

18. 当一个钢球和一个软橡皮球从相同的高度掉到水泥地面上时，钢球反弹得更高。然而当它们掉到沙地上时，软橡皮球反弹得更高。解释它们为什么不一样。●●●

7.4　源能量

19. 选择一个合适的封闭系统，画出发生在《原理篇》自测点 7.9 的每个过程中的能量转换和能量转移的条形图：(a) 当放有小球的压缩弹簧伸长时小球的发射过程，(b) 从一定高度释放然后下落至地面的小球，(c) 减速滑行的自行车，(d) 在高速公路上加速的汽车。●

20. 当一辆惯性质量为 800kg 的小汽车由静止加速至 27m/s 时，它消耗了 0.0606L 的汽油，已知燃烧 1.0L 的汽油大约能释放出 3.2×10^{7}J 的能量。则这辆小汽车的能效为多少（换句话说，有多少来自燃料的可利用能用于使小汽车运动了）？●●

21. (a) 图 P7.21 显示了一个封闭系统的初始能量条形图和末态能量条形图。在右边的末态能量条形图中调整任意两个能量条的高度以便该图像不违背我们所知道的能量关系。（对你来说存在很多种调整的方法。）(b) 描述一种能产生满足图 P7.21 所示能量条形图的相互作用。●●

图 P7.21

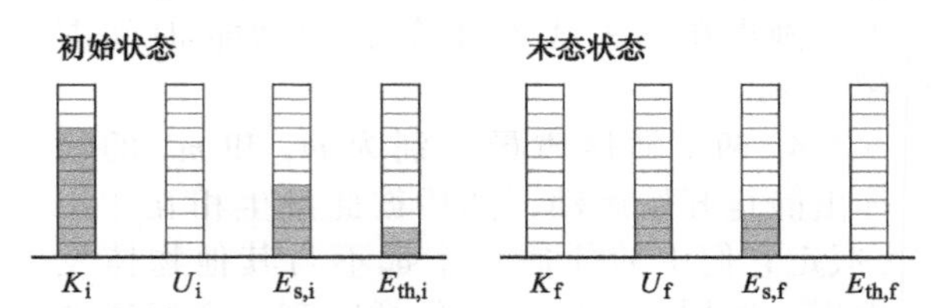

22. 两个运动的物体发生完全非弹性碰撞，它们初速度的 x 分量分别为 v_{1x} 和 v_{2x}。

(a) 证明：它们在相互作用中耗散的动能之比为

$$\frac{\Delta K_1}{\Delta K_2}=-\frac{v_{\mathrm{cm}x}+v_{1x,\mathrm{i}}}{v_{\mathrm{cm}x}+v_{2x,\mathrm{i}}}$$

(b) 请解释 (a) 问中负号的意义？●●

7.5　相互作用范围

23. 如果在原子尺度范围内两个物体之间的“接触”实际上不是*物理*接触，那么这是不是暗指铜块中原子之间的接触也不是物理接触？●

24. 回顾《原理篇》中的自测点 7.10，假定你和你的朋友面对面站在相距一只手臂长的地方，然后来回扔接一个球。描述一种方法来模拟基于扔球这个过程的吸引相互作用。●●

25. 回顾《原理篇》中的自测点 7.10，(a) 当你把一个球扔向你的朋友时，在以下哪个瞬间你的动量改变了：球刚飞出时、球飞出的过程中或者球被接住时？(b) 在这三个瞬间中的哪个瞬间你朋友的动量改变

了？ ●●

26. 考虑以下相互作用：(a) 当你用电视遥控器换频道时，(b) 当你用手机给你朋友发短信时。把上述每个相互作用按长程相互作用或短程相互作用进行分类。●●

7.6 基本相互作用

27. 假定宇宙中只存在一种类型的带电粒子而不是两种类型的带电粒子。如果粒子产生的是 (a) 吸引相互作用，(b) 排斥相互作用，那么你认为宇宙的结构将发生什么变化？●

28. 解释一下为什么摩擦不是一种基本相互作用。●

29. 假定强相互作用的作用范围突然增大了 20 个数量级，而其他相互作用的作用范围不变。描述一下宇宙结构可能会发生的变化。●●

30. 画出两个物体 A 和 B，这两个物体发生了包含规范粒子 (gauge particles) 的一些相互作用。如果物体 A 均匀地向各个方向发射规范粒子，则相互作用的强度与 A 至 B 的距离之间的关系是怎样的？假定规范粒子之间不发生相互作用，并且相互作用的强度与物体 B 所遇到的规范粒子的数量成正比。●●●

7.7 相互作用和加速度

31. 在低摩擦轨道上，一个惯性质量为 0.66kg、初速度方向向右、速率为 1.85m/s 的小车与一个惯性质量未知、初速度方向向左、速率为 2.17m/s 的小车发生碰撞。碰撞后，惯性质量为 0.66kg 的小车以 1.32m/s 的速度向左运动，惯性质量未知的小车则以 3.22m/s 的速度向右运动，碰撞持续的时间为 0.010s。(a) 未知小车的惯性质量为多少？(b) 每辆小车的平均加速度为多少？(c) 利用 (a) 问中得到的答案来检验你在 (b) 问中得到的答案。●

32. 两个穿滑冰鞋的小孩通过他们之间的一条拉紧的绳索把对方拉向自己。其中一个小孩的惯性质量为 30kg，另一个小孩的惯性质量为 25kg。(a) 如果在某一时刻惯性质量为 30kg 的小孩以大小为 1.0m/s^2 的加速度向左加速，则惯性质量为 25kg 的小孩在该时刻的加速度为多少？(b) 如果惯性质量为 25kg 的小孩停止拉绳索且只是握着绳索不放，则这两个小孩的加速度将会怎样？●

33. 一颗惯性质量为 0.010kg 的子弹从惯性质量为 5.0kg 的枪管中发射，子弹离开枪口时相对枪口的速度为 250m/s。(a) 当子弹在枪管中运动时，枪管的加速度与子弹的加速度之比是多少？(b) 当子弹离开枪管时，子弹相对于地面的速率是多少？(c) 当子弹离开枪管时，枪管相对于地面的速率是多少？●●

34. 一辆惯性质量为 1500kg、速率为 6.32m/s 的小车与一辆惯性质量为 3000kg、静止的货车发生碰撞。如果碰撞是完全非弹性碰撞且碰撞持续的时间为 0.203s，则小车与货车各自的平均加速度为多少？它们的加速度之比与惯性质量之比之间的关系是不是你所期望的那样？●●

35. 一团油灰向右扔向了静止在低摩擦轨道上、惯性质量为 0.500kg 的小推车上并发生反弹，碰撞持续的时间为 0.15s，且碰撞的恢复系数为 0.64。小推车最终以 1.0m/s 的速度向右运动，而该团油灰则最终以 0.834m/s 的速度向左运动。(a) 该团油灰的惯性质量为多少？(b) 在碰撞期间它们各自的平均加速度分别为多少？●●

36. 一个惯性质量为 8.20kg 的物体在冰面上以 2.34m/s 的速率滑行，一个产生自内部的爆炸把该物体分成了相等的两部分并且使系统的能量增加了 16J。如果爆破分离所持续的时间为 0.16s 则这两部分的平均加速度为多少？●●

37. 一节惯性质量为 5.04×10^4kg 的火车车厢与另外三节完全相同的火车车厢发生碰撞并连接在一起，在发生碰撞之前，该节火车车厢正以 4.25m/s 的速度向右运动，而那三节火车车厢已经连接在一起并以 2.09m/s 的速度向右运动。如果在该单节火车车厢的速度正发生改变时，其加速度的大小为 5.45m/s^2、方向向左，则该碰撞需要持续多长时间？●●

38. 在一场足球比赛中，一个惯性质量为 90kg 的足球中卫双脚离地地迎面冲向一个惯性质量为 120kg 的对手，该足球中卫的初始速度大小为10m/s、方向向西，他的对手的初始速度大小为4.37m/s、方向向东。其中碰撞是完全非弹性碰撞。(a) 如果碰撞持续的时间为0.207s，则他们加速度分别为多少？(b) 在碰撞期间有多少平均动能被转化为非连贯能？●●

39. 你正在观看一场冰球比赛的录像，当你队中的守门员抓住了一个正朝他运动而来且惯性质量为0.16kg的冰球时他是静止的。根据雷达测速枪所探测到的击射数据，广播员说这次击射（slap shot）的速度是40m/s。通常情况下守门员是站稳不动的，但是在该情况下由于守门员是站在平行的冰鞋冰刀上所以阻碍他随后运动的摩擦力可忽略不计。该碰撞发生得太快了以致很难定量观察，但是通过慢放视频，你可以发现当冰球与守门员的手套碰撞时手套与守门员身体之间的距离为150mm，守门员成功抓住冰球后手套刚好抵在他的胸部。很明显碰撞结束后受了惊的守门员（手持冰球）以71mm/s的速度向后漂移了一两秒钟。(a) 计算碰撞过程中守门员和冰球各自的平均加速度。(b) 确定守门员的惯性质量（包括他的装备）。(c) 有多少动能被转化为手套的热能？如果可能请通过使用两种不同的解答方法来检验你的答案。●●●

40. 一个红色的物体和一个黄色的物体开始时是静止的，然后沿着某一 x 轴发生相互作用。(a) 如果 $m_{red}<m_{yellow}$，则它们动量改变量之比、速度改变量之比和动能改变量之比分别为多少？(b) 将它们的加速度之比与 (a) 问中的比进行比较。(c) 对于小球和地球而言，当你向下扔一个小球时，(a) 问中所给这些量的相对改变量的答案又能说明什么问题？●●●

实践篇

7.8 无耗散相互作用

41. 对于在《原理篇》的图7.26b中由小车和弹簧构成的系统，当小车的末端分别在 x_1、x_2、x_3 处与弹簧相连时，画出表示各种能量的能量条形图。●

42. 一个相互作用的势能由 $U(x)=ax^2$ 给定，其中，$a=+6.4\text{J/m}^2$。(a) 如果在该系统中一个惯性质量为0.82kg的物体在 $x=0$ 处的初始速率为2.23m/s，则在它的速率达到 $v=0$ 之前该物体还需要运动多远？(b) 在 (a) 问中得到的答案是否与物体向 x 轴的正方向或者负方向运动有关？●

43. 假定我们有一个安装在弹簧上的物块，并且令该系统弹性势能的零点在物块释放的位置处（意味着物块放置在弹簧既没有被压缩也没有被拉伸的位置处）。当物块重新放置在弹簧：(a) 被拉伸和 (b) 被压缩的位置处时，弹性势能的符号分别是什么？（提示：思考一下当伸长的弹簧或者压缩的弹簧被释放时，弹性势能将怎样变化。）●●

44. 一辆惯性质量为0.36kg的小车与一辆惯性质量为0.12kg的小车由它们之间的被压缩了的弹簧连接在一起，当释放弹簧将这两辆小车推离时，惯性质量为0.36kg的小车以1.1m/s的速度向右运动。则在这两辆小车被释放前储存在弹簧中的弹性势能为多少？●●

45. 一辆惯性质量为0.530kg的小车以0.922m/s的速度向右运动，它与一辆惯性质量为0.25kg的静止小车发生弹性碰撞。然后惯性质量为0.25kg的小车迅速开始运动，并在与惯性质量为0.530kg的小车再次相遇之前压缩了一个弹簧。则当惯性质量为0.25kg的小车静止时储存在弹簧中的能量为多少？●●

46. 一个弹簧固定在一低摩擦轨道的右端。在该轨道的中间位置处，一辆向右以5.0m/s的速度运动、惯性质量为2.0kg的小车追上了一辆向右以2.0m/s的速度运动、惯性质量为3.0kg的小车。碰撞后，惯性质量为2.0kg的小车以1.7m/s的速度运动。(a) 碰撞的恢复系数为多少？(b) 碰撞后当弹簧的压缩量最大时储存在弹簧中的能量为多少？●●

47. 对于某一相互作用，以焦耳为单位的势能由 $U(x)=ax+bx^2$ 给定，其中，$a=+4.0\text{J/m}$，$b=-2.0\text{J/m}^2$。如果在某一时刻，发生该相互作用的一个惯性质量为10kg的物体在 $x=+2.0\text{m}$ 处的速度的 x 分量为 -3.0m/s，则：(a) 在 $x=+1.0\text{m}$ 处和 (b) 在 $x=-1.0\text{m}$ 处物体的速率分别为多少？●●

48. 你从一个长为 l 的光滑倾斜面顶端释放一个物块，已知该倾斜面与水平面的夹角为 θ。该物体加速度的大小为 $g\sin\theta$（见

《原理篇》3.7节)。(a) 对于以释放点为原点、沿斜面向下的 x 轴，写出由物块和地球构成的系统的势能相对于 x 的函数表达式。(b) 如果你把 x 轴的原点设定在倾斜面的底部，则 (a) 问中求出的表达式将发生怎样的改变?(c) x 轴原点的位置是否会影响该运动情况的动力学结果?(d) 利用你在 (a) 问中得到的表达式确定物块在倾斜面底部的速率。你计算出的速率是否与利用运动学计算所得到的结果一致? ●●●

49. 在一低摩擦轨道上，一辆向右以 2.05m/s 的初速度运动、惯性质量为 0.36kg 的小车与一辆向左以 0.13m/s 的初速度运动、惯性质量为 0.12kg 的小车发生弹性碰撞。惯性质量为 0.12kg 的小车被惯性质量为 0.36kg 的小车弹回，然后压缩了固定在轨道右端的弹簧。(a) 当弹簧的压缩量最大时，储存在弹簧中的弹性势能有多大?(b) 如果弹簧又把所有的能量转移给小车，然后这两辆小车再次发生碰撞，则每辆小车的末速度有多大? ●●●

7.9 地面附近的势能

50. 一位惯性质量为 70kg 的妇女攀登至帝国大厦的顶部，已知帝国大厦顶部相对于地面的高度为 380m。试问由这位妇女和地球构成的系统的引力势能的改变量为多少? ●

51. 在毕业典礼上，你以某一初速率 v 竖直上抛你的学位帽。当学位帽落回你的手中时它运动的速度有多大?你是怎么求得的? ●

52. 一位上班族在一栋办公楼的 53 层上吃午餐，在下列哪种情况下由午餐和地球构成的系统的引力势能最大：(a) 该上班族乘电梯把午餐带到第 53 层，(b) 他爬楼梯把午餐带到第 53 层，(c) 他先坐直升机把午餐带到该 68 层办公楼的楼顶然后再乘电梯把午餐带到第 53 层? ●

53. 一颗惯性质量为 0.0135kg 的子弹从地面处竖直向上发射。如果它的初始速率为 300m/s，则它能到达多高的位置?(忽略空气阻力) ●

54. 一架普通的商业喷气式飞机的惯性质量为 2.1×10^5kg。(a) 根据所涉及的时间，你认为以下哪种情况所需的能量更多：使飞机提速至巡航速率还是使飞机上升至巡航高度?(b) 使飞机达到 270m/s 的巡航速率需要多少能量?(忽略风的阻力) (c) 使飞机到达 10 400m 的巡航高度需要多少能量?假定飞机是以它的(恒定)巡航速率运动到该巡航高度的。●●

55. 两个惯性质量都为 2.4kg 的物块由一根悬挂在光滑桌面边缘的绳子连接在一起，其中一个物块在桌面上，而另一个物块则刚好悬挂在边缘处。用一个约束力使桌面上的物块静止不动，其中绳子在桌面上的长度为 0.50m。则该约束力被撤销后，当桌面上的物块被拉离桌面时这对物块的速率为多大? ●●

56. 一个惯性质量为 30kg 的小孩从一高 2.0m 的围墙顶端跳至地面，请你利用正方向向上的 x 轴分析以下问题：(a) 令 $x=0$ 在围墙的底部，则由小孩和地球构成的系统的初始势能是多少且在跳跃的过程中系统动能的改变量为多少?(b) 令 $x=0$ 在围墙的顶部重新回答 (a) 问中的问题。●●

57. 你探身于宿舍的窗外，该窗户离地面的高度为 12m。然后你把一个惯性质量为 0.12kg 的小球向上扔向距你上方 11m 处且同样在窗户旁边的朋友。(a) 为了使你的朋友能刚好抓住小球，你向上扔小球的最小初始速率应为多大?(b) 如果你以 (a) 问中的速率扔小球而你的朋友却没有接住小球，则当小球将要碰到地面时它的动能是多大?(c) 假定你以 (a) 问中计算得到的速率竖直向下扔小球，则在小球将要碰到地面时它的动能为多大? ●●

58. 两个物块由一根绕过滑轮的绳子挂在滑轮的两侧，惯性质量为 1.0kg 的物块挂在滑轮的左侧，而另一个惯性质量为 3.0kg 的物块则挂在滑轮的右侧。这两个物块开始时都是静止的且在同一高度。(a) 当惯性质量为 3.0kg 的物块下落了 0.53m 时，则由两个物块和地球构成的系统的引力势能的改变量为多少?(b) 从物体被释放开始到 3.0kg 的物块下落了 0.53m 这一过程中，系统动能的改变量是多少?(c) 当 3.0kg 的物块下落了 0.53m 时，惯性质量为 1.0kg 的物块的速度有多大? ●●

59. 你从 3.0m 的高度处向下扔一个橡皮球，橡皮球在碰到水泥地面后又反弹至 2.7m

的高度处。(a) 则该碰撞的恢复系数是多少？(b) 你想使该橡皮球向上反弹至7.3m处，则从同一起始位置，你应该朝什么方向并以多大的速率扔出该橡皮球？●●

60. 你以15m/s的速率向上扔一个惯性质量为0.52kg的目标物，当它到达发射点上方10m处并开始向下运动时，它与一支以25m/s的速度向上运动、惯性质量为0.323kg的箭发生碰撞并连接在一起。假定该相互作用是瞬时的。(a) 碰撞刚结束时目标物和箭的速度分别为多大？(b) 当由目标物和箭构成的整体将要接触地面时该整体的速率为多大？●●

61. 一条长为l、惯性质量为m的均匀链条放在光滑桌面上，当链条的1/4悬挂在桌面边缘处时，该链条开始下滑。则当链条全部滑离桌面时它是以多快的速率运动的？(忽略摩擦力) ●●●

62. 一条长为l、惯性质量为m的均匀链条放在光滑桌面上，当链条的顶端刚好悬挂在桌面边缘处时，该链条开始下滑。(忽略摩擦力) 计算出链条速率随时间变化的函数。(提示：$\int \frac{dx}{v} = \int dt$。$x$与$v$之间的联系是什么?) ●●●

63. 两个物块由绕过一个小滑轮的绳子连接在一起。小物块的惯性质量是大物块惯性质量的一半。则对于如图P7.63a、b所示的两种情形，在哪种情形下当更大的物块下落了一段距离d后这两个物块的速率最大？忽略桌面与滑行物块之间的摩擦力，通过计算来检验你的答案。●●●

图 P7.63

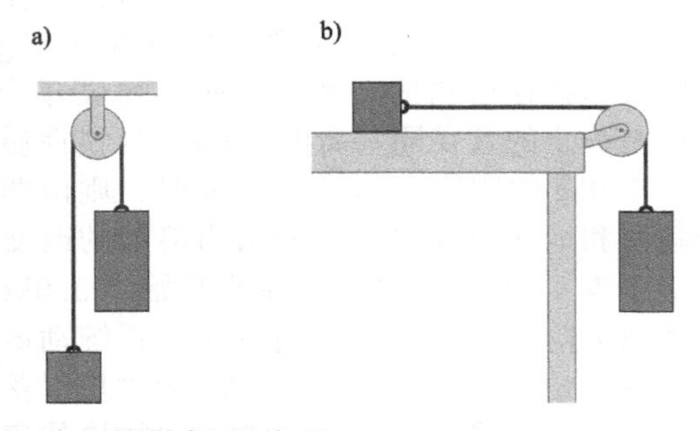

7.10　耗散相互作用

64. 由重力驱动的过山车装有一个机动化的链式装置，该装置可以将过山车牵引到第一个坡的最高处，然后在接下来的运动过程中不再提供额外的源能量。则随后所有坡中可能的最大高度为多少？●

65. 从距离地面上方12m高的一扇窗户处掉下一个小球，当小球将要接触地面时记录到小球的速率为14.6m/s。计算由于空气阻力的存在小球有多少动能发生了耗散？●

66. 一个惯性质量为5.3kg的钢珠从20m的高度处落入地面上一盒沙子中，钢珠停止运动时已下陷至沙面下方的0.20m处。则在钢珠与沙子发生相互作用的整个过程中有多少能量发生了耗散？●●

67. 两辆小汽车在城市街道上发生非弹性碰撞，对于由这两辆小汽车构成的系统，以下哪些物理量在任意惯性参考系中是相同的：(a) 动能，(b) 动量，(c) 耗散的能量，(d) 交换了的动量？●●

68. 一个惯性质量为0.70kg的篮球掉到硬地板上后会反弹上升至其原来高度的65%处。(a) 如果该篮球是从1.5m的高度处掉落的，则在第一次反弹中有多少能量耗散了？(b) 在第四次反弹中又有多少能量耗散了？(c) 耗散了的能量转化为哪种形式的非连贯能了？●●

69. 一个惯性质量为80kg的人站在结了冰的湖面上，他把一个惯性质量为0.500kg的足球扔向他的狗。(a) 如果足球以相对地球15m/s的速率离开他的手，则这个人需要提供的最小源能量为多少？(b) 如果静止的、惯性质量为20kg的狗抓住了足球并随足球一起滑行，则在狗抓住足球的过程中耗散的能量为多少？●●

70. 一台惯性质量为2.2kg的测量仪器被研究大气的科学团队安装在了一个气球上，在运动轨迹的最高点处，该测量仪器被从气球上释放下来，在降落伞打开之前，该测量仪器在下落至地面的过程中运动了相当长的路程。已知在降落伞打开之前，该测量仪器在任意时刻t的加速度大小由$|a| = ge^{-t/\tau}$给定，其中，g为重力加速度；e是自然对数的底；τ是与测量仪器的形状有关的时间常数，在此情况下τ等于5.68s。你主要关心的问题是仪器在下落的过程中由于摩擦力的作用其温度会升高。以J/s为单位，计算在降落伞打开之前能量耗散的速率为多

大？用 t 的函数来表示你的答案，这里假设仪器被释放时 $t=0$。（提示：通过对加速度进行积分来计算仪器的速率和位移。）●●●

71. 有一首儿歌是这样唱的“矮胖子，坐墙头。栽了一个大跟斗。国王呀，齐兵马。破蛋重圆没办法。”⊖ (a) 描述一下在“矮胖子”摔下来之前、摔下来期间（包含与地面碰撞的前一刻）和摔下来之后由“矮胖子”和地球构成的系统的能量。用表示 K、U、E_s 和 E_{th} 的条形图来解释你的描述。(b) 根据由“矮胖子”和地球构成的系统的能量，解释为什么国王点齐所有的兵马都不能重新再把它拼起来的原因。(c) 现在假定对于“矮胖子”来说事情变得不一样了，国王的士兵们可以布置一张网以便它掉入网中后能向上被弹回，然后又重新坐回墙上。画出该情况下表示以下时刻或过程能量分配情况的能量条形图，其中以下时刻或过程分别为“矮胖子”下落的过程、“矮胖子”掉入网中的瞬间（选择“矮胖子”在网中时网被拉伸至最低点处的瞬间）、上升的过程和它又重新坐回墙上的时候。●●●

72. 一个惯性质量为 m_{block} 的小木块从你头顶的正上方，即地面上方的 h 处由静止开始释放，你决定用子弹枪来射击它，该子弹枪发射的子弹的惯性质量为 m_{pellet}。在木块下降了一段距离 d 后，子弹击中了木块并停留在木块中，使得木块向上运动。在发生相互碰撞前的瞬间，子弹以 v_{pellet} 的速率运动。(a) 由子弹和木块构成的系统所能到达的最大高度 h_{max} 为多少？用给定的变量和已知量如 g 来表示你的结果。(b) 在碰撞期间有多少能量耗散了？●●●

附加题

73. 两个台球之间的碰撞是不是无耗散相互作用？（提示：你能听到碰撞发出来的声音，这一事实告诉了你什么？）●

74. 画出《原理篇》中图 6.8a 和图 6.8b 所示的碰撞前后的能量条形图。●

75. 华盛顿纪念碑的观景台位于地面上方的 152m 处，一个惯性质量为 80kg 的男人需要消耗多少根特大号巧克力棒来补充他用于爬 825 级台阶到达观景台所消耗的能量？其中每根特大号的巧克力棒能提供 1.3MJ 的源能量。●

76. 你从某一高度处向下扔一个小球，你认为以下哪个位置处的速率是小球碰到地面时速率的一半：运动路径中点的上方、运动路径的中点或者运动路径中点的下方？考虑空气阻力后你的答案是否会改变？●●

77. 把非连贯能转化为连贯能是不是不可能？你能举出一个将热能（至少是部分地）转化为连贯能的例子吗？●●

78. 不懂物理的人有时在庆祝重大活动时会竖直向上鸣枪，请你通过分析该运动过程中每个运动阶段的能量形式来解释一下为什么这样做不是一个好的方法。

79. 含磁铁的两辆惯性质量均为 1.20kg 的小车在低摩擦轨道上运动，该磁铁会使小车靠近对方时相互排斥。已知其中一辆小车的初始速度为 +0.323m/s，另一辆小车的初始速度为 −0.147m/s。则在碰撞期间储存在磁场中的最大能量为多少？假定小车之间从未接触过。●●

80. 风会使风车转动，而转动的风车又会把能量储存在电池中。假定电池在充电时风车的能量转化率为常数。之后电池又用来驱动一辆以恒定速率运动的玩具车，直至电池的能量耗尽。画出表示一系列不同时刻的能量条形图，这些时刻描述了在该情况下能量从一种形式到另一种形式的各种转化过程。对于每种能量转化过程，注明你所描述的系统。●●

81. 由于你没有看前方，所以你和你的自行车以 12m/s 的速率与停在红灯处的小汽车尾部发生碰撞。由于这辆小汽车没有驻车制动的功能，所以它被撞得向前颠簸。小汽车的驾驶员立即跳出来大声叫道“Whiplash⊖!”。面对一场官司，你不得不确定小

⊖ 原文为“Humpty Dumpty sat on a wall, Humpty Dumpty had a great fall. All the king's horses and all the king's men couldn't put Humpty Dumpty together again.”这首童谣本来是一个谜语，在 18 世纪的英文俚语中“Humpty Dumpty”指的是又矮又胖的人。胖人从墙头跌下不会碎，而蛋砸下来却会碎，所以谜底是蛋。——译者注

⊖ 鞭打伤害（Whiplash）是指在追尾事故中，被碰撞车辆的驾驶员、乘员在碰撞加速度与头部惯性力的共同作用下，颈部会产生一个像鞭子猛抽的动作。事故后，伤者的颈部会感到不同程度的不适，这种伤害并不致命，但是伤后康复的过程非常复杂、漫长，有些甚至会造成不可治愈的永久伤害。——译者注

汽车由于碰撞所获得的加速度。你注意到你和自行车（加在一起的惯性质量为80kg）在碰撞中完全停下来了，并且自行车前轮的外圈一直被挤到了前轮的中心处。已知碰撞前自行车车轮的直径为0.75m，通过查阅相关参考书可知小汽车的惯性质量为1800kg。●●● CR

82. 一家游乐场打算聘请你的公司去设计一辆过山车，为此你的公司专门研究了一种方法，该方法使过山车在运动轨迹的水平区段被电动机加速，而不是向上被牵引至坡的顶端后再被释放。游乐场的工作人员想让乘坐过山车的人在经过你们设计的水平区段时被加速，然后直被接送上垂直高度为66.4m的轨道。（过山车经过该最高点后，接下来的运动过程就像普通的过山车那样有规律地上下。）你的计算结果告诉你，212台这样的发动机可以使有载荷的过山车以0.85g的加速度加速至所需的速率，但是你想知道游乐场有没有加速所需的足够长的水平距离。●●● CR

83. 一辆惯性质量为1.00kg的小车在它的前端安装了一个装置，该装置只要与物体发生碰撞就会爆炸，并释放出能量E。当该小车与一辆向左以速率v运动、惯性质量为2.00kg的小车发生迎面碰撞时，小车正向右以相同的速率v运动。当这两辆小车碰撞时爆炸发生了，导致它们被弹回。如果爆炸所释放的能量的1/4耗散为噪声和小车的形变这样的非连贯能，则每辆小车各自最终的速度为多大？在零动量参考系中解决该问题，然后再用地球参考系下所得的结果检验你的答案。●●●

复习题答案

1. (a) 动量不变。(b) 动能减少了，因为一部分或者所有的动能在碰撞期间被转化为内能。(c) 系统中所有形式的能量之和不变。

2. 否。碰撞前它们的相对速率肯定不为零，但是在相互作用的某一时刻该相对速率变为零了。

3. 在所有情况下系统的一部分动能被转化为内能。在(a)问中，碰撞后转化了的能量不再被重新转化为动能。在(b)问中，碰撞后转化了的一部分能量又被重新转化为动能。在(c)问中，碰撞后转化了的所有能量都被重新转化为动能。

4. 相互作用包含两个物体且会导致物体运动状态的变化、物理状态的变化或者这两者同时的变化。如果只包含运动状态的变化，则两个物体加速度的x分量之比会等于它们惯性质量之比的负倒数。通常每个物体的动量和动能也会由于相互作用而改变，但是如果系统是孤立的，则系统的动量不会改变。如果系统是封闭的，则系统的能量不会改变但是在相互作用的过程中它的动能会改变，因为一部分动能被转化为内能。当该相互作用是弹性碰撞时，转化了的所有动能在相互作用后又都会被重新转化为动能。

5. 任何运动的物体由于运动所具有的能量为动能。系统由于其可逆的位形变化所储存的能量为势能。

6. 有很多个可能的答案。其中两个可能的答案分别是来回弯曲（连贯动能）回形针使它变热（非连贯热能）和双手在一起相互摩擦使手变暖和。

7. 运动能量是与系统中物体或者分子的运动有关的能量。结构能是与系统中物体或者分子的位置有关的能量。连贯能与有规则的运动或有序的结构有关，即系统中单个物体全部以相同的速度运动，或者系统中单个分子的位置在相同的方向上被一小部分分子所取代。非连贯能则与不规则的运动或无序的结构有关，即系统中的物体做无规则的运动或者系统中分子的位置被随机地取代。

8. 由太阳中的核反应所产生的太阳辐射是最终的能源。

9. 无耗散相互作用会造成可逆形变；耗散相互作用则会造成不可逆形变。

10. 有很多个可能的答案。在小汽车与燃油箱中的汽油之间的相互作用中，源能量（汽油的化学能）被转化为热能和小汽车的动能，并且如果小汽车正在爬一座小山，则还被转化为引力势能。当你把双手放在一起相互摩擦以使手变得暖和时，构成肌肉的分子中的化学能被转化为动能，其中你利用肌肉使你的手运动，然后动能又反过来被转化为摩擦所产生的热能。

11. 在场模型中，每个物体都被一个场所包围，它通过该场与另一个物体发生相互作用。在规范粒子模型中，两个物体通过被称作规范粒子的基本交换粒子来发生相互作用。

12. 只有引力相互作用和电磁相互作用是宏观尺度内所提到的长程相互作用。强相互作用和弱相互作用的作用范围都太小了，以至于我们观察不到它们在宏观尺度内所产生的变化。

13. (a) 电磁相互作用占主导地位。(b) 电磁相互作用还是占主导地位。

14. 尽管电磁相互作用的强度更强，但是它可以是相互吸引作用也可以是相互排斥作用，这取决于带电粒子的电性。由于两种带电粒子的数量在任何宏观物体中都是相等的，所以带电粒子倾向于会把自己排列成电中性的物体并使相互作用的影响最小化。相反，由于引力相互作用总是吸引相互作用，所以没有抵消作用能使引力的累加作用减小。由于我们生活在地面上，所以宏观物体与地球之间很大的引力相互作用的作用效果通常是不可忽略的。

15. (a) $a_{1x}/a_{2x}=-m_2/m_1$。(b) 还是 $a_{1x}/a_{2x}=-m_2/m_1$，因为对于任何相互作用，《原理篇》中的式(7.6) 都是成立的。

16. 可以做两个假定——由相互作用的物体构成的系统是孤立的，并且这些物体的惯性质量不会因相互作用而改变。

17. 对于一个封闭系统，能量必须不变，所以四类能量——动能、势能、源能量和热能——的改变量肯定可以抵消。但是源能量和热能总是跟耗散有关，所以如果所有的相互作用都是无耗散的，则只可能是动能和势能改变了，且动能和势能的改变量之和肯定为零。机械能正是动能和势能之和，因此在这种情况下机械能为常数。

18. 无耗散相互作用只能造成可逆形变。因此记录这样一个系统中的物体的视频不管是顺放还是回放都必须是一样的。这意味着每个物体的动能在某一给定的位置处必须是相同的，而不用考虑该物体在该位置处是向前运动还是向后运动（或者根本不运动）。但是在这样的系统中机械能仍为常数且等于动能和势能之和。如果动能必须表示为位置的函数，则势能也肯定必须是位置的函数。

19. 由于是因无耗散相互作用而造成的可逆形变，所以在相同的位置（A 点）处物体的初动能和末动能必须相等。

20. 竖直方向上的。是的，它确实很重要因为对于水平位移引力势能的改变量为零。

21. 否，引力势能可以是正值也可以是负值，这取决于你所选择的 $U^G=0$ 的位置。

22. 否，系统中的能量只有可转化的部分能转化，不能转化的部分仍为系统的动能。为了使系统的动量保持为常数，某些不为零的末速度（相应的末动能不为零）是必不可少的。

23. (a) 式 (7.26)：$\Delta E_{\text{th}}=-\Delta K=\frac{1}{2}\mu v_{12i}^2(1-e^2)$ 告诉我们，没有可交换的能量被转化为热能（这意味着碰撞是弹性的）。它所有的能量都暂时地储存为势能。

(b) 式 (7.26) 告诉我们，所有可交换的动能最终都被转化为热能，但是它所有的能量或者一部分能量仍然有可能被暂时地储存为势能。

引导性问题答案

引导性问题 7.2 $h/16$

引导性问题 7.4 (a) 后面小车的速度为 -0.12m/s，前面小车的速度为 $+8.4\text{m/s}$；

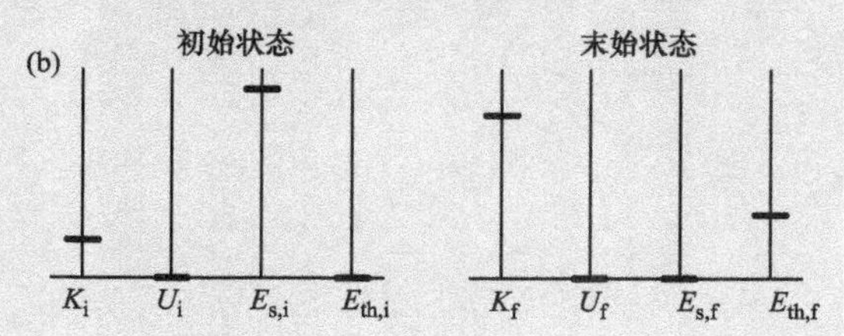

引导性问题 7.6 $v_f=78\text{m/s}$

引导性问题 7.8

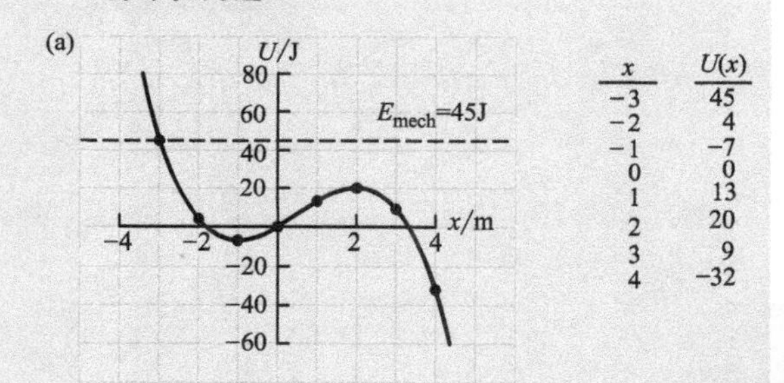

x	$U(x)$
−3	45
−2	4
−1	−7
0	0
1	13
2	20
3	9
4	−32

(b) 朝 x 轴的正方向运动；(c) 先朝 x 轴的正方向加速，然后在 $x=-1.0\text{m}$ 和 $x=+2.0\text{m}$ 之间朝 x 轴的负方向加速，最后再次朝 x 轴的正方向加速；(d) 从 $x=-3.0\text{m}$ 处到 $x=-1.0\text{m}$ 处和从 $x=+2.0\text{m}$ 处到更大的 x 处的粒子是加速的，从 $x=-1.0\text{m}$ 处到 $x=+2.0\text{m}$ 处的粒子是减速的；(e) $K(x=-1.0\text{m})=+52\text{J}$，$K(x=+1.0\text{m})=+32\text{J}$，$K(x=+3.0\text{m})=+36\text{J}$。

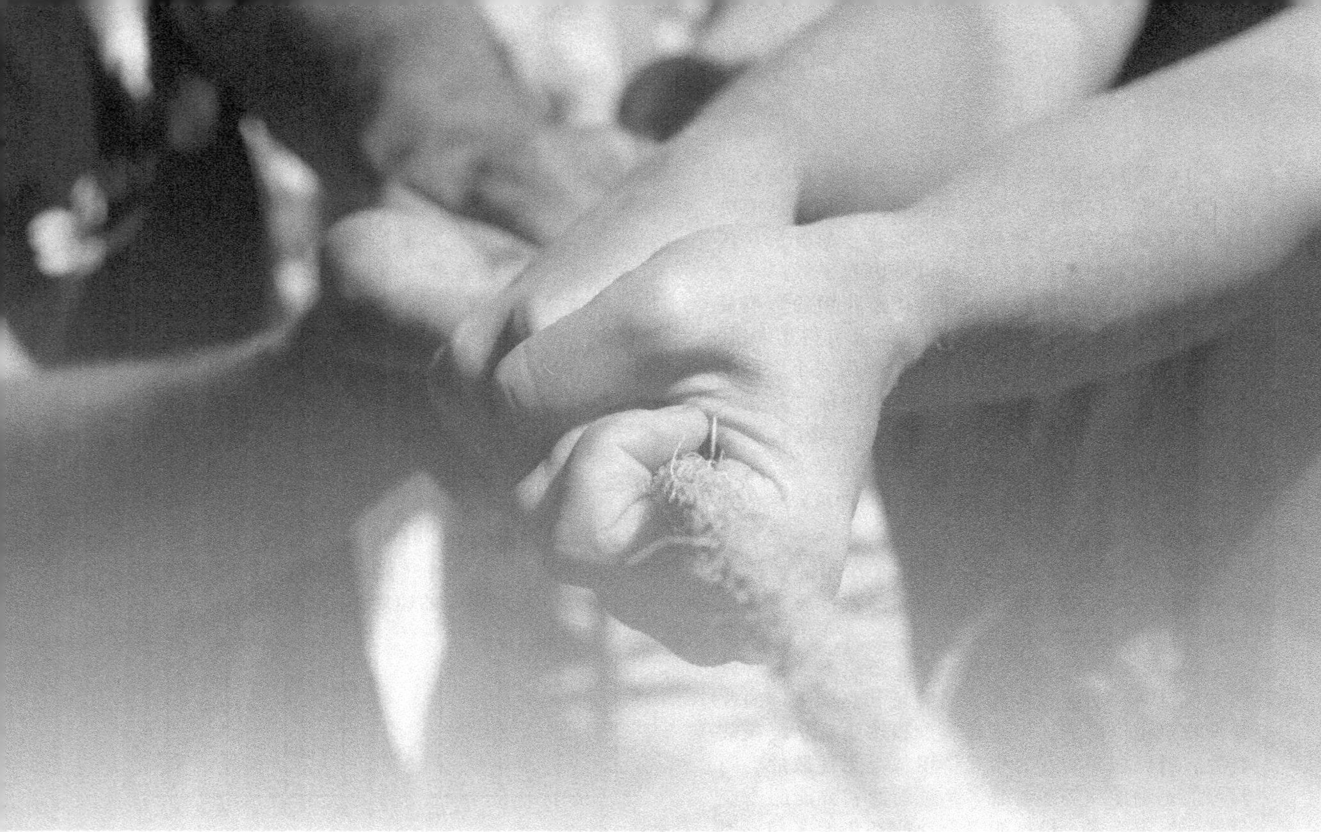

第8章　力

章节总结

力的特点（8.1节~8.3节，8.7节）

基本概念　当一个物体只参与一种相互作用时，这个物体所受到的力等于物体动量对时间的变化率。

接触力是只有当两个物体相互接触时，一个物体施加在另一个物体上的力。

场力是一个物体施加在另一个物体上的力，但是这两个物体不需要相互接触。

当两个物体相互作用时，对彼此施加的力形成了一对**相互作用力**，这两个力大小相等、方向相反。

定量研究　力的SI单位是牛顿（N）：

$$1\mathrm{N} = 1\mathrm{kg} \cdot \mathrm{m/s^2} \tag{8.9}$$

对于组成相互作用力的一对力，有

$$\vec{F}_{12} = -\vec{F}_{21} \tag{8.15}$$

重要的力（8.6节，8.8节，8.9节）

基本概念　一个拉紧的、有弹性的物体（比如弹簧、绳子或者细线）当其两端受到大小相同但方向相反的拉力时，物体就会沿着本身的长度受到一个应力，叫作**张力**。如果物体非常轻，那么张力处处相等。

胡克定律表示弹簧从其原长位置被拉伸（或者压缩）一段距离与由此产生的施加在负载上的力的关系。

定量研究　在地面附近，惯性质量为m的物体在x方向上所受到的重力是

$$F^G_{\mathrm{E}ox} = -mg \tag{8.17}$$

其中负号表示力是竖直向下的。

胡克定律：如果弹簧从原长开始被伸长（或者压缩）一小位移$x-x_0$，那么弹簧施加在物体上力的x分量为

$$(F_{\text{by spring on load}})_x = -k(x-x_0) \tag{8.20}$$

其中k是弹簧的**弹簧常量**。

力的效果（8.1节，8.4节，8.5节，8.7节）

基本概念　物体受到的所有力的矢量和等于物体动量对时间的变化率。

运动方程是关于物体所受到的合力与加速度的关系式。

牛顿运动定律描述的是力对物体运动的影响。

如果一个物体处于静止状态或者匀速运动状态，那么这个物体就处于**平动平衡**。在这种情况下，物体所受到的合外力为**0**。

一个物体的**分体受力图**就是用一个点来表示物体，并画出物体受到的所有力。

定量研究　物体受到所有力的矢量和：

$$\sum \vec{F} \equiv \frac{\mathrm{d}\vec{p}}{\mathrm{d}t} \tag{8.4}$$

运动方程：

$$\vec{a} = \frac{\sum \vec{F}}{m} \tag{8.7}$$

牛顿第三定律描述的就是对于有相互作用的物体1和物体2，有

$$\vec{F}_{12} = -\vec{F}_{21} \tag{8.15}$$

冲量（8.10节）

基本概念 作用在物体上的力所产生的冲量$\vec{J}$是力与力作用在物体上的时间的乘积。物体的冲量也等于其动量的改变。

定量研究 对于恒力，有

$$\Delta\vec{p}=\vec{J}=(\sum\vec{F})\Delta t \quad (8.24,\ 8.25)$$

对于随时间变化的力，有

$$\Delta\vec{p}=\vec{J}=\int_{t_i}^{t_f}\sum\vec{F}(t)\,dt \quad (8.26)$$

多个相互作用的物体组成的系统（8.11节，8.12节）

基本概念 系统质心的加速就像是所有物体都处于质心位置，而外力也都施加在质心处。

定量研究 对于多体系统的加速运动：

$$\vec{a}_{cm}=\frac{\sum\vec{F}_{ext}}{m} \quad (8.45)$$

复习题

复习题的答案见本章最后。

8.1 动量和力

1. 作用在物体上的力总是会使物体的速率增加吗？如果是，为什么？如果不是，举一个反例。

2. 一辆汽车在向下的斜坡上沿直线以100km/h的速率做匀速运动，则汽车所受合力的大小和方向如何？

3. 动量和力的关系是什么？

8.2 力的相互作用

4. 这种情况有没有可能发生？即物体1对物体2施加一个力的作用，但是物体2对物体1并未产生与之大小相等的作用力。

5. 盛满咖啡的杯子放在桌子上。杯子对桌子向下的力与咖啡对杯子底部向下的力，这两个力是不是一对相互作用力？

8.3 力的分类

6. 接触力和场力的本质区别是什么？

7. 确定以下所说的力是接触力还是场力：(a) 导致一本书在光滑的地板上滑行，并最终减速的力；(b) 在啤酒瓶被撞离桌子后，导致啤酒瓶向下运动的力；(c) 导致一个磁铁对另一个磁铁排斥的力；(d) 风对帆船的力；(e) 拉伸的橡皮筋的两端各连着一个物体，使一个物体移向另一个物体的拉力。

8.4 平动平衡

8. 处于平动平衡的物体能不能受到力的作用？

9. 你该如何确定物体是否处于平动平衡？

8.5 分体受力图

10. 说出分体受力图中的三要素。

11. 至少说出两个原因来说明为什么画分体受力图对分析物理情景很重要。

12. 为什么代表物体所受合力的矢量箭头并没有出现在这个物体的分体受力图中？

8.6 弹簧和张力

13. 在以下情境中弹簧长度是怎样变化的？(a) 物体对弹簧施加一个大小为F_{os}的力，(b) 弹簧对物体施加一个大小为F_{so}的力。

14. 什么是弹性力？

15. 在哪一种（些）情况下，手对绳子、弹簧或者细线一端的拉力能够无衰减地传递到其另一端所系的物块上？

8.7 运动方程

16. 已知物体所受到的所有力，你可以直接知道关于物体运动的哪些信息？

17. 在哪些情况下，你可以将$\sum\vec{F}=d\vec{p}/dt$转化成$\sum\vec{F}=m\vec{a}$？

18. 用你自己的语言来描述牛顿的三个运动定律。

8.8 重力

19. (a) 地球对一个苹果的引力（当然也是重力）和对一袋苹果的引力，这两个引力相比较哪一个数值比较大？(b) 通过观察发现一个苹果和一袋苹果在自由下落的过程中具有相同的加速度，你怎样自洽地解释从（a）得到的答案和这个现象的一致性？

20. 物体在静止状态时加速度为0，这是否意味着式（8.17）：$F^G_{\mathrm{Eo}\,x}=-mg$ 并没有准确地表现出物体所受到的重力？

8.9 胡克定律

21. 对于同一个弹簧，当其处于压缩状态时，弹簧常量 k 的数值与处于伸长状态时的 k 有什么关系？

22. 式（8.20）是关于弹簧所施加的力与弹簧自由端位移的关系式：$(F_{\text{by spring on load}})_x=-k(x-x_0)$，其中 x_0 的含义是什么？

23. 《原理篇》中的图 8.18 画出了弹簧所受到的力与弹簧自由端位移的函数图像，那么曲线斜率的物理意义是什么？

8.10 冲量

24. 用语言来叙述冲量方程。

25. 假设作用在物体上的一个力或者多个力都不是常量，但是你知道在所研究的时间段里各个力随时间变化的函数关系。利用这些你该如何计算冲量？

8.11 二体相互作用

26. 外力与内力的区别是什么？

27. 当外力作用在由两个相互作用的物体所组成的系统上时，如何来描述此时系统质心的运动？

8.12 多体相互作用

28. 由多个物体所组成的系统的内力矢量和的数值是多少？

29. 解释一下为什么刚性物体的运动比形变物体的运动更容易分析。

估算题

从数量级上估算下列物理量，括号中的字母对应于可能用到的提示。根据需要使用它们来指导你的思考。

1. 跑车的加速度能够使它的速度在 5s 内由 0 加速到 60mile/h，要想使公交车的加速度与跑车的加速度一样，公交车所受到的合力大小（K，O）

2. 用球棒向投球手方向直接击打棒球，棒球所受到球棒对其平均力的大小（E，W，J，U）

3. 客机在加速起飞时所受到的合外力大小（P，I，G）

4. 地球对大象的引力大小（S）

5. 当客机以恒定的速度水平飞行时，空气对客机向上的作用力的大小（A，P，V）

6. 与只是站在地板上相比，职业篮球运动员在地板上猛地跳起来扣篮时地板要承受的额外力（H，C，X，R，L）

7. 圆珠笔中弹簧的弹簧常量？（F，T）

8. 汽车中弹簧的弹簧常量？（D，Z）

9. 一辆小型货车要想达到在高速公路上行驶的速度，它所需要的冲量的大小？（N，Y）

10. 要在 60s 内停下一列高速行驶的火车所需要的冲量（B，M，Q）

提示

A. 客机是处于平动平衡吗？

B. 高速行驶的火车的速率是多少？

C. 当篮球运动员跳到最高点时，他的动能发生了怎样的变化？

D. 当一个平均体重的成年人坐在汽车上时，汽车挡泥板将会下陷多少距离？

E. 棒球飞来时的速度是多少？

F. 当你按下圆珠笔时，弹簧的压缩量是多少？

G. 当客机轮子离开地面时，客机的速率是多少？

H. 在这种情况下，运用牛顿第三定律得到的结果是什么？

I. 客机在轮子离开地面之前，沿着跑道移动的距离是多少？

J. 棒球被打出时的速度是多少？

K. 跑车加速度的大小是多少？

L. 力作用的时间间隔是多少？

M. 火车的惯性质量是多少？

N. 在高速公路上行驶的速率是多少？

O. 公交车惯性质量与跑车惯性质量之比是多少？

P. 客机的惯性质量是多少？

Q. 在一定时间间隔内，动量必须要改变多少？

R. 专业篮球运动员的惯性质量是多少？

S. 大象的惯性质量是多少？

T. 要想按下圆珠笔，所要施加的力是多大？

U. 棒球与球棒相接触的时间间隔是多少？

V. 客机在竖直方向上还有没有受到其他的力？

W. 棒球的惯性质量是多少？

X. 篮球运动员跳了多高？

Y. 小型货车的惯性质量是多少？

Z. 一个成年人的平均体重是多少？

答案（所有值均为近似值）

A. 是；B. 3×10^1m/s；C. 全部被转化成重力势能；D. 4×10^1mm；E. 4×10^1m/s. 朝向击球手；F. 5mm；G. 9×10^1m/s；H. $F_{\text{by player on floor}} = F_{\text{by floor on player}}$；I. 1km；J. 比飞来时的速度稍微大一点——比如，5×10^1m/s，朝离开击球手的方向；K. 5m/s^2；L. 0.4s；M. 5×10^6kg；N. 3×10^1m/s；O. $m_{\text{bus}} = 10m_{\text{car}}$；P. 1×10^5kg；Q. 全部动量：2×10^8kg·m/s，必须变为0；R. 9×10^1kg；S. 6×10^3kg；T. 3N；U. 2×10^{-2}s；V. 重力；W. 0.2kg；X. 运动员身体上的每一部分都升高了0.7m；Y. 2×10^3kg；Z. 8×10^1kg

例题与引导性问题

步骤：画分体受力图

1. 画出一个质心的标志“⊗”来表示你所要研究的物体[⊖]——这个物体就是你要研究的系统。假设这个物体在一个自由的空间里（因此也称作自由体）。如果你需要不止一个物体来解决问题，那么单独地画出每一个物体的分体受力图。

2. 列出该物体所处环境中与之接触的所有对象。这些对象对物体都施加有*接触力*。但不要把这些对象放进你的受力图中！如果将其放在受力图中，你将有可能混淆这些对象施加在物体上的力和物体施加在这些对象上的力。

3. 确定其他对象对所研究的物体施加的力。（现在，从这些力中删除不在物体运动方向上的所有力。）通常，你需要考虑：(a) 地球对物体的引力，(b) 在步骤 2 中其他对象对物体的接触力。

4. 画出箭头来代表在步骤 3 中所确定的每一个力。在物体所受到的力的方向画上箭头，箭尾放在质心处。如果可能的话，画出箭头的长度，这样可以反映出各个力的相对大小。最后，在每一个箭头处标上

$$\vec{F}^{\text{type}}_{\text{by on}}$$

其中，“type（类型）”用一个字母来表示这个力的来源（c 代表接触力，G 代表重力）；“by”用一个字母来表示施力物体；“on”用一个字母来表示受力物体（即你在步骤 1 中所画的质心）。

5. 确认你所画出的所有力都是施加在你所研究的物体上，而不是这个物体施加给别的对象。$\vec{F}$ 下标中的第一个字母表示的是施力物体，第二个字母表示的是这个力的受力物体，所以在你的分体受力图中，每个力的下标的第二个都应该是相同的。

6. 在紧挨着代表物体的质心处标记一个代表物体加速度的矢量。检查你所画出的所有力的矢量和的方向是不是加速度的方向。如果力的矢量和的方向与加速度的方向一致，那么检查步骤 4 中所有力的正确性。如果物体并不处于加速状态（即物体处于平动平衡状态），就写上 $\vec{a}=\vec{0}$ 并确定力的箭头相加为 0。如果你不知道加速度的方向，那就选择一个假定的方向来作为加速度的方向。

7. 画出坐标轴。如果物体是加速，那么一般选定 x 轴的正方向为物体加速度的方向。

当你的分体受力图完成以后，它应该只包含质心、物体所受到的力（尾部位于质心处）、坐标轴、物体加速度的标记。不要在分体受力图中添加其他任何的东西。

⊖ 以一个例子为代表，比如说，用一个单一的点来代表汽车似乎过于简单化，但是我们关心的仅仅是汽车作为一个整体的运动，其他的细节（比如它的形状或者方向）并不重要。将任何其他不必要的问题加到分体受力图中只会偏离你所要解决的问题。

下列例题涉及本章内容，但又不仅仅局限于本章中的某一节。

其中一部分以例题的形式给出，另一部分则以引导性问题的形式给出。

例 8.1　移动障碍物

一辆铲车正在用绳子试图将一块重 1400kg 的花岗岩障碍物从仓库里拉出来，一名工人施加推力来帮忙（见图 WG8.1）。绳子的张力是 2500N，工人在水平方向上施加的推力大小是 200N。障碍物在地板上以恒定的速率 1.5m/s 滑动。障碍物所受到的摩擦力的大小是多少？

图 WG8.1

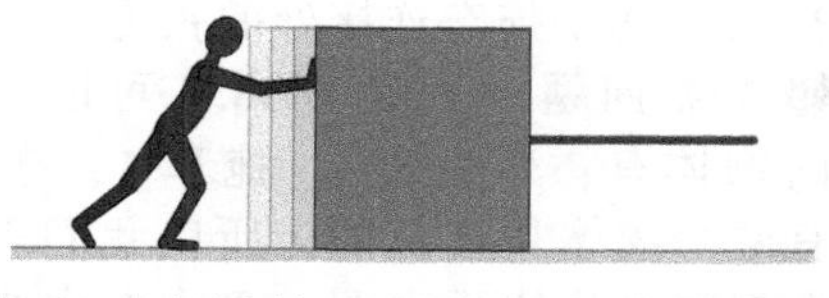

❶ **分析问题**　我们要计算的是摩擦力的大小。要注意的是，除了摩擦力之外，在水平方向上还有另外两个接触力施加在障碍物上：绳子施加的拉力和工人施加的推力。力和运动的关系是需要的，所以我们可能会用

到《原理篇》中的式（8.6）：$\sum\vec{F}=m\vec{a}$，当惯性质量是常数时的牛顿第二定律。分体受力图（见图 WG8.2）能帮助我们整理这些信息。拉力和推力的方向一定是相同的，所以我们就直接在分体受力图中将这些力的方向画为向右。障碍物和地板表面的摩擦力阻碍障碍物的滑动。如果我们不再施加拉力和推力，摩擦力将会导致障碍物移动变慢，直至停下来，所以摩擦力指向左，与障碍物的速度方向相反。我们还注意到速度是常量，也就是说加速度为 0。

❷ **设计方案**　我们知道绳子的张力和工人的推力，还知道加速度为 0 以及摩擦力的方向。我们直接选取 x 轴的正方向与运动方向一致（如图 WG8.2 所示，指向右）。这三个力都在水平方向上，所以我们只需要在 x 方向上使它们满足：

$$\sum F_x=0 \tag{1}$$

一个方程就足够解决未知的摩擦力。

图 WG8.2

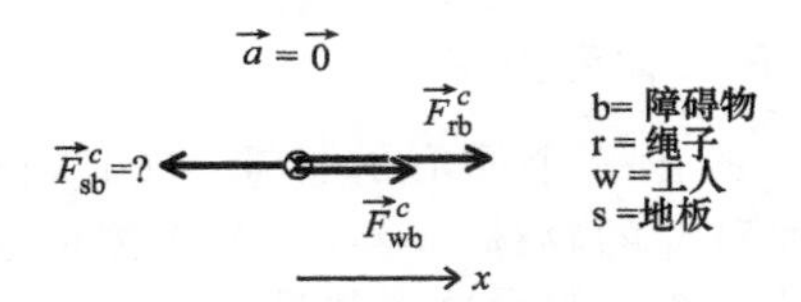

❸ **实施推导**　以图 WG8.2 作为指导，牛顿第二定律等号的左侧就是在 x 方向上各个力的总和。通过比较 x 方向上各个力的方向，我们知道推力和拉力是正的，摩擦力是负的。代入各个力的数值，式（1）变成

$$F^c_{rbx}+F^c_{wbx}+F^c_{sbx}=0$$

$$+F^c_{rb}+F^c_{wb}+(-F^c_{sb})=0 \tag{2}$$

$$F^c_{sb}=F^c_{rb}+F^c_{wb}=2500\text{N}+200\text{N}=2700\text{N}$$ ✔

❹ **评价结果**　如果我们将答案代入式（2），式中的符号与图 WG8.2 中各个力的方向也是一致的。解决这个问题我们不需要提出假设，也不需要用到已知的所有数值。

引导性问题 8.2　汽车弹簧

作为一名汽车工程师，你被安排设计一套汽车适用的弹簧。当 640kg 重的车身静止在四个弹簧上面时，每个弹簧的压缩量必须是 30mm，那么每个弹簧的弹簧常量 k 的数值是多少？

❶ **分析问题**

1. 车身参与哪些相互作用？
2. 画出车身的分体受力图。

❷ **设计方案**

3. 当弹簧停止摆动时，车身的加速度是多少？将这些信息添加到你的分体受力图中。
4. 为 x 轴正方向选择一个合适的方向，并在分体受力图中标出来。
5. 以你的分体受力图作为指导，写出适当的力方程的分量形式。

❸ **实施推导**

6. 求出每个弹簧施加在车身上的力。
7. 将这个力与弹簧常量联系起来？

❹ **评价结果**

8. 检查关于 k 的式子。如果车身的惯性质量增加，k 会怎么变化？这合理吗？
9. 你是否还做出过别的假设？

例 8.3　运输货车来了

一辆牵引车拉着两个拖车。拖车 1 的惯性质量是 4000kg，拖车 2 的惯性质量是 6000kg。牵引车从静止开始运动时对负载的拉力是 2.5kN。（a）牵引车的加速度大小是多少？（b）两个拖车连接处的张力是多大？

❶ **分析问题**　从图 WG8.3 可以知道所包含的物体有：牵引车 t、拖车 1、拖车 2。因为有两个物体是被拉的，所以我们需要对每一个都画出分体受力图。受力图中应该有哪些内容呢？因为是在水平方向上运动，所以我们只需要考虑水平方向上的力。

图 WG8.3

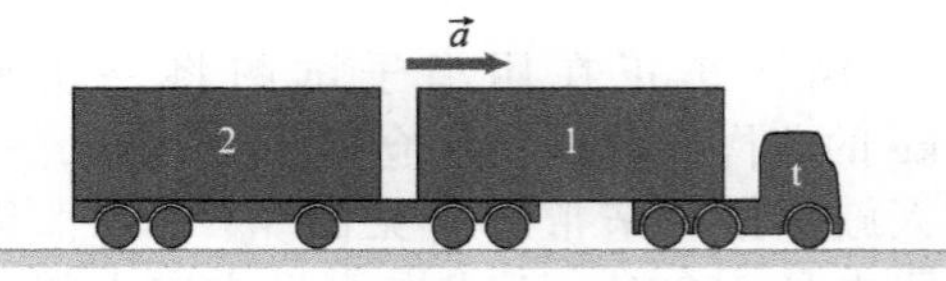

拖车 2 受到的唯一拉力就是通过连接处拖车 1 对其向前的拉力。拖车 1 受到牵引车对其向前的 2.5kN 的拉力，还有通过连接处拖车 2 对其的力。因为货车是从静止开始运动的，所以其移动的速度很慢，因此我们忽

略空气阻力。我们假设轮子是加过润滑油的，所以可以忽略轴承间的摩擦力。只要牵引车和两个拖车一起移动，它们就必须具有相同的加速度，方向就是牵引车拉力的方向（此方向也是 x 轴的正方向）。因此我们对拖车和牵引车的加速度都用同一个字母 a 来表示，图 WG8.4 就是分体受力图。

图 WG8.4

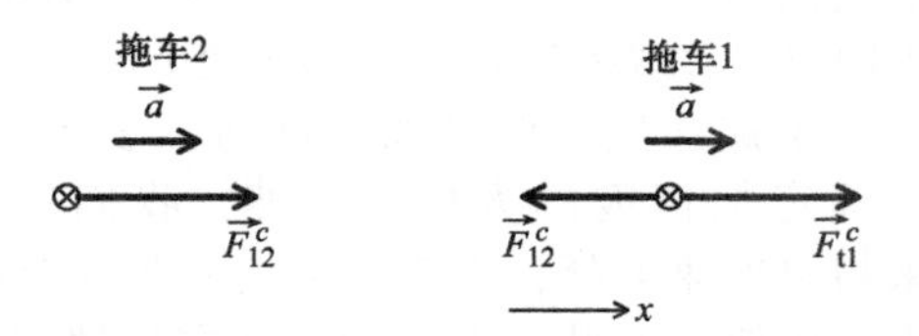

❷ **设计方案** 因为本题需要用加速度和力来解决，所以我们首先用牛顿第二定律。从两个受力图中我们可以得到两个方程，分别是

$$\sum F_{1x}=m_1a_{1x}=m_1a_x$$

$$\sum F_{2x}=m_2a_{2x}=m_2a_x$$

未知的加速度 $a=|\vec{a}|=|a_x|$ 和未知的张力 $\mathcal{T}=|\vec{F}^{\text{tensile}}|=|\vec{F}^c_{12}|=|\vec{F}^c_{21}|$ 都出现在了上面的两个方程中。我们还知道牵引车的拉力 $F^c_{t1}=2.5\text{kN}$，因此，从这两个方程中我们就可以解出两个未知数。

❸ **实施推导** （a）从第二定律得到的方程可知

$$\sum F_{1x}=F^c_{21x}+F^c_{t1x}=m_1a_x=-F^{\text{tensile}}+F^{\text{pull}}=m_1(+a)$$

$$\sum F_{2x}=F^c_{12x}=m_2a_x=+F^{\text{tensile}}=m_2(+a) \quad (1)$$

将这两个式子相加就会消掉张力，因此我们就可以解出每个物体的加速度：

$$m_2a+m_1a=(+F^{\text{tensile}})+(-F^{\text{tensile}})+(F^{\text{pull}})$$

$$(m_1+m_2)a=F^{\text{pull}}$$

$$a=\frac{F^{\text{pull}}}{m_1+m_2}=\frac{2.5\times10^3\text{N}}{4000\text{kg}+6000\text{kg}}=0.25\text{m/s}^2 \checkmark \quad (2)$$

（b）我们把从式（2）中得到的 a 代入到式（1）中来计算连接处的张力 $\mathcal{T}=|\vec{F}^{\text{tensile}}|$：

$$\mathcal{T}=m_2\left(\frac{F^{\text{pull}}}{m_1+m_2}\right)$$

$$\mathcal{T}=\frac{m_2}{m_1+m_2}F^{\text{pull}}=\frac{6000\text{kg}}{4000\text{kg}+6000\text{kg}}(2.5\times10^3\text{N})$$

$$=1.5\times10^3\text{N} \checkmark \quad (3)$$

❹ **评价结果** 从式（2）中我们注意到，加速度就等于牵引车施加的力除以两个拖车的惯性质量，因此我们想象成两个拖车集中到一块，把它们看作一个物体获得加速度。

我们得到的连接处的张力是 $1.5\times10^3\text{N}$，它在数值上就等于仅加速拖车 2 所需要的力的大小，而且应该小于牵引车所施加的力 $2.5\times10^3\text{N}$，因为这是让两个拖车有相同加速度的力。

从连接处张力的代数式［式（3）］可知，如我们所想，张力只是牵引车施加的拉力 2.5kN 的一部分。假设拖车 1 的惯性质量减小为 0，或者想象成拖车 1 仅仅只是一个连接头，那么连接处的张力就是牵引车施加的拉力。如果拖车 2 的惯性质量变成 0，张力也就变成 0 了，因为并不需要力来加速一个惯性质量为 0 的拖车。

在低速运动时，我们不考虑摩擦力和空气阻力是合理的。

引导性问题 8.4 橡皮筋的束缚

一个小孩用橡皮筋拖着一条玩具狗以恒定的速率运动。如果橡皮筋的弹簧常量是 20N/m，玩具狗与地板之间的摩擦力是 0.734N，那么橡皮筋伸长了多少？

❶ **分析问题**

1. 你需要用哪些物理量来恰当地表示出未知量？

2. 你需要画出哪一个物体的分体受力图？橡皮筋还是玩具狗？

3. 不要忘记分体受力图中要包括 x 轴，并且标出 x 轴的正方向。

❷ **设计方案**

4. 在你的分体受力图中，施加在物体上的哪一个张力与橡皮筋的伸长量有关？

5. 与未知量的数量相比，你需要几个方程？

❸ **实施推导**

6. 从你的方程中得到包含未知量的代数式。

7. 代入给定的数值。

❹ **评价结果**

8. 从代数式中得到的摩擦力比你所预想的要大？还是小？它们的弹簧常量又如何？

9. 你有没有做出过会明显影响答案的假设？

例 8.5　减缓矿车

在图 WG8.5 中，一个通过绳子悬挂在定滑轮上的物块被用来加速在轨道上运动的装满负载的矿车，使其运动到边缘处来倾倒负载。为了降低其运动到接近边缘处时的加速度，在水平方向上，矿车的另一端连接着弹簧常量为 k 的弹簧，弹簧的另一端固定在墙上。不考虑摩擦力和绳子的伸长，计算当弹簧伸长量为 d 时，矿车的加速度。

图 WG8.5

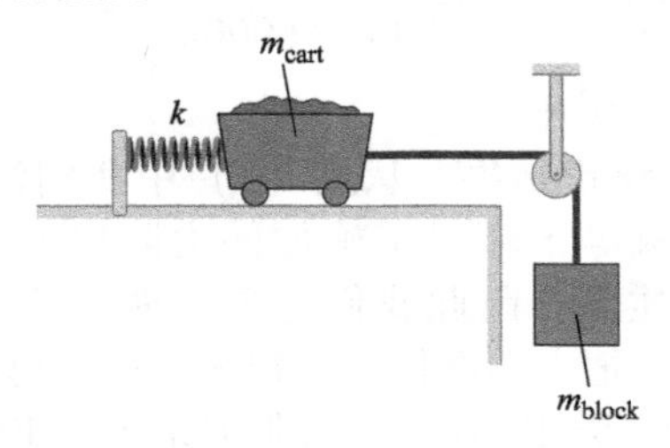

❶ **分析问题**　在图 WG8.5 中，绳子的作用是要使小车向右加速移动，但是弹簧却是要使小车向左加速移动。如果弹簧的伸长量很小，那么施加在小车上的力也就很小，绳子的拉力就会导致小车向右加速移动。如果弹簧伸长了很多，那么施加在小车上的力有可能大于绳子施加在小车上的力，使得小车加速度向左移动。

物块受到绳子对其向上的拉力和向下的重力这两个力，所以我们不知道物块到底要向哪里加速运动。然而除非绳子变松弛、伸长或者断开，否则，小车加速度的大小与物块的加速度大小一定是一样的。对于小车来说加速度方向是水平的，而物块的加速度方向则是竖直的，这两个方向上的加速度一定使得绳子处于拉紧状态并且长度为常数。

虽然小车是在水平方向上运动，物块是在竖直方向上运动，但它们都是一维的，也就是说，这是通过绳子的张力连接的两个一维运动问题。

❷ **设计方案**　因为我们要计算的是小车的加速度，所以先画出小车的分体受力图（见图 WG8.6）。小车受到两个水平方向上的力，一个是绳子施加的，另一个是弹簧施加的。两个力的大小我们都不知道，所以加上要计算的加速度，总共是三个未知数！

题目中已经给出了求解加速度所需的各个量。对于未知的弹性力我们可以利用 $F^c_{sc\,x}=-k(x-x_0)=-kd$，其中 x 是当弹簧处于拉伸或者压缩状态时，在任一时刻弹簧的末端小车的位置；x_0 是弹簧处于原长时，弹簧的末端小车的位置。由于没有直接的量来代替绳子施加的力，所以还需要另一个方程，这也就暗示我们需要对另一个物体——物块画出其受力图（见图 WG8.6）。我们在两个受力图中都标出了加速度，但是加了问号，表示我们也不确定加速度的方向。当然，我们知道，如果物块加速下降，小车就会向右加速运动；如果物块加速上升，小车就会向左加速运动。因此，两个加速度的方向要么是在我们所选定的 x 轴的正方向（向右和向下），要么是在 x 轴的负方向。这样两个物体就可以只用一个 a_x 来表示 x 轴方向上的加速度了。

图 WG8.6

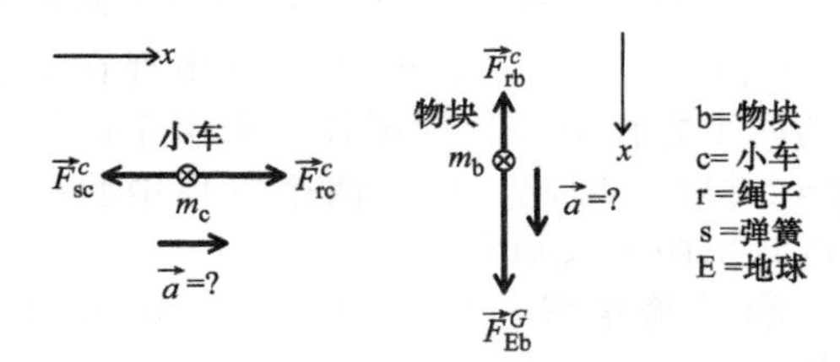

现在我们可以准备用力来分析问题，并针对每一个受力图来列出相应的运动方程。其中还要用到胡克定律［见《原理篇》的式(8.20)］，因为胡克定律可以让我们用 kd 来代替未知量 F^c_{sc} 的数值。由力的相互作用我们可以写出 $|\vec{F}^c_{cr}|=|\vec{F}^c_{rc}|=|\vec{F}^c_{rb}|=|\vec{F}^c_{br}|=\mathcal{T}$，其中$\mathcal{T}$是绳子的张力（标量）。注意方程的中间部分 $|\vec{F}^c_{rc}|=|\vec{F}^c_{rb}|$ 的成立是因为绳子的惯性质量可以忽略不计时，绳子各处的张力相等。

从物块的分体受力图中，我们可以将绳子的张力（张力的数值）与已知量 m_b 和 g 联系起来，也可以与未知量加速度 $\vec{a}$，即在 x 方向上的量 a_x 联系起来。

❸ **实施推导**　小车所受到的所有力的 x 分量和为

$$\sum F_{cx}=F^c_{sc\,x}+F^c_{rc\,x}=m_c a_x$$

因为我们不知道加速度的方向，所以对于加速度我们并不代入具体的符号和数值。由图 WG8.6 可推出：

实践篇

$$-F^c_{sc}+F^c_{rc}=m_c a_x$$
$$-kd+\mathcal{T}=m_c a_x \quad (1)$$

在图 WG8.6 中对于物块，我们重复以上的步骤，可以得到

$$\sum F_{bx}=F^G_{Ebx}+F^c_{rbx}=m_b a_x$$
$$+F^G_{Eb}-F^c_{rb}=+m_b a_x \quad (2)$$
$$+m_b g-\mathcal{T}=m_b a_x$$

将式（1）与式（2）相加，可以消去未知量张力：

$$+m_b a_x+m_c a_x=+m_b g-\mathcal{T}-kd+\mathcal{T}$$
$$(m_b+m_c)a_x=m_b g-kd$$
$$a_x=\frac{m_b g-kd}{m_b+m_c}✔$$

从加速度的表达式可知，加速度方向可正可负，也就是说，小车的加速度方向要么是向右（$a_x>0$），要么是向左（$a_x<0$）

❹ **评价结果** 从 a_x 的表达式我们可以知道，小车加速度的方向究竟是朝向左还是右取决于 kd 相对于 $m_b g$ 的大小。如果伸长量 d 或者弹簧常量 k 足够小，使得 $kd<m_b g$，那么 a_x 的方向就是正的，小车的加速度方向也是正的。如果 d 或者 k 足够大，使得 $kd>m_d g$，那么 a_x 的方向就是负的，小车的加速度也是负的。如果小车的惯性质量非常大，那么加速度就会变得非常小。

引导性问题 8.6 阿特伍德机

用于完全或者部分平衡物体的简单装置叫作**阿特伍德机**（Atwood machine），它是由两个物块组成的，这两个物块通过绳子跨接在定滑轮的两端，定滑轮可自由转动。滑轮只是改变绳子的方向而不减小或者增大其中的张力。在如图 WG8.7 所示的这个简单的**阿特伍德机**中：（a）每个物块的加速度大小是多少？（b）在物块被放下的时候，绳子的张力是多少？假设物块是从静止被放下的，不考虑滑轮的任何摩擦。

图 WG8.7

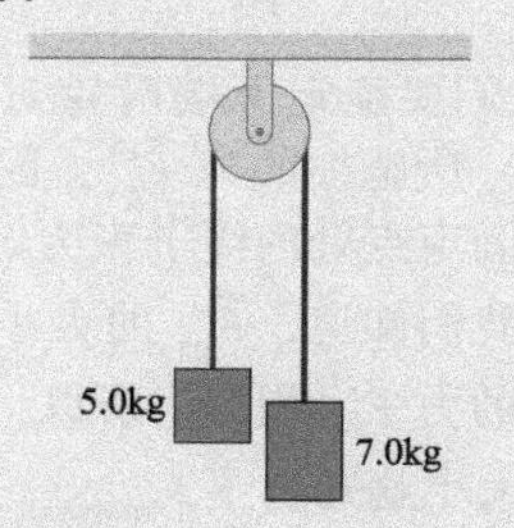

❶ **分析问题**

1. 画出每一个物块的分体受力图。

2. 在每一个分体受力图中加速度的方向怎样选择？在每一个分体受力图中怎样选择 x 轴方向比较合适？

3. 两个物块的加速度之间有什么关系？

❷ **设计方案**

4. 解决这个问题你需要几个方程？

5. 对于每一个分体受力图你都可以列出一个方程，注意标出每一项的符号。

6. 你能否利用牛顿第三定律来消除一些未知量？

❸ **实施推导**

7. 分离变量，得到关于加速度和张力的表达式。

8. 代入已知的数值，然后计算未知量。

❹ **评价结果**

9. 所求的值都是正的吗？如果不是，检查出错的地方。

10. 检查关于（a）问的表达式。如果其中一个物块的惯性质量增大或者减小，那么（a）问的值会如何变化？这合理吗？

11. 检查关于$\mathcal{T}$的表达式。如果其中一个物块的惯性质量增大或者减小，那么$\mathcal{T}$的值会如何变化？这合理吗？

12. 将你得到的数值与已知量进行比较，比如自由落体的加速度和每一个物块的重力。结果合理吗？

例 8.7 滑轮的功率

图 WG8.8a 和图 WG8.8b 中的滑轮组系统是由通过绳子连接的两个滑轮组成的，上面的滑轮是悬挂在顶棚的一个固定点处。从人抓着绳子的一端开始，绳子的 C 部分绕过上面的滑轮，绳子的 A 部分从下绕过下面的滑轮，绳子的 B 部分与上面的滑轮相连接。从

地面升到平台上的物块悬挂在下面的滑轮上。如果不考虑滑轮的惯性质量和摩擦，那么也就不存在滑轮转动和摩擦造成的能量损失。

假定被拉物块（用下标 b 表示）的惯性质量是 m_b，每个滑轮（用下标 p 表示）的惯性质量都忽略不计，则 $m_p \ll m_b$。(a) 为了使物块有向上的加速度 a，人施加在绳子 C 部分上的拉力得有多大？(b) 随着物块的移动，连接顶棚与上端滑轮的固定点处所受到的张力 $\mathcal{T}_{support}$ 是多少？(c) 假设绳子的自由端从上面的滑轮上落下，而且人无法到达顶棚重新缠绕绳子。他可以爬到平台上并利用下端的滑轮和绳子（绳子的一端仍然连接在顶棚的固定点上）。他的位置比物块和下端滑轮的位置高（见图 WG8.8c），并且直着拉绳子的自由端使物块和下端滑轮一同上升。如果他给物块一个向上的加速度 a，与 (a) 问比较，他需要施加多大的力？(d) 假设他不使用滑轮，而是直接用绳子连接物块（见图 WG8.8d），并以同样的加速度 $\vec{a}$ 向上拉物体。与 (a) 问和 (c) 问中的情况相比，在这种情况下，他需要施加多大的力？

图 WG8.8

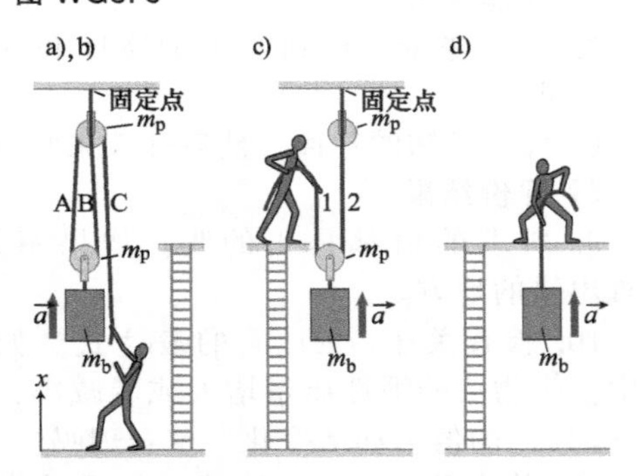

❶ **分析问题**　(a) 通过绳子的 A 和 B 部分，下端的滑轮和物块（作为一个整体）上升。从题目中，我们可以认为绳子中张力处处相等，也就是说绳子的张力等于人对绳子 C 部分的拉力，这也就是我们要计算的 (a) 问。我们称这三段绳子的张力为 $\mathcal{T}_{support}$，在 (b) 问中连接顶棚固定点处的绳子张力为 $\mathcal{T}_{support}$。

(b) 为了确定将整个系统连接到顶棚固定点处绳子的张力 $\mathcal{T}_{support}$，我们知道两个大小相等、方向相反的力产生张力。在这个问题中的两个张力是：顶棚对固定点向上的张力 $\vec{F}^c_{cs}$ 和上端滑轮对固定点向下的张力 $\vec{F}^c_{ps}$。如果知道这两个力中任何一个力的大小，那么我们也就知道了 $\mathcal{T}_{support}$。因为不知道顶棚所施加的任何力，所以我们需要计算滑轮对固定点所施加的力。

对于 (c)、(d) 这两问，画出下端的滑轮-物块系统的分体受力图，并用牛顿第二定律来计算 (c) 问。在 (d) 问中，对物块用同样的方法来计算答案。

❷ **设计方案**　(a) 我们称下端滑轮-物块系统为负载，并且有向上的加速度 a。绳子的 A 和 B 部分对负载（用下标 l 表示）向上的力的大小分别为 F^c_{Al} 和 F^c_{Bl}，负载的重力为 $m_l g=(m_p+m_b)g$。我们需要画出负载的分体受力图，然后利用牛顿第二定律来得到人对绳子的 C 部分（用下标 C 表示）所施加的向下拉力。这个力的大小等于绳子的张力 $\mathcal{T}_{segment}$：$\mathcal{T}_{segment}=F^c_{wC}$。负载的分体受力图如图 WG8.9 所示。

图 WG8.9

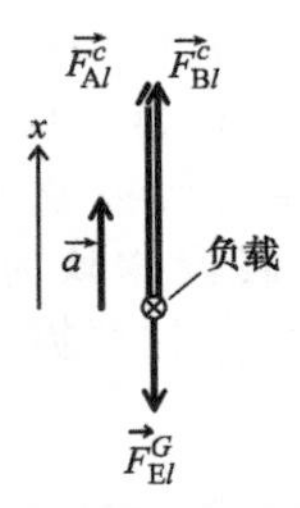

(b) 我们要确定上端滑轮对固定点（用下标 s 表示）所施加的力 $\vec{F}^c_{ps}$，因为这个力的大小等于在固定点处的绳子张力 $\mathcal{T}_{support}$。从力的相互作用我们知道，$\vec{F}^c_{ps}$ 的大小与固定点对滑轮所施加的力 $\vec{F}^c_{sp}$ 相等。所以，我们通过计算力 F^c_{sp} 的大小就知道了 $\mathcal{T}_{support}$。这三部分绳子（分别用下标 A、B、C 表示）对上端滑轮施加的力的大小为 $F^c_{Ap}=F^c_{Bp}=F^c_{Cp}=\mathcal{T}_{segment}$。因为上端滑轮并没有上升或者下降，所以它在竖直方向上的加速度为 0，这些都是我们在运用牛顿第二定律时所需要的信息。

(c) 我们在 (a) 问中运用的方法在本问中仍然适用，但现在我们只需要考虑下端的滑轮和物块。为了避免混淆，我们在此处用 1、2 来标记绳子（见图 WG8.8c）。人对 1 部分施加的力的大小为 F^c_{w1}，这个大小也等于绳子任一部分的张力。

(d) 同样的方法仍然适用，这次我们关注的只是物块。我们用 F^c_{wr} 来表示人对（唯一的）绳子的力的大小。

❸ **实施推导** (a) 对施加在负载上的 x 轴方向上的力求和

$$\sum F_{lx}=m_l a_x$$

$$F^c_{Alx}+F^c_{Blx}+F^c_{Elx}=(m_p+m_b)(+a) \quad (1)$$

因为三段绳子的张力大小相等，并且等于人对绳子 C 部分所施加的拉力的大小 F^c_{wC}，所以有

$$|F^c_{wCx}|=|F^c_{Alx}|=|F^c_{Blx}|$$

从图 WG8.9 可知，我们用 F^c_{wC} 来替代式 (1) 中的前两项：

$$F^c_{wC}+F^c_{wC}-m_l g=m_l a$$

$$2F^c_{wC}=m_l a+m_l g=(m_l)(a+g)$$

$$F^c_{wC}=\frac{1}{2}(m_p+m_b)(a+g) \checkmark \quad (2)$$

记住，F^c_{wC} 的大小与绳子的张力 $\mathcal{T}_{segment}$ 的大小相等。我们将会用到这一点来解决 (b) 问。

(b) 为了得到固定点处的张力，我们需要计算固定点对上端滑轮所施加的力 F^c_{sp} 的大小，因为这个力的大小等于 $\mathcal{T}_{support}$。图 WG8.10 是上端滑轮的分体受力图。计算 x 方向上各个分力的总和得到：

$$\sum F_{px}=m_p a_{px}$$

$$F^c_{sp\,x}+F^c_{Ap\,x}+F^c_{Bp\,x}+F^c_{Cp\,x}+F^G_{Ep\,x}=m_p(0)$$

图 WG8.10

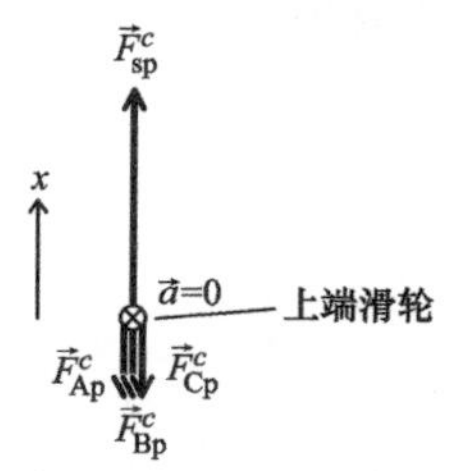

注意，我们在为 (b) 问设计方案时分析了 $F^c_{Ap}=F^c_{Bp}=F^c_{Cp}=\mathcal{T}_{segment}$，其中 $\mathcal{T}_{segment}$ 是任一部分绳子的张力。用 $\mathcal{T}_{segment}$ 来替代表示三部分绳子所施加的力，并考虑方向，有

$$F^c_{sp}-\mathcal{T}_{segment}-\mathcal{T}_{segment}-\mathcal{T}_{segment}-m_p g=0$$

$$F^c_{sp}=3\,\mathcal{T}_{segment}+m_p g$$

因为，我们从 (a) 问中知道 $\mathcal{T}_{segment}=F^c_{wC}=\frac{1}{2}(m_p+m_b)(a+g)$，所以上式可以写成

$$F^c_{sp}=\mathcal{T}_{support}=3\left[\frac{1}{2}(m_p+m_b)(a+g)\right]+m_p g$$

$$\mathcal{T}_{support}=\frac{3}{2}(m_p+m_b)(a+g)+m_p g \checkmark \quad (3)$$

(c) 负载的物理情景和分体受力图都在图 WG8.11 中阐明：绳子 1 和 2 都用相同大小的张力向上拉负载，它们均等于人对绳子 1 所施加的力 F^c_{w1} 的大小：$F^c_{w1}=|F^c_{1l\,x}|=|F^c_{2l\,x}|$。受力图与 (a) 问中的受力图类似，所以数学解决方法也类似。

$$\sum F_{lx}=m_l a_x$$

$$F^c_{1l\,x}+F^c_{2l\,x}+F^G_{El\,x}=m_l(+a)$$

$$F^c_{w1}+F^c_{w1}-m_l g=m_l a$$

$$F^c_{w1}=\frac{1}{2}(m_p+m_b)(a+g) \checkmark$$

图 WG8.11

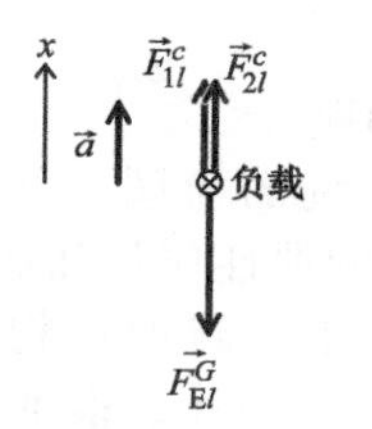

由此可知，只用一个滑轮时，人所施加向上的拉力在数值上等于(a)问中人对绳子施加的向下力。

(d)当两个滑轮都被去掉，人直接拉负载(现在只包括物块)时，如图 WG8.12 所示。受力图中只有两个力，要求的是力 F^c_{wr} 的大小。

$$\sum F_{lx}=F^c_{rlx}+F^G_{Elx}=m_b a_x$$

$$F^c_{wr}-m_b g=m_b(+a)$$

$$F^c_{wr}=m_b(a+g)$$

图 WG8.12

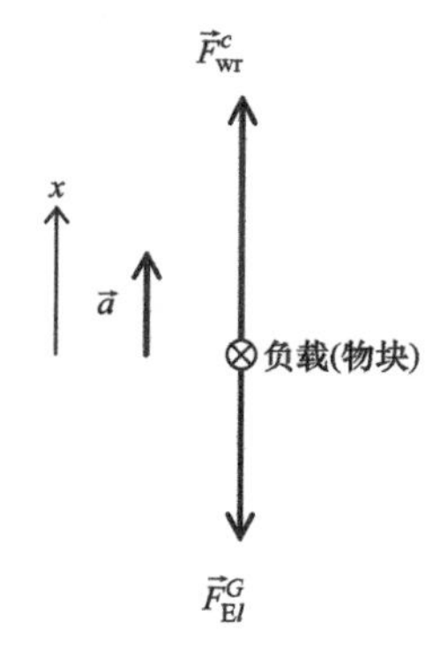

实践篇

如果 $m_p \ll m_b$，我们有

$$F^c_{wC}=F^c_{w1}=\frac{1}{2}F^c_{wr}=\frac{1}{2}m_b(a+g) \qquad (4)$$

由此可知，若不用滑轮则需要两倍的力去升高物块。✔

❹ **评价结果** 从式（4）可以看出滑轮组装置的优点：与直接升高负载相比，绳子和两个滑轮所组成的简单系统可以帮助你几乎只用一半的力来升高负载。式（4）也反映了用两个滑轮（其中一个固定在顶棚上）的装置，除省力外还有方向上的优点：你会发现向下拉（而不是向上）更容易提升一个重物。

式（2）中的$+a$项意味着如果你想达到如我们所期望的那样，使得负载有更大的向上的加速度，你必须要更努力地拉。式（3）意味着我们要升起的重物的惯性质量越大，所需要的支持力也就越大，这是合理的。

我们忽略使滑轮转动的作用力，但这个问题将会在第11章中讨论。实际的滑轮惯性质量常可以忽略、无摩擦，所以这个问题的条件都是合理的。我们近似地认为三段绳子都是竖直的，虽然在图WG8.8a中显示绳子B和C部分有些微小的角度。因为它们几乎都是竖直的，所以我们的答案相当准确。

引导性问题 8.8 重温支持力

重做例8.7的（b）问。这次运用《原理篇》式（8.44）：$\sum F_{\text{ext}\,x}=ma_{\text{cm}\,x}$ 来计算 T_{support}，其中系统由两个滑轮和一个物块组成。

❶ **分析问题**

1. 画出系统的简图，并且标记组成系统的各个部分的惯性质量和加速度。

2. 在系统中，施加在物体上的外力都有哪些？（提示：为什么很难升高物体？）

3. 绳子的A、B、C部分所施加的力是内力还是外力？换句话说，它们代表的是系统内物体间的相互作用还是系统与系统外物体之间的相互作用？

❷ **设计方案**

4. 画出系统的分体受力图，并选择适当的方向为作为x轴的方向。

5. 在牛顿第二定律的方程 $\sum F_{\text{ext}\,x}=ma_{\text{cm}\,x}$ 中，m是什么？

6. 系统的质心加速度是多少？给定系统中的两个物体都正在加速还是只有一个在加速？

7. 根据你的分体受力图，写出系统所受到的合外力，并确定每一个外力的大小和方向。

❸ **实施推导**

8. 计算固定点处的张力T_{support}。

❹ **评价结果**

9. 你的表达式与例8.7中得到的答案一致吗？如果不一致，你可能并没有准确地写出地球（一个外部的物体）对系统各个部分所施加的所有外力。

习题 通过《掌握物理》®可以查看教师布置的作业 MP

圆点表示习题的难易程度：● = 简单，●● = 中等，●●● = 困难；CR = 情景问题。

8.1 动量和力

1. 一辆货车以 25m/s 的恒定速率行驶时，被一辆以 40m/s 恒定速率运动的摩托车超过。作用在哪一种车上的合力值更大？●

2. 你想要移动一个箱子。(a) 你至少施加多大的推力才能让箱子开始运动？(b) 箱子所受到的合力至少是多大时，才能让箱子开始运动？●

3. 画出物体所受合力 $\sum F_x(t)$ 的曲线，物体在 x 方向上的动量曲线已经在图 P8.3 中画出。每部分曲线用数字标明以供参考。●●

图 P8.3

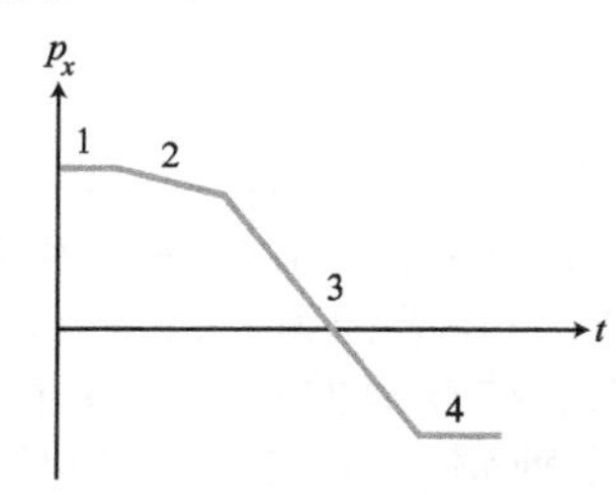

4. 实验室中，当小车在低摩擦的轨道上运动时，我们利用一个弹簧传感器和一台监控计算机测量了小车所受合力的 x 分量。利用表格中的数据，画出小车所受合力 $\sum F_x(t)$ 的曲线，并利用你所画出的曲线来推测小车动量的变化。●●

F/N	t/s
0.00	0.00
0.15	0.020
0.32	0.040
0.50	0.060
0.57	0.080
0.37	0.10
0.21	0.12
0.11	0.14
0.070	0.16
0.040	0.18

5. 如果在某段时间间隔内，一个已知的力作用在物体上，就可以知道该物体动量的改变量。但是我们并不知道该物体动能的改变量。为什么？●●●

6. 一辆装有煤炭的矿车在水平的轨道上运动，一辆牵引车对其施加一个水平方向的恒力，是否存在使煤炭-矿车系统不加速的情况？●●●

8.2 力的相互作用

7. 在工厂里，一名工人推着一个箱子。在以下几种情况下，判断哪一个力的数值更大：工人施加在箱子上的力，还是箱子施加在工人上的力？(a) 箱子很重，不管工人的推力有多大，箱子都没有移动。(b) 箱子变轻了，现在推动箱子使其以恒定的速率滑动。(c) 工人的推力变大，箱子加速运动。●

8. 在许多科幻电影中，某些人能够用意念移动物体——这种神奇的技艺被称为心灵遥感，关于有这种天赋的人的遥感效应，你的力学知识能预言什么？●

9. 下列哪些物体可以成为施力者：(a) 铁锤，(b) 钉子，(c) 人，(d) 椅子，(e) 小船，(f) 水，(g) 地球。●●

10. 在进行网球截击时，网球以 40m/s 的速率到达球手，被球拍击打后以 40m/s 的速率返回。另外一个球手意识到网球即将出界，用手抓住了网球。假设这两种情况下，触球的时间间隔都是一样的，那么请比较一下第一个球手的球拍对网球施加的力与第二个球手的手对网球施加的力。●●

8.3 力的分类

11. 一个投手朝着本垒掷出去一个快速球。(a) 球在飞向本垒板的中途，投手对小球的推力还存在吗？(b) 当球飞向本垒板的中途位置时，球受到哪些力的作用？●

12. 小车向前的加速度一定取决于施加在小车上的力，唯一可以对小车施加向前推力的就是路（通过与轮胎相接触）。那么，小车的发动机的作用是什么？●

13. 一个婴儿坐在座椅上随着座椅一起上下弹跳，他的座椅通过松紧绳固定在顶棚的挂钩上。当婴儿弹跳到最高点时，他的瞬

时速度是0。在这个瞬间，婴儿所受到的合力也为零吗？为什么？●●

14. (a) 一个物体能对另一个物体既施加接触力又施加场力吗？(b) 一个物体能否对另一个物体只施加接触力，不施加场力？●●

8.4 平动平衡

15. 你推着一个冰箱，但是冰箱并没有移动。请解释为什么冰箱没有移动。●

16. 你和好朋友在骑自行车的同时还在讨论物理家庭作业。由于思想不集中，你撞上了一辆停着的汽车。汽车并没有移动。你朋友说，“当然不会移动！碰撞的力并不足以克服汽车的惯性。”你要怎样回答？●

17. 浴室中的体重秤（弹簧秤）实际测量的是什么相互作用？●●

18. 桌子放在地板上，一个装有水和花的花瓶放在桌子上。所有的物体都处于静止状态。说出施加在桌子上的所有力，并描述这些力之间的关系。●●

8.5 分体受力图

19. 你站在一个静止的电梯里，地板对你的接触力（$\vec{F}_{\text{by floor on you}}$）的大小等于你所受到的重力大小。当电梯开始下降时，哪一个力改变了？它的大小是怎样改变的？●

20. 当你静止不动地站在地面上时，你的脚对地球施加一个力。为什么地球并没有远离你？●●

21. 人推着一个箱子，箱子开始移动了，但人并没有移动。分别画出人和箱子的分体受力图。然后用分体受力图中你所知道的力和相互作用来解释为什么箱子移动了，人却没有移动。●●

22. 任何物体在下落时所受到的空气阻力会随着下降速率的增加而增加。当雨滴从云处落下时，雨滴的加速度会如何变化？●●

23. 你的三岁小外甥女坐在你的肩膀上，两人在一个以1.5m/s的速度向上运动的电梯轿厢中，且向下的恒定加速度是1.0m/s^2（见图P8.23）。你的惯性质量是50kg，小外甥女的惯性质量是20kg，电梯的惯性质量是100kg。(a) 分别画出电梯轿厢、你、小外甥女的分体受力图，并用《原理篇》中8.5节介绍的方式来标记力。确保图中表示力矢量的长度与力的大小成比例。(b) 尽量说出力的大小，并指出哪些力是一对相互作用力。简单地解释你是如何得到这些力的大小的。●●●

图 P8.23

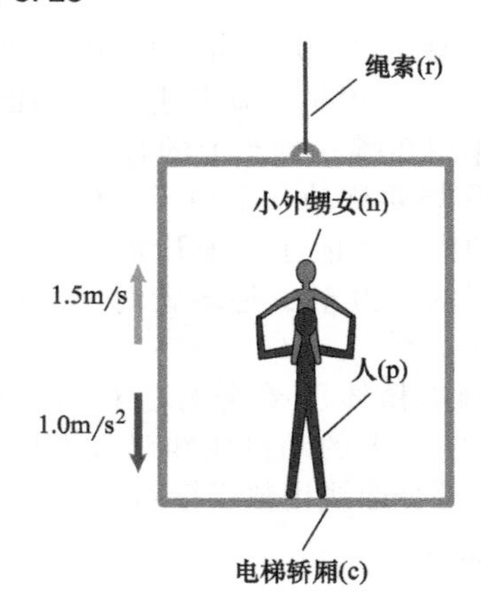

8.6 弹簧和张力

24. 在电梯中，一位快递员用橡皮绳提着一个包裹。(不要问为什么。) (a) 当电梯加速上升时，橡皮绳的长度会发生怎样的变化？画出这种情况下包裹的分体受力图。(b) 当电梯上升后缓慢停下来时，橡皮绳的长度又会发生怎样的变化？画出这种情况下包裹的分体受力图。●

25. 假设一端悬挂在顶棚上的绳子有很大的惯性质量。那么绳子每一处的张力都是一样的吗？●●

26. 你和你的朋友在草地旁边散步，看到一个农夫用绳子拉着一头骡子，但是骡子却并没有动。你的朋友说：“骡子对绳子的力与农夫对绳子的力，这两个力大小相等、方向相反。因为这两个力相互抵消了，所以绳子的张力为0。”你要怎样回答？●●

27. 拔河比赛中蓝队击败了红队，红队加速掉入了两队中间的泥坑中。红队施加在绳上的力与蓝队施加在上面的力相比，哪个力更大？假设与两队对绳子所施加的力相比，绳子的重力可以忽略不计。●●

28. 有轨车厢之间的标准连接器必须能够承受连接处所受到的最大张力。(a) 如果火车头拉着十辆车厢并加速行驶，哪一处连

实践篇

接器受到的张力最大？(b) 此时，张力是由于拉伸还是压缩所引起的？(c) 如果火车头减速行驶，哪一处连接受到的张力最大？(b) 此时，张力是由于拉伸还是压缩所引起的？●●

8.7 运动方程

29. 在空气中发生电击穿（电火花），一个电子（质量为 9.11×10^{-31}kg）受到的电力大小是 4.83×10^{-13}N。电子的加速度是多少？●

30. 一个 2.3kg 的物体只受到一个随时间变化的力：$F_x(t)=(10\text{N/s})t-(20\text{N})$。那么物体在 $t=0$、2.0s、4.0s 时的加速度分别是多少？●

31. 如果你知道一个物体现在的位置、速度以及之前所有对其施加的力，那么你能否知道物体之前的运动形式？●●

32. 膨胀的气体对炮弹所施加的力促使其从炮筒中射出。假设这个推力的平均大小是 F，这样才能使得炮弹到达炮筒末端时的瞬时速率为 v。要施加多大的力，才能使炮弹从相同的炮筒中射出时的瞬时速率是现在的两倍？●●

33. 一个 50kg 充气锤最上面固定着减振器用来减缓对人的冲击与碰撞。锤子在竖直方向上的位移是时间的函数 $x(t)=at^2-bt^3$（在锤子振动时），其中 $a=15\text{m/s}^2$，$b=20\text{m/s}^3$。设向上为 x 轴的正方向。(a) 写出锤子所受合力的 x 分量与时间的函数关系。(b) 在 t 值等于什么时，锤子所受合力的 x 分量是正的？或者是负的？或者为 0？●●

34. 对一个惯性质量为 48kg 的安装有四个万向轮的桌子施加一个 19N 的恒定推力。要让它在仓库中移动 5.9m 需要多长时间？●●

35. 如图 P8.35 所示，一个 50kg 的滑雪运动员从一个斜坡上滑下，达到速率为 35km/h。之后她开始在水平的雪道中运动，但要经过粗糙区域。假设粗糙区域之前的雪道都是光滑的，不需要考虑雪与运动员之间的摩擦力。如果粗糙的雪道上的摩擦力是 40N，那么运动员在粗糙的雪道上将会再滑行多远后停下来？●●

图 P8.35

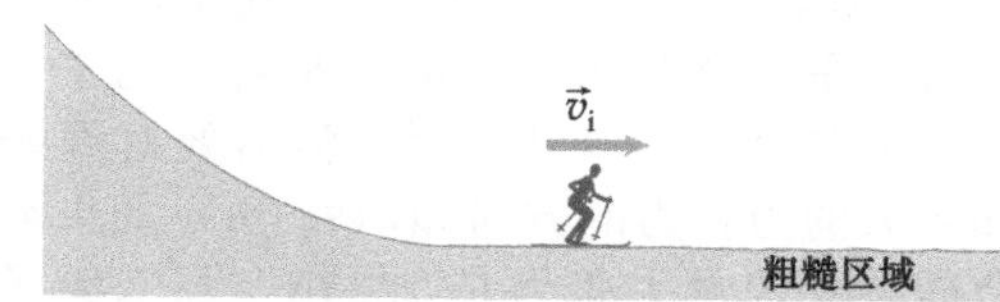

36. 一个 2.34kg 的小车在一条长的、低摩擦的、水平轨道上以 0.23m/s 的速率朝着一个小电扇移动。电扇初始是关闭的，现在处于打开状态。随着电扇的加速，其施加在小车上的力为 at^2，其中 $a=0.0200\text{N/s}^2$。在电扇开始运行 3.5s 后小车的速率是多少？经过多长时间之后小车的速度变成 0？●●●

8.8 重力

37. 1.0kg 的砖块在 (a) 自由下落，(b) 放在静止的桌子上时，受到的重力大小分别是多少？●

38. 估计下列物体所受到的重力大小：(a) 一袋糖，(b) 一杯水，(c) 一个打包好的手提箱，(d) 一只成年大猩猩，(e) 一辆中型汽车。●

39. 如图 P8.39 所示，钢琴的重力大小是 1500N。在以下情况中你需要对绳子施加多大的拉力才能将钢琴提起：(a) 一个滑轮，(b) 两个滑轮。●

图 P8.39

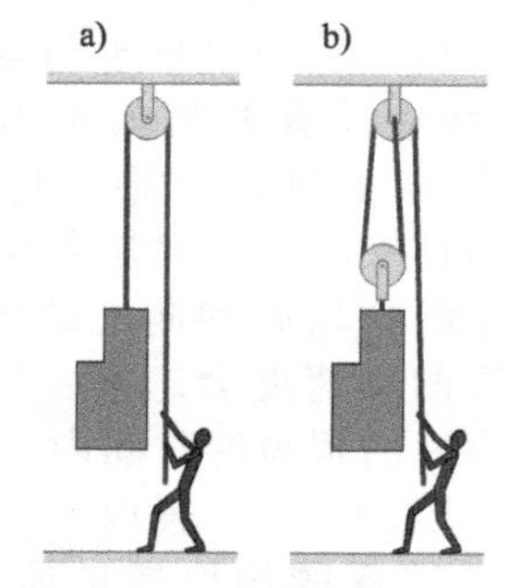

40. 图 P8.39 中的钢琴正在以 $g/8$ 的加速度向下运动。（人需要对绳子施加多大的拉力才能保持这个加速度）(a) 用一个滑轮，(b) 用两个滑轮。●●

41. 一个装备齐全的宇航员在地球表面受到的地球对她的引力是 1960N，在以下情况中施加在她身上的引力有多大：(a) 在木星，其重力加速度为 25.9m/s^2，(b) 在月

球，其重力加速度为 $1.6m/s^2$。●●

42. 你沿着一根竖直的绳子向上爬向顶棚。(a) 假设你的惯性质量是60kg，为了保持向上的加速度为 $1.5m/s^2$，你需要对绳子施加多大的力？力的方向如何？(b) 如果绳子所能承受的最大张力是1225N，那么绳子所能承受的最大的加速度是多少？绳子的惯性质量可以忽略。●●

43. 如图P8.43所示，两个物块通过跨接在轻滑轮上的细绳连接在一起。(a) 最初，在桌面上的物块并没有滑动。与悬挂着的物块所受的重力相比，绳子的张力大小是多少？(b) 你稍微倾斜一下桌子，桌上的物块开始滑动。此时，与悬挂着的物块所受的重力相比，绳子的张力大小是多少？不计关于滑轮的任何摩擦。●●

图 P8.43

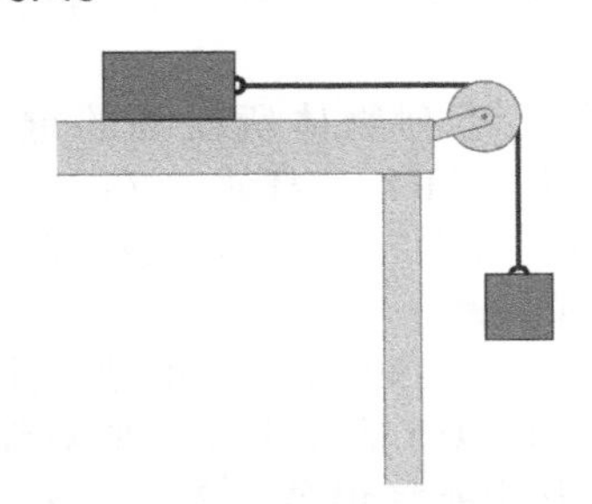

44. 在图P8.43中，假设桌上物块的惯性质量是悬挂着的物块惯性质量的两倍。(a) 你对桌上的物块施加一个向右的推力，所以物块开始移动。如果桌子与物块之间的摩擦力大小是悬挂着的物块重力大小的一半，那么在你停止对桌上物块施加推力之后，悬挂着的物块的加速度是多少？(b) 如果你是对桌上的物块施加向左的推力，那么悬挂着的物块的加速度会怎样？只考虑在你停止施加推力后的很短的时间内。●●

45. 在图P8.43中，假设桌上的物块的惯性质量是悬挂着的物块惯性质量的一半。(a) 你对桌上的物块施加一个向右的推力，所以物块开始移动。如果桌子对物块所施加的摩擦力大小是这个物块重力大小的一半，那么在你的手移开之后，物块的加速度是多少？(b) 如果你推着物块向左移动，物块的加速度会怎样？只考虑在你停止施加推力后的很短的时间内。●●

46. 定滑轮固定在顶棚上，绳子绕过定滑轮一端连接着混凝土混合物，另一端连接着一捆木材（见图P8.46）。混凝土混合物的惯性质量大于木材的惯性质量。当两者都从静止开始释放，系统开始自由移动时，比较绳子的张力与木材的重力大小、混凝土混合物的重力大小，不计关于滑轮的任何摩擦。●●

图 P8.46

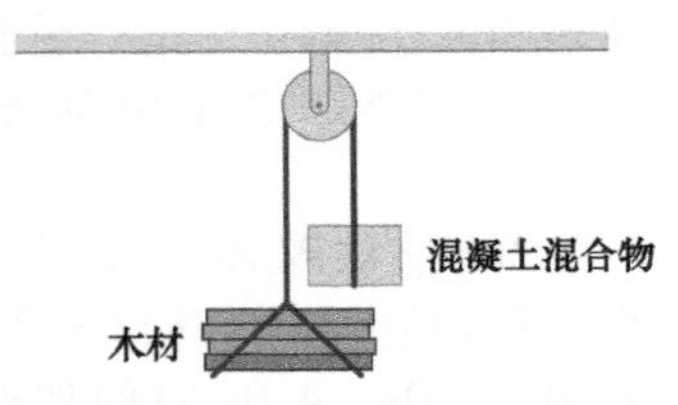

47. 图P8.47中的所有滑块都是一样的，并且不计关于滑轮的任何摩擦。请按照由小到大的顺序列出绳子的张力。（提示：运用分体受力图。）●●

图 P8.47

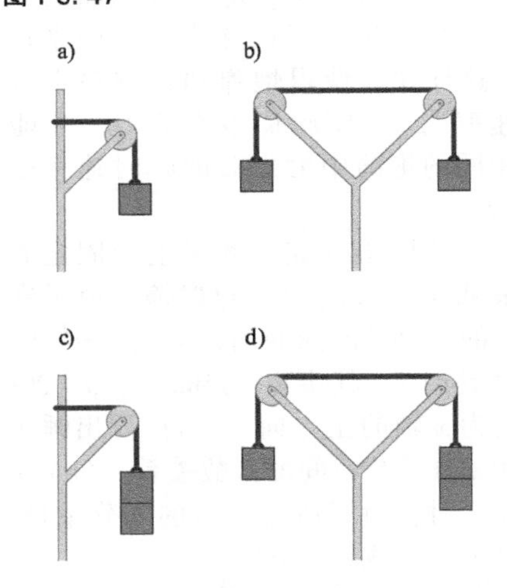

48. 想象一个物体在做自由落体运动。如果物体靠近地面的那一面，表面积较大，那么空气阻力就必须得考虑了。在低速时，可以近似地看作物体所受到的空气阻力与速度成比例，表达式为 $\vec{F}^{a}=-b\vec{v}$，其中 b 是由物体的形状和体积、空气的密度所决定的常数。(a) 证明：对于一个惯性质量为 m 的物体，其极限速率（叫作末端速率）为 $v_t=mg/b$。(b) 证明：如果物体由静止开始释放，其速率与时间的方程是

$$v(t)=v_t[1-e^{-(b/m)t}]$$

(c) m/b 的单位是什么？画出 v 关于时

间的函数图像，其中水平轴是以 m/b 为单位长度的。●●●

49. 在一个军需品工厂里，化学药品 M 和 P 必须加入到一个装有化学药品 C 的大桶里。为了防止发生意外爆炸，化学药品 M 和 P 必须同时加入到 C 中。作为一个化学家，你的任务就是想出一个办法来实现它，你设计出的滑轮组合如图 P8.49 所示，其中物体 W 是一个平衡物体，它的惯性质量可以用来控制装有化学药品 M 和 P 的桶的移动速率（被皮带捆绑着，以保持其静止。图中未画出）。这个想法是：当捆绑物体 W 的皮带被松开时，物体上升，装有 M 和 P 的桶落入大桶中。为了使两个桶有相同大小的加速度 $g/3$，m_W、m_M、和 m_P 的比值是多少？忽略关于滑轮的任何摩擦。●●●

图 P8.49

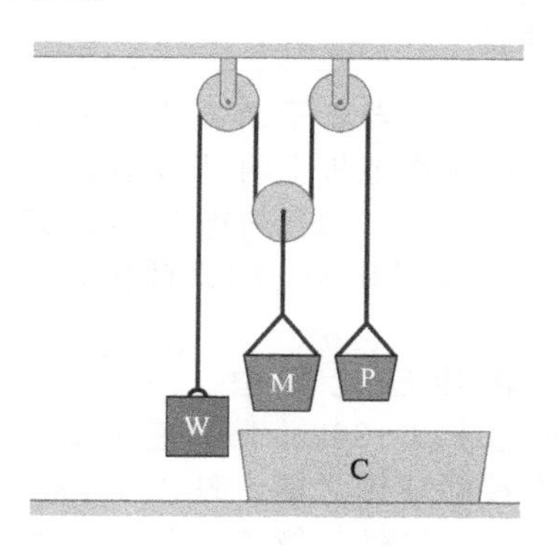

8.9 胡克定律

50. 一个体重为 66kg 的人所受到的重力大约为 660N。如果这个人跳到弹簧秤上测量，测量值大约为 2400N。为什么弹簧秤上所显示的力远大于这个人所受到的重力？●

51. 一个体重为 20kg 的小孩站在蹦床的中心。(a) 如果蹦床的中心比她没有站上时低了 0.11m，那么蹦床的弹簧常量是多少？(b) 假设蹦床的行为像弹簧一样，体重为 75kg 的爸爸独自站在蹦床的中心后，蹦床的中心降低了多少？·

52. 两个弹簧的弹簧常量分别为 k_1 和 k_2 ($k_2>k_1$)。如图 P8.52 所示连接起来，它们的行为像是一个弹簧。计算组合后的弹簧的弹簧常量，并确定其是小于 k_1，等于 k_1，在 k_1 和 k_2 之间，等于 k_2，还是大于 k_2？●●

图 P8.52

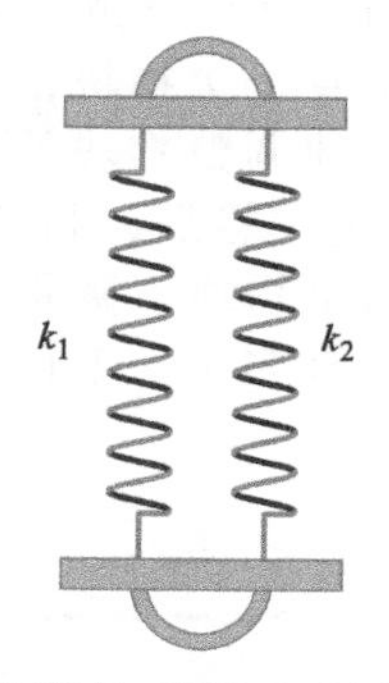

53. 两个弹簧的弹簧常量分别为 k_1 和 k_2 ($k_2>k_1$)。如图 P8.53 所示连接起来，它们的行为像是一个弹簧。计算组合的弹簧的弹簧常量。组合后的弹簧的弹簧常量是小于 k_1，等于 k_1，在 k_1 和 k_2 之间，等于 k_2，还是大于 k_2？●●

图 P8.53

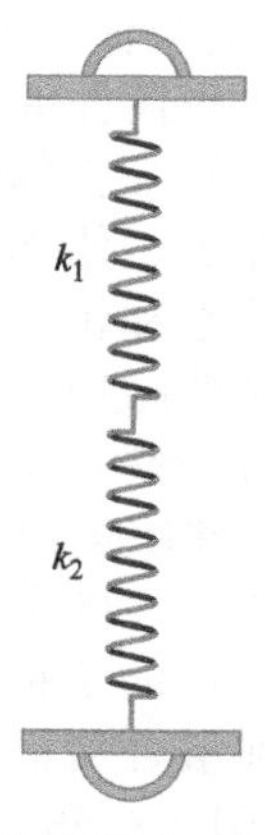

54. 两个弹簧首尾相连挂在一起。当一个 4.0kg 的砖块悬挂在组合弹簧的一端时，弹簧与其原长相比伸长了 0.15m。(a) 组合在一起的弹簧的弹簧常量是多少？(b) 如果上面的弹簧伸长了 0.10m，那么每一个弹簧的弹簧常量各是多少？●●

55. 当一个 5.0kg 的盒子挂在弹簧的一端时，弹簧与原长相比伸长了 50mm。在一个以 2.0m/s^2 向上运动的升降机内，同样的盒子挂在弹簧的一端，弹簧的伸长量是多少？●●

56. 设想你躺在床上，你的身体被床垫里的 30 个弹簧支撑着。设所有的弹簧都是一样的，而且你的身体对每一个弹簧的压力都是一样的，估计弹簧的弹簧常量。（实验：躺在床上，观察你的床凹陷了多少？）●●

57. 图 P8.57 中显示的是一个改进过的

阿特伍德机（Atwood machine），三个物块的惯性质量都是 m。垂直弹簧的弹簧常量是 k，弹簧的一端连接着一个物块，另一端被固定在地板上。不断地调整物块的高度，直到弹簧处于原长为止。然后，将物块从静止释放。当右侧的两个物块下降距离为 d 时，两个物块的加速度是多少？不计关于滑轮的任何摩擦。●●

图 P8.57

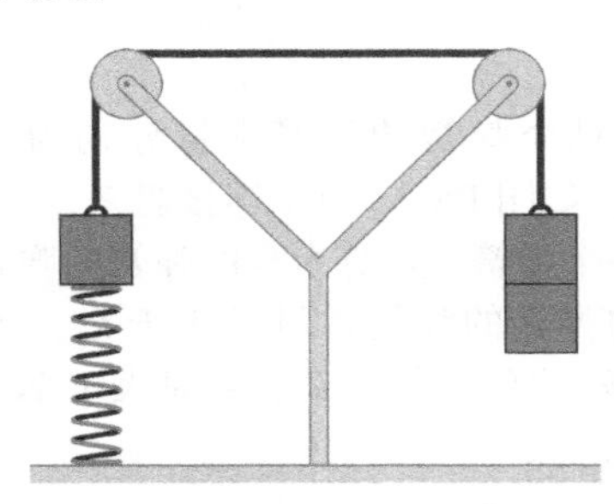

58. 你的老板交给你一个装有 A、B、C、D 四个弹簧的包，并且告诉你这四个弹簧的原长都是一样的。他希望你根据弹簧常量对这四个弹簧进行排序。他把你关在一个只有弹簧、尺子、记录本和铅笔的房间里，并告诉你，完成的时候就敲门。每一个弹簧都是一端是个挂钩，另一端是个手柄。房间里没有任何可以测量惯性质量的工具。

你想了几分钟后，将弹簧 A 和 B 挂在一起，你的脚站在一端的手柄上，并且手拉着另一端的手柄直到组合后的弹簧的伸长量是原长的两倍（见图 P8.58）。你发现弹簧 A 的伸长量占总伸长量的 65%，B 的伸长量占总伸长量的 35%。

图 P8.58

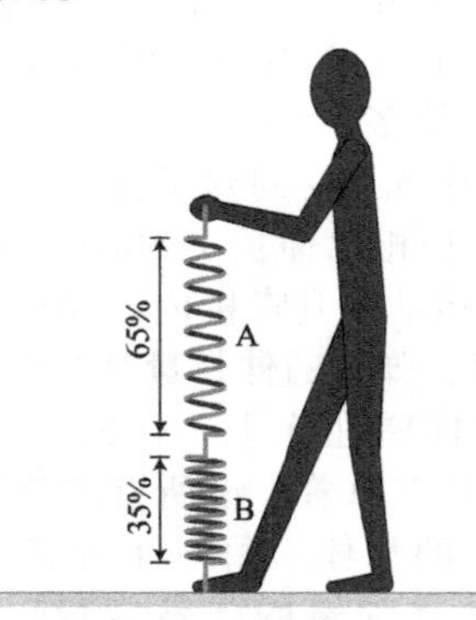

你对剩下的弹簧采用同样的方法，并将结果制成表格：

组合	长度伸长的百分比(%)
A/B	A 65, B 35
A/C	A 70, C 30
A/D	A 67, D 33

基于以上的结果，$k_A : k_B : k_C : k_D$ 的比值是多少？●●●

59. 弹簧的一端固定在加速向下运动的升降机顶部，一端悬挂着一本 5.0kg 的红皮书。由于悬挂着书导致弹簧与原长相比伸长了 71mm。你还有一本不知道惯性质量的黄皮书。当你同时将黄皮书和红皮书悬挂在弹簧一端时，弹簧的伸长量为 110mm。当升降机处于静止，两本书同时悬挂在弹簧一端时，弹簧的伸长量是 140mm。(a) 弹簧的弹簧常量是多少？(b) 黄皮书的惯性质量是多少？(c) 升降机的加速度是多少？●●●

8.10　冲量

60. 为什么当盘子落在大理石地面上时会碎掉，而落在地板上时却就不会碎？●

61. 与其用 2.5kg 的橡皮锤将钉子敲入木板中，不如用 0.8kg 的铁锤更有效率。为什么？●

62. 在棒球比赛中，一位击球手将 0.150kg 的球以 180km/h 的速率沿直线打向投手，在接触球棒之前，球以 160km/h 的速率运动，如果碰撞持续 5ms 时间，那么球棒施加在球上的平均力为多少？●

63. 在图 P8.63 中，一个重盆栽被由粗纱线编成的网格袋悬挂起来。(a) 如果你缓慢地往下拉底部的流苏，网格袋的哪一部分最有可能断裂？为什么？(b) 如果你突然猛地往下拉流苏，网格袋的哪一部分最有可能断？●●

图 P8.63

64. 当锤子将钉子打进厚木板时，估计锤子对钉子的冲量。●●

65. 一辆1500kg的汽车在60s内由0加速到100km/h。(a) 汽车所受到的冲量是多少？(b) 汽车所受到的平均力是多少？●●

66. 一个5.0kg的盒子在光滑的地板上滑行，对盒子施加一个水平力F_{slide}。当盒子开始滑动时，F_{slide}的大小在5.0s内由0平稳地增加到5.0N。求以下情况下盒子在$t=5.0s$时的速率：(a) 如果初始时刻处于静止，(b) 如果$t=0$时，盒子的速度是3.0m/s，方向与F_{slide}方向相反。忽略盒子与地板间的摩擦。●●

67. 一个部分充气的0.625kg的篮球在撞击地面之前的速率是3.30m/s。然后在其反弹后，篮球的动能为原来的一半。(a) 反弹后，篮球的瞬时速率是多少？(b) 如果篮球与地面的接触时间是9.25ms，那么地面对篮球的平均力大小是多少？●●

68. 一个1.2kg的小球从3.0m的高度掉到一个固定在地面上的钢盘里，并且其反弹高度为2.5m。(a) 盘子对小球的冲量是多少？(b) 碰撞的恢复系数是多少？●●

69. 一枚0.050kg的鸡蛋从1.0m高的桌子上掉下，落到瓷砖地板上。(a) 地板对鸡蛋的冲量是多少？(b) 在鸡蛋一端着地的瞬间，蛋壳最高点距地板为40mm，鸡蛋质心在地板上时碰撞结束。估计碰撞所持续的时间间隔。(c) 地板对鸡蛋施加的平均作用力是多少？(d) 如果将地板换成地毯，碰撞的时间将会变成之前的4倍。此时鸡蛋所受到的平均力是多少？●●

70. 当汽车撞到固定的桥墩时，它的速率在1.23m内由80km/h变成0。(a) 安全带对惯性质量为70kg的驾驶员的冲量是多少？设安全带使得驾驶员的运动与汽车的运动一致。(b) 安全带对驾驶员所施加的平均力是多少？(c) 如果驾驶员并没有系安全带，他会一直向前倾直到撞上方向盘，方向盘使其在0.0145s内停止，那么方向盘对驾驶员的平均作用力是多少？(d) 在(c)问所描述的碰撞中，驾驶员有可能生还吗？通过比较方向盘对驾驶员的作用力与人所受到的重力来证明你的答案。●●●

71. 一个排球运动员发球。当0.27kg的球沿直线上升到最高点时，运动员朝完全水平的方向击球。当运动员的手与球接触时，手对球的力为

$$F(t)^{c}_{hb}=at-bt^2,$$

其中，$a=3.0\times10^5$N/s；$b=1.0\times10^8$N/s^2。手与球的接触时间为3.0ms。计算以下物理量的大小：(a) 小球所受到的冲量，(b) 手对球的平均作用力，(c) 手对球所施加的最大力是多少？(d) 当手与球分开的瞬时，小球的瞬时速度是多少？●●●

8.11 二体相互作用

72. 一个惯性质量为70kg的学生落向地面。(a) 分别画出地球和学生的分体受力图。设空气阻力可以忽略不计。(b) 计算学生的加速度以及学生所受到的合力。(c) 假设地球的惯性质量是5.97×10^{24}kg。地球朝向学生的加速度大小是什么？●

73. 惯性质量均为5.00kg，颜色为红色和绿色的两个小车，相距1.00m，且当车移动时，受到的摩擦力都是5.00N。在整个过程中，红色的小车一直受到大小为12.0N且指向绿色小车的恒定推力作用。以下情况的加速度分别是多少？(a) 在两个小车碰撞之前，由这两个小车所组成的系统的质心加速度；(b) 在碰撞之前，红色小车的加速度；(c) 在两个小车碰撞之后，由这两个小车所组成的系统的质心加速度？●

74. 两个惯性质量为0.500kg的小车相距100mm，轨道摩擦忽略不计。你用2.00N的力定向推其中的一个小车，以至于这个小车远离另一个小车。确定由这两个小车所组成的系统在以下情况下的质心加速度：(a) 两个小车相互独立，(b) 两个小车由一个弹簧常量$k=300$N/m的弹簧相连。●●

75. 两个物体挨着放在光滑平面上，一个大小为F的力施加在物体最左边的面上。右边物体的惯性质量是m，左边物体的惯性质量是$2m$。(a) 每一个物体的加速度大小是多少？(b) 左边的物体对右边的物体所施加的接触力的大小和方向如何？(c) 右边的物体对左边的物体所施加的接触力的大小和方向如何？(d) 如果两个物体的位置互换，那么(a)、(b)、(c)三问的答案会如何变化？●●

76. 惯性质量为 2.0kg 的小车和惯性质量为 8.0kg 的小车由一个处于原长的、水平的弹簧连接起来，弹簧常量是 300N/m。你对 8.0kg 的小车施加一个恒定的、水平方向上的拉力。两个小车之间的距离在短时间内会变大，而在你继续拉的过程中，距离会保持不变，弹簧最后的伸长量为 0.100m。(a) 你施加的拉力是多大？(b) 如果你拉的是 2.0kg 的小车，你至少要施加多大的拉力才能使弹簧出现同样的伸长量？●●

77. 1500kg 的货车与 1000kg 的汽车停在一个水平的停车场内，它们的后保险杠几乎要挨在一起了。这两辆车都没有拉开制动装置，所以它们都可以自由移动。坐在货车后保险杠附近的人用脚对汽车的后保险杠施加一个水平方向的恒力，使汽车以 $1.2m/s^2$ 的加速度移动。(a) 汽车和货车整个系统的质心加速度的大小和方向是如何？(b) 每一辆车所受到的合力（大小和方向）是如何？(c) 货车的加速度大小和方向是如何？忽略轮胎与停车场地面之间的摩擦。●●

78. 一辆 450kg 的摩托雪橇用绳子拉着一个惯性质量为 70kg 的滑雪者在光滑的且被雪覆盖的表面上以 10m/s 的速率行进，当摩托雪橇进入到一块泥泞地面时，它在滑行 10m 后停了下来。(a) 当摩托雪橇减速时，它的平均加速度是多少？(b) 由滑雪者和摩托雪橇所组成的系统的质心的平均加速度是多少？●●

79. 处于原长的弹簧一端连接着一个 4.0kg 的物块，另一端连接着一个 2.0kg 的物块，弹簧的弹簧常量为 300N/m。两个物块在 0.50s 内被推向对方。惯性质量为 4.0kg 的物块受到的推力是 50N，惯性质量为 2.0kg 的物块受到的推力是 20N。不计弹簧的惯性质量。(a) 当两个物体仍受到推力作用时，两个物块所组成的系统的质心加速度是多少？(b) 以地面为参考系，在释放两个物块时，如果 4.0kg 的物块正以 5.0m/s 的速度远离另一个物块，那么 2.0kg 的物块的速度是多少？●●

实践篇

8.12 多体相互作用

80. 你用 10N 的恒力在床上推你的枕头，枕头的惯性质量为 0.70kg。床对枕头的摩擦力是 6.0N。枕头的质心加速度是多少？●

81. 你和一个小孩站在体重秤上，体重秤是用弹簧的压缩量来测量你的脚对秤的压力。当你把小孩举向你的肩膀上时，秤的读数会发生什么变化？●●

82. 在电子厨房秤（弹簧秤）上放有一堆 2kg 的土豆泥，然后你用大的汤匙以 3N 的恒力按压这堆土豆的顶部，当你压土豆的时候秤的读数增加了 5%。(a) 求这堆土豆的质心加速度？(b) 随着时间的推移，土豆堆的形状和秤的读数发生了什么变化？●●

83. 你将长度为 l 的绳子一端系在 1500kg 货车的前面，另一端系在 1000kg 汽车的后面。然后用同样长为 l 的绳子把汽车的前面系到一辆 500kg 的拖车后面。如果张力超过 2000N 绳子就会断。之后你把一根很粗的电缆绳系到货车的后面，通过绞车用大小为 F 的力去拉货车。(a) 三辆车所组成的系统的加速度是多少？(b) 在绳子被拉断前，你施加在货车上的最大拉力是多少？(c) 如果你把电缆绳系到拖车的前面，然后重复拉拽整个系统，保持绳子不断，你能施加的最大拉力是多少？●●

84. 一艘拖船拉着两艘驳船入河。连在拖船上的一艘驳船里载有煤，惯性质量为 2.0×10^5kg。另一艘驳船里载有生铁，惯性质量为 3.0×10^5kg。载有煤的驳船与水之间的阻力为 8.0×10^3N，载有生铁的驳船与水之间的阻力为 10×10^3N，三艘船的共同加速度为 $0.4m/s^2$，尽管绳子很粗，但是其重力远远小于绳之间的拉力。(a) 连接拖船和装有煤的驳船之间的绳子张力多大？(b) 连接两艘驳船之间绳子的张力为多少？(c) 将这两艘驳船的顺序调转一下，重复 (a) 和 (b) 的问题。●●

85. 一位农民正在尝试用相同的绳子将三个质量均为 500kg 的拖车拉动。但是如果张力超过 2000N，绳子就会断。第一个拖车通过刚性悬挂与拖拉机相连。(a) 拖拉机必须克服每个拖车所施加的 900N 的摩擦力，才能使三个拖车开始移动，如果要想使拖拉机带动整个系统开始运动，那么它施加在第一个拖车上的最小力该有多大？此时绳子是拉紧的。(b) 在没有弄断任何绳子的情况下，拖拉机可以施加的最大力为多少？●●

86. 一个火车头拉着四节车厢，每节车

厢的惯性质量都是 m。车头对它所拉的车厢施加的拉力为 F。设摩擦可以忽略，当火车开动后，四节车厢之间的连接器的张力分别是多少？●●

87. 一个 10kg 的红色小车通过弹簧与一个 20kg 的小车相连，弹簧处于原长，弹簧常量为 60N/m。这个 20kg 的小车紧靠着另一个 10kg 的蓝色小车。它们在低摩擦的轨道上运动。你以 10N 的力向右朝着 20kg 小车所在的方向推 10kg 的红色小车。（a）由这三个小车构成的系统的质心加速度是多少？（b）你开始推时，每个小车的瞬时加速度是多少？（c）当弹簧的压缩量是 100mm 时，每个小车所受到的合力是多少？●●●

附加题

88. 一辆最初处于静止的玩具推车被一个小孩从车道的一端拉向了另一端。推车对孩子所施加的力的大小与孩子对推车所施加的力的大小一样。那么这个孩子是怎么使推车运动的？●

89. 在过去，汽车车架都被制造成尽可能坚硬，但是现在的汽车都在车头和车尾部分安装“撞击缓冲区”。这种设计上的改变其目的是什么？●

90. 一个惯性质量为 60kg 的学生站在匀速下降的升降机里。他用体重秤来测量他的脚所受到向上的力。在以下情况中体重秤所显示的力的大小分别是多少？

（a）当升降机匀速运动时，（b）当升降机以 2.0m/s^2 的加速度减速停止时，（c）当升降机以 2.0m/s^2 的加速度再次开始下降时？●●

91. 你想要在升降机的顶部挂一个物体，这个升降机的最大加速度是 4.0m/s^2。（a）如果你用能承受 45N 的钓鱼线来悬挂物体，要使钓鱼线不断掉，所能悬挂的物体的最大惯性质量是多少？（b）升降机在减速、加速、上升、下降这四种运动情况中的哪种对钓鱼线所施加的力最大？●●

92. 你需要把一个 45kg 的保险柜从窗户移到 1800kg 的货车的车斗上。你有一根足够长的绳子，但它所能承受的惯性质量不能超过 42kg。你需要小心地做什么（或者不要做什么）以便绳子不会断掉？●●

93. 惯性质量为 10kg 的小车与惯性质量为 20kg 的小车通过弹簧连接，弹簧处于原长，弹簧常量为 1000N/m，两个小车都放置在摩擦力可忽略不计的轨道上。你用 10N 的恒力朝 20kg 小车所在的方向推 10kg 的小车。（a）由这两个小车组成的系统在任意时刻的质心加速度是多少？（b）在你开始推的瞬间，两个小车的加速度分别是多少？（c）当弹簧的压缩量最大时，两个小车的加速度分别是多少？●●

94. 一个悬挂在弹簧秤上的惯性质量为 5.0kg 的物块缓慢地下降到竖直的弹簧上（见图 P8.94）。（a）在物块接触到竖直的弹簧之前，弹簧秤的读数是多少？（b）当下端的弹簧被压缩了 30mm 时，弹簧秤的读数是 40N，底部弹簧的弹簧常量 k 是多少？（c）当弹簧秤读数是 0 时，底部弹簧被物块压缩的距离是多少？●●

图 P8.94

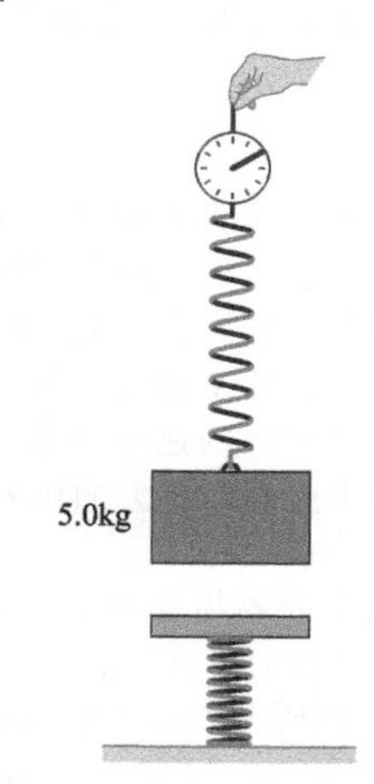

95. 你需要以 $g/8$ 的加速度向上抬起一个惯性质量为 m_l 的负载。现有两个滑轮，这两个滑轮的惯性质量满足 $m_p \ll m_l$，一个与装货码头上的横梁相连，另一个与负载相连。你考虑使用与本章例 8.7 类似的滑轮系统，但是要知道这些滑轮是双滑轮（每一个都有两个轮子紧挨在共同的轴上），另外，你还有一段足够长的绳子。●●● CR

96. 你和叔叔在钓鱼。你用 22N 的钓鱼线，也就是说钓鱼线可以承受这么大的张力而不断。你叔叔向你发出挑战让你用这根线把最大的鱼钓上船，而且规定你必须用线把鱼从水里钓起来而不是用网。你终于钓到了一条看起来重量比较合适的鱼，你开始慢慢地卷线。当你刚刚把鱼提出水面进入空中时，线断了，鱼逃走了。你指责你的叔叔偷偷换了你鱼竿上的钓鱼线，并认为你所使用的钓鱼线能承受的力小于22N，但是你的叔叔否认了。他指出你是以1.0m/s^{2}的加速度向上将鱼钓起来的。●●● CR

97. 你的体重为70kg的朋友一直认为他在力量比赛上比你有优势，虽然你也是非常健壮的体操运动员，但你的体重却只有63kg。在这次体操课比赛中，他将一个滑轮固定在体育馆的顶棚上，使绳子绕过滑轮，并将绳子的一端缠绕在他的腰上。他把绳子的另一端递给你，绳子的长度不足以接触到地板。他跟你打赌，你不可能通过拉绳子将他提起来。你意识到如果你和你的朋友悬挂在滑轮的两侧，重力将会对你的朋友有利，但是之后你想起了这么多年在体操器械上所练就的惊人的手臂力量。●●● CR

98. 压缩空气的膨胀会把吹风管中的小球推出来。空气对小球的力为 $F(t)=F_0e^{-t/\tau}$，其中 τ 为时间常数，因为它的单位是时间。(a) F_0 表示的是什么？(b) 在时间间隔等于一个时间常数后，小球的动量是多少？(c) 在时间间隔等于5个时间常数后，小球的动量又是多少？(d) 在很长的时间之后，小球最终的动量是多少？(e) 如果 $\tau=0.50$ms，那么在经过多长时间之后小球的动量值是最初值的95%？●●●

99. 推力是推动火箭向前的力。它是当发动机从火箭尾部将热气排出时施加在火箭上的力。对于大多数火箭，在“燃烧期”（燃料被消耗和排出的时间间隔）期间推力是一个变力而非恒力。然而，对于特定的火箭，在燃烧期的一部分时间内，即从火箭消耗40%的燃料开始一直到火箭消耗90%的燃料，推力近似为一个恒力。当火箭燃料被消耗并排出时，它的惯性质量也会减少。描述在推力为恒力的期间内，火箭的加速度。●●●

复习题答案

1. 不是。另外一个大小相等、方向相反的力也可能施加在物体上。比如，静止在桌面上的书受到向下的重力和向上的支持力，但书的运动状态并没有发生任何变化，仍处于静止。而且，施加在物体上的力也可能使得物体的速率减小，比如，箱子在木板上滑动，由于受到摩擦力的影响，最后变成静止状态。

2. 匀速运动可知物体受到的合力为0，对于大小为0的力，没有方向可言。

3. 物体所受到所有力的矢量和等于物体动量对时间的变化率。

4. 不可能发生。两个力组成一对相互作用力时，总是要当物体1对物体2施加一个力时，物体2对物体1也施加一个大小相等、方向相反的力。

5. 不是。一对相互作用力总是发生在一对物体上的。本题中所说的力是 $F_{\text{by cup on table}}$ 和 $F_{\text{by coffee on table}}$。这两个力所包含的并不是相同的两个物体，所以它们并不构成一对相互作用力。(每一个力都与另一个力能够构成一对相互作用力，你应该能够找到与其组成相互作用力的另一个力。)

6. 接触力是当两个物体有相互接触时产生的力(正如第7章所说，两个物体的表面间的距离必须在原子尺度内才可以产生相互作用)。场力是相互作用的两个物体即使不接触也会产生的力。接触力需要两个物体相互接触，场力并不需要。

7. (a) 接触力（摩擦力）；(b) 场力（重力）；(c) 场力（磁力）；(d) 接触力（空气与帆有接触）；(e) 接触力（橡皮筋施加的拉力）。

8. 能。平动平衡的唯一条件就是物体所受到的合外力为0。

9. 观察物体的动量的改变（在惯性参考系中观察）。处于平动平衡的物体动量保持不变。

10. 第一，分体受力图的重点就是先画出一个代表物体的圆点。第二，对物体受到的每一个力都用矢量箭头表示，箭头的尾部在圆点上。每一个箭头都用 F 来标注，F 的上标说明物体受力的类型，下标的第一个字母表示施力物体，第二个字母表示受力物体。第三，再单独画出一个表示物体加速度的矢量箭头，这也是分体受力图的重点。

11. 画出分体受力图可以让你在由相互作用的物体所组成的系统中分离出一个你要研究的物体，并对这个物体所受到的是哪些力有一个更加清晰的了解。这样做的目的就是使你既不会漏掉这个物体所受到的力，也不会包含这个物体并不受到的力。

12. 因为所有的力被包括在矢量和中，已经在分体受力图中表示出来了，因此再加一个代表物体合力的矢量箭头的话，就会重复计算一遍所受的合力。

13. (a) 当施加在弹簧上的力的大小增加时，弹簧长度的变化与力的大小是成正比变化的。如果这个力使得弹簧压缩，那么弹簧长度就会减小。如果这个力使得弹簧伸长，那么弹簧长度就会增加。(b) 弹簧施加在物体上的力的大小与物体施加在弹簧上的力的大小是一样的，所以弹簧在长度上的变化也是与弹簧施加在物体上的力的大小成正比的。

14. 弹性力就是可以发生可逆形变（被伸长或者被压缩）的物体所产生的力。

15. 当绳子、弹簧、细线所受到的重力远远小于拉力，也远远小于物块所受到的重力时，力就是无衰减的——换句话说，当绳子、弹簧、细线的惯性质量可以忽略不计时。

16. 加速度。一般情况下，物体所受到的合力与运动状态的其他方面，如速度、位置都是没有直接关系的。

17. 物体的惯性质量必须是常量。

18. 第一定律：在惯性参考系中，一个孤立物体（不受到其他力作用的物体）的速度保持不变。第二定律：物体动量对时间的变化率等于物体所受到的合外力。第三定律：当物体 A 和 B 相互作用时，A 施加在 B 上的力与 B 施加在 A 上的力大小相等、方向相反。

19. (a) 物体所受到的引力与物体的惯性质量成比例。因为一袋苹果的惯性质量大于一个苹果，所以一袋苹果受到的引力大。(b) 在自由下落中，无论是一袋苹果还是一个苹果都有相同的加速度 (g)，因为每一个物体的加速度都等于物体所受到的合力与物体惯性质量的比值。因此惯性质量大的作用消除了。

20. 不是。式 (8.17) 是从自由下落的物体的运动中推导出来的，但它对一切在地面附近的物体都适用，即使是静止的物体也如此。由于物体受到多个力的作用可能会有不同于 g 的加速度，但是它们的重力仍然是 mg。

21. 对于一个给定的弹簧，不管是在压缩状态还是伸长状态，k 的数值都是一样的。

22. x_0 表示的是当弹簧处于自由状态（既不伸长也不压缩）时，其自由端的位置。

23. 斜率为 $1/k$，它是弹簧常量 k 的倒数。

24. 物体的冲量等于施加在物体上的所有力的矢量和与作用的时间间隔的乘积。

25. 必须要考虑力与时间的变化关系，这样就像《原理篇》中的式 (8.26) 那样，可以进行直接的积分。或者可以计算出各个变力的平均值，然后代入到《原理篇》中的式 (8.25)。

26. 内力是系统中两个物体之间的相互作用力。外力是系统之外的物体施加在系统内的物体上的。

27. 假想两个物体都位于质心处，且外力也施加在质心，就可描述系统质心的运动情况。

28. 矢量和是 0。

29. 刚性物体的所有部分的加速度都是一样的，但对于形变物体，其不同的部分有不同的速度和加速度。对于刚性物体，其每一部分的加速度都是质心的加速度，但对于形变物体就不是这样了。

引导性问题答案

引导性问题 8.2 5.2×10^4 N/m

引导性问题 8.4 37mm

引导性问题 8.6 (a) $a=g/6=1.6\text{m/s}^2$；(b) $\mathcal{T}=57\text{N}$

引导性问题 8.8 $\mathcal{T}_{\text{support}}=3/2(m_p+m_b)(a+g)+m_pg$

若 $m_p=0$，则变成 $\mathcal{T}_{\text{support}}=3/2m_b(a+g)$

实践篇

第9章　功

章节总结

恒力所做的功（9.1节，9.2节，9.5节，9.6节）

基本概念 为了使一个力对一个物体做功，该力的作用点必须经历一段位移。

功的国际单位是**焦耳**（J）。

当一个力和该力的位移指向相同的方向时该力所做的功是正的，而当它们指向相反的方向时该力所做的功是负的。

定量研究 当一个或者多个恒力在一维情况下使一个质点或者一个刚体经历一段位移 Δx 时，恒力对该质点或者刚体所做的功由**做功方程**给定

$$W=(\sum F_x)\Delta x_F \tag{9.9}$$

在一维情况下，一组恒定的非耗散力对一个多质点系统或者一个可形变的物体所做的功为

$$W=\sum_n (F_{\text{ext }nx}\Delta x_{Fn}) \tag{9.18}$$

如果一个外力对一个系统所做的功为 W，则由**能量定律**可知系统能量的改变量为

$$\Delta E=W \tag{9.1}$$

对于一个封闭系统，$W=0$，因此 $\Delta E=0$。

对于一个质点或者一个刚体，$\Delta E_{\text{int}}=0$，因此

$$\Delta E=\Delta K \tag{9.2}$$

对于一个多质点组成的系统或者一个可形变的物体，有

$$\Delta K_{\text{cm}}=(\sum F_{\text{ext }x})\Delta x_{\text{cm}} \tag{9.14}$$

能量图（9.3节，9.4节）

基本概念 能量图显示了系统中各种类型的能量由于对系统所做的功而发生的变化。（见本章“例题与引导性问题”中的“画能量图”框）

在为画一个能量图而选择系统时，要避免选择边界处存在摩擦的系统，因为此时你不能确定摩擦所产生的热能有多少进入系统中了。

变力与分布力（9.7节）

基本概念 弹簧所施加的力是变化的（它的大小或者方向都在改变），但是它是非耗散的（没有能量转化为热能）。

摩擦力是耗散的，因此会造成热能的改变。该力也是一个连续的力，因为它没有单一的作用点。

定量研究 非耗散的变力对一个质点或者一个物体所做的功为

$$W=\int_{x_i}^{x_f} F_x(x)\,dx \tag{9.22}$$

如果弹簧的自由端从它的自由位置 x_0 处移位至位置 x 处，则弹簧势能的改变量为

$$\Delta U_{\text{spring}}=\frac{1}{2}k(x-x_0)^2 \qquad (9.23)$$

如果一个物块在一个摩擦力的大小为恒力 F^f_{sb} 的表面上运动了一段距离 d_{path}，则因摩擦而发生耗散的能量（热能）为

$$\Delta E_{\text{th}}=F^f_{\text{sb}}d_{\text{path}} \qquad (9.28)$$

功率（9.8节）

基本概念　**功率**是能量从一种形式转化为另一种形式或者从一个物体转移至另一个物体的速率。

功率的国际单位是**瓦特**（W），1W=1J/s。

定量研究　瞬时功率为

$$P=\frac{\mathrm{d}E}{\mathrm{d}t} \qquad (9.30)$$

如果有一个恒定的外力 $F_{\text{ext}\,x}$ 施加在一个物体上并且在有力作用的位置处速度的 x 分量为 v_x，则该力传递给物体的功率为

$$P=F_{\text{ext}\,x}v_x \qquad (9.35)$$

复习题

复习题的答案见本章最后。

9.1 力位移

1. 功的含义是什么?

2. 假定你对一个系统施加了一个外力,则一定对该系统做了功吗?

9.2 正功与负功

3. (a) 一阵逆风使一辆向东运动的自行车减速,则风对自行车所做的功是正功还是负功?(b) 如果相同的风沿相同的方向作用在另一辆由静止开始向西运动的自行车上,则风对自行车所做的功是正功还是负功?

4. 你把一个小球向上扔向空中然后抓住它,则小球在空中时重力对小球所做的功为多大?

5. 弹簧所做的功可不可以是负的?

9.3 能量图

6. 在一个只包含机械能的系统中,初态能量和末态能量分别为 $K_i = 10.0\text{J}$、$K_f = 3.0\text{J}$、$U_i = +4.0\text{J}$ 和 $U_f = +6.0\text{J}$,画出该系统的能量图。

7. 一辆静止的小车可以在一个低摩擦轨道上自由地运动,当你推动并释放该小车后,它会以恒定速率向右运动直至与固定在轨道末端的弹簧发生碰撞。在与弹簧接触一段较短时间后,小车会以它向弹簧运动时的相同恒定速率朝你运动回来。画出该小车在如下时间间隔内的能量图:(a) 从初始静止的状态至以恒定速率向右运动,(b) 从以恒定速率向右运动至弹簧完全被压缩,(c) 从弹簧完全被压缩至小车以恒定速率向左运动,(d) 从初始静止的状态至小车以恒定速率向左运动。

9.4 系统的选择

8. 为什么你应该避免选择一个有摩擦力施加在系统边界处的系统?

9. 在计算能量时,重力相互作用是否与功或者势能有关,还是与这两者都有关?

10. 利用多于一种的系统选择来分析能量问题的好处是什么?

9.5 对单个质点所做的功

11. 用文字表述功和能量之间的关系。

12. 能量定律 [式 (9.1)] 对封闭系统是否适用?对非封闭系统是否适用?

13. 式 (9.8) 和式 (9.9) 只对单个质点成立。为什么?

14. 讨论动量定律 [式 (4.18):$\Delta\vec{p} = \vec{J}$] 和能量定律 [式 (9.1):$\Delta E = W$] 的相似点和不同点。

15. 在什么情况下可以把一个大货箱看作一个质点?又是在什么情况下,在处理物理问题时把一个大货箱看作一个质点是不恰当的?

9.6 对多个质点构成的系统所做的功

16. 适用于单个质点的能量定律 [式 (9.1)] 与适用于多质点系统的能量定律有什么不同?适用于单个质点的做功方程 [式 (9.9)] 与适用于多质点系统的做功方程有什么不同?

17. 为什么式 (9.18) 仅限于非耗散力?

18. 多质点系统的动能改变量与该系统周围的环境对系统所做的功有什么不同?

9.7 变力与分布力

19. 当你把施加在一个质点上的力表达为该质点位置的函数时,则表示对该质点所做的功的图像有什么特点?

20. (a) 表达式 $W_{bs} = \frac{1}{2}k(x-x_0)^2$ 是在《原理篇》的例 9.8 中所得到的一块砖块在压缩或者拉伸弹簧时所做的功,则系数 1/2 来自哪里?(b) 如果一个负载物施加在弹簧上的力为 $F_{lsx} = k(x-x_0)$ [式 (8.18)],且力的位移为 $x-x_0$,则为什么 W_{bs} 不能正好为 $F(x-x_0) = k(x-x_0)(x-x_0) = k(x-x_0)^2$?

21. 当一个大货箱沿地面滑行并最终停止时,请你利用式 (9.27) 或者式 (9.28) 来计算摩擦所耗散的热能。该热能是否能称为摩擦力对大货箱所做的功?

9.8 功率

22. 瞬时功率与平均功率之间有什么联系?

23. 什么时候传递给一个物体的瞬时功率会等于施加在该物体上的力的矢量和 $\sum F_{ext}$ 的大小与物体速率的乘积?

估算题

从数量级上估算下列物理量，括号中的字母对应于可能用到的提示。根据需要使用它们来指导你的思考。

1. 把一大包日用品从地面举至桌面时所需要做的最小的功。(D，J)

2. 当你站在一个空的易拉罐上并将该易拉罐踩扁时所耗散的能量（B，L，T)

3. 为了使一辆满负载的18轮货车由静止加速至高速公路的行驶速率，发动机需做的最小功（A，K，Q)

4. 一条蹦极绳的弹簧常量（E，H，N，V)

5. 职业棒球运动员投出一个快球所需要的最小功率（C，I，S)

6. 当一辆小汽车在高速公路上行驶时发动机提供给小汽车的功率（F，M，U，Y)

7. 在日常的一天中你家里所使用的平均电功率（R，G，W)

8. 一年内一个美国的普通家庭所消耗的电能（R，G，W，O，X)

9. 一年内为供应美国住宅用电而消耗的电功率所需的化学能（源能量）（R，G，W，O，X，P，Z)

提示

A. 一辆满负载的18轮货车其惯性质量有多大？

B. 地球施加在你身上的重力有多大？

C. 职业联赛中的快球其一般速率有多大？

D. 施加在一大包日用品上的重力有多大？

E. 普通蹦极跳的高度有多高？

F. 当小汽车以高速公路的行驶速率运动时每消耗一公升汽油小汽车行驶了多少千米？

G. 用电高峰期所消耗的电功率为多少？

H. 蹦极绳的自然长度有多长？

I. 棒球的惯性质量为多少？

J. 普通桌子的高度有多高？

K. 普通高速公路的行驶速率有多大？

L. 在力的作用下易拉罐产生了多少位移？

M. 1L的汽油能产生多少化学能（源能量)？

N. 相关能量的改变量是多少？

O. 一年有多少秒？

P. 美国有多少住宅？

Q. 发动机所做的所有功是否都用于改变货车的动能了？

R. 一个普通用电器所消耗的功率为多少？

S. 投手做向前抛棒球的动作需要多长的时间？

T. 你施加在易拉罐上的力与地球施加在你身上的重力有什么样的关系？

U. 汽油中的能量有百分之几转移为小汽车的驱动能？

V. 一名普通蹦极者的惯性质量是多少？

W. 你在用电高峰期所消耗的电能占一整天所用电能的百分之几？

X. 消耗的能量与平均功率有什么样的关系？

Y. 行驶100km需要多长的时间？

Z. 包括输电损耗在内的源能量转换的效率为多大？

答案（所有值均为近似值)

A. 3×10^{4}kg；B. 7×10^{2}N；C. 4×10^{1}m/s；D. 1×10^{2}N；E. 8×10^{1}m；F. 1×10^{1}km/L；G. 6×10^{3}W；H. 3×10^{1}m；I. 0.2kg；J. 1m；K. 3×10^{1}m/s；L. 0.1m；M. 4×10^{7}J；N. 重力势能转化为弹簧的势能了；O. 3×10^{7}s；P. 9千万；Q. 为了确定所做的最小的功我们假定发动机所做的所有功都用于改变货车的动能了；R. 对于灯具和大多数小的用电器，用电功率为100W；对于冰箱、微波炉、熨斗、烤箱和浴室取暖器，用电功率为1000W；对于中央空调，用电功率为5000W；S. 0.5s；T. 两个力的大小大致相等；U. 少于20%；V. 7×10^{1}kg；W. 少于30%；X. $\Delta E=P_{av}\Delta t$；Y. 1h；Z. 大约为10%

例题与引导性问题

步骤：画能量图

1. 通过列出系统内的组分来指定所考虑的**系统**。

2. 画出初态和末态下系统的**草图**。（你需要根据问题来定义初态和末态，或者你也许不得不选择最有帮助的状态来检查。）在你的草图中要包含任何施加在系统上且力的位移不为零的外力，然后在每个力的作用点处画一个点。

3. 确定四类能量中任何一类不为零的**能量改变量**，参照《原理篇》中的图 7.13 考虑四种基本的能量的转化过程：

a. 系统组分的速率是否改变了？如果改变了，确定系统的动能是增加了还是减少了，并为系统画出一个表示 ΔK 的条形图。对于正的 ΔK，条形图延伸至基准线上方；对于负的 ΔK，条形图延伸至基准线的下方。（对于某些问题你也许想画出系统中不同物体各自的 ΔK 条形图；如果想这样做，就应该清晰地指明对应于每个条形图的系统组分，而且还要核实整个系统是否能由所有组分之和表示。）

b. 系统的结构是否以可逆的方式改变了？如果是，则为系统画出一个表示势能改变量 ΔU 的条形图。如果有必要的话，还要画出不同类型势能的各自改变量的条形图，比如弹性势能的改变量和重力势能的改变量。

c. 有没有已经消耗了的源能量？如果有，画出表示 ΔE_s 的条形图。源能量通常会减少，使得 ΔE_s 为负值，因此条形图延伸至基准线下方。记住源能量的转化总是伴随着热能的产生（见《原理篇》中的图 7.13c、d）。

d. 系统内有没有产生摩擦力，或者消耗源能量？如果有，画出表示 ΔE_{th} 的条形图。在我们考虑的所有例子中，热能几乎都增加了，因此 ΔE_{th} 是正值。

4. 确定是否有外力对系统做**功** W。确定该功是正的还是负的。画出一个表示该功的条形图，使条形图的长度等于图中其他条形图的长度之和。

如果外力对系统不做功，则应使表示功的条形图为空，然后重新去调整其他条形图的长度以使它们的和为零。

下列例题涉及本章内容，但又不仅仅局限于本章中的某一节。

其中一部分以例题的形式给出，另一部分则以引导性问题的形式给出。

例 9.1 垃圾桶

一名清洁工可以通过施加一个 50N 的水平恒力推动一个惯性质量为 75kg 的垃圾桶，使之由静止沿水平面运动。垃圾桶运动了 10m 后，速率达到 2.0m/s。(a) 求水平面施加在垃圾桶上的摩擦力的大小和方向；(b) 当垃圾桶运动至 10m 处时该清洁工所提供的功率为多大？

❶ **分析问题** (a) 一个力所做的功等于该力的大小与该力的位移的乘积。推力和摩擦力都施加在一段已知的位移上，改变了该垃圾桶的动能，由于垃圾桶做加速运动，所以清洁工所施加的力必须大于摩擦力。又由于摩擦力会阻碍垃圾桶的滑动，因此它的方向与清洁工（用下标 j 表示）所施加的推力方向相反。假如我们可以把垃圾桶（用下标 c 表示）作为系统，那么这将意味着摩擦力施加在系统的边界处（此时我们并不知道最终会有多少耗散了的能量进入系统）。因此，我们选择垃圾桶和地面作为我们的系统。图 WG9.1 显示了由垃圾桶和地面所组成的系统的初始状态和末态状态、力的位移 Δx_F 和系统所受的单一外力（摩擦力是内力!）。由于需要明确各组分，所以我们随意地选择 x 轴的正方向沿垃圾桶的运动方向（在图 WG9.1 中向右）。

(b) 由于我们已知清洁工所施加的恒力和垃圾桶运动了 10m 时的速率，所以我们可以利用力和速度的乘积来求出垃圾桶运动至 10m 处时清洁工所提供的功率。

图 WG9.1

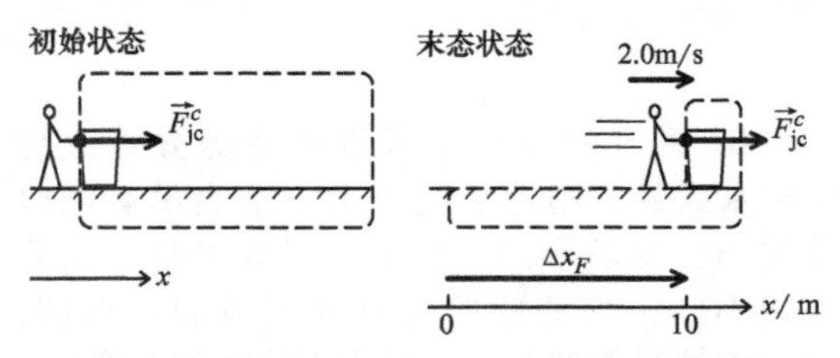

❷ **设计方案**　由于垃圾桶是刚体，表面没有相对运动，对系统的动能没有贡献，所以可以利用垃圾桶的质心运动来计算系统动能。垃圾桶的质心所经过的位移与垃圾桶上其他点所经过的位移完全相同，该位移即为力的位移。在我们的系统中不需要考虑势能（没有重力方向的竖直运动，也没有弹簧）和源能量，能量定律使我们能够解释动能的改变量、热能和功。我们画了一张能量图（见图 WG9.2）来总结这些信息。此外对于每一个物理量我们都有一个表达式：动能的改变量可根据已知条件计算出来，摩擦力是使热能发生变化的原因，同时清洁工施加的力能够用于计算所做的功。

图 WG9.2

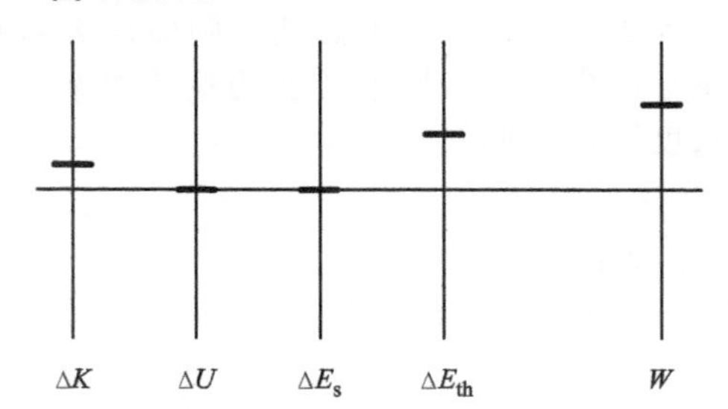

（a）我们已经知道了动能的改变量、位移和清洁工所施加的力的大小，因此唯一未知的物理量就是我们所要求的物理量：摩擦力的大小。（b）由于唯一发生了力的位移的外力就是清洁工所施加的力，并且该力是恒力，因此任意时刻的功率可由式（9.35）：$P=F_{\text{ext}\,x}v_x$ 给定。因为我们已经知道了所求位置处的力和速率，所以我们可以求出该功率。

❸ **实施推导**　（a）我们从能量定律，即式（9.1）开始：

$$\Delta E=\Delta K+\Delta U+\Delta E_s+\Delta E_{th}=W$$

热能的改变量 ΔE_{th} 是由摩擦力造成的，所以我们可以利用式（9.27）：

$$\Delta E_{th}=-F^f_{sc\,x}\Delta x_{cm}$$

同样地，我们利用式（9.9），用清洁工所施加的力来表示 W，然后再把这两个表达式同时代入到能量定律中：

$$\Delta K+0+0+(-F^f_{sc\,x}\Delta x_{cm})=F^c_{jc\,x}\Delta x \quad (1)$$

由于可以将垃圾桶看作刚体，所以有 $\Delta x_{cm}=\Delta x$。把该表达式和动能的一般表达式代入到式（9.1）中，整理各项后给出

$$\frac{1}{2}mv_f^2-\frac{1}{2}mv_i^2=F^c_{jc\,x}\Delta x+F^f_{sc\,x}\Delta x$$

$$\frac{1}{2}mv_f^2-0=F^c_{jc\,x}\Delta x+F^f_{sc\,x}\Delta x$$

$$F^f_{sc\,x}=\frac{\frac{1}{2}mv_f^2}{\Delta x}-F^c_{jc\,x}$$

$$=\frac{\frac{1}{2}(75\text{kg})(2.0\text{m/s})^2}{10\text{m}}-(+50\text{N})=-35\text{N}$$

由于我们在图 WG9.1 中选择向右为 x 轴的正方向，因此 $F^f_{sc\,x}$ 取负值告诉我们摩擦力的方向向左，摩擦力的大小为 35N。

（b）清洁工提供的功率为

$$P=F_{\text{ext}\,x}v_x=(+50\text{N})(+2.0\text{m/s})=1.0\times10^2\text{W}$$

❹ **评价结果**　正如我们所预期的，摩擦力的方向向左并且大小比清洁工所施加的力小。

由于恒力意味着恒定的加速度，因此我们也可以用动力学来检验所得到的结果。垃圾桶的加速度与它的初速度、末速度以及所经过的位移有关

$$a_x=\frac{v_{x,f}^2-v_{x,i}^2}{2\Delta x}=\frac{(2.0\text{m/s})^2-0^2}{2(10\text{m})}=+0.20\text{m/s}^2$$

如果我们只把垃圾桶作为系统，则施加在垃圾桶上的力的矢量和必须为

$$\sum F_{\text{ext}\,x}=ma_x=(75\text{kg})(+0.20\text{m/s})=+15\text{N}$$

由该值我们可以求出摩擦力：

$$\sum F_{\text{ext}\,x}=F^c_{jc\,x}+F^f_{sc\,x}=+50\text{N}+F^f_{sc\,x}=+15\text{N}$$

$$F^f_{scx}=+15\text{N}-50\text{N}=-35\text{N}$$

这与我们之前得到的结果一致。

我们求得的功率与一个 100W 的电灯泡的功率相当。以恒定速率 0.33m/s 向上举起一本书所需的功率大小大约为 10W，因此这名清洁工大约需要以 10 倍于此的功率才能使垃圾桶在运动 10m 后达到 2.0m/s 的速率。然而对于一个惯性质量为 60kg 的人来说，每秒钟做一次引体向上所需要的功率超过了 200W，因此，我们所得到的 100W 并不是不合理的。

引导性问题 9.2 搬运钢琴

一家搬家公司将一架惯性质量为 150kg 的钢琴搬至二楼的公寓中，相比于经过一段狭窄的楼梯搬运，利用一个滑轮将钢琴吊至二楼会更容易些。钢琴被一根绳子吊起至距离地面 5.3m 高的窗户处并暂时处于静止状态。则 (a) 绳子和 (b) 重力对钢琴分别做了多少功？(c) 如果把钢琴吊起花了 1min 的时间，则绳子所提供的平均功率必须为多大？

❶ 分析问题

1. 如何选择一个好的系统？系统中应该包含地球吗？画出初始状态和末态状态下的系统。

2. 可以将钢琴看作一个刚体吗？钢琴质心的运动与钢琴其他部位的运动有什么样的联系？

3. 画出一张能量图。注意钢琴被吊起前和被吊起后都是静止的。

4. 是否有外力施加在系统上？如果有，每个外力的位移是多少？

❷ 设计方案

5. 系统能量的改变量与外力对系统所做的功有什么样的联系？哪个公式能表达该联系？

6. 忽略滑轮中的任何摩擦并由此可以认为没有能量发生了耗散是合理的吗？

7. 是否有足够的已知条件用来求未知物理量？

❸ 实施推导

8. 计算要求的内容。

9. 操作起吊的人对钢琴做功了吗？

❹ 评价结果

10. 怎么把你计算所得的功率与在相同的时间 1min 内通过爬楼梯到达二楼所需的功率进行对比？

11. (c) 问计算所得的功率对于抬起一架钢琴看上去是合理的吗？

例 9.3 人间大炮

一位惯性质量为 m 的马戏团演员被一个“大炮”发射至空中，该“大炮”包含一个由弹簧常量为 k 的弹簧组成的平台。演员爬进大炮中使得弹簧被压缩，然后弹簧又被（一个绞车）压缩至其处于自然长度时初始平台位置的下方 d 处（见图 WG9.3）。(a) 演员被发射后所能获得的最大速率有多大？(b) 演员能上升至弹簧平台所在自由位置上方的多高处？不考虑所有耗散相互作用，同时利用两个不同的系统来分析上述两个问题：一个系统允许你利用势能而不是利用做功来解答该问题，另一个系统则允许你利用做功而不是利用势能来解答该问题。

图 WG9.3

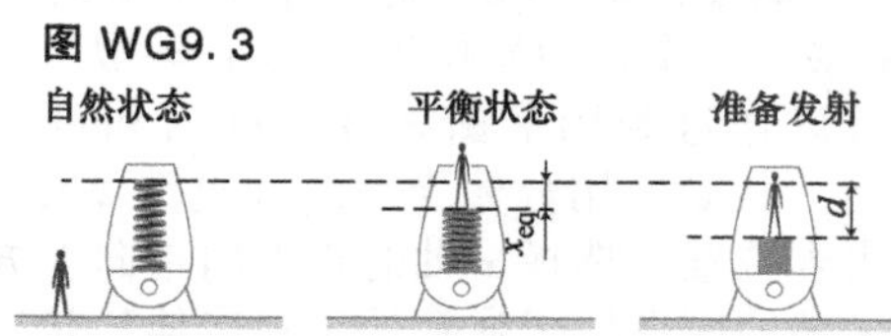

❶ 分析问题 对于一个静止时被一压缩弹簧发射的演员来说，我们必须确定该演员的最大速率和所能到达的最大高度。由于题中没有给出其他已知条件，所以我们必须把该演员看作一个质点或者一个刚体。弹簧的释放使得演员被垂直向上发射，由于在演员运动轨迹的最高处该演员将沿相反的方向运动，因此，此时他的瞬时速度为零。又由于弹簧所施加的力不是恒力，因此利用力的方法来解答该问题会使我们得到一个变化的加速度，这将意味着我们不能使用恒定加速度的公式来求得最大高度。

在选择系统时，我们必须考虑所有会影响演员运动状态的力。题中的已知条件告诉我们可以不考虑所有的耗散力，因此弹簧所施加的力和重力是起决定性作用的力。这意味着我们有两对相互作用力：弹簧和演员之间的相互作用力以及地球和演员之间的相互作用力。为了利用势能求得重力和弹力，我们必须在我们的系统中包含每对相互作用力所涉及的两个物体。我们可以通过在系统中包含大炮以及大炮下方的地面使该系统为封闭且孤立的系统，因此系统 1 由大炮、弹簧、演员和地球组成。

为了通过分析对演员所做的功来解答该问题，我们回忆起只有外力才能对该系统做功。因此，我们使系统 2 只包含演员，以便使对他所施加的力都为外力。

我们知道演员在初始时刻和到达最高点处时的速率均为零，同时我们还知道弹性势能和重力势能的公式以及每个力所做功的公式。该问题要求我们考虑运动过程中的两个不同的末时刻：在 (b) 问中我们有 t_f = 演员到达最高处的时刻，但在 (a) 问中我们有 t_f = 演员具有最大速率的时刻。因此，我们在不同情况下利用相同的初始位置但是末位置不相同的方法来单独分析（a）问和（b）问。但是演员具体在何处达到最大速率呢？此处有两个力会影响演员的速率：重力和弹力。重力是恒定的并且方向向下，而弹力不是恒定的并且方向向上。为了使演员具有向上的加速度，弹力必须大于重力。只要这个条件成立，演员就可以通过向上的加速度而获得速率。随着演员位置的上升，弹力逐渐减小直至弹簧处于自然伸长的状态。在某一时刻弹力必须小于重力以便演员不再具有向上的加速度而是开始做加速度向下的减速运动。因此，当弹力等于重力以至于演员处于瞬时平衡状态时，演员具有最大的速率。该位置在图 WG9.3 中被标记为“平衡位置”（由于该图显示的是发射前的状态，因此图中演员没有运动）。

图 WG9.4 按时间顺序显示了演员被发射的过程，包括发射瞬间、达到最大速率时的平衡位置以及最大高度所处的位置。

图 WG9.4

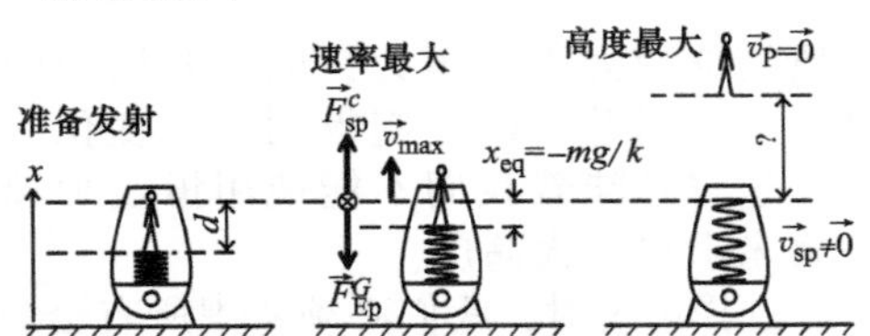

现在我们分别画出两个系统的能量图，从演员准备发射开始到最大速率的位置和最大高度的位置（见图 WG9.5）。注意我们把势能分成两部分（弹簧中的弹性势能 U_{sp} 和演员相对地球的重力势能 U^G），同时我们也把功分成两部分（弹簧对演员所做的功 W_{sp} 和重力对演员所做的功 W_g）。

图 WG9.5

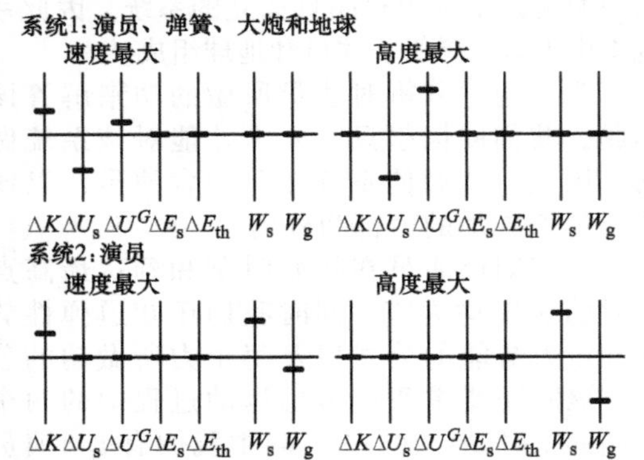

❷ **设计方案** 利用图 WG9.5 作为指导，我们把系统 1 中的能量从演员发射至其达到最大速率时的改变量写作

$$\Delta E_{sys\ 1}=\Delta K+\Delta U+\Delta E_s+\Delta E_{th}=0$$
$$\Delta K+\Delta U_{sp}+\Delta U^G+0+0=0 \quad (1)$$
$$\Delta K+\Delta U_{sp}+\Delta U^G=0$$

对于最大高度的计算，我们知道演员的初始动能和末动能都为零。当演员的脚离开平台后，弹簧和平台也许会继续上下运动，然而弹簧和平台在末态状态下所涉及的任何动能都可以表示为剩余弹性势能，因为在它们运动的临界点处所有能量均为势能。这给出了

$$\Delta E_{sys\ 1}=\Delta K+\Delta U+\Delta E_s+\Delta E_{th}=0$$
$$\Delta U_{sp}+\Delta U^G=0 \quad (2)$$

我们有足够的已知量来计算这些方程。

对于系统 2，能量的计算仍然可以利用图 WG9.5 作为指导，但是它看起来有一点不同，因为现在我们不用考虑系统中任何的势能改变量。对于最大速率我们有

$$\Delta E_{sys\ 2}=\Delta K+\Delta U+\Delta E_s+\Delta E_{th}=W$$
$$\Delta K+0+0+0=W \quad (3)$$
$$\Delta K=W_g+W_{sp}$$

对于最大高度，我们不需要考虑系统中由弹簧的运动所产生的任何剩余能量，因为弹簧和平台不再是系统 2 中的一部分。这使得计算变得更简单：

$$\Delta E_{sys\ 2}=\Delta K+\Delta U+\Delta E_s+\Delta E_{th}=W$$
$$0+0+0+0=W \quad (4)$$
$$W_{sp}+W^G=0$$

由于弹力和重力施加在不同的位移上，因此我们分开计算它们。重力施加在整个运动过程中，但是弹力仅施加在从弹簧处于它的发射（最大压缩）位置时到演员刚好不与平台接触时的这一时间段内。

❸ **实施推导** （a）对于系统 1 或者系统 2 中的最大速率，初始位置均为 $x_i=-d$，而末位置可以通过利用平衡条件（弹力和重力相互抵消）找到。用分体受力图（见图 WG9.4）可求出末位置。选择 x 轴的正方向指向上方并且使 x 轴的原点位于弹簧处于自然伸长状态时的位置处，则 $\vec{x}_f$ 和 $\vec{g}$ 都有一个负的 x 分量：

$$\sum\vec{F}=\vec{0}$$
$$\vec{F}^c_{sp}+\vec{F}^G_{Ep}=\vec{0}$$
$$-k(\vec{x}_f)+m(\vec{g})=\vec{0}$$
$$-kx_f-mg=0$$
$$x_f=x_{eq}=-\frac{mg}{k}$$

由于初始速率为零，所以对于系统 1 我们可以通过求解方程 1 得到末速率（最大速率）：

$$\Delta K+\Delta U_{sp}+\Delta U^G=0$$

$$\frac{1}{2}mv_{max}^2-\frac{1}{2}mv_i^2+\frac{1}{2}kx_{eq}^2-\frac{1}{2}kx_i^2+mg(x_{eq})-mg(x_i)=0$$

$$\frac{1}{2}mv_{max}^2-0+\frac{1}{2}k\left[\left(\frac{-mg}{k}\right)^2-(-d)^2\right]+mg\left[\left(\frac{-mg}{k}\right)-(-d)\right]=0$$

$$v_{max}^2=\frac{k}{m}\left(d^2-\frac{m^2g^2}{k^2}\right)-2g\left(d-\frac{mg}{k}\right)$$

该表达式可以通过联立方程右边的第二项和第四项而得到代数式上的简化，然后注意到该表达式可以因式分解：

$$v_{max}^2=\frac{k}{m}\left(d^2-\frac{2mgd}{k}+\frac{m^2g^2}{k^2}\right)$$

$$v_{max}^2=\frac{k}{m}\left(d-\frac{mg}{k}\right)^2$$

$$v_{max}=\sqrt{\frac{k}{m}}\left(d-\frac{mg}{k}\right) \checkmark$$

我们现在利用式（3）来计算系统 2 的最大速率：

$$\Delta K=W_g+W_{sp}$$

$$\frac{1}{2}mv_{max}^2-0=-mg\left(d-\frac{mg}{k}\right)+\frac{1}{2}k\left(d^2-\frac{m^2g^2}{k^2}\right)$$

$$v_{max}^2=-2g\left(d-\frac{mg}{k}\right)+\frac{k}{m}\left(d^2-\frac{m^2g^2}{k^2}\right)$$

$$v_{max}=\sqrt{\frac{k}{m}}\left(d-\frac{mg}{k}\right) \checkmark$$

（b）对于最大高度的计算我们首先必须确定演员刚好不与平台接触时的位置。弹簧和平台对演员施加的力由胡克定律给出——也就是说，该力的大小与弹簧的伸长量或压缩量成正比，并且方向与弹簧从自然长度处所发生的位移的方向相反。然而演员没有与平台连接在一起，因此弹簧施加在演员身上的力可以仅沿向上的方向。这意味着仅当平台处于图 WG9.3 中标记为“自然状态”的位置处的下方时，演员才受到弹簧所施加的力。我们把弹簧和平台的末位置标记为 $x_{sp,f}$，同时把演员的末位置标记为 $x_{p,f}$。两个物体的初始位置仍相同，$x_i=-d$。把式（9.23）代入式（2）的弹性势能中，同时把式（7.19）：$\Delta U^G=mg\Delta x$ 代入式（2）的重力势能中，我们有

$$\Delta E_{sys1}=\Delta U_{sp}+\Delta U^G=0$$

$$\frac{1}{2}kx_{sp,f}^2-\frac{1}{2}kx_{sp,i}^2+mgx_{p,f}-mgx_{p,i}=0$$

$$0-\frac{1}{2}k(-d)^2+mgh-mg(-d)=0$$

$$mgh=\frac{1}{2}kd^2-mgd$$

$$h=\frac{kd^2}{2mg}-d \checkmark$$

现在我们对系统 2 重复相同的步骤，注意到弹力会随位置的变化而变化但是重力不会，由式（4）我们得到

$$W_{sp}+W_g=0$$

$$\int_{x_{sp,i}}^{x_{sp,f}}F_{spx}^c\,dx+F_{Epx}^G(x_{p,f}-x_{p,i})=0$$

$$+\frac{1}{2}k(-d)^2-mg[+h-(-d)]=0$$

$$\frac{1}{2}kd^2-mg(h+d)=0$$

$$h=\frac{kd^2}{2mg}-d \checkmark$$

❹ **评价结果** 用两个不同的系统求得相同的结果使我们对我们所得的结果充满信心。为进一步检验我们所得到的结果，考虑高度对弹簧常量的依赖关系：一个更大的 k 会给出一个更大的高度，正如我们所预期的。如果演员的惯性质量更小，我们也可以预料到演员能上升到更高的位置处。在我们所求的 h 表达式中唯一出现演员惯性质量的地方是在分母处，这与我们的预期结果一致。

我们所求得的最大速率的表达式告诉我们，为了得到一个正值，d 必须大于 mg/k。这是合理的，因为 mg/k 表示演员只是简单地站在平台上时弹簧将会被压缩的距离；当然该结论并不是任何发射情况的充分条件！除此之外，h 的表达式告诉我们，为了给出一个合理的结果 d 不仅必须超过 mg/k，而且还必须超过 $2mg/k$。如果在平衡位置之外仅有很小一段压缩量，演员不会被发射的说法是合理的——也就是说，演员将不会离开平台，但是仅仅将随着弹簧和平台上下来回颤动。

引导性问题 9.4 寻求刺激

一位体重为 50kg 的女性从地面上方 15m 处的桥上蹦极跳下来。系于她脚处的蹦极绳的自然长度为 5.5m，同时该女性身高 1.8m。如果当她跳下时刚好能不与地面接触，那么蹦极绳的弹簧常量必须为多大？

❶ **分析问题**

1. 什么样的系统适合该问题？画出系统的初始状态和末态状态，在图中表示出蹦极绳的自然长度、该女性的身高、桥的高度和一个 x 轴。

2. 和往常一样，可能存在几种不同的解答方法，其中有一些解答方法比其他的解答方法更简单。首先尝试用能量法。

3. 画出系统的能量图和状态图。

4. 你做了什么假定？

❷ **设计方案**

5. 写出在蹦极跳中的一个合适时间段内能量改变量的一般表达式。

6. 验证未知物理量的数量与方程的数量相同。

❸ **实施推导**

7. 做代数计算并分离弹簧常量。

8. 代入你的数值和单位。

❹ **评价结果**

9. 检验你的弹簧常量的表达式。当这位女性的体重增加时，k 将怎样变化？当桥的高度增大时，k 又将怎样变化？

10. 所得的数值结果是否有意义？要确认是这位女性的头刚好不能与地面接触而不是她的脚！

11. 你所做的所有假定是否合理？

例 9.5 在铁路上做的功

一个火车头拉着一节惯性质量为 12×10^3kg 的火车车厢运动，同样该节火车车厢又拉着另一节惯性质量为 17×10^3kg 的火车车厢运动。火车在 3.0min 内由静止加速至 11.1m/s。(a) 火车头对两节连接在一起的火车车厢做了多少功？(b) 火车头对每节火车车厢单独做了多少功？不考虑任何摩擦作用。

❶ **分析问题** 一个力所做的功等于该力的大小与力的位移的乘积。我们需要确定所有外部物体施加在每节火车车厢上的所有力和在 3.0min 的时间段内每个力的作用点所运动的距离。位移仅发生在水平面上，并且沿着火车的运动方向，我们把该火车的运动方向选定为 x 轴的正方向。因此，我们只需要考虑水平方向上的力。由于火车车厢连接在一起并且同时运动，所以每节火车车厢上任一点所产生的位移都与火车头所产生的位移相同。因此，每个作用力都具有相同的力的位移 $\Delta\vec{x}_F$。

对于 (a) 问，我们需要计算火车头对两节连接在一起的火车车厢所做的功，因此我们把这两节火车车厢作为系统。如果我们不考虑任何耗散力，则只有一个水平方向的外力施加在系统上，即火车头施加在两节连接在一起的火车车厢上的拉力 $\vec{F}^c_{e1}$。对于 (b) 问，我们分开处理每节火车车厢。图 WG9.6 包含了每个系统初始状态和末态状态的示意图以及每个系统的能量图。

图 WG9.6

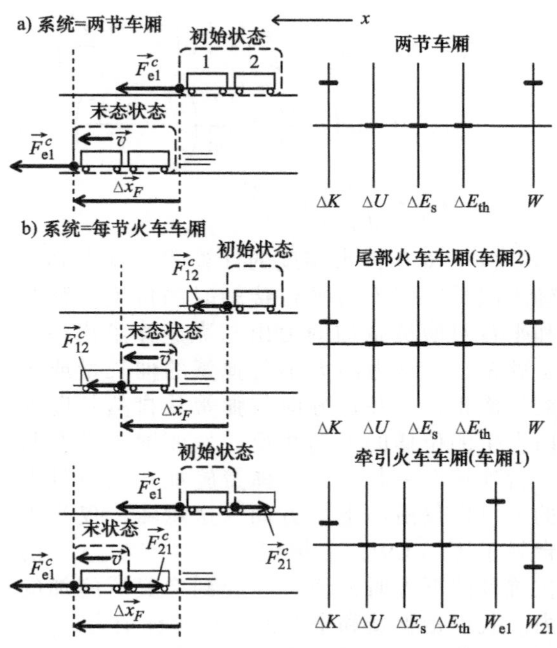

对于由尾部火车车厢（火车车厢 2）组成的系统，也只有一个外力对系统做功：牵引火车车厢（火车车厢 1）所施加的力。我们把该力记为 $\vec{F}^c_{12}$。对于由牵引火车车厢

(火车车厢1) 组成的系统，有两个外力对系统做功：火车头对火车车厢1所施加的力 ($\vec{F}^c_{e1}$) 和火车车厢2对火车车厢1所施加的力 ($\vec{F}^c_{21}$)。这三个系统有一些共同的特性：所有系统都没有内部能源，每个系统都在3.0min的时间段内获得了动能，并且每个系统都有外力对其做功。由于不需要考虑任何摩擦作用，所以我们可以认为任何系统的热能都没有改变。

❷ **设计方案** 对于这三个系统中的每个系统，我们都先从能量定律开始，在每个系统中能量定律都可以表示为

$$\Delta E=\Delta K=W$$

该表达式告诉我们对每个系统所做的功都只与该系统速度的改变量有关，而它与力作用在系统上的时间和加速度的大小都无关。我们可以直接计算出每个系统动能的改变量。

❸ **实施推导** 每个系统的初始动能都为零，并且每个系统都有一个已知的末动能。末动能与初始动能的差即为外力对每个系统所做的功。

(a) 对于由两节火车车厢组成的系统，我们可得

$$W=\Delta K=K_f-K_i=\frac{1}{2}(m_1+m_2)v^2-0$$

$$W=\frac{1}{2}(12\times10^3\text{kg}+17\times10^3\text{kg})(11.1\text{m/s})^2$$

$$W=1.8\times10^6\text{J} ✔$$

(b) 这里我们必须把能量定律单独地应用在每个系统（火车车厢）中，对于牵引火车车厢（火车车厢1）：

$$W=\Delta K=K_f-K_i=\frac{1}{2}(m_1)v^2-0$$

$$W=\frac{1}{2}(12\times10^3\text{kg})(11.1\text{m/s})^2$$

$$W_1=7.4\times10^5\text{J} ✔$$

对于尾部火车车厢（火车车厢2）：

$$W=\Delta K=K_f-K_i=\frac{1}{2}(m_2)v^2-0$$

$$W=\frac{1}{2}(17\times10^3\text{kg})(11.1\text{m/s})^2$$

$$W_2=1.0\times10^6\text{J} ✔$$

❹ **评价结果** 这两个做功的取值相加（在舍入误差范围内）会等于火车头对两节连接在一起的火车车厢所做的功：$W_1+W_2=W$㊀，该结论是可靠的。我们所做的唯一假定是火车头所施加的力是唯一施加在系统上（由两节连接在一起的火车车厢组成）的外力，该假定是合理的，因为我们可以忽略摩擦作用。根据我们对能量定律的掌握，我们应该从一开始就意识到题目中所给的时间段是一个与题意无关的已知条件。

引导性问题 9.6 像子弹那样快速

由于射出的子弹运动得很快，所以确定它的速率会很困难。这里有一种间接的方法。你把一颗子弹（惯性质量为 m_{bullet}）射入一个惯性质量为 m_{block} 的滑块中，该滑块紧靠在一根弹簧常量为 k 的弹簧旁（见图 WG9.7），子弹最终留在滑块中。如果弹簧被压缩至最大的距离 d，则子弹的速率为多大？不考虑滑块与接触表面之间的摩擦。

图 WG9.7

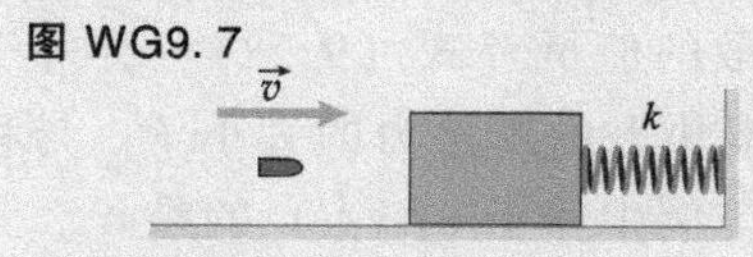

❶ **分析问题**

1. 你认为弹簧的压缩距离与子弹的速率有什么样的联系？换句话说，当子弹的速率增大时，弹簧的压缩距离会怎样变化？
2. 关于恢复系数你知道些什么？
3. 碰撞后发生了哪些类型的能量转换？
4. 分开考虑碰撞过程和弹簧的压缩是否合理？

❷ **设计方案**

5. 弹簧开始被压缩时，你该如何来确定含有子弹的物块的速率？
6. 什么样的系统从刚碰撞完的瞬间至弹簧完全被压缩机械能都保持为常数？

❸ **实施推导**

❹ **评价结果**

7. 你所求得的 v_{bullet} 的表达式是否证明了速率正如你所预期的那样随 d、k、m_{bullet} 和 m_{block} 的变化而变化？

㊀ 数值上的不完全相等是因为有效数字的计算引起的。——译者注

例9.7　前方的弹簧

一根弹簧常量为 k 的弹簧其一端固定在墙面上，另一端则系在一个惯性质量为 m 的滑块上，其中该滑块静止在水平桌面上（见图WG9.8）。你拉着该滑块使弹簧伸长至距离其原长所在位置的 d 处，然后在此位置处抓牢该滑块。一阵稳定的风对滑块施加了一个方向向左的恒力，该恒力的方向与你移动滑块时的方向相反。当你释放滑块时，滑块将向左运动，运动期间滑块将受到一个大小为 F^f_{sb} 的摩擦力，直至弹簧被压缩至距离其原长所在位置的 $2d$ 处时，滑块才达到平衡状态。则风施加在滑块上的力的大小有多大?

图 WG9.8

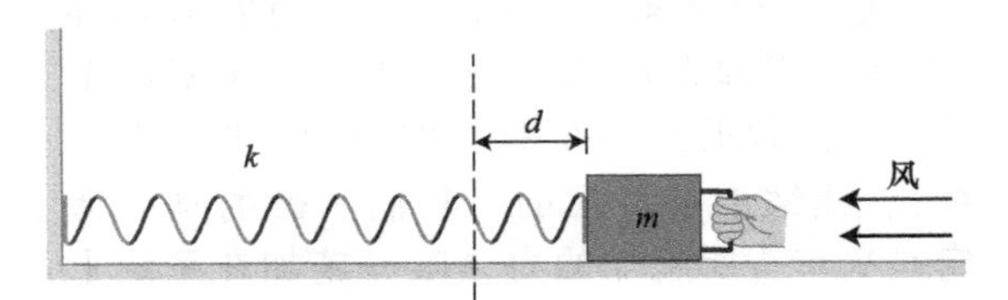

图 WG9.9

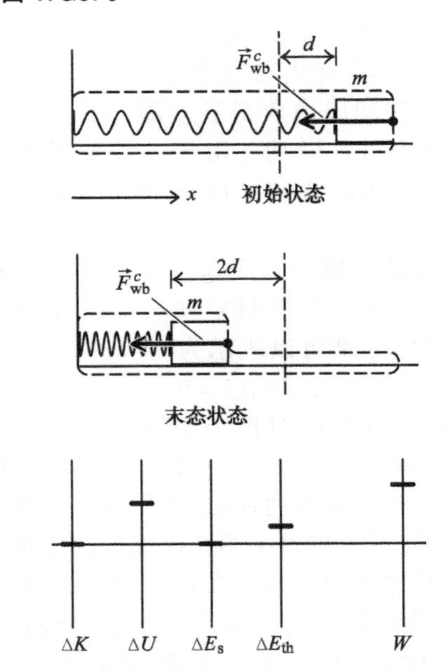

❶ **分析问题**　由于有三个水平方向上的力施加在滑块上（分别来自弹簧、摩擦和风），所以我们可以试图把该问题看作一个力的问题来求解。然而我们注意到弹簧施加的是一个变力，这意味着滑块的加速度不是恒定的，因此我们不能利用恒定加速度的动力学方程。由于我们可以计算弹簧的弹性势能和因摩擦相互作用而耗散的能量，所以该问题可以用能量的方法求解。风所施加的力是恒定的，因此我们可以很容易地计算该力所做的任何功。选择滑块、弹簧和桌子作为我们的系统，该系统的选择使摩擦力和弹力都为内力，因此将只有风对系统做功。此外，在最大压缩量处，滑块的动能为零，与你释放滑块前的动能一样。图WG9.9给出了系统的初始状态和末态状态以及系统的能量图。

❷ **设计方案**　我们从能量定律 $\Delta E=W$［式（9.1）］开始，其中 W 表示风对系统所做的功：

$$\Delta E=W$$

$$\Delta K+\Delta U_{spring}+\Delta E_s+\Delta E_{th}=W \qquad (1)$$

我们的目的是确定 F^c_{wb}，即风施加在滑块上的接触力大小，根据功的定义，我们知道这里的 $W=F^c_{wb}\Delta x_F$，其中 Δx_F 是风所施加的力的作用点的位移。由于风所施加的力在滑块的右边，所以 Δx_F 会等于滑块的位移 Δx（反过来 Δx 又等于弹簧末端的位移）。因此，如果我们知道式（1）中等号左边的每一项，那么我们就可以确定 F^c_{wb}。该系统没有源能量，并且滑块的初速度和末速度均为零，这使得 $\Delta K=0$。我们需要做的就是把弹簧的弹性势能和因摩擦而发生耗散的热能改变量的代数表达式代入式（1）中。我们选择滑块的运动方向为坐标轴 x 轴，并且设 x 轴的正方向像图WG9.9中那样指向右边。

❸ **实施推导**　弹簧从其原长所在位置处产生位移后所具有的势能可由式（9.23）：$\Delta U_{spring}(x)=\frac{1}{2}k(x-x_0)^2$ 给定，并且因摩擦而发生耗散的能量［式（9.28）］会等于桌面施加在滑块上的摩擦力的大小 F^f_{db} 与移动距离（在该例中等于 $|\Delta x|$）的乘积。其中 x_0 表示弹簧处于原长时滑块所在的位置，则式（1）可变为

$$0+\frac{1}{2}k(x_f-x_0)^2-\frac{1}{2}k(x_i-x_0)^2+0$$
$$+|F^f_{dbx}|\cdot|\Delta x|=F^c_{wbx}\Delta x$$

实践篇

$$\frac{1}{2}k(x_f-x_0)^2-\frac{1}{2}k(x_i-x_0)^2+|F^f_{dbx}|\cdot|x_f-x_i|=F^c_{wbx}(x_f-x_i)$$

现在我们代入图 WG9.9 中的值

$$\frac{1}{2}k(-2d-0)^2-\frac{1}{2}k(+d-0)^2+|F^f_{dbx}|\cdot|-2d-(+d)|=F^c_{wbx}[-2d-(+d)]$$

$$\frac{1}{2}k(4d)^2-\frac{1}{2}kd^2+F^f_{db}(3d)=-F^c_{wb}(-3d)$$

$$\frac{3}{2}kd^2+3F^f_{db}d=3F^c_{wb}d$$

$$F^c_{wb}=\frac{1}{2}kd+F^f_{sb}$$ ✔

❹ **评价结果** 我们期望当 F^f_{sb} 增大时，为使弹簧最终的压缩量相同，风应该吹得更猛烈些。这的确与我们的方程所预言的一样，如果 F^f_{db} 增大了，则 F^c_{wb} 也会增大。而当 k 减小时，为使弹簧最终的压缩量相同，风力也需要相应减小，该结论也在我们的结果中得到了体现。

d 的变化会涉及两个相反的作用。当弹簧的伸长量 d 增大时，会有更多的初始弹性势能 $\left(\frac{1}{2}\right)(kd^2)$ 储存在弹簧中。然而必须有一个更大的弹性势能 $\left(\frac{1}{2}\right)k(2d)^2=2kd^2$ 储存在达到最大压缩量的弹簧中。d 越大，弹簧的弹性势能之差也就会越大，而弹性势能之差必须由风力所做的外功提供，这与我们的结果是一致的。

引导性问题 9.8 关于投射

一把装有飞镖的枪，通过一根被压缩的弹簧（$k=2000\text{N/m}$）使惯性质量为 0.035kg 的飞镖水平射向 1.0m 远处的靶子。飞镖被释放前弹簧的初始压缩量为 25mm。(a) 飞镖离开枪时的速率有多大？(b) 如果飞镖射入靶中的深度为 10mm，则为使飞镖停止运动施加在飞镖上的平均作用力有多大？

❶ **分析问题**

1. 这两个问题有什么样的联系？

2. 你有几种方法来求解该问题，其中的一些方法会比其他方法更简单。

3. 选择一个合适的系统并画出该系统的能量图。

4. 根据你所选择的求解方法，哪个一般方程是恰当的？

❷ **设计方案**

5. 有外力施加在你的系统上吗？在飞镖水平飞行一段距离的过程中你应该考虑重力吗？

6. 检验你是否有足够的方程来求解未知量。

7. 当飞镖在靶子中停止运动时，你该怎么利用飞镖的速率来确定飞镖动能的改变量？

8. 什么使飞镖减速？哪个公式把动能的改变量与飞镖的射入深度联系在一起？

❸ **实施推导**

❹ **评价结果**

9. 检验飞镖速率的代数表达式。当 k 变大时飞镖的速率将怎样变化？这一变化与你预期的结果一致吗？当 m（飞镖的惯性质量）变大时又会怎么样？

10. 如果摩擦力在任何射入深度处都相同，那么你是否还会认为射入深度会随着 k 或者 m 而改变呢？

11. 不考虑作用在飞镖上的重力是否合理？

习题　通过《掌握物理》®可以查看教师布置的作业

圆点表示习题的难易程度：●=简单，●●=中等，●●●=困难；CR=情景问题。

9.1　力位移

1. 如果有一个冲量传递给一个系统，是否需要对该系统做功？●

2. 你赤手空拳击打一扇门会比击打一块沙发垫子更痛，用做功来解释为什么是这样的？●

3. 如果一块砖从50mm的高度掉落在你的脚趾上，你也许不会感觉很痛，但是如果一块砖从0.5m的高度处掉落在你的脚趾上，你将会感觉很痛。在这两个例子中施加在砖块上的重力是相同的，请解释为什么随着砖块掉落高度的增加你将会感觉更痛。●●

4. 一个物体以恒定速度运动，则关于对仅由该物体组成的系统所做的功，你知道些什么？●●

5. 你在一个洗衣篮上方用手托着一个小的钢珠，然后沿直线向上抛掷钢珠，并观察钢珠上升、下落并最终在一大堆脏衣服中停止运动的过程。不考虑摩擦，请讨论施加在钢珠上的力、与这些力有关的力的位移和在该过程中每个力所做的功。●●

9.2　正功与负功

6. 一个质点速度的 x 分量关于时间的函数如图P9.6所示，则在哪些时间段内对质点所做的功为：(a) 正功，(b) 负功，(c) 零？●

图 P9.6

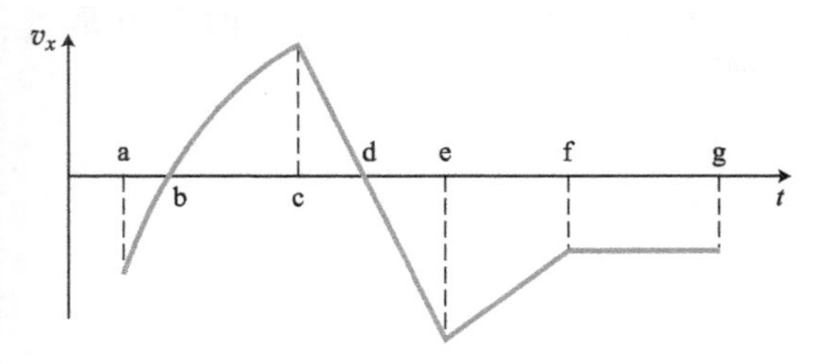

7. 当你从坐姿下起身时，你将用你的腿向下推地面，则这是否意味着当你站起来时你做了负功？●

8. 登山运动员知道徒步下山相比于行走在平地上会更加困难，这是为什么？●●

9. 当一辆小汽车由静止加速至高速公路的行驶速率时，一位看到该运动过程的行人认为该过程对小汽车做了正功，因为小汽车的动能增加了。然而以另外一辆以相同的速率且沿相同方向行驶的驾驶员作为参考系时，小汽车开始是运动的（向后），然后变为静止的，该过程对应于做了负功。则哪个观察者的说法是正确的？●●

10. 一个系统由两个相互作用的质点1和质点2组成，其中质点1受限于一个 x 轴上，并且当质点1位于该 x 轴上的某一给定位置时系统会处于平衡状态。如果质点1在该给定位置的任一方向发生位移时都需要一个外力对该系统做正功，则该系统弹性势能的曲线（作为位置的函数）在靠近平衡状态附近的形状是什么样的？●●●

9.3　能量图

11. 对一个系统做了功是否必定改变了系统的动能？●

12. 一架小型喷气式飞机在跑道上准备起飞时受到发动机所施加的一个方向向前、大小为90000N的力以及空气所施加的一个方向向后、大小为16000N的力，请选择一个系统并画出该系统的能量图，其中以跑道的起点和终点分别作为你的初始位置和末位置。●●

13. 一个滑块以初速率 v 沿斜面向下滑动（滑块与斜面之间存在摩擦）至一根弹簧处（见图P9.13），在弹簧被滑块压缩的过程中，滑块的速率逐渐减为零。(a) 选择一个由滑块、弹簧、地球和斜面组成的系统，画出该系统在上述过程中的能量图，如果此处有一个以上的物体引起了能量转换，则分别为每个物体画一个单独的条形图。(b) 选择一个仅由滑块和斜面组成的系统，重新回答 (a) 问中的问题。(c) 为什么你不能使你的系统中仅包含滑块？●●

14. 对于一个由地球、斜面和沿斜面滑动的滑块组成的系统，图P9.14中的能量图

图 P9.13

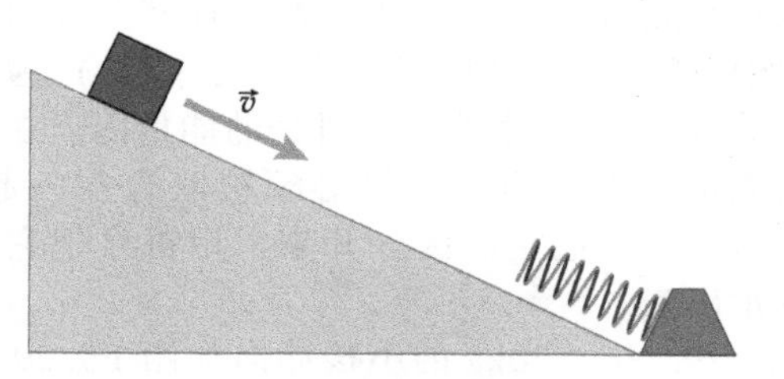

如果有错的话，错在哪？其中滑块以恒定速率沿斜面下滑，施加在滑块上的力只有重力和滑块与斜面之间的摩擦力。●●

图 P9.14

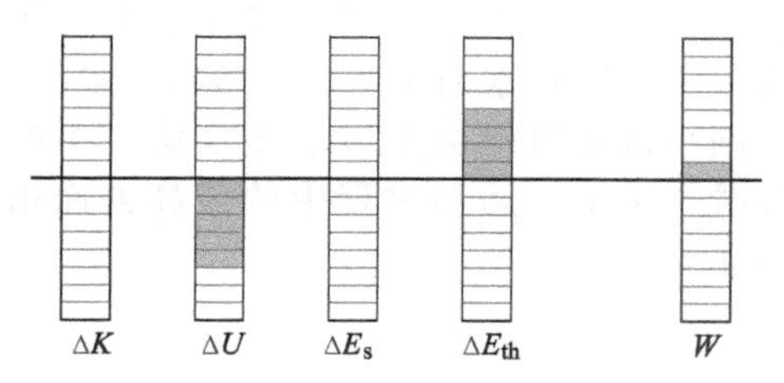

15. 图 P9.15 中的能量图所描述的物理情景可能是什么？●●●

图 P9.15

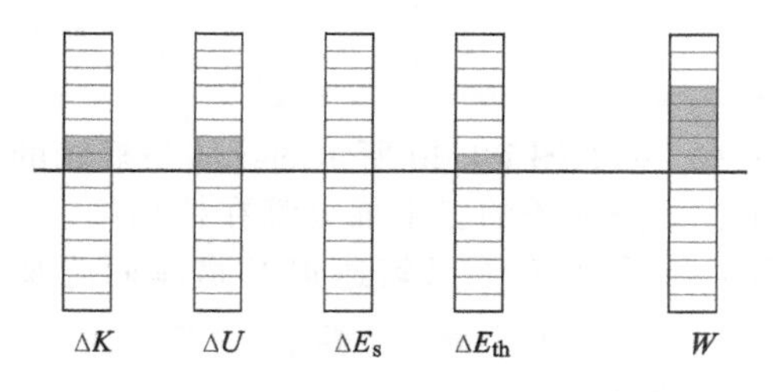

9.4 系统的选择

16. 你以恒定速度向上举起一个小球。(a) 当系统仅由小球组成时，对该系统做了功吗？如果做了功，是什么对其做了功？(b) 描述一下在举起小球的过程中该系统的势能。(c) 当系统是由小球和地球组成的时，对该系统做了功吗？如果做了功，是什么对其做了功？(d) 描述一下在举起小球的过程中由小球和地球组成的系统其势能是怎样变化的？●

17. 你沿直线向上把一个小球扔向空中，如果空气阻力会影响小球的运动状态，则下列哪个运动过程所花的时间更长：向上运动的过程还是向下运动的过程？利用三个不同的系统进行分析。●

18. 一个西红柿被一个放置在人行道上且装有弹簧的玩具大炮垂直发射，该西红柿先上升至某一最大高度处而后开始下落。由于你已经把玩具大炮移走了，所以该西红柿会掉落在人行道上。请利用以下系统分别讨论上述整个运动过程中的能量转换：(a) 由西红柿、玩具大炮、空气、地球和人行道所组成的系统；(b) 由西红柿、玩具大炮、空气和人行道所组成的系统；(c) 由西红柿、空气、人行道所组成的系统；(d) 仅由西红柿组成的系统。●●

19. 两个相同的小球发生弹性碰撞。如果我们把每个小球看作一个单独的系统，则对每个小球所做的功是否相同？●●

9.5 对单个质点所做的功

20. 当一颗惯性质量为 2.0mg 的雨滴从地面上方 2000m 处的云朵中下落至地面时，重力对该雨滴做了多少功？●

21. 在一个传送斜坡的末端，一个防滑垫对一个包裹施加了一个恒力以致包裹运动了一段距离 d 后便停止运动了。当该防滑垫被换成使相同包裹停止运动所需的运动距离为 $2d$ 的防滑垫时，为了使包裹停止运动则该运动过程所需的时间将怎样变化？●

22. 在一个传送斜坡的末端，一个防滑垫会对一个包裹施加了一个恒力以致包裹运动了一段距离 d 后便停止运动了。现改变传送斜坡，以便相同包裹以更大的速率运动至防滑垫处，并且包裹停止运动时所运动的距离为 $2d$，则为了使包裹停止运动该运动过程所需的时间将怎样变化？●

23. 一名 55kg 的杂技演员必须跳得很高才能站在他同伴的肩膀上，为了完成这个表演动作，他从一个下蹲的位置向上跳起至他的质心在地面上方的 1.20m 处。下蹲时他的质心在地面上方的 400mm 处，而当他的脚离开地面时他的质心在地面上方的 900mm 处。(a) 则在他跳起的过程中地面施加在他身上的平均作用力有多大？(b) 他所能达到的最大速率有多大？●●

24. 一只惯性质量为 4.0×10^{-6}kg 的甲虫

静止在地板上，它通过自身的肌肉给地板一个推力而向上跳起，并随之使它的质心位置提高了。(a) 甲虫在推地板的过程中它的质心提高了 0.75mm，然后便继续向上运动至地板上方的 300mm 处，则地板施加在甲虫上的力有多大？(b) 在运动过程中甲虫的加速度有多大？●●

25. 一名自行车骑行者在一段水平路面上以恒定速率骑行了一段距离 d 后便骑上了一座小山，之后她缓慢骑过小山的山顶。当她沿小山的另一侧骑行下山时，她使用了制动，并且在她经过山顶骑行了一段距离 d 后停了下来（见图 P9.25）。选择一个合适的系统并画出从骑行者开始骑车上山至她在下山途中停下来的这段时间内的能量图。●●

图 P9.25

26. 在紧急制动的过程中，某一小汽车从 10m/s 的初始速率到停下来需要滑行 7.0m。利用一个基于对小汽车做功的结论来确定小汽车初始速率为 30m/s 时所需的制动距离。●●

27. 在 t_0 时刻，你坐在码头上并开始通过使用一根绳子把一个 4.0kg 的龙虾笼放入水中，其中水面在码头下方的 1.4m 处。你以 1.0m/s 的速率匀速放下龙虾笼，在 t_1 时刻龙虾笼到达码头下方 1.4m 处的水面。你松开绳子，此时龙虾笼继续以 1.0m/s 的速率匀速向下运动直到在 t_2 时刻到达 10m 深的水湾底部。选择一个由水、地球和龙虾笼组成的系统。(a) 在 t_0 至 t_2 的时间间隔内你对系统做功了吗？(b) 在 t_0 至 t_2 的时间间隔内有哪些力施加在龙虾笼上了？(c) 画出 t_0 至 t_2 的时间间隔内的能量图，图中应表示出各物理量恰当的取值范围。●●

28. 一只 1.1kg 的龙虾爬进了习题 27 中的龙虾笼，在 t_3 时刻你开始把龙虾笼拉上码头。龙虾笼在水中以 0.40m/s 的速率匀速运动，并且在 t_4 时刻到达水面。此时你通过调整拉力使龙虾笼继续以 0.40m/s 的速率匀速运动，直到在 t_5 时刻龙虾笼到达码头所在的高度。选择一个由水、地球、龙虾笼和龙虾组成的系统。(a) 在 t_3 至 t_5 的时间间隔内你对系统做功了吗？(b) 在龙虾笼上升的过程中有哪些力施加在龙虾笼上了？(c) 为该系统画出从 t_3 时刻至 t_5 时刻的能量图，在你的能量图中有两类能量必须被联合在一起，因为你无法把它们区分开来，用符号把它们表示出来。●●

29. 一个 20kg 的小孩冲向如图 P9.29 所示的游乐场中的冲浪滑梯（从右向左），当她接近第一个峰的最高处时，她一屁股坐了下来并且以 1.5m/s 的速率滑过该峰的顶端，其中该峰的顶端在水面上方的 0.90m 处。她从该峰的另一侧滑下，然后又向上滑一了段距离，直至她在水面上方的 0.95m 处反向运动。则小孩和滑梯由于该小孩从第一个峰的顶端滑行至整个运动过程中的最高处而增加的热能有多少？●●

图 P9.29

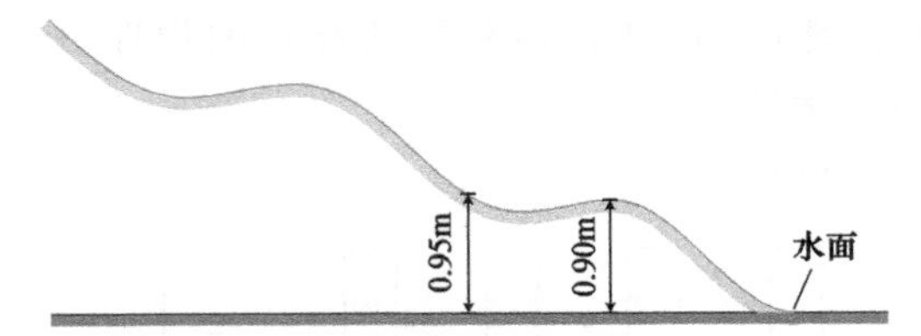

30. 在如图 P9.30 所示的物体与滑轮的组合中，一条绳子的三个部分都在拉物体。(a) 证明：一个人为了以匀速提升物体而施加在绳子上的力的大小 F^c_{pr} 会等于 $mg/3$，其中，m 为物体的惯性质量。(b) 一个工人用该组合去提升一个重物，而另一个工人则直接使用一根直绳来提升一个相同的重物。当这两个重物都被提升至相同的二楼窗户处时，其中的一个工人是否比另一个工人做了更多的功？如果是，则哪个工人做了更多的功？●●

图 P9.30

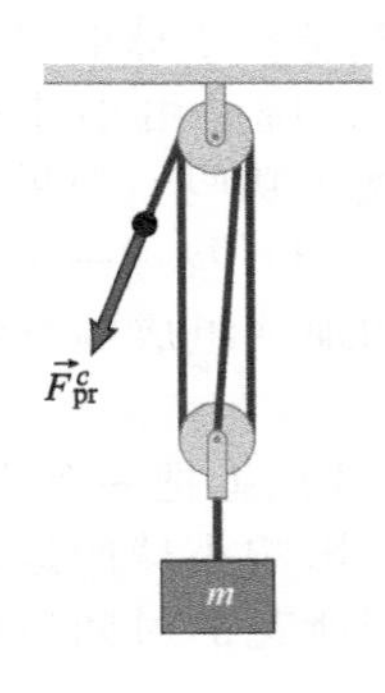

31. 如图 P9.31 所示的一对滑轮被用来使一个 50kg 的物体上升 0.25m，在上升的过程中物体的加速度恒为$+2.5m/s^2$，其中滑轮和绳子的惯性质量以及它们之间的摩擦都可忽略不计。(a) 牵引绳上的张力有多大？(b) 悬挂物体的绳子其张力又有多大？(c) 上支架对上面的滑轮施加了什么力？(d) 人拉着绳子使物体上升 0.25m 时做了多少功？(e) 在这个过程中物体的动能改变了多少？(f) 系着物体的绳子对物体做了多少功？(g) 在这个过程中顶棚做了多少功？(h) 地球对物体做了多少功？(i) 画出以下三个系统在物体上升过程中的能量图：由物体组成的系统；由物体和地球组成的系统；由物体、地球、滑轮、绳子和人组成的系统。●●●

图 P9.31

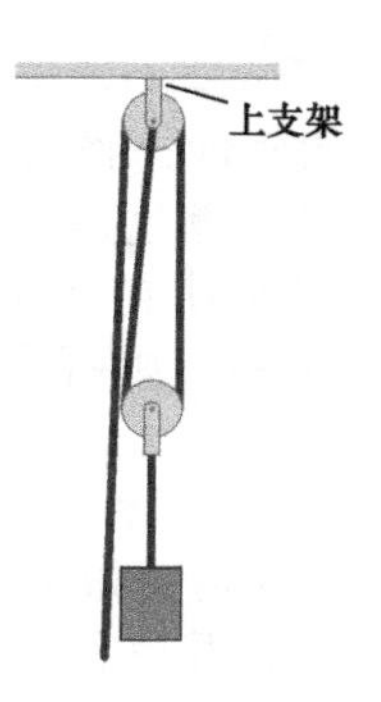

9.6 对多个质点构成的系统所做的功

32. 你用 3.0N 的恒力推着一团明胶经过一块潮湿的桌面，这团明胶很容易在该桌面上滑行。由于这团明胶的形状是不规则的，因此当你所施加的力的作用点移动了 50mm 时这团明胶的质心仅移动了 30mm。(a) 你对这团明胶做了多少功？(b) 你所施加的力使这团明胶质心的动能改变了多少？●

33. 一辆惯性质量为 1000kg 的小汽车以 5.0m/s 的速率运动，撞上了高架桥下通道的一侧，在碰撞的过程中混凝土墙并没有受到影响，但是小汽车却发生了形变以致从发生碰撞的瞬间至小汽车停止运动的这段时间内小汽车的质心向前运动了 0.50m。则 (a) 施加在小汽车上的平均作用力有多大？(b) 混凝土墙对小汽车做了多少功？(c) 小汽车质心的动能改变了多少？●

34. 一名 60kg 的滑冰运动员双臂弯曲地面对着一面墙站定，然后他通过伸直手臂推墙离开。当他的手指刚好不与墙面接触时，他的质心已经运动了 0.50m，并且此时他正以 3.0m/s 的速率运动。则 (a) 墙面施加在他身上的平均作用力有多大？(b) 墙对他做了多少功？(c) 他质心的动能改变了多少？●

35. 两辆相距 0.50m 且惯性质量均为 0.50kg 的手推车静止在一条低摩擦轨道上，其中一辆手推车是红色的，另一辆手推车则是绿色的。你用 2.0N 的恒力推着红色的手推车运动了 0.15m，之后你移开双手，则这辆红色的手推车在继续运动了 0.35m 后便与绿色的手推车发生了碰撞。(a) 你对由这两辆手推车组成的系统做了多少功？(b) 当你推着红色的手推车运动时该系统的质心运动了多远？(c) 你所施加的力使该系统质心的动能改变了多少？●●

36. 两辆 0.50kg 的手推车在一条 6.0m 长的低摩擦轨道两端的起点处被推着相向运动，其中每辆手推车均受到一个 3.0N 的推力，并且都在该推力的作用下运动了一段 1.0m 的距离。(a) 则对由这两辆手推车组成的系统做了多少功？(b) 该系统的动能改变了多少？(c) 该系统质心的动能为多少？●●

37. 你有一条平放在地板上且长度为 2.0m 的链条，在该链条的旁边放置着 10 个 0.10kg 的立方体物块，每个物块的边长均为 0.20m。每个物块都静止放置在地板上，并且链条的惯性质量为 1.0kg。则以下哪个过程需要做的功更少：提起链条的一端以便链条竖直悬挂着（其中链条的底部刚好与地板接触），还是把这些物块堆叠成 10 个物块高的一列？●●

38. 一辆 1.0kg 的手推车和一辆 0.50kg 的手推车分别停放在一条低摩擦轨道上的不同位置处，你用一个 2.0N 的恒力推着该 1.0kg 的手推车运动了 0.15m，然后你移开双手，该 1.0kg 的手推车在继续滑行了 0.35m 后便与 0.50kg 的手推车发生了碰撞。(a) 你对由这两辆手推车组成的系统做了多少功？(b) 当你推着 1.0kg 的手推车运动时该系统的质心运动了多远？(c) 你所施加的力使该系统质心的动能改变了多少？●●

39. 两个惯性质量均为 1.0kg 的物体沿着一个水平方向的 x 轴一字排开，其中一个物体是灰色的，另一个物体是棕褐色的。初

始时灰色的物体在 $x=-4.0\text{m}$ 处，棕褐色的物体则在 $x=+4.0\text{m}$ 处。在灰色物体上施加一个 1.0N 的恒力并使其沿 x 轴的正方向运动一段 2.0m 的距离，把这两个物体看作一个系统并且不考虑任何摩擦，请计算灰色物体从 $x=-4.0\text{m}$ 处运动至 $x=-2.0\text{m}$ 处时，以下各物理量的取值：（a）对系统所做的功，（b）系统能量的改变量，（c）系统质心动能的改变量，（d）$F\Delta x_{cm}$ 的取值，其中，$F=1.0\text{N}$ 并且 Δx_{cm} 为系统质心的位移。（e）如果这两个物体发生了完全非弹性碰撞，则碰撞后系统的能量为多少？●●

40. 两辆相同的手推车静止在一条低摩擦轨道上，手推车的惯性质量都为 0.50kg，长度都为 0.10m。这两辆手推车被一根初始时处于自然伸长状态且长度为 0.50m 的弹簧连接在一起，其中弹簧的惯性质量可忽略不计。你施加一个 5.0N 的恒力把左边的手推车推向右边（即推向另一辆手推车），当左边的手推车运动了 0.40m 时你不再推动该手推车，此时这两辆手推车的相对速度为零，并且弹簧被压缩了 0.30m。一个上锁装置使弹簧保持压缩状态，并且这两辆手推车继续向右运动。（a）你对由这两辆手推车组成的系统做了多少功？（b）当你推着左边的手推车运动时该系统的质心运动了多远？（c）你使系统的动能改变了多少？●●

41. 由于你的鞋底有防滑钉，因此你甚至可以在光滑的冰面上施加一个大小为 100N 的向前的力。一个 10kg 的野餐冷藏箱静止在一个已结冰的池塘上，现在你想把它移上岸并埋入雪中。根据以往的经验，你知道为了把该野餐冷藏箱移上岸并埋入雪中，冷藏箱在开始上岸时必须以 3.0m/s 的速率向岸边运动。你站的地方离冷藏箱有一段距离并且你不想走过去推它，因此你决定朝它扔几个 1.0kg 的雪球来使它运动。如果每个雪球与冷藏箱发生的都是完全非弹性碰撞，则你至少必须扔多少个雪球？●●●

42. 一颗惯性质量为 m 的子弹以速率 v 射向一块静止在水平面上且惯性质量为 $4m$ 的木块。子弹穿过木块后继续以 $v/3$ 的速率运动，其中被子弹带出的木块质量可忽略不计。木块运动了一段距离 d 后便停止运动了。（a）在木块运动的过程中，木块与水平面之间的摩擦力有多大？（b）子弹穿过木块时所耗散的能量相对于因水平面和木块底面之间的摩擦力而耗散的能量的比值有多大？●●●

43. 如图 P9.43 所示，你向木块发射一颗惯性质量为 m 的子弹。子弹的初始速率为 v，同时木块的惯性质量为 $4m$。木块所在的表面是粗糙的，并且弹簧的弹簧常量为 k。子弹最终停留在木块中。因此如果弹簧被压缩的最大距离为 d，则在木块运动的过程中表面施加在物体上的摩擦力有多大？●●●

图 P9.43

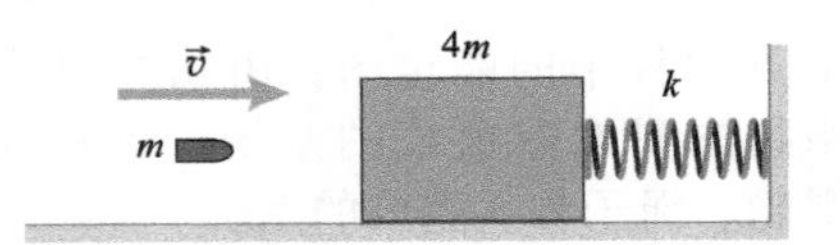

9.7 变力与分布力

44. 弹簧 B 的刚性比弹簧 A 大，（a）如果你用同样的力来压缩这两个弹簧，（b）如果你压缩这两个弹簧使它们从各自的原长位置处产生相同的位移，则哪个弹簧所储存的能量更多？●

45. 图 P9.45 中的哪种结构在使物体发生一段向右的位移 $\vec{d}$ 时需要做更多的功？假设这两种结构中的弹簧、滑块和表面都是相同的，且弹簧初始时都处于自然伸长的状态。●

图 P9.45

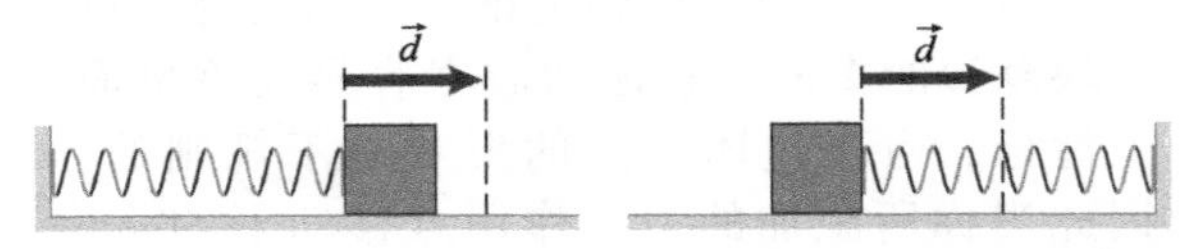

46. 估算图 P9.46 中所画的力使一个物体从 $x=1.0\text{m}$ 处移动至 $x=3.0\text{m}$ 处时所做的功。●

图 P9.46

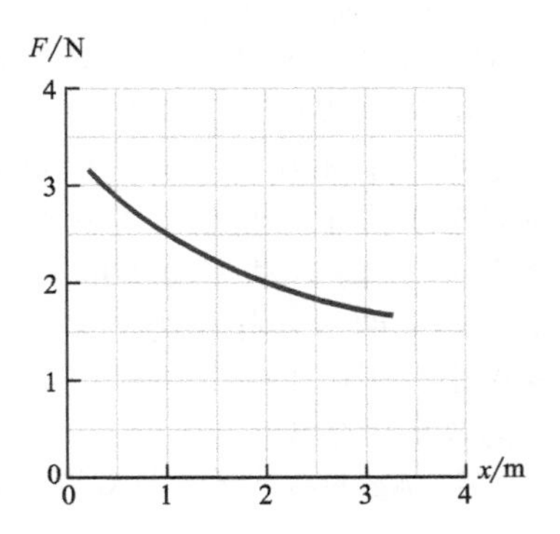

47. 从某一弹簧处于自然伸长状态时所在的位置处拉伸 0.10m 需要做 18J 的功，则再把该弹簧拉伸 0.10m 需要多做多少功？●

48. 一个变力按照表达式 $F=a\Delta t$ 随时间变化，其中 $a=2.0\text{N/s}$。根据该已知条件，你能确定该力作用在一个质点上并使质点发生一段 0.50m 的位移时所做的功吗？●●

49. 在把一个惯性质量为 0.024kg 的飞镖推进一个飞镖枪中时，你必须施加一个逐渐增大的力，当弹簧达到最大压缩量 0.12m 时该力达到最大极限值 6.0N。（a）当飞镖被水平发射时其发射速率有多大？（b）如果飞镖被垂直发射则你的答案会改变吗？●●

50. 某力所做的功由 $W(\Delta x)=a\Delta x+b(\Delta x)^3$ 给定。写出该力相对于 Δx 的函数表达式。●●

51. 一个惯性质量为 6.0kg 的保龄球在一块空气垫上方的 10mm 处被托住，然后由静止被释放并使其下落，最终该保龄球陷入空气垫中。把空气垫看作一根弹簧常量 $k=500\text{N/m}$ 的弹簧。（a）请计算弹簧的压缩距离分别为 0、0.050m、0.10m、0.15m、0.20m 时保龄球的动能、系统（由保龄球、弹簧和地球组成）的重力势能，以及弹簧的弹性势能。（b）空气垫的最大压缩距离有多大？弹簧的惯性质量忽略不计。●●

52. 在一次嘉年华游戏中，游戏者需要把一个小球扔向一干草堆。对于标准的投掷，小球离开干草堆时的速率刚好等于进入干草堆时速率的一半。（a）如果干草堆所施加的摩擦力恒为 6.0N 并且干草堆的厚度为 1.2m，则请你给出标准投掷下小球进入干草堆时的速率相对于小球惯性质量的函数表达式。假定小球只在水平方向上运动，并且不考虑任何因重力而产生的效果。（b）如果小球的惯性质量为 0.50kg 则标准投掷下小球进入干草堆时的速率有多大？●●

53. 施加在某一物体上的力按照函数 $F_x(x)=ax^2+bx^3$ 随物体的位置而变化，其中 $a=3.0\text{N/m}^2$，$b=-0.50\text{N/m}^3$。则当物体从 $x=-0.40\text{m}$ 处运动至 $x=2.0\text{m}$ 处时该力对物体所做的功为多少？●●

54. 你为了去杂货店而设计了一辆需要上发条才能运行的小车，它是靠弹簧来驱动的。小车的惯性质量为 500kg 并且长为 4.2m，小车在上了发条后至少可以完成 50 次由静止加速至 20m/s 的过程，其中弹簧运动的长度即为小车的车长，同时每上一次完整的发条就需把弹簧压缩至其长度的一半。则为了满足加速要求，弹簧的弹簧常量必须为多大？●●

55. 一辆 0.15kg 的有轮手推车静止在某 x 轴的原点处，同时该手推车也处于两段沿该 x 轴一字排开且处于自然伸长状态的弹簧之间（未与这两段弹簧相连）。当手推车被推向原点的左方时，左边的弹簧（$k_l=4.0\text{N/m}$）被压缩并且对该手推车施加一个力。当手推车被推向原点的右方时，右边的弹簧（$k_r=6.0\text{N/m}$）被压缩并且也会对该手推车施加一个力。（a）画出施加在手推车上的力随手推车位移的函数。（b）如果在原点 $x=0$ 处给手推车一个 4.0m/s 的初始速率，并且它的方向可能朝左也有可能朝右，则在这两种情况下手推车分别能运动多远？（c）当手推车从 $x=0$ 处运动至它右方的极限位置或者从 $x=0$ 处运动至它左方的极限位置时分别应对手推车做多少功？忽略任何摩擦作用。●●●

56. 你在一家综合运动场馆工作，为了完善棒球自动投球机，你用棒球手套、弹簧和门闩锁设计了一台棒球接球机，其中该门闩锁是在棒球停止运动时用来固定弹簧的。你的老板想知道从自动投球机中击打出来的棒球的速率，该棒球将被球棒击打，你认为你可以利用接球机中弹簧的压缩量来确定该速率。接棒球的棒球手套其惯性质量是棒球惯性质量的 3 倍，请用棒球的惯性质量、弹簧的压缩量以及弹簧的弹簧常量来得到棒球速率的表达式。把棒球手套接棒球时所发生的碰撞看作完全非弹性碰撞。●●●

9.8 功率

57. 假定一名慢跑者不得不施加一个 25N 的力来克服空气阻力以维持 +5.0m/s 的速度，则该慢跑者消耗能量的速率有多大？●

58. 一个惯性质量为 35kg 的小女孩在 25s 内爬上一段 10m 长的绳子，则她的平均功率为多大？●

59. 沿陡坡上行的徒步路线经常是来来回回的之字形折线，而不是沿着直线。假定无论通过哪种路径到达陡坡顶，需要的能量是相同的，则走之字形路径的目的是什么？●

60. 你的小汽车的惯性质量为 1000kg，它以 7.0m/s 的速率到达了一座 20m 高的小山山脚（见图 P9.60）。为了节省汽油，你平均仅使用了 3.3kW 的发动机功率，同时已知发动机所传递的一半能量和一半的初始动能都将被耗散。如果你计算无误的话，你的

小汽车将刚好能爬上小山山顶。则你的小汽车从山脚爬上山顶需要多长的时间？●●

图 P9.60

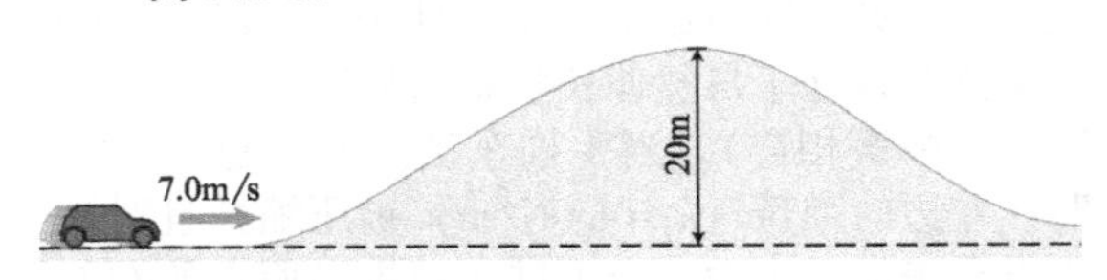

61. 一个恒定的非耗散外力施加在一个质点上，则每秒钟对该质点所做的功是相等的吗？●●

62. 一队小狗在 3.0s 内使一个惯性质量为 200kg 的雪橇从 0 加速至 5.0m/s。(a) 则小狗们施加在雪橇上的力有多大？(b) 在 3.0s 内小狗们对雪橇做了多少功？(c) 在 3.0s 末小狗们的瞬时功率有多大？(d) 1.5s 时小狗们的瞬时功率有多大？假定加速度是恒定的。●●

63. 一个 20kg 的小孩想沿着一个水平的玩具滑板滑行，其中该玩具滑板是由一块光滑的塑料薄片构成的，为了使摩擦减小至几乎为零，该光滑的塑料薄片被一层薄薄的水覆盖了。为了使该小孩滑行，你用水管中的水喷他。(a) 如果水管中的水对小孩施加了一个 5.0N 的恒力，则在 $t=0$ 至 $t=1.0$s 的时间段内水对小孩做了多少功？(b) 在 $t=1.0$s 时水所传递的瞬时功率有多大？●●

64. 位于过山车起点段处的齿轮系统需要在 60s 内把 25 辆载满人的过山车提升至 100m 的竖直高度处，每辆过山车都受到一个 5670N 的重力，这些过山车开始是静止的，最后则是以 0.50m/s 的速率运动。(a) 该齿轮系统对这些过山车做了多少功？(b) 该齿轮系统所提供的平均功率必须为多大？(c) 如果必须在 30s 内把这些过山车提升至相同的高度处，则该齿轮系统所做的功将如何变化？●●

65. 当站在河两岸的两个小孩用绳子拉一个箱子时，左岸的小孩用一个大小为 3.0N 的力拉箱子，而右岸的小孩则是用一个大小为 2.0N 的力拉箱子，箱子朝左岸滑行穿过一个已结冰的池塘。在某一时刻，箱子的速率为 3.0m/s。(a) 在该时刻每个力所产生的功率分别为多少？(b) 两个力所产生的总功率为多少？(c) 当箱子继续滑行时你在 (a) 问中和 (b) 问中所得到的答案是否会改变？●●

66. 一台电动机必须提升起一部 1000kg 的电梯，该电梯负载的最大容量为 400kg，并且电梯的“巡航”速率恒为 1.5m/s。电梯的设计标准是电梯必须在 2.0s 内以恒定的加速率由静止达到“巡航”速率。(a) 当电梯的负载达到它的最大容量时，为使电梯加速至“巡航”速率电动机必须以多大的功率传递能量？(b) 当达到“巡航”速率后的满负荷电梯继续上升时，电动机必须以多大的恒定功率提供能量？●●●

附加题

67. 一台靠电动机运转的电梯（惯性质量为 m）以恒定的速率上升，则当电梯上升了一段距离 h 时电动机对电梯做了多少功？●

68. 沿着物体的运动方向给物体施加一个力，是否可能不改变物体的动能？如果可能，请给出一个例子。如果不可能，请解释为什么不可能。●

69. 一辆惯性质量为 12kg 的空购物车装载了 38kg 的货物，小孩推着这辆载有货物的购物车，突然失去了控制，导致购物车撞上了混凝土灯柱，碰撞过程中灯柱并没有被损坏。当购物车与灯柱发生碰撞时购物车正以 2.0m/s 的速率运动，并且碰撞时货物全部向前推挤，以至于在所有货物停止运动前货物的质心向前运动了 0.10m。(a) 灯柱施加在由购物车和所有货物组成的系统上的平均作用力有多大？(b) 灯柱对该系统做了多少功？(c) 系统质心的动能改变了多少？●

70. 即使当施加在一个物体上的合力不为零时是否也有可能使该物体的动能保持为常数？如果可能，请给出一个例子。如果不可能，请解释为什么不可能。●●

71. 为了从一栋正在着火的楼房顶逃生，一个 70kg 的男人必须能够沿直线向上跳起并抓住从直升机上悬挂下来的绳梯，为了成功逃生他必须使他的质心提升至房顶上方的 2.00m 处。(a) 如果蹲下时他的质心在房顶上方的 0.50m 处，而当他的质心在房顶上方的 1.05m 处时他的脚刚好离开房顶，则为了抓住绳梯他对房顶所施加的力最小应为多少？(b) 一根普通的巧克力棒大约包含 850kJ 的食物能量，则该起跳动作需要多少根巧克力棒？●●

72. 一名垃圾清理工在日常 8h 的工作内

大约会做多少功？ ●●

73. 一个恒定的非耗散外力作用在一个固体滑块上，我们发现当滑块在水平方向上运动时该力传递能量的效率为常数，则这意味着滑块是做怎样的运动？ ●●

74. 一个物体被一根沿竖直 x 轴方向的弹簧悬挂在顶棚上，定义竖直向上为 x 轴的正方向。弹簧处于自然伸长的状态时，该物体正好在 x 轴的原点处。向下拉物体使其处于 $-x_1$ 的位置处，然后抓住物体使其处于静止状态，最后释放该物体。考虑从释放物体的瞬间至物体重新回到 $-x_1$ 的位置处时物体的运动状态。其中摩擦力、空气阻力和弹簧的惯性质量可忽略不计。(a) 则在整个运动过程中施加在物体上的力有哪些，这些力分别朝什么方向？(b) 物体从离开 $-x_1$ 的位置运动至返回 $-x_1$ 的位置处时弹簧对物体做了多少功？ ●●

75. 如图 P9.75 所示，你在小山 A 的中途，穿过山谷便是小山 B，它的顶峰比你当前所处的位置还高一些。你想滚动一个小球以使它到达小山 B 的顶峰。为了使小球运动，你可以将小球滚上小山 A 或者滚下小山 A，在这两种情况下小球的初始速率是相同的。(a) 则哪个滚动方向更有可能使小球到达小山 B 的顶峰，或者小球的滚动方向重要吗？忽略任何能量耗散。(b) 如果你必须考虑能量耗散则哪种滚动方式将改变你的答案？ ●●

图 P9.75

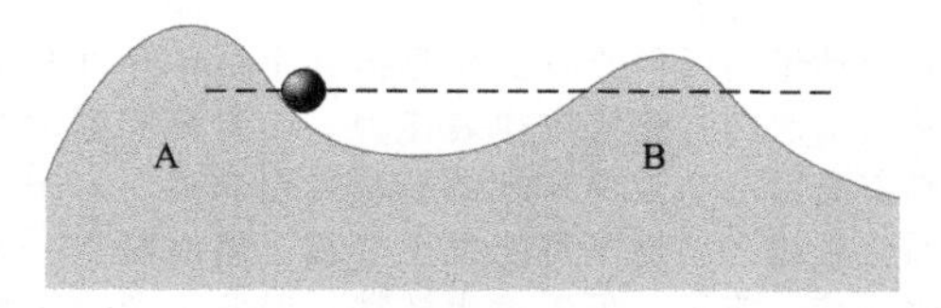

76. 一只惯性质量为 10kg 的狗跳向空中去抓一个小球，通常狗的质心在地面上方的 0.20m 处，其中狗长为 0.50m。狗最低能使它的质心降低至地面上方的 0.10m 处，在狗不能对地面施加推力之前它的质心最高可到地面上方 0.30m 处。如果狗在离开地面的过程中对地面能施加的最大力为地球施加在它身上的重力的 2.5 倍，则它能跳多高？ ●●

77. 假定当你尽可能地沿竖直方向伸展你的身体时，你的质心在地板上方的 1.0m 处。在你离开地板的过程中你能施加给地板的最大力为地球施加在你身上的重力的 2.3 倍。为了沿直线向上跳起从而使你的质心在地板上方的 2.0m 处，你必须下蹲至多低？该下蹲动作符合实际吗？ ●●

78. 一台 2000kg 的货运电梯的装载室被认为最多能运送 1200kg 的负载，但是一名粗心的工人用总惯性质量为 1400kg 的货物填满了该装载室，然后该工人以 2.0m/s 的恒速使该装载室上升了 3.1m。此时你注意到一个异常的响声并立即过来检查。作为一名检查员，你知道电动机的额定输出功率存在一个 10% 的偏差，此时你必须确定是否将存在故障。 ●●● CR

79. 有一天你在喝咖啡，于是便开始思考起手臂动作的做功问题。你的前臂相当于一个杠杆，如图 P9.79 所示，肱二头肌大约在肘关节前方 50mm 处与前臂的骨头相连。你手中的这杯咖啡离肘部 350mm，当你慢慢托起咖啡杯时你想知道肱二头肌对前臂所做的功。你意识到你可以利用能量原理来估算问题中所涉及的力。 ●●● CR

图 P9.79

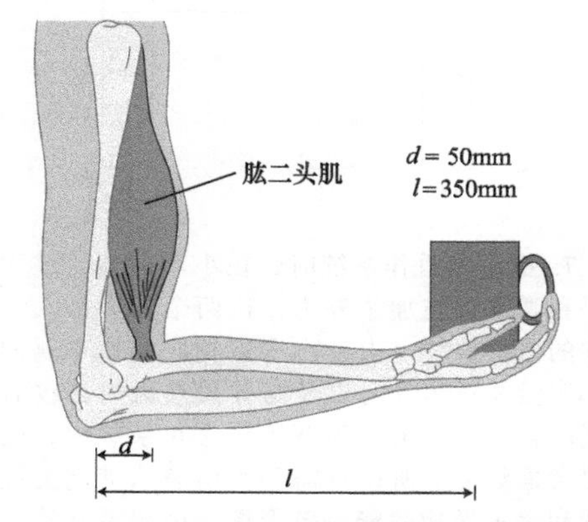

80. 你打算在你的脚踝处绑一根弹力绳，然后从一座桥上跳下来，桥面距水面上方 150m，并且弹力绳的弹簧常量为 40N/m。由于在弹力绳开始伸长前你必须下落的距离等于弹力绳未伸长时的长度，这个长度是可以在下跳前调节的，因此你必须根据你的体重来调节弹力绳的长度。你很喜欢刺激的运动，因此想在你刚要接触水面时改变你的运动方向。 ●●● CR

复习题答案

1. 功是由于外力所导致的系统能量的改变量。

2. 否。为了对一个系统做功，外力必须施加在该系统上并且力的作用点必须发生移动。例如，如果你对一面水泥墙施加一个力，则该力的作用点不会产生显著的移位，这意味着你对该水泥墙没有做功。

3. (a) 负的，因为风力指向一个方向（向西），而风力的位移（把该风力的作用点想象为风与自行车正前方"接触"的位置）却指向另一个相反的方向。(b) 正的，因为力的位移的方向与力的方向相同。

4. 没有做功，因为小球上升时重力对小球所做的负功与小球落回你手中时重力对小球所做的正功正好抵消了。

5. 可以，与你踩上弹簧秤时的情况一样。当你向下压缩弹簧时，弹簧对你施加了一个向上的力。而弹簧施加在你身上的力的作用点是向下运动的。

6. 机械能仅包含动能与势能；因此该系统的热能和源能量都没有发生改变。$\Delta K=K_f-K_i=+3.0\text{J}-(+10.0\text{J})=-7.0\text{J}$，$\Delta U=U_f-U_i=+6.0\text{J}-(+4.0\text{J})=+2.0\text{J}$。这些变化量的总和必须等于所做的功，由此我们可以在系统的能量图中画出表示功的能量条形图：

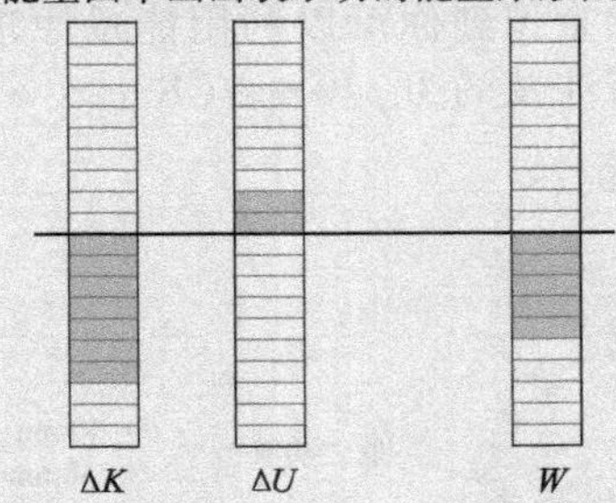

7. 把小车看作系统时，在小车运动的过程中你的手和弹簧都施加了外力，这两个外力都发生了不为零的力的位移。由于小车以相同的速率返回，因此小车沿轨道运动时以及与弹簧接触时都没有发生热能的耗散，又由于弹簧不包含在系统内，因此不需要考虑势能。所以只需要画出表示动能的能量条形图和表示做功的能量条形图。由于没有给定任何数据，因此最终得到的能量图不可能十分地精确，但是它们看上去必须是如下所示的能量图：

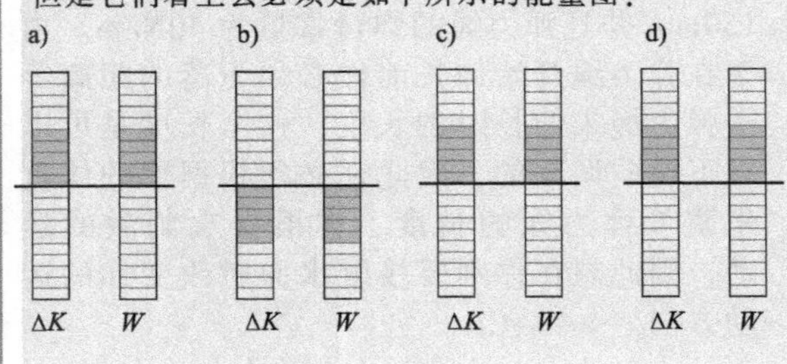

8. 首先，摩擦力的作用点不仅不能得到很好的定义，而且它还会涉及两个表面上的许多点之间的相互接触。这使得确定力的位移变得不可能。其次，摩擦力所做的功不仅会改变系统的热能，而且发生相互作用的另一个物体也不包含在系统内；通常你不知道该怎样计算热能精确的分布量，因此也就不可能把某一确定的热能改变量归入系统。

9. 与两者都无关。使用哪种形式取决于你对系统的选择。如果相互作用的两部分（地球和物体）都包含在系统内，则你就必须使用势能而不是做功。如果你的系统仅包含相互作用对中的某一部分，则你就必须使用做功而不是势能。

10. 使用一种以上的视角使我们对所发生的能量转移及转化的过程有一个更好的理解，而且通过比较不同的结果使我们可以进行一致性检验。

11. 对一个系统所做的功被定义为施加在该系统上的外力与该力作用点的位移的乘积，它与系统能量的改变量相等。

12. 能量定律适用于任何系统。在封闭系统的情况下，没有外力会对系统做功，因此系统的能量不会改变（$\Delta E=0$）。对于一个非封闭系统，外力会对系统做功，因此系统的能量会发生改变，其改变量即为该做功量（$\Delta E=W$）。在这两种情况下能量定律（$\Delta E=W$）都适用。

13. 为了得到该方程，有必要假定唯一可能的能量变化即为动能的改变：$\Delta E=\Delta K$。通常情况下，该假定是不成立的，但是对于单个质点它是成立的（单个质点没有内部结构，因此也就不可能有内能的改变）。

14. 这两个定律都满足守恒原理。能量和动量既不能凭空产生，也不能凭空消失，但是它们都可以在一个系统的内外发生转移。动量定律表述为一个系统动量的任何改变必定是由一个被称作冲量的转移量引起的。能量定律表述为一个系统能量的改变必定是由一个被称作功的转移量引起的。对于一个孤立系统，动量不可能发生转移，然而对于一个封闭系统，能量不可能发生转移，因此这两个定律是相似的。然而动量定律涉及的是矢量值，因此该方程必须特别注意动量和冲量的矢量分量。能量定律涉及的则是标量，因此不需要考虑能量和功的分量，即使在计算功或者能量的一些中间步骤中需要注意矢量的分量。

15. 只要内能的变化可忽略，我们就可以把大货箱看作一个质点。如果内能发生了显著的变化（比如，在碰撞过程中），则大货箱就不能被看作一个质点。

16. 以相同的方式适用于这两种情况的能量定律具有相同的形式：$\Delta E=W$。但是做功方程在这两种情况下具有不同的形式。对于单个质点，只有一个可能存在的位移，因此施加在该质点上的所有外力具有相同的位移，所以做功方程为力的矢量和与共有位移的乘积：$W=(\sum F_x)\Delta x$。对于一个多质点系统，不同的质点可能受到了不同的外力并且经过了不同的位移，因此做功方程必须包含每个力以及不同的力所对应的位移：$W=\sum_n(F_{\text{ext}nx}\Delta x_{Fn})$。

17. 由于耗散力通常在系统边界的两侧发生能量耗散，并以一种能量转入或者转出系统，而这种方式的耗散其精确量是无法计算的。

18. 由于能量可能不仅仅以动能的形式出现，因此对一个多质点系统所做的功不一定会等于系统动能的改变量。对一个多质点系统所做的功为每个外力与该力所对应的力的位移的乘积之和［式(9.18)］，而动能的改变量则是外力与系统质心位移的乘积之和［式（9.14)］。

19. 曲线下方的面积为对该质点所做功的大小。

20. (a) 系数$\frac{1}{2}$来自于积分公式$\int x^m dx = x^{m+1}/(m+1)$，其中$m=1$。(b) 由于弹簧所施加的力是弹簧伸长量或压缩量的函数，因此上述关系对施加在弹簧上的力也成立。由于施加在弹簧上的力$F_{\text{on spring}}$是变力，因此不能使用简单的公式$W=F(x-x_0)$。然而当我们认为平均作用力为$\left(\frac{1}{2}\right)k(x-x_0)$时，$W_{\text{on spring}}$表达式中的系数$\frac{1}{2}$就是合理的，因此$W_{\text{on spring}}$会等于$\left(\frac{1}{2}\right)k(x-x_0)(x-x_0)$。

21. 不能。摩擦力在大货箱和地板之间使能量发生耗散。对于由物体和表面组成的系统我们可以得到式（9.28)，这意味着该方程包含了物体所发生的能量变化和物体运动所在表面发生的能量变化。我们不知道该能量有多少仅分配给物体了，因此我们不能明确地把这些能量叫作“摩擦力对物体所做的功”。我们甚至也不能把这些能量叫作“摩擦力对由物体和表面组成的系统所做的功”，因为摩擦力对于该系统而言不是外力。

22. 瞬时功率为任意给定时刻所传递的功率，平均功率为时间间隔Δt内所传递的功率。瞬时功率是在能量发生变化时所经历的时间间隔（Δt）趋于零的极限情况下的平均功率。其中平均功率为能量变化量与时间间隔的比值，而瞬时功率则是能量相对于时间的导数。

23. 当$\sum F_{\text{ext}}$为常数时。

引导性问题答案

引导性问题 9.2 (a) 7.8×10^3J；(b) -7.8×10^3J；(c) 1.3×10^2W

引导性问题 9.4 2.5×10^2N/m

引导性问题 9.6 $v_{\text{bullet}}=\frac{\sqrt{k(m_{\text{block}}+m_{\text{bullet}})}}{m_{\text{bullet}}}d$

引导性问题 9.8 (a) 6.0m/s；(b) 63N

第 10 章　平面运动

章节总结

二维矢量（10.1 节，10.2 节，10.6 节，10.9 节）

基本概念 矢量 $\vec{A}$ 和 $\vec{B}$ 相加，只要将 $\vec{B}$ 的尾部与 $\vec{A}$ 的顶端连接即可。它们的和是从矢量 $\vec{A}$ 的尾部指向矢量 $\vec{B}$ 的顶端的矢量。

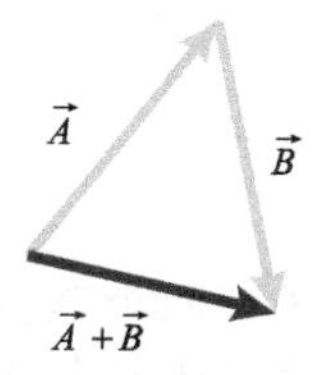

矢量 $\vec{A}$ 和 $\vec{B}$ 相减，只要将 $\vec{B}$ 反向，然后和 $\vec{A}$ 相加即可。

任意矢量 $\vec{A}$ 都能写作

$$\vec{A}=A_x\hat{\imath}+A_y\hat{\jmath} \quad (10.5)$$

式中，A_x 和 A_y 是矢量 $\vec{A}$ 沿 x 轴和 y 轴的分量。矢量 $\vec{A}$ 的 x 分量是矢量 $\vec{A}$ 在 x 轴上的投影，y 分量是矢量 $\vec{A}$ 在 y 轴上的投影。A_x 和 A_y 是带符号的数值，可正可负。

定量研究 任意矢量 $\vec{A}$ 的大小是

$$A\equiv|\vec{A}|=\sqrt{A_x^2+A_y^2} \quad (10.6)$$

$\vec{A}$ 和 x 轴正方向的夹角 θ 由下式给出：

$$\tan\theta=\frac{A_y}{A_x} \quad (10.7)$$

若 $\vec{R}$ 是 $\vec{A}$ 和 $\vec{B}$ 的矢量之和，$\vec{R}=\vec{A}+\vec{B}$，则矢量 $\vec{R}$ 的分量是

$$R_x=A_x+B_x, R_y=A_y+B_y \quad (10.9)$$

两个矢量 $\vec{A}$ 和 $\vec{B}$ 的尾部连接后成夹角 ϕ 时，矢量 $\vec{A}$ 和 $\vec{B}$ 的数量积（标积）是

$$\vec{A}\cdot\vec{B}\equiv AB\cos\phi \quad (10.33)$$

二维抛物运动（10.7 节）

基本概念 对于地面附近只受到重力作用的抛体来说，加速度大小为 g 且方向竖直向下。抛体的水平加速度为零，速度的水平分量保持为恒量。

当抛体在轨迹的最高点时，速度的垂直分量 v_y 为零，但是加速度的垂直分量为 g、方向竖直向下。

定量研究 若物体在位置（x，y），则它的**位置矢量** $\vec{r}$ 是

$$\vec{r}=x\hat{\imath}+y\hat{\jmath} \quad (10.10)$$

若在某个时刻抛出物体的位置分量为 x_i 和 y_i，速度分量为 $v_{x,i}$ 和 $v_{y,i}$，则它在一段时间间隔 Δt 之后的加速度、速度和位置分量分别为

$$a_x=0$$

$$a_y=-g$$

$$v_{x,f}=v_{x,i} \quad (10.17)$$

$$v_{y,f}=v_{y,i}-g\Delta t \quad (10.18)$$

$$x_f=x_i+v_{x,i}\Delta t \quad (10.19)$$

$$y_f=y_i+v_{y,i}\Delta t-\frac{1}{2}g(\Delta t)^2 \quad (10.20)$$

二维碰撞和动量（10.8 节）

基本概念 动量是矢量，所以在二维中动量的变化必须由分量来说明。这意味着动量必须有两个方程，一个关于动量的 x 分量，一个关于动量的 y 分量。恢复系数是标量，可由一个方程来说明。

定量研究

$$\Delta p_x=\Delta p_{1x}+\Delta p_{2x}=m_1(v_{1x,f}-v_{1x,i})+m_2(v_{2x,f}-v_{2x,i})=0 \quad (10.21)$$

$$\Delta p_y=\Delta p_{1y}+\Delta p_{2y}=m_1(v_{1y,f}-v_{1y,i})+m_2(v_{2y,f}-v_{2y,i})=0 \quad (10.22)$$

二维的力（10.2 节，10.3 节）

基本概念 在二维运动中，平行于瞬时速度方向的加速度分量表示速率的改变，垂直于瞬时速度的加速度分量表示瞬时速度方向的改变。

在处理物体的加速问题和选择坐标系时，尽可能让一条坐标轴沿加速度方向。

摩擦力（10.4 节，10.10 节）

基本概念 当两个表面接触时，接触力垂直于表面（法向）的分量称为**法向支持力**，平行于表面（切向）的分量称为**摩擦力**。

摩擦力的方向都趋向于阻碍两个表面之间的相对运动。

当表面没有产生相对运动时，我们称摩擦力为**静摩擦力**。当表面产生相对运动时，我们称摩擦力为**动摩擦力**。

动摩擦力的大小与表面的接触面积和相对运动速率无关。

定量研究 任意两个表面 1 和 2 之间的最大静摩擦力正比于法向支持力：

$$(F^s_{12})_{\max}=\mu_s F^n_{12} \tag{10.46}$$

式中，μ_s 是无量纲的**静摩擦系数**。这个上限意味着摩擦力的大小必定遵循下列条件

$$F^s_{12}\leqslant\mu_s F^n_{12} \tag{10.54}$$

动摩擦力的大小也正比于法向支持力：

$$F^k_{12}=\mu_k F^n_{12}, \tag{10.55}$$

式中，$\mu_k\leqslant\mu_s$ 是无量纲的**动摩擦系数**。

功（10.5 节，10.9 节）

基本概念 对滑动的物体，法向支持力不做功，因为它垂直于物体位移的方向。

动摩擦力是非弹性力，因此它会引起能量的损耗。

静摩擦力是弹性力，不会引起能量的损耗。

重力做功与路径无关。

定量研究 当力的作用点经过一段位移 $\Delta\vec{r}_F$ 时，恒定的非耗散力做功为

$$W=\vec{F}\cdot\Delta\vec{r}_F \tag{10.35}$$

而可变的非耗散力做功为

$$W=\int_{\vec{r}_i}^{\vec{r}_f}\vec{F}(\vec{r})\cdot d\vec{r} \tag{10.44}$$

这是力沿作用点的路径所做的线积分。

对于可变的耗散力，内能的变化量为

$$\Delta E_{th}=-\int_{\vec{r}_i}^{\vec{r}_f}\vec{F}(\vec{r}_{cm})\cdot d\vec{r}_{cm} \tag{10.45}$$

当物体下落垂直距离 h 时，无论它沿什么路径，重力对它所做的功都为

$$W=mgh \tag{10.40}$$

复习题

复习题的答案见本章最后。

10.1 直线运动是一个相对概念

1. 向东飞行的飞机向伐木营地的工人投放包裹（没有降落伞）。包裹的路径相对于站在地面上的伐木工人是怎样的？相对于飞行员呢？当包裹降落在伐木工人的脚边时，飞机相对于他在哪个方向，是在他的东面、西面还是头顶？

2. 乘客在加速的火车上掉落了一颗花生。请问下列哪个量更大一点：是乘客测量的花生加速度的大小，还是站在铁轨旁的人测量的花生加速度的大小？

10.2 平面矢量

3. 为什么描述非直线的平面运动需要两个参考轴？

4. 平面内既不正向平行也不反向平行的两个矢量相加与沿一条直线的两个矢量相加有什么区别？

5. 当两个矢量不在一条线上时，如何描述矢量 2 减去矢量 1？

6. 矢量和符合交换律吗？矢量差呢？

7. 描述两矢量相加和相减的步骤。

8. 物体在时刻 t_1 的瞬时速度的方向和它在一段很短的时间 $\Delta t=t_2-t_1$ 内的平均速度的方向不平行。这意味着什么？

9. 分别描述物体加速度的切向分量和法向分量对速度的影响。

10.3 力的分解

10. 接触力的“法向”和“切向”分量分别代表什么意义？

11. 分别用（a）受到的力矢量，（b）所受力的法向（y 轴方向）分量和切向（x 轴方向）分量，画出静止在斜面上的物块的受力图。

12. 当选择直角坐标系来描述加速度不为零的物体的二维运动时，为什么所选坐标轴的方向应该沿加速度的方向？

10.4 摩擦力

13. 分别比较法向支持力和静摩擦力、动摩擦力的联系与区别。

14. 你沿水平方向推地板上静止的箱子，刚开始轻轻地推，到后来逐渐增大推力直到推不动为止。这个箱子还是没有滑动。请问在这个过程中，箱子和地板之间的静摩擦力发生了怎样的变化？

15. 你试着推很重的课桌，但是它一动不动。你的朋友评论道：“你的推力没有大到能克服它的惯性。”请问这个评论错在哪里？真实的情况又是怎样的？

10.5 功和摩擦力

16. 为什么选定静摩擦力作用点作为系统的边界是好主意，而选定动摩擦力作用点作为系统边界却是坏主意？

17. 分别写出一种静摩擦力不做功和做功的情况。要求和《原理篇》中所给出的例子不同。

18. 有人说“摩擦力总是阻碍运动”，解释这种说法错在哪里。

10.6 矢量代数

19. 在极坐标中，r 可以是负数吗？如果不可以，为什么？

20. 设矢量 $\vec{B}$ 和直角坐标系的 y 轴成 θ 角。根据矢量 $\vec{B}$ 的大小 B 和 θ 写出 B_x 的表达式。

21. $\vec{A}$ 的分矢量 $\vec{A}_x$ 和 $\vec{A}_y$，与 $\vec{A}$ 的 x 分量 A_x 和 y 分量 A_y 有何联系？

10.7 二维抛物运动

22. 棒球运动员击出一个高飞球。其初速度的水平分量是 30m/s，竖直分量是 40m/s。球在飞行过程中的最高点的速率是多少？

23. 与竖直方向成一定角度抛出的物体其运动路径的形状是怎样的？假定只有重力作用在物体上。

24. 抛物体达到的最大高度与抛出速度的 x 分量和 y 分量都有关吗？水平射程呢？

10.8 二维碰撞和动量

25. 描述二维碰撞的原理和方程与描述一维碰撞的原理和方程有什么不同？

26. 为什么在一维碰撞中，只给出两个物体的惯性质量和初始速度以及恢复系数，即可完全确定结果，而在二维碰撞中却不可以？

10.9 功的标积定义

27. 在什么情况下两个矢量的标积为零?

28. 如何计算恒定非耗散力沿位置1到位置2的路径所做的功?写出过程,并指出哪些物理量是标量,哪些是矢量。

29. 如何计算变化的非耗散力沿位置1到位置2的路径所做的功?

10.10 摩擦系数

30. 讨论接触面积和有效接触面积的区别,并解释为什么此区别与两个表面之间的摩擦力有关。

31. 一个同学告诉你,根据他的测量结果,混凝土路面的滑动摩擦系数是0.77。请问他的说法错在哪里?

32. 一个楔形的门挡有时无法保证门打开至某位置而不再动,除非你将它紧紧地与门卡在一起。那么在你使楔形门挡与门紧紧卡在一起的过程中完成了什么?

33. 很多驾驶员在惊慌失措的情况下都会用力地制动,导致汽车在滑行一段距离后停下。而这样的制动往往比慢慢制动需要更长时间来停下。为什么?

估算题

从数量级上估算下列物理量,括号中的字母对应于可能用到的提示。根据需要使用它们来指导你的思考。

1. 从纽约到怀俄明州的夏延(Cheyenne)的位移矢量和从怀俄明州的夏延到洛杉矶的位移矢量之和(O,D,I)

2. 大型机场的一部输送乘客的电动人行步道在一天时间内所做的功(AA,H,T,W)

3. 你在系在两棵树之间的绳子的中点处施加拉力。在绳子拉断之前,你能施加的最大拉力(CC,Z,E,T,P)

4. 在干燥的高速公路上狂飙追捕的警车的制动距离(E,J,L,S)

5. 站姿下水平发射的步枪子弹的最大射程(G,M,Q)

6. 棒球扔出的最大水平距离(C,R)

7. 大型机场的一部输送乘客的电动人行步道作用于乘客的平均静摩擦力(AA,H,T,BB,A)

8. 物理书放在倾斜的木桌上时不会滑下的最大倾角(U,Y)

9. 在光滑水平冰面上冰球能滑行的距离(N,B,F,K,V,X)

提示

A. 恒定外力在力的位移上做的功如何?

B. 冰球的惯性质量是多少?

C. 在棒球联赛中快球的平均速率是多少?

D. 这些位移之和代表什么?

E. 静摩擦系数的合理估计值是多少?

F. 球杆的惯性质量加上运动员上身的惯性质量是多少?

G. 步枪子弹距地面的初始高度是多少?

H. 人走路的速度和在电动人行步道上走路时的速度分别是多少?

I. 从怀俄明州的夏延到洛杉矶的位移矢量是什么?

J. 警车在高速公路上狂飙追捕时的速率是多少?

K. 球杆在撞击冰球前瞬间挥动的速率是多少?

L. 制动时作用在汽车上的合力所产生的加速度大小是多少?

M. 子弹在空中飞行的时间有多久?

N. 你怎样确定冰球的发射速率?

O. 你怎样运用画图的方法来获得两个矢量之和?

P. 你能拉动绳子的中点经过多少距离?

Q. 子弹刚从枪管出来时的速率是多少?

R. 棒球发射速度的x分量和y分量之间的关系如何得到?

S. 已知平均(恒定)加速度和汽车的初速率,你如何得到从制动开始的时刻到汽车停下的时刻经过的位移?

T. 人的惯性质量是多少？

U. 书的封面和木头之间的静摩擦系数是多少？

V. 冰球和冰面之间的动摩擦系数是多少？

W. 大型机场内一部电动人行步道在一天时间内输送乘客的人数有多少？

X. 冰球的位移和你知道的哪些信息有联系？

Y. 静摩擦力的大小和法向支持力的大小有何关系？

Z. 什么是最有用的受力图？

AA. 忽略能量损耗，外力对物体所做的功与动能变化量有什么关系？

BB. 机场的电动人行步道的长度是多少？

CC. 系在两棵树之间的绳子的合理长度是多少？

答案（所有值均为近似值）

A. 式（9.9）：$W = \sum F_x \Delta x_F$；B. 0.2kg；C. 4×10^1m/s；D. 从纽约到洛杉矶的位移；E. 大多数情况小于 1.0，但这里取 1.0 作为合理的近似值；F. 2×10^1kg；G. 小于 2m；H. 走路：1m/s，在电动人行步道：2m/s；I. 2×10^3km，西偏南方向；J. 5×10^1m/s；K. 2×10^1m/s；L. 画受力图可以证明 $a\approx g$；M. 0.6s，这是子弹从初始高度下落到地面所经过的时间；N. 把球杆和冰球的碰撞看作弹性碰撞；O. 在比例确定的示意图上，相关矢量头尾相连，即合成矢量等于从第一个矢量的尾部连接到最后一个矢量的顶端；P. 1m；Q. 5×10^2m/s；R. 棒球达到最大射程时它们的大小应相等；S.《原理篇》的例 3.4 中的式（1）：$\Delta x = (v_{x,\mathrm{f}}^2 - v_{x,\mathrm{i}}^2)/(2a_x)$；T. 7×10^1kg；U. 与木头和木头之间的静摩擦系数差不多，约为 0.5；V. 0.1；W. 7×10^3；X. 考虑冰球的初始动能和摩擦力损耗的能量之间的关系；Y. 式（10.54）：$F_{12}^s \leqslant \mu_s F_{12}^n$；Z. 位于中点处的一小段绳子的受力图；AA. $W=\Delta K$；BB. 4×10^1m；CC. 3×10^1m，因为比较长的绳子无法拉得足够紧，主要是其自身重量不会导致绳子下垂很多。

例题与引导性问题

步骤：摩擦力的求解

1. 画出研究对象的分体受力图。选择平行于表面为 x 轴，垂直于表面为 y 轴，建立直角坐标系。然后沿坐标轴进行力的分解。并在图中标出物体的加速度。

2. 我们可以根据沿 y 轴的运动方程来确定各种力的 y 分量的总和：

$$\sum F_y = ma_y$$

如果物体在法向上无加速度，那么 $a_y=0$。根据分体受力图代入各力的 y 分量，即可得到法向支持力。

3. 沿 x 轴的运动方程为

$$\sum F_x = ma_x$$

如果物体沿表面无加速度，那么 $a_x=0$。根据分体受力图代入各力的 x 分量，即可得到摩擦力。

4. 如果物体没有滑动，则法向支持力和静摩擦力应遵循式（10.54）。

下列例题涉及本章内容，但又不仅仅局限于本章中的某一节。

其中一部分以例题的形式给出，另一部分则以引导性问题的形式给出。

例 10.1　蚊子的飞行轨迹

蚊子沿曲线飞行的位置矢量为

$$\vec{r} = (at^3-bt)\hat{\imath}+(c-dt^4)\hat{\jmath} \qquad (1)$$

式中，$a=20.0\text{mm/s}^3$，$b=50.0\text{mm/s}$，$c=60.0\text{mm}$，$d=70.00\text{mm/s}^4$。(a) 画出蚊子从 $t=-2.00\text{s}$ 到 $t=+2.00\text{s}$ 这段时间内的运动轨迹，并给予说明。(b) 计算蚊子在 $t=+2.00\text{s}$ 的位置、速度和加速度。(c) 此时曲线的切线方向指向哪里？

❶ **分析问题**　题目给出的位置是用矢量形式表示的位置时间函数［式（1）］。(a) 问要我们求的轨迹是二维空间中描述蚊子路径的曲线。为了得到该轨迹，我们需从式（1）中得到表示位置的 x 值和 y 值，并画出 y 对 x 的曲线。位置、速度和加速度的关系可以通过导数建立。我们直接从式（1）中得到解；对于（b）问中要求的位置，利用式（1）对时间 t 求导来得到在 $t=+2.00\text{s}$ 时的速度和加速度。我们知道物体的速度方向总是与轨迹相切的，所以对于（c）问，切线方向应该与我们在（b）问中计算所得的速度方向一致。

❷ **设计方案**　蚊子的飞行轨迹是位置矢量的 y 分量相对于 x 分量的曲线图，并且由式（1）可以确定任意时刻的 x 分量和 y 分量。(a) 为了画出这条曲线，我们需要选取数个 t 值所对应的位置分量的表格。选取具体的 t 值并代入位置矢量的 x 分量和 y 分量的表达式：

$$x(t)=at^3-bt \qquad (2)$$

$$y(t)=c-dt^4 \qquad (3)$$

(b) 我们知道，速度和位置的关系式为 $\vec{v}=\mathrm{d}\vec{r}/\mathrm{d}t$，加速度和速度的关系式为 $\vec{a}=\mathrm{d}\vec{v}/\mathrm{d}t$，我们需要求出 $t=+2.00\text{s}$ 时这些导数的值。(c) $t=+2.00\text{s}$ 时轨迹的切向和此时速度的方向一致。因此，我们能通过计算切线相对于 x 轴的夹角 θ 来得到切线的方向，θ 满足 $\tan\theta=v_y/v_x$。

❸ **实施推导**　我们建立了关于蚊子在数个不同时刻位置的 x 分量和 y 分量的表格，这些数值非常接近，可以通过内插法看出变化。为了得到大致的形状，我们先取等间隔的时刻：$t=-2.00\text{s}$、-1.00s、0、$+1.00\text{s}$、$+2.00\text{s}$。结果为

t/s	x/mm	y/mm
−2.00	−60.0	−1060
−1.00	+30.0	−10.0
0	0	+60.0
+1.00	−30.0	−10.0
+2.00	+60.0	−1060

这些时刻的选取提供了均匀分布的 x 值，但是 y 值有的相差较小，有的却相差很大，散布在较大的范围内，导致画出的曲线较难发现规律。但我们可以在原来时间值范围内重新设置坐标轴的数值标度（与 x 和 y 有相当

大的不同)。我们也可以在原来时间值范围内添加更多的时刻来确定 y 值的变化：如在表格靠中间的几行之间添加一个时刻，在靠外面的几行之间添加至少两个时刻（这几行时刻对应的 y 值显著变化)。将不同的 t 值分别代入式(2)和式(3)，最终得到如下结果

t/s	x/mm	y/mm
-2.00	-60.0	-1060
-1.50	+7.50	-294
-1.00	+30.0	-10.0
-0.50	+22.5	+55.6
0	0	+60.0
+0.50	-22.5	+55.6
+1.00	-30.0	-10.0
+1.50	-7.50	-294
+2.00	+60.0	-1060

根据这些数据点我们可以得到如图 WG10.1 所示的曲线。

图 WG10.1

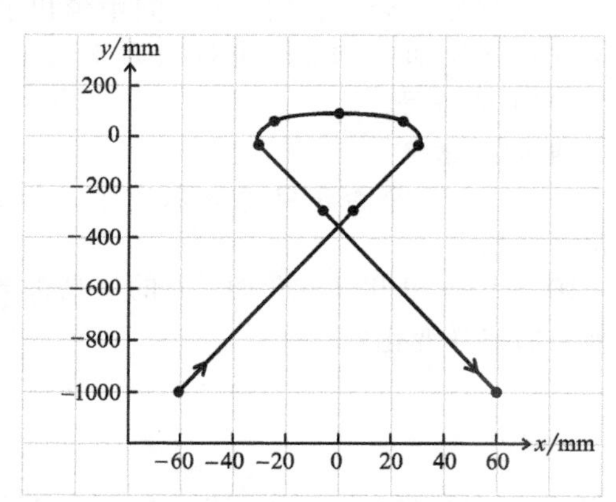

从图 WG10.1 可以看出，基本上包含三种基本运动。刚开始，$t=-2.00\text{s}$ 与 $t=-1.00\text{s}$ 之间很大的间距表明，蚊子从左下角以高速飞入。在 $t=-1.00\text{s}$ 附近这些点越来越靠近，说明蚊子正减速。点与点间距更小的水平部分表明蚊子在原点附近以低速往回飞。然后它向右下角加速飞离。✔

(b) 式(1)给出了蚊子在 $t=+2.00\text{s}$ 时的位置。此时它的速度是

$$\vec{v}=\frac{\mathrm{d}}{\mathrm{d}t}[(at^3-bt)\hat{\imath}+(c-dt^4)\hat{\jmath}]$$
$$=(3at^2-b)\hat{\imath}-4dt^3\hat{\jmath}$$

加速度是

$$\vec{a}=\frac{\mathrm{d}}{\mathrm{d}t}[(3at^2-b)\hat{\imath}-4dt^3\hat{\jmath}]$$
$$=6at\,\hat{\imath}-12dt^2\hat{\jmath}$$

由以上结果可得，$t=+2.00\text{s}$ 时，

$$\vec{r}(+2.00\text{s})=[(20.0\text{mm/s}^3)(2.00\text{s})^3-(50.0\text{mm/s})(2.00\text{s})]\hat{\imath}+[60.0\text{mm}-(70.0\text{mm/s}^4)(2.00\text{s})^4]\hat{\jmath}$$
$$=+(60.0\text{mm})\hat{\imath}-(1.06\times10^3\text{mm})\hat{\jmath}$$ ✔

$$\vec{v}(+2.00\text{s})=+(190\text{mm/s})\hat{\imath}-(2.24\times10^3\text{mm/s})\hat{\jmath}$$ ✔

$$\vec{a}(+2.00\text{s})=(240\text{mm/s}^2)\hat{\imath}-(3.36\times10^3\text{mm/s}^2)\hat{\jmath}$$ ✔

(c) 轨迹在 $t=+2.00\text{s}$ 时的切线方向与此时速度矢量的方向一致，因为速度总是沿物体的运动方向。为了确定平面内速度矢量的方向，我们使用 $\theta=\arctan(v_y/v_x)$ 从(b)问所求得的速度表达式中取 v_x 和 v_y 的值，可得

$$\theta=\arctan\left(\frac{-2240\text{mm/s}}{190\text{mm/s}}\right)=-85.2°$$

这就是 x 轴正方向和轨迹切线方向所成的夹角。✔

❹ **评价结果** 根据图 WG10.1 判断，所求的答案是合理的。蚊子的速率很大，速度大部分变化主要沿 $\pm y$ 方向，并且它的加速度大致也在这个方向。我们可以建立包含更多 t 值的表格，这样可以使我们得到的曲线看上去更加光滑，但不会有新的变化特点。

我们也可以将计算得到的 $t=+2.00\text{s}$ 时的切线角度与含 x、y 的表格中的信息相比较。在 $t=+2.00\text{s}$ 时，蚊子的水平位置是 $x=60.0\text{mm}$。根据图 WG10.1，在这个 x 位置，轨迹的切线有一个负的斜率，而通过计算我们得到的角度也是负值，为 $-85.2°$。那么角度的大小是否与图中一致呢？图 WG10.1 的曲线在 $x=60.0\text{mm}$ 处的切线与 x 轴所成角大约是 $-45°$，并不是 $-85°$。但这时我们必须要小心谨慎！注意到 x 轴和 y 轴的刻度比例是不同的。如果我们对两个坐标轴采用同一刻度比例，那么角度将大约是 $-85°$。从另一方面来看，画出的曲线的大部分信息是空白的，并且整个轨迹都压缩在 x 轴原点附近狭窄的竖直带中。曲线上有这么多信息空白的部分，也告诉我们需要进行比例上的调整。

引导性问题 10.2 炮弹的轨迹

一颗炮弹在 $t=0$ 时刻从悬崖顶发射。它的初速度大小为 v_i，发射方向与水平方向成 θ 角并斜向上，如图 WG10.2 所示。(a) 有人想知道炮弹在离开炮口之后的路径，请你用方程来描述这个运动。并用图 WG10.2 中给出的参数，推导出方程

$$y(x)=y_i+(\tan\theta)(x-x_i)-\frac{g}{2(v_i\cos\theta)^2}(x-x_i)^2 \tag{1}$$

(b) 若炮弹降落在距离悬崖底 d 的地方，那么炮弹发射时的高度 h 是多少？假定悬崖边与炮口的距离忽略不计。

图 WG10.2

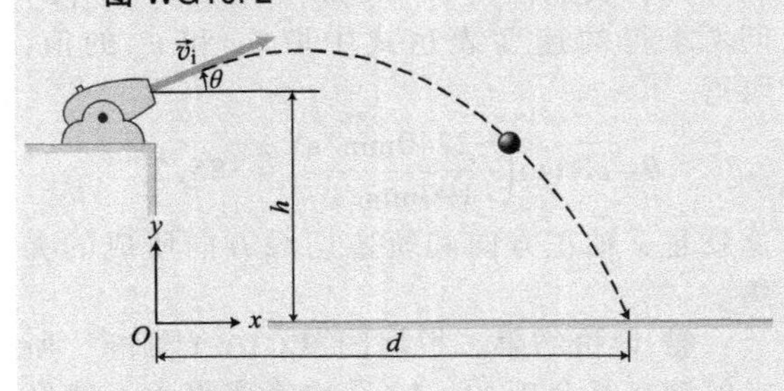

❶ **分析问题**

1. 这是什么类型的运动？

2. 炮弹在离开炮口之后的加速度是多少？a_x 和 a_y 的大小各是多少？符号如何？若总的加速度恒定，那么你能用哪个运动学方程来推导出式 (1)？

❷ **设计方案**

3. 写出 $x(t)$ 和 $y(t)$ 的独立表达式。$x(t)$ 和 $y(t)$ 是炮弹的位置坐标关于时间的函数。

4. 式 (1) 是 y 坐标关于 x 而不是 t 的函数。你能用 $(x-x_i)$ 来表示 t 吗？在表示 y 的方程中做合适的变量替换。

5. 你能将初速度的 x 分量和 y 分量分别表示为 v_i 和 θ 的函数吗？如有需要，可对式 (1) 做变量替换。

❸ **实施推导**

6. 用代数方法来推导轨迹方程。

7. 在解 (b) 问时，为你的坐标系选择一个合适的原点。这个原点应该与图 WG10.2 中所示的随机原点不同。

8. 选好原点后，利用 (b) 问中给出的具体符号（比如 d 和 h）来替换原来的 x_i、y_i、x 和 y 的符号。

❹ **评价结果**

9. 式 (1) 是否正确地表示出了 y 与 x 的相互关系？

10. 当 v_i、θ 和 d 变化时，h 的值是否会像预期的那样变化？

例 10.3 搬家的一天

搬运工在斜坡上推动惯性质量为 m 的椅子，该斜坡从地面延伸至搬家货车的载物平台，它与地面成 θ 角，如图 WG10.3 所示。这位搬运工行事莽撞，用水平方向的推力来推动椅子，推力大小等于椅子重力的一半。斜坡和椅子之间的滑动摩擦系数是 μ_k。(a) 请推导用 θ 和 μ_k 表示的椅子加速度的表达式。(b) 若椅子速率是常数，那么滑动摩擦系数 μ_k 肯定是多少？（用 θ 表示）(c) 当椅子沿斜坡向上运动了距离 d 时，请写出搬运工对椅子所做功的表达式。

图 WG10.3

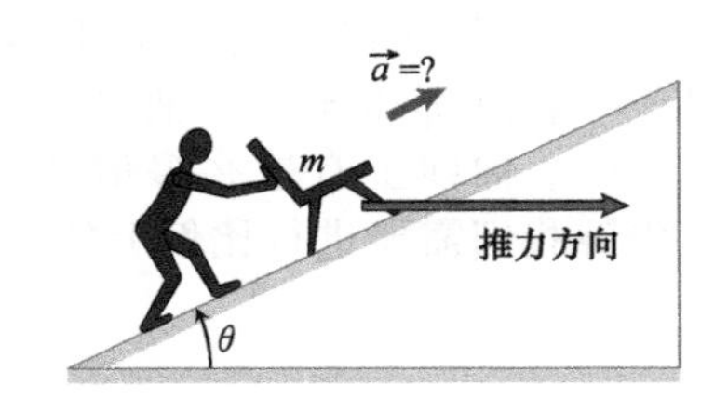

❶ **分析问题** 我们的研究对象是椅子，它受到以下几个力的作用：搬运工的推力、重力、斜面作用在它上面的摩擦力和法向支持力。我们还知道搬运工的推力是指向水平方向的，而不是沿斜坡向上。而椅子只能平行于斜坡运动，所以垂直于斜坡的加速度分量为零。将上述信息表示在椅子的受力图中，如图 WG10.4 所示。

因为推力方向（水平）与运动方向不相同，所以我们必须谨慎地处理它的分量。我们选择与斜面倾斜程度相同的坐标系，并且对不平行于坐标轴的矢量采取分量形式。我

图 WG10.4

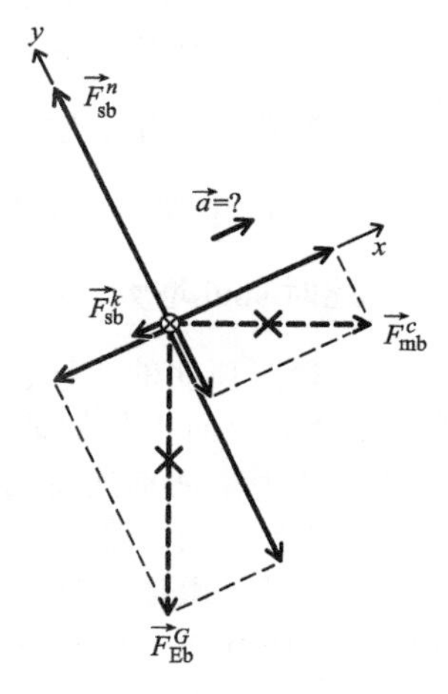

们沿 x 和 y 方向画出表示分量的箭头并去掉原来的矢量。因为在（b）问中沿斜坡向上的速率是常数，所以我们知道在（b）问中加速度为零，但是在（a）问中不一定为零。然而，加速度可能沿斜坡向上也可能沿斜坡向下。图 WG10.4 中加速度的问号也强调了我们在这点上的不确定。

❷ **设计方案**　（a）虽然没有加速度的数值，但是我们可以通过受力图来求力的矢量和，进而得到加速度的表达式。

因为摩擦力 $\vec{F}^{k}_{\text{sb}}$ 和重力 $\vec{F}^{G}_{\text{Eb}}$ 都存在与搬运工推力的 x 分量 $\vec{F}^{c}_{\text{mb}\,x}$ 方向相反的分量，所以它们都会影响加速度。只要运用一些几何学知识和题目给出的信息，我们就能通过 $\sum F_{\text{b}\,y}$ 用 θ 和 μ_k 来表示其他方向上的力，然后通过 $\sum F_{\text{b}\,y}$ 来得到加速度的表达式。我们可以去掉一个未知量，因为摩擦力大小与法向支持力大小有关系 $F^{k}_{\text{sb}}=\mu_k F^{n}_{\text{sb}}$。

由于法向支持力在 y 轴方向上，所以我们可以用 y 轴方向上力的矢量和来计算。y 轴方向上没有加速度，因而 $\sum F_{\text{b}y}=ma_y=m(0)=0$。除法向支持力以外，重力和搬运工的推力在 y 轴方向上都有分量。现在剩下的唯一变量是加速度，记为 a_x。通过分离变量得到加速度的表达式，其中包含了加速度的方向。

（b）匀速运动要求加速度为零。设加速度表达式等于零，便可得到摩擦系数的表达式。

（c）恒定外力所做的功可由力和力的位移的标积来计算。力和位移不相互平行，所以我们采用分量的形式计算。因为我们知道力和位移的大小和方向，所以不管加速度方向如何，通过式（10.35）就能计算出所做的功。

❸ **实施推导**　（a）首先确定坐标轴的方向，加速度沿 x 轴。然后，计算 x 轴方向上力的矢量和。由于有 4 个力作用在椅子上，故求和时有 4 个初始分力项。具体得到 $F^{c}_{\text{mb}}=\frac{1}{2}F^{G}_{\text{Eb}}=\frac{1}{2}mg$，则

$$\sum F_{\text{b}x}=ma_x$$
$$F^{k}_{\text{sb}x}+F^{n}_{\text{sb}x}+F^{c}_{\text{mb}x}+F^{G}_{\text{Eb}x}=ma_x$$
$$-F^{k}_{\text{sb}}+0+(+F^{c}_{\text{mb}}\cos\theta)+(-F^{G}_{\text{Eb}}\sin\theta)=ma_x$$
$$-\mu_k F^{n}_{\text{sb}}+\frac{1}{2}mg\cos\theta-mg\sin\theta=ma_x \tag{1}$$

y 轴方向上的力的矢量和告诉我们

$$\sum F_{\text{b}y}=ma_y$$
$$F^{k}_{\text{sb}y}+F^{n}_{\text{sb}y}+F^{c}_{\text{mb}y}+F^{G}_{\text{Eb}y}=m(0)$$
$$0+(+F^{n}_{\text{sb}})+(-F^{c}_{\text{mb}}\sin\theta)+(-F^{G}_{\text{Eb}}\cos\theta)=0$$
$$F^{n}_{\text{sb}}=\frac{1}{2}mg\sin\theta+mg\cos\theta$$

将上面得到的关于 F^{n}_{sb} 的表达式代入式（1），得

$$-\mu_k\left(\frac{1}{2}mg\sin\theta+mg\cos\theta\right)+\frac{1}{2}mg\cos\theta-mg\sin\theta=ma_x$$
$$a_x=\frac{1}{2}g\cos\theta-\mu_k g\cos\theta-\frac{1}{2}\mu_k g\sin\theta-g\sin\theta$$
$$a_x=g\cos\theta\left(\frac{1}{2}-\mu_k\right)-g\sin\theta\left(1+\frac{1}{2}\mu_k\right) \tag{2}$$

因此，加速度沿 x 轴正方向还是负方向，取决于式（2）中等号右边各项物理量的大小。用矢量形式表示以上结果，可得

$$\vec{a}=\left[g\cos\theta\left(\frac{1}{2}-\mu_k\right)-g\sin\theta\left(1+\frac{1}{2}\mu_k\right)\right]\hat{\imath}\ ✔$$

（b）若椅子沿斜坡向上时的速率是常数，则 a_x 必为零。令式（2）中的 a_x 等于零，即可得到 μ_k 值：

$$0=g\cos\theta\left(\frac{1}{2}-\mu_k\right)-g\sin\theta\left(1+\frac{1}{2}\mu_k\right)$$

$$=\frac{1}{2}g\cos\theta-\mu_k g\cos\theta-\frac{1}{2}\mu_k g\sin\theta-g\sin\theta$$

$$\mu_k\cos\theta+\frac{1}{2}\mu_k\sin\theta=\frac{1}{2}\cos\theta-\sin\theta$$

$$\mu_k(2\cos\theta+\sin\theta)=\cos\theta-2\sin\theta$$

$$\mu_k=\frac{\cos\theta-2\sin\theta}{2\cos\theta+\sin\theta} ✔$$

(c) 因为椅子是刚性的，且沿直线运动，所以搬运工推力的作用点的位移（即力的位移）与质心位移相同——即沿斜坡向上的距离 d。搬运工推力所做的功是

$$W=\vec{F}\cdot\Delta\vec{r}_F=\vec{F}^c_{\mathrm{mb}}\cdot\vec{d}=F^c_{\mathrm{mb}}d\cos\theta=\frac{1}{2}mgd\cos\theta ✔$$

❹ **评价结果**　式（2）中的 a_x 可能是正也可能是负，依赖于 μ_k 和 θ 的大小。因为在表达式中 μ_k 前面总是有负号，所以它使加速度为负（沿斜坡向下），这和我们预期的一样。对于小角度 θ，$\cos\theta$ 是正数且比 $\sin\theta$ 大很多，当 μ_k 较小时，使加速度为正（若 $\mu_k>\frac{1}{2}$，则加速度必为负。）当 θ 增大时，$\cos\theta$ 减小，导致式（2）中唯一的正量 $g\cos\theta\left(\frac{1}{2}-\mu_k\right)$ 减小，此时 $\sin\theta$ 增大。因此，增大 θ 使 a_x 为负，这与我们预期的一样：当斜坡越陡时，椅子预计会减速而不是加速。(b) 问中的 μ_k 值平衡这些因素使加速度为零。注意如果椅子沿斜坡向上运动，那么不管它的加速度大小和方向如何，搬运工所做的功都为正，因为当倾角 θ 在 0 到 90°之间时 $\cos\theta$ 均为正。

引导性问题 10.4　推小屋

三个冬钓者去冰上钓鱼。他们要把一间 120kg 的小屋推到冰上。他们有些大意，分别向不同的方向推动。这三个推力分别是北偏东 30°的 $\vec{F}^c_{1\mathrm{S}}=32\mathrm{N}$，正北的 $\vec{F}^c_{2\mathrm{S}}=55\mathrm{N}$，和北偏西 60°的 $\vec{F}^c_{3\mathrm{S}}=41\mathrm{N}$。求小屋的加速度大小和方向。

❶ **分析问题**

1. 因为这是个牵涉三个矢量的力的问题，所以需要考虑采用哪种方法更适合：直接画出矢量图相加，还是采用分矢量相加。

2. 由于涉及力，画出小屋的受力图是有用的。只画出冰面内的小屋受力图可以吗？如果可以，用这种方法处理的好处有哪些？

❷ **设计方案**

3. 选取两个坐标轴。你选取的坐标轴方向能否给出未知加速度的方向？根据已知的信息，你选取的坐标系是否比其他坐标系更合适呢？

4. 写出平行于冰面的两个牛顿第二定律的分量方程。

5. 你是否拥有足够的信息，使你能够在所选取的坐标系中计算出三个推力的分量值？

❸ **实施推导**

6. 将各推力的分矢量相加得到合力的 x 分量和 y 分量。

7. 与这些力的分量相关的加速度分量如何？

8. 已知加速度的 x 分量和 y 分量，你能得到加速度的大小和方向吗？(相对于北方)

❹ **评价结果**

9. 你有没有做出任何假设？如果有，那么它们是否合理，是否需要被重新考虑呢？

10. 加速度方向与直觉告诉你的这三个力的整体效果是否一致？

11. 加速度的大小是否合理？

例 10.5　弹上斜面

如图 WG10.5 所示的斜坡表面粗糙，且与水平方向成 θ 角。固定在斜坡底部支撑物上的弹簧，其弹簧常量为 k。把惯性质量为 m 的滑块放在弹簧的自由端，滑块初始位置在弹簧的自然长度处。推动滑块并压缩弹簧直至滑块经过距离 d。当滑块由静止释放时，

它沿斜坡向上滑动并脱离弹簧，最后停在距离释放位置 l 的地方。试推导出 l 关于 k、d、m、θ，以及滑块和斜坡之间动摩擦系数 μ_k 的表达式。

图 WG10.5

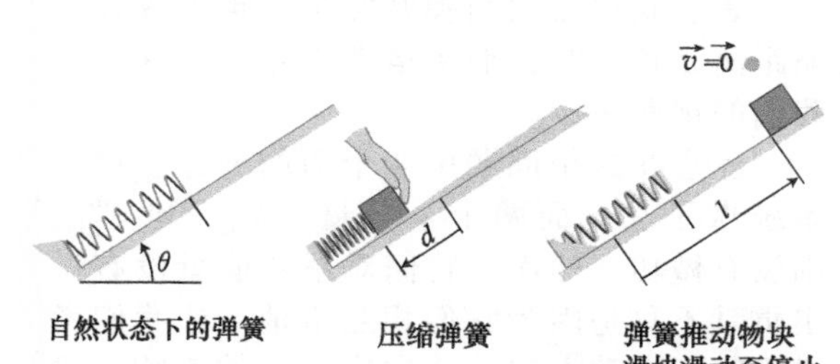

❶ **分析问题** 共有 4 个力作用在滑块上：恒定的重力、可变的弹簧弹力、恒定的法向支持力，以及耗散的摩擦力。（题目中的“表面粗糙”告诉我们需要考虑摩擦力。）解题的第一步，最好是画出表示这 4 个力的受力图，如图 WG10.6 所示。为了得到动摩擦力的大小，我们需要知道法向支持力的大小。我们在受力图中画上倾斜的坐标系来帮助我们计算法向支持力和任何不平行于坐标轴的力矢量的分量。

图 WG10.6

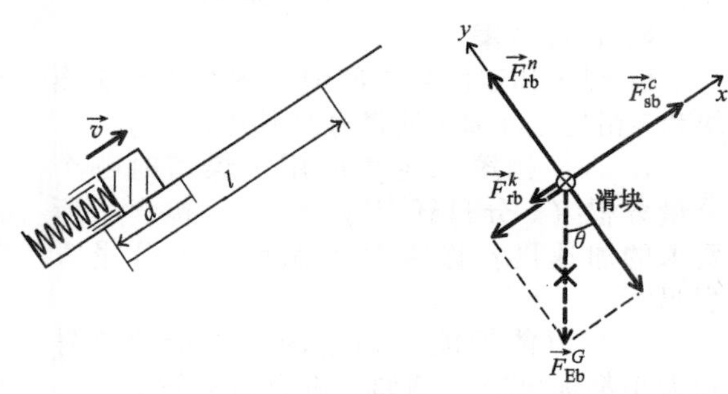

由于弹簧弹力随滑块的位置变化而变化，我们应该研究是否能够使用功-能方法，通过势能方程来分析弹簧的弹力作用。因此，我们需要画出表示初始压缩距离 d 和滑块沿斜坡向上运动 l 距离后到达的末位置的状态图（见图 WG10.7）。用这种方法，易知当滑块沿斜坡向上运动时，压缩弹簧的初始弹性势能转化为重力势能和热能（摩擦力损耗）。虽然整个过程中，动能都在变化，但是初始时刻和最后时刻的动能相等，都为零。

图 WG10.7

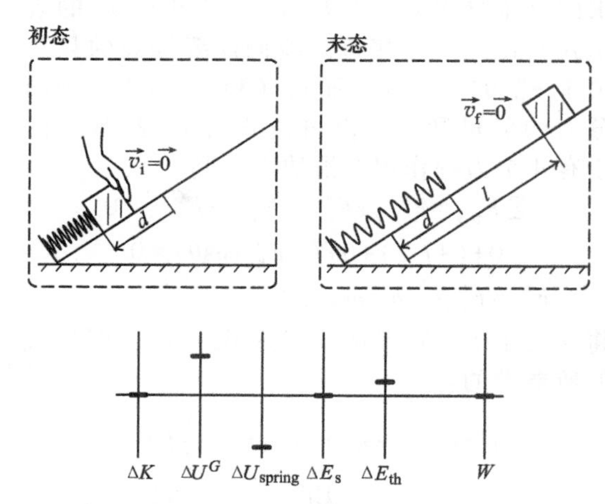

❷ **设计方案** 若把滑块、弹簧、斜坡和地球作为一个系统，则系统没有受到外力作用，因此外界也没有对系统做功：

$$\Delta E = W = 0$$

$$\Delta K+\Delta U_{spring}+\Delta U^G+\Delta E_{th}=0 \quad (1)$$

这个表达式包含所有需要考虑的变量，用一些代数知识即可分离出我们所要求的变量 l。

产生的热能是动摩擦力大小和滑块运动距离 l 的乘积：

$$\Delta E_{th}=F^k_{rb}l=(\mu_k F^n_{rb}) \quad (2)$$

为了得到 F^n_{rb} 的大小，我们注意到法向支持力是沿 y 轴方向的。利用 y 轴的分力的矢量和，以及沿 y 轴的加速度 $\alpha_y=0$，则有

$$\sum F_{by}=ma_y=m(0)=0 \quad (3)$$

式（1）~式（3）给了我们推导关于 l 的表达式的所有信息。

❸ **实施推导** 将题目给出的具体物理量代入式（1），得

$$\left(\frac{1}{2}mv_f^2-\frac{1}{2}mv_i^2\right)+\left[\frac{1}{2}k(x_f-x_0)^2-\frac{1}{2}k(x_i-x_0)^2\right]+(mgh_f-mgh_i)+F^k_{rb}l=0$$

$$(0-0)+\left[\frac{1}{2}k(0)^2-\frac{1}{2}k\ (-d)^2\right]+mg(h_f-h_i)+\mu_k F^n_{rb}l=0$$

$$-\frac{1}{2}kd^2+mg(+l\sin\theta)+\mu_k F^n_{rb}l=0$$

$$l(mg\sin\theta+\mu_k F^n_{rb})=\frac{1}{2}kd^2 \quad (4)$$

式中，x_0 是弹簧处于自然长度时滑块的位置，我们用 h 来表示竖直高度坐标，以避免

与倾斜的 y 坐标混淆。式（4）和我们所要求的（推导出 l 关于 k、d、m、θ 与 μ_k 的表达式）已经十分接近。我们需要推导的只是关于 F^n_{rb} 的表达式，而式（3）包含沿 y 轴的分力的矢量和，所以可由式（3）推导。由于有4个力都作用在滑块上，则

$$\sum F_{\text{b}\,y}=F^k_{\text{rb}\,y}+F^n_{\text{rb}\,y}+F^c_{\text{sb}\,y}+F^G_{\text{Eb}\,y}=0$$

$$0+(+F^n_{\text{rb}})+0+(-F^G_{\text{Eb}}\cos\theta)=0$$

$$F^n_{\text{rb}}=F^G_{\text{Eb}}\cos\theta=mg\cos\theta$$

将这关于 F^n_{rb} 的表达式代入式（4），即得我们所要求的：

$$l(mg\sin\theta+\mu_k mg\cos\theta)=\frac{1}{2}kd^2$$

$$l=\frac{kd^2}{2mg(\sin\theta+\mu_k\cos\theta)}\checkmark$$

❹ **评价结果**　这个表达式表明摩擦力越大（换句话说，μ_k 值越大），滑块运动的距离 l 越短，这与我们的预期一样。表达式还表明，对于任一不变的 μ_k 值，当 θ 减小时，距离 l 增大。当 $\theta=0$（滑块在水平面上）时，$\sin\theta=0$ 且 l 有一个较大值。因为 $\sin\theta$ 增大的速度比 $\cos\theta$ 减小的速度快，所以当 $\theta=0$ 时，l 值实际上取得的是最大值（假定 $\mu_k<1$）。

表达式也表明当弹簧常量 k 越大或者压缩距离 d 越大时，滑块运动得越远，这也与我们的预期一样。

注意在这个问题中4个力的 x 分量均对系统做了功。而两个 y 分量，$F^n_{\text{rb}\,y}$ 和 $F^G_{\text{Eb}\,y}$ 则没有做功。然而，它们对系统能量没有做出贡献不只是因为它们相互抵消。让我们考虑垂直于运动方向的法向支持力的影响。只有当两个矢量有同一方向的分量时，它们的标积才会非零，因此对于法向支持力，$\vec{F}^n_{\text{rb}}\cdot\Delta\vec{r}_F=0$。对于任何其他垂直于运动方向的力也是一样。这意味着这样的力不能改变系统的能量。

引导性问题 10.6　移动重物

改装后的阿特伍德机（见图 WG8.6）能被用来将重物拉上斜面。为使用这个机器，你必须设计出沿倾角为 θ 的斜面向上运动的质量为 m_c 的煤车。一根系在煤车上的绳子绕过斜面顶部的定滑轮。绳子的另一端系上一个惯性质量为 m_b 的金属块，金属块竖直悬挂，作为平衡物。(a) 若只用金属块把煤车拉上斜面，则煤车的加速度大小是多少？用 θ 和两个惯性质量 m_c、m_b 表示。(b) 若煤车匀速运动，则金属块的惯性质量是多少？用 θ 和 m_c 表示。

❶ **分析问题**

1. 画一个物理情景的草图。

2. 在（a）问中你必须确定哪个变量？下列哪种方法与确定这个变量更有关：力的分析，还是能量分析？(a) 问的结果能否用来解决（b）问？

3. 此运动涉及哪些物体？它们的运动与此运动有何关系？

4. 当你分析两个或者更多物体的力时，每个物体肯定有它自己的受力图和坐标系，使得每个物体都有一系列力-加速度的方程。

5. 将每个物体的加速度都表示在你的图中。我们之前学过，如果可能，应选择平行于加速度的方向作为其中一个坐标轴。这样选取的坐标轴可以满足：一个物体在它的坐标系中沿坐标轴正方向运动，而另一个物体也沿它对应的坐标轴正方向运动。

❷ **设计方案**

6. 煤车和定滑轮之间绳子的张力与金属块和定滑轮之间绳子的张力大小关系如何？

7. 将牛顿第二定律应用于煤车时哪个分量方程（x 分量还是 y 分量），包含了所要求的加速度？你需要考虑另一个分量方程吗？

8. 尽可能把能够确定的力矢量的符号和大小都标出来（例如，重力的 x 分量）。

9. 再次分析金属块，数一数方程式和未知量分别有多少个。

10. 若煤车速率恒定，则它的加速度是多少？如何用这个加速度求得 m_b 的值？

❸ **实施推导**

❹ **评价结果**

11. 检查你所求得的加速度的表达式。加速度的大小、符号和 m_c、m_b 的关系与你所预期的是否一样？和 θ 的关系呢？

12. 上面问题的答案在 $\theta=0$ 时是否合理？在 $\theta=90°$时呢？

例 10.7 事故调查

在一次海拔 2000m 的试飞中，一架惯性质量为 1500kg、以 60m/s 的速度向东飞行的无人机爆炸成三块。卫星数据显示这次爆炸发生在内华达州里诺市（Reno）以东 50km 的高空。搜寻者从爆炸点正下方的地面上开始寻找。他们在爆炸点正下方 1200m 以南、600m 以东的位置找到一块 310kg 的飞机残骸，又在 400m 以北、1500m 以东的位置找到一块 830kg 的飞机残骸。假定空气阻力可以忽略不计，三块残骸同时落在地面上。求爆炸后瞬间三块残骸的速度和第三块残骸的位置。

❶ **分析问题** 我们需要求三块残骸碰撞后的末速度和第三块残骸的末位置。已知无人机的初速度和初位置，以及两块残骸的末位置，但还有很多未知量。而且，这是一个三维运动的问题，以前我们没有遇到过。然而我们知道每块残骸都在平面内做抛物运动（只是分别在三个不同的平面内运动）。正是因为我们有一些非常有用的线索，所以问题才会变得越来越明朗。例如，三块残骸同时落在地面上的假设可以让我们很快得出它们竖直方向上的运动特征。我们只要用学过的知识来分析运动的两个水平分量即可。

让我们先画出卫星视角下（从高空往下看）研究对象的具体信息，如图 WG10.8 所示。这张图显示在爆炸前瞬间无人机的初速度和初位置，以及其中两块已知残骸的质量和末位置。我们在图中建立了空间直角坐标系，原点在爆炸点正下方地面上，x 轴正方向向东，y 轴正方向向上（垂直纸面向外，没有画出），z 轴正方向向南。我们可以把这次爆炸当成爆破分离，则无人机是一个孤立系统。因此三块残骸在爆炸前后动量守恒。

图 WG10.8

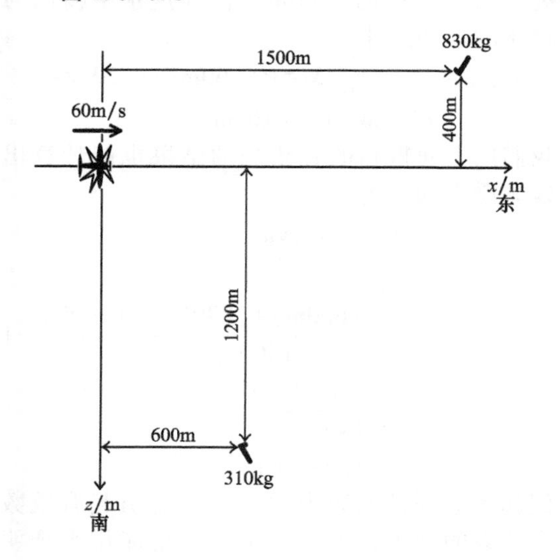

❷ **设计方案** 由于假设三块残骸同时落在地面上，且空气阻力忽略不计，所以每块残骸末速度的竖直分量均相等。这易从抛物体竖直位置方程，即式（10.20）得到：

$$y_{\mathrm{f}}=y_{\mathrm{a}}+v_{y,\mathrm{a}}\Delta t-\frac{1}{2}g(\Delta t)^2$$

其中，下标“a”表示在爆炸后瞬间；下标“f”表示运动的最后时间点（落在地面前的瞬间）。每块残骸从相同高度 y_{a} 开始抛出，最后下落到相同高度（$y_{\mathrm{f}}=0$），在这个过程中，它们的加速度均为 g 且竖直向下，并经过相同的时间 Δt。因此，唯一不确定的变量只有爆炸后瞬间的速度 $v_{y,\mathrm{a}}$。从方程可以看出，每块残骸爆炸后瞬间的竖直方向速度相等，而且大小必须是零！爆炸前，系统在竖直方向上速度为零，动量也为零。爆炸后，竖直方向上的动量必须仍为零。尽管残骸有的向上抛出，有的向下抛出，竖直方向上的动量却还是为零，但这样一来，它们就不能同时落在地面上。因此就竖直运动方向而言，残骸均从静止开始下落：

$$v_{1y,\mathrm{a}}=v_{2y,\mathrm{a}}=v_{3y,\mathrm{a}}=0$$

这样，我们就能计算出下落时间。用下落时间、已知的位置信息和简单的运动学知识即可求出三块残骸在爆炸后瞬间速度的 x 分量和 z 分量。

用动量方程可以确定下落不明的第三块残骸的具体位置。或者，我们也可以通过考虑系统质心的动量变化来计算它。

❸ **实施推导** 我们在所有的中间计算结果中都多保留了一位有效数字，以避免产生累积误差。但在最后的结果中我们只保留了两位有效数字，与题目要求一致。

每个残骸从 2000m 高度下落的时间相等：

$$y_f = y_a + v_{y,a}\Delta t - \frac{1}{2}g(\Delta t)^2$$
$$= y_a + (0)\Delta t - \frac{1}{2}g(\Delta t)^2$$
$$= y_a - \frac{1}{2}g(\Delta t)^2$$
$$(\Delta t)^2 = \frac{y_a - y_f}{\frac{1}{2}g} = \frac{+2000\text{m}}{\frac{1}{2}(9.8\text{m/s}^2)}$$
$$\Delta t = 20.2\text{s}$$

这样则马上可求出已知位置的两片残骸在爆炸后瞬间速度的 x 分量和 z 分量：

$$x_{1f} = x_{1a} + v_{1x,a}\Delta t$$
$$v_{1x,a} = \frac{x_{1f} - x_{1a}}{\Delta t} = \frac{+600\text{m} - 0}{20.2\text{s}} = +29.7\text{m/s}$$
$$= +30\text{m/s}$$ ✓
$$x_{2f} = x_{2a} + v_{2x,a}\Delta t$$
$$v_{2x,a} = \frac{x_{2f} - x_{2a}}{\Delta t} = \frac{+1500\text{m} - 0}{20.2\text{s}} = +74.2\text{m/s}$$
$$= +74\text{m/s}$$ ✓
$$z_{1f} = z_{1a} + v_{1z,a}\Delta t$$
$$v_{1z,a} = \frac{z_{1f} - z_{1a}}{\Delta t} = \frac{+1200\text{m} - 0}{20.2\text{s}} = +59.4\text{m/s}$$
$$= +59\text{m/s}$$ ✓
$$z_{2f} = z_{2a} + v_{2z,a}\Delta t$$
$$v_{2z,a} = \frac{z_{2f} - z_{2a}}{\Delta t} = \frac{-400\text{m} - 0}{20.2\text{s}} = -19.8\text{m/s}$$
$$= -20\text{m/s}$$ ✓

下落不明的第三块残骸的速度可以由动量方程求得。这时它的位置也可以利用上述运动学知识来求得。它的惯性质量是 1500kg−310kg−830kg=360kg。我们有

$$\vec{p}_i = \vec{p}_a$$
$$m_{\text{plane}}\vec{v}_i = m_1\vec{v}_{1a} + m_2\vec{v}_{2a} + m_3\vec{v}_{3a}$$

由于爆炸后瞬间各块残骸在 y 轴上的速度分量均为零，所以我们可用 x 分量和 z 分量方程：

$$m_{\text{plane}}v_{x,i} = m_1v_{1x,a} + m_2v_{2x,a} + m_3v_{3x,a}$$
$$v_{3x,a} = \frac{m_{\text{plane}}v_{x,i} - m_1v_{1x,a} - m_2v_{2x,a}}{m_3}$$
$$= \frac{(1500\text{kg})(+60\text{m/s}) - (310\text{kg})(29.7\text{m/s})}{360\text{kg}} - \frac{(830\text{kg})(74.2\text{m/s})}{360\text{kg}}$$
$$= +53\text{m/s}$$ ✓
$$m_{\text{plane}}v_{z,i} = m_1v_{1z,a} + m_2v_{2z,a} + m_3v_{3z,a}$$
$$v_{3z,a} = \frac{m_{\text{plane}}v_{z,i} - m_1v_{1z,a} - m_2v_{2z,a}}{m_3}$$
$$= \frac{(1500\text{kg})(0) - (310\text{kg})(59.4\text{m/s})}{360\text{kg}} - \frac{(830\text{kg})(-19.8\text{m/s})}{360\text{kg}}$$
$$= -5.50\text{m/s}$$ ✓

v_3 值中的正负符号表示第三块残骸爆炸后沿 x 轴正方向（向东）和 z 轴负方向（向北）运动。为了完成题目要求——求得第三块残骸的位置——我们需要运用运动学知识解决。故爆炸后第三块残骸经过 20s 落在地面上的最后位置为

$$x_{3f} = x_{3a} + v_{3x,a}\Delta t$$
$$= 0 + (+53.3\text{m/s})(20.2\text{s})$$
$$= +1077\text{m} = 1.1\times10^3\text{m}$$ ✓
$$z_{3f} = z_{3a} + v_{3x,a}\Delta t$$
$$= 0 + (-5.50\text{m/s})(20.2\text{s})$$
$$= -111\text{m} = -1.1\times10^2\text{m}$$ ✓

❹ **评价结果** 计算得到的速度分量与无人机的初速度大小在数量级上相差不大。第三块残骸应该在原点（或爆炸点）1100m 以东、110m 以北的位置被找到。第三块残骸位移的大小和其他两块残骸相比较，既没有很大也没有很小。因为系统质心的运动只受系统外施加的力的影响，所以我们可以用此来评价结果。无人机质心的运动，遵守在海拔 2000m 处以向东 60m/s 的速度水平抛出的物体的运动规律：

$$x_{\text{cm,f}} = x_{\text{cm,i}} + v_{i,x}\Delta t = 0 + (60\text{m/s})(20.2\text{s})$$
$$= 1212\text{m} = 1.2\times10^3\text{m}$$

我们用上面得到的各残骸的结果也能计算出残骸质心的位置：

$$x_{\text{cm}} = \frac{m_1x_{1f} + m_2x_{2f} + m_3x_{3f}}{m_{\text{plane}}}$$
$$= \frac{(310\text{kg})(+600\text{m}) + (830\text{kg})(+1500\text{m})}{1500\text{kg}} + \frac{(360\text{kg})(+1100\text{m})}{1500\text{kg}}$$
$$= +1218\text{m} = 1.2\times10^3\text{m}$$

假如考虑到较大数中的小变化能引起有效数字位数的减少，那么这个方法也能用来证明

质心位置的 z 分量确实是零：

$$z_{cm}=\frac{m_1z_{1f}+m_2z_{2f}+m_3z_{3f}}{m_{plane}}$$

$$=\frac{(310kg)(+1200m)+(830kg)(-400m)}{1500kg}+\frac{(360kg)(-111m)}{1500kg}$$

$$=+0.0267m=0$$

在已知的关于运动方向和相关速度的假设下，我们得到的答案是合理的。

引导性问题 10.8　爆炸的冰球

某人在冰球里装上鞭炮，并让它在光滑的水平冰面上滑动。你看到冰球炸成两部分，分别沿冰面运动，没有飞到空中。P 部分（惯性质量为 60g）以东偏南 22°方向、4.5m/s 的速率运动。Q 部分（惯性质量为 110g）以西偏北 52°方向、1.9m/s 的速率运动。计算爆炸前冰球的初速度。忽略鞭炮的质量。

❶ **分析问题**

1. 问题要求什么量？
2. 如何选择要研究的系统比较合适？
3. 哪个（些）基本原理在这个问题的分析中特别有用？
4. 画出表示相应关系的初状态和末状态的草图。

❷ **设计方案**

5. 写出你选择的基本原理的相关方程式。
6. 用来计算未知量的方程数是否足够？

❸ **实施推导**

7. 代入已知量求解并分析表达式。

❹ **评价结果**：

8. 冰球在爆炸前是否有可能处于静止状态？
9. 答案是否不唯一？你求得的数值是否合理？

习题 通过《掌握物理》®可以查看教师布置的作业

圆点表示习题的难易程度：●=简单，●●=中等，●●●=困难；CR=情景问题。

10.1 直线运动是一个相对概念

1. 假设一颗导弹有恒定的竖直速度和恒定的水平加速度。从静止的观察者角度看，导弹的运动轨迹是什么形状？●

2. 你在一列沿水平路线行驶的火车上，注意到附近有一个男孩从他家屋顶上扔下一个棒球。(a) 若火车匀速运动，则你看到的棒球轨迹是什么形状？ (b) 若火车加速运动，你还会看到轨迹是一条直线吗？●●

3. 假设你正在做一个和《原理篇》中的图10.1所示相类似的实验。当杆和小车恰好经过坐标原点时，小球从高度为 $y_i=0.200\text{m}$ 的杆顶端自由下落。在小车经过 $x=+0.0600\text{m}$ 的位置瞬间小球落在小车上。假设有一道实验练习题，不考虑其他问题，就是求小球从释放到落在小车上经过的距离。你的实验伙伴立即说是“0.200m”，但是他邻桌的女同学却说是“0.0600m”。坐在你后面的实验伙伴正在争论是0.209m还是0.214m。在不经过计算的情况下，你能否确定四个数字中哪个可能是正确的？●●

10.2 平面矢量

4. 物体的加速度和速度矢量是否有可能总是相互垂直的？如果不可能，请解释为什么不可能。如果可能，请描述这种运动的特点。●

5. 一个棒球运动员击打出的高远球能够飞到中场。该棒球在达到最高点时的加速度方向如何？(考虑空气阻力) ●

6. 一个物体的动能没有变化，那么它可能有加速度吗？●

7. (a) 长度不相等的两个矢量之和可能为零矢量吗？(b) 那么长度不相等的三个矢量之和呢？●●

8. 三个游泳速率相等的人在讨论如何用最短的时间游到河对岸。A将与水流方向成直角游到对岸。B通过推理发现，A会顺流而下，意味着A会游过更远的路程，花费更多的时间。B说他会逆流且与水流成一定角度。由于水流，他将从开始的地方垂直河岸游到对岸。因此，他游过的距离最短并认为他会第一个到达。C则认为B实际花的时间比预期的要长，因为B的一部分力用在克服水流上。他决定顺流且与水流成一定角度，这样水流会帮助他而不是阻碍他。他认为他的速率最大，会第一个到对岸。请问哪个人会第一个游到对岸？●●

9. 图P10.9（鸟瞰图）显示当汽车从(a)运动到(f)，车顶周期性闪光的闪光灯位置。根据图中的信息来描述在每个标记的位置汽车的加速度。●●

图 P10.9

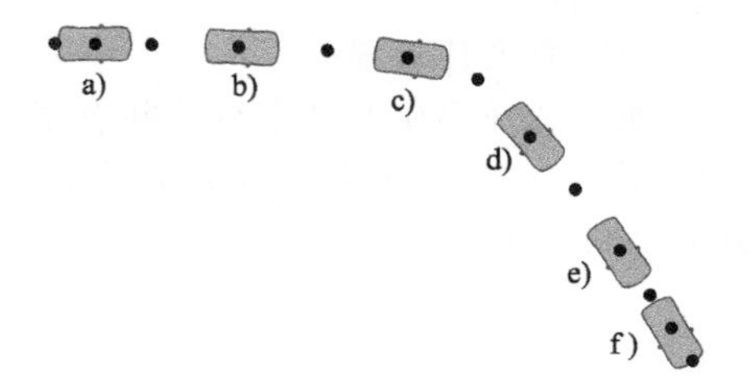

10.3 力的分解

10. 哪种情况下的汽车更难减速：沿斜坡向上的汽车还是沿斜坡向下的汽车？为什么？●

11. 挂在晒衣绳中点处的毛衣使绳子下垂。你能将绳子往两边拉到它完全不下垂吗？(假设绳子的材料能够满足你的任何要求) ●●

12. 如图P10.12所示，指示牌由两根金属丝悬挂住。将每根金属丝上的张力分别与指示牌的重力比较，是大于，小于，还是相等？●●

图 P10.12

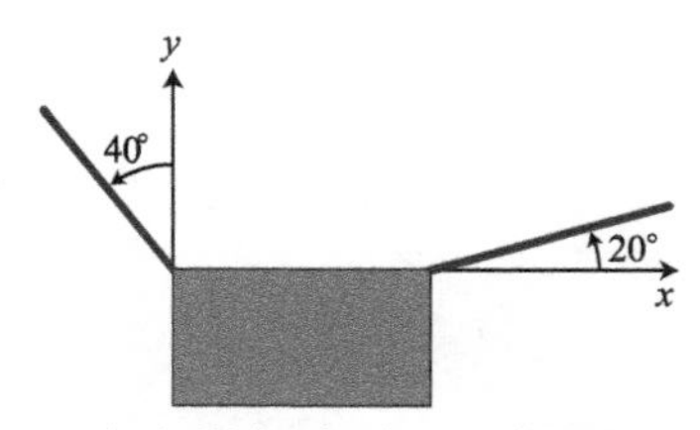

13. 一个人沿倾角为30°的屋顶表面横向运动。他的运动方向平行于屋脊（沿着屋顶

表面的方向），位置在屋顶最高点以下 4.0m 处。他被系在两根绳子上，而绳子分别系在屋顶两端的物体上。左边的绳子系在屋顶最高点上方 1.0m 的烟囱处；右边的绳子系在屋顶最高点上方 3.0m 的旗杆处。系在烟囱上的绳子平行于屋顶表面，而系在旗杆上的绳子则不然。两根绳子都系在此人的腰部。当此人站在 10m 长的屋顶的中点处时，描述作用于此人的力，并指出哪些力在以下三个互成直角的方向上有分量：平行于屋脊的方向、屋顶表面的法向和屋顶表面的切向。●●●

10.4 摩擦力

14. 一个常用的小把戏是快速而有力地水平抽出桌布，使得放在桌布上的盘子和玻璃杯原地不动，而不掉在桌上。(a) 请解释原因。(b) 如果你抽桌布太慢，那么盘子和玻璃杯都会被拉离桌子，为什么？●

15. 当汽车逐步加速（不打滑）时，轮胎和路面之间的摩擦力是动摩擦力还是静摩擦力？●

16. 图 P10.16 是两张频闪照片（拍照频率相同）。拍照对象是沿斜坡运动并受到摩擦力作用的滑块。在其中一张照片中，滑块从斜坡顶部静止释放，沿斜坡向下运动。另一张照片中，滑块在斜坡底部被推射上斜坡。那么哪张照片是向下运动的？哪张是向上运动的？●

图 P10.16

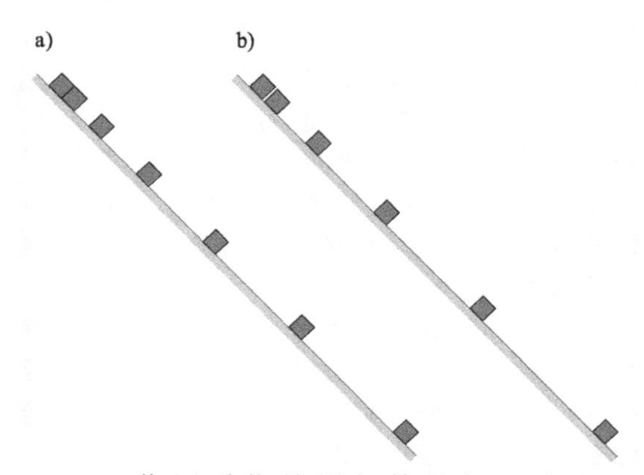

17. 你用手指给黑板擦施加一个水平（垂直于黑板）的压力，使它保持压在黑板上的状态。(a) 哪种力（称为力 A）阻止黑板擦落下？(b) 力 A 的大小是多少？(c) 力 A 的大小是否与你手指所施加的压力大小有关？(d) 现在放开你的手指，黑板擦将掉落。此时力 A 的大小发生了什么变化？●●

18. 如图 P10.18 所示，所有的表面之间都有摩擦力。分别比较下列两种情况下，A 作用于 B 的力的水平分量大小与 A 作用于 C 的力的水平分量大小：(a) 当物块系统匀速向右运动时，(b) 当物块系统由于对 B 的外力作用而加速向右运动时。●●

图 P10.18

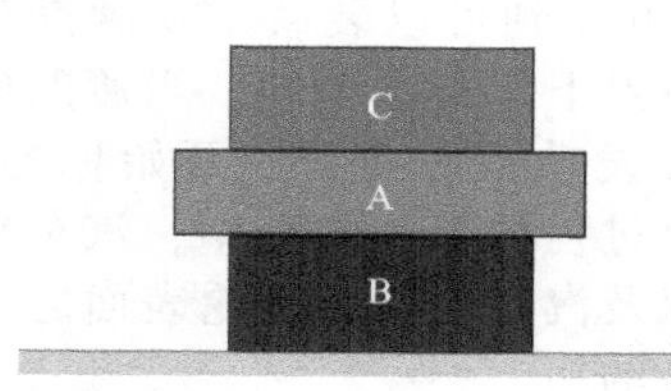

19. 在粗糙的地面上，工人用一根绳子拉装载箱子的托板，绳子系在托板上。分别画出下列两种情况下托板和箱子的受力图：(a) 当托板在水平地面上时，(b) 当托板在斜面上被拉时。假设在这两种情况下托板和箱子均为匀速运动。●●

10.5 功和摩擦力

20. 分别求下列三种情况下作用于咖啡杯的摩擦力方向：(a) 咖啡杯放在静止的桌子上；(b) 将咖啡杯向右推到桌子的另一边的过程中；(c) 当桌子被向右推动时，咖啡杯仍与桌子保持静止。●

21. 一个工人将一个圆形的锯子，放到一块平躺在地面的长木板的顶端。然后她和工友分别抬起木板的两端穿过建筑工地，最后把木板架在两个锯木架上待锯。讨论在这个过程中木板施加给锯子的竖直方向上的力和静摩擦力的做功情况。●

22. 协助者用绳子沿 15°的斜坡向上匀速拉一位 55kg 的滑雪者 100m。(a) 假设雪坡足够光滑可以忽略任何摩擦力影响，求绳子的张力。(b) 绳子对滑雪者做了多少功？●●

23. 你的朋友声称她的汽车能够在 5.1s 内从静止加速到 60mile/h（26.8m/s），但是计速表坏了。你决定搭乘她的车来检验她说的是否正确。你随身携带了小型金属垫圈、一小段绳子、量角器和能在玻璃上写字的笔。你坐在乘客座位上，把金属垫圈系在绳子的一端，升起乘客窗夹紧绳子的另一端，使绳子和垫圈竖直向下。当汽车静止时，你沿竖直绳子在窗户上画出一条直线段。(a) 若汽车以你朋友声称的那样加速，则绳子和画出的直线段所成的角有多大？(b) 若汽车以你朋友声称的那样加速，而相同的垫圈并没有在水平仪表盘上滑动，则作用于这个垫圈上摩擦力和重力的比值是多少？●●

24. 你开车到可以装载 100 辆汽车的渡船上，然后停下车打了个盹。当渡船到达目的地后，你发动汽车离开，开始你的假期。估算在这个过程的每一部分中，汽车轮胎和上船道路以及汽车轮胎和渡轮表面之间的静摩擦力所做的功。●●

25. 两个小孩分别从相同高度但不同倾角的滑梯上滑下。(a) 设滑梯表面光滑，摩擦力可忽略不计。哪个小孩在下滑到滑梯底部时的速率更大？哪个小孩先到达滑梯底部？(b) 现在把小孩和滑梯之间的动摩擦力考虑进去。哪个小孩在下滑到滑梯底部时的速率更大？●●

10.6　矢量代数

26. 对于矢量 $\vec{A}=2.0\hat{i}+3.0\hat{j}$ 和 $\vec{B}=-4.0\hat{i}+5.0\hat{j}$，计算：(a) $\vec{A}+\vec{B}$，(b) $\vec{A}-\vec{B}$。(c) 若 $\vec{B}$ 的方向（不是大小）可以任意改变，则 $|\vec{A}+\vec{B}|$ 能达到的最大值和最小值各为多少？●

27. 对于矢量 $\vec{A}=3.0\hat{i}+2.0\hat{j}$ 和 $\vec{B}=-2.0\hat{i}+2.0\hat{j}$，试计算 (a) $\vec{A}+\vec{B}$，(b) $|\vec{A}+\vec{B}|$ 的大小。●

28. 计算下列矢量的极坐标：(a) $\vec{A}=3.0\hat{i}+2.0\hat{j}$，(b) $\vec{B}=-2.0\hat{i}+2.0\hat{j}$ ●

29. 你的寻宝地图告诉你要先向东走 36m，然后向南走 42m，最后向西北方向走 25m。假设 x 轴的正方向指向东，分别在下列坐标系中求你的位移：(a) 极坐标系，(b) 直角坐标系。●●

30. 如图 P10.30 所示，若系在载物台和右边建筑物顶部之间的缆绳张力是 800N，则 (a) 系在载物台和左边建筑物顶部之间的缆绳张力是多少？(b) 载物台的质量是多少？●●

图 P10.30

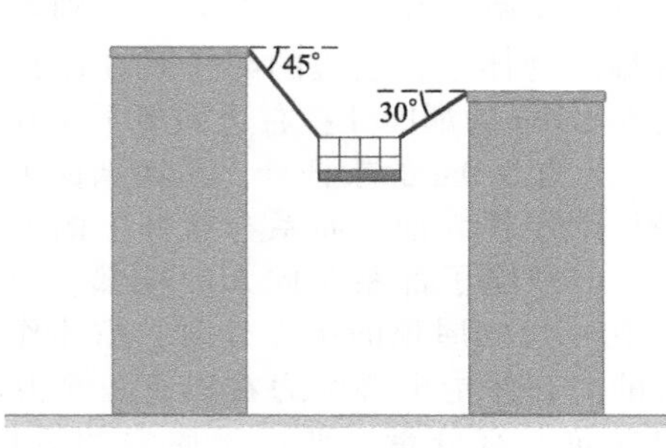

31. 你从你家出发，向东走 1.0h，向东北方向走 1.5h，再向南走 1.0h，向西南方向走 2.5h，整个过程速率不变。这时你意识到天快要变黑了，于是直接向家里走去。若你行走的速率始终保持不变，多久能到家？●●

32. 物体的位移是 $\vec{r}(t)=(At+Bt^3)\hat{i}+(C-Dt^2)\hat{j}$。(a) 写出此运动 $\vec{v}(t)$ 和 $\vec{a}(t)$ 的表达式。(b) 当 $A=2.0\text{m/s}$，$B=0.10\text{m/s}^3$，$C=5.0\text{m}$，$D=0.20\text{m/s}^2$ 时在 x 轴为水平轴、y 轴为竖直轴的坐标系中画出在时刻 $t=0$、1.0s、2.0s、3.0s 的物体位置。并在这些位置上，画出速度矢量和加速度矢量。●●

33. 试把位置函数 $\vec{r}(t)=A\cos(\omega t)\hat{i}+A\sin(\omega t)\hat{j}$ 转化为极坐标的形式，其中 A 和 ω 是常量。●●

34. 一架飞机在 65min 之内沿直线从 A 地飞到 B 地，平均速率为 400km/h。一辆汽车从 A 地开往 B 地，先向正南方向行驶一段距离，然后向正西方向行驶一段更长的距离到达 B 地。驾驶员发现共驶过 600km 的路程。该飞机是以西偏南多少角度飞行？●●

35. 一个小孩骑着她的自行车，先向东骑五个街区，再向北骑三个街区，共用了 15min。每个街区的长度为 160m。求：(a) 她的位移大小，(b) 她的平均速度，(c) 她的平均速率。●●

36. (a) 在坐标轴分别为 x 轴和 y 轴的直角坐标系中，点 P 的坐标是 (x, y)。若在另一个坐标轴分别为 x' 轴和 y' 轴的直角坐标系中，原点与之前的重合，但 x' 轴绕原点转到 x 轴上方 φ 角处，则 P 在这个坐标系中的坐标是什么？(b) 若 P 的 x 坐标和 y 坐标是 (5.0m, 2.0m)，$\varphi=30°$，求 (x', y')。●●●

37. (a) 设在桌面上有两个长度相等的箭头。如果你只能通过在桌面上转动的方式来让它们朝向任意方向，那么把箭头看作矢量，当两者的矢量和为零时，有多少种可能的箭头组合模式？[注意：若一种组合模式不能由旋转得到另一种组合模式，则称它们是不同种组合模式。] (b) 重做 (a) 问，把两个箭头换成三个箭头，并设任一相邻的一对箭头夹角相等。(c) 重做 (a) 问，把三个箭头换成四个箭头，并在整个排列组合中保持任一相邻的一对箭头夹角相等。(d) 你能确定箭头（矢量）的数量和组成模式种类数之间的关系吗？●●●

10.7 二维抛物运动

38. 小球从离地面 10m 高的窗户里水平抛出，初速率为 15m/s。小球落在地面上的位置离建筑物的水平距离是多少？●

39. 图 P10.39 中从桥上水平抛出的哈密瓜的最具代表性的轨迹是哪一个？其他轨迹有什么问题？●

图 P10.39

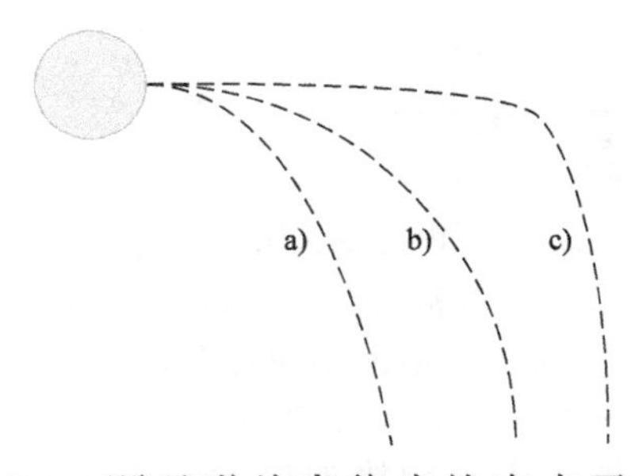

40. 一颗子弹从高能步枪中水平射出。同时，另外一颗静止在步枪枪口的子弹自由下落。哪颗子弹先落地？●

41. 步枪水平瞄准 100m 开外的靶子，子弹从枪管以 650m/s 的速度射出。若枪管恰好瞄准靶心，则子弹最终与靶心偏离多少？●

42. 如果在步枪上有瞄准镜，那么瞄准镜通常与枪管不平行。瞄准镜和枪管之间的角度必须随与目标的距离而调整。解释为什么。●●

43. 小球从桌面边缘滚落到地面。小球落地的位置和桌子边缘的水平距离是 0.50m，桌子离地面的高度是 0.80m。(a) 小球离开桌面后经过多久到达地面？(b) 当小球离开桌面时它的速率是多少？●●

44. 一个包裹以 15m/s 的速度从水平飞行的直升机上掉落，高度为 200m，在下落的过程中系在包裹上的降落伞未能打开。(a) 包裹经过多久到达地面？(b) 包裹到达地面之前经过的水平距离是多少？(c) 包裹刚好落到地面上时的速率是多大？●●

45. 用国际单位制给出的物体速度是 $\vec{v}=(at-bt^2)\hat{i}+c\,\hat{j}$，其中 $a=14\text{m/s}^2$，$b=10\text{m/s}^3$，$c=22\text{m/s}$。(a) 若物体在 $t=0$ 时刻的初始位置是在原点 ($x_i=y_i=0$)，那么物体是否还会再回到原点？若是，什么时候？(b) 速度是否会为零？若是，什么时候？(c) 加速度是否会为零？若是，什么时候？●●

46. 某大炮先后发射出两颗相同速率的炮弹，一颗炮弹与水平方向的夹角为 55°，另一颗炮弹与水平方向的夹角为 35°。哪颗炮弹射程更远？哪颗炮弹在空中的时间更长？假设地面水平且忽略空气阻力。●●

47. 高尔夫球从球座上被击出，并在水平地面上方飞行。考虑空气阻力，飞行轨迹的最高点的水平位置在哪里：是在小于一半射程的位置，恰好等于一半射程的位置，还是在大于一半射程的位置？●●

48. 大炮发射一颗炮弹，它的初速度的水平分量为 20m/s，竖直分量为 35m/s。画出炮弹在时刻 0、1.0s、2.0s、3.0s、4.0s 的大致位置。在每个位置上，画出速度的水平和竖直分量。●●

49. 考虑空气阻力，画出高尔夫球在从球座飞到草坪过程中其轨迹上的 5 个具有代表性位置上的加速度矢量。假设空气阻力大小恒定。●●

50. 假设投球手水平投出的快球的初速度大小为 42m/s，经过多少时间，能够到达水平距离 18.4m 的击球手处？（你的回答能够很好地解释投手站在土墩上投球的原因。）●●

51. 如图 P10.51 所示，小鱼恰在水面下吐出一滴水，把树枝上的蚱蜢打落进水里。蚱蜢的初始位置是在水面以上 0.45m，和鱼嘴的水平距离为 0.25m。若水滴发射角度与水面成 63°，当它离开鱼嘴时的速度大小是多少？●●

图 P10.51

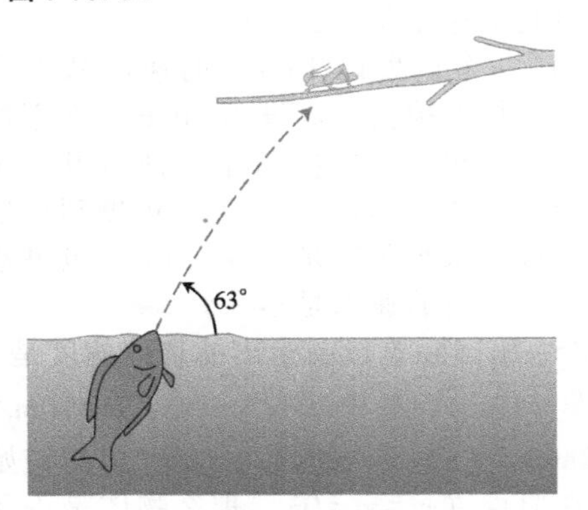

52. 一个躲避警察追捕的窃贼正在建筑物的水平屋顶上拼命奔跑。在屋顶边缘，他看到隔着一条巷子，而前面有另一个水平屋顶。巷子的宽度是 8.0m，另一个屋顶比他所站的屋顶低 3.0m，他最快能在 5.6s 内冲刺跑过 50m。如果他以最快的速度助跑起跳，能跳到对面的屋顶上吗？●●

53. 你向水平距离为 20m 的墙抛出一个小球，小球与水平方向夹角 30°，初速率是 15m/s。小球离开你的手时距离地面高度为 1.5m。(a) 小球经过多久撞到墙上？(b) 小球撞到墙上时的高度是多少？(c) 小球撞到墙之前瞬间速度的水平和竖直分量各是多少？(d) 当小球撞到墙上时，它是否已经经过了轨迹的最高点？●●

54. 如图 P10.54 所示，你的朋友站在 51.8m 高的建筑物屋顶上。屋顶是正方形的，边长为 20m。你想向屋顶发射彩弹来吓唬你的朋友。彩弹在枪口的发射速率是 42m/s。唯一的问题是你和屋顶之间有一块高 67.5m 的薄广告牌，广告牌在建筑物前方 20m。你在广告牌前拿着枪射击。枪离地面的高度是 1.5m。假设彩弹能在它轨迹的最高点刚刚好翻过广告牌。(a) 要使彩弹翻过广告牌，射击时枪与水平方向所成的角 θ 应为多少？(b) 你离广告牌的水平距离是多远？(c) 彩弹从轨迹最高点运动到屋顶的高度，需要多久？(d) 彩弹能否撞到屋顶上？(e) 如果彩弹撞到屋顶上，撞到前瞬间的速率是多大？●●●

55. 宽 30m 的沟壑一边有灌木丛在着火。消防车在沟壑的另一边，它比灌木丛高 8.5m。灭火水管口与水平面的夹角为 35°，消防员可以通过调整水压来控制水的速度。因为荒野里水的供应受到限制，所以消防员想尽可能少地使用水。当水流离开管口的速率是多少时，能在刚开始喷出时便浇在火上？●●●

图 P10.54

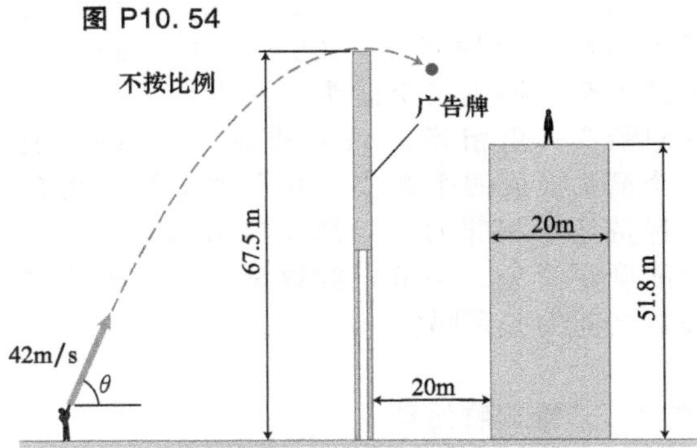

56. 你站在倾角为 20° 的斜面上，并以 15m/s 的速度把小球抛上斜面（见图 P10.56）。若你抛出小球的方向与水平面的夹角 35°，则它落在斜面上的位置与你的脚距离是多少？设小球离开你的手时与斜面的高度差是 2.0m。●●●

图 P10.56

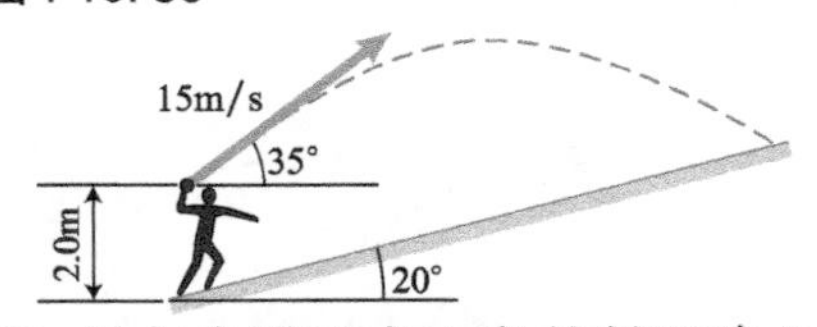

57. 沿与水平面成 ϕ 角的斜面建立 xy 的直角坐标系，质量为 m 的物块在原点，如图 P10.57 所示。你抛出物块使其沿斜面向上运动，初速度大小 v_i，方向与 x 轴成 θ 角。(a) 用坐标形式表示物块加速度的大小和方向。(b) 推导出物块速度关于时间的函数表达式，用坐标系单位矢量表示法表示。(c) 物块沿 y 轴的位移 Δy 的最大值是多少？(d) 物块沿 x 轴的位移 Δx 的最大值是多少？忽略摩擦力。●●●

图 P10.57

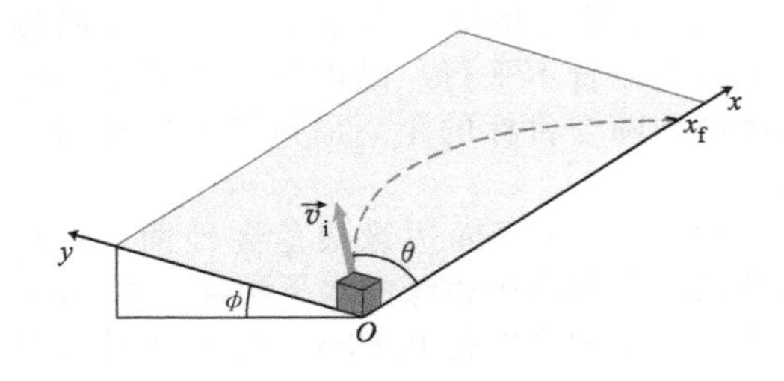

10.8 二维碰撞和动量

58. 炮弹在半空中过早地爆炸。炮弹的质心发生了什么变化？

59. 在台球比赛中，惯性质量为 m 的母球以速率 v 与 15 个静止的球发生弹性碰撞。若 16 个球的惯性质量均为 m，则（a）每个球在飞离时的平均速率是多少？（b）每个球在飞离时的平均动量是多少？

60. 静止在光滑桌面上的物体 A 与物体 B 碰撞。若碰撞是弹性的，且两个物体的惯性质量相等，试证明 A 和 B 碰撞后的运动方向之间的夹角为 90°。

61. 圆盘 1（惯性质量为 m）在光滑的水平面上以 1.0m/s 的速率滑动并与静止的圆盘 2（惯性质量为 $2m$）碰撞。圆盘 1 偏离初始方向 15°，圆盘 2 的运动方向与圆盘 1 的初始方向的夹角为 55°。（a）计算每个圆盘的末速率。（b）这个碰撞是弹性碰撞吗？

62. 弹簧枪被固定在小车上，组成一个惯性质量为 0.50kg 的系统。此系统静止在水平光滑的轨道上。0.050kg 的抛射体装在枪里，然后与水平面成 40°角发射。若抛物体上升的最大高度是 2.0m，则小车反冲时的速率是多少？

63. 一个弹簧（$k=3800\text{N/m}$）被两个物块压缩着：物块 1 的惯性质量为 1.40kg，物块 2 的惯性质量为 2.00kg。这两个物块之间用一根细线系住（没有在图 P10.63 中表示）。这个系统在运动过程中没有旋转，一直在光滑水平冰面上以 2.90m/s 的速度滑动。突然细线断开，弹簧伸长，物块分离。之后，2.00kg 的物块以与初始方向成 34.0°角、大小为 3.50m/s 的速率运动，而质量轻一点的物块则以未知的方向和速率远离而去。假设在分离后物块没有发生旋转，并可忽略弹簧和细线的惯性质量。（a）计算分离后物块 1 的速度。（b）与弹簧的自然长度比较，计算弹簧初始压缩量 $x-x_0$。

图 P10.63

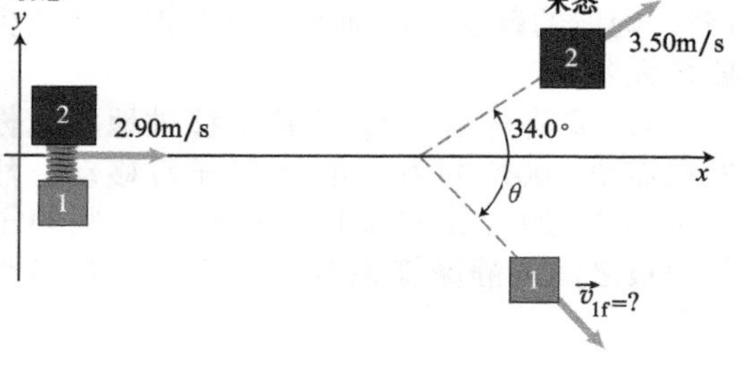

64. 圆盘 P（惯性质量为 0.40kg）以未知速度在光滑水平面上滑动，并和初始静止的圆盘 Q（惯性质量为 0.70kg）碰撞。碰撞后，两个圆盘（撞后有点凹痕）彼此远离但没有旋转。速度信息在初状态和末状态的俯视图中提供，如图 P10.64 所示。（a）圆盘 P 的初速度是多少？（b）碰撞过程中初动能被转化的百分比是多少？

图 P10.64

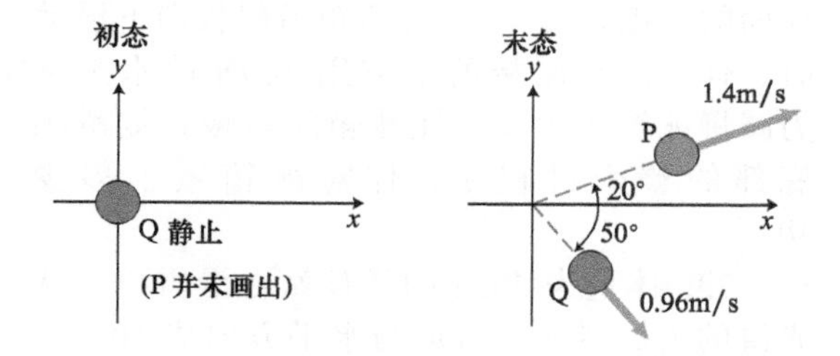

10.9 功的标积定义

65. 若矢量 $\vec{A}$ 和 $\vec{B}$ 的夹角为 165°，$A=3.0\text{m}$，$B=2.5\text{m}$，则 $\vec{A}\cdot\vec{B}$ 的值是多少？

66. 矢量 $\vec{A}$ 的大小为 3.5 个单位长度，矢量 $\vec{B}$ 的大小为 11 个单位长度。若 $\vec{A}\cdot\vec{B}$ 的值为 22.4 个平方单位，则 $\vec{A}$ 和 $\vec{B}$ 的夹角是多少？

67. 矢量 $\vec{A}$ 在 y 轴负方向上有 5.0 个单位长度。矢量 $\vec{B}$ 在 x 轴正方向上的分量是 3.0 个单位长度，在 y 轴负方向上的分量是 7.0 个单位长度。（a）矢量 $\vec{A}$ 和 $\vec{B}$ 的夹角是多少？（b）计算 $\vec{A}\cdot\vec{B}$。

68. 当质点沿 x 轴从 $x=1.0\text{m}$ 运动到 $x=-5.0\text{m}$ 时，力 $\vec{F}=F_x\hat{i}+F_y\hat{j}$ 作用在质点上，其中 $F_x=50\text{N}$，$F_y=12\text{N}$。（a）计算力对质点所做的功。（b）力和质点位移之间的夹角是多少？

69. 当质点发生位移 $\vec{D}=D_x\hat{i}+D_y\hat{j}$ 时，其中 $D_x=2.0\text{m}$，$D_y=-2.0\text{m}$，恒力 $\vec{F}=F_x\hat{i}+F_y\hat{j}$ 作用在质点上，其中 $F_x=3.0\text{N}$，$F_y=2.0\text{N}$。（a）计算恒力对该质点所做的功。（b）$\vec{F}$ 和 $\vec{D}$ 的夹角是多少？

70. 若 $\vec{A}=3.0\hat{i}+2.0\hat{j}$，$\vec{B}=1.0\hat{i}-1.0\hat{j}$，$\vec{C}=2.0\hat{i}+2.0\hat{j}$，试计算 $\vec{C}\cdot(\vec{B}-\vec{A})$。

71. 你在玩一种玩具。它可以用弹簧发射弹珠，并使其在光滑的环形回路中无耗散地运动。你想要让弹珠在到达环形回路最高点时的速率是0.70m/s。最高点比弹珠发射时的初始位置高0.30m。(a) 弹珠的初速率必须为多少？ (b) 若弹珠的惯性质量为5.0g，弹簧的弹簧常量为13N/m，要让弹珠具有这个初速率，你需要在水平的光滑发射轨道上将弹簧压缩多少长度？●●

72. 你正在从货车上卸下冰箱。靠在货车车厢上的斜板有5.0m长，它的顶端距离地面的高度是1.4m。当冰箱沿斜板向下滑动时，你试图在斜板的下方用300N的水平推力减慢冰箱的运动。在冰箱从斜板顶端滑到底部的整个过程中，你对冰箱做了多少功？●●

73. 体重为20kg的男孩站在滑雪板上从光滑的雪坡滑下。雪坡与水平方向成10°角，长度为50m。(a) 若男孩从静止开始往下滑，则他到达雪坡底部时的速率是多少？(b) 然后他的姐姐用系在滑雪板上的绳子将他和滑雪板一起从雪坡底部拉到顶端。若男孩到达顶端时的速率是0.50m/s，那么他姐姐作用在绳子上的平均作用力必须是多少？●●

74. 两个小孩通过连接在三轮车把手上的绳子来拉坐在三轮车上的第三个小孩，三轮车和那个小孩的总惯性质量为35kg。一个小孩用100N的恒力沿正前方偏右45°的方向拉。(a) 如果第二个小孩用80N的恒力来拉，为了使三轮车沿正前方移动，他应该沿正前方偏左多少角度的方向拉？(b) 按(a)问中你算得的第二个小孩拉的角度，三轮车的加速度是多少？(c) 如果按上述方式三轮车移动了2.0m，则两根拉绳对三轮车做了多少功？●●

75. 如果矢量 $\vec{A}=A_x\hat{i}+A_y\hat{j}$，$\vec{B}=B_x\hat{i}+B_y\hat{j}$。试证明：$\vec{A}\cdot\vec{B}=A_xB_x+A_yB_y$。(你也许可以利用标积分配律的结论 $\vec{a}\cdot(\vec{b}+\vec{c})=\vec{a}\cdot\vec{b}+\vec{a}\cdot\vec{c}$)。●●●

76. 从静止开始，一位实习医生用与水平方向成35°角的、大小为80N的恒力，推一张45kg的轮床（医院中推送病人用的）经过40m长的过道。(a) 在实习医生将轮床推过15m的过程中，他对轮床做了多少功？(b) 当轮床经过15m处时，速度是多少？(c) 轮床经过这15m用了多长时间？忽略摩擦力。●●●

77. 假设你能提供500W的功率来移动大物体。现在你需要将一个50kg的保险箱放到离地板10m高的储物阁楼上。(a) 你能够竖直提升保险箱的平均速率是多少？(b) 在提升过程中你对保险箱做了多少功？(c) 如果你沿30°的斜面拉保险箱，则其平均速率是多少？(d) 如果你沿该斜面把保险箱拉到阁楼上，则你对保险箱做了多少功？●●●

10.10 摩擦系数

78. 酒吧服务生将一杯满满的啤酒以初速度 v_{full} 滑向坐在吧台另一端的某顾客，这杯啤酒刚好停在该顾客的面前。后来这位顾客又要了半杯啤酒，服务生站在同一位置将半杯啤酒以初速度 v_{half} 滑向该顾客，这半杯啤酒又刚好停在该顾客的面前。下面哪种情况是真实的：$v_{\text{half}}<v_{\text{full}}$，$v_{\text{half}}=v_{\text{full}}$，还是 $v_{\text{half}}>v_{\text{full}}$？●

79. 如图P10.79所示，一个很重的箱子底部装有弹性滑板，侧面装有倾斜的把手。哪种方法更容易移动箱子：推箱子还是拉箱子？假设两种情况下你施加的力都沿着把手的倾斜方向。

图 P10.79

80. 你想要经过结冰的私人车道，又要避免滑倒。如果该车道与水平面的倾斜角为15°，则你的鞋子与冰面间的静摩擦系数至少要多大？●

81. 要将一个51kg的箱子移过地板，你发现需要200N的力才能让它开始移动，然后用100N的力让它维持匀速移动，则箱子与地板之间的静摩擦系数与动摩擦系数各为多大？●

82. 你从静止开始，将一本物理书沿桌面水平向前推动。画出你的推力大小与书本所受摩擦力大小的函数关系曲线，包括你所认为的静摩擦力与动摩擦力的范围。●●

83. 一个协助者，可以用绳子将一个55kg 的滑雪者沿 40°的斜坡以匀速率向上拉100m。(a) 假设雪与滑雪者之间的动摩擦系数 $\mu_k = 0.20$，试计算绳子的张力；(b) 绳子对滑雪者做了多少功？(如果你求解过习题22，也许你会有兴趣将本题的答案与习题 22 的答案进行一个比较) ●●

84. 滑行越野赛的选手在水平面上滑行时，会利用滑雪板在雪面上保持滑行状态。而滑雪板与雪面间的摩擦系数则可以通过打不同类型的蜡来改变，为了使滑行尽可能快，(a) 你应该选一种蜡使滑雪板与雪面间的静摩擦系数尽可能大还是尽可能小？(b) 你应该选一种蜡使滑雪板与雪面间的动摩擦系数尽可能大还是尽可能小？●●

85. 一位清洁工将一个 11kg 的垃圾桶以恒定速率推过水平地板。桶与地板间的摩擦系数为 0.10。(a) 如果清洁工沿水平方向推垃圾桶，则需要多大的推力？(b) 如果他施加一个与水平方向成 30°的力来推，则需要多大的推力才能让垃圾桶匀速移动？●●

86. 冰面上的冰球以 10.50m/s 的速度开始运动，经过 40.00m 后速度变慢为10.39m/s。(a) 冰球与冰面之间的动摩擦系数为多大？(b) 在同一冰面上，一个完全相同的冰球与第一个冰球碰撞粘在一起后以10.50m/s 的速度开始运动，则经过 40.00m后冰球的速度应该为多大？●●

87. 汽车轮胎与干燥的人行道之间的动摩擦系数大约为 0.8。当汽车以 27m/s 的速度运动时，你踩住制动踏板，这时汽车水平方向只受到摩擦力的作用。(a) 经过几秒钟你可以让汽车停住？(b) 如果路面是湿滑的，那时汽车轮胎与人行道之间的动摩擦系数只有 0.25，这时需要多长时间才能停住？(c) 在这段时间间隔内汽车运动了多少距离？●●

88. 一个惯性质量为 m 的物体放在与水平方向倾角为 θ 的斜面上。猛推一下该物体，使该物体以初速率 v 沿斜面向上滑动，假设物体与斜面间的动摩擦系数为 μ_k。(a) 物体在停住前能够沿斜面上滑多远？(b) 如果物体与斜面间的静摩擦系数为 μ_s，斜面的倾角 θ 最大只能是多少，才能让物体在斜面某处停住后而不滑下？●●

89. 在水平桌面上，用一个 1.0kg 的物体推压一个弹簧的自由端（弹簧的另一端固定在桌侧墙壁上），直到将弹簧从自然长度开始压缩 0.2m，弹簧的弹簧常量 k = 100N/m，物体与桌面间的动摩擦系数为 0.2。将物体从弹簧的压缩状态释放，则该物体在停住前能够运动多远？●●

90. 一个男子用恒力将一个 50kg 的箱子以匀速率拖过地板。他通过一根连接在箱子上的绳子来施加这个力，这个拉力的方向沿水平方向斜向上 36.9°。箱子与地板表面的动摩擦系数 $\mu_k = 0.10$。如果他将箱子拖动10m，则他对箱子做了多少功？●●

91. 一个与水平方向倾角为 30°的斜面底部放了一个弹簧常量为 4500N/m 的弹簧（见图 P10.91）。一个 2.2kg 的物体从斜面的顶部滑下，然后把弹簧从自然长度处开始压缩到最大的形变量 0.0240m。(a) 忽略所有摩擦因素，计算物体从开始滑下到压缩弹簧后停顿的两时刻之间经过的距离。(b) 现在假设物体与斜面之间有摩擦且 $\mu_k = 0.10$，如果物体再次从斜面某处滑下，若要使该弹簧压缩同样的形变量 0.0240m，则该物体要滑行多少距离？●●

图 P10.91

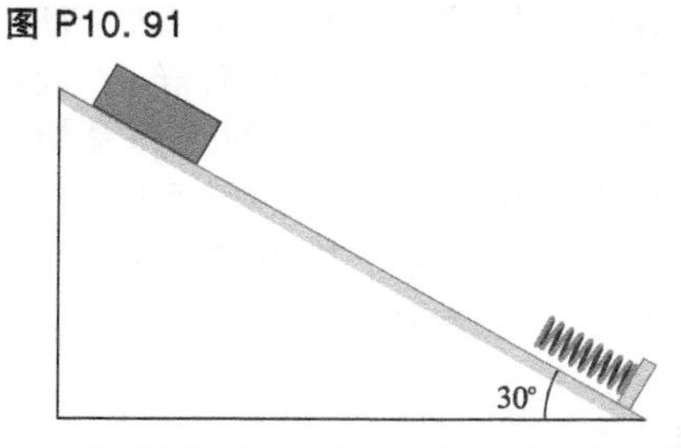

92. 你用与竖直方向成 θ 角的力推压一本静止在桌面上、惯性质量为 m 的书。书与桌面之间的静摩擦系数为 μ_s。如果 θ 不大于某个临界值，不管你如何用力推压，书都不会移动，那么这个 θ 的临界值是多少？●●●

93. 你用 100N 平行于斜面的力推 2.0kg 的物体向上运动，该斜面与水平方向的夹角为 30°。(a) 忽略一切摩擦效应，当你以2.0m/s 的初速率推动物体，并沿斜面向上推动了 2.0m 后，计算该物体的速率。(b) 现在考虑摩擦，物体与斜面之间的动摩擦系数为 0.25，则推动了 2.0m 后该物体的速率是多少？(c) 如果动摩擦系数为 μ_k，那么当你停止推动后，物体还能上行多远？●●●

94. 一个装有轮子、惯性质量为 m_p 的平台，通过一个弹簧常量为 k 的水平弹簧与墙壁连接。将一个惯性质量为 m_l 的负载放在平台上，负载与平台之间的静摩擦系数为 μ_s。如果你拉动平台离开墙壁，使弹簧从自然长度处开始伸长 x，然后放手，平台与弹簧组合的系统就会前后来回运动。(a) 在运动过程中，平台在哪个位置负载最有可能掉落？(b) 如果你希望仅仅靠摩擦力使负载始终停留在平台上，则上述情况下弹簧允许的最大伸长量 x_{max} 是多少？●●●

95. 你要选择一个电动机的输出功率，该电动机可以通过粗的拉绳将载有 20 个滑雪者的滑雪橇拖动。选择沿水平斜向上 32° 的滑雪面，雪橇与滑雪面之间的平均动摩擦系数为 0.12。如果拉绳的速率为 3.0m/s，每个滑雪者的质量为 60kg（合理的平均值），则该电动机的最小输出功率必须有多大？●●●

96. 将一个弹簧常量为 k 的弹簧放置在一个与水平方向倾角为 θ 的斜面底部。一个惯性质量为 m 的物体压在弹簧的自由端，直到把弹簧从自然长度处开始压缩距离 d，把这个位置称为位置 A。释放弹簧后物体沿斜面向上运动，一直到位置 B 后静止。斜面从位置 A 到向上 $2d$ 的范围内的表面是粗糙的，在这段距离内相应的物体与斜面间的动摩擦系数为 μ。其他地方的摩擦忽略不计。则从 A 到 B 的距离为多少？●●●

实践篇

附加题

97. 一辆赛车从滑行到静止，留下一段长为 290m 的轮胎印迹。如果车轮与路面之间的动摩擦系数为 0.5，则该赛车滑行前的车速有多快？●

98. 如果你在帝国大厦的顶楼上用最大的力水平扔出一枚硬币，当该硬币落地时距离大厦有多远？●

99. 画一个抛射体的射程与抛射角（与水平方向斜向上的夹角）的函数关系图。●

100. 当你用水浇花园时，为了让水浇得更远，你会本能地抬高水枪来增加水流的射程。因为你认为增大水枪的出射角可以延长水流在空中的飞行时间，从而使水平射程变长。但无论你怎么试验，最远的射程都不会改变，为什么？●●

101. 一个初速度为 $(40\text{m/s})\hat{i}$ 的质点，从 xy 坐标系的原点以恒定加速度 $\vec{a}=a_x\hat{i}+a_y\hat{j}$ 开始运动，其中 $a_x=-1.0\text{m/s}^2$，$a_y=-0.50\text{m/s}^2$。(a) 运动过程中质点能够到达的最大 x 坐标是多大？(b) 到达该位置的速度是多少？(c) 此时的 y 坐标是多少？●●

102. 根据下列表达式描述这两个矢量的性质。(a) $\vec{A}+\vec{B}=\vec{A}-\vec{B}$，(b) $|\vec{A}|+|\vec{B}|=|\vec{A}+\vec{B}|$。●●

103. 一个惯性质量为 2.0kg 的物体开始静止在光滑的水平面上，有三个力作用在该物体上：一个 100N 的力沿 x 轴正方向，一个 50N 的力与 x 轴正方向的夹角为 30.0°，另一个 144N 的力与 x 轴正方向的夹角为 190°。(a) 作用在该物体上的合力是多少？(b) 10.0s 内对该物体所做的功为多大？●●

104. 一个飞行员从德卢斯（Duluth，美国明尼苏达州东北部港市）以南 1500km 的机场驾驶飞机飞向德卢斯。飞机的飞行速率为 260m/s，一股速度大小为 40m/s、由西向东的气流使它偏离了向正北的航线。飞机可以选择朝正北稍微偏西的方向飞行直接到达德卢斯，或者朝正北方向飞行到达德卢斯的正东方后再朝西迎风飞到德卢斯。哪条航线所用的时间更短？●●

105. 理想情况下雪层之间的静摩擦系数是 3.7，雪堆崩塌前能够形成的最陡的角（θ 如图 P10.105 所示）是多大？●●

图 P10.105

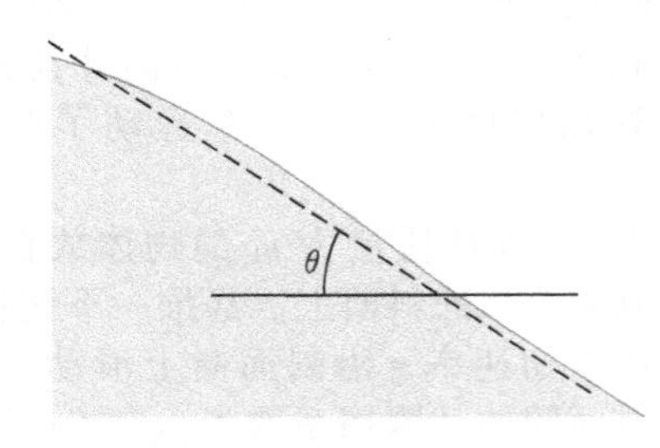

106. 由《原理篇》中的题 10.6 可知，从地面上抛出的抛物体的水平射程有一个简单的表达式。如果从高为 h 的悬崖边缘，以初速率 v_i、水平仰角 θ 抛出抛物体，则其水平射程的表达式将会如何？●●●CR

107. 假如你想把自己在佛蒙特州继承的遗产建成一处非常好的滑雪度假胜地。滑道另一边的山坡是一处悬崖。它给了你一个赚钱的想法。你放弃了利用升降椅或者电动机拉粗绳的方法，而是在悬崖顶安装上一个滑轮，再将粗绳绕在滑轮上，绳子的一端暂时连在滑道的底部以保证安全，另一端通过滑轮将平衡物挂在悬崖边。这个设计方案是通过释放绳子将两个滑雪者（两人的总惯性质量控制在 100kg 到 200kg 之间）拉到 400m 滑道的顶上，滑道的水平仰角为 35°，滑雪橇与滑雪面之间的动摩擦系数不大于 0.10。如果滑雪者的运动速度超过 5.0m/s 就会紧张，那么一个单一的平衡物是否能够满足上述设计要求？●●●CR

108. 你正在调查一起发生在乡间的交通事故。现场证据表明：一辆向西行驶的小车被一辆向南行驶的货车撞了。撞坏的两辆车卡在一起滑行，最后静止在一条沿 76°的直线、长 14m 的轮胎印迹的一端，如图 P10.108 所示（该图为俯视图）。已知路面平整没有马路牙子，撞坏的车辆在滑行过程中的动摩擦系数 $\mu_k = 0.70$。查阅这两辆汽车的相关资料可以发现，其惯性质量分别为 $m_c = 1400\text{kg}$ 和 $m_v = 6500\text{kg}$，这两条路的限速均为 35mile/h，你应该根据什么来给驾驶员开罚单？●●●CR

图 P10.108

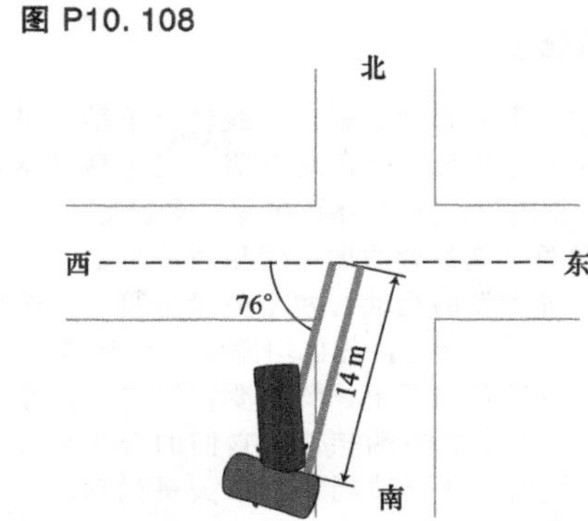

109. 一个 0.45kg 的足球以初速率 v_i 沿地面斜向上 θ 角的方向被踢出。(a) 确定球在飞行过程中的高度与水平距离的函数关系。(b) 假设 $\theta = 30°$，足球的初速率必须多大才能飞到离踢出点 48m 远的地方？(c) 假设脚接触球的时间为 0.15s，则脚施加给球的平均作用力为多少？●●●

110. 弹道摆是一个测量子弹速率的装置。一个最简单的弹道摆由一个木块和位于其两端的两根悬挂的长绳组成的（两根绳子用来保证木块在上摆过程中其底面始终与地面平行）。一颗 9.5g 的子弹射入一个木块质量为 5.0kg 的弹道摆，木块从初始位置上升了 66mm。(a) 子弹在射入木块前瞬间的速率为多大？(b) 碰撞过程中耗散了多少能量？这些能量是以什么形式耗散的？●●●

111. 一颗 0.010kg 的子弹以 300m/s 的速率射入一个习题 110 中所描述的、质量为 2.0kg 的弹道摆中。然而，木块不够厚，子弹穿木块而过，穿过木块后的子弹速率是原来的 1/3，则木块从原来的位置上升多高？●●●

复习题答案

1. 伐木工人看到包裹以曲线轨道下落。飞行员看到包裹在飞机下面以直线下落。当包裹降落在伐木工人的脚边时，飞机恰好在他的头顶上方。

2. 对两个观察者的加速度相同都为 g。

3. 这种类型的运动有两个矢量分量，一个竖直分量和一个水平分量，各自均需要一个参考轴。

4. 在这两种情况下，均需要把第二个矢量的尾部与第一个矢量的顶端相连，它们的合矢量等于从第一个矢量的尾部延伸到第二个矢量的顶端。与沿一条直线的矢量和相比，它们的合矢量大小还与两个矢量之间的夹角有关。

5. 相减时只要把矢量 1 沿同一直线将其方向反过来，然后将反过来的矢量 1 与矢量 2 相加即可。

6. 是的，$\vec{A}+\vec{B}=\vec{B}+\vec{A}$，但是 $\vec{A}-\vec{B}\neq\vec{B}-\vec{A}$。

7. 要把矢量 $\vec{A}$ 和矢量 $\vec{B}$ 相加，先把矢量 $\vec{A}$ 按比例画出（大小与方向），再画出矢量 $\vec{B}$，并把它的尾部与矢量 $\vec{A}$ 的顶端相连，它们的合矢量就是从矢量 $\vec{A}$ 的尾部画到矢量 $\vec{B}$ 的顶端。要把矢量 $\vec{A}$ 减去矢量 $\vec{B}$，先把矢量 $\vec{B}$ 的方向反过来，再用上面的步骤将其与矢量 $\vec{A}$ 相加，其差别是它们的合矢量变成从矢量 $\vec{A}$ 的尾部画到反过来的矢量 $\vec{B}$ 的顶端。

8. 物体在时间间隔 Δt 内的运动不是直线，而是沿曲线路径运动。

9. 与一个物体速度平行的加速度分量改变速度的大小（速率），不改变速度的方向。与一速度垂直的加速度分量改变速度的方向，不改变速度的大小。

10. 接触力的法向分量垂直接触面，切向分量平行接触面。

11.

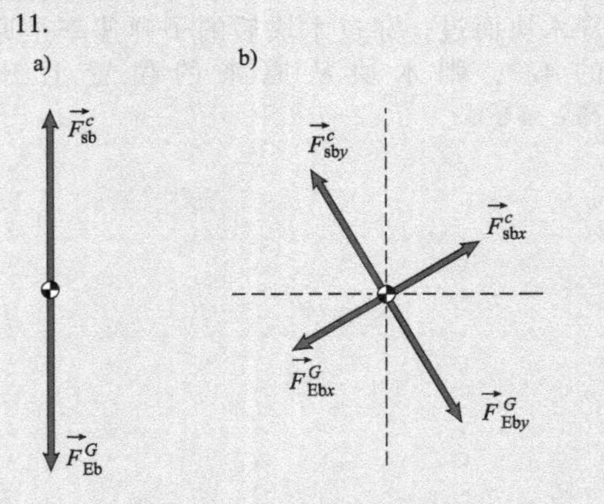

12. 当取一个坐标轴平行于加速度时，则沿另一个坐标轴的各个力分量之和为零，可以简化数学运算。

13. 所有这三个力都是两个接触面之间接触力的分量，法向支持力是垂直于接触面的接触力分量。对摩擦力而言，无论是静摩擦力还是动摩擦力，都是平行于接触面的接触力分量。任何法向支持力的方向总是与两接触面的挤压方向相反；任何摩擦力的方向总是与两接触面的相对滑动方向相反。法向支持力和静摩擦力的大小都在零到某个允许的最大值之间变化。超过最大法向支持力会导致一种或者两种材料的损坏（断裂）。当这种情况发生时，表面上不能再施加法向支持力，即它的大小变为零。超过最大静摩擦力会导致相对滑动，这种情况下静摩擦力就会被动摩擦力取代。

14. 静摩擦力的大小随着你的推力的增大而增大，而且保持与你施加在箱子的水平推力大小相等。静摩擦力的方向始终与你的推力方向相反。

15. 若要物体运动，需要克服的是静摩擦力而不是惯性。你的推力小于地板与桌子之间静摩擦力的最大值，因而桌子没动。

16. 静摩擦力是弹性力，不会引起能量的耗散。动摩擦力不是弹性力，会引起能量的耗散。如果这种耗散发生在系统边界上，我们就无法知道耗散的能量中有多少仍留在系统内，有多少传递到了系统外面，因此我们不能得到平衡的能量方程。

17. 许多答案都是可能的。如轮胎与地面之间的静摩擦力可以使汽车加速，但它并没有对汽车做功，因为这个力没有位移。（除非有滑动，那就不属于静摩擦力的范畴，因为这个力的作用点没有移动。）当你搬运一堆书时，如果你加速或者减速，那么最上面的那本书与它下面那本书之间的静摩擦力会使上面那本书产生加速度。这个静摩擦力还会对上面那本书做功，因为它的位移不为零。

18. 摩擦力不一定总是阻碍运动，正如复习题 17 中提到的书的情况。摩擦力的方向始终与两接触面之间的滑动或者相对运动方向相反。

19. 不可以，因为在极坐标中 r 代表距离，不是位置矢量，而距离总是正的。

20. $B\sin\theta$。正弦函数是直角三角形的对边与斜边的比，而余弦函数是直角三角形的邻边与斜边的比。因为通常给出的角度是一个矢量（斜边）与 x 轴的夹角，故余弦函数是与 x 分量相联系的。注意这不是本题的情况！（记住哪些分量与 $\sin\theta$ 相关哪些分量与 $\cos\theta$ 相关是很有用的：从一个矢量箭头开始，转过 θ 角画一段弧到一个分量，形成角的另一条边，该分量就是与 $\cos\theta$ 有关的量。）

21. 一个分矢量是一个矢量分解出来的一系列矢量之一。这些分矢量之和等于原矢量。一个矢量的分量是以数值表示的，加上单位矢量，就可以表示一个分矢量的大小和方向。这些分矢量与同一矢量的 x 分量和 y 分量的关系可由式（10.5）表示

$$\vec{A}=\vec{A}_x+\vec{A}_y=A_x\hat{i}+A_y\hat{j}$$

这个关系式反映了一个矢量可以在选定的直角坐标系中通过合适的矢量分量（数值）式相加，也可以采用沿坐标轴的分矢量（矢量）相加。

22. 在最高点，速度的竖直分量为 0，所以球的速率就是没有变化的水平分量：30m/s。

23. 路径的形状是一条抛物线，更加具体地说，$y(x)$ 是一个二次函数。

24. 最大高度只与抛出速度的 y 分量有关。而水平射程的问题与固定的抛出速率及变化的抛出角有关，在每种情况下抛出速度的 x 分量和 y 分量都是互相关联的。抛物体的水平射程与抛出速度的两个分量都有关：x 分量决定了物体沿水平方向飞行的快慢，y 分量则决定了物体能够飞多远的空中停留时间。

25. 原理是相同的：碰撞前后系统的动量不变，依据碰撞前物体间的相对速度，恢复系数决定碰撞后碰撞物体之间的相对速度。它们的不同之处在于：在二维碰撞中，每个动量矢量有两个分量，需要满足两个方程，而不是满足一维碰撞中的一个方程就够了。二维碰撞中的相对速度也有两个分量，但用恢复系数描述的关系式仍然只需要一个方程。

26. 在一维碰撞中，有两个未知的末速度分量，以及两个联系初速度与末速度的方程：动量保持不变，初相对速度与末相对速度通过恢复系数方程联系起来。在二维碰撞中，相同的原理提供三个方程：两个保证动量不变的分量方程，加上一个联系初相对速度与末相对速度的恢复系数方程。然而，在二维碰撞中，通常有四个未知的末速度分量，每个物体两个。所以在二维碰撞中至少还需要一个补充信息方程才能求得完整的解答。

27. 两个矢量中的一个矢量的数值等于零，或者两个矢量相互垂直，在这种情况下，式（10.33）中的因子 $\cos\phi=0$，因为此时 $\phi=90°$。

28. 功（标量）等于两个位置间的恒力（矢量）和力的位移（矢量）的数量积（或者标积），它等于两个矢量的大小（标量）相乘，再乘以它们之间夹角的余弦。

29. 力的位移 $\Delta\vec{r}_F$ 不能再使用。作为替换，把物体从位置 1 到位置 2 的移动路径分割成无数多个力的无穷小位移 $d\vec{r}$。所做的功等于物体沿位置 1 到位置 2 过程中，力和力位移标积的线积分，即 $W=\int_1^2\vec{F}\cdot d\vec{r}$。

30. 接触面积是指两个表面之间宏观上相互接触的面积。有效接触面积则是指两个表面之间微观上实际接触的面积。在日常生活中，接触面积要比有效接触面积大几千倍，而且有效接触面积会随着法向支持力的增大而增大。接触面积不会随着法向支持力的增大而增大；因此，摩擦力与接触面积无关。正像你所期望的，可获得的摩擦力依赖于有效接触面积和两个表面之间的法向支持力。

31. 他必须告诉你是用什么材料与混凝土路面接触的，这样的信息才有价值。摩擦系数由两种材料的接触表面决定，而不仅仅是一种材料。

32. 踢进楔形物的过程是增加地板对楔形物的法向支持力，因此也增加了地板对楔形物的静摩擦力。

33. 汽车在滑行过程中，轮胎与地面之间会有相对滑动，故起作用的是动摩擦力。轮胎在转动过程中与地面之间没有相对滑动，故起作用的是静摩擦力。通常情况下，两表面之间的动摩擦力都小于相应的静摩擦力最大值。因此，你要刹车时应采用后一种方式。

引导性问题答案

引导性问题 10.2　(b) $h=\dfrac{gd^2}{2v_i^2\cos^2\theta}-d\tan\theta$

引导性问题 10.4　$0.88\mathrm{m/s^2}$，北偏西 10°

引导性问题 10.6　(a) $a=\dfrac{m_b-m_c\sin\theta}{m_b+m_c}g$；

(b) $m_b=m_c\sin\theta$

引导性问题 10.8　$\vec{v}_{p,i}=(0.85\mathrm{m/s})\hat{i}+(0.37\mathrm{m/s})\hat{j}$

第 11 章　圆 周 运 动

章节总结

转动动能（11.1 节，11.2 节，11.4 节）

基本概念 **旋转运动**中，物体上的所有的质点均围绕转轴做圆周运动。

物体的（转动）**角速度** ω_ϑ 是物体角坐标 ϑ 的变化率。

（转动）**角加速度** α_ϑ 是物体角速度的变化率。

定量研究 当物体沿着半径为 r 的圆周经过一段路程 s 时，物体的**角坐标** ϑ 这个无单位的量就被定义为 s 除以圆的半径 r：

$$\vartheta \equiv \frac{s}{r} \quad (11.1)$$

弧长 s 从 x 轴正方向开始测量。为了测量 ϑ 我们需要选择一个 ϑ 的增加方向和零点，就像我们需要指明 x 增加的方向和原点以测量其在轴上的位置一样。

对于任意转动的物体，其角速度和角加速度分别为

$$\omega_\vartheta = \frac{\mathrm{d}\vartheta}{\mathrm{d}t} \quad (11.6)$$

$$\alpha_\vartheta = \frac{\mathrm{d}\omega_\vartheta}{\mathrm{d}t} = \frac{\mathrm{d}^2\vartheta}{\mathrm{d}t^2} \quad (11.12)$$

转动物体的平动量（11.1 节，11.4 节）

基本概念 物体沿圆周运动的速度 $\vec{v}$ 始终垂直于从转轴出发的物体的位置矢量 $\vec{r}$。

速度的切向分量 v_t 与圆周相切。速度的径向分量 v_r 为零。

由于速度的方向时刻都在改变，所以一个在圆周上运动的物体总有非零的加速度（即使速率是一个常量）。

即便是在恒定速率的情况下，也需要一个朝向轨道内侧的力以使物体在圆周上运动。

定量研究 物体沿圆周轨道运动速度的切向分量和径向分量分别为

$$v_t = r\omega_\vartheta \quad (11.10)$$

$$v_r = 0 \quad (11.18)$$

加速度的径向分量为

$$a_r = -\frac{v^2}{r} \quad (11.16)$$

这个径向分量被称为**向心加速度**，它指向圆心。向心加速度也可以写成如下形式：

$$a_r = -r\omega^2$$

加速度的切向分量为

$$a_t = r\alpha_\vartheta \quad (11.23)$$

加速度的大小是

$$a = \sqrt{a_r^2 + a_t^2} \quad (11.21)$$

恒定角加速度（11.4 节）

基本概念 如果转动的物体的切向加速度 a_t 是个常数，那么它的角加速度 α_ϑ 也是一个常数。只有在这种情况下，恒定角加速度的转动运动学关系才适用。

定量研究 如果一个物体具有恒定的角加速度 α_ϑ，初始的角坐标 ϑ_i 和角速度 $\omega_{\vartheta,i}$，那么在时间间隔 Δt 之后它的旋转坐标和角速度分别为

$$\vartheta_f = \vartheta_i + \omega_{\vartheta,i}\Delta t + \frac{1}{2}\alpha_\vartheta(\Delta t)^2 \quad (11.26)$$

$$\omega_{\vartheta,f} = \omega_{\vartheta,i} + \alpha_\vartheta \Delta t \quad (11.27)$$

转动惯量（11.3 节，11.5 节，11.6 节）

基本概念 **转动惯量**是衡量物体阻碍其自身角速度变化的物理量。转动惯量依赖于物体的惯性质量和惯性质量的分布。转动惯量的国际（SI）单位是千克·平方米($kg \cdot m^2$)

定量研究 惯性质量为 m 的转动质点的转动惯量为

$$I=mr^2 \tag{11.30}$$

其中，r 是质点到转轴的垂直距离。对于一个有体积的物体，转动惯量是

$$I=\int r^2 \mathrm{d}m \tag{11.43}$$

平行轴定理：如果 I_{cm} 代表惯性质量为 m 的物体对过其质心的轴 A 的转动惯量，那么物体对平行于轴 A 且与轴 A 距离为 d 的平行轴的转动惯量 I 为

$$I=I_{cm}+md^2 \tag{11.53}$$

转动动能和角动量（11.5 节）

基本概念 **转动动能**是物体由于转动而产生的动能。

角动量 L_ϑ 是一个物体使另一个物体转动的能力。

一个质点即使不转动也可能有角动量。

角动量守恒定律是说角动量可以从一个物体转移到另一个物体，但是既不能被创造也不能被消灭。当没有切向力施加在物体或系统上时，它们的角动量是守恒的。

定量研究 具有转动惯量 I，转动角速率为 ω 的物体的转动动能是

$$K_{rot}=\frac{1}{2}I\omega^2 \tag{11.31}$$

具有转动惯量 I，角速度为 ω_ϑ 的物体的角动量是

$$L_\vartheta=I\omega_\vartheta \tag{11.34}$$

具有惯性质量 m 和速率 v 的质点对其转轴的角动量是

$$L=r_\perp mv \tag{11.36}$$

其中，$r_\perp$ 是轴到质点动量作用线的垂直距离。距离 $r_\perp$ 被称为动量关于该轴的**力臂距离**。

复习题

复习题的答案见本章最后。

11.1 匀速圆周运动

1. 给出下列情况的一个例子：(a) 物体只有平动没有转动，(b) 物体只有转动没有平动，(c) 物体既有转动又有平动。

2. 如果物体在以下情况下运动，请问它的加速度是否可能不为零 (a) 恒定速度，(b) 恒定速率。

3. 对沿圆形路径运动的物体，其角坐标 ϑ 和极角 θ 之间的区别是什么？

4. 对于做匀速圆周运动的物体，描述物体位置矢量、速度矢量和加速度矢量在某一给定时刻的方向变化（相对于圆周轨道中心）。

11.2 力与圆周运动

5. 如果你坐在快速左转弯的汽车座椅上，你的肩膀似乎会向右倾斜。是什么原因导致了这种右向运动的错觉？

6. 为什么分析力时不应该使用旋转参考系？

7. 施加在做匀速圆周运动的物体上的合力是怎样的？这个合力是如何随着圆周运动的速率和半径改变的？

11.3 转动惯量

8. 转动惯量是物体的固有属性吗？解释你的回答。

9. 为什么走钢丝的人要手持一根长竿？

11.4 转动运动学

10. 一个沿圆周运动的物体是否始终具有向心加速度？是否始终具有角加速度？是否始终具有切向加速度？

11. 角坐标 ϑ 和极角 θ 之间的数学关系式是什么？

12. 说明角加速度、切向加速度和向心加速度之间的区别。

13. 对于一个做圆周运动的物体，写出一个表明下列各项之间关系的表达式：(a) 弧长 s 和角坐标 ϑ，(b) 速度 v_t 和角速度 ω_ϑ，(c) 切向加速度 a_t 和角加速度 α_ϑ。

14. 一个球系在绳子的一端，另一端系在你头顶上做水平圆周运动上。如果你增加球的速率 v 使得其转一周所需的时间减半，那么球的向心加速度将会如何改变？

11.5 角动量

15. 定义质点在圆周上运动的*转动惯量*。定义质点在转轴附近运动的*力臂距离*。

16. 描述做圆周运动的物体的转动动能和转动惯量之间的关系。

17. 一个惯性质量为 m 的匀速运动的物体，它的角动量 L 是如何与动量 mv 联系起来的？

18. 如果物体的转动惯量 I 和转动角速率 ω 都加倍，那么物体的转动动能会怎样变化？

19. “角动量是守恒的”这一陈述的意思是什么？

11.6 延伸物体的转动惯量

20. 你的物理书可以绕着三个过中心的相互垂直的对称轴转动。那么，绕着哪一个轴的转动惯量最小？绕着哪一个轴的转动惯量最大？

21. 具有哑铃形状的双原子分子可以绕着三个过分子中心的对称轴转动。对于一个特定的转动角速率，分子绕着哪根个转动时的动能最小？

22. 用文字陈述平行轴定理。

估算题

从数量级上估算下列物理量，括号中的字母对应于可能用到的提示。根据需要使用它们来指导你的思考。

1. 地球转动时赤道上一点的速率 v(D，P)
2. 保龄球绕着与其表面相切的一根轴的转动惯量（A，R，X）
3. 你睡觉翻身时的转动惯量（V，C）
4. 当你在高速公路上行驶时，车轮与轮胎组合对其转轴的角动量（E，I，O，AA，S）
5. 一个将双臂张开与冰面平行的滑冰者的旋转角动量（G，X，N，U）
6. 当你在绕地球低轨道运行时所需要的速率（F，P）
7. 为了让地球在轨道上保持运行，太阳施加在地球上的作用力大小（B，L，T，Z）
8. 地球自转的动能（Z，P，D）
9. 相对于穿过你房子的竖直轴，一辆沿着你们街道驶过的中型轿车的角动量（H，Y，M）
10. 转动的悠悠球的动能（K，W，J，Q）

提示

A. 保龄球的惯性质量有多大？

B. 地球绕太阳一周需要多长时间？

C. 对于一个睡觉的人，什么样的简单几何形状是一个合适的模型？

D. 地球的转动角速率是多少？

E. 车轮和轮胎组合的惯性质量有多大？

F. 对于这个轨道，力和加速度之间的关系是什么？

G. 你该如何给正在旋转的滑冰者的外形建模？

H. 中型轿车的惯性质量是多少？

I. 轮胎的半径是多少？

J. 收回悠悠球需要转多少圈？

K. 悠悠球的转动惯量是多大？

L. 地球绕太阳的轨道半径是多大？

M. 房子到车的运动路线的垂直距离是多少？

N. 滑冰者张开手臂时的转动惯量有多大？

O. 你该如何对车轮和轮胎组合的转动惯量进行建模？

P. 地球的半径是多少？

Q. 最终的转动角速率是多少？

R. 保龄球的半径是多少？

S. 轮胎的转动角速率是多少？

T. 所需的向心加速度是多大？

U. 滑冰者的初始转动角速率是多大？

V. 你的惯性质量是多少？

W. 松手后，悠悠球到达绳的底端需要多长时间？

X. 为了确定这个量，你需要在《原理篇》表 11.3 的公式中添加哪些条件？

Y. 在城市街道上行驶的汽车的典型速率是多少？

Z. 地球的惯性质量是多少？

AA. 一般汽车在高速公路上行驶的速率是多少？

答案（所有值均为近似值）

A. 7kg； B. 1y = 3×10^7s；C. 半径为 0.2m 的实心圆柱；D. 周期 = 24h，所以 $\omega = 7\times10^{-5}\text{s}^{-1}$；E. 10^1kg；F. 从由式（8.6）、式（8.17）和式（11.16）可知，$\sum\vec{F}=m\vec{a}$，因此 $mg=mv^2/r$；G. 带着两个惯性质量为 4kg 的细棒的实心圆柱体，且细棒垂直于圆柱体向外伸出；H. 2×10^3kg；I. 0.3m；J. 2×10^1 圈；K. $6\times10^{-5}\text{kg}\cdot\text{m}^2$（将悠悠球视为实心圆柱体）；L. 2×10^{11}m；M. 2×10^1m；N. $4\text{kg}\cdot\text{m}^2$；O. 处于 MR^2（用空心圆柱壳代表轮胎）和 $MR^2/2$（用实心圆柱体代表车轮）之间——比如，$3MR^2/4$；P. 6×10^6m；Q. 大约是平均转动角速率的两倍，或者 $\omega=5\times10^2\text{s}^{-1}$；R. 0.1m；S. 无滑动，则 $\omega=v/r\approx10^2\text{s}^{-1}$；T. $8\times10^{-3}\text{m/s}^2$；U. $\omega\approx10\text{s}^{-1}$；V. 7×10^1kg；W. 0.5s；X. 平行轴定理；Y. 3×10^1mile/h；Z. 6×10^{24}kg；AA. 3×10^1m/s。

例题与引导性问题

表 11.3　惯性质量为 M 的均匀物体对其质心轴的转动惯量[⊖]

转轴的取向可使物体沿表面滚动：对于这些转轴，转动惯量具有 cMR^2 的形式，其中 $c=I/(MR^2)$ 称为形状因子。构成物体的材料越远离转轴，形状因子就越大，从而转动惯量也越大。

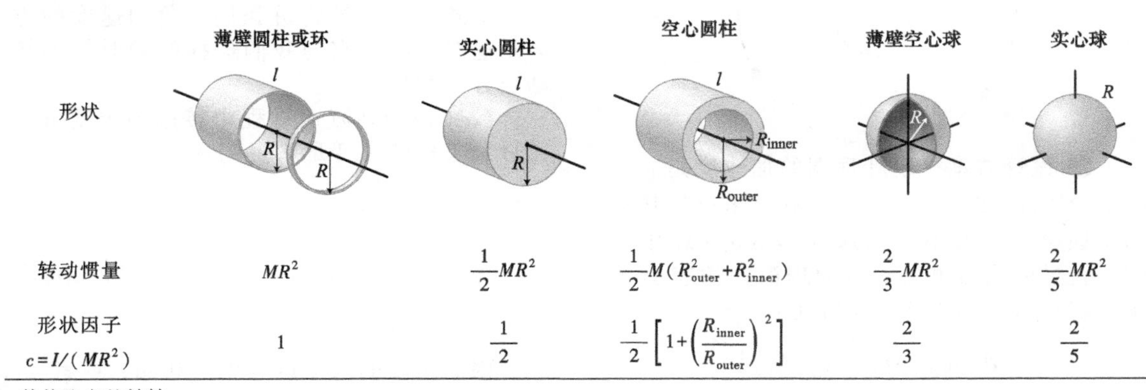

	薄壁圆柱或环	实心圆柱	空心圆柱	薄壁空心球	实心球
形状					
转动惯量	MR^2	$\frac{1}{2}MR^2$	$\frac{1}{2}M(R_{outer}^2+R_{inner}^2)$	$\frac{2}{3}MR^2$	$\frac{2}{5}MR^2$
形状因子 $c=I/(MR^2)$	1	$\frac{1}{2}$	$\frac{1}{2}\left[1+\left(\frac{R_{inner}}{R_{outer}}\right)^2\right]$	$\frac{2}{3}$	$\frac{2}{5}$

其他取向的转轴

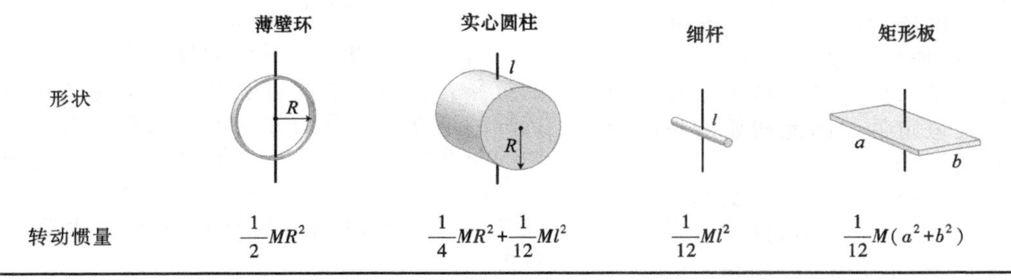

	薄壁环	实心圆柱	细杆	矩形板
形状				
转动惯量	$\frac{1}{2}MR^2$	$\frac{1}{4}MR^2+\frac{1}{12}Ml^2$	$\frac{1}{12}Ml^2$	$\frac{1}{12}M(a^2+b^2)$

下列例题涉及本章内容，但又不仅仅局限于本章中的某一节。

其中一部分以例题的形式给出，另一部分则以引导性问题的形式给出。

例 11.1　风扇

图 WG11.1 中的风扇的扇叶有 0.60m 长，并且以 80r/min 的转速转动。关闭电源后风扇在 40s 后静止。(a) 风扇刚关闭时任一片扇叶顶端的速率 v 和向心加速度 a_c 的大小是多少？(b) 在风扇关闭后，它的平均角加速度是多少？(c) 在风扇停止前它转过了多少圈？

图 WG11.1

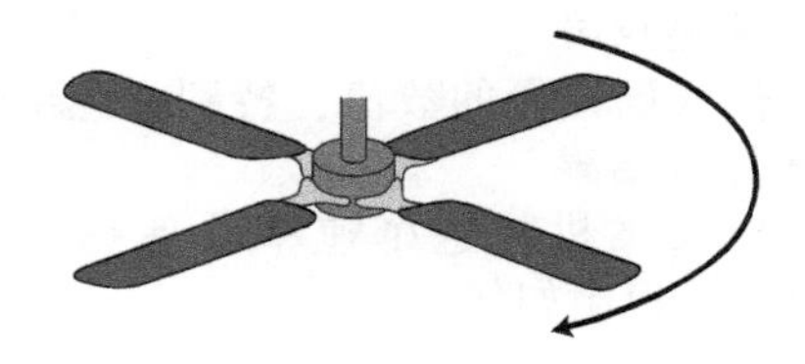

❶ **分析问题**　已知转动角速率的初始值和最终值，$\omega_i=80\text{r/min}$，$\omega_f=0$。需要求出运动学量，这看起来像一个简单的转动运动学问题。我们以类似平动运动学的方式来处理这个问题。画出一片扇叶的顶端的运动图（见图 WG11.2）。注意到风扇正在减速，这意味着不同时刻圆上代表扇叶顶端的那些点会随着时间越来越接近。任意地选择了从风扇上方看下来顺时针的方向作为转动的正方向。这和在平动中选择 x 轴的正方向一样。在这个正方向下，初始的角速度为正。我们要求的转动变量应该可以直接从《原理篇》中给出的方程里获得，向心加速度在计算出扇叶顶端的速率 v 之后也可以立即得到。

⊖　与《原理篇》中的表 11.3 完全一样。——译者注

图 WG11.2

+ϑ

❷ **设计方案** 扇叶顶端的加速度是 $a_c = v^2/r$，它的速率是 $v=\omega r$。风扇关闭后，其平均角加速度的大小可以从 $\alpha_\vartheta = \Delta\omega_\vartheta/\Delta t$ 中得到。转过的圈数可以从《原理篇》的表 11.2 中与转动有关的表达式中算出：

$$\Delta\vartheta = \omega_{\vartheta,i}\Delta t + \frac{1}{2}\alpha_\vartheta(\Delta t)^2$$

❸ **实施推导** (a) 在我们计算出数值答案之前，需要将给定的初始转动角速率从转每分（r/min）换算成弧度每秒（rad/s）。初始转动角速率是风扇运转角速率，直到风扇断电之前都是恒定的。因此初始的瞬时值等于平均（运转）值：

$$\omega_i = |\omega_{\vartheta,i}| = \left|\frac{\Delta\vartheta}{\Delta t}\right| = \left(\frac{1}{1\text{rad}}\right)\frac{\Delta\theta(\text{rad})}{\Delta t}$$

$$= 80\ \frac{\text{r}}{\text{min}}\left(\frac{2\pi\text{rad}}{1\text{r}}\right)\left(\frac{1}{1\text{rad}}\right)\left(\frac{1\text{min}}{60\text{s}}\right) = 8.4\text{s}^{-1}$$

在风扇开始减速之前，扇叶顶端的速率是

$v_i = \omega_i r = (8.4\text{s}^{-1})(0.60\text{m}) = 5.0\text{m/s}$ ✔

顶端的初始加速度大小是

$$a_c = \frac{v_i^2}{r} = \frac{(5.0\text{m/s})^2}{0.60\text{m}} = 42\text{m/s}^2 ✔$$

(b) 从我们选择的顺时针正方向来看，初始角速度为正：$\omega_{\vartheta,i} = +\omega_i$ 在旋转减慢的过程中平均角加速度是

$$\alpha_\vartheta = \frac{\Delta\omega_\vartheta}{\Delta t} = \frac{\omega_{\vartheta,i}-\omega_{\vartheta,i}}{\Delta t} = \frac{0-(+8.4\text{s}^{-1})}{40\text{s}} = -0.21\text{s}^{-2} ✔$$

上式中的负号告诉我们，角加速度的方向是逆时针的，它与我们选择的顺时针的转动正方向相反。

(c) 风扇在减速过程中转过的角度可以通过角坐标的改变量中得到：

$$\Delta\vartheta = \omega_{\vartheta,i}\Delta t + \frac{1}{2}\alpha_\vartheta(\Delta t)^2$$

$$= (+8.4\text{s}^{-1})(40\text{s}) + \frac{1}{2}(-0.21\text{s}^{-2})(40\text{s})^2$$

$$= 1.7\times10^2$$

因此角度的改变量等于 170rad，或者

$$(170\text{rad})\left(\frac{1\text{r}}{2\pi\text{rad}}\right) = 27\text{r} ✔$$

❹ **评价结果** (b) 问结果中 -0.21s^{-2} 的负号，表明了角加速度引起了角速度在与选择的正方向相反的方向上的改变。由于初始的角速度为正，因此角加速度的负值意味着正向角速度变得更小；换句话说，风扇正在减速。这和顶端的负切向加速度也是一致的。

对于风扇来说，这个数值看起来不是非常大也不是非常小。把平均角加速度看作恒定的角加速度对于使用运动学方程求风扇在减速过程中扇叶尖转过的角度是必要的。这样做是允许的，因为就像在平动中一样，平均加速度产生了与同样大小的恒定加速度相同的效果。

引导性问题 11.2 快速运动的航天飞机

一架航天飞机沿着离地 300km 高的圆形轨道运动，运动周期为 90.5min。求航天飞机的：(a) 转动角速率 ω，(b) 速率 v，(c) 向心加速度 a_c 的大小？

❶ **分析问题**

1. 转动角速率是怎样和已知条件相关联的？

2. 你所需要的关系的运动学方程是否足够？

3. 画出航天飞机的运动草图。代表其不同时刻位置的点应该如何排列？

❷ **设计方案**

4. 用转动角速率写出速率的表达式。

5. 轨道半径的数值是多少？

6. 写出向心加速度大小的表达式。

❸ **实施推导**

7. 代入已知量的数值，特别注意单位！

❹ **评价结果**

8. 航天飞机的这个速率合理吗？这个加速度和 g 相比如何？

例 11.3 注意转弯!

在平坦的高速公路上有一段半径为 40m 的弯道（见图 WG11.3）。如果轮胎和硬路面之间的静摩擦系数为 0.45，那么惯性质量为 m 的汽车可以安全过弯道——即不会使轮胎打滑的最大速率 v 是多少?

图 WG11.3

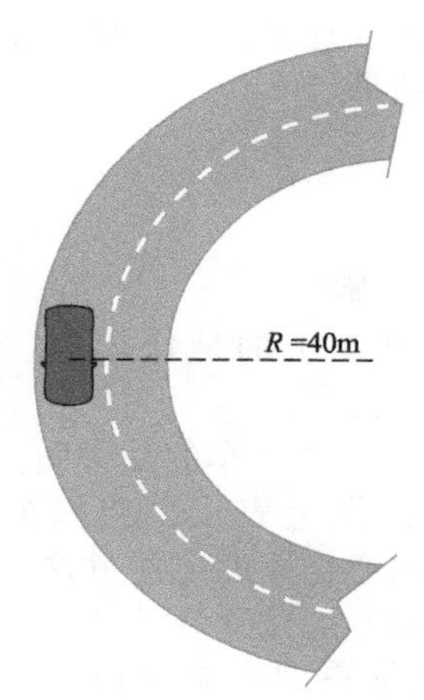

❶ **分析问题** 由日常经验我们知道，若经过弯道时车速过快，则汽车会从道路边缘滑出。这告诉我们需要对车施加一个指向内侧的力以提供向心加速度，从而保持其做圆周运动。在这种情况下，这个力就是摩擦力。(即使轮胎在移动，但由于它在路面上不打滑，所以力还是静摩擦力。) 让我们使用牛顿第二定律，注意有一个指向曲线中心的加速度。第一步是画出汽车的受力图和选定我们的坐标方向（见图 WG11.4）。

图 WG11.4

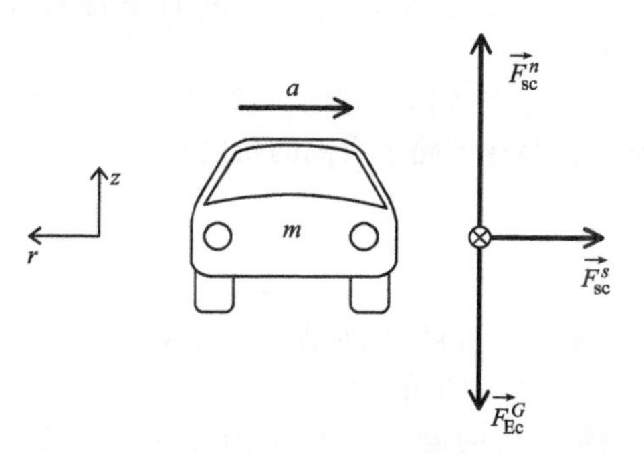

摩擦力的方向始终和没有摩擦的情况下汽车可能滑动的方向相反，在这种情况下就是向外的。因此摩擦力是朝内的，提供了必要的指向曲线中心的向心力（如图 WG11.4 所示指向右侧）。

❷ **设计方案** 由于加速度和摩擦力是沿着径向的 r 轴，因此我们沿着这条轴使用牛顿第二定律:

$$\sum F_r = ma_r$$

$$F^n_{sc,r}+F^s_{sc,r}+F^G_{Ec,r}=ma_r$$

$$0+(-F^s_{sc})+0=m(-a_c)$$

$$F^s_{sc}=ma_c \tag{1}$$

向心加速度大小通过 $a_c=v^2/R$ 与车的速率联系起来，其中 R 是（固定的）曲线半径。摩擦力和法向支持力通过式（10.54）：$F^s_{sc}\leqslant\mu_s F^n_{sc}$ 相关联。当处于恰要滑动前的最大速率时，“≤”可用“=”来替代，从而我们有

$$F^s_{sc,\max}=\mu_s F^n_{sc} \tag{2}$$

这意味着如果我们知道了法向支持力，就有足够的方程来解出最大速率 v。由于法向支持力沿着 z 轴，我们用沿该轴的牛顿第二定律来确定其大小。

❸ **实施推导** 从式（1）的下述形式开始:

$$F^s_{sc}=ma_c=m\frac{v^2}{R}$$

当速度达到最大时，我们有

$$F^s_{sc,\max}=m\frac{v^2_{\max}}{R}$$

代入式（2），有

$$\mu_s F^n_{sc}=m\frac{v^2_{\max}}{R} \tag{3}$$

为了得到法向支持力的大小，我们在 z 方向使用牛顿第二定律:

$$\sum F_z=ma_z$$

$$F^n_{sc,z}+F^s_{sc,z}+F^G_{Ec,z}=ma_z$$

$$(+F^n_{sc})+0+(-mg)=m(0)$$

$$F^n_{sc}=mg$$

将这个结果代入式（3）有

$$\mu_s mg=m\frac{v^2_{\max}}{R}$$

$$v_{\max}=\sqrt{\mu_s gR}$$

$$=\sqrt{(0.45)(9.8\text{m/s}^2)(40\text{m})}$$

$$=13\text{m/s}=30\text{mile/h}$$ ✓

❹ **评价结果** 我们得到的结果的最显著的特征是不依赖于车的惯性质量。这意味着不论是对于小汽车还是大货车，最大的安全速率都是 30mile/h。这对吗？看起来货车应该开得更慢些，因为使两者以相同的加速度在圆周上运动，施加在货车上的力应该比小汽车更大一些。虽然如此，但是摩擦力和法向支持力是成正比的，而法向支持力又和惯性质量成正比。所以惯性质量的影响被消掉了。

一个更大的摩擦系数意味着你可以不滑动地开得更快，或者对于半径 R 更大的（更直的）曲线也是如此。这也正是 $v_{max}=\sqrt{\mu_s gR}$ 所表明的。

虽然没有做出任何假定，但是我们应该回顾一下使用静摩擦力可获得的最大值的决定。要引起轮胎滑动，我们需要一个比所能提供的摩擦力还要大的向内的力，因此使用静摩擦力的最大值的做法是正确的。最大速率的数值貌似合理的，没有明显信息可质疑我们的数值结果。

引导性问题 11.4 倾斜转弯

高速公路通常会稍微倾斜以减少车辆转弯时对摩擦力的依赖：在倾斜的弯道上，作用在车辆上的法向支持力有一个向心的分量。适当的角度和速率使车辆在弯道上运动时的摩擦力不再那么重要，路面的自然条件也就变得不重要了，从而无论是雨天还是晴天，对速率的限制都是一样的。假设半径为 180m 的弯道限速 100km/h，那么斜坡的倾角应当为多大，才能使得转弯时不再需要摩擦力？

❶ **分析问题**

1. 画出倾角为 θ 的斜坡剖视图（见图 WG11.5）。

图 WG11.5

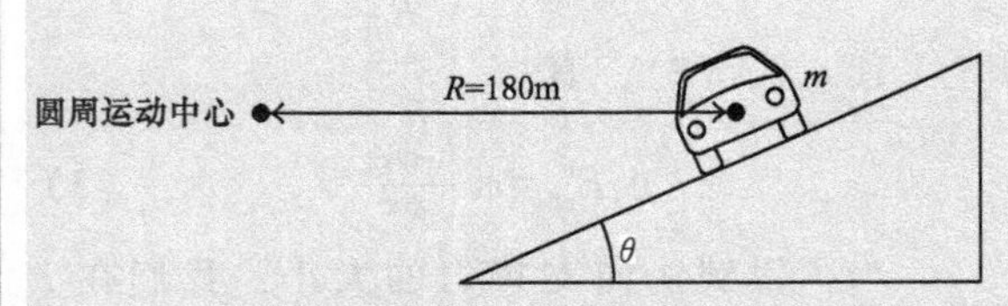

2. 你是否注意到了此题和例 11.3 以及《原理篇》中的例 11.4（向曲线中心倾斜）有相似之处？

❷ **设计方案**

3. 施加在车上的是什么力？记住你想要使静摩擦力为零。

4. 画出剖视图上车的受力图。

5. 在你的图上表示出使汽车保持在圆周上运动的向心加速度。注意这个加速度的方向。注意圆心的位置。

6. xy 坐标系的方向如何选择最好？记得加速度应该位于其中一个轴上。

7. 数一下未知量的个数。斜坡倾角是否在你的方程中？

❸ **实施推导**

8. 通过代数运算从力的分量方程和向心加速度大小与速率的关系中推导出倾角。

9. 得到角度的数值。不要忘了单位。

❹ **评估结果**

10. 检查倾角的代数表达式。所求的角度是如何随着速率的增加以及弯道半径的增加而改变的？这样的变化是你所期望的吗？

11. 角度是否依赖于车辆的惯性质量？这合理吗？

12. 考虑数值。这是一个合理的角度吗？通常你在高速公路上看到的角度有多陡？

例 11.5 风力

图 WG11.6 中的商业风力发电机由三片 6400kg 的扇叶组成，每一片有 35.0m 长。当它以非常小的摩擦在稳定的风力作用下匀速转动时，通常可以产生 1.0MW 的电力。然而，当风忽然停止时，风机会在 100s 内停止旋转。通过这些信息，估计当风是稳定吹来时：(a) 风机的转动动能，(b) 转动角速率，(c) 角动量的大小。

❶ **分析问题** 当转动角速率为常数时，风机在不改变自身转动动能的情况下将风能转化为电能。当风停止时，风机自身的转动动能会被转化为电能直至其停止，因此，是

能量的转化而不是摩擦使得风机减速的。通过旋转减速的过程我们可以反推出匀速运动状态的一些信息。

图 WG11.6

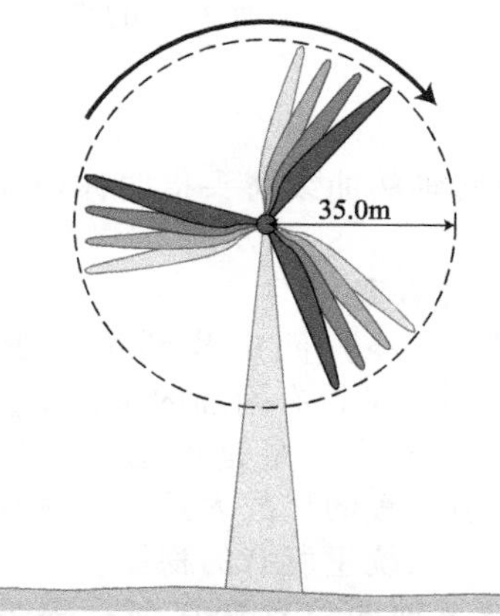

❷ **设计方案** 当风速稳定时，风机以恒定转动角速率转动，并具有一定的转动动能。而一旦风停止，随着风机旋转减速，动能就会被转化为电能。在旋转减速的过程中，环境对风机所做的功等于转动动能的变化量：

$$\Delta K_{rot}=W_{ct}$$

在第 9 章中我们得知环境对一个系统所做的功和系统对环境所做的功大小一致，符号相反。因此，环境在风机旋转减速期间对其所做的功和这段时间内风机对环境所做的功之间相差一个负号。这些功是风机产生的平均功率和风机逐渐停止的这段时间长度的乘积：

$$K_{rot,f}-K_{rot,i}=W_{ct}=-W_{tc}=-P_{av}\Delta t \quad (1)$$

已知最终转动动能为零，如果我们可以合理地估计旋转过程中的平均功率，那么就可以确定初始的转动动能。一旦我们有了 $K_{rot,i}$，就可以通过下式求出初始的转动角速率和角动量的大小：

$$K_{rot,i}=\frac{1}{2}I_t\omega_i^2 \quad (2)$$

$$L_\vartheta=I_t\omega_{\vartheta,i} \quad (3)$$

❸ **实施推导** （a）我们猜测能量产出率会随着风叶的减速而减小，但是没有足够的信息来给它定量。因此我们需要做一个合理的假设。让我们假设旋转减速过程中产生的平均功率是匀速转动功率 1.0MW 的一半：$P_{av}=500\text{kW}$。我们可以从式（1）中得到

$$K_{rot,f}-K_{rot,i}=-P_{av}\Delta t$$
$$0-K_{rot,i}=-P_{av}\Delta t$$
$$K_{rot,i}=P_{av}\Delta t=(5.0\times10^5\text{J/s})(100\text{s})=5.0\times10^7\text{J}=50\text{MJ}✓$$

（b）为了得到有风时匀速转动的转动角速率，从式（2）中解出

$$\omega_i^2=\frac{2K_{rot,i}}{I_t}$$

首先，我们需要得到风机的转动惯量，可以用三个末端在风机轮轴附近的杆来建模。对于长度为 l、惯性质量为 m 的杆，过其一端的轴的转动惯量是 $ml^2/3$（见《原理篇》的例 11.11)。因此三叶风机的转动惯量就是

$$I_t=3(ml^2/3)=ml^2=(6400\text{kg})(35\text{m})^2=7.84\times10^6\text{kg}\cdot\text{m}^2$$

从而风机在稳定状态时的转动角速率是

$$\omega_i=\sqrt{\frac{2K_{rot,i}}{I_t}}=\sqrt{\frac{2(5.0\times10^7\text{J})}{7.84\times10^6\text{kg}\cdot\text{m}^2}}=3.6\text{s}^{-1}✓$$

（c）对于角动量，式（3）给出

$$|L_{\vartheta,i}|=|I_t\omega_{\vartheta,i}|=I_t\omega_i=(7.84\times10^6\text{kg}\cdot\text{m}^2)(3.6\text{s}^{-1})=2.8\times10^7\text{kg}\cdot\text{m}^2/\text{s}✓$$

❹ **评价结果** 通过仔细地区分风机对环境做的功和环境对风机做的功，我们得到了正确的符号：ω_i^2 不是负值。初始转动角速率对应着转动周期 $T_i=2\pi/\omega_i=1.7\text{s}$。假如你驾车经过一个风场，对于一个大的商业风机来说，这一结论与你的观测是相符的：风叶每隔两秒钟就会转一圈。

我们做了一些近似：将风机的叶片近似为棒形的，近似风机轮轴的转动惯量可以忽略，假定旋转减速过程中的平均功率是匀速转动功率的一半。最后的一个近似是最不确定的，但是平均功率应该在恒定转速功率中占有一定的比例，因为它必须介于转速的初始和最终值之间。这里将平均功率取为恒速时功率值的一半，当然我们也可以取三分之

一或者三分之二。但这些选择都是合理的，虽然可能会影响最终的数值结果，但是不会影响求解的核心思想。

轮轴的转动惯量应该不是很重要，因为轮轴的半径对于风叶的长度来说很小。将风叶设想成棒型引入了一些误差，但是若要更准确的值，就需要获得风叶形状的特定信息，而且在此基础上有一个十分复杂的积分过程。近似为棒所引入的误差不会高于由假设 $P_{av}=P_{constant\ speed}/2$ 所带来的误差。

引导性问题 11.6　击门

你站在惯性质量为 m_d、宽为 l_d 的门前，当它以转动角速率 ω_i 向你转过来时，你以速率 v_b 朝门扔出一个惯性质量为 m_b 的球，球垂直撞击在距离合页 d 的位置上，如俯视图所示（见图 WG11.7）。球以四分之一的初始速率被直接反弹回来。(a) 碰撞后门的最终转动角速率是多少？(b) 如果你希望门在被球撞击之后能再转回去，那么球的撞击速率必须是多少？

图 WG11.7

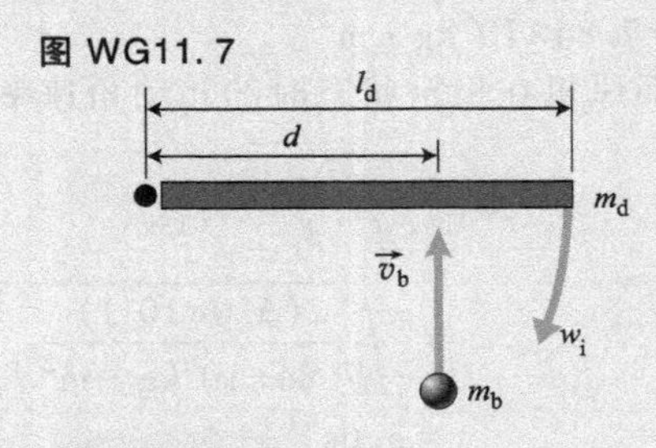

❶ 分析问题

1. 怎样选择系统最好？这样选择的系统是否孤立？是否封闭？

2. 修改图 WG11.7 以获得系统在撞击前后的两张草图。由于转动量有符号，请在图中用绕转轴的曲线箭头指明你选择的转动正方向。

❷ 设计方案

3. 你在 (a) 问中找到了多少个未知量？(b) 问中是否有附加的未知量？

4. 碰撞中什么量是恒定的？写出代表初值和末值相等的代数表达式。确保在等式两边包含你系统里所有的物体。

5. 参考轴的位置选在何处最方便？为你方程中的每一项选择一个合适的符号。你对符号的选择要基于选定的转动正方向，即使是对沿着直线移动的球。

❸ 实施推导

6. 解出门的最终转动角速率。

7. 如果门在球撞击之后远离你而不是朝着你摆过来，那么会有什么不同？

❹ 评价结果

8. 你得到的方程会随着 m_b、m_d、v_i、l_d 和 d 而变化，其变化的尺度是否和你预期的一样？例如，随着球的惯性质量变得很大或很小，ω_f 会如何变化？

例 11.7　释放

一块惯性质量为 m_b 的滑块连着一根缠绕着惯性质量为 m_d、半径为 R_d 的均匀转盘的轻绳，转盘在水平轮轴上转动（图 WG11.8）。忽略施加在轮轴或由轮轴施加的任何摩擦力，如果滑块从静止释放，下落了距离 d 之后，它的速率 $v_{b,f}$ 和加速度 a_b 是多少？

图 WG11.8

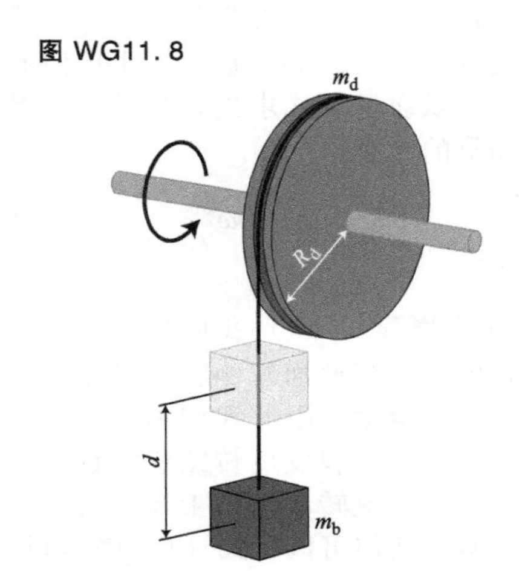

❶ 分析问题　存在两种运动：转盘绕着轮轴的转动和滑块在重力作用下下落的平动。我们可以尝试应用能量或角动量守恒来确定滑块的速率，但是对于滑块的加速度，我们更希望用牛顿第二定律或者运动学方程来求得。如果我们选择转盘、滑块和绳子作

为我们的系统，那么系统对于轮轴的角动量就不恒定——滑块和转盘都在相同的方向上增加了角动量。我们没有处理地球角动量可能改变的情况的经验，因此，我们或许应该尝试能量守恒。如果我们选择转盘、滑块、绳子和地球作为系统，那么这个系统就是封闭的。

❷ **设计方案** 我们可以通过滑块的动能 $\frac{1}{2}mv^2$ 来确定它的速率。通过下落的重力势能的转化来获得动能。初始势能中的一部分也必定转化到了转盘的动能中，因为转动和平动被绳子连在一起。幸运的是，我们知道二者的关系：由于绳的连接，转盘边缘的速率总是和滑块具有相同的速率 v。因此由式(11.10) 有 $v_b=\omega_d R_d$。由于系统中没有耗散能量也没有源能量，所以系统的机械能 $K+U$ 是一个常量：

$$K_f+U_f=K_i+U_i$$

（记住：上式没有任何标注转盘或滑块的下标，这意味着这些变量是对于系统整体而言的。）

我们可以通过统计能量来确定滑块在下落距离 d 后的最终速率 $v_{b,f}$。我们还可以使用运动学方程来获得滑块的加速度 a_b。可以将转盘看作是一个非常扁的实心圆柱体，从而可以使用表 11.3 中列出的实心圆柱体的转动惯量：$I=mR^2/2$。

由于我们要使用重力势能的公式(mgh)，因此选择 y 轴的正方向朝上。因为这个方向在导出式（7.21）的时候就被假定了。画一张图来方便地表明所有问题给出的信息（见图 WG11.9）。

图 WG11.9

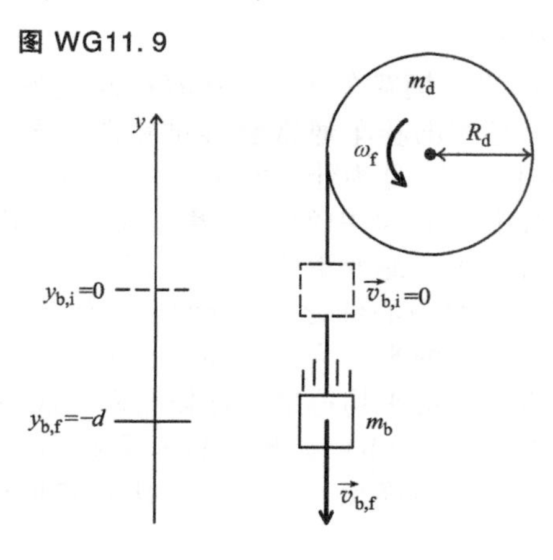

为方便起见，我们将 y 轴的原点选在滑块的起始位置，令 $y_{b,i}=0$（从而 $U_{b,i}=m_b g y_{b,i}=0$）。由于系统从静止开始运动，所以 $K_i=0$。在滑块下落一段距离 d 后，它的位置为 $y_{b,f}=-d$，将其标在图上。通过利用最终位置 $-d$，以及滑块速率和转盘的转动角速率之间的关系：$v_{b,f}=v_{d,f}=R_d\omega_{d,f}$，我们可以得到滑块的最终速率 $v_{b,f}$。

❸ **实施推导** 对我们的系统（转盘、滑块、绳和地球）来说，能量守恒告诉我们

$$K_f+U_f=K_i+U_i$$

$$\frac{1}{2}m_b v_{b,f}^2+\frac{1}{2}I_d\omega_{d,f}^2+m_b g y_{b,f}+m_d g y_{d,f}$$
$$=0+0+m_b g y_{b,i}+m_d g y_{d,i} \quad (1)$$

由于转盘的竖直位置没有发生改变，所以 $m_d g y_{d,f}=m_d g y_{d,i}$，因此我们可以将这两项从等式中消去。通过代入修改后的式(11.10)：$\omega_{d,f}=v_{d,f}/R_d$ 消去因子 ω，然后用 $v_{b,f}$ 代替 $v_{d,f}$，因为转盘边缘上任意一点的速率都和滑块的速率相同。用 $m_d R_d^2/2$ 代替 I_d，式（1）变成

$$\frac{1}{2}m_b v_{b,f}^2+\frac{1}{2}\left(\frac{1}{2}m_d R_d^2\right)\left(\frac{v_{b,f}}{R_d}\right)^2+m_b g(-d)=mg(0)$$

$$\frac{1}{2}m_b v_{b,f}^2+\frac{1}{4}m_d v_{b,f}^2=m_b gd$$

$$v_{b,f}^2=\frac{2m_b}{m_b+\frac{1}{2}m_d}gd$$

$$v_{b,f}=\sqrt{\frac{2m_b}{m_b+\frac{1}{2}m_d}gd} \checkmark \quad (2)$$

由于我们不知道滑块经过距离 d 所消耗的时间，但知道其初始和最终速率，因此我们可以使用《原理篇》中的式（3.13）：$v_f^2=v_i^2+2a(x_f-x_i)$，得到滑块沿着 y 轴运动的加速度：

$$v_{b\,y,f}^2=v_{b\,y,i}^2+2a_{b\,y}(y_f-y_i)$$

$$\frac{2m_b}{m_b+\frac{1}{2}m_d}gd=(0)^2+2a_{b\,y}(-d-0)=-2a_{b\,y}d$$

$$a_{b\,y}=-\frac{m_b}{m_b+\frac{1}{2}m_d}g \checkmark$$

实践篇

❹ **评价结果**　如果物体不通过绳和转盘相连，那么滑块将会做自由落体运动，而且它在下落距离 d 后的速度就是我们熟悉的 $v=\sqrt{2gd}$。在本题的情景下，由于式（2）分母中 $\frac{1}{2}m_d$ 项的存在，速率比自由落体要慢一些。我们能预期该速率变慢了，因为系统一部分的重力势能有部分被转化为转盘的转动动能，而不是全部转化为滑块的动能。同样可以预期，如果 $m_d \ll m_b$，那么转盘对此的影响就会很小。如果取 $m_d=0$ 的极限情况，我们实际上可以获得期望的自由落体速率。

由于取 y 轴正向朝上，因此我们加速度表达式的负号表明加速度是向下的，而这也与我们预期滑块从静止下落的方向一样。由于不是系统所有的势能都被转化成了平动动能，所以滑块不可能运动得和没有转盘转动消耗时的一样快。因此，一个大小上比 g 小的加速度是合理的。

引导性问题　11.8　拉球

你有一个惯性质量 20kg、半径为 0.5m 的非常大的地球仪。它可以绕着自身的极轴自由转动，用绳子缠绕住它的赤道然后拉动绳子使之开始旋转。你计划用一点蜡将绳子的一端粘在赤道上，从而使绳子在拉完之前不会滑脱。如果施加一个大小为 2N 的恒定拉力，那么你需要在地球仪上紧密缠绕多长的绳子才能使它以 0.50r/s 的转速转动？

❶ **分析问题**

1. 画出球和绳子的示意图，表明拉力是如何施加上去的。

2. 你施加的力是否和球面相切？你应当关注哪个量：角动量还是能量？你能否计算出施加的力对你所选择的物理量的作用？

3. 绳子在拉动过程中是否会滑动？对此你必须做出什么样的假设？

❷ **设计方案**

4. 写出你在第2步中所确定物理量的方程。表达式中出现转动角速率了吗？

5. 球的转动惯量是什么？（地球仪更接近一个球壳还是实心球体？）这个变量在这个问题中是如何起作用的？

6. 绳长是如何参与到你的计算中来的？一个位于赤道上一点持续作用的切向力（比如由一个固定在球上的小火箭发动机产生的力）是否会产生相同的效果？

❸ **实施推导**

❹ **评价结果**

习题　通过《掌握物理》®可以查看教师布置的作业 MP

圆点表示习题的难易程度：● = 简单，●● = 中等，●●● = 困难；CR = 情景问题。

11.1　匀速圆周运动

1. 以目前的技术水平，能保存在计算机硬盘中的信息存在一个最大的信息“比特”密度。数据被存储在紧密的螺旋磁道中，“磁道”本质上是从磁盘内道向外道半径逐渐增加的同心圆环。当磁盘以恒定转速旋转时，不管读取磁道的半径大小，数据都将以恒定速率被读入。那么，是什么决定了磁盘的容量：最里侧的磁道还是最外侧的磁道？●

2. 地球自转和公转的转动角速率的比值是多少？●

3. 当一辆赛车在一场比赛中超过另一辆车时，超车的赛车通常会尝试在曲线赛道的内侧超车。这是为什么？●

4. 图 P11.4 中的玩具赛道有三条车道，并且玩具车不能变更它们的车道。任何两条相邻赛道的中心线之间的距离均为 100mm，最内侧赛道的半径为 1.00m。（a）如果每辆车都有相同的平均速率，比较它们完成 20 圈所需的时间。（b）如果三辆车紧挨着出发，同一时刻到达终点，那么如何比较它们的平均速率？●●

实践篇

图 P11.4

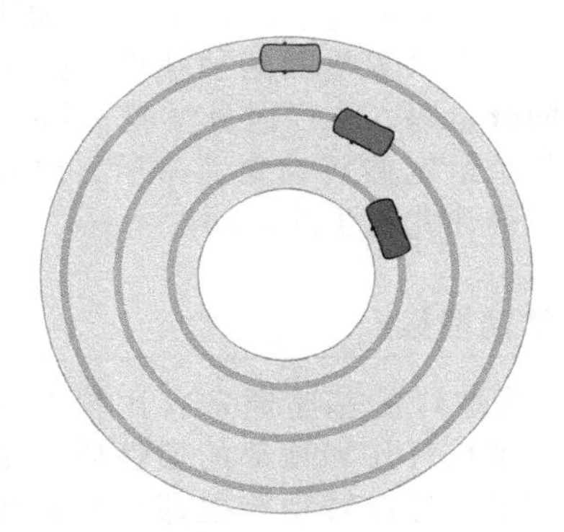

5. 画出下列情况下你的汽车车轮角速度作为时间的函数曲线：

(a) 倒车离开你家的私人车道，(b) 沿着居民区的街道开车，(c) 驶入一条高速公路，(d) 在高速公路上行驶一段时间，(e) 驶出高速公路遇到红灯后停下来，(f) 在城市道路上行驶，(g) 在你最喜欢的中餐馆前停下来。●●

6. 将一枚 25 美分的硬币用手按在桌上。然后将第二枚 25 美分硬币也平放在桌上，使它和第一枚硬币边缘上的一点相互接触。如果你用另一只手将第二枚硬币绕着第一枚硬币无滑动地转动，描述第二枚硬币绕第一枚硬币转过一圈回到初始位置的过程中，自转和公转的情况。●●●

11.2 力与圆周运动

7. 假设向心加速度的表达式是 $a_c = v^p r^q$ 的形式，其中 p 和 q 是常量。通过分析这个表达式中的单位，确定 p 和 q 的数值。●

8. 你站在一棵树前，用投石器把石头甩向树。如果你希望击中树，那么你应该在图 P11.8 中圆周的哪个位置上（接近点 a、b、c 或者 d）把石头从投石器上释放？●

9. 图 P11.9 中的摩天轮匀速转动。画出并标记位于标号 1、2、3、4 位置上的乘客的受力图。注意正确地表示出力矢量的相对长度。●

10. 你如果想了解在非惯性系中可能遇到的麻烦，可以尝试以下实验。你和你的朋友各自站在游乐园旋转木马的两侧。当旋转木马转动的时候，你尝试着向你的朋友传球。从上往下看，对于下列几种情况，球的路径看起来会是怎样的？

图 P11.8

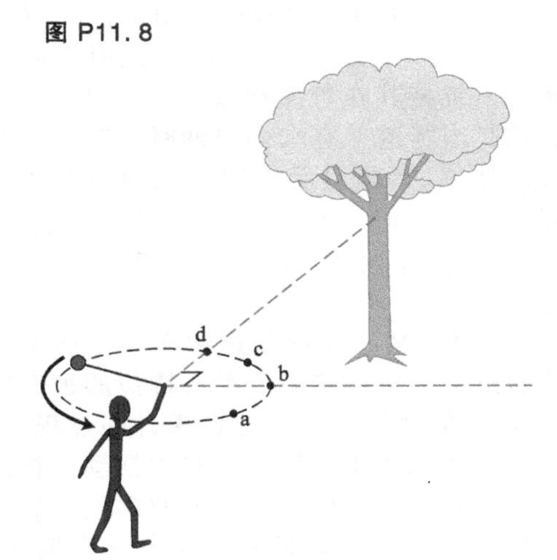

图 P11.9

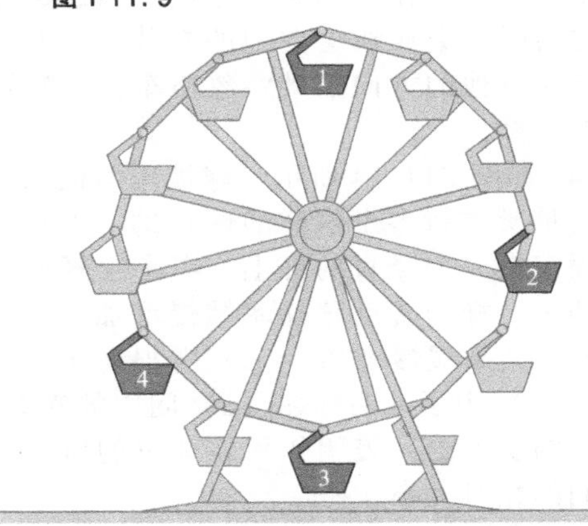

(a) 一个站在附近的滑梯顶端的观察者，(b) 你，(c) 你的朋友，(d) 如果你不知道你处在一个转动的参考系中，你要如何解释球在 (b) 问中的运动路径？●●

11. 一个脱水器（图 P11.11）被用于甩干洗好的蔬菜。脱水器的工作原理是什么？●●

图 P11.11

12. 赛车在通过倾斜的弯道时。会存在一个临界速率 $v_{critical}$，使得汽车此时不需要摩擦力来维持其在弯曲赛道上的行驶。（例如，这是当赛道上有水面浮油时，赛车应当行驶的速率。）画出受力图以表明当赛车分别以速率：（a）$v=v_{critical}$，（b）$v>v_{critical}$，（c）$v<v_{critical}$ 运动时，施加在赛车上的力。●●

13. 对于精心设计的过山车，车体不是放在轨道上，而是像一个滑雪橇似的被嵌在一个U型的轨道上。因此在攀升的过程中，车体在U型轨道上可以左右自由摆动。在过山车开始时，一个乘坐过山车的学生手抓住一根绳子，将绳子的另一端绑着一金属块，并将金属块悬挂在他的膝盖之间。当过山车紧急左转时，金属块会向他的左膝盖，右膝盖，还是其他的方向摆动？忽略车体和轨道之间的摩擦。●●

14. 如图 P11.14 所示，球被用两根强度相同（能够支持多个这样的球）的、等长的绳子固定在一个竖直的杆上。绳子很轻并且不会伸长。杆的转动角速率缓慢增加，带动球的转动速率缓慢增加。(a) 哪根绳子会首先断？(b) 为了证明你在 (a) 问中的答案，画出球的受力图，表明作用在球上的所有力和它们的相对大小。●●

图 P11.14

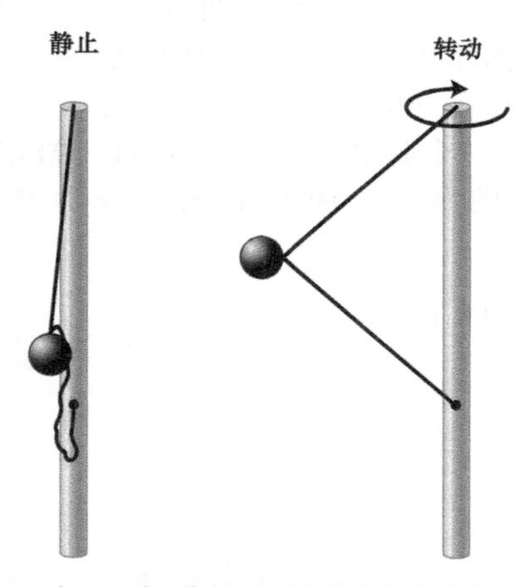

15. 把一个重的金属垫圈系在绳子的一端，手拿着绳子的另一端，然后在你的头顶上旋转，使其在水平圆周上运动。当你加速转动时，注意手的位置和金属垫圈的位置。忽略空气阻力。(a) 画出你的手和垫圈的运动。在一个给定的时刻，画出垫圈和手的位置以及两者之间的绳子，(b) 当你加快转动时，什么力提供了垫圈的加速度？这个加速度有切向分量吗？有径向分量吗？(c) 当垫圈达到某个给定的转动角速率后，停止增加速率。请描述此时手的运动。●●●

11.3 转动惯量

16. 落地灯的基座通常有比较大的惯性质量，而细长灯柱和顶部的惯性质量则要少得多。如果你想像转动警棍那样来转动落地灯，那么你应该抓住落地灯的哪个位置呢？●

17. 体操运动员在直体姿势下做后空翻比在屈体姿势下更困难。这是为什么？●

18. 一块立方体冰块和一个橡皮球都被放在温暖的烤箱盘一端，然后把烤箱盘倾斜。冰块近似无摩擦地滑下，而橡皮球则无滑动地滚下。如果球和冰块有着相同的惯性质量，谁将首先到达底部？●

19. (a) 是否存在这样一个自转轴的选择，使棒球的自转转动惯量比保龄球的自转转动惯量更大？如果有，请描述该轴。如果不存在，请解释原因。(b) 对于一个转动轴（不是自转轴），比较保龄球和棒球的转动惯量。●●

20. 你要给宽 1m、高 2m 的门洞设计一扇均匀的矩形薄门，并且你希望门要容易开。(a) 只考虑竖直轴和水平轴，转轴放在哪里可以得到最小的转动惯量？(b) 这样的轴实际吗？●●

21. 你站在游乐场的旋转木马的边缘，你的朋友帮助你转动它。在他停止推动后，你朝着旋转木马的中心走去。(a) 随着你从边缘向中心移动，旋转木马和你组成的系统的转动惯量会怎样变化？(b) 转动惯量的这种变化会如何影响旋转木马的运动？●●

11.4 转动运动学

22. 汽车发动机以 6000r/min 的转速转动。转动角速率 ω 是多少？●

23. 手表秒针的转动角速率是多少？时针呢？●

24. 如果你的汽车轮胎磨损了，那么你

的里程数（和转轴的转动数相关联）会低于还是高于你实际行驶的里程？●

25. 当游乐场的旋转木马以最大安全速率运动时，每 12s 转一周。在结束阶段，它将平缓地减速，并在转过 2.5 周后停止。旋转木马减速时的角加速度的大小是多少？●●

26. 你有一个选择限速标志并把它放在道路转弯处的周末兼职。限速取决于转弯的半径和倾角。对于一个半径为 400m、倾角为 7°的弯道，你应该放置什么样的限速标志，以便即使路面湿滑，汽车仍能在这个速度下成功地转弯？●●

27. 当你驾车顺时针转弯（俯瞰）时，你看到前方堵车于是减速下来。图 P11.27 中哪个受力图最能说明你的加速度？●●

图 P11.27

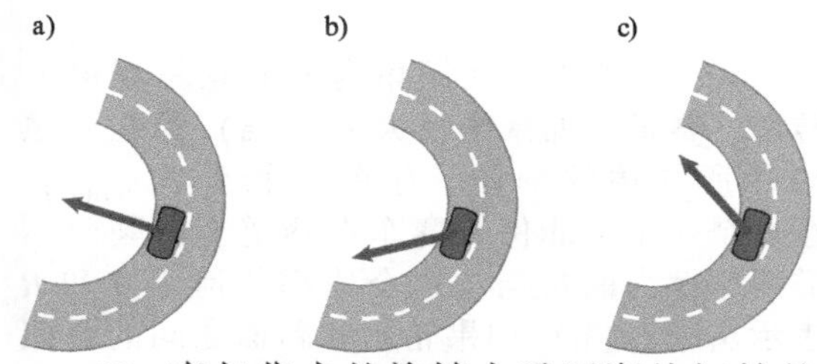

28. 嘉年华中的旋转木马逐渐从初始的转动角速率 ω 减速到停止。(a) 画出在半径 R 处的一个木马和半径 $2R$ 处的另一个木马的速率 v 作为时间的函数。(b) 绘制两个木马的向心加速度大小作为时间的函数。●●

29. 将长度为 l 的绳子一端连接一个惯性质量为 m 的小球。将绳子的另一端连在可以自由旋转的支点上。把球提起，使得绳子水平并且绷紧，如图 P11.29 所示。(a) 如果你把球从静止释放，那么绳子的张力 $\mathcal{T}$ 关于扫过的角度 θ 的函数是什么？(b) 如果不想绳子在球运动的全过程中断裂，那么绳子所能承受的最大张力应是多少？●●

图 P11.29

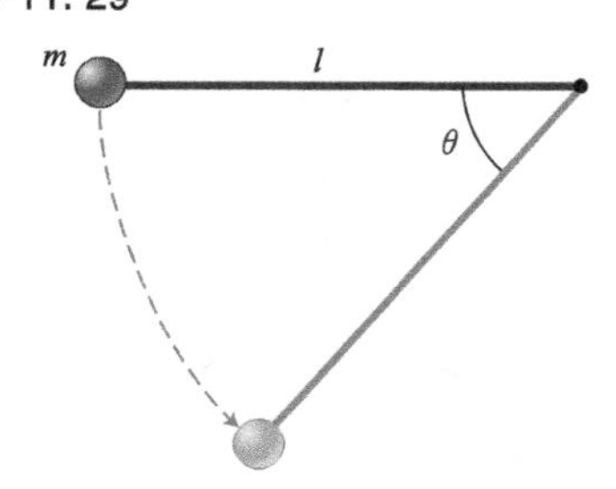

30. 钟摆是由长度为 l 的轻绳和悬摆做成的。从一侧提起摆，使摆线和参考的竖直方向成一个角度 θ_i 然后释放。当悬摆下来时，摆的转动角速率关于角度 θ 变化的函数是怎样的？●●

31. 假设地球绕太阳的公转轨道是正圆的。地球的惯性质量是 5.97×10^{24}kg，轨道半径是 1.50×10^{11}m，轨道周期是 365.26 天。(a) 地球绕太阳公转的向心加速度的大小是多少？(b) 产生加速度所需的力的大小和方向如何？●●

32. 一个球被绳悬挂在如图 P11.32 所示的竖直杆的顶端。杆从静止开始，然后以小的恒定角加速度开始转动。定量画出绳子施加在球上的张力的：(a) 竖直分量，(b) 水平分量的大小关于时间的函数。●●

图 P11.32

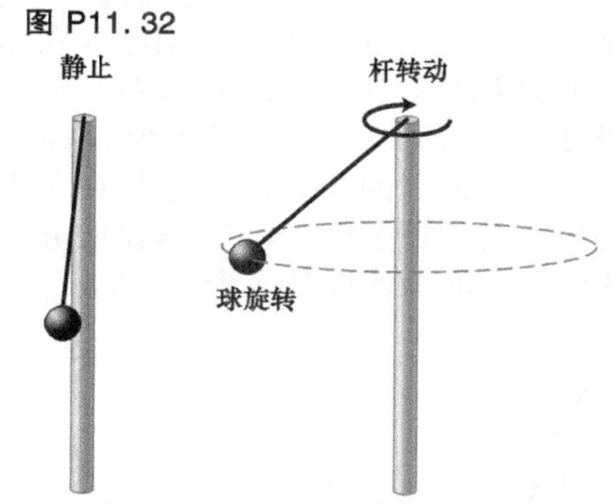

33. 在一个半径为 100mm 的半球形碗的内边缘有一个小冰块。冰块从静止释放滑下，到达碗底的瞬间它的加速度的大小是多少？忽略摩擦。●●

34. 一个 0.100kg 的球连接在一个沿竖直圆周运动的、惯性质量很小的、0.20m 长的杆上，以匀速率转动。设 $\mathcal{T}_1$、$\mathcal{T}_2$、$\mathcal{T}_3$ 和 $\mathcal{T}_4$ 分别是杆在图 P11.34 中 1、2、3 和 4 位置上的张力。(a) 给这四个位置上的张力按从大到小的顺序排序，(b) 在位置 3 使 $\mathcal{T}_3$ 接近大于零，需要多大的转动角速率？(c) 在这个速率下，位置 1 的张力有多大？●●

35. 一辆汽车从 $t=0$ 时刻由静止开始加速，它的轮胎具有一个恒定的角加速度 $\alpha=5.8\text{s}^{-2}$。每个轮胎的半径是 0.33m。在 $t=10$s 时刻，计算：(a) 轮胎的转动角速率 ω，(b) 每个轮胎的转动位移 $\Delta\vartheta$，(c) 汽车的速率 v（假设轮胎始终是正圆），(d) 车开过的距离。●●

图 P11.34

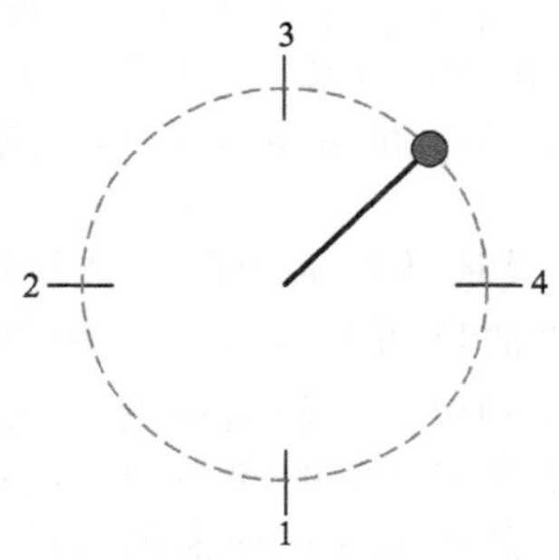

36. 对于汽车轮胎的胎面，是尽可能快地从静止达到公路限速的切向加速度大，还是以公路上限速行驶的向心加速度大？ ●●

37. 一个过山车初始位于离地高为 h 的轨道上，并从长陡坡上滑下来，然后通过一个底部离地为 d、半径为 R 的大圆环（见图 P11.37）。忽略摩擦。(a) 车到达圆环底部时的速率是多少？(b) 那个时刻施加在车上的法向力的大小是多少？(c) 车在圆环上运动到四分之一圆周时的速率是多少？(d) 运动到四分之一圆周的位置时，施加在车上的法向力的力大小是多少？(e) 车在四分之一圆周的位置上的加速度是多少？ ●●●

图 P11.37

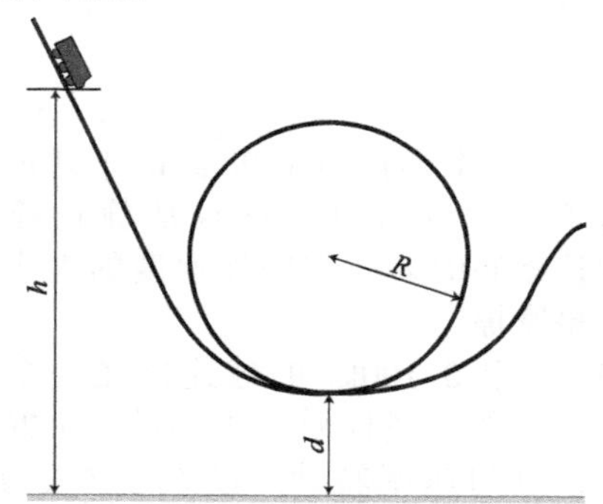

38. (a) 考虑一个竖直的回环过山车。资料表明，如果过山车在回环上运动时没有动力，那么过山车在回环顶部施加给乘客的法向力和在回环底部施加给乘客的法向力之差是重力的6倍。(b) 这 $6mg$ 的差，简称为"$6g$"，对于身体来说是难以忍受的。为了避免这种压力，竖直面的回环被设计成了雨滴形而不是圆形，使得车在回环上运动时向心加速度恒定。随着车离地高度 h 的增加，曲率半径 R 应当如何改变以产生这种恒定的向心加速度？把你的答案表示成函数：$R = R(h)$ 的形式。 ●●●

39. 一个球被放在一个圆锥体中，以恒定的速率 3.00m/s 在半径为 0.500m 的圆周上运动（见图 P11.39）(a) 球的加速度的向心分量是多少？(b) 它的加速度的切向分量是多少？(c) 什么力和重力组合后使得球在水平圆周上运动？(d) 用这些来确定球在锥底上方做圆周运动时的高度 h [提示：这和确定锥与其竖直轴之间的夹角（剖面图上锥张开的角度）是等价的。] ●●●

图 P11.39

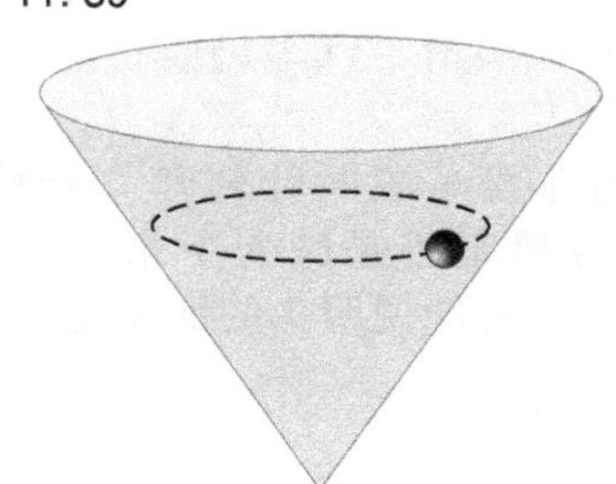

40. 一辆赛车在倾角为 θ 的倾斜赛道上转弯，赛道的曲率半径为 R。(a) 像在习题12中所描述的一样。存在一个速率 v_{critical}，在这个速率下能保持赛车在赛道上行驶而不需要摩擦力的参与。这个速率如何用 θ 和 R 表示出来？(b) 如果轮胎和路面之间的摩擦系数为 μ，那么赛车可以无滑动转弯的最大速率是多少？ ●●●

11.5 角动量

41. 一个连着绳子的 0.25kg 的球在水平面内以 2.5r/s 的角速率转动。如果绳长 1.0m，那么球的动能是多少？ ●

42. 三个惯性质量均为 1.0kg 的冰球被分别系在长 0.50m 的绳子上，绳子的另一端被共同绑在中心处，如图 P11.42 所示。当球以角速率 3.0s^{-1} 做圆周运动时，(a) 转动动能是多少？(b) 对公共中心的角动量大小是多少？ ●

图 P11.42

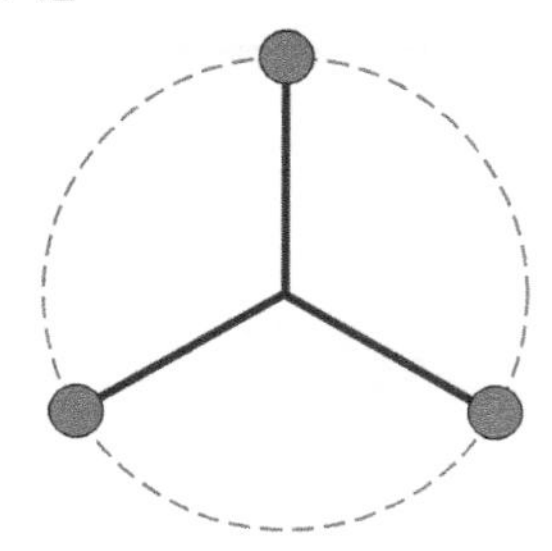

43. 当你站在公寓楼外侧的人行道上时，一只 2kg 的鸟以 2.0m/s 的速率沿着直线朝你飞来，它的方向和人行道平行，高度在你头顶上方 3.0m。你的朋友在离你头顶上方 4.0m 的阳台上歪着头看鸟。(a) 以你的头顶作为参考点，鸟的角动量是多少？(b) 以你朋友的头顶作为参考点，鸟的角动量又是多少？●

44. 惯性质量为 m 的冰球 A 连在长度为 l 的绳的末端，绳的另一端连在支点上从而使冰球可以在光滑的水平面上自由转动。惯性质量为 $8m$ 的冰球 B 连接长度为 $l/2$ 的绳的一端，绳的另一端连在第二个支点上，从而 B 也可以自由转动。在每种情况下，绳都处于紧绷的状态，并都给球一个垂直于绳的初始速度 $\vec{v}$。(a) 冰球 A 对于自身支点的角动量大小和冰球 B 对于自身支点的角动量大小各是多少？(b) 比较冰球 A 的转动动能能和冰球 B 的转动动能。●●

45. 在桶的提梁处系一根绳子，如果你把桶在竖直圆周上转得足够快，那么即使桶转到倒置状态时，桶中的水也不会洒出来。解释其原因。●●

46. 考虑习题 37 中的过山车。如果使过山车在圆环的最高点处依然留在轨道上，那么初始时最小的离地高度应是多少？●●

47. 在图 P11.47 中，两个完全相同的小球 B 和 C，每一个的惯性质量都是 m，它们连在长为 l 惯性质量可忽略的杆上，可绕杆的中心自由转动。接着，惯性质量为 $m/2$ 的小球 A，撞上了小球 B。碰撞后，能量没有损失。求：(a) 哑铃（小球 B 和 C 的组合体）的转动角速率，(b) 小球 A 的速度 $\vec{v}$。●●

图 P11.47

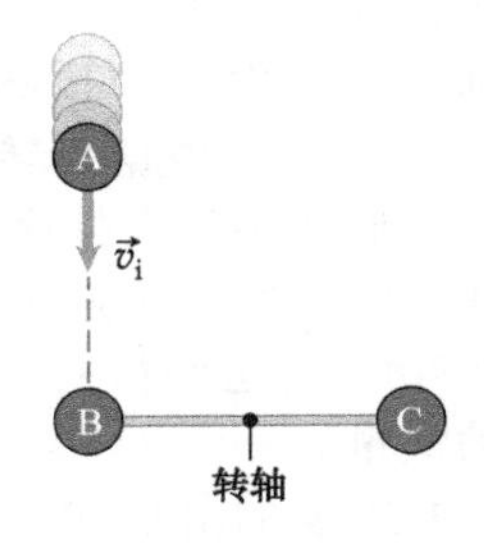

48. 小球被一端穿过空气球台上小洞且系有重物的绳子拉着，并在半径为 r 的圆周上以角速率 ω 转动。现在缓慢地向下拉动绳子，减小半径 r。假设小球对小洞的角动量保持恒定。(a) 当绳子拉到一半时，小球的转动角速率是多少？(b) 这段时间内速率 v 发生了怎样的改变？●●

49. 两个滑冰者沿着两条平行线互相朝着对方滑去，每人的速率都是 3.3m/s。两条平行线路之间的垂直距离是 2.0m。当他们擦肩而过（相互之间的距离仍是 2.0m）时，他们拉起手然后绕着他们的质心旋转。这个组合对于质心的转动角速率是多少？将每个滑冰者视作质点，他们中的一个惯性质量为 75kg，另一个惯性质量 48kg。●●

50. 一个初始转速为 $33\frac{1}{3}$r/min 的电唱机转盘以恒定角加速度刹住直至停止。转盘的转动惯量为 0.020kg · m^2。当它被关闭后，在 5.0s 的时间内减速到初始转动角速率的 75%。(a) 减速至停止需要花费多长时间？(b) 使转盘停止需要做多少功？●●

51. 如图 P11.51 所示，中心轴转动惯量为 I 的转盘以初始转动角速度 $\omega_{\vartheta,i}$ 绕低摩擦轴转动。第二块转盘被静止地放在第一块转盘正上方几毫米的位置，然后忽然放下。在滑动了一段时间之后，两个转盘对于初始的转轴具有了相同的转动角速率。组合后的转盘角速度的大小是多少？●●

图 P11.51

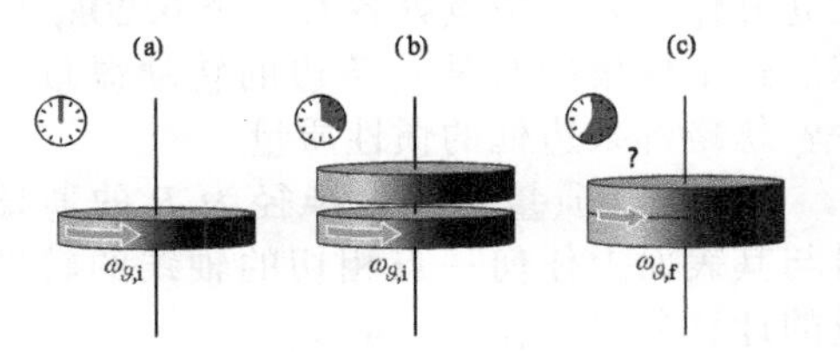

52. 一个在游乐园中流行的骑乘项目由两个边缘相连的圆盘组成（见图 P11.52）。该物体的中心连着一根水平轴，使其可以绕着这根轴转动。物体的半径为 1.00m，转动惯量为 200kg · m^2。一个 30.0kg 的孩子抓着骑乘物体边缘的底部在奔跑，物体初始时静止。因为孩子可以使自己在腰的高度上碰到该物体的边缘，所以可以把这个孩子看作是位于物体边缘上的一个质点。(a) 如果物体和轴之间的摩擦极小并且可被忽略，那么使孩子抓住物体底部边缘并将其转到顶部所需要的最小速率 v 是多少？(b) 这对孩子来说是一个合理的速率吗？●●●

图 P11.52

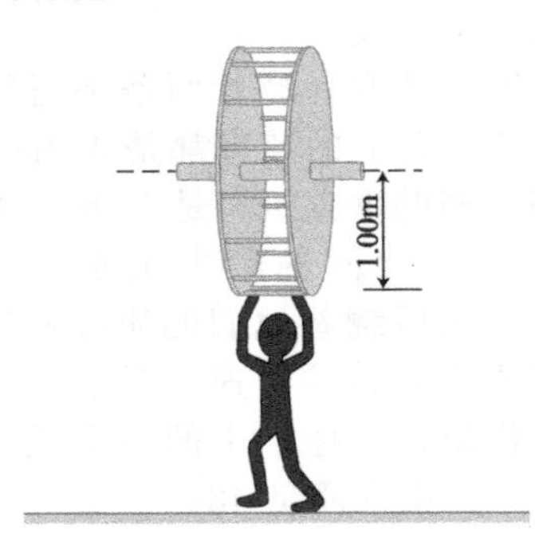

11.6 延伸物体的转动惯量

53. 图 P11.53 中刚体对 x 轴的转动惯量是多少？(将球看作质点。) ●

图 P11.53

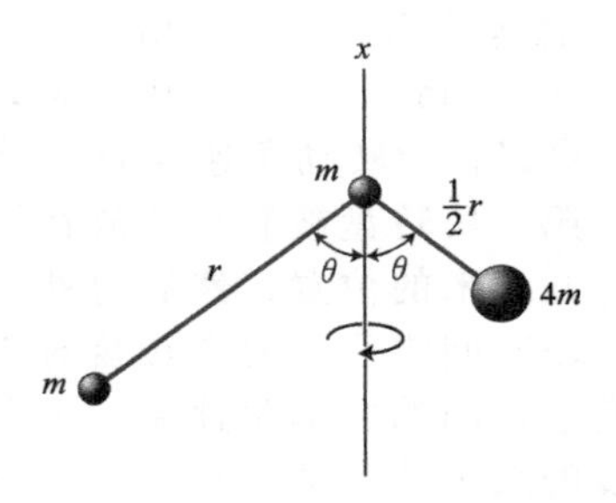

54. 一个边长为 0.25m 的立方体框架，在立方体的 8 个顶点处各有一个 0.20kg 的钢球。这个框架的对某一条边的转动惯量是多少？忽略各条边框的惯性质量。●

55. 惯性质量为 m、半径为 R 的薄球壳对与其表面上任何一点相切的轴线的转动惯量的计算公式是什么？●

56. 鹿的腿在接近蹄部的地方很修长，大部分的肌肉聚集在靠近髋关节的地方。这样可以给鹿带来哪些好处？●

57. 一个 20kg 的孩子以 1.4m/s 的速率跑着跳上游乐园的旋转木马，旋转木马的惯性质量为 180kg，半径为 1.6m。跳上木马时，她运动的方向与木马的平台相切，并且恰好落在边缘上。如果旋转木马开始时静止，那么旋转木马和孩子的转动角速率是多少？忽略木马平台转轴上的任何摩擦。●●

58. 地球的惯性质量为 5.97×10^{24}kg、半径为 6.37×10^{6}m。(a) 计算其对于自转轴的转动惯量，假设密度均匀。(b) 测得地球对自转轴的转动惯量为 8.01×10^{37}kg·m^2，根据这个值和 (a) 问计算得到的值之间的差异，如何说明整个地球的惯性质量分布？●●

59. 任何扁平物体对垂直于该物体的轴的转动惯量等于物体平面上的两个相互垂直的轴的转动惯量之和，要求这三个轴必须交于一点。使用这个“垂直轴定理”，确定：(a) 惯性质量为 m、半径为 R 的均匀圆环对于其一条直径的转动惯量，(b) 惯性质量为 m、边长为 a 的正方形薄片对于其中线的转动惯量。●●

60. 如图 P11.60 所示的结构件由三根相同的棒组成，且密度均匀。将图中四个用虚线表示的不同转轴的转动惯量按从小到大的顺序排序。●●

图 P11.60

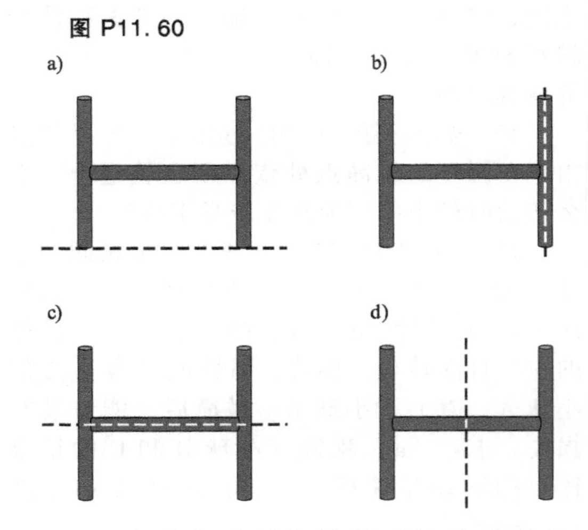

61. 全球变暖可能导致两极冰盖融化。这个效应会对白天的时长有什么影响？●●

62. 一个空心圆柱体、一个实心圆柱体和一个台球都从一个斜坡的顶部释放，并无滑动地滚到底部。(a) 根据自转动能所占的比例多少，将它们从小到大排序。(b) 当它们到达斜坡底部时速率之比是多少？●●

63. 估计 70kg 的运动员对穿过其腰部的水平轴的转动惯量。●●

64. 一个 0.20kg 的滑块和一个 0.25kg 的滑块通过一根绕在滑轮上的绳子相互连在一

起，滑轮是惯性质量为 0.50kg、半径为 0.10m 的实心圆盘。释放时 0.25kg 的滑块离地 0.30m 高。则该滑块撞到地面时的速率是多少？

65. 你不小心把满满的一桶水从如图 P11.65 所示的井边碰了下去。水桶下落 15m 到达井底。缠绕在装有曲柄的圆柱体上的轻绳连着水桶。当水桶落到井底时，曲柄转得有多快？桶加水的惯性质量为 12kg。圆柱体的半径为 0.080m，惯性质量为 4.0kg。●●

图 P11.65

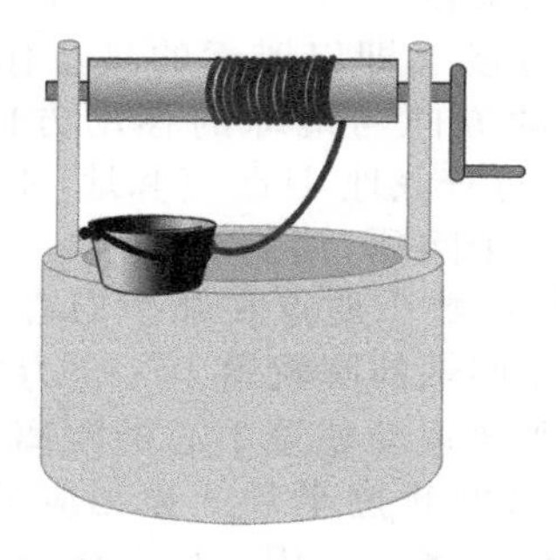

66. 惯性质量为 m 的滑块和惯性质量为 $2m$ 的滑块用一根缠绕在惯性质量为 $3m$、半径为 R 的均匀转盘上的轻绳连接在一起，转盘可以绕着通过其圆心的水平轴转动（见图 P11.66）。一开始，惯性质量为 m 的滑块被拉住不动，从而绳子是紧绷的。当该滑块被松开后就开始自由运动，滑块上升高度 h 后的速率是多少？忽略转盘和轴间的摩擦。●●

图 P11.66

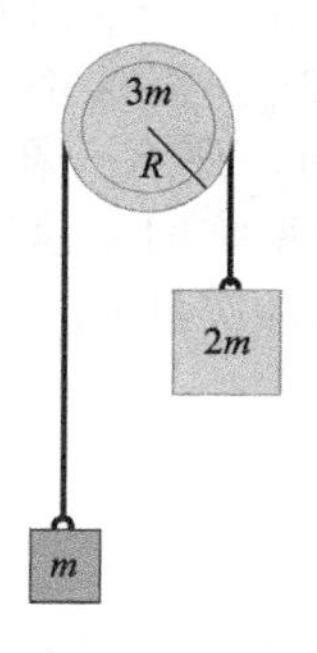

67. 一个外径为 R_{outer}、内径为 $R_{inner} = R_{outer}/2$、长为 l、惯性质量为 m 的厚壁圆柱体（见图 P11.67）绕着紧贴外壁方向平行于长的方向的轴转动。则该厚壁圆柱体关于此轴的转动惯量是多少？●●

图 P11.67

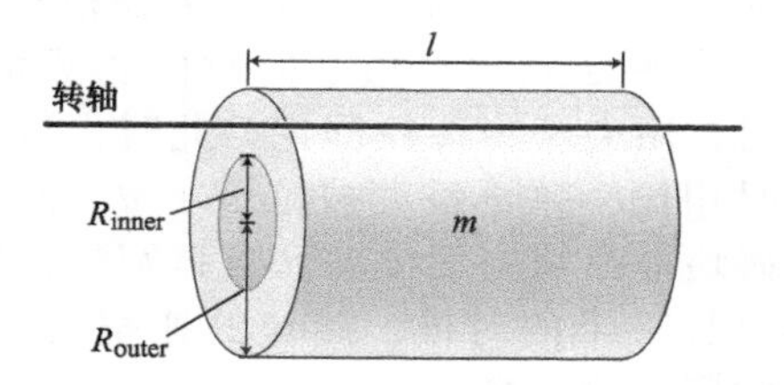

68. 对于一块惯性质量为 0.15kg、长为 80mm、宽为 40mm 的长方形薄板。选择一个垂直于它的轴，在下列情况下算出它的转动惯量：(a) 轴心在长边的中点，(b) 轴心在宽边的中点，(c) 轴心在其中一个顶点。●●

69. 有一种四轮马车的轮子，它由 4 根 0.8kg 的细棒和一个 2.0kg 的铁环组成，4 根细棒沿着铁环的直径固定，并被均匀地分成 8 根辐条。我们假设铁环的半径为 0.30m，那么以垂直于铁环并通过其圆心的轴作为转轴，它的转动惯量是多少？●●

70. 一根 0.83m 长的细棒的一端被垂直悬挂并可转动，通过给它的自由端一个足够强的打击，可使细棒刚好能绕着固定端在垂直面上旋转一周，则棒的自由端应当有多大的初速率？

71. 伦敦的大本钟所显示的时间在与之同类型的机械钟表中是最精准的。它的时针重 300kg、长 2.7m，分针重 100kg、长 4.2m。将两针视为理想棒，请计算由两者构成的系统的转动动能。●●

72. 设一个物体绕某轴转动的转动惯量为 I。如果将物体的惯性质量集中成一质点，对该轴仍有相同的转动惯量 I，则该质点到轴的距离称为回转半径。求下列回转半径：(a) 半径为 R 的实心圆盘，转轴垂直盘面且通过圆心，(b) 半径为 R 的实心球，转轴通过圆心，(c) 半径为 R 的实心球，转轴与球面相切。●●●

73. 一直角三角形金属薄片，惯性质量为 m。直角边的长分别为 l 和 $2l$。求它在下列情况下的转动惯量：(a) 转轴沿着长为 l 的边转动，(b) 转轴沿着长为 $2l$ 的边转动。●●●

74. 如图 P11.74 所示，惯性质量为 m 的砖块，它的一面通过轻绳与一质量为 m 的均匀圆盘相连。圆盘半径为 R，可以沿着通过其圆心的固定水平轴转动。砖块的另一面则与一弹簧常量为 k，原长为 l 的弹簧相连，弹簧与一水平面成倾斜角 θ 的斜面底部相连。静止时，用夹子将砖块固定，此时，与自由状态时相比，弹簧长度被拉长了 d。松开夹子，砖块被弹簧向下拉动，当弹簧的长度变为其原长一半的时候，砖块的速率为多少？忽略摩擦力的影响。●●●

图 P11.74

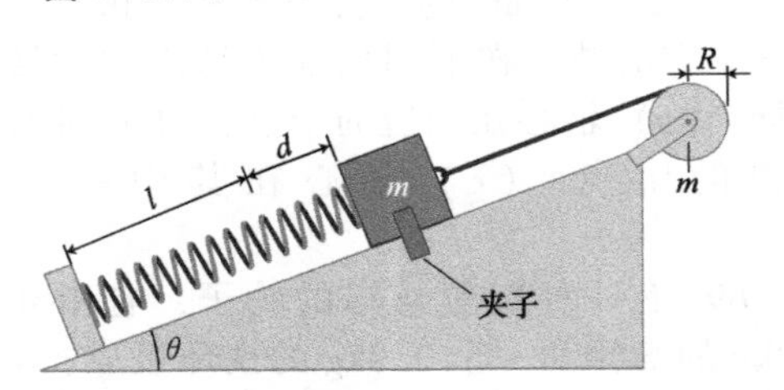

75. 某一棒球棒整体为锤形圆筒，上、下直径分别为 0.040m 和 0.070m，长为 0.84m。棒球棒的惯性质量为 0.85kg，分布均匀。当球棒绕垂直通过细端的轴转动时，该棒的转动惯量为多少？●●●

附加题

76. 在实验室，你尝试将一枚硬币放到旋转的平台上并防止它们滑落。小伙伴告诉你，硬币放在外边缘更安全，因为 $a_c=v^2/r$，半径越大，向心加速度就越小，这意味着要保持硬币不动的摩擦力更小。他的说法正确吗？●

77. 日食和月食是由于月球、太阳之间的尺寸和它们与地球间的距离达到一个非常偶然的关系所形成的。查找太阳、月球的直径以及它们与地球间的距离，解决下列问题：(a) 从地球观察者的角度计算太阳面的角大小（angular size），即计算以地球为起点的太阳面的对角大小，(b) 计算同样情况下的月面的角大小。●

78. 证明一个做匀速圆周运动的物体，其向心加速度可以用下式计算：

$$a_c=\frac{4\pi^2 r}{T^2}$$

式中，r 是圆周半径；T 是运动周期。●

79. 如果你转动一个生鸡蛋，然后在一个瞬间停住它，再放开，那么它会继续转动。但是熟鸡蛋却不会这样，这是为什么？●

80. 如果你把胳膊伸直，用大拇指挡住阳光，那么你的大拇指要移动多快（mm/min）才能跟随太阳的动作，一直遮挡着阳光？●

81. 为了寻找泰山（Tarzan），珍妮（Jane）通过在藤蔓上晃动来加快她的搜索。(a) 在她沿弧线向下摆动时，藤蔓的张力对她做了多少功？(b) 沿弧线摆动时，在哪个位置上藤蔓对她的作用力最大？●●

82. 月球绕着地球转，地球绕着太阳转，由此月球与太阳的相对运动是这两个运动的合运动。如果在太阳上观察，有没有月球逆向运动的时候（即以遥远的星星作为参考，月球的移动方向与地球的移动方向相反）？（你需要自行查找地-日距离和地-月距离的数据来回答这个问题。）●●

83. 假设数个质点在几个向心力的作用下，均处于同轴的圆轨道上，合力的大小取决于粒子距离运动轨迹中心的距离。每个粒子都有自身的轨迹半径 r 和相应的周期 T。试着在下列关系下，用 r 写出该合力的表达式：(a) T 与$\sqrt{r}$成比例，(b) T 与 $r^{3/2}$ 成比例，(c) r 与 T 互相独立。●●

84. 将太阳近似为一个半径为 6.96×10^8m 的均匀球体，绕着它自身的中心轴旋转，周期为 25.4 天。假设太阳寿尽时，会向内坍缩成一个大小约等于地球的均匀矮星，那么该矮星的旋转周期会是多少？●●

85. 惯性质量为 m_d、宽为 l_d 的门静止不动，一个惯性质量为 m_b 的飞行泥球以速率 v_b 撞在门上。撞击点与通过铰链固定的转动轴的距离 $d=2/3l_d$。泥球垂直撞击门的表面后，黏附在上面。那么，在这个瞬间之后，门与泥球组成的系统的角速度 ω 是多少？提示：不要忽略惯性质量 m_b。●●

图 P11.85

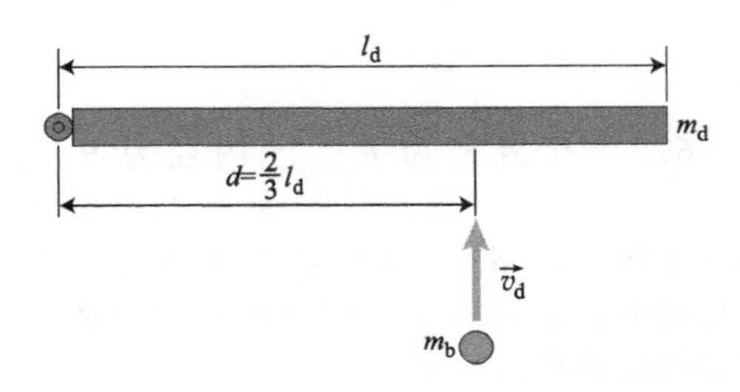

实践篇

86. 你的婶婶有一个游乐园，她希望你在现有的过山车道上添加环形轨道。当前过山车道的第一个坡道的高度为 55m，婶婶希望你能在保证过山车和乘客通过这个环道时不会掉下来的情况下，在这个坡道后建一个尽可能高的环道。你想了一会儿，意识到过山车在环道的顶点的最小速率，这给出了你设计环道所需要的东西。●●●CR

87. 在电影《2001 太空漫游》（2001：*A Space Odyssey*）的太空飞船中，有一种利用转动的圆柱制造重力感，使宇航员可以在里面适应行走和训练的设备。当看到这部老电影时，你应该知道，这种圆柱的半径大约是宇航员身高的 3 倍。设想一下，当圆柱的角速度足够快时，所产生的重力感足以模拟地球重力，这时候你会担心，宇航员脚部和头部之间的重力差会让他们感到无法适应，于是你致电美国国家航空和航天局（NASA），告诉他们你的新设计思路。●●●CR

88. 在一张半径为 0.320m 的转盘上装有一个电磁铁，它能让钢制的物体停留在转盘的固定位置。在转盘的边缘有一个三角形标志，它能让我们知道转盘相对于周围的旋转位置（见图 P11.88）。转盘逆时针转动一周需要 0.360s，一重 0.125kg、长 0.160m 的钢条放置在转台上，一端放在圆心，整体沿着半径指向外边，如图 P11.88 所示。我们打开电磁铁电源，转盘开始转动。当转盘达到稳定转速后，钢条处在正的 x 轴的瞬间，关闭电磁铁电源，试描述钢条的后续运动。●●●

图 P11.88

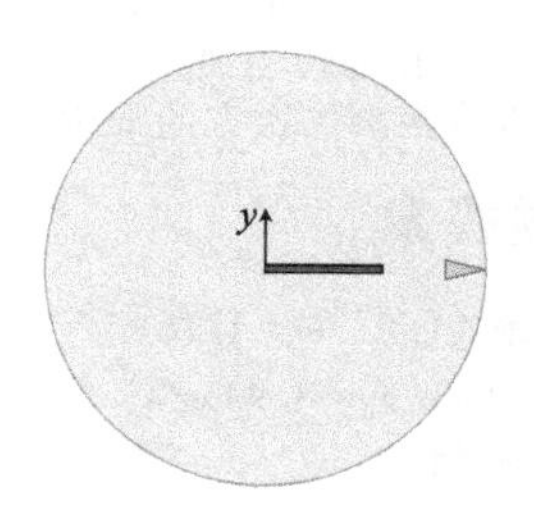

89. 你有一个玩具陀螺，当它的转速不低于 1800r/min 的时候，就会开始播放音乐。想要得到这种高转速，一种办法是拉动环绕在直径为 6.0mm 的纺锤上的绳子。陀螺的转动惯量为 $0.5\times10^{-3}\text{kg}\cdot\text{m}^2$，绳长为 1.2m，若想听到音乐，你应该怎么做？●●●CR

90. 惯性质量为 m_d 的飞镖以 v_d 的速率飞向圆盘。圆盘的惯性质量为 m_t，半径为 R_t，飞镖的尖端嵌入圆盘边缘。如图 P11.90 所示，初始时圆盘以垂直于盘面的中心轴顺时针转动，圆盘的初始角速率为 ω。假设飞镖惯性质量集中在它的尖端。在下列情况下，求飞镖嵌入圆盘后整体的转动角速率：(a) 如图 P11.90a 所示，飞镖击中圆盘边缘，且飞行方向与圆盘相切。 (b) 如图 P11.90b 所示，飞镖击中圆盘边缘，且其飞行方向指向圆心。●●●

图 P11.90

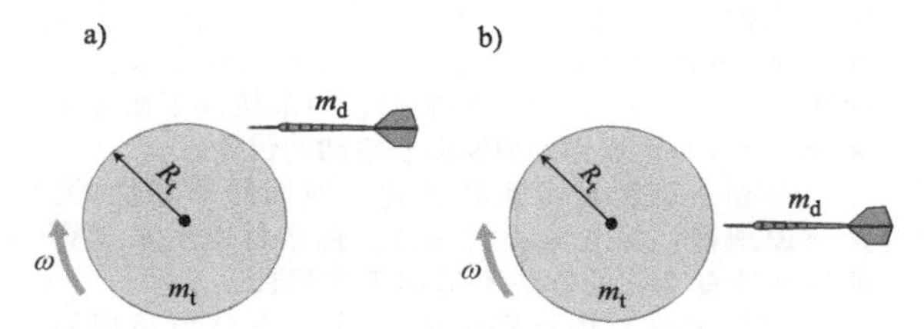

91. 一个表面光滑的立方体，其惯性质量为 m，边长为 d，在极为光滑的地面以速率 v 滑行并撞上了门槛，由于撞击，立方体如图 P11.91 所示发生了倾斜，在此过程中，它的重心发生了偏移，其中水平方向偏移 x。请用 x 写出立方体转动的速率表达式。当立方体以一条边为轴做转动时，转动惯量为 $\frac{2}{3}md^2$。［提示：假设竖直方向上的偏移为 h。］●●●

图 P11.91

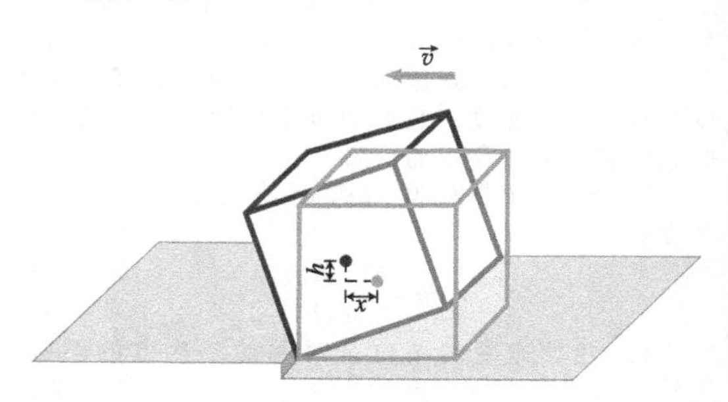

复习题答案

1. 许多答案都是可能的。其中的一些是：(a) 坠落的砖块，冲刺的赛马，巡航的飞机；(b) 旋转的光盘，摩天轮，轮盘赌；(c) 扔出去的飞盘，飞机舷窗外发动机的螺旋桨，向着保龄球瓶滚去的保龄球。

2. (a) 不可能，因为匀速运动意味着加速度为零。(b) 有可能，因为速度方向的改变意味着存在加速度，即使速度大小（速率）没有变化。

3. 角坐标以一个无单位的数值描述物体在圆周上的位置，物体每转一圈值就增加 2π。极角是以弧度、角度或者转数为单位的数值描述物体在圆周上的位置，一般而言，通过 x 轴正向和物体所在位置的径向矢量之间的夹角来衡量。

4. 在某一个给定的时刻，位置矢量从圆心指向物体。此时速度矢量与位置矢量互相垂直，同时与物体运动方向相切（沿着切向坐标轴方向）。加速度矢量与位置矢量指向相反，指向圆心。

5. 在汽车开始做曲线运动时，你的肩膀继续保持向前的直线运动，但你的腿和下半身会因为座位的摩擦力而被拉向左边。在地球参考系中，车在进入曲线运动时是加速的（向左），而你的肩膀由于惯性要离开曲线，从而车门会碰上你的右肩，如果从汽车参考系来看，就容易形成你的肩膀向右移动的错觉。

6. 由于旋转参考系在加速，因而是非惯性的。从《原理篇》第 6 章我们知道，在教材中用来观察能量和动量变化的方法不适用于非惯性系。

7. 做匀速圆周运动的物体的合力必须指向圆心。这个力提供了所需的向心力，并随着速率增加而增加，半径的增加而减小。

8. 不是。固有属性（参考《原理篇》4.6 节）是不改变物体就不会变化的属性。计算给定物体的转动惯量，依赖于转轴的选取。例如，薄圆环对垂直于环面的轴的转动惯量是 mr^2，但是对平行环面的轴则是 $mr^2/2$。同一个环，不同的 I 值，意味着 I 不是环的固有属性。

9. 走钢丝的人所关心的转轴是通过她脚底的水平轴。如果没有长竿，那么这个系统所有的质量都会集中在转轴附近，如果有了长竿，人和竿组成的系统就会远离转轴，使得她更难绕轴转动和掉落，从而更安全。

10. 是的。圆周运动始终需要一个向心加速度。另外两个加速度的形式不一定在所有的圆周运动中都存在。在加速或减速的过程中，物体既有角加速度又有切向加速度；它们通过半径因子相联系，因此它们总是同时存在的。

11. 角坐标是极角（弧度单位表示）除以 1 弧度：

$$\vartheta=\frac{\theta(\text{rad})}{1\text{rad}}$$

12. 角加速度的单位是时间的二次方的倒数，用转动角速率 ω 随时间的变化率来表示。切向加速度具有加速度的单位（m/s^2），并且用速率 v 随时间的变化率来表示。它们的大小是相关的，切向加速度的大小等于半径和角加速度的乘积。向心加速度具有加速度的单位（m/s^2），并通过速度 $\vec{v}$ 的方向随时间的变化率来表示。向心加速度是加速度的径向分量（指向圆心），而切向加速度则是加速度的切向分量。

13. 这些关系可以在《原理篇》的表 11.1 中找到：(a) $s=r\vartheta$，(b) $v_t=r\omega_\vartheta$，(c) $a_t=r\alpha_\vartheta$。

14. 如果时间间隔减半，速率 v 就会加倍。式(11.15)：$a_c=v^2/r$ 告诉我们，速率加倍则向心加速度就是原来的四倍。

15. 质点的转动惯量定义为质点惯性质量和圆周运动半径平方的乘积。

杠杆臂距离（或者说杠杆臂）是质点动量的作用线和转轴之间的垂直距离。

16. 只要把转动惯量用惯性质量替代，转动角速率用速率替代，物体的转动动能和它的转动惯量之间的关系就如同动能和惯性质量之间的关系：

$$\frac{1}{2}mv^2\leftrightarrow\frac{1}{2}I\omega^2$$

17. 物体的角动量是它的动量和它的动量作用线到转轴之间的垂直距离的乘积：

$L=I\omega=mvr_\perp$ [式(11.34)和式(11.36)]

18. 它会增加到原来的 8 倍。在 $K_{\text{rot}}=\frac{1}{2}I\omega^2$ 中 I 的加倍会引起 K_{rot} 加倍，而 ω 的加倍则会引起 K_{rot} 增加到原来的 4 倍。

19. 角动量既不能被创造也不能被消灭（但是可以从一个物体转移到另一个物体）。

20. 具有最小转动惯量的轴：通过书本中心并平行于其最长的一边的轴。最大转动惯量的轴：通过书本中心垂直于前后封面的轴。

21. 有两个轴通过分子的中心并垂直于连接两个原子的价键；第三个轴平行于价键。绕着其中任意一个垂直于价键的轴转动都会得到一个可观的转动惯量。绕着平行于价键的轴转动可以得到一个较小的转动惯量从而具有一个较小的动能。

22. 物体对于任意轴 A 的转动惯量等于物体对过质心平行于 A 的轴的转动惯量加上物体惯性质量和两个轴之间垂直距离二次方的乘积。

引导性问题答案

引导性问题 11.2 $\omega=1.16\times10^{-3}\text{s}^{-1}$，(b) $v=7.73\times10^3\text{m/s}$，(c) $a_c=8.94\text{m/s}^2$

引导性问题 11.4 $\theta_{\text{bank}}=23.6°$

引导性问题 11.6 (a) $\omega_f=\frac{15m_bv_bd}{4m_dl_d^2}-\omega_i$，(b) $v_b>\frac{4m_dl_d^2\omega_i}{15m_bd}$

引导性问题 11.8 $l=8.2\text{m}$

实践篇

第 12 章　力　　矩

章节总结

力矩（12.1节，12.5节）

基本概念 力矩是指作用力施加在物体上使物体具有绕着转动轴或支点转动的趋势。物体对定轴的力矩是力和力臂大小的乘积。力矩的国际单位是

$$\mathrm{N\cdot m=kg\cdot m^2/s^2}$$

如果物体所受外力矢量和为零，那么物体处于平动平衡状态；如果物体所受外力矩矢量和为零，那么物体处于**转动平衡状态**；如果物体所受外力的矢量和为零，且外力矩矢量和也为零，那么物体处于**力学平衡状态**。

定量研究 力矩的定量计算公式为

$$\tau\equiv rF\sin\theta=r_{\perp}F=rF_{\perp} \qquad (12.1)$$

式中，$\vec{r}$ 表示外力作用线到转轴的位移矢量；θ 表示 $\vec{r}$ 与 $\vec{F}$ 的夹角。则力矩等于 $\vec{r}$ 与 $\vec{F}$ 的叉乘（外积），即力 F 在垂直于 $\vec{r}$ 方向上的分量和此分力作用线到该轴垂直距离 $r_{\perp}$ 的乘积。

平动平衡状态：$\sum\vec{F}_{\text{ext}}=\vec{0}$。

转动平衡状态：$\sum\tau_{\text{ext}\vartheta}=0$。

力学平衡状态：

$$\sum\tau_{\text{ext}\vartheta}=0,\quad \sum\vec{F}_{\text{ext}}=\vec{0} \qquad (12.14)$$

刚体的转动（12.1节，12.2节，12.5节~12.7节）

基本概念 **自由转动**时，物体绕其质心转动，我们可以将物体的运动分解为转动和平动，计算转动时用对质心的力矩和转动惯量；当物体被约束，绕某定轴转动时，计算时要用对该轴的力矩和转动惯量。

当一个物体在平面内**做无滑动的滚动**（即物体与平面的接触点相对静止）时，该物体在绕其几何中心转动的同时还在平面上平动，此时取对质心（即质量均匀分布物体的形心）的力矩和转动惯量，（注：此时质心是运动的）。

外力可以改变物体的平动动能，外力矩可以改变物体的转动动能。

定量研究 无论是质点还是质量连续分布的物体（我们都可以将其视为由大量微小的质点元组成），绕定轴旋转时系统的力矩等于各分力矩的矢量和

$$\sum\tau_{\text{ext}\,\vartheta}=I\alpha_{\vartheta} \qquad (12.10)$$

若质量为 m 的物体只做转动而不做平动，旋转半径为 R，则物体质心的运动可以这样描述

$$v_{\text{cm}\,x}=R\omega_{\vartheta} \qquad (12.19)$$

$$a_{\text{cm}\,x}=R\alpha_{\vartheta} \qquad (12.23)$$

$$\sum F_{\text{ext}x}=ma_{\text{cm}\,x}$$

$$\sum\tau_{\text{ext}\vartheta}=I\alpha_{\vartheta} \qquad (12.10)$$

力矩做功（刚体定轴转动的动能定理）：

$$\Delta K_{\text{rot}}=\left(\sum\tau_{\text{ext}\,\vartheta}\right)\Delta\vartheta \quad \text{（力矩恒定的刚体）} \qquad (12.31)$$

综合平动动能定理和转动动能定理，我们得到：

$$K=K_{\text{cm}}+K_{\text{rot}}=\frac{1}{2}mv_{\text{cm}}^2+\frac{1}{2}I\omega^2 \qquad (12.33)$$

动能的改变量为力和力矩共同作用的结果：

$$\Delta K=\Delta K_{\text{cm}}+\Delta K_{\text{rot}} \qquad (12.34)$$

实践篇

角动量（12.1 节，12.5 节）

基本概念 外力矩作用于系统的转动冲量 J_ϑ 等于角动量的改变量。

如果系统的合外力矩为零，那么系统的角动量保持不变。

定量研究 外力产生的外力矩导致物体角动量 L_ϑ 改变：

$$\sum \tau_{\text{ext}\vartheta} = \frac{\mathrm{d}L_\vartheta}{\mathrm{d}t} \qquad (12.12)$$

角动量定理表示物体角动量的改变量等于外力对系统的**角冲量**

$$\Delta L_\vartheta = J_\vartheta \qquad (12.15)$$

若有一恒定的外力矩在一定的时间间隔 Δt 内持续作用于系统，则**角冲量定理**为

$$J_\vartheta = \left(\sum \tau_{\text{ext}\vartheta}\right)\Delta t \qquad (12.17)$$

由关于角动量定理的讨论可知：若合外力矩为零，则角动量守恒

$$\sum \tau_{\text{ext}\vartheta} = \frac{\mathrm{d}L_\vartheta}{\mathrm{d}t} = 0 \Rightarrow \Delta L_\vartheta = 0 \qquad (12.13)$$

转动量的矢量形式（12.4 节，12.8 节）

基本概念 **极矢量**是与位移有关的矢量。**轴矢量**是与转动方向有关的矢量（极矢量是一个矢量和位移的叉积。轴矢量是一个矢量与旋转方向的叉积），它指向转动的方向，其方向由轴矢量的**右手法则**得到：张开右手，弯曲的四指沿着转动方向，大拇指立起的方向即转动矢量的方向。

矢积的右手法则：张开右手，四指指向第一个矢量，然后弯曲，弯曲方向由矢量 $\vec{A}$ 转向矢量 $\vec{B}$（转的角度须小于 180°），此时大拇指立起的方向即为矢积的方向。

两个矢量的矢积大小等于二者所围成平行四边形的面积大小。

定量研究 相互成 $\theta \leqslant 180°$ 的两个矢量 $\vec{A}$ 和 $\vec{B}$，当它们起点连在一起的时候，其**矢积**为

$$|\vec{A} \times \vec{B}| = AB\sin\theta \qquad (12.35)$$

如果 $\vec{r}$ 是坐标系原点到力 $\vec{F}$ 的作用点的矢量，则力 $\vec{F}$ 绕原点的力矩为

$$\vec{\tau} = \vec{r} \times \vec{F} \qquad (12.38)$$

如果 $\vec{r}$ 是坐标系原点到动量为 $\vec{p}$ 的质点的矢量，则质点绕原点的角动量为

$$\vec{L} = \vec{r} \times \vec{p} \qquad (12.43)$$

复习题

复习题的答案见本章最后。

12.1 力矩和角动量

1. 一个较小的力产生的力矩可以比一个较大的力产生的力矩更大吗？

2. 你的朋友推门把手开门，门在两秒钟内完全打开；回来时，你为朋友开门，但推了靠近门转轴的地方，虽然门也在两秒钟内打开了，但你的朋友察觉到你比较吃力，“你这样开门需要更大的力矩。”他的说法对吗？

3. 若一个静止物体不是固定在某一点或某一转轴上，应如何选取参考点？

4. 一个施加在物体上的力可以使物体自由转动或绕一个固定轴转动，其作用线经过转轴，但作用点不在转轴上。则在此种情况下，力矩为多少？

12.2 自由转动

5. 在自由转动的情况下，一个物体是否可以绕你选中的任一点旋转？

6. 为什么质心的概念在分析转动运动问题中如此有用？

12.3 扩展性分体受力图

7. 当你抬起你的左前臂使其与地面保持平行时，与手肘连接的肱部的骨头对手肘施加的力的方向如何？

8. 标准受力图和扩展性分体受力图间的主要不同是什么？当我们研究转动运动时，为什么必须使用扩展性分体受力图？

9. 在处理问题时，如果需要的是扩展性分体受力图，那么为什么还要先画出标准受力图？有没有可能利用扩展性分体受力图来像计算力矩的矢量和那样，计算力的矢量和？

12.4 转动的矢量性质

10. 简述决定物体转动矢量方向的右手法则。

11. 对于挂在墙上的钟表的第二个指针，其转动矢量的方向如何？

12. 为什么顺时针和逆时针不足以描述三维的转动？

12.5 角动量守恒

13. 下面哪一句描述是正确的？

（1）在力学平衡状态下，所有力矩及力的矢量和为0；

（2）在力学平衡状态下，力矩的矢量和为0，力的矢量和也为0。

14. 假设只有一个力施加在物体上（此力不会被其他任何力抵消），那么这个力是否可以改变物体的动量和角动量？

15. 一位棒操选手将自转的棒扔向空中。当棒在空中时，它的动量是否恒定？角动量是否恒定？

16. 什么是角冲量？角冲量与角动量定理的联系是什么？

17. 在何种情况下，一个质点的角动量守恒？在何种情况下，一个系统的角动量保持不变？

12.6 滚动

18. 对于一个做无滑动的滚动的轮子，轮子的角速率与其质心的速率 v 有何关系？

19. 如果两个齿轮相互接触并啮合，那么它们的角速度 ω、齿轮的切向速度 v_t 和其他物理量之间有什么共同点？

20. 对于一个滚动的物体，其形状因子为多少？它和哪些因素有关？

21. 一个物体沿着山坡无滑动地滚下。其角加速度 α_ϑ 和质心加速度 a_{cm} 在数值上有何关系？

12.7 力矩和能量

22. 当外力施加在物体上的合力矩与单位时间内物体旋转的圈数已知时，如何计算外力对转动物体所做的功。

23. 如果一个物体的运动包含平动和转动，那么它的动能如何确定？

24. 对于一个做无滑动的滚动的物体，描述静摩擦力对该物体所做的功以及物质的能量如何变化。

12.8 矢积

25. 在纸上画一个矢量箭头，在另一张纸上画另一个矢量箭头，然后将两张纸平放在桌上摆成任意方向。那么这代表着两个矢量的矢积与桌面间的角度为多少？答案是否由两个矢量的朝向决定？

26. 两个矢量的矢积的大小与两个矢量有何关系？

27. $\vec{A}\cdot(\vec{A}\times\vec{B})$ 等于什么？

28. 如果你在计算力矩时，不慎将 $\vec{r}\times\vec{F}$ 算成 $\vec{F}\times\vec{r}$，那么结果会有什么错误？

29. 对于孤立质点，其角动量与动量的矢量关系是什么？

估算题

从数量级上估算下列物理量，括号中的字母对应于可能用到的提示。根据需要使用它们来指导你的思考。

1. 在你打开房门时施加的力的力矩大小（C,O）
2. 将一辆跑车在 4s 内从 0 加速到 60mile/h 所需要的力的力矩大小（E,R,K）
3. 当你急转弯时，重力施加在自行车上的最大力矩（A,V）
4. 用杠杆从前端抬起一辆发动机位于前端的汽车，杠杆的长度（B,H,N,W）
5. 一辆竞速自行车的最高齿轮比（前齿轮半径与后齿轮半径之比）（D,I,S,Q）
6. 手持式电钻最大的合理齿轮比（G,L,U）
7. 能够传递到一辆汽车两个驱动轮上的最大有用力矩（Y,P,K）
8. 你在更换汽车轮胎时卸下和安装 5 个螺母所需做的功（F,X）
9. 当你跳入水池时，你施加在跳板上的最大力矩（Z,T,J,M）

提示

A. 质心到支点的距离为多少？

B. 转轴到汽车质心的距离为多少？

C. 力臂的距离为多少？

D. 自行车车轮的直径为多少？

E. 需要什么样的加速度？

F. 通过什么样的角度和力矩才能拧开每个螺母？

G. 为使齿轮转动流畅，齿轮上所需的最少轮齿数为多少？

H. 汽车转轴到杠杆与汽车接触点间的距离为多少？

I. 一位强壮的自行车手能以多快的速度使最高的齿轮转动？

J. 你施加在跳板上的平均作用力为多少？

K. 车轮的半径为多少？

L. 如果每个轮齿厚 1mm，那么（传动轴）齿轮的最小半径为多少？

M. 跳板伸出的部分长度为多少？

N. 支持力与地球施加在你身上的重力之比为多少？

O. 力的大小是多少？

P. 施加在每个驱动轮上的法向力有多大？

Q. 自行车手完成一圈蹬踏动作的最短时间间隔是多少？

R. 所需力的矢量和为多少？

S. 轮子的转速为多少？

T. 从最后一跳触碰跳板的瞬间到跳板弯曲最大的瞬间的时间间隔为多少？

U. 与钻孔套管匹配的最大齿轮半径是多少？

V. 最大倾斜角是多少？

W. 从支点到杠杆与汽车的接触点的最小距离是多少？

X. 通过什么样的角度和力矩才能将松开的螺母拧紧？

Y. 为了使汽车更好地向前开动，需要什么样的摩擦系数？

Z. 如果你想在最后一次跳得更高，你触碰跳水板的速率应该是多少？

答案（所有值均为近似值）

A. 1m；B. 转轴在后轮，质心在前轮之后，因此为 2m；C. 0.7m；D. 0.7m；E. 7m/s^2；F. 1×10^2N · m，四分之一圈；G. 1×10^1；H. 大概 3m；I. 1.2×10^1m/s；J. 考虑到重力与角动量的改变量除以时间，对一个 80kg 的人大约为 2×10^3N；K. 0.3m；L. 大概 3mm；M. 小于 3m；N. 14 : 1；O. 1×10^1N；P. 4×10^3N 或前驱动轮所受重力的三分之一；Q. 0.4s；R. 施加在车上的力为重力的 0.7 倍，就是 7kN；S. $6\times10^1\text{s}^{-1}$；T. 0.3s；U. 3×10^1mm；V. 与铅垂线成 40°；W. 0.3m；X. 8N · m，5 圈；Y. 为了避免不必要的滑动，利用静摩擦系数来计算，它接近于 1；Z. 3m/s。

例题与引导性问题

解题步骤：分体受力图

1. 首先，给目标物体（系统）画一张标准的分体受力图，来确定施加于其上的力。在确定物体质心的加速度方向后，画一个箭头来代表其方向。

2. 在转动平面上画一张物体的截面图，即垂直于转轴的平面图；若物体静止，则在受力的平面上画出。

3. 选定一个参考点。如果物体绕一个铰链、支点或轮轴转动，则选择此点。如果物体自由转动，则选该物体的质心。如果物体静止，则可选择任一点。由于施加在参考点上的力不产生力矩，因此以受力最多的点或受到未知力作用的点作为参考点最为便捷。标出参考点的位置，然后选择一个转动的正方向，并在分体受力图中将参考点用圆点符号 • 表示出来。

4. 画出施加在物体上且处于分体受力图平面上的力的矢量图。将每个力矢量的尾部置于施力物体的作用点处。将重力矢量的尾部置于物体的质心㊀。标出每个力。

5. 在分体受力图中标示出物体的转动角加速度（例如，若物体朝正的 ϑ 方向做加速运动，则在转轴附近写下 $\alpha_\vartheta>0$）。如果转动角加速度为 0，则写作 $\alpha_\vartheta=0$。

下列例题涉及本章内容，但又不仅仅局限于本章中的某一节。
其中一部分以例题的形式给出，另一部分则以引导性问题的形式给出。

例 12.1 使用扳手

拧松汽车轮胎上生锈的螺帽需要大小为 220N · m 的力矩。

（a）一名 60kg 的技工从水平方向拧螺帽（即只给螺帽施加力矩）。扳手长 400mm，她抓住扳手的自由端，施加了大小等同于自身重力的力。若她对扳手的力竖直向下，则她对螺帽的力矩是多少？

（b）若螺帽旋转至扳手与重力方向成 37°（见图 WG12.1）施加与（a）问中同样大小的力，那么这个技工还能使用 400mm 长的扳手拧松螺帽吗？若不能，则需要多长的扳手？

图 WG12.1

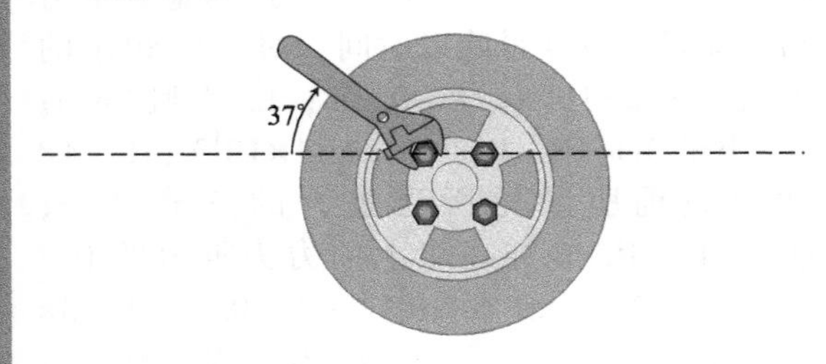

㊀ 重力是否真的施加在质心？假设地球施加的重力位于其他地方，那么重力将绕着质心产生一个永久不变的力矩，任何一个非静止的物体都会开始自转，而这并不符合事实。

❶ **分析问题** 这个问题考察力矩的基本概念，我们可以用前面步骤框中介绍的方法，先画受力分析图，如图 WG12.2a 所示。扳手受到三个力：技工（用下标 m 表示）对扳手（用下标 w 表示）施加的竖直向下的力、重力、螺帽（用下标 n 表示）对扳手施加的竖直向上的接触力。由于重力相对于其他两个力很小，故可忽略不计。接下来我们画出（a）、（b）两问的扩展性分体受力图，如图 WG12.2b、c 所示。

图 WG12.2

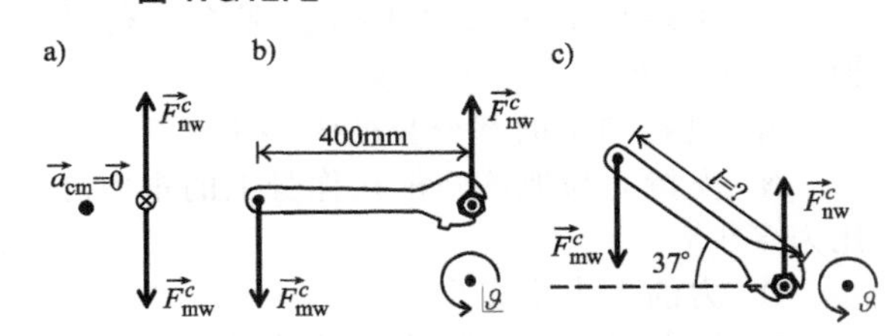

将螺帽选为参考点，只有力 $\vec{F}^c_{mw}$ 对参考点产生力矩。

❷ **设计方案** 力矩的大小为

$$\tau=|\vec{r}\times\vec{F}|=rF\sin\theta \tag{1}$$

其中，角 θ 为力和力臂之间的夹角。扳手受到的技工所施加的力的大小等于技工的重力：

$$F^{c}_{mw}=F^{G}_{Ew}=m_m g$$

力臂的大小为 $l\sin\theta$，在（a）问中 θ 为 90°。

在（b）问中，力的大小和方向不变，但 θ 变化引起力臂变化，注意到 37°不是 θ 角，θ 应为力和扳手的夹角，故 $\theta=90°-37°$。利用（a）问的结果，我们可以计算（b）问中所需扳手的长度：$l=\tau/(F\sin\theta)=\tau/(F^{G}_{Em}\sin\theta)$

❸ 实施推导 （a）计算重力：$m_m g=(60\text{kg})(9.8\text{m/s}^2)=588\text{N}$。

计算力矩：

$$\tau=(0.400\text{m})(588\text{N})(\sin 90°)=235\text{N}\cdot\text{m}$$
$$=2.4\times10^2\text{N}\cdot\text{m}✔$$

（b）求 θ：$\theta=90°-37°=53°$。

求扳手为原长时的力矩：

$$\tau=(0.400\text{m})(588\text{N})(\sin 53°)=188\text{N}\cdot\text{m}$$

由于所需最小力矩为 220N·m，故求所需扳手长度为

$$l=\frac{\tau}{F^{G}_{Em}\sin\theta}=\frac{220\text{N}\cdot\text{m}}{(588\text{N})(\sin 53°)}=0.47\text{m}✔$$

因此，需要一个稍微长一点的扳手来拧松螺母，或者让技工在 400mm 长的扳手一端加装一段空心管就可以增加力臂的距离。

❹ 评价结果 在本题中，我们的答案接近所需的力矩 220N·m，这使我们对结果更有信心，我们还能建立什么约束条件来检验答案的合理性呢？考虑到扳手对技工的力，由牛顿第三定律，这个力与技工对扳手的力大小相等、方向相反。在计算中充分利用技工的重力意味着我们假设技工所受到地面的支持力为零，扳手对技工的力抵消了全部重力，事实上，这是一般情况下不采取特殊协助的技工所能施加的最大的力，为了施加一个更大的向下的力，技工需要向上推附近的固定物体，甚至还得用脚。问题中并没有提到这一点，我们认为技工没有这么做。

施加水平力需要摩擦力来平衡，或者附近的一个物体允许技工用脚水平推动以保证施加在她身上的合力为 0。摩擦系数很少超过 1，因此重力是一个人可以施加在扳手上的力的上限。实际中，一个人的手所能使出的最大力可能要小于重力（体重）。为了提供与重力一样大的力，大多数人必须站在扳手上。

引导性问题 12.2 砂轮

一个用来磨刀的圆形砂轮，其半径为 0.17m。用 20N 的法向力将刀压在砂轮上，二者之间的动摩擦系数为 0.54。需要电动机施加一个多大的力矩才能使砂轮保持匀速转动？

❶ 分析问题

1. 思考作用在砂轮上的力对砂轮转轴的力矩是多少？

❷ 设计方案

2. 为了保持匀速转动，砂轮上外力产生的力矩的矢量和必须满足什么条件？这里涉及哪两个力矩？

3. 刀对砂轮的法向力在力矩方程中有没有作用？

❸ 实施推导

4. 计算求得的力矩必须能被电动机产生的力矩抵消。

❹ 评价结果

5. 检验 4 中得到的力矩的表达式。如果垂直于刀的力发生了改变，结果会怎样变化？如果摩擦系数改变又会如何？这些变化合理吗？

6. 考虑你的数值结果。电动机能否提供这样大小的力矩？一个人通过脚踏车能否提供这样的力矩？（如果你回答这两个问题很吃力，请回顾本章的估算题）

例 12.3 加速自行车

一辆自行车从 3m/s 开始，以 1.1m/s^2 的加速度做匀加速运动。加速一段时间后，自行车轮子转了 20 圈，此时停止加速。若车轮半径为 0.3m，求停止加速后车轮的转动角速率。

❶ 分析问题 对此运动学问题的合适图解是运动图（见图 WG12.3）。自行车做水平运动，故车轮的运动是水平平动与水平滚动的合成，角速率在增加，加速度与自行车相同。这是一个简单的运动学问题，解决问题

的关键是建立平动与滚动之间的联系，由于只有滚动没有滑动，故车轮中心平动的距离与车轮转过的圈数之间有一定关系。

图 WG12.3

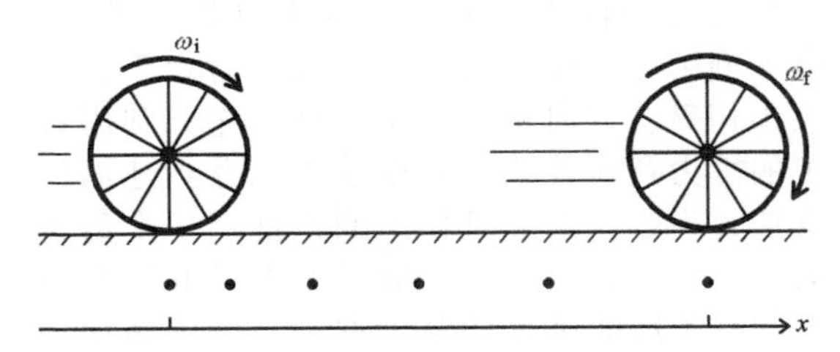

❷ **设计方案**　自行车的加速度是车轮中心的加速度，大小也等于车轮边缘上任一点的切向加速度，故列式如下：

$$x=\vartheta R$$

$$v_{\mathrm{cm}\,x}=\omega_{\vartheta}R$$

$$a_{\mathrm{cm}\,x}=\alpha_{\vartheta}R$$

因为自行车的加速度恒定，故转动角加速度也恒定。车轮的转动角速率可以这样表示

$$\omega_{\vartheta,\mathrm{f}}^2=\omega_{\vartheta,\mathrm{i}}^2+2\alpha_{\vartheta}(\vartheta_{\mathrm{f}}-\vartheta_{\mathrm{i}})$$

于是我们有了足够的条件来计算 $\omega_{\vartheta,\mathrm{i}}$ 和 α_{ϑ}，而 $\vartheta_{\mathrm{f}}-\vartheta_{\mathrm{i}}$ 在旋转坐标下可以表示为 20 圈所对应的弧度数。

❸ **实施推导**　我们将数值代入 $\omega_{\mathrm{f}}^2=\left(\frac{v_{\mathrm{cm}\,x,\mathrm{i}}}{R}\right)^2+2\left(\frac{a_{\mathrm{cm}\,x}}{R}\right)(\vartheta_{\mathrm{f}}-\vartheta_{\mathrm{i}})$ 来计算转动角速率：

$$\omega_{\mathrm{f}}=\left[\left(\frac{3.0\mathrm{m/s}}{0.30\mathrm{m}}\right)^2+2\left(\frac{1.1\mathrm{m/s^2}}{0.30\mathrm{m}}\right)(20\mathrm{r})(2\pi/\mathrm{r})\right]^{1/2}$$

$$=32\mathrm{s}^{-1}$$ ✔

❹ **评价结果**　转动角速率的代数方程显示对于更大的加速度和初速率，转动角速率的值也会更大。这些趋势是合理的。合理性可以由自行车的末速率检验：

$$v=\omega R=(32\mathrm{s}^{-1})(0.30\mathrm{m})=9.6\mathrm{m/s}$$

$$=34\mathrm{km/h}=21\mathrm{mile/h}$$

这对于一名骑车人来说是正常的。

引导性问题 12.4　斜面运动

有一圆盘和一圆环，它们半径不同，惯性质量不同，均被放置在斜面顶部，然后被释放。如图 WG12.4 所示。斜面倾角为 4.0°，长 1.8m。(a) 哪个物体先到达底面？(b) 第一个物体到达底面后，第二个物体经过多长时间才到达底面？

图 WG12.4

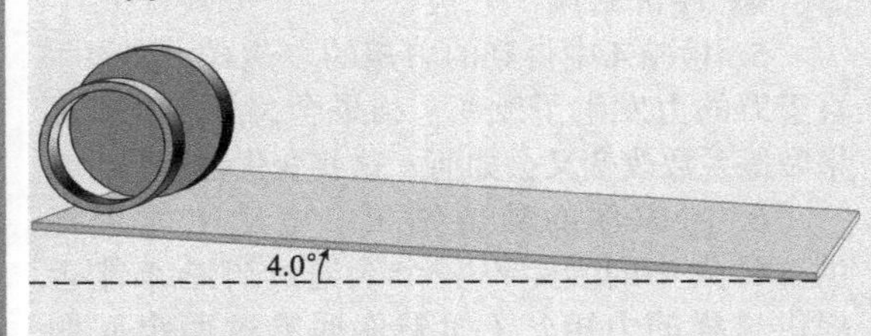

❶ **分析问题**

1. 问题都包含了哪些运动？

2. 思考 (a) 问时可能的方法：守恒定律，其他基本法则，还是仅仅用运动学的定理；对 (b) 问也这样思考。如果超过一种方法可行，那么你就可以通过比较两种方法的结果来进行检验。

❷ **设计方案**

3. 画一幅图表示出所需的物理量，对每一个物体都列出转动方程和平动方程。记得思考 (a) 问和 (b) 问之间的联系，所需求得的物理量是否一致。

4. 考虑形状对两个物体的影响（将圆盘看作非常薄的圆柱）。

5. 哪个物体有更大的加速度？是半径更大的还是更小的？

6. 对每个物体都列一个到斜面底部的时间与加速度、角加速度的表达式。现在你是否有足够的条件解题了呢？

❸ **实施推导**

7. 解方程求得每个物体滚到斜面底部所需的时间。

8. 用第二个物体到达底部的时间减去第一个物体到达底部的时间。你怎样验证你对哪个物体先到达底部的判断是否正确？

❹ **评价结果**

9. 通过改变条件和观察相应的结果变化来检验你的表达式。斜面倾角增加、长度增加会发生什么？这些变化趋势合理吗？

10. 考虑数值结果，其数量级是否合理？

例 12.5 下落的悠悠球

悠悠球基本上可以看成以一个以线轴作为内部转轴再加上外面两个对称的圆盘所组成的系统。一个惯性质量为 0.13kg 的悠悠球自由落下，受到绳的约束落到地面上方一定的距离，求其加速度。两侧圆盘的半径都是 17mm，即悠悠球的半径 $R_Y = 17.0\text{mm}$，转轴的半径是 $R_a = 5\text{mm}$，忽略线轴的惯性质量，假设悠悠球的惯性质量都集中在两侧的圆盘上。

❶ **分析问题** 我们知道悠悠球受重力作用加速下落。然而，与此同时，绳也具有向上拉悠悠球的趋势。我们还知道悠悠球下落时转速增加，转动的增量必然是因为重力和绳的拉力这一对方向相反却没有作用在同一直线上的力产生的力矩。这表明我们要用力和力矩的定理解决问题。

❷ **设计方案** 绳提供的力将重力势能转化为动能。然而，能量理论告诉我们悠悠球的速度是先增后减而不是一直增加。我们要由牛顿第二定律计算出加速度，但我们不知道绳子的张力作用。因此还需要解决这个问题。

假设绳不滑动，我们可以认为角加速度和加速度的关系为 $\alpha_{\text{cm}\,x} = R_a\alpha_\vartheta$，然后由合力矩得到角加速度：$\sum\tau_{\text{ext}\vartheta} = I\alpha_\vartheta$ [式 (12.10)]。

虽然悠悠球的质心加速度不取决于施力点的位置，但它的角加速度却取决于作用点的位置。因此，我们需要画一个质点和一个旋转体来进行分析（见图 WG12.5），重力作用在悠悠球的质心，竖直向下；绳的张力作用于线轴的切点，竖直向上。

图 WG12.5

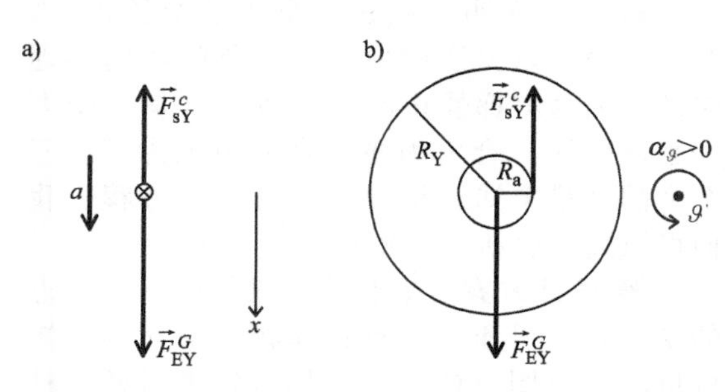

我们必须谨慎对待加速度的符号。最简单的方法就是确定轴的转动方向是否与正方向一致。因为我们知道悠悠球向下加速，我们在图 WG12.5 中建立竖直向下的 x 轴，以逆时针方向旋转为正。需要指出的是，只有绳的张力能对悠悠球的质心产生力矩，因为重力的力臂为零。

❸ **实施推导** 先列出力的方程：

$$F^c_{\text{sY}\,x} + F^G_{\text{EY}\,x} = m_Y a_{\text{cm}\,x}$$

由图可知力的方向：

$$-F^c_{\text{sY}} + F^G_{\text{EY}} = m_Y a_{\text{cm}\,x} \quad (1)$$

我们假设加速度为正，最终结果将告诉我们这个假设是否正确。分析得出系统的合力矩，列方程：

$$\sum\tau_{\text{ext}\vartheta} = \tau_{\text{sY}\vartheta} + \tau_{\text{EY}\vartheta} = I\alpha_\vartheta + R_a F^c_{\text{sY}} + 0 = \left(\frac{1}{2}m_Y R_Y^2\right)\alpha_\vartheta \quad (2)$$

这里我们将悠悠球近似看作圆柱体，得到转动惯量为 $I = mR^2/2$。

角加速度与加速度的关系为

$$a_{\text{cm}\,x} = \alpha_\vartheta R_a$$

需要说明的是，这里用线轴的半径作为旋转半径是合理的。将方程联立得：

$$+R_a F^c_{\text{sY}} + 0 = \left(\frac{1}{2}m_Y R_Y^2\right)\left(\frac{a_{\text{cm}\,x}}{R_a}\right)$$

$$+F^c_{\text{sY}} = \left(\frac{1}{2}m_Y R_Y^2\right)\left(\frac{a_{\text{cm}\,x}}{R_a^2}\right) \quad (3)$$

将式 (3) 代入式 (1)，得

$$-\left(\frac{1}{2}m_Y R_Y^2\right)\left(\frac{a_{\text{cm}\,x}}{R_a^2}\right) + F^G_{\text{EY}} = m_Y a_{\text{cm}\,x}$$

$$F^G_{\text{EY}} = m_Y a_{\text{cm}\,x} + \left(\frac{1}{2}m_Y R_Y^2\right)\left(\frac{a_{\text{cm}\,x}}{R_a^2}\right)$$

$$m_Y g = m_Y\left(1 + \frac{1}{2}\frac{R_Y^2}{R_a^2}\right)a_{\text{cm}\,x}$$

$$a_{\text{cm}\,x} = \frac{g}{1 + \dfrac{1}{2}\dfrac{R_Y^2}{R_a^2}}$$

$$a_{\text{cm}\,x} = \frac{9.80\text{m/s}^2}{1 + \dfrac{1}{2}(0.0170\text{m})^2/(0.00500\text{m})^2}$$

$$= 1.45\text{m/s}^2 \checkmark$$

❹ **评价结果** 我们得到的加速度 $a_{\text{cm}\,x}$

实践篇

的表达式说明，悠悠球的加速度 $a_{\mathrm{cm}\,x}$ 取决于线轴的半径 R_a 和悠悠球的形状、大小。如果 R_a 减小，那么更多的惯性质量将会集中在悠悠球边缘（或者悠悠球的外半径 R_Y 增大），悠悠球加速将更慢。这与我们的预期一致，加速度是正的。加速度的数值是合理的：因为绳的张力的作用，其加速度小于自由落体的物体。

引导性问题 12.6　变化的悠悠球

悠悠球的惯性质量为 m_Y，外半径为 R_Y，线轴半径为 R_a，放在粗糙的水平平面上，绳的张力为 T，悠悠球向左运动还是向右运动取决于绳与平面的夹角 ϕ。(a) 给定一个角度，用加速度的表达式确定其方向；(b) 求悠悠球改变滚动方向的临界角。

❶ **分析问题**

1. 在临界状态下，悠悠球的运动状态是怎样的？（提示：向左和向右之间的运动是什么？）

2. 怎样画图来分析力矩和力的情况？可以分成几种情况的讨论？

3. 标明悠悠球上所有的力，摩擦力的方向是什么？（提示：如果没有摩擦，悠悠球将会向哪边滑动？）

❷ **设计方案**

4. 计算力矩，选什么轴作为旋转轴较好？

5. 画出水平方向的 x 轴和表示旋转方向的弯曲箭头来表示你确定的正方向。

6. 列出力矩方程和力的方程，计算全部的力和力矩，有没有为零的量？还有哪些未知量？

7. 对悠悠球来说，什么是影响转动惯性的因素？

8. 临界条件必须满足什么条件，才能使悠悠球既不向左也不向右运动？

9. 由已知条件列临界角的表达式。

❸ **实施推导**

10. 确定每个力和力矩的方向、符号，联立并解方程。

❹ **评价结果**

11. 动摩擦系数或摩擦力的大小对问题有影响吗？考虑其他可能的情况。

12. 你的方程在极限条件下（角度 ϕ 为 0°或 90°）表示什么？

13. 你能通过悠悠球做实验展示方程中的情景吗？

例 12.7　斜梯问题

长为 $l=13.0\mathrm{m}$ 的梯子靠在一堵光滑的、垂直于地面的墙上，梯子底部位于粗糙的地面上，距墙 $d_w=5.00\mathrm{m}$，梯子的顶端距地面高 $h=12.0\mathrm{m}$（见图 WG12.7）。梯子的重力大小为 324N。一根绳子连在距梯子底端 $d_r=2.00\mathrm{m}$ 处，一个人水平地以大小为 390N 的力施加在绳子上。为了使梯子在拉力的作用下不滑动，求地面施加在梯子上：(a) 垂直方向的分力；(b) 水平方向的分力。

图 WG12.7

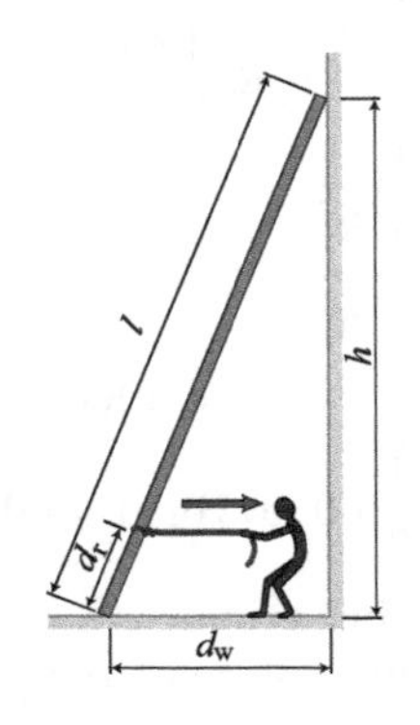

❶ **分析问题**　问题的草图已经给出了，所以我们可以关注这种情景下所阐明的物理原理。因为斜梯静止不动，所以这是一个力学平衡问题，合力为零，合力矩也为零。三个力的分量未知，相对应的有三个方程，我们可以通过分析逐一求得。

❷ **设计方案**　老套路，我们画一个质点的受力分析图和一个有具体物体形状的力矩分析图（见图 WG12.8）。因为需要处理、计算这些力和力矩，所以我们要指定旋转轴和旋转方向，让我们把水平向右作为 x 轴的正方

向，竖直向上作为 y 轴的正方向，逆时针旋转作为旋转正方向。并把方向规定画在图上。

图 WG12.8

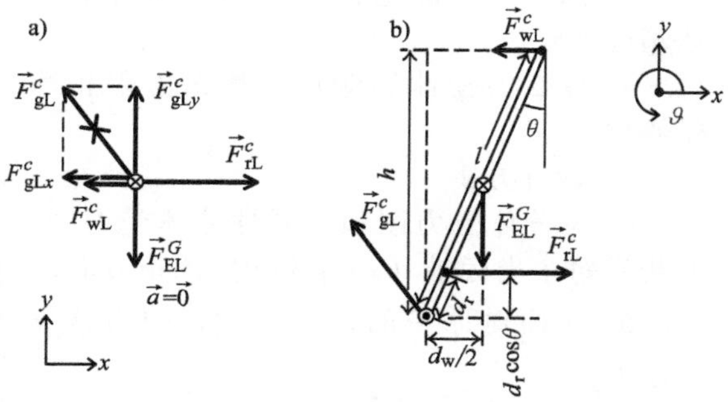

已知重力和人施加的外力的大小、方向、作用点，我们可以先在图上标出这些信息。假设在底部没有摩擦力的情况下，梯子将会向右滑动，因此画出地面的力沿 y 轴方向向上，x 方向向左。若假设错误，则方程的计算结果为负值。确定相关角度对分析是有用的，选梯子和墙的夹角为 θ，由已知，$\sin\theta=\dfrac{5.00}{13.0}$、$\cos\theta=\dfrac{12.0}{13.0}$，所以 $\theta=22.6°$。

欲求地面对梯子的力，我们可以先求其分量，因为墙面光滑，墙的摩擦可忽略不计，即墙对梯子的力在竖直方向上没有分量，只在水平方向上有分量。因此，我们可以列竖直方向上的受力平衡方程来计算，不用管墙的力。因为斜梯静止没有转动，所以外力对斜梯底部的合力矩必为零。我们知道在图 WG12.7 中表示墙对斜梯的力方向向左。x 方向上合力为零，因为没有在 x 方向上的加速度。这就为我们解决问题提供了足够的条件，从而求出所有未知量。

❸ **实施推导** (a) y 方向的合力为零：

$$\sum F_y=F^c_{wL\,y}+F^G_{EL\,y}+F^c_{rL\,y}+F^c_{gL\,y}=0$$

地面对梯子的支持力垂直于地面，故支持力只有 y 方向的分量，即 $F^n_{gL}=|F^c_{gL\,y}|$，由以上分析：

$$\sum F_y=0+(-F^G_{EL})+0+F^n_{gL}=0$$

$$F^n_{gL}=|F^c_{gL\,y}|=F^G_{EL}=324\text{N} ✓$$

注意到求得的支持力方向必向上，因为 y 方向上只有竖直向下的重力和支持力。

(b) 现在 x 方向上还有两个未知力 $F^c_{gL\,x}$（方向未知）、$F^c_{wL\,x}$。而我们可以列出力矩平衡方程：

$$\sum\tau_\vartheta=\pm r_{wL\perp}F^c_{wL}\pm r_{EL\perp}F^G_{EL}\pm r_{rL\perp}F^c_{rL}\pm r_{gL\perp}F^c_{gL}=0$$

求出各力的力臂。

需要说明的是地面对斜梯的力的力臂为零，产生力矩为零，于是在力矩方程中未知量就只有墙对梯子的力了，注意根据图 WG12.8b 来确定力矩方向。

$$\sum\tau_\vartheta=hF^c_{wL}+\left(-\frac{1}{2}d_wF^G_{EL}\right)+[-(d_r\cos\theta)F^c_{rL}]+0=0$$

$$(12.0\text{m})F^c_{wL}-\frac{1}{2}(5.00\text{m})(324\text{N})-(2.00\text{m})\left(\frac{12.0}{13.0}\right)(390\text{N})=0$$

求得墙对梯子的力为

$$F^c_{wL}=\frac{\frac{1}{2}(5.00\text{m})(324\text{N})+(2.00\text{m})\left(\frac{12.0}{13.0}\right)(390\text{N})}{12.0\text{m}}=128\text{N}$$

列出 x 方向上的受力平衡方程：

$$\sum F_x=F^c_{wL\,x}+F^G_{EL\,x}+F^c_{rL\,x}+F^c_{gL\,x}=0$$

$$(-F^c_{wL})+0+(+F^c_{rL})+F^c_{gL\,x}=0$$

将已知的力和求得的力代入方程，求得地面对梯子的力的水平分量为

$$F^c_{gL\,x}=+F^c_{wL}-F^c_{rL}=128\text{N}-390\text{N}=-262\text{N} ✓$$

❹ **评价结果** 我们假设摩擦力与人的拉力方向相反，否则梯子会被拉向靠墙的一边，即摩擦力方向沿 x 轴负方向，所以摩擦力为负值是合理的，也与我们的图一致。若人的拉力再小些，我们可能会得到一个正值。我们知道地面要对梯子提供支持力，否则梯子会倒下，所以支持力为 +324N，这个结果也是合理的。接下来，我们可以通过再次计算对质心的力矩来检验结果，得到合力矩应该为零。

$$\sum\tau_\theta=\left[+\left(\frac{1}{2}l-d_r\right)\cos\theta\right]F^c_{rL}+\left[+\frac{1}{2}l\cos\theta\right]F^c_{wL}+\left[+\frac{1}{2}l\cos\theta\right]F^c_{gL\,x}+\left[-\frac{1}{2}l\sin\theta\right]F^c_{gL\,y}$$

注意，方程中没有重力了，为什么？

当我们重复计算合力矩时，得到相同的结果零，验证了之前的答案。这在力矩平衡问题中是一个非常好的技巧，你可以任取一点计算它的力矩来验证。

引导性问题 12.8　推冰箱

你购买了一台惯性质量为 m 的冰箱，它被运到了车库。如图 WG12.9 所示，冰箱的底面为正方形，边长为 d，高度 l，你需要在粗糙的地面上将它推到你家。冰箱底部与车库表面的静摩擦系数和动摩擦系数近似相等，即 $\mu=\mu_s=\mu_k$。你施加的推力作用点高度为 h，这是使冰箱在滑动过程中不会倾倒的最高点，即冰箱处于倾倒的临界点。

图 WG12.9

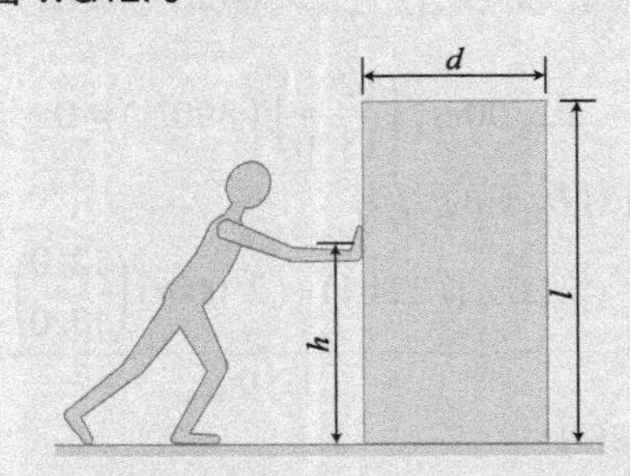

(a) 地面对冰箱最有效的施力点在什么位置？也就是说，把这个分布力等价为集中力要画在哪里？

(b) 假设质心是冰箱的中心，若冰箱不倾倒，则推力施加位置的最大高度 $h_{\max}$ 为多少？

❶ 分析问题

1. 冰箱不倾倒的条件是什么？

2. 你该如何确定你施加的力恰好能使冰箱运动？

3. 什么力使冰箱倾倒，什么力阻止冰箱倾倒？

❷ 设计方案

4. 画分体受力图和扩展性分体受力图，并规定每个坐标轴（x、y 和 θ）的正方向。

5. 地面对冰箱的作用力 $\vec{F}^n_{\text{fr}}$ 的力臂怎么求？

6. 你推冰箱的高度如何影响 $\vec{F}^n_{\text{fr}}$ 的作用点？

7. 冰箱开始倾倒时，你是否有足够多的条件来求出地面对冰箱的作用力 $\vec{F}^n_{\text{fr}}$ 的力臂大小？

8. 冰箱将要倾倒的条件是什么？

❸ 实施推导

❹ 评价结果

9. 在你求出的力臂表达式中，每个符号在物理中是否都合理？

10. 你的答案在 μ 等于 0 或 1.0 的极限条件下有意义吗？μ 极大或极小时又会如何呢？

习题 通过《掌握物理》®可以查看教师布置的作业

圆点表示习题的难易程度：●=简单，●●=中等，●●●=困难；CR=情景问题。

12.1 力矩和角动量

1. 要打开一个卡住的罐子盖，戴橡胶手套有时候会更有用。为什么？●

2. 假设你想用一根钢制撬棍撬起一块大石头，在撬棍的中点处放一个小石头作为支点，但是你却不能撬起大石头。你该如何改动此装置来撬起大石头？●

3. 拧紧汽车发动机阀门盖的操作是用力矩来解释的，而没有用拧扳手过程中所需多少力来说明。为什么用力矩解释更恰当？●

4. 当你使用的扳手不能拧动螺母时，你可以将一段管子套在扳手的末端，然后再推动管子的末端，这么做有时会成功拧动螺母。为什么？●●

5. 在图 P12.5 中，哪些位置和方向上的力能够产生通过竖直铰链的竖直转轴的力矩？圆点表示每个施力点的位置，每条线表明了力的方向。力 (a)、(b)、(f) 的方向平行于门，力 (c)、(d)、(e) 的方向垂直于门。●●

图 P12.5

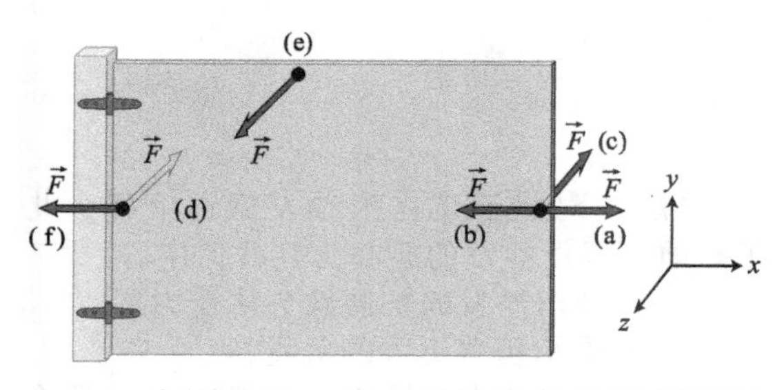

6. 在图 P12.6 中，对扳手的不同位置施加相同大小的力。从大到小排列出扳手的力矩。●●

图 P12.6

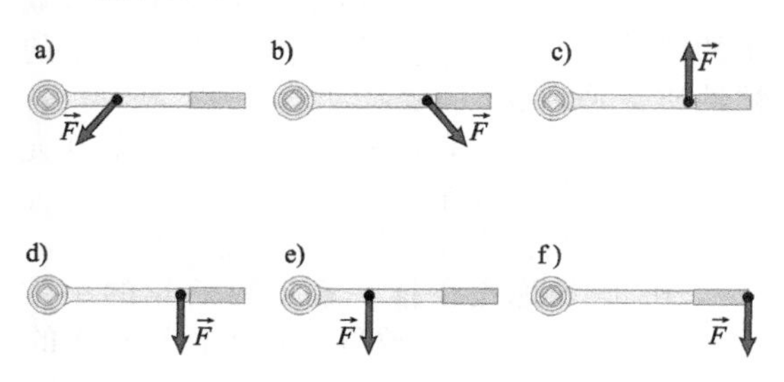

7. 在图 P12.7 中，哪种方式更容易平衡不对称的指挥棒？请解释原因。●●

图 P12.7

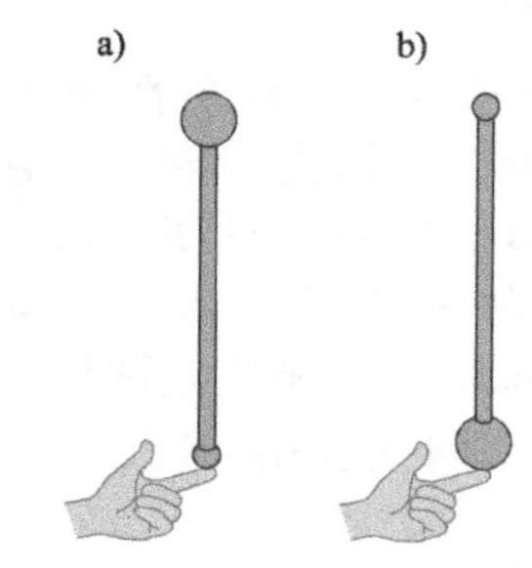

8. 当一辆车在无障碍物的路面上急转弯时，内侧的车轮容易离开地面。请解释其中的原因。●●

9. 图 P12.9 是某公园里手动旋转木马的俯视图。四个玩木马孩子的家长各自用不同的方式推旋转木马，他们施加的力标注为 A～D。以力矩增加的顺序来排列他们对旋转木马的不同推法。●●

图 P12.9

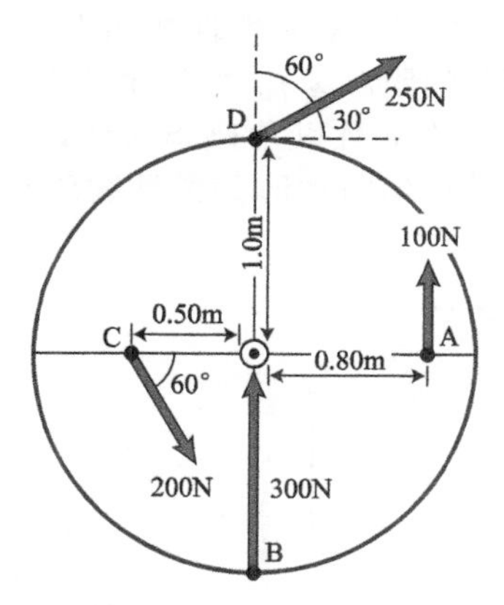

10. 如图 P12.10 所示的均匀杆被固定在穿过其中心的轴上，所以它可以自由地沿顺时针或逆时针转动。杆上有四个挂钩，两个挂在杆末端，另两个挂在杆末端和杆中心连线的中点处。你需要在此杆上悬挂 4 个物体，使杆平衡，且每个钩子只悬挂一个物体。物体的质量分别是 M、$3M$、$5M$ 和 $9M$。如何才能做到这一点？●●●

实践篇

图 P12.10

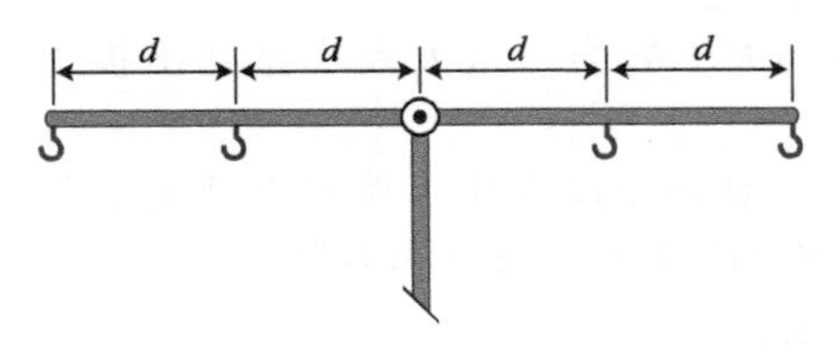

12.2　自由转动

11. 一个长度为 l 且惯性质量可以忽略的细杆连接着两个物块 A 和 B，它们的惯性质量分别为 $4m$ 和 m（见图 P12.11）。当这个杆-物块系统开始无平动且无固定轴旋转时，每一个物块在空间里做圆周运动，周长为 C_A、C_B。计算 C_A/C_B 的值。●●

图 P12.11

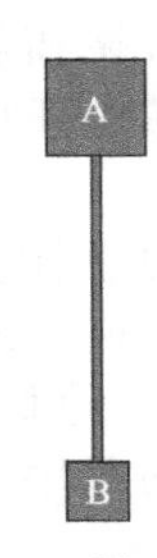

12. 如图 P12.12 所示的系统中包含两个被一根惯性质量可忽略不计的细杆所连接的小球 A 和 B。球 A 的惯性质量是球 B 的三倍，且两球的距离为 l。如果系统在 x 方向上的平动速度为 v 且以角速率 $\omega=2v/l$ 沿逆时针转动，计算出图示时刻两球瞬时速率的比值 v_A/v_B。●●

图 P12.12

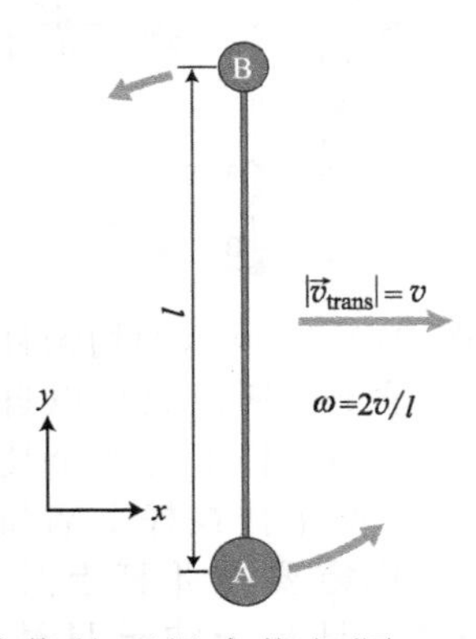

13. 使你的两根食指相隔 1m 远，将 1m 长的米尺或相似物体放在它们的上面。接着在保持米尺与地面平行的同时，缓慢地将两根手指相互靠近。你会发现第一根手指在米尺下轻轻地滑动，接着又是另一根，接着又是第一根，接着又是另一根……然而不管交替多少次，你的手指始终会在米尺的中心相遇。请解释这一现象。●●●

12.3　扩展性分体受力图

14. 为了更换一个电灯泡，你向上爬折梯。在你爬到一半处时，画出梯子的扩展性分体受力图。●

15. 图 P12.15 中的哪一个冰箱倾倒的风险最大？注意它们各自的重心。●

图 P12.15

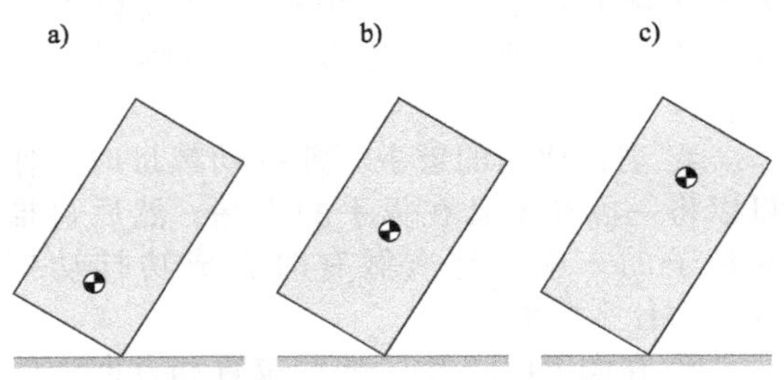

16. 图 P12.16 中的四个相同箱子采取何种摆放方式会使手推车更容易推动。试解释你的答案。●●

图 P12.16

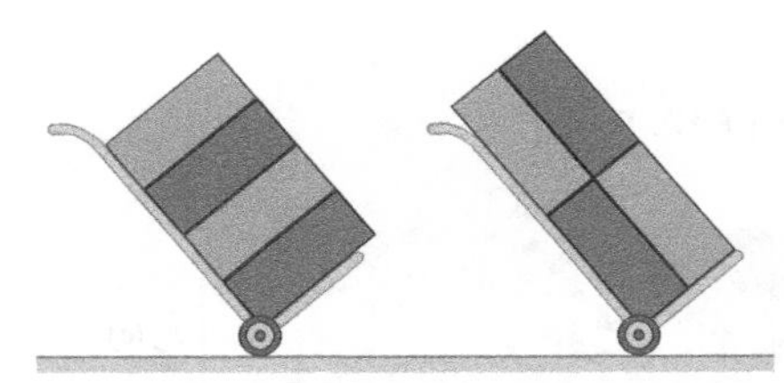

17. 一对父子正在把沙发搬运下楼，儿子在前。假设沙发的质心为其几何中心。

（a）画出沙发的扩展性分体受力图。

（b）谁承担着更大的负重？

（c）如果两人在搬运一块胶合板，那么（b）问中的答案会不会改变？●●

18. 在如图 P12.18 所示的动物中，若猴子的惯性质量为 m_m，那么长颈鹿和大象的惯性质量是多少？●●

19. 一个油漆工将梯子以某角度倚靠在光滑墙壁上，梯脚靠在足够大的地毯上。当他爬梯子的时候，为什么梯子可能会滑倒？●●

20. 假如你正在推一辆有前后轮的手推车穿过房间。你的手放置在推车顶端边缘的

实践篇

图 P12.18

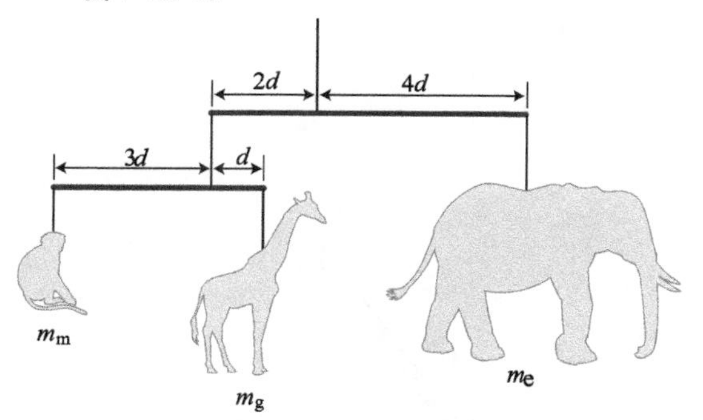

中心上（从左到右）。轮子和地板有摩擦。地板和前轮间的法向力是大于、等于还是小于地板和后轮间的法向力？用扩展性分体受力图来解释你的答案。●●

21. 惯性质量为 m 的梯子顶端靠在光滑墙壁上，梯脚靠在地面上。地面和梯子的静摩擦系为 μ_s。为保持梯子不滑动，梯子与地面的最小夹角是多少？●●●

22. 一个惯性质量为 m 的方形钟表挂在墙上的钉子上（见图 P12.22）。方形钟表的边长均为 l，厚度为 w，且表后顶端与墙的距离为 d。假设墙面光滑，且表的质心为其几何中心。根据已知条件求出墙对方形钟表所施加的力的大小。●●●

图 P12.22

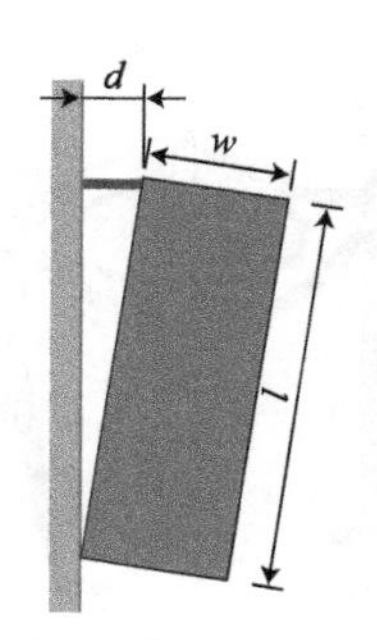

12.4 转动的矢量性质

23. 初级技工会学到这样一个拧紧和松动螺栓的法则：右紧左松。解释为何此记忆方法奏效。●

24. 当你拧开装有泡菜的罐子时，盖子的转动角速度矢量是什么方向？●

25. 如图 P12.25 所示的齿轮 A 在转动，它的转动角速度矢量指向 x 轴的负的方向。将它降低使其与齿轮 B 的边缘接触。求 A 对 B 施力所引起的转动角速度的方向？●

图 P12.25

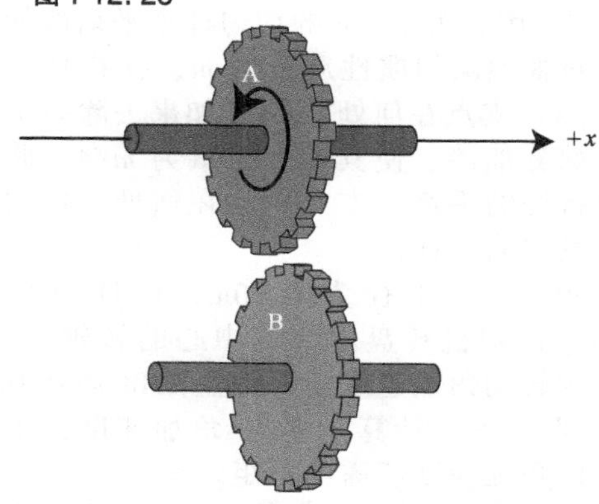

26. 一位有经验的台球选手能使球旋转，从而控制台球撞边反弹后的落点。这个动作的做法是把球杆瞄准球中心的左侧或右侧。假设一位选手用球杆击打球中心的左侧（从他的视角），并使球旋转。图 P12.26 中哪一条是球撞边反弹后的路径？解释其原因。●●

图 P12.26

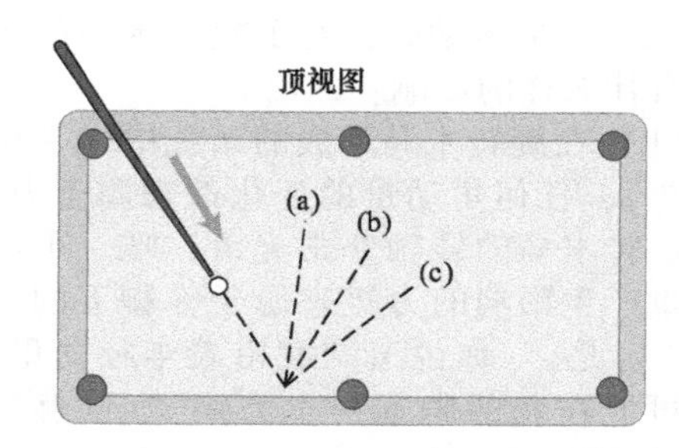

27. 如图 12.27 所示的沙滩排球首先绕 x 轴旋转 90°，接着绕 y 轴旋转 90°。另一个相同颜色的球首先绕 y 轴旋转 90°，接着绕 x 轴旋转 90°。为使两个球的排列方向完全相同，第二个球应接下来怎样转动？●●

图 P12.27

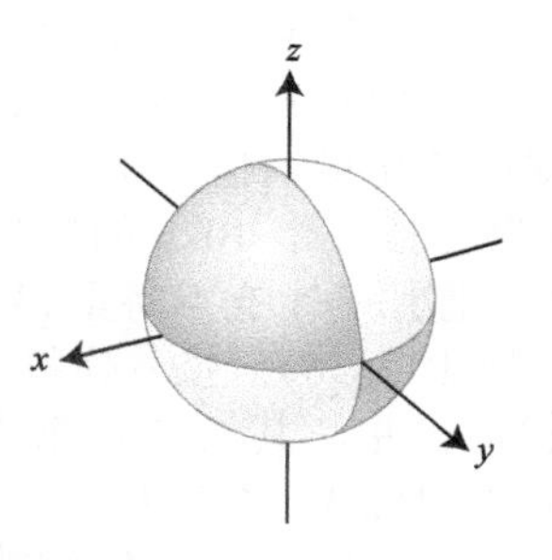

12.5 角动量守恒

28. 为什么四分卫在投掷橄榄球时，要

使其沿长轴快速旋转。●

29. 用长为1.5m的均匀杆来平衡两桶油漆，每桶油漆的惯性质量为m，挂在杆的末端。(a) 支点在何处？(b) 如果去除一个桶里的部分油漆，使其惯性质量为$m/4$，此时为保持杆的平衡，支点应放在何处？杆的惯性质量忽略不计。●

30. 一个半径为0.20m，惯性质量为0.20kg的唱机转盘围绕其中心的转轴旋转。恒定的转动角加速度使得转盘在8s内从0r/s增加到28r/s。计算：(a) 角加速度；(b) 产生此角加速度所需的力矩。●

31. 一个44kg的孩子以3m/s的速度沿静止的旋转木马圆盘的切线方向跑去。旋转木马圆盘半径为1.2m，惯性质量为180kg。小孩接着跳上圆盘抓住旋木，使得静止的旋转木马圆盘转动。计算旋转木马因此产生的角速度。●●

32. 你站在一个正在旋转的旋转木马边沿，然后径直向旋转木马的中心走去。

(a) 当你走动时，对于旋转木马的角速度会有什么样的影响？

(b) 在旋转木马形成的系统中（一个开放系统），任何角动量的变化都来源于力矩。因为旋转木马的转轴非常光滑，唯一可能对角动量产生影响的力矩来源于你脚下的摩擦力。“但是，”你说道“我沿着半径向里走，怎么可能在我的脚下产生力矩？”试解释这一现象。●●

33. 面对墙保持站立，用脚尖触碰墙的底部，将你的鼻子压在墙上，然后尝试抬起脚跟而用脚尖站立。发生了什么，为什么？●●

34. 画出绳球的角动量矢量，把杆的中心当作原点。角动量是否恒定？如果不恒定，又是什么力产生了改变角动量的力矩？●●

35. 假设一颗直径为1km的小行星与地球相撞。试估算因这次撞击而导致的地球当天时长的细微变化最大值。●●

36. 你想悬挂一个10kg的广告牌来宣传你的新生意。你用一个支点将重5kg的杠杆连到墙上（见图P12.36）。接着你将一根缆绳与墙和杠杆相连，并使其与杠杆垂直。杠杆长2m，与竖直方向成37°的夹角。你将广告牌挂在与缆绳相连的杠杆末端。(a) 为保持缆绳不断裂，缆绳所能承受的拉力至少为多少？(b) 计算支点对杠杆作用力的水平分量与竖直分量。●●

图 P12.36

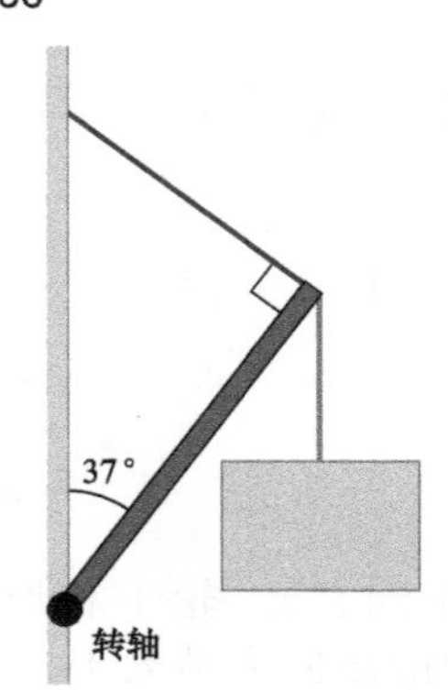

37. 木板长为3.0m，靠在高度为1.8m的光滑墙壁上，它的底端与地板成37°角。如果木板的惯性质量为4.6kg，求 (a) 地板对木板施加的法向力为多少？(b) 墙对木板施加的法向力为多少？●●

38. 你的物理老师叫你站到教室前担任她的演示助手。她让你站在一个可以自由转动的圆盘上，然后递给你一个正在旋转的自行车轮，如图P12.38所示。当你一手接过车轮轴顶端，另一手使车轮停止转动时，发生了什么？●●

图 P12.38

39. 各类直升机都有一个小的尾部旋翼和主旋翼。为什么要有尾部旋翼？●●

40. 一个35kg的男孩站在重为400kg的旋转木马圆盘边缘，圆盘的转速为2.2r/s。他接着走向平台的中心。如果平台的半径为1.5m，那么当他到达平台中心的时候，平台的转速为多少？●●

41. 一位花样滑冰运动员开始时张开手臂以0.85r/s的转速旋转，如图P12.41所示。当她将手臂内收时，她穿戴的轻量手镯增强了旋转的效果。(a) 如果她手臂张开时的转动惯量为 3.6kg · m^2，手臂合拢时为 1.1kg · m^2，计算她最终的角速率。(b) 计算她转动动能的增量。(c) 增加的能量从何而来？●●

图 P12.41

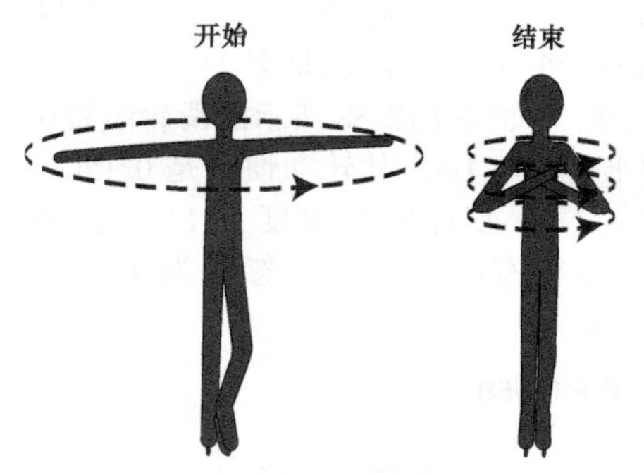

42. 一个 25kg 的女孩站在旋转木马圆盘的中心。圆盘的半径为 2.0m，转动惯量为 500kg · m^2。她朝圆盘边缘走去。如果当女孩在其中心时，旋转木马平台的角速率为 0.20s^{-1}，那么当她走到圆盘的边缘时，平台的角速率为多大？●●

43. 在如图 P12.43 所示的装置中，在球转动的过程中将绳向下拉，这样做是会增加，不改变，还是会降低球的如下哪种特性：(a) 角动量；(b) 角速率；(c) 转动动能。●●

图 P12.43

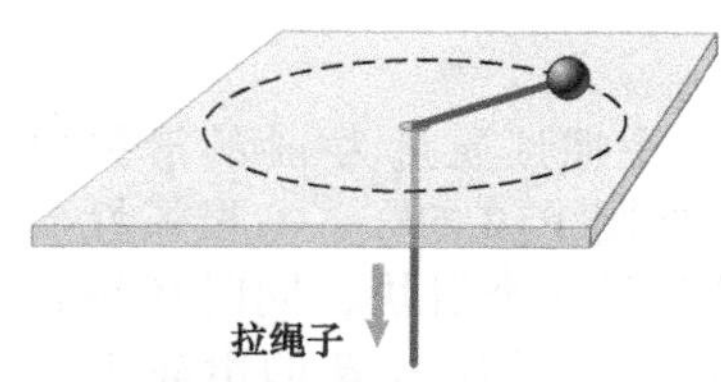

44. 你的物理老师让你坐在一个可以自由旋转的转椅上，并递给你一个正在转动的自行车轮（见图 P12.44）。你将其翻过来，使原先朝上的轴朝下，此时会发生什么现象？●●

图 P12.44

45. 一个粘满油灰的、惯性质量为 m 的球，以速率 v 沿着垂直于杆的长轴的路径滑动，这个杆的长度为 l，惯性质量为 $2m$，静止在水平面上。这个球碰到杆的一端后与之粘在了一起。

(a) 当球与杆相连时，球-杆系统的质心位于何处？

(b) 质心位置的速度大小和方向如何？

(c) 系统的角速率是多少？不计一切摩擦。●●●

46. 一个 4.5kg 的保龄球放在你寝室窗户正下方的混凝土壁架上，球有洞一侧的对面靠着墙壁。为使球归位以免落下砸到别人，你用一根绳子穿过孔拴住球，并对球施以一个切向（垂直的）力。如果球和墙壁之间的摩擦力与球和壁架间摩擦力的静摩擦系数 μ_s 均为 0.50，为了使你的手松开时球不发生转动，你可以施加的向上的力的最大值是多少？尽管球身有孔，我们还是假设球的惯性质量是均匀分布的。●●●

47. 图 P12.47 中的圆盘 A 的半径为 R_A，厚度为 h，从上方看初始沿顺时针方向转动，角速度为 $\omega_i/2$。与圆盘 A 由相同材料制成的圆盘 B，其半径为 $R_B = R_A/2$，厚度为 h，初始沿逆时针方向转动，角速度为 ω_i。两圆盘绕穿过它们中心的相同轴转动。当 B 盘滑下与 A 盘接触时，因为两盘间的摩擦力，最终使它们按照相同的转速转动。(a) 它们最终共同的角速度如何？(b) 如果摩擦力是使系统损失能量的唯一力，那么动能的变化值为多少？●●●

图 P12.47

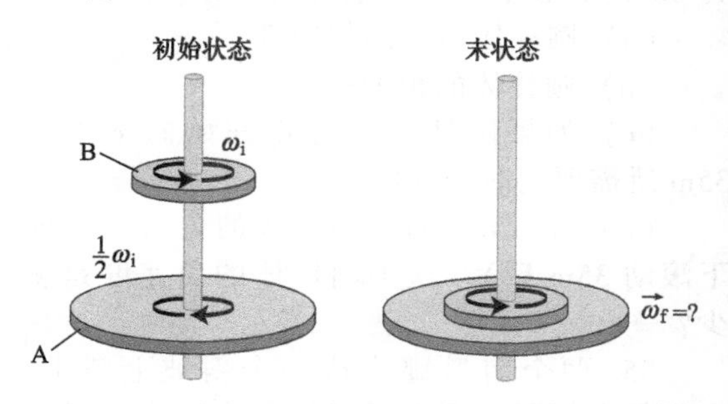

48. 一个重 25kg，长 5m 的梯子斜靠在光滑墙壁上，它与地面成 50° 角。一个 75kg 的男人开始攀爬梯子。如果地面和梯子的静摩擦系数为 0.50，则此人爬到多远处时，梯

实践篇

子开始滑动？●●●

12.6　滚动

49. 某物体在水平面上做无滑动的滚动，物体和表面的滚动摩擦系数是防止物体滑动所需的静摩擦系数的两倍。描述物体接下来的运动。●

50. 为了得到更大的加速度，你想要减轻自行车的惯性质量。你有 45 美元来购买下列三种轻合金物件中的一种，每一种都能减少相等的惯性质量：新的座椅、新的一副踏板、新的一副轮圈。买哪个最合适？●

51. 一个 3.0kg 的实心球从与水平面夹角为 30° 的斜面上无滑动地滚下。那么：(a) 球的质心的加速度是多少？(b) 施加在球上的摩擦力的大小是多少？●●

52. 一个半径为 0.25m、质量为 5.0kg 的实心圆柱体自由地绕着一个轴旋转，该轴与圆柱底面垂直并穿过底面圆心，缠绕在圆柱体侧面的绳子在大小为 20N 的拉力下逐渐被解开，而且它和圆柱体之间没有滑动，因此圆柱体随之旋转。如果圆柱体由静止从 $t_i=0$ 开始旋转，计算：(a) $t_f=5.0s$ 的角速度。(b) 在 $t_f=5.0s$ 时转过的角度。忽略这个轴的任何摩擦。●●

53. 一个圆盘和一个铁环从斜面上滚落下来。如果这个斜面相对于水平面的倾角为 30°，那么要使这两种物体都只滚不滑，需要的最小的摩擦力系数是多少？●●

54. 一个半径为 0.45m 的、惯性质量为 2.0kg 的实心圆柱体在一个与垂直方向夹角为 60°的斜坡上无滑动地滚动。计算：

(a) 圆柱体质心的加速度。

(b) 圆柱体的角的速度。

(c) 如果圆柱体从静止开始向下滚动 35m 所需要的时间间隔。

(d) 在 (c) 问运动过程的最后（即向下滚动 35m 后），这个圆柱体的角速度是多少？●●

55. 两个南瓜罐头从一个斜坡上滑下。它们具有相同的惯性质量，其中一个比另一个半径更大（纵向长度更短）。那么哪一个先到达斜坡底部？●●

56. 在打桌球时，你用球杆给母球施加了一个水平的推力。如果这个球一直在无滑动地滚动，求击打母球中心时的高度 h（用半径 R 表示）。●●●

57. 两个有着相同半径和惯性质量的球从静止开始，沿着斜面滚下来。一个球是空心的，另一个是实心的。那么这两个球到达底部的时间间隔的比例是多少？●●

58. 在如图 P12.58 所示的滑轮装置中，滑轮的半径是 0.1m，其转动惯量是 $0.15kg \cdot m^2$。计算：(a) 物体的加速度，(b) 左绳的拉力，(c) 右绳的拉力。忽略绳子的惯性质量。●●●

图 P12.58

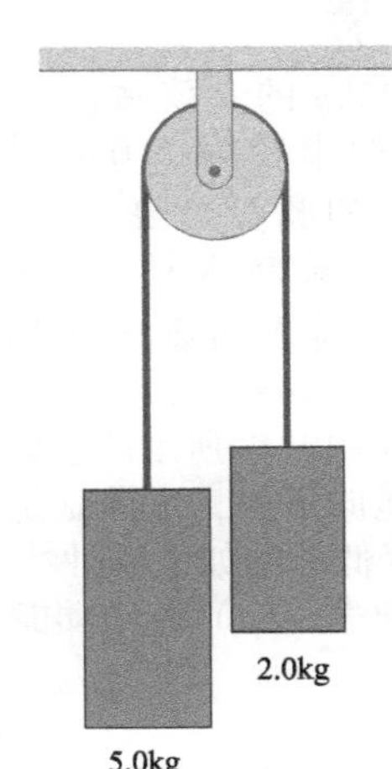

59. 一个惯性质量为 m 的滑块放在一个平面上（见图 P12.59）。一根惯性质量忽略不计的线系着这个滑块，同时还绕在一个惯性质量为 $3m$、半径为 R 的滑轮上，同时还有一个惯性质量为 m 的球系在这根线的末端。(a) 如果线与滑轮之间没有滑动，请确定这个滑块的加速度的大小。(b) 若将小球换为大小为 mg 的力，那么滑块的加速度的大小应该为多少？●●●

图 P12.59

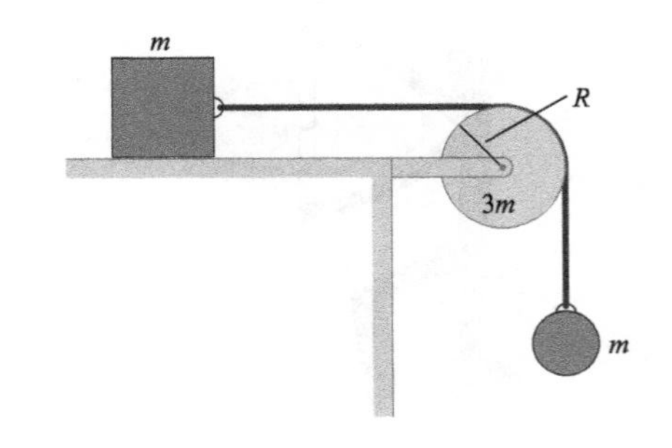

60. 有一个惯性质量为 320g、高为 10.8cm、半径为 3.19cm 的罐头。(a) 计算罐头对中心轴的转动惯量，假设罐头是实心的圆柱体 (b) 这个罐头从一个与水平面夹角为 25°、长为 3.0m 的斜面上由静止开始被释放，到达斜面的底部需要 1.4s。实验过程中获得的转动惯量值为多少？(c) 比较理论值和实验值之间的区别，并找出原因。●●●

12.7 力矩和能量

61. 惯性质量为 0.2kg 的实心圆柱体从一个长为 1.0m 的斜面上由静止开始被释放。这个圆柱体的半径为 0.15m，斜面与水平面的夹角为 15°。当圆柱体到达斜面的底端时，它的转动动能是多少？●

62. 对于惯性质量为 50kg、半径为 0.1m 的实心圆柱体。最少需要做多少功，才能使它在不滑动的情况下以 $20s^{-1}$ 的角速率旋转？●

63. 惯性质量为 1.0kg 的环，内环半径为 0.06m，外环半径为 0.08m。使其从与水平面倾角为 30°的斜面向上无滑动地滚动。如果环的初速率为 2.8m/s，那么它停止时，在斜面上滚了多远？●●

64. 当汽车上的发动机以 3200r/min 的转速运转时，能够传递足够的力来产生 380N · m 的扭矩。计算发动机在这个转速下传递的平均作用力。●●

65. 惯性质量为 680kg、半径为 1.2m 的圆盘被安装在固定的轴上。施加给圆盘的力会产生固定的力矩，使得圆盘在 5.0s 后的角加速度值为 $0.3s^{-2}$。如果圆盘的初始角速率为 $4.5s^{-1}$，那么需要做多少功才能产生这个力矩？假设没有摩擦造成能量损失。●●

66. 一根长为 l 的钢筋条的一端被铰接在墙壁上，一位技工支撑它的另一端，使它与地面平行。在被技工支撑的那一端，放一枚硬币。(a) 当这根钢筋条被技工释放时，它的角加速度为多少？(b) 当钢筋条被释放时，硬币还会与它保持接触吗？●●

67. 一根不可伸展的轻绳被系在惯性质量为 4.0kg 的圆盘上，圆盘的半径为 0.50m 且绕着垂直于其自身中心所在平面的轴旋转。惯性质量为 2.0kg 的滑块被系在绳子的另一端，沿着斜面往下滑，斜面与垂直方向的夹角为 37° (见图 P12.67)。计算圆盘的转动角加速度值。忽略木块与斜面之间的摩擦。●●

图 P12.67

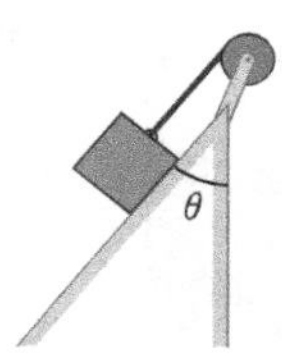

68. 惯性质量为 5kg、半径为 0.25m 的空心圆柱，沿着穿过中心且平行于长边的轴自由旋转。绳子缠绕在圆柱的周围，且受到一个稳定的、大小为 50N 的拉力。当绳子被迅速解开时，圆柱就会旋转，且绳子与圆柱间没有相对滑动。(a) 当圆柱旋转 1000rad 时，拉力所做的功为多大？(b) 如果圆柱从静止开始运动，计算圆柱旋转 1000rad 时，角速度的大小？●●

69. 惯性质量为 m 的弹珠被放在半球形碗的内表面上，如图 P12.69 所示，然后释放弹珠。它将会做无滑动的滚动。弹珠的初始位置在与碗的中心线成 30°角的夹角处。弹珠的半径为 $R_m = 10mm$，碗的半径为 $R_b = 100mm$。计算弹珠到达碗底时其质心的角速度大小。●●

图 P12.69

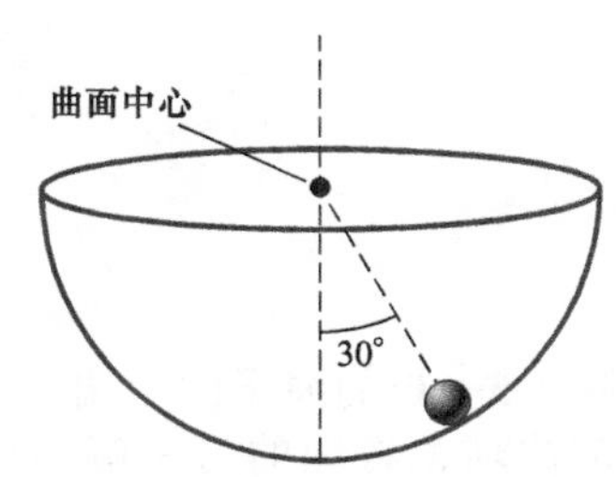

70. 一个半径为 50mm、惯性质量为 3.0kg 的圆盘从斜面上滚下，这个斜面与垂直方向成 28°角。如果这个圆盘从静止开始运动，圆盘与斜面的静摩擦系数和动摩擦系数均为 0.5，那么当圆盘移动了 1.5m 后它的角速率是多少？●●

71. 如图 P12.71 所示，陀螺的半径为 $R = 20mm$，惯性质量为 0.125kg，它在绳子施加的大小为 5.0N 的力作用下旋转，绳子的长度为 1.0m。(a) 力对陀螺顶端做功是多少？(b) 它的动能是多少？(c) 最终的角速率是多少？假设顶端对于对称轴的形状因子是 0.35。●●

72. 阿基米德式螺旋抽水机是早期的提水机械装置之一，它将一个非常大的螺旋面

图 P12.71

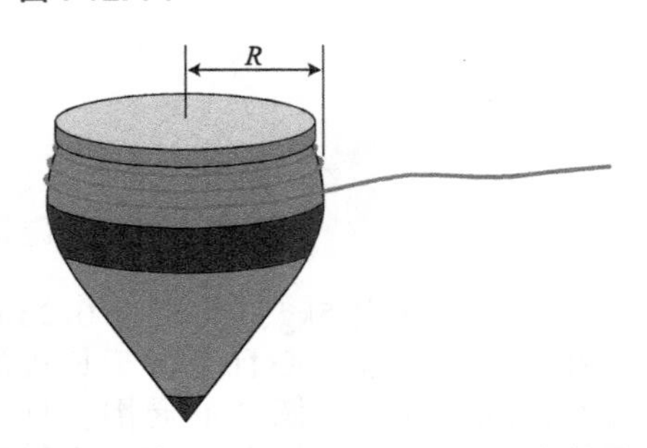

紧紧地装在轴内（见图 P12.72）。该装置的底部放置在一个水池内。随着人转动手柄使螺旋面旋转，水就会慢慢上升，进入到顶端的装水容器中。当转动手柄时，施加给手柄的力所做的功会转化成水的重力势能。假设你想用这个装置来淋浴。需要将 44L 的水从水池中提升 2.5m 的高度，并运输到储水器中。每次当你转动手柄时，都会产生 12N · m 的力矩。那么，你需要转多少次手柄。●●

图 P12.72

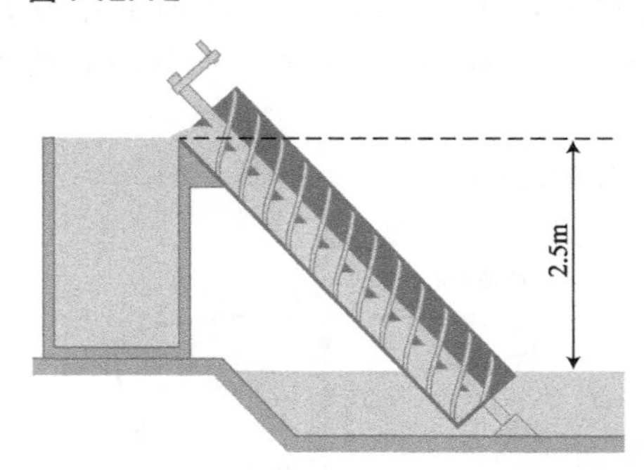

73. 将 0.5m 长的绳子的一端连接放在桌面上 50g 的冰球，将绳的另一端穿过位于桌子中心的孔。抓住桌子下方的绳子，并保证你所施加的力刚好能够拉住这根绳子，同时你的朋友也给冰球施加一个侧推力，使其能够以 1.5m/s 的速度在桌面上做圆周运动，旋转半径为 $r_i = 0.45$m。然后你向下慢慢拉动绳子，使得旋转半径减小到 0.2m （a） 当 $r=$ 0.2m 时，冰球的速率是多少？（b） 当半径为 $r=0.2$m 时，绳子的拉力为多少（用关于 r 的函数来表示）？（c） 当球的旋转半径由 0.45m 降至 0.2m 时，需要做多少功？●●

74. 一个惯性质量为 30kg、半径为 0.12m 的球体在水平面上以 2.0m/s 的速度无滑动地滚动。

（a） 平均力矩为多大才能在不引起滑动的情况下使球滚动 5 圈后停下来？

（b） 如果制动力矩是由柔软的缓冲块产生的。具体做法是将该缓冲块从球上方慢慢降低直到与球的顶端接触，那么该缓冲块与球之间的摩擦力为多大？●●●

75. 半径为 10mm 的弹珠被放在半径为 0.8m 的球体顶端。当弹珠被释放时，就会从顶端无滑动地滚下。当弹珠飞离球体时与球的顶端之间的夹角为多大？●●●

76. 4.0kg 的保龄球扔向球道时的速率为 10.0m/s。开始时，它没有滚动仅仅滑动。球与球道间的摩擦系数为 0.2。（a） 需要过多长时间才能使球进行纯滚动？（b） 在上述时间间隔的最后时刻球的平动速率为多少？●●●

77. 如图 P12.77a 所示，立方体的惯性质量为 m，边长为 d，它沿着光滑的桌子滑动，速率为 v_i。它撞到桌子边缘的一处凸起后绕其转动而翻倒，如图 P12.77b 所示。（a） 在冲量为 $L = mdv_i/2$ 之前，写出立方体的角动量值。（b） 在立方体还没来得及转动之前，解释为什么立方体在碰撞瞬间仍然有角动量值。（c） 当立方体碰撞到凸起处时，角加速度为多少？（d） 为了使立方体不会在凸起处翻倒，初速率最大为多少？●●●

图 P12.77

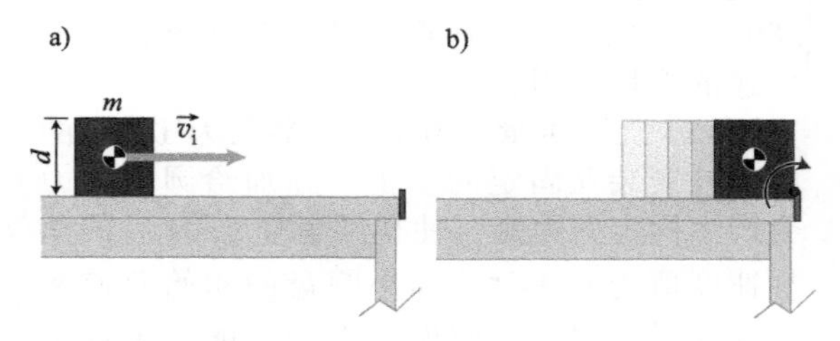

12.8 矢积

78. 下面哪个表达式正确：(a) $\vec{A}\cdot(\vec{B}\times\vec{C})$，(b) $\vec{A}\times(\vec{B}\cdot\vec{C})$，(c) $\vec{A}\times(\vec{B}\times\vec{C})$？●

79. 当你想让自行车左转时，你得先左倾，为什么要这样做？●

80. 如果两个矢量的矢积与标积的大小相同，那么这两个矢量之间的夹角为多少？●

81. 如果一个自行车手给脚踏板施加一个垂直力，这个踏板长 0.20m，被固定在曲柄的终端，并且围绕固定链条的轴旋转。如果这个自行车手施加的向下的力为 150N，确定这个力在以下情况下施加给曲柄时引起的力矩的大小：

实践篇

(a) 当曲柄水平时;

(b) 当曲柄与水平方向成30°角;

(c) 与水平方向成45°角;

(d) 与水平方向成60°角;

(e) 当曲柄垂直时;

(f) 在踏板转一圈的过程中,计算自行车车手单脚产生的力矩的平均值大小,假定自行车手的脚没有被绑定在踏板上。●●

82. 如图 P12.82 所示,插孔上的 L 形把手的两臂的臂长之比为 $1:\sqrt{3}$。将把手往下拉,当角度 θ 为多大时产生的力使力矩的值最大? ●●

图 P12.82

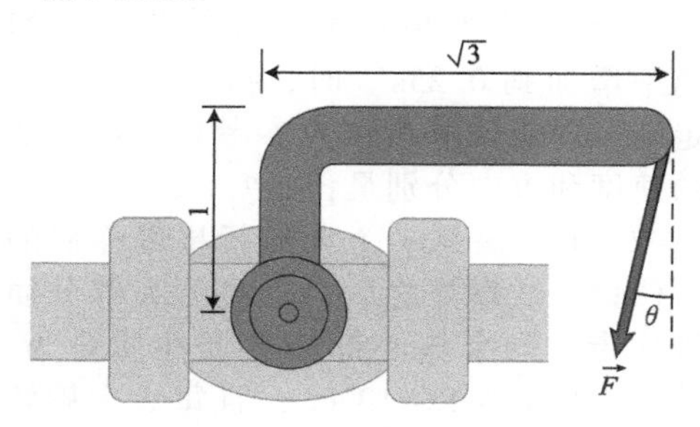

83. 试证明:如果 $\vec{A}$ 与 $\vec{B}$ 都在 xy 平面内,那么 $\vec{A}\times\vec{B}$ 是一个垂直于 xy 平面的矢量,它的值为 $|\vec{A}\times\vec{B}|=|A_xB_y-A_yB_x|$。●●

84. 惯性质量为 3.0kg、长为 1.5m 的木棒,围绕棒的中心在垂直面内旋转,旋转轴垂直于木棒,且与地板平行。惯性质量为 1.0kg 的木块被固定在棒的一端,惯性质量为 2.0kg 的木块被固定在另一端。某时刻木棒与水平方向成 30° 角,木棒的位置如图 P12.84 所示。(a) 确定此时系统所受的力引起的力矩,(b) 确定此时系统的角加速度。忽略摩擦力,并假设木块很小,因此木棒增加的长度可忽略不计。●●

图 P12.84

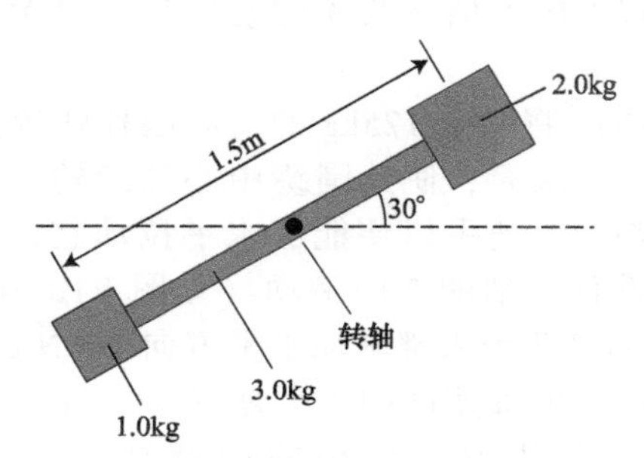

85. 电动机驱动圆盘从静止开始加速,使其在 5s 内转了 23.9 圈。假设力矩的矢量和是恒定的,力矩是由施加给电动机的力和摩擦力引起的。圆盘的转动惯量为 $4.0\text{kg}\cdot\text{m}^2$。当电动机关闭时,圆盘会在 12s 内静止。(a) 由摩擦力引起的力矩是多少?(b) 由电动机所施加的力产生的力矩是多少? ●●

86. 小型飞机的螺旋桨的角动量方向指向飞机的前方。

(a) 从飞机的后面看,螺旋桨的旋转方向是什么?

(b) 如果飞机在水平方向飞行,然后迅速上升,机头将会指向什么方向?证明你的观点。●●

87. 惯性质量为 40kg、半径为 0.10m 的轮子以 3.3r/s 的转速旋转。将惯性质量为 6.0kg 的斧子以 40N 的力按压在轮子的边缘,如图 P12.87 所示。把这个轮子当作盘,假定轮子和斧子刃间的动摩擦系数为 $\mu_k=0.35$。(a) 如果没有能量源来使轮子保持旋转,多久之后它将会停止?(b) 当轮子停下来时它一共转多少圈。●●

图 P12.87

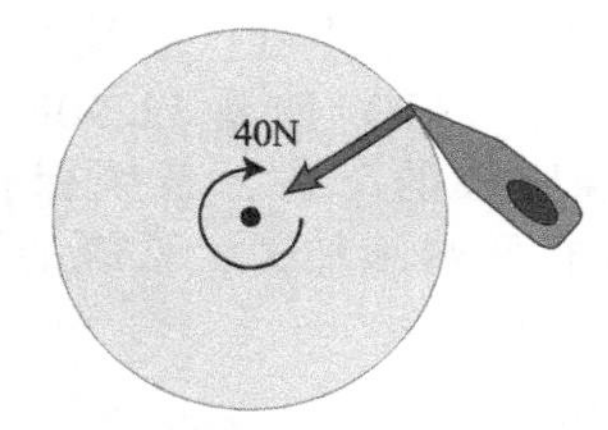

88. 一个自行车轮子正在旋转,方向如图 P12.88 所示。将一根绳子系在轴的一端,并用手握住这根绳子。(a) 用力矩知识来解释:当轮轴的另一端被释放时为什么轮子会围绕绳子的一端慢慢地旋转起来?(这种现象称为进动) (b) 试解释为什么随着时间的增加,这种进动的速率会随之增加。●●●

图 P12.88

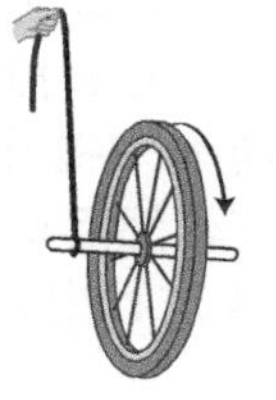

89. 陀螺仪包含一个安装在其中的轮子(见图 P12.89)。因为角动量守恒,所以陀

实践篇

螺仪能够在空间中保持自身的空间方向，除非受到外力的力矩。假设陀螺仪内旋转轮子的惯性质量为 1.0kg，半径为 0.1m，转速为 14200r/min。为了使陀螺仪能够在 20s 内倾斜 90°，且在这个方向上轮子的转速保持为 14200r/min，则力矩的大小应为多少？●●●

图 P12.89

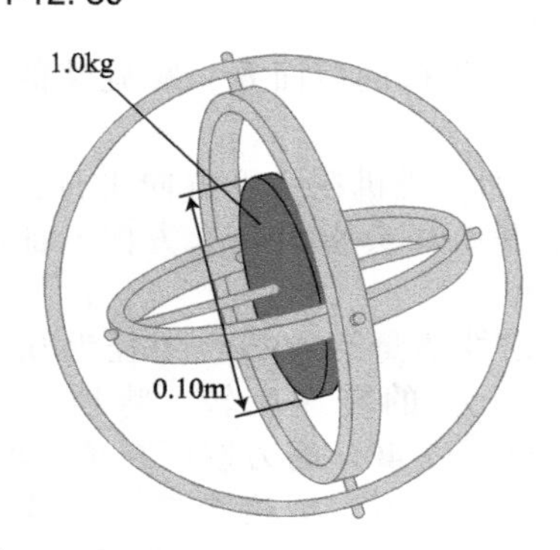

附加题

90. 如图 P12.90a 所示，两个相同的盒子被放置在跷跷板的两端，使系统保持力学平衡状态。(a) 如果此时你施加一个小的、短暂的力（它的方向可以向上或向下）在跷跷板上或者是它的端点处，系统的平衡状态会有什么变化？(b) 如图 12.90b 所示，盒子被放在跷跷板的下方，系统保持力学平衡，如果你在两端施加力，系统的平衡状态会发生什么变化？●

图 P12.90

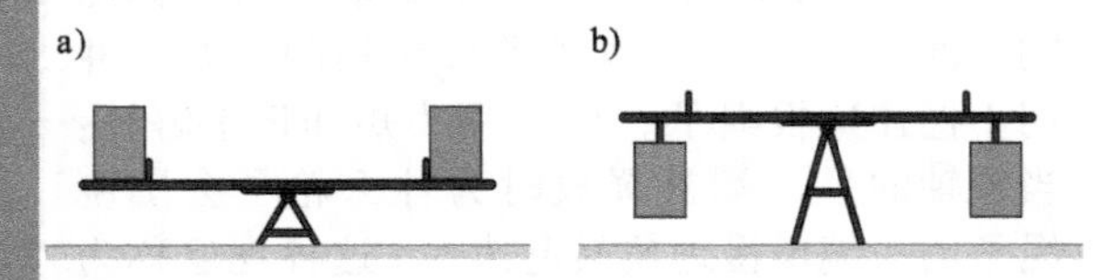

91. 在右手直坐标中，对于 x 轴和 y 轴，$\hat{i}\times\{\hat{i}\times[\hat{i}\times(\hat{i}\times\hat{j})]\}$的方向是什么？●

92. 你站在漂浮在池塘上的圆木筏上，如何才能够将这个木筏旋转 180°？●

93. 赛车手为了能够控制驾驶，不得不避免使用过大的功率来提升速度，因为功率过大会导致赛车前端翘起来。(a) 为什么会这样？(b) 在赛车过程中，用前轮驱动的好处是什么？●●

94. 如果地球上的每个人都从地球的东部走向西部，那么哪些地区的白天的长度会有变化？变长还是变短？●●

95. 一个 51kg 的盒子被悬挂在一个水平放置的惯性质量比较轻的木棒右端。木棒的左端由一个钉子固定在墙上（支点）。用一段铁丝连接木棒的右端，并将其固定在钉子的正上方，与棒形成 40°角。(a) 计算铁丝的拉力 (b) 确定支点处施加给木棒的反作用力的大小。 (c) 若木棒的惯性质量为 10.2kg，计算 (a)、(b)。●●

96. 一个 35kg 的孩子站在旋转木马的边缘处，这个旋转木马的半径为 2.0m，转动惯量为 500kg · m^2。当旋转木马的角速率为 0.20s^{-1} 时，孩子相对木马保持静止。如果角速率增加到 0.25s^{-1} 时，孩子开始沿着边缘走动，以旋转木马作为参考系，孩子的运动的速度和方向分别是什么？●●

97. 中子星是一个大的行星爆炸后的残余。假设一次爆炸之后，行星的大部分质量都被炸走，剩余核心部分的惯性质量为 4×10^{30}kg，半径为 13×10^{8}m ，且每 5 天旋转一圈。一旦这个核心部分坍缩成半径为 20km 的中子星，它的角速率为多少？忽略坍缩过程中惯性质量的损失。●●

98. 一个长为 2.0m、惯性质量为 2.0kg 的木棒水平放置。在其左端悬挂一个 8.0kg 的木块，右端悬挂 4.0kg 的木块。(a) 为了保持系统的平衡，必须施加一个外力，确定这个外力的方向和大小？(b) 这个力的作用点距离木棒左端多远？●●

99. 骑自行车时，骑行者传递给脚踏板的最大力矩为多少？●●

100. 一个惯性质量为 m 的实心球在与水平成 θ 角的斜面上无滑动地滚动。(a) 施加给球的摩擦力是多少？(b) 由于 θ 的影响，需要多大的摩擦系数才能使球与斜面无相对滑动？●●

101. 将一个 125kg 的实心圆柱体改造成一个草坪滚筒，使其围绕中心轴旋转。在轴的两端安装把手以便能够水平拉动它，使它沿着垂直于轴的方向滚动（见图 P12.101)。(a) 如果两个人都施加水平方向 200N 的力，那么滚筒的加速度的大小是多少？(b) 为了阻止滚筒滑动，最小的静摩擦系数为多少？●●

图 P12.101

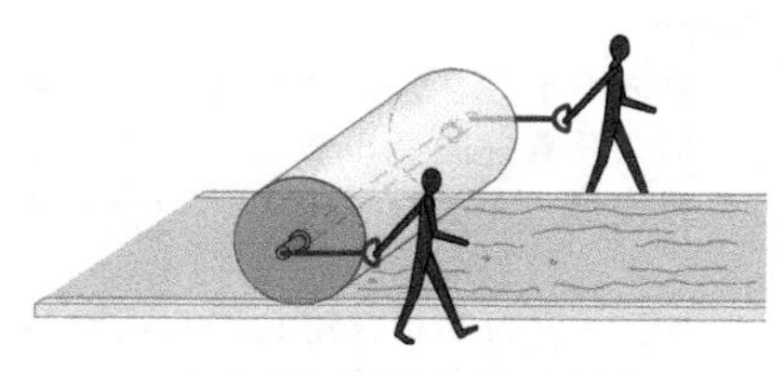

102. 一个弹珠被扔到光滑的木地板上，使这个弹珠能够围绕一个水平轴旋转并且能够滑动。在一个特定的时刻，这个弹珠的转动动能等于它的平动动能，那么质心处的速率与伴随“赤道”上一点（即旋转半径最大处）转动的速率之比为多少？●●

103. 惯性质量为 12kg、半径为 0.1m 的圆柱体从静止开始沿着 6m 长的、倾角为 30°的斜面滚下，它相对于这个斜面没有发生滑动。当这个圆柱体离开斜面时，竖直方向上下落 5.0m 到地面。它停下来时与斜面底部的端点的水平距离为多少？●●

104. 一个孩子沿着与旋转木马所在转盘相切的直线方向跑动并跳跃，使这个转盘开始旋转。对这种碰撞下列哪些说法是正确的？

(a) 恢复系数大于 1，因为该系统现在具有转动能量，之前没有。

(b) 恢复系数为 1，因为该系统的平动动能能够完全转化为转动动能。

(c) 恢复系数小于 1，因为在最后的状态的平动动能和转动动能的总和小于初始状态的总和。

(d) 恢复系数不能定义在同一个系统中，因为这个系统既有平动又有转动。

(e) 解释你所认为的所有正确的答案。●●

105. 在柔道比赛中，你将 60kg 的对手放在你的背部，将她的重心放到你的臀部上方，然后将她围绕自己的臀部旋转。假定胳膊到臀部的距离为 0.3m，她的转动惯量为 $15\text{kg}\cdot\text{m}^2$。（a）为了使转动角速率达到 1.0s^{-1}，你施加给她的拉力值大小是多少？（b）如果你将她扔到右边的位置，使得重力能够产生一个相对于臀部的 0.12m 的力臂，则此时你施加在她身上的拉力大小是多少？。●●●

106. 你被要求为电动车设计一个飞轮和紧急摩擦制动系统。为了利用好可用空间，飞轮必须被设计成厚度为 50mm、半径不超过 0.20m 的钢制实心圆盘。为了保证安全，紧急制动系统将飞轮从每分钟 6000 转降至每分钟 0 到 12 转之间。你知道传统的制动系统将一对制动蹄片装在卡钳上，在盘片的边缘对称地挤压盘的厚度，但你还要考虑这对制动蹄片施加在盘上的力有多大？●●●CR

107. 一个 3.0kg 的木块被系在一根轻质、不可拉伸的绳子上，这根绳子十分牢固地拴在一个半径为 0.3m、转动惯量为 $0.80\text{kg}\cdot\text{m}^2$ 的圆柱体上。这个圆柱体可以沿着其长轴自由旋转。木块被悬挂在圆柱的右端，从静止开始释放。当木块降落时，圆柱上的绳子也被释放，绳子与圆柱之间没有相对滑动。(a) 计算木块的加速度。(b) 计算当木块降落 1.5m 时的圆柱的转动角速率（提示：由（a）中的加速度来计算木块的速率）。(c) 当木块降落 1.5m 后，用能量的方法来获得圆柱的转动角速率。(d) 当木块降落 1.5m 时，计算绳子的拉力。(e) 当木块降落 1.5m 时，计算绳子和木块之间产生的瞬时功率。●●●

108. 新建一个台球桌时，你这样设计：任何一个球都能够在没有滑动的情况下滚动到上帮[㊀]的一边，并被反弹至另外一个方向时也不会滑动。经过一些实验，你决定依照球的半径来确定上帮的高度。（提示：假设发生的是弹性碰撞。）●●●CR

109. 悠悠球由半径为 a 的两个圆盘组成，并用绳子在圆盘的转轴处缠绕。从转轴的中心到绳子的最外层的距离为 b。当绳子的末端卷到手指上时，$b/a\approx 1$。手指可控制悠悠球下落，随着绳子的松开 b 值不断变小，悠悠球转速不断变快。悠悠球到达最低端时旋转得最快，此时$\left(\dfrac{b}{a}\approx 0\right)$。探索当绳子松开时 b 的值会如何影响小球的运动。●●●CR

㊀ 上帮：台球桌上的护栏，也叫上帮，一般有六个上帮，两头与两侧的上帮构造会有所不同。镶嵌在上帮上面的是反弹胶，反弹胶的主要作用是打台球时用来起反弹作用。——译者注

复习题答案

1. 是的，因为力矩的大小不仅取决于力的大小，还取决于力臂的大小。

2. 不完全对。两个例子中，门在2s内运动了相同的距离，说明二者转动角加速度相同，这意味着你施加的力产生的力矩一定是与你朋友的相同。但是，由于转轴指向铰链边缘，你施加的力的大小一定大于他施加的力的大小，因为你施加力的力臂大小小于他的力臂大小。

3. 你可以选择任意点为参考点，但是最好选择可以通过消除一个或更多未知量来简化计算的参考点。

4. 有很多例子。如地面施加在自行车胎边缘上的是法向力（当车胎为垂直时），力矩为0，因为没有力的分量是垂直于作用线的。类似地，如果你用力拉门把手，而力的作用线经过铰链边缘，那么门不会转动。

5. 否。做转动的物体可以通过外加约束来限制（如铰链、支点或绳子），使其绕一个指定的点或轴转动。而自由转动则不受这些条件的约束，因此一个自由转动的物体绕其质心转动。

6. 一个物体或系统的质心的运动就如同其所有质量都集中在那一点上。因此，任何自由转动都是因为物体绕着过质心的轴的转动而引起的，这样能让复杂的运动表达为两个独立的运动：质心的平移运动与绕此点的转动。

7. 主要是向下，朝向手部有一个小的水平分力。一种方法是看固定前臂。既然能任意选择轴来计算合力矩，那么可以选择转轴在手上。绕这一点，前臂骨上的二头肌施加的力所产生的力矩为顺时针方向。为了恰好平衡这个顺时针力矩（记住手臂是没有转动的），前臂骨肱部施加的力所产生的力矩一定是逆时针的。为了产生这个逆时针的力矩，产生它的力一定朝向下。另一种方法是：如果二头肌向上拉前臂，那么肱部一定会在手肘与前臂连接点处施加一个向下的力来阻止该点的向下平移。

8. 一个扩展性分体受力图表明了问题中，物体上每个力的作用点的位置，这对于计算力矩是必不可少的。力矩在分析转动运动时是必不可少的。一个标准的受力图表明了似乎所有力的作用点都在一个普通的点上，这对于力的计算是可行的。

9. 对于力和力矩，用扩展性分体受力图是可行的，但是在熟练掌握之前，最好还是先画出标准受力图。当你熟悉了受力图之后，只需要看一眼就能知道力的分量之间是否能够抵消或者加到 ma 上。由于你可能对扩展性分体受力图不那么熟悉，且有的力在较远的位置，而不是所有尾端都在一个点上。所以如果你不小心在扩展性分体受力图中漏画了一个力，那么只看一眼就很难得知哪里错了。遗漏一个力（或多加一个不存在的力）会导致错误的结果。

10. 弯曲你右手的手指，使它们指向物体转动的方向。你大拇指的指向便是转动矢量的方向。

11. 由右手法则可知，方向为指向墙内。

12. 在三维体系下，从一个方向看到的顺时针转动从另一个方向看可能是逆时针转动。

13. 第二个陈述是正确的。第一个是错误的，因为力和力矩的单位不同，所以它们不可能相加。

14. 是的。只要有一个力，动量就会改变。只要这个力存在关于某个轴的力臂，该力就会产生力矩，角动量也会随之改变。

15. 否。动量不是不变的，因为重力施加在棒上。棒没有被限制，所以绕经过其质心的轴转动。因为在空中只有重力施加在棒上，且这个力直接作用在质心，所以这个力不产生力矩。因此角动量是不变的。

16. 转动冲量代表了系统与外界环境间角动量的转移。它可以由外力矩与相应时间间隔的乘积求得这个过程中力矩在作用，且由转动冲量方程量化，$J_\vartheta=(\sum\tau_{\text{ext}\vartheta})\Delta t$。类似于平动运动中的动量定理，角动量定理阐明了一个系统任何角动量的改变一定是源于外力矩的转动冲量，$\Delta L_\vartheta=J_\vartheta$。

17. 角动量始终守恒，这意味着它既不能凭空产生也不会无故消失。如果一个系统处于转动平衡状态，那么其角动量保持不变。转动平衡状态发生在当系统为孤立系统或作用在系统上的转动冲量为0时。

18. 它们由轮子的半径联系起来：$|R_{\text{cm}\,x}|=|R\omega_\vartheta|$。

19. 当齿轮啮合时，它们彼此没有滑动，因此两个齿轮的轮齿线速率一定相同。一般来说角速率不同，因为角速率取决于齿轮的半径。

20. 形状因子是一个物体的转动惯量与另一个惯性质量同为 m、半径为 R 的圆环的转动惯量之比：$c=I/(mR)^2$。这个因子比较了一个物体的转动惯量与将物体所有的惯性都集中在边缘上时的转动惯量，因此它测量了物体的惯性分布。这个分布被简单地称作“形状”。

21. 它们通过物体的半径联系起来：$|a_{\text{cm}\,x}|=|R\alpha_\vartheta|$。

22. 所做的功是合力矩 $\sum\tau$ 与物体角坐标 θ 的改变量之积。首先，有必要把转过的圈数转化成旋转坐标的改变量。

23. 一个物体或系统的动能，即平动动能与转动动能之和等于质心的平动动能与物体的转动动能之和。

24. 静摩擦力对物体不做功，它将物体的部分平移动能转化为转动动能。

25. 两个矢量矢积的方向垂直于桌面，指向上方或下方。由右手法则确定矢积的方向。除此之外，角度与两个矢量的朝向没有关系。

26. 两个矢量的矢积的大小等于由这两个矢量所确定的平行四边形的面积。也等于两个矢量的大小乘以当它们尾端在一起时所成最小角度的正弦值。

27. 0。括号内的量垂直于 $\vec{A}$，因此标积为 0。

28. 符号。你的答案的大小是正确的，但是方向与正确方向相反。

29. 关于任意参考点的孤立质点的角动量都等于将质点定位在参考点附近的正向矢量乘以质点的动量：$\vec{L}=\vec{r}\times\vec{P}$。

引导性问题答案

引导性问题 12.2 $|\vec{\tau}|=1.8\text{N}\cdot\text{m}$

引导性问题 12.4 (a) 圆盘先到达；(b) $\Delta t=0.4\text{s}$

引导性问题 12.6 (a) $a_x=\dfrac{T}{m_Y(1+c)}\left(\cos\phi-\dfrac{R_a}{R_Y}\right)$；(b) $\phi_{crit}=\arccos\left(\dfrac{R_a}{R_Y}\right)$

引导性问题 12.8 (a) 在你对面的冰箱底部的下方；(b) $h_{max}=d/(2\mu)$

第 13 章　引　力

章节总结

万有引力和等效原理（13.1节，13.3节~13.5节，13.8节）

基本概念 所有有**质量**的物体间都存在引力，它是物体材料多少的量度。引力质量是确定一个物体和其他物体间引力强度的物体属性。

在日常生活中，物体的引力质量等于它的惯性质量。

根据**等效原理**，我们在局部是无法区分重力加速度常量 g 和参考系中的加速度 $a=g$ 的影响的。

定量研究 依据**万有引力定律**，如果质量为 m_1 和 m_2 的两个物体，相距为 r，则相互作用在对方物体上的引力大小为

$$F_{12}^G=G\frac{m_1m_2}{r_{12}^2} \tag{13.1}$$

其中，$G=6.6738\times10^{-11}\mathrm{N\cdot m^2/kg^2}$ 是**引力常量**。

地球表面的重力加速度为

$$g=\frac{Gm_\mathrm{E}}{R_\mathrm{E}^2} \tag{13.4}$$

其中，m_E 是地球的质量；R_E 是地球的半径。

一个实心球施加在一个质量为 m 的质点上的万有引力 F_sp^G 和所有质量都集中在球体中心时的效果是一样的：

$$F_\mathrm{sp}^G=G\frac{mM_\mathrm{sphere}}{r^2} \tag{13.37}$$

其中，M_sphere 是球体的质量；r 是球体的中心到质点的距离。

角动量和引力势能（13.2节，13.6节）

基本概念 重力是**有心力**，也就是说它的作用线总是沿着两个相互作用的物体的连接线。

两个受到有心力相互作用的物体组成的独立系统，每个物体关于系统的质心都有一个恒定的角动量。

定量研究 一个系统的**引力势能** $U^G(x)$ 由两个物体的质量 m_1、m_2 和它们之间的距离 x 组成：

$$U^G(x)=-G\frac{m_1m_2}{x} \tag{13.11}$$

这里我们取在 $x=\infty$ 处，$U^G(x)$ 为 0 。

天体力学（13.2节，13.7节）

基本概念 **开普勒第一定律**：所有行星绕以太阳为一个焦点的椭圆轨道运动。该定律是由引力的大小和 $1/r^2$ 成正比这一结论得出的。

开普勒第二定律：任何行星与太阳的连线在相同的时间间隔内扫过相同面积的区域。这个定律说明了一个行星的角动量是恒定的，因为万有引力是一个有心力。

开普勒三定律：行星周期的二次方和它绕太阳轨道的半长轴的三次方成正比（即 $T^2\propto a^3$）。开普勒第三定律是由引力的大小和 $1/r^2$ 成正比这一结论得出的。

定量研究 一个封闭（$\Delta E=0$）、孤立（$\Delta L=0$）的系统的能量是由一个质量为 m 的小物体和围绕一个质量为 M（$M\gg m$）的大物体转动而确定的：

$$E=K+U^G=\frac{1}{2}mv^2-G\frac{Mm}{r} \tag{13.19}$$

其中，v 是小物体运动的速率；r 是两物体间的距离，大的物体不动。

小物体的角动量的大小为

$$L=r_\perp mv \tag{13.20}$$

式（13.19）中的值决定了轨道的形状：

机械能 $E_\mathrm{mech}<0$：椭圆轨道

机械能 $E_\mathrm{mech}=0$：抛物线轨道

机械能 $E_\mathrm{mech}>0$：双曲线轨道

复习题

复习题的答案见本章最后。

13.1 万有引力

1. 地球和月球哪一个作用在对方上的拉力更大？在相互作用力下，哪一方的加速度更大？

2. 万有引力定律的依据是什么？

3. 依据万有引力定律，轨道形状可能是什么样的？

4. 在所有行星上，一年的时间代表该行星围绕太阳旋转的时间周期。如果一颗行星的轨道半径是地球轨道半径的4倍，那么该行星的一年是多久？

5. 引力质量和惯性质量的区别是什么？

13.2 引力和角动量

6. 试证明在一个由有心力相互作用的、由两个质点组成的孤立系统角动量守恒。

7. 陈述开普勒行星运动三大定律。

8. 在《原理篇》的图13.12a中，没有力作用在运动的物体上，然而，在图13.12b、c中却是有的（使物体沿轨道运动的力）。那么为什么在这三个例子中的角动量是相等的？

9. 月球和国际空间站，哪一个在绕地球运动的轨道上的加速度相对较大？

13.3 重量

10. 当你在玩蹦蹦床腾空时，弹簧秤测出的你的重量是多少？假设可以将弹簧秤挂在你的脚下。

11. 假设天平两边放有质量相等的物体并保持平衡，释放后使其自由下落。天平是否还可以保持平衡。

12. 你站在一个置于地面的弹簧秤上，在示数盘上读出你的重量。然后你将秤放在升降电梯上，当升降电梯减速向上运动时，示数盘上的读数是增加、减小还是不变？

13. 说明为什么宇航员在轨道上的空间站中可以悬浮在太空舱中？

13.4 等效原理

14. 陈述等效原理，并解释为什么要在你的陈述中用“局部的”。

15. 当光在一个巨大物体旁穿过时，我们可不可以认为光的轨迹是弯曲的？

13.5 引力常量

16. 引力按 $1/r^2$ 的比例减小，可在地球表面 g 的值却是不变的。这是否有矛盾？

17. 对于一个质量比地球大的行星，在它的表面重力加速度是否也较大？（例如，土星的质量是地球的一百多倍。）

13.6 引力势能

18. 在式（13.14）：$U(r)=-Gm_1m_2/r$ 所描述的引力势能中，是什么导致：对于所有有限值 r，引力势能一直都为负值？

19. 试阐述引力对物体所做的功与路径无关的含义。

20. 在哪种情况下，可以将 $1/r$ 势能曲线近似为直线？

13.7 天体力学

21. 当你从楼顶投掷一个小球时，它的轨迹是抛物线还是椭圆？

22. 在太阳系的所有行星轨道中哪一点的速率最小？哪一点的速率最大？

23. 如果对于一个由小物体围绕一个比它大很多的物体运动组成的系统 $E=0$，则轨道是固定的还是不固定的？

24. 描述在太阳的引力作用下的运动形状，叙述由太阳和轨道上的物体组成的系统中每个物体的能量。

13.8 球体产生的万有引力

25. 试证明：如果实心球体所有的质量都集中在它的中心，那么实心球体对外部质点的万有引力可以等效于其球心施加的。

26. 实心球体施加在一个外部质点上的万有引力规律是否可以推广到球体的内部质点，空心球体，密度不均匀的球体？

估算题

从数量级上估算下列物理量，括号中的字母对应于可能用到的提示。根据需要使用它们来指导你的思考。

1. 在跳探戈时，你的舞伴作用在你身上的万有引力大小（B，N）
2. 地球上的人作用在你身上的万有引力大小（B，Q，D，J）
3. 你身旁的大山作用在你身上的万有引力大小（S，I，B）
4. 你奔跑的轨道半径是多少时，你奔跑的速率和物体围绕地球做圆周运动的速率相等。(A，V)
5. 在月球表面附近做圆周运动需要的轨道速率（V，C，R）
6. 一个和地球密度相同的行星的最大半径是多少时，你在该行星上跳起来后不会再落下（F，K，T）
7. 地球的半径被压缩到什么值时，光束沿地球运动的轨道是圆形的（V，G，O）
8. 将太阳系的所有行星移出太阳系所需要的能量（E，P，L）
9. 在蹦极时，你所受到的合力的最大值和最小值（H，M，U）
10. 地球绕太阳运动的角动量大小（W）

提示

A. 一个普通人的长跑速率是多少？
B. 一个正常成年人的质量是多少？
C. 月球的质量是多少？
D. 地球上的人口是如何分布的？
E. 不包括行星的太阳系的重力势能是多少？
F. 地球的平均密度是多少？
G. 哪一个原理是分析光的重力行为的关键？
H. 在跳下去的过程中，哪一点是弹力绳开始拉伸的点？
I. 你到大山的质心的距离是多少？
J. 地球的半径是多少？
K. 在跑步或者跳高时，你的质心升高了多少？
L. 计算太阳系的初始引力势能需要多少物理量？
M. 在跳下去后，弹性绳在你身上施加最大力的位置点在哪里？
N. 在跳探戈时，你的质心和舞伴分开的标准距离是多少？
O. 轨道速率是多少？
P. 你是否需要增加或者减少能量？
Q. 地球上的人口是多少？
R. 月球的半径是多少？
S. 大山的质量是多少？
T. 如何在跳起的高度、垂直速率和行星的半径之间建立联系？
U. 弹性绳的能量是如何和它拉伸的距离建立关系的？
V. 质量为 m_s 的小球体围绕质量为 m_l 的物体做轨道运动，它的速率与轨道半径有什么联系？
W. 角动量是如何和轨道半径、轨道速率建立联系的？

答案（所有值均为近似值）

A. 4m/s；B. 7×10^1kg；C. 7×10^{22}kg；D. 围绕着地球表面——假设球壳分布均匀，这只是一个粗略的近似；E. 0；F. 6×10^3kg/m^3；G. 等效原理；H. 大约在下落路程的1/3处；I. 合理的选择是 3×10^1km；J. 6×10^6m；K. 一般来说是0.7m；L. 理想情况下，每两个物体需要一个量（水星-太阳、水星-金星、水星-地球，等等），但是通过比较太阳和三个最大行星的量，就可以知道这个量的数量级了；M. 在底部，也就是拉伸长度 x 最大时，所受的回复力 kx 最大；N. 0.5m；O. 光速，即 3×10^8m/s；P. 对于轨道上的每一颗行星，太阳的重力势能是负值，因此势能必须增加；Q. 70亿；R. 2×10^6m；S. 2×10^{13}kg；T. 利用能量的方法：在跳的过程中初动能转化为重力势能；U. 存储的能量大约为 $kx^2/2$，其中 x 是绳子的拉伸量；k 是绳子的劲度系数；V. 作用在小物体上的合力仅有重力，加速度是沿圆形轨道指向圆心的，因此 $v_s=(Gm_l/r)^{1/2}$；W. 对于圆形轨道，$L=rmv$。

例题与引导性问题

表 13.1　太阳系数据（及与地球同类数据的比值）

	质量/		赤道半径/		半长轴		轨道[1]	周期/	
	kg	m_E	m	R_E	m	a_E	偏心率	s	年
太阳	2.0×10^{30}	3.3×10^{5}	7×10^{5}	110	—	—	—	—	—
水星	3.30×10^{23}	0.06	2.440×10^{6}	0.38	5.79×10^{10}	0.39	0.206	7.60×10^{6}	0.24
金星	4.87×10^{24}	0.81	6.052×10^{6}	0.95	1.082×10^{11}	0.72	0.007	1.94×10^{7}	0.62
地球	5.97×10^{24}	1	6.378×10^{6}	1	1.496×10^{11}	1	0.017	3.16×10^{7}	1
火星	6.42×10^{23}	0.11	3.396×10^{6}	0.53	2.279×10^{11}	1.52	0.09	5.94×10^{7}	1.88
木星	1.90×10^{27}	318	7.149×10^{7}	11.2	7.783×10^{11}	5.20	0.05	3.74×10^{8}	11.86
土星	5.68×10^{26}	95.2	6.027×10^{7}	9.45	1.427×10^{12}	9.54	0.05	9.29×10^{8}	29.45
天王星	8.68×10^{25}	14.5	2.556×10^{7}	4.01	2.871×10^{12}	19.2	0.05	2.65×10^{9}	84.02
海王星	1.02×10^{26}	17.1	2.476×10^{7}	3.88	4.498×10^{12}	30.1	0.01	5.20×10^{9}	164.8
冥王星	1.31×10^{22}	0.002	1.151×10^{6}	0.18	5.906×10^{12}	39.5	0.25	7.82×10^{9}	247.9
月球	7.3×10^{22}	0.012	1.737×10^{6}	0.27	3.84×10^{8}	0.0026	0.055	2.36×10^{6}	0.075

① 月球和各行星的椭圆轨道是根据其轨道的半长轴的长度和偏心率 e 来确定的，查看《原理篇》中的图 13.7，除了水星和冥王星，其他行星的偏心率都比较小，因此轨道都近似于圆。

下列例题涉及本章内容，但又不仅仅局限于本章中的某一节。

其中一部分以例题的形式给出，另一部分则以引导性问题的形式给出。

例 13.1　可靠的 24/7[㊀] 通信

为了保证 24h 接收信号，通信卫星一般会被放置在和地球同步的轨道上，也就是说相对于地面上的接收装置，卫星是在同一个位置。除此以外，还要求地球卫星在轨道上的转动角速率和地球在自身旋转轴上的转动角速率一样。地球同步轨道上的卫星离地球表面多远？另外还需要哪些条件？

❶ **分析问题**　我们讨论周期为 $T=24.0\text{h}=8.64\times10^4\text{s}$ 的轨道。确定这个轨道的半径很重要，但是还需要其他的什么条件？我们将问题细化：为了保证卫星相对于地面上的装置总是在同一个位置，它的轨道速率是恒定的，和地球的转动角速率相匹配。也就是说，轨道一定是圆形轨道。我们画出系统的草图，标出已知的地球质量 m_E 和未知的卫星质量 m_s（见图 WG13.1）。

开普勒第三定律说明，轨道周期的二次方和轨道到施加引力物体中心的距离的三次方成正比。因此，已知周期也就意味着可以推导出相应的轨道半径 r。我们要依据已知的参数得出半径 r 的表达式。但是，这个半径对所有轨道都起作用吗？对于卫星，最终的目的仍是得出其在地球上相对的明确位置点。随着地球的转动，地球上的点平行于赤道做圆周运动。因此，圆形轨道所在的平面必须和地球赤道所在的平面平行，以使它相对地面上某一点保持静止。

图 WG13.1

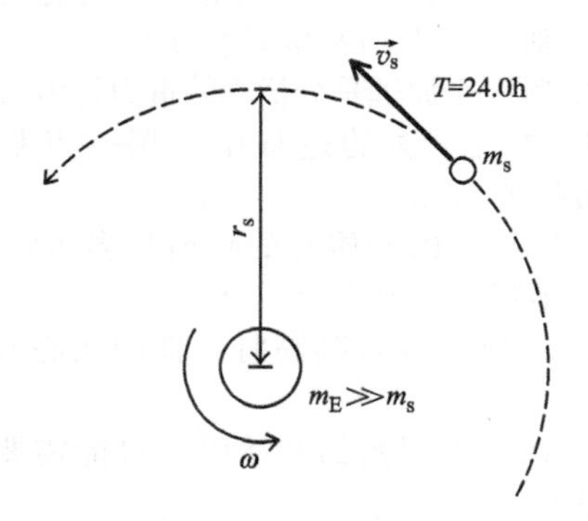

❷ **设计方案**　随着卫星沿着圆形轨道运动，它仅受到地球的万有引力。我们画出卫星的受力分析图（见图 WG13.2），选 x 轴方向是力的方向，指向轨道中心。因为轨道是圆形轨道，我们可以利用《原理篇》中式

㊀ “24/7”是英语国家的一个常见缩写，意思是 twenty four hours a day，seven days a week（一天 24 个小时，一周 7 天），这是字面意思。用在这里是指，all the time（任何时候、全天候的）。——译者注

实践篇

(11.15)：$a_c=\omega^2 r$ 中的向心加速度和转动角速率 ω 的关系。卫星的转动角速率是 2π/24.0h，所以有 $\omega=2\pi/T$。向心加速度是由地球的万有引力引起的。因为卫星不是在地球表面，所以我们不能认为 a_c 等同于 g。我们应该依据万有引力定律：$F^G_{ES}=Gm_E m_s/r^2$ 进行受力分析并算出加速度。唯一的未知量是 r［《原理篇》式 (8.8)］。

图 WG13.2

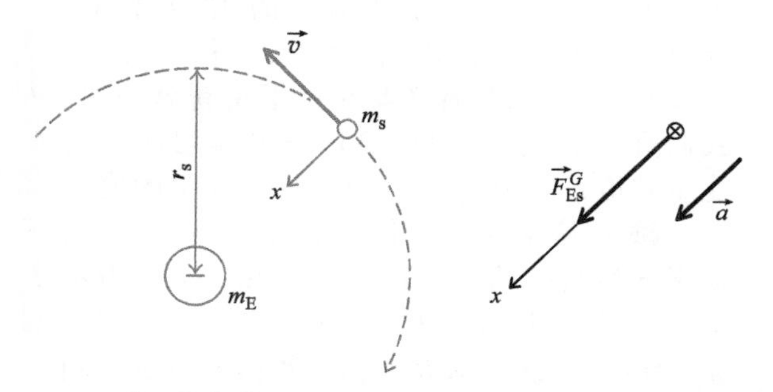

❸ **实施推导**　用已知量替代卫星运动公式中的对应部分：

$$\sum F_x=ma_x$$
$$F^G_{Esx}=m_s a_x$$
$$+F^G_{Es}=m_s(+a_c)$$
$$G\frac{m_E m_s}{r^2}=m_s(\omega^2 r)$$
$$Gm_E=\omega^2 r^3$$

我们想用 T 来表示 r：

$$Gm_E=\left(\frac{2\pi}{T}\right)^2 r^3$$
$$r^3=Gm_E\left(\frac{T}{2\pi}\right)^2$$

这是用开普勒第三定律表示的卫星绕地球轨道的数学形式。代入已知的值，我们得出

$$r^3=(6.67\times10^{-11}\text{N}\cdot\text{m}^2/\text{kg}^2)(5.97\times10^{24}\text{kg})\left(\frac{8.64\times10^4\text{s}}{2\pi}\right)^2$$
$$r=4.22\times10^7\text{m}$$

因此，卫星必须沿着所在平面平行于地球赤道的圆形轨道运动，而且它的轨道高度为

$$h=r-R_E=(4.22\times10^7\text{m})-(6.38\times10^6\text{m})$$
$$=3.58\times10^7\text{m}=3.6\times10^4\text{km} ✔$$

❹ **评价结果**　国际空间站（ISS，International Space Station）的轨道在离地面几百千米的上方，这是相当远的。另一方面，r 的值按数量级小于地球到月球的距离，因此答案至少是可信的。ISS 几个小时完成一次周期，而月球则需要一个月。因此我们所求的地球同步轨道的周期和半径都符合上述例子——这也增加了答案的可靠性。

注意到开普勒第三定律的数学形式不依赖于卫星的质量（纯文字表达的形式也和质量无关）。因此地球同步卫星肯定是绕圆形轨道运行，并且和赤道轨道同高的。这就引起了一个实际问题：如果很多国家和公司都来发射同步卫星，我们如何才能为他们找到更多的空间？

引导性问题 13.2　破坏性旋转

尽管赤道附近的物体因为地球的转动而以 1600km/h 的速度运动，但是因为地球的引力作用，地球表面的物体仍然还在它们原来的位置。如果地球旋转的速度更快一点，地球的引力可能就不能阻止地球表面的物体飞离地球了。对于流动的物体，这种快速旋转的效果尤其明显，比如星体，特别是超新星爆炸时剩余的星核。它们中的有些被称为毫秒脉冲星，由于它们的角动量和爆炸时一样恒定不变，它们的转速非常快（大约千分之一秒一次）。这些星体的质量是太阳的两倍。如果为了保证毫秒脉冲星表面的物质不飞出，它的轨道半径应是多少？

❶ **分析问题**

1. 用你自己的语言描述问题并思考半径如何与该问题建立联系？

2. 一颗毫秒脉冲星表面的物体的运动轨道是什么形状的？是什么力让物体维持这样的运动轨道而不是直线？

3. 画出对应的简图。

❷ **设计方案**

4. 相关力的大小与脉冲星的质量、半径有什么样的关系？

5. 什么物理定律支持你建立这个力与

脉冲星转动角速率之间的关系？转动角速率之间和脉冲星的转动周期有什么样的关系？

6. 有哪些未知量需要你计算出？

7. 你的方法是否能让你用已知量来表示未知量？

❸ **实施推导**

8. 用代数方法解出未知量。

❹ **评价结果**

9. 你是否还做了一些其他的假设？

10. 将你的结果和脉冲星半径的有效值范围做比较。

例 13.3 最终逃逸

火星上的移民想从火星发射一个外太空航空探测器，但是他们没有火箭发射器。于是他们决定用大炮发射，也就是说他们必须在探测器达到逃逸速度时才能发射。请计算这个速度。

❶ **分析问题** 为了便于思考，我们画一个草图（见图 WG13.3）。我们选取火星-探测系统作为分析对象。为了能够达到“逃逸速度”，探测器必须达到脱离火星的很大距离。探测器在发射时就需要一个很大的初动能。发射后，探测器的动能开始减少，而系统的势能随着探测器离开火星距离的增加而增加。我们假设在这个参考系中，火星是静止的，仅有探测器运动。当探测器足够远时（无穷远，实际上不用达到这么远），它的动能达到最小值，我们可以取为 0，因为火星上的移民没有必要提供比到达那里更多的能量。重力势能达到它的最大值，也是 0（注意万有引力的引力势能是负值）。我们还要假设太阳和其他行星几乎对我们的系统没有影响，同时也忽略火星的自转。

图 WG13.3

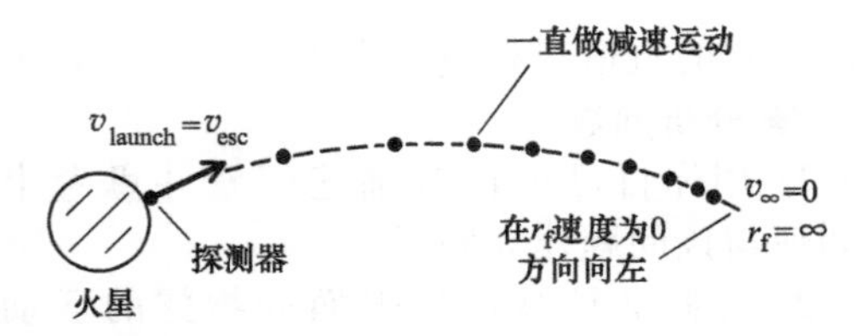

❷ **设计方案** 因为探测器从大炮中发射出的瞬间获得了所需要的动能，所以我们可以用能量守恒定律。在探测器运动的过程中，动能转化为火星-探测器系统的重力势能。我们想要知道探测器发射时，获得的初速度。初势能是探测器静止在火星表面时的值。探测器的末状态是以 0 的速度在距离火星无穷远处。在《原理篇》的 13.7 节中，分析了一个类似的例子，导出了式（13.23），所以没有必要在这里重新算一遍。我们直接利用式（13.23）解决本题涉及的能量守恒，其中 $v_i=v_{esc}$ 可以取已知量的值。

❸ **实施推导** 我们用 r_i 表示火星-探测器系统最初的球心距的半径，用 $r_f=\infty$ 表示最后分开的距离，用 R_m 表示火星的半径，m_M 和 m_p 分别表示火星和探测器的质量，利用式（13.23），得

$$E_{mech}=\frac{1}{2}m_p v_{esc}^2-G\frac{m_M m_p}{R_M}=0$$

$$\frac{1}{2}v_{esc}^2-G\frac{m_M}{R_M}=0$$

$$\frac{1}{2}v_{esc}^2=G\frac{m_M}{R_M}$$

$$v_{esc}=\sqrt{2G\frac{m_M}{R_M}}$$

$$v_{esc}=\sqrt{2(6.67\times10^{-11}\mathrm{N\cdot m^2/kg^2})\frac{6.42\times10^{23}\mathrm{kg}}{3.40\times10^{6}\mathrm{m}}}$$

$$=5.02\times10^{3}\mathrm{m/s}=5.02\mathrm{kg/s}✔$$

注意，速度和探测器的质量无关，无论多大的探测器通过大炮来挣脱火星重力的束缚时都需要同样的最小速度。

❹ **评价结果** 因为逃逸速度的表达式中包含火星的质量、两个物体最初的球心距半径（火星的半径）和 G，所以它是合理的。因为随着质量的增加，万有引力也在增加，所以我们预测 v_{esc} 随火星质量 m_M 的增加而增加。因为火星施加在探测器上的万有引力随着间隔的增加而减小，我们也可以推测逃逸速度 v_{esc} 会随着发射位置与火星球心距的增加而减小。这些都是我们的结果所能预测的。

18000km/h 的逃逸速度比在地球上的逃

逸速度小（但是应该相似）。所以得出的答案是不无道理。

假设最初火星与探测器分开的距离和火星的半径相等。当然，炮管的长度会有几米，但是，这个小的差别对数值结果并没有影响。我们忽略火星的自转及其自转产生的少量动能。我们还忽略了太阳的影响，它对探测器脱离火星也会起到作用，但是如果到达的点是另一个行星，我们则应该将其计算出来。

引导性问题 13.4 弹射到行星上

假设 NASA 不打算用火箭而是用一个压缩的弹簧来发射航天器。如果弹簧的弹簧常量为 100000N/m，航天器的质量是 10000kg，要想将航天器发射到脱离地球重力束缚的位置需要将弹簧压缩多少？

❶ 分析问题

1. 用你自己的语言描述一下问题，它和已解答的例 13.3 是否相似？

2. 画一个图表示出最初和最终的状态。航天器的最终状态是什么样的？

3. 航天器如何获得所需的逃逸速度？

❷ 设计方案

4. 你要用到哪些物理定律？

5. 随着弹簧的压缩，地球-航天器系统的重力势能是否受到影响？如果受到了影响，可不可以忽略掉？

6. 什么公式能将初状态和末状态建立联系？

❸ 实施推导

7. 你的目标未知量是什么？通过代数手段使该未知量出现在方程的一边。

8. 用你已知的数学量替换，得出数值。

❹ 评价结果

9. 压缩量的代数表达式是否意味着它会随着弹簧的弹簧常量、地球的质量和半径的变化而变化？

10. 如果你是设计团队的领导，你是否会推荐使用这种发射方法？

例 13.5 近距离接触

假设宇航员发现了一颗巨大的小行星，虽然距离很远，却向着地球运动。计算表明它的运动速度是 $v_i = 754\text{m/s}$，速度的直线延长线到地球的距离是 $d = 3.30\times10^8\text{m}$（大约等于月球绕地球的轨道半径）。然而，地球的万有引力会导致它的轨迹成为圆锥曲线，就像图 WG13.4 中显示的那样。(a) 当小行星最接近地球时，它的轨道半径 r_f 的值是多少？(b) 当小行星最接近地球时，它的速度 v_f 是多少？注意，在图 WG13.4 中，r_f 是从地球的球心处开始测量的，而不是从地球的表面。

图 WG13.4

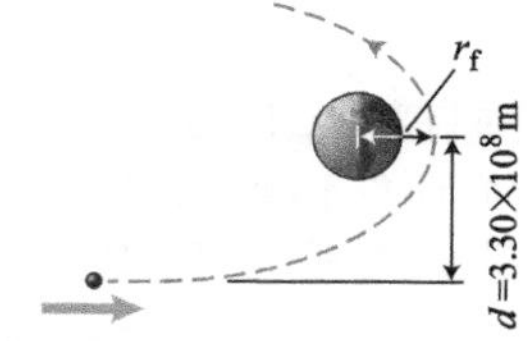

❶ 分析问题 这是一个天体力学的问题。我们已经有了小行星所在的轨道（可能是不受万有引力约束的轨道），我们需要计算当它最接近地球时，它的轨道半径 r_f，以及当它到达最接近点时的速度 v_f。虽然不知道小行星的质量，但我们却知道它初始运动速度和在远离时的运动方向。或许我们根本就不需要知道它的质量。我们假设当小行星第一次能被看到时，地球的重力对它的影响可以忽略。

❷ 设计方案 对于天体运动的问题，我们知道，相互作用的物体仅在万有引力的影响下，系统的能量和角动量是恒定的：$E_i = E_f$、$\vec{L}_i = \vec{L}_f$。在地球的参考系中，小行星（未知质量 m_a）的角动量和地球-小行星系统的能量随着小行星从它在离地球最远位置到离地球最近位置的过程中是保持不变的，这里的轨道半径是 r_f。我们可以从小行星离地球最远处时的角动量的大小来确定它在最近点的角动量的大小。它的速度一直是沿着轨道的切线方向，所以当它在远离地球的位置时，我们知道切线到地球的垂直距离为

$$L_i=|\vec{r}_i\times\vec{p}_i|=m_a v_i d$$

这里的 $\vec{p}_i$ 是小行星在它的直线轨迹上运动的动量。在最接近地球的位置上，速度的方向仍是垂直于它的曲率半径（参考《原理篇》中的例 13.5），因此它的角动量是 $L_f=r_f m_a v_f$。

当地球重力的影响可以忽略时，地球-小行星系统在最初第一次能看的位置点的能量是纯动能。在最接近地球的位置，包括动能和重力势能（负值）。接下来就是代入数值解出 r_f 和 v_f。

❸ 实施推导 (a) 利用地球-小行星初位置和末位置的球心距半径 r_i 和 r_f，我们从能量守恒公式得出

$$K_i+U_i^G=K_f+U_f^G$$

$$\frac{1}{2}m_a v_i^2+\left(-G\frac{m_E m_a}{r_i}\right)=\frac{1}{2}m_a v_f^2+\left(-G\frac{m_E m_a}{r_f}\right)$$

$$\frac{1}{2}v_i^2+\left(-G\frac{m_E}{\infty}\right)=\frac{1}{2}v_f^2+\left(-G\frac{m_E}{r_f}\right)$$

$$\frac{1}{2}v_i^2=\frac{1}{2}v_f^2-G\frac{m_E}{r_f}$$

这个公式中包含了另一些要求的量：小行星在最近点时的轨道半径 r_f 和速度 v_f。

接下来我们代入角动量公式：

$$L_i=L_f$$

$$m_a v_i d=r_f m_a v_f$$

$$v_f=\frac{v_i d}{r_f}$$

注意，在我们的公式中小行星的质量要相互抵消。将 v_f 的表达式代入能量守恒公式，得出

$$\frac{1}{2}v_i^2=\frac{1}{2}\left(\frac{v_i d}{r_f}\right)^2-G\frac{m_E}{r_f}=\frac{1}{2}\frac{(v_i d)^2}{r_f^2}-G\frac{m_E}{r_f}$$

先乘以 r_f^2，得到

$$\frac{1}{2}v_i^2 r_f^2=\frac{1}{2}(v_i d)^2-Gm_E r_f$$

然后乘以 $2/v_i^2$，得到

$$r_f^2+2\frac{Gm_E}{v_i^2}r_f-d^2=0$$

最后得到二次方程：

$$r_f=-\frac{Gm_E}{v_i^2}\pm\frac{1}{2}\sqrt{\left(2\frac{Gm_E}{v_i^2}\right)^2+4d^2}$$

$$=-\frac{Gm_E}{v_i^2}\pm\sqrt{\left(\frac{Gm_E}{v_i^2}\right)^2+d^2}$$

得到的正值是我们需要的结果，得出

$$r_f=7.38\times10^7\text{m}=7.38\times10^4\text{km}✔$$

最接近地球的位置的速度是

$$v_f=\frac{dv_i}{r_f}=\frac{(3.30\times10^8\text{m})(754\text{m/s})}{7.38\times10^7\text{m}}$$

$$=3.37\times10^3\text{m/s}=3.37\text{km/s}✔$$

❹ 评价结果 考虑可能会出现的观测误差，取地球的半径为 6.38×10^3km，得到 $r_f\approx10R_E$，这可能会引起地球上居民的恐慌。最接近点是 74 000km，大约相当于地球到月球距离的四分之一。幸运的是，小行星不会和地球发生碰撞，因为在最接近点的速度比第一次看到的速度快很多（$v_f\approx5v_i$）。你或许也注意到了，最接近点的速度刚刚大于一个距离地心距离为 r_f 的物体的逃逸速度

$$v_{esc}=\sqrt{2Gm_E/r_f}=3.3\times10^3\text{m/s}$$

险些撞上地球！

r_f 的表达式说明直线距离 d 越大，r_f 的值越大，就像我们预期的一样。因为我们没有给出任何关于小行星最初的距离，我们假设在那个瞬时点，地球的万有引力影响忽略。如果没有那个假设，我们是无法解决这个问题的。无论如何，如果我们的假设是错误的，那么势能的减少量就会（多少都会）变小，最终的速度也会因此变小。

引导性问题 13.6 多火箭发射

如图 WG13.5 所示，三枚火箭从地球上发射。(a) 一枚火箭垂直发射，(b) 一枚水平发射，(c) 剩下的一枚和水平面成 45°发射。这三枚火箭都是以逃逸速度的 3/4 从地球表面发射的，$v_{esc}=1.12\times10^4$m/s（查阅《原理篇》中的自测点 13.22）。计算每枚火箭离开地球表面所能达到的最大距离。忽略地球自转，用地球质量和半径表示计算结果。

图 WG13.5

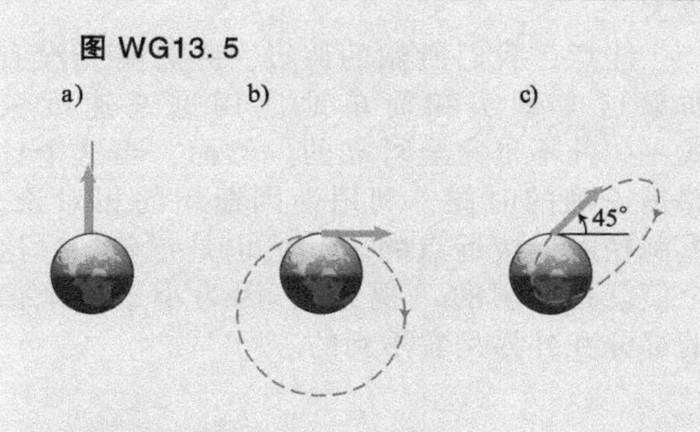

❶ 分析问题

1. 在问题中你感兴趣的物理量是什么？

2. 思考每个轨迹的形状。《原理篇》中的图 13.37 将会有助于你的思考。

❷ 设计方案

3. 你需要用到什么样的守恒定律？怎样将最大距离和最小距离同其他物理量建立关系？

4. 给出三种情况下关于速度的大小和方向的信息是否有用？

5. 在每种情形下哪些未知量需要你来确定？

❸ 实施推导

6. 同样的普适方法对这三种情况是否起作用？

7. 通过代数方法得到用地球质量和半径表示的最大距离的表达式。这三种情况是否有可能用同一个表达式来表示？

❹ 评价结果

8. 当你改变发射条件或者地球的质量和半径时，你的表达式是否可以表现出与之对应的代数行为？

9. 你的假设是否合理？

例 13.7 黑洞

黑洞是大质量恒星在核聚变反应的燃料耗尽后，在自身重力下发生坍缩而形成的残骸。黑洞的引力非常大，以至于连光都无法从它中间穿过——这也是其被命名为黑洞的原因（黑色没有光）。假设一个黑洞的质量是太阳质量的 10 倍。最接近路径的径向距离多大才能避免光线被黑洞吸收？

❶ 分析问题 问题是关于光线在黑洞边缘的运动。我们可能会想到黑洞施加在光线上的万有引力和能量以及角动量守恒。然而，光没有质量，因此我们可能需要引入等效原理。守恒定律相对较容易运用，我们就从这里开始。有可能仅用能量就可以建立我们所需要的公式，因为仅有一个未知量：到黑洞中心的径向距离。我们知道光速 $c=3.0\times10^{8}\text{m/s}$，黑洞的质量也已经给出，是太阳质量的 10 倍。而太阳的质量在表 13.1 中已经给出。

❷ 设计方案 在一个物体相对于另一个物体运动的系统中，角动量、万有引力和引力势能都与物体的质量有关。这似乎排除了我们通常解决这个问题的方法，因为其中的一个物体没有质量。但是，根据等效原理，我们可以将光线看成是适用于普通定律的对象主体。因此，我们可以设想光线有一个逃离黑洞引力吸引的初动量。我们利用在例 13.3 中用能量关系推导出的逃逸速度公式，逃逸速度与“逃逸”物体的质量无关，仅与施加引力的物体质量（这里指的是 m_{h}）和发射瞬间两物体间的径向距离 r 有关：$v_{\text{esc}}=\sqrt{2Gm_{\text{h}}/r}$。这个公式由逃离行星表面的物体推导出。所以黑洞的引力表现和行星的引力行为相似到足以使我们利用这个公式。

我们利用这种方法，认为光线是要“逃逸”的物体，r 是“逃逸半径”，半径在光刚刚好可以逃离黑洞处，这也就是我们要求的最接近的径向距离。我们假设光线遵守力学定律，并以刚好是最接近点的逃逸速度 c 射出。

❸ 实施推导 将我们在例 13.3 中得到的逃逸速度公式取平方，代入 $v_{\text{esc}}=c$，解出 r，我们得到

$$r=2G\frac{m_{\text{h}}}{c^{2}}$$

太阳的质量是 $2.0\times10^{30}\text{kg}$，代入数值后得到

$$r=2(6.67\times10^{-11}\text{N}\cdot\text{m}^{2}/\text{kg}^{2})\frac{10(2.0\times10^{30}\text{kg})}{(3\times10^{8}\text{m/s})^{2}}$$

$$=3.0\times10^{4}\text{m}=30\text{km}$$ ✔

❹ 评价结果 为了能显著地影响光线，引力肯定会非常强，因此，作用在半径上的

实践篇

负二次方关系（或者引力势能的负一次方关系）需要一个非常小的径向距离。黑洞的半径比相同质量下其他物体的半径小得多：黑洞非常独特，否则在我们每一天的日常生活中都会注意到它。另外，在我们的普通生活中，光似乎不受重力的影响，因此我们需要一个非常强烈的引力。如果质量一定，那么径向距离就可以调整，径向距离越小，引力越大。

注意：我们所做的假设——忽略光没有质量这个事实和简单地应用逃逸速度公式——并不是完全可靠的。然而，当这个计算是正确的时候，利用爱因斯坦的相对论，黑洞径向最接近点的表达式也是正确的。这个值就是黑洞的“视界”，因为小于这个值的部分在外界是看不到的。

引导性问题 13.8　天上的岩石

质量是地球 8 倍的卫星绕质量是地球 25 倍的行星运动（见图 WG13.6）。轨道半径是地球半径的 12 倍。一个大岩石在这个系统附近，它离卫星的距离是地球半径的 16 倍。石块与卫星的连线垂直于卫星与行星的连线。岩石的加速度是多少？用它在地球上的自由落体加速度 g 表示。

图 WG13.6

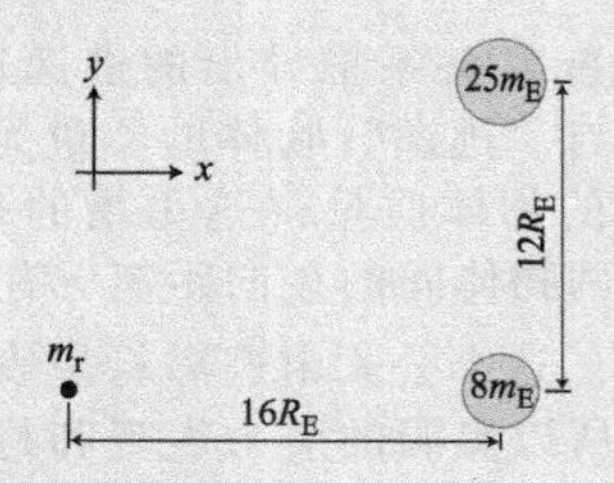

❶ 分析问题

1. 考虑到问题要求的加速度，你能通过什么样的方法得到？

2. 岩石的质量未知有没有关系？即使质量没有给出，你可以在草图或者需要它的公式中用值 m_r 表示它，或许可以将其抵消掉。

3. 有多少力施加在岩石上？每个力的方向是？给岩石画一个受力分析图。

❷ 设计方案

4. 岩石和卫星球心连线的距离是多少？行星和卫星球心连线的距离是多少？

5. 卫星施加在岩石上的万有引力大小是多少？行星施加在岩石上的万有引力大小是多少？

❸ 实施推导

6. 确定施加在岩石上的合力在 x 方向上的分量。

7. 确定施加在岩石上的合力在 y 方向上的分量。

8. 记住加速度为矢量。

❹ 评价结果

9. 你得到的结果比 g 大还是比 g 小？参考质量和距离，这样的结果是否合理？

习题 通过《掌握物理》® 可以查看教师布置的作业

圆点表示习题的难易程度：● = 简单，●● = 中等，●●● = 困难；CR = 情景问题。

[为了方便解决问题，注意 $G=6.67\times10^{-11}\text{N}\cdot\text{m}^2/\text{kg}^2=6.67\times10^{-11}\text{m}^3/(\text{kg}\cdot\text{s}^2)$]

13.1 万有引力

1. 如果组成行星的物质是均匀分布的，使得行星有一个固定的、均匀的密度，那么行星表面的重力加速度将如何随行星的半径变化而变化？●

2. 在图 P13.2 中，假设物体 1 的质量是物体 2 的质量的 3 倍。（a）在地球表面，r_1/r_2 的值为多少时能保证杆处在水平位置？（b）在月球表面上呢？月球表面上的重力加速度是地球表面重力加速度的 1/6。●

图 P13.2

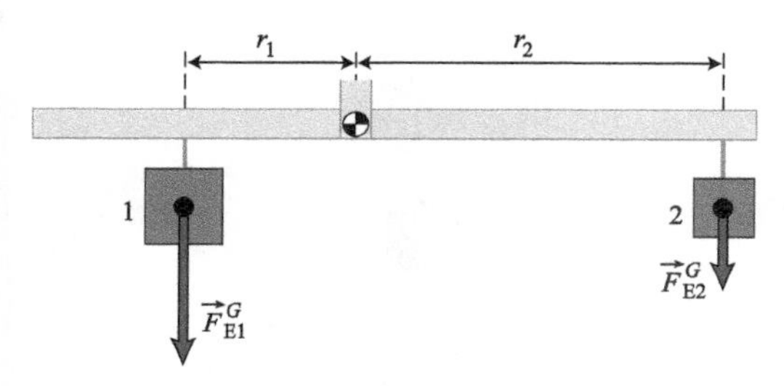

3. 假设你做了一个太阳系的模型，在这个模型中展示了 8 颗行星（不包括冥王星）并且将每个行星放在各自离太阳最远的位置。如果你用半径为 10mm 的弹珠代表水星，那么最外面的行星应该放在离太阳多远的位置？●●

4. 4 个完全相同的物体放在正方形的四角，远离任何恒星或者行星。（a）选择其中一个物体，画出刻度向量表示剩余 3 个物体对它的万有引力。（b）画出一个矢量来表示你选择的物体所受到的合力。

5. 两个质量 0.60kg、半径 0.12m 的篮球，放在地板上，使它们相互接触。两个质量 0.045kg、半径 22mm 的高尔夫球，放在桌面上，使它们相互接触。求一个篮球施加在另一个篮球上的引力与一个高尔夫球施加在另一个高尔夫球上的引力之比？●●

13.2 引力和角动量

6. 国际空间站中的宇航员轻轻地释放了一个质量比空间站质量小很多的卫星。描述卫星被释放后的运动。●

7. 一个孤立的、质量为 m 的物体可以被分为质量为 m_1 和 m_2 的两部分。假设两个部分的中心被分开的距离是 r。当质量比 m_1/m_2 是多少时，两部分间的引力最大？●●

8. 如图 P13.8 所示，放置质量分别为 m、$2m$、$3m$ 的物体。这三个物体间仅受到引力作用，因此每个物体都受到其他两个的合力。称它们为 $\vec{F}_m$、$\vec{F}_{2m}$ 和 $\vec{F}_{3m}$。（a）画出 $\vec{F}_m$、$\vec{F}_{2m}$ 和 $\vec{F}_{3m}$ 相互交于共同点的作用线。（b）这个作用线的交点是否为系统的质心？（c）对该系统的运动分析是否有简便的方法？●●

图 P13.8

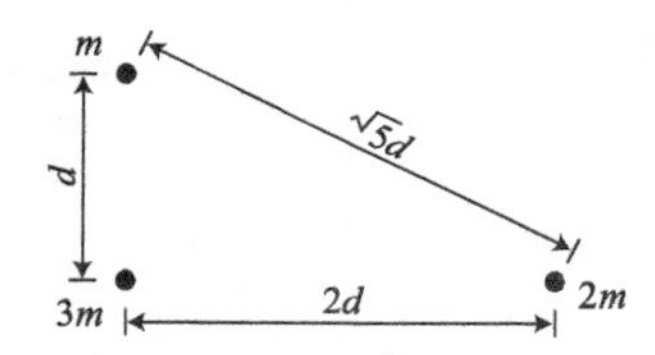

9. 角动量可以被描绘成是矢积，并被解释为面积随时间的变化率。那么请给另一个矢积——转矩一个类似的解释（提示：导数）。●●●

13.3 重力

10. 假设图 13.10 中的弹簧平衡装置恰好能使弹簧被轻微地拉伸，当装置在相对于地面静止的电梯里的时候，平衡杆是水平的，并且放置了一个如图所示的质量为 1.0kg 的物体。如果电梯加速向上，平衡杆是顺时针转动、逆时针转动还是仍保持平衡？●

图 13.10

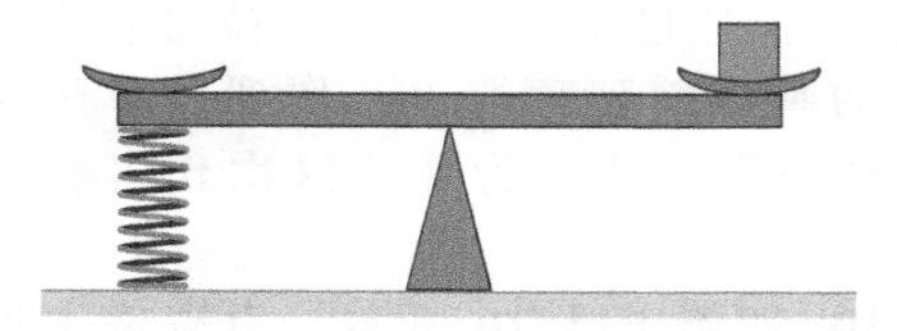

11. 慢慢站到秤上和从椅子上跳到秤上。（a）这两次的读数是否相等？（b）地球对你的万有引力是否变化？●

12. 在天平的一边放上大质量的物体，使天平处在不平衡的状态。用双手托着天平两端的底部，使天平保持平衡。天平静止时，双手同时松开使其自由下落，则天平的杆会有什么变化？●●

13. (a) 当加速度是多少时，图 P13.13 中所示的弹簧秤的读数为0？(b) 当装置在月球上时，加速度是多少？(c) 如果砖块是悬挂在弹簧秤下方而不是压在它上面，你的结论会有什么样的变化？●●

图 P13.13

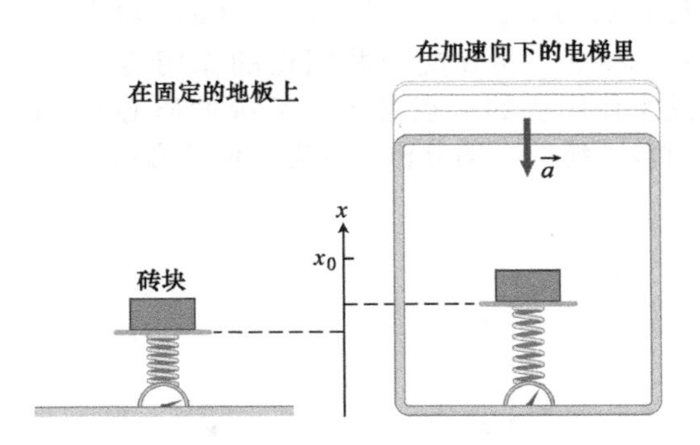

14. 你踩在弹簧高跷上（见图 P13.14），通过跳板进入游泳池。弹簧高跷配有可以记录弹簧作用力的传感器。以地球作用在你身上的重力作为基准，描述在你弹跳时传感器记录的作用力的值。●●

图 P13.14

13.4 等效原理

15. 一架商务飞机遇到了小型的气流，以 $2g$ 的加速度下降飞行。一位没有系紧安全带的乘客撞到顶棚上，伤到了脖子离世了。请解释一下，为什么这次伤害会这么大。●

16. 如图 P13.16 所示，当雪橇上向左偏转时，模拟器会如何倾斜？假设雪橇在一个坡上转弯，并且雪橇在冰上没有切向力。●●

图 P13.16

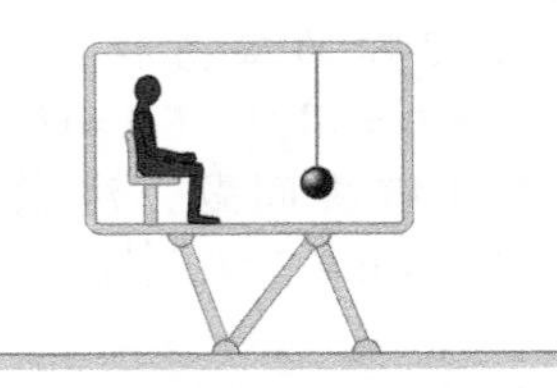

17. 用一个干净的塑料试管、一个软木塞、橡皮筋和一个金属浮子可以构造一个测量过山车加速度的垂直加速度计（见图 P13.17）。浮子正常悬挂的位置标记为加速度 g。在不对塑料管进行加速的情况下，在加速器上标记 $2g$、$3g$ 等加速度，解释你是如何校准加速度计的。●●

图 P13.17

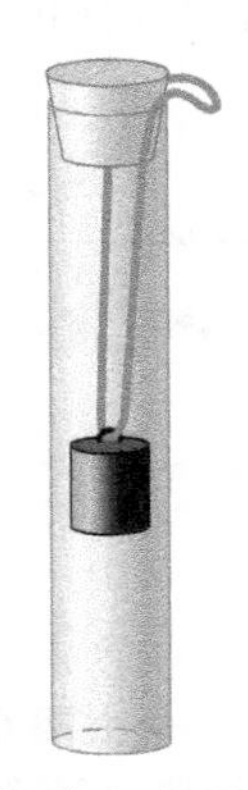

18. 两颗在赤道上相距 180km 的卫星同时被发射，每一颗卫星都在通过北极和自己发射点的轨道上运行。(a) 描述它们相对于地球和相对于彼此的相对运动。(b) 这样的运动是否意味着卫星之间会彼此施加力？●●

19. 我们来探究一下是否有办法区分转动角加速度和引力加速度。设想一个盛有少量牛奶的深碗。(a) 当你绕穿过碗底中心的垂直轴旋转碗时，牛奶会怎样变化？(b) 施加引力的物体是什么形状时可以使牛奶做出同样的变化？●●●

13.5 引力常量

20. 若将火星的运动轨迹近似看作圆，以下情况中万有引力的大小各是多少？(a) 太阳对火星上的万有引力，(b) 火星对太阳上的万有引力。●

21. 相距为100mm、质量为1.0g的两个弹珠之间的万有引力是多少？●

22. 两个质量分别为2×10^{12}kg和5×10^{20}kg的球形天体间的万有引力大小是3×10^{7}N。这两个天体间的距离是多大？●

23. 火星的质量是地球质量的1/9，半径是地球半径的1/2。火星上的重力加速度和地球上的重力加速度之比是多少？●●

24. 万有引力是相互作用中最弱的影响（参照《原理篇》的7.6节）。(a) 为什么在地球上万有引力很重要？(b) 行星之间的万有引力为什么是显性力？●●

25. 中子星的质量是太阳的两倍，坍缩后的半径为10km。试用地球表面自由下落的加速度表示中子星表面的引力加速度。●●

26. 地球和太阳哪一个对月球的拉力更大？●●

27. 你要离开地球多远，才能使重力加速度分别减小0.10%、1.0%和10%？●●

28. (a) 一个航天器沿着直线从地球到月球进行太空旅行，在什么位置地球施加在航天器上的万有引力和月球施加在航天器上的万有引力相互抵消？(b) 经过这个位置的前后是否会发生一些引人注意的事情，如果有，航天器里的旅客会看到什么？●●

29. 根据图P13.29中土星的照片和已知量，估计土星环上粒子的轨道周期。●●

图 P13.29

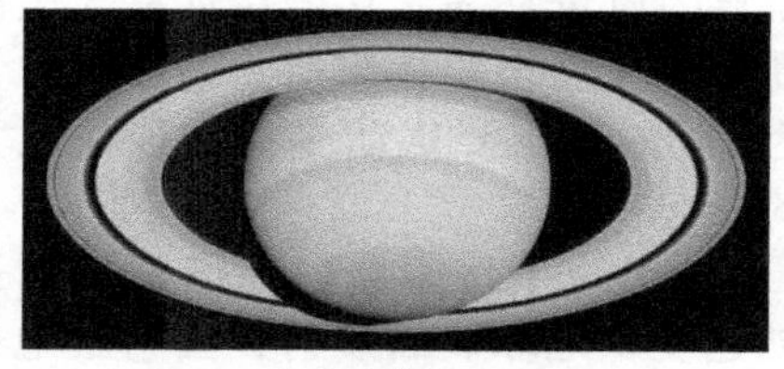

30. 太阳和月球同时对地球有一个万有引力。(a) 哪一个引力更大？(b) 两个引力的大小比是多少？●●

31. 一个半径为3.75×10^{4}m的球形天体表面的引力加速度为0.0500m/s^2，确定天体的质量。●●

32. 在冥王星上空多高位置的引力加速度是在它表面引力加速度值的一半？●●

33. 一个质量为m_{test}的测试物体放在一个二维参考系的原点（见图P13.33）。同样质量的物体1在$(d,0)$点，质量为$2m_{\text{test}}$的物体2在$(-d,l)$点。两个物体施加在测试物体上的万有引力的合力大小为多少？●●●

图 P13.33

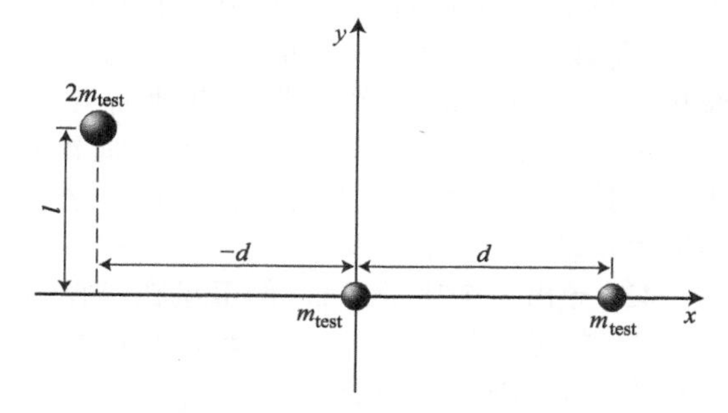

34. 只要离地球表面的距离h较小，重力加速度g就可以看作是不变的。导出一个更精确的重力加速度g关于h的二次函数的表达式。●●●

35. 依据到地心的径向距离r计算地球内部的重力加速度。（提示：设想一个通向地球中心的矿井，质量为m的物体掉入井内距离地心$r<R_E$的位置，其中的R_E是地球的半径，在所有离地心距离$d>r$的位置，地球质量施加在物体上的合力是多少？$d<r$的所有位置呢？）●●●

13.6 引力势能

36. 地球-太阳系统之间的引力势能是多少？●

37. 一个被命名为Toro的小行星，半径是5.0km、质量是2.0×10^{5}kg。一个70kg的人是否可以站在它的表面上自由跳动？●

38. (a) 如果一个质量为100kg的物体与地球表面的距离为地球半径大小，那么由这个物体和地球组成的系统的引力势能是多少？(b) 这个100kg的物体要移动多快才能使其到达这个位置时的能量为0？●●

39. 质量为m_1的物体1和质量为$2m_1$的物体2被分开d的距离。质量为$3m_1$的物体3放在它们两个之间。若要使三个物体组成的系统的势能达到最大值（接近0），那么物体3是应放在接近物体1的位置、接近物体2的位置还是它们中间？●●

40. 两个质量都为 m 的粒子静止在相互距离很远的地方。导出它们在每个瞬时点的相对速率随距离 d 变化的表达式，它们之间仅有万有引力作用。●●

41. 设想一个备用的宇宙，在这个宇宙里地球施加在一个质量为 m_m 的流星团的引力的大小是 $F=Cm_m m_E/r^3$，其中 C 是正的常数；r 是地心到流星团中心的距离。(a) 当流星团从无穷远的位置下落到离地面 h 处时，重力对流星团做了多少功？(b) 如果在无穷远处，流星团运动得很慢，它到达这个高度时运动得有多快？●●

42. 导出一个质量为 m_s 的卫星在半径为 a 的圆形轨道上绕质量为 m_p ($\gg m_s$) 的行星运动的速率和能量表达式。●●

43. 如果一个物体到达地面时的速度是 4.0km/s，那么这个物体距地球表面的最大高度是多少？●●

44. (a) 试求将一个物体发射到离地球表面 h 高度处的能量表达式。(b) 忽略地球自转，需要多少能量才能将同一个物体放到高度为 h 的轨道上？●●

45. 将用大小为 C/r^2 的力将推离太阳，这里的 C 是常数，r 是航天器-太阳系统的径向距离。航天器质量是 5.0×10^4kg，静止在离太阳 $r_1=1.0\times10^8$km 的位置，为了使航天器在远离太阳时的速度能够达到 $0.10c$，C 的大小和单位应该是什么？(提示：$c=3.00\times10^8$m/s) ●●

46. 1865 年，儒勒·凡尔纳 (Jules Verne) 写了一本书，书中说三个人通过深埋在地下的大炮到达了月球。(a) 炮口的速度必须多大才能使炮弹到达月球？(b) 如果在炮管中的加速度是不变的，为了避免使人的加速度大于 $6g$，炮管要多长才能使人达到这样的速度？●●

47. 质量为 200g 的铅球和质量为 800g 的铅球的球心距是 0.12m。一个质量为 1.00g 的物体放在距离 800g 铅球球心 0.08m 的位置，处在两个铅球球心的连线上。(a) 忽略除两个铅球之外的所有引力，计算施加在物体上的引力。(b) 确定在物体的位置上每克的引力势能。(c) 将物体移动到距离 800g 铅球 0.0400m 的位置处，总共做了多少功？●●

48. 试求由地球和放在地心处质量为 m 的砖块组成的系统的引力势能表达式。设在无穷远处砖块的系统势能为 0。●●●

49. 太阳表面引力势能的近似值 $mg_S\Delta x$ 在很大的范围之内还是很小的范围之内精确于地球表面引力势能的近似值 $mg_E\Delta x$？●●●

50. 一个质量为 m_{rod}、长度为 l_{rod} 的均匀杆放在远离所有恒星和行星的 x 轴上，杆的中心在 x 轴的原点上（见图 P13.50）。质量为 m_{ball} 的小球放在 x 轴上坐标为 x_{ball} 的点处。(a) 写出由小球和杆在 x_{dm} 处的微元 dm_{rod} 所组成的系统的引力势能的表达式。(b) 在杆的整个长度上对此表达式进行积分，得出 $x_{ball}>l_{rod}/2$ 时系统的势能。(c) 可以得出这个系统中杆作用在相距原点 x 处物体上的引力势能是 $F_x=-dU/dx$。利用这个公式，计算杆作用在与杆的中心相距 x 处的物体上的力。●●●

图 P13.50

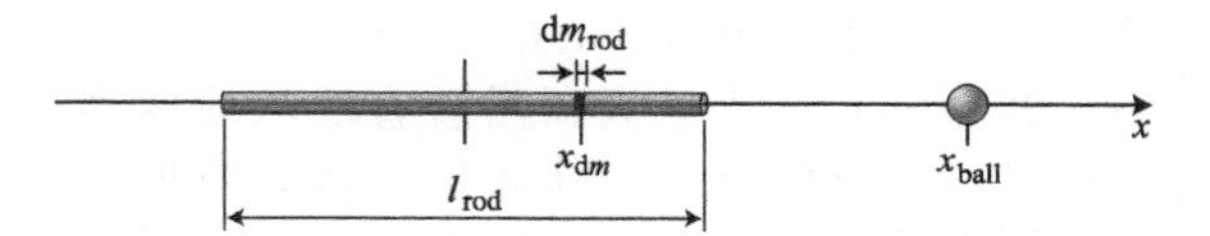

13.7　天体力学

51. 所有绕太阳运行的小行星的抛物线轨道都可以被描述为两个物体的简单碰撞。用弹性碰撞还是非弹性碰撞描述更好？●

52. 假设在太阳表面有一个质点。(a) 如果质点的质量是 m，它要在远离太阳的方向移动多快才能摆脱太阳引力的影响？(b) 质量为 $2m$ 的质点要移动多快才能摆脱太阳引力的影响？

53. 如果一个探测器以两倍于“逃逸速度”的速度从地球表面发射，当它距地球很遥远时，探测器的速度是多少？●

54. 从地球到月球和从月球到地球，哪一个消耗了更多的火箭燃料？●●

55. 一个卫星以速度 v 在很低的轨道上绕月球（没有大气层）运动。若在月球表面以同样的速度垂直发射一个抛体，它能达到多大的高度？●●

56. 一个卫星在绕地球的椭圆轨道上运

实践篇

动，在近地点（近地点指轨道上最接近地球的点）时的速度为 8032m/s，近地点时，卫星在地球表面上方 112km 处。当卫星在轨道的远地点（远地点是指在卫星的轨道中离地球最远的点）时，它离地面多高？●●

57. 彗星以抛物线的轨迹绕太阳运行。它的近日点和太阳到水星轨道的距离相同。彗星在近日点比水星运动的速度快多少（用比例表示）？●●

58. 证明：对于两个物体关于它们质心的圆形轨道，有 $E=\frac{1}{2}U=-K$。这是位力定理（Virial theorem）数学描述的特例。●●

59. 一个作用在质量为 m 的质点上的有心力，使质点在束缚轨道上做运动。轨道是半长轴为 a 的椭圆轨道，力的大小是 Cm/r^2，其中 C 是一个常量，r 是轨道的半径。如果，当质点离“力源”最远时的速度是 $v=\sqrt{C/(2a)}$，那么它离“力源”最近时的速度是多少？●●

60. 一物体沿月地连线离开月球，它要逃离月球引力的最小速度是多少？

61. 一个流星体以比地球速度小很多的速度经过空间某位置，它到地球表面的垂直距离是地球半径的 19 倍。流星体以一个在地球上可以看到的路线运动。当它到地球表面的垂直距离等于地球半径时，流星体的速度是多少？●●

62. 一个太空探测器既可以直接以逃逸速度发射，也可以将它运送到位于地球上空的“驻留轨道”然后再发射。(a) 如果驻留轨道在地球表面上空 180km 处，那么从驻留轨道逃逸的速度是多少？(b) 如果直接从地面发射，探测器需要的逃逸速度是多少？●●

63. 两颗完全相同的恒星，质量都为 3.0×10^{30}kg，它们围绕着共同的质心运动，质心到每颗恒星的距离都是 1.0×10^{11}m。(a) 恒星的转动角速率是多少？(b) 如果一个流星体垂直于恒星轨道所在的平面穿过质心，为了摆脱恒星引力的作用，流星体要运动多快？●●

64. 在开普勒第三定律中，所有行星的周期的二次方和它到太阳的平均距离的三次方成正比。证明这个定律同样也适用于将半长轴作为平均距离的卫星椭圆轨道。（换种说法，有相同能量不同角动量的轨道有相同的周期。）●●●

65. 两个质量分别为 m_1、m_2 的天体围绕它们所组成的系统质心运动，它们的中心距为 d。假设每个天体都在绕系统的质心做圆周运动，推导一般牛顿形式的开普勒第三定律表达式：$T^2=4\pi^2d^3/G(m_1+m_2)$。●●●

66. 为实现在地球和其他行星间的旅行，需要考虑燃料能源的消耗和旅行时间。为了便于计算，我们选取一条轨道，当航天器沿着这条轨道穿过太阳时，它将会从地球轨道上的选取位置点发射并进入其他行星上的选取位置点。就像在图 P13.66 中显示的地球-火星路线。航天器运行的轨道是椭圆形的，这样太阳是其中的一个焦点。这样的轨道称为霍曼转移轨道，轨道的长轴（$2a$），是地球和其他行星绕太阳运动的轨道半径之和。取 $m_S=1.99\times10^{30}$kg，$m_M=6.42\times10^{23}$kg，$m_E=5.97\times10^{24}$kg，$a_E=1.50\times10^{11}$m，$a_M=2.28\times10^{11}$m，并且假设行星的轨道是圆形轨道。(a) 在霍曼转移轨道上，由太阳和质量为 1000kg 的太空探测器组成的系统的能量是多少？(b) 在轨道上探测器的速度是多少？用关于 r 的函数来表示，r 是探测器到太阳的径向距离。(c) 当探测器进入转移轨道时，探测器相对于太阳的速度是多少？(d) 当探测器到达火星时，探测器相对于太阳的速度是多少？(e) 假设地球的轨道速度为 2.98×10^4m/s，当探测器要转变轨道时，它的速度要增加多少？(f) 通过霍曼转移轨道，从地球表面到火星，探测器需要多大的发射速度？●●●

图 P13.66

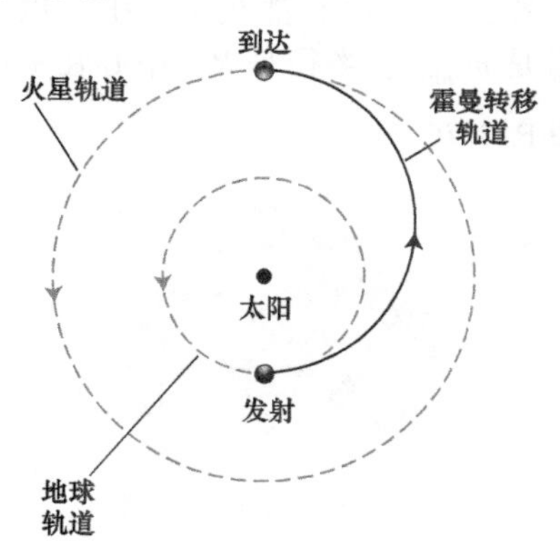

13.8 球体产生的万有引力

67. 一个质量为 m 的圆盘放在一个大的圆盘的中心，大的圆盘上有一个偏离其中心的圆洞（见图 P13.67）。则大的圆盘对小的圆盘所施加的万有引力的方向如何？●

图 P13.67

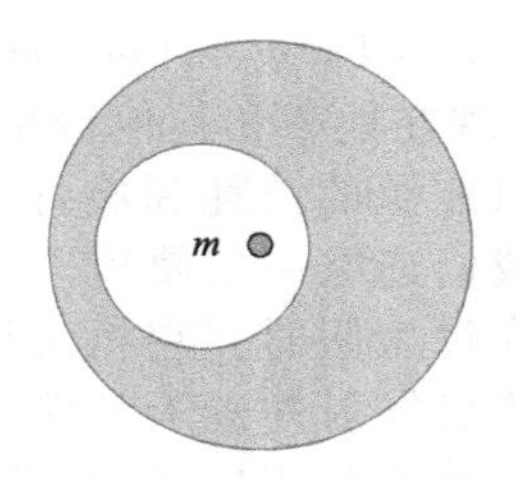

68. 式（13.37）适于表示一个质量为 m_S 的实心球施加在质量为 m_o 物体上的万有引力，当它们两个分开的距离为 r 时，$F^G_{SO}=Gm_om_S/r^2$。那么它是否还适用于质量分布不不均的球体？●

69. 一个质量为 m_{ring}、半径为 R_{ring} 的均匀圆环，如图 P13.69 所示。一个质量为 m_{obj} 的小物体放在距离圆环 s 位置处的、垂直于圆环所在平面的中心线上。试推出圆环施加在物体上的万有引力大小的表达式（用已给出的变量和通用的常数）。●●

图 P13.69

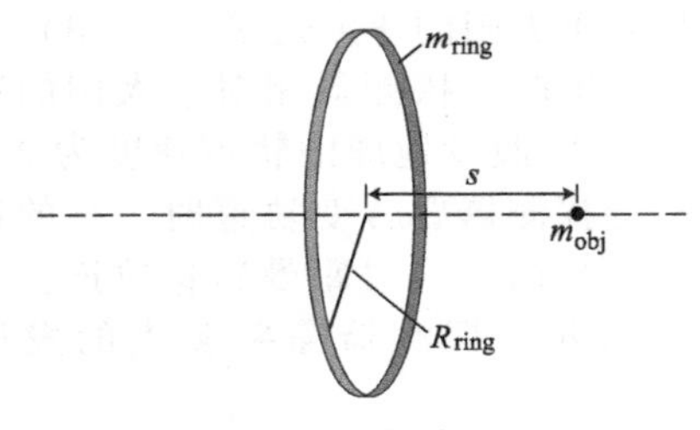

70. 两个均匀的球壳放在如图 P13.70 所示的位置，两个球心都在 x 轴上。内部的球壳质量是 m_{inner}、半径是 R，中心在 $x=0.80R$ 处。外部球壳的质量是 $3.0m_{inner}$、半径是 $2.0R$，它的中心在 $x=0$ 处。当一个物体放在：(a) $x=3.0R$、(b) $x=1.9R$、(c) $x=0.90R$ 处时所受到的两个球壳的万有引力的合力分别有多大？●●

图 P13.70

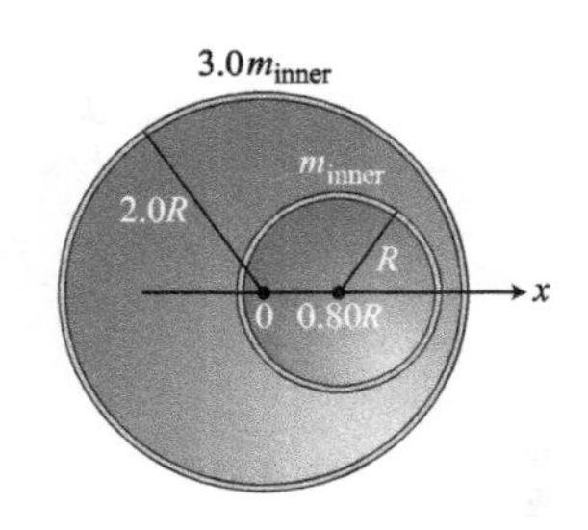

71. 有一个半径为 R、质量为 m_{disk}、均匀分布的薄圆盘。(a) 推导出圆盘施加在位于它中心上方 y 处的质量为 m_{part} 的质点上的万有引力大小。(b) 证明：如果 $y\gg R$，则这个表达式可简化为表示两个质点间的万有引力。●●●

附加题

72. 对于包含 N 个质点的系统，在这个系统的引力势能的表达式中有多少个参量？●

73. 你给火箭配备了足够从地球上达到逃逸速度的燃料。如果你计划仅将火箭从地平面发射，则垂直发射、以某个角度发射或者水平发射是否有不同？●

74. 金星上的重力加速度 g_{venus} 是多少？●

75. 在卫星的椭圆轨道上是否有这样一点，在该点处加速度的切向分量比法向量大？如果有，轨道必须在什么样的条件下才能有这样的位置点？●●

76. 引力矢量场 $\vec{g}(\vec{r})$ 的定义是，施加在位于位置 $\vec{r}$ 的小物体的引力与它的质量之比。(a) 在地球上取样本，画出地球的引力矢量场。确保矢量的长度和正确的相对值一致。(b) 在地球的引力矢量场中标出地球施加在某个物体上的引力，这个物体的质量是 m_{obj}，位于距地球中心为 r_{obj}（$>r_E$）的位置。●●

77. 为了和故事情节相匹配，一些科幻小说的作者会将人类放在半径还不到人类身高的小行星上！当小行星的密度是多少时，才能使人感到和在地球上一样的引力？●●

78. 你想将一颗卫星发射到绕地球运行的轨道上。(a) 下面哪种情况下卫星每运行一千米需要更多的能量：从地面将卫星发射到离地面 1600km 的高度，或者是将卫星放到它曾经所在的高度？ (b) 放在离地面

3200km 的高度会如何？（c）放在离地面 4800km 的高度又会如何？●●

79. 当你不能入睡时，你从床上爬起来，透过窗户望向夜空，看到了木星，回到床上想象它的壮丽。回忆起你学过的物理知识，试求你在距离木星相对表面多高的位置，感受到的重力会和你在地球上感受到的重力一样。●●● CR

80. 看完一部很老的电影后，你开始担忧一个较大的小行星可能会从很远的位置被吸引并接近地球。你意识到在很久之前，小行星相对于地球的速度很小，因此你可以计算它离地面所有位置点的相对速度。为了做一个标准线，你假设对小行星施加引力的只有地球，同时你忽略地球绕太阳转动的速度。在小行星没有经过月球绕地球轨道的假想线之前观察者是看不到它的，那么留给观测者的反应时间能有多长？●●● CR

81. 你参加了绘制侦察卫星路线的项目。卫星极轨（也就是它的轨道经过地球的两极），它配备的含有广角镜头的摄像机可以"看到"地球表面 2500km 宽度的范围。敌人相信他们选择的轨道高度足以保证卫星全面监控地球上的每一天。你不可能躲避或屏蔽卫星，除非你知道它在哪里。●●● CR

82. 在帮助你的天体学教授时，你发现一个双星系统，在这个系统中，两个星体都绕系统的质心做圆周运动。根据它们的颜色和亮度，你得到每个星体的质量都和太阳的质量相等。这一对星体的轨道周期是 24.3 天，根据亮度的变化，观测到一个星体遮挡住了另一个星体。从你已经知道的信息确定两个星体间的距离。●●● CR

83. 科学家现在还不能确定宇宙是开放的（也就是说它在继续向外扩张）还是封闭的（也就是在"宇宙大收缩"后收缩到它原来的状态）。确定它是开放的还是封闭的和我们计算逃逸速度是一回事儿。假设宇宙有一个均匀的密度 ρ。则半径为 R 的球形体积的质量为$\frac{4}{3}\pi R^3\rho$。将银河系的模型作为一个质点放在这个球形容器的边缘，考虑它的能量。依据哈勃定律，银河系的速度为 HR，其中哈勃常数 $H=2.2\times10^{-18}\text{s}^{-1}$。(a) 宇宙的密度是多少时，才使它不是封闭的？(b) 现在宇宙密度的估算值是 10^{-26}kg/m^3，包括 25%的暗物质——不能直接看到的物质，和 70%的暗能量——另外一种不能直接看到的成分。暗物质和暗能量都能产生引力，因此都包含在密度中。对比这个值和你的计算值，讨论如果没有暗物质在宇宙中会有什么不同。●●●

复习题答案

1. 它们施加相同大小的作用力，因为一对相互作用力的大小总是相同的。然而，月球的质量更小一点，所以，$a=F/m$，加速度会更大一点。

2. 这里会给出一些依据。第一，月球的向心加速度（需要得出它的轨道半径和速度）匹配预期的引力对应月球轨道半径（60倍地球半径）上的 $1/r^2$ 值。第二，第一次被开普勒证明的，周期的二次方和所有行星的半径的三次方成正比与 $1/r^2$ 的力法则一致。最后，行星轨道是一个椭圆形轨道，这可以通过平方反比定律和能量守恒定律得出。

3. 椭圆、圆、抛物线和双曲线都有可能。

4. 因为周期的二次方和轨道半径的三次方成正比，半径变为原来的4倍，则周期变为原来的8倍。因此，在行星上的“一年”相当于地球上的8年。

5. 引力质量是确定一个物体受到或者对其他物体施加引力大小的特性。惯性质量是一个物体在受到非零合力下确定加速度的特性。它们是两个非常不同的概念，尽管在一般的环境下它们都可以被相同的精度衡量。

6. 因为力臂总是为0，所以轴的转矩为0，也就是轴的角动量不变。

7. （1）行星围绕以太阳为一个焦点的椭圆轨道运动。

（2）随着行星绕太阳运动，连接两个天体的直线在相同的时间间隔内扫过同样的区域。

（3）所有行星周期的二次方和它的轨道半径的三次方成正比。

8. 在（b）、（c）中施加的力是有心力，所有没有转矩。如果角动量发生改变，力矩的矢量和肯定不为0。

9. 国际空间站。重力加速度不依赖于轨道上物体的质量，与到地球距离的二次方成反比。因为空间站的轨道接近地球，所以它的加速度更大。

10. 0。当你腾空时，弹簧秤沿着你的方向被拉向蹦床，因此你在上面没有施加任何力。

11. 是的。每个物体所受到的支持力和它们各自的重力抵消，但是在自由落体中没有支持力。因此，每一边的支持力都为0，它们还是平衡的。

12. 读数减小，因为当你加速向下时，作用在秤上的支持力减小。

13. 当宇航员进入轨道时，地球对他施加的万有引力为他提供了在轨道上运行的向心加速度，因此没有支持力满足牛顿第二定律。

14. 等效性原理表明，没有办法局部地区分重力和在同一参考系下引起的加速度。限制条件“*局部*”必须要，因为在大范围的情况下，重力的平方反比性质会表现得更为明显，例如，引起在远距离分开的两个物体上施加的重力加速度不同。

15. 是的，根据等效原理，所有事物（包括光）在接近有质量的物体时都会弯曲移动路线。

16. 地球施加在自由落体的物体上的引力确实是按照 $1/r^2$ 变化的。然而，随着物体的运动，它到地心的距离 r 的变化是可以忽略的，因此力和重力加速度 g 是一个逼近的常数。

17. 不一定。大行星可能会有一个相对大的半径，重力加速度随着半径的二次方减小。事实上，土星上的重力加速度和地球上的重力加速度非常接近。

18. 选择系统中两个物体相距无限远时的势能为零，使得当系统中的两个物体相距有限远时的势能为负值。

19. 对于所有的初位置和末位置的选择点，不管物体从初位置到末位置具体经历什么路径，引力在物体上所做的功都是一样的。

20. 在所有间距小于 r 的距离上是合理的。

21. 严格上说，路径是椭圆形的。你不可能将一个物体投得很快，致使它的动能超过地球-物体系统的重力势能。因此，机械能是负值，轨道是椭圆形的。然而，真实路径更接近一条抛物线。

22. 在远日点时物体的速率最小，在近日点时物体的速率最大。

23. 刚好免于束缚。物体可以从较大的物体逃逸无限的距离。

24. 如果物体-太阳系统的机械能为负值，轨道为椭圆轨道（负势能的值比正动能的值大）。圆也是偏心率为零时的椭圆轨道的特殊情况。如果物体-太阳系统的机械能为正值，轨道为双曲线轨道（正动能的值比负势能的值大）。如果机械能为0，轨道是抛物线，这是介于椭圆和抛物线之间的极限的例子。

25. 一个球体被分为若干同轴的薄球壳，然后将薄球壳分成环，使每个环都在垂直于连接质点和球体中心线的两个平面之间。环对质点的作用力是可以计算的，积分得到薄球壳对质点的作用力。将每个球壳的结果叠加就得到整个球体对质点的作用力。

26. 质点可能被放在球体的内部；同样的过程得出在球壳内部受到的力为0。因为这个过程符合球壳的结果，所有球体可能是空的。实心球的密度不一定非得是均匀的，但是我们可以假设每个球壳是球对称的。因此，密度随着半径的变化不影响结果，但是如果密度随着位置矢量分量的变化而变化，结果就会改变。

引导性问题答案

引导性问题 13.2 $R_{max}=19km$

引导性问题 13.4 $\Delta x=3.5km$

引导性问题 13.6 垂直发射：$r_{max}=\frac{16}{7}R_E$ 或者 $h_{max}=\frac{9}{7}R_E$；

水平发射：$r_{max}=\frac{9}{7}R_E$ 或者 $h_{max}=\frac{2}{7}R_E$；

45°发射：$r_{max}=1.96R_E$ 或者 $h_{max}=0.96R_E$

引导性问题 13.8 $a_{rock}=0.089g$

实践篇

第 14 章　狭义相对论

章节总结

时间的测量（14.1 节，14.2 节）

基本概念 **事件**指的是特定时间、特定地点发生的物理事实。

同时性指的是在由同步的时钟网格构成的参考系中，观测者观测到事件发生的时间相同。对于某参考系同时发生的事件，未必对于其他参考系也同时发生。

不变量指的是物理量的测量值与参考系的选择无关。

光速与光源与观测者之间的相对速度无关，是物体运动速度的极限。

定量研究 国际单位制中，真空中光速 $c_0=3.00\times10^8\,\text{m/s}$。

时空（14.3 节，14.5 节，14.6 节）

基本概念 原时 Δt_{proper}：在某参考系中，同一地点发生的两事件之间的时间间隔。对于不同参考系的测量结果，原时对应的测量值最小。

钟慢效应：相对于观测者运动的钟比相对于观测者静止的钟走得慢。

原长 l_{proper}：相对于物体静止的观测者测量的物体的长度。

尺缩效应：当物体相对于观测者运动时，观测者测量到的物体沿运动方向上的长度变短。

定量研究 速度为 v 的物体，**洛伦兹因子** γ 用来反映相对论效应对时间间隔和长度测量产生的影响：

$$\gamma\equiv\frac{1}{\sqrt{1-v^2/c_0^2}} \qquad (14.6)$$

当物体低速运动（$v\leqslant0.1c_0$）时，$\gamma\approx1$。当物体速度接近光速时，洛伦兹因子趋于无穷大。

钟慢效应：如果 Δt_{proper} 对应于某参考系中观测到的发生在同一地点的两事件之间的时间间隔，那么对于相对于该参考系以速度 v 运动的观测者，两事件之间的时间间隔 Δt_v 可表示为

$$\Delta t_v=\gamma\Delta t_{\text{proper}} \qquad (14.13)$$

时间间隔为 Δt，空间间隔为 Δx 的两事件之间的**时空间隔** s^2 可定义为

$$s^2\equiv(c_0\Delta t)^2-(\Delta x)^2 \qquad (14.18)$$

原长为 l_{proper} 的物体以速度 v 相对于观测者运动，则观测者观测到的物体沿运动方向的长度为

$$l_v=\frac{l_{\text{proper}}}{\gamma} \qquad (14.28)$$

参考系 A、B 在 $t_A=t_B=0$ 时，原点重合。参考系 A 以速度 v_{AB} 相对于参考系 B 沿 x

实践篇

轴的正向运动。两参考系关于事件 e 的测量结果可以用**洛伦兹变换**公式来表示：

$$t_{\mathrm{Be}}=\gamma\left(t_{\mathrm{Ae}}-\frac{v_{\mathrm{AB}x}}{c_0^2}x_{\mathrm{Ae}}\right) \quad (14.29)$$

$$x_{\mathrm{Be}}=\gamma(x_{\mathrm{Ae}}-v_{\mathrm{AB}x}t_{\mathrm{Ae}}) \quad (14.30)$$

$$y_{\mathrm{Be}}=y_{\mathrm{Ae}} \quad (14.31)$$

$$z_{\mathrm{Be}}=z_{\mathrm{Ae}} \quad (14.32)$$

相对论速度变换：由洛伦兹变换公式可知，物体沿 x 轴方向相对于参考系 A 的速度 $v_{\mathrm{Ao}x}$ 与相对于参考系 B 的速度 $v_{\mathrm{Bo}x}$ 之间的关系为

$$v_{\mathrm{Bo}x}=\frac{v_{\mathrm{Ao}x}-v_{\mathrm{AB}x}}{1-\frac{v_{\mathrm{AB}x}}{c_0^2}v_{\mathrm{Ao}x}} \quad (14.33)$$

能量与动量（14.4 节，14.7 节，14.8 节）

基本概念 物体的内能 E_{int}（与物体的运动无关的能量）与物体的引力质量 m（引力质量决定物体所受引力的大小）成正比，内能和引力质量均为不变量。

和引力质量不同，物体的惯性质量不是不变量：物体的惯性质量和物体相对于观测者的运动速度有关。

定量研究 引力质量为 m 的物体，其惯性质量 m_v 可表示为

$$m_v=\gamma m \quad (14.41)$$

动量 $\vec{p}$ 表示为

$$\vec{p}=\gamma m\vec{v} \quad (14.42)$$

动能 K 表示为

$$K=(\gamma-1)mc_0^2 \quad (14.51)$$

引力质量为 m、惯性质量为 m_v 的物体，其能量为

$$E=m_v c_0^2 \quad (14.53)$$

其内能为

$$E_{\mathrm{int}}=mc_0^2 \quad (14.54)$$

复习题

复习题的答案见本章最后。

14.1　时间的测量

1. 什么是事件？

2. 列举时钟能够测量事件发生时间的两个有关属性。

3. 事件发生后能被观测到的必备条件是什么？

4. 观测两事件之间的原时需要满足的要求是什么？

5. 观测者位于由一系列校准的等间隔放置的时钟构成的参考系中，描述测量事件发生的时间所必须采取的措施。

14.2　同时的相对性

6. 要测量两事件是否同时，探测装置应该如何放置？放置好探测装置之后又该如何操作？

7. 真空中的光速与光源的运动速度有关吗？

8. 两观测者沿事件的连线相对运动，如何理解观测者所观测到的事件的同时性？

14.3　时空

9. 时钟A与时钟B完全相同，并相对于时钟B运动。观测者相对于时钟B静止，则对于该观测者，时钟A相对于时钟B是变快还是变慢？

10. 列举两个可以验证钟慢效应的实验。

11. 什么是物体的原长？

12. 什么是尺缩效应？

14.4　物质与能量

13. 什么实验可以用来验证：考虑相对论效应时，物体的动能不能表示为 $K=\frac{1}{2}mv^2$？

14. 下列物理量中哪些属于不变量：惯性质量、引力质量、动能、内能？哪些量的测量和参考系的选择有关？

15. 当系统的内能发生变化时，系统的惯性质量是否会发生变化？如果有变化，又如何变化？

16. 当物体的动能减小时，它的惯性质量如何变化？

14.5　钟慢效应

17. 什么是洛伦兹因子？当速度达到多少时，相对论效应不可忽略？

18. 如果观测者观测到两事件不在同一地点发生，则观测到的时间间隔和原时之间的关系是什么？

19. 时空间隔 $s^2=(c_0\Delta t)^2-(\Delta x)^2$ 在类时、类光、类空情况下的特征分别是什么？

20. 时空间隔的性质（类时、类光、类空）是如何影响因果关系的？

14.6　尺缩效应

21. 物体的原长与相对于物体运动的观测者所测量到的长度结果的关系是什么？

22. 思考 μ 子穿过地球大气层的过程，讨论尺缩效应和钟慢效应的关系。

23. 洛伦兹变换公式成立的条件是什么？它和尺缩效应、钟慢效应成立的条件有何不同？[式（14.13）和式（14.28）]

14.7　动量守恒

24. 在第4章中，物体的动量被定义为惯性质量与速度的乘积。当考虑相对论效应时，这个定义式需要如何改变？

25. 当系统中的物体高速运动时，系统的动量是否守恒？

26. 当物体以速率 v 高速运动时，物体的引力质量 m 与惯性质量 m_v 之间的关系是什么？惯性质量与物体的动量之间的关系是什么？

14.8　能量守恒

27. 考虑相对论效应时，物体的动能应如何表示？不考虑时，又该如何表示？在什么情况下，两者的结果相同？

28. 引力质量为 m 的物体，mc_0^2 对应的物理量是什么？

29. 引力质量为 m 的物体，γmc_0^2 对应的物理量是什么？

30. 守恒量和不变量之间的关系是什么？这一关系如何影响到对能量和动量的测量？

估算题

从数量级上估算下列物理量，括号中的字母对应于可能用到的提示。根据需要使用它们来指导你的思考。

1. 比较步枪子弹的洛伦兹因子和 1（E，T）

2. 从纽约不间断地步行至洛杉矶，比较你观测到这一过程的时间间隔与静止于地面的观测者的观测结果（V，J，M，B）

3. 国际空间站从纽约上空飞抵洛杉矶上空，比较宇航员观测到这一过程的时间间隔与静止于地面的观测者的观测结果（F，J，U，C，P）

4. 由东向西飞行中的国际空间站内的宇航员观测到的纽约到洛杉矶的距离缩小了（F，J，U，C，P）

5. 在静止参考系中，π 介子的寿命是 26ns。当该粒子以 $0.995c_0$ 的速率运动时，飞行的距离是多少（H，Q）

6. 和静止时相比，中型车在高速公路上运动时惯性质量的增加量（R，D，O）

7. 太阳每秒钟转化成能量的质量（N，A，G）

8. 在相同的地球参考系下，质子以 $0.99999c_0$ 的速率运动，其能量与爬行中蜗牛的动能的比值（S，L，I，K）

提示

A. 太阳到地球的距离是多少？

B. 步行时对应的洛伦兹因子是多少？

C. 对于地球上的观测者，国际空间站从纽约飞行到洛杉矶所需时间占其周期的比例是多少？

D. 这一速度对应的洛伦兹因子是多少？（参考《原理篇》中的自测点 14.14）

E. 相对于地球参考系，子弹的速率是多少？

F. 相对于地球参考系，国际空间站的高度是多少？

G. 太阳每秒钟发出的能量是多少？

H. 对于 π 介子所处的参考系，在介子的寿命区间内，地球运动的距离是多少？

I. 蜗牛的质量是多少？

J. 在地球参考系中，纽约和洛杉矶之间的距离是多少？

K. 在地球参考系中，蜗牛爬行的最大速率是多少？

L. 相对于地球参考系，质子的洛伦兹因子是多少？

M. 相对于地球参考系，你不间断行走的时间是多少？

N. 地球上单位时间内，每平方米的面积上平均接收到的太阳能量是多少？

O. 中型汽车的质量是多少？

P. 对于地球参考系，国际空间站的洛伦兹因子是多少？

Q. 对于地球参考系，π 介子的洛伦兹因子是多少？

R. 对于地球参考系，在高速公路上行驶的汽车的速率是多少？

S. 质子的质量是多少？

T. 对于地球参考系，子弹的洛伦兹因子是多少？

U. 对于地球参考系，国际空间站的轨道周期是多少？

V. 对于地球参考系，步行的速率是多少？

答案（所有值均为近似值）

A. 2×10^{11}m；B. $1+2\times10^{-17}$；C. 1×10^{-1}；D. $1+5\times10^{-15}$；
E. 1×10^{3}m/s；F. 4×10^{2}km；G. 5×10^{26}W；H. 8m；I. 10^{-2}kg；
J. 4×10^{6}m；K. 10^{-3}m/s；L. 2×10^{2}；M. 2×10^{6}s；N. 1×10^{3}W/m^2；
O. 1×10^{3}kg；P. $1+3\times10^{-10}$；Q. 1×10^{1}；R. 3×10^{1}m/s；
S. 2×10^{-27}kg；T. $1+6\times10^{-12}$；U. 9×10^{1}min；V. 2×10^{0}m/s

例题与引导性问题

步骤：高速情况下对时间和空间的测量

高速运动时，长度和时间测量的结果和参考系的选择有关。在涉及高速运动物体的问题中，必须特别注意有关长度和时间的问题。

1. 用字母表示每个观测者以及参考系，确定和问题中测量相关的参考系。

2. 如果问题和时间间隔有关，确定和时间间隔有关的事件。若有可能，则找到这两事件发生在同一地点的参考系，这一参考系的测量结果对应原时（见《原理篇》的图 14.26）。

3. 确定和问题有关的空间间隔或物体长度。若有可能，找到和该物体相对静止的参考系，这个参考系的测量结果对应原长（见《原理篇》的图 14.29）。

4. 利用式（14.13）和式（14.28）确定其他参考系的时间间隔和空间间隔。

下列例题涉及本章内容，但又不仅仅局限于本章中的某一节。

其中一部分以例题的形式给出，另一部分则以引导性问题的形式给出。

例 14.1 空间营救

在星际旅行的游戏中，几个月前从地球飞往织女星的飞船出现了故障，从飞船发出的求救信号以每两秒一次的时间间隔被地球的观测者接收，对于飞船的参考系，求救信号之间的时间间隔是 1s。(a) 飞船相对于地球的飞行速度是多少？(b) 接收到求救信号后，地球发出回应信号告知飞船救援队已经出发，如果飞船接收到的回复信号之间的时间间隔是 1s，则地球发射信号的时间间隔应该是多少？

❶ **分析问题** 问题涉及不同参考系下测量的时间间隔，因此需要确定和时间间隔有关的事件：设飞船发出信号为事件 1，飞船发出下一个信号为事件 2；地球接收第一个信号为事件 3，接收第二个信号为事件 4。事件 1、2 对于飞船参考系发生于同一地点，事件 3、4 对于地球参考系发生于同一地点。由于飞船相对于地球以匀速运动，所以可以通过钟慢效应测量地球上观测到的事件 1、2 之间的时间间隔。由于对于地球参考系，事件 1、2 并不发生在同一地点，因此事件 1、2 之间的时间间隔不等于事件 3、4 之间的时间间隔。事件 3、4 之间的时间间隔和飞船飞行的速度以及信号的传播速度（光速）有关。

针对地球参考系以及飞船参考系，分别画出对应四个事件的简图（见图 WG14.1）。

对于飞船上的观测者，地球以恒定的速度相对于飞船运动。根据对称性，我们可以采取类似的方法处理 (a) 问和 (b) 问。

图 WG14.1

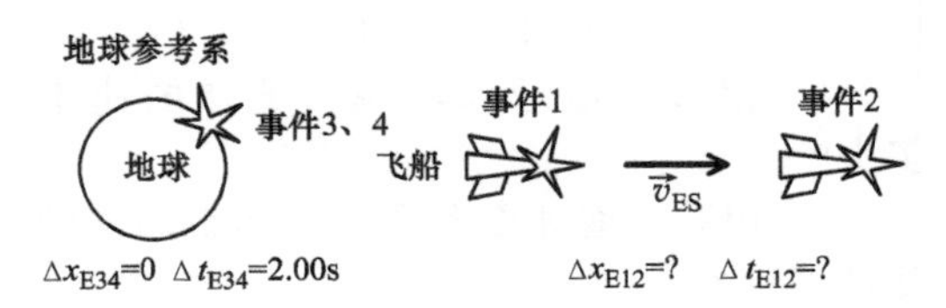

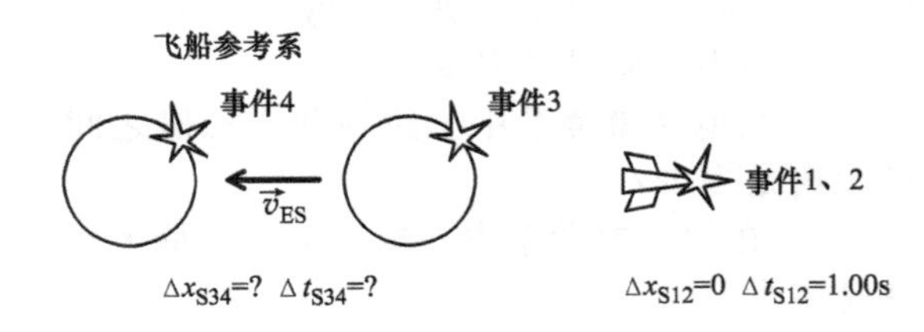

❷ **设计方案** 由于飞船上观测者观测到的事件 1、2 之间的时间间隔对应于原时，由钟慢效应可知地球上观测者观测到的事件 1、2 之间的时间间隔为

$$\Delta t_{E12}=\gamma\Delta t_{S12} \tag{1}$$

对于地球参考系，地球上观测到信号到达的时间等于飞船和地球之间的距离除以光速：

$$\Delta t_{E34}=t_{E4}-t_{E3}$$
$$=(t_{E2}+x_{E2}/c_0)-(t_{E1}+x_{E1}/c_0)$$
$$=\Delta t_{E12}+\Delta x_{E12}/c_0 \qquad (2)$$

飞船飞行的距离等于飞船的速度与对应事件时间间隔的乘积：

$$\Delta x_{E12}=v_{ES}\Delta t_{E12} \qquad (3)$$

将式（3）和式（1）代入式（2）：

$$\Delta t_{E34}=t_{E12}+v_{ES}\Delta t_{E12}/c_0$$
$$=\Delta t_{E12}(1+v_{ES}/c_0)$$
$$=\gamma\Delta t_{S12}(1+v_{ES}/c_0)$$

将洛伦兹因子的定义式代入上式，化简得

$$\Delta t_{E34}=\frac{\Delta t_{S12}}{\sqrt{1-(v_{ES}/c_0)^2}}(1+v_{ES}/c_0)$$
$$=\Delta t_{S12}\sqrt{\frac{(1+v_{ES}/c_0)^2}{1-(v_{ES}/c_0)^2}}$$
$$=\Delta t_{S12}\sqrt{\frac{1+v_{ES}/c_0}{1-v_{ES}/c_0}} \qquad (4)$$

最后通过式（4）求出飞船相对于地球的速度：

$$\Delta t_{E34}^2(1-v_{ES}/c_0)=\Delta t_{S12}^2(1+v_{ES}/c_0)$$
$$\Delta t_{E34}^2-\Delta t_{S12}^2=\Delta t_{E34}^2 v_{ES}/c_0+\Delta t_{S12}^2 v_{ES}/c_0$$
$$=v_{ES}(\Delta t_{E34}^2/c_0+\Delta t_{S12}^2/c_0)$$
$$v_{ES}=c_0\frac{\Delta t_{E34}^2-\Delta t_{S12}^2}{\Delta t_{E34}^2+\Delta t_{S12}^2}$$

❸ **实施推导** （a）将各个参考系中的测量结果代入上式，可得：

$$v_{ES}=c_0\frac{(2.00\mathrm{s})^2-(1.00\mathrm{s})^2}{(2.00\mathrm{s})^2+(1.00\mathrm{s})^2}=c_0\frac{3.00}{5.00}$$
$$=0.600c_0 \checkmark$$

（b）由于地球参考系与飞船参考系相互对称，将地球发出两个信号设为事件5、6，飞船接收两个信号设为事件7、8；由式（4）可以确定事件7、8之间的时间间隔与事件5、6之间的时间间隔之间的关系：

$$\Delta t_{S78}=\Delta t_{E56}\sqrt{\frac{1+v_{SE}/c_0}{1-v_{SE}/c_0}}$$
$$\Delta t_{E56}=\Delta t_{S78}\sqrt{\frac{1-v_{SE}/c_0}{1+v_{SE}/c_0}}$$
$$\Delta t_{E56}=(1.00\mathrm{s})\sqrt{\frac{1-0.600}{1+0.600}}=0.500\mathrm{s} \checkmark$$

❹ **评价结果** （a）问中的计算结果是恰当的，星际旅行的速度很大，这样才能在足够短的时间内实现。

高速飞行的飞船引起的相对论效应使得飞船发出信号的频率与地球接收信号的频率有较大的差别。同样的道理，地球发出信号的频率与飞船接收该信号的频率也有较大的差别。

通过比较不同参考系中事件1、2的时空间隔，可以验证计算是否正确：

$$s^2=(c_0\Delta t^2)-\Delta x^2$$

对于地球参考系，由式（1）与式（3），可知：

$$s_{12}^2=(c_0\Delta t_{E12})^2-\Delta x_{E12}^2=(c_0\Delta t_{E12})^2-(v_{ES}\Delta t_{E12})^2$$
$$=(c_0\gamma\Delta t_{S12})^2-(v_{ES}\gamma\Delta t_{S12})^2$$
$$=[(1.25c_0)(1.00\mathrm{s})]^2-[(0.600c_0)(1.25)(1.00\mathrm{s})]^2=c_0^2\mathrm{m}^2$$

对于飞船参考系：

$$s_{12}^2=(c_0\Delta t_{S12})^2-\Delta x_{S12}^2$$
$$=[(c_0\mathrm{m/s})(1.00\mathrm{s})]^2-0$$
$$=c_0^2\mathrm{m}^2$$

结果一致。

由这一例题可知，对于高速运动的物体，事件之间的时间间隔并不等于我们观察到的时间间隔：当物体高速运动时，必须考虑光从物体到观测者所经历的时间的影响，因为通常情况下，这样的测量是在事件发生地附近进行的。由于飞船飞离地球，地球上观察到的两事件之间的时间间隔甚至大于钟慢效应的结果，而当飞船飞向地球时，地球上观察到的两事件之间的时间间隔甚至小于飞船发射信号的时间间隔［式（2）中的 Δx 的符号相反，这样式（4）中的分子与分母互换］。

引导性问题 14.2 相对论中的飞过

飞船A近距离飞过太空站B。对于太空站中的观测者，飞船A的长度为50m。当飞船停靠在太空站时，飞船的长度是80m。(a) 飞船A相对于太空站B的速度是多少？(b) 若太空站中的观测者观测到太空站的长度为200m，则飞船A中的观测者观测到的太空站的长度应该是多少？

❶ **分析问题**

1. 需要比较的参考系有哪些？

2. 对于各个参考系，画出与事件相关的草图。

❷ **设计方案**

3. 通过不同参考系测量到的飞船长度，确定飞船的速度。

4. 在观测者所在参考系下测量的结果是否对应于物体的原长？

❸ **实施推导**

❹ **评价结果**

5. 物体的原长是否大于其他测量结果？

例 14.3 星系焰火

当白矮星内部发生激烈的核反应时，在较短的时间内，其亮度会急剧增加，这就是超新星爆发，超新星爆发的时间可以持续一个月。假设地球上的观测站于7月12日23：00观测到超新星A爆发，观测结果表明，该星体在距离地球9.33×10^{16}m处、以6.0×10^{4}m/s的速度远离地球向织女星方向运动。在7月30日凌晨2：00，观测站观测到另一颗超新星B在织女星方向爆发，超新星B在距离地球6.63×10^{16}m处、以4.0×10^{4}m/s的速度远离地球向织女星方向运动。(a) 确定两次超新星爆发的时空间隔。(b) 是否存在一个参考系，在其中能够观测到这两次超新星爆发在同一时刻发生？

❶ **分析问题** 根据地球参考系的观测结果画出草图（见图WG14.2）。将织女星方向设为x轴的正方向。计算出光线从超新星爆发处传播到地球所需的时间，因此可以确定两事件之间的时间间隔以及空间间隔。由于时空间隔是不变量，因此根据地球参考系的数据就可以计算出两事件之间的时空间隔了。根据时空间隔的符号，可以确定是否有参考系可以观测到这两事件在同一时刻发生。如果有，这样的参考系的运动方向应该沿x轴，朝着一个星体运动同时远离另一个星体。

图 WG14.2

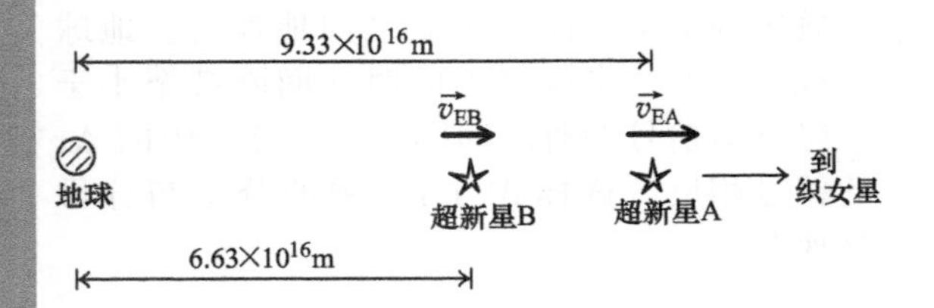

❷ **设计方案** 对于(a)问，两事件之间的时空间隔可以通过式(14.18)计算：

$$s^2=(c_0\Delta t)^2-(\Delta x)^2$$

虽然我们有足够的数据来计算两事件之间的时间间隔和空间间隔，但是需要考虑星体的速度是否会对计算结果造成影响。由于星体的速度的数量级是10^5m/s，两次观测结果的时间间隔数量级为10^6s，也就是说在超新星B爆发时，超新星A已经向前飞行了$d=vt=(10^5\text{m/s})(10^6\text{s})=10^{11}$m。由于星体到地球的距离的数量级在$10^{17}$m，星体运动的距离远小于星体到地球的距离，在计算时可以忽略。此外，相对论效应和洛伦兹因子的大小有关：

$$\gamma=\frac{1}{\sqrt{(1-v^2/c_0^2)}}$$

对于本题中星体的速度，洛伦兹因子与1之间的差约为10^{-8}，远远小于对精度的要求。因此在计算时空间隔时，只需要考虑光在空间传播的时间即可。

对于(b)问，时空间隔可能是正数，也可能是负数和零。如果时空间隔为正数，说明时空为类时的，此时事件之间的时间顺序确定，在任何参考系中都无法观测到两事件同时发生。如果时空间隔为负数，说明时空是类空的，在这一情况下，存在观测到两事件同时发生的参考系。如果时空间隔为零，说明时空是类光的，光线可以从一个事件传递到另一个事件。由于真空中的光速对于任何参考系都相同，只有当事件在同一地点发生时，才有可能同时发生。

❸ 实施推导 (a) 通过计算光传播的时间可计算出两事件之间的时间间隔。我们观测到超新星 A 爆发的地点，光线从该地点传播到地球的时间为

$$\Delta t_{EA}=\frac{\Delta x_{EA}}{c_0}$$

同理，光线从超新星 B 到达地球的时间为

$$\Delta t_{EB}=\frac{\Delta x_{EB}}{c_0}$$

因此，两个事件之间的时间间隔等于地球上观测到的时间差加上光在传播过程中的时间差：

$$\begin{aligned}\Delta t_E &= \Delta t_{EA}-\Delta t_{EB}+\Delta t_{Edetection}\\ &=\frac{\Delta x_{EA}}{c_0}-\frac{\Delta x_{EA}}{c_0}+\Delta t_{Edetection}\\ &=\frac{9.33\times10^{16}\text{m}}{3.00\times10^{8}\text{m/s}}-\frac{6.63\times10^{16}\text{m}}{3.00\times10^{8}\text{m/s}}+\\ &\quad\left[17\text{d}\left(\frac{24\text{h}}{1\text{d}}\right)+3\text{h}\right]\left(\frac{3600\text{s}}{1\text{h}}\right)\\ &=(3.11\times10^{8}\text{s})-(2.21\times10^{8}\text{s})+(1.48\times10^{6}\text{s})\\ &=9.15\times10^{7}\text{s}\end{aligned}$$

两个事件之间的空间间隔就是两个超新星爆发时的间距：

$$\Delta x_{EA}=9.33\times10^{16}\text{m}$$

$$\Delta x_{EB}=6.63\times10^{16}\text{m}$$

$$\begin{aligned}\Delta x_E &=\Delta x_{EA}-\Delta x_{EB}=(9.33\times10^{16}\text{m})-\\ &\quad(6.63\times10^{16}\text{m})\\ &=2.70\times10^{16}\text{m}\end{aligned}$$

因此两事件之间的时空间隔是

$$\begin{aligned}s^2 &=(c_0\Delta t_E)^2-(\Delta x_E)^2\\ &=[(3.00\times10^{8}\text{m/s})(9.15\times10^{7}\text{s})]^2-\\ &\quad(2.70\times10^{16}\text{m})^2\\ &=2.4\times10^{31}\text{m}^2\ ✔\end{aligned}$$

(b) 由于时空间隔是正数，为类时的，因此两个事件的时间顺序是确定的。超新星 A 必须先爆发，否则离地球更近的超新星 B 将被先观测到。由于对于任何参考系都是这样，所以不存在同时观测到两事件发生的参考系。

❹ 评价结果 星体之间的距离通常很远。问题中星体与地球之间的距离在 10^{17}m 的数量级，相当于 10 光年。

对于 (a) 问，时空间隔小于 $(c_0\Delta t_E)^2$，这与两事件不在同一地点发生是一致的。由于光线在两事件发生地点之间的传播时间小于两事件之间的时间间隔，原则上可以在两件事件之间建立因果联系。这也是类时时空的属性。

对于 (b) 问，事件在一个参考系中体现为类时属性，在其他参考系中也同样体现出类时属性，因此在任何参考系里，都无法观测到这两起事件在同一时刻发生。

引导性问题 14.4

卡罗尔和戴安娜相对运动。当两人所处参考系的原点重合时，两人将时间设定为 0。戴安娜观测到事件 1 于 $t_{D1}=1.00\times10^{-6}$s 时，在 $x_{D1}=+400$m 处发生，事件 2 于 $t_{D2}=5.00\times10^{-7}$s 时，在 $x_{D2}=+900$m 处发生。卡罗尔观测到两事件在同一时间发生。(a) 卡罗尔相对于戴安娜的速度是多少？ (b) 他观察到两事件发生的时间分别是多少？

❶ 分析问题

1. 对于每个参考系，根据题意画出有关草图。

2. 在题目中，有没有长度对应于原长？有没有时间间隔对应于原时？

❷ 设计方案

3. 在不同参考系下，时间和空间坐标的转换公式是什么？

4. 如何用戴安娜观察到的两事件的时间和位置表示卡罗尔观察到的两事件的时间？

5. 如何用戴安娜观察到的两事件的时间间隔表示卡罗尔观察到的时间间隔？

6. 卡罗尔所处的参考系相对于戴安娜所处的参考系的洛伦兹因子等于零吗？

❸ 实施推导

7. 如何通过卡罗尔的时间间隔表达式计算出他相对于戴安娜的速度？

❹ 评价结果

8. 如何使用时空不变性来验证计算结果？

例 14.5 飞向太空

星际探险飞船经过科考站P，以恒定的速度向着阿尔法人马座行驶。科考站上的科学家们观测到飞船的速度为 $0.600c_0$，阿尔法人马座距离科考站 4.00×10^{16}m。科学家们策划了庆祝飞船到达阿尔法人马座的活动，在他们的安排中，飞船中的宇航员能同时观察到飞船到达阿尔法人马座以及科考站的庆祝活动。(a) 对于飞船上的观测者，从科考站飞抵阿尔法人马座所需的时间是多少？(b) 对于科考站上的观测者，科考站庆祝活动与飞船上经过科考站这两起事件之间的时间间隔是多少？

❶ **分析问题** 由于题目涉及科考站和飞船两个参考系，这里将飞船所在的参考系称为参考系S，科考站所处的参考系称为参考系P。飞船相对于科考站的速度记作 $v_{PS}=0.600c_0$，对于参考系P，阿尔法人马座距离科考站 4.00×10^{16}m。将飞船经过科考站设为事件0，飞船到达阿尔法人马座设为事件1，科考站举行庆祝活动为设事件2，飞船上的宇航员观测到庆祝活动举行设为事件3。庆祝活动举行后（事件2），光线从科考站传递到飞船，被观测者观测到（事件3）。表WG14.1列出了与各事件有关的信息。为方便起见，选择事件0为时间和空间的原点；对于参考系P，x 轴的正半轴指向阿尔法人马座；对于参考系S，x 轴的正半轴指向科考站。这样对于两个参考系，事件对应的空间坐标都是正数。

表 WG14.1 例 14.5 中涉及的事件

事件	t_S	x_S	t_P	x_P
0：飞船经过科考站	$t_{S0}=0$	$x_{S0}=0$	$t_{P0}=0$	$x_{P0}=0$
1：飞船到达阿尔法人马座	t_{S1}	$x_{S1}=0$	t_{P1}	$x_{P1}=+4.00\times10^{16}$m
2：科考站向飞船发射举行庆祝活动的信号	t_{S2}	x_{S2}	t_{P2}	$x_{P2}=0$
3：飞船接收到来自科考站的举行庆祝活动的信号	$t_{S3}=t_{S1}$	$x_{S3}=0$	t_{P3}	$x_{P3}=x_{P1}=4.00\times10^{16}$m

❷ **设计方案** 根据钟慢效应［式(14.13)］可以解决(a)问，将参考系P测量的飞船飞行的距离除以飞船飞行的速度，可以得到相对于参考系P飞船飞行的时间 $\Delta t_{P01}=t_{P1}-t_{P0}$。由于飞船上的观测者相对于飞船静止，其观测到的时间间隔 $\Delta t_{S01}=t_{S1}-t_{S0}$ 对应于事件发生的原时，这样根据式(14.6)以及式(14.13)，将 $v=v_{PS}=0.600c_0$ 代入，可以计算出参考系S对应的测量结果。

由于相对于参考系S，事件1和事件3同时发生，所以 $\Delta t_{S01}=\Delta t_{S03}$。由于事件2发生在科考站，因此 Δt_{P02} 对应于这两起事件之间的原时。根据式(14.13)以及时空不变性，可以计算出相关的时间间隔。

❸ **实施推导** 参考系P观测到飞船从科考站飞抵阿尔法人马座所需的时间为

$$\Delta t_{P01}=\frac{d_{P01}}{v_{PS}}=\frac{4.00\times10^{16}\,\text{m}}{0.600(3.00\times10^{8}\,\text{m/s})}=2.22\times10^{8}\,\text{s}$$

根据式(14.6)可计算出洛伦兹因子：

$$\gamma=\frac{1}{\sqrt{1-v_{PS}^2/c_0^2}}=\frac{1}{\sqrt{1-(0.600)^2}}=\frac{1}{0.800}=1.25$$

(a) 由式(14.13)可知，飞船上的观测者的观测结果对应于从科考站飞抵阿尔法人马座所对应的原时：

$$\Delta t_{S01}=\frac{\Delta t_{P01}}{\gamma_{PS}}=\frac{2.22\times10^{8}\,\text{s}}{1.25}=1.78\times10^{8}\,\text{s}$$ ✔

由于对这两个参考系，事件0均在零时刻发生，因此表WG14.1中的两参考系观测到事件1所发生的时间分别对应于：

$$t_{S1}=1.78\times10^{8}\,\text{s},\ t_{P1}=2.22\times10^{8}\,\text{s}$$

从表格上看，对于事件3，未知量只有 t_{P3}。对于参考系S，事件1、3在同一时刻、同一地点发生，也就是说这两起事件的时空间隔等于0，属于类光时空间隔。对于这种情况，在任何惯性参考系中观测到的这两起事件都是同时同地发生的。这看起来并不明显，因为对于不同的参考系，事件 1 和事件 3 之间时间坐标和空间坐标可能不同，但时空间隔总是 0。

假设科考站的科学家先观测到飞船到达阿尔法人马座（事件 1），然后观测到庆祝活动的信号被飞船接收（事件 3）。由于时空间隔为零，则信号被接收处一定不在阿尔法人马座，但这与题意不符！因此对于参考系 P，事件 3 与事件 1 也在同一时刻发生：

$$t_{P3}=t_{P1}=2.22\times10^8\text{s}$$

（b）下面确定飞船经过科考站（事件 0）与科考站举行庆祝活动（事件 2）之间的时间间隔。对于科考站内的科学家，飞船到达阿尔法人马座时接收到庆祝活动的信号（$t_{P3}=t_{P1}=2.22\times10^8\text{s}$），由于信号以光速传播，因此科考站举行庆祝活动（事件 2）与信号被接收（事件 3）之间的时间间隔为

$$\Delta t_{P23}=t_{P3}-t_{P2}=\frac{d_{P23}}{c_0}=\frac{d_{P01}}{c_0}=\frac{4.00\times10^{16}\text{m}}{3.00\times10^8\text{m/s}}=1.33\times10^8\text{s}$$

由于 t_{P3} 已知，所以

$$t_{P2}=t_{P3}-\Delta t_{P23}=(2.22\times10^8\text{s})-(1.33\times10^8\text{s})=0.89\times10^8\text{s}$$

由于 $t_{P0}=0$，所以参考系 P 观测到的事件 2 与事件 0 之间的时间间隔为

$$\Delta t_{P02}=t_{P2}-t_{P0}=t_{P2}-0=8.9\times10^7\text{s} ✔$$

❹ **评价结果** 由于信号速度为光速，飞船的速度是光速的 60%，对于参考系 P，在相同的时间里，信号传播的距离是飞船飞行距离的 1.67 倍，因此科考站在飞船飞行到路程的 30% 至 40% 时发出庆祝信号是适当的。由于 Δt_{P02} 对应于原时，利用式（14.13）可得参考系 S 观测到这两起事件之间的时间间隔为

$$\Delta t_{S02}=\gamma\Delta t_{P02}=1.25(8.9\times10^7\text{s})=1.1\times10^8\text{s}$$

参考系 P 观测到这两起事件之间的时空间隔为

$$s_{02}^2=(c_0\Delta t_{P02})^2-0=7.1\times10^{32}\text{m}^2$$

根据时空不变性，我们可以计算出参考系 S 观测到这两起事件之间的空间间隔：

$$s_{02}^2=7.1\times10^{32}\text{m}^2=(c_0\Delta t_{S02})^2-(\Delta x_{S02})^2$$

$$\Delta x_{S02}=\sqrt{[c_0(1.1\times10^8\text{s})]^2-(7.1\times10^{32}\text{m}^2)}=1.9\times10^{16}\text{m}$$

这一间隔就是信号相对于参考系 S 传播的距离，因此相对于参考系 S，信号传播的时间间隔为

$$\Delta t_{S23}=\frac{1.9\times10^{16}\text{m}}{3.00\times10^8\text{m/s}}=6.3\times10^7\text{s}$$

这样飞船经过科考站与信号被飞船接收之间的时间间隔为

$$\Delta t_{S03}=\Delta t_{S02}+\Delta t_{S23}=(1.1\times10^8\text{s})+(6.3\times10^7\text{s})=1.7\times10^8\text{s}$$

引导性问题 14.6　时空间隔

高能粒子进入探测器，在发生衰变前飞行了 1.05mm。粒子相对于参考系的速度是 $0.992c_0$。证明：探测器参考系 D 与粒子参考系 P 中，粒子进入探测器与粒子发生衰变之间的时空间隔 s^2 相等。

❶ **分析问题**

1. 确定与时空间隔有关的两起事件。

2. 问题中哪一个时间间隔和空间间隔可以用来计算时空间隔？这些是哪个参考系的观测结果？

❷ **设计方案**

3. 如何确定探测器参考系 D 中的时间间隔？

4. 是否可以使用式（14.18）？

5. 是否有参考系涉及原时？是否有参考系涉及原长？根据这些数据如何确定另一个参考系的测量结果？

❸ **实施推导**

❹ **评价结果**

6. 两个参考系中计算出来的时空间隔是否一致？

例 14.7　介子的产生

质子 p_1、p_2 初始时相对于地球参考系以相同的速率发生正碰运动，碰撞后产生相对

于地球静止的质子 p_3、中子 n 以及介子 π^+。中子和介子的质量可由质子的质量给出：$m_n=1.0014m_p$，$m_{\pi+}=0.1488m_p$。对于质子 p_2 所处的参考系，质子 p_1 的动能与内能之间的比值是多少？

❶ **分析问题** 已知两个质子碰撞后产生质子 p_3、中子 n 以及介子，且中子和介子的质量可由质子的质量给出：$m_n=1.0014m_p$，$m_{\pi+}=0.1488m_p$。需要计算对于质子 p_2 所处的参考系，质子 p_1 的动能与内能之间的比值。画出相对于地球参考系，碰撞过程所对应的草图（见图 WG14.3）。注意对于地球参考系，系统的总动量为 0，我们把这个参考系标记为参考系 Z。

图 WG14.3

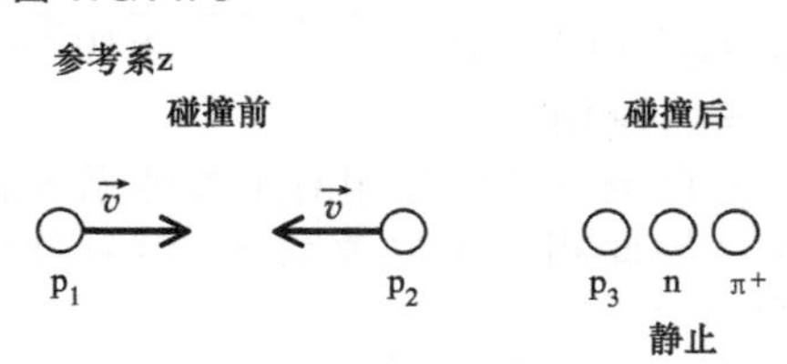

将相对于 p_2 静止的参考系设定为参考系 T（我们称其为靶参考系，因为在此参考系中 p_2 就像一个靶子一样等待被 p_1 击中）。画出这一参考系中碰撞过程所对应的草图（见图 WG14.4）。

图 WG14.4

❷ **设计方案** 题目涉及的系统为孤立系统，系统的动量与能量守恒。物体的能量是其动能与内能的和［式（5.21）］，内能可以表示为 $E_{int}=mc_0^2$［式（14.54）］。

计算 p_1 对应的 E_{int}，由于初始能量等于末能量，所以可以用 $K_{z,i}$、$E_{int,i}$、$E_{int,f}$、$K_{T,i}$、$K_{T,f}$ 列出两个方程。用粒子的质量（m_n、m_p、$m_{\pi+}$）和光速就可以表示它们的内能，这样就可以用质子的内能 $E_{int,p}$ 来表示系统的能量了。

计算 p_1 对应的 K，在参考系 Z 中可根据粒子的速率以及式（14.51）和式（14.6）分别计算动能 $K_{Z,i}$ 和洛伦兹因子 γ_{Zv}。要计算 γ_{Zv}，需要分别通过式（14.53）和式（14.54）计算出参考系 Z 中 p_1 和 p_2 的初能量以及末能量，由初能量等于末能量，可得 p_1 和 p_2 的质量，接着通过式（14.41）确定 p_1 和 p_2 的洛伦兹因子 γ_{Zv}。对于参考系 T，产生的三个粒子以速率 v 运动，使用同一洛伦兹因子 γ_{Zv}，可计算出这些粒子的 $K_{T,f}$，由此计算出参考系 T 中 p_1 的动能 $K_{T,i}$。

❸ **实施推导** 由于对于参考系 Z，三个粒子相对于参考系静止，因此系统的总能量等于所生成粒子的内能。根据能量守恒，可知初能量（p_1、p_2 的动能与内能）等于末能量（只有 p_3、n、π^+的内能）：

$$E_Z=K_{Z,i}+E_{int,i}=E_{int,f}$$

也就是说，内能的变化量等于初动能：

$$K_{Z,i}=E_{int,f}-E_{int,i} \tag{1}$$

对于参考系 T，系统的动量不为零，碰撞后产生的粒子相对于参考系以速率 v 运动，末状态的动能不为零。根据能量守恒，有：

$$E_T=K_{T,i}+E_{int,i}=K_{T,f}+E_{int,f}$$

这样系统的初动能可表示为

$$K_{T,i}=(E_{int,f}-E_{int,i})+K_{T,f} \tag{2}$$

在参考系 T 中，系统的初动能等于系统的末动能加上内能的变化量。

将式（1）代入式（2），可得

$$K_{T,i}=K_{Z,i}+K_{T,f} \tag{3}$$

对于 Z 参考系，初态能量［由式（14.53）］等于末态能量［由式（14.54）］，据此可计算出 p_1 和 p_2 的质量：

$$2m_{vp}c_0^2=2\gamma_{Zv}m_pc_0^2=(m_p+m_n+m_{\pi+})c_0^2$$

根据式（14.41）可计算出 p_1 和 p_2 的洛伦兹因子 γ_{Zv}：

$$m_v=\gamma_{Zv}m$$

$$\gamma_{Zv}=\frac{m_v}{m}=\frac{m_p+m_n+m_{\pi^+}}{2m_p}=\frac{1+(m_n/m_p)+(m_{\pi^+}/m_p)}{2}$$

$$=\frac{1+1.0014+0.1488}{2}=1.0751$$

根据式（14.51）可计算出相对于参考系 Z，p_1 和 p_2 的动能：

$$K_{Z,i}=2(\gamma_{Zv}-1)m_pc_0^2=0.1502m_pc_0^2$$

由于三个粒子相对于参考系 T 的速率也是 v，因此，我们可以用相同的洛伦兹因子计算出系统的末动能：

实践篇

$$K_{T,f}=(\gamma_{Zv}-1)m_p c_0^2+(\gamma_{Zv}-1)m_n c_0^2+(\gamma_{Zv}-1)m_{\pi^+}c_0^2$$
$$=(0.0751)(m_p+m_n+m_{\pi^+})c_0^2$$
$$=(0.0751)(1+1.0014+0.1488)m_p c_0^2$$
$$=0.162m_p c_0^2$$

将 $K_{Z,i}$ 和 $K_{T,f}$ 代入式 (3)，可以计算出系统相对于参考系 T 的初动能，也就是 p_1 的初动能：

$$K_{T,i}=K_{p_1}=K_{Z,i}+K_{T,f}$$
$$=0.1502m_p c_0^2+0.162m_p c_0^2=0.312m_p c_0^2$$

由式（14.54）可知，p_1 的内能等于 $m_p c_0^2$，因此，在相对于 p_2 静止的参考系中，p_1 的动能与内能的比值为

$$\frac{K_{p_1}}{E_{int,p_1}}=\frac{K_{T,i}}{m_p c_0^2}=0.312$$

❹ **评价结果** 结果显示 $K_{T,i}>2K_{Z,i}$，如果忽略相对论效应，则在相对于 p_2 静止的参考系中，p_1 的速率为 $2v$，这样 $K_{T,i}=\frac{1}{2}m(2v)^2=2mv^2$，$K_{Z,i}=2\left(\frac{1}{2}mv^2\right)=mv^2$，$K_{T,i}=2K_{Z,i}$。如果考虑相对论效应，参考系 T 中的初动能增加的更多，因此结果没有问题。

我们也可以换一种方法计算比值，先通过洛伦兹因子 γ_{Zv} 计算出两质子相对于参考系 Z 的速率：

$$\gamma_{Zv}=\frac{1}{\sqrt{1-(v/c_0)^2}}$$

$$\gamma_{Zv}^2=\frac{1}{1-(v/c_0)^2}$$

$$1-(v/c_0)^2=\frac{1}{\gamma_{Zv}^2}$$

$$(v/c_0)^2=1-\frac{1}{\gamma_{Zv}^2}$$

$$v=\left(\sqrt{1-\frac{1}{\gamma_{Zv}^2}}\right)c_0=\left[\sqrt{1-\frac{1}{(1.0751)^2}}\right]c_0$$
$$=0.367c_0$$

然后根据式（14.33），取 $v_{ZTx}=-v$，$v_{Zx,i}=v$，计算出 p_1 相对于参考系 T 的速率：

$$v_{Tx,i}=\frac{v_{Zx,i}-v_{ZT,x}}{1-\frac{v_{ZT,x}}{c_0}\frac{v_{Zx,i}}{c_0}}=\frac{v+v}{1+\frac{v^2}{c_0^2}}=\frac{2(0.367)c_0}{1+(0.367)^2}=0.647c_0$$

由于参考系 T 中 p_1 的初动能与洛伦兹因子有关［式（14.51）］，所以先计算这个量：

$$\gamma_{Tv}=\frac{1}{\sqrt{1-\left(\frac{v_{Tx,i}}{c_0}\right)^2}}=\frac{1}{\sqrt{1-(0.647)^2}}=1.311$$

该参考系中 p_1 的初动能可表示为

$$K_{T,i}=(\gamma_{Tv}-1)m_p c_0^2=0.311m_p c_0^2$$
$$\frac{K_{T,i}}{m_p c_0^2}=0.311$$

结果和答案基本一致。

引导性问题 14.8 粒子的产生

质量为 m_{π^-} 的介子 π^- 与相对于参考系 R 静止、质量为 m_p 的质子 p 发生碰撞。碰撞的产物是质量为 m_K 的中性 K 介子以及质量为 m_Λ 的 Λ 粒子，介子的动能是所需动能的最小值。用 c_0 以及四个粒子的质量表示介子的动能。

❶ **分析问题**

1. 如有可能，找到对应的孤立系统和封闭系统。

2. 确定需要分析的参考系的数量，对于每个参考系画出初态和末态的简图。

3. 对于零动量参考系，当初动能对应产生 K 介子和 Λ 粒子的最小初动能时，产生的粒子是运动还是静止的？参考系 R 是否为零动量参考系？

4. 用符号表明参考系 R 中 K 介子和 Λ 粒子的速率，在简图中使用符号有助于列出和能量以及动量有关的等式。

❷ **设计方案**

5. 能否列出参考系 R 中的能量守恒式与动量守恒式？

6. 能否找到 K 介子和 Λ 粒子的动量大小相等的参考系？对于这个参考系能量守恒式与动量守恒式如何列出？

❸ **实施推导**

7. 确定在质子静止的参考系 R 中介子的动能。

❹ **评价结果**

8. 在参考系 R 中，介子与质子的能量与 K 介子和 Λ 粒子的内能相比哪个大？

习题 通过《掌握物理》® 可以查看教师布置的作业 MP

圆点表示习题的难易程度：● = 简单，●● = 中等，●●● = 困难；CR = 情景问题。

14.1 时间的测量

1. 下列陈述哪些属于事件：

(a) 电视台的新闻节目从 11：00 播到 11：30；

(b) 在内布拉斯加州的奥马哈市举行的棒球赛的开球式；

(c) 整个北美洲东海岸观测到的英仙座流星雨；

(d) 日本京都持续了一天的暴风雨；

(e) 两辆汽车在你家门口撞车；

(f) 音乐会在当地公园开幕；

(g) 超新星爆发产生的波阵面到达距该星体 40000 光年处。●

2. 你乘坐速度为三分之一光速的火箭离开地球，你的朋友乘坐相对于地球三分之一光速的火箭沿同一方向飞向地球，另一个朋友在地球上。三个人分别记录你旅行的时间，谁的观测结果对应于原时？●

3. 如图 P14.3 所示，一系列原子钟放置在方形网格上。为了校准时钟，每个钟的时间都被设定成特定值。中午 12：00，钟 O 向周围的时钟发出光脉冲。当其他的钟接收到光脉冲时便会被动。要使 A、B、C、D 这 4 个钟与钟 O 同步，设定的时间分别是多少？给出的答案为 12：00 之前或之后的微秒数。●●

图 P14.3

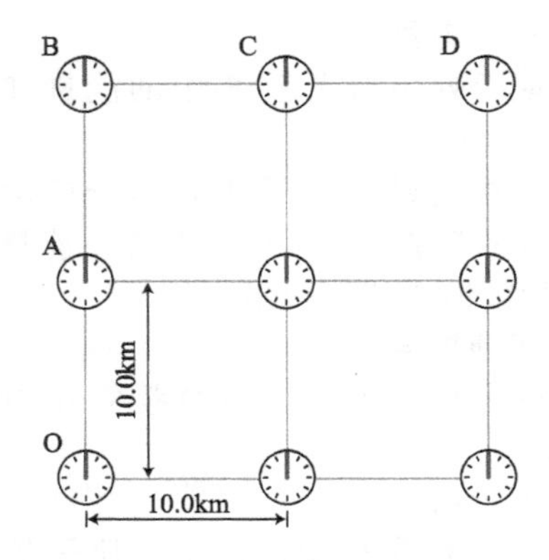

4. 事件 1 和事件 2 分别对应两个鞭炮发出的光脉冲。对于探测器所在的参考系，事件 1 在距离探测器 3.40m 处留下痕迹；事件 2 在距离探测器 2.10m 处留下痕迹。如果两事件在探测器所在的参考系中于 $t=0$ 时刻同时发生，则两事件的光脉冲被探测器探测到的时间分别为多少？●●

5. 考虑在《原理篇》中图 14.6 里提到的时钟网格，在下列情况下，参照时钟以外的其他时钟的读数应该是超前于参照时钟、滞后于参照时钟、还是和参照时钟的读数相等？(a) 时钟将通过光脉冲实现同步，但此时光脉冲还没有发出。(b) 光脉冲发出，所有的时钟都在运行。(c) 光脉冲发出，所有的时钟都在运行。你用望远镜观测到的时钟表面的读数是超前于参照时钟、滞后于参照时钟、还是和参照时钟的读数相等？●●

6. 居住于大城市不同位置的观测者 A、B 相对于地球静止，准备观看即将开始的焰火表演。他们需要校准他们的原子钟以便在晚上的实验中使用。两人约定采用统一的信号来校准时钟，将时钟预设为晚上 10：00，启动按钮按下之后时钟开始计时。A 建议两人看到第一束焰火时启动时钟，B 建议两人听到第一束焰火的声音时启动时钟，(a) 哪一个方案更可靠？为什么？(b) 采用这两种方案能否实现校准时钟的目标？●●●

14.2 同时的相对性

7. 观测者 A 相对于地球参考系静止，飞行员 B 以速率 v_{AB} 驾驶着飞船向着 A 运动，A 观测到的 B 飞船发出光线的速率是多少？●

8. 参考系 A 中闹钟 1 放置在 $x=-d$ 处，闹钟 2 放置在 $x=+d$ 处。相对于参考系 A 中的观测者，两闹钟于 $t=0$ 时刻发出响声。对于参考系 B 中的观测者，闹钟 2 先响，求参考系 B 相对于参考系 A 的运动方向。●

9. 你以恒定速率 $0.20c_0$ 朝着固定的平面镜运动，当 $t=0$ 时，在你所处的参考系中，你到镜子之间的距离为 d，此时你向镜面发出一束光脉冲，并于 0.80μs 后接收到该光脉冲。求 d 的大小。●●

10. 你乘坐在直升机里以 180m/s 的速度相对于地球运动，某时刻你注意到在直升机的前后端出现两道闪电。(a) 对于你所处的参考系，两道闪电是否同时发生？(b) 如果直升机相对于地面静止，你的答案将如何更改？(c) 如果飞行员告诉你，两道闪电出现在直升机参考系中距直升机相同距离的位置，你的答案又将如何更改？(d) 在前面三种不同情况下，地面上的观测者的观测结果与你的是否一致？●●

11. 轻质刚性直杆的原长为 1×10^6 m。如果直杆绕着通过其中心的轴每秒钟转动100次，直杆两端的速率是多少？是什么原因导致这样的情况不可能发生？●●

12. 地球上的观测者A观测到飞船B以速率 $v=0.600c_0$ 远离地球，飞船C以相同的速率接近地球。相对观测者A，两飞船分别于12：00：00和12：05：00同时发出两束无线电波，电波之间的时间间隔为 $\Delta t_A=5.00$min，令 Δt_{BB} 表示飞船B上观测到飞船B的两信号之间的时间间隔，Δt_{BC} 表示飞船B上观测到飞船C的两信号之间的时间间隔，Δt_{CB} 表示飞船C上观测到飞船B的两信号之间的时间间隔。(a) Δt_{BB} 与 Δt_A 相比，哪个更大？ (b) Δt_{BC} 与 Δt_{CB} 相比，哪个更大？●●

14.3 时空

13. 太空站以8000m/s的速率绕地球飞行，其中的宇航员小憩10min。睡着时太空站向地球发出信号1，当他醒来后太空站向地球发出信号2，地球上的观测者观测到宇航员小憩的时间大于、等于还是小于10min？●

14. 假设你的运动速率可以接近光速，且在一生的多数时间高速运动，这样的运动是否可以能让你见证原本无法看到的将来发生的事件？将结果和《原理篇》中的自测点14.8的结果进行比较。●

15. 你站在两块垂直放置平面镜之间，在时刻 $t=0$ 你打开灯，让光线向各个方向传播。$t=2.5\mu$s 时，你观测到被右侧平面镜反射的光线；$t=6.5\mu$s 时，你观测到被左侧平面镜反射的光线。相对于你所处的参考系，两块平面镜之间的距离是多少？●

16. 原长为 $l=100$m 的飞船沿 x 轴正方向运动，相对于地球的速率为 $0.800c_0$，另一艘飞船沿 x 轴负方向运动以相同的速率运动。$t=0$ 时，地球上的观测者观测到两飞船之间的间隔 $d=50000$km。在什么时刻，地球上的观测者将观测到两飞船在空中相遇？●●

17. 地球参考系中，以速率 $v=0.850c_0$ 离开地球的飞船在到达距地球65000000km处时向地球发射电波，地球上的观测者在接收到飞船的信号后立即向飞船回复，从他观测到飞船发出信号到接收信号之间的时间间隔为多少？●●

18. 如图P14.18所示，具有相同原长的飞船A、B、C以相同的速率飞行，对于飞船A上的观测者，三艘飞船按照长度从大到小的排列顺序是什么？●●

图 P14.18

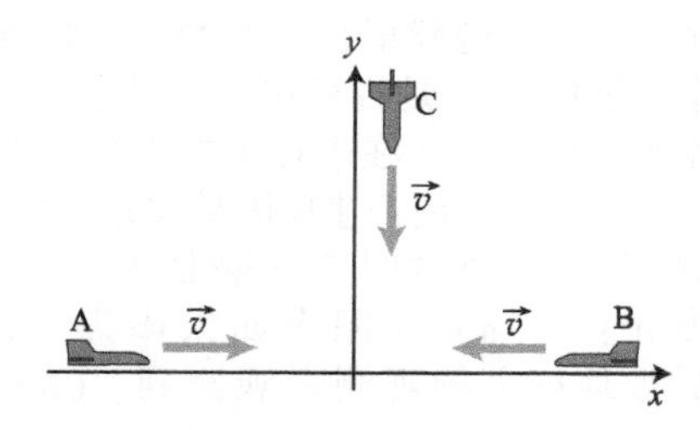

19. 相对于月球参考系，某月球基地的长和宽均为1km。飞船A沿着基地的一条边飞行，宇航员A测量基地的两条边长，确定基地的面积为 0.5km^2。飞船B以相同速率沿基地的一条对角线飞行，飞船中的宇航员测量两条对角线长，那么这位宇航员测量出的基地的面积是多少？●●●

14.4 物质与能量

20. 一枚图钉高速运动，其惯性质量是引力质量的三倍，那么它相对于观测者的速率是多少？●

21. 被球杆击打过的高尔夫球以40.0m/s的速率相对于地面参考系运动，其质量增加的比例是多少？●●

22. 弹簧常量为 $k=1500$N/m 的弹簧被竖直固定在地面上。将弹簧压缩2.4m，并在其自由端放置一质量为1kg的球体，在 $t=0$ 时刻释放弹簧（地面参考系），(a) 当球体脱离弹簧时，弹簧质量的变化量是多少？(b) 对于由球体、弹簧和地球组成的系统，从球体脱离弹簧时，到球体达到最大高度，系数质量的变化量是多少？●●

23. 将物理课本从地面拿起放置在桌面上，对于由课本和地球组成的系统，下列哪

些物理量发生了变化：引力质量，能量，惯性质量，动能。●●

24. 观测者 A 位于地球参考系，观测者 B 位于月球参考系，对于由地球和月球组成的系统，下列哪些物理量对于两观测者可达成一致：惯性质量，能量，引力质量，动能。●●

25. 将质量为 10000kg 的巨石从地面提升多少距离，才能使由地球和巨石组成的系统质量增加 2.50mg？假设能量变化和质量变化的比值为《原理篇》中练习 14.5 的（b）问中给出的：8.98×10^{16}J/kg。●●

14.5　钟慢效应

26. 子弹从枪膛射出（事件 1）将苏打水瓶击碎（事件 2）。是否存在一参考系，其中的观测者观测到事件 2 在事件 1 之前发生？如果有，这样的参考系是否违反因果关系原理？●

27. 下列事件的时空间隔是类时、类空、还是类光：（a）太阳表面太阳黑子爆发，500s 后被地球上的观测者观测到。（b）超新星爆发，8.45×10^4 年后被距其 8.00×10^{20}m 处的观测者所观察到。（c）你在 $t=0$ 时接收到来自 60000km 以外的卫星发出的光信号，在 t = 233ms 时接收到同一方向来自 180000km 以外的飞船发出的光信号。（d）$t=0$ 时，在以 $0.75c_0$ 的速率飞行的飞船中，宇航员接收到来自行星 A、B 的信号，飞船在 $t=450$s 时经过行星 A（事件 1）并在 90s 后经过行星 B（事件 2）。●

28. 计算下列速率所对应的洛伦兹因子：(1) 60mile/h，(2) 0.34km/s（音速），(3) 28×10^3km/h（国际空间站的轨道速率），(4) $0.1c_0$，(5) $0.3c_0$，(6) $0.995c_0$。（结果以“1+修正量”的形式给出）●●

29. 光钟 A 以速率 $0<v_A<0.5c_0$ 相对于观测者运动，观测者观测到其周期为 T；光钟 B 以 $2v_A$ 的速率相对于观测者运动，观测者观测到其周期为 $3T$，求两光钟相对于观测者的运动速率。●●

30. 太空站以 1.00h 的时间间隔不断发出警报，飞船 A、B 以 $0.400c_0$ 的速率相向而行并通过太空站，则（a）对于飞船 A 上的观测者，警报之间的时间间隔是多少？（b）对于飞船 B 上的观测者，警报之间的时间间隔是多少？（c）如果飞船 A 上的观测者观测到信号之间的时间间隔是 2.00h，则飞船的速率是多少？●●

31. μ 子探测器在海拔 1900m 的高度每小时探测到 600 个 μ 子，在海平面每小时探测到 380 个 μ 子。已知：静止的 μ 子的半衰期为 1.5×10^{-6}s，求 μ 子相对于地球的速率，假设所有 μ 子的速率相同。●●

32. 相对于行星 A 所处的参考系，行星 A、B 的间距为 10 光年，太空探测器由行星 A 发射，5 年后相同的探测器由行星 B 发射。（a）是否存在能观测到两事件同时发生的参考系？（b）是否存在能观测到两事件在同一地点发生的参考系？（c）如有可能，计算两事件之间的原时。（d）如果两行星之间的间距是 5 光年，探测器发射的时间间隔是 10 年，则上述三个问题又该如何回答？●●

33.《原理篇》的 14.3 节解释了到达地面的 μ 子多于期望值的原因是基于半衰期 1.5×10^{-6}s 的计算结果。那么当 μ 子的速率是多少时，才能保证每一百万个 μ 子通过相当于地球直径的距离后，至少有一个不发生衰变？●●

34. 宇航员环绕地球飞行 437 天，飞船速率为 7700m/s。假设两个时钟已在地球上校准，一个放置在地球，另一个随宇航员飞行，如果需要了解两个时钟在 437 天后的读数的差别，直接使用式（14.13）可能会存在什么问题？除了宇航员的速率，还要知道哪些其他参数？如果使用式（14.13），两时钟的读数差别大吗？●●●

14.6　尺缩效应

35. 宇宙射线以 $0.400c_0$ 的速率先后通过观测者 A（事件 1）与观测者 B（事件 2），对于地面参考系两观测者之间的间距为 8.00km，则两事件之间的原长和原时各是多少？●

36. 某粒子从地球飞向 77.5 光年之外的星体，如果相对于粒子所在的参考系，飞行时间为 10 年，则粒子相对于地球的速率是多少？●

37. 对于太空站参考系，飞船 A、B 以相同的速率 $v=0.600c_0$ 相向而行，并同时经过某太空站。飞船之间的相对速率所对应的洛伦兹因子是多少？●

38. 对于地球参考系，两粒子以相同的速率 $v=0.800c_0$ 相向而行，则两粒子之间的相对速率是多少？

39. 对于地球参考系，地球的半径为

6370km。对于相对于地球以 $0.800c_0$ 的速率运动的宇宙射线，(a) 沿着飞行方向，地球的直径是多少？(b) 沿着垂直于飞行速度的方向，地球的直径又是多少？●

40. 证明：当 $v_{AB} \ll c_0$ 时，洛伦兹变换公式［式（14.29）~式（14.32）］可以化简为伽利略变换公式。●●

41. 某粒子以相对于地球 $0.9990c_0$ 的速率飞离地球，并于两星期后（粒子参考系）到达目的地，计算：(a) 对于粒子参考系，粒子飞行的距离。(b) 对于地球参考系，粒子飞行的距离。●●

42. 分别描述以下列速率经过月球的观测者所观测到的月球的形状：(a) 1000m/s，(b) $0.50c_0$，(c) $0.95c_0$。●●

43. 如图 P14.43 所示，当静止于地面时，三角形飞船的长度为 7.00m，翼展为 8.00m。(a) 机翼的展开角度 α 是多少？(b) 如果飞船相对于地球以 $0.700c_0$ 的速率向前飞行，则地面上观测者观测到的飞船长度、翼展以及机翼展开角度 α 分别是多少？●●

图 P14.43

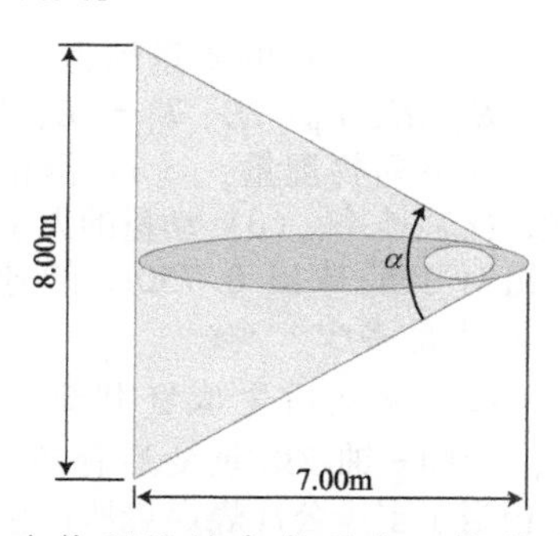

44. 在你所处的参考系中，你观测到事件 1：$x_1 = 10\text{km}$，$y_1 = 5.0\text{km}$，$z_1 = 0$，$t_1 = 20\mu\text{s}$；事件 2：$x_2 = 30\text{km}$，$y_2 = 5.0\text{km}$，$z_2 = 0$，$t_2 = 30\mu\text{s}$。如果你的朋友观察到两事件同时发生，求她相对于你的速度大小和方向。●●

45. 用洛伦兹变换公式［式（14.29）~式（14.32）］证明：时空间隔 s^2 为洛伦兹不变量，不随参考系的变化而变化。●●

46. 太阳系的直径为 8.14×10^{12} m（相对于太阳参考系），粒子相对于太阳系以 $0.840c_0$ 的速率运动。(a) 在太阳系参考系中，粒子通过太阳系所需的时间是多少？(b) 在粒子参考系中，粒子通过太阳系所需的时间是多少？(c) 太阳系直径的原长是多少？(d) 粒子飞行时间的原时是多少？(e) 在粒子参考系中，太阳系直径的长度是多少？●●

47. 太空站位于参考系 C 的原点，你位于 $x = +3.000\times10^5$ km 处，且相对于参考系 C 静止。飞船（参考系 S）以 $0.482c_0$ 的速率通过太空站。两个参考系均将飞船通过太空站的时刻定为事件 0（$t=0$，$x=0$），飞船通过后，太空站立刻向你发出光信号（事件 1），接收信号后，你立即发出回复信号（事件 2）。(a) 对于参考系 S 中的观测者，事件 1 对应的空间坐标是什么？(b) 对于参考系 S 中的观测者，事件 1 对应的时间坐标是什么？(c) 对于参考系 S 中的观测者，事件 2 对应的空间坐标是什么？(d) 对于参考系 S 中的观测者，事件 2 对应的时间坐标是什么？●●

48. 处于坐标系原点的观测者 O 到 x 轴上的空间站 A（$x = +3.00\times10^6$ km）和空间站 B（$x = -3.00\times10^6$km）的距离相等。对于参考系 O，太空站 A 在 $t=0$ 时刻发出光脉冲（事件 1），太空站 B 在 $t=0$ 时刻发出光脉冲（事件 2）。观测者 C 沿 x 轴正方向以 $0.600c_0$ 的速率相对于 O 运动，观测者 D 沿 x 轴负方向以 $0.600c_0$ 的速率相对于 O 运动。则 (a) 相对于观测者 C，事件 1 与事件 2 之间的时间间隔与空间间隔分别是多少？(b) 相对于观测者 D，事件 1 与事件 2 之间的时间间隔与空间间隔分别是多少？●●

49. 飞船以 $0.610c_0$ 的速率飞离地球。当飞船远离地球参考系的距离为 3.47×10^{11}m 时，将飞船的时钟设为 $t=0$，同时向地球发出一个信号。地球的工作人员在接收到信号后，立即向飞船发出回复信号。当飞船发出信号时，地面人员将时钟设定为时刻 $t=0$。求：(a) 当飞船接收到信号时，地面人员的时钟的读数。(b) 对于地面工作人员，飞船接收到信号时所处的位置。(c) 飞船接收到信号时，飞船上时钟的读数。●●●

50. 对于相对于地球静止的参考系，飞船 A 以 $0.862c_0$ 的速率飞行，飞船 B 以 $0.717c_0$ 的速率沿相反的方向飞行，飞船 A 向飞船 B 发射的太空舱 M 相对于飞船 A 的速率为 $0.525c_0$，则太空舱 M 中的时钟每走一秒钟，飞船 A、飞船 B、地球上的时钟分别走了多长时间？●●●

51. 两个小行星簇相距 3.00×10^9m，它们的宽度均为 6.00×10^8m，一艘速率为 $0.900c_0$ 的飞船试图从两个小行星簇之间通过，对于相对于小行星簇静止的观测者，飞船刚好能从小行星簇的一角擦边通过，如图P14.51所示。如果将小行星簇的中心相连，则连线与飞船飞行轨迹之间的夹角相对于小行星簇所在的参考系和飞船所在的参考系分别是多少？●●●

图 P14.51

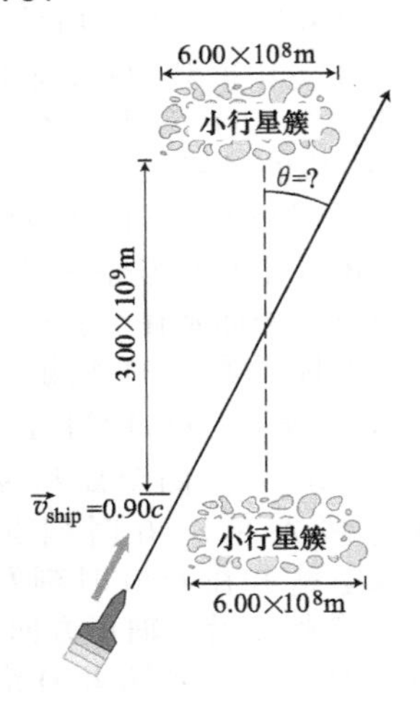

14.7 动量守恒

52. μ子的引力质量是电子的207倍，当μ子的速率为$0.500c_0$时，其动量的大小等于多少？●

53. 电子相对于地球从$0.700c_0$加速到$0.900c_0$，其引力质量和惯性质量增加的比例分别是多少？●

54. 当电子以$0.500c_0$的速率运动时，(a)它动量的大小是多少？(b)当电子的速率为多少时，其动量是(a)问中计算结果的两倍？●●

55. 相对于参考系A静止的物体A，其质量为4.24×10^5kg，质量为7.71×10^4kg的物体B相对于A以$0.875c_0$的速率运动，(a)参考系A中的静止观测者观测到物体B的动量是多少？(b)相对于物体B静止的观测者观测到A的动量是多少？(c)参考系C以$0.300c_0$的速率相对于参考系A运动，方向与B的运动方向相同，参考系C中的静止观测者观测到A、B的动量分别是多少？●●

56. 体积为8.00m^3、质量为200kg的均匀立方体（地球参考系）沿一条棱边的方向以$0.672c_0$的速率相对于地球运动。(a)相对于地球参考系中的静止观测者，立方体的质量密度是多少？(b)质量为100kg的立方体，沿相反方向运动的速率要多大才能够靠碰撞使这个立方体停下来？●●

57. μ子在距离地球表面10.0km的地方形成，如果每10000个μ子中只有1个能到达地球表面，那么μ子相对于地球参考系的动量应该是多少？已知：μ子的质量是电子的207倍，静止的μ子的半衰期为1.5×10^{-6}s。●●

58. 两块质量分别为1.00kg的石块在太空中相撞，碰撞前相邻某星球上静止的观测者观测到一块石块的速率为$0.500c_0$，另一块沿相反方向的石块速率为$0.300c_0$。如果碰撞后，两石块粘在了一起，求碰撞后石块的速度的大小和方向。●●

59. 相对于地球参考系，一质量为150kg的探测器以$0.860c_0$的速率运动，另一个质量为250kg的探测器则以$0.355c_0$的速率沿相反的方向运动，求对于零动量参考系探测器的速度分别是多少？●●●

14.8 能量守恒

60. 当粒子的动能与内能相等时，它的速率是多少？●

61. 粒子A、B、C的质量均为m，它们的能量分别是$E_A=E$、$E_B=2E$、$E_C=3E$，按从大到小的顺序排列下列物理量：(a)洛伦兹因子；(b)动能；(c)速率；(d)动量的大小。●

62. 相对于地球以$0.750c_0$的速率运动的电子的内能是多少？●●

63. 铀-238衰变后生成钍和氦（$^{238}\text{U}\rightarrow^{234}\text{Th}+^{4}\text{He}$），1.00kg铀-238衰变后释放出的能量是多少？相当于多少公斤煤燃烧所产生的能量？（每公斤煤燃烧获得约30MJ的能量）铀原子的质量为$m_U=395.292599\times10^{-27}$kg，钍原子的质量为$m_{Th}=388.638509\times10^{-27}$kg，氦原子的质量为$m_{He}=6.646478\times10^{-27}$kg。●●

64. 假设正常人能够承受的持续飞行时间是437天，比邻星（proxima centauri）是除太阳外最接近地球的恒星，距离地球4.24光年，如果你计划乘坐质量为2.00×10^6kg的火箭在437天之内到达比邻星，那么用于加速火箭的能量至少是多少？在计算中忽略加速过程。2015年全球消耗的能量估计为0.6×10^{21}J，比较两个结果。●●

65. 质量为m_{orig}的粒子静止于地球所处的参考系，衰变为质量分别为m_1和m_2的两个粒子1、2，根据动量守恒、能量守恒以及式（14.57）：$E^2-(c_0p)^2=(mc_0^2)^2$，用m_{orig}、m_1、m_2、c_0表示粒子1相对于地球参考系的能量和动量大小。●●

66. 下列哪些能量和气体分子的质量有关：（a）气体分子绕其质心旋转的转动动能，（b）分子中原子之间的作用能，（c）分子的平动动能。●●

67. 瑞士的超级强子对撞机中，高能质子在碰撞后会产生新的粒子。在碰撞前，相对于地面参考系，质子的能量为7000GeV。（a）质子相对于地面的速率是多少？（b）碰撞中产生的粒子的最大质量是多少？质子的质量为938MeV/c_0^2，1GeV=1000MeV。●●

68. 电子e^-与正电子e^+以相同的速率相向运动，碰撞后产生质子p与反质子$\bar{p}$。质子与反质子的质量均是电子质量的1836.15倍，计算要使得反应$e^-+e^+\to p+\bar{p}$发生，相对于地面参考系，电子的动能与内能的比值至少应是多少？●●

69. 反氢（Antihydrogen）是实验室中唯一的反物质元素，每个反氢原子由一个反质子和一个正电子构成，当反氢原子和氢原子发生碰撞后，会产生γ射线。（a）这一过程释放的能量的最小值是多少？（b）在高速公路上，行驶的汽车每行驶一米消耗的能量约为2.5×10^3J，那么10mg反氢提供的能量可供汽车行驶多长的距离？●●●

附加题

70. 星系A以$0.600c_0$的速率远离星系B运动，飞船以$0.500c_0$的速率离开星系A，如果飞船飞离星系A的方向与星系A相对于星系B运动的方向相同，则飞船相对于星系B的速率是多少？●

71. 在地面参考系中，一棵32.6m高的树和竖直方向成26.0°的夹角。对于沿树干方向运动、速率为$0.382c_0$的μ子来说，树干的长度以及和竖直方向的夹角各是多少？●

72. 地面的探照灯向1000m高度的云层照射。如果探照灯高速旋转，角速率为30（°）/μs，则云层上光斑的移动速率是多少？这是否违背狭义相对论？●●

73. 地面上不同地点发生的两事件，对于站在两地点中点处的观测者，两事件同时发生。对于其他惯性参考系的观测者，这两事件是否也同时发生？●●

74. 飞行员A位于原长为250m的飞船中，飞行员B驾驶一艘相同的飞船以$0.580c_0$的相对速率通过飞行员A所在的飞船，则（a）相对于A，B驾驶的飞船通过A所需的时间是多长？（b）相对于B，B驾驶的飞船通过A所需的时间是多长？（c）相对于A，A驾驶的飞船通过B所需的时间是多长？（d）相对于B，A驾驶的飞船通过B所需的时间是多长？●●

75. 飞船A相对于地球以$0.732c_0$的速率飞离地球，飞船B相对于地球以$0.914c_0$的速率沿同一方向飞向地球。（a）飞船A相对于飞船B的速率是多少？（b）如果在地球参考系中，$t=0$时两飞船相距4.5×10^{10}m，则两飞船何时相遇？●●

76. 相对于地球运动的质子p_1与相对于地球静止的质子p_2发生碰撞，碰撞后产生一质量为m且内能是质子内能40倍（$mc_0^2=40m_pc_0^2$）的粒子，新粒子的速度未知。p_1的能量与内能的比值是多少？（提示：先构建零动量参考系，在这一参考系里p_1与p_2以相同的初速率朝相反的方向运动）●●

77. 作为影片《星球大战16》的科学顾问，你被要求评审下面的剧本：对于猎户座号飞船参考系，飞船在$t=0$时刻以$0.6000c_0$的速率通过某太空站，当飞船时钟的读数是$t=1000$s时，飞船探测到前方8.00×10^7m处出现敌机，敌机正以相对于飞船$0.800c_0$的速率向着飞船和空间站飞行。飞船立刻向太空站发送疏散信号，如果在太空站所处的参考系中疏散过程需要45min，在敌机到达前疏散是否能够完成？该剧本有必要改写吗？●●● CR

78. 负责人要求你设计一个弹簧，当被压缩时，弹簧的质量增加1%的1/10000。设计和弹簧有关的参数，包括弹簧的质量、弹簧常量、负载的质量。常规的弹簧能否满足要求？●●● CR

79. 洛伦兹杯飞船拉力赛的冠军为在最短的时间内飞行1.00×10^9m的宇航员。规则规定，起点和终点之间距离相对于宇航员为1.00×10^9m，飞船飞行的时间由地球参考系测量。飞船的速率在$0.420c_0$与$0.980c_0$之间，选择适当的速率，使得你的飞船能在比赛中获胜。●●● CR

复习题答案

1. 事件指的是特定时间、特定地点发生的物理事实。

2. 通过测量相同的时间间隔，使读数相同，可以校准时钟。

3. 必须有信号从事件传递到观测者。

4. 对于观测者，两事件必须发生在同一地点，否则两事件之间的时间间隔将不是原时。

5. 观测者必须记录距离事件最近的时钟的读数。

6. 探测装置必须位于与两事件等间距的地方，当两事件发出的信号在同一时刻被探测装置接收到时，探测装置发出信号，否则，探测器不工作。

7. 速度总是 $c_0=3.00\times10^8$ m/s，与观测者相对于光源的速度无关。

8. 如果观测者的速度足够大，他们就会发现两起事件并不是在同一地点发生的。

9. 观测者观测到时钟A走得更慢。

10. 支持钟慢效应的实验有：飞机上装载的原子钟走得更慢，飞行的μ子寿命更长。

11. 物体的原长是相对于物体静止时观测者所观测到的物体长度。

12. 尺缩效应指的是当观测者相对于物体运动时，观测到的物体的长度小于物体的原长。

13. 按照牛顿力学，速度加倍，动能应变为原来的四倍，但实验表明动能的增加量小于预计的量。

14. 引力质量和内能是不变量；惯性质量和能量与参考系的选择有关。

15. 物体的惯性质量随内能变化：内能增加，物体的惯性质量增加；内能减小，物体的惯性质量减小。

16. 惯性质量减小。

17. 洛伦兹因子 $\gamma=1/\sqrt{1-v^2/c_0^2}$ [式 (14.6)]，当物体的速率大于 $0.1c_0$ 时，相对论效应不可忽略。

18. 观测者观测到的时间间隔等于洛伦兹因子与原时的乘积 [式 (14.13)]。

19. 时空间隔小于0类空，大于0类时，等于0类光。如果时空间隔类时，则存在一参考系，观测到相关两事件在同一地点、不同时间发生；如果时空间隔类空，则存在一参考系，观测到相关两事件在同一时间、不同地点发生；如果时空间隔类光，则两事件的时间间隔总是等于空间间隔与真空光速的比值。

20. 要确定因果关系，必须确定事件的时间顺序。对于类时的时空间隔，存在一参考系，观测到相关两事件在同一地点、不同时间发生，因而可以确定事件的时间序列以及因果关系。对于类空的时空间隔，无法确定时间顺序，因而无法确定因果关系。如果两事件之间存在因果关系，那么一定存在相互作用，如果空间间隔大于时间间隔和光速的乘积，由于任何物体的速度都小于光速，两事件无法相互作用，也就无法建立因果关系。只有当时空间隔类时，才有可能建立因果关系与时间的顺序。

21. 观测长度等于原长除以洛伦兹因子 [式 (14.28)]。

22. 钟慢效应和尺缩效应是不同观测者对同一现象观测的结果。对于地面观测者，μ子飞行长度为原长，飞行时间出现钟慢效应；对于和μ子速率相同的观测者，飞行时间为原时，飞行长度出现尺缩效应。

23. 洛伦兹变换公式对应于不同参考系中的观测结果的相互转换，尺缩效应和钟慢效应则对应原长测量和原时测量所对应的参考系与其他参考系之间测量结果之间的转换。

24. 在相对论情况下，粒子的动量仍然是粒子质量和速度的乘积。

25. 是的，即使物体高速运动，其动量仍然是质量和速度的乘积，系统的动量守恒。

26. (a) 物体的惯性质量等于引力质量与洛伦兹因子的乘积：$m_v=\gamma m$ [式 (14.41)]；(b) 物体的动量是惯性质量和速度的乘积：$\vec{p}=\gamma m\vec{v}=m_v\vec{v}$。

27. 低速物体的动能表示为 $K=\frac{1}{2}mv^2$，考虑相对论时，动能表示为 $K=(\gamma-1)mc_0^2=m_vc_0^2-mc_0^2$ [式 (14.51)]。当物体的速度远远小于真空中的光速时，后一表达式可简化为前者。

28. mc_0^2 表示系统的内能。[式 (14.54)]

29. γmc_0^2 表示系统的总能量 [式 (14.53)]，包括系统的内能 [式 (14.52)] 与动能。

30. 守恒量不能产生和消灭，不同的参考系对守恒量的测量结果可以不同。不变量指的是测量结果与参考系的选择无关的物理量。能量和动量都是守恒量，但是对能量和动量的测量结果与参考系的选择有关，尽管如此，系统的内能与参考系的选择无关，是一个不变量，三者可以通过 $E^2-(pc_0)^2=(mc_0^2)^2$ 联系起来。

引导性问题答案

引导性问题 14.2 (a) $0.781c_0$；(b) 125m

引导性问题 14.4 (a) $\vec{v}_{DC}=-0.300c_0\hat{i}$；(b) $t_{C1}=t_{C2}=1.47\times10^{-6}$ s

引导性问题 14.6 $s^2=1.79\times10^{-8}$ m^2

引导性问题 14.8

$$K_{\pi^-}=\frac{(m_K+m_\Lambda)^2c_0^4-m_{\pi^-}c_0^4-m_pc_0^4}{2m_pc_0^2}-m_{\pi^-}c_0^2$$

第 15 章　周期运动

章节总结

周期性运动的基本特性（15.1 节，15.5 节）

基本概念 在相同的时间间隔内不断重复的运动叫作**周期性运动**。**振动**（或**振荡**）是往复的周期性运动。

周期 T 是周期性运动重复的最小时间间隔，运动的**振幅** A 是运动物体偏离平衡位置最大位移的大小。

定量研究 周期运动的**频率** f 是表示每秒钟运动的周期数，被定义为

$$f \equiv \frac{1}{T} \qquad (15.2)$$

频率的国际单位是**赫兹**（Hz）：

$$1\text{Hz} \equiv 1\text{s}^{-1} \qquad (15.3)$$

简谐运动（15.2 节，15.4 节，15.5 节）

基本概念 **简谐运动**是偏离平衡位置的位移随时间做正弦变化的周期函数。按照简谐运动方式运动的系统叫作**简谐振子**。

回复力是使简谐振子返回平衡位置并总指向平衡位置的力，它和位移成正比。在位移很小时，回复力通常和位移成比例，因此回复力使物体在平衡位置附近做简谐运动。

相矢量是一个旋转箭头，它在垂直方向的分量的轨迹符合简谐运动规律。**参考圆**是相矢量顶点的轨迹圆，相矢量的长度和简谐运动的振幅 A 相等。

定量研究 简谐振动的**角频率** ω 与垂直分量以频率 f 作简谐振动的旋转相矢量的角速率相等，以角频率以 s^{-1} 为单位，它和频率（以 Hz 为单位）的关系为

$$\omega = 2\pi f \qquad (15.4)$$

对于振幅为 A 的简谐振子，其位移关于时间的函数为

$$x(t) = A\sin(\omega t + \phi_i) \qquad (15.6)$$

其中，正弦函数中的参数是周期性运动的**相位** $\phi(t)$：

$$\phi(t) = \omega t + \phi_i \qquad (15.5)$$

ϕ_i 是 $t=0$ 时的初相位。

简谐振子的速度和加速度在 x 方向上的分量分别为

$$v_x \equiv \frac{dx}{dt} = \omega A\cos(\omega t + \phi_i) \qquad (15.7)$$

$$a_x \equiv \frac{d^2x}{dt^2} = -\omega^2 A\sin(\omega t + \phi_i) \qquad (15.8)$$

所有做简谐运动的物体都满足**简谐振子方程**：

$$\frac{d^2x}{dt^2} = -\omega^2 x \qquad (15.10)$$

其中，x 是偏离平衡位置的位移。

质量为 m 的做简谐运动的物体的机械能 E 为

$$E = \frac{1}{2}m\omega^2 A^2 \qquad (15.17)$$

傅里叶级数（15.3 节）

基本概念 **傅里叶定理**认为，所有周期

为 T 的周期函数都可以写成频率为 $f_n=n/T$ 的简谐运动的正弦函数的叠加，其中 n 是整数。当 $n=1$ 时的频率是**基频**或者**一次谐波**，其他的则是**高次谐波**。

弹簧振子（15.6 节）

定量研究 对于悬挂在劲度系数为 k 的轻弹簧下方的物体，简谐振子方程为

$$\frac{d^2x}{dt^2}=-\frac{k}{m}x \tag{15.21}$$

简谐振动的角频率是

$$\omega=+\sqrt{\frac{k}{m}} \tag{15.22}$$

物体的运动可以被描述为

$$x(t)=A\sin\left(\sqrt{\frac{k}{m}}t+\phi_i\right) \tag{15.23}$$

旋转振动（15.7 节）

基本概念 中心悬挂在一根细绳上的水平圆盘构成一个扭转振子。

所有围绕支点轴摆动的物体都是单摆。一个简谐摆由悬挂在轻线或轻杆上的小物体（摆球）组成。

定量研究 如果一个转动惯量为 I 的扭转振子从平衡位置 ϑ_0 到位置 ϑ 偏转了很小的角度，则回复力矩 τ_ϑ 是

$$\tau_\vartheta=-\kappa(\vartheta-\vartheta_0) \tag{15.25}$$

其中，κ 是扭转常量。当 $\vartheta_0=0$ 时，扭转振子的简谐振子方程为

$$\frac{d^2\vartheta}{dt^2}=-\frac{\kappa}{I}\vartheta \tag{15.27}$$

在瞬时时刻 t，扭转振子的旋转坐标 ϑ 可以表示为

$$\vartheta=\vartheta_{max}\sin(\omega t+\phi_i) \tag{15.28}$$

其中，ϑ_{max} 是最大旋转位移，且

$$\omega=\sqrt{\frac{\kappa}{I}} \tag{15.29}$$

对于很小的旋转位移，单摆的简谐振子方程为

$$\frac{d^2\vartheta}{dt^2}=-\frac{ml_{cm}g}{I}\vartheta \tag{15.32}$$

它的角频率是

$$\omega=\sqrt{\frac{ml_{cm}g}{I}} \quad (15.33)$$

其中，l_{cm} 是单摆的质心到支点的距离。

单摆的周期为 $T=2\pi\sqrt{\frac{l}{g}}$。

阻尼振动（15.8节）

基本概念　在**阻尼振动**中，因为能量的损耗，振幅随时间减小。因为摩擦力、空气阻力或者水的阻力所引起能量的损耗的阻力叫作阻尼力。

阻尼振子的品质因子 Q 越大，简谐振动的周期越大。

定量研究　在低速的情况下，阻尼力 $\vec{F}^{d}_{ao}$ 趋向于与物体的速度成正比：

$$\vec{F}^{d}_{ao}=-b\vec{v} \quad (15.34)$$

其中，b 是阻尼系数，以 kg/s 为单位。

在阻尼很小的情况下，阻尼弹簧的位置 $x(t)$ 是

$$x(t)=Ae^{-bt/(2m)}\sin(\omega_d t+\phi_i) \quad (15.37)$$

它的角频率 ω_d 是

$$\omega_d=\sqrt{\frac{k}{m}-\frac{b^2}{4m^2}}=\sqrt{\omega^2-\left(\frac{b}{2m}\right)^2} \quad (15.38)$$

阻尼系统的**时间常数** τ 为 $\tau=m/b$，经历一个时间常数，阻尼系统的能量减少为原来的 1/e。

初振幅为 A、初能量为 E_0 的阻尼谐振动的振幅 $x_{max}(t)$ 和能量 $E(t)$ 随时间以指数衰减：

$$x_{max}(t)=Ae^{-t/(2\tau)} \quad (15.39)$$

$$E(t)=E_0e^{-t/\tau} \quad (15.40)$$

阻尼系统的品质因子为

$$Q=2\pi\frac{\tau}{t} \quad (15.41)$$

实践篇

复习题

复习题的答案见本章最后。

15.1 周期性运动和能量

1. 一个物体的运动被叫作周期性运动的必备条件是什么？

2. 周期性运动都会有振幅和频率，它们的意义各是什么？

3. 一个振子用 5.00s 完成 4 次循环。它的周期 T 是多少？它的频率 f 是多少？

4. 在周期性运动中，运动物体的最大动能点在哪里？它的最大势能点在哪里？这两个变量为 0 的点在哪里？

15.2 简谐运动

5. 你在游乐场的秋千上和它一起做简谐运动。如果你不发力，运动振幅将会减小，那么周期将会发生什么变化？

6. 试解释，为什么施加在简谐运动物体上的回复力一定和物体的位移呈线性关系。

7. 简谐运动的转向点在什么位置？

8. 简谐运动和匀速圆周运动有什么样的关系？

15.3 傅里叶定律

9. 复述傅里叶定律，解释它对于学习周期性运动很重要的原因。

10. 如何从依时间变化的周期函数中确定出傅里叶级数的基频？

11. 什么是周期函数的频谱？

12. 什么是傅里叶分析，什么是傅里叶综合？

15.4 简谐运动的回复力

13. 三个平衡状态（稳定状态、不稳定状态和中性平衡状态）中的哪一个能保证周期性运动？

14. 有两个形状完全相同、摆长相等的摆，但是其中一个的摆球质量是另一个的两倍，如果它们的周期不同，哪一个周期长一点？

15. 在位移极小的情况下，使物体做简谐运动的所有回复力的共同特征是什么？

16. 在游乐场中，一个大人和一个小孩分别坐在两个相邻的、完全相同的秋千上。大人的秋千和小孩的秋千是不是同步的？

15.5 简谐振子的能量

17. 在弹簧振动的过程中真的有物体在做圆周运动么？如果没有，参考圆的作用是什么？

18. 表述简谐振子方程。

19. 如果你知道振子的初位置，为了确定振动的初相位，你还要知道什么条件？

20. 如果频率 f 和角频率 ω 都用时间单位的负一次幂表示，那我们该怎么区分它们？

15.6 简谐运动和弹簧

21. 在简谐振动系统中，若已知悬挂在弹簧上物体的质量，为了确定运动的周期，还需要知道什么条件？

22. 你停下车让你的同伴上车。在她上车后，车悬架振动的角频率 ω 是增加、减小还是保持不变？

23. 已知一个悬挂在弹簧上的物体，那么以下变化中的哪一种变化是可以通过改变初始条件来控制的：周期、振幅、系统的能量、频率、相位、最大速度、最大加速度？

24. 如何比较沿垂直方向振动的滑块-弹簧系统的频率和相同的滑块-弹簧系统沿水平方向振动的频率？

15.7 回复力矩

25. 有两个形状和质量完全相同的摆，但是摆 B 的摆线长度是摆 A 的两倍。如果它们的周期不同，哪一个更长一点？

26. 落地式座钟的钟摆是将一个笨重的圆盘固定在一个杆上，圆盘在杆上的位置是可调节的，如果钟走慢了，该如何调节钟摆？

27. 摆做简谐运动时必要的近似操作是什么？

28. 在式（15.25）：$\tau_\vartheta=-\kappa(\vartheta-\vartheta_0)$ 中，扭转常量的单位是什么？

15.8 阻尼振动

29. 过阻尼谐振子是否会振动？

30. 在阻尼系数由 $b=0$ 逐渐增加到 $b=0.5m\omega_0$ 的过程中，描述一下振子周期振动的变化。

31. 在一个时间常数的时间间隔中，通过哪个因素可以使振动系统的机械能减小？

估算题

从数量级上估算下列物理量，括号中的字母对应于可能用到的提示。根据需要使用它们来指导你的思考。

1. 水在浴缸里晃动引起的振动涉及的能量（E，J，P，Z）

2. 小孩在游乐场的秋千上振动涉及的能量（O，A，F，U）

3. 尽量将你的胳膊伸展开并在齐胸的位置晃动一个保龄球，持续1min，求最大频率（N，G，C，K，Q）

4. 对于一个振动周期为2s的落地式座钟，它的钟摆的长度（O，W）

5. 当你的腿像钟摆一样摆动时，它的角频率ω（D，I，M）

6. 当你在开车时，四缸汽油发动机的每个活塞的角频率ω，以及四个振动活塞每个间的初始相位差$\Delta\phi_i$（R，X，L，T）

7. 在游乐场的秋千上，施加在小孩身上的最大回复力矩（J，A，F，U）

8. 中型汽车减振器上的阻尼系数（S，Y，B，H，V）

提示

A. 振动的最大角度是多少？

B. 每个轮子的弹簧常量是多少？

C. 在每次循环中，你有多少次是要用全力让保龄球运动或者停止？

D. 你的腿的质量和长度？

E. 晃动的水能高出平衡位置的最大高度？

F. 小孩和秋千座位的总质量是多少？（你可以忽略秋千绳子的质量）

G. 做这种推拉的动作所需要的能量是多少？

H. 你的车垂直振动的频率是多少？

I. 你的腿以你的臀部为支点旋转的转动惯量是多少？

J. 涉及的回复力的类型是什么？

K. 保龄球的质量是多少？

L. 每个活塞是同时点火的还是依次点火的？

M. 从支点到你腿的质心的长度？

N. 你在1min内可以完成多少次推拉的动作？

O. 将它近似为单摆合理吗？

P. 水达到的最大高度和能量有什么样的关系？

Q. 振动的振幅是多少？

R. 对于机轴（连接活塞的轴），一般情况下的角频率ω（以每分钟多少转来表示）是多少？

S. 一辆中型汽车的质量是多少？

T. 两个相邻点火次序的活塞的初相位是什么？

U. 摆的长度是多少？

V. 在减振器阻尼运动前，做了多少次振动？

W. 如何在周期和单摆的摆长之间建立关系？

X. 每个活塞的角频率是多少？

Y. 当你在车内时，保险杠移动的距离是多少？

Z. 在最大高度时，高出平衡位置的水量的质心在哪里？

答案（所有值均为近似值）

A. 45°；B. 2×10^4N/m；C. 4；D. 1×10^1kg，1m；E. 0.2m；F. 3×10^1kg；G. $30mgh$，其中$h\approx0.3$m，$m\approx7\times10^1$kg，所以能量为6×10^3J；H. 1Hz；I. 3kg·m²，因为可以将它粗略地作为一个规则杆；J. 地球施加的重力；K. 7kg；L. 不是的，它们是逐个被点着的；M. 0.4m；N. 如果你的力允许，3×10^1；O. 是的；P. 在最大高度时，是没有动能的；Q. 0.3m；R. 2×10^3r/min；S. 1×10^3kg；T. π rad；U. 3m；V. 一个好的适应系统应该是少于一次的全振动；W. $T=2\pi\sqrt{l/g}$；X. 和机轴一样，$2\times10^{12}\text{s}^{-1}$；Y. 5×10^1mm；Z. 高出平衡位置的水量具有三角形状，因此它的质心是在最大高度的三分之一处。

实践篇

例题与引导性问题

下列例题涉及本章内容，但又不仅仅局限于本章中的某一节。

其中一部分以例题的形式给出，另一部分则以引导性问题的形式给出。

例 15.1 风中的摆动

树梢以 12s 的周期左右摆动，你可以估算运动的振幅为 1.2m（见图 WG 15.1）。你开始计算每个时刻树梢偏离垂直方向的位置，在你观察这个运动 36s 后，树梢向左偏离垂直位置 0.6m。（a）写出树梢的位置关于时间的函数。（b）树梢的最大速率是多少？（c）在哪些时刻树梢会达到这个速率？（d）树梢的最大加速度是多少？（e）求 t=36s 时的加速度大小。

图 WG 15.1

❶ **分析问题** 树梢做周期运动，我们假设这个运动可以用周期函数描述。我们可以从位移-时间函数中得到一些信息。其中的两个分别是周期 T=12s 和振幅 A=1.2m。我们还知道在 t=36s 时树梢在垂直位置左边 0.6m 处。（b）~（e）问都需要运动的一般公式，因此我们就要准备好了。

❷ **设计方案** 首先用到的是简谐振动的运动学方程，即式（15.6）：

$$x(t)=A\sin(\omega t+\phi_i)$$

利用已知的数据，我们可以确定振幅 A、角频率 ω 和初相位 ϕ_i，然后我们就可以通过 $v_x=\mathrm{d}x/\mathrm{d}t$ 和 $a_x=\mathrm{d}v_x/\mathrm{d}t$ 得到最大速率和加速度的值。

❸ **实施推导** （a）角频率是 $\omega=\frac{2\pi}{T}=\frac{2\pi}{12\text{s}}=(\pi/6)\ \text{s}^{-1}$。（在表达式中一般要保留 π，因为它可以用来抵消或化简为一个更容易评估的三角函数。）初相位 ϕ_i 可以根据我们已知的在 36s 时的位置信息得出

$$x(t=36\text{s})=-0.60\text{m}$$

$$=(1.2\text{m})\sin\left[\left(\frac{1}{6}\pi\text{s}^{-1}\right)(36\text{s})+\phi_i\right]$$

$$-0.50=\sin(6\pi+\phi_i)=\sin(\phi_i)$$

$$\phi_i=\arcsin(-0.50)=-\frac{1}{6}\pi$$

将 ϕ_i 代入 $x(t)=A\sin(\omega t-\phi_i)$ 得出：

$$x(t)=(1.2\text{m})\sin\left[\left(\frac{1}{6}\pi\text{s}^{-1}\right)t-\frac{1}{6}\pi\right]$$

（b）由式（15.7）得到速度为

$$v_x(t)=\frac{\mathrm{d}x}{\mathrm{d}t}=\frac{\mathrm{d}}{\mathrm{d}t}A\sin(\omega t+\phi_i)=\omega A\cos(\omega t+\phi_i)$$

$$=\left(\frac{1}{6}\pi\text{s}^{-1}\right)(1.2\text{m})\cos\left[\left(\frac{1}{6}\pi\text{s}^{-1}\right)t-\frac{1}{6}\pi\right]$$

$$=(0.20\pi\text{m/s})\cos\left[\left(\frac{1}{6}\pi\text{s}^{-1}\right)t-\frac{1}{6}\pi\right]$$

当余弦函数的值为 1 时，为最大速率，也就是 $v_{\max}=0.2\pi\text{m/s}=0.63\text{m/s}$。

（c）每次经过 $x=0$ 处时（当树是垂直时），树都能达到最大速率。这也就是发生在余弦函数值为±1 处。当余弦值为正值时，我们解出时间点：

$$1=\cos\left[\left(\frac{1}{6}\pi\text{s}^{-1}\right)t-\frac{1}{6}\pi\right]$$

$$\Rightarrow\left(\frac{1}{6}\pi\text{s}^{-1}\right)t_n-\frac{1}{6}\pi=2n\pi,\quad n=0,1,2,\cdots$$

$$t_n-\frac{1}{6}\pi\left(\frac{6}{\pi}\text{s}\right)=2n\pi\left(\frac{6}{\pi}\text{s}\right),\quad n=0,1,2,\cdots$$

$$t_n=(1+12n)\text{s},\ n=0,1,2,\cdots$$

$$t=1\text{s},13\text{s},25\text{s},\cdots$$

我们重复计算当余弦值为负值时的时间点：

$$-1=\cos\left[\left(\frac{1}{6}\pi s^{-1}\right)t-\frac{1}{6}\pi\right]$$

$$\Rightarrow\left(\frac{1}{6}\pi s^{-1}\right)t_n-\frac{1}{6}\pi=n\pi,\qquad n=1,3,5,\cdots$$

$$t_n-\frac{1}{6}\pi\left(\frac{6}{\pi}s\right)=n\pi\left(\frac{6}{\pi}s\right),\quad n=1,3,5,\cdots$$

$$t_n=(1+6n)s,\ n=1,3,5,\cdots$$

$$t=7s,19s,31s,\cdots$$

(d) 由式(15.8)得到加速度为

$$a_x(t)=\frac{dv_x}{dt}=\frac{d}{dt}[\omega A\cos(\omega t+\phi_i)]=-\omega^2A\sin(\omega t+\phi_i)$$

$$=-(0.33m/s^2)\sin\left[\left(\frac{\pi}{6}s^{-1}\right)t-\frac{\pi}{6}\right]$$

当正弦函数值为1时，有最大加速度，得出$a_{max}=0.33m/s^2$。

(e) $t=36s$ 时，加速度的大小为 $a_x(36s)=0.16m/s^2$。

❹ **评价结果** 我们可以得出振幅和树的高度没有太大的关联，最大加速度表明，和在飓风中相比，树在微风中摇动得更柔和。我们得到的最大速率可以证实这一点。答案也与树摆动幅度的数量级相一致。

引导性问题 15.2 陈旧的音乐唱片

有一张直径为12.0in（305mm）、转速为$33\frac{1}{3}$r/min的旧唱片（见图WG15.2中）。在$t=0$的时刻，假设在唱片边缘停着一只小虫，随着唱片一起转动。想象一下，在远光源的投射下，小虫的影子沿着x轴上转动的唱片的切线方向运动。(a) 写出描述影子运动的时间函数。(b) 影子沿x轴方向运动的最大速率是多少？(c) 沿着x轴运动的最大加速度是多少？

图 WG15.2

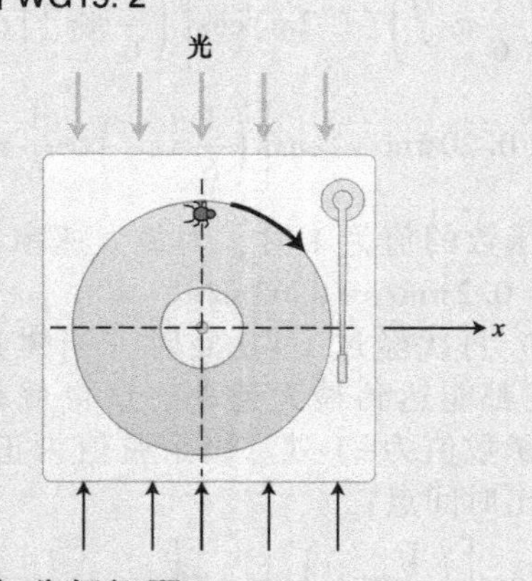

❶ **分析问题**

1. 将小虫的运动投射到x轴上意味着什么？依据转台旋转，做出小虫的影子在某几个时刻的位置草图。

2. 直角三角形、正弦函数和余弦函数的特性在这个问题中会给你什么帮助？

3. 描述圆周运动和振动之间的关系。

❷ **设计方案**

4. 你需要确定哪些位置的特性？

5. 哪些公式可以帮助你依据已知的量来表达未知的量？

6. 根据(a)问中列出的公式，你还可以推导出哪些表达式？

❸ **实施推导**

7. 利用你的公式获得沿x轴的影子随时间变化的位置函数。

8. 如何从你在步骤7中的表达式来得到影子的速率和加速度的大小？

9. 当速率最大时哪一个三角函数的值最大，最大值是多少？

10. 当加速度最大时哪一个三角函数的值最大，最大值是多少？

❹ **评价结果**

11. 影子的最大速率和最大加速度的数量级对吗？将这些值和小虫的最大速率、最大加速度进行对比。

例 15.3 月球上的时间

(a) 摆长为0.5m的单摆在月球上的周期是多少？(b) 单摆在月球上的周期和同一个单摆在地球上的周期的比值是多少？

❶ **分析问题** 我们应该先考虑一下影响周期的因素，以及当我们从地球移动到月球之后这些因素会产生什么变化。通过观看宇航员在月球上的影像资料，我们可以感觉到在月球上物体下落得更慢，也就是说月球上

的重力加速度小于地球上的重力加速度。

❷ **设计方案** 从《原理篇》的例 15.6 中，我们可以知道单摆的角频率是 $\omega=\sqrt{g/l}$，并且它的振动周期是

$$T=\frac{2\pi}{\omega}=2\pi\sqrt{\frac{l}{g}}$$

通过这个关系得到的周期是不需要在地球上由单摆的振动来验证的，因此这个结论是具有一般性的。由一个一般形式的公式（13.4）：$g=Gm/R^2$，我们可以知道所有半径为 R 的天体表面的重力加速度 g，将它用在月球上：

$$g_M=G\frac{m_M}{R_M^2}$$

我们可以从《原理篇》的表 13.1 中得到月球的质量和半径。

❸ **实施推导** （a）无论在哪里，G 的大小是一样的（这也是万有引力定律中“万有引力”这一叫法的由来），因此，式（13.4）为

$$g_M=(6.674\times10^{-11}\mathrm{N\cdot m^2/kg^2})\frac{7.3\times10^{22}\mathrm{kg}}{(1.74\times10^6\mathrm{m})^2}=1.6\mathrm{m/s^2}$$

因此在月球上，摆长为 0.5m 的单摆的周期为

$$T_M=2\pi\sqrt{\frac{0.50\mathrm{m}}{1.6\mathrm{m/s^2}}}=3.5\mathrm{s}$$

（b）我们可以利用周期的一般表达式和已知的月球与地球上的重力加速度，在不知道单摆在地球上的周期的情况下来得到周期比：

$$\frac{T_M}{T_E}=\sqrt{\frac{g_E}{g_M}}=\sqrt{\frac{9.8\mathrm{m/s^2}}{1.6\mathrm{m/s^2}}}=2.5$$

❹ **评价结果** 就像我们在（a）问中所发现的一样，月球上的周期相对长一点，月球上的重力加速度为 $1.6\mathrm{m/s^2}$，大约是地球上重力加速度的 1/6。

引导性问题 15.4 同步

一个质量为 m 的木块悬挂在垂直的弹簧上，相对于弹簧的原长，它被拉伸了 h 的距离。将木块向下拉一点然后释放，使其做竖直振动。然后再使该木块做单摆运动。如果振动单摆的振动周期和木块-弹簧系统的振动周期一样，那么单摆的长度是多少？

❶ **分析问题**

1. 弹簧的运动和单摆的运动有什么相似处？

2. 画出两种振动在任意瞬时点的草图，标出关键变量。

3. 为了解决这个问题，你要做哪些假设？

❷ **设计方案**

4. 你可以通过什么公式来得到两个系统的周期？

5. 在设定两个周期相等前，必须要确定的未知量有哪些？哪些信息可以帮助你确定这些未知量？例如，你如何计算弹簧的弹簧常量 k？计算这个常数有帮助吗？

❸ **实施推导**

6. 代入数学公式，解出摆长。

❹ **评价结果**

7. 答案是否可信，也就是说，你的表达式是不是和你期望的一样包含变量 m 和 h？

例 15.5 一个落地式座钟

假设你可以制作一个具有很长摆线（接近无限长）的巨大的摆，它的摆球以一个比地球直径小得多的振幅摆动，那么这个摆的振动周期会是多少？

❶ **分析问题** 问题描述的是一个单摆。从已完成的例 15.3 中，我们可以知道单摆的周期会随着摆长的平方根增加：$T=2\pi\sqrt{l/g}$。这个关系说明具有如此摆长的单摆，随着摆长无限制的增加，其周期趋于无穷。但是，问题的答案不会如此简单。为了解决这个问题，我们需要得出周期的表达式。我们可以用一张草图来展示无限长的单摆和普通的单摆的区别（见图 WG15.3）

我们注意到无限的摆线长度也就意味着摆线一直是垂直的，摆球摆动的弧线接近于一条水平直线。我们选择这一方向作为 x 轴，

起始点作为平衡位置点，在图中，向右的方向作为运动的正方向。接下来我们注意到，施加在摆球上的重力的角度虽然改变着方向，但却一直是指向地心而不是图中的竖直向下。从这个变向我们可以推断出，尽管重力提供了一个使摆球返回运动中心的回复力，但是这却与分析普通的单摆中恒定重力的情况不同。

图 WG15.3

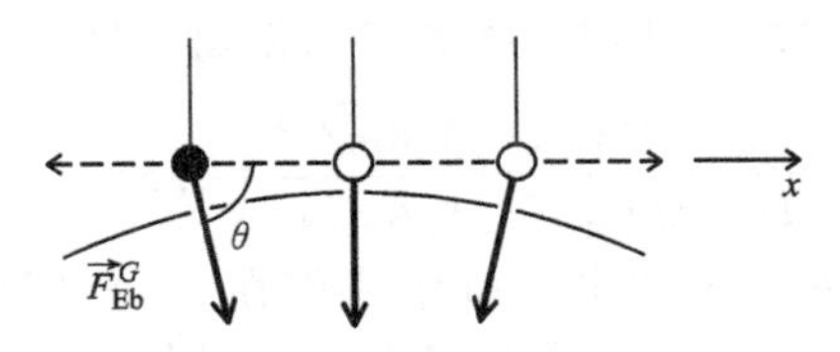

假定该问题中的空气阻力可以忽略。

❷ **设计方案** 因为单摆的运动接近于直线，所以我们可以用出现在《原理篇》例 15.8 中相似的分析方法得出角频率，利用牛顿第二定律，$\sum\vec{F}=m\vec{a}$，将它转化成看起来像简谐运动的公式［式（15.9）］：

$$a_x=\frac{d^2x}{dt^2}=-\omega^2x \qquad (1)$$

我们用线性变量 x 来表述摆球沿着水平直线路径的位置（直线和水平是因为我们假设无限长的摆线一直是竖直的）。

❸ **实施推导** 从受力分析图（见图 WG15.4）中我们可以看到有两个力施加在摆球上：绳子施加的张力和地球施加的重力。因为摆球总是在地球表面，所以我们可以用重力加速度 g 作为加速度。

图 WG15.4

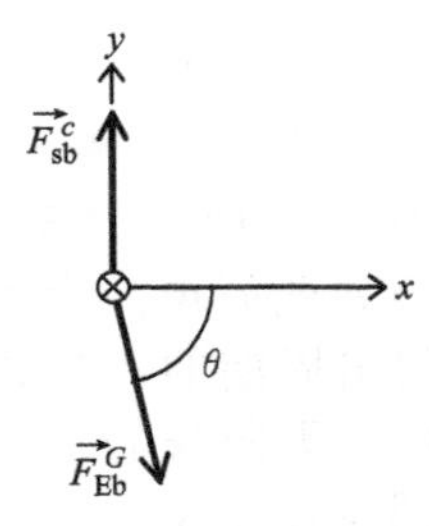

在图 WG 15.4 中，重力的水平分量指向右，导致水平方向上的受力不平衡，因此产生了一个加速度，引起振动。在图 WG15.4 中，和我们最初的选择一致，取水平向右作为 x 轴的正方向。因此 x 方向的分力为

$$F^{G}_{Ebx}=ma_x=mg\cos\theta \qquad (2)$$

在图 WG 15.4 中，重力的垂直分量是从摆球到地球的中心。我们可以构造一个直角三角形（见图 WG15.5），它包含了用从摆球到地心的长度表示的角度 θ、位移 x 和地球的半径 R_E。注意在摆球运动轨迹的中点处，地球的表面到摆球的距离和地球的半径相比是可以忽略的。通过这个三角形，通过可以用摆球的位移 x 和地球的半径重写 $\cos\theta$：

$$\cos\theta=\frac{-x}{\sqrt{R_E^2+x^2}}\approx\frac{-x}{R_E}$$

用式（2）中 $a_x=g\cos\theta$ 的形式和加速度 a_x 是位移关于时间的二次导数得出振动中我们想要的运动公式。

图 WG 15.5

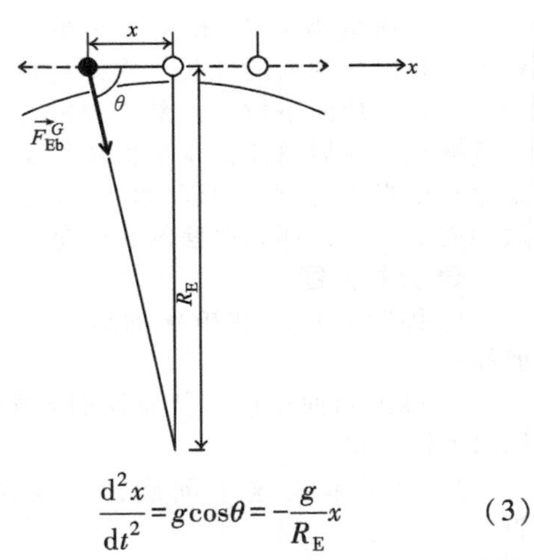

$$\frac{d^2x}{dt^2}=g\cos\theta=-\frac{g}{R_E}x \qquad (3)$$

将式（1）和式（3）进行比较，我们可以得到振动的周期：

$$a_x=-\omega^2x$$

$$\omega^2=-\frac{a_x}{x}=-\left(\frac{-gx}{R_E}\right)\left(\frac{1}{x}\right)=\frac{g}{R_E}$$

式（15.1）：$\omega=2\pi/T$ 给出

$$\omega^2=\frac{g}{R_E}=\left(\frac{2\pi}{T}\right)^2$$

因此 $$T=2\pi\sqrt{\frac{R_E}{g}}$$

注意周期和摆球的质量无关。将数值代入上式，我们得出

$$T=2\pi\sqrt{\frac{6.38\times10^{6}\mathrm{m}}{9.8\mathrm{m/s^{2}}}}=5070\mathrm{s}=84\mathrm{min}$$ ✔

❹ **评价结果** 这是一个漫长的振动周期，但是长的摆理应对应一个长的周期。即使不通过计算，我们也会吃惊于周期不是无限的，因为《原理篇》例 15.6 中的结果 $T=2\pi(l/g)^{(1/2)}$ 暗示它可能会是无限的。此公式成立的前提是重力的方向一直是竖直向下的，然而，事实上在本题中，重力是指向地心的。

我们假设重力加速度的大小和在摆动中摆线的方向是没有改变的，这个摆动的振幅要远小于地球的直径。这些假设并不会削弱推导过程的主体：即使我们假设重力的大小不变，重力的方向也是在变化的。

引导性问题 15.6 深洞

另一个假设练习，假设你从现在站着的位置开始挖一条隧道，穿过地心，直到地球的另一端。向这个洞里扔石块后会发生什么？经过多久这个石块又会返回到你扔它的位置？（为简单起见，假设地球不自转，并忽略空气阻力。）

❶ **分析问题**

1. 用你自己的话来描述物理情形和要完成的任务。根据你的描述画一张草图。

2. 当你扔出石块后，你认为会发生什么现象？

❷ **设计方案**

3. 回顾《原理篇》13.8 节，一个实心球体所施加的万有引力，可以看作是球体的质量都集中在它的球心处时所施加的。

4. 石块在被扔进隧道后，它到地心的径向距离 $r<R_{\mathrm{E}}$，想象地球的一部分有半径 r（在这个瞬时点，你可以分析，石块正好位于一个你想象出的球体表面），确定此时地球施加在石块上的地心引力是多少？

5. 如果有必要，可以参考《原理篇》中的自测点 13.23。

6. 当石块经过地心时，它的加速度是多少？

7. 写出当石块通过隧道时，在它经过一个特定的点 x 时的运动公式。你可以将其转化为像简谐运动那样的公式吗？

8. 地球的平均密度是多少？根据你的需要，在你的草图上增加信息，使你的方法更加形象化。

❸ **实施推导**

9. 写出石块的位移随时间变化的公式。

10. 振动的角频率 ω 是多少？周期 T 是多少？

❹ **评价结果**

11. 将你计算出的周期和例 15.5 中的“无限长”单摆的周期做比较，从比较中你可以得到什么启示？

例 15.7 阻尼影响

你决定测量一种黏稠液体对单摆的影响，这个单摆是由一个摆长为 0.9m 的轻质杆、一个 2.0kg 的摆球和一个安装在杆的另一端的枢轴承组成的。你将单摆放在一大桶枫糖浆中。杆很细所以它几乎就没有受到影响，因此可认为摆球承受了所有的阻力。你开始让单摆在小振幅的情况下摆动，10s 后摆动几乎停止了。(a) 写出表达单摆和垂直线之间的夹角随时间变化的公式。(b) 这个单摆振动的近似周期是多少？忽略枢轴承上的阻力。

❶ **分析问题** 这个问题涉及了阻尼谐振动，不过这里是对一个单摆而不是在《原理篇》15.8 节中出现的木块-弹簧系统。枫糖浆施加在单摆上的拖曳力阻碍了它的运动。除了 10s 后运动几乎停止，我们不知道任何关于运动振幅的其他信息。因此，这里就需要我们的判断力。阻尼谐振动以指数递减结束，也就是说它永远也不可能真正地达到 0 振幅（运动变得太小以致观察不到）。一个合理的猜想是最后的振幅值是初振幅的 1%。

❷ **设计方案** 为了能利用《原理篇》15.8 节中的结论，我们要得到一个以式 (15.36) 为形式的方程：

$$m\frac{d^2x}{dt^2}+b\frac{dx}{dt}+kx=0$$

为了能表示转动的变量，我们需要做一些适当的数学变换（例如，x 变为 ϑ）。像在《原理篇》15.8 节中的木块-弹簧系统那样，我们假设枫糖浆施加在单摆上的拖曳力和单摆的速度成正比：$\vec{F}^d_{sp}=-b\vec{v}_p$［式（15.34）］。这个力转化为施加在单摆上的扭矩，再加上由地球施加的重力矩。因此，我们可以用式（15.24）：$\sum \tau_\vartheta=I\alpha_\vartheta$，得到如下形式：

$$I\frac{d^2\vartheta}{dt^2}=\tau_{Ep\vartheta}+T_{sp\vartheta} \qquad (1)$$

我们用式（15.31）：$\tau_\vartheta=-(ml_{cm}g)\vartheta$ 来简化 $\tau_{Ep\vartheta}$ 项。扭矩 $\tau_{sp\vartheta}$ 和单摆的运动速度 dx/dt 成比例，因此转动角速率为 $d\vartheta/dt$，这个信息给出了我们在（a）问阻尼振子运动方程所需要的衍生式。

为了得到运动周期，我们还需要知道在给定的时间段内振动的次数，也就是说我们需要知道阻尼运动的角频率 ω_d。因为有阻尼存在，角频率 ω_d 由式（15.38）给出。一旦得到了 ω_d，我们就可以从关系式 $T_d\approx2\pi/\omega_d$ 中得到运动的周期。

❸ **实施推导** （a）将 l 作为单摆摆杆的长度、m 作为摆球的质量。像上面提到的那样，通过式（15.31）可以得到由重力引起的扭矩。由枫糖浆施加的拖曳力的力矩为

$$\tau_{sp\vartheta}=F^d_{sp\perp}l=-(bv_{p\perp})l=-[b(l\omega_\vartheta)]l$$
$$=-bl^2\frac{d\vartheta}{dt}$$

这里我们用式（15.34）取代因子 $F^d_{sp\perp}$，用速率和沿圆弧运动的转动角速率的关系 $v_{p\perp}=l\omega_\vartheta$ 取代因子 $v_{p\perp}$，将这些值代入到式（1）中，得到：

$$I\frac{d^2\vartheta}{dt^2}=[-(mlg)\vartheta]+\left(-bl^2\frac{d\vartheta}{dt}\right)$$

$$I\frac{d^2\vartheta}{dt^2}+(bl^2)\frac{d\vartheta}{dt}+(mlg)\vartheta=0$$

这个结果和式（15.36）的形式

$$m\frac{d^2x}{dt^2}+b\frac{dx}{dt}+kx=0$$

一样，其中用 I 替换 m，ϑ 替换 x，bl^2 替换 b，mlg 替换 k。我们从式（15.37）中推断出阻尼单摆中转动位移关于时间的函数式：

$$\vartheta(t)=Ae^{-bl^2t/(2I)}\sin(\omega_dt+\phi_i)$$

（回顾《原理篇》15.5 节 ϕ_i 是运动的初相位）。单摆的转动惯量是 $I=ml^2$。将转动惯量代入我们的转动位移方程，得出：

$$\vartheta(t)=Ae^{-bl^2t/(2ml^2)}\sin(\omega_dt+\phi_i)$$

其中

$$\omega_d=\sqrt{\frac{mlg}{ml^2}-\left(\frac{bl^2}{2ml^2}\right)^2}$$

$$\vartheta(t)=Ae^{-bt/(2m)}\sin(\omega_dt+\phi_i)$$

因此

$$\omega_d=\sqrt{\frac{g}{l}-\left(\frac{b}{2m}\right)^2} ✓ \qquad (2)$$

像在木块-弹簧系统的例子中一样，角频率 ω 由依据阻尼系数的项 $[b/(2m)]^2$ 替代，可以看出振动以指数衰减。$b/(2m)$ 决定了阻尼。

（b）我们假定在 10s 后振动的振幅衰减到初值的 1%：$(0.010)A=Ae^{-b(10s)/(2m)}$ 解 $b/(2m)$，得

$$\ln0.010=-\frac{b}{2m}(10s)$$

$$\frac{b}{2m}=\frac{4.61}{10s}=0.46s^{-1}$$

因此，估计角频率和周期为

$$\omega_d=\sqrt{\frac{9.8m/s^2}{9.0m}-(0.46s^{-1})^2}$$
$$=\sqrt{(1.09-0.21)s^{-2}}=0.94s^{-1}$$

$$T_d\approx\frac{2\pi}{0.94s^{-1}}=6.7s ✓$$

❹ **评价结果** 如果我们将单摆从枫糖浆中移出，就是一个角频率为 $\omega=\sqrt{g/l}$（表达式中的 $b=0$ 时得到的 ω_d）的单摆。

我们还可以进一步验证，随着阻尼系数 b 的变化，ω_d 的代数表达式会像我们预期的那样变化。如果 b 增加，我们预期是 ω_d 会减小，因为单摆随着它的摆动需要克服更大的阻力。我们也可以看到在式（2）中，平方根内是减去 $b/(2m)$ 项，所以 ω_d 会随着 b 的增加而减小。

注意，不在枫糖浆中时单摆的角频率是 $\omega=1.04s^{-1}$，因此我们猜想枫糖浆对角频率

和周期有10%的影响。我们用初振幅的1%作为当察觉不到振动时的振幅的决定当然很武断。如果我们用0.1%呢？$b/(2m)$ 的值变为 $0.69s^{-1}$，所以有 $\omega_d=0.78s^{-1}$，现在我们选择对角频率有25%的衰减影响。影响的大小取决于我们的假设。然而，在修改后的假设下，周期变为8s，并不引人注目。

我们最后要考虑的事情是，为什么说周期约等于 $2\pi/\omega_d$ 而不是等于 $2\pi/\omega$ [式(15.1)：$\omega=2\pi/T$]。必须说约等于是因为振幅随时间指数变化，运动不是严格意义上的周期运动。运动并不是简单地做重复运动，这就使周期的定义变得模糊不清。因此 $T_d\approx2\pi/\omega_d$ 是最好的估算值。

引导性问题 15.8　阻尼振动

有一种典型的工业设计要素，其目的是使系统更容易受到多余振动的影响这就是临界阻尼。其思路是用一些干扰来替代运动，而不是做关于平衡位置的振动，在没有超出临界范围之前，使运动部分越快返回平衡位置越好。这需要阻尼角频率为0，即 $\omega_d=0$。(a) 对于例15.7中的单摆，如果要达到临界阻尼，其阻尼系数 b 的值应是多少？(b) 什么时候系统达到临界阻尼，它的振幅减小到初振幅的1%时需要多久？

❶ 分析问题

1. 阻尼系数 b 的物理意义是什么？

2. $b/(2m)$ 的值会不会比例15.7中的大或者小？

❷ 设计方案

3. 在问题陈述中给出的临界阻尼条件 $\omega_d=0$ 对确定 (a) 问中的值是否有用？

4. 哪些方程式或者表达式可以用来解决 (b) 问？你可以利用已完成的例15.7的结果来节省大量的推导吗？

❸ 实施推导

5. 用代数方法解出需要的方程式，先解 (a) 问再解 (b) 问。在你的表达式中有没有需要被消掉的未知量？

6. 代入已知量并计算出答案。

❹ 评价结果

7. 如果 b 的值是临界值的两倍，那么 (b) 问中的表达式会有怎样的变化？如果是临界值的一半，情况又会如何？

习题　通过《掌握物理》®可以查看教师布置的作业 MP

圆点表示习题的难易程度：● = 简单，●● = 中等，●●● = 困难；CR = 情景问题。

15.1　周期性运动和能量

1. 如果你给一群在地面上正要飞起来的鸟照相，即使对小鸟的身体聚焦，它的翅膀还是会模糊不清，那么翅膀在哪个位置最模糊？●

2. 根据《原理篇》上册的图15.2，绘出小车的动能和机械能随时间变化的函数。●

3. 根据《原理篇》上册的图15.2中的能量简图，在图中画出小车的速度-位置图像。●●

4. (a) 在《原理篇》上册的图15.2中哪个位置（用运动振幅的几分之几来表示）的动能是它最大值的一半？(b) 这个位置的速度（用最大速度的几分之几来表示）是多少？●●

5. 图P15.5显示了一个运动势能 U 随位置 x 变化的图像。在这个系统的周期性运动中，x 的最大变化范围是多少？●●

图 P15.5

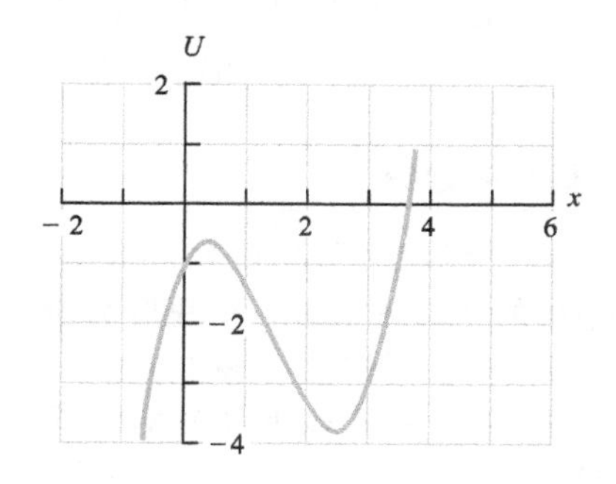

15.2 简谐运动

6. 一个振幅为 A 的振子在运动 2.5 个周期后运动的路程是多少？●

7. 图 P15.7 中的曲线所代表的运动的周期是多少？●

图 P15.7

8. (a) 解释一下在图 P15.8 中，为什么发动机活塞的运动只能近似为简谐运动。(b) 如果你想让运动更加接近于简谐运动，那么应怎样设置连接杆的长度？●●

图 P15.8

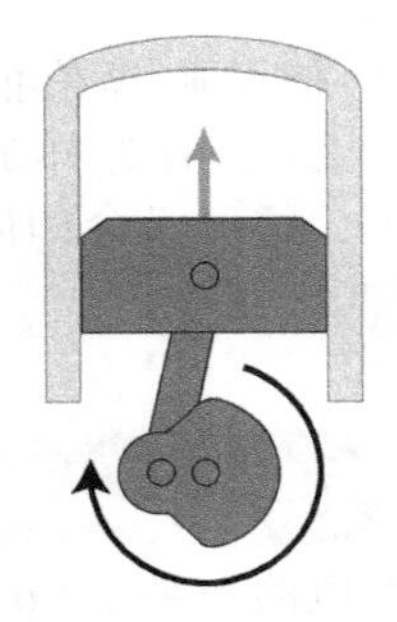

9. 像悠悠球这样的上下运动是否是周期性运动（假设没有能量消耗）？它是否是一个简谐运动？●●

10. 一个弹性很强的小球从 2.0m 的高度掉落在硬地面上，假设碰撞是弹性碰撞并且没有能量损失。(a) 说明小球在碰到地面后所做的运动是周期性运动。(b) 确定运动的周期。(c) 这是不是简谐运动？为什么是或者为什么不是？

15.3 傅里叶定律

11. 对一组包括谐波频率 889Hz、1143Hz 和 1270Hz 的特殊频谱进行傅里叶分析。假设基频 $f_1>100$Hz，基频应为多少？●

12. 即使当钢琴和小号演奏相同的音符（这意味着声音有相同的频率 f），两种乐器发出的声音听起来也完全不同。是什么造成了两种乐器的声音的差别？●●

13. 估计在图 P15.7 频谱的傅里叶分析中有多少个谐波（计算基频）。●●

14. 假设你通过叠加振幅减小 $1/n^2$ 的正弦函数得到了一个周期函数，其中 n 是任何基频的整奇数倍。(a) 这个周期函数会呈现什么样的一般特性？(b) 描述通过叠加频率 f、$3f$、$5f$ 和 $7f$ 这四项后得到的函数的图形。(提示：用叠加原理来构想图像) ●●●

15. 要想生成图 P15.15 中显示的“方波”需要什么样的谐波系？●●●

图 P15.15

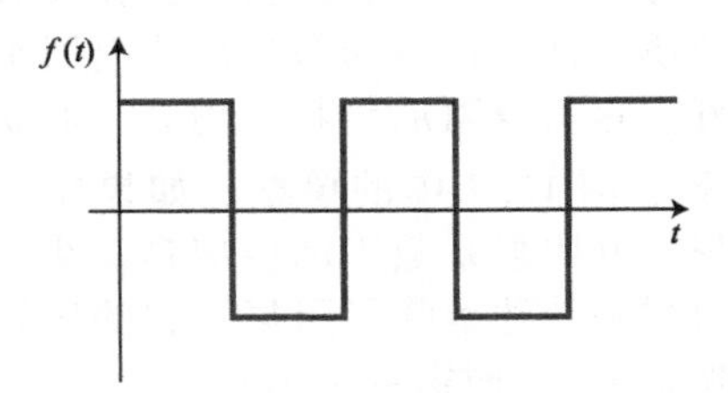

15.4 简谐运动的回复力

16. 下面的哪些力可以引起简谐运动：(a) $F(x)=2x$，(b) $F(x)=-2x$，(c) $F(x)=-2x^2$，(d) $F(x)=2x^2$，(e) $F(x)=-2x+2$，(f) $F(x)=-2(x-2)^2$。●

17. 你从跳板上跳入游泳池中，在你入水后，跳板仍在振动。（一个好的跳水板应该有一个大的阻尼。）确定和振动有关的回复力（或扭矩）和质量。●●

18. 在地球上的弹簧-小车系统和单摆有相同的周期。当将这两个系统放在国际空间站上时，它们的周期会有什么样的变化。●●

19.《原理篇》上册的图 15.12 中显示了处在稳定平衡位置、不稳定平衡位置和中性平衡位置三种状态下的物体所受合力在 x 轴上的分量。(a) 仔细检查这幅图，在三种不同的平衡位置状态下明显的不同是什么？(b) 用一组可以用来区分稳定平衡位置、不稳定平衡位置和中性平衡位置的数学公式来表达你的结果。(c) 这些公式具有一般性吗？也就是说，你可以画出一个合力的 x 分量既能满足要求的稳定平衡位置又不违背你的数学表达式的位置图吗？●●

20. (a) 当空气阻力可以忽略时，在纬

度相对高的地方摆钟会走得相对快还是相对慢？(b) 如果空气阻力不可以忽略，你的答案是否会改变？●●●

15.5 简谐振子的能量

21. 以周期 T 的形式分别写出式 (15.6)~式 (15.8) 所表示的运动。●

22. 图 P15.22 中画出的每个振动的初相位 ϕ_i 是正的、负的，还是 0？●

图 P15.22

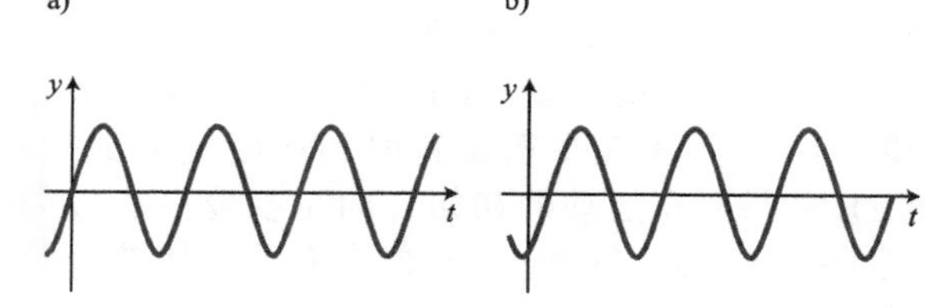

23. 在《原理篇》上册的图 15.22 中，相矢量的垂直分量做简谐运动。(a) 所有的水平分量也都在做简谐运动吗？(b) 垂直分量和水平分量的相位差 $\Delta\phi=\phi_v-\phi_h$ 是什么？●●

24. 想象一下你站在地球绕太阳的近似圆形轨道的平面上远距离观测。这个简谐运动有效的"劲度系数"是什么？●●

25. 回想一下《原理篇》图 15.22 中的参考圆。(a) 用旋转矢量的角频率 ω 表示的旋转矢量顶端沿切线方向的速度 $\vec{v}$ 的大小是多少？如何将旋转矢量的速度与做简谐运动物体的速度进行对比？(b) 用旋转矢量的角频率 ω 表示的旋转矢量顶端的向心加速度的大小是多少？这个加速度的垂直分量是多少？如何比较旋转矢量的加速度和做简谐运动的物体的加速度？●●

26. 给出一个做简谐运动的质点的位置公式 $x(t)=20\cos(8\pi t)$，x 以 mm 为单位，t 以 s 为单位。对于这个运动，(a) 振幅是多少？(b) 频率 f 是多少？(c) 周期是多少？(d) 粒子到达 $x=0$ 位置的前三个瞬时时刻分别是什么？(e) 求粒子在 $t=0.75\text{s}$ 时位置、速度和加速度的垂直分量。●●

27. 一个物体沿 x 轴做周期为 0.50s、振幅为 25mm 的简谐运动。当 $t=0$ 时，它的位置是 $x=14\text{mm}$。(a) 根据这些已知条件写出运动方程。(b) 画出运动的位置-时间图像。●●

28. 你站在一个桌子的一侧边外，观察放在桌子上的唱片机。以唱片机主轴（旋转轴）作为坐标系的原点，y 轴垂直于你所站的那一侧边，正方向指向远离你的方向。慢放唱片每分钟旋转 $33\frac{1}{3}$ 转。你把一个黏土小球放在一个半径为 0.15m 的唱片边缘上，调整黏土小球的位置使它在 $t=0$ 时，y 值最大。(a) 黏土小球的角频率是多少？(b) 写出黏土位置在 y 方向的运动公式。●●

29. 一个质量为 1.0kg 的物体做振幅为 0.12m、最大加速度为 5.0m/s^2 的简谐运动。它的能量是多少？●●

30. 已知一个做简谐运动的粒子的位置公式：$x(t)=a\cos(bt+\pi/3)$，其中 $a=8.00\text{m}$，$b=2.00\text{s}^{-1}$。求：(a) 振幅；(b) 频率 f；(c) 周期；(d) 当 $t=\pi/2\text{s}$ 时，粒子的速率和加速度的大小；(e) 最大加速度是多少？在 $t=0$ 后，粒子在何时首次达到最大加速度？(f) 最大速率是多少？在 $t=0$ 后，粒子在何时首次达到最大速率？●●

31. 对于所有的简谐运动，位置、速度和加速度都可以通过增加合适的相对相位因子，而写成相同的三角函数形式（正弦或者余弦函数）。(a) 证明：位置函数 $x(t)=\beta\cos(\omega t+\delta)$ 的 x 方向的分量是简谐运动的一个合理的解。(b) 写出与该位置函数对应的速度和加速度的 x 方向的分量。(c) 已知 $t=0$ 时刻的相矢量和振幅，画出位置、速度和加速度的 x 方向分量的参考圆。●●●

32. 你想做一件疯狂的事，就是挖一个地下隧道从波士顿通往巴黎，并在两个城市之间开通火车，它们在地球表面的距离是 5842km（见图 P15.32）。火车在隧道中向下的一部分运动，重力提供的是动力，向上的一部分隧道是克服重力向上的。如果你假设运动是简谐运动，行驶单程将会耗费多少时间？●●●

图 P15.32

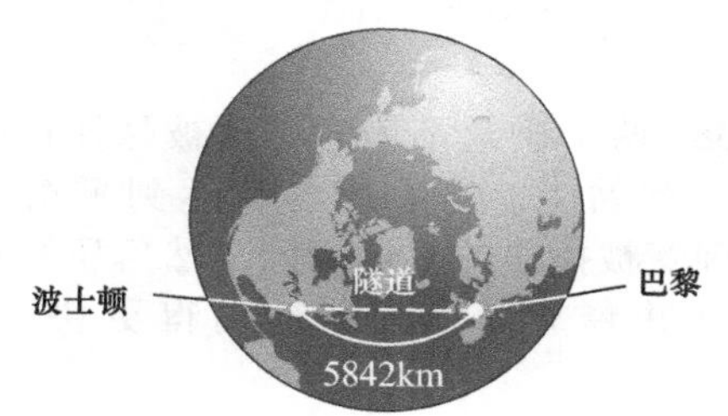

33. 你想出了一个方法，利用油漆搅拌器就可以测量多种物体和一个已知平面之间的静摩擦系数。搅拌器是一个固定振幅为50mm的振子，但是你可以调整它运动的频率。你将其附着在一个水平桌面上（已知的面），使得平面和它一起振动。然后你在平面上放一个物体，不断增加振动频率直到物体开始在平面上滑动。如果一枚硬币在桌面上开始滑动之前的频率是$f=1.85$Hz，那么硬币和平面之间的静摩擦系数是多少？●●●

15.6　简谐运动和弹簧

34. 弹簧即使在没有悬挂木块的情况下，也是有振动周期的。为什么它的周期不为0？●

35. 一个质量为m_1的木块竖直地挂在弹簧下方并开始振动，振动频率是f。再在弹簧上加挂一个质量为m_2的木块，$m_2 \neq m_1$，这时的频率是$f/2$，则m_1/m_2是多少？●

36. 两根弹簧常量相同的竖直弹簧，一根弹簧上悬挂着一个质量为m的小球，另一根上面悬挂着一个质量为$2m$的小球。如果两个系统的能量是相等的，那么它们振动的振幅之比是多少？●

37. 一个水平的弹簧-木块系统，由一个木块和振动频率为f的弹簧组成。将一根和第一根弹簧完全相同的弹簧添加到系统中。(a) 当两根弹簧如图P15.37a中那样连接时，频率f是增加、减小还是不变呢？(b) 如果像图P15.37b中那样连接，f有什么样的变化？●●

图 P15.37

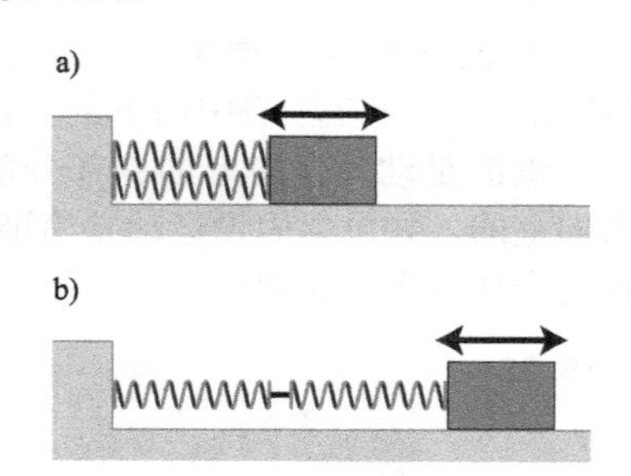

38. 两个质量不等的小球被悬挂在两根不同的弹簧上。当系统各自达到平衡位置时，弹簧被拉伸的长度相同。然后压缩这两个弹簧并释放，哪一个振动得更快一些？●●

39. 在一张桌子的腿上装上弹簧，使它可以垂直地做简谐运动。在桌子上面放一杯咖啡。讨论下面对系统的改变是否可以使咖啡杯离开桌子：(a) 增加振幅，(b) 增加周期，(c) 减小周期，(d) 减小桌子的质量，(e) 增加桌子的质量，(f) 改变运动的相位。(g) 如果咖啡杯不离开桌面而是杯里的咖啡飞出杯子，那么你的答案会有何区别？●●

40. 一辆质量为2.0kg的小车被系在一根水平放置的、弹簧常量为50N/m的弹簧上。当小车偏离平衡位置0.24m时，系统开始处于运动状态，小车的初速度是2.0m/s，方向为远离平衡位置。(a) 振动的振幅是多少？(b) 小车在平衡位置时的速度是多少？(c) 如果小车运动的初始方向是朝着平衡位置的，则(a)问和(b)问会有什么样的变化？●●

41. 一个垂直的弹簧-木块系统，它的周期是2.3s、质量是0.35kg，在低于平衡位置40mm处的位置，以向上初速度0.12m/s将木块释放。求：(a) 振幅，(b) 角频率ω，(c) 能量，(d) 弹簧的劲度系数，(e) 初相位，(f) 运动方程。●●

42. 质量为5.0kg的物体通过一根强弹簧悬挂在顶棚上，当物体被挂上后，弹簧被拉伸0.10m。物体被提升至高于平衡位置0.05m处，然后释放。确定简谐运动的振幅和周期。●●

43. 质量为5.0kg的木块通过一根强弹簧悬挂在顶棚上，释放后做周期为0.50s的简谐运动。木块停止运动时，测量挂有木块的弹簧的长度。当木块被取下时，弹簧的长度减少多少？●●

44. 质量为4.0kg的物体通过一根强弹簧悬挂在顶棚上，做振幅为0.5m的简谐运动。在振动的最高点时，弹簧的长度是它没有悬挂任何物体时的原长。(a) 计算系统的能量。在最低位置、平衡位置和最高位置分别计算：(b) 弹簧的弹性势能，(c) 物体的动能，(d) 地面-物体系统的重力势能。●●

45. 一个两端通过弹簧固定在墙上、质量为6.0kg的木块在水平面上自由滑动（见图P15.45）。两根弹簧在最初时都是原长。然后木块在被向右移动20mm后释放。(a)

系统有效的劲度系数是多少？(b) 假设向右是 x 轴的正方向，木块的位移随时间变化的公式是什么？忽略摩擦力。●●

图 P15.45

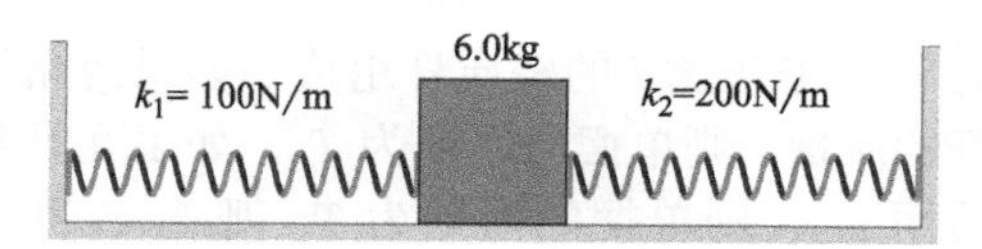

46. 图 P15.46 中的滑块 B 可以在水平面上自由滑动。滑动 C 放置在 B 的上面，系统在做振幅为 0.10m 的简谐运动。B 在偏离平衡位置 0.06m 处时，速率为 0.24m/s。(a) 确定运动的周期。(b) 如果 C 一直不滑动，B 和 C 之间的静摩擦系数 μ_s 的最小值是多少？忽略 B 和水平面之间的所有摩擦力。●●●

图 P15.46

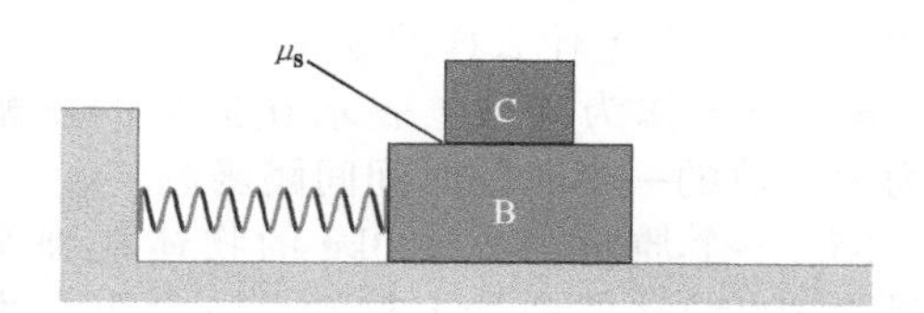

47. 当两个质量为 0.5kg 的木块粘在一起之后，你确定用 20N 的力可以将这两个木块拉开。将顶部木块挂在弹簧常量为 500N/m 的竖直弹簧上。当两木块还粘在一起时，运动的最大振幅是多少？●●●

48. 将质量分别为 m_1 和 m_2 的两个木块放置在水平面上，然后系在弹簧的两端，如图 P15.48 所示。两个木块从两边挤压弹簧。当木块被释放时：(a) 描述系统质心的运动，(b) 得出运动的角频率 ω 的表达式。(c) 当 $m_2 \gg m_1$ 时，ω 是多少？(d) 当 $m_2 = m_1$ 时，ω 是多少？忽略摩擦力和弹簧的质量。●●●

图 P15.48

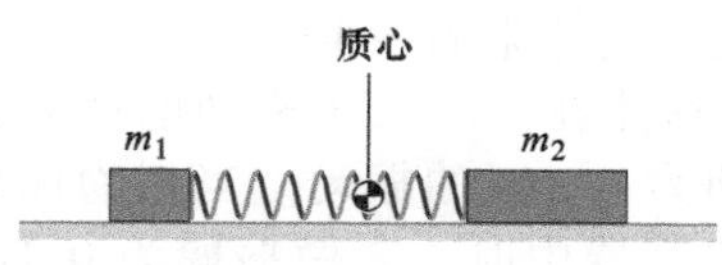

15.7 回复力矩

49. 你想构造一个每隔一段时间间隔就能发出“滴答”(单摆的一种摆动方式) 声和每隔一段时间间隔就能发出“塔克”(单摆的另一种摆动方式) 声的单摆，每段时间间隔为 0.5s。如果我们假定单摆是一个简谐摆，那么它的摆长应该是多少？●

50. 当图 P15.50a 中站立的单摆像图 P15.50b 中那样向后倾斜时，摆的周期会发生什么样的变化？

图 P15.50

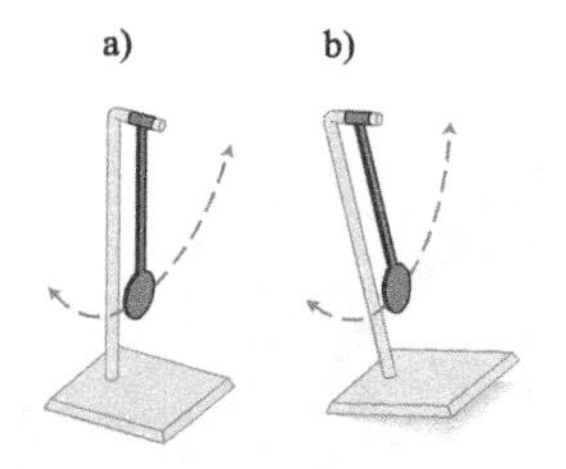

51. 图 P15.51 中的摆钟哪一个的周期更大一些？●●

图 P15.51

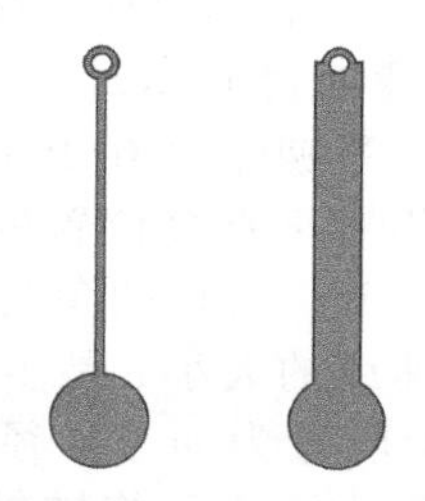

52. 可以使用小角度的近似值来推导式 (15.31)：$\tau = (-mlg)\vartheta$。(a) 近似中小的含义是什么？也就是说，在 ϑ 不再被称为小角度前，它的最大值是多少？(b) 作为一个定量的指标，在 $(mlg)\vartheta$ 值的偏离大于 τ 的实际值的 1% 前，ϑ 的最大值是多少？●●

53. 一个摆长为 l 的单摆，偏离垂直方向的最大角度为 ϑ_{max}。摆球在任意角位置处的线速度的大小是多少？●●

54. 时钟的摆轮重 800mg，它是由一个半径为 15mm 的薄金属环与重量可以忽略的辐条 (像在《原理篇》图 15.31 中的光纤一样) 连接而成的。光纤的反复扭转引起摆轮做周期为 T 的简谐运动，时钟每秒钟“滴答”四次，两个“滴答”声之间的时间间隔是 $T/2$。(a) 确定摆轮的转动惯量 I。(b) 使摆轮运动的光纤的扭转常量是多少？●●

55. 一个质量为 0.100kg 的细杆，长 250mm，在距它的一端 62.5mm 处穿一个洞。将一根金属线穿过洞，使细杆绕金属线自由地转动。（a）确定细杆绕金属线的转动惯量。（b）确定细杆的振动周期。

56. 一个质量为 m、长度为 l 的杆，刚性呈直角地连接在质量为 m 长度为 l 的立方体的一个面的中点（见图 P15.56）。杆的另一端由支点连接使系统可以自由地摆动，绕支点小振幅摆动的周期是什么？

图 P15.56

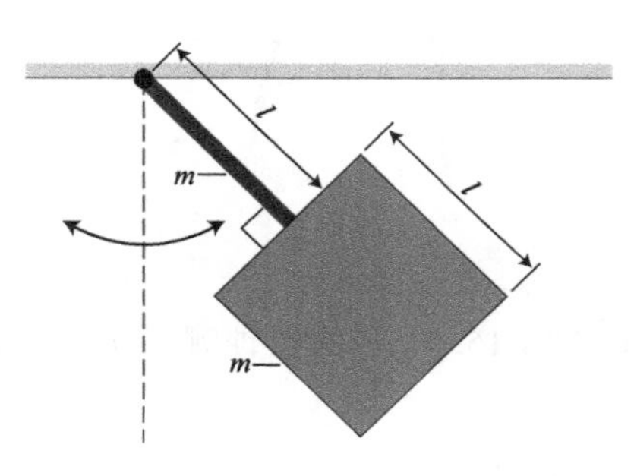

57. 摆长为 0.3m 的单摆，摆球重 0.3kg。在 $t=0$ 时，摆球通过它运动位置的最低点，在这点的瞬时水平速率是 0.25m/s。（a）单摆可以达到的相对于垂直位置的最大角位移 ϑ_{max} 是多少？（b）当它的角位移是 $\vartheta_{max}/2$ 时，摆球的线速度的大小 v 是多少？

58. 将一个质量为 m、半径为 R 的匀质圆盘放在一个垂直面上，将转轴放在距离质心为 l_{cm} 的点处（见图 P15.58）。当圆盘以一个小角位移绕转轴转动时，圆盘做简谐运动。确定运动的周期。

图 P15.58

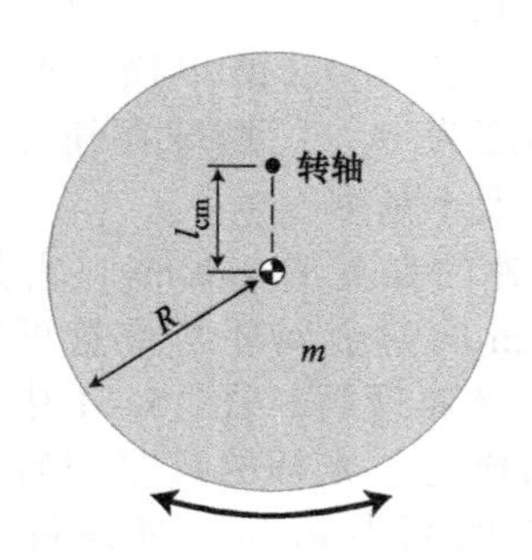

59. 一个质量为 0.5kg、半径为 $R=0.10$m 的细圆环悬挂在垂直面上，将它的转轴放在它的水平边缘，圆环可以绕转轴自由地振动。如果运动的振幅很小，则它的周期是多少？

60. 如果一个人比平均身高低 20%，他走的步频（即他运动的频率 f）和平均身高人走的步频比率是多少？假设一个人的腿像摆钟一样摆动，每个人步幅的角振幅是一样的。

61. 一个单摆由一个质量为 m_1 的摆球和质量为 m_2、长度为 l 的轻质杆组成。如果忽略轻质杆的质量，则单摆的周期为 T_0，如果在计算中使用 m_2，则单摆的周期为 T。那么 T 和 T_0 相差多少？请用比率 m_2/m_1 的幂的形式来表示误差 $\Delta T=T-T_0$。（提示：某种级数的展开在这里是可用的。）

15.8 阻尼振动

62. 证明：阻尼振动中，时间常数 $\tau=m/b$ 的单位是秒。

63. 如果阻尼振动的品质因子 Q 增加，而阻尼运动的周期保持不变，则阻尼运动的角频率 ω_d 会发生什么样的变化？

64. 以 τ 作为函数，表示在运动的振幅减为原来值的一半时的时间间隔函数。

65. 一个质量为 0.400kg 的物体在弹簧常量为 300N/m 的弹簧上振动。一个阻尼力和作用在系统的上的物体速度呈线性关系，阻尼系数为 $b=5.00$kg/s。（a）证明：给出的阻尼系数 b 的单位是正确的。（b）振动的频率 f 是多少？（c）时间常数 τ 是什么？（d）品质因子 Q 是多少？

66. 一个单摆由质量为 1.00kg 的摆球和长度为 1.00m 的弹簧组成。在 27.0s 的时间间隔内，单摆偏离垂直位置的最大角度由 6.00°减小到 5.40°。确定阻尼系数 b 和时间常数 τ 的数值。

67. 一个质量为 0.25kg 的摆球悬挂在长度为 0.6m 的弹簧上。当把单摆设置成小振幅运动时，在 35s 后振幅衰减为原来的一半。（a）单摆的时间常数 τ 是多少？（b）在哪个时刻，能量为原来的一半？

68. 物体在一个大小未知的回复力作用下做周期为 0.50s 的振动。当把物体放进一个真空的容器中时，它做振幅为 0.1m 的简谐运动。当空气开始进入到容器中时，振幅在每次循环后衰减 2.0%。（a）25 次循环后振幅为多大？（b）在空气进去 6.3s 后，剩余初能量的比例是多少？

69. 一个质量为 0.500kg 的木块在一个弹簧常量为 $k=12.5\text{N/m}$ 的垂直弹簧上做上下振动。运动的原始振幅为 0.100m。(a) 固有角频率 ω 是多少?(b) 如果观察到的角频率为 $\omega_d=4.58\text{s}^{-1}$，则 b 是多少?(c) 写出位移关于时间的函数。●●

70. 若一个阻尼谐振动的品质因子是 20，那么 (a) 每次循环能量减少多少?(b) 阻尼角频率 ω_d 和无阻尼角频率相差的百分比是多少?●●

71. 若在一次强烈地震中，地球可以被看作周期 54min、品质因子 400 的一个振子，那么 (a) 在每次循环中，由阻尼力造成的能量损耗占多少百分比?(b) 两天后剩余的能量占原始能量的比例是多少?●●

72. 敲击铜锣时，会产生很大的声音。声音会越来越小直到人耳听不到为止。作为人耳听到铜锣制造出来的声音的简化模型，我们可以将锣看作一个阻尼简谐振子，它的响度和振动的能量成正比。(a) 4.0s 内，音量下降到原来的 85%，阻尼谐振动的时间常数是多少?(b) 当它的音量降为原来的 25% 时，要用多长的时间?(c) 1.0min 后剩余原始音量的比例是多少?●●

73. 临界阻尼是用来描述阻尼系数 b 刚好达到谐振动不会发生的一种情形 (回顾引导性问题 15.8。这其实也是你所希望的车上的弹簧能起到的作用。当你的车因为撞击而导致弹簧弯曲时，它们不会引起车上下跳动，还可以减少与路面的接触)。(a) 对于一个质量为 m 的物体悬挂在一个弹簧常量为 k 的弹簧上，临界阻尼所需要的 b_{crit} 是多少?(b) 如果 $b>b_{crit}$，请描述这样的运动。●●

74. 一个质量为 3.0kg 的小物体从一座很高的建筑物的屋顶下落，最终获得一个最大速率 25m/s。假设施加在物体上的拖曳力和施加在阻尼振子上的阻尼力是同一个形式；也就是说，这个力和运动方向相反，它和物体的速率成线性正比。一个与上述物体相同的物体悬挂在一个垂直的弹簧 ($k=230\text{N/m}$) 上，以 0.2m 的振幅做振动。(a) 振动的品质因子是多少?(b) 当它的振幅变为原来值的一半时，用了多长的时间?(c) 在这段时间间隔内能量损耗了多少?●●●

75. 桌子上的物体挂在一个水平弹簧的一端振动。因为桌子上有一层黏性物质，因此每次循环后运动的振幅都会减小。$t=1.5\text{s}$ 时，物体偏离平衡位置 60mm，这时也是它偏离平衡位置的最大位移。在下一次循环中，振幅为 56mm，$t=2.5\text{s}$ 时，物体达到它在 x 轴上的最大值。利用所有的瞬时值，写出物体在 x 方向的位移随时间变化的公式。●●●

附加题

76. 在简谐运动中，每个转向点离平衡位置的距离是不是相等的?●

77. 如果简谐运动的振幅加倍，那么 (a) 系统的能量，(b) 物体运动的最大速率，(c) 运动的周期分别会发生什么变化?●

78. 一个钟摆在固定的升降电梯中摆动，当电梯：(a) 加速向上时，(b) 匀速向下时，(c) 向下减速停止时，运动的周期分别会发生怎样的变化?●

79. 你测量出一个垂直的木块-弹簧系统的振动频率为 f_{whole}。你将弹簧从中间切开，将相同的木块挂在其中的一半上，测量频率 f_{half}，则 f_{half}/f_{whole} 的值是多少?

80. 在图 P15.80a 中，一个人用手托着垂直的木块-弹簧系统，使弹簧处于压缩状态。当手放开时，质量为 m 的木块做反向运动，并在时间间隔 Δt 内下降了距离 d (见图 P15.80b)。一旦系统停止，拿走原来的木块，用一个质量为 $2m$ 的木块取代它，重复实验。则木块下落的最大距离是多少?

图 P15.80

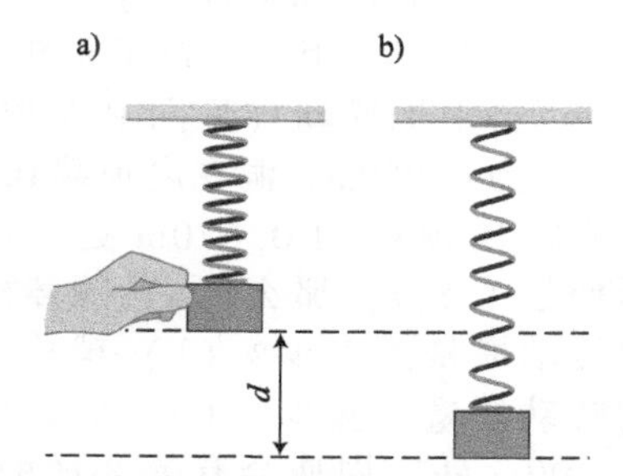

81. 两个谐振动运动 $x(t)=A\sin(m\omega t)$ 和 $y(t)=A\sin(n\omega t+\phi)$，其中 m 和 n 是正整

数。可以想象它们在 x 轴和 y 轴上的简单图像是相互垂直的。如果轨迹是一个闭合的曲线，那么对 m、n 和 ϕ 的限制条件是什么？这条曲线叫作李萨如曲线。请分别在以下条件下画出曲线：(a) $m=n=1$，$\phi=0$；(b) $m=n=1$，$\phi=\pi/4$；(c) $m=2$，$n=3$，$\phi=0$。

82. 如果你将书放在你的食指和拇指中间，让它轻微摆动，它的振动周期是多少？忽略所有在书和手指间的摩擦力影响。

83. 你有一个泪珠状的、质量为 2.00kg 的物体，在它的一端有一个挂钩，最长轴为 0.28m（见图 P 15.83）。当你试图让它在你的手上保持平衡时，从挂钩到你的手指的距离为 0.2m。当你通过挂钩悬挂这个物体，使它做简谐运动时，它在 11s 内完成 10 次循环，它的转动惯量 I 是多少？

图 P15.83

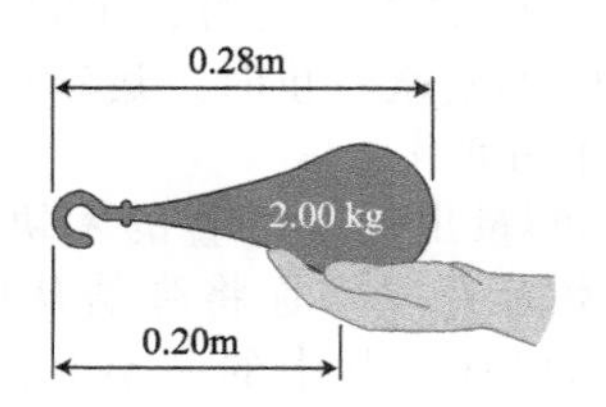

84. 一个质量为 2.0kg 的物体在水平面上自由滑动。这个物体连接在一个弹簧常量为 200N/m 的弹簧的一端，弹簧的另一端系在墙上。在远离墙的方向拉物体，使弹簧从原始长度被拉伸 50.0mm。物体不是在静止状态下释放，而是给它施加一个 2.00m/s 远离墙面方向的初速度。(a) 计算振动系统的能量。(b) 写出物体位移随时间的变化公式。忽略摩擦力。●●

85. 在质量为 0.96kg 的棒球棒的相对细的一端上穿一个洞，用一个钉子将棒球棒悬挂使它可以自由地摆动（见图 P15.85）。棒球棒的长度为 0.860m，洞在离顶端 0.0300m 处，质心在离顶端的 0.670m 处。如果振动的周期是 1.85s，那么 (a) 球棒绕钉子转动的转动惯量是多少？(b) 球棒绕质心转动的转动惯量是多少？(c) 假设洞在离顶端 0.200m 处，周期会有怎么样的变化？●●

实践篇

图 P15.85

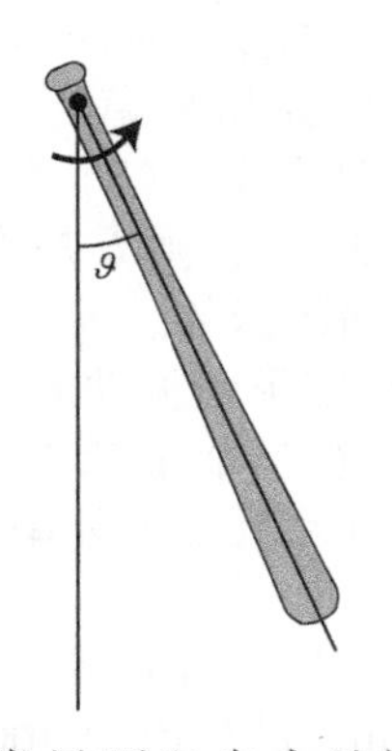

86. 一把米尺可以自由地围绕低于最高点的 x 处转动，其中 x 的范围是 $0<x<0.50$m（见图 P15.86）。(a) 如果它像摆钟一样摆动，它的频率 f 是多少？(b) 如何移动转轴的位置才可以缩小运动周期？●●

图 P15.86

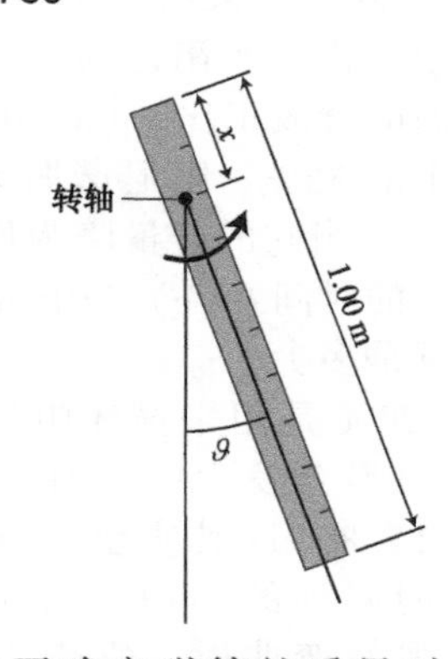

87. 为了确定弹簧的质量对简谐运动有什么样的影响，假定弹簧的质量为 m，原始长度为 l_{spring}。弹簧水平放置，一端固定在一个垂直的面上，当弹簧被拉长 x 时，系统的势能为 $\frac{1}{2}kx^2$。如果将弹簧的自由端移动到 x 点时，自由端的速率为 v，请用 m 和 v 表示弹簧的势能。（提示：将弹簧的长度分为无限小的微元，微元的长度为 $dl_{segment}$，位于 $l_{segment}$ 点；用 $l_{segment}$、$dl_{segment}$、m、v 和 x 表示出微元的运动速率，然后从 $l_{segment}=0$ 到 $l_{segment}=l_{spring}+x$ 求积分。）●●●

88. (a) 证明：做简谐运动的物体的速率关于位移的函数为 $v(x)=\omega\sqrt{A^2-x^2}$。(b) 考虑 $v(x)=dx/dt$，分离出 dt 并对其求积分，从而确定出振动物体从偏离平衡位置到任意

点 $x<A$ 所需要的时间。将结论和由式(15.6)：$x(t)=A\sin(\omega t+\phi_i)$ 得到的 $\Delta t=t_{x<A}-t_{x=A}$ 做对比。●●●

89. 国王的钟表不能准确计时了，因为是你设计的，所以国王要你负责。你检查了主要用于计时的振子，即弹簧-小球系统，发现弹簧丝有些细，而且刚性强，于是你意识到单摆可能会更可靠。不幸的是，你无法测量振动时间，也不记得它原来的周期。没有测量线长的尺子，也没有足够的线做实验。突然，你意识到你所有需要做的就是，当弹簧被垂直放置时，小球将弹簧拉伸了多长！你利用单摆来计时的新设计，使国王消了怒气。●●● CR

90. 在物理实验室，你正在测量垂直悬挂的弹簧-小球系统的周期，小球的质量为0.50kg。随着系统的上下谐振动，它同时也会左右摆动，这样就会干扰你测量垂直运动。在做了几次实验后，你计算出了这样设置的系统的周期。你决定通过水平固定的弹簧，并使其通过一个半径为0.035m的滑轮来消除左右摆动造成的影响（见图P15.90）。通过这样的设计，你得到的周期比你之前垂直悬挂时测量的周期大10%。此时你意识到自己会有一个额外的收获，那就是你想知道在你得到的数据里是否暗含了滑轮的转动惯量。●●● CR

图 P15.90

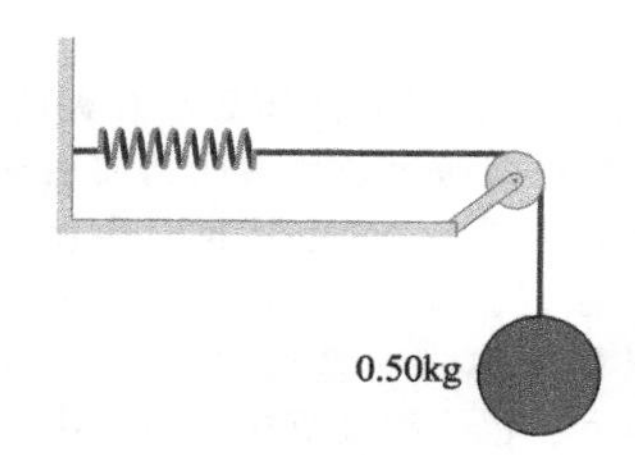

91. 假设你在国际空间站上，需要在外太空的自由落体条件下记录自己的质量。为了完成这项任务，你在刚性弹簧的一端挂一个质量为215kg的货箱，并将自己挂在弹簧的另一端。最初弹簧和货箱相对你是静止的。推开货箱后，你漂浮在太空舱里，和货箱做周期为2.21s的振动。你将自己从弹簧上取下，挂上与弹簧另一端完全相同的货箱来替代自己。这时两个货箱组成的系统的振动周期是3.13s。令人惊奇的是，即使你吃的是压缩食物，你的质量似乎还是增加了。●●● CR

复习题答案

1. 如果在有规律的时间间隔内不断地重复做运动，那么这个运动就是周期性运动。

2. 振幅是运动物体偏离平衡位置的最大位移。频率是每秒钟做重复运动的次数。

3. 周期是完成一次循环的时间间隔：(5.00s)/(4次)=1.25s/次；$T=1.25\text{s}$。频率是周期的倒数，$f=1/T=0.800\text{Hz}$。

4. 动能在平衡位置时最大，在位移最大位置动能为0。势能的最大点是在位移最大处，在平衡位置时势能为0。

5. 周期不会随振幅的变化而变化，因为简谐运动是等时的。

6. 所有简谐运动都是等时的，等时运动的加速度和物体偏离平衡位置的位移成正比。根据牛顿第二定律，回复力和物体的加速度成比例，因此回复力与物体偏离平衡位置的位移成比例。成比例保证了它们是线性关系。

7. 转向点是物体开始转向的位置——也就是说，改变它的运动方向。这些点是运动的位移最大的位置，即离平衡位置最远的位置。

8. 圆周运动是二维的平面运动，因此在圆周运动上的位置矢量可以被分解为两个正交的分量。任何的运动分量都可以用一个随时间变化的正弦函数表示，任何可以用正弦函数表示的运动都是简谐运动。因此简谐运动和匀速圆周运动的分量有相同的函数效果。

9. 所有周期函数，无论多复杂，都可以表示成频率为 $f_n=n/T$ 的简谐运动的正弦函数的叠加，其中，$n\geqslant1$ 且为整数，T 是运动的周期。也就是说，周期运动可以看作是简谐运动的叠加，因此为了处理所有的周期运动，我们要理解简谐运动。

10. 基频就是周期函数的原频率。

11. 周期函数的频谱是在傅里叶序列和频率图中的每个谐波振幅的条形图。

12. 傅里叶分析是将一个函数分解成傅里叶级数（频率是基频的整数倍的正弦函数的和）。傅里叶合成是傅里叶分析的逆过程：通过叠加频率是基频的整数倍的正弦函数来得到周期函数。

13. 在稳定平衡点可以做周期性运动。

14. 它们有相同的周期，回复力与转动惯量都

和 m 成比例，因此可以忽略对 m 的依赖性。

15. 在偏离平衡位置很小的位移的情况下，回复力和位移成线性比例。

16. 秋千的周期和摆的摆球质量无关——在这里摆球指秋千上的人。因此，这两个秋千是同步的。

17. 没有，即使是和简谐运动有关的角频率 ω，也是为了对讨论简谐运动和匀速圆周运动的数学相似性而提供的便利。（这也是我们为什么不叫它转动角速率的原因，即使两者在数学意义上相似。）参考圆可以帮助你将简谐运动和圆周运动建立联系，给角频率、相位和振幅提供一个几何解释。

18. 当且仅当变量 x 关于时间的二阶导数等于变量 x 与负的常数（角频率的二次方）的乘积时，变量 x 表示的是简谐运动。

19. 根据公式 $\sin\phi_i = x_i/A$ [式（15.6），取 $t=0$]，还要知道振幅 A。

20. 角频率的单位是 s^{-1}，正如圆周运动中一样，而频率的单位则是 Hz（赫兹）。

21. 根据 $T = 2\pi\sqrt{m/k}$ [式（15.1）和式（15.22）]，还要知道弹簧的弹簧常量 k。

22. 减小，另一个人进到车里后，使弹簧压缩的质量增加，而且角频率 ω 和质量的平方根成反比[式（15.22）]。

23. 除了周期和频率之外，其他的物理量都是可控的，这两个物理量在设计振动系数时（质量和弹簧常量）就已经被确定好了。

24. 当水平系统的摩擦力小到可以忽略时，频率是相同的。

25. B。利用出现在角频率表达式 $\omega = \sqrt{mlg/I}$ 中的比率 l/I。对于 B 而言，它的摆长 l 是 A 的两倍，但是 B 的转动惯量 I 却是 A 的 4 倍，因为转动惯量和长度的平方成比例 [式（11.30）：$I=mr^2$]，因此 B 的角频率 ω 比 A 的小。又因为周期和角频率成反比（$\omega=2\pi/T$），所以 B 的周期 T 比 A 的周期更长。

26. 因为钟表走得慢了，你要增大振动的角频率 ω。因此，你要将钟表的摆盘往上调来减短摆杆的长度，减小转动惯量。

27. 小角度近似值是必不可少的。摆钟的运动方程和重力矩相等，和 $\sin\vartheta$、惯性量成比例（和角位置 ϑ 关于时间的二阶导数成比例）。简谐振子方程要求含有二阶导数的变量在回复项中也应被表示为线性项（即只能是一阶的）。只有当你用 ϑ 代替 $\sin\vartheta$ 时才有可能做到，这叫作“小角度近似”，因为只有在角位移小于 1 或者角大于 1rad 时才有效。

28. 在式（15.25）中，转动位移没有单位，因此转动常量和扭矩有相同的单位：N · m。

29. 不会，过阻尼的条件是阻尼太大致使系统返回平衡位置不再振动。

30. 随着阻尼系数的增加，振动的振幅会越来越快速地消失。当 b 达到它的最大值时，系统在其振动小到不能测量时，仅做很少次数的振动。并且随着阻尼的增加，角频率 ω 减小，但是这不会引起超过 5%的变化。

31. 能量会以 e 或者 2.718 的倍数减小，因此最后大约仅剩下初能量的 37%。

引导性问题答案

引导性问题 15.2 （a）$x(t) = (152\text{mm})\sin[(3.49\text{s}^{-1})t]$；（b）$v_{max} = 532\text{mm/s}$；（c）$a_{max} = 1.86\text{m/s}^2$

引导性问题 15.4 $l=h$

引导性问题 15.6 石块开始振动并且穿过地球，并最终返回。石块返回到你的位置时的时间间隔为一个周期，$T=84\text{min}$。

引导性问题 15.8 （a）$b=2m\omega$；（b）$t=0.73T=4.4\text{s}$

实践篇

第16章　一　维　波

章节总结

波的表征（16.1节，16.2节，16.5节）

基本概念 波是振动在媒质（介质）或者真空中的传播。

波脉冲是单个独立传播的振动。

波函数是表示一个波在任意瞬时点或者在传播时随时间变化的形状。

波速 c 是波在传播过程中的速率。对于机械波，c 和介质中质点的速率 v 是不同的，并且是由介质的性质决定的。

在传播机械波的介质中，任何质点的**位移** $\vec{D}$ 都是一个从质点实际位置指向平衡位置的矢量。

在**横波**中，质点的振动方向与波的传播方向垂直。而在**纵波**中，质点的振动方向与波的传播方向平行（一致）。

在**周期波**中，任意位置的位移都是关于时间的周期函数。如果质点的位移可以用距离和时间的正弦变化函数表示，那么这个周期波就是简**谐波**。

定量研究 如果速率为 c 的波在 x 方向上传播，且用 $f(x)$ 表示波的形状，则介质中质点位移在 y 方向的分量是 D_y。

如果波是沿着 x 轴的正方向传播，则

$$D_y=f(x-ct) \tag{16.3}$$

如果波是沿着 x 轴的负方向传播，则

$$D_y=f(x+ct) \tag{16.4}$$

周期波的**波长** λ 是波完成一次重复运动的最小距离。

对于周期为 T、频率为 f、速率为 c 的周期波，它的**波数** k 可以表示为

$$k=\frac{2\pi}{\lambda} \tag{16.7}$$

波长 λ 为

$$\lambda=cT \tag{16.9}$$

角频率 ω 为

$$\omega=\frac{2\pi}{T} \tag{16.11}$$

波速为

$$c=\lambda f \tag{16.10}$$

对于一个振幅为 A、沿 x 轴正向传播的、初相位是 ϕ_i 的横向谐波，介质中质点位移在 y 方向的分量 D_y 为

$$D_y=f(x, t)=A\sin(kx-\omega t+\phi_i) \tag{16.16}$$

波的叠加（16.3节，16.4节，16.6节）

基本概念 **波的叠加**：两列或者两列以上重叠波的合位移是每个波位移的代数和。

当两列波重叠时，会发生**干涉**。当两列波的位移在同一方向时干涉是相长干涉，当两列波的位移是相反方向时，干涉是相消干涉。

当波经过空间上的某个点时，该点的位移仍是0，那么这个点就是**波节**。其他点的位移随时间特定地变化。当波经过空间上的某个点时，该点的位移达到最大值，那么这个点就是**波腹**。

当一个波脉冲（入射波）达到传播介质的终点边界时，脉冲反射，也就是说它改变了传播方向。

定量研究 如果相同波长 λ 和相同振幅 A 的两列谐波沿一条绳子的相反方向传播，那么它们会产生一个驻波。在沿着绳子的任意位置点 x 在绳子上的位移在 y 方向的分量 D_y 如下式：

$$D_y=2A\sin kx\cos\omega t \tag{16.20}$$

波节发生在

$$x=0, \pm\frac{\lambda}{2}, \pm\lambda, \pm\frac{3\lambda}{2}, \cdots \tag{16.22}$$

波腹发生在

$$x=\pm\frac{\lambda}{4}, \pm\frac{3\lambda}{4}, \pm\frac{5\lambda}{4}, \cdots \tag{16.24}$$

当一个波脉冲被一个固定边界反射时，反射波的位移相对于入射波是反向的。当反射波从一个自由运动的边界反射回来时，反射波的位移不发生反向。

驻波是由具有相同振幅和波长的简谐波沿相反方向传播相互干涉形成的稳定振动模式。

弦波（16.7 节，16.9 节）

定量研究 对于一根质量为 m、长度为 l 的均匀的绳子，其**线质量密度**（单位长度上的质量）μ 为

$$\mu=\frac{m}{l} \tag{16.25}$$

在张力$\mathcal{T}$下，波在绳上的速率为：（张力的物理量符号不是英文字母 T，而是一个与 T 类似的字母）

$$c=\sqrt{\frac{\mathcal{T}}{\mu}} \tag{16.30}$$

为了生成周期为 T 的波，平均功率必须为

$$P_{\text{av}}=\frac{1}{2}\mu\lambda A^2\omega^2/T=\frac{1}{2}\mu A^2\omega^2 c \tag{16.42}$$

任何以速率 c 传播的、形式为 $f(x-ct)$ 或者 $f(x+ct)$ 的波函数 f 都是以下**波动方程**的解：

$$\frac{\partial^2 f}{\partial x^2}=\frac{1}{c^2}\frac{\partial^2 f}{\partial t^2} \tag{16.51}$$

复习题

复习题的答案见本章最后。

16.1　波的图形表示

1. 波传输的物理量有哪些？

2. 判断下列波是纵波还是横波：鞭子挥动时产生的波，汽车在高速公路上堵车时加速或者减速产生的波，投入池塘的小石子引起的水波，拨动吉他弦线产生的波。

3. 沿细绳传播的波的波速 c 和细绳上某个小部分的速率 v 的区别是什么？

4. 对于给定的波脉冲，波函数（关于时间的函数）是不是总是和位移曲线（关于距离的函数）相一致？

16.2　波的传播

5. 你坐在海滩上看着海浪，它们的频率和速率之间有什么区别？

6. 如果《原理篇》图16.5中的手最初向左拉伸弹簧而不是像图中显示的那样压缩的话，那么波速会有怎样的变化？

7. 所有的波都具有周期性的吗？它们都具有简谐性吗？

8. 如果上下晃动绳子的一端，开始时慢然后越来越快，那么在细绳上产生的波会发生怎样的变化？有哪些量保持不变？

16.3　波的叠加

9. 在什么情况下由两个波脉冲产生的相消干涉和相长干涉是一种临时现象？

10. 对于任意波脉冲，它的动能和势能的值之间有什么联系？

11. 当波在叠加时，波函数会以怎样的方式叠加？

16.4　边界效应

12. (a) 从一个固定边界反射的波和与之对应的入射波之间有什么不同？(b) 由一个自由边界反射的波和与之对应的入射波之间有什么不同？

13. 一个波脉冲沿着绳子传播并到达边界，请用图解法描述怎样确定反射波的形状。

16.5　波函数

14. 列举用来描述运动的谐波所需要的所有变量。

15. 波数的定义是什么，它的作用是什么？

16. 含时波函数 $D(x, t)=3\sin(5x-2t)$ 所表示的波的运动方向是什么？

16.6　驻波

17. 什么是波腹？

18. 在波长为 λ 的驻波中，波节和与它相连的波腹之间的距离是多少？

19. 在驻波中，是否存在介质的位移恒为0的波腹？

16.7　波速

20. 一位宇航员拿着他的夏威夷小吉他（ukulele）在太空中行走。当他在太空中漫不经心地拨动琴弦时，每根琴弦上的波的速率与在地球上相比，变大、变小还是相等？

21. 两端被夹紧的振动弦，其中一个夹子是一个可调松紧的螺钉。在不改变波长的情况下，你要将张力调节到多大才可以使振动的频率变为原来的两倍？

22. 一条线或者绳子的线质量密度是什么？

16.8　波的能量传输

23. 用文字描述式(16.42)中功率和波的性质之间的关系。

24. 当你摇动一根绳子的一端产生波时，有多少能量转化为绳子的动能？又有多少能量转化为拉伸了的绳子的势能？

16.9　波动方程

25. 偏导数和导数的区别是什么？

26. 一个沿着拉伸的绳子运动的波脉冲。描述脉冲运动的速率、脉冲曲率和绳子上每一小段的加速度之间的关系。

估算题

从数量级上估算下列物理量，括号中的字母对应于可能用到的提示。根据需要使用它们来指导你的思考。

1. 驻波在吉他弦上的最大可能波长（B，N）

2. 横波在吉他弦上的速率（A，R）

3. 横波在固定于电线杆两端的电话线上的速率（C，I，L，T）

4. 波长和你身高一样的无线电波的频率（D，J）

5. 氦原子中作圆周运动的电子形成的驻波的最大可能波长（O，S）

6. 波长等于地球绕太阳运动轨道周长的波的波数（F，P）

7. 吉他弦振动的功率（A，H，M，R）

8. 吉他的最粗弦的线质量密度和最细弦的线质量密度之比（K，Q，U，E，G）

提示

A. 一根标准的吉他弦的线质量密度是多少？

B. 一根吉他弦的标准长度是多少？

C. 两根电线杆之间的距离是什么？

D. 无线电波以多大的速率传播？

E. 线质量密度随波速的变化发生怎样的变化？

F. 地球绕太阳运动的轨道半径是多少？

G. 如何比较两根吉他弦上的波速？

H. 振动的振幅是多少？

I. 电话线垂直下垂的最大量是多少？

J. 波长、频率和波速之间的关系是什么？

K. 拨动每根弦时的基频是多少？

L. 施加在电话线上的张力使电话线和水平面呈多大的夹角？

M. 一根振动的吉他弦的标准频率是多少？

N. 当吉他弦振动时，在它上的波节或波腹是什么样子的？

O. 氦原子的半径是多少？

P. 波数和波长之间有什么样的关系？

Q. 两根弦是否具有相同的张力？

R. 吉他弦的标准张力是多少？

S. 在具有最大波长的驻波上，波节或波腹是什么样子的？

T. 在不知道电话线质量的情况下，有没有可能计算出振动的速率？

U. 对比两根弦，如何看待基本振动（单波腹）的波长？

答案（所有值均为近似值）

A. 2×10^{-3}kg/m；B. 0.7m；C. 2×10^{1}m；D. 光速，即 3×10^{8}m/s；E. $\mu = T/c^2$；F. 2×10^{11}m；G. 因为波长相等，所以波速 c 和频率 f 成正比；H. 3mm；I. 0.5m；J. $\lambda f=c$；K. 在最粗的弦上的频率为 1×10^{2}Hz，在最细的弦上的频率为 4×10^{2}Hz；L. 5×10^{-2}rad（线的中间下垂的高度）；M. 3×10^{2}Hz；N. 对于基本振动，一个波腹在中点，在每个端点有一个波节；O. 1×10^{-10}m；P. $k=2\pi/\lambda$；Q. 是的，近似的；R. 7×10^{1}N；S. 两个波节和两个波腹；T. 有可能，但是近似的，质量会在分子和分母上都出现，相互抵消；U. 对于有相同的基本波节或波腹模式的两根长度相同的弦，它们有完全相同的波长。

例题与引导性问题

下列例题涉及本章内容，但又不仅仅局限于本章中的某一节。
其中一部分以例题的形式给出，另一部分则以引导性问题的形式给出。

例 16.1　上下摆动

一艘快速驶过的快艇遗留下了一条尾迹，这条尾迹使附近的一艘小船轻轻晃动，在小船上一位物理系的学生正在测量。她测量到尾迹从最低点到最高点的高度差为 0.80m，尾迹使小船晃动的周期是 1.5s。两个波峰间的距离是 1.7m。(a) 波的速率是多少？(b) 波函数是多少？(c) 小船的最大垂直速率是多少？

❶ **分析问题**　这位学生测得了波的几个参数，我们需要计算其他的量。我们通过一张草图来使我们的想法和过程具体化（见图 WG16.1）。我们需要计算三个量：波的速率也就是波通过水面的速率，描述波的波函数，小船在水中上下浮动的速率。在计算最后一个值的时候，我们假设小船是在波浪的表面轻轻上升，与在水中的最低点方向相反；利用这个假设，船的振幅以及运动的速率都和船下方的水是一致的。为了简便起见，我们假设波近似于波函数确定的正弦波。

图 WG16.1

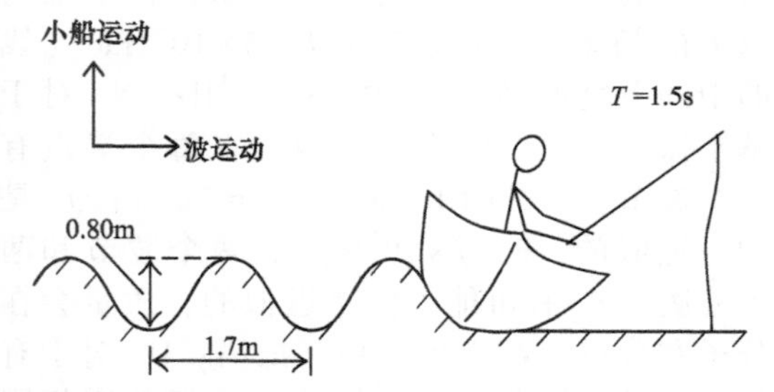

❷ **设计方案**　波速可以由周期和波长得到，$c=\lambda/T$ [式 (16.9)]。小船的垂直速率，即波浪通过小船位置时，该位置的水质点按简谐运动上下运动的速率。因为小船随着水在垂直方向上发生位移，所以小船的排水量曲线和水相一致。水中特定点在 x 处随波浪的运动方向垂直于波浪传播的方向（我们把该方向看作是 x 轴），我们将水表面（小船）的位移看作沿着 y 轴，得出波函数

$$y(x,\ t)=D(x,\ t)=A\sin(kx-\omega t)$$

因为小船沿着 y 轴上下运动，我们可以通过小船的 y 坐标关于时间的偏导得出小船速度在 y 方向上的分量：

$$v_y=\frac{\partial y}{\partial t}$$

通过求得这个函数的最大值就可以获得小船的最大摆动速率。

❸ **实施推导**　(a) 波速为

$$c=\frac{\lambda}{T}=\frac{1.7\text{m}}{1.5\text{s}}=1.1\text{m/s}\ ✔$$

(b) 从峰值到峰谷的高度是波的振幅的两倍，振幅 $A=\frac{1}{2}(0.80)=0.40\text{m}$（要注意单位一致）。所以，我们可以由式（16.7）和式（16.11）得到 $k=2\pi/\lambda$，$\omega=2\pi f=2\pi/T$，所以，波函数为

$$\begin{aligned}y(x,\ t)&=A\sin\left(\frac{2\pi}{\lambda}x-\frac{2\pi}{T}t\right)\\&=(0.40\text{m})\sin\left(\frac{2\pi}{1.7\text{m}}x-\frac{2\pi}{1.5\text{s}}t\right)\\&=(0.40\text{m})\sin[(3.7\text{m}^{-1})x-(4.2\text{s}^{-1})t]\ ✔\end{aligned}$$

(c) 因为波是正弦曲线，所以小船垂直速度的 y 分量为

$$v_y(x,\ t)=\frac{\partial}{\partial t}A\sin(kx-\omega t)=-\omega A\cos(kx-\omega t)$$

无论小船在哪个位置，都存在一些摆动速度达到最大的瞬时点。这些点是当 $|\cos(kx-\omega t_{\max})|=1$ 时的点，在那些瞬时点摆动速率 ωA 为

$$v_{\max}=\omega A(1)=\frac{2\pi}{1.5\text{s}}(0.40\text{m})=1.7\text{m/s}\ ✔$$

❹ **评价结果**　如果我们考虑通过湖表面的水波，水波的速率是 1.1m/s，那么摆动速率为 1.7m/s 感觉上会很合理。我们假设小船随着水移动，因此我们对小船的结果是以波函数为基础的，这个波函数是表示位于位置点 x 的水粒子随着 y 轴的波通过时的运动。

对于这个小船这个假设是合理的。

我们还假设由快艇的尾迹产生的波是正弦的。对于任何形状的波，其可能的最大摆动速率是通过假设小船从波峰运动到波谷时是在做自由落体运动得出的，也就是：

$$v^2_{max} < 2gh = 2(9.8\text{m/s}^2)(0.80\text{m}) = 16\text{m}^2/\text{s}^2$$

$$v_{max} < 4.0\text{m/s}$$

而我们得到的值是 1.7m/s，应该也是合理的。

引导性问题 16.2　人浪

"人浪"是由在体育场上的人群按照：当一个人站起时在他旁边的人坐下，而当他刚要坐下时他旁边的人则要站起的规则形成的。变换的人群产生了"人浪"，随着他们的站起和坐下，每个人都在近似地做简谐运动。(a) 估算频率、波长、波速和振幅，并用这些值求出该波的波函数。(b) 随着每个人的站起和坐下，位于波中的每个人的最大速率是多少？

❶ 分析问题

1. 用自己的语言描述这个问题。

2. 假设该波属于正弦波，则它的波函数的一般表达式是什么？

❷ 设计方案

3. 你可以很自信地估算出哪一个需要的值？哪一些值你不是那么确定？你可能会先从振幅和波长开始。

4. 除了振幅和波长，为了得出波函数你还需要哪些量？

5. 你该如何确定波中的每个"微粒"（人）的站-坐速率？

6. 你如何确定每个人的最大速率？

❸ 实施推导

❹ 评价结果

7. 你的假设和估计可信吗？你的不确定的估计会造成哪些误差？

例 16.3　音乐金属丝

一根金属丝的一端固定在墙上，另一端通过滑轮系着一个物块（见图 WG16.2）。从墙到滑轮的距离是 2.30m，金属丝的线质量密度为 1.3×10^{-3}kg/m。用特定的方式拨动金属丝的水平部分可以产生波腹数量明确的驻波：一次谐波有一个波腹，二次谐波有两个波腹，等等。当物块的质量是多少时，三次谐驻波（包含三个波腹）振动的频率 $f = 550$Hz？

图 WG16.2

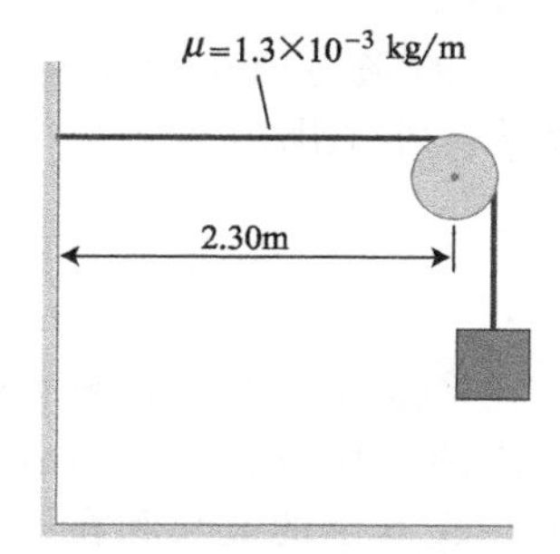

❶ 分析问题　物块施加在金属丝上的力提供了金属丝的张力，因此我们需要确定这个力，然后利用张力和作用在物块上的重力之间的关系得到形成题目所要求的驻波时物块所需要的质量。波腹的数量和在金属丝水平部分行进的波的波长的个数有关。从图 WG16.3 中可以看出，三次谐波有三个波腹。因此我们想计算施加在金属丝上的张力是多少时，沿着金属丝的水平部分，才能产生一个振动频率为 550Hz 的 3-波腹驻波。我们假设当金属丝振动时，物块的移动可以忽略。

图 WG16.3

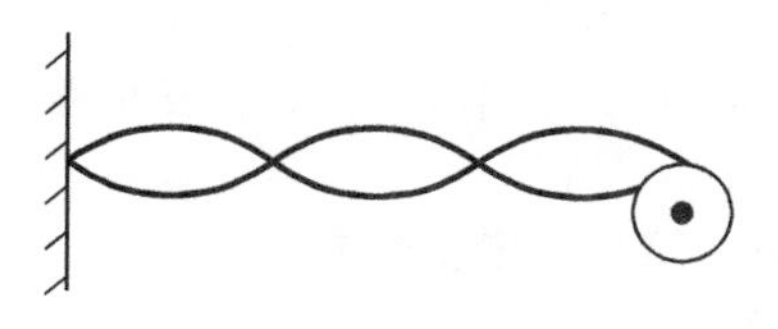

❷ 设计方案　我们需要建立频率 f、波长 λ 和张力之间的关系。因为物块是通过金属丝来保持平衡的，所以张力（张力的大小）为 $\mathcal{T} = |\vec{F}^c_{sb}| = |\vec{F}^G_{Eb}| = m_b g$。式（16.10）

实践篇

和式（16.30）可以使我们建立张力对波长和频率的关系，我们可以通过式（16.21）确定 λ。三次谐波有3个波腹和4个波节。第一个波节在墙上；第四个波节［式（16.21）中计算出 $n=3$ 的点］在 $x=l$ 处，这里的 l 是金属丝在墙和滑轮之间的长度。知道了 λ，我们可以通过式（16.30）得出 $\mathcal{T}$，使 $\mathcal{T}$ 和物块施加的张力 F 相等得出 m_b（其实拉力的物理量不是 T，而是一个很像 T 的字符）。

❸ **实施推导**　用 l 和3取代式（16.21）中的 x 和 n，我们得到 $l=\frac{3}{2}\lambda$。这也就告诉我们三次谐波的波长为 $\lambda=2l/3$。解式（16.30）：

$$c=\sqrt{\frac{\mathcal{T}}{\mu}}$$

得出张力

$$\mathcal{T}=\mu c^2$$

通过式（16.10）我们可以重写上式得到 $\mathcal{T}=\mu(\lambda f)^2$。因为张力是由物块施加的力提供的，因此我们得到

$$m_b g=\mathcal{T}=\mu(\lambda f)^2=\mu\left(\frac{2}{3}lf\right)^2$$

$$m_b=\frac{4\mu(lf)^2}{9g}$$

$$=\frac{4(0.00130\mathrm{kg/m})[(2.30\mathrm{m})(550\mathrm{Hz})]^2}{9(9.8\mathrm{m/s^2})}$$

$$=94\mathrm{kg}\ ✔$$

❹ **评价结果**　我们的结果说明，要想得到三次谐波，必须加载一个相当重的物块。同时，我们也知道为了得到更高的音高（更高的频率）需要增加作用在金属丝上的张力。我们的代数表达式确实表明应通过增大物块质量来增大频率 f。我们也可能认为，所需要的质量和 g 成反比，因为如果作用的重力较强，那么质量较小的块体也可以产生所需要的张力。

鉴于物块的质量，我们提出的物块不会发生移动的假设可能会很精确。在我们的计算中，忽略了金属丝悬挂部分的质量。但是考虑到 μ 的值非常小，这样做也是合理的。2.30m长的水平部分的金属丝的质量仅为0.003kg，因此相对于物块的质量，可以忽略相对长度的金属丝的质量。

引导性问题16.4　完美音高的吉他

一位吉他演奏家弄断了她吉他上的最高弦。如果一根新钢丝的质量密度为 $7.8\times10^3\mathrm{kg/m^3}$、半径为0.120mm，那么作用在它上面的张力为多大时才可以将330Hz的频率作为它的基频？设吉他上固定金属线的两点间的距离为640mm。

❶ **分析问题**

1. 画出以基频振动的弦的形状草图。
2. 影响频率的变量是什么？

❷ **设计方案**

3. 用波的频率和波长来表示张力的关系表达式是什么？
4. 你该如何利用在驻波中仅有一个波腹这样的条件来确定通过干扰产生此驻波的行波的波长？
5. 你该如何通过钢的质量密度来确定金属丝的质量？你该如何通过它来确定金属丝的线质量密度？

❸ **实施推导**

❹ **评价结果**

6. 你计算的张力值是否也在吉他弦所能承受的张力大小范围内？

实践篇

例16.5　简单的电话装置

两个小孩用一些线连接两个纸杯打电话。为了分开足够长的距离，他们将两根线质量密度不同的线在中间连接。线A的线质量密度是 $8.20\times10^{-3}\mathrm{kg/m}$，线B的线质量密度是 $5.90\times10^{-3}\mathrm{kg/m}$。考虑起源于线A的行波，通过中心的连接点，继续沿着线B传播的情况。波在线B上的波长和在线A上的波长之比是多少？

❶ **分析问题**　我们先画出一张草图（见图 WG16.4），用字母 J 标示中心连接点。我们要确定随着波从线 A 通过连接点到线 B 的波长是如何变化的。波长和频率、波速有关。因为两根线有不同的线质量密度，所以波在两根线的移动速率是不同的。我们要确定速率的变化是如何影响波长的。我们可能也要考虑线的张力，因为张力也会影响波的速率。

图 WG16.4

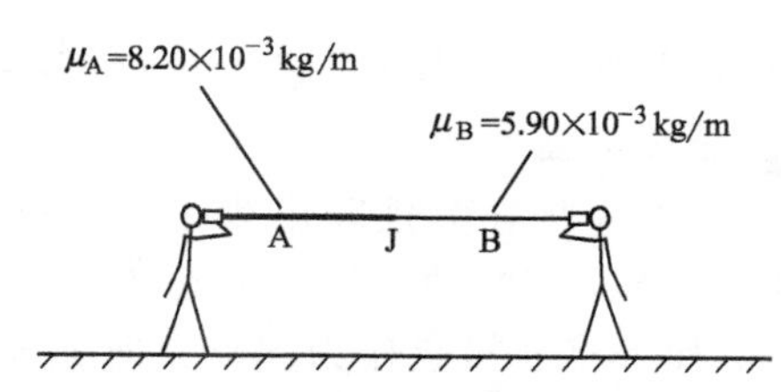

❷ **设计方案**　由式（16.10）和式（16.30）可以得出沿着拉紧的线的波速为 $\lambda f=c=\sqrt{\mathcal{T}/\mu}$，其中，$\mathcal{T}$ 是线的拉力，μ 是线质量密度。无论是线的拉力还是频率 f 都是不明确的。然而，我们可以考虑如果两条线的拉力不相等将会发生哪些情况，从而合理地证明出两条线的拉力是相等的。如果左边的拉力大，受力分析图就会显示左端的拉力大于右端的拉力，使连接点向左加速。这样会减小左边的拉力增大右边的拉力，最终导致在连接点处达到新的平衡。

为了确定频率，我们要考虑连接点的垂直运动。连接点上下移动的频率和从 A 输出的波的频率是一致的，也就是说线 A 末端的连接点产生的波是以相同的频率到达 B 的。因此，在线上的频率一定是保持不变的。然而，由于不同的线性质量密度导致了波速的变化，因此波长是变化的。

我们可以通过解式（16.30）得到每一段的张力 $\mathcal{T}$，并设两端的张力是相等的，然后再通过式（16.10）中的等价量 λf 来取代每个 c。当 f 的值相互抵消之后，我们就得到了波长之比。

❸ **实施推导**　解式（16.30）得到张力，然后用式（16.10）中的 λf 替换 c，得出

$$\mathcal{T}=\mu(\lambda f)^2$$

设两条线的张力相等，我们得到

$$\mathcal{T}_A=\mathcal{T}_B$$

$$\mu_A\lambda_A^2 f_A^2=\mu_B\lambda_B^2 f_B^2$$

因为两段的频率是相等的，所以可以相互抵消

$$\frac{\lambda_B}{\lambda_A}=\sqrt{\frac{\mu_A}{\mu_B}}=\sqrt{\frac{8.20\times10^{-3}\text{kg/m}}{5.90\times10^{-3}\text{kg/m}}}=1.18 \checkmark$$

❹ **评价结果**　从关系式 $c=\sqrt{\mathcal{T}/\mu}$ 中我们可以知道，线质量密度小的线可以产生一个大的波速 c。因此，在一个周期中，行波的前缘在细线（B 线）上移动较长的水平距离。也就是说，在 B 线上两个波峰之间的距离大于 A 线上两个波峰之间的距离；或者说，在 B 线上的波长较大，这样也和我们的计算结果相一致。我们所得到的 18%的差异是合理的：质量密度的差异大于 30%，我们需要得到这些质量密度的平方根才能得到波长。

我们假设在线上的张力是相等的，严格地说，这一假设应该只在没有重力的情况下才成立。由地球施加的重力引起两根线下垂，并且由于两根线所受到的重力是不同的，所以作用在两根线上的张力肯定要适应不同的下垂。然而，作用在线上的重力比张力要小很多，因此我们的假设对答案的影响很小。

引导性问题 16.6　连接点处

在图 WG16.5 中，线 B 的线质量密度是线 A 的两倍。当由函数 $y_1(x,t)=A_1\sin(k_A x+\omega t)$ 表示的入射波最初沿着线 A 从左向右移动并到达连接点时，波的一部分反射，剩余的部分则透射到线 B。在入射波的功率中，反射波的功率和透射波的功率各占了多少？（简便起见，在图 WG16.5 中并没有显示反射波。）

图 WG16.5

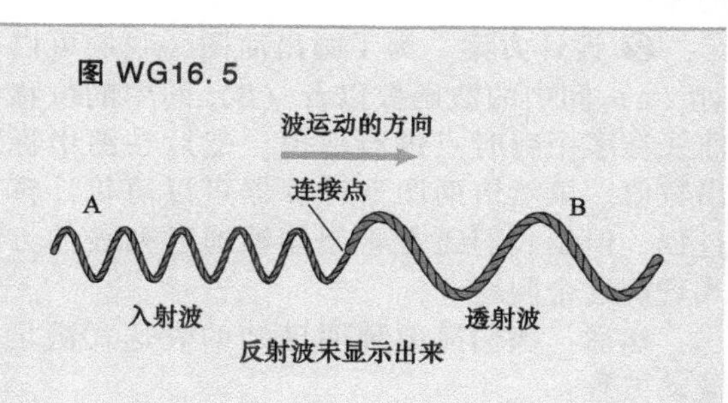

❶ **分析问题**

1. 连接点处的边界是表现为固定的还是自由的?

2. 入射波 $y_I(x, t)$ 已给出，反射波 $y_R(x, t)$ 的振幅 $A_R \neq A_I$，那么反射波的波函数的表达式是什么？在你写出表达式时，思考波的运动方向，是逆向还是垂直于振幅，或者是其他情况。

3. 透射波 $y_T(x, t)$ 的振幅 $A_T \neq A_I$。满足它的波函数的表达式是什么？不要忘了波数 k_B（线 B 在 2πm 处的波长数）可能会与 k_A 不相等。

❷ **设计方案**

4. 由式（16.42）可知，波的功率和波的振幅的二次方成正比：$P_{av}=\dfrac{1}{2}\mu A^2\omega^2 c$。

5. 波在哪里时速率最大？线 A 还是线 B？为什么？

6. 依据我们从例 16.5 的解中得到的结果，频率 f_A 和 f_B 之间的关系是什么（由此可得出 ω_A 和 ω_B 之间的关系）？张力 $\mathcal{T}_A$ 和 $\mathcal{T}_B$ 之间的关系又是什么？

7. 波长 λ_A 和 λ_B 之间的关系是什么？波数 k_A 和 k_B 之间的关系又是什么？

8. 波函数和它的斜率（导数）在每处肯定都是连续的，因此，在已给出的连接点处有 $y_I(x_J, t)+y_R(x_J, t)=y_T(x_J, t)$ 和 $\dfrac{\partial}{\partial x}[y_I(x, t)+y_R(x, t)]_{x=x_J}=\dfrac{\partial}{\partial x}[y_T(x, t)]_{x=x_J}$。

❸ **实施推导**

9. 利用这些导数推断出为了保证连续性，A_R/A_I 和 A_T/A_I 所必须满足的值。

10. 如果将连接点作为起点，即 $x_J=0$，那么代数式就能得到简化。

❹ **评价结果**

11. 透射波和反射波功率之和是否与入射波功率相等？如果不相等，为什么？

例 16.7 绳子上的一个脉冲

一个确定的横波脉冲沿绳子传播，它的含时波函数为 $f(x, t)=Ae^{-(kx-\omega t)^2}$，其中，波数 $k=2\pi m^{-1}$、角频率 $\omega=2\pi s^{-1}$。(a) 画出 $t=0$ 和 $t=5.00s$ 时的不含时的波函数简图。(b) 画出脉冲关于时间的函数在 $x=0$ 和 $x=5.00m$ 处的简图（位移曲线）。(c) 证明上面给出的函数满足波动方程。(d) 脉冲的波速是多少?

❶ **分析问题** 题目中已给了我们一个特殊的波脉冲公式。我们需要画出脉冲在不同位置和不同时间点的简图，并证明该式是波动方程的一个解。然后，我们再来确定脉冲的波速。

❷ **设计方案** 为了画出简图，我们可以对 (a) 问中的波函数以及 (b) 问中的位移曲线在多个瞬时点进行取值，然后在图中标出数值。虽然借助图形计算器可以简化计算过程，但是我们还是希望能够通过列表的方式理解这个问题。

然后，我们需要证明已知的表达式满足波动方程：

$$\frac{\partial^2 f}{\partial x^2}=\frac{1}{c^2}\frac{\partial^2 f}{\partial t^2}$$

为了能够证明这些，我们要对已知函数进行适当地求导，在波函数两端代入计算好的值，检验放在两端的值彼此是相等的。

(d) 问所需的波速可由波动方程中的 c 值得出。

❸ **实施推导** (a) 首先我们列出一张波函数在 $t=0$ 点的表格。因为振幅 A 的值没有给出，所以我们用 $f(x)/A$ 来计算唯一的指数函数。

x/m	$f(x)/A$
−0.500	5.17×10^{-5}
−0.400	1.81×10^{-3}
−0.300	2.86×10^{-2}
−0.200	2.06×10^{-1}
−0.100	6.74×10^{-1}
0	1.00×10^{0}
0.100	6.74×10^{-1}
0.200	2.06×10^{-1}
0.300	2.86×10^{-2}
0.400	1.81×10^{-3}
0.500	5.17×10^{-5}

同理，可以列出 $t=5.00\text{s}$ 时的表。将这些在两个瞬时点的脉冲位置的结果点画在图 WG16.6 中。指数式脉冲是向右端移动的突起。在（a）问中，$t=0$，峰值在 $x=0\text{m}$ 点，在（b）问中，$t=5.00\text{s}$，峰值移动到 $x=5.00\text{m}$ 处。

图 WG16.6

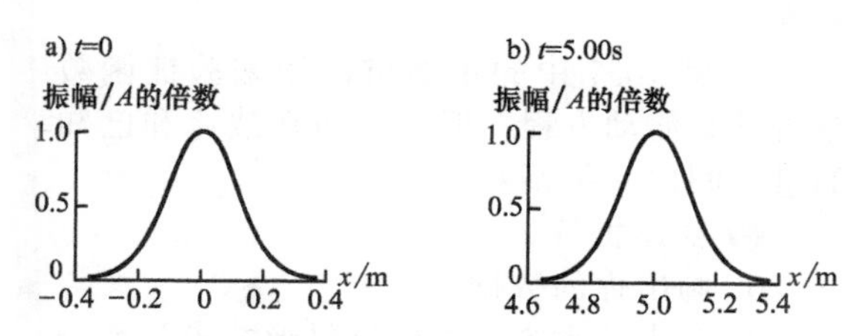

（b）问题中所描述的两个位置点的位移曲线 $f(x=0,\ t)$ 和 $f(x=5.00\text{m},\ t)$ 如图 WG16.7a、b 所示，这里我们将 $f(x)/A$ 作为 t 的函数。✔

图 WG16.7

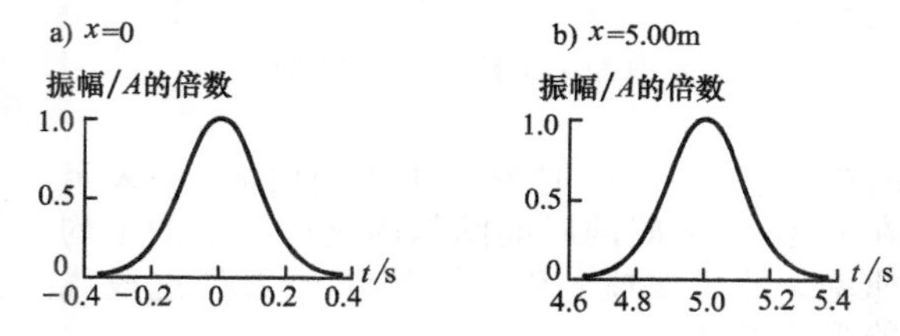

（c）现在，为了证明已知的脉冲表达式是波动方程的一个解，我们可以做以下处理：

$$\frac{\partial^2}{\partial x^2}A\mathrm{e}^{-(kx-\omega t)^2} \overset{?}{=} \frac{1}{c^2}\frac{\partial^2}{\partial t^2}A\mathrm{e}^{-(kx-\omega t)^2}$$

$$-\frac{\partial}{\partial x}2k(kx-\omega t)A\mathrm{e}^{-(kx-\omega t)^2} \overset{?}{=} \frac{1}{c^2}\frac{\partial}{\partial t}2\omega(kx-\omega t)A\mathrm{e}^{-(kx-\omega t)^2}$$

$$[-2k(kx-\omega t)]^2A\mathrm{e}^{-(kx-\omega t)^2}-2k^2A\mathrm{e}^{-(kx-\omega t)^2} \overset{?}{=} \frac{1}{c^2}\{[2\omega(kx-\omega t)]^2A\mathrm{e}^{-(kx-\omega t)^2}-2\omega^2A\mathrm{e}^{-(kx-\omega t)^2}\}$$

消去指数因子，得

$$[-2k(kx-\omega t)]^2-2k^2 \overset{?}{=} \frac{1}{c^2}\{[2\omega(kx-\omega t)]^2-2\omega^2\}$$

$$2k^2[2(kx-\omega t)^2-1] \overset{?}{=} \frac{1}{c^2}2\omega^2[2(kx-\omega t)^2-1]$$

$$2k^2 \overset{?}{=} \frac{1}{c^2}2\omega^2$$

当且仅当满足如下条件时上式成立：

$$c=\frac{\omega}{k}$$

我们可以从式（16.11）中知道该式是正确的。因此，我们的脉冲表达式确实是波动方程的一个解。✔

（d）脉冲的波速为

$$c=\frac{\omega}{k}=\frac{2\pi\text{s}^{-1}}{2\pi\text{m}^{-1}}=1.00\text{m/s}$$ ✔

ω 和 k 的有效数字大于三位，因为其他数据仅有三位有效数字，所以我们选择保留三位有效数字。

❹ **评价结果** 我们已经证明这种类型的脉冲是波动方程的一个解。速率如果有点慢也是合理的。另外，绳子上的脉冲形状看起来也合乎情理。

实践篇

引导性问题 16.8 叠加的波

我们日常生活中的大部分波，例如电台发射的无线电波或者是拉动小提琴琴弦发出的声波，都不是简单的正弦波或者余弦波，而是多个不同的正弦波的叠加，像图 WG16.8 中显示的例子，思考波函数 $f(x,\ t)=\sin(kx-\omega t)+(1.5)\sin(2kx-2\omega t)$。已知 $k=8.00\text{m}^{-1}$，模式重复的频率是 $f=440\text{Hz}$。（a）在一个适当的图表中画出波关于时间的函数在 $x=0$ 处的简图。（b）证明这个波函数是波动方程 $(\partial^2 f/\partial x^2)=(1/c^2)(\partial^2 f/\partial t^2)$ 的一个解。（c）这个波的波速是多少？

图 WG16.8

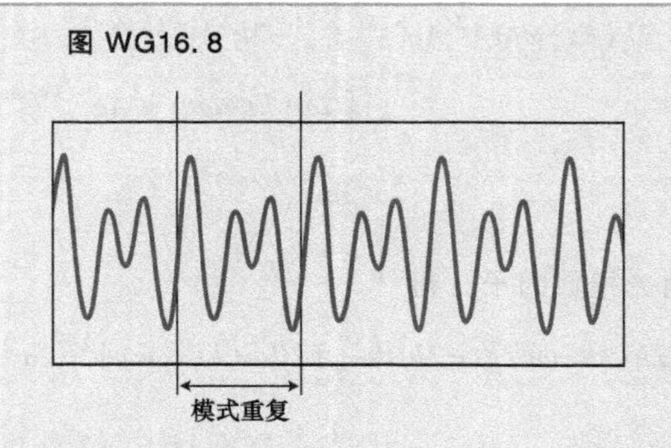

❶ **分析问题**

1. 为了计算（a）问和（c）问，你可能需要数值。列出所有你知道的和你需要确定的值。

2. 使干涉图样以特定频率重复的值 ω 为多少？从模式开始出现到消失的时间间隔是多少？

3. 对于一个定值 x，波函数的首项通过一个周期需要多少秒钟？第二项通过一个周期需要多少秒钟？

❷ **设计方案**

4. 设计一个简单而又连贯的确定三个周期内的特定 x 值的位移曲线的步骤。水平坐标轴上的时间值应该如何分布才最为紧凑？

5. 例16.7中的步骤可以用来验证函数是否满足波动方程，但是如何在波速和已知的量之间建立关系？

❸ **实施推导**

6. 画出你的数据。

7. 写出波动方程，以符号形式求波函数所需的偏导数（不要用你由 ω 推导出的数值）。方程是否平衡？你推断出的波速是多少？

❹ **评价结果**

习题　通过《掌握物理》®可以查看教师布置的作业 MP

圆点表示习题的难易程度：● = 简单，●● = 中等，●●● = 困难；CR = 情景问题。

16.1　波的图形表示

1. 相同的介质是否有可能既可以传递纵波也可以传递横波？如果可以，举例说明，如果不可以解释原因。●

2. 假设有一个一端固定在墙面上拉伸的轻质弹簧。利用这个装置，你可以随意在任意三个方向（x，y，z）拉动自由的一端。如果弹簧沿 z 轴，那么当你沿着 z 轴拉动弹簧的自由端时，所生成的波是横波还是纵波？沿着 x 轴呢？沿着 y 轴呢？●

3. 图P16.3是一个沿着细绳传播的波脉冲在 $t=0.80\text{s}$ 处的快照。构造：（a）在 $t=1.1\text{s}$ 处的波函数，（b）在位置 $x=3.0\text{m}$ 处的位移曲线。假设波脉冲是在原点处 $t=0$ 时产生的。●●

图 P16.3

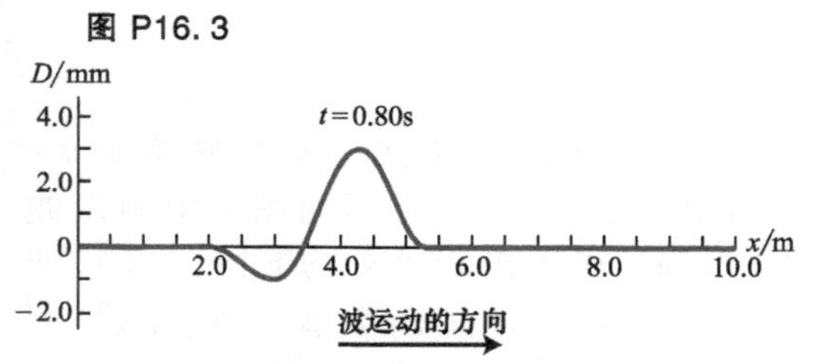

4. 图P16.4中的曲线显示了一个沿一条线运动的波在两个瞬时点的位移。（a）为 t_1 时刻，（b）为 t_2 时刻。让我们用 v_{av} 来表示在 t_1 和 t_2 之间的时间间隔内这段线上的平均速率。比较波速 c 和在位置点 $x=a$ 处这段线的平均速率 v_{av}。●●

图 P16.4

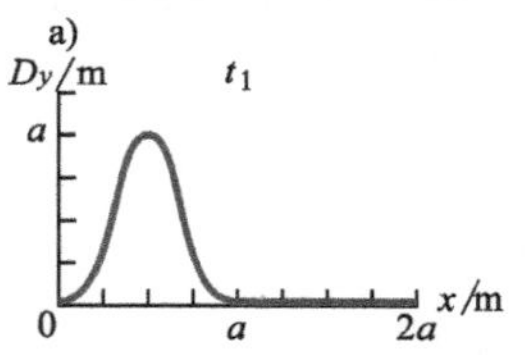

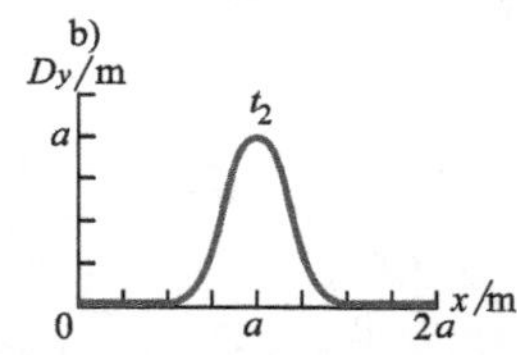

5. 图P16.5显示了随着绳子向右移动的波上的质点在 $x=a$ 处的位移曲线。如果每秒钟波向前移动的距离为 a，请画出在瞬时点 $t=0$ 时刻的波函数。●●●

图 P16.5

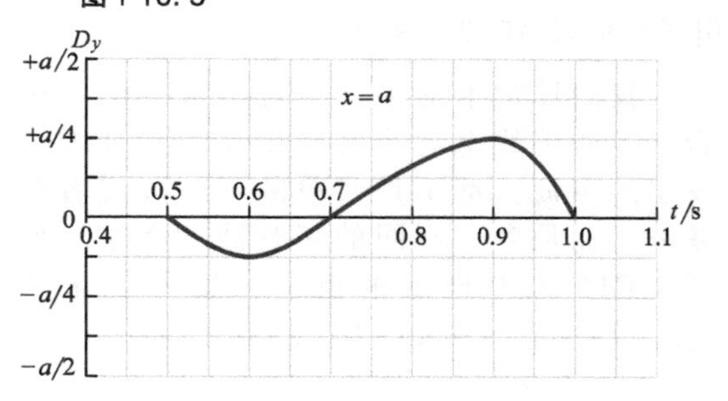

16.2 波的传播

6. 两根完全相同的绳子被分别系在两棵树上，并且由A和B这两个人在同一个瞬时点开始晃动绳子的自由端（见图P16.6）。那么哪根绳子会有较大的张力？哪个人摇动的频率相对较大？●

图 P16.6

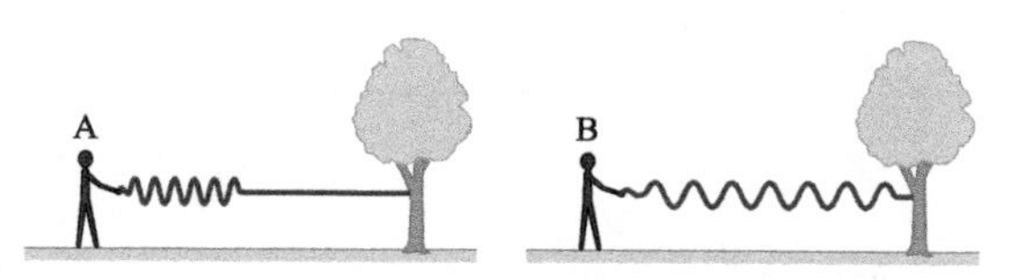

7. 非简谐波周期波的频率的定义是什么？●

8. 你和你的朋友每人拿一根绳子。你们将两根绳子系在一起，并拉开至最大，两个人各自拿着新绳子的一端，拉绳子使它有一个拉力。然后你晃动你的手使它产生一个波长为1.0m的简谐波。你的朋友看着波传到她的胳膊上。她测定到的波长最可能是以下的哪个？（a）0.8m，（b）1.0m，（c）1.2m。●●

9. 你正在观察一艘正在装载集装箱的船。这艘船被几条一端系在码头上的长钢索固定着。在某个时刻，集装箱碰到了一条钢索并沿着钢索生成了一个波脉冲。波脉冲缓慢地向前移动到船头。几分钟后，另一个集装箱碰到了同一条钢索，这次波脉冲沿着钢索非常快速地向前移动到船头，快到你的眼睛几乎跟不上它。请解释一下为什么会有这种可能。●●

10. 当你用手握着绳端并上下摆动的时候，产生了一个沿绳子传播的谐波。这个波有明确的周期 T_1、波长 λ_1、振幅 A_1、波速 c_1，并在绳子的质点上产生一个特定的横向速率 $v(x, t)$。如果你以相同的速率重复这种上下运动，则以下物理量会分别产生什么样的变化：（a）周期，（b）波长，（c）振幅，（d）波速，（e）横向速率。●●●

16.3 波的叠加

11. 水上乐园都会有一个一端装有造浪设备的游泳池，它包含一个使水前后运动的活塞。在游泳池的一些地方波浪会使坐在游泳圈上的人剧烈地上下跳动，但是在另一些地方水面却几乎不移动。解释为什么会发生这样的情况。●

12. 假设水族馆中的由机械式电动机产生的波脉冲可以使悬浮在水面上的悬浮物上下摆动。如果使用功率为10W的电动机，悬浮物的周期是1.5s，每个发出的脉冲产生的动能是多少？●

13. 图P16.13显示绳子上的两列波在 $t=0$ 时间点相向运动。对于 $t=0$ 后的任意瞬时点，（a）确定在 $x=0$ 处的最大位移，（b）确定在 $x=0.90\text{m}$ 处的最大位移，（c）确定在绳子上的任意处的最大位移。●●

图 P16.13

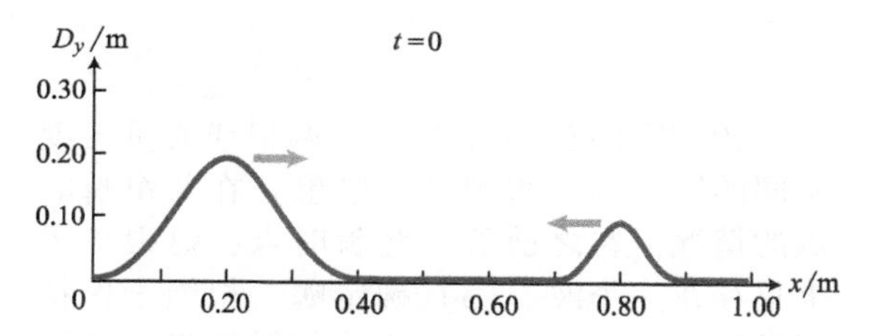

14. 图P16.14中的两列波脉冲在 $t=1.0\text{s}$ 时正在沿着同一条绳子运动。画出绳子在此瞬时点时形状的简图。●●

图 P16.14

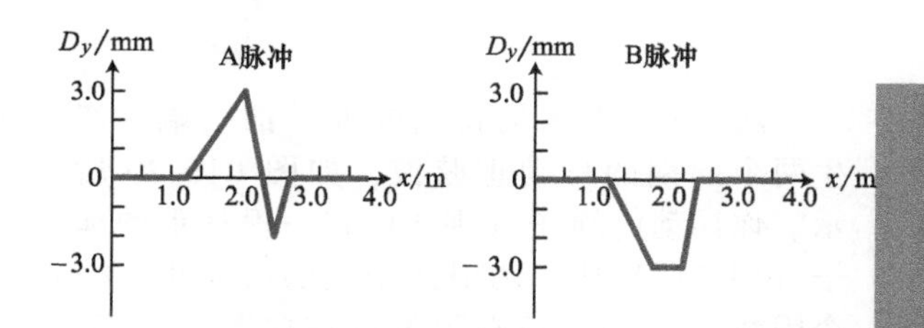

15. 假设除了运动方向外其他条件都完全相同的两列波在遵循胡克定律的介质中相互接近。在某个确定的瞬时点，波在所有的位置点都是相长干涉。在这些瞬时点上，波峰排成一列，确定由两个波叠加的波函数的动能。●●●

16.4 边界效应

16. 一个沿轻绳传播的谐波向着与重绳连接的结合点方向靠近，如图P16.16中所示。随着波通过边界，波长和频率是否发生变化？●

图 P16.16

17. 游泳池里的一个横波到达混凝土的墙面后发生了反射。确定反射波是否可逆。●

18. 一个脉冲沿着右端固定在树干上的拉紧的绳子自左向右移动。对于图 P16.18 中描述的每种情况，说明其描述的反射脉冲是否正确。●●

图 P16.18

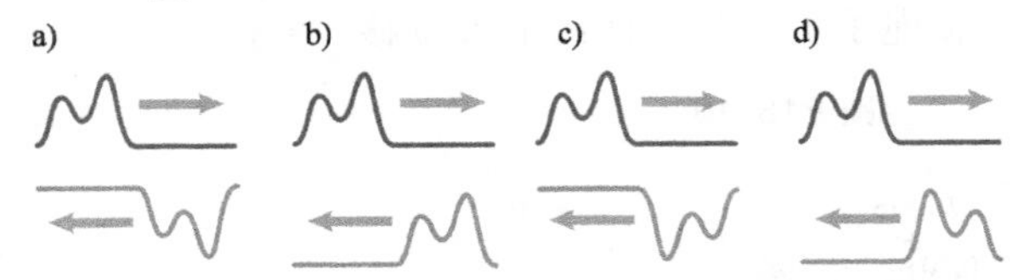

19. 图 P16.19 中显示了两根线质量密度不同的绳子（一根细另一根粗）在某个瞬时点的情况。在之前的一些瞬时点，每根绳子上只存在一个波。(a) 确定哪一根绳子保持了最初的脉冲，(b) 画出在初脉冲形成的瞬间绳子的近似形状。●●

图 P16.19

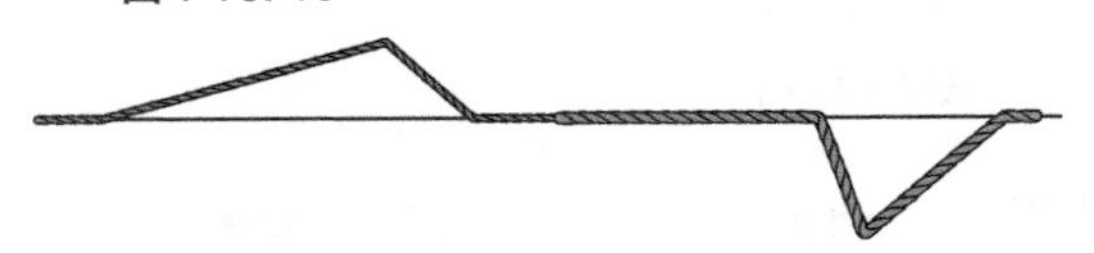

20. 你上下摇动拉紧的绳子的一端，产生两个周期的移动正弦波，如图 P16.20 所示。你摇动的绳子（绳 1）和一根很重的绳子（绳 2）相连。两根绳子上的波速相差一个因数 2。(a) 请在下方的空白图中补充，在图 P16.20 显示的瞬时后，时间间隔为 $4T$ 的两根绳子的形状简图，其中 T 是绳 1 原始波的周期。简单地解释一下你是如何确定出绳子的形状的。(b) 如何比较绳 1 和绳 2 的周期？●●

图 P16.20

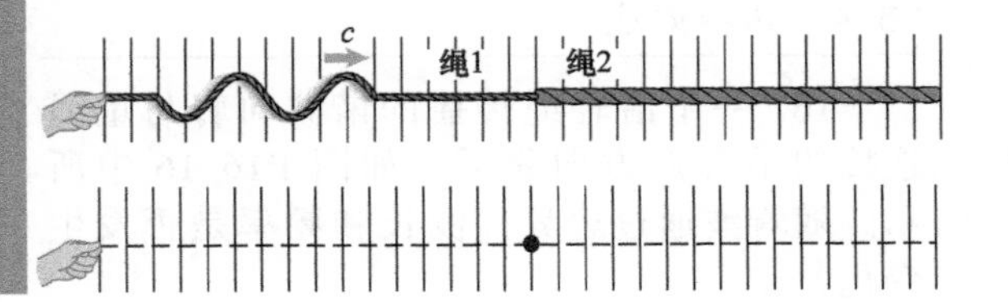

21. 图 P16.21 显示一个脉冲正在接近绳子的固定端。画出一半反射时绳子的形状（也就是说，脉冲长度的一半仍向右移动，但脉冲的另一半已经反射）。●●●

图 P16.21

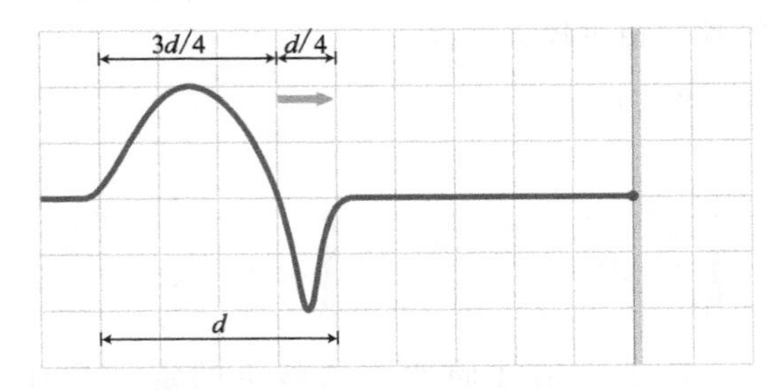

16.5　波函数

22. 你在海边沙滩上注意到每隔 4.0s 就有一个新浪花到达海岸，并且你估计两个波峰相距 2.5m，那么波运动的波速 c 是多少？●

23. 当帆船停泊时，你注意到每分钟都会有 12 个浪经过它的船头。如果浪的速率是 6.0m/s，那么两个临近的波峰之间的距离是多少？●

24. 在足球比赛中表演“人浪”时，你要每隔 15s 站起一次。(a) 人浪的频率是多少？(b) 如果体育场是椭圆的，椭圆的内圆周长为 0.56km，则波速是多少？假设主波脉冲横跨 30 个人，每相邻的两个人相距 1.0m。●

25. (a) 画出以下含时波函数所表示的移动脉冲的不含时波函数图像。

$$D_y(x, t)=\frac{a}{b^2+(x-ct)^2}$$

其中，$a=5.0\text{m}^3$，$b=1.0\text{m}$，$c=2.0\text{m/s}$，且 t 可以取 0、1.0s、2.0s 和 3.0s。(b) 这个脉冲的波速 c 是多少？●●

26. 图 P16.26 中的各条位移曲线都有什么错误？●●

图 P16.26

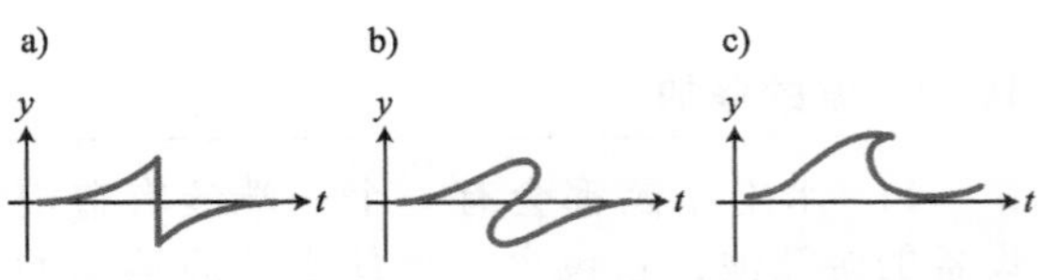

27. 在 $t=0$ 时刻，一个波脉冲的形状可

由以下的不含时波函数得到

$$f(x)=\frac{a}{b^2+x^2}$$

其中，$a=0.030\text{m}^3$，$b=2.0\text{m}$。（a）如果脉冲以 1.75m/s 的波速沿 x 轴的正方向移动，写出这个横波的含时波函数 $f(x,\ t)$。（b）绘制出 $t=-0.5\text{s}$ 至 $t=+0.5\text{s}$ 的含时波函数 $f(x,\ t)$ 图像。（c）绘制出 $x=2.0\text{m}$ 处的位移曲线。●●

28. 一个沿细绳移动的波，由如下函数表示：

$$f(x,\ t)=a\sin(\pi bx+qt)$$

其中，$a=30\text{mm}$，$b=0.33\text{m}^{-1}$，$q=10.47\text{s}^{-1}$。（a）计算它的振幅、波长、周期和波速。（b）计算细绳在 $x=0.500\text{m}$ 处，$t=1.60\text{s}$ 时刻，位移在 y 方向上的分量。●●

29. 已知由下面公式描述的波

$$f(x)=a\sin(bx)$$

其中，$a=0.095\text{m}$，$b=2.25\text{m}^{-1}$。（a）计算它的波长。（b）如果它的波速是 17.0m/s，那么它的频率 f 是多少？（c）振动的角频率 ω 是多少？●●

30. 当地震开始来临时，你站在离震中 150km（波传播时）的地方。一个地理学家在靠近震中的位置立即给你打电话让你知道由地震产生的横波正在向你移动。这个横波由如下公式描述：

$$f(x,\ t)=a\sin(bx-\omega t)$$

其中，$a=0.560\text{m}$，$b=0.0157\text{m}^{-1}$，一个全波长每 0.500s 通过任意的位置。你所站的地方要过多长时间才会开始震动？●●

31. 波沿 x 轴运动的方程如下：

$$f(x,\ t)=a\sin(bx+qt)$$

其中，$a=6.00\text{m}$，$b=\pi\text{m}^{-1}$，$q=12.0\text{s}^{-1}$。确定波运动的方向和波速。●●

32. 一根粗细不均的小提琴琴弦上有用下式表达的行波：

$$f(x,\ t)=a\sin[b(x-ct)+\phi_i]$$

其中，$a=0.00580\text{m}$，$b=33.05\text{m}^{-1}$，$c=245\text{m/s}$。（a）当 $f(0,\ 0)=0$ 时，ϕ_i 是多少？（b）确定在弦上某一点的简谐周期。●●

33. 由简谐振荡器产生的波沿着细线传播，并可由下式表达：

$$f(x,\ t)=a\sin[b(x-ct)]$$

其中，$a=46\text{mm}$，$b=4\pi\text{m}^{-1}$，$c=45\text{m/s}$。计算：（a）波长，（b）角频率 ω，（c）频率 f，（d）周期。●●

34. 沿细线传播的一列振幅为 0.25m、频率为 80.0Hz 的波以 17.5m/s 的波速沿 x 轴的正方向运动。（a）确定它的波长，写出含时的波函数表达式。（b）当 $t=3.00\text{s}$ 时，计算细线上 $x=1.25\text{m}$ 处的位移和横向速度，假设初相位 ϕ_i 为 0。（c）写出波的含时波函数。（d）如果当 $t=3.00\text{s}$ 时细绳在 $x=1.25\text{m}$ 处的位移是 0.210m，用 ϕ_i 的最小可能值写出含时的波函数。●●●

16.6 驻波

35. 你观察在鱼缸中游动的鱼，你注意到一条鱼不停地跳动，它产生了一个驻波，可以用如下的不含时方程表示：

$$f(x)=a\sin(bx)$$

其中，$a=0.015\text{m}$，$b=19.6\text{m}^{-1}$。如果鱼缸的长为 0.96m，确定前三个波节的位置，假设首个波节从鱼缸的一端开始。●

36. 一条一端固定的绳子，忽然你摇动绳子的自由端使其生成最大位移为 0.5m，波长为 1.33m 的正弦驻波。写出用波速表示的含时波函数。●

37. 当一根绳子的一端系在 a 柱上，另一端以频率 f 上下摆动时，所形成的驻波图案如图 P16.37 所示。当绳子自由端的最小频率是多少时可以产生任意的驻波？●●

图 P16.37

38. 你有两长度相等的细线段，段 1 的线质量密度是 μ_1，段 2 的线质量密度为 μ_2，且 $\mu_2>\mu_1$。你将两段拼接在一起，然后绷紧系在两根桩子之间。拼接的方式是：一旦系在两根桩子上，段 1 在左段 2 在右，且长度相等。当你以一个特定的频率拉它时，便会形成这样的驻波：波节出现在拼接处和两端桩处，且一段上有两个波节，另一段上有三个波节（一共有 8 个波节）。μ_1/μ_2 的值是多少？●●

39. 长度为 0.650m、质量为 4.00×10^{-3}kg 的吉他弦。(a) 如果受到 126N 的拉力，那么它振动时的基频（最小谐波）是多少？(b) 在固定长度的弦上还可以以多大的频率（高次谐波）振动？●●

40. 两列沿同一条绳子运动的波的表达式分别为

$$f_1(x, t)=a\sin(bx-qt)$$

和

$$f_2(x, t)=a\sin\left(bx+qt+\frac{1}{3}\pi\right)$$

其中，$a=3.00\times10^{-2}$m，$b=4\pi\text{m}^{-1}$，$q=500\text{s}^{-1}$。(a) 计算绳子的合成运动在 $t=3.00$s 时的振幅和波长。(b) $t=1.70$s 时，位于绳上 $x=2.00$m 处的点的位移是多少？●●

41. 一条绳子按以下函数生成驻波：

$$f(x, t)=a\sin(bx)\cos(qt)$$

其中，$a=6.00\times10^{-2}$m，$b=\frac{1}{3}\pi\text{m}^{-1}$，$q=40\pi\text{s}^{-1}$。组成此驻波的每个波分量的振幅和波速分别是多少？●●

42. 一个在长线上移动的波，可以用如下含时波函数表示

$$f(x, t)=a\sin(bx-qt)$$

其中，$a=6.00\times10^{-2}$m，$b=5\pi\text{m}^{-1}$，$q=314\text{s}^{-1}$。试求与上述波具有相同频率和波长，但振幅为 0.0400m 的行波的含时波函数。●●

43. 你有一个 3.6m 长的水槽，它盛满了水，你想产生出一个每隔 0.3m 就会出现波节的驻波。(a) 波的波长是多少？(b) $t=3.2$s 时，一片漂浮在离水槽一端 0.6m 处的叶子的垂直距离为 $D_y=10$mm，叶子位移的周期是 0.60s。驻波的合成位移是多少？(c) 写出驻波的含时波函数。●●

44. 两列简谐波沿着同一条细绳传播，它们的含时波函数分别为

$$f_1(x, t)=a\sin\left(bx-qt-\frac{1}{4}\pi\right)$$

$$f_2(x, t)=a\sin\left(bx-qt-\frac{1}{3}\pi\right)$$

其中，$a=5.00\times10^{-2}$m，$b=0.120\text{m}^{-1}$，$q=180\text{s}^{-1}$。(a) 两列波的相位差是多少？(b) 写出由这两列波叠加形成的波的含时波函数。(c) $t=1.70$s 时，细绳在 $x=2.00$m 处的位移是多少？●●●

45. 两列简谐波沿着同一条绳向相反的方向传播。两列波的波长和频率是相同的，各自的振幅也都为 0.0289m。如果一列波相对于另一列波有一个 $\Delta\phi$ 的相位差，则叠加后的波的最大位移是多少？●●●

16.7 波速

46. 钢琴丝的线质量密度为 5.00×10^{-3}kg/m，并有 1.35kN 的张力作用在上面。沿该钢琴丝传播的波速是多少？●

47. 你的老师用一条 10m 长的塑料链在班上演示横波。如果你测得行波的波速为 15m/s，老师测得塑料链所受的张力是 100N，则链的质量是多少？●

48. 一个大的起重机用于将 10000kg 的存储箱放到驳船上。如果连接箱子与起重机之间的钢索的长度是 12m，钢索的线质量密度为 1.78kg/m，则波要传过整条钢索需要多长时间？●

49. 一位小提琴家正在对琴弦运弓以产生一个确定的音符。列出三种能够产生最高频率音符的方法（无论是演奏时还是演奏前的准备阶段）。●●

50. 油轮后面的螺旋桨开始转动多久后船前面的水才会开始移动？●●

51. 当作用在线上的张力为 120N 时，波沿线传播的速率是 24m/s。如果张力减小到 100N 时，对于同样的波，波速是多少？●●

52. 两根电缆有不同的线质量密度，0.45kg/m 和 0.29kg/m，连接在一起。然后将它们作为稳索来保护电话线杆。如果张力是 300N，一列波沿一根电缆到另一根电缆，它的移动速率相差多少？●●

53. 线质量密度为 μ_1 的、两端固定的线被线质量密度为 $16\mu_1$ 的线取代。如果张力和波长保持它们在原始线上的数值不变，那么基本驻波的频率应如何改变？●●

54. 一根 25.0m 长的钢丝和一根 50.0m 长的铜丝首尾相连，用 145N 的拉力使其延伸。两根金属丝的半径都为 0.450mm，钢的密度是 $7.86\times10^3\text{kg/m}^3$，铜的密度是 $8.92\times10^3\text{kg/m}^3$。（注意这是质量密度：每立方米的质量，而不是线质量密度：每单位长度的质量。）一列波从这条组合的金属丝的一端传到另一端需要多长时间？●●

55. 支撑金门大桥的一根 100m 长的钢索的直径是 72.0mm，它由 100 根钢丝捻在一起。将它近似看作是质量密度为 $7.86\times10^3\text{kg/m}^3$ 的一根钢索。风使钢索振动并沿钢索产生一个速度为 380m/s 的波。钢索的张力是多少？

56. 图 P16.56 中的铁丝的一端被固定在一个建筑物的一边，另一端则系在挂有 75kg 重标牌的轻质水平杆上，且铁丝与水平杆的夹角为 27°。铁丝的线质量密度为 0.067kg/m。如果风使标牌振动并产生了沿铁丝传播的波，那么波沿铁丝传播的速率是多少？

图 P16.56

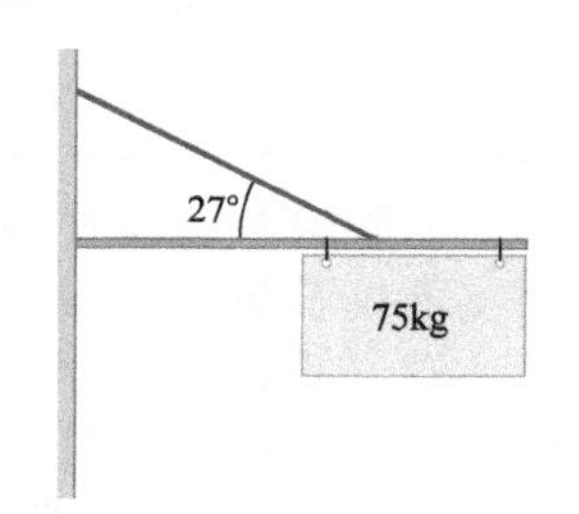

16.8 波的能量传输

57. 一条质量为 0.128kg、长度为 3.6m 的绷紧的绳子。如果要产生一个振幅为 0.200m、波长为 0.600m、波速为 25.0m/s 的正弦波，所需的平均功率是多少？●

58. 两列波 X、Y 沿着同样的介质传播。单位时间内两列波有相同的功率，但是 X 的振幅是 Y 的振幅的一半。它们的波长之比是多少？哪一列波的波长较长？●

59. 在恒定张力作用下的绳子产生了横波，下列情况下，产生波所需要的功率增大还是减小？(a) 绳子长度减半，(b) 振幅和角频率加倍，(c) 绳子的长度和波长都加倍。●●

60. 你抓住一端固定在墙上的绳子的另一端。绳子的线质量密度是 0.067kg/m。你迅速地以 12m/s 的速度在 0.016s 内抬起绳子，产生了一个波速为 31m/s 的横波。(a) 你在绳子上做了多少功？(b) 波的能量是多少？(c) 波的势能是多少？(d) 波的动能是多少？●●

61. 一根线质量密度为 3.5kg/m 的水平绳以 45m/s 的速率在垂直方向上移动了 6.7ms。产生的脉冲以 78m/s 的速度沿着绳子运动。沿绳子传递的动能是多少？●●

62. 一列沿绳子传播的波可以用含时波函数 $f(x, t)=a\sin(bx+qt)$ 来表示，其中，$a=0.0268\text{m}$，$b=5.85\text{m}^{-1}$，$q=76.3\text{s}^{-1}$。绳子的线质量密度为 0.0456kg/m。计算：(a) 波速 c，(b) 波的频率 f，(c) 波的功率 P。●●

63. 一个振荡器系在一根绳子的一端，它沿着绳子传播的功率为 350mW。这样的运动产生了一个振幅为 0.0165m、波长为 1.8m 的波。如果绳子受到的拉力是 14.8N，波传播的速率是多少？●●

64. 一个线质量密度为 0.360kg/m 的绳子系在最大输出功率为 200W 的振荡器上。(a) 当振荡器输出最大功率时，作用在绳子上的拉力是 30.0N，产生一列振幅为 $8.00\times10^{-3}\text{m}$ 的波。这个波的最小可能的波长是多少？(b) 如果产生的波的振幅相同，且波长是 (a) 问中计算出的结果的两倍，绳子受到的拉力是 15N，则振荡器输出的功率是多少？●●

65. 长为 9.00m 的铁丝一端以正弦形式振动，产生了一列沿 x 方向传播的波。波的频率是 60.0Hz、波长是 3.00m、振幅是 0.0725m。(a) 写出描述这个波的含时波函数。(b) 如果铁丝的质量是 $1.20\times10^{-2}\text{kg}$，产生这列波所需要的功率是多少？●●●

16.9 波动方程

66. 证明：$f(x, t)=e^{b(x-vt)}$，其中，b、v 为常量，是波动方程 (16.51) 的一个解。●

67. 冲浪者从浪的波峰冲到波底凭借的

是什么？●●

68. 一根竖直悬挂的绳子以 25m/s 的速率向右运动 0.040s 后，又花了 0.010s 回到最初位置。这样的运动无延迟地重复了许多次，于是在绳子上产生了一列波速为 67m/s、周期为 0.050s 的波。(a) 写出这个脉冲的含时波函数，(b) 证明这个函数是波动方程 (16.51) 的一个解。●●

69. 证明：若 $f_1(x, t)=A_1\sin(k_1x-\omega_1t)$ 和 $f_2(x, t)=A_2\sin(k_2x-\omega_2t)$ 是波动方程 (16.51) 的解，则 $f(x, t)=f_1(x, t)+f_2(x, t)$ 也是它的解。●●

70. (a) 证明以下函数：(i) $A\cos(kx+\omega t)$，(ii) $e^{-b|x-qt|^2}$，(iii) $-(b^2t-x)^2$ 都满足波动方程 (16.51) 假设 A、k、ω、b 和 q 都是常量。(b) 计算 (a) 问中各个波的波速。●●●

附加题

71. 当两个孩子拉紧在他们中间的绳子时，一个孩子突然猛拉绳子。(a) 在另一端的孩子是不是立刻就能感受到拉力？(b) 如果两个孩子拉紧的是一根刚性的钢条，结果又会如何？●

72. 一根重绳顶端挂在顶棚上，另一端挂一块重物。脉冲速率在绳子顶端大还是在绳子底端大？●

73. 你拉伸一根弹簧并很快让它恢复原始长度，重复两次，产生一个从一端运动到另一端的脉冲 A。然后你做同样的操作，但重复三次，产生一个从一端运动到另一端的脉冲 B。比较脉冲 A 沿弹簧运动的时间间隔和脉冲 B 沿弹簧运动的时间间隔。●●

74. 你拨动吉他弦使它产生一个 $\lambda=1.3m$ 的驻波。如果波的最大合成位移是 0.75mm，那么在距离弦的最低点的 0.500m 处，弦位移的最小值是多少？●●

75. 你向一个池塘中投入一个石块，并注意到波纹是每隔 170mm 均匀分布的。15 条波纹经过水面的标记用了 5.0s，(a) 波速是多少？(b) 如果池塘的直径是 12m，那么一条波纹到达岸边需要多久？●●

76. 当一个人在淋浴间唱歌时，某些音的响度会比其他的大，这是怎么回事呢？●●

77. 在一条 1.75m 长的细线上生成一个驻波。算上两端的波节总共有 8 个波节。(a) 波长是多少？(b) 如果波速是 130m/s，那么它的频率是多少？(c) 如果合成位移是 20.0mm，写出描述驻波的含时波函数，并包含合适的单位。●●

78. 在火星表面沿着水槽移动的水波比在地球表面上相似的水槽中移动的水波快、慢还是相等？(提示：可参考本书第 13 章中的表 13.1。) ●●

79. 你抓住一条水平放置的绳子的一端，每隔 0.18s 抬起你的手，在这个过程中做了 1.2J 的功。然后你将你的手放回原来的位置。如果你生成的波脉冲沿着绳子以 67m/s 的速率移动，绳子的线性质量密度为 0.0282kg/m，那么你的手的垂直速率是多少？●●

80. 你的朋友想考验你对波的理解。她将两根不同的绳子（一根绳子的线质量密度比另一根绳子的大）系在一起形成一根绳子。然后，她将新绳子的一端系到一个柱子上，并要求你蒙上眼睛拿着拉伸的绳子的另一端。你的朋友不仅希望你能确定手里拿着的是绳子的哪一端（重绳的一端还是轻绳的一端），还希望你确定出她是用固定的方法还是不固定的方法将绳子连接到柱子上的。你想了一分钟，然后笑着说你甚至可以估计出线质量密度的比例！正当她瞠目结舌的时候，你用手生成了一列波。●●● CR

81. 作为助理教练，你的工作是将几根笨重的、长 10m 的绳子系在用来支撑体育场顶棚的桁架上，而每根绳子的另一端则什么也不绑。整个团队要用一下午的时间来系这些绳子，但是你却在考虑沿着绳子传播的波脉冲。你可以来回晃动绳子的自由端一次，并测量这个运动所形成的波脉冲要用多长的时间才可以达到绳子的顶端，你可不是一个只会纸上谈兵的人。●●● CR

复习题答案

1. 机械波传播能量和动量，但不传播物质，波通过后介质仍停留在它的初始位置。

2. 堵车是纵波，另外三个是横波。

3. 波速是波沿绳子传播的速率。绳子上每部分的速率是波通过时这一部分偏离平衡位置的速率大小。

4. 不是，脉冲是对称的。一般地，位移曲线是波函数的镜像。

5. 频率是每秒达到波峰的次数，单位是 Hz。波速是波每秒钟移动的米数（m/s）。

6. 它们仍然是相等的。见《原理篇》的自测点 16.5。

7. 波并不总是具有周期性的。周期波是由于运动在有规律的时间间隔内重复而产生的。波脉冲一般情况下不是周期波。波也不都是简谐的。简谐波是由简谐运动产生的（也就是，运动是可以用正弦函数表示的周期函数）。

8. 假设你仅上下移动你的手，作用在绳子上的水平部分的力随着你的振动仍是恒定的，且和拉力相等。因此，无论你的手移动快慢，对波速都没有影响。假设你每次上下移动相同的距离，产生的脉冲的振幅仍然相等。因此，只有周期、频率和波动的波长会发生改变。

9. 干涉在一些瞬时点和脉冲重叠的位置是短暂的。当脉冲分开之后，它们还是具有各自最初的大小和形状，干涉也就不存在了。

10. 波脉冲一直传输相同的动能和势能。

11. 在每个叠加点，波函数可以用代数方法叠加。

12. (a) 反射脉冲是逆向的，左右是颠倒的。(b) 反射脉冲虽然是左右颠倒的，但没有逆向。

13. 每个瞬时点的形状都要被描述，画出到达边界的波脉冲的坐标图，并设计出与入射脉冲同时到达边界的反射脉冲（以同样的速率向相反的方向运动）。如果边界以外的绳子有一个相对较大的线质量密度（或者边界的固定端），那么反射脉冲的位移反向。如果边界以外的绳子有一个相对较小的线质量密度（或者边界为自由端），那么反射脉冲的位移同相。现在重叠这两个脉冲，通过它们在同一位置上叠加每个脉冲的位移。结果就是在所选择的瞬时点上脉冲的形状的轮廓图。

14. 一个完整的描述需要：振幅 A；正的周期 T，频率 f 和角频率 ω；正的波长 λ，波速 k 或波速 c；运动的正方向。

15. 简谐波的波数是波在 2πm 内的波长数量。波数是一个换算常量，它可以将距离单位 m 换算为谐波的正弦函数中所用到的无单位的角度。

16. 波沿 x 的正方向传播。位置和时间的相对关系给了你这些信息。

17. 波腹是在驻波中所有位移的振幅最大的点。这些点在两个波节（振幅为 0 的点）中间。

18. 它们被分开 $\lambda/4$ 的距离。

19. 是的，波腹循环经过介质位移中的所有值，包括 0。

20. 相等，波速依赖于张力和绳子的线质量密度，但其中没有一个发生变化。

21. 波速需要加倍，也就是张力达到原来的 4 倍。假设绳子没有被拉伸（改变线质量密度）。

22. 线质量密度是线或绳子在单位长度上的质量，由单位 kg/m 表示。

23. 产生波的平均功率和绳子的线质量密度、波速、振幅的二次方以及波的角频率的二次方成正比。

24. 有一半的能量变为动能，另一半则转化为势能。

25. 偏导数用于包含多个变量的函数，在求偏导时可以被看作是含有一个变量的普通求导，而其他变量则都被看作是常数。

26. 脉冲上所有位置的曲率会随着绳子各小段邻近处加速度的增加而增加，随着波速的增加而减小。

引导性问题答案

引导性问题 16.2 (a) 一系列可能值的范围：例如，$f=1/3\text{Hz}$，$\lambda=12\text{m}$，$c=4\text{m/s}$，$A=1\text{m}$，所以波函数为 $f(x,\ t)=(1\text{m})\sin\left(\frac{\pi x}{6}-\frac{2\pi t}{3}+\phi\right)$。(b) 对于每个值得到的垂直速度为 2m/s。

引导性问题 16.4 $\mathscr{T}=63\text{N}$

引导性问题 16.6 $\frac{A_R}{A_I}=\frac{k_A-k_B}{k_A+k_B}$ 和 $\frac{A_T}{A_I}=\frac{2k_A}{k_A+k_B}$，因此在入射波的功率中，有 97.1% 的功率被透射，2.9%的功率被反射。

引导性问题 16.8 (a) 如图 GPS 16.8 所示 (b) 略 (c) $c=\frac{\omega}{k}=\frac{2\omega}{2k}=\frac{2\pi\ (440\text{Hz})}{8.00\text{m}^{-1}}=346\text{m/s}$

图 GPS 16.8

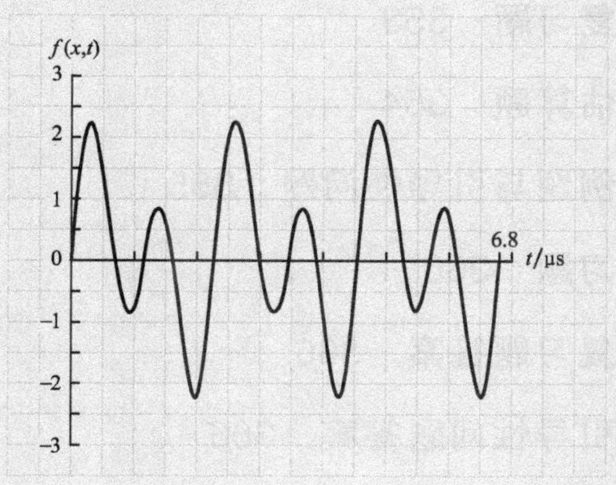

第 17 章　二维波和三维波

章节总结

波在二维空间与三维空间中的特性（17.1节，17.4节，17.5节）

基本概念 **波阵面**是波在传播过程中在介质中形成的曲线或者面，波阵面上所有的点都具有相同的相位。

平面波阵面可以是一个平面或直线。

表面波是一种在二维空间传播的波，其波阵面为弧线。**球面波**是一种在三维空间传播的波，其波阵面为球面。

根据**惠更斯原理**，任何波阵面均可以被视为许多间隔很小的相干点波源的集合。

衍射指的是波在传播过程中经过障碍物或小孔边缘所发生的展衍现象。当障碍物或孔的尺寸小于或等于波的波长时，衍射的效果会更加明显。

定量研究 如果没有能量耗散，那么由点波源发出的波的振幅 A 会随着质点到波源距离的增加而减小，例如：

$$A \propto \frac{1}{\sqrt{r}}\text{（表面波）}$$

或者

$$A \propto \frac{1}{r}\text{（球面波）}$$

球面波产生的**强度** $I(\mathrm{W/m^2})$：在沿着传播方向上传递到面积为 A 区域上的功率为 P，则垂直于传播方向的强度是

$$I \equiv \frac{P}{A} \qquad (17.1)$$

如果一个点波源发射的波在所有方向上都以功率 P_s 均匀传播，并且没有能量耗散，那么距波源 r 处波的强度为

$$I = \frac{P_S}{4\pi r^2} \qquad (17.2)$$

表面波沿着波传播的方向以功率 P 传递距离 L 时，波的强度为

$$I_{surf} \equiv \frac{P}{L} \qquad (17.3)$$

声波（17.2节，17.5节）

基本概念 **声波**是一种纵波，它可以通过固体、液体或气体传播。声波是由一系列交替出现的密部（介质中的分子都挤在一起）和疏部（分子都相隔较远）组成的。人耳可听到的声波的频率范围为20Hz~20kHz。

声速 c 取决于介质的密度和弹性性质。在干燥的20℃空气中，声速为343m/s。

定量研究 听阈 I_{th} 是人类所能听到的最小强度的声音，对于一个1.0kHz的声音

$$I_{th} \approx 10^{-12}\ \mathrm{W/m^2}$$

对于强度为 I 的声音，其声音的**强度等级** β 可用分贝表示为

$$\beta \equiv (10\mathrm{dB})\lg\left(\frac{I}{I_{th}}\right) \qquad (17.5)$$

干涉效应（17.3节，17.6节）

基本概念 两个或多个能产生恒定相位差的波的波源被称为**相干源**。如果相位差恒定为零，则这些波源被认为是同相的。

沿着**波节线**（振动减弱带），波相互抵消，因此介质的位移为零。沿**波腹线**（振动

定量研究 当频率为 f_1 和 f_2 的两个波形成拍时，**拍的频率**为

$$f_{beat} \equiv |f_1 - f_2| \qquad (17.8)$$

然后，介质中质点的位移为

加强带)，介质的位移最大。

两个振幅相等、频率略有不同的波叠加形成一个振幅振荡的波，这种效应被称为**拍**。

$$D_x = 2A\cos\left[2\pi\left(\frac{1}{2}\Delta f\right)t\right]\sin(2\pi f_{av}t) \tag{17.12}$$

其中，

$$\Delta f = |f_1 - f_2| \text{ 且 } f_{av} = \frac{1}{2}(f_1 + f_2)。$$

运动对声音的影响（17.7 节，17.8 节）

基本概念 **多普勒效应**是指在波源和观察者相对运动的过程中，观察者所观察到的波的频率的变化。

冲击波（也叫激波）是指当波源以一个大于或等于介质中波速的速率运动时，波阵面堆积形成锥形（楔形）干扰的现象。

定量研究 如果波源移动的速率 v_s 与介质中声音的频率 f_s 有关，由**多普勒效应**可知，以一定速率 v_o 运动的观察者所观察到的介质中声音的频率 f_o 满足

$$\frac{f_o}{f_s} = \frac{c \pm v_o}{c \pm v_s} \tag{17.21}$$

其中，“±”由波源和观察者的速度方向决定。当观察者与波源相互靠近时，$f_o > f_s$；当二者相互远离时，$f_o < f_s$。

当一个冲击波以速率 c 传播时，波源移动方向的角度 θ 为

$$\sin\theta = \frac{c}{v_s}(v_s > c) \tag{17.22}$$

其中，v_s 是波源相对于介质的速率。比值 v_s/c 是马赫数。

复习题

复习题的答案见本章最后。

17.1 波阵面

1. 试着列出二维波、三维波和一维波的不同之处。

2. 随着波远离波源，以下哪个因素在波的振幅减少量上会起到作用：波能量的损耗、波的维度、其他波源产生的波的相消干涉。

3. 想象由空心管的一端产生的声波，穿过管道介质。当波在管中传播时，试思考由波源产生的波的振幅会怎么变化？（忽略能量耗散）

17.2 声波

4. 声音在空气中传播时，是横波还是纵波？

5. 正常人所能听到的声波频率的范围？

6. 试着描述一个可以证明空气是有弹性的实验。

7. 在声波中，介质的最大和最小位移与介质的最大和最小密度的位置关系是什么？

17.3 干涉

8. 在某个给定的P点，由两个波源发出的声波强度是否恒大于由一个波源发出的声波强度？

9. 假设你在音乐厅中的座位是一个设计不当的“盲点”，也就是由于相消干涉而破坏了从舞台传来的声音的位置。那么它是不是所有乐器的“盲点”？

10. 想象将两个相同的相干波源并排放置并发送波，两波相互干涉，形成莫尔条纹。如果两个波源之间的距离在增加，那么条纹中波节线的数量是增加、减少还是保持不变？

11. 当有三个及以上波源发出的波叠加时，是否会发生相消干涉？

17.4 衍射

12. 什么是惠更斯原理？

13. 为什么对于蝙蝠来说利用高频的声波定位昆虫很重要？

14. 试讨论当声波发生衍射时，通过一个狭缝传播后声波扩散的相对程度。注意考虑三种可能性：（a）波长比狭缝宽度小得多；（b）波长与狭缝宽度相等；（c）波长比狭缝宽度大得多。

17.5 强度

15. 如果一个点波源发出的声波均匀地向各个方向传播，那么随着离开波源距离的不同，声音强度会如何变化？

16. 当你与波源的距离增加10倍时，声音的强度等级β降低了多少分贝？

17. 试着解释为什么在池塘表面产生的涟漪和警笛发出的声波的单位强度I是不同的。

17.6 拍

18. 两个相干波源是如何产生拍频的？

19. 钢琴调音的方法之一是敲打音叉（只发出一个特定的频率），然后立即敲打具有相同频率（音叉发出的声音的频率）的钢琴键，并且听着节拍。在调整过程中，钢琴调音师将利用这种方式使拍频略有增加。那么她的调整方式正确吗？

17.7 多普勒效应

20. 火车接近时，你在路口等待，这时你听到的汽笛声的频率要比火车静止时听到的高还是低，还是一样？

21. 哪种情况下产生的频率比f_o/f_s更大：是波源以$0.250c$的速率靠近静止的观察者还是观察者以$0.250c$的速率靠近静止的波源？

17.8 冲击波

22. 冲击波的角度是否依赖于声音发出的频率？

23. 一艘船在水上航行，如果它的速率增加，那么水中产生的冲击波的角度会发生什么变化？

估算题

从数量级上估算下列物理量，括号中的字母对应于可能用到的提示。根据需要使用它们来指导你的思考。

1. 你吹口哨时产生的声波在空气中传播的波长（M，T）

2. 礼堂中响起了中央C之上的A音(440Hz)，那么出现在它的驻波中的波长数是多少（H，M，Q）

3. 可在人类听觉范围内使用的声音被定位的最小对象的宽度（P，B，F）

4. 你可以听到的一枚大型礼花弹爆炸声的最大距离（A，C，I，R，S，U）

5. 列车上的警告喇叭的输出功率（G，J，N，R，E）

6. 你能听到火车喇叭声的最大距离（E，R，L）

7. 声带振动发出的声音的波长与在空气中发出的声音的波长之比（D，K，O）

提示

A. 商业礼花弹所能释放的能量是多少？

B. 人类听觉范围的哪一端对于检测一个非常小的物体更有用？

C. 能量在什么时间间隔被释放？

D. 一个人声带的长度？

E. 喇叭附近声音的强度等级β是多少？

F. 人能够听到的声音频率范围？

G. 距离多远的时候一定能听到喇叭声？

H. 礼堂的最大尺寸是多少？

I. 释放的能量中有多大的比例会进入声音？

J. 为了能让驾驶员听到喇叭声，汽车发出的声音强度等级β必须为多少？

K. 人声的标准频率是多少？

L. 在户外，能听到的最小的声音强度等级β是多少？

M. 空气中的声速是多少？

N. 车外的声音强度等级β是什么？

O. 这种标准频率的声波在空气中的波长是多少？

P. 物体的宽度与用来探测它的声波的波长之间是什么关系？

Q. 这个音的波长是多少？

R. 强度I是如何随距离变化而降低的？

S. 距离很远时，声音在传播过程中被吸收和损耗的能量分别占多少比例？

T. 当你吹口哨时，发出的声音频率是多少？

U. 什么强度等级的背景噪声是合适的？

答案（所有值均为近似值）

A. 2J；B. 用波长尽可能短的声波（也就是可听阈内频率尽可能高的声波）才能探测到细小的物体；C. 5ms；D. 2×10^1mm；E. 距喇叭1m处为120dB；F. 2×10^1Hz~2×10^4Hz；G. 距火车1×10^2m时，只需几秒钟；H. 6×10^1m；I. 考虑到光的能量以及碎片的动能，大约1/2；J. 大于通话或收音机的声强—即，65dB；K. 2×10^2Hz；L. 30dB；M. 3×10^2m/s；N. 由于车窗可能没关，会留下足够的余量—即，80dB；O. 2m；P. 波长大于物体宽度的波发生衍射现象，而不是被反射到探测器；Q. 0.7m；R. 由于是球面波，所以强度与距离的二次方成反比；S. 大约1/2；T. 1kHz；U. 最佳情况为30dB。

例题与引导性问题

下列例题涉及本章内容，但又不仅仅局限于本章中的某一节。

其中一部分以例题的形式给出，另一部分则以引导性问题的形式给出。

例 17.1 最小的声音

两个小的球形扬声器同时发出一波长为 λ 的波。扬声器之间的距离为 $10\lambda/3$。如果传声器沿着它们中心的连线移动，在什么位置它会检测到：（a）一个异常响亮的声音，（b）一个异常微弱的声音？

❶ **分析问题** 我们知道，传声器离扬声器越近，所检测到的声音就越大，因为在接近声源的地方声音的强度是最大的。然而，问题说异常响亮，这暗示我们需要讨论相长干涉（constructive interference）和相消干涉（destructive interference）的影响。题目要求寻找传声器记录的声音非常响亮和非常微弱的位置，所以我们需要画一幅图，标出我们已经知道的条件，并指定出一个适于测量距离的参考位置。我们选择的这个参考位置是左扬声器的中心，我们称之为扬声器 1（见图 WG17.1）。

图 WG17.1

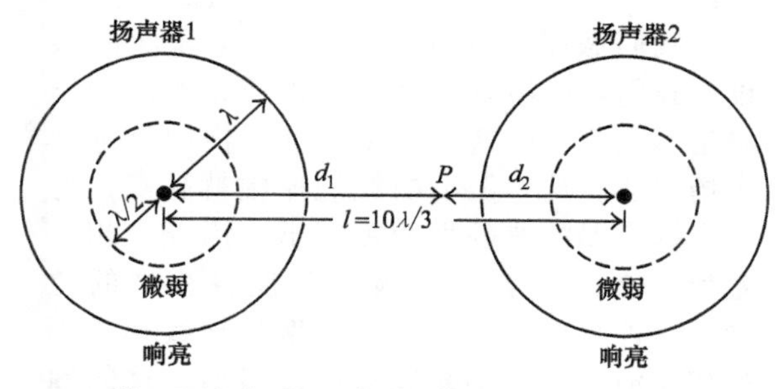

❷ **设计方案** 考虑图 WG17.1，点 P 为连接扬声器中心的线上的任意位置。当两个波源产生的波到达 P 点的相位差恒定时，在 P 点发生干涉。为了实现这一目标，在 P 上的相位差必须是一个周期的整数倍：0，$\pm2\pi$，$\pm4\pi$，…，因为在每个周期中只对应一个波长，所以距离 d_1 和距离 d_2 必须相差波长的整数倍：0，$\pm\lambda$，$\pm2\lambda$，…，因此，对于相长干涉，有

$$\frac{d_1-d_2}{\lambda}=n,n=0,\pm1,\pm2,\cdots$$

$$d_1-d_2=n\lambda$$

相消干涉发生在两个波是反相的情况下，即相位差为 π。与上面使用相同的参数，我们可以说，对于相消干涉，有

$$\frac{d_1-d_2}{\lambda}=n+\frac{1}{2},n=0,\pm1,\pm2,\cdots$$

$$d_1-d_2=\left(n+\frac{1}{2}\right)\lambda$$

我们必须确保 d_1 和 d_2 停留在两个扬声器之间，这就要求 $d_1+d_2=l$，并且 $0<d_1<l$，$0<d_2<l$。

❸ **实施推导** （a）因为 $d_2=l-d_1$，所以由相长干涉，我们可以得出

$$d_1-d_2=d_1(l-d_1)=2d_1-l=2d_1-\frac{10}{3}\lambda=n\lambda$$

$$d_{1,n}^{\text{con}}=\frac{1}{2}\left(n+\frac{10}{3}\right)\lambda,n=0,\pm1,\pm2,\cdots$$

现在我们可以用 n 代替最初的几个值，以获得所述扬声器之间的所有相长干涉的位置：

$$d_{1,0}=\frac{1}{2}\left(0+\frac{10}{3}\right)\lambda=\frac{5}{3}\lambda$$

$$d_{1,-1}=\frac{1}{2}\left(-1+\frac{10}{3}\right)\lambda=\frac{7}{6}\lambda$$

$$d_{1,+1}=\frac{1}{2}\left(+1+\frac{10}{3}\right)\lambda=\frac{13}{6}\lambda$$

$$d_{1,-2}=\frac{1}{2}\left(-2+\frac{10}{3}\right)\lambda=\frac{2}{3}\lambda$$

$$d_{1,+2}=\frac{1}{2}\left(+2+\frac{10}{3}\right)\lambda=\frac{8}{3}\lambda$$

$$d_{1,-3}=\frac{1}{2}\left(-3+\frac{10}{3}\right)\lambda=\frac{1}{6}\lambda$$

$$d_{1,+3}=\frac{1}{2}\left(+3+\frac{10}{3}\right)\lambda=\frac{19}{6}\lambda$$

$$d_{1,-4}=\frac{1}{2}\left(-4+\frac{10}{3}\right)\lambda=-\frac{1}{3}\lambda$$

$$d_{1,+4}=\frac{1}{2}\left(+4+\frac{10}{3}\right)\lambda=\frac{11}{3}\lambda$$

最后两个距离不在扬声器之间（它们的

实践篇

间隔是 $10\lambda/3=20\lambda/6$），所以我们将它们舍去。因此，当传声器检测到异常响亮的声音时，两个扬声器之间的这些位置到扬声器 1 的距离为

$$d_1^{\text{con}}=\frac{1}{6}\lambda,\frac{2}{3}\lambda,\frac{7}{6}\lambda,\frac{5}{3}\lambda,\frac{13}{6}\lambda,\frac{8}{3}\lambda,\frac{19}{6}\lambda \checkmark$$

（b）使用相同的步骤，我们发现产生相消干涉的点与扬声器之间的距离满足下面的表达式：

$$2d_1-\frac{10}{3}\lambda=\left(n+\frac{1}{2}\right)\lambda$$

$$d_{1,n}^{\text{des}}=\frac{1}{2}\left(n+\frac{23}{6}\right)\lambda,n=0,\pm1,\pm2,\cdots$$

$$d_{1,0}=\frac{1}{2}\left(0+\frac{23}{6}\right)\lambda=\frac{23}{12}\lambda$$

$$d_{1,-1}=\frac{1}{2}\left(-1+\frac{23}{6}\right)\lambda=\frac{17}{12}\lambda$$

$$d_{1,+1}=\frac{1}{2}\left(+1+\frac{23}{6}\right)\lambda=\frac{29}{12}\lambda$$

$$d_{1,-2}=\frac{1}{2}\left(-2+\frac{23}{6}\right)\lambda=\frac{11}{12}\lambda$$

$$d_{1,+2}=\frac{1}{2}\left(+2+\frac{23}{6}\right)\lambda=\frac{35}{12}\lambda$$

$$d_{1,-3}=\frac{1}{2}\left(-3+\frac{23}{6}\right)\lambda=\frac{5}{12}\lambda$$

$$d_{1,+3}=\frac{1}{2}\left(+3+\frac{23}{6}\right)\lambda=\frac{41}{12}\lambda$$

$$d_{1,-4}=\frac{1}{2}\left(-4+\frac{23}{6}\right)\lambda=-\frac{1}{12}\lambda$$

$$d_{1,+4}=\frac{1}{2}\left(+4+\frac{23}{6}\right)\lambda=\frac{47}{12}\lambda$$

同样，我们只需要扬声器之间的位置（即 $10\lambda/3=40\lambda/12$），而上面计算的最后三个值不在该中心到另一中心的连线上，所以产生相消干涉的位置为

$$d_1^{\text{des}}=\frac{5}{12}\lambda,\frac{11}{12}\lambda,\frac{17}{12}\lambda,\frac{23}{12}\lambda,\frac{29}{12}\lambda,\frac{35}{12}\lambda \checkmark$$

❹ 评价结果　我们预计相长干涉会出现在扬声器之间的中间位置，因为两个扬声器发出的波到达这个位置经过了相同的距离，这个距离是 $\frac{1}{2}\left(\frac{10}{3}\lambda\right)=\frac{5}{3}\lambda=d_{1,0}^{\text{con}}$，而且我们看到这个结果也出现在了相长干涉的列表中。

我们期望相长干涉与相消干涉之间的间距可以通过一种简单的方法与波长相联系。换句话说，同一类型的干涉发生时，d_1-d_2 的变化是一个波长。这在相长干涉的位置中是很容易就能看出来的。两个扬声器的中间点就是一个产生相长干涉的位置。当我们从这个中间点向扬声器 2 移动的时候，d_1 增加，d_2 减小。如果 d_1 增加 $\lambda/2$，d_2 减小 $\lambda/2$，那么 d_1-d_2 的变化就是一个波长。因此，产生相长干涉的点之间的间隔为 $\lambda/2$，产生相消干涉的点之间的间隔为 $\lambda/2$，这正是我们所看到的。

我们期望的是每个相消干涉产生的点是在一对相长干涉产生点的中间，这正是我们所看到的——例如

$$\frac{1}{2}(d_{1,+1}^{\text{con}}+d_{1,0}^{\text{con}})=\frac{1}{2}\left(\frac{13}{6}\lambda+\frac{5}{3}\lambda\right)=\frac{23}{12}\lambda=d_{1,0}^{\text{des}}$$

我们做了一个能影响答案准确性的假设，我们假设沿着两个扬声器连线的波的振幅是不变的，而这是不正确的。你越接近一个扬声器，从它发出的波的振幅就越高，另一个扬声器的波的振幅就越低。因此，相位差为 $\lambda/2$ 的位置不是波峰与波谷相消的位置。这种与理想状况之间的偏差导致相长干涉和相消干涉都不是完整的。然而，这的确是声音异常响亮和微弱的位置。

实践篇

引导性问题 17.2　水滴干扰

一个滴水的水龙头会在密封水槽平静的水面上产生波。水滴在 P 点滴入水中，距离 P 点 7mm 处，波峰与波谷的高度差是 10mm。（a）距 P 点 150mm 处，波的振幅是多少？（b）距 P 点 150mm 处波的强度与距 P 点 10mm 处波的强度之比为多少？

❶ 分析问题

1. 试着描述波传播时的现象。

2. 试问在平面上传播的水波和在空间中传播的声波有什么不同？

3. 在式（17.1）中，$I=P/A$ 是三维波的表达式。当你在描述二维波的强度公式时，该分式中的分母该怎么变化？

❷ 设计方案

4. 你需要确定哪些未知量？

5. 你可以通过什么样的原理和方法来获得这些未知量？

6. 如何才能将能量与本章中所学过的量联系起来？

7. 哪些公式可以让你通过已知量表达未知量？

❸ **实施推导**

❹ **评价结果**

8. 结果和你对水波的经验相似吗？

例 17.3 瓶子音乐

当你对着一个瓶口吹气时，可能会使瓶子中的空气形成一个驻波，便产生了音乐。吹得越用力，就会有越高的音调，但这需要实践。假设瓶子中有任意高度的液体，你获得的仅是基波（一次谐波），通过吹气你可以获得一个更高频率的谐波。你有一个高度为 0.23m 的饮料瓶，里面装有高度为 0.20m 的液体。声音在空气中的传播速率为 343m/s，当你慢慢啜饮瓶中的液体时，可以得到什么样的频率范围？

❶ **分析问题** 声波是纵波，但是在瓶子中，只有特定波长的波才能形成驻波，就像在弦上产生的横驻波一样（见《原理篇》16.6 节）。我们必须确定在瓶子中，由液体上方的空气所形成的驻波是什么模式的。因为声波是纵向的，瓶中液体的顶表面（或当瓶中液体被消耗完时，瓶的底端）可以充当一个固定端，在固定端，空气分子的位移会大大受限。因此，我们期望这个位置是一个波节。瓶子的顶端是打开的，在这一端，空气分子的位移是不被限制的，这对应于一个自由端的反射，导致瓶子顶端附近形成一个位移波腹。现在我们只需要计算出瓶中需要多少个波长来匹配这些边界条件，我们得到的最小的数就是对应的基频。

❷ **设计方案** 我们需要确定多大比例的波长能够满足我们的边界条件。通过允许的波长和已知的空气中的声速，我们可以使用关系式 $c=\lambda f$ 来计算频率。

在驻波图案中，一个波节到下一个波节的间隔是半个波长，所以一个波节到一个毗邻的波腹的间隔是四分之一波长。基频需要瓶子中的空气长度等于四分之一的波长。对于满足相同条件的较短的波长，增加一个额外的波节和波腹，所以在底部仍有一个波节，在图案顶部仍有一个波腹。像弦驻波一样，级数相邻的驻波图案相差半个波长。与弦驻波不同的是，高次谐波并不只是简单地发生在半波长的整数倍上，而是发生在四分之一波长的奇数倍：

$$\frac{\lambda}{4},\frac{3\lambda}{4},\frac{5\lambda}{4},\cdots$$

只有前两个模式和这个问题有关。如果瓶中空气的长度是 l，则每个模式都必须满足该长度。前两个模式必须满足

$$l=\frac{\lambda}{4},\quad l=\frac{3\lambda}{4}$$

或

$$\lambda=4l,\lambda=\frac{4l}{3}$$

由此产生的频率是

$$f=\frac{c}{\lambda}=\frac{c}{4l},\quad f=\frac{3c}{4l}$$

我们必须确定可用长度范围的频率。

❸ **实施推导** 在我们吹第一口气之前，瓶子中空气的长度是最小的：这是瓶子的高度和液体的原始高度之差（0.23m−0.20m=0.03m）。对于这种情况，我们得到的频率分别为

$$f_1=\frac{c}{4l}=\frac{343\text{m/s}}{4(3.0\times10^{-2}\text{m})}=2.9\times10^3\text{Hz}$$

$$f_3=\frac{3c}{4l}=3f_1=8.6\times10^3\text{Hz}$$

l 越长将导致频率越小，因此，我们可以达到的最高频率刚好高于 8500Hz。空气柱的最大值会导致频率下限的出现——即瓶子空的时候：

$$f_1=\frac{c}{4l}=\frac{343\text{m/s}}{4(0.23\text{m})}=3.7\times10^2\text{Hz}$$

$$f_3=3f_1=1.1\times10^3\text{Hz}$$

在这些条件下，可能的最低频率刚刚超过 370Hz，因此，得到的范围是

$$370\text{Hz}<f<8600\text{Hz}$$

❹ **评价结果** 我们很多人都通过在一个

实践篇

瓶口吹气来产生音调，所以它产生频率可以被我们听到就是合理的。这个频率范围的两端都在人的听觉范围内，但上限是一个相当高的音符，让人想到或许是由短笛产生的。经验也告诉我们，长的瓶子会产生更低沉的音，这也与我们的结果一致。

引导性问题 17.4 瓶子管弦乐

当你准备在电视上观看球赛时，你为自己和室友打开了两瓶冰镇的饮料，瓶子高 0.23m。几分钟后，发现本场比赛十分枯燥，所以你的室友开始对着他的饮料瓶口吹气。这看起来很有趣，所以你也决定尝试一下。每个人的瓶子大小都稍微有些不同，但是每个瓶子中的液体深度大致都为 100mm。当你和室友同时以各自的基频“玩”瓶子的时候，若要听到两种不同的音符，两个瓶子中液体的最小高度差应是多少？

❶ 分析问题

1. 如果两个瓶子所产生音符的频率相差只有几赫兹，那么你希望听到什么模式的声音？

2. 人类可以听到的最低频率是多少？

3. 基频与瓶中液体的深度是如何相互关联的？

❷ 设计方案

4. 给定一个瓶子的高度和液体的深度，你能判定由瓶中空气产生的基本驻波的声音频率吗？

5. 查看直接导出拍公式 [式 (17.12)] 的式 (17.11)。正弦和余弦在本质上有什么区别？《原理篇》的图 17.27 中有两种不同频率的波的叠加位移曲线，可以帮你解答。

6. 若要使式 (17.11) 中的正弦或余弦项能够表示可以被人耳探测到的波节，则所需要的最小频率差是多少？

7. 试着将这种最小的频率差与两个瓶子中液体的最小深度差联系起来。

❸ 实施推导

❹ 评价结果

8. 你的结果可信吗？如果液体的平均深度是 100mm，深度差是你的计算值，那么，可以被听到的两个频率是多少？

9. 你可以试试做这个实验，但要注意你对声音频率的辨识能力可能没那么高。

例 17.5 快速兜风

在一个安静的夏天，你开车行驶在一条安静的街道上，把车窗摇下来时，你看到来自相反方向的汽车正在向你接近，并且车上的驾驶员还把她的汽车广播调到了最大。你拥有一对训练有素的音乐家般的耳朵，注意到这首乐曲比平常的演奏高一个半音（钢琴上相邻音符之间的间隔）。你也知道，任意音符高一个半音（例如，从 C 到升 C，或从降 E 到 E），频率升高 1.06 倍。假设两位驾驶员的行驶速率基本相同，那么速率是多少？

❶ 分析问题 如果你向着一个声源移动，那么你听到的频率比你站着不动时听到的要高。而一个移动的波源正在靠近你的时候也是如此，所以两种运动效果都有助于产生更高的频率。已知 $f_o/f_s=1.06$，所以我们需要确定一般速率。在问题陈述中“基本”的使用，使得我们在答案中可以减少有效数字的位数，从 3 减小到 2。

❷ 设计方案 对于一个靠近移动波源的移动的观察者来说，频率的变化在式 (17.21) 中给出：

$$\frac{f_o}{f_s}=\frac{c\pm v_o}{c\pm v_s}$$

假设两辆车的速率是相等的，我们可以用 $v=v_o=v_s$ 来代替。我们还必须确定式子中所使用的符号，这里我们选择频率符号，它随着波源和观察者的运动而增大。然后，使用已知的声音在空气中的速率，就可以解出单一的未知数 v。

❸ 实施推导

$$\frac{f_o}{f_s}=1.06=\frac{c+v}{c-v}$$

$$1.06(c-v)=c+v$$

$$0.06c=2.06v$$

$$v=\frac{0.06c}{2.06}=\frac{0.06(343\text{m/s})}{2.06}=10\text{m/s}$$ ✔

❹ **评价结果** v 的正值与我们对分子与分母符号的选择是一致的；如果 v 是负值，则表明我们的思路存在一定的偏差。在一个安静的区域，这个速率对于两辆相互接近的车子来说是合理的，例如郊区和街道（10m/s＝22mile/h）。

引导性问题 17.6 追击问题

一位驾驶员以 100km/h 的速率驾驶汽车，被高速行驶且在鸣笛的警车赶上（见图 WG17.2）。警车的速率是 136km/h。假设警车参考系中汽笛的频率为 1526Hz，(a) 在警车经过之前，(b) 在警车经过之后，驾驶员听到的汽笛声的频率分别是多少？

图 WG17.2

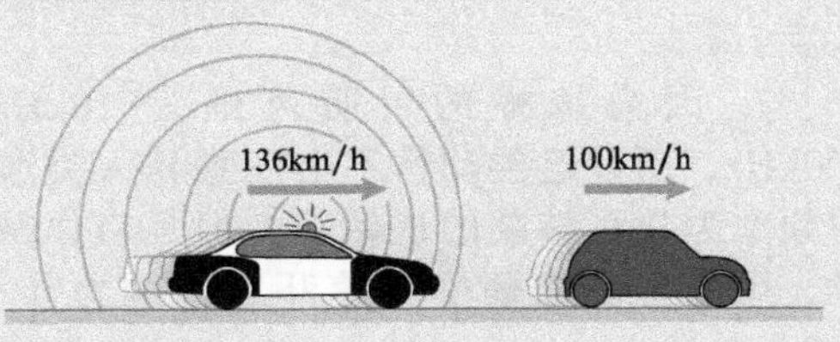

❶ **分析问题**

1. 你有警车追上汽车之前的草图，所以再画一张警车经过该汽车之后的草图。

2. (a) 问和 (b) 问可以分开解答吗？

3. 请记住两辆车都是相对于空气在移动。

❷ **设计方案**

4. 警车经过该汽车之前，波源与观察者之间的运动关系是什么，警车经过之后呢？

5. 哪一个多普勒公式对应于各问中的运动情形？

❸ **实施推导**

❹ **评价结果**

6. 你的答案是合理的吗？频率改变的方式与你所期望的是一致的吗？(即将你的答案与波源接近或远离时频率改变的趋势相比较)？

例 17.7 舷波

一艘快艇以 55km/h 的速率在浅滩的水面上行驶，在它的后面形成一个来自于快艇中线的、沿着快艇行驶方向传播的舷波。你估计快艇每前进 3m，舷波就会在垂直于角平分线的方向上移动 1m。(a) 表面波在水中传播的速率有多快？(b) 快艇行驶时对应的水的马赫数是多少？

❶ **分析问题** 舷波是由冲击波形成的，因为快艇的速率远大于水面上波的速率。我们需要确定：(a) 波的速率是多少？(b) 如何将其与快艇的速率进行比较。

❷ **设计方案** 式 (17.22) 描述了冲击波的角度和产生冲击波的波速与声速之间的关系：

$$\sin\theta=\frac{c}{v_s}$$

通过已知的距离信息，我们可以计算出冲击波的角度 θ，我们知道快艇的速率 v_s，所以可以确定波速 c。马赫数涉及物体的速率以及给定介质中波的速率。一旦有了波速，我们就可以判断出水对于快艇的“马赫数”。

❸ **实施推导** (a) 船每前进 3m，舷波向侧面移动 1m，所以舷波与快艇的角平分线的角度可由下式给出：

$$\tan\theta=\frac{1.0\text{m}}{3.0\text{m}}=0.33,\quad \theta=18.4°$$

由式 (17.22) 可得出波的速率为

$$c=v_s\sin\theta=(55\text{km/h})\sin18.4°$$
$$=17.4\text{km/h}=4.8\text{m/s}$$ ✔

(b) 马赫数被定义为在给定介质中物体速率与波速的比值。因此，水对于快艇的马赫数为

$$\frac{v_s}{c}=\frac{55\text{km/h}}{17.4\text{km/h}}=3.2$$ ✔

❹ **评价结果** (a) 问的答案表明水波经过水面的速率约为 15ft/s，这个值是合理的。(b) 问表明打破快艇的“水障”要比打破喷气式飞机的“音障”容易。

引导性问题 17.8　大吃一惊

一架喷气式飞机在 15km 的高空高速飞过大西洋。它从高空飞行时经过一艘船，34s 后，船上的乘客听到了音爆。这架飞机飞行的速率和马赫数是多少？

❶ 分析问题

1. 从一个显示相关距离和冲击波角度 θ 的图解开始。

2. 你需要做出任何假设吗？

❷ 设计方案

3. 你需要哪些可以帮助你确定未知量的信息？

4. 冲击波的角度与喷气式飞机的速率是如何关联的？

5. 通过什么表达式可以用已知量表达出未知量？

❸ 实施推导

❹ 评价结果

6. 一架喷气式飞机可以以这么快的速率飞行吗？如果不行，重新检查你的结果。

习题　通过《掌握物理》® 可以查看教师布置的作业 MP

圆点表示习题的难易程度：● = 简单，●● = 中等，●●● = 困难；CR = 情景问题。

17.1　波阵面

1. 判断火车是否到来的一个简单方法是将你的耳朵贴在铁轨上听。为什么这样要比听通过空气传播的火车声有效？●

2. 假设一材料在 x 方向比在 y 方向刚性大。绘制一个点波源发出的波进入该材料后在这两个方向上传播的波阵面。●●

3. 教授正在上课。在教室里，声波的振幅是以 $1/r$ 在递减吗（r 是教授与你之间的距离）？●●

4. 大炮在离你一定距离的位置被点燃，你想通过确定进入你耳朵的声的能量来估算距离。(a) 声波的能量如何依赖于你和大炮之间的距离？(b) 现在你用 (a) 问中描述的相关性来判断距离这个大炮有多远。首先，你假设在这段距离上，估计声波的能量没有耗散（比方说，构成空气的分子的随机运动），然后你重复估计，假设声能的一部分已经耗散。第一次估计值要比第二次估计值高还是低？●●

5. 回音壁的一种形式是一个椭圆形的房间，站在一个焦点上的人可以很清楚地听到另一个焦点上人发出的很小的声音，你能运用椭圆的知识来解释这是如何实现的吗？●●●

17.2　声波

6. 在人类可听到的频率范围内有多少个八度？●

7. 因为蝙蝠的可听范围为 10kHz ~ 120kHz，所以这类动物不会注意到人类通常的频率为几百赫兹的谈话声，但是当你喊叫时，可能会使蝙蝠受到惊吓。这是为什么？●●

8. 当声音在一个两端可以反射的管的空气中传播时会形成驻波，就像绳子上的波一样，为了产生持续的驻波，波长与管的长度之间要满足一定的关系。运用本章例 17.3 中的结论来确定波长与管长之间的关系，接下来的两个谐波是在一个两端皆开放的管中产生的驻波。●●

9. 绘制三个最低频率的谐波函数图像，用来表示在一个两端开放的管的空气中形成的驻波。(a) 表示出波节和波腹的位移，(b) 表示出波节和波腹的压强。你的草图应该与《原理篇》中的图 17.9c 一样。●●

17.3　干涉

10. 如果图 P17.10 中波源的频率增加，则波节线之间的距离是增大、减小，还是不变？●

11. 在图 P17.10 中，如果其中一个波源的相位改变 180°，则波节线会如何变化？●

12. 稳定的波节线是由发出相同振幅、不同频率的波的波源形成的吗？●●

13. 扬声器制造商经常建议人们不要把扬声器放在窗帘或者幕布的前面，因为在扬声器背后裸露的墙上经常会出现振动减弱

点。解释为什么墙会形成这个效果。●●

14. 两个相距 2.5 倍波长的点波源能产生多少条波节线？●●

15. 汽车内的振动可以使放在仪表盘上的一杯咖啡的表面形成同心波纹，这种波纹是什么类型的波，它们为什么是圆形的？●●

图 P17.10

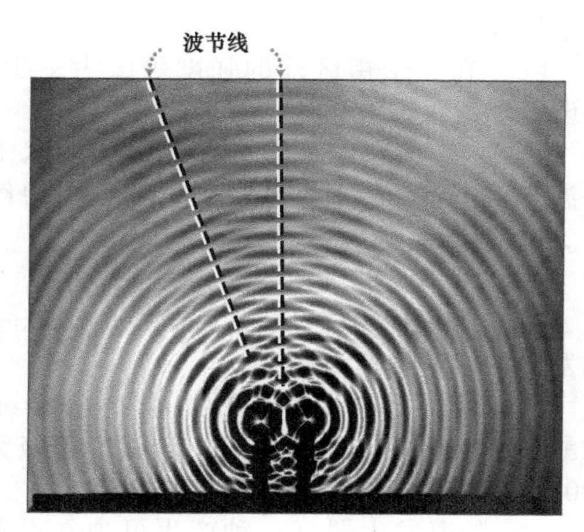

16. 两个发射同一波长 λ 的声源相距 d_s 并且和传声器垂直相距 d_m。利用公式 $\Delta x = d_m\lambda/d_s$（$d_m >> d_s$）表示那些接收到最大响度的传声器之间的距离 Δx。●●●

17. 两个频率为 f 的相干水波源之间的距离为 d。(a) 远离波源，请问振动加强带与两个波源之间中点的垂线的夹角 θ 为多少？(b) 如果在两波源之间引入一个相位差 ϕ，波节线的方向会如何变化？（提示：对于远离波源的相消干涉，假定来自每个波源的波阵面彼此平行并且它们的振幅相等，另见本章的例 17.1。）●●●

18. 三个等距共线相干波，两两之间的间距为 d。在远离波源处，振动加强带与两个波源之间中点的垂线的夹角 θ 为多少？（提示：对于远离波源的相消干涉，假定来自每个波源的波阵面彼此平行并且它们的振幅相等。另见例题详解 17.1。）●●●

17.4 衍射

19. 当你还是一个孩子的时候，你的妈妈喊你进来的时候，你在一个角落里是怎么听到她的声音的？●

20. 如图 P17.20 所示，在扬声器前面放一个狭窄的由吸音材料制成的隔板。将传声器放在隔板后面的盲点上。传声器能否接收到扬声器发出的声音？●●

图 P17.20

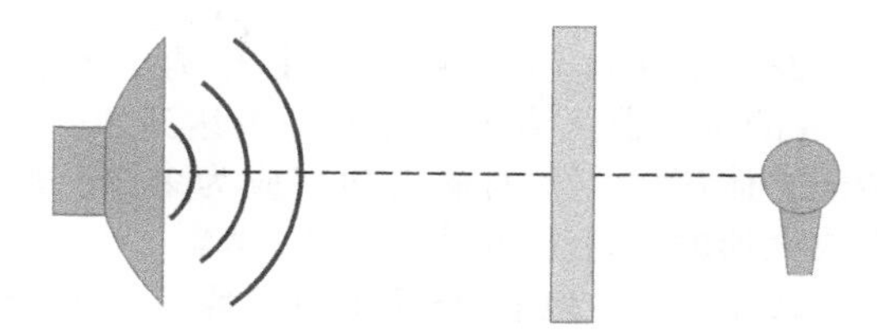

21. 两个非常小的相干波源相距 $d = 2\lambda$，其中 λ 是由每个波源产生的圆形波的波长。(a) 使用惠更斯原理来构造每个波源的波阵面（包含 6 个波谷和 6 个波峰）。用蓝线标记波腹，用红线标记波节，在至少距离每个波源两倍波长时开始标记每条线。(b) 重复一下两波源不相干的情况，使一个波源发出的波刚好与另外一个波源发出的波的相位相差半个波长。(c) 与你的图表对比一下，波腹还是原来的波腹，波节还是原来的波节吗？●●

22. 相矢量（详见《原理篇》15.5 节）对于将不同相位的波相互叠加是有用的。例如，假定你有两个点波源 1 和 2，发射相同频率 f 的声波。在你的检测器中，从波源 1 中产生振幅为 1.00×10^{-8}m 的波，从波源 2 中产生振幅为 0.600×10^{-8}m 的波，相对于波源 1 的相位差为 $+\pi/3$。如果来自波源 1 的波的相位被任意地指定为 $\phi_1 = 0$，那么合成波的振幅和相位是多少？（提示：把两个波当成相量时有助于解决这个问题）。●●●

17.5 强度

23. 一个无线电台的输出功率为 140W，电台距离你家 1.5km。电台信号向所有方向均匀发射。请问你家里的信号强度 I 是多少？●

24. 你测得的声波的强度为 5.70W/m^2。如果信号的输出功率为 90W，并且信号向所有方向均匀发射，请问波源离你有多远？●

25. 一个离分贝计 0.5m 的蚊子发出强度等级为 15dB 的声音。请问在同一距离，100 只蚊子发出的声音强度是多少？●

26. 如果操场上 10 个尖叫的儿童能够发

出强度等级为 80dB 的声音，请问需要多少个儿童才能发出 82dB 的声音？ ●

27. 一个在立方体形房间中心的声源向所有方向均匀发射声波。请问在顶棚角落的强度等级和房间中一面墙的中心的强度等级在分贝值上有什么区别？忽略反射。 ●●

28. 在立体声音响系统中有两个相距 3.0m 的扬声器，为了使强度等级达到 80dB，请问立体声放大器的输出功率应为多少？假设放大器的能量全部用来发声。 ●●

29. 一个离地表 450km 的绕地卫星发出一束无线电信号，当信号到达地球时，功率为 12W。这束信号覆盖地球上 8.0m^2 的面积。天线表面积为 400mm^2，请问地面上的天线接收到的功率为多少？ ●●

30. 在一个场地封闭的篮球赛中，你恰巧坐在一个叫喊的婴儿旁边。如果传到你耳中的婴儿叫声为 75dB，而在热身准备期间，从扩音喇叭传到你耳中的音乐声为 80dB，请问：

(a) 你听到的所有声音的强度 I 为多少？

(b) 你听到声音的强度等级为多少？ ●●

31. 在一个政治集会上，一个定向扬声器发出的声音在你的位置的强度等级为 95dB。请问：

(a) 每平方米的声音强度 I 是多少瓦特？

(b) 如果你离扬声器 20m，并且扬声器只在一个半球内发声，那么扬声器的输出功率为多少？ ●●

32. 你是新机场设计团队中的一员。开发商想建一个尽可能离机场近的旅馆。大型喷气式飞机起飞时，距离飞机 50m 处的声音强度等级为 140dB。开发商想要建造一个旅馆，在旅馆房间中，客人听到的强度等级不能高于 50dB，在停车场中，不能高于 125dB。请问：

(a) 你建议开发商将旅馆建在离机场多远的地方？

(b) 在旅馆房间内最大可允许的强度 I 为多少？ ●●

33. 当图书馆阅读室中有 120 个学生时，阅读室前部的声音强度等级为 70dB，而阅读室没人时，声音强度等级为 20dB。请问当阅读室中有 60 个学生时，强度等级为多少？ ●●

34. 一个典型的汽车喇叭发出的声音在距离汽车 1.0m 处时的强度等级为 90dB。请问：

(a) 16 辆汽车全部在一条街的十字路口鸣笛时的强度等级为多少？

(b) 两个相距 5.0m 的组合喇叭的输出功率是多少？

(c) 在三个街区外的强度等级为多少？假设每个街区长 100m。 ●●

35. 在一次观鲸探险的途中，你的水下声波探测仪检测到强度为 $9.0\mu\text{W/m}^2$ 的鲸声。请问：

(a) 此声波的强度等级 β 为多少？

(b) 如果检测仪显示你距离鲸鱼 2.3km，则发出的信号功率为多少？

(c) 需要多少头发声强度 $I = 9.0\mu\text{W/m}^2$ 的鲸鱼，才能在你的位置上产生强度等级为 100dB 的声音？ ●●

36. 频率发生器（一种产生可独立设置频率和振幅的正弦波的装置）用来给喇叭供能。设置的频率为 2000Hz，这列波以特定的振幅传播，在距离 12m 处测得的声音强度为 0.050W/m^2。请问：

(a) 这个情况下喇叭的输出功率为多少？

(b) 如果输出功率减小到 92W，则新的强度读数为多少？ ●●

37. 假设有两列相同的球形声波的波源 1 和 2，每一个都能产生相同的功率 P。两波源间距为 2λ。点 R 在最大相消干涉的线上，与波源 1 的距离为 9λ。点 Q 在最大相长干涉的线上，与波源 1 的距离为 6λ。写出点 Q 与点 R 的强度表达式。 ●●●

38. 你的卧室距离客厅 8.0m。当父母要求你调小音响时，你照他们说的这么做了，使父母所在客厅里的声音强度等级也从 50dB 降到 45dB。请问你音响所发出的声音功率变化多少？ ●●●

17.6 拍

39. 如果两列叠加波的频率差大于 20Hz，你会听到什么？ ●

40. 两个双簧管演奏者相邻站在舞台上。一个演奏的音调为 350Hz，另一个音调为 355Hz。请问观众听到的拍频为多少？●

41. 在你训练有素的耳朵听来，两位在游行乐队里的大号演奏者演奏的准确音调为 196Hz，但有一个恼人的鸟鸣声，在你听来是每秒钟 4 拍。请问两位大号演奏者演奏的频率为多少？●

42. 接收者所能检测到的某一声音的最低频率为 760Hz。如果接收者检测到频率为 762Hz 的声音然后将它与另一未知频率的、可检测的声音混合，并且听到每秒钟 4 拍。请问未知频率为多少？●●

43. 你有四个电子音频发生器 A、B、C 和 D，它们产生声音的音调接近 1200Hz，这些声音容易听见但难以区分。当你略微增加 A 的频率时，A 与 B、C、D 形成的拍频均增加。当你略微增加 B 的频率时，B 与 C 形成的拍频增加，B 与 A、D 形成的拍频减小。请根据频率从小到大的顺序将发生器排序。●●

44. 一个音叉以 528Hz 的频率振动，另一个则以 524Hz 的频率振动，但你不能区分它们。在你将一小块橡皮泥粘到其中一个音叉末端后，你发现拍频增加了，请问橡皮泥粘到哪一个音叉上了？●●

45. 三个男高音在一个户外圆形剧场举办演唱会。如果男高音 1 的音调为 262Hz，男高音 2 的音调为 264.3Hz，男高音 3 的音调为 258Hz，请问可能的拍频为多少？●●

46. 当两列波叠加在一起时，拍频与平均频率相差一个八度。请问原频率的比率为多少？●●

47. 两根小提琴琴弦，每根琴弦的线质量密度为 0.0014kg/m 并且同时承受 100N 的张力，两根琴弦有着相同的基频 660Hz。如果其中一根琴弦上的张力变为 102N，请问拍频为多少？●●

48. 在一次宿舍的消防演习中。你发现在楼层中的两个报警器发出的声波会出现干涉，并且你每两秒钟听到 5 拍。请问：

（a）如果两波的平均频率为 3500Hz，则两列波的频率分别为多少？

（b）如果你的房间距离两报警器均为 15m，并且每个报警器的输出功率为 60W，则声音的强度 I 为多少？●●

17.7 多普勒效应

49. 如果你正在远离铁轨，你所听到经过的火车的鸣笛的多普勒频移的强度会有什么变化？●

50. 你开车在路上行驶时，发现一个朋友站在人行道上，当以 70km/h 的速率行驶时，你向他按喇叭，你的喇叭发出的频率为 360Hz。请问：当你接近他和远离他时，你朋友听到的频率分别为是多少？●

51. 学校电铃的发声频率为 400Hz。如果你迟到了，并以 4.47m/s 的恒定速率前往学校，那么你听到的频率为多少？●

52. 在赛道上，当赛车经过时，你估计车的轰鸣声改变了一个八度。请问车速是多少？●●

53. 为了使你接收到的频率分别改变：（a）1%，（b）10%，（c）两倍，你需要以多大的速率远离静止的声源？●●

54. 当你观看游行时，一辆载有乐队的彩车经过你。你发现当彩车靠近你时，笛子演奏的频率为 352Hz，在彩车经过你后，频率变为 347Hz。请问彩车的行驶速率为多少？●●

55. 你和一个朋友在骑车，你以 9.72km/h 的速率行驶，她以 7.20km/h 的速率行驶。她在你身后打开了频率为 300Hz 的电子喇叭。请问：

（a）你听到的频率为多少？

（b）站在你们所经过路线旁的人听到的频率为多少？●●

56. 当你在笔直的公路上以 97km/h 的速率行驶时。一辆鸣笛的警车以相反的方向朝你开来，你听到的频率为 310Hz。从你与警车相距 200m 开始，3.00s 后你经过这辆警车。请问警笛的频率为多少？●●

57. 一辆沿着公路向西行驶的汽车，其车速为 90km/h，公路旁是平行的铁轨。汽车靠近一列向东行驶的速率为 65km/h 的火车时。如果火车发出的鸣笛声频率为 400Hz，当汽车靠近火车时和经过火车后两种情况下汽车驾驶员所听到的频率分别为多少？●●

58. 一个发声频率为 150Hz 的雾角（大雾时发出响亮而低沉的声音以警告其他船只）被安置在海湾的一个浮标上。如果一艘船以 21.2km/h 的速率靠近浮标，请问：

（a）船长所听到的频率为多少？

（b）雾角声是一个信号，提醒船长减速。在经过浮标后，船长再次听到雾角声，但他现在听到的频率为 149Hz。此时，船行驶的速率为多少？●●

59. 两架模拟空中激战的飞机相向飞行，飞机 A 的速率为 285km/h，飞机 B 的速率为 295km/h。A 上的电子机枪的射速为每分钟 300 发，每射出一发都伴随着一个声脉冲。请问：

（a）根据 A 上的观察者所描述的一阵持续 10s 的枪声，则 B 中的飞行员听到的脉冲次数为多少？

（b）对于 B 中的飞行员来说，枪声持续了多长时间？●●

60. 你站在院子里，手里拿着由电池供电的蜂鸣器。当一个朋友站在你旁边时，蜂鸣器发出声音的频率为 560Hz。请问：

（a）如果你以 18.0m/s 的速率抛出蜂鸣器，那么你朋友听到的频率为多少？

（b）你和朋友坐上了一辆行驶速率为 12.0m/s 的平板有轨电车，你向着与车行驶速度相反的方向扔出蜂鸣器。你朋友听到的频率为多少？

（c）站在轨道旁的人听到的频率为多少？●●

61. 一个狗哨的频率为 21kHz，这个频率超出了人耳所能听到的频率范围的最高频率。请问人应该朝哪个方向，以怎样的最低速率运动才能刚好听到哨声？●●

62. 在一艘新潜艇的试验中，用一个固定在海底的声呐枪来测量其速率。声呐枪发出声波的频率为 f，这些声波从潜艇表面反射，以 f' 的频率返回波源（$f \neq f'$）。如果潜艇以速率 v 远离声呐枪，请写出用 f、v 和 c（水中的波速）表示的 f' 的表达式。●●●

63. 一个可同时发射和接收声波的装置以 80km/h 的速率行驶。发射声波频率为 700Hz。如果声波从装置前面一个固定的平面反射回来，则此装置检测到的频率为多少？●●●

64. 两个向周围扔足球的学生之间的距离为 54.9m，当足球在空中时，足球会发声。请问：

（a）当学生 A 以 16.0m/s 的速度向 B 扔球时，足球发射的声波频率为 680Hz。学生 B 听到的频率为多少？

（b）当学生 B 以 15.0m/s 的速度向 A 扔球时，足球发射的声波频率为 670Hz。学生 A 听到的频率为多少？

（c）如果两球同时被扔出，拍频为多少？●●●

17.8　冲击波

65. 一架超音速喷气式飞机从头顶飞过，引起一股冲击波，冲击波与水平方向的角度是 47°。请问飞机的速率为多少？●

66. 当一艘船以 48.0km/h 的速率驶过平静的湖面时，船在水中激起的波的速率为 20.1km/h。请问由船引起的冲击波的角度为多少？●

67. 一艘速率为 73.0km/h 的游艇激起了一列冲击波，冲击波与船的路径所成的夹角为 14.3°。请问波浪在水中的速率为多少？●

68. 两架飞行高度相同的喷气式飞机同时经过你上方，一架飞行速度为 1.5 马赫，另一架为 2.5 马赫。请问你先听到哪一架飞机的音爆？●●

69. 观看飞行表演时，你观察到一架战斗机水平飞行速度为 1.30 马赫。在你听到音爆的同时，你观看飞机的视线与水平方向的夹角为多少？●●

70. 许多年以前，驾驶飞机加速超过 1 马赫的试飞员报告，在 1 马赫之前的飞行很艰难，然而在超出 1 马赫后，飞行突然变得很顺畅。你怎么解释这个现象？●●

71. 由于担心被音爆打扰，位于海岸边空军基地附近的居民提交了一份请愿书，请求所有从那个基地起飞的喷气式飞机在马赫数达到 1 之前飞离并驶向海面，而且只有当它们已经达到超音速时才能继续在内陆航行。你如何看待这样的物理推断？●●

72. 一位站在地面上的女士观察到在海拔 20000m 的高空，一架飞机正从她头顶飞过。如果这架飞机的速度是 2 马赫并且它的

冲击波与水平方向呈 30°角，请问她什么时候才会听见音爆？●●

73. 在子弹的射程范围内，一个传声器被放在射击者和目标之间，以便子弹射出之后我们能听见它的音爆。一颗子弹以 2.1 马赫的速度经过传声器。这个传声器在 0.0021s 后接收到了这个音爆。(a) 所产生的冲击波角度是多少？(b) 子弹和传声器之间的垂直距离是多少？●●

74. 一架从海拔 3000m 的高空径直飞过你头顶的飞机产生了一个冲击波。如果冲击波的角度为 42°，请问：

(a) 还要多长时间音爆才会到达你所在的位置？

(b) 在 (a) 问的时间间隔内，飞机向前飞了多远？●●

75. 在新墨西哥州的白沙国家公园，一辆由火箭发动机驱动的汽车在你静立时经过你。如果你在汽车经过后 0.045s 后听到了音爆并且冲击波的角度是 37.0°，请问：你和汽车行驶路径的垂直距离是多少？●●●

附加题

76. 在一架由经过头顶的飞机引起的音爆产生前和产生后，地面上的观察者会听到什么？●

77. 当一架飞机的速度达到 2 马赫时，会产生第二次音爆吗？●

78. 两名试飞员正驾驶着一架飞行速度超过 1 马赫的训练机。请问坐在驾驶舱的飞行员听得见坐在后面的飞行员的声音吗？●●

79. 两根同时被拨动的吉他弦 1 和 2 产生了用

$$D_1 = A\sin(ax)\cos(bt)$$
$$D_2 = A\sin(qx)\cos(dt)$$

描述的驻波，其中，$a = 1.45\text{m}^{-1}$，$b = 2512\text{s}^{-1}$，$q = 19.3\text{m}^{-1}$，$d = 2575\text{s}^{-1}$，请问：

(a) 每个声波的频率是多少？

(b) 请问合声波的拍频是多少？●●

80. 一辆赛车以 350km/h 的速率经过看台上的一个观察者。如果这个观察者有一个能产生 400Hz 声音的空气扬声器，请问：赛车驾驶员听到的这个声音的频率范围是多少？●●

81. 由两个相干波源产生的波节线图案会形成哪种圆锥曲线（圆、椭圆、抛物线或双曲线）？（提示：对于一个给定的振动加强带，它上面任意一点到两个波源的波程差和其他所有点的波程差是相同的）●●

82. 为什么在一个立体声扬声器上高频扬声器比低频扬声器小很多？●●

83. 你站在一个摩天轮下，此时两个在摩天轮对面开车的小孩都在以 600Hz 尖叫。你注意到当一个小孩径直驶向你而另一个小孩径直远离你时拍频最大。这个摩天轮转一圈需要 24.0s，并且它的直径是 27.0m。在这种情况下多普勒频移是否能产生可以观察到的拍的现象？●●● CR

84. 你有一张室外摇滚音乐会的门票，位置在距离舞台的第四排。然而，在那个距离声音的强度等级是 100dB，声音过大而使你无法享受音乐。你决定坐到声音的强度等级更为适中的 80dB 的一排。幸运的是，你转过身，往回数了正确的排数（假设每排间的距离是一致的），你看到你想要的座位是空着的。●●● CR

85. 你想搭建一个便携的装置，它可以检测到离你海边的房子几英里外的功率约为 50W 的无线电台播出的广播。你有一个直径为 0.60m 的碗，你也许可以把它用作一个蝶形天线，但是你担心你的扩音器的输入需要一个至少 0.1μW 的信号。●●● CR

86. 当一列开动的火车持续不断地鸣笛，并以一个恒定的速率靠近一个铁路路口时，你的汽车是路口排队队伍中的第三个。为了防止自己被这种噪声逼疯，你开始考虑你听到的频率和火车驾驶员听到的频率的相对区别。当然，这必须取决于你与这列火车上的驾驶员的连线与轨道的垂线的夹角。●●● CR

复习题答案

1. (1) 二维波或三维波的振幅会随着它们的传播而减弱，甚至在没有能量耗散的情况下也是如此。(2) 一些在一维波里观察不到的干涉现象会在二维波和三维波里出现。

2. 在波的传播过程中，波的能量消耗会带来振幅的减小，但是即使没有能量的消耗，波的维度也很重要。振幅在二维波中以 $1/\sqrt{r}$ 递减，在三维波中以 $1/r$ 递减。

3. 这个管子的周长是不变的，并且它的截面面积在整个管子中也不变。波的振幅是保持不变的，因为在波从管子的一端传递到另一端的过程中，这个波的能量传递的覆盖面积没有改变。

4. 声波在空气中是纵波。

5. 范围是 20Hz~20kHz。

6. 挤压一个只含空气的塑料苏打水瓶并且把它的盖子拧紧。你只能很轻微地减少容量，因为你施加给瓶壁的压力传递给了里面的空气分子。空气的压缩弹性在相反的方向给瓶壁施加了一个力。

7. 介质最大和最小密度出现在介质位移为零的地方。因此，介质密度最大和最小的位置在距位移最大或最小处 1/4 波长的地方（相位相差为 90°）。

8. 不是。只有当两列波之间的干涉在 P 点加强时，这个声音才会更大。如果干涉是减弱的，当两列波同时经过 P 点的时候，产生的声音至少会比两者中的一个单独经过 P 点时发出的声音小。

9. 不是。大厅中一个给定的位置只会无法听见特定的某些频率，因为两列波到达那个位置时的相对相位是由 $\Delta r/\lambda$ 这个比率决定的。因此相消干涉只会在特定的某些频率存在。

10. 波节线的数量增加了。

11. 是的。无论几个波源都可以这样组合以便波的最大值与最小值在某些特定的位置重合。例如，一系列排列紧密的共线点波源沿着一个垂直于这些波源的直线产生了相长干涉，同时也会在其他方向产生相消干涉。

12. 惠更斯原理认为波阵面是一系列紧密的相干的点波源的集合，每一个点波源又会产生向各个方向传播的相干波，但是当相干波重叠时，除了向前以外的其他方向都会被消除。这个结果可以被用来简要描述附加的向前传播的波阵面的形状。

13. 频率高相当于波长短，而且通过反射波来确定可靠的位置时需要与昆虫大小相匹配的波长。

14. 扩散的程度取决于波长与窄缝宽度相比的情况：波长越长，这个波扩散开的程度就会越大。因此，在 (a) 问中，只发生极少量的扩散；在 (b) 问中，扩散可以很轻易地被观察到；在 (c) 问中，波向所有方向扩散，产生了一个类似于点波源的扩散形式。

15. 如果我们忽略能量的消耗，强度的变化与距波源的距离的二次方成反比，即 $I \propto 1/r^2$ [式 (17.2)]。这是因为，无论距波源的距离有多远，波的能量都是一致的，但是这个能量覆盖的面积会随着与波源距离的增大而增大。

16. 强度 I 以 $(10)^2=100$ 的因数减小，因为强度和 $1/r^2$ 的相依性：$I=P/(4\pi r^2)$ [式 (17.2)]。定义强度等级的式 (17.5)：$\beta=(10\text{dB})\lg(I/I_{\text{th}})$ 告诉你，强度 I 以 10 的幂减少，强度等级 β 就减少 10dB，所以这个强度等级降低了 20dB。

17. 在水面上的涟漪这个案例中，当每一个涟漪扩散开时，能量扩散覆盖一个圆周（公式为 $2\pi r$），这形成了一个 W/m 的强度单位。典型地，一个紧急事件的警笛被安装在一根高高的柱子上，这就使声音的能量能够向各个方向传播开来。在这个案例中，每一个波阵面所携带的能量穿过一个球面扩散开来（公式为 $4\pi r^2$）。因此这个强度单位应该是 W/m^2。

18. 拍频是指两列波的频率差。

19. 不正确。当音叉的频率与钢琴键的频率接近相等时（这也是调音师的目的），拍频会减少。

20. 因为多普勒效应，移动波源的频率会变高。

21. 因为波源在向观察者靠近所以比例会变大。下面是原因：波源向静止不动的观察者移动意味着观察到的频率比发出的频率高，因此有 $f_o/f_s>1$。又因为 $v_o=0$，由式 (17.21) 可以推出 $f_o/f_s=c/(c\pm v_s)$。为了使分数比 1 更大，你在分母中用了一个减号，即 $f_o/f_s=c/(c-0.250c)=1.33$。

观察者向静止的波源移动也意味着 $f_o>f_s$，并且因此仍然有 $f_o/f_s>1$。又因为在这种情况下 $v_s=0$，由式 (17.21) 可以推出 $f_o/f_s=(c\pm v_o)/c$。为了使分数比 1 更大，你在分母中用了一个加号，即 $f_o/f_s=(c+0.250c)/c=1.25$。

22. 否。式 (17.22)：$\sin\theta=c/v_s$ 中不包含关于频率的信息。

23. 在式 (17.22)：$\sin\theta=c/v_s$ 中，当 v_s 增大时，$\sin\theta$ 减小，这意味着 θ 减小的同时冲击波变窄。

引导性问题答案

引导性问题 17.2 (a) 0.90mm；(b) $\frac{1}{15}$

引导性问题 17.4 大约 4mm

引导性问题 17.6 (a) 1.58×10^3 Hz；(b) 1.49×10^3 Hz

引导性问题 17.8 马赫数为 1.6 或 5.5×10^2 m/s

第 18 章　流　　体

章节总结

流体的压强（18.1节，18.5节，18.6节）

基本概念 **流体**是没有固定形状可以流动的物体。非黏滞流体对切应力造成的形变没有任何阻碍作用。

根据**帕斯卡原理**，密闭流体内部压强处处相等，且等于容器壁上的压强。

定量研究 如果流体垂直作用在面积为A的表面上的作用力为$\vec{F}^c_{fs}$，则将标量P定义为作用于面积A上的**压强**

$$P \equiv \frac{F^c_{fs}}{A} \quad (18.1)$$

在国际单位制里，压强的单位为**帕斯卡**(Pa)：

$$1Pa \equiv 1N/m^2 \quad (18.2)$$

海平面的大气压强是1.01325×10^5Pa。

液体中距离液面d处的压强P与容器的形状无关，且

$$P = P_{surface} + \rho g d \quad (18.8)$$

其中，$P_{surface}$为液面处的压强；g是重力加速度；ρ为液体的密度。

测量压强时，真实压强P等于表头值（超过大气压的压强）与大气压强的和：

$$P = P_{gauge} + P_{atm} \quad (18.16)$$

浮力（18.2，18.5节）

基本概念 如果物体部分或完全浸没在流体中，物体受到向上的**浮力**。根据**阿基米德定律**，物体所受的浮力的大小等于排开的流体所受到的重力，排开流体的体积等于物体浸入流体的体积。

定量研究 **浮力**$\vec{F}^b_{fo}$的大小等于流体的密度ρ_f乘以所排开流体的体积V_{disp}：

$$F^b_{fo} = \rho_f V_{disp} g \quad (18.12)$$

非黏滞层流（18.3节，18.7节）

基本概念 在**层流**中，任意一点处的流速为常数。混沌变化的流体为**湍流**。

不可压缩流体的密度处处相等。

定量研究 在管道中，非黏滞层流遵循**连续性方程**：

$$\rho_1 A_1 v_1 = \rho_2 A_2 v_2 \quad (18.23)$$

其中，ρ、A、v分别为相关位置流体的密度、横截面面积和流速。

体积流量率Q（m^3/s）等于通过特定位置的流体的体积V与通过的时间Δt的比值：

$$Q \equiv \frac{V}{\Delta t} \quad (18.25)$$

体积流量率还可以表示为

$$Q = Av \quad (18.26)$$

其中，A为管道的横截面面积；v为流体的速率。

实践篇

伯努利方程描述了不可压缩的非黏滞层流的性质：

$$P_1+\rho g y_1+\frac{1}{2}\rho v_1^2=P_2+\rho g y_2+\frac{1}{2}\rho v_2^2 \quad (18.36)$$

其中，y 表示相对于参考点的垂直高度。

黏度与表面张力（18.4 节，18.8 节）

基本概念 **黏度**是体现流体对切应变阻碍程度的标量。

表面张力指的是单位长度上液体表面作用在表面边沿上的力。

定量研究 固定的平板与可移动平板之间流体的**黏度** η（Pa·s）可以通过下式定义：

$$F_{\mathrm{fp}x}^{c}\equiv-\eta A\frac{v_x}{d} \quad (18.38)$$

其中，$F_{\mathrm{fp}x}^{c}$ 表示当可移动板以速率 v_x 沿所在平面运动时，流体作用在板上力的 x 轴分量；A 为板的表面积；d 表示两块板之间的距离。一般情况下，上式可以写成

$$F_{\mathrm{fp}x}=-\eta A\frac{\mathrm{d}v_x}{\mathrm{d}y} \quad (18.39)$$

其中，$\mathrm{d}v_x/\mathrm{d}y$ 表示厚度为无限小的流层流速随高度的变化率。

泊肃叶定律：如果 P_1 和 P_2 分别是半径为 R、长度为 l 的圆柱管两端的压强，则体积流量率 Q 可表示为

$$Q=\frac{\pi R^4}{8\eta l}(P_1-P_2) \quad (18.47)$$

如果液体作用在长度为 l 的线上的表面张力为 $\vec{F}_{\mathrm{fw}}$，则液体的**表面张力系数** γ（N/m）为

$$\gamma\equiv\frac{F_{\mathrm{fw}}}{2l} \quad (18.48)$$

拉普拉斯定律揭示液面的内外压力差 $P_{\mathrm{in}}-P_{\mathrm{out}}$ 和液面的曲率半径 R 的关系为

$$P_{\mathrm{in}}-P_{\mathrm{out}}=\begin{cases}\dfrac{2\gamma}{R}(\text{球面}) & (18.51)\\[2ex] \dfrac{\gamma}{R}(\text{柱面}) & (18.52)\end{cases}$$

复习题

复习题的答案见本章最后。

18.1 流体中的力

1. 应力的基本形式有哪三种？描述与这些应力有关的力。

2. 黏滞性液体和非黏滞性液体在切应力下的行为有何不同？举例说明。

3. 描述在体应力下液体和气体的不同表现。

4. 力和压强的关系是什么？两者有何区别？

5. 地球引力对容器中静止的液体的压强会产生怎样的影响？

6. 当密闭液体顶部的压强变化时，液体内部的压强如何变化？

18.2 浮力

7. 部分或完全浸没在流体中的物体所受到的浮力与地球的引力的关系是什么？

8. 如何判定一个物体在液体中上浮还是下沉？

9. 怎样使通常在水中下沉的物体浮在水面上？

18.3 流

10. 层流和湍流的流线的区别是什么？

11. 什么是黏度？

12. 哪些因素决定了通过物体的流是层流还是湍流？

13. 为什么将一些物体的表面设计成流线型，这样做有什么好处？

14. 如果层流的流线在一段紧密，一段分开，这说明什么？

15. 层流的流速和压强的关系是什么？

18.4 表面效应

16. 描述流体中分子之间的相互作用与距离的关系。

17. 描述流体中分子受力情况与表面分子所受表面张力的区别。

18. 对比流体中表面张力与表面形状的关系以及包裹流体的弹性膜的张力与膜形状的关系。

19. 哪些因素决定了固体与液体接触时是否会出现浸润现象？忽略周围气体的影响。

20. 什么因素决定了液体在毛细管中的弯月面是凸面还是凹面？

18.5 压强与重力

21. 流体中的压强与哪三个因素有关？只和液体压强有关的第四个因素是什么？

22. 当你站在海平面位置时，头顶与脚底之间的压强差是多少？

23. 什么是静水压？静水压在液体中如何变化？

24. 物体的平均密度是如何决定了物体在被放置于流体中后上浮，下沉还是不动？

18.6 流体中的压强

25. 什么是表头值？表头值与大气压的关系是什么？

26. 描述液压系统的主要构成部分并解释系统产生数倍压力的原因。

18.7 伯努利方程

27. 在管子中流动的非黏滞层流，点1处管子的横截面面积不同于点2处的横截面面积。一段时间内，通过点1的流体质量与通过点2的流体质量之差是多少？

28. 引水渠直径处处相同，一部分靠近地面，另一部分高出地面。假设其中流动的水是层流，试比较靠近地面的点1处的压强与远离地面的点2处的压强。

29. 水平放置的引水渠的各水管的直径不同。假设流动的水是层流，试比较直径较小处的压强与直径较大处的压强。

18.8 黏度与表面张力

30. 什么是流体的速度梯度？

31. 比较液体的黏度与温度的关系，以及气体的黏度与温度的关系。

32. 对于任何在管中流动的流体，如何通过泊肃叶定律来确定黏度、管的尺寸大小以及体积流量率之间的关系？

33. 表面张力与液体表面能之间的关系是什么？

34. 在表面张力作用下弯曲的液面两侧的压强如何不同？

估算题

从数量级上估算下列物理量，括号中的字母对应于可能用到的提示。根据需要使用它们来指导你的思考。

1. 大气层的质量 [C,N,X]
2. 人体密度与水密度之间的差 [A,G,Y]
3. 海洋底部的压强 [U,F,Y]
4. 地面和摩天大楼顶部的气压差 [J,V]
5. 直径为 0.50m 的两个半球合在一起抽成真空后拉开时所需要的力 [T,I,O]
6. 飞机高空飞行时，打开应急舱门所需要的力 [D,Q]
7. 飓风经过时，掀翻屋顶的力 [S,E,L]
8. 高速公路上，迎面开过货车时，小汽车上的乘客所受到的水平方向气流的冲力 [P,B]
9. 花园里 30m 长的喷水管的体积流量率 [W,Z,K,H]
10. 肥皂膜能支撑的 70mm 长的线的最大质量 [R,M]

提示

A. 当你竖直地浮在水中，只露出头部时，未浸没在水中的部分占全身体积的比例是多少？

B. 汽车一侧的面积是多少？

C. 地球的表面积是多少？

D. 飞机内外的压强差是多少？

E. 房屋内外的压强差是多少？

F. 压强和深度的关系是什么？

G. 你的质量与所排开水的质量的关系是什么？

H. 喷头的半径是多少？

I. 由提示 T 得到的球内外表面的压强差与施加在球体表面的力的关系如何？

J. 摩天大楼的高度是多少？

K. 多大的压强差才能够将水喷到合适的高度？

L. 屋顶的面积有多大？

M. 肥皂膜的表面张力是水的多少倍？

N. 海平面的大气压是多少？

O. 通过球体赤道的横截面的面积是多少？

P. 气流经过驾驶员一侧和乘客一侧的速率差是多少？

Q. 舱门的面积是多少？

R. 哪些力必须相互抵消？

S. 飓风的风速是多少？

T. 球体内外的压强差是多少？

U. 海洋最深处的马里亚纳海沟的深度是多少？

V. 空气的密度是多少？

W. 这种情况下，水的黏度是多少？

X. 由于大气的质量引起的大气层对地球表面的压力是多少？

Y. 水的密度是多少？（假设海水的密度可以近似于水的密度）

Z. 竖直地拿着水管时，喷出的水柱高度是多少？

答案（所有值均为近似值）

A. 8×10^{-2}；B. 3m^2；C. $5\times10^{14}\text{m}^2$；D. $5\times10^4\text{Pa}$；E. $8\times10^2\text{Pa}$；F. 式（18.17）：$P=P_{\text{atm}}+\rho gh$；G. 两者质量相等；H. $1\times10^1\text{mm}$；I. $F=(P_{\text{in}}-P_{\text{out}})\pi R^2$，其中 R 是球体半径；J. $3\times10^2\text{m}$；K. 0.1atm 或 $1\times10^4\text{Pa}$；L. $2\times10^2\text{m}^2$；M. $7\times10^{-2}\text{N/m}$ 的 1/3；N. $1\times10^5\text{Pa}$；O. $2\times10^{-1}\text{m}^2$；P. $3\times10^1\text{m/s}$；Q. 1m^2；R. 重力与表面张力；S. $4\times10^1\text{m/s}$；T. $1\times10^5\text{Pa}$；U. $1\times10^1\text{km}$；V. 1kg/m^3；W. $1\times10^{-3}\text{Pa}\cdot\text{s}$（温度为 20℃ 时的值）；X. 压力等于大气的质量乘以重力加速度；Y. $1\times10^3\text{kg/m}^3$；Z. 1m，在没有喷头时会更低。

例题与引导性问题

步骤：计算静止液体压强有关的问题

与静止液体压强有关的物理分支称为流体静力学。静止液体的压强和重力以及液体边界有关。要确定液体中的压强：

1. 画出草图。确定所有的**边界**，找出所有影响压强的因素：活塞，开口处的气压，边界的面积，活塞的面积以及液体的密度。

2. 确定**各个边界的压强**。连接外界环境的开口处，其边界的压强就是大气压强 P_{atm}，真空处边界的压强 $P=0$，如果液体的边界是某一封闭气体，则边界的压强是该气体的压强 $P=P_{gas}$。如果和液体边界接触的是固体，比如活塞，则压强 $P=F^{c}_{sl}/A$，其中，F^{c}_{sl} 是固体作用在液体上的力；A 是力的作用面积。

3. 利用**水平面**。对于连通液体，同一水平面上的压强相等，对于竖直高度差为 d 的两个水平面，若点 1 低于点 2，则两点压强之间的关系为 $P_1=P_2+\rho gd$［式（18.7）］。其中，d 是两水平面间的距离。

下列例题涉及本章内容，但又不仅仅局限于本章中的某一节。

其中一部分以例题的形式给出，另一部分则以引导性问题的形式给出。

例 18.1　火星上的气球

科学家计划用装有探测仪器的气球考察火星的表面。在可行性计算中，需要计算气球的体积（假设不承载仪器），火星表面大气的密度是 0.020kg/m³。用氢气填充气球（对于火星表面的气压，氢气的密度 $\rho_{hy}=9.0\times10^{-4}\text{kg/m}^3$），气球表面由塑料膜制成，塑料膜的密度 $\rho_{film}=1.2\times10^3\text{kg/m}^3$，厚度为 0.30mm。

❶ **分析问题**　假设火星大气提供的浮力正好可以使气球飘浮起来，在这种情况下，浮力的大小等于火星上氢气球受到的重力。

❷ **设计方案**　气球所受到的浮力等于所排开火星大气受到的重力。浮力的大小可以通过式（18.12）：$F^b_{atm,bal}=\rho_{atm}V_{disp}g=\rho_{atm}V_{bal}g$ 计算得出，其中 g 为火星的重力加速度。浮力等于火星对气球的引力：

$$F^G_{planet,bal}=m_{bal}g+\rho_{hy}V_{bal}g$$
$$=(\rho_{film}V_{film}+\rho_{hy}V_{bal})g$$

注意 V 的不同下标，V_{film} 表示的不是气球的体积而是气球表面塑料的体积。假设气球是半径为 R 的球体，塑料膜的厚度 $t\ll R$。因此，塑料膜的体积等于表面积乘以厚度：$V_{film}=4\pi R^2t$。气球排开大气的体积等于气球的体积：$V_{bal}=\frac{4}{3}\pi R^3$。

❸ **实施推导**　由浮力等于重力，可得：

$$F^b_{atm,bal}=F^G_{planet,bal}$$

$$\rho_{atm}V_{bal}g=(\rho_{film}V_{film}+\rho_{hy}V_{bal})g$$

$$(\rho_{atm}-\rho_{hy})\left(\frac{4}{3}\pi R^3\right)=\rho_{film}(4\pi R^2t)$$

求解 R，可得：

$$R=\frac{3\rho_{film}t}{\rho_{atm}-\rho_{hy}}$$

$$=\frac{3(1.2\times10^3\text{kg/m}^3)(0.00030\text{m})}{(0.020\text{kg/m}^3)-(9.0\times10^{-4}\text{kg/m}^3)}$$

$$=57\text{m}$$ ✔

❹ **评价结果**　半径为 57m 的气球其直径大约有 110m，比足球场还要长 10%。由于火星的大气密度低，这样的结果也还是合理的。火星表面平坦，这样的设计并非完全不可行。当然如果要是承载仪器装置的话，气球的体积还要根据装置的质量做得更大些。

在计算过程中，火星的重力加速度被约掉，因此并不需要。

引导性问题 18.2 测试气球

接上题的内容，在将气球送往火星之前先在地球上进行测试。在海平面，大气的密度是 1.286kg/m^3，氢气的密度是 0.090kg/m^3。(考虑到安全因素，测试者也许应该用氦气，氦气的密度是 0.179kg/m^3。) 气球要在地球表面飘浮起来，半径至少应该是多少？可以使用例 18.1 中的数据。

❶ **分析问题**

1. 要使气球飘浮，哪些力需要相互平衡？

2. 如何计算这些力？

❷ **设计方案**

3. 计算过程中可以用到例 18.1 中的哪些数据？

4. 哪些数据需要替换？

❸ **实施推导**

5. 将氢气作为填充气体，计算地球上气球的半径。

6. 安全起见，采用氦气作为填充气体，计算此时地球上气球的半径。

❹ **评价结果**

7. 计算结果和上题的结果一致吗？

8. 结果是否合理？能否用氦气作为填充气体？

例 18.3 兴修水坝

你计划在峡谷中水深 30m 处修建水坝。峡谷开口为长方形，宽 50m，高 30m。设计中计划不采用任何附属设施加固水坝，只通过大坝和地面的摩擦力来固定大坝本身。由于大坝与地面的摩擦力远大于它和峡谷两侧的摩擦力，所以计算时只需计算它与地面的摩擦力。最直接的方法是采用浇注混凝土。混凝土大坝高 $h=30\text{m}$，宽 $l=50\text{m}$，厚度为 t，如图 WG18.1 所示。如果采用高密度混凝土(密度为 5200kg/m^3)，且大坝与地面的静摩擦系数 $\mu_s=0.60$，则大坝的厚度至少是多少？

图 WG18.1

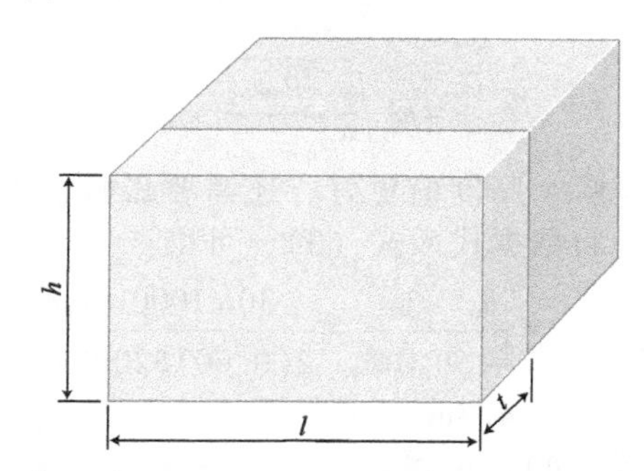

❶ **分析问题** 《原理篇》中的例 18.6 给出了大坝侧面压力的表达式。在本题中需要计算大坝受到的合力，因此需要计算另一侧的大气压力。大坝的质量决定了它对地面的支持力，而地面的支持力决定了最大静摩擦力，水与空气对大坝的压力和摩擦力的总和等于零。只要计算出大坝的质量，就可以计算出大坝的体积以及大坝的最小厚度。

还有一个问题：即使合力为零，大坝在合力矩的作用下仍有可能倾覆，因此大坝要稳定，合力矩也必须为零。从图 WG18.2 可知，空气和水对大坝的压力是“分布载荷”，不能用一个箭头而要用一排箭头来表示。在计算压力时，需要把大坝分成无数水平方向的细带，每条细带所受的压力等于其侧面积与该位置压强的乘积，压力等于由下到上所有这些细带的压力总和。图 WG18.2 中画出了两条这样的小带。注意，这里的大气压强为常数，水压随高度变化。

图 WG18.2

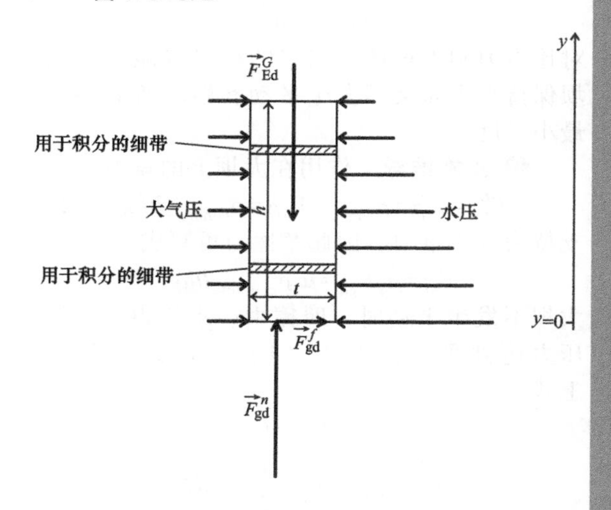

❷ **设计方案** 每个细带所受的压力为

$$dF_{ws}^{c}=P(y)dA=P(y)ldy$$

其中，$P(y)$ 表示高度 y 处的压强；ldy 表示高度为 dy、宽度为 l 的细带的侧面积。从0积到 h 可以求得水对大坝的压力（参考《原理篇》例18.6）：

$$F_{wd}^{c}=lh\left(P_{atm}+\frac{1}{2}\rho_{w}gh\right)$$

大气压强不变，因此容易计算大气压力：

$$F_{ad}^{c}=P_{atm}A=P_{atm}lh$$

两个力方向相反，因此两者的矢量和为

$$F_{wd}^{c}-F_{ad}^{c}=lh\left(P_{atm}+\frac{1}{2}\rho_{w}gh\right)-lhP_{atm}=\frac{1}{2}\rho_{w}lgh^{2} \quad (1)$$

这一结果应等于大坝所受的最大静摩擦力：

$$F_{gd}^{f}=\mu_{s}F_{gd}^{n}=\mu_{s}mg=\mu_{s}\rho_{concrete}V_{d}g$$

混凝土的密度 $\rho_{concrete}$ 和大坝体积 V_{d} 是已知的，这样就可以计算出大坝的最小体积以及最小厚度了。

接下来还需要分析转动的情况，假设在力矩的作用下，大坝刚好开始倾覆，由分析可知，转轴应当是大坝底面与大气一侧相交的那条边。此时，支持力和摩擦力都通过转轴，因而力矩为零。要保持平衡，重力矩必须等于水压力和大气压力所产生的力矩的和。

要计算重力矩，就需要找到大坝的质心以及质心到转轴的距离。对于水压力和大气压力产生的力矩，需要计算出每一个细带上压力产生的力矩：

$$d\vec{\tau}=\vec{r}\times d\vec{F}$$

对比由力和力矩计算出来的结果取能够使大坝保持平衡而又不发生平动和转动所需要的最小厚度。

❸ **实施推导** 作用在大坝上的重力为

$$F_{Ed}^{G}=mg=\rho_{concrete}V_{d}g=\rho_{concrete}lthg \quad (2)$$

支持力等于重力，因此摩擦力可写成

$$F_{gd}^{f}=\mu_{s}F_{gd}^{n}=\mu_{s}\rho_{concrete}lthg$$

大坝不发生平动时，摩擦力、水压力、大气压力达到平衡，将式（1）中的结果代入上式：

$$F_{gd}^{f}=F_{wd}^{c}-F_{ad}^{c}$$

$$\mu_{s}\rho_{concrete}lthg=\frac{1}{2}\rho_{w}lgh^{2}$$

解上面的方程，可得

$$t=\frac{\rho_{w}h}{2\mu_{s}\rho_{concrete}} \quad (3)$$

下面以底面与大气一侧的交线为转轴，计算各力的力矩。在大坝开始倾覆时，重力矩使大坝顺时针旋转，水压产生的力矩使水坝逆时针旋转，如图WG18.2所示。计算重力矩时，力臂是大坝厚度的一半，由式（2）可知：

$$\tau_{Ed}=F_{Ed}^{G}\left(\frac{1}{2}t\right)=\frac{1}{2}\rho_{concrete}t^{2}lhg$$

计算水压的力矩时，注意力臂是竖直的。对于任意高度 y，细带所受的水平方向的合力为水压力与空气压力的和。合压强等于 $P_{atm}+\rho_{w}gy-P_{atm}=\rho_{w}gy$，水施加在 y 处的力为 $dF_{wd}^{c}=PA=(\rho_{w}gy)(ldy)$，因此，对于高度为 y 处的细带，所受力矩可表示为

$$d\tau_{wd}=ydF_{wd}^{c}=y(\rho_{w}gy)(ldy)=\rho_{w}gy^{2}ldy$$

通过积分可计算出水压的力矩：

$$\tau_{wd}=\int_{0}^{h}\rho_{w}gy^{2}ldy=\rho_{w}gl\int_{0}^{h}y^{2}dy=\frac{1}{3}\rho_{w}glh^{3}$$

由于大坝没有发生倾覆，因此两个力矩大小相等，有：

$$\tau_{Ed}=\tau_{wd}$$

$$\frac{1}{2}\rho_{concrete}t^{2}lhg=\frac{1}{3}\rho_{w}glh^{3}$$

$$t^{2}=\frac{2\rho_{w}h^{2}}{3\rho_{concrete}}$$

$$t=h\sqrt{\frac{2\rho_{w}}{3\rho_{concrete}}} \quad (4)$$

要决定哪个厚度值更好，还需要做数值上的比较。将数据代入式（3），可得：

$$t_{translation}=\frac{h\rho_{w}}{2\mu_{s}\rho_{concrete}}=\frac{30\text{m}\,1000\text{kg/m}^{3}}{2(0.60)5200\text{kg/m}^{3}}=4.8\text{m}$$

代入式（4），可得：

$$t_{rotation}=h\sqrt{\frac{2\rho_{w}}{3\rho_{concrete}}}=(30\text{m})\sqrt{\frac{2(1000\text{kg/m}^{3})}{3(5200\text{kg/m}^{3})}}=11\text{m}$$

因此要保持大坝稳定，不发生平动或转动，大坝的最小厚度为11m。

实践篇

❹ **评价结果** 最小厚度小于高度的一半，水坝的形状为长方形。我们知道细长的物体更容易倒下来，尽管如此，这样的长方形横截面的水坝还是一个不错的选择。由于成本的原因，绝大多数水坝的横截面都不是长方形而是上窄下宽的形状。采用弯曲的形状可以获得来自周围结构的支撑（这样水压就不会完全作用于大坝），较宽的底边可以增大重力的力臂，在不增加水压的力矩的同时使重力矩变得更大。

引导性问题 18.4 压力之下

通过积分证明：液体半球壳表面两侧的压强差 $P_{in}-P_{out}$（见图 WG18.3）引起的力等于其底面面积与压强差的乘积。

图 WG18.3

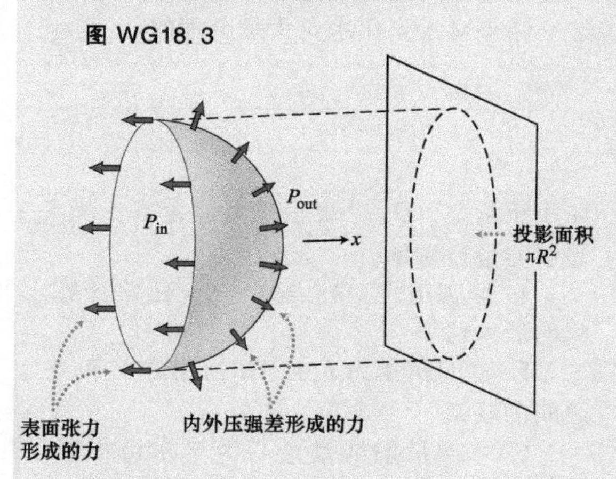

❶ **分析问题**

1. 观察球壳表面表示力的大小与方向的箭头。

2. 为什么压强差不是球壳位置的函数？是否需要做些假设？

3. 考虑到对称性，部分力的分量相互抵消。

❷ **设计方案**

4. 怎样选取面元？提示：将球壳分解成竖直的薄圆环，圆环的中心位于通过球心的水平轴线上。圆环的半径为 $R\sin\theta$，宽度为 $R\mathrm{d}\theta$，其中 R 是球壳的半径，θ 是圆环与中心轴线的夹角。（当圆环接近轴线时 $\theta=0$，当圆环半径最大时 $\theta=90°$）

5. 对于作用在圆环上的大气压力的水平分量与竖直分量，哪些量会相互抵消？

6. 用 P_{in}、P_{out}、R 和 θ 表示力的水平分量，这就是大气压力的 x 分量。

❸ **实施推导**

7. 作用在圆环上的大气压力是否为 $\mathrm{d}F_x=(P_{in}-P_{out})\cdot\cos\theta\mathrm{d}A=(P_{in}-P_{out})\cdot\cos\theta(2\pi R\sin\theta R\,\mathrm{d}\theta)$？

8. 为什么对半球壳从 $\theta=0$ 到 $\theta=\pi/2$ 积分；而不是从 $\theta=0$ 到 $\theta=\pi$？

❹ **评价结果**

9. 计算结果和用于球面的拉普拉斯定律以及水的表面张力是否一致？

例 18.5 管道工的梦想

家用进水管的直径为 15mm，打开冷水龙头，需要 11s 将 1.0L 的罐子装满水。10℃时，水的黏度为 $1.307\times10^{-3}\mathrm{Pa\cdot s}$。水流通过 2.5m 长的水管后压强的变化量是多少？水流的最大速率是多少？

❶ **分析问题** 已知一段水管在 10℃时的流量率、水的黏度、水管直径以及长度。利用这些条件可以计算水管两端的压强差以及水的最大流速。画出草图并标明已知信息（见图 WG18.4）。

水管中黏滞流体的速率并不相同，它和到水管中心的距离有关，水管中心处的流速最大（见《原理篇》图 18.57）。

图 WG18.4

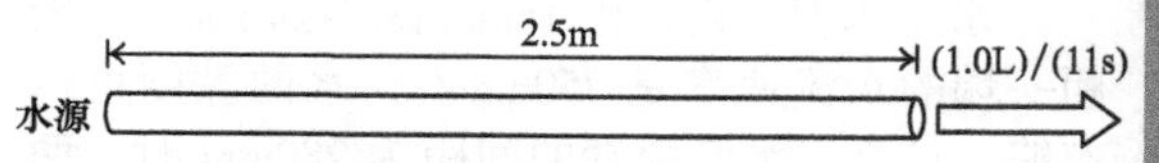

❷ **设计方案** 根据水管装满 1.0L 水罐的时间计算出水的流量率 Q，再根据泊肃叶方程［式（18.47）］计算水管两端的压强差。由式（18.44）可知距半径为 R 的水管中心 r 处一点的流速为 $v_x=[(P_1-P_2)/(4\eta l)](R^2-r^2)$，因此，流速最大处为 $r=0$ 处，也就是水管的中心。

❸ **实施推导** 首先，将非国际单位制的量转化成国际单位制：

$$1.0\text{L}\times\frac{1\times10^{-3}\text{m}^3}{1\text{L}}=1.0\times10^{-3}\text{m}^3$$

水的流量率为

$$Q=\frac{V}{\Delta t}=\frac{1.0\times10^{-3}\text{m}^3}{11\text{s}}=9.09\times10^{-5}\text{m}^3/\text{s}$$

根据泊肃叶方程［式（18.47）］计算水管两端的压强差：

$$P_1-P_2=\frac{8\eta lQ}{\pi R^4}$$

$$=\frac{8(1.307\times10^{-3}\text{Pa}\cdot\text{s})(2.5\text{m})(9.09\times10^{-5}\text{m}^3/\text{s})}{\pi(7.5\times10^{-3}\text{m})^4}$$

$$=0.24\times10^3\text{Pa}$$ ✔

将式（18.44）中的 r 设为零，可以计算最大的流速：

$$v_{\max}=\frac{P_1-P_2}{4\eta l}(R^2-0^2)$$

$$=\frac{240\text{Pa}}{4(1.307\times10^{-3}\text{Pa}\cdot\text{s})(2.5\text{m})}(7.5\times10^{-3}\text{m})^2$$

$$=1.0\text{m/s}$$ ✔

❹ **评价结果** 240Pa 的压强相当于 0.0024atm，这个结果比较小，对于家用管道来说很常见。最大水流速率为 1.0m/s，因此这一结果对于家用水龙头是合理的。

引导性问题 18.6 灾难性的洪水

1889 年发生在宾夕法尼亚州的洪水是美国历史上最严重的一起自然灾害。大雨造成水库垮坝，引发的洪水夺去了 2200 人的生命。研究表明垮坝形成的水流高 13m，宽 90m，高峰流量率大于 8500m³/s。计算垮坝时最大的水流速率以及最大的质量流量率与最大能量流量率，计算结果保留两位有效数字。

❶ **分析问题**

1. 最大水流速率、最大质量流量率、最大能量流量率与最大体积流量率之间的关系是什么？

2. 是否可以将水流看成是不可压缩的非黏滞流体？

❷ **设计方案**

3. 题目中有多个流量率，用 Q_{vol} 表示体积流量率，Q_{mass} 表示质量流量率，Q_{energy} 表示能量流量率。

4. 能否用式（18.26）：$Q=Av$ 来计算水流的最大速率？

5. 水的质量为 $\rho_{\text{w}}V$，如何建立 V 和 Q_{vol} 之间的联系？

6. 水携带的能量是否等于水流出时的动能？

❸ **实施推导**

❹ **评价结果**

7. 你计算出来的最大流速是否合理？即使是流速较低，对于大的开口，仍然有可能有较大的体积流量。

8. 将质量流量率和能量流量率与日常的例子做比较，比如在公路上行驶的小汽车。

例 18.7 锥形水流

水平水管的内径由 15mm 减小到 10mm，较粗一端的水流速率是 750mm/s，水的黏度可以忽略。计算当水管两端的间距为 280mm 时，两端的压强差是多少？哪一端的水压更大？

❶ **分析问题** 图 WG18.5 给出了和题意相关的草图，其中较细一段标记为 x_1，较粗一端标记为 x_2，两端相距 280mm。在处理流体问题时，首先需要判断相关流体是否是层流，是否可以应用伯努利方程和连续性原理。由于本题中的流体不可压缩，黏度低，流速也不大，所以这里可以被当成层流。已知管径和流速，在计算压强差时就可以运用伯努利方程。由于流体不可压缩，且不黏滞，所以这里还可以运用连续性原理。

❷ **设计方案** 利用连续性原理［式（18.24）］将两位置流速之间的关系建立起来。用 d 表示直径，于是有

$$A_1v_1=A_2v_2$$

$$\pi\left(\frac{d_1}{2}\right)^2v_1=\pi\left(\frac{d_2}{2}\right)^2v_2$$

实践篇

$$v_1 d_1^2 = v_2 d_2^2 \quad (1)$$

图 WG18.5

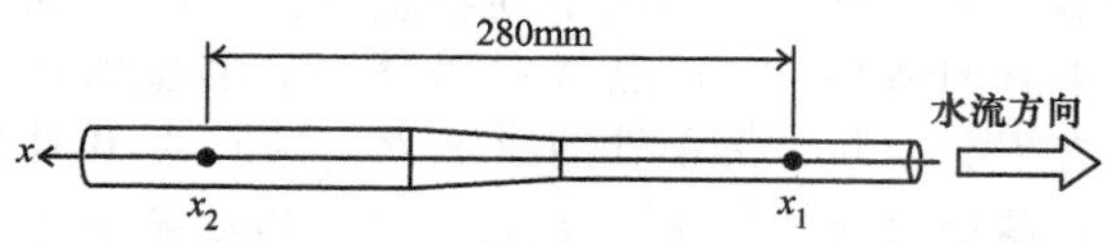

由于两位置所在的高度相等，将 $y_1 = y_2$ 代入伯努利方程可得：

$$P_1 + \frac{1}{2}\rho v_1^2 = P_2 + \frac{1}{2}\rho v_2^2$$

$$P_2 - P_1 = \frac{1}{2}\rho(v_1^2 - v_2^2) \quad (2)$$

由于待求量是两端的压强差，而不是压强本身，因此式（1）与式（2）中只有 v_1 和 $\Delta P = P_2 - P_1$ 这两个未知量，可以求得 ΔP 的值。

❸ **实施推导** 根据式（1）可以得到 v_1：

$$v_1 = v_2 \frac{d_2^2}{d_1^2}$$

$$v_1^2 = v_2^2 \left(\frac{d_2}{d_1}\right)^4$$

代入式（2）可得压强差：

$$\Delta P = P_2 - P_1 = \frac{1}{2}\rho(v_1^2 - v_2^2) = \frac{1}{2}\rho\left[v_2^2\left(\frac{d_2}{d_1}\right)^4 - v_2^2\right]$$

$$= \frac{1}{2}\rho v_2^2\left[\left(\frac{d_2}{d_1}\right)^4 - 1\right]$$

$$= \frac{1}{2}(1000\text{kg/m}^3)(7.5\times10^{-1}\text{m/s})^2$$

$$\left[\left(\frac{15\text{mm}}{10\text{mm}}\right)^4 - 1\right] = 1.1\times10^3\text{Pa} ✔$$

结果为正数，说明粗的一端压强较大。

❹ **评价结果** 水管两端的压强差是大气压强的 1%，这样的压强可以由水压力计或水银压力计测量，而且不会导致水管变形，这样的结果是合理的。

式（1）的结果表明，粗管中水流的速率只有 1.7m/s，所以可以将管中的水流看成是层流。在细的一端，流速变大，压强变小，这是符合常识的。压力的方向和水流的方向一致，这和粗的一端压强较大也是相符的。

我们在计算中没有用到管长。对于层流，水管横截面上各点的流速一样，只要所讨论的点不在直径发生变化的过渡区域，各点所在的位置就并不重要。

引导性问题 18.8 调整水流

图 WG18.5 中的水管顺时针旋转 90°，竖直放置，使粗的一端位于上方。假如粗的一端的流速还是例 18.7 中的情况，此时两端之间的压强差是多少？哪一端压强更大？

❶ **分析问题**

1. 画出草图

2. 例 18.7 中所用的方法在这里是否还适用？

❷ **设计方案**

3. 当 $y_1 \neq y_2$ 时，和例 18.7 的解决方法会有哪些不同？

4. 写出与连续性原理和伯努利方程有关的公式。

5. 解题条件是否足够？

❸ **实施推导**

6. 代入数值求解。

❹ **评价结果**

7. 计算结果是否合理？是否出乎意料？

习题　通过《掌握物理》®可以查看教师布置的作业 MP

圆点表示习题的难易程度：●=简单，●●=中等，●●●=困难；CR=情景问题。

除非特别申明，水的密度为1000kg/m³。

18.1　流体中的力

1. 装有液体的圆柱容器被固定在地面上，它的两端各有一个活塞，如图P18.1所示。左侧活塞的半径是10.0mm，右侧活塞的半径为30.0mm。如果用30.0N的力推右侧的活塞，同时还要使左侧的活塞不动，那么施加在左侧的力必须是多少？●

图 P18.1

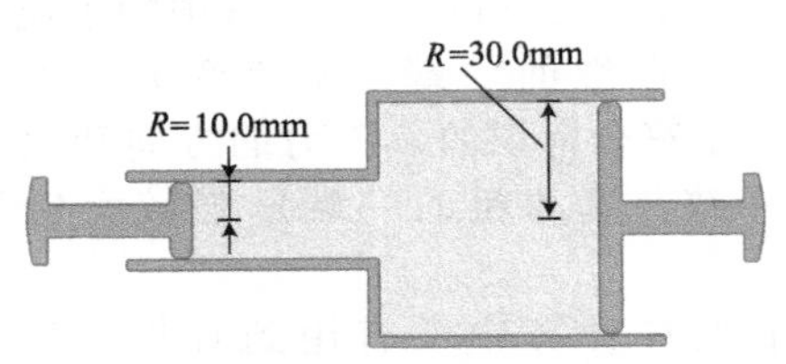

2. 地面上放有装着水的敞口圆柱容器，水面压强为大气压强，水底压强更大。当容器被移至轨道上的国际空间站后，这些压强会如何变化？●

3. 某方形盒子的六个面对应的三个面积分别是 A、B、C，$A<B<C$。假设 A、B 对应的面在垂直方向，C 对应的面在水平方向。将盒子浸没在水中，按照（a）压强的大小和（b）压力的大小，以从小到大的顺序分别对三个面积排序。●●

4. 设计如图P18.4所示的楔形容器，底面为等腰三角形，顶角 θ 为多少时，（a）容器装满液体时，三个侧面所受的压力与相应侧面的面积的比值 F/A 都相等？（b）三个侧面所受的压力都相等？●●

图 P18.4

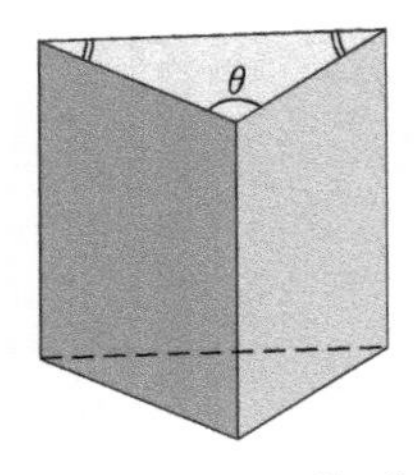

5. 如图P18.5所示，装满液体的容器下端用活塞封口，给出下列物理量的方向（如果有的话）：（a）点A处液体对容器壁的压力 $\vec{F}^c_{lw}$，（b）点A处的压强 P，（c）点B处容器壁对液体的压力 $\vec{F}^c_{wl}$，（d）当活塞向上推时，液体对活塞的作用力 $\vec{F}^c_{lp}$，（e）活塞向下拉时，液体对活塞的作用力 $\vec{F}^c_{lp}$。（f）如果容器中装的是气体，情况将如何变化？●●

图 P18.5

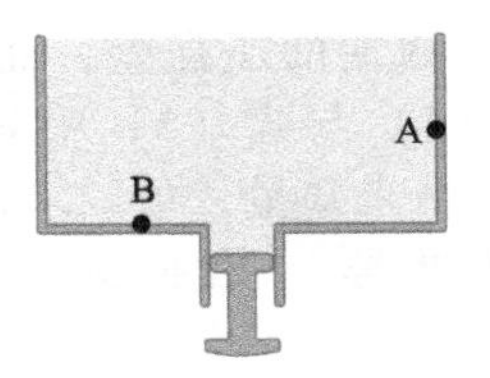

6. 你和滑雪板的总质量为70kg，沿半径为5.0m的滑道下滑。到达滑道底部时，你的速度为8.2m/s，对滑道的压强为57kPa。如果滑雪板的长度为1.3m，则滑雪板和滑道接触面的平均宽度是多少？●●

7. 对于任何房间，地板负荷等于平均压强的最大值，即房间里所有物体受到的重力和房间面积的比值；点负荷等于真实压强的最大值，即每个物体受到的重力与物体和地板的接触面面积的比值。如果某房间的地板负荷为3kPa，点负荷为60kPa，则房间压强等于点负荷的面积占总面积的比例最大是多少？●●

8. 三个不同形状的容器，体积都是 V，高度都是 h，如图P18.8所示。加入水后，测量底部的压强。当水的体积分别是（a）V 和（b）$V/2$ 时，按测量结果从小到大的顺序对容器排序。●●

图 P18.8

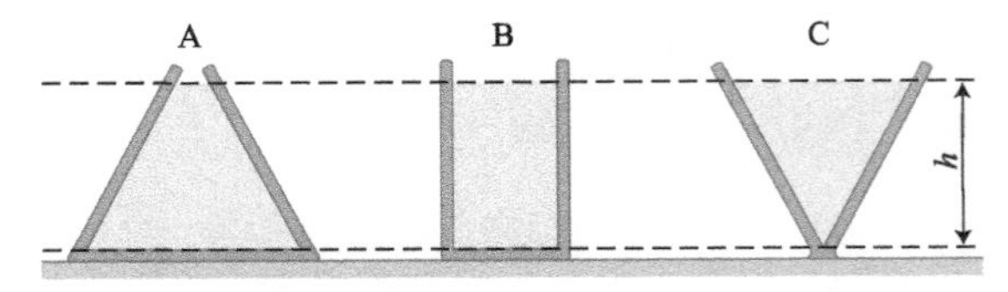

9. 在遥远的太空中，某行星由不可压缩的液体构成，液体的密度是 ρ，行星的质量为 m_{planet}，半径为 R。计算距行星中心 $R/2$

实践篇

处的液体压强。●●●

18.2 浮力

10. 长为 100mm 的立方体漂浮在水面上，浸没在水中的深度为 70.0mm，求立方体的质量。●

11. 水下呼吸器重 5.0kg，由密度为 $2000 kg/m^3$ 的材料制成，如要将该装置从浅水中取出，需要多大的拉力？●

12. 现有三块分别用铅、石头和塑料制成，且尺寸完全相同的砖块。将它们全部浸入水中，(a) 哪一块受到的浮力最大？(b) 哪一块最有可能浮起来？●

13. 将由质量为 2.50×10^6kg 的钢材制成的轮船近似看成长 50.0m、宽 20.0m、高 20.0m 的盒子。(a) 船的密度是多少？(b) 船能浮在水面上么？(c) 如果能，它最多能装多重的货物而不下沉？●●

14. 高度为 h 的木块从空中落入水深为 $2h$ 的水桶中。画出木块从水面到达水桶的底部的过程中，木块所受浮力随深度变化的简图。不需要给出浮力的大小，只需要表示出它是如何随深度变化的。●●

15. 杯子 A 中盛有 250g 水，杯子 B 中盛有 220g 水和 30g 冰块，且冰块漂浮在水面上。比较两个杯子水平面的高度。●●

16. 漂浮在水池中的小船上装有一混凝土块，现将混凝土块扔进水池。水池中的水平面将上升，下降还是不变？●●

17. 你制造的木筏 2.00m 长，2.00m 宽，厚度为 0.100m。如果木筏的质量是 40.0kg，你的体重是 55.0kg，那么木筏最多能够承载几位体重为 65.0kg 的乘客？●●

18. 某气球在没有充气之前的质量为 0.500kg，充满氦气后被用于将质量为 1.50kg 的仪器提升到空中。(a) 气球的最小直径是多少？(b) 由于氦气储备不足，科学家打算用氮气来替换氦气。此时气球的最小直径是多少？空气的密度为 $1.286 kg/m^3$，氦气的密度为 $0.179 kg/m^3$，氮气的密度为 $1.251 kg/m^3$。●●

19. 两个大小完全相同的木块漂浮在水箱中，如图 P18.19 所示。木块 1 有三分之二的体积在水中，木块 2 有三分之一的体积在水中。计算两木块的密度之比 ρ_1/ρ_2。●●

图 P18.19

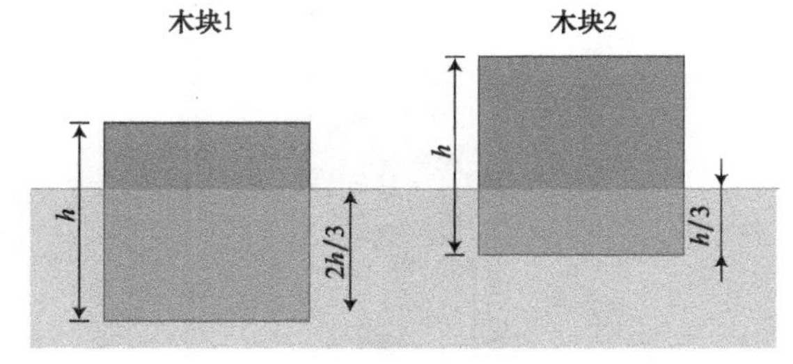

20. 一个重 5.00kg 的装有空气的、密闭刚性气箱，体积为 $1.00 m^3$，它被放置在深 50.4m 的海底用于打捞海中的物体。潜水员通过转动曲柄将气箱拉入水底，如图 P18.20 所示。(a) 将气箱拉到海底需要做多少功？忽略缆绳和气箱内空气的质量，假设水的密度不随深度变化。(b) 如果这项工作花了 10min 完成，则平均功率是多少？●●

图 P18.20

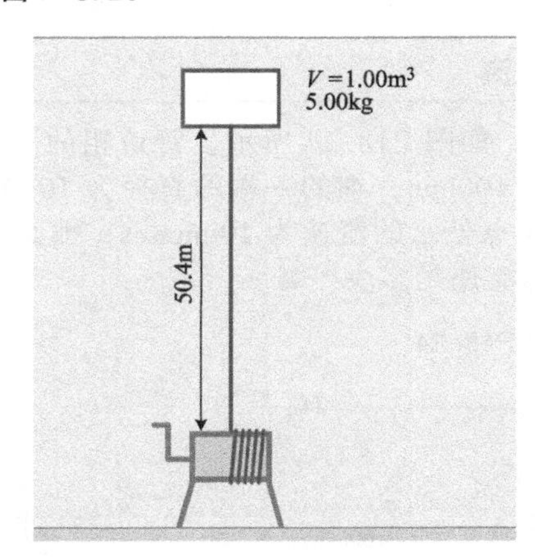

21. 在测量氦气球升力的试验中，你用细绳绑住气球的末端，然后释放细绳使气球上升，直到拉起 63.2mm 的细绳后静止于空中，如图 P18.21 所示。长度为 1.00m 的细绳质量为 0.0160kg，未充气的气球质量为 2300mg。气球充气后的体积是多少？空气的密度为 $1.286 kg/m^3$，氦气的密度为 $0.179 kg/m^3$。●●

22. 直径为 2.50m 的圆柱体水箱其水深为 3.75m。现将 40.0kg 的物体放入水中，浸入的体积为 75%，此时水箱底部的压强的增加量是多少？●●●

图 P18.21

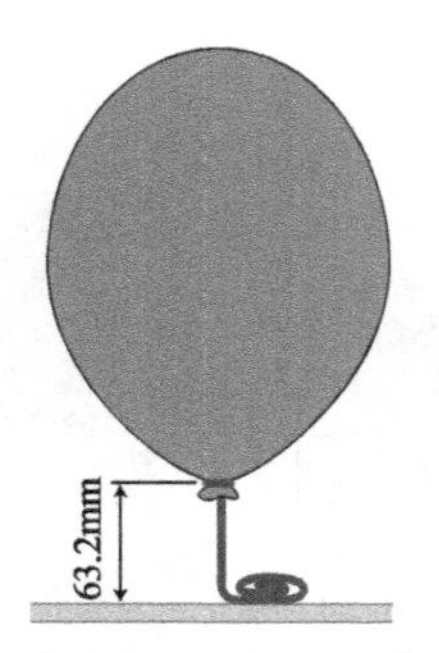

23. 充气之前，气球的体积为 $6.90\times10^{-2}m^3$，质量为 $6.00\times10^{-3}kg$。充满氦气与氢气的混合气体后用绳子将气球绑住，使其飘浮在桌面上。离开桌面的绳长为283mm，绳子的线质量密度为0.260kg/m。(a) 混合气体的密度是多少？(b) 在混合气体中，氦气与氢气之比是多少？空气的密度为 $1.286kg/m^3$，氦气的密度为 $0.179kg/m^3$，氢气的密度为 $0.090kg/m^3$。●●●

18.3 流

24. 如图P18.24所示，管道粗的一端的直径为100mm，细的一端的直径为10.0mm。如果A点处水的流速为100mm/s，那么B点处水的流速是多少？●

图 P18.24

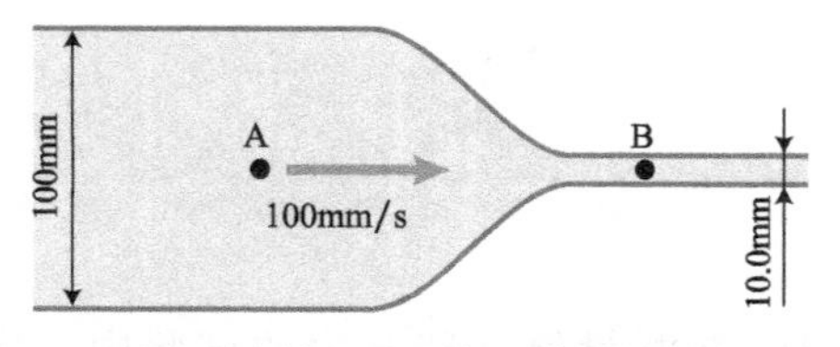

25. 进气导管可以将空气从室外引入室内，室外导管中空气的密度为 $1.20kg/m^3$，流速为5.38m/s。导管将气流引入房间后，房间内导管中的空气密度增大为 $1.24kg/m^3$，则房间内导管中气体的流速是多少？（忽略导管材料因温度变化产生的形变）●

26. 黏滞性液体通过图P18.26中的导管，如果流体是层流，按从小到大的顺序排列1~4点处的流速。●

27. 图P18.27给出同一管道中两个不同的区域A、B中的流线分布（两个区域的宽度均小于管道的直径）。在两个区域之间不存在其他的管道与该管道相连。比较两个区域的流速、压强以及管道直径。●●

图 P18.26

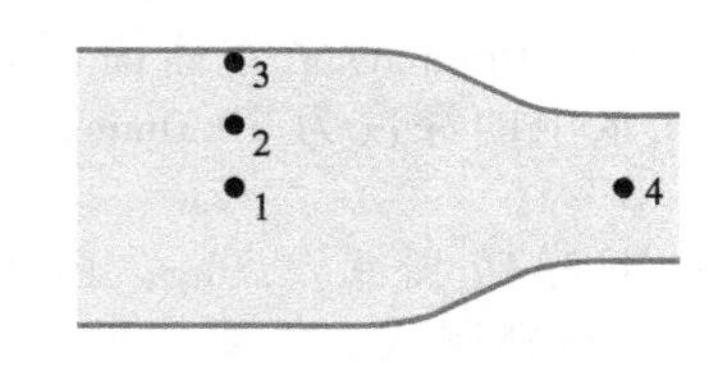

图 P18.27

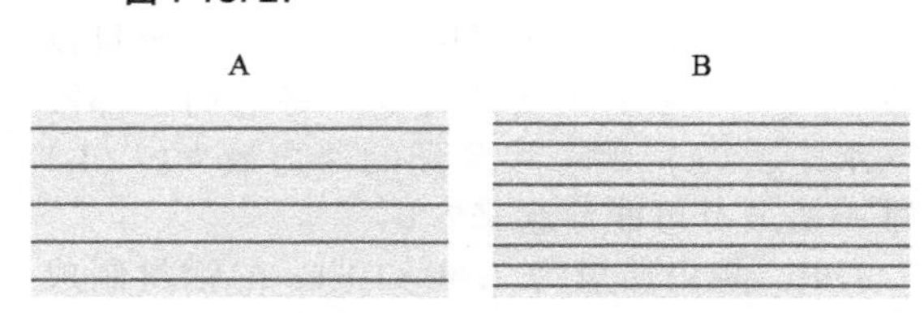

28. 河水流过宽度均匀的笔直水渠，在通过一段距离后，发现水流速率减小。导致这一现象的原因可能是什么？给出你的依据。●●

29. 在乘坐汽车时，驾驶员点燃了香烟。为什么当你将车窗稍微打开时，烟雾会从车内吹出车窗而不是风从外边吹进？●●

30. 地下室里封装的管道端头裂了一条小缝，管道直径为50.0mm，它位于距离地下室地面上方2.00m高的托梁上。从管道喷出的水流直径为3.00mm，并喷射到距离端头裂缝6.00m的地方。求管道中水流的速率。（忽略空气阻力）●●

31. 花园的喷水管直径为40.0mm，长为30.0m，龙头的进水速率为2.00m/s。现在喷水管的中间接一段细管，细管的直径为30.0mm，长为5.00m（见图P18.31）。(a) 中间细管中水流的速率是多少？(b) 水流流过细管所需的时间是多少？●●

图 P18.31

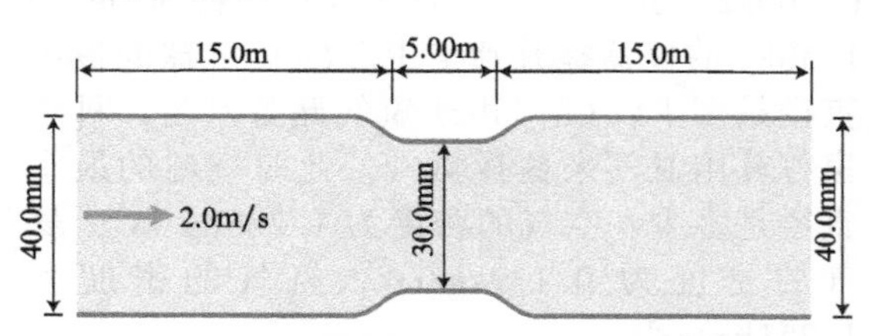

32. 对于水渠中流动的非黏滞性层流，按照伯努利效应，流速越大压强越小；但是水渠表面与周围空气一侧的压强却是大气压强，这是为什么？●●●

实践篇

18.4 表面效应

33. 液滴与某表面接触。液滴接触点所受的内聚力为 4.00N、沿 52.0°方向，当接触角等于 104°时，液滴和表面之间的附着力等于多少？●

34. 图 P18.34 中给出了从大到小排列的三个水滴，三个水滴在同一房间内，温度相同，气压也相同。哪一个水滴内部压力最大，为什么？●

图 P18.34

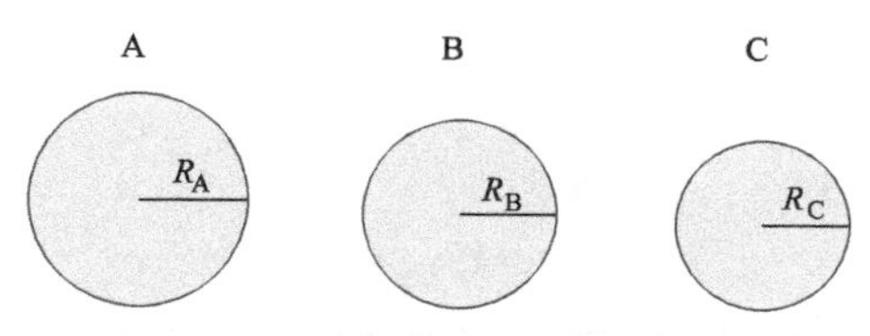

35. 对于部分充气的形状不规则的气球（见图 P18.35），针对：(a) 膜的张力，(b) 内部的压强，将 A、B、C 三点按从小到大的顺序排序。●

图 P18.35

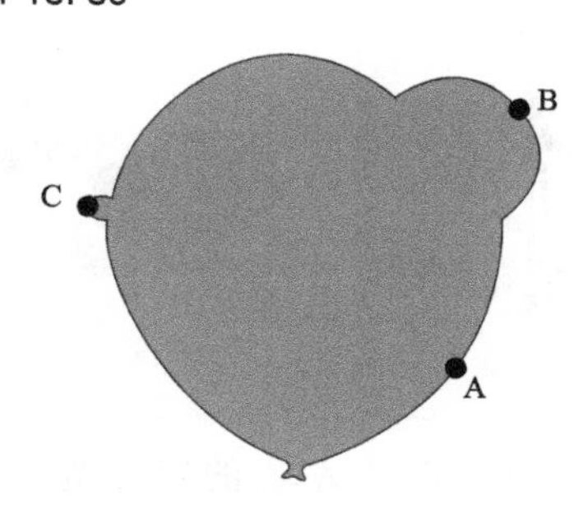

36. 某表面的液体恰好处于浸润和非浸润之间的临界状态。试比较内聚力和附着力大小。●●

37. 玻璃毛细管的直径是 2.00mm，其内部液体形成的弯月面为凹面。液面和管壁接触点的内聚力为 4.00N，与管壁的夹角是 35°，附着力的大小为 1.00N。弯月面的曲率半径是多少？●●

38. 溶解在水中的洗涤剂形成了许多内含空气的气泡。比较溶液中气泡内外的压强差以及飞入空中气泡的内外压强差。●●

39. 毛细管的半径 R_{tube} 与液面弯月面的半径 R_{men} 之间的关系是什么？分别对浸润和非浸润情况进行讨论（提示：见《原理篇》图 18.36）。●●

40. 液体 A 在毛细管中形成的凹弯月面的半径为 R，因毛细现象而提升的液面高度为 h_A，液体 B 的表面张力系数是 A 的两倍，密度是 A 的两倍，在相同的毛细管里面形成的凹弯月面的半径是 $R/2$。用 h_A 表示液体 B 的液面提升的高度 h_B。●●

41. 在《原理篇》的图 18.32 中，一滴浸润液体和一滴非浸润液体被分别滴在水平的固体界面上，证明：对于这两种情况，在气-液-固交界处，接触角 θ_c、附着力、内聚力三者的关系是：$2\sin(\theta_c/2) = F_{cohesive}/F_{adhesive}$。假设界面光滑清洁，液体内部无杂质，接触角不受气体的影响。●●●

42. 三根由石蜡制成的毛细管，直径分别是 1.00mm、2.00mm 和 3.00mm。(a) 水在毛细管中形成的弯月面是凹面还是凸面？(b) 怎样做才能使毛细管中弯月面的形状发生变化？(c) 无论是凹面还是凸面，哪一根毛细管中弯月面顶点到液体与管壁接触点之间的垂直距离最大？●●●

43. 如图 P18.43 所示，液面在毛细管中上升的高度为 h。将另一个完全相同的毛细管插入液体中，使毛细管的上端口距离液面 $h/2$，此时液体在毛细管中上升的高度是多少？●●●

图 P18.43

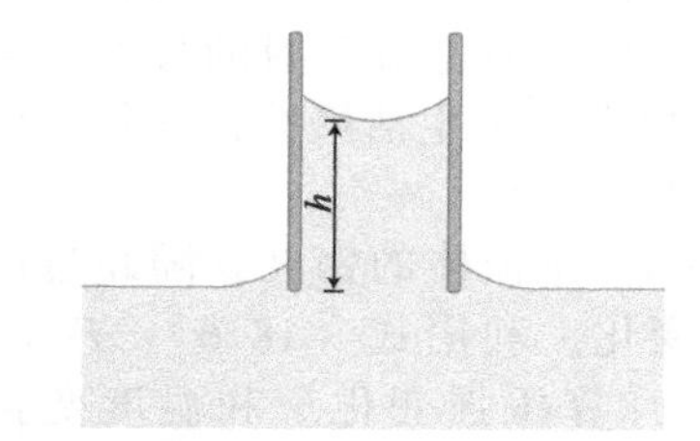

18.5 压强与重力

44. 某种潜水艇的最大潜水深度为 730m，求海平面下这一深度的压强。●

45. 长尾鲨的眼睛直径为 0.10m，计算在水深 400m 处，海水对长尾鲨眼睛产生的压力是多少？（设海水的密度为 1000 kg/m^3。）●

46. 用于建筑的木材所能承受的最大压强为 1.4×10^7Pa，木材的密度为 960kg/m^3，计算能把最底层木材压坏的木材堆的最大高度。假设所有木材的尺寸和形状都相同，被

实践篇

一层层地叠放在一起。●●

47. 圆柱体太空舱降落在海面。太空舱长 2.34m，直径为 1.10m，舱体的重量集中于一端，在水中时长轴垂直于水面，水面以上部分的长度为 0.820m。海水的密度为 1025 kg/m^3。（a）作用在太空舱上的浮力是多少？（b）如果太空舱漏水沉入水中，那么太空舱受到的浮力是多少？（c）既然沉入水中以后受到的浮力更大，为何太空舱还会下沉？●●

48. 用于海洋勘探的潜水钟有一个方形窗，方形窗的边长为 0.250m。潜水钟内部的压强是 2.00atm。当潜水深度达到多少时，方形窗受到的压力矢量和大于 195kN？假设海水的密度为 1025kg/m^3。●●

49. 帕斯卡演示其原理的实验如下：在装满水的木桶里插入竖直的长细管，即使在细管中加入少量水，也可能将木桶压破，请解释这一现象。如果木桶的直径为 0.42m，细管的直径为 6.0×10^{-3}m，加入水的量为 3.39×10^{-4}m^3，估算木桶顶部在被压破时所受到的力以及细管的长度。●●

50. 花园的喷水管喷嘴的直径是 20mm，喷嘴竖直向上。水的最大喷射高度为 0.15m。用手盖住喷嘴的一部分，使其开口直径变小为 10mm，此时水流喷射的最大高度是多少？假设开口变小时喷嘴的形状是圆形的。●●

51. （a）如果上一题中喷水管的直径变成 1.0mm，则此时水流喷射的最大高度是多少？（b）根据日常生活经验，这样的结果是否合理？为什么？●●

52. （a）某流体的密度 ρ 随超过海平面的高度 y 变化。利用式（18.6）：$P_1+\rho g y_1=P_2+\rho g y_2$，计算压强变化量和温度变化量之间的关系。（b）如果按照简化的模型，海拔高度为 y 处的空气密度与压强成正比，试通过求解上一问中的微分方程得到大气压强随高度变化的关系。

53. 河谷横截面的形状为 V 字形。在河谷上建造的大坝也是 V 字形的，其顶部宽度为 w，高度为 h，底部宽度近似为 0。计算河水在大坝上形成的压力。●●●

18.6　流体中的压强

54. 如果大气压从 1.0atm 升至 1.1atm，则水银气压计上升的高度是多少？假设水银的密度为 13534kg/m^3。●

55. 装有空气的瓶子用半径为 R 的活塞封口，上面放置质量为 m 的砝码（见图 P18.55）。推导瓶中气体压强与大气压强之间的关系。●

图 P18.55

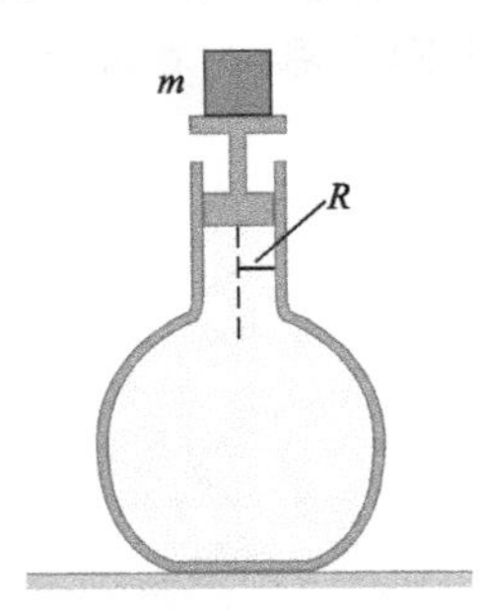

56. 装有两个活塞的液压系统如图 P18.56 所示。活塞的高度相同，右侧活塞半径为 1.6m，上面汽车的质量为 1000kg；当左侧活塞上方的人的质量为 65kg 时，活塞没有发生移动。求左侧活塞的半径。●

图 P18.56

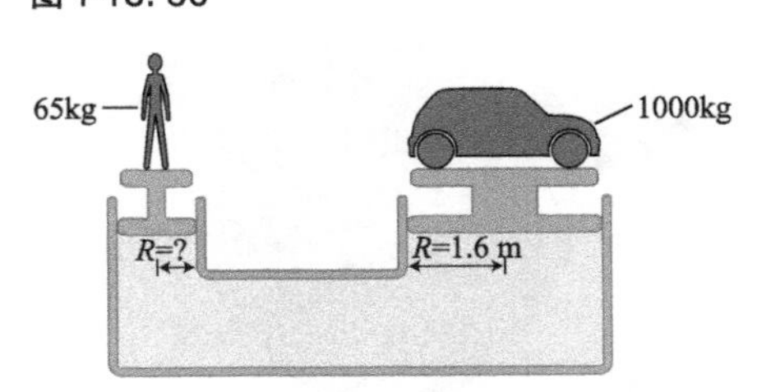

57. 图 18.57 中左边的容器为边长是 h 的立方体，右侧容器是高度为 h、宽为 $h/2$、长为 $h/2$ 的长方体。点 A 和点 A′的高度均为 $h/2$，点 B 和点 B′都在容器的底部。如果左侧容器装的是水，右侧容器装的是甘油，密度为 1261kg/m^3，计算表头压强的比值 $(P_A/P_B)/(P_{A'}/P_{B'})$。●●

图 P18.57

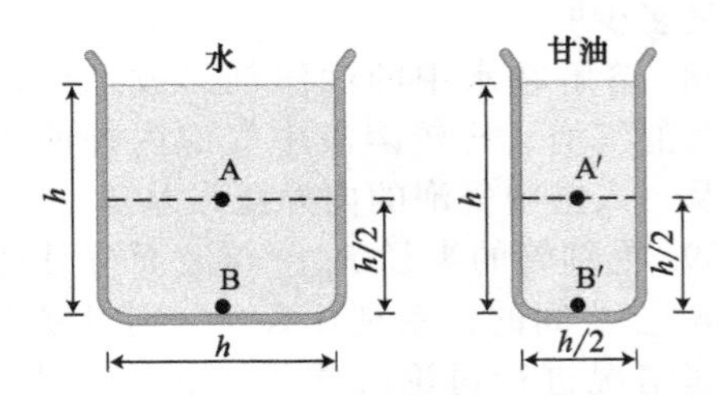

58. 如图 P18.58 所示，在 U 形管中注入

实践篇

水之后，分别在左右两臂注入密度不同的油，左侧油的密度 $\rho_1=800\mathrm{kg/m^3}$，右侧油的密度 $\rho_2=700\mathrm{kg/m^3}$。左右两臂的液面高度相等，但右侧水面比左侧水面高出 $h_2=20\mathrm{mm}$，计算左侧油柱的高度 h_1。●●

图 P18.58

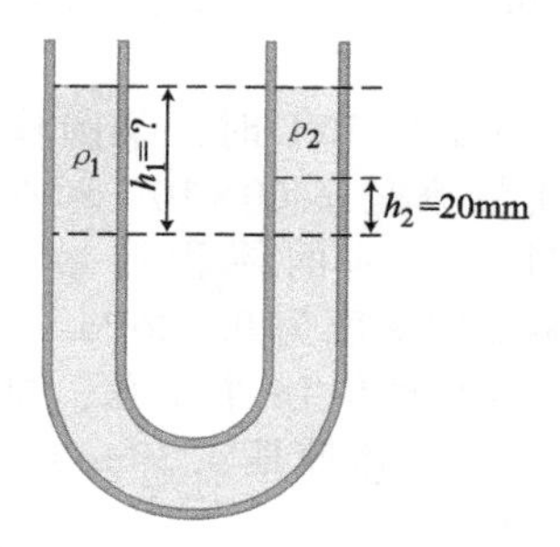

59. 水银压强计的两侧均开口，左侧水银柱高度为 40.0mm。将一个气球吹起来，使其表面积为 $0.300\mathrm{m^2}$，然后将其口对口地安放在右侧管口上，此时左侧水银柱高度变为 65mm，计算气球表面弹性力的大小。假设水银密度是 $13.5\times10^3\mathrm{kg/m^3}$。●●

60. 假如汽车轮胎中气体气压的表头值增加了 10%，则（a）轮胎和地面的接触面积如何变化？（b）如果之前的压强是 2.0atm，则轮胎中气压实际值的变化量是多少？●●

61. 汽车修理店的千斤顶的大活塞直径为 200mm，小活塞直径为 30mm，通过空气压缩机给小活塞加力。（a）要抬起质量是 1500kg 的汽车，空气压缩机压强的表头值应该是多少？（b）如果要将汽车抬高 1.8m，则小活塞移动的距离是多少？●●

62. 用充满氢气的气球将质量为 125kg 的石块从地面提起。装石块的篮子的质量为 15.0kg，要使石块离开地面，气球的最小半径 R 应该是多少？空气密度为 $1.29\mathrm{kg/m^3}$，忽略氢气与气球的质量。●●

63. 在一个空的大桶中，用弹簧悬挂一个铝制圆柱体，圆柱长 52.5mm，直径为 30.0mm，弹簧的伸长量为 42.0mm。将大桶用某种液体充满，铝块完全浸没后，弹簧向上移动了 11.8mm。求填充液体的密度。铝的密度是 $2700\mathrm{kg/m^3}$。●●

64. 重 15.0kg 的方块，上下底面的间距为 0.750m，上下底面的面积都是 $0.0125\mathrm{m^2}$。方块被悬挂起来，较长的中轴沿竖直方向，悬线能承受的最大拉力是 135N，开始时，将方块完全浸没在水中，然后再慢慢提起的同时水平面逐渐下降。在悬线不会被弄断的情况下水平面距方块表面的最大距离是多少？●●

65. 只有当忽略毛细现象，且气压为 1atm 时，水银气压计中的水银柱高度才是 760mm。试推导气压计中水银柱高度的实际值 h 和水银柱直径 d 的关系，并计算 $d=7.0\mathrm{mm}$ 时的水银柱高度。水银与玻璃管的接触角是 137°，水银密度等于 $13.5\times10^3\mathrm{kg/m^3}$。●●●

66. 密度为 $850\mathrm{kg/m^3}$ 的光滑小木块从距离水面 5.00m 高的位置落入水中，求：（a）小木块能到达的最大深度。（b）从木块进入水面到浮出水面的时间间隔。忽略运动过程中的阻力。●●●

67. 高度为 h、底面半径为 R 的正圆锥被浸没于密度为 ρ 的某液体内。圆锥的顶点朝下，底面平行于液面。圆锥的体积为 $\pi R^2h/3$。（a）通过对压强的积分，计算圆锥所受到的液体施加的向上的力的大小。（b）证明上面的结果符合阿基米德浮力定律。●●●

18.7 伯努利方程

68. 水龙头出来的水 1min 就可以注满容积为 4.00L 的水桶，如果水龙头水管直径为 12.5mm，则水管中水的流速是多少？●

69. 大坝后边的水库水深 25.2m，如果在距离水底 1.40m 的高度处出现一条裂缝，则从裂缝中流出的水的流速是多少？●

70. 长 16m、高 4.0m 的两辆拖车并排停靠，如图 P18.70 所示。一阵风吹过，风速为 5.0m/s，在拖车之间气流的流速为 20m/s，计算空气对拖车的压力的大小。（空气密度为 $1.0\mathrm{kg/m^3}$）●

71. 水从水桶一侧的小孔漏出。小孔距离水面的距离是 d，小孔的直径远远小于水桶的直径。《原理篇》中的例 18.9 给出当 $v_1\approx0$ 时，水从小孔中流出的速率 v_2 的表达式。推导在 $v_1\neq0$ 的条件下，v_2 的表达式。●●

图 P18.70

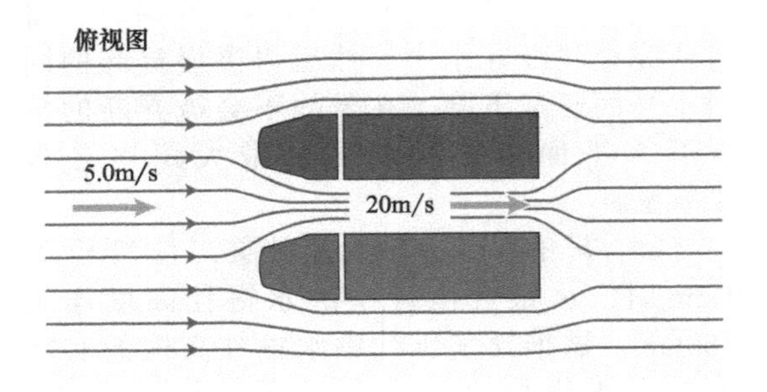

72. 消防队员从10.0m高的消防梯上用消防龙头给9.0m高的着火房屋屋顶灭火，注意到当喷头水平放置时，喷出水流到达屋顶上的最远水平距离是7.0m。消防龙头的另一端连接在消防车的高压水箱上，水箱距离地面的高度是0.50m，水箱内部的压强是多少？忽略空气阻力。●●

73. 人体主动脉的半径是11mm，血管壁内外的压强差等于12kPa，假设血液为层流，流速为350mm/s。如果血管壁内外的压强差变为0，则血管横截面积被阻塞的比例是多少？血液的密度是1060kg/m^3，且为非黏滞、不可压缩的层流，在未阻塞区域，血液的流速是350mm/s。忽略因为高度引起的压强的变化。●●

74. 黏滞的层流是否会出现伯努利效应？伯努利方程［式（18.36）］是否可以运用到这种流体？●●

75. 圆柱形水管长2.20m，半径为150mm，里面装满水。通过中心的长对称轴垂直于地面，上端开口。现在水管被钻了一个半径为80.0mm的小孔，水从水管中漏出。当水面高度是水管高度的一半时，(a) 水从小孔中流出的速率是多少？(b) 水从小孔中流出的流量率（m^3/s）是多少？(c) 水管内水面下降的速率是多少？●●

76. 利用积分计算习题71（或《原理篇》例18.9）中，水面到达小孔位置的时间。在计算过程中不能忽略v_1，可以使用习题71中得到的v_2的表达式，也可以使用前面在多数时间段内v_2的近似表达？●●●

18.8 黏度与表面张力

77. 将直径为1.0mm的吸管插入温度为20℃的水中，在这一温度下，水的表面张力系数$\gamma=7.28\times10^{-2}$N/m，计算由于吸管内部表面张力提升的水的质量。●

78. 当温度为20℃时，将直径为0.700mm的吸管插入密度为1261kg/m^{3}的液体中。在表面张力的作用下，液面上升的高度是29.0mm。计算这种液体的表面张力系数。●

79. 当温度为20℃时，某圆柱形管子中水的体积流量率是2.00×10^{-4}m^3/s，同一条件下，通过蓖麻油的体积流量率是多少？20℃时蓖麻油的黏度为0.986Pa·s。●

80. 花洒上面有18个小孔，总流量率为4.00L/min，水的流速是4.30m/s。小孔的直径是多少？●●

81. 在《原理篇》给出的测量表面张力的图18.58中，可以移动的细绳长度为l。当薄膜的成分是20℃时的水时，向下拉动薄膜Δx所需做的功为1.46μJ。如果薄膜的成分是水银时，同一温度下，向下拉动薄膜$\Delta x/2$所需做的功是多少？20℃时，水的表面张力系数是7.28×10^{-2}N/m，水银的表面张力系数是0.465N/m。●●

82. 水平输油管的直径为500mm，质量流量率为150kg/s。石油的密度是850kg/m^3，在输油时，石油的黏度等于0.224Pa·s。若输油管前端的压强为3.75atm，要使末端压强不小于2.50atm，则输油管的最大长度是多少？●●

83. 浴室中的水龙头可以在5.00min内将容积为100L的浴缸注满，水管的直径是12.5mm，求水流的最大速率是多少？●●

84. 射水鱼可以通过合上鱼鳃，将舌头顶住嘴上方的凹槽形成细管，然后通过细管向猎物喷射水柱（见图P18.84）。如果水流

图 P18.84

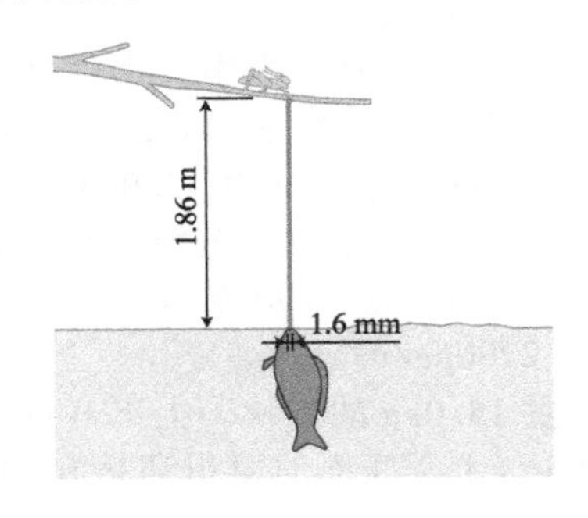

实践篇

喷射的高度是 1.86m，舌头卷成的细管的直径是 1.60mm，则细管中水流的最小体积流量率是多少？●●

85. 两根圆柱形水平导管首尾相连，中间流动的是黏滞性层流。第一根导管的半径为 R_1，长度为 l_1；第二根导管的半径为 R_2，长度为 l_2。如果接口处的压强是两端口压强的平均值，则 R_2 和 R_1 的比值是多少？●●

86. 密度为 882kg/m^3，黏度为 0.456 Pa·s 的某种液体从管中流过，体积流量率等于 $2.00\text{m}^3/\text{s}$。在液体中加入其他液体，同时保持密度不变而是改变黏度，使体积流量率上升到 $8.50\text{m}^3/\text{s}$。(a) 如果其他条件不变，要达到这一要求，黏度应该是多少？(b) 在加入其他液体前，质量流量率是多少？(c) 加入后，质量流量率变成多少？●●

87. 密度为 700kg/m^3 的油滴从海平面以下 1000m 处的输油管道漏出，(a) 如果油滴的平均直径是 100μm，则油滴上升到海平面需要多长时间？提示：作用在油滴上的阻力 $F^d_{wo}=(0.0200\text{Pa}\cdot\text{s})Rv$，其中 R 为油滴的半径，v 是油滴的速率。油滴很快达到最终速率。(b) 如果使用分散剂，使得油滴的半径减小到 2.0μm，则油滴上升到海平面需要多长时间？设海水的密度为 1000kg/m^3。●●●

88. 考虑长度为 l、半径为 R 的液体圆柱的外表面，沿半径方向将这个圆柱面分成两个半圆柱面。利用积分证明对于如下的半圆柱面，式 (18.52) 仍然成立。(a) 内外表面的压力差等于压强差 ($P_{in}-P_{out}$) 乘以 $2lR$ (与左侧半圆面产生的表面张力平衡)。(b) 力的方向垂直于圆柱的轴线且通过半圆面的中分线。●●●

附加题

89. 液体以体积流量率 Q_1 通过直径为 d 的导管，在压强不变的情况下，若导管的直径变成 $d/4$，用 Q_1 表示现在的体积流量率 Q_2。●

90. 由于胆固醇阻塞，使血管的内径变为 3.20mm。如果移除部分胆固醇，在流速不变的情况下，体积流量率将变成原来的两倍，这时血管的内径是多少？假设血液为非黏滞性层流。●

91. 研究表明，木卫二的表面冰层下方有液态海洋存在。该卫星表面的重力加速度为 1.3m/s^2，表面没有大气。科学家计划将探测器安放于木卫二海洋深度为 125m 处的地方，在计划实施之前，先在地球海洋内部的相同压力环境下，对探测器进行测试。地球海洋中的测试深度应该是多少？海水的密度为 1025kg/m^3，并假设木卫二海洋中水的密度为 1000kg/m^3。●

92. 估算当你站在台秤上时，周围空气对读数的影响。

93. 对于汽车制动系统，制动踏板推动管道中的制动液，在管道的另一端，制动液推动和制动蹄相连的活塞，通过制动蹄和制动鼓之间的摩擦使车轮减速。在一个这样的装置中，制动踏板推动的活塞直径为 12.0mm，制动鼓一侧的活塞直径为 44.0mm，制动液的密度为 850kg/m^3。制动蹄和制动鼓之间的静摩擦系数是 0.880，滑动摩擦系数为 0.650。活塞和制动蹄的运动垂直于制动鼓。当你用 125N 的力踩制动踏板时，(a) 制动蹄作用在制动鼓上的正向压力是多少？(b) 作用在制动鼓上的制动力是多少？●●

94. 密度是 800kg/m^3 的油层漂浮在水面上（而不是混合）。将一质量均匀的球体放置在水中，使它有 65% 的体积在水中，35% 的体积在油中。小球的密度是多少？●●

95. 珍珠奶茶中有些小球沉入杯底，有些小球漂在水面，还有一些悬浮于液体中。(a) 如果奶茶的密度是 1350kg/m^3，则那些悬浮在液体中且直径为 10mm 的小球的质量是多少？(b) 温度升高后，这些小球是否还能悬浮于液体中？●●

96. 立方体箱子边长 1.50m，质量为 3000kg。箱子的外壳用某种薄金属片制成，开口向上放置于湖中。(a) 平衡时，箱子底部到湖面的距离是多少？(b) 在箱子中注入水，要使箱子不下沉，箱子内水的高度最大值是多少？假设注水过程中，箱子始终保持平衡。●●

97. 某星球和地球一样大小，海洋中水的密度为 1000kg/m^3。该星球表面的大气压等于 $2.40\times10^5\text{Pa}$，在该星球的海洋里，水深

150m 处的压强为 14.4×10^5Pa。计算该星球的质量。●●

98. 消防龙头与水平方向成60°角从地面喷射水柱，忽略空气阻力，水柱从水平方向某个位置射到建筑物高 25.0m 处的位置。如果龙头喷嘴的直径是 0.12m，那么（a）水流的体积流量率是多少？（b）水流的质量流量率是多少？●●

99. 半径为 250mm、密度为 $1500kg/m^3$ 的球形装置靠两根绳子悬挂在水中，绳子 A 沿水平方向，绳子 B 与水平方向的夹角是 50.0°，计算两根绳子上的张力。●●

100. 某长移液管一端密封，一段开口，横截面面积为 $1.50\times10^{-3}m^2$。将该管竖直插入烧杯中，开口端刚刚在液面之下，液体在管中上升了 1.28m，房间中的气压为 1.00atm，求液体的密度。●●

101. 密度为 $917kg/m^3$ 的大型冰山可近似为一个立方体，漂浮在密度为 $1024kg/m^3$ 的海水中，（a）如果冰山的边长是 75.0m，冰山的振动周期是多少？提示：先证明冰山的运动是简谐振动。（b）如果冰山仍为立方体，但质量变成原来的两倍，则振动周期将如何变化？用比例的方法来处理这一问。●●

102. 圆柱形原木长为 l，半径为 R，水平放置在密度为 ρ 的液体中，一半的体积浸没在液体中。（a）通过对作用在原木上的压强积分，计算液体作用在原木上竖直向上的力。（b）证明结果符合阿基米德浮力定律。●●●

103. 作为货船的设计者，你需要计算货船所能装载的最大货物量。假设用于建造货船的钢材一定，货船可以近似为长方体。你意识到最小密度的方案是不可行的。●●●CR

104. 看着某位家长和孩子玩跷跷板，你发现了一个问题：两个人受到的空气浮力对平衡时两人到转轴的距离是否会有影响。●●●CR

105. 你的研究课题是红木为什么能长到 100m 高，是什么因素限制了它继续长高。根据你学到的与流体力学方面有关的知识，是毛细现象导致了水分沿导管上升高度 h，如果木质部导管的半径是 r，高度 $h=(0.137J/m^2)/(\rho_{water}gr)$，通过显微镜你发现木质部导管的半径为 5μm，你认识到要是水分能够上升到红木的树叶，那么除了毛细现象之外，一定还存在着其他机制。●●●CR

复习题答案

1. 三种应力形式分别为拉伸（压缩）应力、体应力和切应力。如果物体受到大小相等、方向相反的力，且物体沿受力的方向伸长，则该物体的应力为拉伸应力；如果物体受到大小相等、方向相反的力，且物体沿受力的方向缩短，则该物体的应力为压缩应力；如果作用力均匀分布在物体的整个表面，且物体在力的作用下体积变小，则对应的应力是体应力；如果作用力方向相反，作用于物体相对的表面，导致物体发生剪切形变，则对应的应力是切应力。

2. 非黏滞性液体中无法存在切应力，在切向外力作用下形状不发生变化；这样的液体包括水、汽油、乙醇和水银等液体。黏滞性液体中存在切应力，在切向外力作用下形状发生变化；这样的液体包括果胶、糖浆和蜂蜜。

3. 在体应力的作用下，气体的体积变小，密度增加。不可压缩液体在体应力的作用下，体积和密度都不发生变化。

4. 压强定义为作用在液体表面的压力与表面面积的比值，$P=F/A$。力和压强的主要区别有：（a）力是矢量而压强是标量。（b）压强和作用面积有关，相同的力，作用面积不相同，则压强也不相同。

5. 由于地球对流体的引力产生压强，该压强在容器底部最大，随着深度的减小而变小。

6. 帕斯卡原理揭示静止的液体可以向各个方向传递压强的变化。

7. 作用在物体上的浮力大小等于物体排开的流体所受的重力。

8. 如果物体所受重力小于所受浮力，则物体上浮；否则物体下沉。

9. 设计时必须使物体排开水的重量大于物体自身的重量，这样的设计一般是通过将物体设计成空心来实现的。

10. 对于层流，流线的形状和相对位置不会发生变化；对于湍流，流线不断发生无规则的变化。

11. 黏度是衡量液体阻碍切应力能力的物理量。在切应力的作用下，黏度高的物体不容易发生流动。非黏滞性液体黏度低，很容易流动。

12. 这些因素包括流速、物体的形状以及流体的黏滞程度。

13. 流线型物体使得物体的表面和周围的流速保持一致，这样的设计可以减小物体高速运动时能量的耗散。

14. 流线之间不同的间隔说明流速的不同，流线紧密的地方流速大；流线分开的地方流速小。

15. 流体中流速最大的区域压强最小，流速最小的区域压强最大。

16. 在气体中，分子之间的间距很大，不存在相互作用；在液体中，分子之间的间距是分子直径的几倍，分子间的作用力表现为吸引力；当分子发生碰撞时，分子之间的间距为分子的直径，分子间的作用力表现为排斥力。

17. 液体内部的分子受到来自各个方向分子的吸引力，力的矢量和为零。对于表面处的分子，由于上方没有液体分子，吸引力的矢量和不为零且指向液体的内部，使得表面分子看起来就像张力作用下绷紧的膜。

18. 随着曲率半径变大，弹性薄膜内部的张力也在变大；液体的表面张力与液体表面的曲率半径无关。

19. 浸润与否由液体与表面之间的接触角决定。如果接触角小于 90°，则发生浸润现象。如果接触角大于 90°，则不发生浸润现象。

20. 如果液体浸润试管壁（如玻璃试管中的水），从上向下看，弯月面为凹面。如果液体不浸润管壁（如玻璃试管中的水银），则弯月面为凸面。

21. 流体中的压强与流体所受的重力、流体的运动以及流体分子之间的碰撞（流体分子与容器壁之间的碰撞）有关。对于液体而言，压强还和表面张力有关。

22. 在海平面处，压强随高度的变化率是 12Pa/m。身高约为 2m 的人，头部和脚部之间的压强差大约是 24Pa。

23. 静水压是液体内部由于重力产生的压强。对于静止的液体，在密度一定的情况下，静水压随着液体深度的增加而线性增加。

24. 如果物体漂浮于流体的表面，说明物体的平均密度 ρ_{av} 小于流体的密度 ρ_f；如果物体悬浮于流体内部，则说明物体的平均密度 ρ_{av} 等于流体的密度 ρ_f；如果下沉，说明 ρ_{av} 大于 ρ_f。

25. 表头值对应于压力表的读数，当压力表被用于测量容器内部的压强时，表头值体现的是容器中的压强和大气压的差。由于大气压也作用于压力表本身，记录的测量结果是压强超出大气压的部分。流体内部的真实压强等于表头值和大气压强（约为 1×10^5Pa）的和。

26. 液压系统包括两个以上相互连通装满液体的容器，所有容器都通过活塞密闭。作用在活塞上的力产生的压强通过液体传输到液体的各个部分，如果施加外力的活塞横截面积较小，而其他位置的 P 都不变，由于 $F=PA$，所以在其他活塞处，力被放大了。

27. 质量上没有区别，根据连续性原理，在管道上任意一点通过的质量等于通过其他点的质量[式（18.23）]。

28. 位置越高，压强越低[式（18.36）]。

29. 小管径部分的压强小，因为这一部分的流速大[式（18.24）和式（18.36）]。

30. 速度梯度反映流层相对于邻近流层的变化率，也就是在垂直于流的方向上，流体速度变化的快慢。

31. 总的来说，随着温度的升高，液体的黏度降低；随着温度的降低，气体的黏度升高。

32. 泊肃叶定律表明体积流量率正比于半径的四次方，和流体的黏度成反比。

33. 表面积增大说明表面张力做的功也在增加，也就意味着可以从液体内部提升更多的分子到表面上来。表面张力所做的功等于这些分子摆脱化学键束缚所需的能量。

34. 表面的凹面一侧压强更大；表面内外的压强差正比于表面张力，反比于液面的曲率半径。定量地说，对于圆柱表面：$P_{in}=(\gamma/R)+P_{out}$；对于球面：$P_{in}=(2\gamma/R)+P_{out}$，其中 γ 表示表面张力系数，R 为表面的曲率半径。

引导性问题答案

引导性问题 18.2 氦气的情况下 $R=0.98$m

引导性问题 18.4 即证明 $F=(P_{in}-P_{out})\pi R^2$

引导性问题 18.6 $v_{max}=7.3$m/s，$Q_{mass}=8.5\times10^6$ kg/s，$Q_{energy}=2.3\times10^8$ J/s

引导性问题 18.8 $P_2-P_1=-1.6\times10^3$ Pa。细的一端压强更大。

第 19 章　熵

章节总结

封闭系统的熵（19.1 节~19.3 节，19.5 节）

基本概念 **概率**就是大量重复事件中某特定事件发生的比例。

系统的**宏观态**指的是用宏观特征（远大于分子尺度），比如体积、压强和温度描述的系统。系统的**微观态**是指用分子的特征，比如分子的位置和速度描述的系统。

如果在系统各部分之间的相互作用过程中，能量随机交换，则系统中每个分子的能量趋于相同（**能量均分**）。分子同时趋于在容器内均匀分布（**空间均分**）。

定量研究 如果封闭空间内有 N 个全同分子，空间可以划分成 M 个大小相等的单元，则系统的微观状态数为

$$\Omega=M^N \tag{19.1}$$

系统的**熵** S 是用来描述系统微观状态数的无量纲物理量，其定义为

$$S\equiv\ln\Omega \tag{19.4}$$

对于封闭系统内的 N 个气体分子，当气体的体积由 V_i 变化到 V_f 时，系统熵的变化量为

$$\Delta S=N\ln\left(\frac{V_f}{V_i}\right) \tag{19.8}$$

热力学第二定律（19.4 节，19.5 节）

基本概念 包含微观态最多的宏观态为**平衡态**，也是最概然态。平衡态对应的微观态数量最大，因而熵最大。

热力学第二定律（熵增原理）：封闭系统的微观态数 Ω 总是向最大化的方向演化。当微观态数最大时，系统达到热平衡。

对于非封闭系统，系统的熵可能增加、减少、不变。

理想气体由大量分子构成，分子体积占容积的很小部分，分子之间只通过碰撞相互作用，碰撞导致分子能量和空间分布随机化。

定量研究 对于朝着平衡态演化的封闭系统，系统的熵也在增加：

$$\Delta S>0 \tag{19.5}$$

对于达到平衡态的封闭系统，$\Omega=\Omega_{max}$，系统的熵不变：

$$\Delta S=0 \tag{19.6}$$

上面两个等式又称为**熵增原理**。是热力学第二定律的数学形式。

如果系统包含两个子系统，A 和 B，则系统的微观态数为

$$\Omega=\Omega_A\Omega_B \tag{19.9}$$

系统的熵表示为

$$S=S_A+S_B \tag{19.10}$$

熵与能量的关系（19.6 节）

基本概念 对于单原子理想气体，原子内部结构可以忽略。气体的热能 E_{th} 等于所有分子动能的总和。

如果两气体处于**热平衡**状态，那么它们的热力学温度相等。在这一条件下，热能在系统中均分，系统的熵最大。

定量研究 气体分子的**方均根速率** v_{rms} 等于所有气体运动速率平方的平均值的平方根：

$$v_{rms}\equiv\sqrt{(v^2)_{av}} \tag{19.21}$$

单原子理想气体的分子数为 N，分子质量为 m，则分子的平均动能为

$$K_{av}\equiv\frac{1}{2}m(v^2)_{av}=\frac{1}{2}mv_{rms}^2=\frac{E_{th}}{N} \tag{19.27}$$

如果单原子理想气体的热能从 $E_{th,i}$ 变为

$E_{th,f}$，则对应的熵变为

$$\Delta S=\frac{3}{2}N\ln\left(\frac{E_{th,f}}{E_{th,i}}\right) \tag{19.33}$$

气体的**热力学温度** T（单位为开尔文）与气体的熵关于气体热能的导数有关：

$$\frac{1}{k_B T}\equiv\frac{dS}{dE_{th}} \tag{19.38}$$

其中，k_B 为**玻尔兹曼常量**：

$$k_B=1.381\times10^{-23}\text{J/K} \tag{19.39}$$

单原子理想气体的性质（19.7节，19.8节）

定量研究　分子数为 N、体积为 V、温度为 T 的单原子理想气体的压强 P 为

$$P=\frac{2}{3}\frac{E_{th}}{V} \tag{19.48}$$

气体的热能为

$$E_{th}=\frac{3}{2}Nk_B T \tag{19.50}$$

理想气体状态方程可记为

$$P=\frac{N}{V}k_B T \tag{19.51}$$

单原子理想气体的分子平均动能为

$$K_{av}=\frac{1}{2}mv_{rms}^2=\frac{3}{2}k_B T \tag{19.52}$$

其中，m 为原子质量，气体分子的方均根速率为

$$v_{rms}=\sqrt{\frac{3k_B T}{m}} \tag{19.53}$$

如果气体处于平衡态，则气体的熵可以表示为

$$S=N\ln(T^{3/2}V)+\text{常数} \tag{19.60}$$

如果气体从平衡态 $i(T_i,V_i)$ 过渡到平衡态 $f(T_f,V_f)$，则气体的熵变为

$$\Delta S=\frac{3}{2}N\ln\left(\frac{T_f}{T_i}\right)+N\ln\left(\frac{V_f}{V_i}\right) \tag{19.61}$$

复习题

复习题的答案见本章最后。

19.1 态

1. 摆动的单摆的动能与单摆周围空气分子的动能的区别是什么？

2. 什么是布朗运动？

3. 对于由大量物体构成的系统，系统宏观态与微观态的区别是什么？

4. 能量量子化的意义是什么？

5. 系统的循环时间是什么？

19.2 能量均分

6. 内部各部分随机相互作用的系统的能量如何分配？

7. 由 N 个分子构成的系统，分子的平均能量与系统热能 E_{th} 之间的关系是什么？

19.3 空间均分

8. 用多孔的隔板将容器分成体积相等的5个部分，对于三分子系统，两个分子在第一部分的宏观态包含多少微观态？

9. 气体在样品所在的空间如何分布？这一现象叫什么？

19.4 向最概然态演化

10. 对于特定系统，平衡态与其他宏观态之间的区别是什么？

11. 不可逆现象发生的原因是什么？

12. 自然系统的什么趋势显示了时间的单方向性？

13. 叙述热力学第二定律

14. 地球的熵一定在增加么？

19.5 熵与体积的关系

15. 理想气体的适用条件是什么？

16. 熵的统计学定义是什么？

17. 什么是熵增原理？

18. 热力学第二定律适用于任何系统么？

19. 当封闭系统中处于平衡态的理想气体的体积发生变化时，系统的熵如何变化？

20. 两个子系统的熵与由这两个子系统构成的系统的熵的关系是什么？

19.6 熵与能量的关系

21. 什么是理想气体分子的方均根速率？

22. 当分子数为 N 的单原子理想气体和外界发生热交换时，熵如何变化？

23. 用理想气体的熵和热能定义它的热力学温度。

24. 如果两种理想气体 A 和 B 达到了热平衡，则两者的热力学温度的关系是什么？

19.7 单原子理想气体的性质

25. 哪两个与分子有关的微观量决定了理想气体的压强？

26. 叙述理想气体状态方程。

27. 在什么情况下，可以用理想气体状态方程描述真实气体的性质？

28. 对于处于平衡态的单原子理想气体，由哪两个量可以确定气体分子的方均根速率？这一速率的表达式是什么？

19.8 单原子理想气体的熵

29. 对于单原子理想气体，哪三个宏观量决定了从一个平衡态过渡到另一个平衡态发生的熵变？

30. 气体从一个平衡态过渡到另一个平衡态，发生的熵变与过渡过程的关系是什么？

估算题

从数量级上估算下列物理量，括号中的字母对应于可能用到的提示。根据需要使用它们来指导你的思考。

1. 本书中的一页纸所对应的微观态数 [C,Q]

2. 一个人随机敲打键盘打出《哈姆雷特》开头10个字母所需的时间 [E,W]

3. 如果地球人口按陆地面积均分，那么纽约曼哈顿区的人口是多少 [F,T,X,I]

4. 如果你卧室中的所有空气都跑到房间的上半部分，这一过程对应的熵变 [M,S]

5. 房间里面的氦气球，一个晚上气跑光引起的熵变 [B,H,M,Y]

6. 开车时，汽车轮胎中的空气（看成单原子气体）由于行驶时温度升高而发生的熵变 [A,G,O,Z]

7. 室温下气体分子的方均根速率 [K,V]

8. 氦气分子在氦的沸点附近的方均根速率 [J,P]

9. 大气的热能 [N,V,D,R]

10. 美国上空的大气从下午两点到深夜两点之间的熵变 [L,N,V,D,R,U,Z]

提示

A. 温度变化量是多少？

B. 气球的体积是多少？

C. 一页纸上的字符有多少个？

D. 大气中有多少气体分子？

E. 10个字符的随机序列匹配为特定序列的概率有多大？

F. 地球人口是多少？

G. 汽车轮胎中气体的体积是多少？

H. 气球中有多少氦原子？

I. 曼哈顿区的面积是多少？

J. 氦的沸点是多少？

K. 室温平均是多少？

L. 温度的变化量是多少？

M. 一般卧室的体积有多大？

N. 地球大气的质量是多少？

O. 汽车轮胎中的气体分子有多少？

P. 氦的原子质量是多少？

Q. 一个字符有多少种微观态？

R. 大气的平均温度是多少？

S. 房间里的空气分子数是多少？

T. 地球的表面积是多少？

U. 美国上空的大气占地球大气的比例是多少？

V. 气体的分子质量是多少？

W. 你一秒钟可以打多少个字符？

X. 陆地面积占地球表面积的比例是多少？

Y. 温度的变化量是多少？

Z. 空气体积的变化量是多少？

答案（所有值均为近似值）

A. 1×10^{1} K；B. 3×10^{-3} m^3；C. 4×10^{3}字符/页（页面上每一个位置相当于一个单元）；D. 1×10^{44} 个分子；E. $1/26^{10}=7\times10^{-15}$；F. 7×10^{9} 人；G. 2×10^{-2} m^3；H. 7×10^{22} 个原子；I. 6×10^{7} m^2；J. 4 K；K. 3×10^{2} K；L. 减少 1×10^{1} K；M. 3×10^{1} m^3；N. 5×10^{18} kg；O. 1×10^{24}；P. 7×10^{-27} kg；Q. 1×10^{2}个微观态（微观态对应包括26个字母大小写、数字、符号、标点中的一个）；R. 低于 3×10^{2} K；S. 7×10^{26}个分子；T. 5×10^{14} m^2；U. 2×10^{-2}；V. 空气的主要成分氮气（N_2）的分子质量为 5×10^{-26}kg；W. 每秒钟四个字符；X. 0.3；Y. 假设温度不变；Z. 假设体积不变。

例题与引导性问题

下列例题涉及本章内容，但又不仅仅局限于本章中的某一节。

其中一部分以例题的形式给出，另一部分则以引导性问题的形式给出。

例 19.1 计算微观态

封闭的木盒一侧开有三个直径均为 d_{hole} 的圆孔 1、2、3。将 5 个全同的小球（直径 $d_{\text{ball}} < d_{\text{hole}}$）放置在木盒中。摇动木盒直到所有 5 个小球都从小孔中出来为止。问两个小球（仅两个）从圆孔 1 中滚出的概率是多少？

❶ **分析问题** 已知 5 个小球从三个圆孔中滚出，求两个小球从圆孔 1 滚出的概率。假设我们摇动木盒直到 5 个小球全部从木盒中滚出（清空木盒），然后把 5 个小球放回木盒。每一次清空木盒都是一个事件，需要确定的是两个小球从圆孔 1 滚出的情况占事件总数的比例。

设 N_1 为任何事件中从圆孔 1 滚出的小球数量，N_2 为从圆孔 2 滚出的小球数量，N_3 为从圆孔 3 滚出的小球数量。通过从圆孔 1 滚出小球的个数来定义宏观态，这样一共有 6 个宏观态：$N_1 = 0$，1，2，3，4，5。要计算 $N_1 = 2$ 对应的宏观态的比例，需要计算每一个宏观态对应的微观态的数量。

❷ **设计方案** 分别计算每个宏观态对应的微观态数，求和可得微观态总数 Ω_{tot}，将 $N_1 = 2$ 这一宏观态对应的微观态数和微观态总数相除，可得这一宏观态出现的概率。

❸ **实施推导** 宏观态 $N_1 = 0$（没有球从圆孔 1 中滚出）对应的微观态有 6 个，$\Omega(N_1 = 0) = 6$：

$$(0,5,0),(0,4,1),(0,3,2),(0,2,3),(0,1,4),(0,0,5)$$

括号中的三元数对应（N_1，N_2，N_3）的形式。

同理，宏观态 $N_1 = 1$ 对应的微观态有 5 个，$\Omega(N_1 = 1) = 5$：

$$(1,4,0),(1,3,1),(1,2,2),(1,1,3),(1,0,4)$$

宏观态 $N_1 = 2$ 对应的微观态有 4 个，$\Omega(N_1 = 2) = 4$：

$$(2,3,0),(2,2,1),(2,1,2),(2,0,3)$$

宏观态 $N_1 = 3$ 对应的微观态有三个，$\Omega(N_1 = 3) = 3$：

$$(3,2,0),(3,1,1),(3,0,2)$$

宏观态 $N_1 = 4$ 对应的微观态有两个，$\Omega(N_1 = 4) = 2$：

$$(4,1,0),(4,0,1)$$

宏观态 $N_1 = 5$ 对应的微观态只有一个，$\Omega(N_1 = 5) = 1$：

$$(5,0,0)$$

微观态总数为

$$\Omega_{\text{tot}} = \sum_{i=0}^{i=5} \Omega(i) = 6+5+4+3+2+1 = 21$$

两个球从孔 1 滚出的概率是

$$\frac{\Omega(N_1 = 2)}{\Omega_{\text{tot}}} = \frac{4}{21} ✔$$

❹ **评价结果** 在计算中假设 5 个球中的任一个从三个圆孔中的任一个滚出的概率是相等的。由于只知道小球的直径小于圆孔的直径而并不知道圆孔和小球大小的具体数值，当小球通过圆孔时，我们只能推断小球部分挡住了另一个小球运动的路径，在没有其他信息的情况下，只能采用这样的假设。

从计算结果上看，两个小球从孔 1 滚出的概率为 19%。由于从孔 1 滚出的小球的数量的可能性有 6 种（0，1，2，3，4，5），粗略估计每一种情况出现的可能性是 1/6，也就是 17%。但是这 6 种情况出现的概率并不相同，估算结果和计算结果应该有所差别。根据计算结果，我们可以得到从孔 1 滚出小球的平均个数，等于各宏观态出现的概率与对应滚出球数乘积的和：

$$0\left(\frac{6}{21}\right)+1\left(\frac{5}{21}\right)+2\left(\frac{4}{21}\right)+3\left(\frac{3}{21}\right)+4\left(\frac{2}{21}\right)+5\left(\frac{1}{21}\right)=\left(\frac{35}{21}\right)=\frac{5}{3}$$

由于 5 个球从三个孔滚出，平均一个圆孔滚出的球数是 5/3，这和上面的结果是一致的。由于从圆孔滚出两个球，数量大于平均值 5/3，因此出现的概率也小于平均值出现的概率。如果从每个孔平均滚出的球数都是2，那么两个球从孔1滚出的概率就应该大约是33%。由于2比5/3大，所以平均值是5/3时，两个小球从孔1滚出的概率应该小于33%。计算结果大于下限17%，小于33%，可见结果是合理的。

在最后的检验中，可以将所有宏观态对应的概率相加，结果应该等于1，也就是说每个球都必须从三个圆孔中的一个滚出。

引导性问题 19.2　分享能量

系统由三个分子——1，2，3——构成，共享6个能量单位的能量，求分子3的能量为两个能量单位的概率。

❶ **分析问题**

1. 三个分子是否全同？
2. 每个能量单位是否可以区分？
3. 如何定义微观态？
4. 如何定义宏观态？

❷ **设计方案**

5. 每个宏观态对应的微观态有多少种？
6. 如何计算分子3的能量为两个能量单位这一宏观态出现的概率？

❸ **实施推导**

7. 描述每个宏观态所对应的微观态。

❹ **评价结果**

8. 每个分子的平均能量是多少？
9. 计算结果是否和你的预期相一致？

例 19.3　体积与熵变

如图WG19.1所示，封闭系统中两种单原子气体达到热平衡。这两种气体被可以移动的隔板分成X、Y两部分，气体之间可以通过隔板交换热量。X部分的气体分子数是Y部分分子数的四倍，初始时X部分单位体积的原子数是Y部分的两倍。从初始态过渡到平衡态的熵变是2.631×10^{23}，求X、Y两部分中的分子数。

图 WG19.1

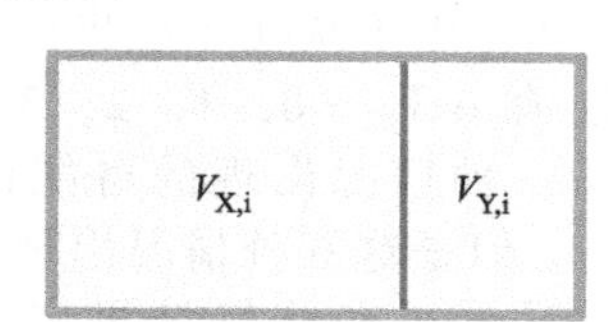

❶ **分析问题**　待求量为X部分的分子数N_X以及Y部分的分子数N_Y。气体的初体积$V_{X,i}$、$V_{Y,i}$以及气体的末体积$V_{X,f}$、$V_{Y,f}$都是未知量，但是由系统的总体积V不变，可知$V=V_{X,i}+V_{Y,i}=V_{X,f}+V_{Y,f}$。由已知条件，$N_X=4N_Y$，由于分子无法通过隔板，所以这一条件在隔板运动的过程中始终成立。由已知条件，初始时两部分分子密度的比值：$N_X/V_{X,i}=2N_Y/V_{Y,i}$。

❷ **设计方案**　由于隔板两侧的气体处于热平衡，系统为封闭系统，因此对于两部分的熵变都可以通过式（19.8）：$\Delta S=N\ln(V_f/V_i)$来计算。系统总的熵等于两部分熵的和，因此有$\Delta S=\Delta S_X+\Delta S_Y$［式（19.10）］。当系统重新达到平衡态时，隔板两侧的分子密度相同，$N_X/V_{X,f}=N_Y/V_{Y,f}$［式（19.20）］。结合初始条件，可以分别计算$V_{X,f}/V_{X,i}$以及$V_{Y,f}/V_{Y,i}$。将计算结果代入式（19.10）可以分别计算出两部分中的气体分子数。

❸ **实施推导**　将$N_X=4N_Y$和$N_X/V_{X,i}=2N_Y/V_{Y,i}$联立，可以找到Y部分初始体积$V_{Y,i}$与X部分初始体积$V_{X,i}$之间的关系：

$$V_{Y,i}=2V_{X,i}\frac{N_Y}{N_X}=\frac{V_{X,i}}{2}\tag{1}$$

将式（1）代入$V=V_{X,i}+V_{Y,i}$，可得：

$$V=\frac{3}{2}V_{X,i}\tag{2}$$

当新的平衡态建立后，X、Y这两部分的气体分子密度相等［式（19.20）］：

$$\frac{N_X}{V_{X,f}}=\frac{N_Y}{V_{Y,f}}\tag{3}$$

将$N_X=4N_Y$代入式（3），可以找到Y部分末体积$V_{Y,f}$与X部分末体积$V_{X,f}$之间的关系：

$$V_{Y,f}=V_{X,f}\frac{N_Y}{N_X}=\frac{V_{X,f}}{4}\tag{4}$$

将式（4）代入$V=V_{X,f}+V_{Y,f}$，可得：

$$V=\frac{5}{4}V_{X,f}\tag{5}$$

将式（5）与式（2）联立，可计算出 X 部分初态和末态的体积比：

$$\frac{5}{4}V_{X,f}=\frac{3}{2}V_{X,i}\Rightarrow\frac{V_{X,f}}{V_{X,i}}=\frac{6}{5} \qquad (6)$$

将式（4）除以式（1）的结果，代入式（6），可计算 Y 部分初态和末态的体积比：

$$\frac{V_{Y,f}}{V_{Y,i}}=\frac{1}{2}\frac{V_{X,f}}{V_{X,i}}=\frac{3}{5} \qquad (7)$$

将式（19.10）与式（19.8）联立，可计算系统的熵：

$$\Delta S=\Delta S_X+\Delta S_Y=N_Y\left[4\ln\left(\frac{V_{X,f}}{V_{X,i}}\right)+\ln\left(\frac{V_{Y,f}}{V_{Y,i}}\right)\right] \qquad (8)$$

将式（6）和式（7）代入式（8）可计算出 Y 部分的分子数：

$$N_Y=\frac{\Delta S}{4\ln\left(\frac{V_{X,f}}{V_{X,i}}\right)+\ln\left(\frac{V_{Y,f}}{V_{Y,i}}\right)}=\frac{2.631\times10^{23}}{4\ln\left(\frac{6}{5}\right)+\ln\left(\frac{3}{5}\right)}=1.204\times10^{24}\,\mathrm{V}$$

X 部分的分子数 $N_X=4N_Y=4.817\times10^{24}$。✔

❹ **评价结果** 1mol 气体的分子数是 6.02×10^{23} 个，因此 Y 部分中有 2mol 气体，X 部分中有 8mol 气体。尽管不知道气体初始态的温度、压强和体积，但我们知道这些量之间的关系满足理想气体状态方程：$P=Nk_BT/V$［式（19.51）］。由于题目中并没有给出任何有关加热装置、冷却装置或高压装置的说明，但在室温环境下，压强为 1atm 的条件下，1mol 气体的体积是 24L，这样容器的体积应该在 250L 左右，也就是 $0.25\mathrm{m}^3$。这对于一般实验室是可以实现的，这也说明结果具有一定的合理性。

引导性问题 19.4 热平衡

如图 WG19.2 所示，封闭系统中两种单原子理想气体被某固定隔板隔开，隔板导热。X 部分的分子数为 6.0×10^{23}，Y 部分的分子数为 1.5×10^{24}。初始条件下，X 部分的热力学温度是 Y 部分的三倍。计算系统从初态到平衡态之间的熵变。

图 WG19.2

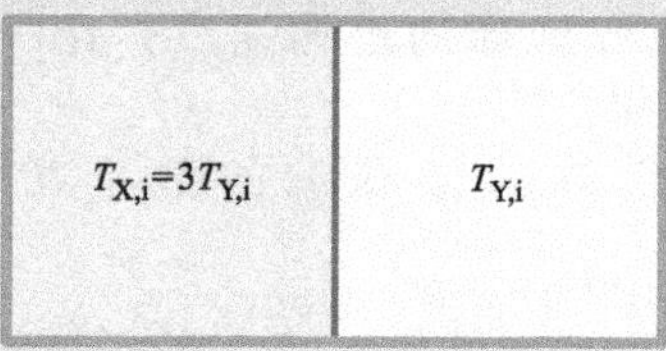

❶ **分析问题**

1. 比较系统的初态和平衡态，哪些量没变？哪些量发生了变化？

2. 系统的熵变和各部分的熵变之间的关系是什么？

❷ **设计方案**

3. 温度与气体分子的平均动能之间的关系是什么？

4. 达到平衡后，各部分的热能变化了多少？

5. 各部分气体分子平均动能与熵变的关系是什么？

❸ **实施推导**

❹ **评价结果**

6. 哪一部分的温度上升？哪一部分的温度下降？

7. 系统的熵变为正还是负？

例 19.5 气体的冷却

某单原子理想气体，原子数为 6.02×10^{23}，体积为 $2.24\times10^{-2}\mathrm{m}^3$，压强为 $1.01\times10^5\mathrm{N/m}^2$。体积保持不变，气体被冷却，直到方均根速率变成 $4.02\times10^2\mathrm{m/s}$。如果原子的质量为 $6.646\times10^{-27}\mathrm{kg}$，则气体的熵变是多少？

❶ **分析问题** 已知气体的原子数、原子质量，且气体在等体条件下被冷却。初态的体积、压强以及末态的气体原子的方均根速率也已知。需要计算的量是在这一冷却过程中气体的熵变，计算过程可以用到式（19.56）：$\Delta S=\frac{3}{2}N\ln\left(\frac{T_f}{T_i}\right)$，但是还需要知道初态和末态的温度。

❷ 设计方案　可以通过理想气体状态方程［式（19.51）］确定气体的初态温度，利用式（19.53）计算气体的末态温度，最后再利用式（19.56）计算冷却过程的熵变。

❸ 实施推导　用式（19.51）计算气体的初态温度：

$$T_i = \frac{P_i V_i}{N k_B} = \frac{(1.01\times10^5\text{N/m}^2)(2.24\times10^{-2}\text{m}^3)}{(6.02\times10^{23})(1.38\times10^{-23}\text{J/K})} = 272\text{K}$$

利用式（19.53）计算气体的末态温度：

$$T_f = \frac{m\ (v_{rms,f})^2}{3k_B} = \frac{(6.646\times10^{-27}\text{kg})\ (4.02\times10^2\text{m/s})^2}{(3)\ (1.38\times10^{-23}\text{J/K})} = 25.9\text{K}$$

最后根据式（19.56）计算系统的熵变：

$$\Delta S = \frac{3}{2}N\ln\left(\frac{T_f}{T_i}\right) = \frac{3}{2}\ (6.02\times10^{23})\ \ln\left(\frac{25.9}{272}\right) = -2.12\times10^{24}$$ ✔

❹ 评价结果　熵变为负数说明气体末态的微观态数少于初态的微观态数。由于气体被冷却，所以方均根速率变小，微观态数量减少，这和我们的结果是一致的。

引导性问题 19.6　加热理想气体

某单原子理想气体，原子数为 9.03×10^{23}，体积为 $4.48\times10^{-2}\text{m}^3$，压强为 $1.01\times10^5\text{N/m}^2$。每个原子的质量是 $6.646\times10^{-27}\text{kg}$，如果保持体积不变，在加热过程中，气体的熵变为 1.415×10^{23}，则末态原子的方均根速率 $v_{rms,f}$ 是多少？

❶ 分析问题

1. 要计算原子的方均根速率需要知道哪些量？
2. 其中有哪些量是已知量？

❷ 设计方案

3. 如何计算气体的初态温度？
4. 如何计算气体的末态温度？
5. 如何通过末态温度计算原子的方均根速率 $v_{rms,f}$？

❸ 实施推导

6. 计算气体初态的热力学温度。
7. 用 $e^{\ln(T_f/T_i)} = T_f/T_i$，计算气体末态的热力学温度 T_f。
8. 计算原子的方均根速率 $v_{rms,f}$。

❹ 评价结果

9. 比较地球的逃逸速度：$1.1\times10^4\text{m/s}$ 和计算结果。
10. 气体的微观态的数量增加还是减少？

例 19.7　膨胀过程的熵变

单原子理想气体样品的原子数为 6.00×10^{23}，初态的体积和温度分别为 $8.00\times10^{-3}\text{m}^3$ 和 300K。气体膨胀后体积变为 $6.40\times10^{-2}\text{m}^3$，末态气体的温度是 50K，计算气体的熵变。

❶ 分析问题　已知气体的原子数，初态体积与温度，末态体积与温度。计算气体的熵随体积与温度的变化量。

❷ 设计方案　在膨胀过程中，气体的体积和压强都发生了变化。根据已知条件，可以通过式（19.61）计算气体的熵变。

❸ 实施推导

$$\Delta S = \frac{3}{2}N\ln\left(\frac{T_f}{T_i}\right) + N\ln\left(\frac{V_f}{V_i}\right) = \frac{3}{2}N\ln\left(\frac{50\text{K}}{300\text{K}}\right) + N\ln\left(\frac{6.40\times10^{-2}\text{m}^3}{8.00\times10^{-3}\text{m}^3}\right) = -3.6\times10^{23}$$ ✔

❹ 评价结果　熵变 ΔS 为负数，说明系统末态的熵小于初态。由于系统并非封闭系统，这完全是可能发生的。造成这一变化的原因是温度降低引起的熵减少超过了体积增加引起的熵增加。

引导性问题 19.8 冷却过程的熵变

一定量单原子理想气体，原子数为 1.20×10^{24}，经历等压过程，温度由 400K 减小到 300K，熵的变化量是多少？

❶ **分析问题**

1. 计算熵变需要知道哪些物理量？
2. 这些物理量中有哪些是已知量？

❷ **设计方案**

3. 气体的体积增加，减少还是不变？
4. V_f 和 V_i 都是未知量，如何利用理想气体状态方程才能消掉这些量？
5. 如何计算熵变？

❸ **实施推导**

6. 确定温度变化与体积变化之间的关系。
7. 计算熵变。

❹ **评价结果**

8. 熵变为负数是否合理？

习题 通过《掌握物理》® 可以查看教师布置的作业 MP

圆点表示习题的难易程度：● = 简单，●● = 中等，●●● = 困难；CR = 情景问题。

除非特别声明，否则题目中的工作物质均为单原子理想气体。

19.1 态

1. 在一副扑克牌中（52 张牌），(a) 抽出一张“8”的概率是多少？(b) 抽出“K”“Q”“J”“A”中的任意一张的概率是多少？●

2. 掷出两个骰子，掷出点数之和等于 7 的概率是多少？●

3. 容器中的分子不断相互碰撞或与容器壁发生碰撞。系统的微观态数为 5.00×10^{13}，循环时间是 365 天，碰撞的平均时间间隔是多少？●

4. 袋子里面有 10 颗黑色的糖豆，12 颗绿色的，3 颗橙色的，20 颗蓝色的。随意取出一颗，则这颗糖豆的颜色是 (a) 黑色，(b) 橙色，(c) 蓝色的概率分别是多少？●●

5. 制造商出售三种型号的摩托，分别为 A、B、C 型。每种型号可以提供黄色、红色、亮黑、亚光黑这四种颜色的选择，每种产品还可以选择发动机排量为 600cc 和 850cc。(a) 一共有多少种搭配可供选择？(b) 如果每种产品可以有 26 种包装可供选择，则一共有多少种搭配？●●

6. 掷出三个骰子，掷出点数之和等于 4 的概率是多少？●●

7. 装有单摆的容器内只有两个分子 A 和 B。初始时，单摆的能量是 6 个能量单位，两个分子的能量是零。则 6 个单位能量全部转移给分子的概率是多少？●●

8. 单摆从 1.15m 的高处落下后，在充满 1.50×10^{21} 个氮分子的房间摆动，分子的平均速率为 550m/s。如果单摆的能量等于所有氮分子的能量，则单摆的质量是多少？氮分子（N_2）的质量是 4.65×10^{-26}kg。●●

9. (a) 将硬币掷出 5 次，HHHHH 出现的可能性大还是 HTHTH 出现的可能性大？(b) 如果不考虑顺序，5 次都正面朝上的可能性大还是其中有三次正面朝上的可能性大？●●

10. 有些乐器通过打开或者关闭相应的活栓发出不同的音，如果某个小号上的活栓分别是 (a) 两个，(b) 三个，(c) 六个，那么小号能够发出多少种音？有的小号可以通过将活栓置于半开状态，使得活栓的状态变成三个，对于有三个活栓的小号采用这样的方式，一共可以发出多少种音？●●

11. 容器中的 6 个分子可以沿着 6 个方向：上、下、左、右、前、后运动。分子随机运动，每隔 1.0×10^{-6}s 就会因碰撞而改变速度的方向，在一天的 24h 中有多少时间 6 个分子的速度方向是相同的？●●●

12. 滤纸可以将气体分子吸附在纸表面的特定位置，分子一旦被吸附后，位置无法变化。现在面积为 $1.0nm^2$ 的滤纸表面上有 6 个位置可以吸附分子，在滤纸附近一共有 100 个气体分子，这 100 个分子的能量均不相同，在这 6 个位置上一共有多少种吸附分子的方式？●●●

19.2　能量均分

13. 系统中有三个分子A、B、C；系统的总能量为三个能量单位。一个分子拥有所有能量的概率是多少？●

14. 系统中有三个分子A、B、C；系统的总能量为9个能量单位。下面哪一种情况更容易发生：分子A的能量为两个能量单位，还是分子A的能量为三个能量单位。●

15. 室内的空气主要由氮分子（$m_{N_2}=4.652\times10^{-26}$kg）与氧分子（$m_{O_2}=5.3135\times10^{-26}$kg）构成，对于平衡态，氮分子的平均速率与氧分子的平均速率的比值是多少？假设这里可以将双原子分子当作单原子分子处理。●●

16. 容器中原有50个A气体（单原子）分子，总能量为120个能量单位。加入100个总能量为180个能量单位的B气体（单原子）分子，系统最终达到热平衡。(a) 达到平衡态后，平均每个A分子的能量是多少？(b) 达到平衡态后，平均每个B分子的能量是多少？●●

17. 系统中共有5个不同的分子和5个能量单位的能量，所有能量集中于一个分子的概率有多大？●●

18. 在含有1.0×10^{23}个氮分子的容器内有一质量为0.10kg的单摆来回摆动。单摆的初速率为0.80m/s，5min后停止摆动。当容器中的氮分子为2.5×10^{23}个时，重复上述实验，单摆在多长时间后停止下来？●●

19. 1mol氩原子（6.02×10^{23}个）的热能是498J，原子的平均速率是多少？氩原子的质量是6.63×10^{-26}kg。●●

20. 在盛有1.00mol单原子气体A的容器内加入0.100mol单原子气体B。气体A的原子质量是3.35×10^{-26}kg，气体B的原子质量是1.39×10^{-25}kg。气体B的原子平均速率是123m/s，求气体A的原子平均速率。●●

21. 如图P19.21所示，在箱子里1.00kg的小球从1.00m的高处下落，箱子里装有1.0mol的氩原子，原子质量为6.63×10^{-26}kg，小球在下落前氩原子以100m/s的平均速率运动。小球与箱子的底部发生弹性碰撞，因此最终其能量传递给了氩原子。(a) 在小球下落前，氩原子的平均能量是多少？(b) 过了一段时间，小球停在箱子的地板上不再运动，此时氩原子的平均速率是多少？●●●

图P19.21

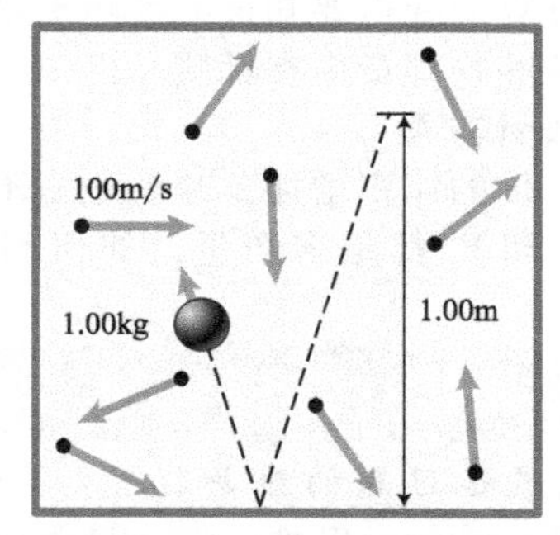

22. 气球的直径是0.500m，内含1.00mol的氦气，在太阳下晒了10.0min。在这一过程中，太阳向地球输出的强度为1120W/m^2，照射在气球上的阳光全部被吸收。开始时，氦原子的平均速率是367m/s，加热后平均速率是多少？假设气球的体积不变，氦原子的质量为6.646×10^{-27}kg。●●●

19.3　空间均分

23. 立方体被划分为8个完全相同的卦限（记为Ⅰ，Ⅱ，…，Ⅷ），在立方体中有三个完全相同的分子。(a) 所有三个分子在卦限Ⅰ的微观态有多少个？(b) 两个分子在卦限Ⅷ的微观态有多少个？●

24. 房间中的盒子的体积是房间体积的1/64。当盒子打开后，两个完全相同的分子进入房间。对于任何时刻，(a) 两个分子重回到盒子的概率是多少？(b) 两个分子出现在任意1/64房间体积内的概率是多少？●

25. 三个分子进入划分成四个相同象限的盒子。(a) 如果三个分子完全相同，则分子分布的微观态总数是多少？(b) 如果分子各不相同，则分子分布的微观态总数是多少？●●

26. 将房间分成8个完全相同的卦限，房间中有四个可以自由运动的不同分子。通过各个分子所处的位置确定微观态。(a) 举一个系统宏观态的例子。(b) 求系统的微观态的数量。(c) 如果通向完全相同，同样被

分成 8 个卦限的房间的门被打开，分子可移动的空间变成原来的两倍，则微观态的数量变成原来的多少倍？●●

27. 在分成四个完全相等象限的盒子里，放入 6 个相同的分子。在某一实验中需要使左上象限中出现的分子为一定值，你发现在一天的时间中，所需要的宏观态出现了 51.43 min，左上象限需要出现的分子数是多少？●●

28. 体积为 1.00m^3 的立方体容器中装有 N 个全同分子，分别计算下列条件下，所有分子出现在容器中体积为 V 的立方体内的概率。(a) $N=1$，$V=0.500\text{m}^3$；(b) $N=1$，$V=0.250\text{m}^3$；(c) $N=1$，$V=0.0100\text{m}^3$；(d) $N=2$，$V=0.500\text{m}^3$；(e) $N=4$，$V=0.500\text{m}^3$。●●

29. 空间探测器被封闭在 1.00m^3 的空间中，它是通过测量经过直径为 15.0mm、长度为 5.00mm 的圆柱体检测仪的分子来确定星际气体的分子密度的。在某一区域，星际气体的分子数密度约为每 $1.00\times10^{-6}\text{m}^3$ 的体积中平均有一个分子。在这一区域，每一百次测试中，有多少次检测仪检测到分子的存在？●●●

30. 盒子可分为四个象限，每一部分最多可容纳 30 个分子。(a) 如果盒子里放入 114 个分子，将左上象限的分子数作为宏观态，那么共有多少种宏观态和微观态？(b) 左上象限最可能的分子数是多少？(c) 左上象限的平均分子数是多少？(提示：不必考虑分子所处的象限，考虑没有被分子填满的象限) ●●●

19.4 向最概然态演化

31. 盒子被分为 A、B 两部分，A 部分中有 14 个分子，B 部分中分子数为 6 个。分子通过和隔板的碰撞交换能量。表 P19.31 中列出当 10 个能量单位的能量分配给这 20 个分子时对应的微观态数。A 部分含 7 个能量单位（$E_A=7$，$E_B=3$）的概率比 A 部分含 3 个能量单位（$E_A=3$，$E_B=7$）的概率多多少？●

表 P19.31　10 个能量单位的能量分配给 20 个分子所对应的微观态数（与《原理篇》中的表 19.2 一致）

E_A	E_B	Ω_A	Ω_B	$\Omega=\Omega_A\Omega_B$	$\ln\Omega$
A 部分的能量	B 部分的能量	A 部分对应的微观态数	B 部分对应的微观态数	宏观态对应的微观态数	
0	10	1	3003	3.00×10^3	8.01
1	9	14	2002	2.80×10^4	10.2
2	8	105	1287	1.35×10^5	11.8
3	7	560	792	4.44×10^5	13.0
4	6	2380	462	1.10×10^6	13.9
5	5	8568	252	2.16×10^6	14.6
6	4	27132	126	3.42×10^6	15.0
7	3	77520	56	4.34×10^6	15.3
8	2	203490	21	4.27×10^6	15.3
9	1	497420	6	2.98×10^6	14.9
10	0	1144066	1	1.14×10^6	14.0
总计		1961256	8008	$\Omega_{tot}=2.00\times10^7$	

32. 将 10 个能量单位的能量分配给 14 个全同粒子，一共有多少种分配法？(提示：可使用表 P19.31 中的数据) ●

33. 系统的宏观态和微观态分布如表 P19.33 所示，(a) 哪一个宏观态为系统的平衡态？(b) 哪一个宏观态最不可能出现？(c) 系统一共有多少种微观态？(d) 宏观态 B 出现的概率是多少？●

表 P19.33

宏观态	对应的微观态数
A	1
B	4
C	6
D	4
E	1

34. 盒子被分为A、B两部分，A部分中有25个分子，B部分中分子数为20个。系统是封闭的，所以分子可以通过和隔板的碰撞来交换能量。初始时，盒子里的能量为9个能量单位，且均在B部分。如果每次碰撞只能传递一个能量单位，那么在系统达到平衡态之前，B部分的分子至少要和隔板发生多少次碰撞？●●

35. 盒子被分成完全相同的A、B两部分，A部分有三个不同的分子，B部分也有三个不同的分子。盒子中分子总能量为5个能量单位，初始时，能量集中在A部分的两个分子上，系统为封闭系统，分子通过碰撞交换能量。计算（a）初始态对应的微观态数，（b）平衡态对应的微观态数。●●

36. 类似于习题31，盒子中的A部分里有两个分子，B部分里有两个分子，系统总能量为4个能量单位。(a) 根据题意。列出类似于表P19.31的表格。(b) 分子数这么少时，是否还能实现能量均分？●●

37. 系统1与系统2均处于平衡状态，两个系统相对独立但是平衡态对应的概率相等，系统1中的微观态数是系统2的3422倍。对于系统2，平衡态对应的微观态共有489个，系统1平衡态对应的微观态共有多少个？●●

38. 系统共有三个宏观态，宏观态1与宏观态3相差最大，对应的微观态数都是1。宏观态2为平衡态，出现的概率是其他任何一个宏观态的6倍。(a) 宏观态2出现的概率是多少？(b) 宏观态1或3出现的概率是多少？(c) 所有宏观态的概率之和是多少？●●

39. 圆柱形容器被竖向隔板均分为三个饼状的区域A、B、C，各部分可以实现能量交换，但分子不能通过隔板。每个部分中有13个分子，系统的总能量是39个能量单位，初始时能量集中于A部分。每次分子和隔板之间的碰撞传输一个能量单位的能量。则下列情况是否都有可能对应于系统的最概然态？(a) 18次碰撞后，(b) 27次碰撞后，(c) 29次碰撞后。●●●

19.5 熵与体积的关系

40. 在一个封闭系统中，将25个不同的沙粒放入1000个大小相等但不同的格子里，则该系统的熵是多少？●

41. 将一定数量的、半径为15.0mm的不同小球，放入体积为$1.00m^3$的容器的大小相同的小格中。将相同数量且半径为20.0mm的小球，放入另一体积相同的容器的小格中。假设两个容器的小格都是方形，边长等于小球的直径。哪个系统的熵更大？大多少？●

42. 在封闭容器内，有80个分子随机运动，系统的总能量是80个能量单位。下面两种情况哪一种更不可能发生：(a) 一个分子的能量是80个能量单位。(b) 每个分子的能量是一个能量单位。●

43. 通过活塞可以改变圆柱体气缸中的气体体积，在温度不变的情况下，气缸中的气体从$0.0100m^3$变到$0.100m^3$，如果在气体的膨胀过程中系统的熵增加了6.91×10^{18}，气缸中的分子数是多少？●●

44. 封闭容器中装有20个分子，被可移动的隔板分成左、右两部分，每部分的分子数是10个。左侧容器中分子的体积较小，每个分子占有的体积是δV_{left}，右侧容器中每个分子占有的体积为$\delta V_{right}=8\delta V_{left}$。(a) 如果容器垂直于隔板的边长为1.00m，初始时隔板被移至靠近右端的位置，那么当系统达到平衡后，隔板在什么位置？(b) 平衡时隔板所在的位置与每个分子占有的体积有关么？●●

45. 按照熵值从大到小的顺序，排列下列系统：

A. 用1000000种不同的颜色标志宇宙中可观测到的所有恒星（70×10^{21}颗）

B. 1mol的理想气体被吸附性材料的83个位置吸附（每个位置吸附一个分子）

C. 0.8mol的理想气体被吸附性材料的106个位置吸附（每个位置吸附一个分子）

D. 按照细胞健康的三个等级标志人体内的10^{14}个细胞

E. 按照存活或凋亡标志人体内的1×10^{14}微生物●●

46. 图P19.46中的装置由两个单元A、B构成。每个单元的体积都是V，一端通过隔板分隔出体积为$V/3$的一小室，如图P19.46a所示。初始状态下，A单元的小室中有 3mol 气体，B 单元的小室中有 2mol 气体。如图 P19.46b 所示，抽出隔板后，气体进入部件的其余部分，计算整个装置的熵变。●●

图 P19.46

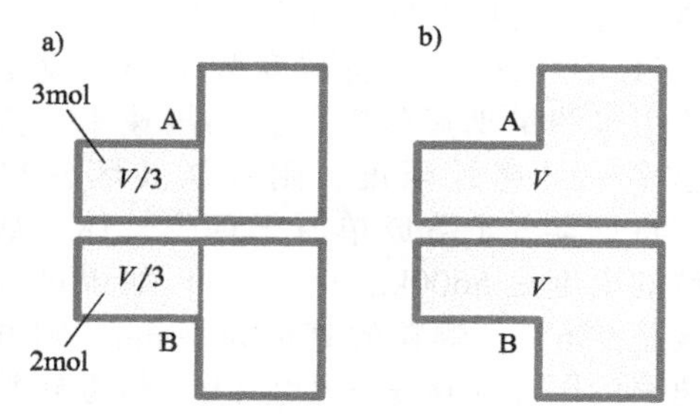

47. 容积为 $1.00\times10^{-6}m^3$ 的盒子内装有体积为 $1.00\times10^{-9}m^3$ 的 50 个不同的物体。如果盒子的体积变成原体积的两倍，则（a）物体的微观态数变成原来的多少倍？（b）系统的熵是原来的多少倍？●●

48. 用可以移动的隔板将体积为 V 的盒子分成左、右两部分，左侧内有 3000 个分子，右侧有 1000 个分子。初始时，隔板位于容器的中央，两部分体积相等。接着隔板开始运动，直到达到平衡状态为止。（a）用 V 表示达到平衡态时，两部分的体积。（b）这一过程，系统的熵变是多少？●●

49. 一定量的气体因体积变化，微观态数变成原来的 6633 倍；熵变成原来的 1.10 倍。气体分子数是多少？●●●

50. 长度是 1.00m 的盒子被可移动的隔板分隔成左、右两部分，左侧有 10 个分子，右侧有 60 个分子。初始情况下，隔板距离盒子的左端 0.750m。如果隔板可以自由移动，当系统达到平衡后，系统的熵变是多少？●●●

19.6 熵与能量的关系

51. 容器中装有 1.0mol 温度为 72K 的单原子理想气体，加入 0.5mol 温度为 126K 的单原子理想气体后平衡温度是多少？●

52. 初始情况下，1.0mol 单原子理想气体的热能是 75.0J。如果热能增加 25.0J，则气体熵的变化量是多少？●

53. 某反应产生的单原子理想气体分子的速率分别为 6.2m/s，7.4m/s，7.4m/s，7.8m/s，8.3m/s，12.6m/s，20.1m/s，20.1m/s。（a）气体分子的平均速率是多少？（b）气体分子的方均根速率是多少？●

54. 4 个单原子理想气体分子的速度的分量形式分别为（4.0，6.0，2.0）m/s，（8.0，−3.0，8.0）m/s，（7.0，1.0，6.0）m/s，（8.0，9.0，5.0）m/s，则 4 个分子的方均根速率是多少？●●

55. 单原子理想气体的温度是 125℃，升高温度后，方均根速率变成原来的三倍，则热力学温度是原来的多少倍？●●

56. 系统温度为 400K 时，系统熵关于热能的变化率为 1.81×10^{20}，当系统的温度是多少时，变化率变成原来的两倍？●●

57. 某单原子气体的熵的形式为 $S=\frac{7}{2}N\ln E_{th}+NE_{th}^{2/15}$，用 N 和 E_{th} 表示 $1/(k_BT)$。●●

58. 用（x，y，z）形式表示的 4 个单原子气体分子的速度分别是 $\vec{v}_1=(-6.0, 5.0, 1.0)$ m/s，$\vec{v}_2=(4.0, 5.0, -2.0)$ m/s，$\vec{v}_3=(7.0, 0, 8.0)$ m/s，$\vec{v}_4=(-4.0, -9.0, -6.0)$ m/s。（a）这些分子的平均速度是多少？（b）分子的方均根速率是多少？（c）为什么不能通过式（19.25）：$V_{rms}^2=3(V_x^2)_{av}$ 计算方均根速率？●●

59. 某盒子被划分成相等的四个象限。每个象限中的气体己烷（C_6H_{14}）都可以被看成是单原子的理想气体，分隔的挡板可以传递热能但气体分子无法通过。现在在分隔 1、2 象限的挡板上钻一小孔，4 个象限中气体质量和方均根速率的初始值分别为 Q_1：3.00g，400m/s；Q_2：5.50g，500m/s；Q_3：2.00g，420m/s；Q_4：6.75g，445m/s。经过相当长的时间后，象限 2 中气体的方均根速率是多少？●●●

19.7 单原子理想气体的性质

60. 气温为 24℃ 时，氦气的原子平均速率是多少？每个原子的质量为 6.646×10^{-27}kg。●

61. 在温度为 1.8×10^4K 的恒星内部，氦气的原子方均根速率是多少？每个原子的质量为 6.646×10^{-27}kg。●

62. 边长为 1.25m 的盒子内装有单原子

理想气体，气压为 2.0atm。(a) 气体的热能是多少？(b) 如果将这些热能的一半转化为 3.0kg 的猫的动能，则猫的速度是多少？●

63. 2.00L 的空饮料瓶里装有 0.01mol 的单原子理想气体，气体压强为 1.01×10^{5}N/m^{2}。(a) 气体分子的平均动能是多少？(b) 将计算结果和质量为 1.0×10^{-14}kg、速度为 1.0×10^{-7}m/s 的细菌的动能，以及质量为 0.0010kg、速度为 0.0100m/s 的蠕虫的动能做比较。●●

64. 粒子加速器给静止的粒子加速，粒子的质量为 1.6726×10^{-27}kg，加速的长度为 100m。粒子被加速的时间为 0.0179s，轰击单原子理想气体中的靶材，如果粒子的碰撞为弹性碰撞，则长期碰撞之后气体的温度是多少？●●

65. 稀薄的单原子理想气体 A、B 被隔板分隔在容器中，隔板导热。经过足够长的时间后，$v_{\mathrm{rms,A}}=6v_{\mathrm{rms,B}}$，那么气体 A 的分子质量与气体 B 的分子质量的关系如何？●●

66. 绝热的保温瓶的容积是 3.00L，里面装有温度为 50.0℃、压强为 2.50atm 的单原子气体氙气。氙分子的分子质量是 2.18×10^{-25}kg，气体被加热后热能变成原来的两倍。(a) 保温瓶中的气体分子数是多少？(b) 你向保温瓶中加入了多少能量？(c) 原子的方均根速率是原来的多少倍？●●

67. 单原子理想气体的分子数密度为 3.61×10^{24}/m^{3}，气体分子的平均动能为 7.50×10^{-21}J。如果该气体和面积为 1.00×10^{-2}m^{2} 的墙壁发生碰撞，则单位时间内气体分子动量的平均变化量等于多少？●●

68. 容器 X 中装有单原子理想气体 X，气体分子的方均根速率是 42m/s。容器 Y 中装有单原子理想气体 Y，两种气体的分子质量相同，两容器体积相同，Y 容器中的气体分子数是 X 容器中的两倍，气体的热力学温度是容器 X 中气体温度的 1.2 倍。Y 容器中的气体分子的方均根速率是多少？●●

69. 罐子里装有氦气与氪气的混合气体，两种气体的质量相同，两种气体都是单原子理想气体，且处于平衡状态。(a) 容器中的压强有多少比例来自于氦气，有多少比例来自于氪气？(b) 定性解释上一问的结果是合理的。$m_{\mathrm{He}}=6.646\times10^{-27}$kg，$m_{\mathrm{Kr}}=1.391\times10^{-27}$kg。●●

70. 温度为 260K 的氖气，通过风扇后每摩尔气体动能的增加量是 16.0J。(a) 通过风扇以后，氖气的平均温度是多少？(b) 风扇一般被用来降温，为何上一问的结果却是气体通过风扇后温度反而升高？●●

71. 污染控制设备被安装于排烟设备里以便用来测量烟雾颗粒的方均根速率，方均根速率一旦超过限度，则强制关闭污染设备。将烟雾分子看成单原子理想气体。烟雾颗粒的密度是 5600kg/m^{3}。(a) 如果过程的温度是 936℃，颗粒的直径为 10nm，则方均根速率的限度应该是多少？(b) 烟雾颗粒被排出后，聚集为平均直径为 1.0μm 的颗粒，温度则降低到 190℃，此时颗粒的方均根速率是多少？(忽略黏滞与阻力) ●●●

72. 用旧冰箱的制冷装置来探测氦气。该装置可将空气的温度降至 255K，探测器管长 50mm，通过真空泵抽气，并用电子装置测量气体分子通过给定距离的飞行时间。探测时，通过抽气使气体通过排气管道，通过飞行时间计算气体分子的方均根速率。(a) 忽略样品中原子之间的碰撞以及原子与管壁的碰撞，电子装置的设定的时间标度应该是多少？(b) 如果要提高探测器的准确度，可以在哪些方面做改进？(c) 如果考虑原子之间的碰撞以及原子与管壁的碰撞，是否需要校正探测系统，为什么？●●●

19.8　单原子理想气体的熵

73. 单原子理想气体温度由 300K 上升到 400K，平均每个气体分子熵的变化量是多少？假设体积不变，初态和末态都是平衡态。●

74. 密闭容器的体积是 0.0560m^{3}，装有 1.85×10^{5} 个单原子分子，当容器的温度从 300K 上升至 500K 时，气体熵的变化量是多少？●

75. 密闭在容器内的单原子理想气体有 4.20×10^{24} 个原子，吸热后使气体中原子的方均根速率变成原来的两倍，则气体的熵变是多少？●

76. 密闭容器中装有 8.72×10^{23} 个氦原子，原子质量是 6.646×10^{-27}kg。将容器放入

冰箱使其温度从 25℃下降到-135℃。(a) 气体热能的变化量是多少？(b) 气体的熵变是多少？●●

77. 气缸中装有温度为 30.0℃、压强是 2.00atm、体积为 3.50L 的单原子理想气体，气体的体积可变。缓慢加热气体直到体积变为 8.00L，加热过程中气体的压强不变，则膨胀过程中气体的熵变是多少？●●

78. 单原子理想气体的压强不变、体积减半，则平均每个原子的熵变是多少？●●

79. 一定量的氩气原被加热，其方均根速率由 350m/s 上升至 540m/s。平均每个原子熵的增量是多少？氩原子的质量是 6.63×10^{-26}kg。●●

80. 单原子理想气体被封闭在边长为 l 的立方体内。立方体在外力的压缩下，边长变成原来的一半，内部压强变成原来的三倍。(a) 容器内气体分子的平均熵变是多少？(b) 该系统是封闭的吗？●●

81. 将 3.65mol 单原子理想气体从 289K 加热到 458K，且气体的熵不变。如果样品初态的体积是 0.0980m^3，则这一过程中压强的变化量是原来压强值的多少倍？●●

82. 体积不变的容器中装有 1.00mol 的单原子理想气体，通过液氮浴的方式将该气体的温度保持在 77.2K。液氮完全挥发后，气体的温度上升到室温 297K。(a) 这一过程中气体的熵变是多少？(b) 如果再用液氮将气体冷却到 77.2K，那么这一过程中气体的熵变是多少？(c) 根据热力学第二定律的要求，这一过程中哪里的熵增加了？●●

83. 10 个单原子理想气体的气体原子在开始时与环境实现热平衡。在体积不变的条件下，温度上升至 634K，此时样品的熵变成原来的两倍。则样品的初始温度是多少？●●

84. 圆柱形气缸中的氦气样品处于平衡状态，初态的温度和压强分别为 85.0℃和 3.20atm，初态体积为 2.25L。气体被缓慢压缩，压缩后气体的体积为 1.10L，压强为 4.40atm。压缩过程中的熵变是多少？●●

85. 绝热容器被隔板分成体积相等的两部分。左侧为 9.00×10^{23} 个氦原子，右侧为 2.70×10^{24} 个氩原子。两侧气体均处于平衡状态，温度相等。隔板被钻了一个小孔后，气体通过小孔相互交换并最终达到平衡。(a) 哪一个平衡态的熵更多，多多少？(b) 假设气体都是理想气体，气体热能的变化量是多少？●●

86. 1.20L 的瓶子中装有氦气，压强为 2.75atm，温度为 150℃。将气体看成理想气体，将 755J 的热量缓慢传输给气体，气体的熵变是多少？●●

附加题

87. 将 5 个土块随机放置在棋盘（8×8）上，假设棋盘的一个格子上可以放置多个土块，如果用土块占据的格子来定义微观态，则微观态的数量是多少？●

88. 两个放蛋的架子，一个可以放 12 枚蛋，另一个只能放 6 枚蛋。如果每个架子上都有 6 枚不同颜色的蛋，可以放 12 枚蛋的架子上的微观态和可以放 6 枚蛋的架子上的微观态的比值是多少？●

89. 两个盒子，体积都是 1.50m^3。A 盒里面有 1000 个氦原子，B 盒里面有 2000 个氖原子。如果用小管将两个盒子相连，气体可通过小管再次分配，则再次分配后由这两个盒子组成的系统的熵的变化量是多少？●

90. 100℃下的氖气样品，原子质量为 3.35×10^{-26}kg。(a) 原子的平均动能是多少？(b) 如果样品的热能是 175J，则样品中的原子数是多少？●

91. 在 35℃的温度下，某单原子理想气体的方均根速率为 186m/s。(a) 原子的质量是多少？(b) 原子的平均动能是多少？●

92. 将质量为 0.0423kg 的一定量气体放置在体积为 0.750L 的容器中，气体的温度是 50.0℃，对容器壁的压强为 2.24atm，气体的分子质量是多少？●●

93. 对于同一元素的不同同位素，它们原子核内的中子数不同。铀元素的同位素主要为铀-235（143 个中子）和铀-238（146 个中子），原子质量分别为 3.90×10^{-25}kg 和 3.95×10^{-25}kg。在气态铀中，这两种同位素的方均根速率略有不同，因而可以作为分离反应堆和核武器需要的原料。如果两种气体的温度相同，哪一种同位素的方均根速率更大？两种同位素方均根速率的百分比差异是

多少？●●

94. 容积为 1.50L 的容器中的氦气的初始温度为 20℃，压强为 1.00atm，加热后温度上升至 232℃。(a) 在这一过程中，气体吸收的热量是多少？(b) 在这一过程中，气体的熵变是多少？(c) 气体末态的压强是多少？氦原子的质量是 6.646×10^{-27}kg，计算中忽略容器的膨胀。●●

95. (a) 温度为多少时，氖原子（质量为 3.35×10^{-26}kg）的方均根速率等于声速，344m/s？(b) 在这一温度下，1mol 氖气的热能是多少？●●

96. 体积一定的瓶子里装有单原子理想气体。(a) 压强增加一倍时，方均根速率是原来的多少倍？(b) 在这一情况下，气体的热能是原来的多少倍？●●

97. 有一单原子理想气体样品，其分子数为 N，压缩后体积变成原来的四分之一。(a) 如果气体的熵的变化量为 $3N$，则末态温度是初态温度的多少倍？(b) 在这一情况下，气体的方均根速率是原来值的多少倍？●●

98. 太阳光球层（photosphere，太阳大气的最低层，温度由内向外降低）的半径是 6.96×10^{8}m，光球层上方的日冕的温度是 1.0×10^{6}K，太阳的质量是 1.99×10^{30}kg。太阳表面以方均根速率运动的氦原子能否摆脱太阳对它的引力束缚？氦原子的质量为 6.646×10^{-27}kg。●●

99. 考虑地球表面处的一个氦原子，地表温度为 20℃。如果它的速率为这个温度下的方均根速率，则该原子在大气中能上升的最大高度是多少？氦原子的质量为 6.646×10^{-27}kg，地球质量为 5.97×10^{24}kg，地球半径为 6.38×10^{6}m（注意，g 的大小随高度变化）。●●

100. 装有气体的盒子被隔板分成大小相等的两部分。当隔板被取出后，分子可以在容器中自由运动。假设一个气体分子从盒子的一侧运动到另一侧平均需要 2.50s，也就是系统从一个微观态演化到另一个微观态平均需要 2.50s。(a) 当气体分子数为 2 时，(b) 当气体分子数为 10 时，分别计算气体分子全部位于左侧的概率以及出现这一情况所需的平均时间。●●

101. 圆柱形气缸用活塞封闭，活塞可以沿圆柱的中轴线 y 轴上下运动。气缸中装有单原子理想气体，当温度下降时，活塞缓慢向下运动，直到体积变为原体积的五分之一，重新达到平衡。(a) 气体的方均根速率增加还是减少，是原来的多少倍？(b) 气体的热能增加还是减少，是原来的多少倍？●●●

102. 一端由活塞封闭的罐子内封有单原子理想气体，初始时，罐子漂浮在温度为 300K 的水面上，罐内气体压强等于大气压，内部气体体积为 3.64L。接着将罐子放置在水深 12m 的湖底，湖底水温为 280K。(a) 此时罐中气体的体积是多少？(b) 在这一过程中气体的熵变是多少？忽略摩擦以及活塞的质量。●●●

103. 作为实验室工作人员，你要在接下来的三个星期里用到某种腐蚀性气体。气体被存储于 6.45L 的球形容器内，容器壁的厚度为 10.0mm。气体的质量是 4.00×10^{-3}kg，每个气体分子的质量是 6.054×10^{-26}kg。存储温度为室温，一般不超过 30℃，在上网查询以后，你了解到每三百万次碰撞器壁，就有可能引发一次腐蚀性反应。评估该试验装置的安全性。●●●CR

104. 装满氦气的气罐被放置在气温较高的汽车中已经有几个小时了。装满氦气时气罐质量为 21.2kg，在一次儿童生日宴会上，气罐被用于给 100 个气球充气，氦气用完以后气罐的质量为 20.8kg。你注意到气球正在不断收缩，开始时气球的半径是 200mm，现在变成了 100mm。孩子们担心气球正在漏气，你知道气球中气压的表头值是 50.0kPa，气球中的气压和气球的表面积成正比。生日宴会会场的气温是 35℃。分析气球变小是否是由漏气造成的。●●●CR

复习题答案

1. 单摆的能量是相干的机械能，所有单摆上的分子一起运动；而分子的动能是不相干的热能，分子的运动是随机的。

2. 布朗运动是悬浮在流体中的小颗粒的无规则运动。小颗粒受到来自各个方向的流体分子的碰撞，由于分子运动的随机性，各个方向上的冲力并不相等。

3. 宏观态对应于系统大尺度的物理性质，比如压强、体积和温度。而微观态主要对应于组成系统的各个单元的物理性质，比如气体样品中每个分子的位置与速度。

4. 能量量子化说明物体可以通过交换小份的、离散的、不可见的能量单元来实现能量的传递，即能量不是连续变化的。

5. 循环时间指的是系统经历所有的微观态所需的平均时间。

6. 每种存储能量的形式所存储的能量相等，这叫作能量均分。

7. 分子的平均能量等于 E_{th}/N。

8. 共有 4 个微观态，第三个分子可以在小格 2~5 中的任意一个中：2，1，0，0，0；2，0，1，0，0；2，0，0，1，0；2，0，0，0，1。

9. 分子倾向于在所在空间均匀分布，这就是空间均分。

10. 平衡态是最可能出现的态。

11. 随时间发展，系统总是从概率小的宏观态演化到概率最大的宏观态。达到平衡态后，即使因为扰动而偏离平衡态，系统仍然有回归平衡态的趋势。

12. 我们对时间的单方向性的感受来自于所有在自然界发生的事件都不可逆地向平衡态演化。

13. 封闭系统总是朝着微观态数最大的宏观态（即平衡态）演化。

14. 地球并非封闭系统，因此，它的熵不一定总是增加。

15. 理想气体的分子体积相对于容器的体积可以忽略不计，分子之间以及分子与容器壁之间的碰撞都是弹性碰撞，且碰撞使得气体分子的能量以及空间分布随机化。

16. 系统的熵等于微观态数的自然对数。

17. 熵增原理是热力学第二定律的数学形式。封闭系统总是朝着熵增大的方向演化（$\Delta S>0$），一旦到达平衡态，系统的熵不再变化（$\Delta S=0$）。

18. 不是，它只适用于封闭系统，封闭系统总是朝着熵增大的方向演化（$\Delta S>0$），一旦到达平衡态，系统的熵不再变化（$\Delta S=0$）。对于不封闭的系统，系统的熵可以增加，也可以减少或不变。

19. 熵变正比于末态体积与初态体积比值的自然对数，比例系数为气体分子数 N：$\Delta S=N\ln(V_f/V_i)$[式（19.8）]。

20. 系统的熵等于两个子系统熵的和。

21. 方均根速率等于所有分子运动速率平方的平均值的平方根：$v_{rms}=\sqrt{(v^2)_{av}}$ [式（19.21）]。

22. 熵变正比于末态热能与初态热能比值的自然对数，比例系数为 $3N/2$：$\Delta S=\dfrac{3}{2}N\ln(E_{th,f}/E_{th,i})$ [式(19.33)]。

23. 热力学温度的倒数等于玻尔兹曼常量与气体的熵关于气体的热能导数的乘积：$\dfrac{1}{T}=k_B(dS/dE_{th})$[式(19.38)]。

24. 热平衡说明两种气体的热力学温度相等。

25. 气体的压强由单位体积的分子数 N/V 与气体分子的平均动能 $\dfrac{1}{2}mv_{rms}^2$ 决定。

26. 对于平衡态气体，压强 P 等于分子数密度 N/V、热力学温度 T 以及玻尔兹曼常量 k_B 这三个量的乘积。

27. 理想气体状态方程适用于压强较小、温度较高时的气体。

28. 有关物理量包括气体的热力学温度以及气体分子质量。有关关系式是：$v_{rms}=\sqrt{3k_BT/m}$[式(19.53)]。

29. 熵变与气体分子数、温度变化量以及体积变化量有关。

30. 熵是与平衡态有关的状态量，它与经历的过程无关。

引导性问题答案

引导性问题 19.2　$\dfrac{\Omega(2)}{\Omega_{tot}}=\dfrac{5}{28}$

引导性问题 19.4　$\Delta S=+4.4\times10^{23}$

引导性问题 19.6　$v_{rms,f}=1.58\times10^3\,m/s$

引导性问题 19.8　$\Delta S=-8.6\times10^{23}$

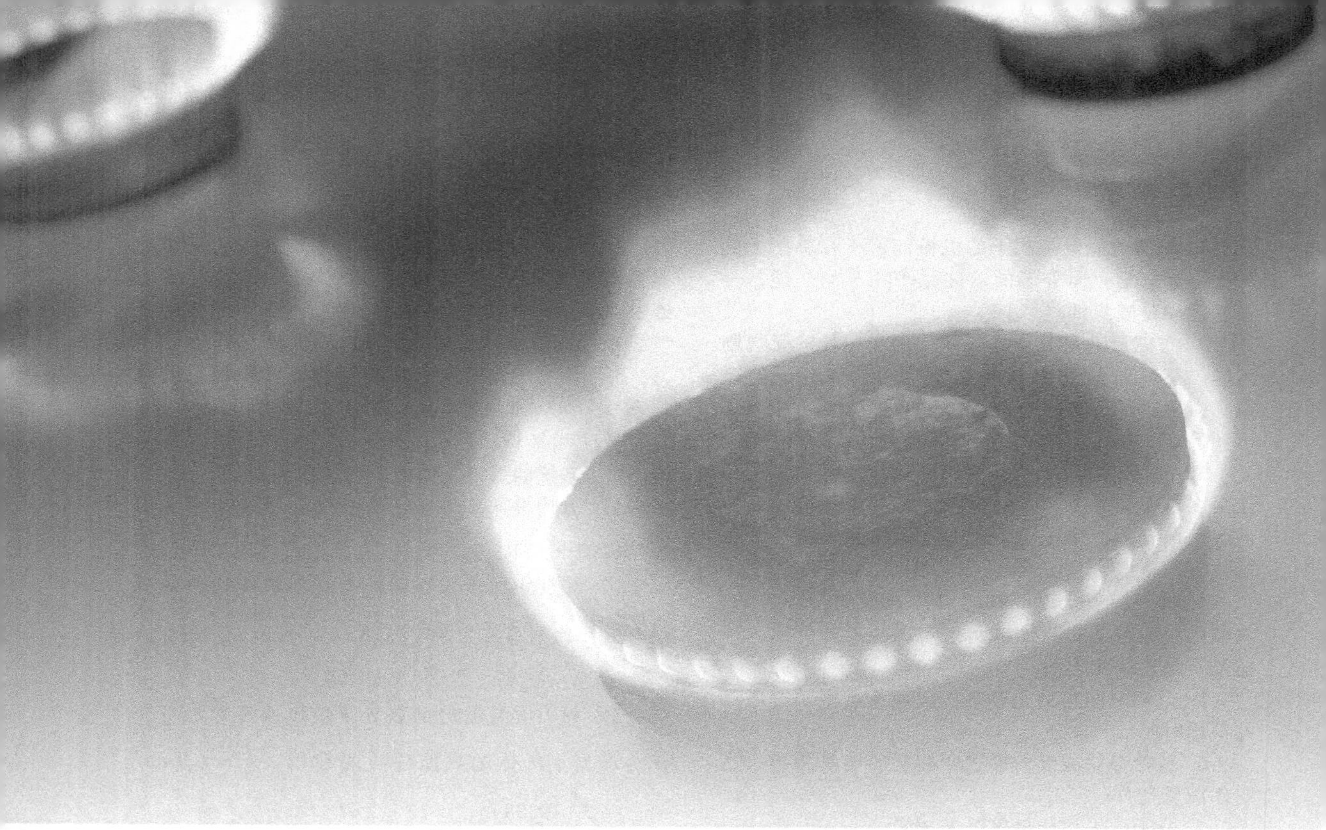

第 20 章　热能的传输

章节总结

热交换与温度（20.1 节，20.2 节，20.5 节）

基本概念 在**热交换**中，热量从高温物体传输到低温物体。用 Q 表示**传输的热量**。

在**绝热过程**中，只存在机械能的输入或输出，不存在热能的传输（$Q=0$）。

当气体被压缩时，对气体所做的功是正功（$W>0$）；当气体发生膨胀时，对气体所做的功是负功（$W<0$）。

在**准静态过程**中，每一个状态都接近于平衡态，对于绝热的准静态过程（$Q=0$），系统的熵不发生变化（$\Delta S=0$）。

在**水的三相点**，气相、固相和液相处于热平衡状态。对于三相点，温度为 273.16K，压强为 610Pa。

定量研究 当一定量的理想气体的动能和势能为常数时，增加气体的热能可以增加气体的能量：

$$\Delta E_{th}=W+Q \qquad (20.2)$$

准静态过程对气体所做的功：

$$W=-\int_{V_i}^{V_f} p\mathrm{d}V \qquad (20.8)$$

摄氏温标、华氏温标与热力学温标三者的关系：

$$T_C=\frac{1℃}{1K}T-273.15℃$$

$$T_C=\frac{5℃}{9℉}(T_F-32℉)$$

热力学过程（20.3 节～20.7 节）

基本概念 物体的**热容**（J/K）定义为物体输入或输出的热量与物体温度变化量的比值。

物体的**比热容**［J/(K·kg)］定义为物体的热容与物体质量的比值。

分子的**自由度**等于分子存储能量的独立方式数。

对于处于热平衡态的理想气体，按照**能量均分**原理，每个分子存储的能量为 $dk_BT/2$，其中 d 表示分子的自由度。

PV 图给出气体压强与体积之间的函数关系。PV 图上的任意一点表示气体的温度、热能、熵确定的态。PV 图上的任意曲线都对应准静态过程。

热源指的是因为质量较大，温度不随热力学过程发生明显变化的物体。

等温过程温度不变，**等压过程**压强不变，**等体过程**体积不变，**等熵（绝热）过程**熵不变。

定量研究 对于由温度为 T、由自由度等于 d 的 N 个分子组成的理想气体，其热能可表示为

$$E_{th}=\frac{d}{2}Nk_BT \qquad (20.4)$$

其中，$k_B=1.381\times10^{-23}$ J/K，为玻尔兹曼常量。

体积一定时，由 N 个自由度为 d 的分子组成的理想气体的等体**分子热容**为

$$C_V\equiv\frac{Q}{N\Delta T}=\frac{d}{2}k_B \qquad (20.13,\ 20.14)$$

等压过程的理想气体的等压**分子热容**表示为

$$C_P\equiv\frac{Q}{N\Delta T}=C_V+k_B=\left(\frac{d}{2}+1\right)k_B \qquad (20.20,\ 20.24,\ 20.25)$$

对于任何理想气体：

$$\Delta E_{th}=NC_V\Delta T \qquad (20.15)$$

比热容比 γ 可表示为

$$\gamma\equiv\frac{C_P}{C_V}=1+\frac{2}{d} \qquad (20.26)$$

《原理篇》的表 20.4 中列出了在一个标准大气压下，不同物质发生相变的温度，以及对应的熔化热与汽化热。

表 20.4　不同物质的相变温度熔化热 L_m 以及汽化热 L_v

物质	T_m/K	L_m/(10^3J/kg)	T_v/K	L_v/(10^3J/kg)	物质	T_m/K	L_m/(10^3J/kg)	T_v/K	L_v/(10^3J/kg)
氦	—	—	4.230	20.8	水	273.15	334	373.12	2256
氢	13.84	58.6	20.37	449	汞	234	11.8	630	272
氮	63.18	25.5	77.36	199	铝	933.6	395	2740	10500
氧	54.36	13.8	90.19	213	铅	600.5	24.5	2023	871
氨	195	331	239.8	1369	硫	392	38.1	717.75	326
四氯化碳	250.3	16	349.8	194	金	1336.15	64.5	2933	1578
酒精(乙醇)	159	100.7	351	837	铜	1356	134	2840	5069

理想气体的熵变（20.2 节，20.8 节）

基本概念　绝对零度时（$T=0$），系统的热能为最小值。因为只有一个微观态，熵为零。

定量研究　分子自由度为 d 的理想气体的熵为

$$S=N\ln V+\frac{d}{2}N\ln T+\text{常数} \quad (20.33)$$

热力学过程的熵变等于：

$$\Delta S=N\ln\left(\frac{V_f}{V_i}\right)+\frac{d}{2}N\ln\left(\frac{T_f}{T_i}\right) \quad (20.34)$$

《原理篇》中的表 20.6 对四个限制性过程的各个表达式做出总结性归纳。

表 20.6　理想气体的能量守恒形式与四个限制性过程

过程	限制条件	W	Q	ΔE_{th}	理想气体的能量守恒形式
等体	V 一定	0	$NC_V\Delta T$		$\Delta E_{th}=Q$
绝热(等熵)	S 一定		0	$NC_V\Delta T$	$W=\Delta E_{th}$
等压	P 一定	$-Nk_B\Delta T$	$NC_P\Delta T$	$NC_V\Delta T$	$\Delta E_{th}=W+Q$
等温	T 一定	$-Nk_BT\ln\left(\frac{V_f}{V_i}\right)$		0	$Q=-W$

对于绝热过程：

$$T_iV_i^{\gamma-1}=T_fV_f^{\gamma-1} \quad (20.44)$$

$$P_iV_i^{\gamma}=P_fV_f^{\gamma} \quad (20.46)$$

$$P_i^{\frac{1}{\gamma}-1}T_i=P_f^{\frac{1}{\gamma}-1}T_f \quad (20.47)$$

固体与液体的熵变（20.9 节）

定量研究　对于比热容为 c_V 的固体和液体，质量为 m 的样品在温度发生变化过程中引起的熵变为

$$\Delta S=\frac{mc_V}{k_B}\ln\left(\frac{T_f}{T_i}\right) \quad (20.53)$$

在温度为 T 的条件下，物质经历熔化或汽化过程所发生的熵变为

$$\Delta S=\frac{mL}{k_BT} \quad (20.57)$$

在温度为 T 的条件下，物质发生凝结或者凝固引起的熵变为

$$\Delta S=-\frac{mL}{k_BT} \quad (20.58)$$

复习题

复习题的答案见本章最后。

20.1 热交换

1. 用什么符号表示系统与环境之间交换的热量？什么情况该量为正数？

2. 与系统交换能量的形式有哪两种？两者的区别是什么？

3. 什么是绝热过程？

4. 什么是准静态过程？

5. 当系统仅以热能的形式交换能量的时候，系统的熵如何变化？

6. 当系统经历准静态绝热过程时，系统的熵如何变化？

20.2 温度的测量

7. 温度测量的各种方法的基础是什么？

8. 如何定义水的三相点？该点的热力学温度是多少？

9. 如何利用水的三相点来校准理想气体温度计？理想气体温度计是如何测量热力学温度的？

10. 绝对零度时，系统的热能与熵分别是多少？

20.3 热容

11. 如何定义系统的热容？

12. 什么是自由度？气体分子的自由度由什么量确定？

13. 单原子分子的自由度是多少？双原子分子的自由度是多少？

14. 热平衡时，气体的热能如何在分子自由度上分配？

15. 如何确定某气体系统中一个特殊自由度对每个粒子热容的贡献？

20.4 *PV* 图与热力学过程

16. 对于一定量的理想气体，*PV* 图上的一个点代表什么？

17. 定义等温线与绝热线。

18. 在 *PV* 图中如何表示一个准静态过程。

19. 当理想气体从一个平衡态过渡到另一个平衡态时，下面哪些量和路径无关：

(a) 系统的熵变，(b) 系统热能的变化，(c) 对气体做的功，(d) 传输的热能。

20.5 功与能

20. 在什么情况下，能量守恒定律 $\Delta E = W + Q$ 中能量的变化可以简化为热能的变化 ΔE_{th}？

21. 对理想气体所做的功和哪些因素有关？

22. 式 (20.8) 中的负号的含义是什么？

20.6 理想气体的等体过程与绝热过程

23. 根据热力学第一定律：$\Delta E_{th} = W + Q$，对于等体过程和绝热过程，热能的变化量分别等于什么？

24. 对于任意热力学过程，要计算理想气体热能的变化，必须知道的三个宏观量是什么？

20.7 理想气体的等压过程与等温过程

25. 等体过程和等压过程中的分子热容之间的关系是什么？

26. 对于理想气体的等温过程，气体吸收的热量与所做的功之间的关系是什么？

20.8 理想气体的熵变

27. 对于理想气体的绝热过程，气体的压强与体积之间的关系是什么？压强和温度的关系是什么？体积与温度的关系是什么？

20.9 液体与固体的熵变

28. 反映热容相对强度的物理量是什么，它是如何定义的？

29. 热容的单位是什么？比热容的单位是什么？

估算题

从数量级上估算下列物理量，括号中的字母对应于可能用到的提示。根据需要使用它们来指导你的思考。

1. 通过准静态过程给汽车的四个轮胎充气所做的功 [C,O,G]

2. 用打气筒给完全没气的两个高压自行车轮胎充气，打气筒打气的次数 [K,T,X]

3. 用微波炉将0.3L的水从室温加热到沸腾所需的时间 [S,A,V,BB]

4. 用铝壶烧水，铝壶在加热过程中吸收的能量占烧水所用总能量的比例 [H,P]

5. 空铁罐在炉火上加热2min后的温度(忽略铁罐向环境传输的热量以及加热所用装置的质量) [E，M，Z]

6. 标准状态下 ($T=0℃=273.16\text{K}$，$P=1\text{atm}=1.013\times10^5\text{Pa}$)，盛有4mol理想气体的容器容积 [AA]

7. 将网球绝热压缩到原体积的80%所需做的功 [W,Q,Y,F]

8. 体积不变，汽车气缸中混合气体因燃烧热能增加 10^3J 所导致气体温度的改变量(忽略燃料的质量，假设燃烧热完全被气缸中的气体吸收) [Q,Y,L]

9. 热天里，体积为4L的气球从室内移到室外熵的变化量，假设气球体积不变 [Y,B,R]

10. 体积为4L的漂浮在水面的气球被按到2m深处的水底时，气球熵的变化量 [U,B,I]

11. 载有两人的热气球升空所需要吸收的热量，忽略热气球与环境之间的热交换 [D,J,N,Q,Y]

提示

A. 温度的变化量是多少?

B. 气球中气体的分子数是多少?

C. 给汽车轮胎打气时，轮胎中气体的哪些宏观量发生了变化?

D. 热气球的体积是多少?

E. 铁罐的质量是多少?

F. 网球温度的变化量是多少?

G. 充完气的轮胎的内部压强是多少?

H. 铝壶与水的质量分别是多少?

I. 压强的变化量是多少?

J. 热气球升空所需要增加的浮力是多少?

K. 充气后自行车轮胎内气体的体积是多少?

L. 气缸的最大体积是多少?

M. 家庭用燃气灶的输出功率是多少?

N. 需要的温度变化量是多少?

O. 汽车轮胎充气前和充气后的体积分别是多少?

P. 水和铝壶的比热容分别是多少?

Q. 在温度为20℃，压强为1atm的条件下，2m^3 空气中的摩尔数是多少?

R. 初态温度 T_i、末态温度 T_f 分别是多少?

S. 这样体积的水的质量是多少?

T. 高压自行车轮胎充气后的压强是多少?

U. 这一过程是下列过程的哪一种：等温，等体，等压，绝热?

V. 微波炉的功率是多少?

W. 网球的直径是多少?

X. 每次打气，充入自行车轮胎的空气量是多少?

Y. 空气分子的自由度是多少?

Z. 铁的比热容是多少?

AA. 1mol气体中的分子数是多少?

BB. 水的比热容是多少?

答案 (所有值均为近似值)

A. 8×10^1 K；B. 标准状态下大约1/6 mol或 1×10^{23}；C. 体积(所以不是等体过程)，压强(所以不是等压过程)，气体分子数，温度(所以不是等温过程)；D. $2\times10^3\ \text{m}^3$；E. 1 kg；F. 3×10^1 K；G. 压强的表头值为

实践篇

2atm，绝对压强值为 3atm = 3×10^5 Pa；H. 水的质量为 4kg，铝壶的质量为 0.2 kg；I. 2×10^4 Pa；J. 1×10^3 N；K. 2×10^{-3} m^3；L. 5×10^{-4} m^3；M. 2 kW；N. 每个人需要气体温度上升 3%，或者说两个人需要使温度上升 20K；O. 充气后的体积为 $2\times10^{-2}m^3$，比充气前的体积大了 20%；P. 水的比热容：4×10^3 J/(K·kg)，铝壶的比热容：9×10^2 J/(K·kg)；Q. 8×10^1mol；R. $T_i=2\times10^1$℃，$T_f=4\times10^1$℃；S. 0.3kg；

T. 压强的表头值为 6 atm，绝对压强值 7atm = 7×10^5Pa；U. 等温过程；

V. 1×10^3 W；W. 0.06 m；X. 2×10^{-4} m^3；

Y. 空气主要由氮气（N_2）和氧气（O_2）组成，两者的自由度均为 $d=5$；

Z. 4×10^2 J/(K·kg)；AA. 6.02×10^{23}；BB. 4181J/(K·kg)

例题与引导性问题

下列例题涉及本章内容，但又不仅仅局限于本章中的某一节。

其中一部分以例题的形式给出，另一部分则以引导性问题的形式给出。

例 20.1　压缩气体

绝热气缸内的单原子理想气体可以用活塞改变体积。初始时，气缸中气体的体积为 $V_i=2.00\times10^{-3}m^3$，压强为 1.01×10^5Pa，温度为 290K。通过活塞将气体压缩到 $0.200V_i$，如果压缩过程是准静态绝热过程，则活塞对气体做的功是多少？

❶ **分析问题**　画出这个过程所对应的 *PV* 图（见图 WG20.1），该过程为准静态绝热压缩，箭头沿绝热线向上（压强变大，体积变小）。

图 WG20.1

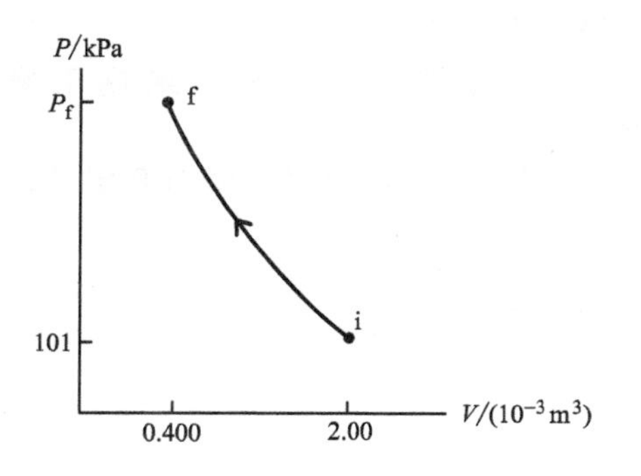

❷ **设计方案**　对于绝热过程，不存在热交换 [式 (20.17)：$Q=0$]，因此对气体所做的功等于气体热能的增量 [式 (20.18)：$\Delta E_{th}=W$]。理想气体的热能改变量只和温度的变化量有关，和过程无关 [式 (20.15)]。在计算中，我们需要确定分子初态和末态的温度、气体的分子数，以及分子热容 C_V（注意，尽管式 (20.15) 里面有 C_V，但是这个等式适用于所有热力学过程，而并不局限于等体过程）。已知初态的体积、压强和温度，所以可以通过理想气体状态方程，式 (19.51)：$P=(N/V)k_BT$，计算气体的分子数。由于初态和末态的体积已知，所以可以利用式 (20.46) 计算末态的压强。由于是单原子气体，根据自由度可计算出 C_V。根据理想气体状态方程可以计算出末态温度 T_f，并根据式 (20.19)：$\Delta E_{th}=W=NC_V\Delta T$，计算对气体所做的功。

❸ **实施推导**　根据式 (19.51)：可以计算出样品的分子数为

$$N=\frac{P_iV_i}{k_BT_i}=\frac{(1.01\times10^5\mathrm{N/m^2})(2.00\times10^{-3}\mathrm{m^3})}{(1.38\times10^{-23}\mathrm{J/K})(290\mathrm{K})}=5.05\times10^{22}$$

利用式 (20.46) 计算末状态的压强。由于是单原子分子，自由度等于 3，比热容比 $\gamma=1+\frac{2}{d}=\frac{5}{3}$。末态压强：

$$P_f=P_i\left(\frac{V_i}{V_f}\right)^{5/3}=(1.01\times10^5\mathrm{N/m^2})\left(\frac{2.00\times10^{-3}\mathrm{m^3}}{0.400\times10^{-3}\mathrm{m^3}}\right)^{5/3}=1.48\times10^6\mathrm{N/m^2}$$

实践篇

根据理想气体状态方程，可计算出末态温度：

$$T_f = \frac{P_f V_f}{k_B N} = \frac{(1.48\times10^6\text{N/m}^2)(0.400\times10^{-3}\text{m}^3)}{(1.38\times10^{-23}\text{J/K})(5.05\times10^{22})} = 849\text{K}$$

由自由度是3，可知 $C_V=(3/2)k_B=2.07\times10^{-23}$ J/K［式（20.14）］。由式（20.19）可计算出对气体所做的功：

$$W=E_{th}=NC_V\Delta T =(5.05\times10^{22})(2.07\times10^{-23}\text{J/K})(849\text{K}-290\text{K}) =584\text{J}$$

❹ **评价结果**　根据 PV 图，可以确定对气体所做的功的上下限。对于等压过程，对气体所做的功 $W=-P\Delta V$。由于体积的变化量 $\Delta V=-1.60\times10^{-3}\text{m}^3$，如果压缩过程是以末态压强为恒定值的等压过程，则对气体所做的功等于：

$$W_1=-P_f\Delta V=-(1.48\times10^6\text{N/m}^2)(-1.60\times10^{-3}\text{m}^3) =2.37\times10^3\text{J}$$

如果是初态压强为恒定值的等压过程，则对气体所做的功等于：

$$W_2=-P_j\Delta V=-(1.01\times10^5\text{N/m}^2)(-1.60\times10^{-3}\text{m}^3) =1.62\times10^2\text{J}$$

如果压缩过程沿初态和末态的连线，则对气体所做的功等于两者和的一半，即 1.27×10^3J。由于绝热线下方的面积小于对角线下方的面积，可知计算结果是合理的。由于是压缩过程，对气体所做的功为正功，这也是和结果一致的。

引导性问题 20.2　压缩过程中所做的功

气缸中装有单原子气体，通过活塞可以改变气体体积。气体的初态体积为 $6.00\times10^{-3}\text{m}^3$，压强为 1.01×10^5Pa，温度为250K。经过绝热压缩过程，气体的体积变成 $3.00\times10^{-3}\text{m}^3$，压强变成 3.21×10^5Pa，压缩过程中对气体做的功是多少？

❶ **分析问题**

1. 这个过程是怎样的热力学过程？它的特点是什么？
2. 画出对应的 PV 图。
3. 初态和末态的哪些量是已知量，哪些量是未知量？

❷ **设计方案**

4. 对于绝热过程，要计算对气体所做的功，还需要知道哪些量？
5. 根据单原子分子这个条件可以知道哪些物理量？
6. 通过理想气体状态方程可以求出哪些未知量？

❸ **实施推导**

7. 求出末态温度。
8. 求样品中的分子数。
9. 求对气体做的功。

❹ **评价结果**

10. 计算结果是否符合绝热压缩的情况？
11. 计算结果的符号是否符合绝热压缩的情况？

例 20.3　两个膨胀过程

0.500 mol 的氢气，经历两种不同的过程从初态 i 到达末态 f。气体为理想气体，初态的体积是 $4.00\times10^{-3}\text{m}^3$，压强为303kPa。对于过程 A，气体经过等温膨胀，体积达到 $1.60\times10^{-2}\text{m}^3$，压强达到 P_f。对于过程 B，气体先经过等压膨胀，体积达到 $1.60\times10^{-2}\text{m}^3$，再经过等体降压过程，使压强下降到 P_f。所有的过程都是准静态过程。这两个过程吸收热量的差是多少？

❶ **分析问题**　在 PV 图中画出所有过程（见图 WG20.2），过程 A 为等温过程，在等温线上分别标出初态和末态，由于气体膨胀，箭头的

方向向下。过程 B 对应于两条边，用水平线表示气体等压膨胀达到中间态 1，$V_1=V_f$。用竖直线表示气体等体降压达到末态 f。

图 WG20.2

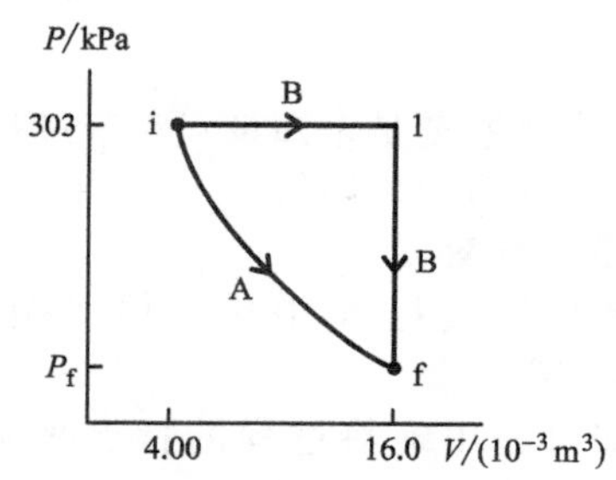

❷ **设计方案** 分别计算两个过程所吸收的热量。对于过程 A，即等温过程，根据式（20.31）：$Q=Nk_BT\ln(V_f/V_i)$。对于过程 B 中的等压过程，根据式（20.21）、$Q=NC_P(T_f-T_i)$；对于过程 B 中的等体过程，根据式（20.12）：$Q=(d/2)Nk_B(T_f-T_i)$ 分别计算所吸收的热量。根据气体的摩尔数与阿伏伽德罗常量可以计算出气体的分子总数。由于双原子分子的自由度是 5，$C_V=(5/2)k_B$［式（20.14）］，所以 $C_P=\frac{5}{2}k_B+k_B=\frac{7}{2}k_B$。

对于过程 A，由于知道初态的压强和体积，通过理想气体状态方程［式（19.51）］就可以计算出该过程的温度，然后通过式（20.31）计算出这一过程吸收的热量 Q_A。

对于过程 B 中的等压部分，根据理想气体状态方程确定状态 1 的温度，然后根据式（20.21）计算这一部分气体吸收的热量 $Q_{B,\mathrm{isobaric}}$；对于等体降压过程，由于状态 i 和状态 f 在同一条等温线上，所以两状态的温度相等 $T_f=T_i$，根据式（20.12）可以计算这一部分气体吸收的热量 $Q_{B,\mathrm{isochoric}}$。两部分吸热的和等于过程 B 所吸收的热量 Q_B。

最后将 Q_B 和 Q_A 相减求出两个过程吸收热量的差。

❸ **实施推导** 在计算出样品的分子数后，利用理想气体状态方程计算出气体的初态温度：

$$N=0.500\mathrm{mol}\times\frac{6.02\times10^{23}}{1\mathrm{mol}}=3.01\times10^{23}$$

$$T_i=\frac{P_iV_i}{Nk_B}=\frac{(3.03\times10^5\mathrm{N/m^2})\ (4.00\times10^{-3}\mathrm{m^3})}{(3.01\times10^{23})\ (1.38\times10^{-23}\mathrm{J/K})}=292\mathrm{K}$$

对于过程 A，根据式（20.31），有

$$\begin{aligned}Q_A&=Nk_BT_i\ln\left(\frac{V_f}{V_i}\right)\\&=(3.01\times10^{23})(1.38\times10^{-23}\mathrm{J/K})\times(292\mathrm{K})\ln\left(\frac{1.60\times10^{-2}\mathrm{m^3}}{4.00\times10^{-3}\mathrm{m^3}}\right)\\&=1.68\times10^3\mathrm{J}\end{aligned}$$

对于过程 B 中的等压部分，$P_1=P_i$，$V_1=V_f$，通过理想气体状态方程可以计算状态 1 的温度：

$$\begin{aligned}T_1=\frac{P_iV_1}{Nk_B}&=\frac{(3.03\times10^5\mathrm{N/m^2})\ (1.60\times10^{-2}\mathrm{m^3})}{(3.01\times10^{23})\ (1.38\times10^{-23}\mathrm{J/K})}\\&=1.17\times10^3\mathrm{K}\end{aligned}$$

对于双原子分子，有 $C_P=\frac{5}{2}k_B+k_B=\frac{7}{2}k_B$，根据式（20.21），等压部分吸收的热量为

$$\begin{aligned}Q_{B,\mathrm{isobaric}}&=NC_P(T_1-T_i)\\&=(3.01\times10^{23})\left[\frac{7}{2}(1.38\times10^{-23}\mathrm{J/K})\right]\times(1.17\times10^3\mathrm{K}-292\mathrm{K})\\&=1.28\times10^4\mathrm{J}\end{aligned}$$

对于等体部分，根据式（20.12），这一部分吸收的热量为

$$\begin{aligned}Q_{B,\mathrm{isochoric}}&=\frac{5}{2}(3.01\times10^{23})\times(1.38\times10^{-23}\mathrm{J/K})\times(292\mathrm{K}-1170\mathrm{K})\\&=-9.12\times10^3\mathrm{J}\end{aligned}$$

两者的代数和就是过程 B 中所吸收的热量：

$$Q_B=1.28\times10^4\mathrm{J}+(-9.12\times10^3\mathrm{J})=3.68\times10^3\mathrm{J}$$

两过程吸收热量的差：

$$\begin{aligned}Q_B-Q_A&=(3.68\times10^3\mathrm{J})-(1.68\times10^3\mathrm{J})\\&=2.00\times10^3\mathrm{J}\checkmark\end{aligned}$$

❹ **评价结果** 从 PV 图上看，过程 B 下方的面积大于过程 A 下方的面积。由于 $V_f>V_i$，因此环境对气体做负功，也就是说 $W_B-W_A<0$。因此 $Q_B-Q_A>0$，这和计算结果是一致的。等压过程中外界对气体所做的功为

$$\begin{aligned}W_B&=-P_i\Delta V\\&=-(3.03\times10^5\mathrm{N/m^2})(12.0\times10^{-3}\mathrm{m^3})\\&=-3.64\times10^3\mathrm{J}\end{aligned}$$

由于初态和末态的温度相同，$P_f=P_iV_i/V_f=P_i/4$，对应于以末态压强为恒定值的等压过程，

外界对气体所做的功为

$$W_1=-P_f\Delta V=-P_i\Delta V/4=-9.1\times10^2\mathrm{J}$$

两过程吸收的热量之差应该接近于上面两个结果的平均值：$\frac{1}{2}(W_B+W_1)=-2270\mathrm{J}$，从结果上看 2000J 的热量差是合理的。

引导性问题 20.4　又是两个膨胀过程

0.200mol 的氦气分别经历两个过程由初态 i 过渡到末态 f，将气体视为理想气体，初态的体积和压强分别为 $8.00\times10^{-3}\mathrm{m}^3$ 和 $9.00\times10^4\mathrm{N/m}^2$。对于过程 A，气体经历绝热膨胀，体积增加到 $1.20\times10^{-2}\mathrm{m}^3$。对于过程 B，气体先后经历等体降压和等压膨胀，使体积增加到 $1.20\times10^{-2}\mathrm{m}^3$。所有过程都是准静态过程，求两个过程对气体所做功之差。

❶ 分析问题

1. 画出这两个过程的 PV 图，对于过程 B 是否存在中间态？

2. 需要确定的量有哪些？通过哪些等式可以计算这些量？

3. 氦气的比热容比是多少？

4. 已知量有哪些？对于两个过程的初态和末态，有哪些量是未知量？对于过程 B 的中间态，哪些量为未知量？

❷ 设计方案

5. 要计算过程 A 中对气体所做的功，还需要知道哪些量？

6. 如何利用绝热过程的特点来确定未知量？

❸ 实施推导

7. 计算气体分子数以及初态温度。

8. 根据绝热过程的性质确定末态的温度与压强。

9. 计算其他需要计算的量

❹ 评价结果

10. 根据 PV 图，两个过程所做功的差是正数，负数还是零？你的结果符合你的判断么？

例 20.5　两步压缩还是一步压缩

0.200mol 的氦气分别经历两个过程由初态 i 过渡到末态 f，气体为理想气体，初态的温度和压强分别为 150K 与 $1.01\times10^5\mathrm{N/m}^2=101\mathrm{kPa}$。对于过程 A，气体经历等温压缩，体积变成 $2.00\times10^{-3}\mathrm{m}^3$；对于过程 B，气体先后经历绝热压缩和等压压缩，最终体积变成 $2.00\times10^{-3}\mathrm{m}^3$。(a) 两个过程释放热量的差 $|Q_A-Q_B|$ 是多少？(b) 两个过程对气体所做的功的差 $|W_A-W_B|$ 是多少？(c) 两个过程的熵变是多少？

❶ 分析问题　画出与题意有关的 PV 图（见图 WG20.3），过程 A 为等温压缩，在图中对应于方向向上的等温线；过程 B 可分成两部分，先通过绝热压缩，由初态 i 过渡到中间态 1，然后通过等压压缩，由中间态 1 过渡到末态 f。

图 WG20.3

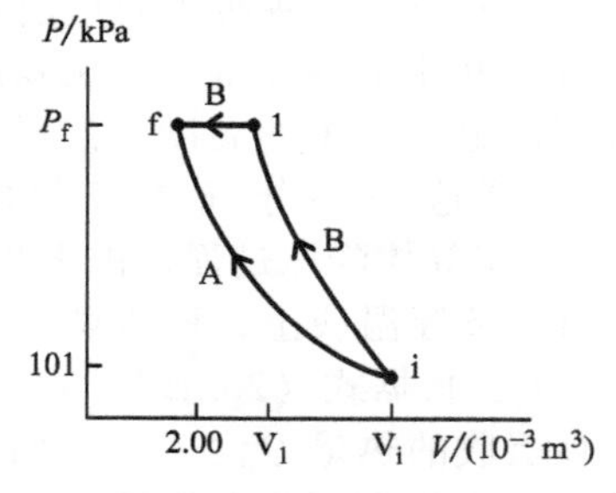

❷ 设计方案　题目要求比较：(a) 两个过程释放的热量；(b) 两个过程做的功；(c) 初态到末态的熵变。对于过程 A 和 B，我们知道热能的变化量只和初态与末态有关，与经历的过程无关。由于过程 A 是等温过程，$T_f=T_i=150\mathrm{K}$。由式（20.15）可知 $\Delta E_{th}=NC_V\Delta T=0$，所以两个过程热能的变化量都是 0。这样根据热力学第二定律［式 (20.2)］可知 $\Delta E_{th}=W_A+Q_A=W_B+Q_B=0$。由此可知，$|Q_A-Q_B|=|W_A-W_B|$，(a)、(b) 两问的结果相同。

通过理想气体状态方程可以得到 V_i，然后根据式（20.31）：$Q=-W=Nk_BT\ln\left(\frac{V_f}{V_i}\right)$ 计

算 Q_A。对于过程 B 的绝热部分，我们可知这阶段 1 的 $Q=0$，因此，过程 B 释放的热量等于等压过程释放的热量。我们可以通过式（20.21）$Q=NC_P\Delta T$ 计算这一热量，C_P 可以通过式（20.25）计算，但要计算 ΔT 还需要知道 T_1。根据理想气体状态方程可以计算出 P_f，也就是状态 1 的压强，然后通过式（20.47）：$P_i^{\frac{1}{\gamma}-1}T_i=P_f^{\frac{1}{\gamma}-1}T_f$ 计算 T_1。

最后可以根据上面的结果确定 $|Q_A-Q_B|$。由于 $|Q_A-Q_B|=|W_A-W_B|$，因此，（b）问也解决了。对于（c）问，由于熵变只和气体的初态与末态有关，所以可以通过式（20.35）：$\Delta S=N\ln\left(\frac{V_f}{V_i}\right)$ 计算。

❸ **实施推导** （a）通过理想气体状态方程［式（19.51）］计算 V_i，根据阿伏伽德罗常量计算气体的分子数，$N=(0.2\text{mol})(6.02\times10^{23}\ \text{mol}^{-1})=1.20\times10^{23}$。因此，

$$V_i=\frac{Nk_BT_i}{P_i}=\frac{(1.20\times10^{23})(1.38\times10^{-23}\text{J/K})(150\text{K})}{1.01\times10^5\text{N/m}^2}=2.46\times10^{-3}\text{m}^3$$

通过式（20.31）可以计算出过程 A 所放出的热量：

$$Q_A=Nk_BT_i\ln\left(\frac{V_f}{V_i}\right)=(1.20\times10^{23})(1.38\times10^{-23}\text{J/K})\times(150\text{K})\ln\left(\frac{2.00\times10^{-3}\text{m}^3}{2.46\times10^{-3}\text{m}^3}\right)=-51.4\text{J}$$

通过式（20.21）：$Q=NC_P\Delta T$ 可以计算等压过程放出的热量 Q_B。$T_f=150\text{K}$ 已知，T_1 未知。要计算 T_1，先要根据式（19.51）计算 P_f：

$$P_f=\frac{Nk_BT_f}{V_f}=\frac{(1.20\times10^{23})(1.38\times10^{-23}\text{J/K})(150\text{K})}{2.00\times10^{-3}\text{m}^3}=1.24\times10^5\text{N/m}^2=124\text{kPa}$$

由于是等压过程，所以 $P_f=P_1$。

对于 B 过程中的绝热部分，根据 $T_f=T_1$、$P_f=P_1$ 和 P_i 利用式（20.47）计算 T_1：

$$T_1=\left(\frac{P_i}{P_1}\right)^{\left(\frac{1}{\gamma}-1\right)}T_i$$

因为 $\gamma=\frac{5}{3}$，指数项 $(1/\gamma)-1$ 等于 $-\frac{2}{5}$，因此，

$$T_1=\left(\frac{P_i}{P_1}\right)^{-2/5}(T_i)=\left(\frac{1.01\times10^5\text{N/m}^2}{1.24\times10^5\text{N/m}^2}\right)^{-2/5}(150\text{K})=163\text{K}$$

由于氦原子是单原子分子，$C_P=\left(\frac{5}{2}\right)k_B$，通过式（20.21）：

$$Q_B=(1.20\times10^{23})\left(\frac{5}{2}\right)(1.38\times10^{-23}\text{J/K})\times(150\text{K}-163\text{K})=-53.8\text{J}$$

两个过程释放的热量差等于：

$$|Q_A-Q_B|=|(-51.4\text{J})-(-53.8\text{J})|=2.4\text{J}$$ ✔

（b）两个过程释放的热量差 $|Q_A-Q_B|$ 等于两个过程对气体所做的功 $|W_A-W_B|$，$|W_A-W_B|=2.4\text{J}$ ✔。

（c）气体从状态 i 到状态 f 经历的熵变可以由式（20.35）：

$$\Delta S=N\ln\left(\frac{V_f}{V_i}\right)=(1.20\times10^{23})\ln\left(\frac{2.00\times10^{-3}\text{m}^3}{2.46\times10^{-3}\text{m}^3}\right)=-2.48\times10^{22}$$ ✔

❹ **评价结果** 通过比较 PV 图中曲线下方的两个不同过程的面积，可知两过程所做的功之差等于 $W_B-W_A=-\left(\frac{1}{3}\right)(P_f-P_i)\Delta V$。在计算中，体积的变化量 $\Delta V=V_f-V_i=-0.46\times10^{-3}\text{m}$，压强的变化量 $P_f-P_i=0.23\times10^5\ \text{N/m}^2$。因此，两个过程对气体所做的功的差应近似于：

$$W_B-W_A=-\left(\frac{1}{3}\right)(0.23\times10^5\text{N/m}^2)(-0.46\times10^{-3}\text{m})=3.5\text{J}$$

这和（a）问中的计算结果是相符合的。

（c）问中，由于气体的体积减小，微观态数减少，因而气体的熵减少。由于熵变只

和初态和末态有关，因此，可以通过计算过程B的熵变来检验前面（c）问的计算结果，这样过程B的熵变可通过式（20.41）计算等压过程的熵变得到：

$$\Delta S=\frac{NC_P}{k_B}\ln\left(\frac{T_f}{T_1}\right)$$

$$=\frac{(1.20\times10^{23})\left(\frac{5}{2}k_B\right)}{k_B}\ln\left(\frac{150K}{163K}\right)$$

$$=-2.49\times10^{22}$$

这和我们根据式（20.35）计算出来的结果是一致的。

引导性问题 20.6 两步熵变还是一步熵变

0.600 mol的氢气通过两个不同的过程从初态i过渡到末态f。气体可视为理想气体，初态的体积和压强分别是$6.00\times10^{-3}m^3$和$2.00\times10^5N/m^2$。在过程A中，气体经历准静态绝热膨胀至体积$2.00\times10^{-2}m^3$，在过程B中，气体先后经历等温膨胀与等体降压达到末态f。过程A以及过程B中两部分的熵变分别是多少？

❶ **分析问题**

1. 画出与各个过程相对应的PV图。对于过程B，是否存在中间态？
2. 氢气的比热容比是多少？

❷ **设计方案**

3. 对于过程B的两个部分，熵变和哪些量有关？
4. 对于过程B的初态，中间态和末态有哪些量是已知量，哪些是未知量？需要求出哪些量的值？
5. 根据过程A是绝热过程，可以得到什么结论？
6. 根据理想气体状态方程，可以得到什么结论？

❸ **实施推导**

7. 计算气体的分子数以及过程A的熵变。
8. 确定气体初态的温度以及末态的温度和压强。
9. 确定过程B中各个部分的ΔS。

❹ **评价结果**

10. 对于过程B的等温部分，熵增加，减小还是不变？对于等体部分呢？
11. 过程B的结果符合你的预期么？
12. 过程B的两部分熵变的代数和与过程A的结果是否一致？

例 20.7 饮用水的冷却

将三块0.0100kg、温度为−10.0℃的冰块放入质量为0.250kg、温度为25℃的水中，冰块融化后，液体的温度是多少？冰的比热容是$2.090\times10^3J/(K\cdot kg)$，水的比热容是$4.181\times10^3J/(K\cdot kg)$，冰的熔化热为$3.34\times10^5J/kg$。

❶ **分析问题** 题目要求计算0.250kg的水和0.0300kg的冰混合后形成的0.280kg水的温度T_f。将水和冰看成是一个系统，该系统为封闭系统，不存在与外界的能量交换。将有关温度从摄氏温标转换热力学温标，−10℃ = 263K，0℃ = 273K，25℃ = 298K。

在热交换的过程中，热能从0.250kg的水中输出，水温下降到T_f。冰吸收热量后，温度先是上升到0℃，然后融化为0℃的水，最后0.0300kg的水吸收热量温度上升到T_f。

分别画出水和冰所对应的能量图（见图WG20.4），对于水的能量图，因为水放出热量，所以$Q_{water}<0$；对于冰的能量图，因为冰吸收热量，所以$Q_{ice}>0$。

图 WG20.4

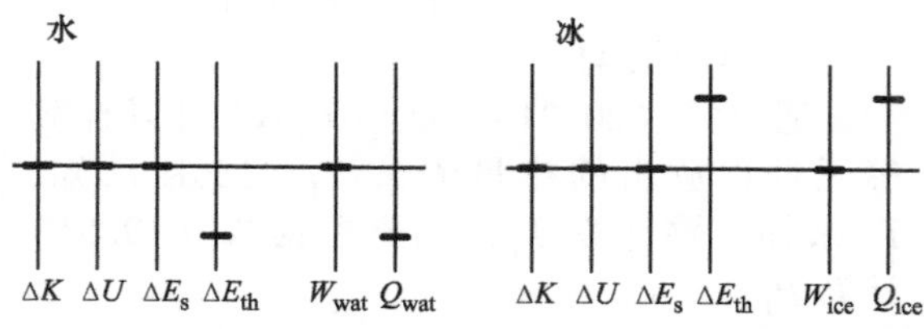

❷ **设计方案** 水的温度变化量为$\Delta T_{water}=T_f-T_{water,i}=T_f-298K$，水的比热容是$4.181\times10^3J/(K\cdot kg)$，水的质量已知，这样就可以通过式（20.49）计算水温下降ΔT_{water}后所释放的热量Q_{water}。当冰的温度从263K上升到273K时，温度变化量$\Delta T_{ice,1}=10.0K$，冰的比热容是$2.090\times10^3J/(K\cdot kg)$，冰的质量已知，这样就可以通过式（20.49）

计算过程 1 中冰吸收的热量。接着在 273K 的温度下，0.0300kg 的冰块融化成水，由于冰的熔化热 $L_m=3.34\times10^5$J/kg 已知，通过式（20.55）可计算过程 2 中冰块吸收的热量，所以最后冰块融化后形成的质量为 0.0300kg 的水，温度上升至 T_f，这一过程中温度的变化量为 $\Delta T_{ice,2}=T_f-273$K。吸收的热量可再次通过使用式（20.49）计算，注意此时的质量应是 0.0300kg。由于系统封闭，水释放的热量等于冰吸收的热量，$Q_{ice}=-Q_{water}$，根据这一关系可以计算出 T_f。

❸ **实施推导**　根据式（20.49）可以计算水释放的热量：

$$Q_{water}=m_{water}c_{water}\Delta T_{water}$$

根据式（20.49）和式（20.55）计算冰在三个过程中所吸收的热量：

$$Q_{ice}=m_{ice}c_{ice}\Delta T_{ice,1}+m_{ice}L_m+m_{ice}c_{water}\Delta T_{ice,2}$$

在上式中，最后一项的质量应该为 0.0300kg。由 $Q_{ice}=-Q_{water}$，可得：

$$m_{ice}c_{ice}\Delta T_{ice,1}+m_{ice}L_m+m_{ice}c_{water}\Delta T_{ice,2}=-m_{water}c_{water}\Delta T_{water}$$

用已知量和 T_f 表示温度的变化量：

$$m_{ice}c_{ice}(\Delta T_{ice,1})+m_{ice}L_m+m_{ice}c_{water}(T_f-T_{melt})=-m_{water}c_{water}(T_f-T_{water,1})$$

$$T_f=\frac{m_{water}c_{water}T_{water,1}+m_{ice}c_{water}T_{melt}}{(m_{water}+m_{ice})c_{water}}-\frac{m_{ice}c_{ice}(\Delta T_{ice,1})+m_{ice}L_m}{(m_{water}+m_{ice})c_{water}}$$

$$=\frac{(0.250\text{kg})[4.181\times10^3\text{J}/(\text{K}\cdot\text{kg})](298\text{K})}{(0.280\text{kg})[4.181\times10^3\text{J}/(\text{K}\cdot\text{kg})]}+\frac{(0.0300\text{kg})[4.181\times10^3\text{J}/(\text{K}\cdot\text{kg})](273\text{K})}{(0.280\text{kg})[4.181\times10^3\text{J}/(\text{K}\cdot\text{kg})]}-\frac{(0.0300\text{kg})[2.090\times10^3\text{J}/(\text{K}\cdot\text{kg})](10.0\text{K})}{(0.280\text{kg})[4.181\times10^3\text{J}/(\text{K}\cdot\text{kg})]}-\frac{(0.0300\text{kg})(3.34\times10^5\text{J/kg})}{(0.280\text{kg})[4.181\times10^3\text{J}/(\text{K}\cdot\text{kg})]}$$

$$T_{sys,f}=286\text{K}=13.0℃ ✓$$

❹ **评价结果**　计算结果低于水的初始温度，高于冰的初始温度，这是符合实际情况的。由于水的质量是冰的 8 倍，所以末态温度应该更接近水的温度，大约在 20℃ 左右。考虑到冰在融化的过程中需要吸收热量，末态温度应该比 20℃ 更低，因此，计算结果是合理的。

引导性问题 20.8　热水与凉水

样品 A 是温度为 100℃、质量为 1.50kg 的水，样品 B 是温度为 20.0℃、质量为 2.00kg 的水。两个样品通过交换热量达到热平衡。计算系统的熵变 $\Delta S_A+\Delta S_B$。

❶ **分析问题**

1. 定义对应的封闭系统。
2. 列出相关的已知量与待求量。
3. 是否还需要计算其他的相关量。

❷ **设计方案**

4. 画出有关的能量图。
5. 要计算相关的熵变，还需要计算哪些量？
6. 如何计算两个样品交换的热量？
7. 写出包括末态温度的有关等式。

❸ **实施推导**

8. 计算达到热平衡之后的温度。
9. 根据这一结果分别计算两个样品的熵变。

❹ **评价结果**

10. 系统的熵是应该增加，减少还是不变？
11. 这一结论和计算结果是否相符？

习题 通过《掌握物理》®可以查看教师布置的作业 MP

圆点表示习题的难易程度：● = 简单，●● = 中等，●●● = 困难；CR = 情景问题。

除非特别声明，否则题目中的工作物质均为单原子理想气体，热力学过程为准静态过程。

20.1 热交换

1. 当气体的体积变大时，外界对气体所做的功是正功，负功还是零？●

2. 绝热容器的底部为可移动的活塞，容器内为理想气体。当活塞缓慢向上移动时，气体被压缩。画出与气体相关的能量图。●

3. 判断下列过程是准静态过程，还是绝热过程。(a) 罐中的水被烧开。系统：水。(b) 充满气体的气球被缓慢压缩并冷却。系统：气球、空气。(c) 在封闭的房间里打开装有空气的小瓶，使得瓶中空气的密度和温度与房间的相同。系统：小瓶、房间、空气。●

4. 由 5.60×10^{23} 个气体分子构成的单原子理想气体，经历准静态绝热膨胀，体积由 1.00L 增至 2.00L。如果气体初态的压强是 30.5kPa，则气体末态的压强应是多少？●●

5. 你被要求设计出一个内部有若干活塞的气缸，活塞每次动作移动 150mm。你的观点是如果热机中许多过程是可逆的，那么热机比传统热机消耗的能量更少。工作物质为混合气体，且气体分子的平均质量是 7.548×10^{-26}kg，气体最高温度可达 300 ℉。确定在可逆条件下，活塞每秒钟工作次数的上限。如何提高这个上限？过程必须是可逆的，这样的限制条件是否可靠？●●●

20.2 温度的测量

6. 在将热力学温标转换成摄氏温标和华氏温标时，你发现某一个热力学温度对应的摄氏温度的读数等于华氏温度的读数，这个热力学温度的值是多少？●

7. 分别用 (a) 热力学温度，(b) 摄氏温度和 (c) 华氏温度来表示水的沸点与凝固点之间的温度差？●

8. 液氮在一个大气压下的沸点是-196℃。这一温度对应的热力学温度是多少？●

9. 描述理想气体温度计的构造与工作原理。●●

10. 将理想气体温度计置于水的三相临界点，右臂的水银柱高出参考点 986mm，在一个大气压下，将该温度计置于沸水之中，则右臂的水银柱高出参考点的高度是多少？●●

11. 在一个大气压下，将理想气体温度计置于沸水之中，则右臂的水银柱高出参考点的高度是 1279mm。如果将温度计从沸水中取出，冷却到室温，则水银柱下降了 267mm。(a) 室温在摄氏温标下的读数是多少？(b) 计算结果是否符合实际情况？●●

12. 当理想气体温度计被置于温度为 273.15K 的冰水混合物中时，右臂的水银柱高出参考点的高度是 102mm。当温度计被置于某未知温度的液体中时，右臂的水银柱高出参考点的高度是 29mm。(a) 液体的温度是多少？(b) 测量过程中误差的潜在来源是什么？●●

13. 焊接工发现操作说明中温度的单位没有写上："焊接过程不得低于 1960_ 的 95%，但可以在更高的温度下进行"，焊接工无法确定 1960 后面的单位是 K 还是℃，谨慎起见，她应该在不低于多少摄氏度的温度下焊接工件？●●

14. 在一项环境研究项目中，你的工作是采集北美沙漠一年内温度的数据。这些区域温度的变化范围从冬天的 255K 到夏天的 320K，你的温度传感器可显示摄氏温度和华氏温度，读数精确到小数点后一位。(a) 结果显示采用哪一种温标精度更高？(b) 研究小组的成员质疑你的结果，要说服他们，你必须提供有关证据。你采取的温标的读数与未采取温标的读数的比值是多少？●●●

20.3 热容

15. 将 100L 的水从 20℃ 加热到 55℃ 需要提供的能量是多少？●

16. 为了泡咖啡，将一小壶水（236g 水）放置在炉子上加热，如果要将水从 20℃ 加热到 100℃，需要提供的能量是多少？●

17. 根据研究报告，以废铝为原料制造

易拉罐所需的能源是采用铝矿石为原料的5%。平均每年被回收的铝质易拉罐为 1.7×10^{9}lb（1lb = 0.45kg），将这些铝从温度20℃加热到660℃所需的能量是多少？●●

18. 有三种双原子分子气体，温度分别为3K、298K和1000K，（a）在等体的情况下，按分子热容排列这三种气体，（b）用 T 和 k_B 表示三种气体的分子热能。●●

19. 游泳池长50.00m、宽35.00m、平均深度为2.00m。（a）将水池中的水温提高1.00℃需要提供的能量是多少？（b）如果这些能量被用于抬高质量为 1.0×10^{4}kg 的卡车，那么卡车能被抬升的高度是多少？●●

20. 将质量3.50kg、温度为 8.00×10^{2}K 的铁块置于质量为6.25kg、温度为 4.00×10^{2}K 的铜块之上，达到热平衡时，铁块和铜块交换的热量是多少？假设这两个金属块构成封闭系统，且和环境之间不发生热交换。●●

21. 人称“魔鬼之喉”的伊瓜苏瀑布位于巴西与阿根廷的交界，其最大处的落差可达82m。如果该处落下的水的动能完全转化成了热能，则水温将升高多少度？●●

22. 为了烹制通心粉，你将20℃的5L水放置在炉火上加热。如果炉子的输出功率是1250W，将水烧开需要几分钟？忽略炉火与周围环境之间的热交换。●●

23. 温度为77K的纳米管中的氦原子只能沿纳米管的方向运动。（a）纳米管中的氦原子的平均热能是多少？（b）当氦原子从纳米管中飞出后，进入温度为295K的空气，达到热平衡后，氦原子的平均热能是多少？●●●

24. 温度为120K的双原子分子只能在二维的物体表面运动。（a）分子的平均热能是多少？（b）加热后，分子离开物体表面进入温度为298K的空气，达到热平衡后，分子的平均热能是多少？（c）加热到3000K后，分子的平均热能是多少？●●

25. 某制冷剂的比热容 c 和温度的关系式为 $c=\beta T^{2}$，其中 β 为一常数，单位为 $J/(K^{3}\cdot kg)$。如果8000mg的该制冷剂样品在吸收231J的能量后，温度从1.00K上升到6.00K，则 β 的值应该是多少？●●●

20.4 *PV*图与热力学过程

26. 装有活塞的绝热容器中的理想气体，经历准静态膨胀过程，这一过程属于绝热、等温、等体、等压过程中的哪一个？●

27. 图P20.27显示了两个热力学过程A和B，哪一个过程气体对外做功更大？●

图 P20.27

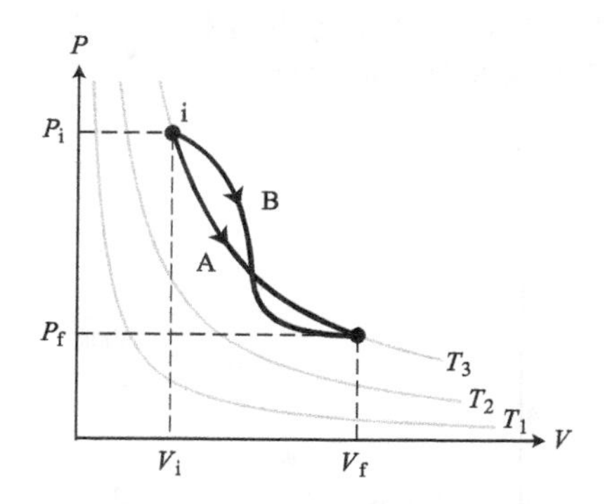

28. 在如图P20.28所示的 PV 图中，10mol的理想气体经历一个循环过程后又回到了初态。（a）确定循环中四个过程的类型。（b）确定状态1和状态3的温度。●●

图 P20.28

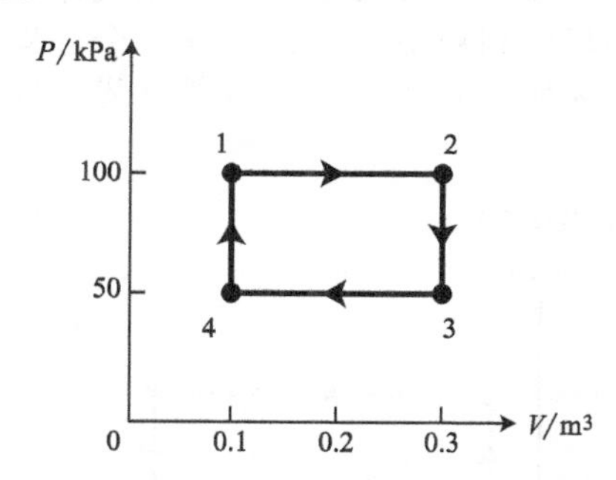

29. 图P20.29中的曲线对应于等温、绝热、等体或等压过程。系统由初态i过渡到末态f，$V_i=0.15\text{m}^3$，$P_f=1.00$atm，这一过程系统的熵变是多少？●●

图 P20.29

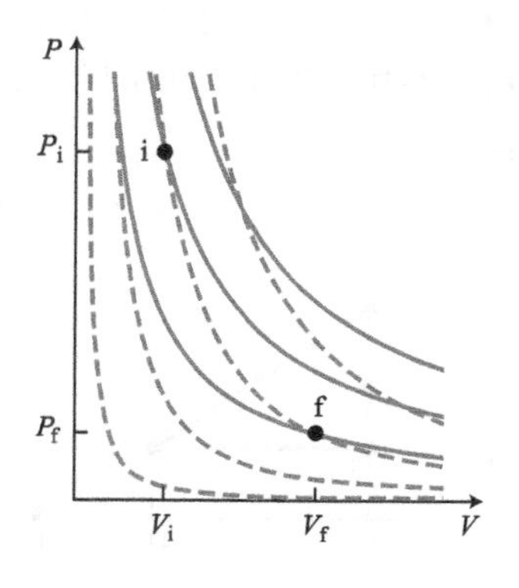

30. 质量为 0.300kg 的氮气（双原子分子，分子质量 $m_{N_2}=4.652\times10^{-26}$kg）在经历等温膨胀后体积由 0.0500$m^3$ 增至 0.150m^3，末态的压强是 150kPa。末态的温度是多少？●●

31. 在如图 P30.31 所示的 *PV* 图中，给出某理想气体的四个等温过程，求 A、B、C 这三条等温线对应的温度。●●

图 P20.31

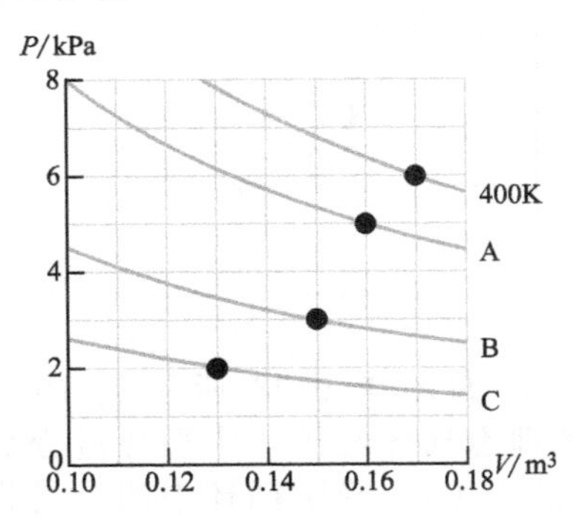

20.5　功与能

32. 如图 P20.32 所示，理想气体经历一个热循环回到初态。(a) 计算每个过程中外界对气体所做的功。(b) 计算外界对气体做的总功。●

图 P20.32

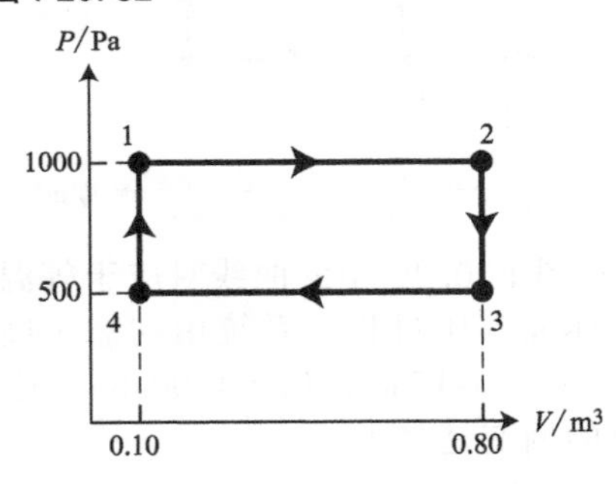

33. 如图 P20.33 所示，理想气体经历一个热力学循环回到初态 1，计算初态情况下，环境对气体所做的功关于体积和压强的函数。●

图 P20.33

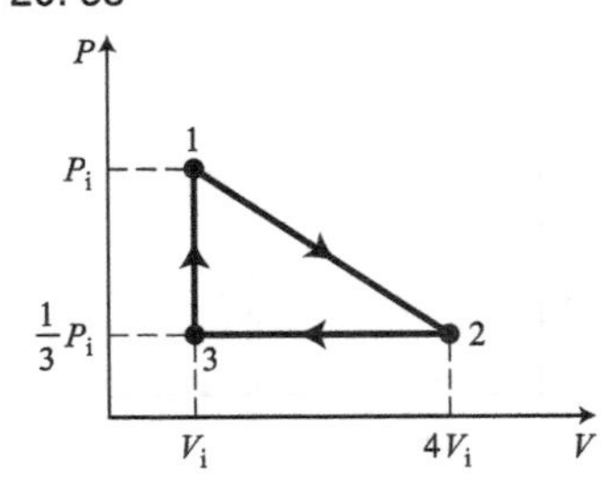

34. 初态温度为 72K 的 1.00mol 单原子理想气体吸收 100J 的能量，末态温度是多少？假设体积不变。●

35. 盛放理想气体的圆柱体容器内装有横截面面积为 0.10m^2 的活塞，初态压强为 5.0×10^4Pa。吸收 5.0kJ 的热量后，气体膨胀并使活塞移动了 0.10m。假设膨胀过程是等压过程，求气体对外做的功。●●

36. 100 ℉时，5.6×10^{18} 个氮气分子的热能是多少？视氮气为理想气体。●●

37. 装有活塞的圆柱体容器内有 10.0mol 的理想气体，经历等温过程后，体积从 1.00m^3 压缩到 0.100m^3，压缩开始时活塞上的砝码为 100kg，求活塞的半径。环境大气压为 1.00atm，忽略活塞的质量。●●

38. 图 P20.38 中显示两个热力学过程 A、B，对应于气体分子数为 3.45×10^{22} 的单原子理想气体由初态 i 过渡到末态 f。(a) 哪一种过程对气体做的功更少？(b) 哪一个过程气体吸收的热量更少？(c) A、B 两个过程外界对气体所做的功的差是多少？●●

图 P20.38

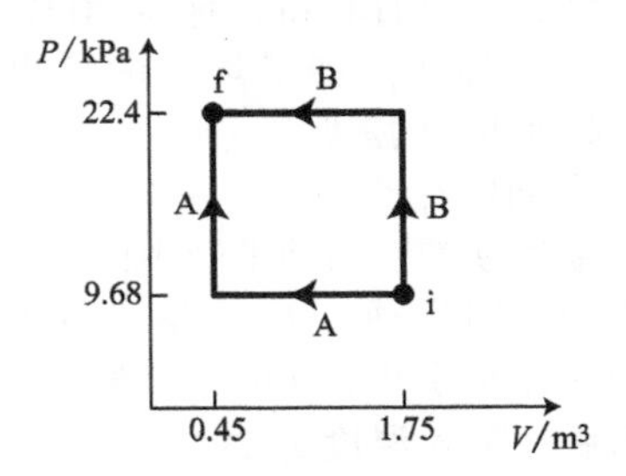

39. 1.00 mol 双原子理想气体的初态温度为 600K，保持体积不变，气体吸收热量后温度升至 1000K，此温度下气体分子开始振动，接着气体保持体积不变，温度上升至 1200K，气体在第二个过程中所吸收的热量是多少？●●

40. 未知气体的分子数为 9.70×10^{21}，体积为 0.0100m^3。容器内部的初始压强为 1.84×10^4Pa，吸收 378J 的热量后，压强升至 2.68×10^4Pa。(a) 分子的结构是怎样的？(b) 未知气体可能是氦气、氢气、氮气、氨气中的哪一种？为什么？●●●

20.6　理想气体的等体过程与绝热过程

41. 如图 P20.41 所示，一定量的理想气

体分别经历两种不同的过程由初态 i 过渡到末态 f。在过程 A 的等体部分中，外界对气体做的功是多少？●

图 P20.41

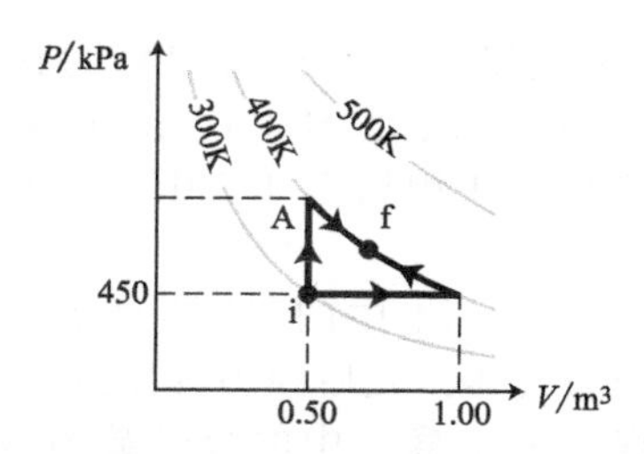

42. 你将汽车停在有阳光的地方，然后将车窗关闭，车内温度由 35℃ 上升至 48℃，气压为 100kPa。汽车内部的体积约为 1.5m×2.0m×1.0m。（a）假设 35℃ 时，空气的密度是 1.13kg/m^3。汽车内部的空气质量是多少？（b）在汽车内部空气温度升高的过程中，汽车中的空气从阳光中所吸收的热量是多少？空气的比热容为 720J/(K·kg)。●●

43. 你房间地板的面积是 2.0×10^2m^2，房间高 3.0m。（a）某一个热天，你关上房间里的所有窗户打开空调离家办事，空调因停电而停止工作，房间内的空气吸收的热量等于习题 42 中的结果，则房间中的气温升高的开氏温度是多少？（b）将室温从 24℃ 提高到 25℃，房间需要吸收多少热量？●●

44. 将温度为 120℃、压强为 101.3kPa 的蒸汽注入空易拉罐后密封并冷却。（a）温度为 101℃ 时，易拉罐中的压强是多少？（b）易拉罐高 0.20m、直径为 0.10m。易拉罐的侧面和底面所受的压力分别是多少？（c）当温度下降到 100℃，蒸汽冷凝为液态水，易拉罐被压瘪。解释这一现象出现的原因。（提示：可在互联网上搜索相关视频）●●●

45. 一定量的氦气经历准静态绝热膨胀，气体温度由 105℃ 下降至 101℃，对外做功 9.05J。氦气样品中的氦原子数是多少？●●

20.7 理想气体的等压过程与等温过程

46. 已知 2.00L 的理想气体的初态温度和压强分别为 273K 与 1.00atm。经历等压过程后样品冷却至 265K。（a）气体末态的压强是多少？（b）气体末态的体积是多少？●

47. 用活塞封闭的圆柱容器内盛有 1.0mol 的空气，气体的温度为 20℃，缓慢推动活塞保持气体的温度不变，当体积变成原体积的三分之一时，对空气所做的功是多少？●

48. 容器被活塞封闭，活塞以恒定压强上下移动导致容器中气体的体积增加或减少。容器内理想气体的初态温度和压强分别是 296K 和 1.00atm，当气体的体积由 1.00L 变成 0.333L 时，对气体所做的功是多少？●

49. 你的同事测量某双原子分子的比热容比，室温条件下，当压强为标准大气压时，他测量的结果是 C_P 与 C_V 的比值是 6/9。给出质疑他结果的两个理由。●●

50. 湖中球形的气泡缓慢上升到水面，上升过程中气泡不断膨胀。初始条件下，气泡内气体的压强为 2.00atm，温度为 10.0℃，气泡的半径为 5.00×10^{-3}m。水面气温为 20℃，压强为 1.00atm。（a）气泡末态体积与初态体积的比值是多少？（b）气泡内气体的热能的变化量是多少？●●

51. 由活塞封闭的容器中装有 1.00mol 的理想气体。（a）缓慢移动活塞并压缩气体，压缩后气体的温度上升到 296K，体积变成原体积的三分之一，在这一过程中气体所做的功是多少？（b）缓慢移动活塞使气体膨胀，体积变成原体积的三倍，气体所做的功是多少？●●

52. 如果在等温条件下，气体的体积变成原体积的 f_1 倍，对气体所做的功为 W_1。在相同温度下，如果将气体的体积变成原体积的 f_2 倍，对气体所做的功为 W_2。用 f_1、f_2、W_1 表示 W_2。●●

53. 温度为 T_1、压强为 P_1、体积为 V_1 的理想气体经历一个等压过程后温度变为 T_2。接着又经历一个等温过程体积变成 V_3，此时气体的压强是多少？●●

54. 温度为 T 的条件下，气球充气后体积达到 1.0L。接着气球被放入相同温度、压强更低的容器，体积增加至 2.0L。如果气体在膨胀过程中吸收的热量是 26J，则膨胀后气体的末态压强是多少？●●

55. 1.00mol 的理想气体膨胀后熵增至 1.345×10^{24}，膨胀过程中气体的温度保持为 100K 不变。（a）气体对外做功多少？（b）气体吸收的热量是多少？●●

56. 用0.320kg的活塞封闭容器中若干温度为2.00℃的氦气，活塞可以上下移动，容器中气体的初始体积为$0.250m^3$。释放活塞，活塞向上移动，气体体积增加。当活塞运动到距离原初始位置0.320m处，其速度为43.5mm/s，方向向上。室内空气的压强为1.00atm，圆柱形活塞的半径是0.200m。(a) 如果是绝热膨胀，末态温度是多少？(b) 如果是等温膨胀，末态温度是多少？●●●

57. 在理想气体模型中，忽略了气体分子之间的相互作用。范德瓦尔斯于1873年提出的方程对气体的性质给出了更准确的描述：

$$\left(P+\frac{an^2}{V^2}\right)(V-nb)=Nk_{\mathrm{B}}T$$

其中，a、b均为常数；n表示单位体积的分子数。根据这一方程计算等温过程对气体所做的功。令a、b等于零，将方程简化成理想气体的状态方程，验证你的结果是否正确。●●●

58. 一定量的双原子理想气体（$\gamma=1.4$）的初态体积为20.0L，压强为5.00atm，温度为320K。如图P20.58所示，先经历等温膨胀（1→2）使压强下降至2.00atm，然后经历绝热压缩（2→3）使压强上升至5.00 atm。

(a) 计算等温膨胀后气体的体积，以及这一过程对气体所做的功。

(b) 计算绝热压缩后气体的体积与温度，以及这一过程对气体所做的功。

(c) 分别计算1→2过程，2→3过程以及整个过程气体的熵变。

(d) 证明：气体经历等压过程1→3发生的熵变相同。●●●

图 P20.58

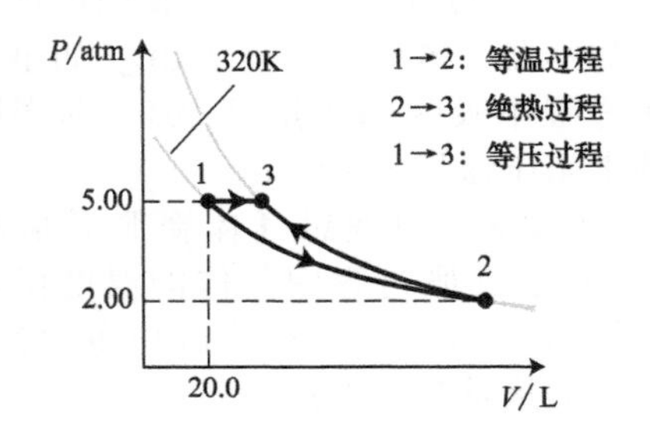

20.8　理想气体的熵变

59. 一定量的氮气（$\gamma=1.4$）的初态体积与压强分别为$0.61m^3$与1.00atm。如果样品经历绝热膨胀使体积增至$1.00m^3$，则末态压强是多少？●

60. 某理想气体（$\gamma=1.4$）的初态体积与压强分别为1.00L与100Pa。如果样品经历绝热膨胀使体积增至1.20L，则末态压强是多少？●

61. 图P20.61中的PV图显示一定量的单原子理想气体，先后经历等压过程1→2与等体过程2→3。样品中的分子数为N，用初末态的压强与体积以及分子数N表示整个过程的熵变。●●

图 P20.61

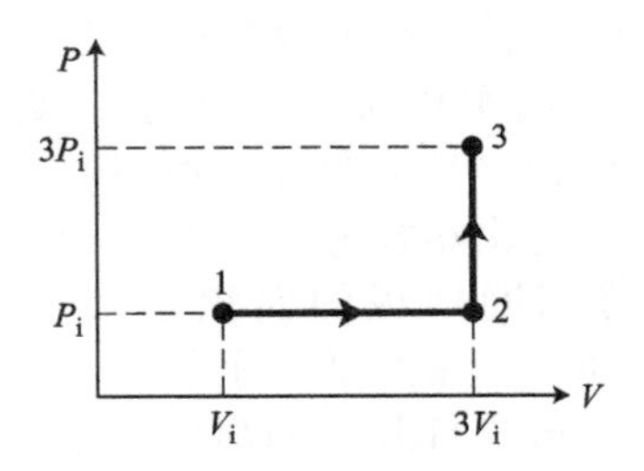

62. 一定量的理想气体（$\gamma=1.4$）的初态体积与压强分别为$1.5m^3$与15MPa。经绝热压缩后体积变成$0.50m^3$。(a) 气体的末态压强是多少？(b) 气体的熵变是多少？●●

63. 1/3mol的某理想气体样品密封于某容器内，加热后温度由273K升至500K，熵变为1.8215×10^{23}，用k_{B}表示气体的等压分子热容C_P。●●

64. 两个完全相同的绝热球形容器A和B，由阀门连接。容器A中装有10mol双原子理想气体，容器B为真空，初始时阀门处于关闭状态。打开阀门，气体从容器A扩散到容器B，温度不变。气体的熵变是多少？●●

65. 在某物理实验中，需要将高压气流从金属罐中喷射入空塑料袋，整个过程绝热。实验结束后塑料袋中的气压为1.00atm。初始时金属罐中气体的压强是5.0atm，温度为25℃。求实验结束后塑料袋内气体的温度。●●

实践篇

66. 气体被活塞封闭于气缸内，初始时气体和环境的温度都是20℃。缓慢推动活塞，使气体被等温压缩，活塞对气体所做的功等于2.0×10^3J，计算气体的熵变。

67. 体积为1.00mL，压强为1.00atm的理想气体在经历绝热膨胀后体积变为10.0mL，压强变为0.0215atm。(a) 气体分子的自由度是多少？(b) 气体分子的结构是怎样的？

68. 1.00mol单原子理想气体被活塞封闭于容器内部。分别经过状态1和状态2由初态i过渡到末态f。初态的体积和温度分别为$V_i=0.100\text{m}^3$，$T_i=273$℃。气体先经历等体过程到达状态1，使温度上升至$T_1=373$℃，再经历等压过程到达状态2，使温度上升至$T_2=473$℃。最后通过等温过程达到末态$V_f=2V_2$。气体总的熵变是多少？

69. 单原子理想气体绝热膨胀，初态压强与体积分别为P_i和V_i，末态压强$P_f=P_i/20$，末态体积$V_f=6V_i$。用P_i、V_i表示气体所做的功。［提示：由于计算的是气体所做的功，在使用式(20.8)时要注意物理量的符号，对于绝热过程，$PV^\gamma=$常数，对于单原子理想气体，$\gamma=5/3$。］

20.9 液体与固体的熵变

70. 将1.00mol的水的温度从59.0℃升至61.0℃，水热能的变化量是多少？

71. 一个样子像足球的冰激凌机（见图P20.71）。在冰激凌机的内胆中填充温度为32℃的糖和奶油的混合物，在夹层中放入盐和冰，盖上盖子后，像正常足球一样当球踢，直到内胆中混合物的温度下降到−3℃，冰激凌就制成了。(a) 如果内胆混合物的比热容为2900J/(K·kg)，要制成0.500kg的冰激凌，需要从混合物吸收的热量是多少？(b) 如果冰激凌机与冰激凌的总质量等于3.80kg，那么在什么高度下该物体-地球系统的势能等于上一问的结果？

72. 水箱中的水吸收热量2.00×10^4J，在这一过程中水温保持在10.0℃。这一过程水的熵变是多少？

图 P20.71

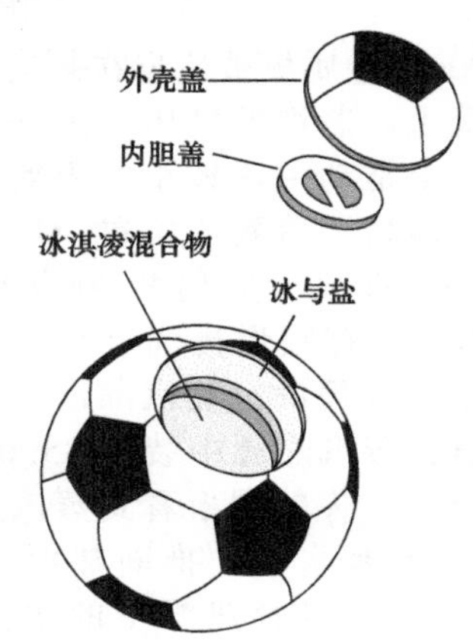

73. 温度为273K的冰山被小岛阻挡，在几秒钟内，有10kJ的能量从小岛传输到冰山，冰山和小岛的温度都没有发生明显的变化。在碰撞之前，小岛的温度为300K。求由冰山和小岛构成的系统在这一过程中熵的变化。

附加题

74. 人体的正常平均温度是98.6℉，这一温度对应的摄氏温度是多少？

75. 下列温度测量的数值结果的单位可能是什么？(a) −322，(b) 0。

76. 一定量的理想气体经历绝热过程，压强由P_i变成P_f，体积由V_i变成V_f，求外界对气体所做的功。

77. 将22.7g的氧气封装在体积为0.0240m^3的刚性容器内，氧气的初始温度是−1.50℃，当氧气被冷却到−23.00℃时，容器内的气压是多少？

78. 有一种错误观点认为生物有机体不遵守热力学第二定律，因为它们通过将无序的原料转化成有序物质的过程使得物质的熵减小。为了证明事实并非如此，考虑下面的问题，37℃的人体向20℃的环境释放热量，对于由人体和环境组成的系统，熵增加还是减少，变化率是多少？假设人体散热的功率为100W。

79. 处于水的三相点的两个相同的单原子分子样品，一个经历等体过程，温度变为原温度的5倍，另一个则经历准静态绝热过程，体积变成原来的1/5。哪一个过程吸收的热量更多，多多少？

80. 由于你所在的工厂采用的是水冷系统，因而会产生不少蒸汽热源。因为疏忽，一块重70kg的金属板被遗忘在某蒸汽热源唯一的排气管上。蒸汽的气压不断升高，最后将金属板向上推动一段较小的距离；然后气压下降，金属板回落到原位置。排气口是直径为100mm的圆，金属板为方形，边长450mm。假设只有圆形排气口与上方的金属板接触，整个过程没有蒸汽漏出。从流量计的读数来看，蒸汽热源中装有85.0kg的水，体积为$100m^3$。你的同事看到蒸汽热源里面的玻璃表盘上有水滴，推断热源中的蒸汽已经被冷却了（尽管热源中的水大部分还是以蒸汽的形式存在），就打算直接用手将金属板移开。你突然意识到这样做是危险的。●●● CR

81. 你是一家科技企业的创始人，你们推出的WaveGen项目可以用于海浪发电。其基本原理是将管子竖直安装于海边，一端固定在海底，另一端露出海面。管子的顶部是用于发电的涡轮机。海水的起伏如同活塞运动，海水上升时，压缩管中的空气进入发电机；海水下落时，空气从顶端的小孔进入管子。垂直浪高的最大变化量为2.00m，波动变化的周期是5.00s。海边小镇的用电需求是0.500MW。你计划给该小镇供电，如果管子的直径为2.00m，能量转化效率为68.0%，但每天能够使用的管子有限。●●● CR

复习题答案

1. 当能量输出到系统时，Q的符号取正。

2. 通过热交换或者做功可以向系统输出能量。热交换是通过系统和环境的热相互作用实现的，比如用炉火（环境）给水（系统）加热。做功则是通过系统和环境的机械相互作用实现的，比如将石头推上山，增加了系统的重力势能。

3. 绝热过程指的是和外界不存在热交换的热力学过程。

4. 准静态过程指的是每一个时刻，系统都接近于平衡态的热力学过程。

5. 熵增加是因为热量输入系统使得系统温度升高，温度越升高，熵变越大。

6. 熵不变。

7. 物质的一些物理性质会随温度的变化而改变。

8. 水的三相点指的是在一定的压强和温度下（610Pa，0.01℃），冰、水、水蒸气处于平衡时的共存状态。这一情况下的温度所对应的热力学温度为273.16K。

9. 将盛有气体的容器放入达到三相点的水中，$T_{tp}=273.16K$，记录移动臂中水银液面距离参考点的高度h_{tp}。在高度-温度坐标系中，将原点（0，0）和（h_{tp}，T_{tp}）用直线相连。在测量温度时，先测量移动臂中的水银柱高度h，在直线上找到对应的点（h，T），T就是对应的热力学温度。

10. 在绝对零度，物体只有一个微观态，熵为零，热能也最小。

11. 系统的热容等于系统与外界交换的热量与因交换而产生的温度变化量的比值。

12. 一个自由度对应于一种分子存储能量的方式，分子的自由度等于分子平动、转动、振动的形式总数。

13. 单原子分子的自由度等于3，分别对应分子沿x、y、z这三个方向上的平动。双原子分子的自由度等于5，分别对应分子沿x、y、z这三个方向上的平动，以及分子绕不通过原子连线的两根轴的转动。

14. 能量的分配满足能量均分，即分子的每个自由度上分配的能量都等于$k_BT/2$。

15. 分子的自由度等于分子平动、转动、振动的形式总数。每一种形式的运动都需要分子的能量增加一定的量，可以将一定温度下均分的热能$k_BT/2$和对应运动所需的最小能量相比较，当$k_BT/2$小于最小能量时，对应的运动不会发生，这一自由度不会对分子的平均热容有所贡献。

16. 图上每一点对应于温度、热能和熵都为确定值的一个平衡态（体积和压强也是确定值）。

17. 等温线指的是在PV图上，理想气体温度为确定值的平衡态所对应的点的连线。绝热线指的是理想气体熵为确定值的平衡态所对应的点的连线。

18. 在准静态过程中，系统由平衡态过渡到下一个平衡态，因此，整个过程为连接初态和末态的一条光滑曲线。

19. (a) 和 (b) 与路径无关，因为这两个量都依赖于平衡态，变量仅和系统的初态与末态有关，和路径无关。(c) 等于PV图中曲线下方所包围的面积，和路径有关。(d) 也和路径有关，因为它等于ΔE_{th}（与路径无关）和W（与路径有关）的差。

20. 如果系统的动能、势能以及源能量不发生变化即 $\Delta K=\Delta U=\Delta E_s=0$，则能量守恒原理 $\Delta E=W+Q$，可写成热力学第一定律 $\Delta E_{th}=W+Q$［式(20.2)］。

21. 对气体做的功与压强随气体体积变化的关系有关：$W=\int_{V_i}^{V_f}P\mathrm{d}V$［式（20.8)］。

22. 负号表示当气体膨胀时，对气体做的功是负功。当气体体积减小时，对气体做正功。

23. 对于等体过程，对气体做的功等于零，因此吸收的热量等于气体热能的增量［$\Delta E_{th}=Q$；式(20.11)］。对于绝热过程，气体吸收的热量为零，因此热能的增量等于对气体做的功［$\Delta E_{th}=W$；式(20.18)］。

24. 必须知道气体分子数 N、气体分子的等体分子热容 C_V，以及该过程所对应的温度变化量：$\Delta E_{th}=NC_V\Delta T$［式（20.15)］。

25. 等压分子热容等于等体分子热容与玻尔兹曼常量的和：$C_P=C_V+k_B$［式（20.24)］。

26. 等温过程中气体热能的变化为零，根据热力学第一定律，可知气体吸收的热量等于对气体做的功的负值：$Q=-W$［式（20.28)］。

27. 绝热过程中压强与体积的关系式是 $P_iV_i^\gamma=P_fV_f^\gamma$［式（20.46)］，其中 $\gamma=C_P/C_V$。压强与温度的关系式是 $T_iP_i^{(1/\gamma)-1}=T_fP_f^{(1/\gamma)-1}$［式（20.47)］。体积与温度的关系式是 $T_iV_i^{\gamma-1}=T_fV_f^{\gamma-1}$［式(20.44)］。

28. 反映热容相对强度的物理量是比热容，对于任何物体，比热容都等于交换的热量与系统质量和温度变化量乘积的比值。

29. 热容的单位是 J/K，比热容的单位是 J/(kg·K)。

引导性问题答案

引导性问题 20.2 536J

引导性问题 20.4 $W_A-W_B=-73\text{J}$

引导性问题 20.6 $\Delta S_A=0$，$\Delta S_{B,\text{isothermal}}=+4.35\times10^{23}$，$\Delta S_{B,\text{isochoric}}=-4.35\times10^{23}$

引导性问题 20.8 $\Delta S_A+\Delta S_B=+6.7\times10^{24}$

第 21 章　能量的退化

章节总结

能量的转化（21.1 节，21.5 节）

基本概念 系统的**能量输入**等于机械能输入 W_{in} 和热能输入 Q_{in} 的总和，系统的**能量输出**等于机械能输出 W_{out} 和热能输出 Q_{out} 的总和。

对系统做的功等于

$$W=W_{in}-W_{out}$$

传输到系统的热能等于

$$Q=Q_{in}-Q_{out}$$

在能量转换过程中，**稳定装置**可以使自身的能量和熵不变或周期性变化（循环）。

定量研究 稳定装置经历一个循环：

$$\Delta E=0 \quad (21.1)$$

$$W=Q_{out}-Q_{in} \quad (21.2)$$

$$\Delta S_{dev}=0 \quad (21.3)$$

$$\Delta S_{env}\geqslant 0 \quad (21.5)$$

在图 SUM21.1 中，对于任意一种形式的能量传递，用一种箭头表示能量进入系统（称为能量输入），另一种箭头表示能量流出系统。这种描述能量进出系统的简图被称为能量输入输出图。

图 SUM21.1

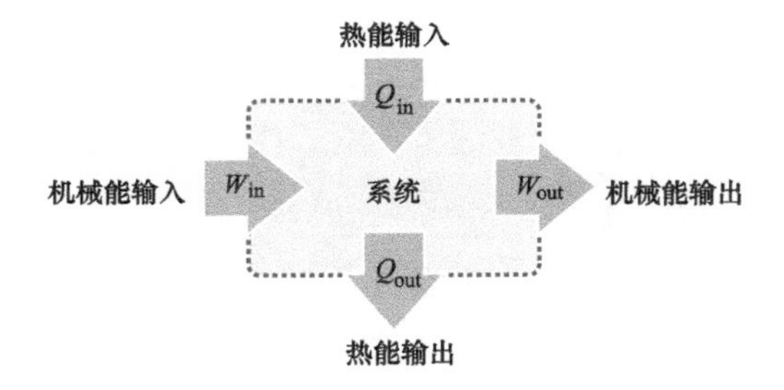

熵与能量的品质（21.2 节，21.5 节）

基本概念 **稳定装置的熵图**由熵梯度轴、表示输入和输出的能量的矩形框，以及表示能量传递方向的箭头组成。矩形框的箭头表示能量传递的方向，向装置传递能量的过程减小环境的熵，装置向外传递能量的过程增加环境的熵。（见本章后面介绍的“画出稳定装置的熵图”框。）

环境**能量品质**的退化对应于环境熵的增加；环境**能量品质**的提升对应于环境熵的减少。传输能量的质量越高，引起的熵变越小。随着能量的品质的下降，从能量源可获取的能量减小。

定量研究 **熵梯度**等于熵随热能变化的变化率，即

$$\frac{\mathrm{d}S}{\mathrm{d}E}\equiv\frac{1}{k_{B}T}$$

本章后面的“从熵图计算熵变”框就介绍了如何通过熵图计算熵变的方法。

热机与热泵（21.3，21.6 节）

基本概念 **热机**通过从高温热源吸热 Q_{in} 并向低温热源放热 Q_{out} 对外做功。

热泵通过机械能实现热能从低温热源向高温热源的传递。

定量研究 可逆热机从温度为 T_{in} 的高温热源吸收热量 Q_{in}，向温度为 T_{out} 的低温热源释放热量 Q_{out}，即

$$\frac{Q_{out}}{Q_{in}}=\frac{T_{out}}{T_{in}} \tag{21.20}$$

热机效率 η 的定义为

$$\eta\equiv\frac{W}{Q_{in}}=1-\frac{Q_{out}}{Q_{in}} \quad (21.21,\ 21.22)$$

其中，W 表示一个循环过程对外做的功。可逆热机的最大热机效率为

$$\eta_{max}=1-\frac{T_{out}}{T_{in}} \tag{21.23}$$

热泵的**供热系数**的定义为

$$COP_{heating}=\frac{Q_{out}}{W} \tag{21.24}$$

热泵的**制冷系数**的定义为

$$COP_{cooling}\equiv\frac{Q_{in}}{W}=COP_{heating}-1 \quad (21.27,\ 21.28)$$

热力学循环（21.4 节，21.7 节，21.8 节）

基本概念 在热循环过程中，热机所做的功等于 PV 图中循环过程所包围的面积。对于顺时针循环，做的是负功；对于逆时针循环，做的是正功。

卡诺循环由两个绝热过程与两个等温过程构成。对于工作在相同热源之间的热机，卡诺循环的效率最高。

定量研究 图 SUM21.2 显示了由两个等温过程（1→2 和 3→4）和两个绝热过程（2→3 和 4→1）构成的卡诺循环。

图 SUM21.2

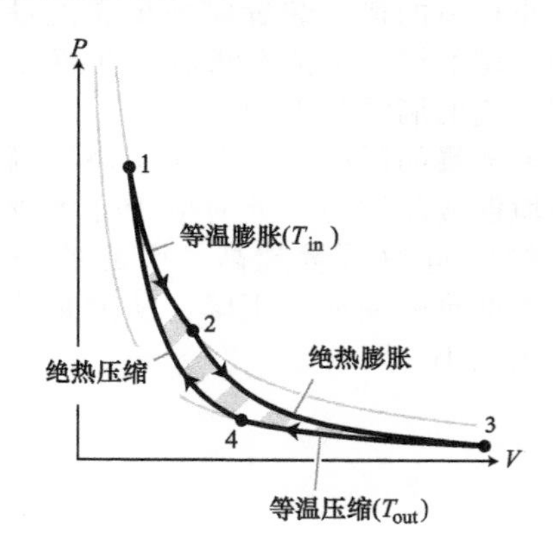

基本概念 **布雷顿循环**由两个等压过程和两个绝热过程组成。

定量研究 卡诺热机的循环效率为

$$\eta=\frac{T_{in}-T_{out}}{T_{in}} \tag{21.36}$$

图 SUM21.3 显示了布雷顿循环对应的 PV 图。

图 SUM21.3

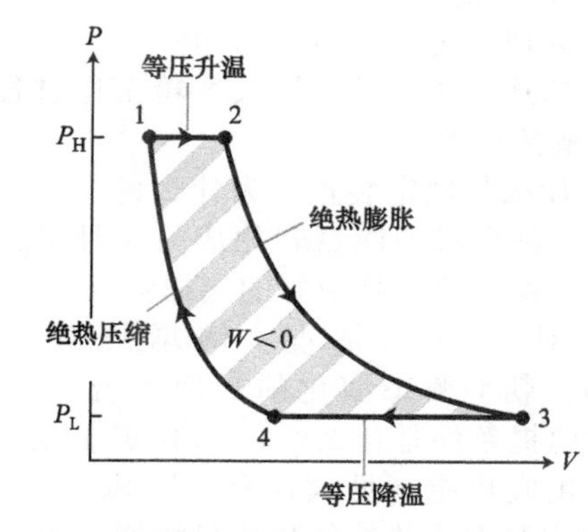

工作在高压 P_H 与低压 P_L 这两个热源之间的布雷顿循环的效率为

$$\eta=1-\frac{T_4}{T_1}=1-\left(\frac{P_H}{P_L}\right)^{\frac{1}{\gamma}-1}$$

(21.44，21.47)

其中，T_1 对应于工作物质离开压缩机之后的温度；T_4 对应于循环过程中的最低温度；$\gamma=C_P/C_V$。P_H/P_L 称为循环的压强比。

以下是对《原理篇》中表 20.6 和表 20.7 的总结：

过程	W	Q	ΔE_{th}	ΔS
等体	0	$NC_V\Delta T$	Q	$\frac{NC_V}{k_B}\ln\left(\frac{T_f}{T_i}\right)$
等温	$-Nk_BT\ln\left(\frac{V_f}{V_i}\right)$	$-W$	0	$N\ln\left(\frac{V_f}{V_i}\right)=\frac{Q}{k_BT}$
等压	$-Nk_B\Delta T$	$NC_P\Delta T$	$NC_V\Delta T$	$\frac{NC_P}{k_B}\ln\left(\frac{T_f}{T_i}\right)$
绝热（等熵）	ΔE_{th}	0	$NC_V\Delta T$	0

复习题

复习题的答案见本章最后。

21.1 能量的转化

1. 在下列过程中，什么形式的能量之间发生了转化？(a) 煤气燃烧时；(b) 小球从屋顶落到地面。

2. 如何确定系统所做的功？

3. 描述汽车发动机以及冰箱工作过程中能量传输的情况。

4. 什么是稳定装置？为什么说当需要不断地将一种形式的能量转化成另一种形式的能量时，稳定装置是最好的选择？

5. 对于下列情况，熵增原理［式(19.5)，朝平衡态演化的封闭系统 $\Delta S>0$］成立的前提条件是什么？(a) 稳定装置将机械能转化成热能（见《原理篇》图21.8a），(b) 稳定装置将热能转化成机械能（见《原理篇》图21.8b）。

21.2 能量的品质

6. 熵梯度 dS/dE 等于什么？如何用熵梯度表示能量从热源输入或输出时，热源的熵和温度的关系？

7. 能量转换过程中的熵的代价是多少？

8. 描述发生在两个不同温度的热源（环境）以及将它们连接起来的铜棒（系统）之间的能量传输过程。这一过程是否可逆？

9. 对于一定量的能量转化，能量的品质与 dS/dE 的关系是什么？能量的品质是什么的量度？

10. 机械能输入的能量的品质如何？

21.3 热机与热泵

11. 什么是热机？描述作为热机的汽车发动机的工作过程。

12. 描述熵图中熵变与能量传输的过程。

13. 热机效率的定义是什么？

14. 什么是热泵？

15. 描述热泵以空调模式和取暖模式运行的区别。

16. 定义热泵的制冷系数与供热系数。

21.4 热力学循环

17. 对于描述热机或热泵热力学过程的 PV 图，为什么热机的循环过程是顺时针的，热泵的循环过程是逆时针的？

18. 描述卡诺循环的各个过程。

19. 是什么原因导致卡诺循环不能成为日常的热机循环？

20. 描述布雷顿循环的各个过程。

21. 为何常用热机循环多为布雷顿循环？

21.5 能量传输中的熵变

22. 解释式(21.5)：$\Delta S_{env}\geq 0$ 如何限制了将热量从一个热源传递到另一个热源的热机的设计。

23. 怎样用熵图计算涉及能量传输的稳定过程的熵变？

21.6 热机效率

24. 对于可逆热机，从高温热源吸收的热量 Q_{in}，向低温热源放出的热量 Q_{out}，以及热源的温度之间的关系是什么？

25. 熵增原理如何限制热机的效率？分别对可逆热机和不可逆热机进行讨论。

26. 对于描述以取暖模式工作的热泵的能量图，Q_{in} 和 T_{in} 对应于高温热源还是低温热源？如果热泵以空调模式工作，情况又如何？

27. 如何计算从低温热源吸收热量、向高温热源输出热量的可逆热泵的供热系数？最大供热系数 $COP_{Heating}$ 如何计算？

28. 热泵的供热系数与制冷系数之间的关系是什么？

29. 热机的最大效率与工作物质有关吗？

21.7 卡诺循环

30. 在计算卡诺热机的效率（$-W/Q_{in}$）时，为什么只计算两个等温过程中气体所做的功，而不用计算绝热过程中所做的功？

31. 卡诺热机的效率和其他热机的最大效率的关系是什么？

21.8 布雷顿循环

32. 和卡诺热机相比，布雷顿循环的两个优点是什么？

33. 喷气式发动机的布雷顿循环效率与循环过程中各温度之间的关系是怎样的？

估算题

从数量级上估算下列物理量，括号中的字母对应于可能用到的提示。根据需要使用它们来指导你的思考。

1. 寒冷的冬季，房屋向环境释放 1GJ 的热量，计算环境的熵的变化量。[G,O]

2. 1kW 踢脚板式取暖器（墙式烘炉）以热水为工作物质，取暖器每秒钟的熵变是多少 [G,K]

3. 将表层海水作为高温热源、深层海水作为低温热源的热机的最大效率 [I,D,N]

4. 在估算题 3 中，如果热机的功率是 1GW，则输入的水流的流量（kg/s）是多少 [I,D,M,U,H]

5. 炎热的夏天，用于给住宅制冷的热泵的最大制冷系数 [G,D,T,R]

6. 对于冬天给住宅供暖的热泵，假设外界的空气最多能下降 7K，所需的空气的体积约为多少 [G,O,V,F,A,E,J]

7. 对于选取地下水作为低温热源的取暖用热泵，假设地下水的温度最多能下降 10K，则每个月所需的地下水的体积是多少 [G,C,V,F,A,H,M,Q]

8. 以液氦为工作物质的制冷机的最大制冷系数 [G,P,R]

9. 商用飞机的喷气式发动机的效率为 0.67，则内燃机压强应该是多少 [B,L,S]

提示

A. 冬天给住宅供暖需要的能量是多少？

B. 喷气式发动机涉及的是哪一种循环？

C. 地下水与室温的温度差是多少？

D. 夏季室内外的温度差是多少？

E. 空气的比热容是多少？

F. 在寒冷的天气，取暖系统工作的时间占一天时间的比例是多少？

G. 室内温度是多少？

H. 水的比热容是多少？

I. 表层水温是多少？

J. 在这些条件下，空气的密度是多少？

K. 取暖器与室温的温度差是多少？

L. 飞机飞行时的输入压强是多少？

M. 和所需水的质量有关的 Q_{in} 是多少？

N. 两热源对应的 Q_{in} 和 Q_{out} 各是多少？

O. 冬季室内外的温度差是多少？

P. 液氦的最高温度是多少？

Q. 水的密度是多少？

R. 循环对应的最大制冷系数是多少？

S. 工作物质的比热容比是多少？

T. 对于热泵，T_{in} 对应于哪一个热源？

U. 在估算题 3 中，和 Q_{in} 与 Q_{out} 有关的最大效率是多少？

V. 家用中央供暖装置的功率一般有多大？

答案（所有值均为近似值）

A. 1GJ；B. 布雷顿循环；C. 1×10^1K；D. 2×10^1K；E. 1kJ/(K·kg)；F. 大约是一天的三分之一；G. 3×10^2K；H. 4kJ/(K·kg)；I. 3×10^2K；J. 1kg/m^3；K. 6×10^1K；L. 大约是海平面气压的三分之一，即 3×10^4Pa；M. $Q_{in}=m_{water}c_{water}\Delta T$；N. 对于理想热机，$Q_{out}/Q_{in}=T_{out}/T_{in}$；O. 3×10^1K；P. 4K；Q. 1×10^3kg/m^3；R. $COP_{cooling,max}=Q_{in}/W=T_{in}/(T_{out}-T_{in})$；S. 工作物质为空气，$\gamma=1.4$；T. 低温热源；U. $Q_{in}=-W/\eta$，$W=Q_{out}-Q_{in}$；V. 3×10^4J/s

例题与引导性问题

步骤：画出稳定装置的熵图

1. 沿水平向右的方向画出熵梯度轴。用一小段竖直轴表示轴的原点，在轴上标上 $1/(k_B T)$，以表示熵梯度和温度之间的关系。

2. 在熵图上标明装置热能输入和热能输出的位置。高温热源放在左侧，低温热源放在右侧。用向下箭头表示输入，用向上箭头表示输出，并分别用 Q_{in} 和 Q_{out} 表示。

3. 机械能的传输放在熵梯度轴的原点。用向下的箭头表示对系统做正功，用向上的箭头表示对系统做负功。用 W 标注箭头，并指明 $W>0$ 或 $W<0$。

4. 用矩形表示能量的传输。矩形的高正比于传输的能量（见步骤5）。用箭头表示能量传输的方向。

5. 要使该过程不违背热力学第二定律，箭头向右的矩形的面积一定要大于箭头向左的矩形的面积。

步骤：从熵图计算熵变

从熵图计算环境的熵变，需要计算能量传输矩形对应的面积。

1. 通过将矩形左边的 $1/(k_B T)$ 值与右边的对应值相减，得到矩形水平方向的长度。在水平轴上，机械能总是位于原点。确定计算结果是正数。（如果不是这样的话，你就有可能在某些地方出了错。）

2. 用 Q_{in}、Q_{out} 和 W 表示各个矩形的高度。矩形的高度必须是正数：Q_{in} 和 Q_{out} 都是正数，但是 W 的值可以是正数或负数。尽量不用两个矩形交界处的输入或输出，如果可能，可以用式（21.2）：$W=Q_{out}-Q_{in}$ 来表示对应矩形的高度。

3. 确定熵变的符号。如果矩形的方向指向左侧（能量提升），则熵变为负数。如果矩形的方向指向右侧（能量退化），则熵变为正数。

4. 过程的熵变等于对应矩形的面积，其符号由步骤3确定：

$$\Delta S=(\text{符号})\times(\text{长度})\times(\text{高度})$$

5. 总的熵变等于各个过程熵变的和。

下列例题涉及本章内容，但又不仅仅局限于本章中的某一节。

其中一部分以例题的形式给出，另一部分则以引导性问题的形式给出。

例 21.1 汽车的能量转化

汽车以95km/h的速度行驶，发动机的热机效率为0.3，输出功率为 2.7×10^4J/s。每秒钟燃烧的汽油的体积是多少？汽油的燃烧热为 4.4×10^7J/kg，密度为 7.2×10^2kg/m^3。

❶ **分析问题** 汽车发动机通过燃烧汽油将化学能转化成机械能并推动汽车前进，这里需要计算维持汽车前进时，每秒钟所需燃烧的汽油。

汽油燃烧后汽车发动机的热能输入为 Q_{in}，输出的机械功为 $W_{out}=0.3Q_{in}$，剩下的热能以 Q_{out} 的形式输出到环境中。由于装置为稳定装置，因此装置经过一个热循环其热能的变化量为0。图WG21.1所示为能量的输入输出图，$W_{out}=0.30Q_{in}$，$Q_{out}=0.70Q_{in}$。

图 WG21.1

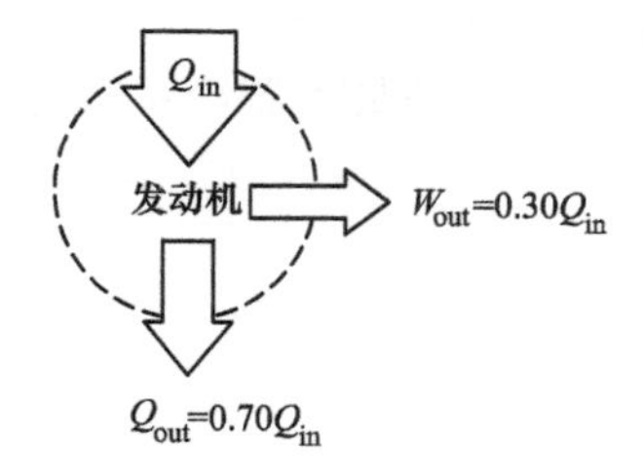

❷ **设计方案** 由于机械能的输出功率为

实践篇

$2.7\times10^4\text{J/s}$，等于每秒钟吸收热能 Q_{in} 的30%，所以我们可以通过式（21.21）计算 Q_{in}，再通过对它求导，计算单位时间内从燃烧气体吸收的热量。用单位时间内吸收的热量除以燃烧热便可以计算出所燃烧的汽油的质量，再根据汽油的密度计算燃烧汽油的体积。

❸ **实施推导** 由于热机对环境做功，所以热机做功为负数，其功率为 $dW/dt=-2.7\times10^4\text{J/s}$。将式（21.21）对时间求导，可计算出单位时间内输入的热能：

$$\frac{dQ_{in}}{dt}=-\frac{1}{\eta}\frac{dW}{dt}=-\frac{1}{0.30}(-2.7\times10^4\text{J/s})$$
$$=9.0\times10^4\text{J/s}$$

用能量输入率除以燃烧热就可以计算出单位时间内所燃烧的汽油的质量：

$$\frac{dm_{gas}}{dt}=\frac{1}{L}\frac{dQ_{in}}{dt}=\frac{9.0\times10^4\text{J/s}}{4.4\times10^7\text{J/kg}}=2.0\times10^{-3}\text{kg/s}$$

进一步算出燃烧汽油的体积：

$$\frac{dV_{gas}}{dt}=\frac{1}{\rho}\frac{dm_{gas}}{dt}=\frac{2.0\times10^{-3}\text{kg/s}}{7.2\times10^2\text{kg/m}^3}$$
$$=2.8\times10^{-6}\text{m}^3/\text{s} ✔$$

❹ **评价结果** 我们也可以将计算结果转化为燃烧每加仑汽油所对应的汽车行驶距离，即里程数。每小时燃烧的汽油体积为

$$(2.8\times10^{-6}\text{m}^3/\text{s})\left(\frac{3600\text{s}}{1\text{h}}\right)=1.0\times10^{-2}\text{m}^3/\text{h}$$

由于 1gal≈4L，也就是 $4\times10^{-3}\text{m}^3$，因此有

$$(1.0\times10^{-2}\text{m}^3/\text{h})\left(\frac{1\text{L}}{1\times10^{-3}\text{m}^3}\right)\left(\frac{1\text{gal}}{4\text{L}}\right)=2.5\text{gal/h}$$

由于汽车的速度约为 95km/h，也就是 60mile/h，因此里程数为

$$\frac{60\text{mile/h}}{2.5\text{gal/h}}=24\text{mile/gal}$$

这符合汽车的有关性能参数㊀。

引导性问题 21.2 地热

地热发电站的输出功率为 10MW，它从温度为 600℃ 的地球内部获取热能，并向温度为−5℃ 的冰层释放废热，则热能输出率的最小值等于多少？

❶ **分析问题**

1. 对电站需要做出什么样的假设？

❷ **设计方案**

2. 如何通过题目中给出的温度确定热机的最大效率？

3. 对于输出功率为 10MW 的热机，能量输入率的最小值是多少？

4. 根据热力学第一定律：$\Delta E=W+Q$，如何计算能量输出率的最小值？

❸ **实施推导**

5. 计算热机的最大效率。

6. 计算最小能量输入率。

7. 计算最小能量输出率。

❹ **评价结果**

8. 输出热能大于还是小于输入热能？

例 21.3 卡诺热机

工作物质为空气（以双原子分子 N_2 为主）的可逆热机以卡诺循环工作，在等温膨胀过程中，空气压强减小到原来的 $\frac{1}{5}$，在绝热膨胀过程中，空气对外界所做的功为 $3.50\times10^2\text{J}$。每个循环热机对外做功多少？

❶ **分析问题** 设工作物质为理想气体，由于是双原子分子，所以其自由度 $d=5$。画出循环过程对应的 PV 图（见图 WG21.2），将等温膨胀的初态和末态分别定义为态 1 和态 2，等温压缩的初态和末态分别定义为态 3 和态 4。则绝热膨胀的初态和末态就是态 2 和态 3，绝热压缩的初态和末态分别是态 4 和态 1。根据题意可知，$P_1/P_2=5$，绝热膨胀过程（2→3），$W=-3.5\times10^2\text{J}$。

❷ **设计方案** 根据式（21.34）计算循

㊀ 美国测量汽车油耗的指标为“mile/gal”，这个值越大说明油耗越低，这与我国惯常的百公里油耗正好相反。
——编辑注

环过程中热机对环境所做的功 W_{cycle}。这就需要知道分子数 N，两个热源之间的温度差 $T_{in}-T_{out}$，以及体积比 V_2/V_1。已知绝热膨胀过程对外所做的功 W，根据式（20.19）可知 $W=NC_V(T_{out}-T_{in})$，由气体分子的自由度可知 $C_V=\left(\frac{d}{2}\right)k_B$，这样我们就可以通过式（20.19）来确定 $Nk_B(T_{out}-T_{in})$ 的值了。对于等温膨胀过程（1→2），利用理想气体状态方程：$P=Nk_BT/V$，可以确定 V_2/V_1 的比值。通过 W_{cycle}，可得到热机对环境做的功为 $-W_{cycle}$。

图 WG21.2

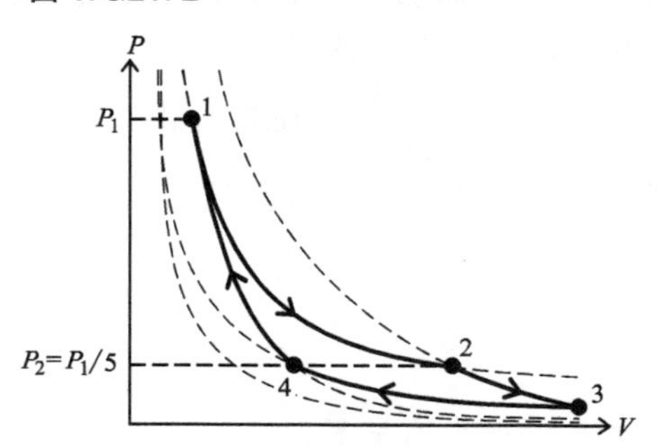

❸ **实施推导**　由于 $d=5$，等压分子比热容比为 $C_V=\left(\frac{d}{2}\right)k_B=\left(\frac{5}{2}\right)k_B$，为了确定分子数与两热源温度差之间的乘积，将式（20.19）改写成

$$Nk_B(T_{in}-T_{out})=-\frac{W}{(d/2)}=-\frac{-3.50\times10^2\text{J}}{(5/2)}=1.40\times10^2\text{J}$$

代入理想气体状态方程。对于等温过程（1→2），$P_1V_1=P_2V_2$，因此体积比 $V_2/V_1=P_1/P_2=5$。使用式（21.34）计算环境对热机所做的功：

$$W_{cycle}=-Nk_B(T_{in}-T_{out})\ln\left(\frac{V_2}{V_1}\right)=-(1.40\times10^2\text{J})\ln(5)=-2.25\times10^2\text{J}$$

❹ **评价结果**　循环方向顺时针，为热机循环。对系统所做的功为负功，这个结果和我们的计算是一致的。循环过程热机对外所做的功小于等温膨胀过程热机对外做的功，这是因为循环所包围的面积小于等温膨胀曲线下方的面积。

引导性问题 21.4　布雷顿循环

考虑以布雷顿循环工作的喷气式发动机，工作物质是以氮气分子为主的空气。空气在压强为一个大气压（1.01×10^5Pa）、温度为 250K 的条件下进入发动机，经压缩后压强增至 28.3×10^5Pa，燃烧反应后温度上升至 1500K。求每个循环中 1 mol 气体分子所做的功。

❶ **分析问题**

1. 画出和循环有关的 PV 图（提示：参照《原理篇》中的图 21.30）。
2. 在 PV 图中标明已知量。

❷ **设计方案**

3. 要确定热机所做的功需要哪些参数？
4. 根据已知量如何确定热机效率？
5. 如何计算每摩尔气体的吸热 Q_{in}？
6. 1mol 气体中有多少气体分子？
7. 根据绝热压缩过程的数据以及热机效率，如何确定每摩尔气体对外做的功。

❸ **实施推导**

8. 计算压强比。
9. 空气中气体分子的自由度是多少？
10. 计算热机效率。
11. 在等压膨胀过程中，每摩尔气体分子吸收的热量是多少？
12. 每摩尔气体分子对外做的功是多少？

❹ **评价结果**

13. 结果是否符合式（21.37）。

例 21.5　奥托循环

汽油机以空气和汽油的混合物为工作物质，其工作循环可看成是奥托循环。在过程 1（1→2），初始温度为 300K 的气体经过绝热压缩（压缩冲程）温度提升到 671K。下一个过程（2→3）是等体升压，汽油燃烧后温度升至 1574K。然后气体绝热膨胀（3→4），

实践篇

温度下降至 809K 并对外做功（做功冲程）。最后一个过程（4→1）是等体降压，气体回到初始状态。计算该热机的效率。

❶ **分析问题** 假设工作物质为理想气体，画出与该循环过程对应的 PV 图（见图 WG21.3）。标出各个过程的初态为 1、2、3、4。设定 $T_1=300\text{K}$、$T_2=671\text{K}$、$T_3=1574\text{K}$、$T_4=809\text{K}$。对于绝热过程（1→2，3→4），不存在热传输。等体升压过程为吸热过程，$Q_{2\to3}=Q_{\text{in}}>0$，等体降压过程为放热过程，$Q_{4\to1}=-Q_{\text{out}}<0$。

图 WG21.3

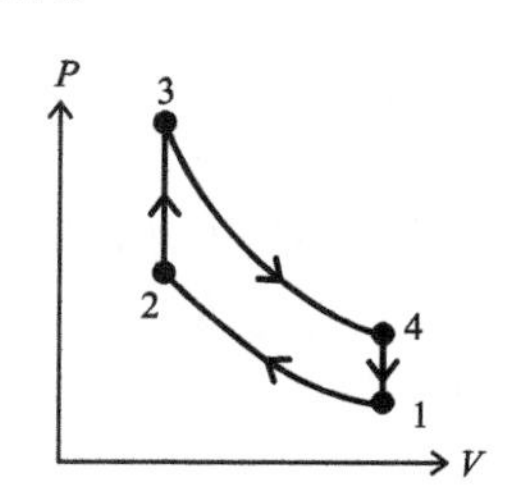

❷ **设计方案** 我们可以使用式（20.12）：$Q=\frac{d}{2}Nk_{\text{B}}\Delta T$ 或式（20.13）：$C_V=\frac{Q}{N\Delta T}$，来计算每一个等体过程传输的热量。循环过程中吸收的总热量等于两个等体过程吸收热量的总和：$Q_{2\to3}+Q_{4\to1}=Q_{\text{in}}-Q_{\text{out}}$。再通过式（21.22）计算热机效率。

❸ **实施推导** 根据式（20.13），对于第一个等体过程（2→3），有 $Q_{2\to3}=NC_V(T_3-T_2)$。对于第二个等体过程（4→1），有 $Q_{4\to1}=NC_V(T_1-T_4)<0$。

根据式（21.22）计算热机效率：

$$\eta=1-\frac{Q_{\text{out}}}{Q_{\text{in}}}=1-\left(\frac{-Q_{4\to1}}{Q_{2\to3}}\right)=1-\left[\frac{-NC_V(T_1-T_4)}{NC_V(T_3-T_2)}\right]$$

$$=1+\frac{(T_1-T_4)}{(T_3-T_2)}=1+\frac{300\text{K}-809\text{K}}{1574\text{K}-671\text{K}}=0.436 \checkmark$$

❹ **评价结果** 热机效率总是小于 1 的。对于工作在同样温度范围的卡诺热机，存在两个等温过程，而奥托循环没有。将吸热过程（2→3）的平均温度设为高温热源的温度，即 $T_{\text{in}}=(T_3+T_2)/2=1123\text{K}$。将放热过程（4→1）的平均温度设为低温热源的温度，即 $T_{\text{out}}=(T_4+T_1)/2=555\text{K}$，则对应的卡诺热机的循环效率为

$$\eta_{\max}=1-\frac{T_{\text{out}}}{T_{\text{in}}}=1-\frac{555}{1123}=0.506$$

这一结果略大于奥托循环的效率，这说明计算结果是合理的。

引导性问题 21.6 狄塞尔循环

对于柴油机，工作物质为由氧气和氮气组成的混合气体，当气体做功时，仅在开始时加入少量燃料。高温高压下燃料燃烧后产生的多种产物在计算中可以忽略，多数双原子分子经历的热循环包括：（1→2），初始温度为 300K 的气体经过绝热压缩后温度升至 889K；（2→3），注入燃料后，燃料燃烧气体经过等压膨胀后温度升到 1778K；（3→4），气体经过绝热膨胀后温度下降到 884K；（4→1），最后是等体降压过程，使得温度回到初始温度。计算柴油机的热机效率？

❶ **分析问题**

1. 画出相关的 PV 图。

2. 四个过程中，哪些是吸热过程，哪些是放热过程？

❷ **设计方案**

3. 用哪些方程来描述循环过程中吸收或放出的热量？在《原理篇》的哪个表格中可以找到这些公式？

4. 作为工作物质的分子的自由度是多少？

5. 等体过程和等压过程的分子的比热容是多少？

6. 循环过程中的 Q_{out} 和 Q_{in} 分别是多少？

7. 如何计算循环过程所做的功？

8. 如何计算热机效率？

❸ **实施推导**

9. 吸热过程吸收的热量是多少？

10. 放热过程放出的热量是多少？

11. 计算热机效率。

❹ **评价结果**

12. 将结果和工作在 300K 与 1778K 之间的卡诺热机相比，哪一个热机的效率更高？

例 21.7 循环过程 Ⅰ

热机的工作物质为0.300mol的氮气，在初始状态1，气体的体积 $V_1=8.00\times10^{-4}\text{m}^3$，压强 $P_1=900\text{kPa}=9.00\times10^5\text{N/m}^2$。循环包括四个过程：(1→2)，等压膨胀使气体体积变成原体积的两倍；(2→3)，等体降压使温度恢复到初始温度；(3→4) 等压压缩使气体体积恢复到原体积；(4→1)，等体升压使压强回复到状态1。分别计算各个过程以及整个循环的 Q、W、ΔE_{th}、ΔS。

❶ **分析问题** 工作物质为氮气，在工作温度下自由度 $d=5$。根据题意画出 PV 图（见图 WG21.4），并在图中标明各个状态。对于初态1，$V_1=8.00\times10^{-4}\text{m}^3$，$P_1=9.00\times10^5\text{N/m}^2$。由题意可知，$V_2=2V_1$，$T_3=T_1$，$V_4=V_1$，由于2→3和4→1过程体积不变，有 $V_2=V_3$，$V_4=V_1$。由于1→2和3→4过程压强不变，有 $P_1=P_2$，$P_3=P_4$。这样一来我们还需根据理想气体状态方程计算的量是 P_3、T_1、T_2 以及 T_4。

图 WG21.4

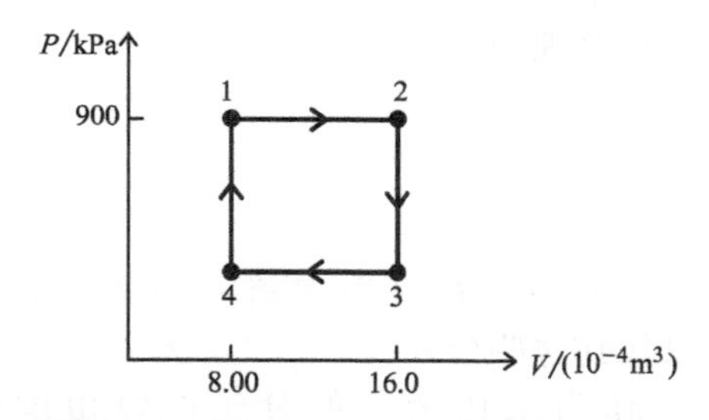

❷ **设计方案** 通过工作物质的摩尔数，可以计算出分子数 N；根据分子的自由度可以得到 C_V 和 C_P。接着根据理想气体状态方程：$P=Nk_BT/V$，计算 T_1、T_2、T_4 以及 P_3。然后，根据前面章节总结中给出的表格分别计算各个过程的 Q、W、ΔE_{th}、ΔS。由于对于整个循环，内能的变化量为零，所以由热力学第一定律可知，$W_{\text{cycle}}=-Q_{\text{cycle}}$。将四个过程中所做的功相加可得 W_{cycle}。

❸ **实施推导** 根据阿伏伽德罗常量，计算气体的分子数：

$$N=(0.300\text{mol})\left(\frac{6.022\times10^{23}}{1\text{mol}}\right)=1.81\times10^{23}$$

由 $d=5$，可知 $C_V=\frac{5}{2}k_B$ [式 (20.14)]，$C_P=\frac{7}{2}k_B$ [式 (20.25)]，根据理想气体状态方程分别确定 T_1、T_2、T_4 以及 P_3：

$$T_1=\frac{P_1V_1}{Nk_B}=\frac{(9.00\times10^5\text{N/m}^2)(8.00\times10^{-4}\text{m}^3)}{(1.81\times10^{23})(1.38\times10^{-23}\text{J/K})}=288\text{K}$$

$$T_2=\frac{P_2V_2}{Nk_B}=\frac{P_12V_1}{Nk_B}=2T_1=576\text{K}$$

$$P_3=\frac{Nk_BT_3}{V_3}=\frac{Nk_BT_1}{2V_1}=\frac{P_1}{2}=4.50\times10^5\text{N/m}^2$$

$$T_4=\frac{P_4V_4}{Nk_B}=\frac{P_3V_1}{Nk_B}=\frac{P_1V_1}{2Nk_B}=\frac{T_1}{2}=144\text{K}$$

根据前面章节总结中给出的表格分别计算各个过程的 Q、W、ΔE_{th}、ΔS。

等压过程1→2：

$$\Delta T_{12}=T_2-T_1=2T_1-T_1=T_1$$

$$W_{1\to2}=-Nk_B\Delta T_{12}=-Nk_BT_1=-719\text{J}$$

$$Q_{1\to2}=NC_P\Delta T_{12}=NC_PT_1=2.52\times10^3\text{J}$$

$$\Delta E_{\text{th},1\to2}=NC_V\Delta T_{12}=NC_VT_1=1.80\times10^3\text{J}$$

$$\Delta S_{1\to2}=\frac{NC_P}{k_B}\ln\left(\frac{T_2}{T_1}\right)=(1.81\times10^{23})\times\left(\frac{7}{2}\right)(\ln2)=4.39\times10^{23}$$

等体过程2→3：

$$\Delta T_{23}=T_3-T_2=T_1-2T_1=-T_1$$

$$W_{2\to3}=0$$

$$Q_{2\to3}=NC_V\Delta T_{23}=-NC_VT_1=-1.80\times10^3\text{J}$$

$$\Delta E_{\text{th},2\to3}=NC_V\Delta T_{23}=-NC_VT_1=-1.80\times10^3\text{J}$$

$$\Delta S_{2\to3}=\frac{NC_V}{k_B}\ln\left(\frac{T_3}{T_2}\right)=(1.81\times10^{23})\times\left(\frac{5}{2}\right)(\ln0.5)=-3.14\times10^{23}$$

等压过程3→4：

$$\Delta T_{34}=T_4-T_3=T_1/2-T_1=-T_1/2$$

$$W_{3\to4}=-Nk_B\Delta T_{34}=Nk_B\frac{T_1}{2}=360\text{J}$$

$$Q_{3\to4}=NC_P\Delta T_{34}=-NC_P\left(\frac{T_1}{2}\right)=-1.26\times10^3\text{J}$$

$$\Delta E_{th,3\to4}=NC_V\Delta T_{34}=-NC_V\left(\frac{T_1}{2}\right)=-899\text{J}$$

$$\Delta S_{3\to4}=\frac{NC_P}{k_B}\ln\left(\frac{T_4}{T_3}\right)$$

$$=-\Delta S_{1\to2}=-4.39\times10^{23}$$

等体过程 4→1：

$$\Delta T_{41}=T_1-T_4=T_1-T_1/2=T_1/2$$

$$W_{4\to1}=0$$

$$Q_{4\to1}=NC_V\Delta T_{41}=NC_V\left(\frac{T_1}{2}\right)=899\text{J}$$

$$\Delta E_{th,4\to1}=NC_V\Delta T_{41}=NC_V\left(\frac{T_1}{2}\right)=899\text{J}$$

$$\Delta S_{4\to1}=\frac{NC_V}{k_B}\ln\left(\frac{T_4}{T_1}\right)=-\Delta S_{2\to3}=3.14\times10^{23}$$

整个循环中环境对热机所做的功为

$$W_{cycle}=W_{1\to2}+W_{2\to3}+W_{3\to4}+W_{4\to1}=-360\text{J}$$

对于循环过程，内能的变化量为 0：

$$\Delta E_{th,\ cycle}=\Delta E_{th,\ 1\to2}+\Delta E_{th,\ 2\to3}+\Delta E_{th,\ 3\to4}+\Delta E_{th,\ 4\to1}=0$$

根据热力学第一定律，可知循环过程从环境传输至热机的热量为 $Q_{cycle}=-W_{cycle}=360\text{J}$。

经过一个循环，系统的熵变等于 0：

$$\Delta S_{cycle}=\Delta S_{1\to2}+\Delta S_{2\to3}+\Delta S_{3\to4}+\Delta S_{4\to1}=0$$

❹ **评价结果** 在计算过程中气体分子的自由度为 5，但是 144K 的温度看起来有点低。根据《原理篇》中的例 20.3，氮气分子在更低的温度下也有转动自由度。

图 WG21.4 中的循环方向为顺时针，所以环境对热机所做的功是负功。每个循环对热机所做的功的大小等于四个过程所包围的面积。因此，有

$$W_{cycle,\ on\ engine}=-(P_1-P_4)(V_2-V_1)$$

$$=-\left(P_1-\frac{P_1}{2}\right)(2V_1-V_1)=-\frac{P_1V_1}{2}$$

$$=-\frac{(9.0\times10^5\text{N/m}^2)(8.0\times10^{-4}\text{m}^3)}{2}$$

$$=-360\text{J}$$

这和计算结果相同。

每个循环热机对外所做的功是正功：

$$W_{cycle,\ on\ envir}=-(W_{1\to2}+W_{2\to3}+W_{3\to4}+W_{4\to1})$$

$$=360\text{J}$$

循环为顺时针，也与题意相符。

引导性问题 21.8 循环过程 Ⅱ

热机的工作物质为 3.00×10^{23} 个氦原子，在初始状态 1，气体的体积 $V_1=1.50\times10^{-3}\text{m}^3$，压强 $P_1=1.00\times10^6\text{N/m}^2$。循环包括四个过程：（1→2）等温膨胀；（2→3）等压压缩直到体积 $V_3=2.00\times10^{-3}\text{m}^3$，压强 $P_3=2.00\times10^5\text{N/m}^2$；（3→4）等温压缩，使体积回复到原体积 V_1；（4→1）等体升压，回复到状态 1。分别计算各个过程以及整个循环的 Q、W、ΔE_{th}、ΔS。

❶ **分析问题**

1. 气体分子的自由度是多少？

2. 画出 PV 图，并在上面标明与各个状态有关的已知量。

3. 找到已知压强、温度、体积之间的关系。

❷ **设计方案**

4. 氦原子的 C_V 和 C_P 分别是多少？

5. 计算各个过程以及整个循环的 Q、W、ΔE_{th}、ΔS，需要哪些数据？能否找到对应的表格？

6. 怎样通过理想气体状态方程求出有关数据？

7. 在整个循环的 Q、W、ΔE_{th}、ΔS 中，哪些量是 0？

❸ **实施推导**

8. 计算 C_V 和 C_P。

9. 计算等温过程的温度 $T_1=T_2$、$T_3=T_4$ 以及等温膨胀末态的体积 V_2。

10. 利用前面章节总结中给出的表格，计算各个过程的 Q、W、ΔE_{th}、ΔS。

11. 计算整个循环的 Q、W、ΔE_{th}、ΔS。

❹ **评价结果**

12. W_{cycle} 应该是正数还是负数？

习题　通过《掌握物理》®可以查看教师布置的作业

圆点表示习题的难易程度：●=简单，●●=中等，●●●=困难；CR=情景问题。
除非特别声明，否则题目中的工作物质均为理想气体。

21.1　能量的转化

1. 图 P21.1 中气体所处的圆柱体容器的活塞可以移动，将容器置于作为热源的水池中，气体的温度不发生变化。(a) 当活塞上方的沙粒被慢慢地移去时，活塞缓慢上升，将气体作为系统，画出系统的能量输入输出图。(b) 这一过程中系统的内能是否发生变化？熵是否发生变化？(c) 这一装置是否为稳定装置？●

图 P21.1

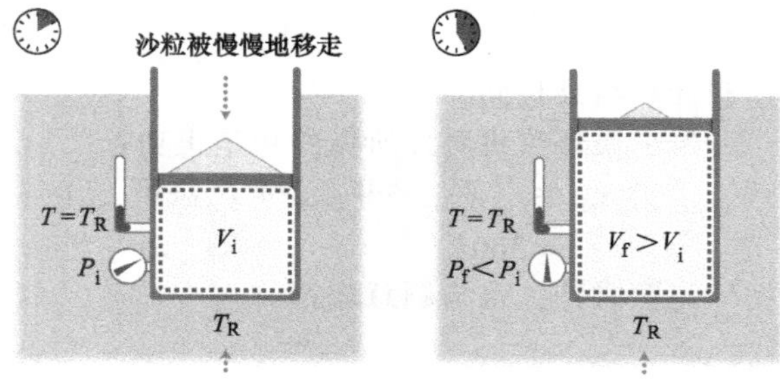

2. 画出对应于将部分热能转化成机械能的稳定装置的能量输入输出图。输入、输出箭头的大小应该分别对应于输入、输出能量的大小，标出装置内能和熵的变化。●

3. 图 P21.3 中的滑雪者从坡顶沿雪道下滑，到山脚下时产生熵的变化量为 ΔS_1，接着她滑过一片草地，停了下来，产生熵的变化量为 ΔS_2。然后她又从路面结冰的山的背面爬上山顶，这一过程产生熵的变化量为 ΔS_3，请将三个熵变从小到大排序。●

图 P21.3

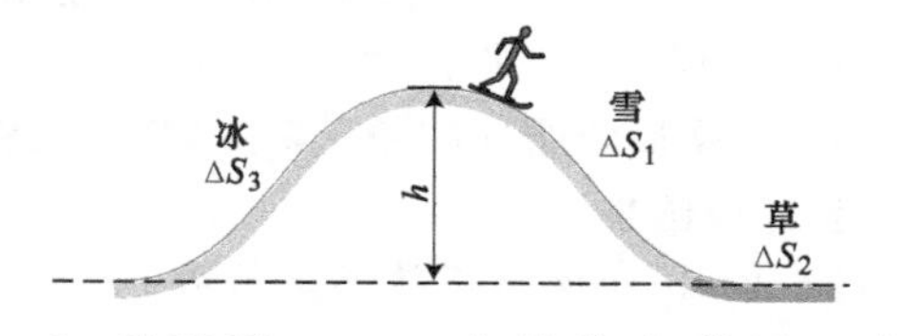

4. 对于图 P21.4 中的稳定装置，确定 W_{in} 和 Q_{in} 的值。●●

图 P21.4

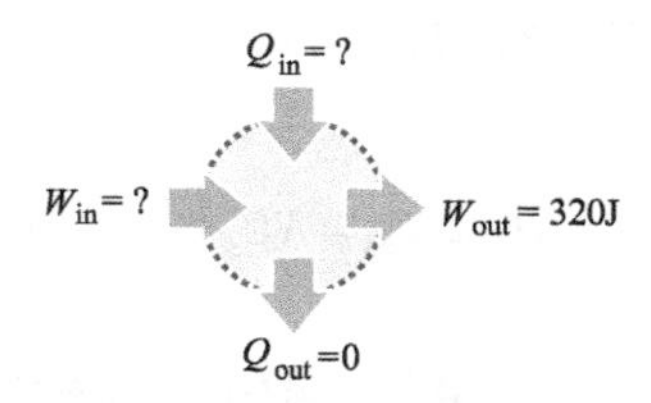

5. 稳定装置从热源吸收热量 150J，外界对其做功 275J。装置和环境相接触，这一过程中装置、热源以及环境的熵变未知，装置对外做功的最大值是多少？●●

6. 质量为 5.3kg 的球从 2.0m 的高处落入水池中，落水时，产生 0.80J 的声能，球在碰撞过程中增加 4.50J 的热能，还有 21J 的热能经水池传入环境中。(a) 在这一过程中，水吸收的热量是多少？(b) 如果水池绝热，那么这一过程中，水吸收的热量是多少？●●

7. 输出功率为 600W 的电动机驱动某稳定装置，该装置以 20Hz 的频率工作，将输入能量的 68%用于抽水。(a) 每个循环装置产生的热量是多少？(b) 在 8.0h 中，该装置产生的热量是多少？(c) 如果产生的热量中有一半可以被再次循环利用，则可以将多少质量的水从 10m 深的井底提升到地面？●●

21.2　能量的品质

8. 图 P21.8 中给出了三个不同温度的热水热源。三个热源的能量相等，$E_1=E_2=E_3$；(a) 哪一个热源中的热水最不可能烫手？(b) 哪一个热源能够最有效地将热能转化成机械能？●

图 P21.8

9. 某一材料的熵与能量的关系是 $S_1=2\gamma E^2$，另一材料熵与能量的关系为 $S_2=$

实践篇

$\gamma E^3/9$。哪一种材料更适合于将低品质的能量转化成高品质的能量？●

10. 可逆稳定装置工作在温度分别是 390K 和 250K 的热源之间，如果对装置做的功为 0，则装置对外做功 W_{out} 与吸收热量 Q_{in} 的最大比值是多少？（提示：考虑可逆过程的熵图以及熵的变化）●●

11. 某热源的熵梯度为 $\mathrm{d}S/\mathrm{d}E=bE^3$，其中，$b=2.00\mathrm{J}^{-4}$。当 $E=3.00\mathrm{MJ}$ 时，热源的温度是多少？●●

12. 考虑温度未知的两个热源。热源 1 的熵函数为 $S_1=aE^2$，其中，$a=1.00\mathrm{J}^{-3}$；热源 2 的熵函数为 $S_2=bEe^{-cE}$，其中，$b=3.00\mathrm{J}^{-1}$，$c=1.00\mathrm{J}^{-1}$。（a）当 $E=1.00\mathrm{MJ}$ 时，S_1 的熵梯度等于多少？（b）S_2 的熵梯度与 E 之间的关系是什么？（c）当 $E=1.00\mathrm{J}$ 时，S_2 的熵梯度等于多少？●●●

21.3 热机与热泵

13. 某可逆稳定装置从温度为 29℃ 的海水中提取能量，将部分能量提升为温度为 100℃ 沸水的能量，并将剩余的能量退化成温度为 14℃ 的深水能量。画出对应的熵图。●

14. 图 P21.14 给出了稳定装置上几个过程对应的熵图，这些过程熵变的总和是多少？●

图 P21.14

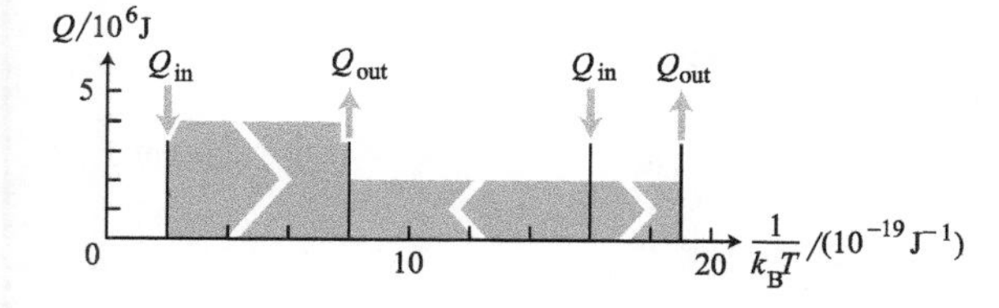

15. 可逆稳定装置输出的机械能为 $W_{out}=750\mathrm{J}$，该装置唯一的能量输入来自于温度为 355K 的热源。如果外部环境（也就是低温热源）的温度为 300K，则从该装置输出到低温热源的热量是多少？●●

16. 某热泵的能量输入输出图如图 P21.16 所示，（a）Q_{in} 的值是多少？（b）热泵的供热系数是多少？（c）热泵的制冷系数是多少？●●

图 P21.16

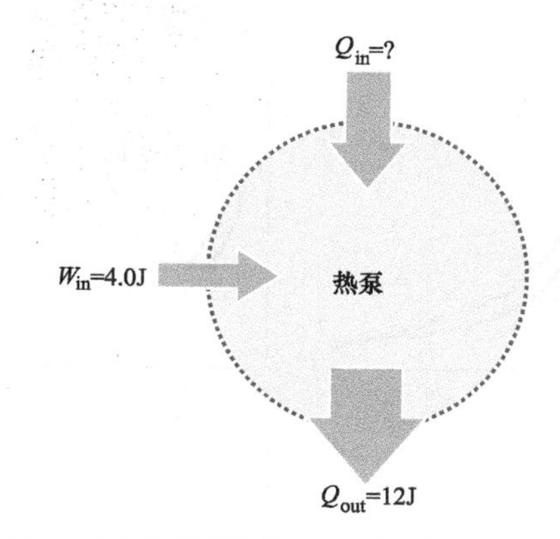

17. 三个相同的稳定装置 A、B、C 工作在三个热源 1、2、3 之间，如图 P21.17 所示。这些装置从高温热源吸收热量，对外做功，降低系统的总熵。（a）哪一个热源的能量品质最高？（b）能否根据已有数据确定出热能品质提高效率最高的稳定装置？如果能，是哪一个装置？如果不能，还缺少什么条件？●●●

图 P21.17

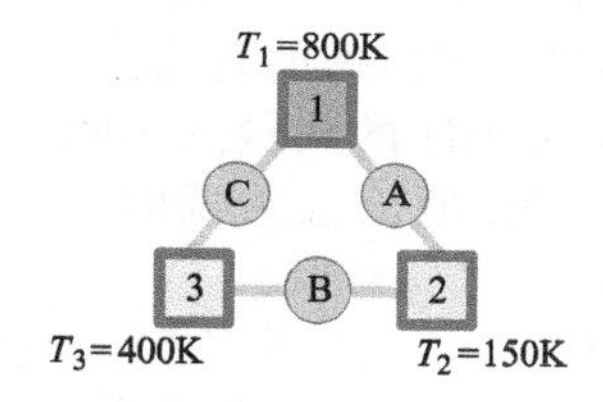

21.4 热力学循环

18. 图 P21.18 的 PV 图中显示了四个热力学循环。每个循环又是由三到四个热力学过程组成，这些过程包括等温、等压、等体和绝热过程，它们的工作物质均相同。四个循环中的 P_H 与 P_L 均各自相等，哪一个循环对气体做功最多？●

19. 对于图 P21.18 中的四个循环，哪一个循环的效率最高？●●

20. 两个热力学循环的工作物质相同，初态均为 $P_1=1.00\times10^5\mathrm{Pa}$，$V_1=2.50\times10^{-2}\mathrm{m}^3$，$T_1=300\mathrm{K}$。第一个循环为卡诺循环，第二个循环为布雷顿循环，经过一个循环均对外做功 200J。（a）画出各个循环的熵图。（b）哪一个循环引起的环境熵变更大？●●

图 P21.18

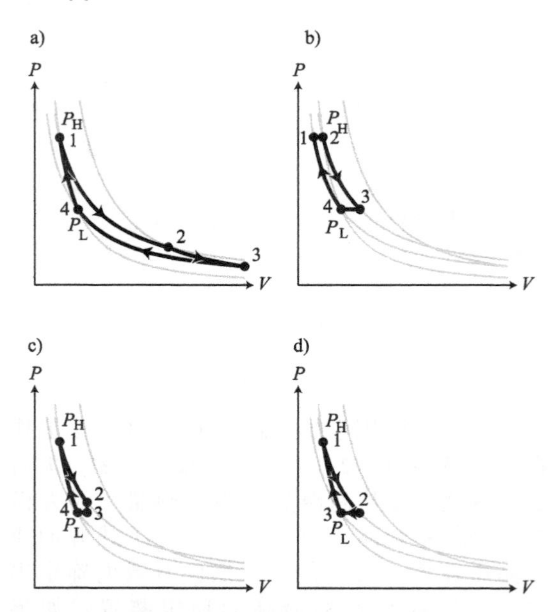

21.5 能量传输中的熵变

21. 稳定装置中的气体先经历一个压缩过程，再经历一个膨胀过程。压缩过程外界对气体做功 8.2J，膨胀过程外界对气体做功 -6.4J，外界对气体做的总功是多少？●

22. 当 5.0MJ 的热量从 1000K 的高温热源传输到 500K 的低温热源时，环境的熵变为多少？●

23. 对于某一循环过程，稳定装置将 1.55×10^6 J 的热能从温度为 450K 的高温热源传输到温度为 300K 的低温热源，计算装置和环境的熵变。●

24. 画出将 135J 的机械能转化成热能，并向 340K 的热源释放这一过程中的熵图。计算熵图中矩形框的宽度和高度以及这一过程引起的熵变。●●

25. 温度为 70K 的气体密封于装有可移动活塞的圆柱容器内，当质量为 5.0kg 的物体放置在活塞上时，活塞向下移动 200mm，计算由于气体体积变化所引起的环境的熵变。●●

26. 对于图 P21.26 中的两个热传输过程 A、B，如果两个过程中传输的热量的关系为 $Q_A=\sqrt{2}\times Q_B$，过程 A 引起环境的熵变 $\Delta S_{env,A}=2.6\times10^{24}$，则过程 B 所引起的环境的熵变是多少？●●

图 P21.26

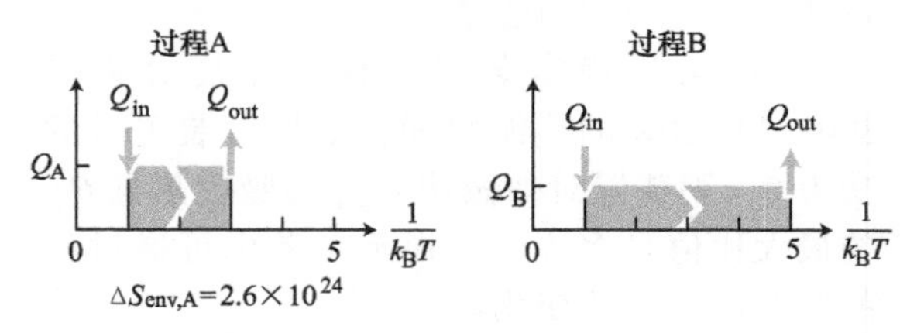

21.6 热机效率

27. 工作在 373K 的高温热源与 273K 的低温热源之间的可逆热机的最大效率是多少？●

28. 热机从温度为 500K 的高温热源吸收 6.45×10^3J 的热量，并将部分能量传输给温度为 T_L<500K 的低温热源，如果热机效率为 0.450，则 T_L 的最大值是多少？●

29. 可逆热泵从温度为 273K 的热源吸收热量，并向温度为 320K 的热源放热，如果吸收的热量为 16.0MJ，则需要提供的机械能是多少？●

30. 给房屋供暖的热泵的供热系数为 5.4，如果给房屋 24h 供暖需要提供至少 2.4GJ 的能量，则热泵的功率至少是多少？●

31. 某热机每个循环对外做功 85J，同时向环境释放废热 110J。每个循环热机吸收的热量是多少？该热机的效率是多少？●●

32. 图 P21.32 给出了两个热泵的能量输入输出图。求：(a) 热泵 1 的 Q_{out}；(b) 热泵 2 的 W_{in}。●●

图 P21.32

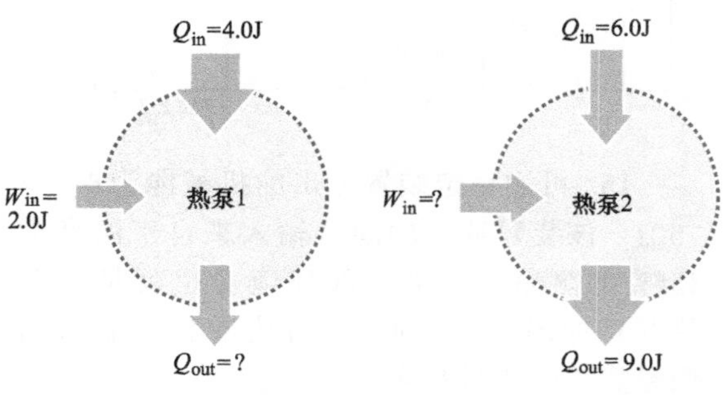

33. 对于与图 P21.33 中的 PV 图对应的热机，它在每个热力学循环中会向环境释放 43.5kJ 的热量，则该热机的效率是多少？●●

图 P21.33

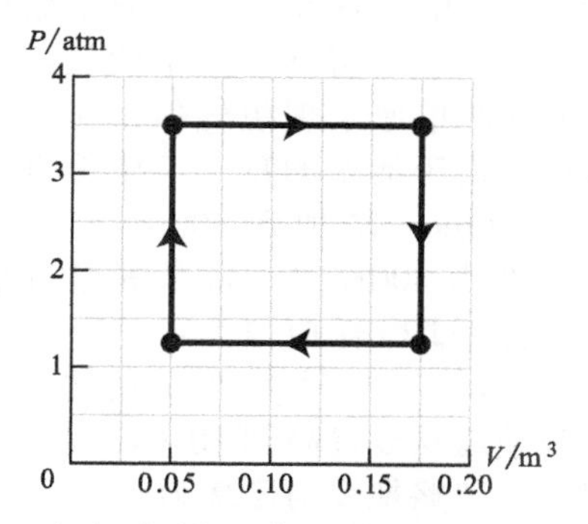

34. 在每个循环中，热机会从高温热源吸收115J的热能并向低温热源释放75J的热能。该热机用于将质量为375kg的重物以52.5mm/s的速度向上提升27.0m。要实现这一目标，它需要完成多少热循环？●●

35. 在寒冷的冬天，你希望室内温度保持在21.0℃。而一则关于地暖系统的广告则声称：该系统是可逆的，并且可从温度为347K的地下热源吸收热能。在寒冷的冬天，室外的平均温度为0.0℃，房屋的热量散失率为1000W ±5%。将热源提供的热量输入到房间需要的功率是180W（由取暖系统提供）。这则广告是否可信？忽略电能和机械能的转化效率。●●

36. 热机燃烧某种燃料时的效率为0.22。制造商声称采用新能源可以提高热机的效率。在测试中，你发现在同样的能量输入下，使用新燃料对外做功是原来的1.14倍。采用新燃料，热机的效率是多少？●●

37. 对于以卡诺循环工作的热泵，计算：(a) 室外温度为105 ℉，室内温度为72 ℉时，热泵对房间的制冷系数。(b) 室外温度为-15 ℉，室内温度为72 ℉时，热泵对房间的供热系数。●●

38. 可逆热机1的低温热源的温度等于可逆热机2的高温热源的温度，$T_{1out}=T_{2in}$。热机1向低温热源释放的热量等于热机2从高温热源吸收的热量，$Q_{1out}=Q_{2in}$。计算：当$T_{1in}=270K$，$T_{2out}=422K$，$Q_{in}=3.70\times10^{11}J$时$Q_{2out}$的值。●●

39. 室外温度为35℃，肉品店中的冷柜要从温度为-4℃的冷藏室中吸收3000J的热量，(a) 制冷机的最大制冷系数是多少？(b) 如果将冷柜放置于温度为19℃的地下室，则最大制冷系数是多少？(c) 这样做店主每天节省的能源是多少？●●●

40. 冰箱内部温度为269K，冰箱背部散热片的温度为325K。(a) 冰箱的最大制冷系数是多少？(b) 你准备测试冰箱使一份水的样本结冰的时间，在测试过程中，每个循环从冰箱内吸收118J的热量，冰箱向外界散发的热量是多少？(c) 每个循环对冰箱做的功是多少？(d) 你注意到冰箱所在房间的温度要比其他房间高，而采用取暖器也可以直接升高房间的温度，试比较这两种方式的效率。●●●

21.7 卡诺循环

41. 某卡诺热机，等温膨胀时可将1.00mol单原子理想气体的体积变为原体积的两倍，绝热压缩时温度变成初始温度0℃的三倍，每个循环热机做功多少？●

42. 汽车制造商发现，环境温度为311K时，车内温度可达339K，这一温度可能引起汽车内部设备的损伤，为避免这一情况发生，设计师建议在汽车上安装小型通风装置，则工作在这两个温度之间的装置的最大效率是多少？●

43. 某卡诺热机的效率为0.480，低温热源的温度为10℃。如果低温热源的温度不变，高温热源的温度升高多少度，可以将效率提高到0.600。●

44. 卡诺热机工作于温度分别为340K和280K的两热源之间，经过一个循环，向低温热源释放的热量可使1.0kg水的温度升高1.0K，热机在一个循环内对外做功多少？●●

45. 图P21.45中的卡诺循环以1mol单原子理想气体作为工作物质，根据图中给出的数据确定P_1、P_2、P_3、V_3和V_4的值。●●

图 P21.45

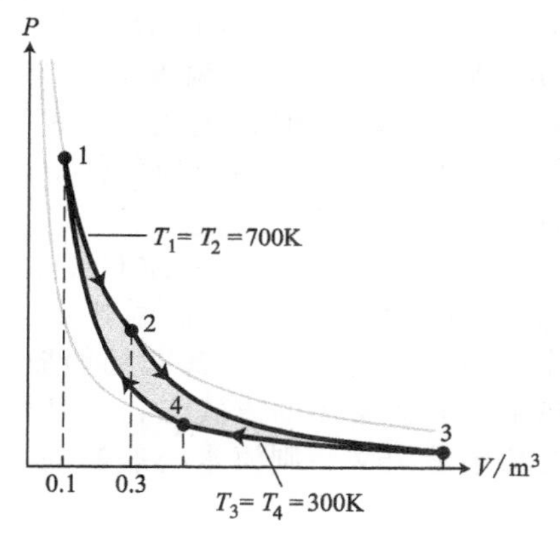

46. 卡诺循环 A、B 采用相同的工作物质，从同一高温热源吸收热量。两个循环的初态体积并不相同，经过等温膨胀，A 循环的体积变成原体积的两倍，B 循环的体积变成原体积的三倍。A 循环所做的功为 B 循环的两倍，哪个循环的效率更高？高多少？●●

47. 热机 1、2 以卡诺循环的形式工作，两热机的效率相同，热机 1 的高温热源的温度是 373K，且其低温热源的温度是热机 B 的低温热源温度的两倍，则热机 2 低温热源的温度是多少？●●

48. 以卡诺循环工作的热泵被用来给房屋制冷。气温最高时，室外温度为 45℃，室内温度为 20℃。热泵用电力驱动，(a) 气温最高时，热泵的制冷系数是多少？(b) 在制冷过程中，如果房屋的热量以 1.5kW 的功率被移除，则热泵的最大功率是多少？●●

49. 以卡诺循环工作的热泵以氮气作为工作物质，并通过电力驱动。(a) 如果室内温度为 22℃，室外温度为 −25℃，向室内输出热能的功率为 1.35kW，则热机的额定功率应是多少？(b) 此时热泵的供热系数是多少？●●

50. 为了实现节能的目标，以卡诺循环工作的冰箱的制冷系数必须达到 4.00。如果冰箱的功率是 225W，那么冷藏室吸收热量的功率是多少？●●

51. 卡诺热机的效率为 0.350，低温热源的温度为 25℃，工作物质为氮气，气缸中共有 7.50×10^{23} 个氮分子。高温热源处气体内能与低温热源处气体内能的差值是多少？●●

52. 电热泵以卡诺循环的形式工作，低温热源是温度为 10℃、位于地面下方 10m 深处的土层，高温热源为 20℃ 的房间。(a) 每消耗 1.0J 的电能，房间所吸收的热量是多少？(b) 如果低温热源是温度为 −23℃ 的室外环境，则每消耗 1.0J 的电能，房间所吸收的热量是多少？(c) 上述两种条件下，热泵的供热系数分别是多少？●●

53. 海洋中 2500m 处深水区的温度为 4℃，假如将这些海水作为低温热源，使热泵工作于深水区与温度为 20℃ 的船舱之间。如果热泵以卡诺循环的方式工作，且热泵消耗的电功率是 75W，则海水与船舱的熵交换率分别是多少？●●

54. 汽车用六缸发动机以卡诺循环的形式工作，每个装有可移动活塞的气缸内都盛有 1.00mol 的单原子理想气体，在等温膨胀的过程中，由于活塞的移动，使得每个气缸的长度由 100mm 增加到 200mm。等温压缩发生在温度为 400K 时。每个等温过程耗时 9.00s，绝热过程耗时 2.00s。对于质量是 750kg 的汽车以及质量为 70kg 的驾驶员，如果需要将速度从 0 提高到 50.0km/h，则需要多少时间？忽略拖曳与摩擦力。●●●

55. 以卡诺循环工作的冰箱，工作在 −18℃ 的低温热源与 22℃ 的高温热源之间。将盛有 0.500kg 水（0℃）的托盘放入冷冻室，冰箱的功率为 115W。(a) 需要多长时间才能将水转化成冰？(b) 冰箱的制冷系数是多少？(c) 在水冷冻的过程中，向外界散发的热量是多少？(d) 水在冷冻过程中的熵变是多少？(e) 由水和外界环境组成的系统的总熵变是多少？水的熔化热 L_{melting} = 334kJ/kg。●●●

21.8　布雷顿循环

56. 求图 P21.56 中布雷顿循环的 T_4。●

图 P21.56

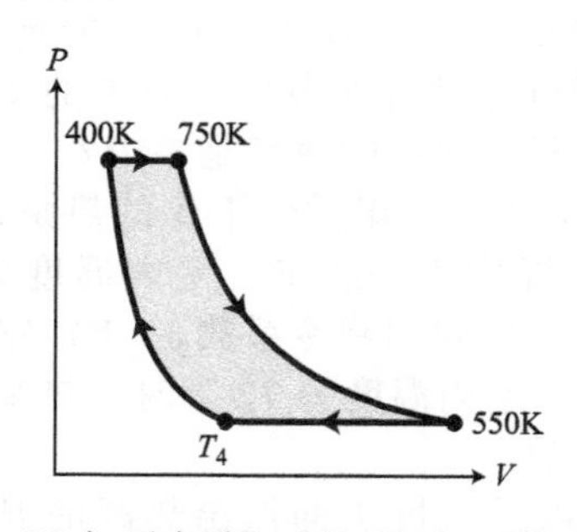

57. 以布雷顿循环的形式工作的热机以氧气为工作物质，在等压降温过程中，温度下降了 85℃，在等压升温过程中，温度上升了 100℃。该循环的最大效率是多少？●

58. 以布雷顿循环的形式工作的热机，其效率为 0.22。在冷天，进入热机的空气温度为 267K，从热机排出的废气的温度是多少？●

59. 某汽车发动机以布雷顿循环的形式工作，工作物质为单原子理想气体。如果汽车前方的气压为 103500Pa，后方的气压为

实践篇

99700Pa，则发动机的最大效率是多少？●●

60. 以布雷顿循环的形式工作的热机，工作物质为空气，等压过程的压强分别是1.0atm和6.0atm。(a) 热机的压强比是多少？(b) 如果空气的比热容比为$\gamma=C_P/C_V=1.4$，则热机的效率是多少？(c) 对于海拔较高的地区，$\gamma=1.44$，环境的压强为0.40atm，压缩空气的压强为4.8atm，此时热机的效率是多少？●●

61. 热机以布雷顿循环的形式工作，压强比是5，工作物质的比热容比$\gamma=1.333$。如果某卡诺热机和这个热机的循环效率相同，卡诺热机的低温热源的温度是15℃，高温热源的温度应该是多少？●●

62. 你计划将卡诺热机替换成效率相同的布雷顿热机，卡诺热机的热源温度分别是-10℃和225℃，工作物质的比热容比是1.667，则热机的压强比应该是多少？●●

63. 以氮气为工作物质的布雷顿热机，压强比为10。该热机用于以100mm/s的速率提升质量为535kg的砖块，要实现这一目标，热能的输入功率应该是多少？●●

64. 设计布雷顿热机，每个循环对外做功175J，向环境释放废热65J。(a) 如果工作物质是氦气，则压强比应该是多少？(b) 如果工作物质是二氧化碳气体，则压强比是否与第一问的结果相同？如果相同，请证明。如果不同，请给出新的压强比。●●

65. 图P21.65中的布雷顿循环的工作物质为4.0mol的理想气体，该气体分子的自由度是多少？●●●

图 P21.65

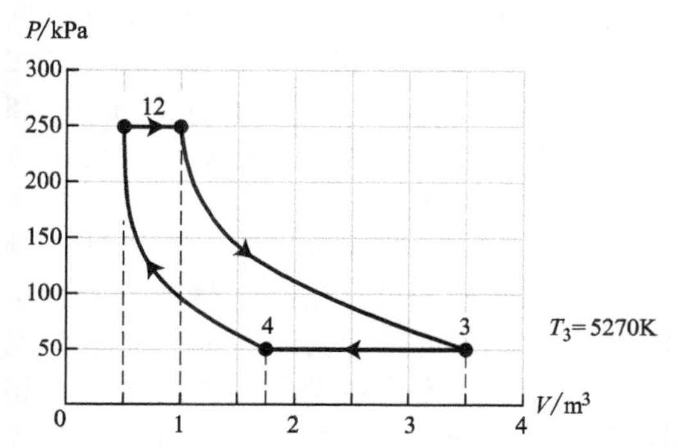

66. 设计以空气为工作物质的布雷顿热机。随着热机体积变大，压强比可以为16、17、18、19或20。随着压强比增加，真实热机的循环效率和理想热机的循环效率的关系可写成：$\eta_{real}=f\eta_{ideal}$，$f=(1.45)(1-\eta_{ideal})^{0.8}$。(a) 要使效率最大，压强比应该是多少？(b) 这是简化后的问题，思考除了增加质量外，还有哪些原因会导致在设计热机时压强比不能过大。●●●

附加题

67. 热源的温度为265K，如果热源吸收的热量为4180J，则热源的熵变是多少？●

68. 系统每吸收10J的热量，熵就会增加3.8×10^{21}，则系统的温度是多少？●

69. 在过去的40年里，冰箱吸收一定能量所需的功率从160W下降到40W。冰箱制冷系数变化的比例是多少？●

70. 温度为0℃、质量为1000kg的冰山坠入温度为2℃的海水中，吸收海水的热量并融化。由海水和冰山所组成的系统的熵变是多少？冰的熔化热是334kJ/kg。●●

71. 以卡诺循环的形式工作的热机，其低温热源的温度为-5℃，仅消耗1.00MJ的能量，该热机就可以将质量为1200kg的巨石，沿35°的斜面提升竖直高度65.0m。(a) 热机高温热源的温度是多少？(b) 在提升巨石的过程中，1MJ的能量中有多少转化成了废热？忽略巨石与斜面摩擦产生的热量。●●

72. 以卡诺循环工作的电热泵被用于给室内制冷，室内温度为20℃，室外温度为38℃。(a) 每消耗1.0J的电能，从室内吸收的热量是多少？(b) 热泵的制冷系数是多少？●●

73. 某工厂的卡诺热机的效率为0.33，该热机从高温热源吸收热量，向温度为28℃的水池放出热量。如果将水池的温度降低到18℃，则热机的效率提高了多少？●●

74. 卡诺热机用于抽取45.0m深的井中的水，高温热源的温度为215℃，低温热源的温度为-10℃。抽水速率为6600L/min，水的速率可忽略不计，则热机从高温热源吸取热量的速率是多少？●●

75. 电热泵以卡诺循环的形式工作，靠从室外5℃的大气吸收热量使实验室内的温度保持在35℃，由于热传导和缝隙，实验室以12W的功率损失能量，(a) 热机从室外

吸取热量的功率是多少？(b) 热泵消耗电能的功率是多少？●●

76. 以卡诺循环的形式工作的热泵以 12.5kW 的功率向房屋供暖，使房屋的温度为 22℃，已知室外温度为-10℃，每 MJ 电能的价格为 2.69 美分，如果热泵从早上 8：00 工作到晚上 10：00，消耗的电能价值多少？●●

77. 地壳径向温度梯度约为 25K/km。如果利用热梯度驱动卡诺热机工作，高温热源距离地表 30km，地表温度为 28℃。(a) 热机在这一位置所能达到的最大效率为多少？(b) 由于钻井深度超过 30km 需要解决许多技术问题，为此热机的效率必须达到 0.50，要实现这一目标钻井深度应该达到多少？●●

78. 月球表面白天的平均温度为 380K，月核的温度约为 1000K。假如靠卡诺热机，通过温度差向月球基地输出 2.50MW 的功率，则 (a) 热机从地核吸收热能的功率是多少？(b) 地核熵变的变化率是多少？(c) 热机的效率是多少？●●

79. 以卡诺循环的形式工作的热机，效率为 η，如果热机反向以热泵形式工作，并且还是用 η 表示。(a) 求以制冷模式工作时热泵的制冷系数。(b) 求以取暖模式工作时热泵的供热系数。(c) 对于每一种情况，判断计算结果是否处于合理范围之内。●●

80. 卡诺热机以每天 25000 桶的速率从 1.70km 深的油井抽取原油，原油的密度为 $850kg/m^3$。原油的初速率为 0，末速率忽略不计。热机在温度为 50 ℉ 与 250 ℉ 的两个热源之间工作。每桶原油的体积是 $0.159m^3$。热机从高温热源吸收热量的功率是多少？●●

81. 卡诺热机工作于 150℃ 的高温热源与 10℃ 的低温热源之间，该热机用于给飞轮提供能量，使其转动角速率由 0 增加到 $8.50s^{-1}$。质量为 1500kg 的圆柱体飞轮，其质量均匀分布，半径为 1.00m，长为 750mm，绕通过中心的轴转动。要想将飞轮加速到相应的转动角速率，热机需要从高温热源吸收多少能量？向低温热源释放多少能量？●●

82. 质量为 950kg 的汽车以布雷顿热机驱动，热机的压强比是 8，工作物质为氦气。每个循环中，25% 的功被用于克服摩擦。如果要将汽车从静止加速到 30m/s，则热机需要从高温热源吸收多少热量？●●

83. 图 P21.83 中有 2.00mol 以布雷顿循环的形式工作的物质。该工作物质中每个分子的自由度是多少？●●●

图 P21.83

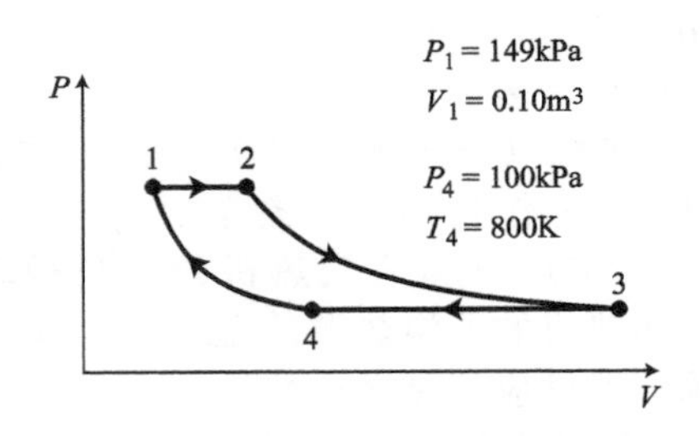

84. 作为专利局的工作人员，你被派去检验“零点能永动机”。在申请者输入 1000J 的起动能量后，机器开始工作。几个小时后，你用红外线装置发现机器正以 200μJ/s 的平均速率损失能量。你在机器停转之前可以检查其他的申请，但不想错过机器停转的时刻。你还想了解机器对环境熵的影响。●●● CR

85. 作为某家汽车杂志的编辑，你正在考察并比较两辆外形和质量相同的新型汽车。汽车 1 采用布雷顿循环，如果忽略风阻、内摩擦等因素，该汽车可以在 11.5s 内由静止加速到 11.5m/s。如果考虑风阻，汽车的最高时速是 105km/h。这个循环的等压冷却过程是在车内标准大气压强，350K 的温度条件下实现的。当工作物质被压缩时，压强变成原压强的 5 倍，等压燃烧后温度升至 700K。压缩机中的工作物质为 1mol 自由度为 4 的气体，每秒钟完成 8 个循环。汽车 2 采用卡诺循环，热源温度分别是 350K 和 700K，采用与汽车 1 相同的燃料和气缸，每秒钟完成 1 个循环。●●● CR

86. 作为玩具设计者，你正在设计一种以卡诺热机驱动的可在浴缸中慢速行驶的小船。浴缸中热水的温度为 100 ℉，气温为 70 ℉。试验后，你发现模型的效率是工作在相同热源之间的理想卡诺热机的 40%。工程师告诉你，如果要小船开动，效率必须达到 0.045。你考虑对模型做些调整以达到这一目标。●●● CR

实践篇

复习题答案

1. (a) 煤气燃烧时，分子化学键中的化学能减少，对应于气体的内能的增加。(b) 小球下落时，小球的速度和动能增加，对应于由小球和地球组成的系统的重力势能的减少。

2. 对系统所做的功等于机械能输入与机械能输出的差。

3. 在汽车发动机中，汽油燃烧后会将化学能转化成热能，发动机输出的热能一部分以机械能的形式最终转化成车轮的动能，也有一部分发动机输出的热能以废热的形式输出。对于冰箱，系统的机械能输入为压缩机对系统所做的功。系统的热能输入为冰箱里的物体向系统传输的热量。系统的热能输出为冰箱向环境散发的热量。

4. 稳定装置能够将一种形式的能量转换成另一种形式的能量，在转化过程中，装置的状态不发生变化或者经历一个循环后又会回到初态。对于非稳定装置，装置的压强或温度会不断发生变化，直到装置无法工作。

5. (a) 在将机械能转化成热能的过程中，系统的熵会增加，符合熵增原理。(b) 在将热能完全转化成机械能的过程中，系统的熵会减少，违反熵增原理，这样的装置不存在。

6. 熵梯度$\frac{dS}{dE}=1/(k_BT)$。它表示给定热能 dE 从热源输入或输出时，热源的熵的变化量 dS 与热源的温度成反比，对于相同的能量变化，引起高温热源的熵变小于引起低温热源的熵变。

7. 熵的代价被用来衡量一定能量变化引起的熵变，它由能量传输时对应的熵梯度决定。

8. 热量通过棒从高温热源传输到低温热源，在达到稳定状态之前，系统的熵可能增加或者减少，但是达到稳定状态之后，棒的熵不再发生变化，此时棒可视为稳定装置。能量传输过程不可逆，这是因为低温热源的熵的增加量小于高温热源的熵的减少量，系统总的熵变大于零，因而不可逆。

9. 能量的品质体现了一定能量转化成有用功的多少。能量传输过程和熵变有关，对于稳定装置，能量传输引起的系统的熵变大于零，能量的品质与熵梯度成反比，能量的品质越高，少量的能量输出也能导致相同的环境熵变，这样，较多的热能可以转化成机械能。低品质的能量则需要将较多的能量输出到环境而引起相同的环境熵变，因此只有较少的热能转化成机械能。因此能量的品质是用来衡量一定能量转化成有用功多少的物理量。

10. 与机械能输入有关的熵梯度为 0，因此机械能是质量最高的能量输入。

11. 热机是从高温热源吸收热量后，部分转化成机械能，部分转化为传输到低温热源的热量的稳定装置。汽车发动机将燃料燃烧得到的热能，部分通过做功转化成汽车的动能，部分以热能的形式传输到环境。

12. 熵图的水平轴表示熵梯度：$dS/dE=1/(k_BT)$，竖直轴表示能量。坐标系中各矩形的面积对应于过程的熵变，竖直方向的箭头对应于能量的传输方向，箭头向下表示进入系统，向上表示从系统输出。水平方向的箭头对应于熵的变化，箭头向左说明环境的熵减小，这一过程中能量得到提升；箭头向右说明环境的熵增加，这一过程能量退化。

13. 热机效率是热机对环境所做的功（$-W$）与热机从热源吸收的热量 Q_{in} 的比值：$-W/Q_{in}$。

14. 热泵是通过退化机械能，以完成能量从低温热源向高温热源传输的稳定装置。

15. 没有区别，两种情况都是从低温热源吸热向高温热源放热，冬天低温热源为室外，高温热源为室内；夏天低温热源为室内，高温热源为室外。

16. 热泵的制冷系数用来衡量热泵制冷时的效率，它等于热泵吸收的热量与对热泵所做的功的比值：Q_{in}/W。热泵的供热系数用来衡量热泵取暖时的效率，它等于热泵放出的热量与对热泵所做的功的比值：Q_{out}/W。

17. 热机对外做正功，因此对工作物质所做的功为负数。在 PV 图中，体积变大对应于对工作物质做负功；压缩过程，外界对系统所做的功是正数。对于循环过程，如果对系统所做的总功为负数，则膨胀过程必须在压缩过程的上方，循环为顺时针方向，也就是说热机循环一定是顺时针循环。热泵需要对系统做正功，因此膨胀过程一定在压缩过程的下方，循环为逆时针循环。

18. 工作物质先后经历等温膨胀（热量从温度为 T_{in} 的热源输入）、绝热膨胀（温度下降为 T_{out}）、等温压缩（热量传输到温度为 T_{out} 的热源中）、绝热压缩（温度上升为 T_{in}）这四个过程。

19. 每个循环热机对环境所做的功比较少，因而只产生少量的机械能。由于等温过程体积缓慢膨胀，因而热机的输出功率也比较低。

20. 工作物质先后经历等压膨胀、绝热膨胀、等压压缩、绝热压缩这四个过程并最终回到初态。

21. 燃气轮机和喷气式发动机都是布雷顿正向循环的例子；冰箱和空调则是布雷顿反向循环的例子。

22. 热量不可能自发地从低温热源传输到高温热源。

23. 熵图中矩形的高度对应于传输的能量，宽

度对应于过程中 $1/(k_B T)$ 的差。各矩形的面积对应于过程的熵变。根据式（21.10），水平方向的箭头对应于熵的变化，箭头向左说明环境的熵减小，这一过程中能量得到提升；箭头向右说明环境的熵增加，这一过程能量退化。

24. Q_{out} 与热能输出热源的温度成正比，与热能输入热源的温度成反比：$Q_{out}=Q_{in}(T_{out}/T_{in})$［式（21.20）］。

25. 热机装置将部分 Q_{in} 提升为机械能，这一过程将引起环境的熵减小。根据热力学第二定律，$\Delta S \geqslant 0$，部分 Q_{in} 必须退化以保证环境的熵增加。退化部分对应的能量为 Q_{out}，由于 $Q_{out}<Q_{in}$，因此无论是可逆热机还是不可逆热机，热机效率 $\eta=1-Q_{out}/Q_{in}$ 总是小于1。由于不可逆热机的效率总是小于可逆热机的效率，热机最大效率的公式 $\eta_{max}=(T_{in}-T_{out})/T_{in}$［式（21.23）］只适用于可逆热机。事实上，由于循环过程中无法避免热量的散失，所以热机的效率总是小于最大效率。

26. 无论是热泵还是空调，热量总是从低温热源输出，因此 Q_{in} 和 T_{in} 都对应于低温热源。

27. 供热系数等于向高温热源输出的热量 Q_{out} 与对热泵所做的功的比值。由于对热泵做的功等于 Q_{out} 与从低温热源吸收热量 Q_{in} 的差，根据式（21.25），可知 $\mathrm{COP}_{heating}=Q_{out}/(Q_{out}-Q_{in})$。其最大值等于高温热源的温度与两热源温度差的比值，根据式（21.26），可知 $\mathrm{COP}_{heating,max}=T_{out}/(T_{out}-T_{in})$。

28. 制冷系数等于供热系数减1［式（21.28）］。

29. 热机的最大效率与工作物质无关。

30. 绝热过程做的总功为0，这是因为一个绝热过程的功正比于（$T_{out}-T_{in}$），而另一个功正比于（$T_{in}-T_{out}$），两者相互抵消。而两个等温过程的总功不等于0。

31. 以卡诺循环工作的热机效率最高。

32. 布雷顿循环比卡诺循环输出更多机械能，由于布雷顿循环不涉及等温过程，输出功率大于卡诺循环的值。

33. 循环效率等于1减去绝热压缩的初态温度 T_4 与绝热压缩的末态温度 T_1 的比值［式（21.44）］。

引导性问题答案

引导性问题 21.2　$Q_{out,min}=4.4\mathrm{MW}$

引导性问题 21.4　$W_{environment}=1.52\times10^4\mathrm{J/mol}$

引导性问题 21.6　$\eta=0.605$

引导性问题 21.8

$W_{12}=-2.41\times10^3\mathrm{J}$，$Q_{12}=+2.41\times10^3\mathrm{J}$，

$\Delta E_{th,12}=0$，$\Delta S_{12}=+4.82\times10^{23}$

$W_{23}=+1.10\times10^3\mathrm{J}$，$Q_{23}=-2.75\times10^3\mathrm{J}$，

$\Delta E_{th,23}=-1.65\times10^3\mathrm{J}$，$\Delta S_{23}=-9.91\times10^{23}$

$W_{34}=+115\mathrm{J}$，$Q_{34}=-115\mathrm{J}$，

$\Delta E_{th,34}=0$，$\Delta S_{34}=-8.63\times10^{22}$

$W_{41}=0$，$Q_{41}=+1.65\times10^3\mathrm{J}$，

$\Delta E_{th,41}=+1.65\times10^3\mathrm{J}$，$\Delta S_{41}=+5.94\times10^{23}$

$W_{cycle}=-1.20\times10^3\mathrm{J}$，$Q_{cycle}=+1.20\times10^3\mathrm{J}$，

$\Delta E_{cycle}=0$，$\Delta S_{cycle}=0$

附　　录

附录 A

符号

在正文中用到的符号，以字母的先后顺序列出，首先给出的是希腊字母。所涉及的上标和下标的意义，在表格的末尾进行说明。

符号	量的名称	定　义	正文中的位置	国际单位
α(alpha)	极化率	衡量由于外电场的影响，材料中发生电荷变化的相对程度	式(23.24)	$C^2\cdot m/N$
α	布拉格角	在 X 射线的衍射中，入射光线与参考表面之间的夹角	34.3 节	角度、弧度或转数
α_ϑ	角加速度(ϑ 分量)	转动角速度 ω_ϑ 增加的速率	式(11.12)	s^{-2}
β(beta)	声音的强度等级	声音强度的对数尺度，表示正比于 lg(I/I_{th})	式(17.5)	dB(不是一个国际单位)
γ(gamma)	洛伦兹因子	表明相对值偏离非相对值多少的因子	式(14.6)	无单位
γ	表面张力系数	与液体表面平行的单位长度的张力；液体表面积增加一个单位面积所需的能量	式(18.48)	N/m
γ	比热容比	定压比热容与定容比热容的比率	式(20.26)	无单位
Δ	delta	改变	式(2.4)	
$\Delta\vec{r}$	位移	从物体初始位置到结束位置的矢量	式(2.8)	m
$\Delta\vec{r}_F$，Δx_F	力的位移	作用在一个点上的力的位移	式(9.7)	m
Δt	时间间隔	开始时刻与结束时刻间的变化	表 2.2	s
Δt_{proper}	原时	同一位置发生的两个事件之间的时间间隔	14.1 节	s
Δt_v	时间间隔	观察者以速率 v 移动并观察事件时，所测得的时间间隔	式(14.13)	s
Δx	位移的 x 分量	沿 x 轴末位与初始位置之间的变化	式(2.4)	m
δ (delta)	delta	数量十分小的	式(3.24)	
ε_0(epsilon)	真空介电常数(真空电容率)	力学单位中与电荷单位相关的常数	式(24.7)	$C^2/(N\cdot m^2)$
η(eta)	黏度	发生剪切形变时对流体阻力的量度	式(18.38)	Pa·s
η	效率	热机所做的功与输入的热量所做功的比率	式(21.21)	无单位
θ(theta)	角坐标	极坐标中位置矢量与 x 轴之间夹角的量度	式(10.2)	度、弧度或转数
θ_c	接触角	固体表面和固-液体接触点切线的夹角	18.4 节	度、弧度或转数
θ_c	临界角	入射角大于发生全反射的角度	式(33.9)	度、弧度或转数
θ_i	入射角	入射光线与平面法线之间的夹角	33.1 节	度、弧度或转数
θ_i	像张角	影像的张角	33.6 节	度、弧度或转数
θ_o	物张角	物体的张角	33.6 节	度、弧度或转数

（续）

符号	量的名称	定　　义	正文中的位置	国际单位
θ_r	反射角	反射光线与平面法线之间的夹角	33.1 节	度、弧度或转数
θ_r	最小分辨角	物体间可以被给定孔径的光学工具分解的最小角度间隔	式(34.30)	度、弧度或转数
ϑ(手写体 theta)	旋转坐标	物体沿圆形路径转动，被圆弧半径分开的弧长	式(11.1)	无单位
κ(kappa)	扭转常量	扭动物体时需要的扭矩与转动位移比率	式(15.25)	N·m
κ	相对介电常数(电容率)	插入绝缘体时横穿孤立电容器的电势差减小的因数	式(26.9)	无单位
λ(lambda)	单位长度上的惯性质量	对于均匀的一维物体，给定长度上的惯性质量	式(11.44)	kg/m
λ	波长	周期波重复的最小距离	式(16.9)	m
λ	线电荷密度	单位长度上的电荷数量	式(23.16)	C/m
μ(mu)	折合质量	两个相互作用的物体惯性质量的乘积除以它们的总和	式(6.39)	kg
μ	线质量密度	单位长度上的质量	式(16.25)	kg/m
$\vec{\mu}$	磁偶极矩	指向电流环路磁场方向的矢量，大小等于电流乘以环路面积	28.3 节	$A \cdot m^2$
μ_0	真空磁导率(磁常数)	力学单位中与电流单位相关的常量	式(28.1)	T·m/A
μ_k	动摩擦系数	两个表面之间与动摩擦力和法向力的大小有关的比例常数	式(10.55)	无单位
μ_s	静摩擦系数	两个表面之间与静摩擦力和法向力的大小有关的比例常数	式(10.46)	无单位
ρ(rho)	质量密度	单位体积的质量	式(1.4)	kg/m^3
ρ	单位体积的惯性质量	对于三维空间中的物体，给定体积的惯性质量除以体积	式(11.46)	kg/m^3
ρ	（体积）电荷密度	单位体积的电荷数量	式(23.18)	C/m^3
σ(sigma)	单位面积的惯性质量	对于二维空间中的物体，惯性质量除以面积	式(11.45)	kg/m^2
σ	表面电荷密度	单位面积的电荷数量	式(23.17)	C/m^3
σ	电导率	电流密度与外加电场的比率	式(31.8)	A/(V·m)
τ(tau)	力矩	描述力使物体转动的能力的轴向矢量的大小	式(12.1)	N·m
τ	时间常数	对于阻尼振动，振动能量以 e^{-1} 减少的时间	式(15.39)	s
τ_ϑ	力矩(ϑ 分量)	描述力使物体转动的能力的轴向矢量的 ϑ 分量	式(12.3)	N·m
Φ_E(phi，大写)	电通量	电场强度和其通过面积的标积	式(24.1)	$N \cdot m^2/C$
Φ_B	磁通量	磁感应强度和其通过面积的标积	式(27.10)	Wb
ϕ(phi)	相位常量	电源电动势与回路电流的相位差	式(32.16)	无单位
$\phi(t)$	相位	描述简谐运动的正弦函数的时间参数	式(15.5)	无单位
Ω(omega，大写)	微观态的数量	与宏观状态相对应的微观态的数量	19.4 节，式(19.1)	无单位
ω(omega)	转动角速率	转动角速度的大小	式(11.7)	s^{-1}
ω	角频率	对于周期为 T 的振动，角频率为 $2\pi/T$	式(15.4)	s^{-1}

（续）

符号	量的名称	定　义	正文中的位置	国际单位
ω_0	共振角频率	振荡电路中最大电流对应的角频率	式(32.47)	s^{-1}
ω_ϑ	角速度(ϑ 分量)	旋转坐标 ϑ 变化的速率	式(11.6)	s^{-1}
A	面积	长×宽	式(2.16)	m^2
A	振幅	振动物体距离平衡位置的最大位移	式(15.6)	m(适用于线性机械振动；对于旋转振动无单位；对于非机械振动有多个单位)
$\vec{A}$	面积矢量	大小与面积相等，方向与平面法线方向相同的矢量	24.6 节	m^2
$\vec{a}$	加速度	速度随时间的变化率	3.1 节	m/s^2
$\vec{a}_{Ao}$	相对加速度	观测者在参考系 A 中观察到的同一参考系中物体 O 的加速度	式(6.11)	m/s^2
a_C	向心加速度	使物体沿圆周运动所需的加速度	式(11.15)	m/s^2
a_r	径向加速度	加速度在径向上的分量	式(11.16)	m/s^2
a_t	切向加速度	轨迹切线方向上加速度的分量；在匀速圆周运动中 $a_t=0$	式(11.17)	m/s^2
a_x	加速度在 x 方向上的分量	加速度在 x 轴上的分量	式(3.21)	m/s^2
$\vec{B}$	磁感应强度	提供测量磁力相互作用的矢量场	式(17.5)	T
$\vec{B}_{ind}$	感应磁场	感应电流产生的磁场	29.4 节	T
b	阻尼系数	移动物体时的阻力与其速度的比值	式(15.34)	kg/s
C	分子热容	每个分子转移的能量与其温度变化的比值	20.3 节	J/K
C	电容	一对相对的带电导体的电流大小与其之间电势差的比值	式(26.1)	F
C_P	等压分子热容	在等压状态下，每个分子转移的能量与其温度变化量的比值	式(20.20)	J/K
C_V	定容分子热容	在定容状态下，每个分子转移的能量与其温度变化量的比值	式(20.13)	J/K
$COP_{cooling}$	制冷系数	输入的能量与热泵所做功的比值	式(21.27)	无单位
$COP_{healing}$	供热系数	输出的能量与热泵所做功的比值	式(21.25)	无单位
c	形状因子	物体的转动惯量与 mR^2 的比值；表示物体惯性分布的函数	表 11.3，式(12.25)	无单位
c	波速	机械波穿过介质的速度	式(16.3)	m/s
c	比热容	单位质量传递的热能与温度变化量的比值	20.3 节	J/(K·kg)
c_0	真空中的光速	真空中的光速	14.2 节	m/s
c_V	定容比热容	在定容状态下，单位质量传递的热能与温度变化量的比值	式(20.48)	J/(K·kg)
$\vec{D}$	位移(波中的质点)	质点距其平衡位置的位移	式(16.1)	m
d	直径	直径	1.9 节	m
d	距离	两个位置之间的距离	式(2.5)	m
d	自由度	质点可以存储热量的方式的数目	式(20.4)	无单位
d	透镜的矫正强度	1m 除以焦距	式(33.22)	屈光度

（续）

符号	量的名称	定　义	正文中的位置	国际单位
E	系统的能量	系统中动能与内能的总和	表1.1,式(5.21)	J
$\vec{E}$	电场强度	代表每个单位电荷电力的矢量场	式(23.1)	N/C
E_0	逸出功	电子脱离金属表面所需的最小能量	式(34.35)	J
E_{chem}	化学能	物体在化学状态下的内能	式(5.27)	J
E_{int}	系统中的内能	物体中的能量	式(5.20),式(14.54)	J
E_{mech}	机械能	系统中动能和势能的总和	式(7.9)	J
E_s	源能量	用来产生其他形式能量的非连贯能	式(7.7)	J
E_{th}	热能	与物体温度有关的内能	式(5.27)	J
$\mathscr{E}$	电动势	在电荷分离装置中,分离正、负电荷载体时,非静电力对单位电荷所做的功	式(26.7)	V
$\mathscr{E}_{ind}$	感应电动势	变化的磁通量产生的电动势	式(29.3),式(29.8)	V
$\mathscr{E}_{max}$	电动势幅	由交流电源产生的按时间变化的电动势的最大值	32.1节,式(32.1)	V
$\mathscr{E}_{rms}$	电动势的方均根	电动势的方均根	式(32.55)	V
e	恢复系数	对碰撞后初始相对速率恢复程度的量度	式(5.18)	无单位
e	偏心率	圆锥曲线与圆形轨迹的偏差的量度	13.7节	无单位
e	元电荷	电子的电荷数量	式(22.3)	C
$\vec{F}$	力	物体的动量随时间的变化率	式(8.2)	N
$\vec{F}^B$	磁场力	磁场施加在电流或运动电荷上的磁场力	式(27.8),式(27.19)	N
$\vec{F}^b$	浮力	液体作用在浸在其中的物体上的向上的作用力	式(18.12)	N
$\vec{F}^c$	接触力	相互有物理接触的物体之间存在的力	8.5节	N
$\vec{F}^d$	阻力	在介质中运动的物体受到的介质的力	式(15.34)	N
$\vec{F}^E$	电力	在带电物体之间或电场对带电物体的作用力	式(22.1)	N
$\vec{F}^{EB}$	电磁力	电场或磁场作用在带电物体上的力	式(27.20)	N
$\vec{F}^f$	摩擦力	因为物体之间或物体与表面的摩擦而作用在物体上的力	式(9.26)	N
$\vec{F}^G$	引力	地球或任何有质量的物体作用在其他有质量的物体上的力	式(8.16),式(13.1)	N
$\vec{F}^k$	动摩擦力	两个相对运动的物体之间的摩擦力	10.4节,式(10.55)	N
$\vec{F}^n$	法向力	垂直于表面的力	10.4节,式(10.46)	N
$\vec{F}^s$	静摩擦力	两个相对静止的物体之间的摩擦力	10.4节,式(10.46)	N
f	频率	在周期运动中,每秒循环的次数	式(15.2)	Hz
f	焦距	透镜的中心到焦点的距离	33.4节,式(33.16)	m
f_{beat}	拍频	频率不同的波发生干涉时,产生拍的频率	式(17.8)	Hz
G	万有引力常量	由引力产生的,与两个物体的质量和距离有关的比例常数	式(13.1)	$N \cdot m^2/kg^2$
g	重力加速度的大小	靠近地球表面自由下落的物体加速度的大小	式(3.14)	m/s^2

实践篇

（续）

符号	量的名称	定　　义	正文中的位置	国际单位
h	高度	垂直距离	式(10.26)	m
h	普朗克常量	描述量子力学范围的常量；与光子的能量和频率，以及粒子的动量和德布罗意波长联系起来	式(34.35)	J·s
I	转动惯量	衡量物体阻碍转动角速度改变趋势的量	式(11.30)	$kg \cdot m^2$
I	强度	波在垂直于传播方向上，在单位时间内单位面积上所传播的能量	式(17.1)	W/m^2
I	(电)流	单位时间以给定的方向穿过导体的电荷量	式(27.2)	A
I	振荡电流的振幅	电路内振荡电流的最大值	32.1 节，式(32.5)	A
I_{cm}	质心的转动惯量	物体在穿过其质心的轴上的转动惯量	式(11.48)	$kg \cdot m^2$
I_{disp}	位移电流	由电通量的改变所引起的遵循安培定律的电流数量	式(30.7)	A
I_{enc}	封闭电流	被安培路径封闭的电流	式(28.1)	A
I_{ind}	感应电流	因为回路中磁通量的变化而产生的电流	式(29.4)	A
I_{int}	截获电流	通过安培环路所围面积表面的电流	式(30.6)	A
I_{rms}	方均根电流	电流的方均根	式(32.53)	A
I_{th}	听阈强度	可被人耳听到的最小强度	式(17.4)	W/m^2
i	依赖时间的电流	在电路中，依赖时间的电流；$I(t)$	32.1 节，式(32.5)	A
i	像距	透镜到像的距离	33.6 节，式(33.16)	m
$\hat{i}$	单位矢量	定义 x 轴方向的矢量	式(2.1)	无单位
$\vec{J}$	冲量	由环境转移到系统的动量的数量	式(4.18)	$kg \cdot m/s$
$\vec{j}$	电流密度	单位面积上的电流	式(31.6)	A/m^2
J_ϑ	转动冲量	由环境转移到系统的角动量的数量	式(12.15)	$kg \cdot m^2/s$
$\hat{j}$	单位矢量	定义 y 轴方向的矢量	式(10.4)	无单位
K	动能	物体因平动而产生的能量	式(5.12)，式(14.51)	J
K	面电流密度	单位板宽度上的电流	28.5 节	A/m
K_{cm}	平动动能	与系统质心的运动有关的动能	式(6.32)	J
K_{conv}	可转化动能	在不改变系统动量的情况下，可以转化为内能的动能	式(6.33)	J
K_{rot}	转动动能	物体转动时具有的能量	式(11.31)	J
k	弹簧常量	作用在弹簧上的力与弹簧自由端位移的比值	式(8.18)	N/m
k	波数	对于波长为 λ 的波，在单位长度为 2π 上的波长数量，即 $2\pi/\lambda$	式(16.7)和式(16.11)	m^{-1}
k	库仑定律常数	与电荷静电力，以及它们之间的间距有关的常数	式(22.5)	$N \cdot m^2/C^2$
k_B	玻尔兹曼常量	与绝对温度的热能有关的常量	式(19.39)	J/K
L	电感	回路周围的感应电动势与回路中电流变化速率的比值的负数	式(29.19)	H
L_ϑ	角动量(ϑ 分量)	物体可以使其他物体转动的能力	式(11.34)	$kg \cdot m^2/s$
L_m	熔化相变热	熔化单位质量的物体需转化的热能	式(20.55)	J/kg
L_v	汽化相变热	蒸发单位质量的物体需转化的热能	式(20.55)	J/kg
ℓ	长度	距离或空间范围	表 1.1	m

（续）

符号	量的名称	定　义	正文中的位置	国际单位
l_{proper}	原长	相对于物体静止的观察者测量到的长度	14.3 节	m
l_v	长度	物体相对于观察者以速率 v 运动时所测量到的长度	式(14.28)	m
M	放大率	示意图像的高与实际图像高的比值	式(33.17)	无单位
M_θ	角放大率	图像张角与实际物体张角的比值	式(33.18)	无单位
m	质量	物质的数量	表 1.1,式(13.1)	kg
m	惯性质量	在改变物体的速度时,阻碍及速度发生改变的量度	式(4.2)	kg
m	条纹级数	标记亮干涉条纹的数字,从中心的零阶亮条纹开始数	34.2 节,式(34.5)	无单位
m_v	惯性质量	相对于观察者以速率 v 运动的物体的惯性	式(14.41)	kg
N	物体的数量	样本中物体的数量	式(1.3)	无单位
N_A	阿伏伽德罗常量	1mol 物质中粒子的数量	式(1.2)	无单位
n	数量密度	单位体积内的物质数量	式(1.3)	m^{-3}
n	单位长度上的线圈匝数	在一个螺线管中,单位长度上的线圈匝数	式(28.4)	无单位
n	折射率	真空中的光速与另一种介质中的光速的比值	式(33.1)	无单位
n	条纹级数	标记暗干涉条纹的数字索引,从中心的零阶亮条纹开始数	34.2 节,式(34.7)	无单位
O	原点	坐标系统的原点	10.2 节	
o	物距	透镜到物的距离	33.6 节,式(33.16)	m
P	功率	能量发生转移或转化的速率	式(9.30)	W
P	压强	流体施加在单位面积上的力	式(18.1)	Pa
P_{atm}	大气压强	海平面上地球大气层受到的平均压力	式(18.3)	Pa
P_{gauge}	表头值	测得的绝对压强与大气压强之间的压强差	式(18.16)	Pa
p	随时间改变的功率	能源提供能量的瞬时速率;$P(t)$	式(32.49)	W
$\vec{p}$	动量	表示物体的惯性质量与速度的乘积的矢量	式(4.6)	kg · m/s
$\vec{p}$	(电)偶极矩	表示电偶极子的大小和方向的矢量,等于间距很小的正电荷与负电荷的总和	式(23.9)	C · m
$\vec{p}_{ind}$	极化偶极矩	在外电场的作用下,材料中产生的电偶极矩	式(23.24)	C · m
p_x	动量的 x 分量	动量的 x 分量	式(4.7)	kg · m/s
Q	品质因子	在阻尼振动中,共振子能量减少到原子能量 $e^{-2\pi}$ 所需的周期数	式(15.41)	无单位
Q	体积流量	单位时间内,流过管道某一截面的物质的体积	式(18.25)	m^3/s
Q	能量转换为热	通过热量的交换,将能量转移到系统中	式(20.1)	J
Q_{in}	能量的热输入	通过热量的交换,转移到系统中的能量的绝对值	21.1 节,21.5 节	J
Q_{out}	能量的热输出	通过热量的交换,转移出系统的能量的绝对值	21.1 节,21.5 节	J
q	电荷	电磁相互作用的属性	式(22.1)	C

（续）

符号	量的名称	定　义	正文中的位置	国际单位
q_{enc}	封闭电荷	一个闭合曲面内的总电量	式(24.8)	C
q_p	电偶极子的电量	电偶极子中正电荷电量	23.6 节	C
R	半径	物体的半径	11.47 节	m
R	电阻	施加的电势差与产生电流的比值	式(29.4),式(31.10)	Ω
R_{eq}	等效电阻	可以用来代替回路元素组合的电阻	式(31.26),式(31.33)	Ω
r	径向坐标	测量到坐标系统原点的距离的极坐标	式(10.1)	m
$\vec{r}$	位置	决定位置的矢量	式(2.9),式(10.4)	m
$\hat{r}_{12}$	单位矢量	从 $\hat{r}_1$ 一端指向 $\hat{r}_2$ 一端的单位矢量	式(22.6)	无单位
$\vec{r}_{AB}$	相对位置	在观察者 A 的参考系中观察者 B 的位置	式(6.3)	m
$\vec{r}_{Ae}$	相对位置	观察者在参考系 A 中记录的事件 e 发生的位置	式(6.3)	m
$\vec{r}_{cm}$	系统质心的位置	系统中独立于所选参考系的固定位置	式(6.24)	m
$\vec{r}_p$	电偶极子的间距	电子极子中,正电荷相对于负电荷的位置	23.6 节	m
$r_\perp$	力臂距离或力臂	转轴与矢量的作用线之间的垂直距离	式(11.36)	m
$\Delta\vec{r}$	位移	从物体初始位置到结束位置的矢量	式(2.8)	m
$\Delta\vec{r}_F$	力的位移	力的作用点的位移	式(9.7)	m
S	熵	微观态数的自然对数	式(19.4)	无单位
S	强度	电磁波的强度	式(30.36)	W/m^2
$\vec{S}$	坡印亭矢量	表示电磁场能量流动的矢量	式(30.37)	W/m^2
s	弧长	沿圆周轨迹的距离	式(11.1)	m
s^2	时空间隔	在时空中事件分离的不变量测度	式(14.18)	m^2
T	周期	在圆周运动中,物体完成一次旋转所需的时间间隔	式(11.20)	s
T	绝对温度	与熵随热能的变化率有关	式(19.38)	K
$\mathcal{T}$	张力	拉伸物体时物体内部的反作用力	8.6 节	N
t	瞬时时间	允许我们确定相关事件顺序的物理量	表 1.1	s
t_{Ae}	瞬时时间	观察者 A 测得的事件 e 发生的瞬时值	式(6.1)	s
Δt	时间间隔	最后时刻与初始时刻之差	表 2.2	s
Δt_{proper}	原时	同一位置的两个事件发生的时间间隔	14.1 节	s
Δt_v	时间间隔	相对于在事件发生的同一位置的观察者,以速率 v 运动的观察者所观察到的两个事件之间的时间间隔	式(14.13)	s
U	势能	系统中发生可逆变化时存储的能量	式(7.7)	J
U^B	磁势能	在磁场中存储的势能	式(29.25),式(29.30)	J
U^E	电势能	因带电物体的相对位置而产生的势能	式(25.8)	J
U^G	引力势能	由引力作用的物体的相对位置而产生的势能	式(7.13),式(13.14)	J
u_B	磁场的能量密度	磁场中单位体积存储的能量	式(29.29)	J/m^3
u_E	电场的能量密度	电场中单位体积存储的能量	式(26.6)	J/m^3
V	体积	一个物体所占的空间	表 1.1	m^3

（续）

符号	量的名称	定　　义	正文中的位置	国际单位
V_{AB}	电势差	带电粒子从点A运动到点B时，静电力对单位电荷所做功的负值	式(25.15)	V
V_{batt}	电池的电势差	电池两端的电势差	式(25.19)	V
V_C	振动电势的幅值	通过电路元件 C 的电势的最大值	32.1节，式(32.8)	V
V_{disp}	排出流体的体积	物体浸入流体中时，被排出的液体体积	式(18.12)	m^3
V_P	（静电）电势	选取电势为零的参考点与点P之间的电势差	式(25.30)	V
V_{rms}	方均根电势差	电势差的方均根值	式(32.55)	V
V_{stop}	遏止电压	阻止电子流产生光电效应所需的最小电势差	式(34.34)	V
$\mathscr{V}$	速度空间中的“体积”	三维空间中速度范围的量度	19.6节	$(m/s)^3$
v	速率	速度的大小	表1.1	m/s
$\vec{v}$	速度	位置随时间的变化率	式(2.23)	m/s
$\vec{v}_{12}$	相对速度	物体2相对于物体1的速度	式(5.1)	m/s
$\vec{v}_{AB}$	相对速度	观察者B在观察者A的参考系中的速度	式(6.3)	m/s
v_C	依赖于时间的电势	通过电路元件 C，依时间而变的电势；$V_C(t)$	32.1节，32.8节	V
$\vec{v}_{cm}$	速度，质心	系统质心的速度，等于系统中零动量参考系的速度	式(6.26)	m/s
$\vec{V}_d$	漂移速度	导体上的电子在电场中的平均速度	式(31.3)	m/s
v_{esc}	逃逸速度	物体到达无限远所需的最小发射速度	式(13.23)	m/s
v_r	速度的径向分量	对于沿圆形轨迹运动的物体而言，总是为零	式(11.18)	m/s
v_{rms}	方均根速率	速率的平方的平均值的平方根	式(19.21)	m/s
v_t	速度的切向分量	做圆周运动的物体，经过弧长的速率	式(11.9)	m/s
v_x	速度的 x 分量	速度沿 x 轴的分量	式(2.21)	m/s
W	功	作用在系统上的外力使系统的能量发生的变化	式(9.1)，式(10.35)	J
$W_{P\to Q}$	功	沿P到Q的路径所做的功	式(13.12)	J
W_{in}	机械能输入	外界对系统所做的机械功的绝对值	21.1节	J
W_{out}	机械能输出	系统对外界所做的机械功的绝对值	21.1节	J
W_q	静电功	带电粒子在电场中移动时，静电场对带电粒子所做的功	25.2节，式(25.17)	J
X_C	容抗	电容器中电势差幅值与电流幅值的比值	式(32.14)	Ω
X_L	感抗	感应线圈中电势差幅值与电流幅值的比值	式(32.26)	Ω
x	位置	沿 x 轴的位置	式(2.4)	m
$x(t)$	位置的时间函数	时刻 t 的位置 x	2.3节	m
Δx	位移的 x 分量	沿 x 轴的初始与结束位置的位移差	式(2.4)	m
Δx_F	力的位移	力的作用点的位移	式(9.7)	m
Z	阻抗	（与频率相关）电势差与通过回路的电流的比值	式(32.33)	Ω
Z	零动量参考系	系统中动量为零的参考系	式(6.23)	

附录 B

数学知识回顾（略）

附录 C

国际单位、有用数据，以及换算关系

7 个国际基本单位		
单位	符号	物理量
米	m	长度
千克	kg	质量
秒	s	时间
安[培]	A	电流
开[尔文]	K	热力学温度
摩[尔]	mol	物质的量
坎[德拉]	cd	发光强度

一些国际单位的导出单位			
单位	符号	物理量	基本单位
牛[顿]	N	力	$kg \cdot m/s^2$
焦[耳]	J	能量	$kg \cdot m^2/s^2$
瓦[特]	W	功率	$kg \cdot m^2/s^3$
帕[斯卡]	Pa	压强	$kg/m \cdot s^2$
赫[兹]	Hz	频率	s^{-1}
库[仑]	C	电荷量	$A \cdot s$
伏[特]	V	电势	$kg \cdot m^2/(A \cdot s^3)$
欧[姆]	Ω	电阻	$kg \cdot m^2/(A^2 \cdot s^3)$
法[拉]	F	电容	$A^2 \cdot s^4/(kg \cdot m^2)$
特[斯拉]	T	磁场	$kg/(A \cdot s^2)$
韦[伯]	Wb	磁通量	$kg \cdot m^2/(A \cdot s^2)$
亨[利]	H	电感	$kg \cdot m^2/(A^2 \cdot s^2)$

国际单位的词头					
10^n	词头	符号	10^n	词头	符号
10^0	—	—			
10^3	千	k	10^{-3}	毫	m
10^6	兆	M	10^{-6}	微	μ
10^9	吉[咖]	G	10^{-9}	纳[诺]	n
10^{12}	太[拉]	T	10^{-12}	皮[可]	p
10^{15}	拍[它]	P	10^{-15}	飞[母托]	f
10^{18}	艾[可萨]	E	10^{-18}	阿[托]	a
10^{21}	泽[它]	Z	10^{-21}	仄[普托]	z
10^{24}	尧[它]	Y	10^{-24}	幺[科托]	y

基本常量的值

量	符号	值
真空中的光速	c_0	3.00×10^{8} m/s
万有引力常数	G	6.6738×10^{-11} N·m²/kg²
阿伏伽德罗常量	N_A	6.0221413×10^{23} mol^{-1}
玻尔兹曼常量	k_B	1.380×10^{-23} J/K
电子的电荷量	e	1.60×10^{-19} C
真空介电常数	ε_0	8.85418782×10^{-12} C²/(N·m²)
真空磁导率	μ_0	$4\pi\times10^{-7}$ T·m/A
普朗克常数	h	6.626×10^{-34} J·s
电子质量	m_e	9.11×10^{-31} kg
质子质量	m_p	1.6726×10^{-27} kg
中子质量	m_n	1.6749×10^{-27} kg
原子质量单位	u	1.6605×10^{-27} kg

其他有用的数值

常数或量	值
π	3.1415927
e	2.7182818
1rad	57.2957795°
绝对零度($T=0$)	−273.15℃
靠近地面的平均重力加速度 g	9.8m/s²
在 20℃ 下空气中的声速	343m/s
在 20℃ 和大气压下干燥空气的密度	1.29kg/m³
地球质量	5.97×10^{24} kg
地球半径(平均)	6.38×10^{6} m
地球与月球之间的距离(平均)	3.84×10^{8} m

单位换算

长度

1in = 2.54cm(定义)

1cm = 0.3937in

1ft = 30.48cm

1m = 39.37in = 3.281ft

1mile = 5280ft = 1.609km

1km = 0.6214mile

1nmile(美制) = 1.151mile = 6076ft = 1.852km

1fermi = 1fm = 10^{-15} m

1Å = 10^{-10} m = 0.1nm

1 光年(ly) = 9.461×10^{15} m

1 秒差距 = 3.26ly = 3.09×10^{16} m

体积

1L = 1000mL = 1000cm³ = 1.0×10^{-3} m³

= 1.057qt(美制) = 61.02in³

1gal(美制) = 4qt(美制) = 231in³ = 3.785L = 0.8327gal(英制)

1qt(美制) = 2pt(美制) = 946mL

1pt(英制) = 1.20pt(美制) = 568mL

1m³ = 35.31ft³

速度

1mile/h = 1.4667ft/s = 1.6093km/h = 0.4470m/s

1km/h = 0.2778m/s = 0.6214mile/h

1ft/s = 0.3048m/s = 0.6818mile/h = 1.0973km/h

1m/s = 3.281ft/s = 3.600km/h = 2.237mile/h

1 节(kn) = 1.151mile/h = 0.5144m/s

角度

1rad = 57.30° = 57°18′

1° = 0.01745rad

1r/min(rpm) = 0.1047rad/s

时间

1 天 = 8.640×10^{4} s

1 年 = 365.242 天 = 3.156×10^{7} s

质量

1 原子质量单位(u) = 1.6605×10^{-27} kg

1kg = 0.06852 斯勒格(slug)

1t = 1000kg

1 英吨(ton) = 2240 磅(lb) = 1016kg

1 美吨(sh ton) = 2000lb = 909.1kg

1kg = 2.20lb(g = 9.80m/s²)

实践篇

（续）

单位换算

力

1lb = 4.44822N

1N = 10^5 达因(dyne) = 0.2248lb

功和能

1J = 10^7 尔格(erg) = 0.7376ft · lb

1ft · lb = 1.356J = 1.29×10^{-3} 英热单位(Btu)

= 3.24×10^{-4} kcal(千卡)

1kcal = 4.19×10^3 J = 3.97Btu

1eV = 1.6022×10^{-19} J

1kW · h = 3.600×10^6 J = 860kcal

1Btu = 1.056×10^3 J

功率

1W = 1J/s = 0.7376ft · lb/s = 3.41Btu/h

1hp = 550ft · lb/s = 746W

1kW · h/day = 41.667W

压力

1atm = 1.01325bar = 1.01325×10^5 N/m^2 = 14.7lb/in^2

= 760 托(Torr)

1lb/in^2 = 6.895×10^3 N/m^2

1Pa = 1N/m^2 = 1.450×10^{-4} lb/in^2

元素周期表

原子序数 → 29
元素符号 → Cu
63.546 ← 平均原子质量的单位为g/mol。对于没有稳定同位素的元素，以括号形式给出其寿命最长同同位素的近似原子质量。

周期 \ 族	1	2	3	4	5	6	7	8	9	10	11	12	13	14	15	16	17	18
1	1 H 1.008																	2 He 4.003
2	3 Li 6.941	4 Be 9.012											5 B 10.811	6 C 12.011	7 N 14.007	8 O 15.999	9 F 18.998	10 Ne 20.180
3	11 Na 22.990	12 Mg 24.305											13 Al 26.982	14 Si 28.086	15 P 30.974	16 S 32.065	17 Cl 35.453	18 Ar 39.948
4	19 K 39.098	20 Ca 40.078	21 Sc 44.956	22 Ti 47.867	23 V 50.942	24 Cr 51.996	25 Mn 54.938	26 Fe 55.845	27 Co 58.933	28 Ni 58.693	29 Cu 63.546	30 Zn 65.409	31 Ga 69.723	32 Ge 72.64	33 As 74.922	34 Se 78.96	35 Br 79.904	36 Kr 83.798
5	37 Rb 85.468	38 Sr 87.62	39 Y 88.906	40 Zr 91.224	41 Nb 92.906	42 Mo 95.94	43 Tc (98)	44 Ru 101.07	45 Rh 102.906	46 Pd 106.42	47 Ag 107.868	48 Cd 112.411	49 In 114.818	50 Sn 118.710	51 Sb 121.760	52 Te 127.60	53 I 126.904	54 Xe 131.293
6	55 Cs 132.905	56 Ba 137.327	71 Lu 174.967	72 Hf 178.49	73 Ta 180.948	74 W 183.84	75 Re 186.207	76 Os 190.23	77 Ir 192.217	78 Pt 195.078	79 Au 196.967	80 Hg 200.59	81 Tl 204.383	82 Pb 207.2	83 Bi 208.980	84 Po (209)	85 At (210)	86 Rn (222)
7	87 Fr (223)	88 Ra (226)	103 Lr (262)	104 Rf (261)	105 Db (262)	106 Sg (266)	107 Bh (264)	108 Hs (269)	109 Mt (268)	110 Ds (271)	111 Rg (272)	112 Uub (285)	113 Uut (284)	114 Uuq (289)	115 Uup (288)	116 Uuh (292)	117 Uus (294)	118 Uuo

镧系	57 La 138.905	58 Ce 140.116	59 Pr 140.908	60 Nd 144.24	61 Pm (145)	62 Sm 150.36	63 Eu 151.964	64 Gd 157.25	65 Tb 158.925	66 Dy 162.500	67 Ho 164.930	68 Er 167.259	69 Tm 168.934	70 Yb 173.04
锕系	89 Ac (227)	90 Th (232)	91 Pa (231)	92 U (238)	93 Np (237)	94 Pu (244)	95 Am (243)	96 Cm (247)	97 Bk (247)	98 Cf (251)	99 Es (252)	100 Fm (257)	101 Md (258)	102 No (259)

附录 D

扩展物体的质心

我们可以将质心的概念应用于扩展物体。例如，思考一下图 D.1 中惯性质量为 m 的物体。如果你假设将物体微分为许多惯性质量等于 δm 的小部分，就可以使用式（6.24）计算出质心的位置：

$$x_{cm}=\frac{\delta m_1 x_1+\delta m_2 x_2+\cdots}{\delta m_1+\delta m_2+\cdots} \qquad (D.1)$$

其中，x_n 是 δm_n 部分的位置点。因为所有小部分惯性质量的总和等于扩展物体的惯性质量 m，$\delta m_1+\delta m_2+\cdots=m$，所以我们可以将式（D.1）写为

$$x_{cm}=\frac{1}{m}(\delta m_1 x_1+\delta m_2 x_2+\cdots)=\frac{1}{m}\sum_n(\delta m_n x_n) \qquad (D.2)$$

为了计算这个扩展物体的总和，当 $\delta m\to 0$ 时，我们对这个表达式的取极限。在这个极限中，求和变成了一个积分：

$$x_{cm}=\frac{1}{m}\lim_{\delta m\to 0}\sum_n(\delta m_n x_n)\equiv\frac{1}{m}\int_{\text{object}}x\mathrm{d}m \qquad (D.3)$$

想计算出这个积分，我们就需要知道这个物体的惯性质量是如何分布的。设物体单位长度上的惯性质量为 $\lambda\equiv \mathrm{d}m/\mathrm{d}x$。在一般情况下，$\lambda$ 是一个与位置有关的量，即该物体在不同位置处单位长度的惯性质量不需要一样，所以 $\lambda=\lambda(x)$ 且 $\mathrm{d}m=\lambda(x)\mathrm{d}x$。将 $\mathrm{d}m$ 的表达式代入式（D.3），我们得到

$$x_{cm}=\frac{1}{m}\int_{\text{object}}x\lambda(x)\mathrm{d}x \qquad (D.4)$$

在这个表达式中，积分限应该是物体左端和右端的位置（分别为 x_L 和 x_R）。

例如，若图 D.1 中物体的惯性质量均匀分布，那么 $\lambda(x)$ 在每一处都有同样的值（扩展物体的惯性质量被其长度所分割）：

$$\lambda(x)=\frac{m}{x_R-x_L} \qquad (D.5)$$

因为 $\lambda(x)$ 并不取决于 x，所以我们可以将它从式（D.4）中的积分号里提出来，然后将式（D.5）代入式（D.4），得到

$$x_{cm}=\frac{\lambda(x)}{m}\int_{x_L}^{x_R}x\mathrm{d}x=\frac{1}{x_R-x_L}\int_{x_L}^{x_R}x\mathrm{d}x=\frac{1}{x_R-x_L}\left[\frac{1}{2}x^2\right]_{x_L}^{x_R}$$

$$=\frac{x_R^2-x_L^2}{2(x_R-x_L)}=\frac{x_R+x_L}{2} \qquad (D.6)$$

换句话说，正如我们所期望的那样，质心位于物体两端的中间（在物体的中心）。

图 D.1

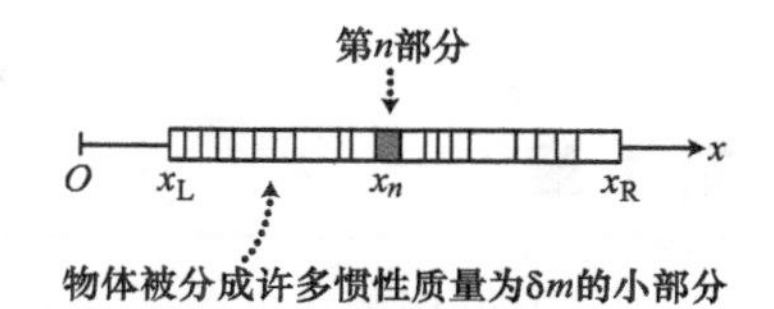

习题答案（奇数题号）

第 1 章

1. 不可探测

3. 序列是线性的，任意两个相邻的数字之差是 1。

5. 12 种方式。

7. 1 个

9. T，A：字母关于通过其中心的竖直轴镜像对称；
E，B：字母关于通过其中心的水平轴镜像对称；
L，S：不存在对称轴

11. 9 个镜像对称轴，13 个旋转对称轴

13. 两个镜像对称轴

15. (a) 1.5×10^{14}mm (b) 12 000 个地球

17. 10^4 倍腹毛动物的生命周期/海龟的生命周期

19. 10^9 到 10^{10} 本书

21. (a) 一个数量级以内，由 $V=l^3$ 可得，$V_1=l_1^3$，$V_2=l_2^3=8l_1^3$，近似为 $10V_1$，也就是一个数量级的差别。(b) 是的，按照近似规则，如果 $V_1=3.5\text{m}^3$，则它的近似值为 10m^3，而 $V_2=8V_1=28\text{m}^3$，也可以近似为 10m^3。这两个结果是同一个数量级。

23. 10^5 片叶子。

25. 不合理，由于光速远远大于声速，总是在看到闪电后才会听到雷声。从因果性出发，不能认为是闪电引发了雷声。

27. 火车经过与前 30s 栏杆放下这两起事件可能存在因果关系。唯一的负面结果，可能显示栏杆放下并不是火车经过的直接原因。很可能，火车在通过前方某处传感器时，触发的信号使得栏杆放下。传感器误操作、电气故障以及栏杆的机械故障都有可能是产生负面结果的原因。

29. $E=mc^2$，其中 E 表示描述的能量，m 为物体质量，c 为光速。

31. 如果夹角一致朝内，则线段两端的距离为 $1.0l$（保留两位有效数字）。如果夹角朝外，则线段两端距离为 $3.4l$ 到 $3.7l$。如果夹角有的朝内，有的朝外，则折线两端的距离为 0（平行四边形）到 $2.4l$（一个夹角朝内）。

33. 1.32×10^3s

35. (a) 从初位置 $x=4.0$m 到末位置 $x=0$，$t=8.0$s，位置随时间线性减少。(b) $x(t)=mt+b$，其中 $m=-0.5$m/s，$b=4.0$m。

37. 352in

39. (a) 和 (b) 一样。两种情况下，每一小块的密度都和金属块的密度相同。

41. 不可能，密度存在显著区别（14%）。

43. m。

45. (a) 10^{21}kg (b) 10^{25}kg (c) 10^{39}kg

47. (a) 3.00×10^8m/s；(b) $8.99\times10^{16}\text{m}^2/\text{s}^2$；(c) 不是，需要得到最后答案才能做近似。(b) 问的结果是通过对 2.99792×10^8m/s 取平方后保留三位有效数字得到的，而直接对 (a) 问的结果取平方得到的则是 $9.00\times10^{16}\text{m}^2/\text{s}^2$。

49. 四位有效数字

51. 35 987.1km

53. 0.17L，在没有测量体积的仪器的信息下，用升作为单位也是可以的。

55. 7.4×10^{-3}g/s

57. 1.6m

59. 将两枚硬币置于天平两端，如果天平保持平衡，那么剩下的那个就是伪造的。如果天平不能平衡，那么这两枚硬币之中一定有一枚是伪造的，将其中较轻的一个换成手中的，如果天平平衡，说明换下的硬币是伪造的。如果天平不平衡，则说明原先较重的那枚是伪造的。

61. 10^{56}mol

63. 2×10^3 块

65. 10^4m

67. 10^8

69. 0.349mm

71. 无法放进去，原子的大小是原子核的 10^5 倍，如果你将原子核的直径做成500mm，那么原子的直径将达到50km。

73. 不用担心，秋千距离地面的最小距离是0.80m，最大距离是2m。

75. (a) 10^{17}kg/m^3 (b) 比地球密度大13个数量级，比水密度大14个数量级 (c) 10^{14} kg

第2章

1. 相邻帧之间的时间间隔以及物体的大小

3.

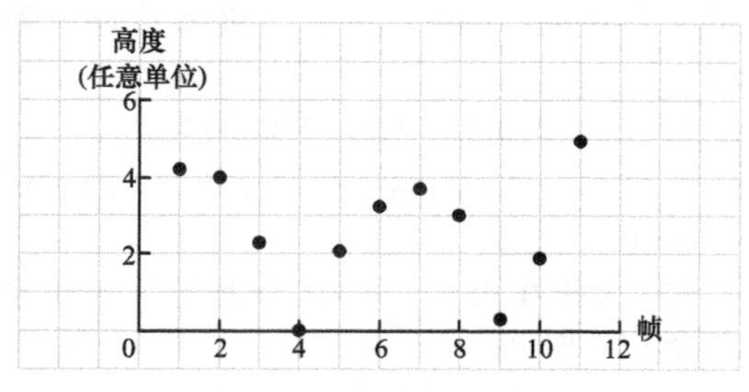

5. (a),(c),(d),(e),(f)

7. 经过的路程为6.4km，位移为0

9. (a) 无穷多 (b) 无穷多 (c) 无穷多 (d) 两种（每个正方向一种）

11. 如果时间或距离的单位改变，但坐标轴上的数字不变（0.40m 换成 0.40in），曲线将变得更窄更高。如果坐标轴上的数字也相应变化的话（0.40m 换成 16in），曲线不会因为单位的变化而发生改变。

13. +1个街区

15. 游泳运动员以恒定速率沿 x 轴正向游动（曲线左侧，x 值增大），在短暂停留后（曲线的水平部分），然后游回起点（曲线右侧，x 值减小），此时她的速率比初始时更小（斜率更小）。

17. 通过内插可以得到连续的曲线，但是这并不能保证每一点的数据都正确。如果每隔1s对座钟的钟摆拍照采样，绘制钟摆的运动曲线，那么在钟摆的运动周期是1s的情况下，照片中显示出来的钟摆位置就不会发生变化。而通过内插的方法得到的运动曲线则是一条水平线，但这和实际情况不符。

19.

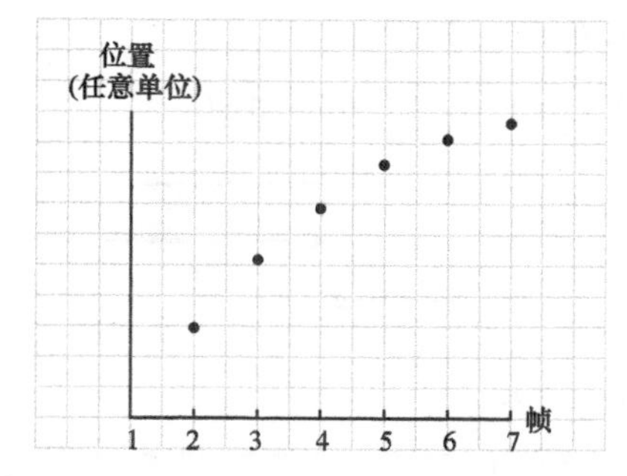

21.

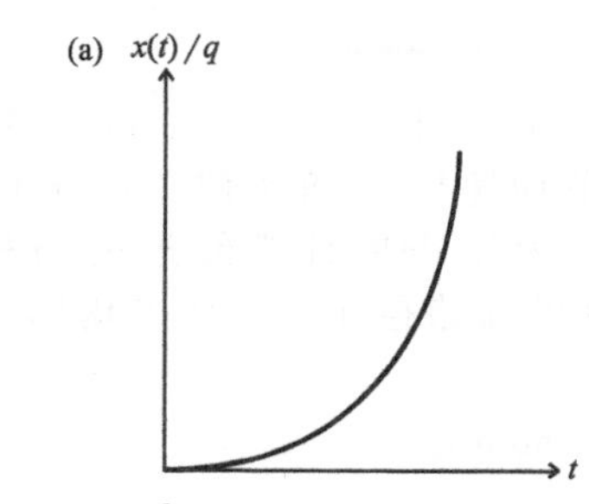

(b) $26qT^3\ \hat{\imath}$

25. (a) 10.2m/s (b) 10.4m/s (c) 9.24m/s (d) 7.233m/s (e) 6.3m/s (f) 5.453m/s

27. (a) 由于拍照之间的时间间隔相等，相邻照片中小球的位移和速率成正比。前五帧照片中小球位置间隔为一个值，后五帧照片中小球位置间隔为另一个值。说明小球开始运动的速率不同于小球结束运动的速度。(b) 前五帧。

29. (a) t_2 之前时刻或 t_6 之后时刻。(b) 从 t_4 到 t_6 之间，在这一区间内两条曲线的斜率相等。

31. 与A地相比，B地离C地更近

33. (a) 12m/s (b) 他可能把以不同的速率行驶相同的距离的情景当成是相同的时间间隔的情景了：(10m/s+16m/s)/2=13m/s

35. 110km/h

37. (1) 不能，你可以沿两个不同的方向前进，这样最后的位置就不相同。(2) 是的。

39. (a) 3m (b) 3m/s (c) 3m/s

41. (a) $A_x\ \hat{\imath}$ (b) $-A_x\ \hat{\imath}$ (c) $A_x\ \hat{\imath}$

43. (a) 4.0m (b) (+4.0m) $\hat{\imath}$

45. (a) +0.52m (b) +0.80m (c) 0 (d) (+0.28m) $\hat{\imath}$ (e) (−0.80m) $\hat{\imath}$ (f) (−0.52m) $\hat{\imath}$ (g) 0.66m (h) 0.82m

（i）1.5m

47. $\vec{B}=-\vec{A}/2$

49. （a）$\vec{C}-\vec{A}$ （b）$\vec{A}-\vec{C}$

(b)

$\vec{A}$

$+(\vec{C}-\vec{A})$

$=\vec{C}$

$\vec{A}$

$-(\vec{A}-\vec{C})$

$=\vec{C}$

51.（a）$(-0.42\text{m/s})\ \hat{\imath}$ （b）1.3m/s （c）由于平均速度只和初位置与末位置有关，而平均速率需要计算经过的路程，因此，平均速度和路径无关，而平均速率和路径有关。

53. 87km/h

55.

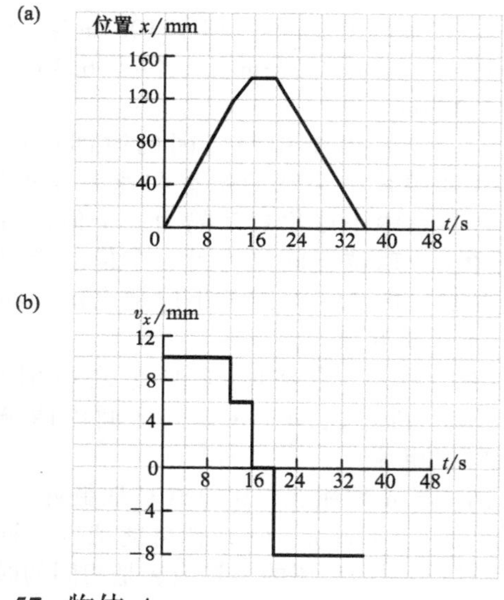

57. 物体 A

59.

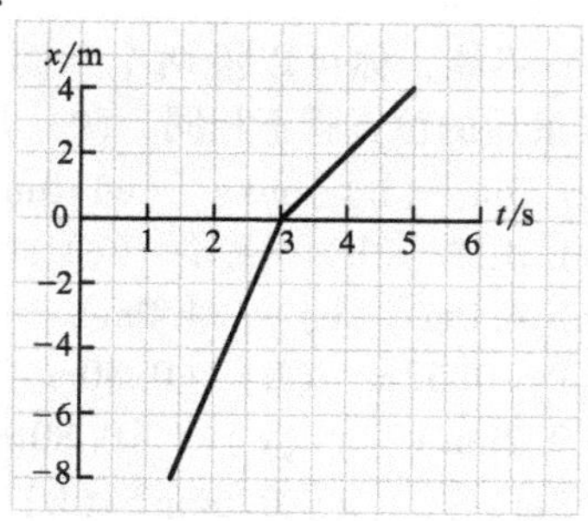

61.（a）1.4m/s （b）10m/s

63. 6.0×10^{2}m

65. 在 1.0s 时：45m/s；在 4.0s 时：91m/s。

67. 汽车 A 在下午 2：00 经过汽车 B，说明开始时汽车 A 的速度大于 30m/s。如果在接下来的一个小时内汽车 A 继续向东以大于 30m/s 的速度运动，那么汽车 B 不可能在下午 3：00 前追上汽车 A。这样汽车 A 需要将向东行驶的速度从 30m/s 以上减小到 30m/s 以下，由于速度或速率不会发生跳变，因此在某个时刻，A 的速度一定要等于 30m/s。（注意对于速率是可以一直大于 30m/s 的，而速度则不能总是大于 30m/s 向东的）。

69.（a）影子前边缘的平均速率大于汽车的平均速率。（b）有，当汽车从灯下通过时。

71.（a）21m/s （b）48mile/h

73.（a）$x=-6.0\text{m}$ （b）$\vec{x}=(-6.0\text{m})\hat{\imath}$ （c）$x=6.0\text{m}$

75. 大于 $0.25\Delta t$，其中 Δt 是选手 A 跑完全程所花的时间。

77.（a）60s （b）3.6×10^{2}m

79.（a）大于 （b）大于

81.（a）1：2 （b）2：1

83.（a）+0.39m/s （b）+0.3603m/s （c）$\dfrac{x(t=1.005\text{s})-x(t=0.995\text{s})}{0.01\text{s}}=(+0.360003\text{m/s})$，其中 $v_x=\dfrac{\mathrm{d}x}{\mathrm{d}t}=3ct^2$，因此，$v_x(t=1.0\text{s})=0.36\text{m/s}$。

85.（a）$d/(2\Delta t)$ （b）$2\Delta t$ （c）选手在到达终点前，需要通过无穷多个项的空间间隔，但同时经过每个间隔所需的时间也逐渐趋近于 0，这两个因素相互抵消，这样选手从起点到终点所经历的时间仍是有限值。

87. 即时兔子以最快的速度 6.0mile/h 跑动，乌龟仍然可以领先 0.2mile 到达终点。兔子醒来后，需要以 10mile/h 的速度奔跑才能追上乌龟，但这个速度远大于兔子所能跑出的最大速度。

89.（a）$x(t)=-p-qt-rt^2$ （b）$x(t)=(p-2)+qt+rt^2$

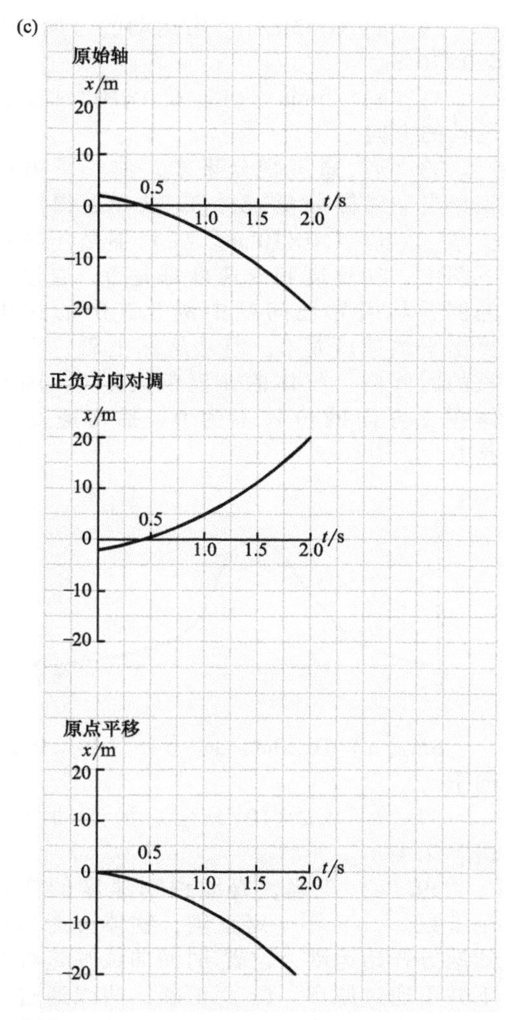

（d） -74m，+74m，-76m

（e） -35m/s，+35m/s，-35m/s

（f）由于仅仅是改变原点的位置或坐标轴的方向，因此这些物理量并不会发生什么改变。

91. 第一天，在路上遇到 12 辆空货车，当你进入工厂时，正好第 13 辆货车驶出。第二天，你在路上遇到 12 辆满载的货车，进入矿场时，正好第 13 辆货车驶出。

第 3 章

1. (a) 从第一个点到第五个点，相邻点之间的距离不断增加。(b) 从第五个点到第九个点，相邻点之间的距离不断减小。(c) 由于从右数起，相当于将第一个点取在最右端，结果不会改变。

3. 没有加速。由于照相机等间距放置，而且在间隔相同的时间触发，所以马在每张照片中的位置不变，说明马没有加速。

5. 不相同。在位置-时间图像中，你的车的运动曲线用实线表示，你朋友的车的运动曲线用虚线表示。A 点是两条线第一次相交的地方，也就是你朋友的车超过你的时刻。为了能够赶上他，你以恒定的加速度超车，此时曲线上弯。要使两条线再次相交于 B 点，此时实线的斜率需要大于虚线的斜率，这样等你追上他时，你的车的速率会更大。

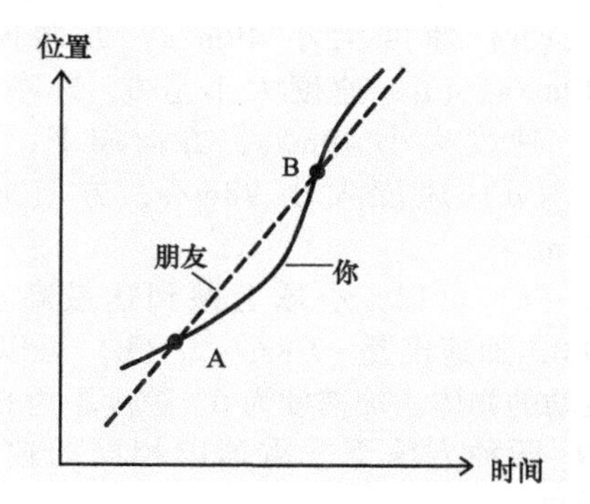

7. 初始时你处于静止状态，当电梯向上运动时，如果取向上的方向为 x 轴的正向，则加速度为正数。在向上加速一小段时间后，电梯达到向上的最大速度，此时加速度为 0，电梯以恒定速度向上运动。当电梯接近 19 层时，电梯减速，加速度为负数，直到电梯停下来。

9. 初始时速率更大的那辆汽车

11. （a） 4.9m/s （b） 15m/s （c） 9.8m/s

13. 《原理篇》中图 3.6a 中的曲线仍然向下弯曲，但弯曲得并不那么明显。图 3.6b 仍然是一条直线，但斜率只有原来的一半。

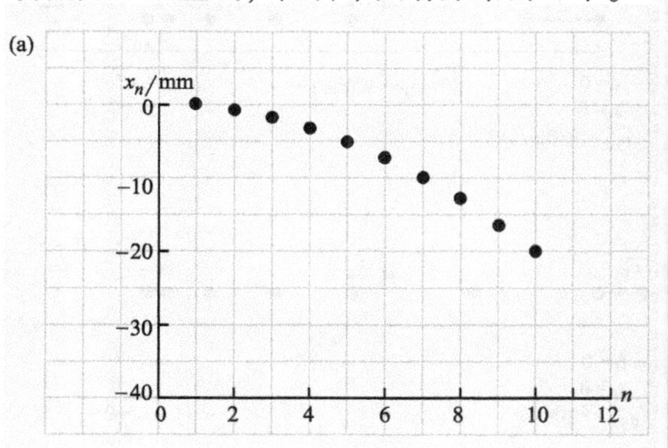

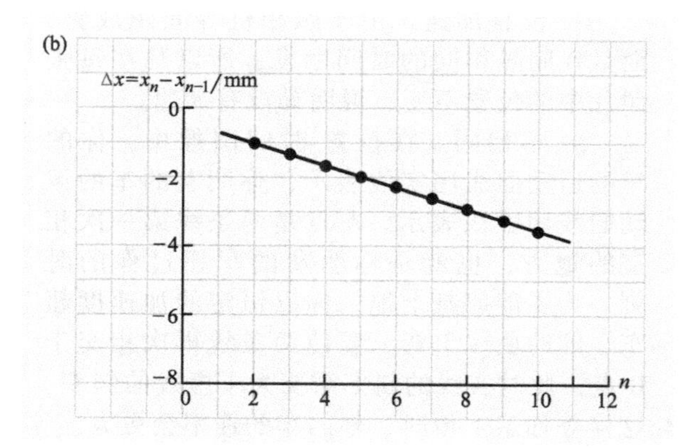

15.（a）速度大小 49m/s，方向向上；速率 49m/s。（b）速度大小是 0，速率也是 0；（c）速度大小 49m/s，方向向下；速率 49m/s。（d）速度大小 98m/s，方向向下；速率 98m/s。

17.（a）可以，小球上抛到达最高点时，速度为 0，加速度是-9.8m/s^2。（b）可以，做匀速运动的物体，加速度为 0，速度不为 0。

19. 两种方法下，雪球以相同的速率击中人行道。

21. 开始时，曲线和没有空气阻力时的相同，斜率为-9.8m/s^2，但曲线的斜率不断减少。一段时间后，曲线变平，说明速率恒定。

23.

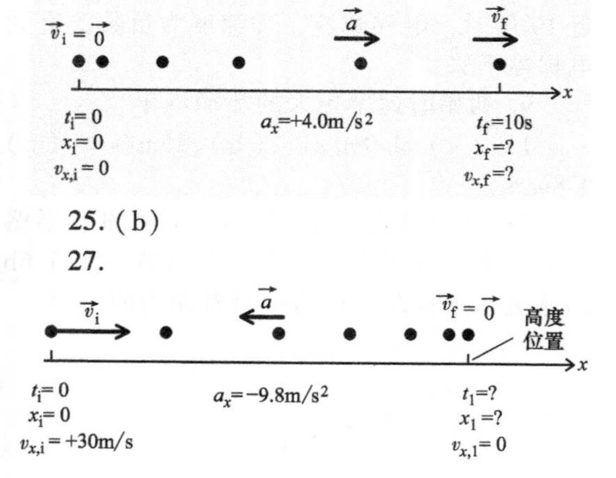

25.（b）

27.

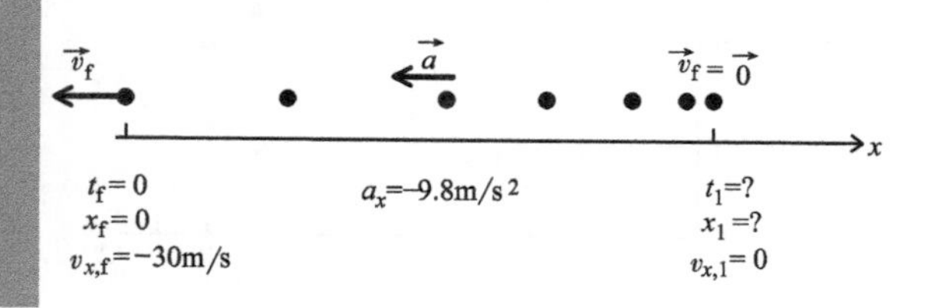

29.（a）0.33m/s^2，沿运动的方向 （b）$6.0\times10^2\text{m}$

31.（a）75mm （b）$6.0\times10^{13}\text{m/s}^2$，沿运动的方向

33.（a）通过积分来求，曲线下方的面积相当于对微分量 $v\delta t=\delta x$ 求和后得到总的位移。（b）$1.0\times10^2\text{m}$。（c）不是，尽管在下图中，初速度和末速度都是 0，通过本章的例题与引导性问题中例 3.3 中的式子计算出平均速度是 0；但是从图上看，在相当长的时间内，气体的速度都大于 0，因此物体在 x 方向的位移不为 0，平均速度也不是 0。

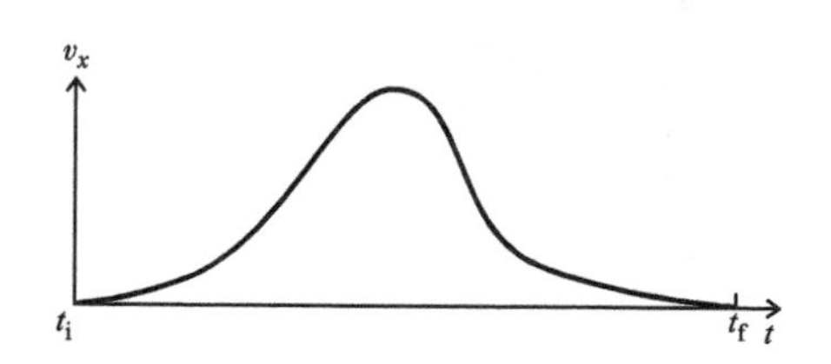

35.（a）0.20m，向下 （b）0.22m，向下

37.（a）$4.2\times10^{15}\text{m/s}^2$，沿运动方向 （b）2.4ns

39.（a）正确，直线说明速度的变化率是常数。（b）不一定正确，物体可能从很远的地方开始运动，位置-时间曲线在这种情况下并不通过原点。（c）正确，曲线通过时间轴的时候，速度为 0。（d）不对，曲线上速度由正变负，说明速度的方向发生了改变。

41.（a）$3.3\times10^2\text{m}$ （b）38s （c）8.6m/s

43. 13m

45. 1.0m

47. $\sqrt{2}$倍

49. $t=3.0\text{s}$ 时，小球达到最大高度，小球的运动轨迹关于最高点对称。在 $t=2.0\text{s}$ 到 $t=3.0\text{s}$ 之间，小球向上运动，加速度向下。在 $t=3.0\text{s}$ 到 $t=4.0\text{s}$ 之间，小球向下运动，加速度向下。由于时间间隔相等，向上运动的距离等于向下运动的距离。

51.（a）22m/s （b）2.3s

53.（a）0.65s （b）0.90s

55. 令 $\Delta y_{\Delta t}=\dfrac{1}{2}g(\Delta t)^2$ 表示在时间间隔

Δt 内的位移，$\Delta y_{\Delta t+1}=\frac{1}{2}g(\Delta t+1)^2$ 表示在时间间隔 $\Delta t+1$ 内的位移，则两者之差表示在这两个时间间隔之间的 1s 内的位移，用 $h_{\Delta t}=g(\Delta t+1/2)$ 表示。由于时间间隔被限定为 1s，这样第 N 秒的位移就可以写成 $h_N=g(N+1/2)$。第一秒与第 N 秒所经过的路程之比就是：

$$\frac{h_0}{h_N}=\frac{\frac{1}{2}}{N+\frac{1}{2}}=\frac{1}{2N+1}$$

而这一数列的前几项分别是 1/3，1/5，1/7，1/9，…。

57. 14m

59. (a) 29m/s，向上 (b) 36m (c) 42m

61. 13.6°

63. 3.73m

65. (a) 2.0m/s^2 (b) 2.0m/s^2 (c) 12s (d) 20m/s (e) 24m/s

67. (a) 1.5s (b) 3.1m/s

69. (a) $\sqrt{2g\sin(\theta)l}$ (b) $\sqrt{g\sin(\theta)l}$

71. 35°

73. 3.1m

75. $a_x(t)=6bt$

77. (a) 是的，加速度为常数 (b) 6.12m/s，沿 $+x$ 方向 (c) 6.08m/s，沿 $+x$ 方向；6.16m/s，沿 $+x$ 方向 (d) 0.400 m/s^2，沿 $+x$ 方向 (e) 都是 0.400m/s^2，均沿 $+x$ 方向

79. (a) 10.0m/s^2，沿 $+x$ 方向 (b) 50.0m/s，沿 $+x$ 方向 (c) 5.00m/s^2，沿 $+x$ 方向 (d) 167m

81. (a) 5.1m (b) 1.8s

83. (a) $a_x(t)=-v_{\max}\omega\sin(\omega t)$ (b) $x(t)=(v_{\max}/\omega)\sin(\omega t)$

85. 63m

87. (a) $6.4\times10^5\text{m/s}^2$，与运动方向相反 (b) 0.25ms (c) 0.18m

89. (a) 2.24m/s^2 (b) 21m/s (c) 1.0×10^2m

91. (a) 44.3m/s (b) 4.52s

93. (a) (20m) $\hat{\imath}$，(29m) $\hat{\imath}$，(29m) $\hat{\imath}$，(20m) $\hat{\imath}$ (b) (15m/s) $\hat{\imath}$，(4.9m/s) $\hat{\imath}$，(−4.9m/s) $\hat{\imath}$，(−15m/s) $\hat{\imath}$ (c) 0 (d) 12m/s

95. $9.6\times10^2\text{m/s}^2$，方向朝上

97. $4g$ 或 $4\times10^1\text{m/s}^2$，方向朝上

99. (a) 6.0m/s^2，方向朝上 (b) 3.3s

101. (a) 11m/s (b) 朝上 (c) 5.2m

103. 1.2s

105. “擦云鸟（Cloud-scraper）”号飞得最高（1.5×10^2m）

107. (a) $a_1=\frac{2d}{(\Delta t)^2}=20.2\text{m/s}^2$，$a_2=\frac{v_f^2}{2d}=11.5\text{m/s}^2$，$a_3=\frac{v_f-v_i}{t}=15.3\text{m/s}^2$ (b) 学生 3 计算的是平均加速度，他的计算结果近似位于学生 1 和学生 2 的结果中间。(c) 加速度不是常数，但学生 1 和学生 2 却把它当成了常数。

109. 不要打这个赌，你抛出的石头最高只能达到 6.7m。

第 4 章

1. 冰球 2 的初速率是冰球 1 的两倍。

3. 物体 1 不是，物体 2 是。物体之间的摩擦力与两者之间的相对运动速度有关，由于物体 1 的速度在增加，摩擦力不可能引起它减速。物体 2 的速度在减少，摩擦力可能是导致其减速的原因。（当然这也可能不是唯一的解释：用球杆使冰面上的冰球减速，也能产生类似物体 2 的曲线）

5. 物体 2 的惯性质量是物体 1 的三倍

7.

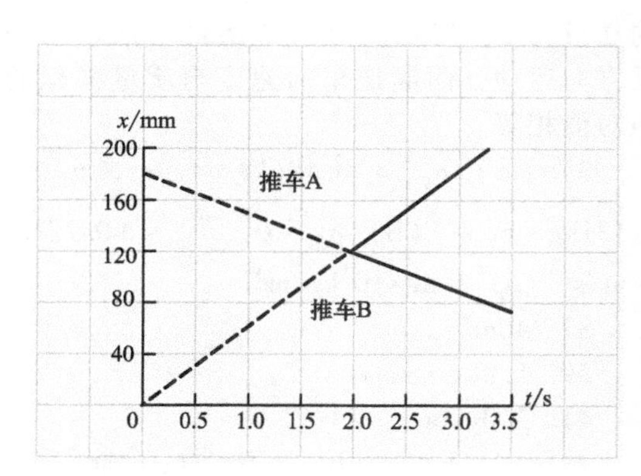

9.(a) 碰碰车 A：上面的实线；碰碰车 B：下面的实线。(b) 碰碰车 A

11. A 的惯性质量是 B 的 2.5 倍。

13. 不会变

15. 两种情况下，瓶子自身的惯性质量都是一样的，但如果从盛放的物质来看，装水的瓶子要比装空气的瓶子重。

17. 图（a）：光滑的冰面轨道上木质小推车与塑料小推车相撞，初始时，塑料小推车静止，木质小推车的速度为 1.5m/s；图（b）：落满灰尘未抛光的轨道，两辆小推车的材质相同，无法确定是何种材料，初始时，两辆推车同向行驶，一辆速度为 2.0m/s，另一辆为 5.0m/s。图（c）：粗糙受损的轨道，两辆小推车的材质相同，无法确定是何种材料，初始时，两辆推车同向行驶，一辆运动，另一辆静止。

19. (a) 延展量 (b) 略 (c) 不是，乘客每站上下车，因此车上乘客的数量是变化的。理论上讲，车上乘客的出生和死亡也能改变乘客的数量。(d) 是的，忽略乘客的出生或死亡。

21. 如果 5 个物体（人、卡车、球、你的朋友、地面）不可再分，共有 32 种划分的方法。

23. 0.33kg

25. 1.0m/s，向左

27. (a) $v_{1x,f}=-0.13\text{m/s}$，$v_{2x,f}=+1.2\text{m/s}$ (b) $\Delta v_{1x}=-1.6\text{m/s}$，$\Delta v_{2x}=+1.2\text{m/s}$ (c) 50kg (d) $a_{1x}=-3.2\text{m/s}^2$，$a_{2x}=+2.4\text{m/s}^2$

29. 棒球

31. 两车动量的变化量相同

33. 是的，动量是矢量，因此要使系统的动量为 0，需要满足两个条件：推车沿相反方向运动，两辆推车的速度与质量乘积的绝对值相等。

35. (a) $p_{1,i}=0.196\text{kg}\cdot\text{m/s}$，$p_{1,f}=0.131\text{kg}\cdot\text{m/s}$ (b) $\vec{p}_{2i}=\vec{0}$，$\vec{p}_{2,f}=+0.327\text{kg}\cdot\text{m/s}$ (c) $1.22\times10^3\text{kg/m}^3$

37. 46m

39. 1.8kg·m/s

41. 2.0m/s

43. (a) 不能 (b) 不能 (c) 能

45. 2.4m/s

47. (a) 6kg·m/s，朝右 (b) 零 (c) 不是，由于墙面和地面以及其他结构相连，因此不会发生移动。

49. (a) +1.0kg·m/s (b) +1.0kg·m/s (c) 是的

51. (a) $\Delta\vec{p}_A=-8.0\text{kg}\cdot\text{m/s}\,\hat{\imath}$，$\Delta\vec{p}_B=+8.0\text{kg}\cdot\text{m/s}\,\hat{\imath}$ (b) 零 (c) 符合，因为系统动量的改变量是零

53. (a) 不可能，如果二体系统不与外界相互作用。(b) 是的，有可能。初始运动的物体可以停下来，将其动量全部传递给第二个物体。

55. (a) 通过汽车的动量无法得到汽车的速度。(b) 是的，有可能。系统的动量（两辆汽车的动量的代数和）在碰撞后保持不变，也就是说，两辆汽车碰撞后的动量等于 2000kg·m/s，且方向与 1200kg 汽车的初速度方向一致。

57. 脱下衣服向河岸扔去，衣服的动量不为零，这样你将获得一个方向相反的动量，从而向对岸运动。

59. 80kg

61. (a) 0.40m/s (b) $7.0\times10^2\text{kg}\cdot\text{m/s}$，沿初始运动的方向 (c) 更高

63. (a) 碰撞之前，母球的动量指向 8 号球，8 号球的动量为零。碰撞之后，母球的动量为零，8 号球的动量等于母球的初动量。(b) 以运动的方向为 $+x$ 方向，对于由两个球组成的孤立系统，$m_8(v_{8x,f}-v_{8x,i})=-m_c(v_{cx,f}-v_{cx,i})$。由 $v_{8x,i}=0$，$v_{cx,f}=0$，$m_8=m_c$ 可知，$v_{8x,f}=v_{cx,i}$。两颗球的质量相等，因此 $p_{8x,f}=p_{cx,i}$，系统动量的变化量为 0，这和系统所受的冲量为 0 以及（a）问的结果是一致的。对于单颗小球，由于系统动量的变化量为 0，球的动量的变化量大小相等，方向相反。四个量的大小都是 mv。

65. $2.0\times10^4\text{kg}$

67. (a) $v_{1x,i}=+2.0\text{m/s}$，$v_{1x,f}=0$ (b) $v_{2x,i}=-0.33\text{m/s}$，$v_{2x,f}=+0.33\text{m/s}$ (c) $\Delta p_{1,x}=-2.0\text{kg}\cdot\text{m/s}$，$\Delta p_{2,x}=+2.0\text{kg}\cdot\text{m/s}$ (d) 是的

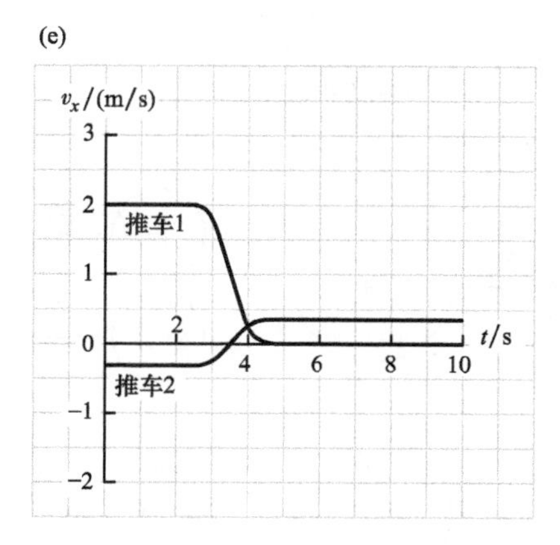

69. $m_{\text{black}}=2m_{\text{red}}$

71. 2.0×10^2kg

73. $p_{\text{golfball}}/p_{\text{baseball}}=1/2$

75. 5.6kg

77.

	初始状态		最终状态	
高尔夫球	A	B	A	B
速度	$\vec{v}_{A,i}$	$\vec{v}_{B,i}=\vec{0}$	$\vec{v}_{A,f}=\vec{0}$	$\vec{v}_{B,f}$
动量	$\vec{p}_{A,i}$	$\vec{p}_{B,i}=\vec{0}$	$\vec{p}_{A,f}=\vec{0}$	$\vec{p}_{B,f}$
高尔夫球和篮球	A	B	A	B
速度	$\vec{v}_{A,i}$	$\vec{v}_{B,i}=\vec{0}$	$\vec{v}_{A,f}$	$\vec{v}_{B,f}$
动量	$\vec{p}_{A,i}$	$\vec{p}_{B,i}=\vec{0}$	$\vec{p}_{A,f}$	$\vec{p}_{B,f}$

79. $v_{\text{block,f}}=\dfrac{m_{\text{bullet}}}{m_{\text{block}}}(v_{\text{bullet,i}}-v_{\text{bullet,f}})$

81. 发射火箭弹或炮弹时，发射体获得向前的动量。由于系统的初动量为零，炮管获得相反方向的动量。对于“巴祖卡”火箭筒来说，由于废弃燃料的排出，这些动量并没有完全被转化成后坐力。而对于加农炮来说，因为无法将气体或废料排出，所以反冲动量全部转化为后坐力。

83. 在太空中，火箭从后面排出大量气体分子，系统动量守恒，因此，火箭能够获得向前的速度。

85. 碰撞过程中两辆汽车动量的变化量相等，对于惯性质量较大的汽车，速度的变化较小。由于速度的变化率是加速度，惯性质量大的汽车加速度较小，乘客不容易受伤。

87. 不要把扬声器扔下来，当你朋友接到它时，它的动量可达 53kg · m/s，方向向下，两者都可能因此受损伤。

89. 扔掉沙袋，质量和动量都会减小。如果仅将沙袋静止释放，到达地面时，你的动量为 2.66×10^3kg · m/s，低于使挂篮损坏的临界值：2850kg · m/s。如果以向下的初速度抛出沙袋，由于动量进一步减小，你到达地面时的动量还要更小一些。

91. (a) $3v_{\text{ex}}/4$ (b) $2v_{\text{ex}}/3$ (c) 二级火箭，因为每一级加速后，接下来需要加速部分的惯性质量减小了。

第 5 章

1. (a) 3.0m/s，沿 x 轴的负方向 (b) 4.0m/s，沿 x 轴的正方向。

3. (a) 非弹性碰撞 (b) 完全弹性碰撞

5. 动量加倍，动能变成原来的 4 倍

7. 2.5×10^6kg

9. $m_A/m_B=1/4$

11. 动量相同时，$K_Y>K_X$；动能相同时，$p_X>p_Y$。

13. 在摩擦力的作用下，书本减速。由于摩擦力，书本的动能转换成了热能。

15. 大炮：温度、速度（由于反冲）、动量。炮弹：温度、速度、动量、内能（由于轻微的形变）。火药：转换能（点火后，火药由固体变成气体）。

17. (a) 选择由两个物块构成的系统，该系统不是孤立系统；物块和弹簧相互作用，改变了系统的动量。

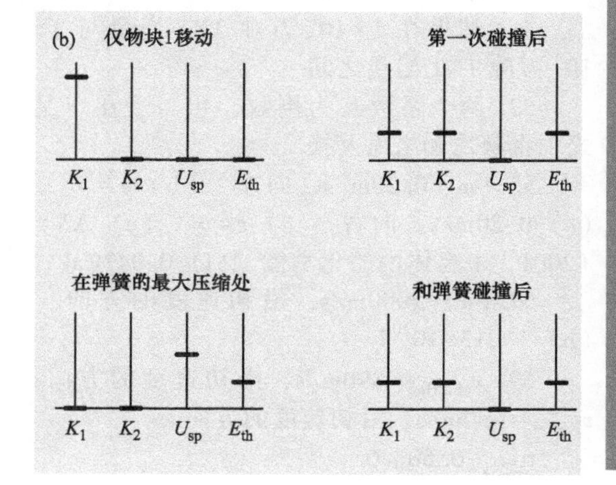

（c）开始系统能量只是动能，两个物块发生碰撞后，部分转化成热能。在物块接下来撞击弹簧并静止后，动能转化成弹簧的内能。当弹簧恢复原长时，弹簧的内能转化成动能。（d）d/2。

19. 自行车或汽车的动能转化成制动闸片和轮胎的热能。

21. 两辆汽车将相同量的动能转化成热能

23. $|\Delta\vec{p}|=2m|\vec{v}|$；$\Delta K=0$；两者并不矛盾，动量的变化引起速度方向的变化。动能的变化引起速率的变化。

25. 6.3×10^{-3}J

27.（a）5.0m/s （b）−5.4m/s （c）两个结果一致 （d）0

29. 略

31.（a）不违反 （b）违反 （c）略

33. $v_{1f}=-\dfrac{(m_1-2m_2)}{m_1+m_2}v_{1i}$，

$v_{2f}=\dfrac{1}{2}\left(\dfrac{5m_1-m_2}{m_1+m_2}\right)v_{1i}$

35. 非弹性碰撞，$m_B=0.16$kg

37. 略

39. $\dfrac{\text{速率为 34m/s 发生的转化}}{\text{速率为 25m/s 发生的转化}}=1.8$

41. 略

43. 初动量大小相等的碰撞

45. $\sqrt{\dfrac{3}{4}}v_{end}$

47.（a）50m/s （b）不是 （c）0.50J

49. 略

51. 结果在 1×10^8 万吨 TNT 当量与 3×10^8 万吨 TNT 当量之间

53. 两个系数互为倒数，相当于在定义式中将初态和末态互换。

55.（a）0.20m/s，向左 （b）$e=\infty$ （c）0.20m/s，向右 （d）$e=\infty$ （e）$\Delta K=+200$J，来自体内的化学能 （f）0.047Cal

57.（a）7000m/s，沿初速度的方向 （b）1.013×10^{10}J

59. $v_{shuttle}=890$m/s，沿初速度的方向；$v_{rocket}=790$m/s，沿初速度的方向。

61. −0.60m/s

63. $v_i+\sqrt{\dfrac{3m_BE_{spring}}{2m_A(m_B+m_A)}}$

65.

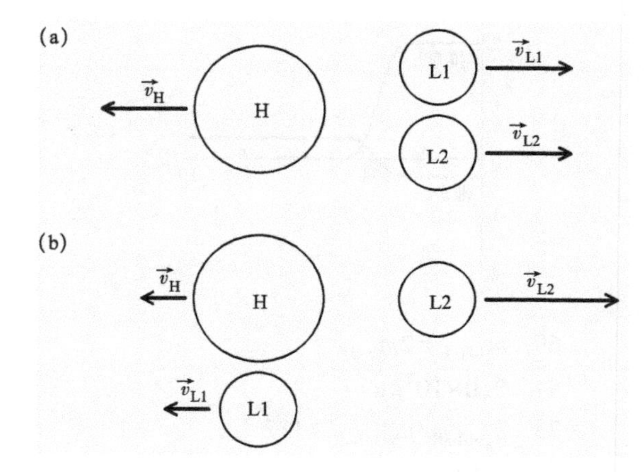

67. 略

69. 1m/s

71.（a）2.0m/s，方向向右（见图 P5.70） （b）0.098J （c）$\vec{v}_{1f}=0.66$m/s，方向向右；$\vec{v}_{2f}=0.66$m/s，方向向右 （d）0.33J （e）$e=0$，完全非弹性碰撞。

73. 略

75. 略

77. 水流每秒传输的动量为$\dfrac{\Delta p}{t}=\dfrac{Q^2\rho}{\pi r^2}$，通过比较小球动量的变化可以判断碰撞是否为弹性碰撞，由于水珠有可能会粘在小球上，所以碰撞应该是非弹性的。

第 6 章

1. 上自动人行步道时，要尽可能使自己的速度和步道一致。下来时，则应尽量减小自己与地面的相对速度。

3. 5.0m/s，沿两辆车运动的方向。

5.（a）朝着皮卡 （b）背离皮卡

7. 货车与汽车沿同一方向运动：货车驾驶员观测到汽车以 30m/s 的速度向后运动，接着沿货车行驶的方向加速，最后两者的相对速度为 0。货车与汽车相对运动：货车驾驶员观测到汽车以 30m/s 的速度朝着他运动，接着汽车加速，最后以 60m/s 的速度朝着他运动。在这两种情况下，加速度的方向都是一样的。

9. 在皮卡减速之前，易拉罐和皮卡的速度相同。由于易拉罐不是固定在皮卡上的，所以当皮卡减速时，易拉罐的速度不变。易拉罐将按原速度运动，直到碰到车体为止。

11. (a) $\vec{p}_{A,i}=2.5\times10^6\text{kg}\cdot\text{m/s}$，向西；$\vec{p}_{B,i}=2.4\times10^6\text{kg}\cdot\text{m/s}$，向西；$\vec{p}_{A,f}=3.0\times10^6\text{kg}\cdot\text{m/s}$，向西；$\vec{p}_{B,f}=2.0\times10^6\text{kg}\cdot\text{m/s}$，向西。(b) $\vec{p}_{A,i}=1.7\times10^6\text{kg}\cdot\text{m/s}$，向东；$\vec{p}_{B,i}=3.3\times10^5\text{kg}\cdot\text{m/s}$，向东；$\vec{p}_{A,f}=1.2\times10^6\text{kg}\cdot\text{m/s}$，向东；$\vec{p}_{B,f}=8.0\times10^5\text{kg}\cdot\text{m/s}$，向东。

13. 4.00m/s 或 12.0m/s，结果和警员运动的方向有关。

15. 0.75m/s

17. (a) $+2.3\text{kg}\cdot\text{m/s}\ \hat{\imath}$ (b) $+3.8\text{m/s}\ \hat{\imath}$

19. 是的，存在。当参考系以速率 v 朝着小车 A 运动时。

21. 略

23.

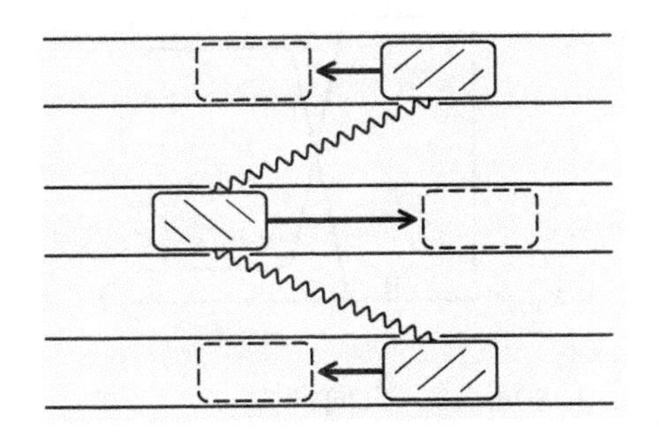

25. (a) 8.0m/s (b) $5.0\times10^4\text{kg}\cdot\text{m/s}$ 沿整体运动的方向。(c) 8.0m/s 沿整体运动的方向

27. 轻的物体，无关。

29. 更短

31. 正确

33. 如果你走得不够快的话，就无法下来。

35. (a) $\Delta t_{calm}=2d/v$ (b) 证明略

37. 4.66×10^3km

39. 男孩的竹筏子；2.5m。

41. (a) 原点右方 0.38m 处；(b) 原点左方 0.63m 处；(c) 原点右方 1.38m 处，只需要根据一个原点计算出质心的位置，然后根据原点的变化，确定质心在新坐标系中的坐标。

43. 如果质心的加速度不是 0，说明该参考系为非惯性系。

45.

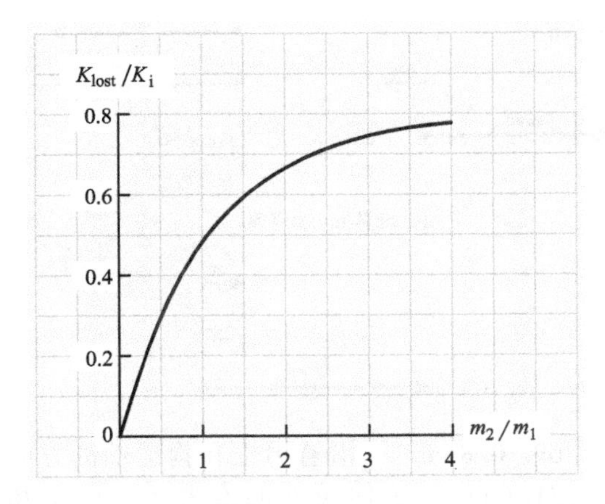

当 m_2/m_1 趋于无穷大时，K_{lost}/K_i 趋于 1。说明动能全部转化成为其他形式的能量。

47. μ 不能大于 m_1：$\mu_{max}=m_1$，μ 的最小值满足：$\mu_{min}=m_1/2$。

49. 碰撞前棒球处于静止的参考系

51. (a) 11m/s，向右 (b) 0.030kg (c) 60% (d) 1.8J (e) 略

53. (a) 9.3m/s (b) 19m/s，相向运动 (c) 0.27kg (d) 99.7% (e) $\vec{v}_{1f}=10\text{m/s}$，背离你而去；$\vec{v}_{2f}=7.4\text{m/s}$，朝着你而来

55. 惯性质量均为 m 的两个物体之间的碰撞

57. (a) 0.25m/s，沿着小球抛出的方向 (b) 4.6m/s，沿着小球抛出的方向 (c) 16J (d) 16J

59. 略

61. (a) 4.4m/s (b) 碰撞前：$(1.0\text{m/s})m_{mother}$，朝着游动的企鹅；碰撞后：$(2.3\text{m/s})m_{mother}$，朝着游动的企鹅。

63. (a) $\vec{v}_{FG}=\dfrac{\vec{v}_{orange}}{2}\left(\dfrac{2m_{orange}+m_{apple}}{m_{orange}+m_{apple}}\right)$

(b) 略

65. (a) $\vec{v}_{rubber,f}=18\text{m/s}$，向西。$\vec{v}_{soft,f}=8.9\text{m/s}$，向东。(b) 增加 12J。(c) 观察者

仍然观测到有 12J 的动能被转化成内能。（d）观测到相同的 12J 的能量转化。

67.

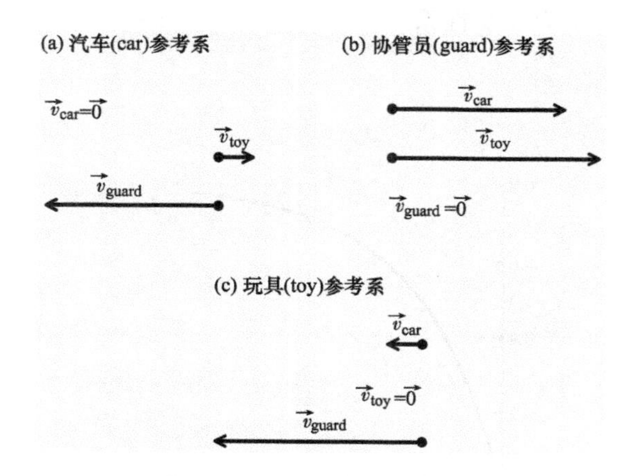

69. 0.86m/s，沿着男士和狗运动的方向

71.（a）对于你所处的参考系，两个物体的加速度相同。（b）物体动量变化率方向相同，大小与质量成正比。

73. 球：23m/s，与初速度方向相反。花盆：1.8m/s，与碰撞前球的速度方向相同。

75.（a）1.52×10^9kg · m/s，沿碰撞前 A1 运动的方向。（b）317m/s，沿碰撞前 A1 运动的方向。（c）略。（d）略。（e）由于动能被转化为内能，两条动能曲线都没有先下降再上升；且碰撞后没有其他形式的能量被转化为动能，动能一直下降，直到为 0。（f）略。（g）略。

77. $\vec{v}_{0.30kg,f}=0.17$m/s，沿初速度的方向。$\vec{v}_{0.50kg,f}=2.1$m/s，沿初速度的方向。

79. 令圆盘的半径为 R，以圆盘圆心和空心部分圆心的连线为 x 轴，质心的位置为 $x_{cm}=-R/6$。

81.（a）1.0m/s　（b）6.9m　（c）距离漏斗车的前端 3.7m　（d）距离漏斗车的前端 3.9m　（e）由于随着谷物的加入，漏斗车的速度减小，所以谷物在漏斗车上并不是均匀分布的。

第 7 章

1. 不止一个（意大利香肠和每一片面包都会发生相互作用）

3.

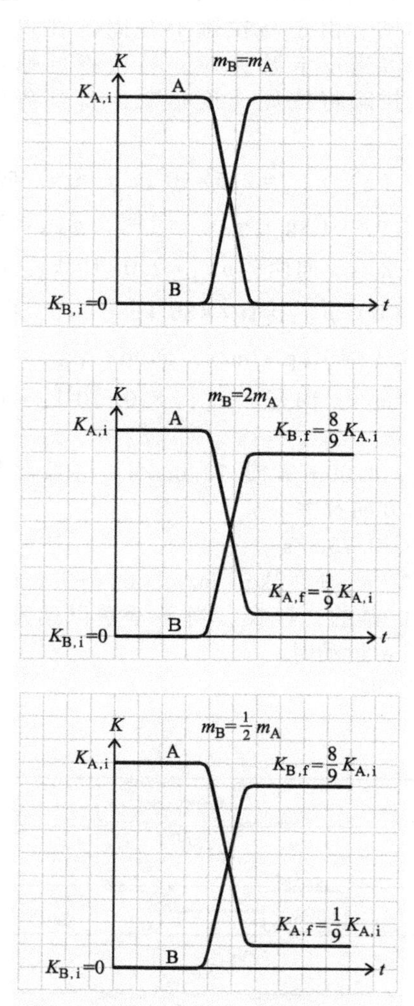

5. 1.80m/s^2，方向向左

7.

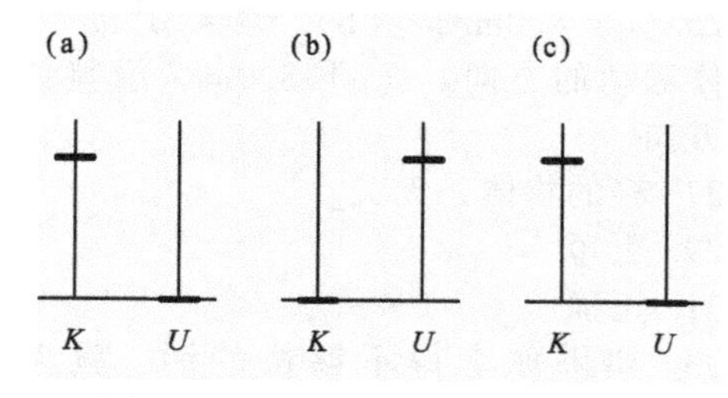

9. 图 P7.9b

11. $K_m/K_{3m}=3$

13. 向下的过程

15.（a）导致金属的形变（破坏和形成化学键）和温度升高　（b）不能，事实上你需要付出更多的能量来重新排列分子，才能使弹簧恢复到原来的样子。

实践篇

17.

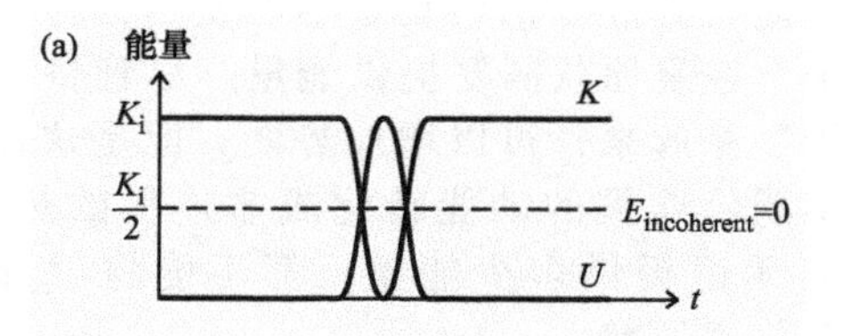

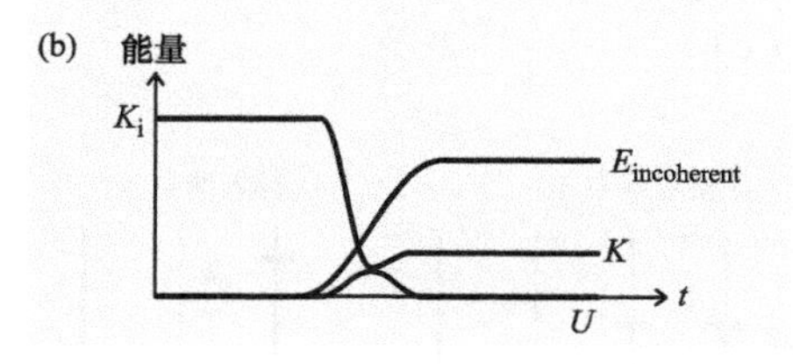

19.

a) 以小球、弹簧、空气、地球为系统时，空气阻力不可忽略

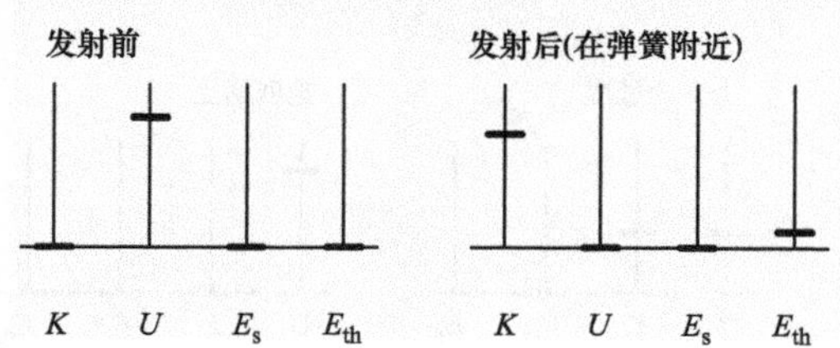

b) 以小球、空气和地球为系统时，不忽略空气阻力

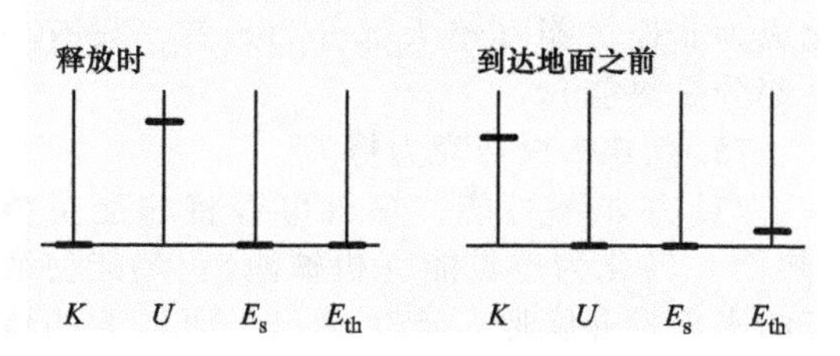

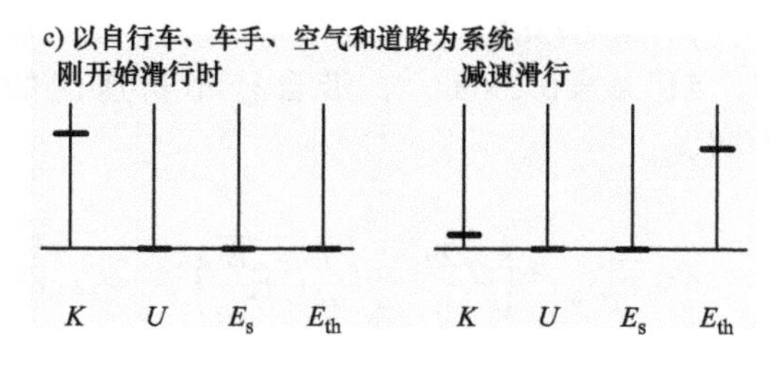

d) 以汽车、空气、道路和燃料为系统

开始加速时　　加速后

K U E_s E_{th}　　K U E_s E_{th}

21.

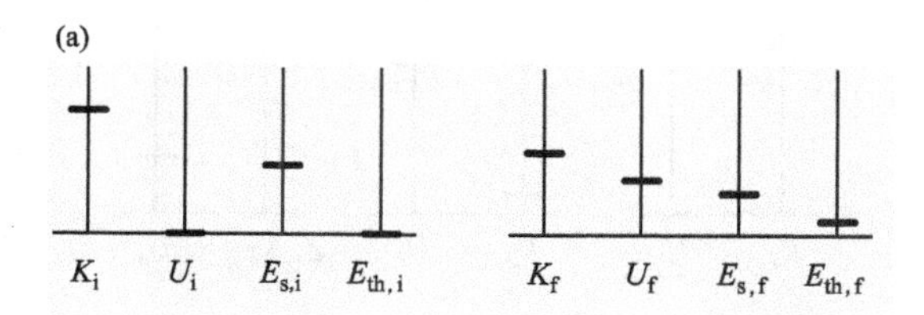

23. 是的。铜原子靠化学键结合在一起，而其他宏观物体之间存在着排斥力。由于化学键的作用，相比于鞋底与地面，铜原子之间的距离更小。尽管如此，铜原子间的化学键并不为零。

25. (a) 球刚飞出时 (b) 球被接住时

27. (a) 宇宙中的粒子将通过相互吸引最终形成一个紧密的带电物体。(b) 宇宙中的粒子将通过相互排斥变得更加分散。

29. 强相互作用力抵消质子间的电磁排斥力，从而形成原子核。强相互作用力的作用范围为 $10^{-14}\sim10^{-15}$m，如果强相互作用增强 20 个数量级，而电磁作用的强度不变，那么原子核将变得更小，甚至坍缩为黑洞。原子的大小由电子和原子核之间的力决定，因此改变强相互作用力不会影响原子的大小。但是由于邻近的质子与中子之间的作用力，原子核之间的距离会变小。对于远程作用，仍然以引力为主。

31. (a) 0.39kg (b) $\vec{a}_{0.66\text{kg}} = 3.2\times10^2\text{m/s}^2$，方向向左；$\vec{a}_{0.39\text{kg}} = 5.4\times10^2\text{m/s}^2$，方向向右 (c) 加速度的比值与质量的比值互为倒数（见第 4 章），$|\vec{a}_{0.66\text{kg}}/\vec{a}_{0.39\text{kg}}| = 0.59$，$|m_{0.39\text{kg}}/m_{0.66\text{kg}}| = 0.59$

33. (a) −0.0020 (b) 250m/s (c) 0.50m/s

35. (a) 0.14kg (b) $\vec{a}_{\text{glob,av}} = 25\text{m/s}^2$，方向向左；$\vec{a}_{\text{cart,av}} = 6.7\text{m/s}^2$，方向向右。

37. 0.297s

39. (a) $\vec{a}_{\text{goalie,av}} = 1.7\times10^{-2}\text{m/s}^2$，沿冰球初速度的方向；$\vec{a}_{\text{puck,av}} = 5.3\times10^3\text{m/s}^2$，沿冰球初速度的反方向 (b) 90kg (c) 1.3×10^2J

41.

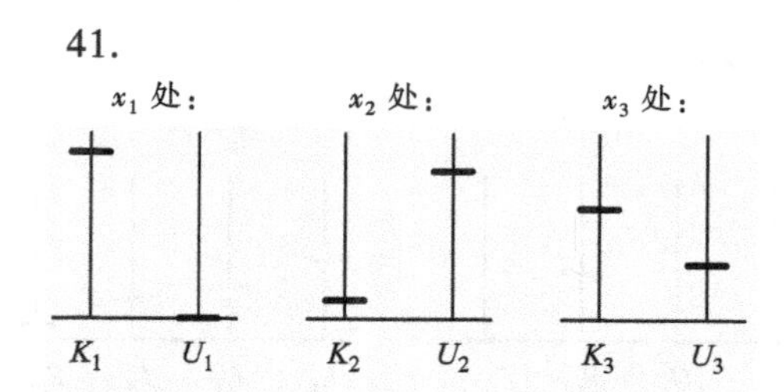

43. (a) 正数 (b) 正数

45. 0.20J

47. (a) 2.9m/s (b) 3.2m/s

49. (a) 0.59J (b) $\vec{v}_{0.36kg,f}=1.1m/s$，方向向左；$\vec{v}_{0.12kg,f}=3.0m/s$，方向向右。

51. 根据能量守恒，如果忽略空气阻力，学位帽落到手上的速率为 v；如果不忽略，由于部分动能转化为空气的热能，速率小于 v。

53. 4.59km

55. 2.2m/s

57. (a) 24m/s (b) 49J (c) 49J

59. (a) 0.95 (b) 10m/s，方向向上或向下

61. $v_f=\frac{1}{4}\sqrt{15gl}$

63. 图 P7.63b 所示的情形

65. 9.4%

67. (c) 和 (d)

69. (a) 57J (b) 55J

71. (a) 摔下来之前，系统的能量以势能的形式存在；摔下来期间，系统的势能转化为动能；撞击地面之前，系统的势能全部转化为动能；“矮胖子”撞击地面后，系统的动能全部转化为热能，它也因此而摔碎。

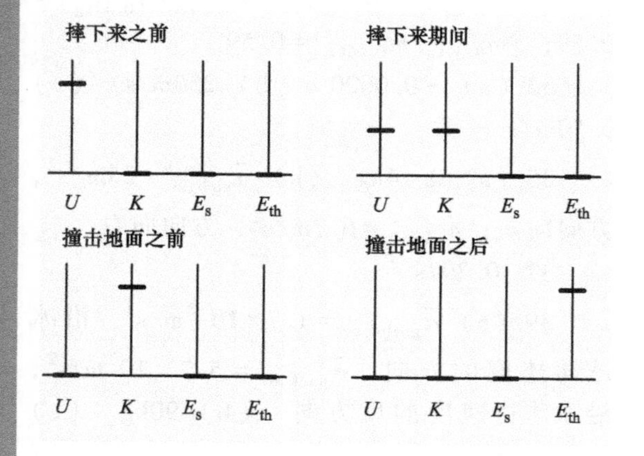

(b) 因为从连贯能（动能、势能）到非连贯能（热能）的转化是不可逆的，将“矮胖子”恢复原状需要提供能量。尽管将“矮胖子”抬起来，可以增加势能；但是这样做却不能将连贯的动能转化成非连贯的热能，所以无论提供多少能量，都不能将“矮胖子”恢复原状。

(c)

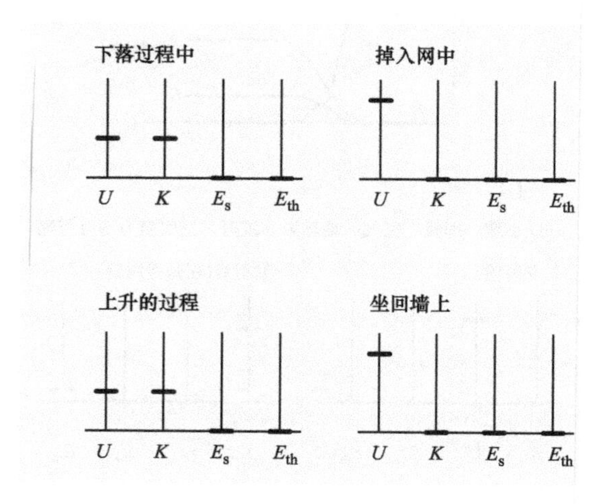

73. 不是，一部分连贯能（动能）被转化成为非连贯能（绝大部分为声音，只有一小部分是热能）。

75. 0.092 根巧克力棒

77. 并非不可能，热机可以将非连贯能（热能）转化为连贯能（机械能）：热能使液态的水蒸发并膨胀，产生蒸汽，而扩大的体积会推动活塞运动。

79. 0.0756J

81. $a=0.38m/s^2$，沿自行车初速度的方向。

83. $\vec{v}_{1\text{-}kg,f}=\left(-\frac{2v}{3}-\sqrt{\frac{7}{9}v^2+\frac{E}{2m}}\right)\hat{\imath}$，$\vec{v}_{2\text{-}kg,f}=\left(+\frac{v}{3}-\sqrt{\frac{7}{9}v^2+\frac{E}{2m}}\right)\hat{\imath}$，其中 $m=1.0kg$，$\hat{\imath}$ 指向右方

第 8 章

1. 都不是，作用在货车上的合力和作用在摩托车上的合力都是 0。

3.

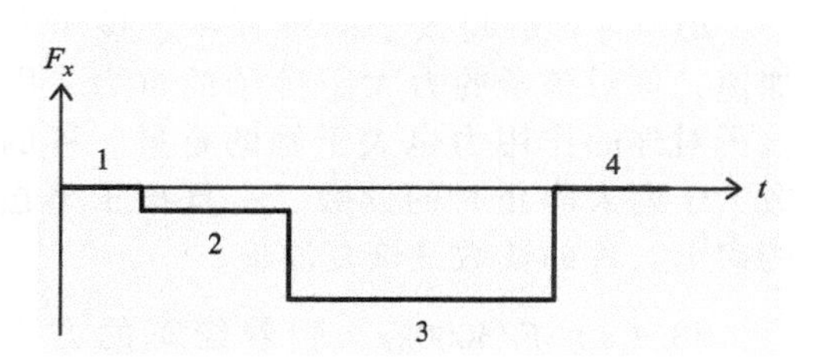

5. 物体的惯性质量不变，所以通过速度的改变量可以计算动量的改变量，但是仅靠速度的改变量，无法计算初速度和末速度，所以不能计算动能的改变量。

7. (a) 大小相等 (b) 大小相等 (c) 大小相等

9. (a)~(f)都可以产生力

11. (a) 不，只有当球员和球接触时，两者才有力的作用。一旦脱手，两者便没有力的作用。(b) 空气和球之间存在阻力，地球和球之间存在引力。

13. 在最高点处，孩子所受的合力不为0。因为此时松紧绳不再施加向上的力，而地球却继续施加向下的力。尽管此时孩子的速度为零，但由于重力的作用，他仍向下加速。

15. 作用在冰箱上的合力等于0，你作用在冰箱上的力被摩擦力或支持力（如果冰箱靠墙）抵消了。

17. 你对秤向下的压力以及秤对你向上的支持力

19. $\vec{F}_{\text{by floor on you}}$，不断减小

21.

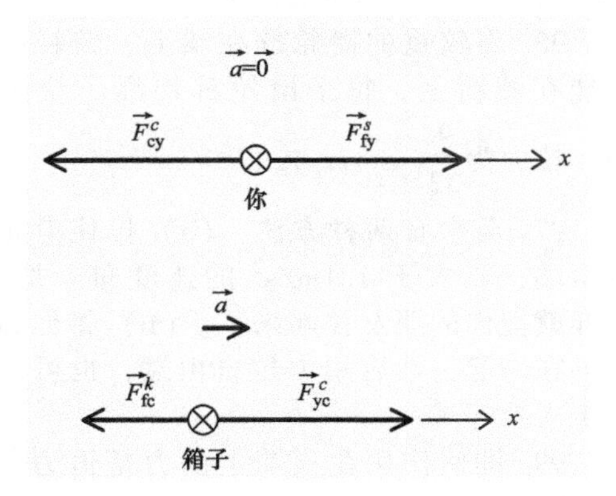

由于你作用在箱子上的力大于地面作用在箱子上的摩擦力，所以箱子向前移动。由于箱子作用在你身上的力等于地面作用在你身上的摩擦力，所以你没有动（如果作用力大于你的脚与地面之间的最大静摩擦力，你有可能打滑）。

23. (a)

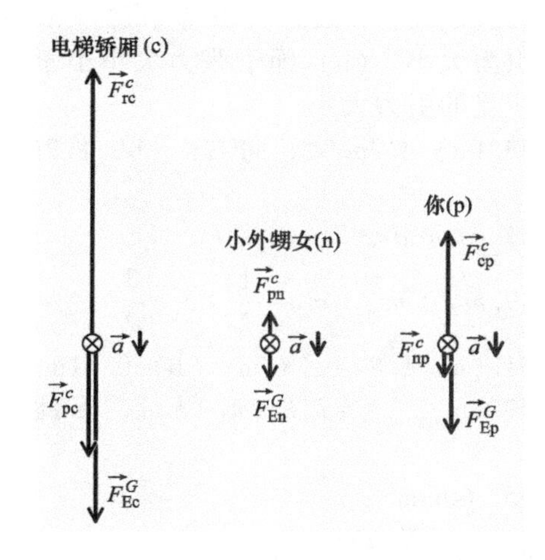

(b) $\vec{F}^G_{En}=2.0\times10^2$N，向下；$\vec{F}^c_{pn}=1.8\times10^2$N，向上；$\vec{F}^G_{Ep}=4.9\times10^2$N，向下；$\vec{F}^c_{np}=1.8\times10^2$N，向下；$\vec{F}^c_{cp}=6.2\times10^2$N，向上；$\vec{F}^G_{Ec}=9.8\times10^2$N，向下；$\vec{F}^c_{pc}=6.2\times10^2$N，向下；$\vec{F}^c_{rc}=1.5\times10^3$N，向上；作用力与反作用力：$\vec{F}^c_{pn}$-$\vec{F}^c_{np}$，$\vec{F}^c_{cp}$-$\vec{F}^c_{pc}$。引力大小为 mg，作用力与反作用力大小相等、方向相反。作用于物体的合力等于惯性质量乘以加速度（1.0m/s^2，向下）。

25. 不是，绳子上部的张力大于绳子下部的张力，这是因为由上部绳子所产生的向上的张力必须用来抵消下部绳子所受的向下的重力（即绳子某处的张力等于该处以下部分的重力）。

27. 两个力大小相等

29. $5.30\times10^{17}\text{m/s}^2$，沿电子初速度的方向。

31. 是的，知道物体受力如何随时间变化，就可以计算出加速度如何变化。根据加速度函数以及已知的速度和位置，可以计算出物体在各个时刻的位置。

33. (a) $\sum F_x(t)=\alpha-\beta t$，其中 $\alpha=1.5\times10^3$N，$\beta=6.0\times10^3$N/s (b) 当 $t<0.25$s 时，$\sum F_x>0$。当 $t>0.25$s 时，$\sum F_x<0$；当 $t=$

0.25s 时，$\sum F_x = 0$

35. 59m

37. (a) 9.8N (b) 9.8N

39. (a) 1500N (b) 750N

41. (a) 5.18×10^3N (b) 3.2×10^2N

43. (a) 绳子张力大小等于悬挂滑块所受的引力大小 (b) 绳子张力大小小于悬挂滑块所受的引力大小

45. (a) $4.9\mathrm{m/s^2}$，向右 (b) $8.2\mathrm{m/s^2}$，向右

47. $a=b<d<c$

49. $m_W : m_M : m_P = \frac{1}{2} : 3 : \frac{3}{2}$

51. (a) 1.8×10^3N/m (b) 0.41m

53. $k_{combination} = k_1k_2(k_1+k_2)$，因此，比 k_1 小。

55. 60mm

57. $\vec{a} = \frac{dk-gm}{3m}$，向下

59. (a) 5.4×10^2N/m (b) 2.7kg (c) $2.1\mathrm{m/s^2}$，向下

61. 略

63. (a) 靠近顶棚处的绳子 (b) 靠近流苏处的绳子

65. (a) 4.2×10^4N·s，向前 (b) 6.9×10^2N，向前

67. (a) 2.33m/s (b) 381N

69. (a) 0.22N·s，向上 (b) 9.0ms (c) 24N (d) 6.1N

71. (a) 0.45N·s (b) 1.5×10^2N (c) 2.3×10^2N (d) 1.7m/s，沿发球的方向

73. (a) 0.70m/s，沿推力的方向 (b) $1.4\mathrm{m/s^2}$，沿推力的方向 (c) 0.20m/s，沿推力的方向

75. (a) $F/(3m)$ (b) $F/3$，向右 (c) $F/3$，向左 (d) 此时 (a) 的答案仍为 $F/(3m)$；(b) 的答案变为 $2F/3$，向右；(c) 的答案变为 $2F/3$，向左。

77. (a) 质心加速度为 0 (b) $\sum\vec{F}_{car} = 1.2\times10^3$N，沿小汽车车头的方向；$\sum\vec{F}_{truck} = 1.2\times10^3$N，沿货车车头方向 (c) $0.80\mathrm{m/s^2}$，沿货车车头方向

79. (a) $5.0\mathrm{m/s^2}$，沿大小为 50N 的推力的方向 (b) 18m/s，远离 4.0kg 的物块

81. 向上举起孩子的过程中，孩子向上加速，你对孩子的力大于孩子的重力，因此孩子对你的作用力也大于她的重量，秤的读数大于两人静止时的读数。一旦孩子坐在你的肩上，秤的读数又恢复原值。

83. (a) $\vec{F}/3000$kg，朝着绞车的方向 (b) 4.0×10^3N，朝着绞车的方向 (c) 2.4×10^3N，朝着绞车的方向（此时绞车在拖车前面）

85. (a) 2.7×10^3N，向前 (b) 3.0×10^3N，朝着挂车的方向

87. (a) $0.25\mathrm{m/s^2}$，向右 (b) $\vec{a}_{10kg\ red} = 1.0\mathrm{m/s^2}$，沿推力的方向；$\vec{a}_{20kg} = \vec{a}_{10kg\ blue} = \vec{0}$ (c) $\sum\vec{F}_{10kg\ red} = 4.0$N，沿推力的方向；$\sum\vec{F}_{20kg} = 4.0$N，沿推力的方向；$\sum\vec{F}_{10kg\ blue} = 2.0$N，沿推力的方向

89. 汽车的速度要变为 0，需要提供一个固定的冲量。令相互作用力为一个常数 $F=\Delta p/\Delta t$，那么碰撞距离（时间间隔）的增加会导致冲力变小。尽管缓冲区使汽车被损坏的区域增加，但是由于冲力减小，乘客更加安全。

91. (a) 3.3kg (b) 电梯加速度向上的时候，绳子的张力最大，也就是电梯向上加速运动或者向下减速运动时。

93. (a) $0.33\mathrm{m/s^2}$，沿推力的方向 (b) $\vec{a}_{10kg} = 1.0\mathrm{m/s^2}$，沿推力的方向；$\vec{a}_{20kg} = \vec{0}$ (c) $0.33\mathrm{m/s^2}$，沿推力的方向

95. 将较重的滑轮挂在梁上，较轻的滑轮挂在载荷上，每个滑轮都用绳子绕上两遍，拉力为$\frac{9}{32}(m_l+m_p)g$。

97. 至少有两种方法：(a) 拉住滑轮的自由端，以大于 $1.1\mathrm{m/s^2}$ 的速度向上加速，这样就把你的朋友拉起来了。(b) 将你和朋友绑在一起，然后用力拉自由端，也可以把两个人拉起来。

99. 即使作用在火箭上的力是恒力，加速度也在增加。在 $\vec{a} = \vec{F}_{thrust}/m_{rocket}$ 的情况下，这里的惯性质量包括燃料部分，随着燃

料的消耗，火箭的总惯性质量不断减小，因而不断被加速（加速度变大）。

第 9 章

1. 不一定

3. 砖块从更高的地方释放后，重力会做更多的功。砖块落地时的动能也更大，人更容易受伤。

5. 开始时，手对钢珠有一个向上抛的力，钢珠的位移非零，手对钢珠做功。钢珠脱手后只有重力作用在上面，在它上升和下落的过程中，重力做功。当钢珠落入篮子里时，篮子对钢珠有一个向上的力，小球的位移非零，篮子对钢珠做功。

7. 不，在你站立的过程中，地板没有移动，因此，对地板做功为零（站立过程中，腿对身体的力使得身体上升，腿对身体做正功）。

9. 对于各自的参考系两人的结果都正确。

11. 对系统做的功也可能转化成势能

13. (a)、(b) 略。(c) 不能将滑块当作系统，因为无法确定摩擦产生的热量有多少被滑块吸收，多少被斜面吸收。

15. 将滑块推上斜面。选取滑块、斜面和地球作为系统，你对系统做的正功，一部分转化成滑块的动能和势能，另一部分因摩擦而转化为热能。

17. 下降的时间更长，下降过程中由于动能转化成其他形式的能量，速度变得更小。系统 1：小球。上升时，地球做负功；下降时，地球做等量的正功。无论上升还是下降，空气总是做负功，系统的能量减小。系统 2：小球和地球，上升时，小球的动能转化成势能，下降时，系统的势能转化为动能，由于空气总是做负功，系统的总能量减小。系统 3：小球、地球以及空气，动能和势能的相互转化和系统 2 相同。空气阻力使空气分子的运动加剧，一部分动能转化成为热能。

19. 不相同，两个功大小相等，但符号相反。

21. 时间间隔翻倍

23. (a) 8.6×10^2N (b) 2.4m/s

25. 略

27. (a) 是的 (b) 重力、绳子的张力、水的阻力、水湾底部对你的法向支持力 (c) 略

29. 13J

31. (a) 3.1×10^2N (b) 6.2×10^2N (c) $(+9.2\times10^2\text{N})\hat{i}$，其中 $\hat{i}$ 的方向向上 (d) 1.5×10^2J (e) 31J (f) 1.5×10^2J (g) 0 (h) -1.2×10^2J (i) 略

33. (a) 2.5×10^4N (b) -1.3×10^4J (c) -1.3×10^4J

35. (a) 0.30J (b) 75mm (c) 0.15J

37. 需要做相同的功

39. (a) 2.0J (b) 2.0J (c) 1.0J (d) 1.0J (e) 1.0J

41. 3 个雪球

43. $\frac{1}{2d}\left(\frac{mv^2}{5}-kd^2\right)$

45. 做的功相同

47. 54J

49. (a) 5.5m/s (b) 当飞镖向上发射时，部分弹簧的弹性势能转化为了飞镖的重力势能，因此飞镖射出时的速率会比水平发射时的慢。

51.

	压缩距离				
	0	0.050m	0.10m	0.15m	0.20m
K/J	0.59	2.9	4.0	3.8	2.3
U^G/J	0	−2.9	−5.9	−8.8	−12
U/J	0	0.63	2.5	5.6	10

53. 6.1J

55. (a)

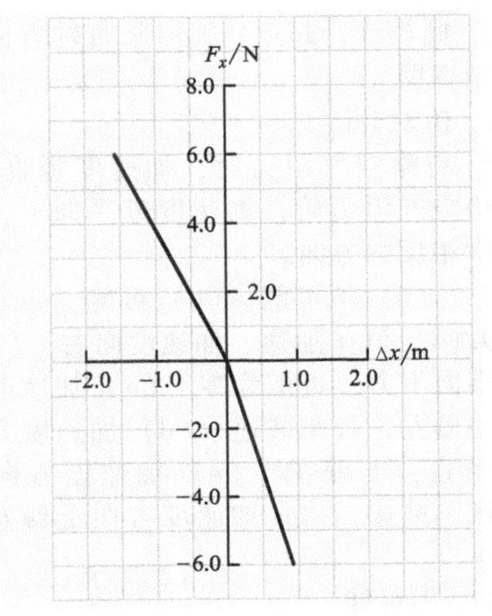

(b) 向左推，移动 0.77m；向右推，移

动 0.63m （c） 1.2J

57. 1.3×10^2W

59. 折线的路程更长，在消耗相同能量的前提下，登山者消耗的功率更小。

61. 不，每秒钟做的功随时间增加。

63. (a) 0.63J (b) 1.3W

65. (a) 3.0N 的力的功率为 9.0W，2.0N 的力的功率为 6.0W (b) 3.0W (c) 是的，作用在箱子上的力的矢量和不为零，箱子加速。由于功率等于力与速率的乘积，因此，速度越大，功率越大。

67. mgh

69. (a) 如果初速度的方向沿 x 轴的正方向，那么 $\vec{F}_{avg}=-1.0\times10^3\text{N}\ \hat{i}$ (b) 0，作用点没有移动 (c) $\Delta K_{cm}=-1.0\times10^2$J

71. (a) 1.9×10^3N (b) 1.2×10^{-3} 根巧克力棒

73. 滑块以恒定速率运动

75. (a) 在没有耗散力的情况下，和滚动小球的方式无关。(b) 在有耗散力时，向下滚动小球，经历的路程更短，这样消耗的能量更小，小球也更容易到达小山 B 的顶峰。

77. 你的质心必须在地板上方 0.23m，这是不可能的。

79. 20±10N

第 10 章

1. 抛物线，起点切线沿竖直轴方向并向水平轴弯曲

3. 0.214m

5. 忽略空气阻力时，加速度竖直向下。不忽略空气阻力时，加速度近乎向下，略偏与速度相反的方向。

7. (a) 不可能 (b) 可能

9. (a) 汽车加速，加速度向右 (b) 加速度指向下方，近似为零 (c) 加速度方向向下略偏左，汽车减速 (d) 加速度方向与速度垂直，下偏左 (e) 加速度方向上偏左，汽车减速 (f) 加速度方向上偏左，汽车停车

11. 不可能

13. 一共 5 个力

	平行于屋脊	屋顶表面法向	屋顶表面切向
地球施加的重力 $\vec{F}^G_{Ep}$		×	×
屋顶在垂直方向提供的力 $\vec{F}^n_{roof,p}$		×	
左侧绳子的张力 $\vec{F}^c_{left,p}$	×		×
右侧绳子的张力 $\vec{F}^c_{right,p}$	×	×	×
屋顶的静摩擦力 $\vec{F}^s_{rp}$	×		×

15. 静摩擦力

17. (a) 静摩擦力 (b) 大小等于地球对黑板擦的重力 (c) 只要黑板擦被固定不动，就和你施加的压力大小无关 (d) 逐渐减小到 0。

19.

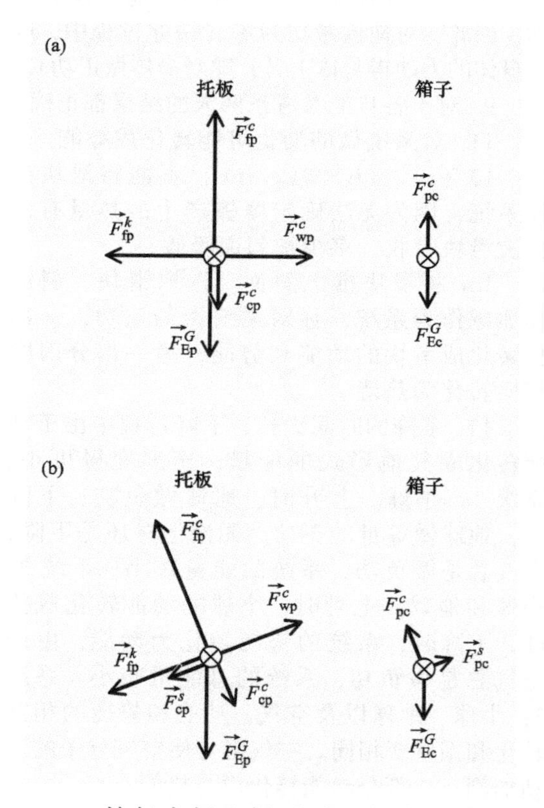

21. 抬起木板和锯子时，竖直方向上的力做正功。水平运动时，竖直方向上的力不做功。将木板和锯子放在锯木架上时，竖直方向上的力做负功，三个阶段做的总功为零。抬起木板和锯子时，静摩擦力不做功。水平运动时，速度增加，静摩擦力做正功；速度减小，静摩擦力做负功。将木板和锯子

实践篇

放在锯木架上时，静摩擦力不做功，三个阶段做的总功为零。

23.（a）28° （b）0.54

25.（a）到达地面时，两个小孩的速率相同。从更陡的滑梯上滑下的小孩先到达地面。（b）从更陡的滑梯上滑下的小孩速率更大。

27.（a）$1.0\hat{i}+4.0\hat{j}$ （b）4.1个单位

29.（a）（30，−53°） （b）（18，−24）

31. 1.7h

33.（A，ωt）

35.（a）0.93km （b）1.0m/s，东偏北31° （c）1.4m/s

37.（a）一个 （b）两个（顺时针和逆时针等边三角形） （c）三个 （d）$N-1$个

39. 图a可以表示运动轨迹。图b中哈密瓜落地时速度没有水平方向的分量，而在哈密瓜的运动过程中却总是有速度的水平分量；图c有两个问题：抛出时没有垂直向下的加速度，而且在右上方的拐角处出现了不连贯的加速度。

41. 0.116m

43.（a）0.40s （b）1.2m/s

45.（a）不会 （b）不会 （c）$t=0.70$s

47. 大于一半射程的位置

49.

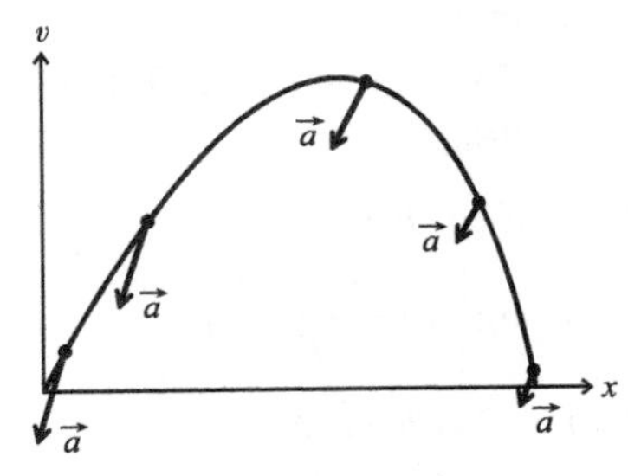

51. 6.0m/s

53.（a）1.5s （b）1.4m （c）$v_{x,f}=13$m/s，$v_{y,f}=-7.6$m/s （d）是的

55. 15m/s

57.（a）$\vec{a}=(-g\sin\phi)\hat{j}$ （b）$\vec{v}(t)=(v_i\cos\theta)\hat{i}+(v_i\sin\theta-gt\sin\phi)\hat{j}$ （c）$\Delta y=\dfrac{v_i^2\sin^2\theta}{2g\sin\phi}$ （d）$\Delta x=\dfrac{2v_i^2\sin\theta\cos\theta}{g\sin\phi}$

59. 假设碰撞是弹性的，（a）$v/16$，（b）$mv/16$，沿初始运动的方向

61.（a）$v_1=0.28$m/s，$v_2=0.44$m/s （b）不是

63.（a）$\vec{v}=4.0$m/s，$\theta=44°$ （b）69mm

65. -7.2m^2

67.（a）23° （b）35个平方单位

69.（a）2.0J （b）79°

71.（a）2.5m/s （b）49mm

73.（a）13m/s （b）34N

75. 略

77.（a）1.0m/s （b）4.9kJ （c）2.0m/s （d）4.9kJ

79. 拉箱子

81. $\mu_s=0.40$，$\mu_k=0.20$

83.（a）4.3×10^2N （b）43kJ

85.（a）11N （b）13N

87.（a）3.4s （b）11s （c）1.5×10^2m

89. 1.0m

91.（a）0.12m （b）0.15m

93.（a）14m/s （b）13m/s （c）13m

95. 22kW

97. 53m/s

99.

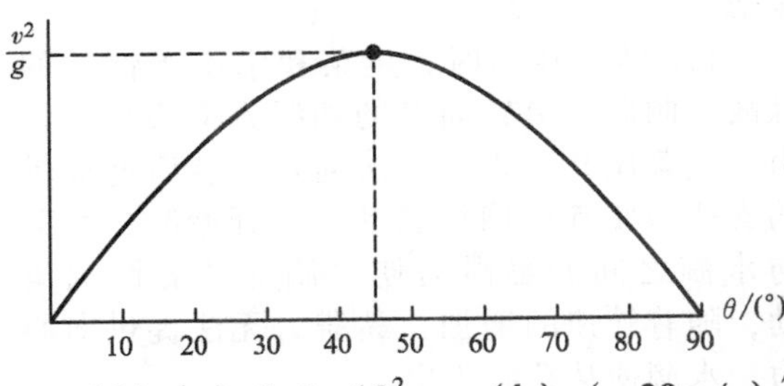

101.（a）8.0×10^2m （b）$(-20\text{m/s})\hat{j}$ （c）-4.0×10^2m

103.（a）$(1.49\text{N})\hat{i}+(5.33\times10^{-3}\text{N})\hat{j}$ （b）55.5J

105. 75°

107. 要使总重为100kg的两个人到达山顶的速度达到5.0m/s，平衡物的惯性质量应该为6.6×10^1kg；要使总重为200kg的两个人到达山顶的速度达到5.0m/s，平衡物的惯性质量应该为1.3×10^2kg。若方案不能成功，则要么总重为100kg的两个人超速，要么总重为200kg的两个人到达不了山顶。

109.（a）$y(x)=(\tan\theta)x-\dfrac{g}{2v^2\cos2\theta}x^2$

（b）23m/s （c）70N

111. 51mm

第 11 章

1. 最里侧的磁道

3. 由于内侧的弯道更短，所以从内侧超车经过的路程更少

5.

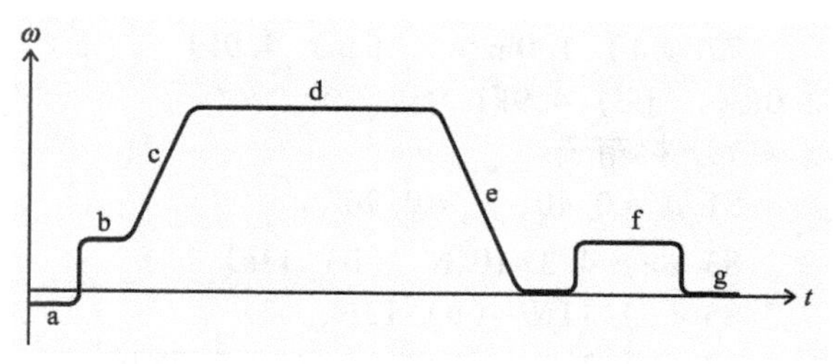

7. $p=2$，$q=-1$

9.

① $\vec{F}^{n}_{cp}$ $\vec{a}$ $\vec{F}^{G}_{Ep}$

② $\vec{F}^{n}_{cp}$ $\vec{F}^{c}_{cp}$ $\vec{a}$ $\vec{F}^{G}_{Ep}$

③ $\vec{F}^{n}_{cp}$ $\vec{a}$ $\vec{F}^{G}_{Ep}$

④ $\vec{F}^{n}_{cp}$ $\vec{F}^{c}_{cp}$ $\vec{a}$ $\vec{F}^{G}_{Ep}$

11. 转筒转动时，生菜和水由于惯性的缘故，倾向于沿转筒壁的切线方向飞出。但由于生菜比孔眼大，无法通过，转筒壁提供的支持力使其做圆周运动。一开始时，生菜与水滴之间的黏滞力使水滴能够做圆周运动，随着转速的增加，黏滞力无法提供向心力，水滴便从孔眼飞出。

13. 忽略小车与轨道之间的摩擦，当过山车沿着轨道右侧向左转弯时，由于学生和金属块上升的高度相同，因此金属块仍然保持原有的位置，在学生的两腿之间。

15.（a）

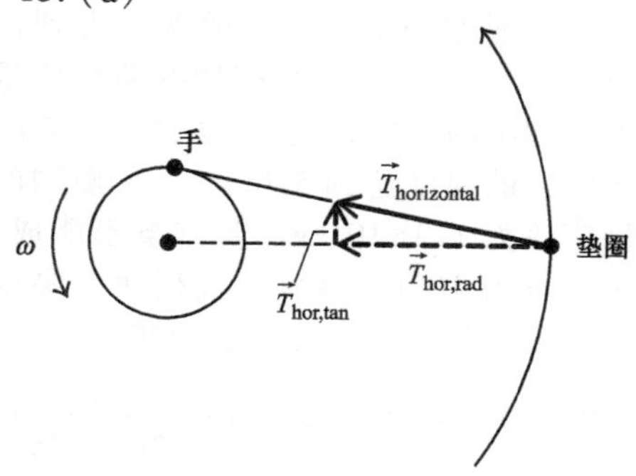

（b）绳子的张力，加速度既有切向分量，也有法向分量。（c）忽略空气阻力，手始终保持圆心的位置，加速度只有法向分量，没有切向分量。

17. 人在竖直时的转动惯量大于屈体时的，翻跟头时头和腿转动的半径也大于屈体时，由于两种情况转动的时间差不多，所以竖直时需要更大的动能。

19.（a）不可能，保龄球的质量远大于棒球，即使转轴在棒球的外表面边沿，它自转时的转动惯量也很小。（b）可以，使棒球绕着 5m 远的点转动，而保龄球仅绕着距离它几厘米的点转动。由于保龄球和棒球的转动惯量分别表示为 $I_{bowl}=m_{bowl}r^2_{bowl}$ 与 $I_{base}=m_{base}r^2_{base}$，所以只要 $r_{base}\gg r_{bowl}$，棒球的转动惯量就可以大于保龄球的。

21.（a）转动惯量减小 （b）旋转木马的转速增加

23. 0.10s^{-1}，$1.5\times10^{-4}\text{s}^{-1}$

25. $8.7\times10^{-3}\text{s}^{-2}$

27. 图 P11.27b

29.（a）$3mg\sin\theta$ （b）$3mg$

31.（a）$5.95\times10^{-3}\text{m/s}^2$ （b）3.55×10^{22}N，指向地球-太阳系统的质心，近似为太阳的位置。

33. 19.6m/s^2

35.（a）58s^{-1} （b）2.9×10^2 （c）19m/s （d）96m

37.（a）$\sqrt{2g(h-d)}$

（b）$mg\left[1+\dfrac{2(h-d)}{R}\right]$

（c）$\sqrt{2g(h-d-R)}$

（d）$mg\left[\dfrac{2(h-d-R)}{R}\right]$

（e）$g\left[\dfrac{2(h-d-R)}{R}\right]$

39.（a）18m/s^2 （b）0 （c）圆锥面对小球法向力的竖直分量 （d）0.92m

41. 31J

43.（a）$12\text{kg}\cdot\text{m}^2/\text{s}$ （b）$4.0\text{kg}\cdot\text{m}^2/\text{s}$

45. 要使水随着桶做圆周运动，水必须有向心加速度。这个加速度由重力以及水桶对水的作用力的合力提供，当水桶的速度足够大时，重力提供向心加速度，此时水不会

洒出来。如果转动的速度较小，重力大于所需的向心力，水就会从桶中洒出。

47.(a) $\frac{4v_i}{5l}$ (b) $\left(-\frac{3v}{5}\right)\hat{\imath}$，$\hat{\imath}$的方向与 $\vec{v}_i$ 的方向一致

49. $3.0s^{-1}$

51. $\omega_{\vartheta,i}/2$

53. $2mr^2\sin^2\theta$

55. $\frac{5}{3}mR^2$

57. $0.16s^{-1}$

59.(a) $\frac{1}{2}mR^2$ (b) $\frac{1}{12}ma^2$

61. 白天的时长会增加

63. $20\sim35kg\cdot m^2$，和运动员的体重有关

65. $2.0\times10^2s^{-1}$

67. $\frac{13}{8}mR^2_{outer}$

69. $0.28kg\cdot m^2$

71. $8.2\times10^{-2}J$

73.(a) $\frac{2ml^2}{3}$ (b) $\frac{ml^2}{6}$

75. $0.25kg\cdot m^2$

77.(a) 0.535° (b) 0.517°

79. 生蛋中的蛋清会随着鸡蛋一起转动，蛋停下以后，蛋清仍然转动，在黏滞力的作用下，蛋壳也会接着运动。煮熟的蛋不存在蛋清之类的液体，因此在它停下后，就不会继续转动。

81.(a) 没有做功 (b) 在最低点处

83.(a) 力和 r 无关 (b) 力正比于 $1/r^2$ (c) 力正比于 r

85. $\frac{6m_bv_b}{(3m_d+4m_b)l_d}$

87. 宇航员的头部在引力作用下的加速度为 $6.5m/s^2$。为了避免头晕，头部和脚部的加速度之差应小于5%，要做到这一点，圆柱的半径应小于40m。

89. 松开绳子时，绳子中的张力必须大于74N

91.

$$\omega(x)=\frac{\sqrt{\left(\frac{3}{4}v\right)^2-\frac{3}{2}g(\sqrt{d^2-4dx-4x^2}-d)}}{d}$$

第12章

1. 抓住盖子的边沿，沿切向方向用力可以施加更大的力矩。橡胶与盖子之间的静摩擦系数大于手和盖子之间的静摩擦系数。

3. 用力矩可以说明需要把螺栓上紧的程度，而用力的概念却不行，因为使用不同长度的扳手时，用来上紧螺栓的力也不同。

5.(c) 和 (e)

7.(a) 选项，物体的质心更靠近大球，(a) 选项相对于 (b) 选项的力臂更长，所以更容易通过调整手的位置来保持稳定。

9. $\tau_B<\tau_A<\tau_C<\tau_D$

11. $C_A/C_B=1/4$

13. 米尺不发生转动，说明两根手指对米尺的力矩之和等于零。力矩的大小和接触点到卷尺质心的距离有关，距离质心越远，接触力越小。在移动手指时，离质心越远的手指更容易移动，这样交替移动左手手指和右手手指，两根手指最终在质心处会合。

15.(c)

17.

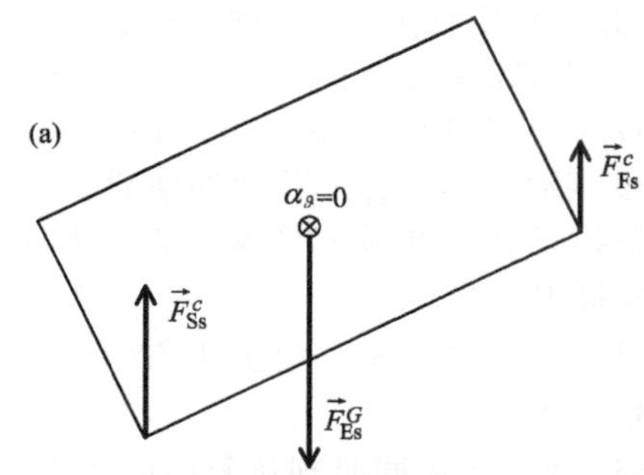

(b) 儿子的负荷更重。(c) 在搬胶合板时，两人的负荷一样重。

19. 以梯子和地毯的接触点为支点，油漆工爬得越高，相对于支点的力矩也越大，梯子也更容易滑倒。

21. $\arctan\left(\frac{1}{2\mu_s}\right)$

23. 在美国，螺钉、螺栓和螺母都是顺时针拧紧，逆时针拧松。从技工的视角出发，顺时针意味向右转动，逆时针意味着向左转动。这和右手法则一致，力矩的方向就是螺母运动的方向（沿着螺栓拧紧）。

25. x 轴正方向

27. 绕 y 轴旋转 90°，然后绕 x 轴旋转 −90°

29.（a）距离杆子的两端各 0.75m 处（b）距离重桶 0.30m

31. $8.2\times10^{-1}s^{-1}$

33. 向后倾倒，你（脚尖）做自由转动的转轴正好抵在墙上，而质心大约就在你身体的中心处，这样在重力矩的作用下，你将向后倾倒。

35. $10^{-10}T_E$，其中 T_E 表示地球自转的周期，24h。

37.（a）45N（b）30N

39. 在没有外力矩作用的情况下，直升机的角动量守恒，当主旋翼转动时，飞机将朝相反的方向转动。安装尾部旋翼后，它会向周围空气施加力矩，通过反作用的力矩可以保证直升机不会不发生转动。

41.（a）$17s^{-1}$（b）1.2×10^2J（c）增加的能量来自于手臂收缩时，运动员肌肉所做的功。由于手臂的运动轨迹是螺旋线，所以这个力和运动方向并不垂直。

43.（a）保持不变（b）增加（c）增加

45.（a）质心在距离小球 $l/3$ 处（b）$v_f=v_i/3$，沿小球初始运动的方向（c）$\omega_f=v/l$

47.（a）$7/17\omega_i$，顺时针（b）−0.42

49. 物体继续做无滑动的滚动，增加静摩擦系数只会影响最大静摩擦力，并不会改变静摩擦力本身。

51.（a）$3.5m/s^2$（b）4.2N

53. $\sqrt{3}/6$

55. 两个罐头同时到达斜面的底部

57. $t_h/t_s=\sqrt{25/21}$

59.（a）$\frac{2}{7}g$（b）$\frac{2}{5}g$

61. $1.7\times10^{-1}J$

63. 1.4m

65. 0.15MJ

67. $5.9s^{-2}$

69. $43s^{-1}$

71.（a）5.0J（b）5.0J（c）$7.6\times10^2s^{-1}$

73.（a）3.4m/s（b）$\mathcal{T}=\frac{mv_i^2r_i^2}{r^3}=2.8N$（c）$2.3\times10^{-1}J$

75. 54°

77.（a）由于 $L=mrv_i$，因此将立方体看作处于其中心位置的质点，则 $r=d/2$，可得 $L=mdv_i/2$。（b）碰撞发生时，桌面边缘的凸起对立方体施加的接触力的作用点在转轴上，而该力的力臂为 0，没有外力矩作用在立方体上，所以此时角动量守恒。（c）$3g/4d$（d）$\sqrt{\frac{16gd}{3\sqrt{2}}}$

79. 除非有外力矩作用在你身上，否则，角动量是不会发生变化的，你将继续沿直线运动，直到摔倒。

81.（a）30N·m（b）26N·m（c）21N·m（d）15N·m（e）0（f）19N·m

83. 分别将两个矢量写作：$\vec{A}=A_x\hat{i}+A_y\hat{j}$ 以及 $\vec{B}=B_x\hat{i}+B_y\hat{j}$，将矢积写成分量的形式可以方便计算过程，同方向的两个矢量的矢积为 0，$\vec{A}\times\vec{B}=A_xB_y\hat{k}+A_yB_x(-\hat{k})=(A_xB_y-A_yB_x)\hat{k}$。

85.（a）20N·m 和运动的方向相反；（b）68N·m 和运动的方向相同

87.（a）3.0s（b）4.9 圈

89. 0.37N·m

91. $\hat{j}$

93.（a）发动机和后轮连接，使汽车加速的力作用在后轮上，由于力的作用线低于质心，产生的力矩倾向于使前轮离开地面。（b）当发动机和前轮连接时，使汽车加速的力作用在前轮上，由于力的作用线低于质心，产生的力矩倾向于使后轮推向地面。

95.（a）7.8×10^2N（b）6.0×10^2N（c）8.6×10^2N 和 6.6×10^2N

97. $1\times10^4s^{-1}$

99. 力矩的大小等于作用在骑行者上的重力和力臂的乘积，力臂等于连接脚踏板的金属曲柄的长度。假设骑行者的体重为 75kg，力臂长 0.3m，则力矩等于 $10^2N\cdot m$。

101.（a）$5.3m/s^2$（b）0.27

103. 4.0m

105.（a）3.1×10^2N（b）5.5×10^2N

107.（a）$2.5m/s^2$（b）$9.1s^{-1}$（c）$9.1s^{-1}$（d）22N（e）60W

109. 悠悠球向下加速，加速度等于 $\frac{g}{1+a/2b}$。

第13章

1. 重力引起的加速度将随半径线性增加
3. 18km
5. 6：1
7. $\frac{m_1}{m_2}=1$
9. 角动量可以被看作面积关于时间的一阶导数，则力矩可以看成是面积关于时间的二阶导数。
11. (a) 跳上秤的时候，读数增大。(b) 地球对你的引力不发生变化。
13. (a) 9.8m/s^2，向下 (b) 1.6m/s^2，向下 (c) 结论不变
15. 飞机以 $2g$ 的加速度向下加速，在这个过程中，该乘客做自由落体运动。也就是说，相对于飞机，他向上的加速度为 g。相当于乘客朝着飞机的顶部撞去。
17. 至少有两种方法来校正读数：(1) 将管子水平放置，确定未伸长的读数（$0g$）(2) 再加一个相同的浮子，确定 $2g$ 时的读数。
19. (a) 牛奶沿碗边沿上升，表面下凹。(b) 将碗放入一个大质量的球形物体，或将碗放置在圈状物体中，再在下面放一个大质量物体。
21. $6.7\times10^{-15}\text{N}$
23. $\frac{4}{9}$
25. $3\times10^{11}\text{g}$
27. 3.2km，32km，$3.5\times10^2\text{km}$
29. $1\times10^1\text{h}$
31. $1.05\times10^{18}\text{kg}$
33.

$$Gm_{\text{test}}^2\sqrt{\left[\frac{1}{d^2}-\frac{2d}{(d^2+l^2)^{3/2}}\right]^2+\left[\frac{2l}{(d^2+l^2)^{3/2}}\right]^2}$$

35. $\frac{Gm_{\text{E}}r}{R_{\text{E}}^3}$
37. 不能，一个 70kg 的人跳起来质心离地面 1.0m～1.5m，其重力势能可达 10^3J。在小行星 Toro 上，他的重力势能为 $-1.9\times10^3\text{J}$，说明要跳起来需要更多的能量。
39. 离物体 1 更近。离物体 1 的距离为 $(\sqrt{2}-1)d$，离物体 2 的距离为 $(2-\sqrt{2})d$。
41. (a) $\frac{Cm_{\text{E}}m_{\text{m}}}{2h^2}$ (b) $\sqrt{\frac{Cm_{\text{E}}}{h^2}}$
43. $9.4\times10^2\text{km}$
45. $2.3\times10^{30}\text{N}\cdot\text{m}^2$
47. (a) $\vec{0}$ (b) $-1.00\times10^{-12}\text{J/g}$ (c) $-5.0\times10^{-13}\text{J}$
49. 在很大的范围之内
51. 弹性碰撞
53. 19km/s
55. 轨道很低，说明卫星的轨道半径可以近似为月球半径 R_{moon}，抛体从月球中心可以达到的最大高度为 $2R_{\text{moon}}$，也就是距离月球表面 R_{moon}。
57. $v_{\text{comet}}/v_{\text{Mercury}}=\sqrt{2}$
59. $\sqrt{2C/a}$
61. 7.5km/s
63. (a) $2.2\times10^{-7}\text{s}^{-1}$ (b) 89km/s
65. 略
67. 指向图 P13.67 的右侧
69. $\frac{Gm_{\text{ring}}m_{\text{obj}}s}{(R_{\text{ring}}^2+s^2)^{3/2}}$
71. (a) $-\frac{2Gm_{\text{part}}m_{\text{disk}}}{R^2}\left(1-\frac{y}{\sqrt{R^2+y^2}}\right)\hat{j}$ (b) 略
73. 理论上没有关系，但实际上考虑到在进入外层空间之前所经过的大气层（空气阻力可以忽略），还是竖直发射比较好。
75. 加速度指向椭圆的焦点。当 $e^2>\frac{1}{2}$ 时，即卫星通过半短轴时，加速度的切向分量大垂直于切向分量的分量。当偏心率更大时，在其他地方也会这样；但通过半长轴时，永远不会。
77. 当 $R_{\text{planetoid}}\approx5\text{m}$ 时，密度等于 $6\times10^9\text{kg/m}^3$。
79. 距离木星表面 $4.24\times10^7\text{m}$
81. 卫星距离地球表面 $2.7\times10^2\text{km}$

83. (a) $\rho_{\max}=\dfrac{3H^2}{8\pi G}=9.6\times10^{-27}\mathrm{kg/m^3}$

(b) 和 (a) 间的结果相同，宇宙近似于在开放和封闭之间，如果忽略宇宙中的暗物质以及暗能量，宇宙将保持开放状态。

第 14 章

1. (b), (e), (f)

3. A：午后 33μs；B：午后 67μs；C：午后 75μs；D：午后 94μs。

5. (a) 滞后于 (b) 同时 (c) 超前于

7. c_0

9. $1.4\times10^2\mathrm{m}$

11. 由直接计算可知杆两端的速率大于光速，在实际情况下，直杆会发生弯曲，它的任何部分的速率都不会超过光速。

13. 大于

15. $1.4\times10^3\mathrm{m}$

17. $2.88\times10^3\mathrm{s}$

19. $0.5\mathrm{km}^2$

21. 0

23. 能量，引力质量，惯性质量

25. $3.59\times10^6\mathrm{m}$

27. (a) 类光 (b) 类光 (c) 类时 (d) 类时

29. $v_A=0.48c_0$，$v_B=0.96c_0$

31. $0.99c_0$

33. $(1-2.47\times10^{-7})c_0$

35. (a) 8.00km (b) $6.14\times10^{-5}\mathrm{s}$

37. 2.13

39. (a) $7.62\times10^3\mathrm{km}$ (b) $1.27\times10^4\mathrm{km}$

41. (a) $3.625\times10^{14}\mathrm{m}$ (b) $8.108\times10^{15}\mathrm{m}$

43. (a) $\alpha=59.5°$ (b) 长 5.00m，翼展 8.00m，$\alpha=77.3°$。

45. 略

47. (a) $x=0$ (b) $t=0$ (c) $x=1.77\times10^8\mathrm{m}$ (d) $t=0.591\mathrm{s}$

49. (a) $5.93\times10^3\mathrm{s}$ (b) $1.43\times10^{12}\mathrm{m}$ (c) $4.70\times10^3\mathrm{s}$

51. (a) 11.3° (b) 24.6°

53. (a) 1.00（不增加） (b) 1.64

55. 略

57. $9.46\times10^{-20}\mathrm{kg\cdot m/s}$。

59. 以 150kg 重的探测器的运动方向为 x 轴的正向，$\vec{v}_{150\mathrm{kg}}=(+0.764c_0)\hat{i}$，$\vec{v}_{250\mathrm{kg}}=(-0.578c_0)\hat{i}$

61. (a) $\gamma_C>\gamma_B>\gamma_A$ (b) $K_C>K_B>K_A$ (c) $|\vec{v}_C|>|\vec{v}_B|>|\vec{v}_A|$ (d) $p_C>p_B>p_A$

63. $1.73\times10^{12}\mathrm{J}$；$E_{1\mathrm{kg\,U}}/E_{1\mathrm{kg\,coal}}=5.8\times10^4$

65.

$$E_1=\frac{m_1c_0^2}{\sqrt{1-\dfrac{(m_1-m_2-m_{\mathrm{orig}})(m_1+m_2-m_{\mathrm{orig}})}{(m_1^2-m_2^2+m_{\mathrm{orig}}^2)^2}}}$$

$$\frac{m_1c_0^2}{\sqrt{\dfrac{(m_1-m_2+m_{\mathrm{orig}})(m_1+m_2+m_{\mathrm{orig}})}{(m_1^2-m_2^2+m_{\mathrm{orig}}^2)^2}}}$$

$$p_1=\frac{m_1c_0\sqrt{(m_1-m_2-m_{\mathrm{orig}})(m_1+m_2-m_{\mathrm{orig}})}}{\sqrt{(m_1^2-m_2^2+m_{\mathrm{orig}}^2)^2-(m_1-m_2-m_{\mathrm{orig}})}}$$

$$\frac{\sqrt{(m_1-m_2+m_{\mathrm{orig}})(m_1+m_2+m_{\mathrm{orig}})}}{\sqrt{(m_1+m_2-m_{\mathrm{orig}})}}\times$$

$$1/\sqrt{(m_1-m_2+m_{\mathrm{orig}})(m_1+m_2+m_{\mathrm{orig}})}$$

67. (a) $v=(1-8.98\times10^{-9})c_0$ (b) $1.40\times10^4\mathrm{GeV}/c_0^2$ 或者 $2.49\times10^{-23}\mathrm{kg}$

69. (a) $3.01\times10^{-10}\mathrm{J}$ (b) $9.0\times10^8\mathrm{m}$

71. 30.1m，与竖直方向的夹角为 24.2°。

73. 是的，沿两事件中垂线运动的观测者始终观测到两事件同时发生。

75. (a) $0.986c_0$ (b) 91.1s

77. 如果猎户座号飞船的位置通过光传播的时间修正过，那么太空站疏散的时间刚好小于 45 min，剧本不需要改写，只要加快疏散就可以了。如果没有修正，那么飞船发出信号时的位置不同于接收到信号时飞船的位置，剧本必须改写。

79. 当飞行速率为 $c_0/\sqrt{2}$ 时，相对于地球的观测者，飞行的时间最短。

第 15 章

1. 翅膀在最高或最低位置时，拍摄效果最模糊，这时翅膀在竖直方向上的运动瞬时为 0。

3.

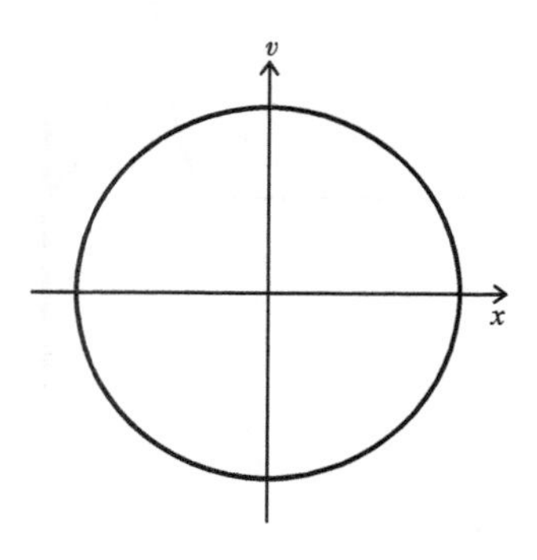

5. $0.5<x<3.5$

7. 5s

9. 悠悠球的运动过程是重复的，所以它的运动为周期性运动；但它的位置和速度无法用正弦或余弦函数表示，因此不是简谐运动。在悠悠球的运动过程中，重力势能不仅转化为平动动能，也转化为转动动能。

11. 127Hz

13. 三个谐波

15. $\frac{4}{\pi}\sum_{n=1}^{\infty}\frac{1}{2n-1}\sin\left[(2n-1)\frac{2\pi t}{T}\right]$，其中 T 对应于方波的周期

17. 略

19. 略

21. $x(t)=A\sin\left(\frac{2\pi t}{T}+\phi_i\right)$

$v_x(t)=\frac{2\pi A}{T}\cos\left(\frac{2\pi t}{T}+\phi_i\right)$

$a_x(t)=-\left(\frac{2\pi}{T}\right)^2 A\sin\left(\frac{2\pi t}{T}+\phi_i\right)$

23. (a) 是的 (b) $-\pi/2$

25. 略

27. 略

29. 0.30J

31. 略

33. 0.69

35. 1/3

37. (a) 增加 (b) 减小

39. (a) 可以 (b) 不可以 (c) 可以 (d) 可以 (e) 不可以 (f) 不可以 (g) 如果杯子被粘在桌面上，答案不变，如果杯子可以自由移动，那么即使杯子离开桌面做自由落体运动，咖啡也不会飞出（除非杯子再次和桌面相碰）。

41. (a) 0.059m (b) 2.7s^{-1} (c) 4.6mJ (d) 2.6N/m (e) 5.6rad (f) $x(t)=A\sin(\omega t+\phi_i)$，其中 $A=0.059\text{m}$，$\omega=2.7\text{s}^{-1}$，$\phi_i=5.6\text{rad}$

43. 0.062m

45. (a) 300N/m (b) $x(t)=A\sin(\omega t+\phi_i)$，其中 $A=0.020\text{m}$，$\omega=71\text{s}^{-1}$，$\phi_i=1.6$

47. 0.060m

49. 0.25m

51. 左侧的摆

53. $v=\sqrt{2gl(\cos\vartheta_{\max}-\cos\vartheta)}$

55. (a) $9.11\times10^{-4}\text{kg}\cdot\text{m}^2$ (b) 0.766s

57. (a) 0.15rad (b) 0.10m/s

59. 0.90s

61. $\Delta T=-\frac{1}{12}\frac{m_{\text{rad}}}{m_{\text{bob}}}+\frac{11}{288}\left(\frac{m_{\text{rod}}}{m_{\text{bob}}}\right)^2$ 加上高阶项

63. ω_d 增加

65. (a) 略 (b) 4.24Hz (c) 0.0800s (d) 2.13rad

67. (a) 25s (b) $t=18\text{s}$ 时刻

69. (a) 5.00s^{-1} (b) 2.00kg/s (c) $y(t)=Ae^{-tb/(2m)}\sin(\omega_d t+\phi_i)$，其中 $A=0.100\text{m}$，$b=2.00\text{kg/s}$，$m=0.500\text{kg}$，$\omega_d=4.58\text{s}^{-1}$

71. (a) 0.58% (b) 0.69

73. (a) $2\sqrt{mk}$ (b) 弹簧在被完全压缩之前迅速回到了平衡位置，对于汽车来说，这意味着没有出现上下振动，而是很快恢复原状。不足的地方是，当阻尼系数 $b\leq b_{\text{crit}}$ 时，弹簧无法吸收因道路颠簸而产生的振动。

75. $x(t)=Ae^{-t/(2\tau)}\sin(\omega t+\phi)$，其中，$A=67\text{mm}$，$\tau=7.2\text{s}$，$\omega=2\pi s^{-1}$，$\phi=3\pi/2$

77. (a) 系统的能量变为原来的四倍。(b) 最大速率是原来的两倍 (c) 周期不变。

79. $f_{\text{half}}/f_{\text{whole}}=\sqrt{2}$

81. 略

83. $0.14\text{kg}\cdot\text{m}^2$

85. (a) $0.522\text{kg}\cdot\text{m}^2$ (b) $0.129\text{kg}\cdot\text{m}^2$ (c) 1.74s

87. $mv^2/6$

89. 剪一段长度与弹簧被小球竖直拉伸

的长度相等的绳子。

91. 你的质量为 71.4kg

第 16 章

1. 可以，水可以传播横波和纵波。

3.

(a)

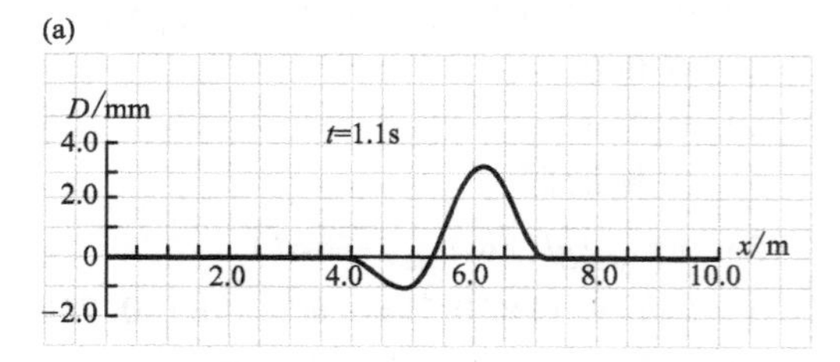

(b)

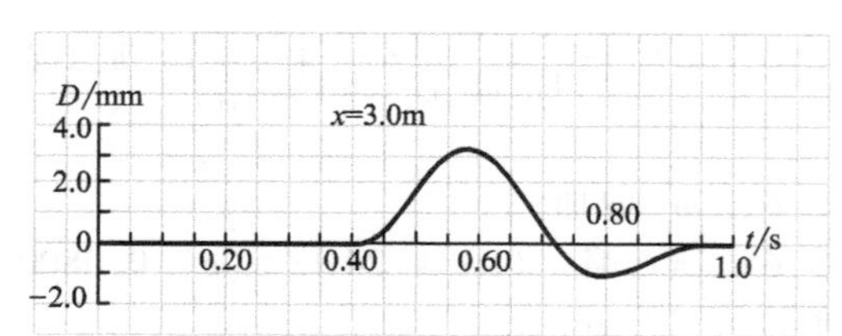

5.

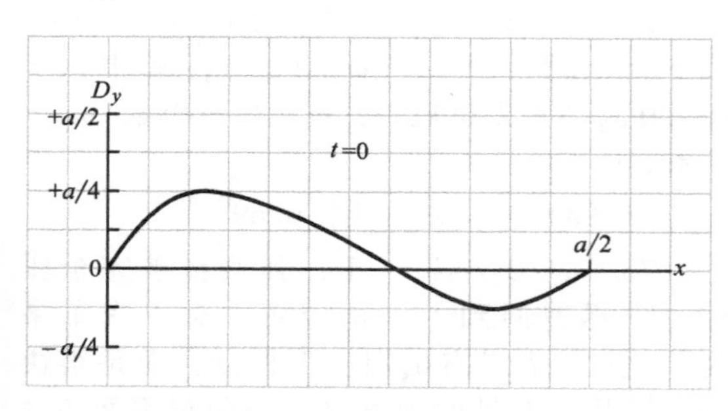

7. 与谐波周期波的频率的定义相同：单位时间内介质上的质点完成振荡的次数。

9. 第一个集装箱在和钢索相撞时，钢索的张力较小，因而波速较小。第二个集装箱在和钢索相撞时，钢索的张力较大，因而波速较大。

13. （a） 0.10m （b） 0.20m （c） 0.30m

15. 零

17. 反射波不可逆

19. (a) 细绳

21.

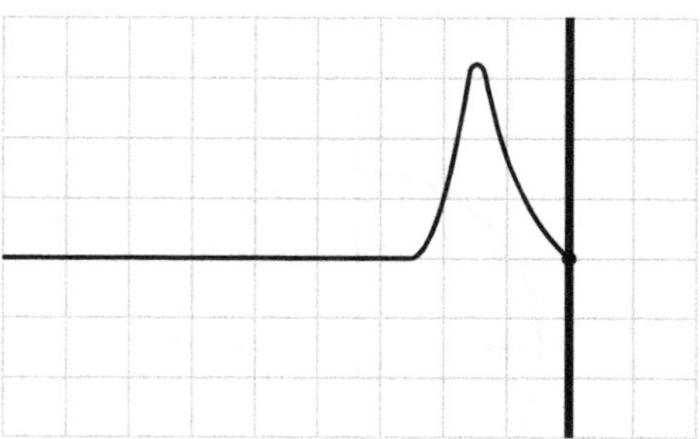

23. 30m

25. (a)

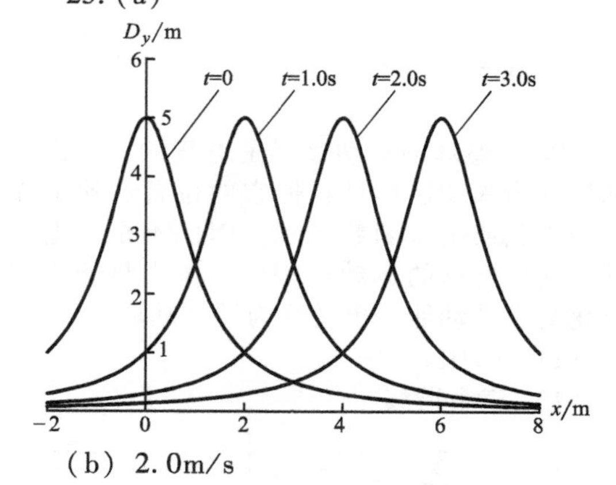

（b） 2.0m/s

27. (a) $f(x, t) = \dfrac{a}{b^2 + (x-ct)^2}$，其中 $c=$ 1.75m/s

(b)

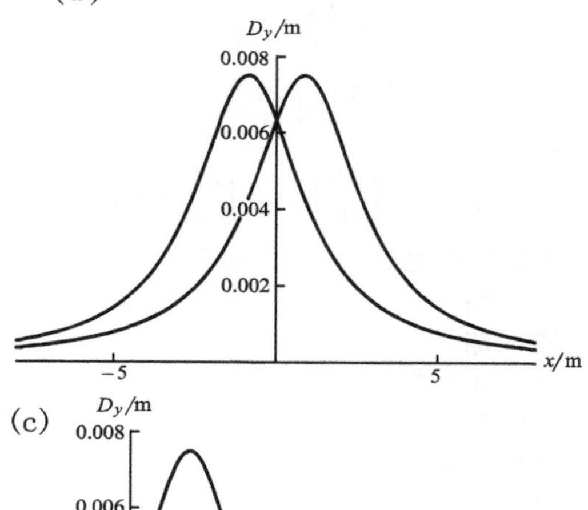

(c)

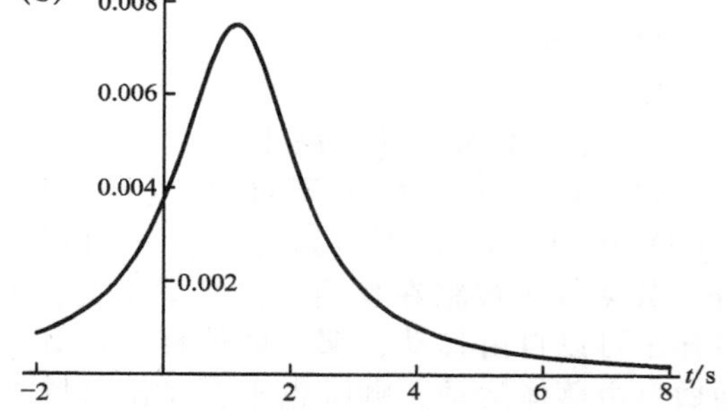

29. (a) 2.79m (b) 6.09Hz (c) 38.3s^{-1}

31. 382m/s，沿 x 轴负方向

33. (a) 0.50m (b) $5.7\times10^{2}\text{s}^{-1}$ (c) 90Hz (d) 0.011s

35. 沿鱼缸边缘 0，0.16m，0.32m

37. $f/5$

39. (a) 110Hz (b) $110n$ Hz（n 为正整数）。

41. 两列波的振幅均为 $A=3.00\times10^{-2}\text{m}$，并以 1.20m/s 的波速相向传播。

43. (a) 0.60m (b) 10mm，沿 y 轴的方向 (c) $f(x,t)=(0.010\text{m})\sin\left(\frac{2\pi}{0.60\text{m}}x+\frac{\pi}{2}\right)\cos\left(\frac{2\pi}{0.60\text{s}}t\right)$

45. 0.0578m

47. 4.4kg

49. (a) 通过调节，使琴弦变短；(b) 换成线质量密度更小的绳子；(c) 增加琴弦的张力。

51. 22m/s

53. 基频减小为原来的 1/4

55. $4.62\times10^{6}\text{N}$

57. 1.22kW

59. (a) 所需功率不变。(b) 变为原功率的 16 倍。(c) 减小为原功率的 1/4。

61. $2.3\times10^{5}\text{J}$

63. 14.3m/s

65. (a) $f(x,t)=a\sin(bx-qt)$，其中，$a=0.0725\text{m}$，$b=2.09\text{m}^{-1}$，$q=377\text{s}^{-1}$ (b) 89.6W

67. 冲浪者向波谷运动的速率等于波传播的速率。

69. 略

71. (a) 不能，波传播的过程需要时间。(b) 不能，尽管同样的波在钢条中传播得比在绳子中要快，但波从一端传播到另一端还是需要时间。

73. $\Delta t_{\text{B}}=0.87\Delta t_{\text{A}}$

75. (a) 0.51m/s (b) 12s

77. (a) 0.500m (b) 260Hz (c) $f(x,t)=A\sin\left(\frac{2\pi}{\lambda}x\right)\cos(\omega t)$，其中，$A=0.0200\text{m}$，$\lambda=0.500\text{m}$，$\omega=1.63\times10^{3}\text{s}^{-1}$

79. 1.9m/s

81. 脉冲通过长度为 l 的绳子所需的时间是：$\Delta t=2\sqrt{l/g}$。

第 17 章

1. 火车发出的波在空气和铁轨中传播，在空气中传播的是球面波，而在铁轨中波的传播是受铁轨限制的，因而传播的距离较远。因此，在铁轨中传播的速率也比空气中快。

3. 是的，当波以球面波的形式传播时都是这样。尽管如此，由于某些教室的墙壁和屋顶对声波能起到反射的作用，所以在那样的情况下振幅不会以 $1/r$ 的形式变化。

5. 略

7. 蝙蝠能感受到你喊叫时引起的空气的压缩。

9.

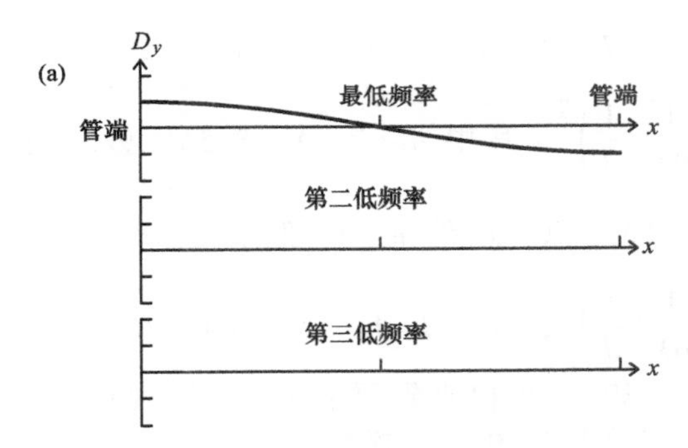

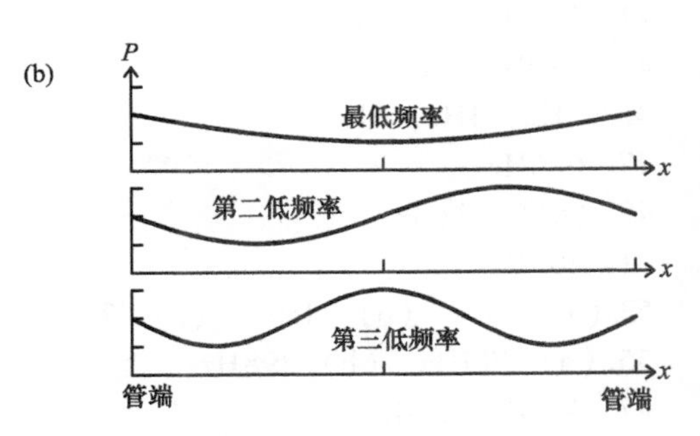

11. 波节线变为波腹线，反之亦然。

13. 墙反射的声波可以到达原来波节的地方。

15. 水波是二维表面波。振动使杯子的内壁成为波源，由于波面平行于内壁，所以波面呈圆形。

17. (a) $\theta=\arcsin\left[\frac{\left(m+\frac{1}{2}\right)c}{df}\right]$，$m=0$，1，

实践篇

2，…　(b) $\theta=\arcsin\left[\left(m+\frac{1}{2}-\frac{\phi}{2\pi}\right)\frac{c}{df}\right], m=0,1,2,\cdots$

19. 她发出的声音经墙角衍射，被你所听到。

21. (a)~(b) 略　(c) 结果为 (a) 问中的波节线对应 (b) 问中的波腹线，而 (a) 问中的波腹线则对应 (b) 问中的波节线。

23. $5.0\times10^{-6}\mathrm{W/m^2}$

25. 35dB

27. 4.8dB

29. 0.60mW

31. (a) $3.2\times10^{-3}\mathrm{W/m^2}$　(b) 7.9W

33. 67dB

35. (a) 70dB　(b) 6.0×10^2W　(c) 1.1×10^3 头鲸

37. 点 R 处的强度表达式为 $\frac{P}{4\pi}\left(\frac{1}{9\lambda}-\frac{1}{d}\right)^2$，其中 $d=7.5\lambda$，8.5λ，9.5λ 或 10.5λ。点 Q 处的强度表达式为 $\frac{P}{4\pi}\left(\frac{1}{6\lambda}+\frac{1}{d}\right)^2$，其中 $d=4\lambda$，5λ，6λ，7λ 或 8λ。

39. 你可以听到两个频率，因为耳朵无法察觉大于 20Hz 的频率差。

41. 194Hz，198Hz

43. C<B<D<A

45. 2Hz，4Hz，6Hz

47. 6.6Hz

49. 强度会减小

51. 405Hz

53. (a) 3m/s　(b) 34m/s　(c) 172m/s

55. (a) 299Hz　(b) 298Hz

57. 450Hz，350Hz

59. (a) 50 个脉冲　(b) 6.2s

61. 以 16m/s 的速度远离狗哨运动

63. 800Hz

65. 4.7×10^2m/s

67. 18.0km/h

69. 50.3°

71. 这样的推断是不成立的。该推断认为只有当飞机速率达到 1 马赫的时候才会出现音爆，事实上，超过 1 马赫的时候仍然能够产生。

73. (a) 28°　(b) 0.82m

75. 19m

77. 不会

79. (a) $f_1=399.8$Hz，$f_2=409.8$Hz　(b) 10.0Hz

81. 双曲线

83. $f_b=12.4$Hz

85. 你目前的装置只能探测到距离 3.4km 远的电台，你需要口径更大的碟子。

第 18 章

1. 3.33N

3. (a) $P_{C(\mathrm{top})}<P_{A,\mathrm{av}}<P_{B,\mathrm{av}}<P_{C(\mathrm{bottom})}$　(b) $F_{C(\mathrm{top})}<F_A<F_B<F_{C(\mathrm{bottom})}$

5. (a) A 点处 $\vec{F}^c_{Lw}$ 方向向右；(b) 没有方向，因为压强是标量；(c) B 点处 $\vec{F}^c_{wl}$ 方向向上；(d) 向上推活塞时，$\vec{F}^c_{lp}$ 方向向下；(e) 向下拉活塞时，$\vec{F}^c_{lp}$ 方向向上；(f) 答案同 (d) 和 (e)。

7. $\frac{1}{20}$

9. $45Gm^2_{\mathrm{planet}}/(64\pi R^4)$

11. 25N

13. (a) $125\mathrm{kg/m^3}$　(b) 能　(c) 1.75×10^7kg

15. 水位相等

17. 4 位

19. $\rho_1/\rho_2=2$

21. $2.99\times10^{-3}\mathrm{m^3}$

23. (a) $0.133\mathrm{kg/m^3}$　(b) $\mathrm{He/H_2}=0.479/0.521=0.919$

25. 5.21m/s

27. $v_B>v_A$，$P_B<P_A$，在图 P18.27 中，B 图对应的直径小于 A 图对应的直径。

29. 车窗外的空气速率大于车内，因而窗外的气压较小，使车内烟雾向外流出。

31. (a) 3.56m/s　(b) 16.4s

33. 2.53N

35. (a) $\mathcal{T}_B<\mathcal{T}_C<\mathcal{T}_A$　(b) $P_A=P_B=P_C$

37. 2.92mm

39. 浸润时：$R_{\mathrm{tube}}=R_{\mathrm{men}}\cos\theta_c$；未浸润时：$R_{\mathrm{tube}}=-R_{\mathrm{men}}\cos\theta_c$。

41. 略

43. 管子的顶部

45. 6.3×10^4N

47.（a）1.5×10^4N （b）2.2×10^4N （c）水从缝隙进去后，太空舱的质量会增加。

49. 略

51.（a）25km （b）不合理，在这个高度需要考虑空气阻力，此外由于开口很小，黏度也会影响水的流量率。

53. $F=P_{atm}wh/2+gwh^2\rho/6$

55. $P=P_{atm}+mg/(\pi R^2)$

57. $\dfrac{P_A/P_B}{P_{A'}/P_{B'}}=1.0$

59. 9.9×10^2N

61.（a）4.7×10^5Pa （b）80m

63. 759kg/m^3

65. 略

67. 略

69. 21.6m/s

71. $v_2=\sqrt{\dfrac{2gh}{1-\left(\dfrac{d_2}{d_1}\right)^4}}$

73. 93%

75.（a）4.84m/s （b）0.0974m^3/s （c）1.38m/s

77. 2.3×10^{-5}kg

79. 2.05×10^{-7}m^3/s

81. 4.66μJ

83. 5.43m/s

85. $R_2/R_1=\sqrt[4]{2}$

87.（a）7.52 天 （b）51.5 年

89. $Q_2=Q_1/256$

91. 6.09m

93.（a）1.68×10^3N （b）1.09×10^3N

95. 略

97. 4.88×10^{24}kg

99. $\mathcal{T}_A=269$N，$\mathcal{T}_B=419$N

101.（a）0.0608Hz （b）0.0542Hz

103. 略

105. 略

第 19 章

1.（a）1/13 （b）4/13

3. 6.31×10^{-7}s

5.（a）24 种组合 （b）624 种组合

7. 1/4

9.（a）组合 HHHHH 和 HTHTH 出现的概率相同 （b）三次正面朝上的可能性大

11. 11s

13. 3/10

15. $v_{av,N_2}/v_{av,O_2}=1.069$

17. 1/14

19. 158m/s

21.（a）3.32×10^{-22}J （b）102m/s

23.（a）1 种微观态 （b）7 种微观态

25.（a）20 种微观态 （b）64 种微观态

27. 5 个

29. 88 次

31. 约 9.79 倍

33.（a）C （b）A 和 E （c）16 （d）1/4

35.（a）6 种微观态 （b）30 种微观态

37. 1.67×10^6 种微观态

39.（a）不可能 （b）不可能 （c）可能

41. 15.0mm 的小球组成的系统的熵是另一系统的 1.09 倍

43. 3.00×10^{18} 个

45. $S_B>S_C>S_D>S_E>S_A$

47.（a）1.13×10^{15} （b）34.7

49. 8 个

51. 90K

53.（a）11.2m/s （b）12.5m/s

55. 9

57. $\dfrac{7}{2}N\dfrac{1}{E_{th}}+\dfrac{2}{15}NE_{th}^{-13/15}$

59. 453m/s

61. 1.1×10^4m/s

63.（a）5.05×10^{-20}J （b）$K_{particle}/K_{bacterium}=1.0\times10^9$，$K_{particle}/K_{slug}=1.0\times10^{-12}$

65. $m_B=36m_A$

67. 181kg·m/s

69.（a）氦气的压强占 95.44%，氮气的压强占 4.56% （b）略

71.（a）4.13m/s （b）2.56×10^{-3}m/s

73. +0.432

75. $+8.73\times10^{24}$

77. $+3.50\times10^{23}$

79. +1.30

81. 增加量是原来的3.16倍

83. 8.59K

85. (a) 2.50×10^{-24}，混合态 (b) 0

87. 1.07×10^{9} 个微观态

89. $+2.08\times10^{3}$

91. (a) 3.69×10^{-25}kg (b) 6.38×10^{-21}J

93. 铀-235，0.64%

95. (a) 95.8K (b) 1.19×10^{-21}J

97. (a) 18.6 (b) 4.31

99. 94.7km

101. (a) 0.447 (b) 0.200

103. 容器不安全，预期寿命小于5h

第20章

1. 做正功

3. (a) 都不是 (b) 准静态 (c) 都是

5. 忽略分子间的碰撞，由于活塞的运动速率远小于分子运动速率，所以上限为每秒钟10^{3}次循环。可以通过升高气体温度、缩短冲程或采用分子质量较小的气体等措施来提高单位时间内的循环次数。

7. (a) 100K (b) 100℃ (c) 180℉

9. 略

11. (a) 22.1℃ (b) 符合

13. 2.14×10^{3}℃

15. 1.5×10^{7}J

17. 4.4×10^{14}J

19. (a) 1.46×10^{10}J (b) 1.5×10^{2}km

21. 0.19℃

23. (a) 5.3×10^{-22}J (b) 6.11×10^{-21}J

25. 403J/(K^3·kg)

27. B

29. 0

31. $T_A=314$K，$T_B=176$K，$T_C=102$K

33. $W_{on\ gas}=-P_iV_i$

35. -5.0×10^{2}J

37. 0.0459m

39. 14.1kJ

41. 0

43. (a) 令 $\rho_{air}=1.2\text{kg/m}^3$，0.062K (b) 5.2×10^{5}J

45. 1.09×10^{23}

47. 2.68×10^{3}J

49. 原因1：无论气体分子的自由度是多少，由于 $C_P=C_V+k_B$，所以 $C_P/C_V>1$ 总能成立。原因2：6/9对应于 $d=6/11$，由于它不是整数，因此不成立。

51. (a) -2.70×10^{3}J (b) $+2.70\times10^{3}$J

53. $\dfrac{p_1V_1T_2}{T_1V_3}$

55. (a) 928J (b) 928J

57. $W=-Nk_BT\ln\left(\dfrac{V_f-nb}{V_i-nb}\right)-an^2\left(\dfrac{1}{V_f}-\dfrac{1}{V_i}\right)$

$W(a=b=0)=-Nk_BT\ln\left(\dfrac{V_f}{V_i}\right)$

59. 5.07×10^{4}Pa

61. $4N$ (ln3)

63. $C_P=2.5k_B$

65. 1.9×10^{2}K

67. (a) $d=3$ (b) 单原子分子

69. $W=(21/20)P_iV_i$

71. (a) 5.08×10^{4}J (b) 1.36km

73. 2.4×10^{23}

75. (a) ℉ (b) ℉或℃

77. -5.28×10^{3}Pa

79. 样品A经历的过程，因为 $Q_A=6Nk_BT_{tp}$，$Q_B=0$，所以 $Q_A>Q_B$，多出的热量为 $6Nk_BT_{tp}$。

81. 6根管子，但考虑到假设的情况，最好还是10根。

第21章

1.

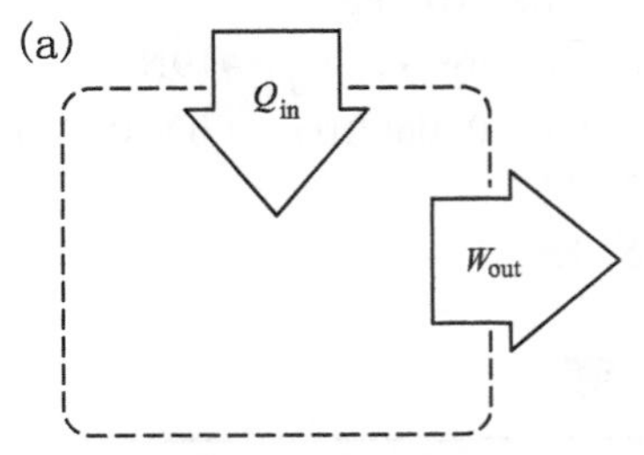

(b) 系统能量不变，熵增加 (c) 不是

3. $\Delta S_3<\Delta S_1<\Delta S_2$
5. 425J
7.（a）9.6J （b）5.5×10^6J （c）2.8×10^4kg
9. 材料 2
11. 1.34×10^3K
13. 略
15. 4.09×10^3J
17.（a）热源 1 （b）能，装置 A
19.（a）图中的循环
21. 1.8J
23. $\Delta S_{dev}=0$，$\Delta S_{env}=1.25\times10^{26}$
25. 1.0×10^{22}
27. 0.268
29. 18.8MJ
31. $Q_{in}=195$J，$\eta=0.44$
33. 0.396
35. 系统可逆
37.（a）16 （b）6.1
39.（a）6.9 （b）12 （c）1.6×10^7J
41. 3.1kJ
43. 163℃
45. $P_1=58.2$kPa，$P_2=19.4$kPa，$P_3=2.33$kPa，$P_4=6.99$kPa，$V_3=1.07\text{m}^3$，$V_4=0.356\text{m}^3$
47. 187K
49.（a）215W （b）6.28
51. 4.15×10^3J
53. $\left(\frac{\Delta S}{\Delta t}\right)_{ocean}=-3.4\times10^{23}\text{s}^{-1}$，$\left(\frac{\Delta S}{\Delta t}\right)_{cabin}=+3.4\times10^{23}\text{s}^{-1}$
55.（a）228s （b）6.38 （c）1.93×10^5J （d）-4.43×10^{25} （e）$+3.1\times10^{24}$（不是所有过程都可逆，所以不是零）
57. 0.15
59. 0.0149
61. 431K
63. 1.09×10^3W
65. 7
67. 1.14×10^{24}
69. 4
71.（a）478K （b）0.562MJ
73. 2.2%
75.（a）10.8W （b）1.17W
77.（a）0.71 （b）12km
79.（a）$\text{COP}_{cooling}=\frac{1}{\eta}-1$

（b）$\text{COP}_{heating}=\frac{1}{\eta}$

（c）$\text{COP}_{cooling}>0$，$\text{COP}_{heating}>1$
81.（a）20.5kJ （b）13.7kJ
83. 5 个自由度
85.

	小车 1，布雷顿循环	小车 2，卡诺循环
循环效率	0.415	0.500
每个循环中单位质量做的功/(J/kg)	4.2	5.1
单位质量的功率/(W/kg)	34	5.1
11.5s 后的速率/(m/s)	28	11
达到最大速率时单位质量受到的空气阻力①/(N/kg)	1.2	0.33
最大速率①/(m/s)	29	16

① 假定空气阻力和 v^2 成正比。